AF559077

Preisfindung und Konditionstechnik mit SAP®

SAP PRESS ist eine gemeinschaftliche Initiative von SAP SE und der Rheinwerk Verlag GmbH. Unser Ziel ist es, Ihnen als Anwendern qualifiziertes SAP-Wissen zur Verfügung zu stellen. SAP PRESS vereint das Know-how der SAP und die verlegerische Kompetenz von Rheinwerk. Die Bücher bieten Ihnen Expertenwissen zu technischen wie auch zu betriebswirtschaftlichen SAP-Themen.

Damit Sie nach weiteren Titeln Ihres Interessengebiets nicht lange suchen müssen, haben wir eine kleine Auswahl zusammengestellt.

Martin Grote, Christiane Schnellenbach, Adam Dubielecki
Umsatzsteuer in SAP ERP und SAP S/4HANA
453 Seiten, 3., aktualisierte und erweiterte Auflage 2019, gebunden
ISBN 978-3-8362-6863-9
www.sap-press.de/4845

Mario Destradi et al.
Logistik mit SAP S/4HANA
616 Seiten, 2., aktualisierte und erweiterte Auflage 2019, gebunden
ISBN 978-3-8362-6671-0
www.sap-press.de/4789

Alena Bauer, Fatjon Hoxha, Jochen Scheibler
Vertrieb mit SAP S/4HANA. Das Praxishandbuch
752 Seiten, 2018, gebunden
ISBN 978-3-8362-5968-2
www.sap-press.de/4519

Uwe Blumöhr, Michael Neuhaus, Marin Ukalovic
Variantenkonfiguration mit SAP. Das Praxishandbuch
756 Seiten, 2018, gebunden
ISBN 978-3-8362-6328-3
www.sap-press.de/4653

Ursula Becker, Jan Fischer, Werner Herhuth, Manfred Hirn

Preisfindung und Konditionstechnik mit SAP®

Liebe Leserin, lieber Leser,

ein Kilo Äpfel kostet 3,99 €, ein Pfund Kaffee kostet 6,99 € – so weit, so einfach. Was aber machen Sie, wenn Sie Tausende Preise haben und diese unterschiedlich kalkuliert werden, je nach Kunde, Abnahmemenge oder Marketingaktion? Ohne IT-Unterstützung kommen Sie hier nicht weit – aber für solche Fälle bietet SAP die Preisfindung und ihre Basis, die Konditionstechnik.

Wie Sie das SAP-System meistern und zur Lösung vielfältiger Findungsaufgaben, nicht zuletzt der Preisfindung, einsetzen, lernen Sie in diesem Buch. Auf Ihrem Weg in die Tiefen der Preisfindung und Konditionstechnik begleitet Sie ein Team mit geballter Expertise. Dr. Ursula Becker, Jan Fischer, Werner Herhuth und Manfred Hirn kennen das Thema in- und auswendig und führen Sie von den Grundlagen der Konditionstechnik über das Standard-Customizing der Preisfindung bis tief in die kundenindividuelle Anpassung.

Ich bin mir sicher, dass Sie dieses Buch bei der Lösung von kniffligen Praxisanforderungen unterstützen wird und Sie anspornt, die eine oder andere bereits bestehende Lösung zu optimieren. Besondere Einblicke und Aha-Erlebnisse sind garantiert!

Wir freuen uns stets über Lob, aber auch über konstruktive kritische Anmerkungen, die uns helfen, unsere Bücher zu verbessern. Scheuen Sie sich nicht, mich zu kontaktieren. Ihre Fragen und Anmerkungen sind jederzeit willkommen.

Ihre Eva Tripp
Lektorat SAP PRESS

eva.tripp@rheinwerk-verlag.de
www.rheinwerk-verlag.de
Rheinwerk Verlag · Rheinwerkallee 4 · 53227 Bonn

Auf einen Blick

TEIL I Konditionstechnik

TEIL II Preisfindung

TEIL III Weiterführende technische Grundlagen, Tipps und Tricks

TEIL IV Bonusabwicklung im Vertrieb

Wir hoffen, dass Sie Freude an diesem Buch haben und sich Ihre Erwartungen erfüllen. Ihre Anregungen und Kommentare sind uns jederzeit willkommen. Bitte bewerten Sie doch das Buch auf unserer Website unter **www.rheinwerk-verlag.de/feedback**.

An diesem Buch haben viele mitgewirkt, insbesondere:

Lektorat Eva Tripp
Korrektorat Monika Klarl, Köln
Herstellung Melanie Zinsler
Typografie und Layout Vera Brauner
Einbandgestaltung Julia Schuster
Coverbild iStock: 186853912 © MarkSwallow
Satz Typographie & Computer, Krefeld
Druck Beltz Grafische Betriebe, Bad Langensalza

Dieses Buch wurde gesetzt aus der TheAntiquaB (9,35/13,7 pt) in FrameMaker. Gedruckt wurde es auf chlorfrei gebleichtem Offsetpapier (90 g/m²). Hergestellt in Deutschland.

Bibliografische Information der Deutschen Nationalbibliothek:
Die Deutsche Nationalbibliothek verzeichnet diese Publikation in der Deutschen Nationalbibliografie; detaillierte bibliografische Daten sind im Internet über *http://dnb.d-nb.de* abrufbar.

ISBN 978-3-8362-7501-9

3., aktualisierte und erweiterte Auflage 2020

Informationen zu unserem Verlag und Kontaktmöglichkeiten finden Sie auf unserer Verlagswebsite **www.rheinwerk-verlag.de**. Dort können Sie sich auch umfassend über unser aktuelles Programm informieren und unsere Bücher und E-Books bestellen.

Inhalt

10 Wichtige Programme der Preisfindung 351

15 Preisfindung in SAP S/4HANA 527

TEIL IV Bonusabwicklung im Vertrieb

Einleitung

Bevor Sie inhaltlich in die Konditionstechnik und die Preisfindung mit SAP ERP einsteigen, gehen wir im Folgenden auf das Thema, den Aufbau und die Zielgruppe dieses Buches ein.

Alles hat seinen Preis. Dies gilt insbesondere beim Kauf oder Verkauf von Produkten, seien es Waren oder Dienstleistungen. Wenn Sie im SAP-ERP-System z. B. einen Auftrag oder eine Bestellung anlegen, berechnet und schlägt Ihnen das System immer einen Verkaufs- oder Einkaufspreis vor. Aber wie macht das System das eigentlich, und wie können Sie die *Preisfindung* und *Preisberechnung* so einstellen, dass sie Ihren Anforderungen entspricht? Immerhin gibt es die verschiedensten Möglichkeiten, wie ein Preis zustande kommen kann. Es gibt z. B. spezielle Großkunden- und Mengenrabatte oder zeitlich begrenzte Sonderkonditionen; Frachtkosten und Steuern sollen berücksichtigt werden. Alle diese *Preiskonditionen* müssen irgendwo im System abgelegt werden können, um dann nach flexiblen Regeln gefunden und zum gewünschten Endpreis zusammengesetzt zu werden.

Zu diesem Zweck gibt es in SAP ERP die Preisfindung und Konditionstechnik, über die wir in diesem Buch schreiben. Sie existieren schon seit der Einführung des SAP-R/3-Systems, also schon eine ganze Weile. Ihre Konzepte, Flexibilität und Integration in viele Business-Anwendungen haben sich dabei als so erfolgreich erwiesen, dass Preisfindung und Konditionstechnik Ihnen auch in der nächsten Generation der SAP Business Suite, SAP S/4HANA, wieder begegnen werden. Ein paar Erweiterungen und Modernisierungen sind natürlich dazugekommen. Im Großen und Ganzen ist die Funktionalität jedoch stabil geblieben, sodass Sie dieses Buch für SAP ERP, aber auch genauso gut für SAP S/4HANA verwenden können.

Warum gibt es dieses Buch?

Die Tatsache, dass SAP an der Preisfindung in den letzten Jahren keine wesentlichen Weiterentwicklungen vorgenommen hat und sie auch weitgehend unverändert in SAP S/4HANA übernommen hat, bedeutet nicht, dass keine Kundenanforderungen vorgelegen haben. Es ist jedoch nicht sinnvoll, jede bekannte Kundenanforderung auch in den Standard aufzunehmen. Dies könnte sich destabilisierend auswirken, außerdem würde so jeder Kunde mit den Erweiterungen »beglückt« werden, auch wenn er sie überhaupt nicht braucht. Es ist aber auch gar nicht zwingend erforderlich, denn

Preisfindung und Konditionstechnik bieten bereits im Standard eine ausgesprochen große Flexibilität, die man nur kennen und richtig einsetzen muss.

Preisfindung ist eine unendliche Geschichte; die Vertriebsabteilungen sind sehr kreativ, wenn es um das Ausdenken neuer Preisgestaltungsvarianten geht. Da sollen z. B. Rabatte nur unter bestimmten Bedingungen bis zu einer gewissen Höhe oder in Abhängigkeit von anderen Rabatten gewährt werden, oder die Vertriebsabteilung hat spezielle Anforderungen an die Rundung. Die Aufgabe des Key-Users, Beraters oder Systembetreuers ist es, die Anforderungen der Fachabteilung zu realisieren. Hier setzen wir an. Bekanntlich führen viele Wege nach Rom. Der einfachste Weg wäre sicherlich, die Fachabteilung davon zu überzeugen, auf die Anforderung zu verzichten. Das ist natürlich nicht ernst gemeint, also muss eine Lösung gefunden werden. Dabei kommt es immer wieder mal vor, dass der eingeschlagene Lösungsweg nicht unbedingt optimal ist. Hier soll Ihnen unser Buch behilflich sein.

Voraussetzung dafür, die richtige Lösung zu finden, ist es natürlich, dass man mindestens die Möglichkeiten des Standards kennt; deshalb stellen wir den bestehenden Funktionsumfang in seiner ganzen Flexibilität umfassend dar. Darüber hinaus zeigen wir Ihnen, wie Sie vorgehen können oder müssen, wenn Sie den Standard ausgereizt haben.

Bei jeder Fragestellung zum Thema *Preisfindung und Konditionstechnik* sollten Sie in diesem Buch fündig werden.

Zur Geschichte der Preisfindung und Konditionstechnik

In den Anfangszeiten von SAP R/2 gab es zur Bestimmung des Ausgangspreises drei Quellen: den Preis aus dem Materialstamm, den kundenindividuellen Preis und den Preislistenpreis. Zur Abbildung der Zu- und Abschläge standen im System acht Positionskonditionen und acht Kopfkonditionen mit variablem Schlüsselaufbau per Customizing zur Verfügung. Dieses Prinzip stieß mit zunehmender Kundenzahl aus den unterschiedlichsten Branchen jedoch bald an seine Grenzen, insbesondere reichten diese Möglichkeiten nicht aus, um etwa die Anforderungen der Konsumgüterindustrie abzudecken.

Daher wurde im Jahr 1987 ein Entwicklungsprojekt mit vier repräsentativen Kunden aufgesetzt, in dem die zusätzlichen Anforderungen evaluiert und als Kundenlösung realisiert werden sollten. Dabei wurde ein zentrales Anliegen deutlich: Es sollte möglich sein, alle Elemente der Preisfindung auf Hierarchieebenen (Kunden- und Produkthierarchie) abzulegen.

Die Lösung für diese Anforderung war die Erfindung der *Zugriffsfolge*, mit deren Flexibilität es möglich war, beliebige hierarchische Strukturen zu handhaben und darüber hinaus die bestehende SAP-R/2-Preisfindung ebenfalls abzudecken. Ein weiterer

Fortschritt bestand darin, dass alle Wertkomponenten eines Belegs über das neu eingeführte *Kalkulationsschema* an einer einzigen Stelle definiert und kalkuliert werden konnten. Dies betraf z. B. die Preise, die Zu- und Abschläge, die Kosten, den Deckungsbeitrag, den Kreditpreis und den Grenzübergangswert, um hier nur einiges zu nennen. Auch die *Bedingungen* wurden in dieser Projektentwicklung eingeführt, um noch komplexere Sachverhalte abzubilden. In einem nächsten Schritt wurde die Flexibilität der neuen Konditionstechnik, also die Fähigkeit, beliebige Hierarchien zu handhaben, auch für weitere Grundfunktionen wie etwa die Materialsubstitution und die Artikellistung umgesetzt.

Die Projektlösung war ein durchschlagender Erfolg und wurde auch vorab an andere Kunden ausgeliefert. Der größte Teil dieser Projektlösung wurde anschließend in den SAP-R/2-Standard übernommen.

Mit dem Aufbau von SAP R/3 wurde diese Konstruktion im Wesentlichen übernommen, jedoch völlig neu realisiert. Aufgrund der Erfahrungen mit der SAP-R/2-Lösung wurden zur Erweiterung der Flexibilität und der kundenindividuellen Anpassbarkeit zusätzlich die *Formeln* eingeführt, die Berechnungen ermöglichen, die über das Tabellen-Customizing hinausgehen. Eine weitere Designänderung bestand darin, sogenannte *Kopfkonditionen* grundsätzlich auf die Positionen zu verteilen, um z. B. bei der Teilfakturierung die anteiligen Werte korrekt zu berücksichtigen – ein Bereich, der in SAP R/2 nur unzureichend umgesetzt wurde. Die Datenablage der Konditionsstammdaten erfolgte nun in generierten *Konditionstabellen*.

Bis zum heutigen Stand der Preisfindung in SAP ERP gab es dann noch eine Reihe von funktionalen Erweiterungen, unter denen vor allem die Einführung der *variablen Daten* der Konditionsstammdaten und die *performanceoptimierte Preisliste* hervorzuheben sind.

Beim Sprung auf SAP S/4HANA wurden Preisfindung und Konditionstechnik fast unverändert übernommen. Die Neuerungen waren meist technischer Natur, um für die Zukunft gerüstet zu sein. Für den Benutzer ist aber das meiste unverändert geblieben, sodass Sie Ihre in SAP ERP erarbeiteten Lösungen normalerweise einfach nach SAP S/4HANA mitnehmen können.

Wie hilft Ihnen dieses Buch?

Die Elemente des Customizings der Konditionstechnik und der Preisfindung sind im Lauf der Jahre immer leistungsfähiger geworden – und damit kann ein großer Prozentsatz der Anforderungen an die heutige SAP-ERP- und SAP-S/4HANA-Preisfindung durch eine kreative Nutzung dieser Customizing-Elemente umgesetzt werden. Dennoch treten in der Praxis immer wieder die unterschiedlichsten Anforderungen auf, sodass kundenindividuelle Anpassungen oft unausweichlich sind. Damit diese stabil und performant arbeiten, ist ein technisches Detailwissen erforderlich, das man sich bisher nur sehr mühsam und nur in Ausschnitten erarbeiten konnte.

Unser Buch hilft Ihnen bei der Bewältigung von Herausforderungen in der Konditionstechnik und der Preisfindung: Es vermittelt nicht nur eine umfassende Herleitung und Darstellung des Standard-Customizings für jedermann – wir erklären das Customizing anhand eines typischen Praxisfalls, der Schritt für Schritt durchlaufen wird –, sondern legt auch die technischen Grundlagen offen, die bisher in dieser Transparenz und Detaillierung nur im Kopf (um nicht zu sagen im »Hirn«) des Hauptentwicklers dieses Themenbereichs vorhanden waren.

Wie ist das Buch aufgebaut?

Wir haben das Buch in vier Teile gegliedert: **Teil I, »Konditionstechnik«**, enthält eine Einführung in die Konditionstechnik, die das Kernstück der Preisfindung darstellt, aber auch für zahlreiche andere Findungsprozesse verwendet wird. Er beginnt mit den Einsatzgebieten und den Elementen der Konditionstechnik in **Kapitel 1**, gefolgt von der Vorstellung der Konditionsstammdaten der Preisfindung in **Kapitel 2** und deren Auswertungen und Arbeitsvorräten in **Kapitel 3**.

Im zentralen **Teil II, »Preisfindung«**, werden zunächst in **Kapitel 4** ausführlich die Elemente und die Möglichkeiten des Standard-Customizings der Preisfindung vorgestellt. Ein weiterer Schwerpunkt liegt auf der Arbeit mit Konditionsstammdaten in **Kapitel 5** und dem Verständnis und der Handhabung des Preisfindungsergebnisses im Vertriebsbeleg in **Kapitel 6**. Vertieft werden diese Betrachtungen in **Kapitel 7** durch die Vorstellung spezieller Funktionen der Preisfindung und in **Kapitel 8** durch die Behandlung ausgewählter Kalkulationsschemata und Konditionsarten.

Im »Experten«-**Teil III, »Weiterführende technische Grundlagen, Tipps und Tricks«**, wird das technische Detailwissen vermittelt, das benötigt wird, um kundenindividuelle Anpassungen stabil, performant und mit hoher Qualität vornehmen zu können. Ausgehend von den Besonderheiten der Konditionstechnik in der Preisfindung in **Kapitel 9**, über die Vorstellung der wichtigsten Programme der Preisfindung in **Kapitel 10** geht es in **Kapitel 11** um Systemanpassungen mit Bedingungen, Formeln und User-Exits. Danach folgen in **Kapitel 12** typische Praxisanforderungen an die Preisfindung und ihre Lösungen, die größtenteils diese Bedingungen, Formeln und User-Exits einsetzen. Diese Betrachtungen werden durch die Preisfindung in ausgewählten Applikationen in **Kapitel 13** auf weitere Bereiche, wie z. B. die Bestellung und das Rechnungswesen, ausgedehnt. **Kapitel 14** ist eine Abhandlung zu Performance und Test. **Kapitel 15** wurde für die 3. Auflage neu geschrieben und gibt einen Überblick über die Preisfindung und Konditionstechnik in SAP S/4HANA. Dieses Kapitel ist insbesondere für diejenigen interessant, die sich in der Phase der Transformation zwischen SAP ERP und SAP S/4HANA befinden oder planen, in der Zukunft auf SAP S/4HANA zu wechseln. Welche Unterschiede gibt es in der Preisfindung? Was ist bei einem Wechsel zu beachten? Bei diesen Fragen wird Ihnen Kapitel 15 helfen.

Im **Teil IV, »Bonusabwicklung im Vertrieb«**, finden Sie in **Kapitel 16** eine umfassende Beschreibung der Bonusabwicklung in SAP ERP, die noch einmal auf viele Aspekte der Preisfindung und Konditionstechnik zurückgreift.

Abgerundet wird das Buch durch die in **Anhang A** enthaltenen »Konditionssteckbriefe« – eine kompakte Beschreibung mit der Nennung aller besonderen Customizing-Details, die eine bestimmte Konditionsart ausmachen, für die man sich gerade interessiert. Darüber hinaus finden Sie in **Anhang B** grundlegende Informationen zur Übernahme der SAP-ERP-Preisfindung (Customizing und Stammdaten) nach SAP CRM.

An wen richtet sich dieses Buch?

Mit unserem Buch sprechen wir einen umfangreichen Personenkreis an: Er reicht vom Einsteiger über den Key-User und den Juniorberater bis zum sehr erfahrenen Berater. Das liegt daran, dass die Komplexität der Konditionstechnik und der Preisfindung eine Vielzahl von Schichten aufweist. Wie bei einer sehr großen Zwiebel können Sie immer noch eine weitere Schicht der Komplexität abschälen, um irgendwann zum Kern vorzudringen. Vielleicht kommen Sie für Ihr »Preisfindungsrezept« mit den ersten Schichten des Standard-Customizings aus und sind vollkommen zufriedengestellt. Vielleicht ist Ihr »Appetit« aber auch etwas größer, und Ihre Ansprüche sind raffinierter. Dann müssen Sie sich schrittweise dem Kern der Komplexität nähern.

Abhängig von der Ebene der Komplexität, auf der Sie sich befinden, ergeben sich verschiedenste Möglichkeiten, mit dem Buch zu arbeiten. Sie können natürlich ganz einfach vorne anfangen zu lesen. Aber falls Sie es als *Einsteiger* in die Preisfindung und die Konditionstechnik oder als *Key-User* eilig haben, können Sie auch mit dem zentralen Teil II, »Preisfindung«, starten. Kapitel 4 gibt Ihnen anhand einer konkreten Aufgabenstellung, die beispielhaft umgesetzt wird, einen umfassenden Einstieg in die Konfiguration (das Customizing) der Konditionstechnik und der Preisfindung. Idealerweise können Sie dieses Beispiel auch Schritt für Schritt am System nachvollziehen, wenn Sie Zugang zu einem Testsystem besitzen – eine Vorgehensweise, die natürlich für alle Beispiele in diesem Buch zu empfehlen ist. Nach der Lektüre von Teil II sind Einsteiger und Key-User für die allermeisten Fragen des Alltags gerüstet.

Als *Berater* werden Sie eher über das Inhaltsverzeichnis navigieren und die Kapitel mit den Themen direkt ansteuern, die Ihr Interesse finden. Das sind naturgemäß häufig – aber nicht ausschließlich – die Inhalte, die in Teil III, »Weiterführende technische Grundlagen, Tipps und Tricks« angesiedelt sind. Zum vollen Verständnis von Teil III sind allerdings ABAP-Programmierkenntnisse Voraussetzung.

Der *erfahrene Berater* wird sich zuallererst auf Teil III konzentrieren, da hier zum großen Teil Themen dargestellt sind, die außerhalb dieses Buches noch nirgends oder nicht in dieser Detailgenauigkeit veröffentlicht wurden. Das könnte im Einzelfall sogar dazu führen, dass bestehende Lösungen noch einmal überprüft werden, da sich aufgrund des neuen Wissens alternative Lösungen offenbaren.

Was ist neu in der 3. Auflage?

In der 3. Auflage werden Sie erstmalig ein Kapitel über die Preisfindung in SAP S/4HANA finden (Kapitel 15). Wir erläutern Ihnen, was die Unterschiede zur Preisfindung in SAP ERP sind, und was bei einem Upgrade zu beachten ist. Auch werden wir auf die Unterschiede der verschiedenen Deployment-Optionen eingehen.

In Kapitel 3 haben wir die Beschreibung der performanceoptimierten Preisliste deutlich erweitert, sodass Sie dort jetzt detaillierte Informationen und Beispiele vorfinden, mit deren Hilfe Sie diese Preislistenfunktion hoffentlich erfolgreich nutzen können.

Alle anderen Kapitel wurden, wo nötig, überarbeitet, ergänzt und auf den neuesten Stand gebracht.

Anmerkung zu den Beispielen in diesem Buch

Alle in diesem Buch aufgeführten Lösungsvorschläge auf der Basis von SAP ERP 6.0 Enhancement Package 4 bzw. 8 und SAP S/4HANA, On-Premise-Version 1909, bzw. SAP S/4HANA Cloud 2002 wurden von uns erfolgreich getestet. Wenn Sie die Anregungen in diesem Buch für eigene Erweiterungen verwenden, müssen Sie natürlich – wie immer in solchen Fällen – Ihre individuellen Anforderungen und Systemgegebenheiten genau beachten. Anders gesagt: Mit Blick auf Ihre konkrete Situation sind »alle Angaben ohne Gewähr«; für Ihre Modifikationen sind Sie letztlich selbst verantwortlich. Mithilfe des in diesem Buch vermittelten Wissens sollten Sie diese Modifikationen aber kompetent angehen können.

TEIL I

Konditionstechnik

Der erste Teil dieses Buches enthält eine Einführung in die Konditionstechnik, die das Kernstück der Preisfindung darstellt, für die die Konditionstechnik ursprünglich entwickelt wurde. In der Folge wurde die Konditionstechnik auch noch für zahlreiche andere Findungsprozesse, wie z. B. für die Nachrichtenfindung, verwendet. Wir stellen Ihnen in diesem Teil die verschiedenen Einsatzgebiete der Konditionstechnik, die Customizing-Elemente, die Pflege der Konditionsstammdaten der Preisfindung und deren Auswertungen und Arbeitsvorräte vor.

Kapitel 1
Einsatzgebiete und Elemente der Konditionstechnik

Die Konditionstechnik ist ein konfigurierbares Werkzeug, das Sie einerseits zur Definition von Stammdaten und andererseits für den Zugriff auf diese einsetzen können. Die Konditionstechnik dient also zur Lösung von Findungsaufgaben. In diesem ersten Kapitel stellen wir Ihnen wesentliche Grundfunktionen vor, die mithilfe der Konditionstechnik realisiert wurden, und machen Sie mit den Begriffen der Konditionstechnik vertraut.

Jede betriebswirtschaftliche Funktion benötigt Stammdaten: Kundenauftragsbearbeitung und Fakturierung benötigen den Kundenstamm und den Materialstamm, die Einkaufsabwicklung benötigt den Lieferantenstamm, der Buchungsbeleg benötigt Sachkonten usw. Beim Design dieser Stammdatenobjekte steht man immer vor der Frage, wie denn nun eigentlich der Zugriffsschlüssel dieser Objekte aussehen soll. Sollen die Daten von der Verkaufsorganisation, dem Vertriebsweg, dem Buchungskreis oder anderen Organisationseinheiten abhängig sein? Diese Entscheidung ist oft nicht einfach, zumal SAP als Lieferant von Standardsoftware den Anspruch erhebt, nicht nur die bekannten, sondern auch zukünftige, heute noch unbekannte Anforderungen abzudecken. Das bedeutet, dass ein hohes Maß an Flexibilität gewünscht ist. Die Antwort auf diese Anforderung gibt SAP mit der *Konditionstechnik*.

Die Idee der Konditionstechnik entstand zunächst bei der Entwicklung der *Preisfindung*. Es wurde jedoch schnell klar, dass dieses Konstruktionsprinzip auch für andere Anwendungen ideal ist. Die Konditionstechnik wurde daher immer eingesetzt, wenn die Abhängigkeiten der Stammdaten für eine bestimmte Funktion durch die Kundenanforderungen nicht eindeutig bestimmbar waren – zumindest bei den Funktionen, die neu entwickelt wurden. Beispiele dafür sind etwa Artikellistung, Artikelausschluss und Materialfindung.

Zur Unterscheidung der Anwendungen bzw. der Einsatzgebiete wurde der Begriff *Konditionsverwendung* eingeführt. Bevor wir uns einige Beispiele für diese Konditionsverwendungen ansehen, gehen wir auf die Eigenschaften der Konditionen ein, die sie von anderen Stammdaten abheben.

1.1 Eigenschaften von Konditionen

Wichtig zu wissen ist, dass die Abhängigkeit der Konditionsstammdaten, also der Zugriffsschlüssel, nicht ein für alle Mal festgeschrieben werden, sondern in jeder SAP-Installation unterschiedlich ausfallen kann.

[»]

Der Zugriffsschlüssel der Konditionsstammdaten ist frei definierbar

Der wesentliche Unterschied der Konditionsstammdaten (Konditionssätze) im Vergleich zu anderen Stammdaten, wie z. B. dem Kundenstamm und dem Materialstamm, besteht darin, dass der Konditionsschlüssel nicht fest definiert ist, sondern durch eine Customizing-Transaktion eingerichtet wird.

Die Informationen über den Schlüsselaufbau einer Stammdatentabelle, auch *Konditionstabelle* genannt, werden als Metadaten in Customizing-Tabellen abgelegt. Aus diesen Metadaten werden dann die DDIC-Tabellen (DDIC = Data Dictionary) generiert, in denen die spätere Datenablage erfolgt. Die variable Schlüsseldefinition der Konditionsstammdaten stellt natürlich besondere Herausforderungen an die Stammdatenpflege. Deshalb werden zu einer Konditionstabelle auch die zugehörigen Pflegeprogramme und die Screens (zumindest für das SAP GUI) generiert. Neben den variablen Schlüsselfeldern sind die Gültigkeitszeiträume ein weiterer wesentlicher Bestandteil der Konditionssätze.

[»]

Konditionsstammdaten sind datumsabhängig

Eine weitere wichtige Eigenschaft der Konditionsstammdaten ist ihre Datumsabhängigkeit, d. h., jedem Konditionssatz ist ein Gültigkeitszeitraum zugeordnet. Andere Stammdaten, wie beispielsweise der Kundenstamm oder der Materialstamm, besitzen diese Eigenschaft nicht.

Eine Konditionsverwendung wird normalerweise von mehreren Objekten innerhalb des SAP-Systems benutzt. Die Preisfindung wird u. a. in Kundenauftrag, Fakturierung, Bestellung und Rechnungswesen eingesetzt. Zur besseren Abgrenzung der Objekte wurde der Begriff der *Konditionsapplikation* eingeführt. Große Teile des Customizings, wie z. B. der Feldvorrat, die Konditionsarten und die Kalkulationsschemata, sind applikationsabhängig.

Neben der flexiblen Definition der Schlüsselfelder einer Konditionstabelle kommt dem Lesen der Konditionstabellen innerhalb der operativen Verarbeitung (z. B. bei der Preisfindung im Kundenauftrag) eine ganz besondere Bedeutung zu. Das Lesen erfolgt mit einer Suchstrategie, der sogenannten *Zugriffsfolge*.

Suchstrategie »Zugriffsfolge«

Durch die Einführung von Zugriffsfolgen ist der Zugriff auf die Konditionstabellen über das Customizing frei definierbar; insbesondere sind dadurch eine Priorisierung der gefundenen Konditionssätze und die Abarbeitung hierarchischer Strukturen möglich.

Zusammen mit dem Einsatz von Bedingungen verleiht die Zugriffsfolge der Konditionstechnik eine Ausnahmestellung. Denn ihre Flexibilität kann teure Modifikationen in Kundeninstallationen überflüssig werden lassen.

Im Folgenden gehen wir auf einige ausgewählte betriebswirtschaftliche Funktionen, die mithilfe der Konditionstechnik realisiert sind, ein und sprechen erste technische Begriffe an. Die Konditionstechnik dient zwar dazu, betriebswirtschaftliche Anforderungen zu lösen, sie ist jedoch auch – als Tool – techniklastig; deshalb konfrontieren wir Sie notgedrungen immer wieder mit den technischen Begriffen.

1.2 Einsatzgebiete der Konditionstechnik (Konditionsverwendung)

In Tabelle 1.1 sehen Sie eine Übersicht über die Einsatzgebiete der Konditionstechnik, also über die betriebswirtschaftlichen (Teil)funktionen, die mithilfe dieser Technik realisiert wurden. Wir benutzen im Folgenden die technischen Begriffe *Verwendung* oder *Konditionsverwendung* für diese Einsatzgebiete. Darüber hinaus wird jede Konditionsverwendung in der Regel in mehreren Anwendungsbereichen, den betriebswirtschaftlichen Prozessen, eingesetzt. Für diese Anwendungsbereiche verwenden wir die technischen Begriffe *Applikation* oder *Konditionsapplikation*. Eine Übersicht dieser Applikationen erhalten Sie in Abschnitt 1.4, »Anwendungsbereiche der Konditionstechnik (Konditionsapplikation)«.

Die Verwendung der Konditionen wird durch die einstellige Domäne KVEWE definiert, deren Wertebereich in der Tabelle T681V zu finden ist. Die Verwendung *Datenbeschaffung* (T) haben wir nicht aufgeführt, da sie im Standard nicht realisiert ist. Auf diese Funktion gehen wir aber in Abschnitt 1.3.9, »Verwendung T: Datenbeschaffung«, näher ein.

Verwendung	Bezeichnung	Kommunikationsstruktur	Mustertabelle	Musterreport	Modul-Pool
A	Preisfindung	KOMG	A000	RV13A000	SAPMV13A
B	Nachrichten	KOMB	B000	RV13B000	SAPMV13B

Tabelle 1.1 Konditionsverwendungen (Transaktion SM30, View V_T681V)

Verwendung	Bezeichnung	Kommunikationsstruktur	Mustertabelle	Musterreport	Modul-Pool
C	Kontenfindung	KOMCV	C000		
D	Materialfindung	KOMGD	D000	RV130000	SAPMV13D
E	Bonus	KOMG	E000	RV13E000	SAPMV13A
G	Listung/ Ausschluss	KOMGG	G000	RV130000	SAPMV13G
H	Chargen-Findung	KOMGH	H000	RV130000	SAPMV13H
I	Vorlagen-Findung	KOMI	I000	RV130000	SAPMV13I
M	Portfolio-Findung	KOMGM	M000	RV13M000	SAPLWPOT
N	Naturalrabatt	KOMG	N000	RV130000	SAPMV13N

Tabelle 1.1 Konditionsverwendungen (Transaktion SM30, View V_T681V) (Forts.)

Im Folgenden finden Sie die wichtigsten Informationen, die aus der Verwendung abgeleitet werden:

- **Kommunikationsstruktur (z. B. KOMG)**
  Die Kommunikationsstruktur definiert den Feldvorrat aller Merkmale, die für die Generierung der Konditionstabellen verwendet werden können. Sie wird auch innerhalb des Pflegeprogramms für die Konditionssätze verwendet.
- **Mustertabelle (z. B. A000)**
  Die Mustertabelle dient als Vorlage, aus der die einzelnen Konditionstabellen generiert werden. Aus dieser Tabelle geht hervor, ob die Verwendung einen Gültigkeitszeitraum unterstützt. Das Schlüsselfeld VAKEY der Mustertabelle wird bei der Generierung durch konkrete Felder ersetzt.
- **Musterreport (z. B. RV13A000)**
  Der Musterreport dient als Vorlage zur Generierung des Selektionsreports zu einer Konditionstabelle. Diese Generierung ist erforderlich, weil die Konditionstabellen unterschiedliche Schlüsselfelder haben.
- **Modul-Pool (z. B. SAPMV13A) des Pflegeprogramms im SAP GUI**
  Sie sehen in Tabelle 1.1, dass die Verwendung *Kontenfindung* C keinen Modul-Pool besitzt. Bei dieser einfachen Verwendung erfolgt die Pflege der Konditionssätze durch einen generierten Pflege-View. Das ist deshalb möglich, weil die Konditions-

sätze dieser Verwendung ausschließlich aus der Konditionstabelle selbst bestehen (es gibt also keine zusätzlichen Tabellen) und außerdem kein Gültigkeitszeitraum unterstützt wird.

1.3 Ausgewählte Einsatzgebiete (Verwendungen)

In diesem Abschnitt stellen wir Ihnen die wichtigsten Einsatzgebiete der Konditionstechnik kurz vor. Für diese Einsatzgebiete benutzen wir im Folgenden den technischen Begriff *Verwendung* oder *Konditionsverwendung*.

1.3.1 Verwendung A: Preisfindung

Die Verwendung *Preisfindung* (A) innerhalb der Vertriebsabwicklung (Applikation V) und insbesondere die Verwendung der Konditionsstammdaten in diesem Prozess sind das Hauptthema dieses Buches. Weitere Informationen zur Preisfindung in ausgewählten Applikationen finden Sie in Kapitel 13.

1.3.2 Verwendung B: Nachrichtenfindung

Nachrichten dienen dazu, Folgefunktionen zu einem Objekt auszulösen. In den Konditionsstammdaten legen Sie fest, unter welchen Umständen welche Nachrichten ausgegeben werden sollen.

Folgende Funktionen werden in der Verwendung *Nachrichtenfindung* (B) unterstützt:

- **Druck mit den Formularvarianten SAPscript, Smart Forms und PDF**
  Zusätzlich können die Druckdokumente im optischen Archiv zu Revisionszwecken abgelegt werden.
- **EDI-Ausgang (Electronic Data Interchange)**
  Damit werden Dokumente elektronisch versendet.
- **Sonderfunktionen**
  Damit haben Sie die Möglichkeit, eine Folgeverarbeitung eines Belegs auszulösen, indem eigene Verarbeitungsprogramme prozessiert werden. Dies ist ein beliebtes (und sehr zu empfehlendes) Mittel, um Prozessanpassungen modifikationsfrei vorzunehmen.
- **Auslösen eines Workflow-Events**
  Im Kundenauftrag wird grundsätzlich ein Workflow-Event ausgelöst, nicht so in der Faktura. Dies können Sie über die Nachrichtenverarbeitung realisieren.

Eine Besonderheit dieser Verwendung ist, dass sie als einzige unterschiedliche Kommunikationsstrukturen unterstützt.

1.3.3 Verwendung C: Kontenfindung

Die Verwendung *Kontenfindung* (C) wird innerhalb der Auftragsbearbeitung und der Fakturierung verwendet. Die Aufgabe besteht darin, Sachkonten für die Schnittstelle zum Rechnungswesen zu ermitteln. Beachten Sie dabei, dass die Konditionssätze *keinen Gültigkeitszeitraum* unterstützen. Über verschiedene Applikationen wird die Kontenfindung für die folgenden Zwecke durchgeführt:

Applikation V: Erlöskontenfindung

Mit der Erlöskontenfindung wird die Kontenfindung für Erlöse und Erlösschmälerungen durchgeführt. Bei speziellen statistischen Konditionsarten wird zusätzlich ein zweites Konto zur Bildung von Rückstellungen ermittelt, wie es z. B. bei Konditionen für nachträgliche Vergütungen benötigt wird. Dort werden zum Zeitpunkt der Fakturen die zu erwartenden Erlösschmälerungen in der GuV (Gewinn- und Verlustrechnung) gebucht und über ein Rückstellungskonto mit der später durchgeführten Bonusabrechnung verrechnet.

Applikation VB: Abstimmkontenfindung

Zu einer Faktura wird für den Kunden ein offener Posten in der Debitorenbuchhaltung aufgebaut. Parallel zu dieser Buchung wird die Buchung auf das Bilanzkonto für Forderungen automatisch durchgeführt. Dieses Forderungskonto wird aus dem Stammsatz des Kunden ermittelt. Mit der Abstimmkontenfindung kann ein davon abweichendes Abstimmkonto für die Forderungen situationsspezifisch ermittelt werden.

Applikation VC: Kontenfindung »Kasse-Verrechnung«

Beim Barverkauf wird kein offener Posten mit angebundener Buchung auf das Forderungskonto erzeugt, sondern stattdessen wird lediglich auf ein spezielles Bilanzkonto für *Kasse-Verrechnung* gebucht. Dieses Konto wird hier ermittelt.

Applikation VD: Kontenfindung für Zahlungskarten

Beim Einsatz von Zahlungskarten wird über diese Kontenfindung das Clearing-Konto zu einer Kartenart ermittelt.

1.3.4 Verwendung D: Materialfindung

Im Rahmen der Auftragsbearbeitung besteht manchmal die Notwendigkeit, dauerhaft oder für einen bestimmten Zeitraum ein Produkt durch ein anderes Produkt zu ersetzen – sei es, weil das Produkt ausläuft oder weil es im Rahmen einer Aktion (z. B.

Weihnachtsaktion) durch ein anderes Produkt mit einer anderen Verpackung ersetzt werden soll. Dies ist über die Verwendung *Materialfindung* (D) möglich.

1.3.5 Verwendung E: Bonus

Die Verwendung *Bonus* (E) wurde aus technischen Gründen als Unterfunktion der Verwendung *Preisfindung* (A) eingeführt. An der Oberfläche (im Customizing) tritt diese Verwendung nicht in Erscheinung. Der Unterschied zur Verwendung A besteht darin, dass eine andere Mustertabelle E000 verwendet wird, die das zusätzliche Schlüsselfeld `KNUMA` (Nummer der Absprache) enthält. Bonuskonditionssätze dürfen ausschließlich innerhalb einer Bonusabsprache gepflegt werden und sind über `KNUMA` mit dieser verbunden.

1.3.6 Verwendung G: Materiallistung/-ausschluss

Bei der Auftragserfassung kann eine Prüfung gegen gelistete oder ausgeschlossene Artikel aktiviert werden. Entscheidend für den Einsatz der Konditionstechnik bei der Entwicklung dieser Funktionalität war die Kundenanforderung, die Listung auf jeder Ebene einer Kundenhierarchie ablegen zu können. Hier ist die Routine `konditionsvorstep`, der wir später noch öfter begegnen werden, besonders wichtig. Auf der Kopfebene wird geprüft, zu welchem Knoten der Kundenhierarchie Listungssätze existieren. Beim untersten Hierarchieknoten, der Listungssätze enthält, wird dann die Listungsprüfung durchgeführt.

1.3.7 Verwendung N: Naturalrabattfindung

Neben monetären Rabatten gibt es auch die Möglichkeit der Preisgestaltung über Naturalrabatte. In den Konditionsstammsätzen dazu können Sie folgende Einstellungen vornehmen:

- Staffelmengen, ab denen der Naturalrabatt gewährt werden soll, sowie den Naturalrabattanteil an der Positionsmenge
- Naturalrabatt als Dreingabe mit Positionsgenerierung (kaufe x von A, bezahle y). Bei dieser Variante ist ein Teil der bestellten Menge kostenlos.
- Naturalrabatt als Draufgabe (kaufe x von A, erhalte y von B kostenlos). Bei dieser Variante wird zusätzlich zur bestellten Menge ein weiterer Artikel kostenlos zugegeben.
- Naturalrabatt als Dreingabe ohne Positionsgenerierung (kaufe x von A, bezahle y). Wie bei der ersten Variante ist ein Teil der bestellten Menge kostenlos.

Das Ergebnis der Verwendung *Naturalrabattfindung* (N), die vor dem Aufruf der Preisfindung durchgeführt wird, führt entweder dazu, dass kostenlose Unterpositionen generiert werden oder dass innerhalb der Preisfindung eine spezielle Kondition zum Tragen kommt, mit der der Naturalrabatt bei der Dreingabe bewertet wird.

1.3.8 Verwendung 3: Kampagnenfindung

Das Kampagnenmanagement ist eine Funktion von *SAP Customer Relationship Management* (SAP CRM). Dort können Sie für einen bestimmten Zeitraum eine Kampagne als verkaufsfördernde Maßnahme anlegen. Wesentlicher Bestandteil dieser Kampagnen ist es, Rabatte in Form von Sofortrabatten, Naturalrabatten oder nachträglichen Vergütungen zu vereinbaren. Darüber hinaus legen Sie den Kreis der berechtigten Personen für diese Kampagne fest. Wegen ihrer Flexibilität wurde auch hier die Konditionstechnik gewählt. Die Konditionssätze zur Verwendung *Kampagnenfindung* (3) und zu den Rabatten werden vom SAP-CRM- in das SAP-ERP-System übertragen und bewirken, dass in SAP CRM und SAP ERP innerhalb der Auftragsabwicklung die gleiche Funktion bereitgestellt wird.

1.3.9 Verwendung T: Datenbeschaffung

Wenn Sie sich den Customizing-View V_T681V der Verwendungen ansehen, werden Sie dort auch den Wert »T Datenbeschaffung« vorfinden. Diese Verwendung war ursprünglich vorgesehen, um eine allgemeine Datenbeschaffung mit der Konditionstechnik zur Verfügung zu stellen. Damit sollte die Möglichkeit geschaffen werden, Stammdatenattribute *datumsabhängig* anlegen zu können – eine Eigenschaft, die die meisten Stammdaten im SAP-System nicht haben. Mit dieser Verwendung können daher bestehende fixe Stammdatenzuordnungen datumsabhängig übersteuert werden.

[»]

Allgemeine Datenbeschaffung mit der Konditionstechnik

Die Verwendung T wurde im Standard nicht realisiert; es gibt jedoch die Möglichkeit, mithilfe der Verwendung *Preisfindung* (A) unter der Nutzung spezieller Konditionsarten genau diese Funktion über User-Exits zu realisieren. Die Lösung finden Sie in Abschnitt 12.8, »Stammdatenfelder datumsabhängig pflegen«.

Im Zusammenhang mit Verträgen (z. B. Miet- oder Wartungsverträgen) kann man sich gut vorstellen, dass Belegattribute ebenfalls datumsabhängig gepflegt werden sollen. Diese Änderungen sollen dann ab dem gewünschten Termin in den periodischen Rechnungen angewandt werden (z. B. Zahlungsbedingungen). Wenn Sie sich nun vorstellen, die hier angesprochenen Konditionsarten zur Datenbeschaffung mit Konditionstabellen einzurichten, die die Belegnummer als Schlüsselfeld verwenden, können Sie auch dieses Ziel mit der angesprochenen Lösung erreichen.

1.4 Anwendungsbereiche der Konditionstechnik (Konditionsapplikation)

Im vorangehenden Abschnitt haben wir darüber gesprochen, welche betriebswirtschaftlichen (Teil)prozesse mit der Konditionstechnik abgewickelt werden, und wir haben Beispiele gezeigt. Tabelle 1.2 zeigt nun eine Aufstellung der Anwendungsbereiche, in denen die Konditionstechnik genutzt wird. Diese Anwendungsbereiche, es handelt sich dabei immer auch um betriebswirtschaftliche Prozesse, bezeichnen wir als *Applikationen* bzw. *Konditionsapplikationen*, die aus technischer Sicht durch Business-Objekte repräsentiert werden. Solche Objekte sind z. B. der Kundenauftrag, die Faktura, die Bestellung, der Buchungsbeleg oder die Kostenstelle.

Die Applikation ist durch die Domäne KAPPL definiert, deren Wertebereich in der Tabelle T681A abgelegt ist. In der Zuordnungstabelle T681Z ist festgelegt, in welchen Anwendungsbereichen die verschiedenen Konditionsverwendungen eingesetzt werden. Tabelle 1.2 zeigt einen Ausschnitt aus Tabelle T681Z.

Verwendung	Bezeichnung	Applikation	Bezeichnung	Kopf	Position	Dynamisch
3	Kampagne	V	Vertrieb	KOMK	KOMP	
A	Preisfindung	BA	IS-Bank	KOMK	KOMP	KOMPAZD
		CS	Kostenstellen	KOMK	KOMP	KOMPAZD
		F	Frachtkosten	KOMK	KOMP	KOMPAZD
		J0	IS-P Verlag	KOMK	KOMP	KOMPAZD
		KA	Aufträge	KOMK	KOMP	
		KE	Ergebnisrechnung	KOMK	KOMP	KOMPAZD
		M	Einkauf	KOMK	KOMP	KOMPAZD
		MS	Dienstleistung	KOMK	KOMP	KOMPAZD
		P	Vergütung	KOMK	KOMP	KOMPAZD
		TX	Steuern	KOMK	KOMP	KOMPAZD
		V	Vertrieb	KOMK	KOMP	KOMPAZD
		W	Warenwirtschaft	KOMK	KOMP	KOMPAZD

Tabelle 1.2 Anwendungsbereiche der Konditionstechnik (Transaktion SM30, View V_T681Z)

Verwendung	Bezeichnung	Applikation	Bezeichnung	Kopf	Position	Dynamisch
B	Nachrichtenfindung	EF	Einkauf	KOMKBEA	KOMPBEA	
		ME	Bestand	KOMKBME	KOMPBME	
		MR	Rechnungsprüfung	KOMKBMR	KOMPBMR	
		V1	Verkauf	KOMKBV1	KOMPBV1	
		V2	Versand	KOMKBV2	KOMPBV2	
		V3	Faktura	KOMKBV3	KOMPBV3	
		V7	Transport	KOMKBV7		
C	Kontenfindung	M	Einkauf	KOMKCV	KOMPCV	
		V	Vertrieb	KOMKCV	KOMPCV	
		VB	Abstimmkonto	KOMKCV	KOMPCV	
		VC	Kasse	KOMKCV	KOMPCV	
		VD	Kreditkarten	KOMKCV	KOMPCV	
D	Materialfindung	V	Vertrieb	KOMKD	KOMPD	
		VS	Cross-Selling	KOMKD	KOMPD	
G	Listung/ Ausschluss	V	Vertrieb	KOMKG	KOMPG	
H	Chargen-Findung	CO	Fertigung	KOMKH	KOMPH	
		ME	Bestand	KOMKH	KOMPH	
		V	Vertrieb	KOMKH	KOMPH	
		WM	Lager	KOMKH	KOMPH	
N	Naturalrabatt	M	Einkauf	KOMK	KOMP	
		V	Vertrieb	KOMK	KOMP	
		VP	Bonuskauf	KOMK	KOMP	

Tabelle 1.2 Anwendungsbereiche der Konditionstechnik (Transaktion SM30, View V_T681Z) (Forts.)

Auf der Ebene der Applikation werden die folgenden Parameter zugeordnet:

- **Kopf (z. B. KOMK)**
  Die Kopf-Kommunikationsstruktur bildet den Feldvorrat als Auszug von Belegfeldern der Objekte einer Applikation. Im Fall der Preisfindung müssen alle Applikationen die gleiche Struktur KOMK verwenden. Das bedeutet, dass in dieser Struktur die Summe aller preisfindungsrelevanten Felder aller beteiligten Business-Objekte enthalten ist. Hier sind die Merkmale zu finden, die kopfartigen Charakter haben. Das sind Felder, die bei Belegen entweder im Belegkopf liegen oder bei den meisten Positionen identisch sind. Wir werden in Abschnitt 9.1, »Schnittstellen, Tabellen und Zusammenhänge«, und Abschnitt 14.2, »Konditions-Prestep und Zugriffsoptimierung«, die Zusammenhänge noch genauer erklären.
- **Position (z. B. KOMP)**
  Die Positions-Kommunikationsstruktur bildet neben der Kopf-Kommunikationsstruktur den zweiten Teil des Feldvorrats, bestehend aus rein positionsartigen Feldern.
- **Struktur der dynamischen Positionsfelder**
  Diese Struktur wird ausschließlich in der Verwendung A unterstützt und dient dazu, variable Datenfelder in Konditionssätzen zu verarbeiten. Neben den variablen Schlüsselfeldern VAKEY können bei Preisfindungskonditionen auch variable Datenfelder VADAT eingesetzt werden. Für diese Zwecke ist ausschließlich die Struktur KOMPAZD vorgesehen.

Die verwendeten Kommunikationsstrukturen sind innerhalb einer Verwendung identisch, mit Ausnahme der Nachrichtenfindung, in der jede Applikation ihre eigenen Kommunikationsstrukturen haben kann. Wir schließen das Thema der Applikationen mit einer Übersicht über die zugehörigen Business-Objekte ab:

- V (Verkaufsbeleg, Lieferung, Faktura)
- V1 (Verkaufsbeleg)
- V2 (Lieferung)
- V3 (Faktura)
- CS (Kostenstelle)
- F (Transport)
- KA (Innenauftrag)
- M (Bestellung)
- P (Versicherungsvertrag – Branchenlösung *Insurance*)
- TX (Buchhaltungsbeleg)

Sie haben hier die Begriffe *Konditionsverwendung* und *Konditionsapplikation* kennengelernt. Diese werden Ihnen im Verlauf des Buches immer wieder begegnen. Nun werden wir konkreter und steigen in die Anwendung der Konditionstechnik ein.

1.5 Elemente der Konditionstechnik im Überblick

Die Konditionstechnik ermöglicht es, im SAP-Customizing Findungsprozesse konfigurierbar zu gestalten. So ist es z. B. das Ziel der Preisfindung, Preise, Zu- und Abschläge, Frachten und Steuern für einen Geschäftsvorfall automatisch über entsprechende Stammdaten zu ermitteln.

Da dieser Prozess bei jedem SAP-Kunden im Detail anders abläuft, liefert SAP im Standard-Customizing Beispiele aus, die Sie als Vorlage bei der Abbildung Ihrer individuellen Prozesse verwenden können.

Bei der Abbildung der Kundenanforderungen im SAP-System werden die im Folgenden vorgestellten Grundelemente der Konditionstechnik immer benötigt. Sie werden in der Regel neue Ausprägungen dieser Elemente im Kundennamensraum anlegen; Sie können selbstverständlich auch die Standardobjekte verwenden. Sofern wir in unseren Beispielen Elemente, mit Z beginnend, verwenden, werden Sie diese nicht in der SAP-Standardauslieferung finden, sondern sie liegen im Kundennamensraum. Mit den zur Verfügung gestellten Informationen sollten Sie aber in der Lage sein, alle im Buch aufgeführten Beispiele nachzustellen.

Im Folgenden zeigen wir Ihnen die technische Reihenfolge, in der Sie vorgehen müssen, wenn Sie die Anwendung einrichten. Die betriebswirtschaftliche Herangehensweise erfolgt sicherlich in umgekehrter Reihenfolge, insbesondere bei der Preisfindung. Denn Sie werden sich bei der betriebswirtschaftlichen Herangehensweise zuerst über das Kalkulationsschema und die darin verwendeten Konditionsarten Gedanken machen, bevor Sie sich mit der Datenablage und der Suchstrategie der einzelnen Konditionsarten beschäftigen. Die technische Reihenfolge stellt hingegen die Datenablage, also die Konditionstabelle, an den Anfang, und erst ganz zuletzt wird das Kalkulationsschema angepasst. Das Arbeiten mit diesen Elementen vertiefen wir in Kapitel 4, »Customizing der Preisfindung«, detailliert anhand einer konkreten Aufgabenstellung zur Preisfindung.

Die Elemente der Konditionstechnik finden Sie im jeweiligen Customizing. Zum Einstieg in die Materie sehen wir uns das einfache Beispiel *Kontenfindung für Kassenverrechnung* an (siehe Abbildung 1.1), das Sie über den Pfad **(IMG •) Vertrieb • Grundfunktionen • Kontierung/Kalkulation • Kassenkontenfindung** erreichen. Wir haben diese Verwendung für den Einstieg ausgewählt, da wir hier alle Elemente der Konditionstechnik unter einem Customizing-Knoten vorfinden. Wir können uns somit Schritt für Schritt vorarbeiten.

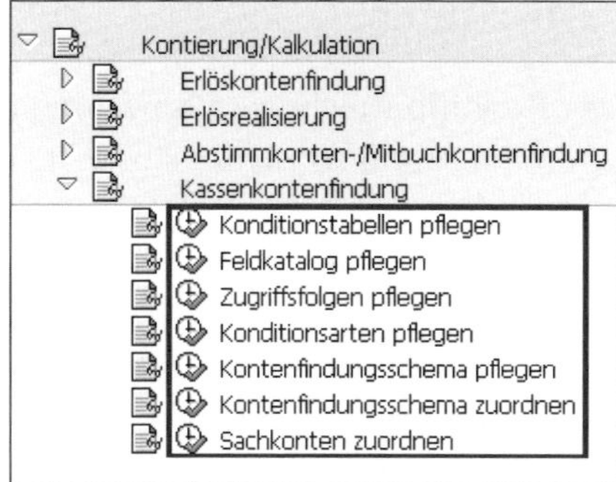

Abbildung 1.1 Grundelemente der Konditionstechnik – Customizing

Im Einzelnen sprechen wir über die folgenden Elemente:

- **Feldkatalog und Kommunikationsstrukturen**
  Hier werden die zulässigen Merkmale (Felder) verwaltet, die bei der Anlage von Konditionstabellen und Zugriffsfolgen verwendet werden können.
- **Konditionstabelle**
  Die Konditionstabelle ist eine generierte DDIC-Struktur zur Ablage der Konditionsstammdaten auf der Datenbank.
- **Zugriffsfolge**
  Die Zugriffsfolge ist eine Suchstrategie zum Lesen der Konditionsstammdaten zu einer Konditionsart.
- **Konditionsart**
  Die Konditionsart ist beschreibendes Merkmal und fester Key-Bestandteil jedes Konditionsstammsatzes.
- **Konditionsstammdaten/Konditionssätze (z. B. Sachkonten zuordnen)**
  Es handelt sich dabei um einen Pflegedialog zur Ablage in den Konditionstabellen. In diesem Beispiel sind die Stammdaten im Customizing angesiedelt, da die Kontenfindung Customizing-Charakter hat. In anderen Verwendungen ist die Stammdatenpflege eher im Anwendungsmenü zu finden.
- **Schema/Kalkulationsschema (z. B. Kontenfindungsschema pflegen)**
  Hierbei handelt es sich um eine Auflistung der Konditionsarten, nach denen gesucht werden soll.
- **Schemaermittlung (z. B. Kontenfindungsschema zuordnen)**
  Hier geht es um die Zuordnung des Schemas zum betriebswirtschaftlichen Vorgang.

Im Folgenden bewegen wir uns in der Hauptsache im Customizing der Preisfindung: **(IMG •) Vertrieb • Grundfunktionen • Preisfindung**. Auf Ausnahmen weisen wir Sie ausdrücklich hin.

1.6 Feldkatalog und Kommunikationsstrukturen

Wir besprechen nun die einzelnen Elemente der Konditionstechnik und beginnen mit dem Feldkatalog, der auf den sogenannten *Kommunikationsstrukturen* basiert.

1.6.1 Feldkatalog

Die »Wurzel« der Konditionstechnik bildet der *Feldkatalog* der erlaubten Felder (auch Merkmale, im Folgenden synonym verwendet). Der Feldkatalog wird sowohl zum Aufbau von *Konditionstabellen* benötigt als auch für den Zugriff auf diese über *Zugriffsfolgen* eingesetzt.

[»]

Definition Feldkatalog

Der Feldkatalog enthält die applikationsabhängige Teilmenge aus der Menge aller möglichen Felder/Merkmale einer Konditionsverwendung, die durch die Kommunikationsstrukturen definiert sind. Im Fall der Preisfindung wird der Gesamtkatalog durch die Strukturen KOMG, KOMK, KOMP und KOMPAZD bestimmt.

Die Kommunikationsstrukturen eines Feldkatalogs können Sie Tabelle 1.1 (Abschnitt 1.2, »Einsatzgebiete der Konditionstechnik (Konditionsverwendung)«) und Tabelle 1.2 (Abschnitt 1.4, »Anwendungsbereiche der Konditionstechnik (Konditionsapplikation)«) entnehmen.

In den Feldkatalog sind von SAP bereits die Felder aufgenommen worden, die insbesondere zum Aufbau der ausgelieferten Konditionstabellen und Zugriffsfolgen benötigt werden. Es handelt sich also um eine Zusammenstellung von Merkmalen, die bei vielen SAP-Kunden verwendet werden. Da der Standard natürlich nicht alle Anforderungen der Kunden abdecken kann, ist dieser Feldkatalog im Customizing beliebig erweiterbar (wir gehen darauf in Kapitel 4, »Customizing der Preisfindung«, noch genauer ein).

Der Feldkatalog ist *mandantenunabhängig* in der Customizing-Tabelle T681F abgelegt (siehe Abbildung 1.2). Wie Sie sehen, ist der Feldkatalog für die Kontenfindung recht überschaubar. Bei der Preisfindung sieht das natürlich ganz anders aus.

Feldkatalog (Kontenfindung Kassenverrechnung)

Feld	Bezeichnung
KDUMMY	DUMMY
KTGRD	Kontierungsgr. Deb.
KTGRM	Kontierungsgr. Mat.
SPART	Sparte
VKORG	Verkaufsorganisation
VTWEG	Vertriebsweg
WERKS	Werk

Abbildung 1.2 Customizing des Feldkatalogs für die Kontenfindung (View V_T681F)

1.6.2 Kommunikationsstrukturen

Die Programme zur Generierung von Konditionstabellen, zur Pflege der Konditionsstammdaten sowie zum Einrichten der Zugriffsfolgen verwenden DDIC-Strukturen als Schnittstellen. Der Feldkatalog kann sich nur aus solchen Merkmalen bedienen, die in diesen Kommunikationsstrukturen vorhanden sind.

In unserem einfachen Beispiel der Kontenfindung werden die folgenden Strukturen verwendet (siehe Tabelle 1.1 und Tabelle 1.2):

- KOMKCV und KOMPCV für die Zugriffsfolgen
- KOMCV für die Tabellengenerierung und die Stammdatenpflege

Die KOMKx-Strukturen enthalten (beleg)kopfartige Felder. Das sind Felder, die üblicherweise bei den meisten Belegpositionen gleich sind (z. B. Kundennummer, Preisdatum, Kundenattribute). Die KOMPx-Strukturen enthalten positionsartige Felder (z. B. Produktattribute).

Ob ein Feld in der einen oder anderen Struktur liegen sollte, hat ausschließlich Performancegründe. Wir gehen darauf in Kapitel 14, »Performance und Test«, noch genauer ein.

1.7 Konditionstabellen

Die Konditionstabelle ist der Hauptbestandteil der Konditionsstammdaten und bildet im Wesentlichen den Primärschlüssel. Je nach Konditionsverwendung wird sie durch zusätzliche DDIC-Tabellen ergänzt, die verwendungsspezifische Daten enthalten. Unser einfaches Beispiel zur Kontenfindung benötigt allerdings keine solchen Zusatzinformationen.

Definition Konditionstabelle

Die Konditionstabelle ist eine DDIC-Tabelle und dient der Ablage der Konditionsstammdaten im Datenbanksystem. Sie enthält im Wesentlichen den Primärschlüssel sowie in der Regel einen Zeiger zu weiteren Detaildaten.

Zur Pflege und Ablage dieser Konditionstabellen gibt es in der Regel, je Verwendung, ein spezielles Pflegeprogramm (siehe Tabelle 1.1 in Abschnitt 1.2, »Einsatzgebiete der Konditionstechnik (Konditionsverwendung)«). In einfachen Verwendungen wie in unserem Beispiel (ohne Zusatzdaten) wird die Stammdatenpflege über einen generierten Pflege-View vorgenommen.

Der variable Schlüssel der *Konditionstabelle* wird dadurch gebildet, dass man bei der Erstellung aus dem Feldkatalog die gewünschten Felder auswählt und zuordnet (siehe Abbildung 1.3).

Die Tabellendefinition wird in Form von Metadaten gespeichert; aus ihnen wird die zugehörige DDIC-Tabelle generiert. Diese Metadaten sind *mandantenunabhängig* in den Customizing-Tabellen T681 und TMC1* abgelegt.

Abbildung 1.3 Customizing der Konditionstabelle C009 für die Kontenfindung (Transaktionen VK03 bis VK05)

Durch die Reihenfolge der Anordnung der Schlüsselfelder wird insbesondere der daraus abgeleitete generierte Pflegebild für die Stammdatenpflege definiert. Gelegentlich besteht die Notwendigkeit, auf der Datenbank abgelegte Konditionssätze auszuwerten. Dazu ist es recht hilfreich, wenn Sie wissen, wie diese heißen. Die generierten DDIC-Tabellen haben in der Regel die folgende Namenskonvention:

Tabellennamen beginnen mit KOT, dann folgt an der nächsten Stelle die Verwendung. Bei den Verwendungen A, B und C entfällt KOT. Es folgt eine dreistellige Konditionsstellennummer.

In unserem Beispiel der Kontenfindung liegt uns also die DDIC-Tabelle C009 vor (siehe Abbildung 1.4).

Feld	Key	Initi	Datenelement	Datentyp	Länge	DezSt	Kurzbeschreibung
MANDT	☑	☑	MANDT	CLNT	3	0	Mandant
KAPPL	☑	☑	KAPPL	CHAR	2	0	Applikation
KSCHL	☑	☑	KSCHC	CHAR	4	0	Konditionsart fuer Kontenfindung
KTOPL	☑	☑	KTOPL	CHAR	4	0	Kontenplan
VKORG	☑	☑	VKORG	CHAR	4	0	Verkaufsorganisation
VTWEG	☑	☑	VTWEG	CHAR	2	0	Vertriebsweg
SPART	☑	☑	SPART	CHAR	2	0	Sparte
SAKN1	☐	☑	SAKNR	CHAR	10	0	Nummer des Sachkontos
SAKN2	☐	☑	SAKNR_ACCR	CHAR	10	0	Nummer des Rückstellungskontos

Abbildung 1.4 Konditionstabelle C009 zur Kontenfindung – DDIC-Struktur

Jeder Verwendung ist eine Musterkonditionstabelle zugeordnet, bei der der Zusatz KOT nicht verwendet wird, z. B. A000 für die Preisfindung, B000 für die Nachrichtenfindung und D000 für die Kontenfindung. Bei der Generierung wird dann der Platzhalter VAKEY durch die konkreten Merkmale ersetzt.

Am Beispiel von Tabelle C009 sehen Sie die einfachste Form von Konditionstabellen, insbesondere ist es hier nicht möglich, die Konditionsstammdaten datumsabhängig abzulegen. Den vollen Funktionsumfang sehen Sie bei der Verwendung *Preisfindung* (A) anhand der Musterkonditionstabelle A000 (siehe Abbildung 1.5).

Feld	Key	Initi...	Datenelement	Datentyp	Länge	DezSt...	Kurzbeschreibung
MANDT	☑	☑	MANDT	CLNT	3	0	Mandant
KAPPL	☑	☑	KAPPL	CHAR	2	0	Applikation
KSCHL	☑	☑	KSCHA	CHAR	4	0	Konditionsart
VAKEY	☑	☑	VAKEY	CHAR	100	0	Variabler Keyschluessel 100 Bytes
DATBI	☑	☑	KODATBI	DATS	8	0	Gültigkeitsende des Konditionssatzes
DATAB	☐	☑	KODATAB	DATS	8	0	Gültigkeitsbeginn des Konditionssatzes
VADAT	☐	☐	VADAT_KO	CHAR	100	0	Variabler Datenteil
KNUMH	☐	☑	KNUMH	CHAR	10	0	Nummer Konditionssatz

Abbildung 1.5 Musterkonditionstabelle A000 für die Preisfindung – DDIC-Struktur

Hier ist natürlich die Datumsabhängigkeit essenziell. Darüber hinaus können Sie neben dem variablen Key-Bestandteil VAKEY noch zusätzlich variable Datenfelder (Nicht-Key-Bestandteile) aufnehmen. Diese werden analog zu den Key-Feldern im Platzhalter VADAT abgelegt. In Abschnitt 9.2, »Datenermittlung über Konditionen«, und Abschnitt 12.8, »Stammdatenfelder datumsabhängig pflegen«, erfahren Sie, welche vielfältigen Möglichkeiten sich dahinter verbergen.

Beim Einrichten neuer Konditionstabellen sollten Sie beachten, dass die Summe aller variablen Felder jeweils eine Gesamtlänge von 100 Byte nicht überschreiten darf (zur Länge in SAP S/4HANA siehe Kapitel 15).

1.8 Zugriffsfolgen

Wir haben nun Konditionstabellen eingerichtet und müssen im nächsten Schritt festlegen, wie auf diese zugegriffen werden soll: Wir bestimmen die Zugriffsfolge. Das Verständnis der Zugriffsfolgen ist ausgesprochen wichtig; deshalb steigen wir gleich zu Beginn dieses Buches tief in die Details ein.

Definition Zugriffsfolge

Die *Zugriffsfolge* stellt eine Suchstrategie dar, mit deren Hilfe das System gültige *Konditionsstammsätze* zu einer bestimmten *Konditionsart* auf der Datenbank suchen soll.

Eine Zugriffsfolge besteht aus einem oder mehreren Zugriffen. Durch die Reihenfolge der Zugriffe wird die Priorität der einzelnen Konditionssätze untereinander festgelegt, sofern diese von Bedeutung ist.

Sie können festlegen, ob die Suche nach dem ersten gefundenen Satz aufhören soll (exklusiver Zugriff) oder ob der nächste Zugriff ebenfalls ausgeführt werden soll (additiver Zugriff). Außerdem können Sie die Ausführung des Zugriffs an eine Bedingung knüpfen.

Die Zugriffsfolgen sind *mandantenunabhängig* in den Customizing-Tabellen T682* abgelegt (Transaktion VK01, V/07).

1.8.1 Zugriffsfolge mit unterschiedlichen Konditionstabellen

Um die Arbeitsweise der Zugriffsfolge zu erklären, ist die Konditionsart PR00 (Preis) innerhalb der Preisfindung mit der verwendeten Zugriffsfolge PR02 ein beliebtes Beispiel. Diese Zugriffsfolge repräsentiert die in Abbildung 1.6 dargestellte einfache hierarchische Struktur.

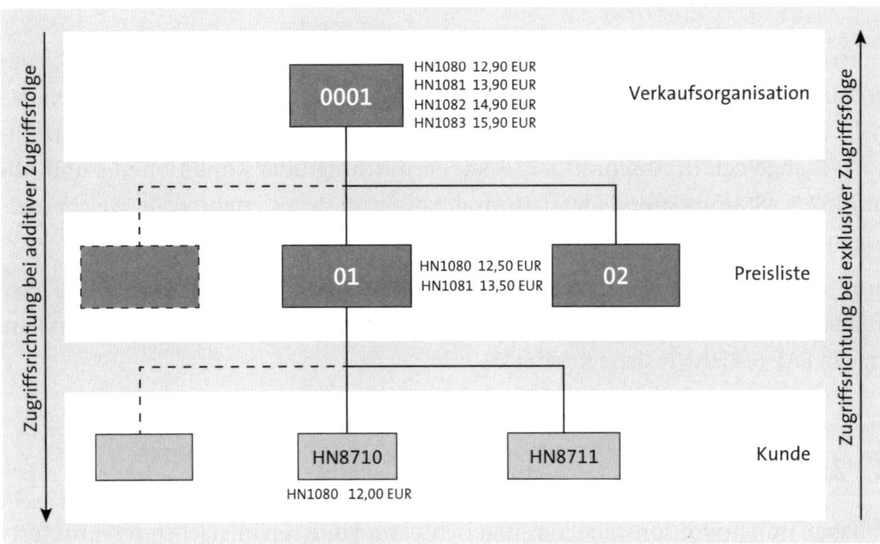

Abbildung 1.6 Hierarchische Struktur, definiert durch die Konditionstabellen A304, A305, A306 und die Zugriffsfolge PR02

Abbildung 1.7 zeigt die Zugriffe der Zugriffsfolge PR02, Tabelle 1.3 führt die Feldzuweisungen der einzelnen Zugriffe auf. Diese Feldzuweisungen pflegen Sie, indem Sie je Zugriff aus Abbildung 1.7 die Ebene **Felder** anwählen. Aus Gründen der Übersichtlichkeit haben wir die Darstellung in Tabellenform gewählt; das hat den Vorteil, dass auf einen Blick alle Informationen zur gesamten Zugriffsfolge zu sehen sind.

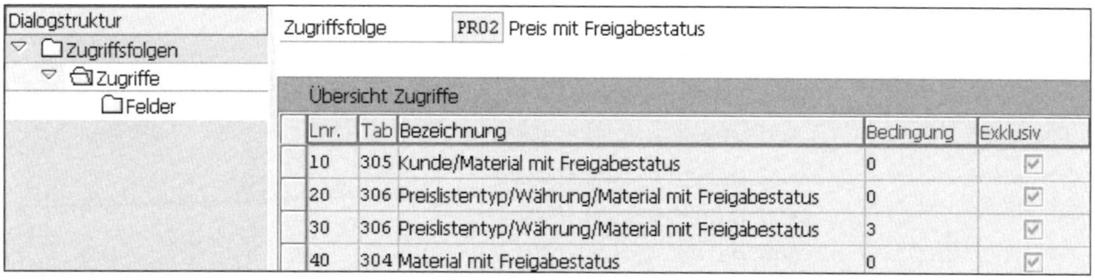

Dialogstruktur
- Zugriffsfolgen
  - Zugriffe
    - Felder

Zugriffsfolge PR02 Preis mit Freigabestatus

Übersicht Zugriffe

Lnr.	Tab	Bezeichnung	Bedingung	Exklusiv
10	305	Kunde/Material mit Freigabestatus	0	☑
20	306	Preislistentyp/Währung/Material mit Freigabestatus	0	☑
30	306	Preislistentyp/Währung/Material mit Freigabestatus	3	☑
40	304	Material mit Freigabestatus	0	☑

Abbildung 1.7 Exklusive Zugriffsfolge der Preisfindung PR02 (Transaktion V/07)

Zugriff	Tabelle	Konditionsfeld		Belegfeld	
10	A305 – Kundenindividueller Preis	VKORG	=	KOMK	VKORG
		VTWEG	=	KOMK	VTWEG
		KUNNR	=	KOMK	KUNNR
		MATNR	=	KOMP	PMATN
20	A306 – Preislistenpreis in Belegwährung	VKORG	=	KOMK	VKORG
		VTWEG	=	KOMK	VTWEG
		PLTYP	=	KOMK	PLTYP
		WAERK	=	KOMK	WAERK
		MATNR	=	KOMP	PMATN
30	A306 – Preislistenpreis in Hauswährung (Bedingung 003)	VKORG	=	KOMK	VKORG
		VTWEG	=	KOMK	VTWEG
		PLTYP	=	KOMK	PLTYP
		WAERK	=	KOMK	HWAER
		MATNR	=	KOMP	PMATN
40	A304 – Artikelpreis (Grundpreis)	VKORG	=	KOMK	VKORG
		VTWEG	=	KOMK	VTWEG
		MATNR	=	KOMP	PMATN

Tabelle 1.3 Zugriffsfolge PR02 – Feldzuweisungen (Transaktion V/07)

Sie können gedanklich jeden Zugriff in eine einfache SELECT-Anweisung übersetzen – wie etwa für den Zugriff mit der laufenden Nummer 30 (siehe Listing 1.1).

```
Select * from a306 where kappl = 'V'
                      and kschl = 'PR00'
                      and vkorg = komk-vkorg
                      and vtweg = komk-vtweg
                      and pltyp = komk-pltyp
                      and waerk = komk-hwaer
                      and matnr = komp-pmatn
                      and datbi ge preisdatum
                      and datab le preisdatum.
```

Listing 1.1 Select-Statement zu einem Zugriff der Zugriffsfolge

Durch die Zugriffsfolge PR02 ist festgelegt, dass die Konditionssätze zur Konditionsart PR00 in den drei Konditionstabellen A304 (Grundpreis je Material), A305 (Kundenspezieller Preis) und A306 (Preislistenpreis) in der Datenbank abgelegt werden können.

Die Zugriffe auf die Konditionssätze werden bei der Preisfindung wie folgt ausgeführt:

1. Zugriff 10 auf Tabelle A305 mit Kunde/Material
2. Zugriff 20 auf Tabelle A306 mit Preisliste/Belegwährung/Material
3. Zugriff 30 auf Tabelle A306 mit Preisliste/Hauswährung/Material, aber nur, falls die Bedingung 003 erfüllt ist, es sich also um einen Fremdwährungsbeleg handelt.
4. Zugriff 40 auf Tabelle A304 mit Material

Erwähnenswert bei den Feldzuweisungen ist die Behandlung des Feldes MATNR (Materialnummer). Sie werden bei den meisten Zugriffsfolgen feststellen, dass der Zugriff nicht mit dem Feld komp-matnr ausgeführt wird, sondern mit dem Feld komp-pmatn. Die beiden Felder sind im Allgemeinen identisch gefüllt, es kann jedoch im Materialstamm eine abweichende Materialnummer für die Preisfindung zugeordnet werden (Preismaterial).

1.8.2 Zugriffsfolge mit einer einzigen Konditionstabelle (teilqualifizierter Zugriff)

Um die Möglichkeiten der Konditionstechnik zu verdeutlichen, zeigen wir anhand eines weiteren Beispiels für die Zugriffsfolge Z901 (siehe Tabelle 1.4), wie dasselbe Ergebnis mit nur einer Konditionstabelle A901 erreicht werden kann (siehe Abbildung 1.9). Dabei kann der Preis auch auf einer zweistufigen Kundenhierarchie abgelegt werden. Diese Konditionstabelle in Verbindung mit der verwendeten Zugriffsfolge definiert die in Abbildung 1.8 dargestellte hierarchische Struktur.

Wir sind dabei so vorgegangen, dass wir alle Felder der Konditionstabellen A304, A305 und A306 der Zugriffsfolge PR02 in einer einzigen neuen Tabelle A901 vereinigt haben. In Abbildung 1.8 haben wir angedeutet, dass die Preise, also die Konditionssätze, auf jeder Ebene der dargestellten Hierarchie abgelegt werden können, was durch die Zugriffsfolge Z901 erreicht wird. Die Hierarchieebenen sind:

❶ Kunde (unterste Stufe)

❷ Kundenhierarchie (1. Stufe)

❸ Kundenhierarchie (2. Stufe)

❹ Preislistentyp

❺ Verkaufsorganisation (oberste Stufe)

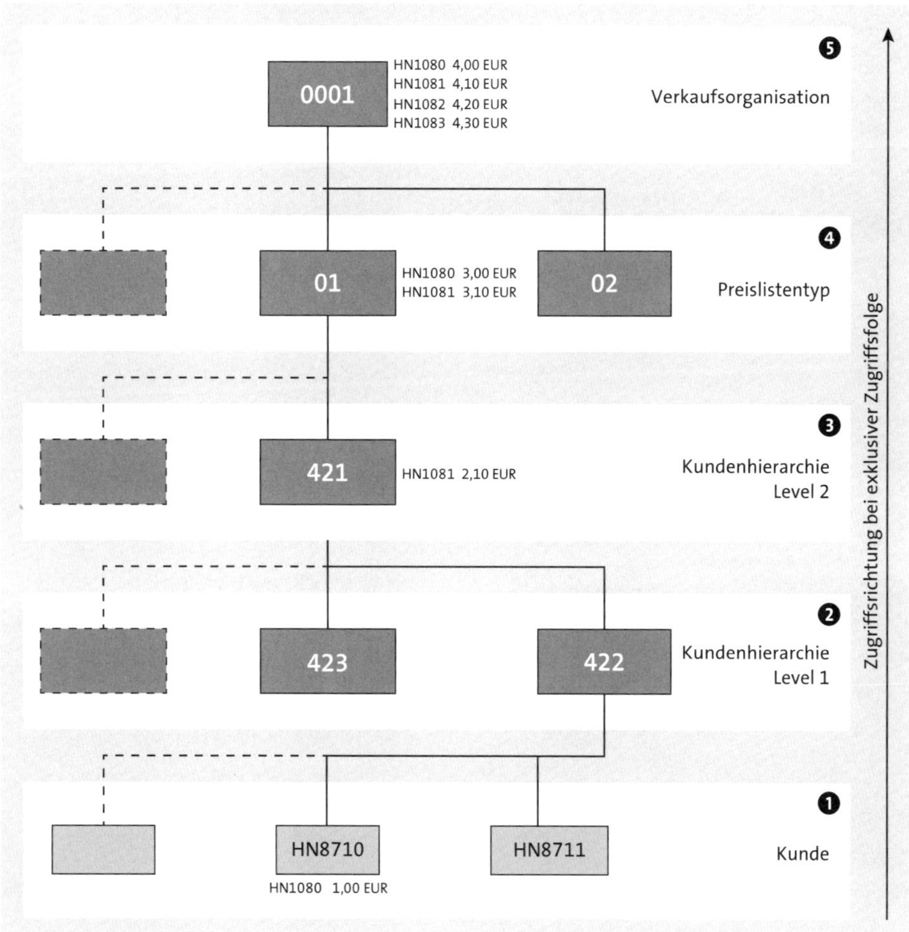

Abbildung 1.8 Hierarchische Struktur, definiert durch die Konditionstabelle A901 und die Zugriffsfolge Z901

Wenn Sie mehr als zwei Kundenhierarchieebenen haben, müssen Sie einfach weitere Zugriffe nach dem gleichen Muster einfügen; bis zu fünfzehn Stufen sind maximal möglich.

Feld	Key	Initi...	Datenelement	Datentyp	Länge	DezSt...	Kurzbeschreibung
MANDT	☑	☑	MANDT	CLNT	3	0	Mandant
KAPPL	☑	☑	KAPPL	CHAR	2	0	Applikation
KSCHL	☑	☑	KSCHA	CHAR	4	0	Konditionsart
VKORG	☑	☑	VKORG	CHAR	4	0	Verkaufsorganisation
PLTYP	☑	☑	PLTYP	CHAR	2	0	Preislistentyp
WAERK	☑	☑	WAERK	CUKY	5	0	Währung des Vertriebsbelegs
KUNNR	☑	☑	KUNNR_V	CHAR	10	0	Kundennummer
MATNR	☑	☑	MATNR	CHAR	18	0	Materialnummer
KFRST	☑	☑	KFRST	CHAR	1	0	Freigabestatus
DATBI	☑	☑	KODATBI	DATS	8	0	Gültigkeitsende des Konditionssatzes
DATAB	☐	☑	KODATAB	DATS	8	0	Gültigkeitsbeginn des Konditionssatzes
KBSTAT	☐	☐	KBSTAT	CHAR	2	0	Bearbeitungsstatus für Konditionen
KNUMH	☐	☑	KNUMH	CHAR	10	0	Nummer Konditionssatz

Abbildung 1.9 Konditionstabelle A901 der Preisfindung – DDIC-Struktur

Zugriff	Tabelle	Konditionsfeld		Belegfeld		Initialwert erlaubt
10	A901 – Kunden-individuell (Auftraggeber)	VKORG	=	KOMK	**VKORG**	
		PLTYP	=	KOMK	KDUMMY	X
		WAERK	=	KOMK	KDUMMY	X
		KUNNR	=	KOMK	**KUNNR**	
		MATNR	=	KOMP	**PMATN**	
11	A901 – Kunden-hierarchie (Stufe 01)	VKORG	=	KOMK	**VKORG**	
		PLTYP	=	KOMK	KDUMMY	X
		WAERK	=	KOMK	KDUMMY	X
		KUNNR	=	KOMK	**HIENR01**	
		MATNR	=	KOMP	**PMATN**	
12	A901 – Kunden-hierarchie (Stufe 02)	VKORG	=	KOMK	**VKORG**	
		PLTYP	=	KOMK	KDUMMY	X
		WAERK	=	KOMK	KDUMMY	X
		KUNNR	=	KOMK	**HIENR02**	
		MATNR	=	KOMP	**PMATN**	

Tabelle 1.4 Exklusive Zugriffsfolge Z901 (Transaktion V/07)

Zugriff	Tabelle	Konditionsfeld		Belegfeld		Initialwert erlaubt
20	A901 – Preisliste in Fremdwährung (Bedingung 003)	VKORG	=	KOMK	**VKORG**	
		PLTYP	=	KOMK	**PLTYP**	
		WAERK	=	KOMK	**WAERK**	
		KUNNR	=	KOMK	KDUMMY	X
		MATNR	=	KOMP	**PMATN**	
21	A901 – Preisliste in Hauswährung	VKORG	=	KOMK	**VKORG**	
		PLTYP	=	KOMK	**PLTYP**	
		WAERK	=	KOMK	KDUMMY	X
		KUNNR	=	KOMK	KDUMMY	X
		MATNR	=	KOMP	**PMATN**	
30	A901 – Material	VKORG	=	KOMK	**VKORG**	
		PLTYP	=	KOMK	KDUMMY	X
		WAERK	=	KOMK	KDUMMY	X
		KUNNR	=	KOMK	KDUMMY	X
		MATNR	=	KOMP	**PMATN**	

Tabelle 1.4 Exklusive Zugriffsfolge Z901 (Transaktion V/07) (Forts.)

Konditionspflege zur Konditionsart Z901

In Abbildung 1.13 in Abschnitt 1.10.3, »Pflegedialog für komplexe Verwendungen«, sehen Sie das Bild der Konditionspflege zur Konditionsart Z901 (Hierarchiekondition), die die hier vorgestellte Zugriffsfolge Z901 verwendet.

In unserem Beispiel werden die Zugriffe auf die ausschließlich verwendete Konditionstabelle A901 wie folgt ausgeführt:

1. Zugriff 10 mit Kunde/Material
2. Zugriff 11 mit Kundenhierarchiestufe 01/Material
3. Zugriff 12 mit Kundenhierarchiestufe 02/Material

4. Zugriff 20 mit Preisliste/Belegwährung/Material (Preisliste in Fremdwährung), aber nur, falls die Bedingung 003 erfüllt ist, es sich also um einen Fremdwährungsbeleg handelt.
5. Zugriff 21 mit Preisliste/Material (Preisliste in Hauswährung)
6. Zugriff 30 mit Material

In Tabelle 1.4 sehen Sie, dass wir für die frei zu lassenden Merkmale das Feld `komkkdummy` verwenden (das Feld ist immer initial; alternativ können wir auch die Belegstruktur und das Belegfeld leer lassen), und gleichzeitig setzen wir das Kennzeichen **Initialwert erlaubt**. Dies bewirkt, dass bei der Pflege der Konditionssätze das Merkmal leer bleiben kann. Sie können das an den Beispielkonditionssätzen in Abbildung 1.13 in Abschnitt 1.10.3, »Pflegedialog für komplexe Verwendungen«, nachvollziehen.

Die Variante mit den unterschiedlichen Konditionstabellen ist zu empfehlen, wenn die einzelnen Tabellen sehr groß werden, denn hier wird für jede zulässige Merkmalskombination eine eigene Konditionstabelle angelegt. Die Variante mit einer einzigen Konditionstabelle ist bezüglich der Stammdatenpflege übersichtlicher. Außerdem werden hier wesentlich weniger Konditionstabellen benötigt. Natürlich ist auch eine Kombination beider Methoden möglich.

1.8.3 Zugriffsfolge mit Feldern im freien Schlüssel

Eine weitere Möglichkeit, eine Konditionstabelle für verschiedene Zugriffe zu nutzen, bietet sich in der Preisfindung mit Hilfe der Verarbeitungsart im Zugriff **ZArt** (kurz *Zugriffsart*) und mithilfe des Feldes **Prio**. Wir können hier die Zugriffsart A (Feld im freien Schlüsselteil) auswählen und den so gekennzeichneten Feldern eine Priorität zuweisen. Für diese Felder wurde implizit das Kennzeichen **Initialwert erlaubt** gesetzt; daher wird immer ein Zugriff mit initialem Feldwert vorgenommen. Das System sucht anschließend den Konditionssatz mit der höchsten Priorität aus der Menge möglicher Sätze heraus. Am besten veranschaulichen wir das anhand eines Beispiels.

Zugriff	Tabelle	Konditioinsfeld		Belegfeld		ZArt	Prio
10	A149 – Kundenabhängige Datenermittlung	VKORG	=	KOMK	VKORG		
		VTWEG	=	KOMK	VTWEG		
		KUNRG	=	KOMK	KNRZE	A	3
		KUNNR	=	KOMK	KUNNR	A	2
		KUNWE	=	KOMK	KUNWE	A	1

Tabelle 1.5 Definition eines Zugriffs mit Feldern im freien Schlüsselteil und gesetzter Priorität

In Tabelle 1.5 sehen Sie, dass **Warenempfänger**, **Kunde** und **Regulierer** Felder im freien Schlüssel sind und damit leer bleiben können. Gleichzeitig ist erkennbar, dass der Warenempfänger eine höhere Priorität als der Kunde und der Kunde wiederum eine höhere Priorität als der Regulierer hat. Das System wird nun alle möglichen Feldkombinationen im Zugriff ausprobieren und den Konditionssatz mit der »besten« Kombination aus gesetzten und initialen Feldern zurückliefern. Die `WHERE`-Klausel des `SELECT`-Statements sieht für Felder im freien Schlüssel schematisch wie folgt aus:

```
…AND ( kunrg =  komk-knrze OR kunrg =  ‹‹ )…
```

Sie können den Zugriff auch mithilfe des Initialkennzeichens explizit ausschreiben (siehe Tabelle 1.6).

Zugriff	Tabelle	KondFeld		Belegfeld		Initialwert erlaubt
10	A149 – Kundenabhängige Datenermittlung	VKORG	=	KOMK	**VKORG**	
		VTWEG	=	KOMK	**VTWEG**	
		KUNRG	=	KOMK	**KNRZE**	
		KUNNR	=	KOMK	**KUNNR**	
		KUNWE	=	KOMK	**KUNWE**	
11	A149 – Kundenabhängige Datenermittlung	VKORG	=	KOMK	**VKORG**	
		VTWEG	=	KOMK	**VTWEG**	
		KUNRG	=	KOMK	KDUMMY	X
		KUNNR	=	KOMK	**KUNNR**	
		KUNWE	=	KOMK	**KUNWE**	
12	A149 – Kundenabhängige Datenermittlung	VKORG	=	KOMK	**VKORG**	
		VTWEG	=	KOMK	**VTWEG**	
		KUNRG	=	KOMK	**KNRZE**	
		KUNNR	=	KOMK	KDUMMY	X
		KUNWE	=	KOMK	**KUNWE**	

Tabelle 1.6 Der gleiche Zugriff wie in Tabelle 1.5, aber in acht individuelle Zugriffe mit Initialkennzeichen aufgespalten

Zugriff	Tabelle	KondFeld		Belegfeld		Initialwert erlaubt
13	A149 – Kundenabhängige Datenermittlung	VKORG	=	KOMK	**VKORG**	
		VTWEG	=	KOMK	**VTWEG**	
		KUNRG	=	KOMK	KDUMMY	X
		KUNNR	=	KOMK	KDUMMY	X
		KUNWE	=	KOMK	**KUNWE**	
14	A149 – Kundenabhängige Datenermittlung	VKORG	=	KOMK	**VKORG**	
		VTWEG	=	KOMK	**VTWEG**	
		KUNRG	=	KOMK	**KNRZE**	
		KUNNR	=	KOMK	**KUNNR**	
		KUNWE	=	KOMK	KDUMMY	X
15	A149 – Kundenabhängige Datenermittlung	VKORG	=	KOMK	**VKORG**	
		VTWEG	=	KOMK	**VTWEG**	
		KUNRG	=	KOMK	KDUMMY	X
		KUNNR	=	KOMK	**KUNNR**	
		KUNWE	=	KOMK	KDUMMY	X
16	A149 – Kundenabhängige Datenermittlung	VKORG	=	KOMK	**VKORG**	
		VTWEG	=	KOMK	**VTWEG**	
		KUNRG	=	KOMK	**KNRZE**	
		KUNNR	=	KOMK	KDUMMY	X
		KUNWE	=	KOMK	KDUMMY	X
17	A149 – Kundenabhängige Datenermittlung	VKORG	=	KOMK	**VKORG**	
		VTWEG	=	KOMK	**VTWEG**	
		KUNRG	=	KOMK	KDUMMY	X
		KUNNR	=	KOMK	KDUMMY	X
		KUNWE	=	KOMK	KDUMMY	X

Tabelle 1.6 Der gleiche Zugriff wie in Tabelle 1.5, aber in acht individuelle Zugriffe mit Initialkennzeichen aufgespalten (Forts.)

Ein Zugriff mit Feldern im freien Schlüssel kann die Performance verbessern.

[«]

Löschen von Konditionssätzen und Zugriff mit freiem Schlüssel

Wenn Sie Zugriffe mit freien Schlüsselfeldern nutzen, müssen Sie beim Löschen von Konditionssätzen dafür sorgen, dass die Konditionen von der Datenbank gelöscht werden. Ein Setzen des Löschkennzeichens ist aus technischen Gründen nicht ausreichend. Wählen Sie daher beim Einrichten der Konditionsart für das Kennzeichen **auf DB löschen** den Wert »B« (siehe Abschnitt 4.2.3, »Konditionsart«).

1.8.4 Exklusiver oder additiver Zugriff

Die Zugriffsfolge PR02 ist exklusiv eingerichtet, d. h., die Priorität geht von oben nach unten. Beim ersten gefundenen Konditionssatz wird die Suche beendet; als Resultat wird genau *ein* Satz an die Preisfindung übergeben.

Preiskonditionsarten haben innerhalb der Berechnung eine besondere Logik. Falls mehrere Preise gefunden wurden, ist immer nur der letzte Preis aktiv, es sei denn, der aktive Preis wird durch einen Konditionsausschluss bestimmt (z. B. günstigster Preis). Wir können also eine Zugriffsfolge verwenden, deren Zugriffe in der genau umgekehrten Reihenfolge zur Zugriffsfolge PR02 ablaufen, wobei die Zugriffe dann additiv eingestellt sein müssen. Das bedeutet, dass immer alle Zugriffe der Zugriffsfolge ausgeführt werden und die Entscheidung, welcher der gefundenen Konditionssätze nun der richtige ist, in der Preisfindung getroffen wird.

Als Resultat der Preisfindung sehen wir alle vorhandenen Preise (kundenindividueller Preis, Materialpreis, Preislistenpreis), nur ein Preis (im Allgemeinen der letzte) ist jedoch aktiv. Das verbessert die Transparenz, geht jedoch zu Lasten des Speicherplatzbedarfs und der Performance.

Wenn Sie Ausschlussverfahren einsetzen (siehe Abschnitt 7.2, »Konditionsausschluss«), bei denen Sie z. B. aus allen gefundenen Konditionssätzen den günstigsten haben wollen, müssen Sie die additive Variante wählen. In allen anderen Fällen sollten Sie der exklusiven Variante den Vorzug geben.

1.8.5 Direktwerte

Sie können in der Feldzuweisung anstelle eines Merkmals aus den Kommunikationsstrukturen KOMK* bzw. KOMP* auch einen Direktwert verwenden. Ein Anwendungsbeispiel dafür ist die Preisfindungskonditionsart MW15 mit der Zugriffsfolge MWM1. Diese ist so eingestellt, dass die Konditionssätze zur Konditionsart MWST gelesen werden, jedoch nicht mit der Steuerklassifikation des aktuellen Artikels, sondern mit dem festen Wert »1«, der für die Steuerermittlung von Produkten mit vollem Steuersatz verwendet wird. Die Konditionsart MW15 wendet damit auch beim Verkauf von Büchern den vollen Steuersatz an. Dies ist dann erforderlich, wenn Sie innerhalb der Preisfindung z. B. Provisions- oder Frachtzuschläge berechnen, die als Dienstleistung separat – und zwar voll – zu versteuern sind.

1.8.6 Datenermittlung im Zugriff

Mit der bereits vorgestellten Funktion der Zugriffsfolgen (diesen Stand gab es auch schon in Release SAP R/2) haben wir schon einen hohen Grad der Flexibilität erreicht. Neue Kunden und neue Branchen bringen jedoch auch neue Anforderungen mit sich. Ein Problem bestand darin, dass innerhalb der Konditionstechnik nicht alle für die Preisfindung benötigten Informationen im Rahmen der SAP-Stammdaten bereitgestellt wurden. Außerdem gab es die Forderung, bestehende Beziehungen, die im Standard in den Stammdaten (Kundenstamm, Materialstamm) abgelegt sind, *datumsabhängig* zu übersteuern.

Zu diesem Zweck wurde die Möglichkeit geschaffen, in die Konditionstabellen neben den variablen Key-Feldern auch variable Datenfelder aufzunehmen. Diese können dann innerhalb der Zugriffsfolge in die Struktur KOMPAZD übertragen und dann in späteren Zugriffen wiederverwendet werden. Wir gehen darauf in Abschnitt 9.2, »Datenermittlung über Konditionen«, und Abschnitt 12.8, »Stammdatenfelder datumsabhängig pflegen«, genauer ein.

1.9 Konditionsarten

Wie Sie schon erfahren haben, sind die Elemente *Konditionsart* und *Zugriffsfolge* eng miteinander verbunden.

[»]

Die Konditionsart

Die *Konditionsart* ist fester oberster Schlüsselbestandteil jeder Konditionstabelle. Sie dient dazu, den damit verbundenen betriebswirtschaftlichen Vorgang auszuprägen (zu parametrisieren).

Konditionssätze werden immer unter einer *Konditionsart* abgelegt. Je nach *Verwendung* wird von *Nachrichtenarten*, *Kontenfindungsarten*, *Ausschlussarten* usw. gesprochen.

In der Konditionsart ist hinterlegt, ob für sie Konditionssätze angelegt werden müssen, was durch die optionale Zuordnung einer Zugriffsfolge erfolgt. Wird keine Zugriffsfolge zugeordnet, kann die Wertermittlung nur mithilfe von Formeln erfolgen (siehe Kapitel 11, »Systemanpassungen mit Bedingungen, Formeln und User-Exits«). Die Parameter der Konditionsart für die Preisfindung stellen wir Ihnen ausführlich in Kapitel 4, »Customizing der Preisfindung«, vor.

Die Konditionsarten sind *mandantenabhängig* in den Customizing-Tabellen T685* abgelegt (Transaktion VK01, V/06). Neben der Haupttabelle T685 gibt es, je nach Verwendung, noch Zusatztabellen, in denen weitere Steuerungsparameter hinterlegt sind.

1.10 Konditionsstammdaten

Mit den in den vorangegangenen Abschnitten geleisteten Vorarbeiten sind Sie in der Lage, zu den so definierten Konditionsarten *Konditionssätze*, also die *Konditionsstammdaten*, anzulegen. Wir werden die beiden Begriffe im Folgenden synonym verwenden.

[«]

Definition Konditionsstammdaten/Konditionssätze

Die Konditionsstammdaten bestimmen das Ergebnis einer Konditionsfindung (z. B. der Preisfindung). Sie werden für eine Konditionsart in den durch die Zugriffsfolge festgelegten Konditionstabellen auf der Datenbank abgelegt.

Weiterführende Informationen zu den Konditionssätzen der Preisfindung finden Sie in Kapitel 2, »Konditionsstammdaten der Preisfindung«, und in Kapitel 5, »Arbeiten mit Konditionssätzen«.

1.10.1 Datenmodell

Wie bereits erwähnt, bestehen die Konditionsstammdaten immer zumindest aus der Konditionstabelle, teilweise verwendungsabhängig ergänzt um Zusatztabellen, wie hier anhand der Beispiele der Verwendungen *Preisfindung* (A), siehe Abbildung 1.10, und *Naturalrabattfindung* (N), siehe Abbildung 1.11, dargestellt.

Wie Sie hier sehen, hat die Verwendung *Naturalrabattfindung* (N) die abweichende Namenskonvention KOTNnnn für die Konditionstabellen. Ab einem bestimmten Zeitpunkt wurde die Namenskonvention für neu zu entwickelnde Verwendungen auf das Präfix KOT plus die Verwendung (z. B. N für Naturalrabatt) geändert.

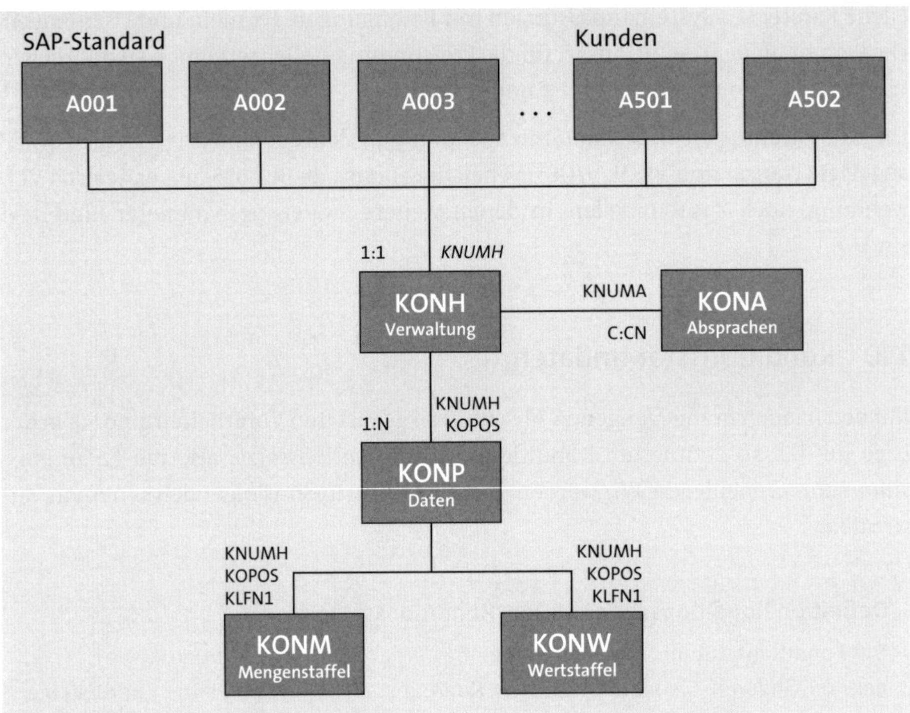

Abbildung 1.10 Datenmodell der Konditionsstammdaten für die Preisfindung

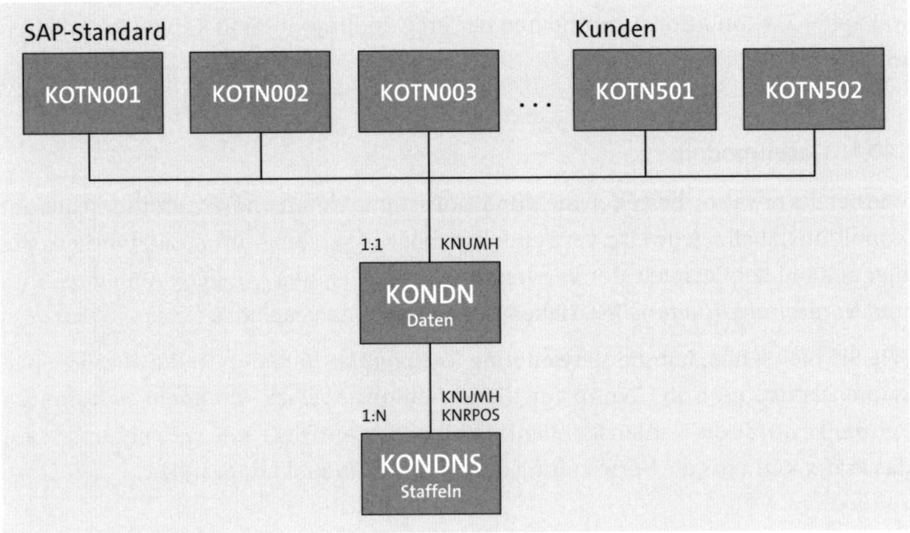

Abbildung 1.11 Datenmodell der Konditionsstammdaten für den Naturalrabatt

1.10.2 Pflegedialog für einfache Verwendungen

Wir haben Ihnen in Abschnitt 1.7, »Konditionstabellen«, das einfache Beispiel der Kontenfindungstabelle C009 vorgestellt. Wir haben nun eine neue Kontenfindungsart ZASH mit der zugehörigen gleichnamigen Zugriffsfolge eingerichtet (siehe Tabelle 1.7). Jetzt können wir die Konditionssätze (Kontenfindungssätze) über einen generierten Pflege-View anlegen (siehe Abbildung 1.12). Da die verwendete Zugriffsfolge teilqualifiziert arbeitet, können wir, wie im Beispiel zu sehen, die Felder VTWEG (Vertriebsweg) und SPART (Sparte) wahlweise frei lassen. Damit kann die Anzahl der benötigten Konditionssätze erheblich reduziert werden.

Zugriff	Tabelle	Konditionsfeld		Belegfeld		Initialwert erlaubt
10	C009 – Sparte	VKORG	=	**KOMKCV**	**VKORG**	
		VTWEG	=	**KOMKCV**	**VTWEG**	
		SPART	=	**KOMPCV**	**SPART**	
15	C009 – Vertriebsweg	VKORG	=	**KOMKCV**	**VKORG**	
		VTWEG	=	**KOMKCV**	**VTWEG**	
		SPART	=	KOMKCV	KDUMMY	X
20	C009 – Verkaufs-organisation	VKORG	=	**KOMKCV**	**VKORG**	
		VTWEG	=	KOMKCV	KDUMMY	X
		SPART	=	KOMKCV	KDUMMY	X

Tabelle 1.7 Zugriffsfolge ZASH (maskierend) für die Konditionsart ZASH (Transaktion VK01)

Vkorg/Vtweg/Spart

Apl	K.Art.	KtPl	VkOrg	VW	SP	Sachkonto	Rückstellungkto
VC	ZASH	INT	0001			100000	
VC	ZASH	INT	0001	10		100001	
VC	ZASH	INT	0001	10	00	100002	

Abbildung 1.12 Einfacher Pflege-View für die Kassenkontenfindung C009 – Konditionsart ZASH (Transaktion OV77)

Ebenso wie die bereits vorgestellten Zugriffsfolgen PR02 und Z901 für die Preisfindung repräsentiert auch die Zugriffsfolge ZASH eine hierarchische Struktur. Die Hierarchiestufen sind in diesem Fall:

1. Verkaufsorganisation/Vertriebsweg/Sparte (unterste Stufe)
2. Verkaufsorganisation/Vertriebsweg
3. Verkaufsorganisation (oberste Stufe)

1.10.3 Pflegedialog für komplexe Verwendungen

Bei komplexen Verwendungen, wie z. B. der Preisfindung, existieren, wie es aus dem Datenmodell in Abbildung 1.10 hervorgeht, neben der eigentlichen Konditionstabelle weitere Zusatztabellen, die über eine eigene Pflegetransaktion verwaltet werden. Diese Pflegeprogramme (siehe Abbildung 1.13) werden beim Anlegen einer Konditionstabelle generiert.

Für unser Beispiel haben wir die Konditionsart Z901 (Hierarchiekondition) mit der gleichnamigen Zugriffsfolge aus Tabelle 1.4 eingerichtet.

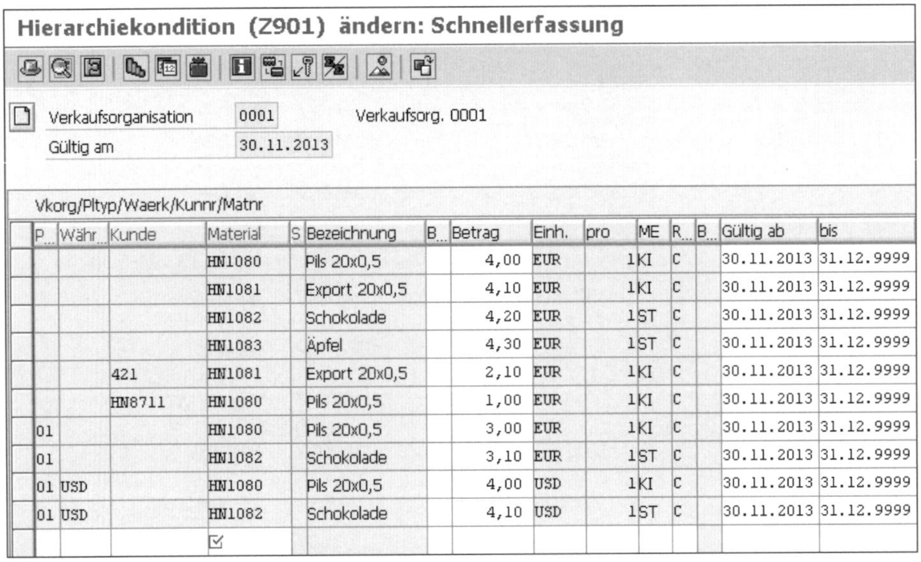

Hierarchiekondition (Z901) ändern: Schnellerfassung

Verkaufsorganisation 0001 Verkaufsorg. 0001
Gültig am 30.11.2013

Vkorg/Pltyp/Waerk/Kunnr/Matnr

P...	Währ...	Kunde	Material	S	Bezeichnung	B...	Betrag	Einh.	pro	ME	R...	B...	Gültig ab	bis
			HN1080		Pils 20x0,5		4,00	EUR	1	KI	C		30.11.2013	31.12.9999
			HN1081		Export 20x0,5		4,10	EUR	1	KI	C		30.11.2013	31.12.9999
			HN1082		Schokolade		4,20	EUR	1	ST	C		30.11.2013	31.12.9999
			HN1083		Äpfel		4,30	EUR	1	ST	C		30.11.2013	31.12.9999
		421	HN1081		Export 20x0,5		2,10	EUR	1	KI	C		30.11.2013	31.12.9999
		HN8711	HN1080		Pils 20x0,5		1,00	EUR	1	KI	C		30.11.2013	31.12.9999
01			HN1080		Pils 20x0,5		3,00	EUR	1	KI	C		30.11.2013	31.12.9999
01			HN1082		Schokolade		3,10	EUR	1	ST	C		30.11.2013	31.12.9999
01	USD		HN1080		Pils 20x0,5		4,00	USD	1	KI	C		30.11.2013	31.12.9999
01	USD		HN1082		Schokolade		4,10	USD	1	ST	C		30.11.2013	31.12.9999

Abbildung 1.13 Konditionspflege für die Konditionstabelle A901 – Konditionsart Z901 mit der Zugriffsfolge Z901 (Transaktionen VK11 bis VK13)

Es gibt Einstellungsmöglichkeiten, welche Felder im Erfassungsbild im Kopf (im Beispiel der Konditionsart Z901 ist dies die Verkaufsorganisation) und welche auf der Zeile positioniert sind. Außerdem kann für ein ausgewähltes Schlüsselfeld die Bezeichnung eingeblendet werden.

Der Einstieg in die Pflege der Konditionssätze kann erfolgen über:

- die Konditionsart unter der Auswahl einer Konditionstabelle der zugeordneten Zugriffsfolge (Transaktionen VK11 bis VK14)
- ein Bereichsmenü, konditionsartenübergreifend unter der Nutzung der flexiblen *Konditionslisten* (Transaktionen VK31 bis VK34)

Das Thema *Konditionspflege für die Preisfindungskonditionen* behandeln wir ausführlich in Kapitel 2, »Konditionsstammdaten der Preisfindung«.

1.10.4 Gültigkeitszeitraum

Bei einigen Verwendungen wird die Angabe eines Gültigkeitszeitraums bei der Konditionspflege unterstützt. Sie erkennen das daran, dass in der jeweiligen Musterstruktur (z. B. D000) das Gültig-ab-Datum DATAB und das Gültig-bis-Datum DATBI vorhanden sind. Nur das DATBI befindet sich im Schlüsselteil der Tabelle, das DATAB ist im Datenteil positioniert. Die jeweiligen Pflegeprogramme stellen sicher, dass es keine überlappenden Zeiträume zum gleichen variablen Schlüssel gibt.

Preise werden im Allgemeinen mit unbegrenztem Gültig-bis-Datum angelegt (z. B. 1.1.2020 bis 31.12.9999). Preisänderungen werden dann dadurch vorgenommen, dass ein neuer Konditionssatz mit einem zukünftigen Gültig-ab-Datum angelegt wird (z. B. 0.7.2020 bis 31.12.9999). Dabei wird der bereits existierende Konditionssatz »abgeschnitten« (siehe Tabelle 1.8).

Stand vorher			
VAKEY	**DATBI**	**DATAB**	
HN1080	99991231	20200101	(10,00 EUR)
Stand nachher			
VAKEY	**DATBI**	**DATAB**	
HN1080	20130630	20200101	(10,00 EUR)
HN1080	99991231	20200701	(11,00 EUR)

Tabelle 1.8 Neuer Konditionssatz für den Preis ab 1.7.2020 (DATAB)

Das Datum wird auf der Datenbank grundsätzlich in der Form JJJJMMTT abgelegt. Durch diese Anordnung ist sichergestellt, dass der Lesezugriff auf die Datenbanktabelle unter Angabe eines Gültigkeitsdatums immer maximal *einen* Konditionssatz findet und dass darüber hinaus der Zugriff performant ist, auch wenn, bedingt durch viele Preisänderungen, zu einem variablen Schlüssel bereits viele Sätze mit unterschiedlichem Gültigkeitszeitraum existieren. In speziellen Fällen können auch mehrere Sätze zu einem variablen Schlüssel gefunden werden (z. B. Bonuskonditionen).

Ein typisches Select-Statement aus dem zentralen Lesebaustein SD_COND_ACCESS sehen Sie in Listing 1.2.

```
Select * from (t681-kotab) appending table <cond_tab> up to 1
     rows              where kappl  = se_kappl
                 and   kschl  = se_kschl
```

```
and  datbi >= se_date
and  datab <= se_date
and  (coding_tab).
```

Listing 1.2 Select-Statement auf Konditionstabellen

Ob Ihre Konditionstabellen den Gültigkeitszeitraum unterstützen, entscheiden Sie beim Einrichten der Tabelle. Eine nachträgliche Änderung ist nicht mehr möglich.

1.10.5 Freigabestatus und Bearbeitungsstatus

Innerhalb der Preisfindung haben Sie die Möglichkeit, neu angelegte Konditionssätze mit einem Status zu versehen, der bewirkt, dass die bestehende Preisfindung durch die neuen Konditionssätze noch nicht beeinflusst wird. Die Auswirkungen dieser inaktiven Konditionssätze können Sie im Rahmen der *Nettopreisliste* überprüfen (siehe Abschnitt 3.4, »Nettopreisliste«).

Sie können diesen Status verwenden, wenn die Preisänderungen durch eine zweite Person genehmigt und freigegeben werden sollen. Die Freigabe selbst erfolgt dann durch Änderung des Bearbeitungsstatus.

1.11 Kalkulationsschemata

Wir haben jetzt die notwendigen Konditionsstammdaten angelegt und müssen diese nun verarbeiten. Bevor Sie im Rahmen der operativen Anwendung (z. B. in der Kundenauftragsbearbeitung) eine Konditionsfindung aktivieren, müssen Sie ein *Schema* anlegen. In dieses Schema tragen Sie alle zu suchenden Konditionsarten ein. Außerdem können Sie hier das Suchen einer Konditionsart an eine *Bedingung* knüpfen. Bei der Preisfindung ist die Reihenfolge der Konditionsarten im Schema wichtig, denn sie bestimmt den Rechenalgorithmus.

[»]

Definition Kalkulationsschema

Das Kalkulationsschema stellt die Verbindung zum betriebswirtschaftlichen Vorgang her und löst die Konditionsfindung aus. Im Kalkulationsschema werden die zu suchenden Konditionsarten eingetragen, deren Anwendung an Bedingungen geknüpft werden kann.

Je nach *Konditionsverwendung* sprechen wir von einem Kalkulationsschema, Nachrichtenschema, Kontenfindungsschema usw. Wir werden im Folgenden den Begriff *Kalkulationsschema* der Preisfindung allgemein für alle Arten von Schemata verwenden. Ein Beispiel für ein einfaches Schema zur Erlöskontenfindung sehen Sie in Abbildung 1.14.

Dialogstruktur
▽ Schemata
Steuerung

Schema KOFI00 Kontenfindung

Übersicht Bezugsstufen

Stufe	Zäh...	KArt	Bezeichnung	Bedingung
10	1	KOFI	Kontenfindung	3
10	2	KOFK	Kontenfindung mit CO	2

Abbildung 1.14 Einfaches Schema der Erlöskontenfindung (Transaktion VK01)

Die definierten Schemata ordnen Sie dem jeweiligen betriebswirtschaftlichen Vorgang zu. Das ist je Verwendung und Applikation unterschiedlich realisiert. Im Fall der Preisfindung des Kundenauftrags erfolgt die Schemaermittlung über die Customizing-Tabelle T683V. Die Schemata sind *mandantenabhängig* in den Customizing-Tabellen T683* abgelegt (Transaktion VK01 und Transaktion V/08).

Wenn Sie alles richtig gemacht haben, sind Sie jetzt fertig. Falls die Kontenfindung, Preisfindung usw. nicht das gewünschte Ergebnis liefert, müssen Sie in die Analyse einsteigen.

1.12 Findungsanalyse

Da die Konditionstechnik ein flexibles Tool ist, besteht immer auch die Notwendigkeit, das Ergebnis der Findung zu erklären. Deshalb ist in der Regel in den jeweiligen Objekten eine *Findungsanalyse* vorgesehen. Insbesondere können Sie hier feststellen, ob Bedingungen nicht erfüllt sind und mit welchen konkreten Feldinhalten der Zugriff auf die Konditionstabellen erfolgt.

Die Analyse gibt im Allgemeinen nicht die Situation wieder, wie sie zum Zeitpunkt der ursprünglichen Findungsaufgabe gegeben war. Sie arbeitet bei den meisten Verwendungen so, dass mit dem aktuellen Belegzustand eine neue Findung durchgeführt und diese dann protokolliert wird. Dabei kann es vorkommen, dass das Ergebnis der ursprünglichen Findung von der aktuell durchgeführten Findung während der Analyse abweicht. Wir gehen darauf in Abschnitt 12.2, »Konditionen wurden nicht gefunden – woran liegt das?«, näher ein. In Abbildung 1.15 sehen Sie die Analyse der Erlöskontenfindung zu einer Faktura (Transaktion VF03, **Umfeld • Kontierungsanalyse**).

Ein möglicher Grund dafür, dass Konditionen nicht gefunden wurden, kann eine nicht erfüllte Bedingung sein – damit sind wir beim letzten Element der Konditionstechnik angelangt.

Abbildung 1.15 Analyse der Kontenfindung für eine Faktura (Transaktion VF03)

1.13 Bedingungen

Sie haben gesehen, dass die Ausführung eines Zugriffs innerhalb einer Zugriffsfolge sowie die Berücksichtigung einer Konditionsart innerhalb des Kalkulationsschemas mit einer Bedingung versehen werden können. So hat z. B. der Zugriff 30 der Preisfindungszugriffsfolge PR02 die Bedingung 003. Bedingungen werden mit Transaktion VOFM (siehe Abbildung 1.16) angelegt und bestehen aus ABAP-Programmcode. Damit ist ein Höchstmaß an Flexibilität gegeben; der Einsatz setzt allerdings ABAP-Programmierkenntnisse voraus.

Anzeigen: Bedingungen Preisfindung

Anzeigen: Bedingungen Preisfindung

Formroutine	Bezeichnung	aktiv	Applikation
18	Kontraktabruf Preisv	☑	M
19	Kein Abruf Preisv	☑	M
20	Preisveränderung	☑	M
21	RechListenSteuer	☑	V
22	CrossCompany	☑	V
23	Nur in Fakturen	☑	V
24	Nur in Fakturen	☑	V

Abbildung 1.16 Bedingungen für die Preisfindung (Transaktion VOFM)

[»]

Bedingung

Bedingungen sind ABAP-Routinen, die den Konditionsarten innerhalb eines Kalkulationsschemas sowie einzelnen Zugriffen innerhalb einer Zugriffsfolge zugeordnet werden können. Während der Konditionsfindung wird diese Routine ausgeführt; bei negativem Ausgang der Prüfung werden die Konditionsart bzw. der Zugriff nicht berücksichtigt.

Im Beispiel in Abbildung 1.17 sehen Sie die Bedingung 024. Sie wird im Standardkalkulationsschema RVAA01 für die Bonuskonditionsarten verwendet und bewirkt, dass diese Konditionsarten nur in Fakturen erscheinen und nicht bereits im Kundenauftrag ermittelt werden. Dies bringt Performancevorteile in der Auftragsbearbeitung.

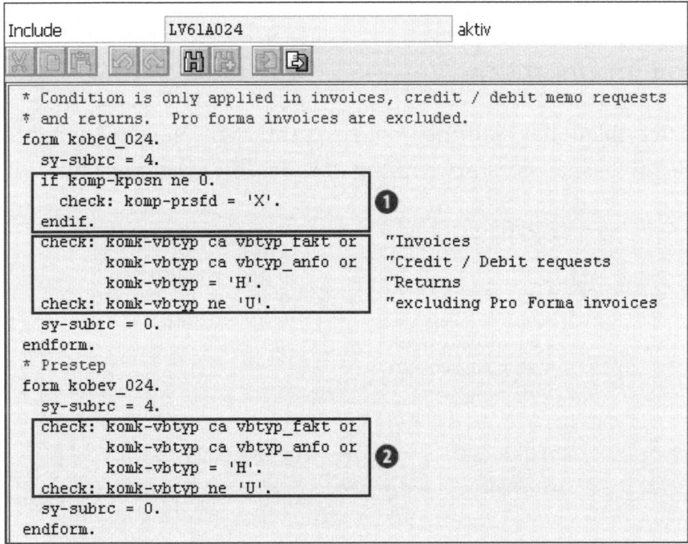

Include LV61A024 aktiv

```
* Condition is only applied in invoices, credit / debit memo requests
* and returns.  Pro forma invoices are excluded.
form kobed_024.
  sy-subrc = 4.
  if komp-kposn ne 0.
    check: komp-prsfd = 'X'.
  endif.
  check: komk-vbtyp ca vbtyp_fakt or        "Invoices
         komk-vbtyp ca vbtyp_anfo or        "Credit / Debit requests
         komk-vbtyp = 'H'.                  "Returns
  check: komk-vbtyp ne 'U'.                 "excluding Pro Forma invoices
  sy-subrc = 0.
endform.
* Prestep
form kobev_024.
  sy-subrc = 4.
  check: komk-vbtyp ca vbtyp_fakt or
         komk-vbtyp ca vbtyp_anfo or
         komk-vbtyp = 'H'.
  check: komk-vbtyp ne 'U'.
  sy-subrc = 0.
endform.
```

Abbildung 1.17 Bedingung 024 für die Preisfindung (Transaktion VOFM)

Die Bedingungen bestehen aus zwei FORM-Routinen, dem KOBED-Teil und dem KOBEV-Teil (siehe Listing 1.3).

```
form kobed_nnn.
  .....
endform.
* Prestep
form kobev_nnn.
  .....
endform.
```

Listing 1.3 Aufbau einer Bedingungsroutine

Im KOBEV-Teil, dem sogenannten *Prestep*, dürfen Sie aus den jeweiligen Kommunikationsstrukturen nur die »kopfartigen« verwenden (KOMKx). Bedingungen, die hier bereits negiert werden, haben Performancevorteile, da sie im Allgemeinen nur einmal pro Beleg geprüft werden und solche Konditionsarten bzw. Zugriffe dann auf Positionsebene überhaupt nicht mehr betrachtet werden. Im KOBED-Teil der endgültigen Bedingungsprüfung können alle Felder, also auch die »positionsartigen« (KOMPx), angesprochen werden.

Nach der Auswahl einer Bedingung verzweigen wir in den ABAP Editor und können die Routine ausprogrammieren (siehe Abbildung 1.17). Sie sehen am Beispiel der Bedingung 024, dass wir im `KOBED`-Teil ❶ `KOMP`-Felder und im `KOBEV`-Teil ❷ hingegen ausschließlich `KOMK`-Felder angesprochen haben.

1.14 Gesamtablauf im Überblick

In Abbildung 1.18 sind der Ablauf der Findung und das Zusammenspiel der Elemente der Konditionstechnik am Beispiel der Verwendung *Preisfindung* (A) dargestellt.

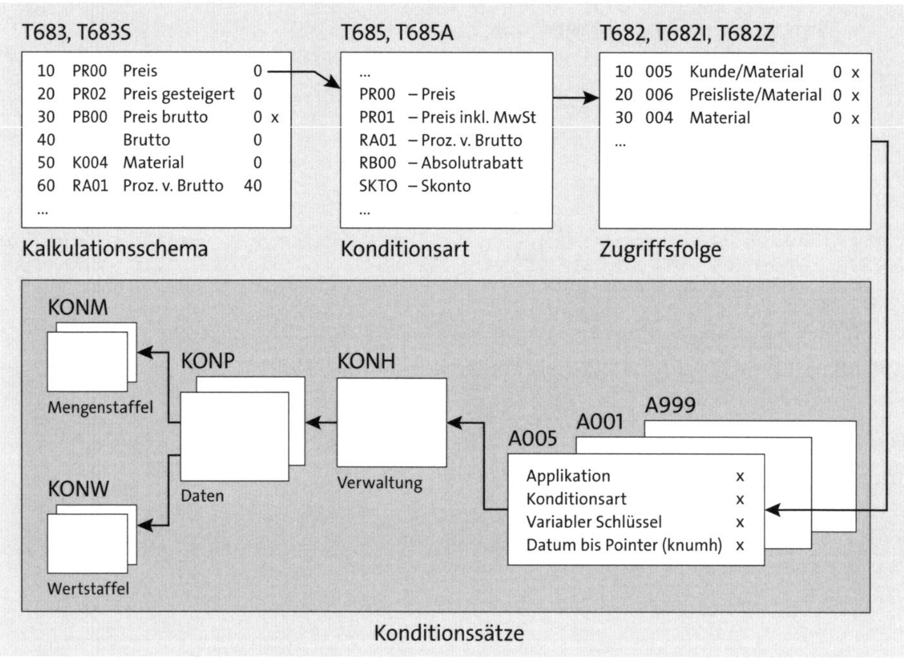

Abbildung 1.18 Gesamtüberblick bei der Verwendung A (Preisfindung)

Der Einstieg in die Findung erfolgt grundsätzlich über das Kalkulationsschema (Tabellen T683, T683S). Wir arbeiten alle dort eingetragenen Konditionsarten von oben nach unten ab. Falls die Konditionsart (T685, T685A) mit Zugriffsfolge eingestellt ist, führen wir die Zugriffe auf die Konditionstabellen Annn (mit den Zusatztabellen KONP, KONM, KONW) gemäß Zugriffsfolge aus (T682, T682I, T682Z). Die Tabelle KONH wird zu diesem Zeitpunkt nicht benötigt. Je nachdem, ob ein Zugriff exklusiv oder additiv eingestellt ist, hören wir beim ersten gefundenen Satz zu einer Konditionsart auf und fahren mit der nächsten Konditionsart fort, oder wir führen alle Zugriffe der Zugriffsfolge aus.

1.15 Fazit

Dieses erste Kapitel sollte dazu dienen, Sie mit den Begriffen der Konditionstechnik vertraut zu machen. Sie kennen nun grob alle Elemente der Konditionstechnik und deren Zusammenwirken. Über die Zugriffsfolgen, den wichtigsten Bestandteil, haben Sie sich bereits fundierte Kenntnisse angeeignet. Mit den anderen Elementen setzen wir uns in den folgenden Kapiteln intensiv auseinander und beginnen dabei mit den Konditionsstammdaten.

Kapitel 2
Konditionsstammdaten der Preisfindung

Neben der eigentlichen Konditionstechnik benötigen Sie Konditionsstammdaten, um die entsprechenden Findungsprozesse zu automatisieren. Diese Stammdaten und ihre Pflege lernen Sie in diesem Kapitel kennen.

Neben Kunden- und Produktstamm bildet der Konditionsstamm den dritten wichtigen Grundpfeiler für die Verarbeitung von Vertriebsbelegen. Dabei steht zur Pflege dieser Konditionsstammdaten eine Reihe von Werkzeugen zur Verfügung, denen wir uns jetzt widmen. Wir beginnen mit den unverzichtbaren Grundwerkzeugen und stellen Ihnen danach weitere mögliche Pflegeformen vor.

2.1 Konditionspflege über die Konditionsart

Über den Menüpfad **(SAP Easy Access •) Logistik • Vertrieb • Stammdaten • Konditionen • Selektion über Konditionsart** erreichen Sie die Standardpflegetransaktionen für die Pflege von Konditionsstammdaten der Verwendung A (Preisfindung), Applikation V (Vertrieb):

- VK11 (Anlegen)
- VK12 (Ändern)
- VK13 (Anzeigen)
- VK14 (Anlegen mit Bezug)

Diese Pflege arbeitet mit einem generierten Dialog, der sofort einsatzbereit ist, wenn Sie eine kundenindividuelle Konditionsart konfigurieren (dies wird ausführlich in Abschnitt 4.1.4, »Anlegen einer Konditionsart«, behandelt). Das heißt, dass kundenindividuelle Konditionsarten unterschiedslos genauso behandelt werden wie die Konditionsarten der SAP-Standardauslieferung. Die Unterschiede sind für den Anwender nur am Namensraum erkennbar.

Eine typische Pflegeaufgabe ist das Anlegen eines Preises (Konditionsart PR00), z. B. für ein neues Produkt. Nach dem Aufruf von Transaktion VK11 (Anlegen) wählen Sie dafür zunächst die Konditionsart PR00 (Preis) aus. Da in der Zugriffsfolge zur Konditionsart PR00 drei Konditionstabellen (d. h. Schlüsselkombinationen) enthalten sind, erscheint ein weiteres Auswahlbild zur Festlegung der gewünschten Schlüsselkombination (siehe Abbildung 2.1). Um z. B. einen Materialpreis anzulegen, markieren Sie **Material mit Freigabestatus**.

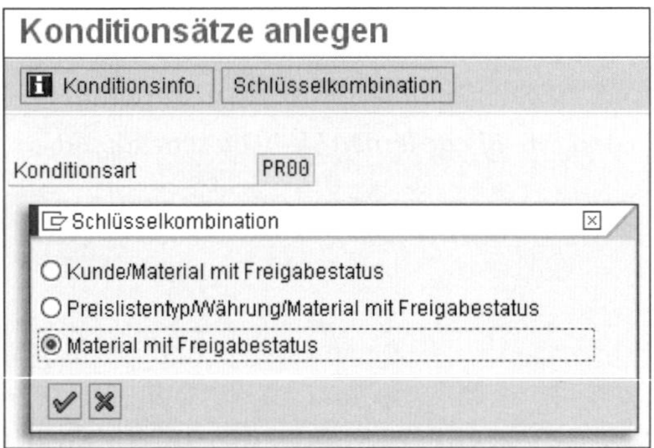

Abbildung 2.1 Konditionssätze anlegen (Transaktion VK11)

Nachdem Sie die Auswahl mit [↵] bestätigt haben, erscheint das sogenannte *Schnellerfassungsbild* (siehe Abbildung 2.2). Hier empfiehlt es sich, nach der Eingabe der Schlüsselfelder **Verkaufsorganisation**, **Vertriebsweg** und **Material** jeweils [↵] zu drücken. Dadurch werden Attribute wie **Währung**, **Mengeneinheit**, **Rechenregel** und **Gültigkeitszeitraum** mit Default-Werten gefüllt (z. B. aus dem Customizing der Konditionsart). So genügt es dann in der Regel, nur noch den Konditionsbetrag einzugeben.

Preis (PR00) anlegen: Schnellerfassung

Verkaufsorganisation 1000 Deutschl. Frankfurt
Vertriebsweg 12 Wiederverkäufer

Material mit Freigabestatus

Material	S	Bezeichnung	B...	Betrag	Einh.	pro	ME	R...	B...	Gültig ab	bis
1400-310		CrossFun / 350 cm3			EUR	1	ST	C		30.11.2013	31.12.9999

Abbildung 2.2 Schnellerfassungsbild

Charakteristisch für das Schnellerfassungsbild ist, dass Sie mehrere Konditionssätze in einem Bild pflegen können. Um dieses Vorgehen zu ermöglichen, wird bei der Definition der Schlüsselkombinationen (= Konditionstabellen) erzwungen, dass mindestens ein Schlüsselfeld auf der Positionsebene vorhanden ist.

Durch die Navigation über die Buttons im oberen Teil des Schnellerfassungsbildes (eingerahmt hervorgehoben in Abbildung 2.2) haben Sie folgende Möglichkeiten:

- Kopfdaten
- Detail
- Zusatzdaten
- Staffeln
- Zusatzkonditionen
- Gültigkeitszeiträume
- Naturalrabatt
- Statusinformation
- Umrechnungsfaktoren
- Schlüssel
- Kumulierte Werte
- Übersicht Konditionssätze
- Andere Konditionsart

Sehen wir uns die wichtigsten dieser weiteren Pflegebilder an.

2.1.1 Funktion »Detail«

Im Detailbild (siehe Abbildung 2.3) finden Sie einige Attribute, mit denen Sie die Verarbeitung des Konditionssatzes beeinflussen können.

Im Bereich **Beträge** sehen Sie neben dem Feld **Konditionsbetrag** noch die Felder **Untergrenze** und **Obergrenze**. Hinterlegen Sie hier Werte, dann wird in der Belegverarbeitung geprüft, ob bei manueller Änderung der gefundenen Kondition die Grenzwerte über- bzw. unterschritten werden. Ein Über- bzw. Unterschreiten dieser Grenzwerte wird daraufhin abgewiesen. Diese Grenzwerte werden natürlich auch im Staffelbild berücksichtigt, das wir im nächsten Abschnitt beschreiben.

Im Bereich **Steuerung** können Sie gegebenenfalls die aus der Konditionsart vorgeschlagene **Staffelart** abändern. Auch können Sie hier ein **Ausschlusskennzeichen** für den *Konditionsausschluss durch Bedingungen* setzen. Darunter fällt auch das bereits im Standard implementierte Szenario X (Nettopreis): Ist dieses Ausschlusskennzeichen gesetzt, werden nach der Findung des Preiskonditionssatzes die eventuell vorhandenen nachfolgenden Rabattkonditionssätze ignoriert (denn die Bedingung 2 im Kalkulationsschema ist nicht erfüllt). Ein auf diese Weise gekennzeichneter Preis wirkt daher als Nettopreis. Weitere Informationen zum Konditionsausschluss finden Sie in Kapitel 7, »Spezielle Funktionen der Preisfindung«.

Abbildung 2.3 Konditionsdetailbild

2.1.2 Funktion »Zusatzdaten«

Im Zusatzdatenbild (siehe Abbildung 2.4) wird im Bereich **Zuordnungen** festgehalten, ob der Konditionssatz im Rahmen einer **Verkaufsaktion** angelegt worden ist. Ist diese Verkaufsaktion einer **Promotion** zugeordnet, wird das ebenfalls angezeigt. Falls das SAP-System als Retail-System ausgeprägt ist, kann hier die Zuordnung zu einer Handelsaktion festgehalten werden.

Im Bereich **Zahlung** können Sie eine **Zahlungsbedingung** hinterlegen. Sie wird in die Vertriebsbelegpositionen übernommen, für die während der Preisfindung der Konditionssatz gefunden wird. Darüber hinaus ist es möglich, im Feld **Valuta-Fixdatum** ein solches oder zusätzliche Valutatage im Feld **Zusätzl. Valutatage** einzugeben.

Nur wenn im Customizing für die Konditionsart das Attribut **Konditionsupdate** gesetzt ist, steht zusätzlich der Bereich **Grenzwerte für die Preisfindung** zur Verfügung. Auf das Konditionsupdate gehen wir in Abschnitt 7.3, »Konditionsupdate«, ein.

Preis (PR00) anlegen: Zusatzdaten Vertrieb

Variabler Key

VkOrg	VW...	Material	F	Bezeichnung
1000	12	1400-310		CrossFun / 350 cm3

Gültigkeit

Gültig ab 30.11.2013 Gültig bis 31.12.9999

Zuordnungen

Promotion

Verkaufsaktion

Zuordnungen Handelsaktion

Aktion

Zahlung

Zahlungsbedingung

Valuta-Fixdatum Zusätzl. Valutatage

Abbildung 2.4 Konditionszusatzdatenbild

2.1.3 Funktion »Staffeln«

Im Staffelbild (siehe Abbildung 2.5) können bei Bedarf Staffelwerte hinterlegt werden. Die Staffelart wird aus dem Customizing der Konditionsart vorgeschlagen. Ist aber in der Konditionsart keine verbindliche Vorgabe festgelegt, wird die Ab-Staffel vorgeschlagen – der Vorschlag kann im Einzelfall im Detailbild geändert werden.

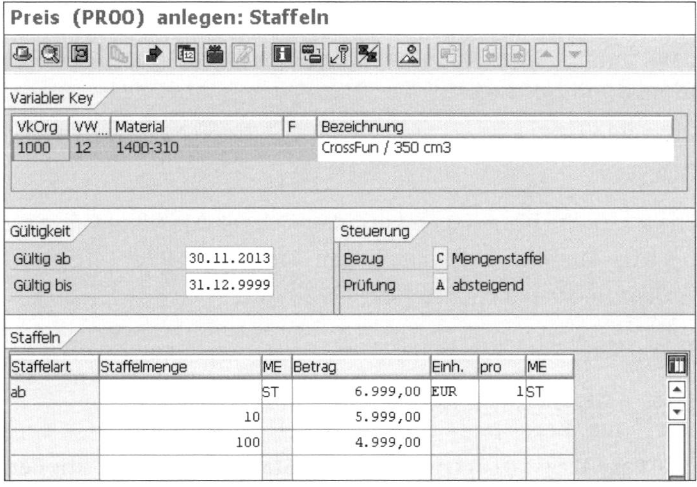

Preis (PR00) anlegen: Staffeln

Variabler Key

VkOrg	VW...	Material	F	Bezeichnung
1000	12	1400-310		CrossFun / 350 cm3

Gültigkeit

Gültig ab 30.11.2013

Gültig bis 31.12.9999

Steuerung

Bezug C Mengenstaffel

Prüfung A absteigend

Staffeln

Staffelart	Staffelmenge	ME	Betrag	Einh.	pro	ME
ab		ST	6.999,00	EUR	1	ST
	10		5.999,00			
	100		4.999,00			

Abbildung 2.5 Konditionsstaffelbild

2.1.4 Funktion »Zusatzkonditionen«

Im Zusatzkonditionsbild können Sie sogenannte *Zusatzkonditionen* erfassen. Voraussetzung dafür ist, dass der Konditionsart ein zusätzliches Schema mit Zusatzkonditionen zugeordnet wurde. Mehr über die Zusatzkonditionen erfahren Sie in Abschnitt 4.2.3, »Konditionsart«, und in Abschnitt 5.5.3, »Zusatzkonditionen«.

2.1.5 Funktion »Gültigkeitszeiträume«

Im Gültigkeitszeiträumebild werden die vorhandenen Gültigkeitszeiträume für den Konditionssatz angezeigt. Sie können so verfolgen, wie sich die Konditionsbeträge im Laufe der Zeit entwickelt haben.

2.1.6 Funktion »Naturalrabatt«

Das Naturalrabattbild gibt Ihnen die Möglichkeit, direkt in die Pflege von Naturalrabatten abzuspringen.

2.1.7 Funktion »Statusinformation«

Dieses Bild zeigt die Statusinformationen zum Konditionssatz an (z. B. **Angelegt am**, **Angelegt von**).

2.1.8 Funktion »Kumulierte Werte«

Nur wenn im Customizing für die Konditionsart das Attribut **Konditionsupdate** gesetzt ist, werden im Kumulierte-Werte-Bild die Werte aus der Konditionsfortschreibung angezeigt (zum Konditionsupdate siehe Abschnitt 7.3, »Konditionsupdate«).

2.1.9 Funktion »Andere Konditionsart«

Im Andere-Konditionsart-Bild ist der Absprung in die Konditionspflege einer anderen Konditionsart möglich.

Im täglichen Gebrauch werden Sie überwiegend mit dem Schnellerfassungsbild auskommen und sicher noch das Staffelbild öfter benötigen. Die übrigen Bilder ergänzen zwar deren Funktionen, kommen aber eher selten zum Einsatz.

2.2 Konditionspflege über Bereichsmenüs

Über den Menüpfad **(SAP Easy Access •) Logistik • Vertrieb • Stammdaten • Konditionen** erreichen Sie die seit Release SAP R/3 4.6 zusätzlich verfügbaren Pflegetransaktionen:

- VK31 (Anlegen)
- VK32 (Ändern)
- VK33 (Anzeigen)
- VK34 (Anlegen mit Bezug)

Diese Form der Konditionspflege verwendet standardmäßig das Bereichsmenü COND_AV (Bereichsmenüpflege mit Transaktion SE34), um – über *Konditionslisten* als Filtermedium – Konditionssätze unter Umständen sogar konditionsarten- und konditionstabellenübergreifend pflegen zu können. Dies hängt von den Eigenschaften der verwendeten Konditionslisten ab, wie Sie in Abschnitt 3.1, »Konditionslisten«, sehen werden.

Es sind letztlich drei Ideenbausteine – Bereichsmenü, Konditionsliste und Konditionspflege –, die hier zu einem interessanten neuen Ansatz zusammengefügt wurden. Die Konstruktion wird klar, wenn Sie sich ein konkretes Beispiel ansehen. Nach dem Aufruf z. B. von Transaktion VK32 ((Konditionen) ändern) erhalten Sie das in Abbildung 2.6 gezeigte Bild.

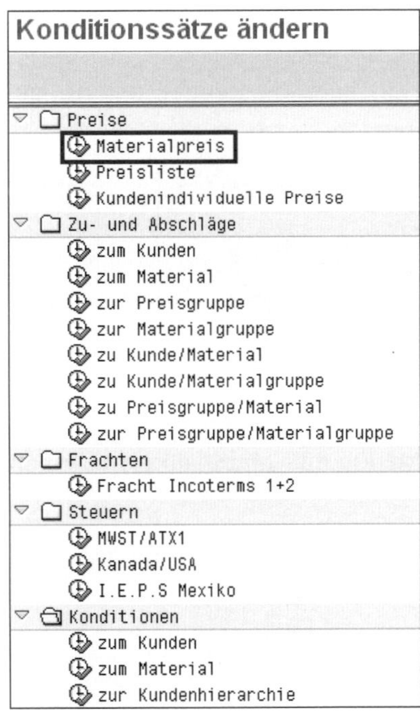

Abbildung 2.6 Transaktion VK32 ((Konditionen) ändern)

Die expandierte Menüstruktur wird im Standard durch das Bereichsmenü COND_AV definiert. Wenn Sie sich auf den Eintrag **Materialpreis** konzentrieren und diesen Knoten im Bereichsmenü COND_AV editieren (siehe Abbildung 2.7), erkennen Sie, dass dahinter der Aufruf der Konditionsliste 15 (Materialpreis) in der Variante SAP&PR00 vereinbart wurde. (Auf die Konditionsliste gehen wir in Abschnitt 3.1, »Konditionslisten«, ausführlich ein.)

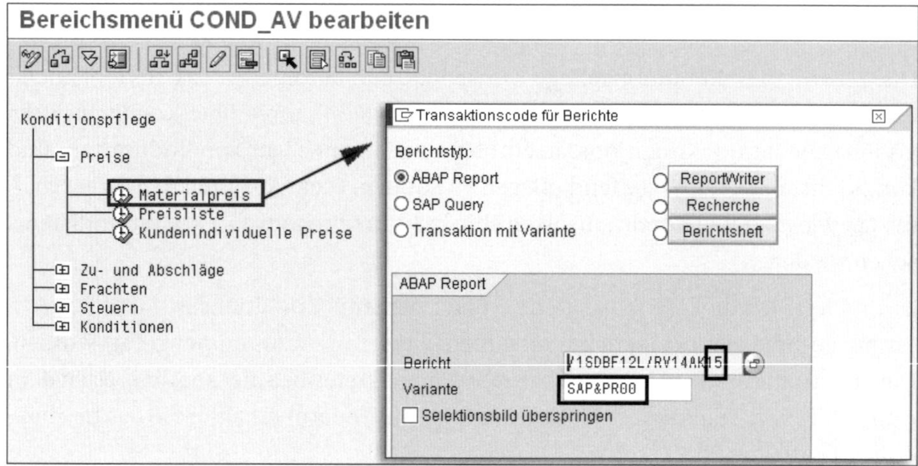

Abbildung 2.7 Bereichsmenü COND_AV

Bei diesem Vorgehen wird die Konditionsliste als Filter verwendet, um die gewünschte Menge der Konditionssätze zu selektieren.

[»]

Definition der Variante

Als *Variante* bezeichnet man im SAP-System ein ausgefülltes Selektionsbild, das gesichert wurde. Der Menüpfad, ausgehend vom aktuellen Selektionsbild, lautet: **Springen • Varianten • Als Variante sichern**.

Die Variante SAP&PR00 stellt somit die Grundlage zur Vorbelegung des Selektionsbildes dar, wenn Sie in Transaktion VK32 den Menüpunkt **Materialpreis** aufrufen (siehe Abbildung 2.8).

Die Eingabe verschiedener Selektionsfelder und die Bestätigung mit **Ausführen** könnte z. B. zu dem in Abbildung 2.9 gezeigten Ergebnisbild führen.

Diese Art des Konditionspflegedialogs ist von ihrem Wesen her natürlich generischer als der in den Transaktionen VK11, VK12, VK13. Wir haben hier nicht mehr den spezifischen, für die Konditionsart generierten Pflegedialog. Vielmehr sind die Informationen, die in der klassischen Konditionspflege auf mehrere Bilder aufgeteilt waren, weitestgehend in einem zentralen Table Control (also einem Bildelement zur tabellarischen Darstellung von Daten) versammelt. Grundsätzlich stehen die gleichen Funktionen wie in der Konditionspflege über die Konditionsart zur Verfügung, aber man muss sich an die besondere Arbeitsweise gewöhnen.

Materialpreis

Verkaufsorganisation		bis	
Vertriebsweg		bis	
Material		bis	
Freigabestatus		bis	
Konditionsart	PR00	bis	
Gültig am	30.11.2013		
Max. Trefferzahl pro Tabelle	500		

Abbildung 2.8 Selektionsbild zum Materialpreis

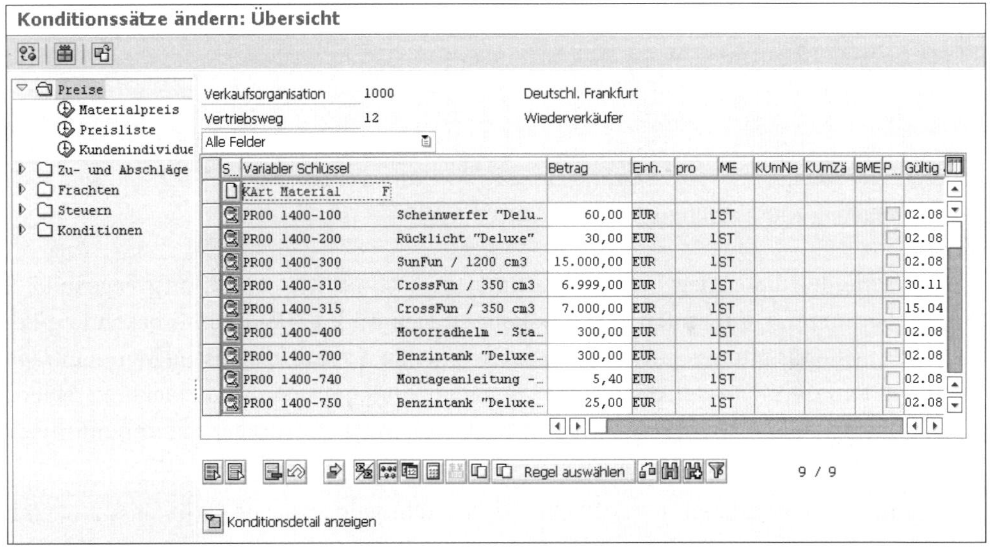

S…	Variabler Schlüssel		Betrag	Einh.	pro	ME	KUmNe	KUmZä	BME	P…	Gültig…
	KArt Material	F									
	PR00 1400-100	Scheinwerfer "Delu…	60,00	EUR	1	ST					02.08
	PR00 1400-200	Rücklicht "Deluxe"	30,00	EUR	1	ST					02.08
	PR00 1400-300	SunFun / 1200 cm3	15.000,00	EUR	1	ST					02.08
	PR00 1400-310	CrossFun / 350 cm3	6.999,00	EUR	1	ST					30.11
	PR00 1400-315	CrossFun / 350 cm3	7.000,00	EUR	1	ST					15.04
	PR00 1400-400	Motorradhelm - Sta…	300,00	EUR	1	ST					02.08
	PR00 1400-700	Benzintank "Deluxe…	300,00	EUR	1	ST					02.08
	PR00 1400-740	Montageanleitung -…	5,40	EUR	1	ST					02.08
	PR00 1400-750	Benzintank "Deluxe…	25,00	EUR	1	ST					02.08

Abbildung 2.9 Transaktion VK32 (Ändern) – Selektionsergebnis

Zuletzt sei an dieser Stelle noch auf die Funktion des Buttons **Detail** verwiesen. Dieser Button wird eingesetzt, um Informationen wie Staffeln und Gültigkeitszeiträume anzuzeigen, die verständlicherweise nicht in dem zeilenorientierten Table Control enthalten sein können (siehe Abbildung 2.10). Wenn Sie sich also zu einem Konditionssatz, der im Table Control gezeigt wird, die Gültigkeitszeiträume ansehen möchten, klicken Sie auf den Lupen-Button am Zeilenanfang. Es öffnet sich daraufhin am unteren Bildrand ein kleines Bild mit den entsprechenden Detailinformationen auf den Registerkarten **Gültigkeitszeiträume**, **Staffeln**, **Konditionstexte** und **Schlüssel**.

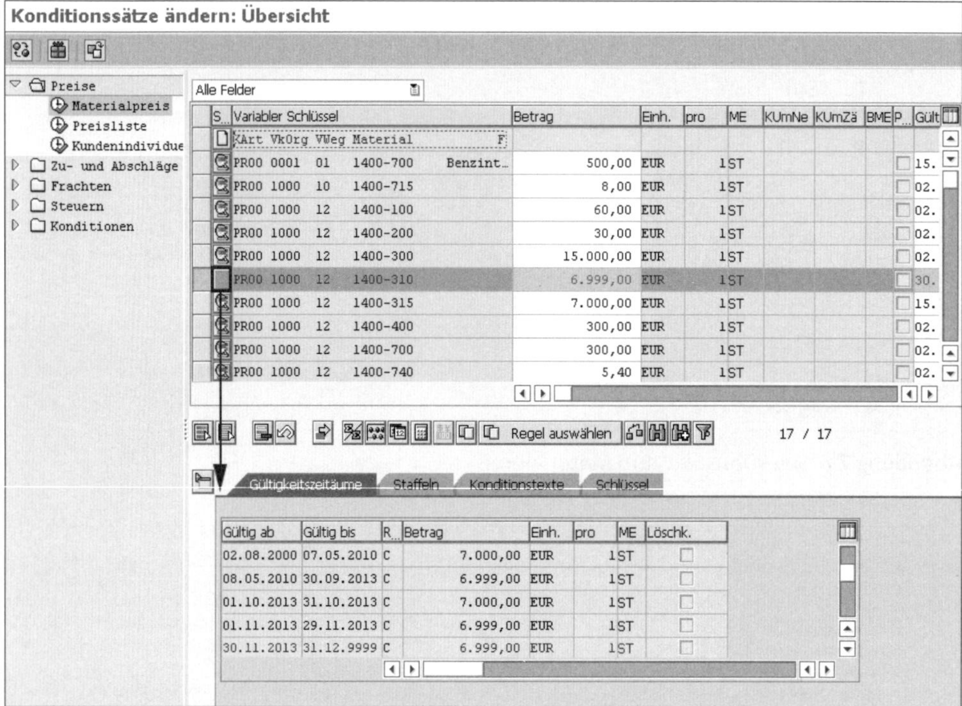

Abbildung 2.10 Detailfunktion aufrufen

Wir werden diese Pflegeform noch einmal in Abschnitt 5.4, »Konditionspflege mit Bereichsmenüs«, aufgreifen, denn es können sich im Einzelfall durch besondere Bereichsmenüs interessante Möglichkeiten ergeben. So sind spezifische Menüeintrage wie »Konzern XY« denkbar, hinter denen eine entsprechend mit Selektionsfeldern vorausgefüllte Variante einer Konditionsliste steht, die sozusagen »auf Knopfdruck« die gewünschten Konditionssätze selektiert.

Ein gewisser Nachteil dieser Pflegeform besteht jedoch sicher darin, dass z.B. eine neue Konditionsart erst dann gepflegt werden kann, wenn sie über eine Konditionsliste »gefiltert« werden kann.

2.3 Konditionspflege über den Index

Eine weitere Form der Konditionspflege erreichen Sie über den Menüpfad **(SAP Easy Access •) Logistik • Vertrieb • Stammdaten • Konditionen • Selektion über Index**. Dort stehen Ihnen folgende Transaktionen zur Verfügung:

- V_I7 (Konditionen anlegen)
- V/I5 (Konditionen ändern)
- V/I7 (Konditionen anzeigen)

Voraussetzung für diese Form der Konditionspflege ist das Vorhandensein eines Konditionsindex. Außerdem muss im Customizing der jeweiligen Konditionsart das Attribut **Konditionsindex** gesetzt sein, damit die Konditionsart an der Indexschreibung teilnimmt.

Die Standardauslieferung enthält z. B. zwei Indizes, mit denen unabhängig von der Konditionsart alle Konditionssätze zu einem bestimmten Material (Index 001) oder zu einem bestimmten Kunden (Index 002) selektiert werden können. Eine Selektion über den Kunden 1174 könnte z. B. das in Abbildung 2.11 wiedergegebene Ergebnis erbringen. Wie Sie sehen, ist auch hier eine konditionsartenübergreifende Pflege möglich.

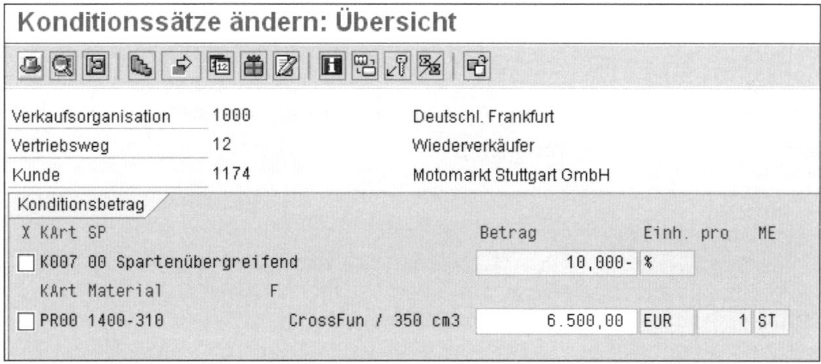

Abbildung 2.11 Konditionspflege über den Index

Beachten Sie, dass die Anzahl der fortzuschreibenden Indizes die Systemperformance beim Speichern (Verbuchen) von Sätzen beeinträchtigt, und seien Sie sich dessen bewusst, wenn Sie Indizes anlegen und aktivieren.

Die Einstellungen im Customizing zum Konditionsindex erreichen Sie über den Pfad **(IMG •) Vertrieb • Grundfunktionen • Preisfindung • Konditionsindex pflegen**.

2.4 Absprachen

Sie können Preiskonditionen auch im Zusammenhang mit einer Absprache anlegen. Man unterscheidet hier grundsätzlich zwei Absprachearten: Verkaufsabsprachen und Bonusabsprachen.

2.4.1 Verkaufsabsprachen

Um in Verbindung mit Marketingprogrammen Sonderkonditionen anzulegen und eventuell auszuwerten, können Sie auf einer ersten Ebene sogenannte *Promotionen* anlegen, die z. B. einen Gesamtgültigkeitszeitraum definieren. Diesen Promotionen werden dann in einem zweiten Schritt sogenannte *Verkaufsaktionen* zugeordnet, innerhalb derer man spezielle Preise und/oder Rabatte erfasst. Die Menge der erlaubten Konditionsarten wird dazu im Customizing durch eine *Konditionspflegegruppe* definiert, die man der Absprecheart zuordnet. Die Gültigkeit dieser Verkaufsaktionen muss innerhalb des Gültigkeitszeitraums der übergeordneten Promotion liegen. Bei der Pflege innerhalb der Verkaufsaktion entstehen Konditionssätze, die in ihren Stammdaten die Schlüsselnummern der zugehörigen Verkaufsaktion und gegebenenfalls der Promotion mitführen. Wenn ein solcher Konditionssatz später während der Belegpreisfindung gefunden wird, werden diese Nummern in die Belegpositionsdaten transportiert und können daraufhin zu Auswertungszwecken in die Statistikdaten fortgeschrieben werden.

Sehen wir uns einführend zwei Absprachen aus der SAP-Standardauslieferung an – die Promotion 0030 und die Verkaufsaktion 0020. Über den Menüpfad **(SAP Easy Access •) Logistik • Vertrieb • Stammdaten • Absprachen • Promotion • Anlegen** erreichen Sie Transaktion VB31 (siehe Abbildung 2.12).

Abbildung 2.12 Promotion anlegen (Transaktion VB31)

Die Promotion enthält noch keinerlei Konditionsdaten. Diese werden erst im Rahmen der Verkaufsaktionen erfasst. Über den Menüpfad **(SAP Easy Access •) Logistik • Vertrieb • Stammdaten • Absprachen • Verkaufsaktion • Anlegen** erreichen Sie Transaktion VB21 (siehe Abbildung 2.13).

In der Verkaufsaktion kann nun der Bezug zur übergeordneten Promotion hergestellt werden. Der wichtigste Unterschied zur Promotion ist der Button **Konditionen**, über den die Konditionserfassung aufgerufen wird. Es erscheint ein Auswahlbild an verfügbaren Konditionen, das durch die der Absprecheart 0020 zugeordnete Konditionspflegegruppe bestimmt wird.

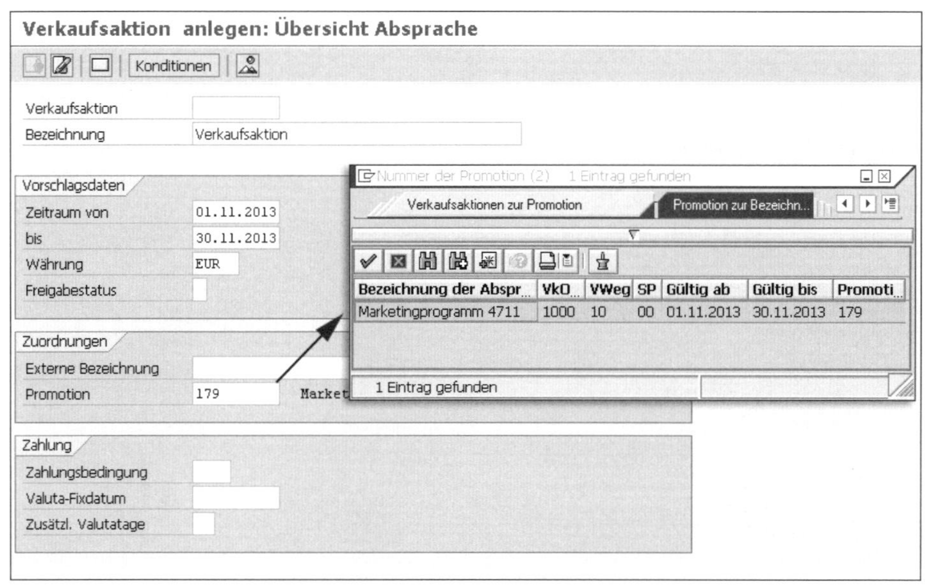

Abbildung 2.13 Verkaufsaktion anlegen (Transaktion VB21)

Als Beispiel möchten wir zwei Messepreise erfassen. Dies erfolgt über das klassische Schnellerfassungsbild (siehe Abbildung 2.14), wobei der Gültigkeitszeitraum aus der Aktion vorbelegt ist (und gegebenenfalls die Vorschlagsdaten aus dem Bereich **Zahlung**).

Verkaufsaktion anlegen: Übersicht Preis (PR00)

Verkaufsorganisation 1000 Deutschl. Frankfurt
Vertriebsweg 12 Wiederverkäufer

Material

Material	Bezeichnung	Betrag	Einh.	pro	ME	R...	B...	Gültig ab	bis	L...	Z...	S...	T...	A...	Zahl...	Valuta-Fix	Z...
1400-300	SunFun / 1200 cm3	10.999,00	EUR	1	ST	C		01.11.2013	30.11.2013								
1400-310	CrossFun / 350 cm3	5.999,00	EUR	1	ST	C		01.11.2013	30.11.2013								

Abbildung 2.14 Verkaufsaktion anlegen – Übersicht Preis

Sie können sich abschließend noch die übergeordnete Promotion anzeigen lassen und erhalten das in Abbildung 2.15 dargestellte Übersichtsbild, das die untergeordneten Aktionen auflistet.

Die Customizing-Einstellungen zu den Verkaufsabsprachen erreichen Sie über den Pfad **(IMG •) Vertrieb • Grundfunktionen • Preisfindung • Absprachen zur Preisfindung**.

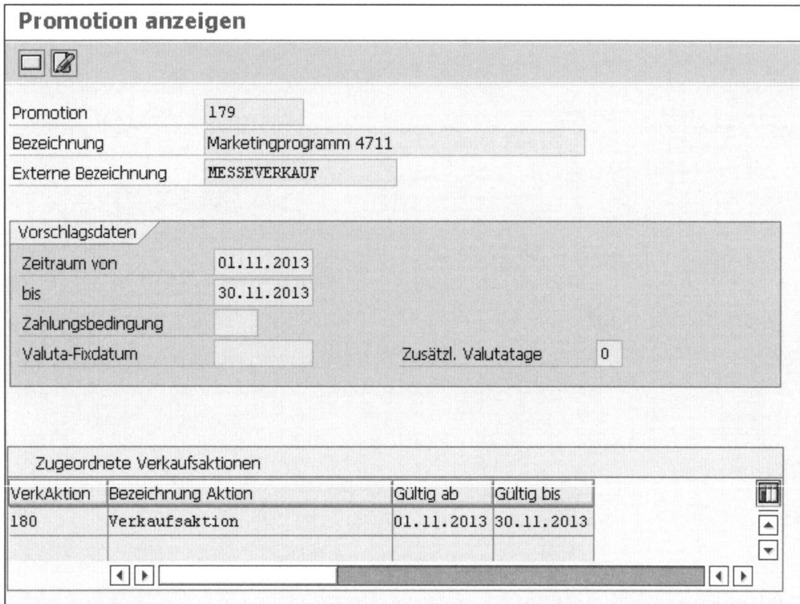

Abbildung 2.15 Promotion mit zugeordneten Verkaufsaktionen

Dynamische Ermittlung von Verkaufsaktionen

Eine interessante Weiterentwicklung hat das Thema *Verkaufsaktionen* durch die Idee des *Preisbuches* erfahren. Es geht hier darum, dass man während der Preisfindung *dynamisch* eine Verkaufsaktion ermitteln kann, um daraus Daten in die Preisfindung einfließen zu lassen, die nicht im Vertriebsbeleg enthalten sind.

Als Beispiel für diese Funktion wurde im SAP-Standardsystem das Kalkulationsschema RVAA02 (Preisbuch) ausgeliefert. Das Ziel des Preisbuches ist es, einer Gruppe von Kunden oder einzelnen Kunden besondere Preise zu gewähren. Allerdings soll dafür ein Preiswerk zugrunde gelegt werden, dessen Preise kundenunabhängig definiert sind. Die nötige Individualisierung wird dadurch erreicht, dass, abhängig von den Kunden, eine Verkaufsaktion ermittelt wird, in der die zu berücksichtigenden Sondervereinbarungen abgelegt sind. Diese Sondervereinbarungen werden dann während der Preisfindung durch spezielle Techniken berücksichtigt (Stichwort: Datenermittlung im Zugriff). Wir gehen auf das erforderliche technische Hintergrundwissen in Kapitel 9, »Besonderheiten der Konditionstechnik in der Preisfindung«, näher ein.

2.4.2 Bonusabsprachen

Ein Bonus ist ein rückwirkend gewährter Abschlag, der einem Bonusempfänger in Abhängigkeit von einem definierten Umsatz innerhalb eines bestimmten Zeitraums gewährt wird. Bonusabsprachen werden angelegt, um die für eine Bonusabrechnung erforderlichen Werte innerhalb der Laufzeit der Bonusabsprache zu ermitteln.

Eine Bonusabsprache besteht aus zwei Teilen: der Bonusabsprache selbst und den Konditionssätzen innerhalb der Absprache, die zur Berechnung des Bonus verwendet werden. Der Bonuskonditionssatz in der Absprache definiert (gegebenenfalls gestaffelt) das Umsatzziel und die entsprechenden Vergütungssätze. Daneben dient der Bonuskonditionssatz als Meldeinstanz zur Umsatzfortschreibung. Wird ein Bonuskonditionssatz für eine Fakturaposition gefunden, heißt das, dass diese Faktura umsatzrelevant ist für die Absprache, innerhalb derer der Konditionssatz angelegt wurde. Falls im Konditionssatz hinterlegt, können bei der Überleitung des Fakturabelegs in die Buchhaltung auch Rückstellungen gebucht werden.

Bonusabsprachen werden in SAP ERP über den Pfad **(SAP Easy Access •) Logistik • Vertrieb • Stammdaten • Absprachen • Bonusabsprache • Anlegen** (Transaktion VBO1) angelegt.

Für die Konfiguration der Bonuskonditionen (Attribut **Konditionsklasse** = C (Nachträgliche Vergütungen) gelten – bis auf die reduzierte Anzahl von Attributen innerhalb der Konditionsart – die gleichen Konstruktionsprinzipien, wie Sie sie für die übrigen Preisfindungskonditionen in Kapitel 4, »Customizing der Preisfindung«, kennenlernen werden.

Die Einstellungen im Customizing zu den Bonusabsprachen erreichen Sie über den Pfad **(IMG •) Vertrieb • Fakturierung • Bonusabwicklung • Bonusabsprachen** (siehe Kapitel 16, »Bonusabwicklung im Vertrieb«).

Die SD-Bonusabwicklung wird in SAP S/4HANA nicht fortgeführt, sondern durch den Konditionskontrakt ersetzt.

2.5 Preisvereinbarungen

Durch Preisvereinbarungen können Sie vertragsspezifische Konditionssätze definieren. Solche Preisvereinbarungen findet man typischerweise in Miet-, Service- und Wartungsverträgen. Das Kennzeichnende ist, dass in diesem Fall nicht einfach Werte in das Kopf- oder Positionskonditionsbild eingetragen werden, sondern aus dem Vorgang heraus Konditionssätze angelegt werden, die im Schlüssel ihre Herkunft (= die Vorgangsummer) enthalten. Insofern handelt es sich also um Konditionsarten mit einem besonderen Schlüsselbestandteil. Diese Konditionssätze können deshalb z. B. beim Anlegen eines Serviceauftrags mit Bezug auf einen Servicevertrag durch eine entsprechend aufgebaute Zugriffsfolge »vererbt« werden.

In Abschnitt 6.4, »Preisvereinbarungen«, gehen wir weiter auf die Verwendung von Preisvereinbarungen ein.

2.6 Fazit

In den allermeisten Fällen ist für die Preisfindung das Werkzeug der Wahl sicherlich die klassische Konditionspflege über die Konditionsart. Der Vorteil dabei ist, dass Sie alle Werkzeuge parallel einsetzen können. Ein Konditionssatz bleibt ein Konditionssatz – unabhängig davon, wie er angelegt worden ist – und kann mit allen anderen Pflegewerkzeugen weiterverarbeitet werden, wenn die entsprechenden Voraussetzungen, wie filternde Konditionslisten für die Pflege über Bereichsmenüs oder die Aktivierung der Indexfortschreibung für die Pflege über den Index, erfüllt sind.

In größeren Unternehmen kann die Anzahl der Konditionssätze leicht die Millionengrenze sprengen. Deshalb sind Auswertungen und Arbeitsvorräte unverzichtbar, um aus einer großen Menge von Konditionssätzen die Konditionssätze zu selektieren, denen gerade das Interesse gilt. Mit den Werkzeugen, die dazu nötig sind, beschäftigen wir uns im folgenden Kapitel.

Kapitel 3
Auswertungen und Arbeitsvorräte

3

Wie alle anderen Stammdaten müssen auch die Konditionssätze von den Fachabteilungen eines Unternehmens instand gehalten werden. Leistungsfähige Werkzeuge, die aus einer großen Anzahl von Konditionssätzen die jeweils relevante Teilmenge herausfiltern, unterstützen Sie dabei.

Um Konditionssätze nach unterschiedlichen Fragestellungen auswerten und pflegen zu können, werden neben den verschiedenen Pflegetransaktionen, die bereits einige Selektionsmöglichkeiten bereithalten, weitere Werkzeuge benötigt. Zum Beispiel können Sie Konditionslisten oder personalisierte Arbeitsvorräte für die Übersicht über Konditionssätze verwenden oder Preislisten für Preisauskünfte nutzen.

3.1 Konditionslisten

Um einen Überblick über die im System vorhandenen Konditionssätze zu erhalten, können Sie spezielle Konditionslisten nutzen. Die Konditionssätze könnten z. B. hinsichtlich folgender Fragestellungen durchsucht werden:

- Welche kundenindividuellen Preisvereinbarungen gibt es in meiner Verkaufsorganisation zu bestimmten Produkten?
- Welche Konditionssätze sind im System für bestimmte Incoterms hinterlegt?
- Welche Konditionen wurden für einen bestimmten Kunden angelegt?

In der SAP-Standardauslieferung gibt es eine Reihe von vorkonfigurierten Konditionslisten, wie z. B. die Konditionsliste 16 (Kundenindividuelle Preise). Darüber hinaus können Sie über das Customizing weitere Konditionslisten durch einen Listengenerator hinzufügen (siehe Abschnitt 3.1.2, »Customizing von Konditionslisten«), um beliebige kundenseitige Anforderungen abzudecken.

3.1.1 Aufruf von Konditionslisten

Konditionslisten können Sie über den Menüpfad **(SAP Easy Access •) Logistik • Vertrieb • Stammdaten • Konditionen • Liste • Konditionsliste** (Transaktion V/LD) aufrufen.

Sehen wir uns dieses Werkzeug einmal am Beispiel der Konditionsliste 16 genauer an (siehe Abbildung 3.1). Nach dem Start einer Konditionsliste erscheint zunächst ein Selektionsbild, um die Abfrage einzugrenzen. Die Anzahl der Selektionsfelder kann – wie Sie ebenfalls in Abschnitt 3.1.2, »Customizing von Konditionslisten«, sehen werden – beim Anlegen der Konditionsliste im Customizing beeinflusst werden, ebenso wie die Vorbelegung der Attribute im Bereich **Listbild**.

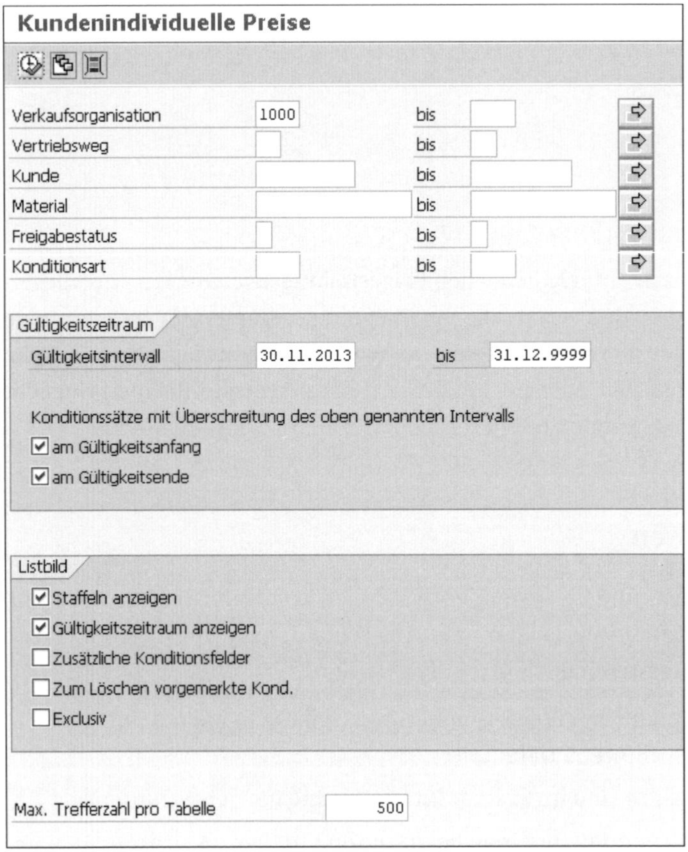

Abbildung 3.1 Aufruf der Konditionsliste »Kundenindividuelle Preise« (Transaktion V/LD)

Nach der Eingabe der Selektionskriterien können Sie die Konditionsliste über **Ausführen** (Funktionstaste F8) starten. Daraufhin sehen Sie die Ergebnisliste (siehe Abbildung 3.2). Auch ihre Gestalt können Sie im Rahmen der angebotenen Möglichkeiten (z. B. Positionierung eines Feldes auf Seitenkopf, Gruppenkopf oder Positionsebene) im Customizing der Konditionsliste beeinflussen.

Aus der Ergebnisliste heraus können Sie in die Konditionspflegetransaktionen VK11 (Anlegen), VK12 (Ändern) und VK13 (Anzeigen) verzweigen. Im Falle von *Anzeigen* und *Ändern* springen Sie in den in der Liste markierten Konditionssatz ab.

Kundenindividuelle Preise

```
Verkaufsorg. 1000              Deutschl. Frankfurt
Vertriebsweg 10                Endkundenverkauf

Kunde
KArt Material        F S Staff.Meng ME    Betrag Einh. pro ME Gültig ab  Gültig bis

1000  Becker Berlin
PR00 C_PC                              1.899,00  EUR    1  ST 01.10.2013 31.12.9999

1234  K.F.W. Berlin
PR00 QS8X35                                0,12  EUR    1  ST 01.09.2013 31.12.9999

1235  K.F.W. London
PR00 QS8X30                                0,10  EUR    1  ST 01.10.2013 31.12.9999
PR00 QS8X35                                0,12  EUR    1  ST 01.01.2013 31.12.9999

1250  LCH Markt
PR00 T-FV100-EM-01                        10,00  EUR    1  KG 01.11.2013 31.12.9999

1410  PILAR am Neckar
PR00 P-109                             3.299,00  EUR    1  ST 01.07.2013 31.12.9999

2000  Carbor GmbH
PR00 P-002                             1.849,00  EUR    1  ST 01.06.2013 31.12.9999
```

Abbildung 3.2 Kundenindividuelle Preise – Ergebnisliste

3.1.2 Customizing von Konditionslisten

Die Konfiguration von Konditionslisten können Sie nicht im Anwendungsmenü des Fachbereichs vornehmen, sondern sie ist Bestandteil des Customizings. Die Einstellungen zu den Konditionslisten erreichen Sie über den Pfad **(IMG •) Vertrieb • Grundfunktionen • Preisfindung • Konditionsliste pflegen**.

Um eine neue Konditionsliste anzulegen, wählen Sie zunächst eine zweistellige Kurzbezeichnung aus dem Kundennamensraum (dies sind per Definition alle zweistelligen Kombinationen, die mit einem Buchstaben beginnen) und einen Titel. Wir legen z. B. die Kurzbezeichnung X0 und den Titel **Konditionen zum Kunden** für das Beispiel fest (siehe Abbildung 3.3).

Konditionsliste anlegen

Name der Liste	X0
Titel	Konditionen zum Kunden

Abbildung 3.3 Konditionsliste anlegen – Einstiegsbild

Danach erscheint ein Bild mit allen Feldern, die im aktuellen Entwicklungssystem Bestandteil einer Konditionstabelle sind (siehe Abbildung 3.4).

Feldname	Technische Sicht
Auftraggeber	KUNAG
Auftragsart	AUART
Belegart	DOCTYP
Belegwährung	WAERK
Berechnungsmotiv	BEMOT
Branche	BRSCH
City-Code	CITYC
County-Code	COUNC
Dyn. Schlüsselfeld 1	DYNKEY1
Dyn. Schlüsselfeld 2	DYNKEY2
Dyn. Schlüsselfeld 3	DYNKEY3
EAN/UPC-Code	EAN11
Empfangsland	LLAND

Abbildung 3.4 Konditionsliste anlegen – Feldauswahl

Bei der Auswahl der Felder geht es jetzt darum, eine Vorentscheidung zu treffen: Welche Konditionstabellen und – daraus abgeleitet – welche Konditionsarten in der entstehenden Konditionsliste sollen auswertbar sein? Dabei ist eine Verknüpfung der Felder mit UND bzw. mit ODER möglich. Jede Option hat dabei die entsprechenden Auswirkungen auf die Selektion der Konditionstabellen. Wir entscheiden uns für das Feld **Kunde** (KUNNR) und erhalten als Ergebnis der Filterung das in Abbildung 3.5 dargestellte Bild, bestehend aus allen Konditionstabellen, in denen das Feld KUNNR enthalten ist.

Konditionsliste anlegen

Name der Liste X0

Titel Konditionen zum Kunden

Schlüsselkombinationen

Ta...	Kurzbeschreibung
005	Kunde/Material
007	Sparte/Kunde
030	Kunde/Materialgruppe
114	Steuerbefreiung Kunde
115	Dienstl./AbgLand/AbgPostl./Warenempfänger
116	Steuerbefreiung Kunde/Steuerklass.2 Material
117	Steuerbefreiung Kunde/Material
145	Verkaufsaktion - Kunde/Material
152	VerkOrg./VertrWeg/Werk/Material/VerkME/Kunde
153	VerkOrg./VertrWeg/Material/VerkME/Kunde
154	VerkOrg./VertrWeg/Preisliste/Material/VerkME/Kunde

Abbildung 3.5 Konditionsliste anlegen – Auswahl der Konditionstabellen

Wir markieren die Konditionstabellen 005, 007, 305 sowie 307 und gelangen zum letzten Bild in der Generierungssequenz (siehe Abbildung 3.6), mit dessen Hilfe wir abschließend das Selektionsbild und den Aufbau des Listbildes der Ergebnisliste beeinflussen können.

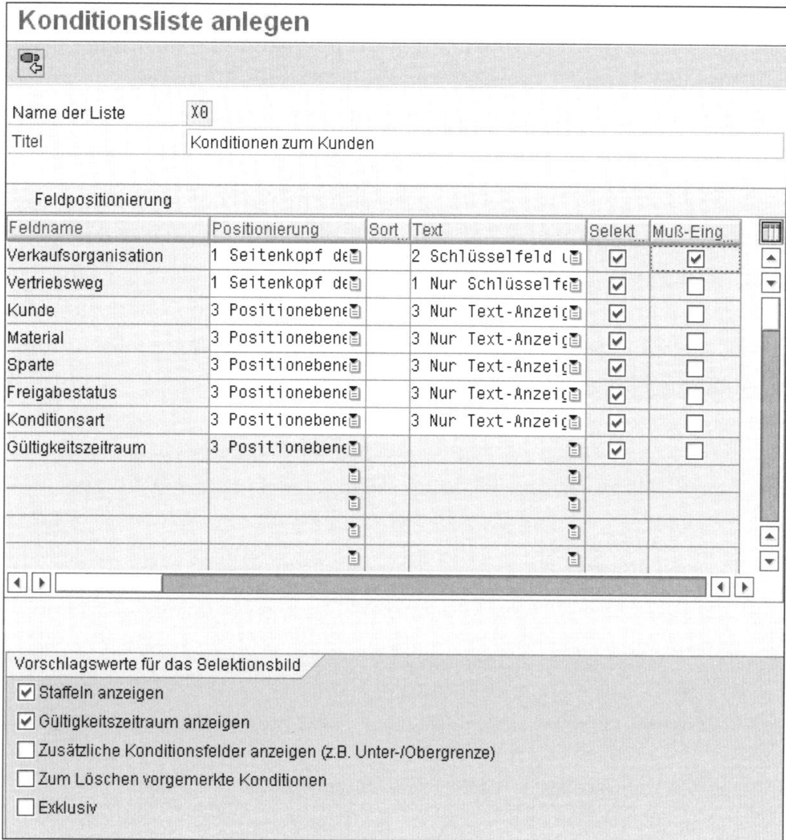

Abbildung 3.6 Konditionsliste anlegen – Aufbau des Listbildes

Dazu werden vom System die Schlüsselfelder aller vorher ausgewählten Konditionstabellen als Selektionsfelder angeboten. In der Spalte **Positionierung** können Sie zwischen drei Möglichkeiten wählen:

- **1 Seitenkopf der Konditionsliste**
- **2 Gruppenkopf der Konditionsliste**
- **3 Positionsebene der Konditionsliste**

In der Spalte **Sortierung** kann die Reihenfolge der Felder in einer Ebene (Seitenkopf, Gruppenüberschrift oder Position) festgelegt werden. Die Sortierfolge hat keinen Einfluss auf die Reihenfolge von Seitenkopf, Gruppenüberschrift und Position selbst.

In der Spalte **Text** stehen Ihnen ebenfalls drei Optionen zur Verfügung:

- **1 Nur Schlüsselfeld-Anzeige**
- **2 Schlüsselfeld- und Text-Anzeige**
- **3 Nur Text-Anzeige**

Diese Steuerung bezieht sich nur auf die Ebenen **Gruppenkopf** und **Position**. Im Seitenkopf werden hingegen immer Feldname und Feldbeschreibung angezeigt. Auf der Positionsebene sollte aber aus Platzgründen entweder der Feldname oder der zugehörige Text angezeigt werden.

In der Spalte **Selekt...**(Selektion) wurde im Beispiel nicht von der Möglichkeit Gebrauch gemacht, eines dieser Felder als Selektionsfeld abzuwählen. Aber in der Spalte **Muß-Eing...** (Muss-Eingabe) wurde das Feld **Verkaufsorganisation** als Muss-Eingabefeld markiert. Durch einen Klick auf den Button **Speichern** wird die Generierung der neuen Konditionsliste XO abgeschlossen. Ein erster Testaufruf der neuen Konditionsliste ergibt das Abbildung 3.7 gezeigte Bild.

Konditionen zum Kunden

Verkaufsorg. 1000 Deutschl. Frankfurt
Vertriebsweg 12 Wiederverkäufer

KArt	Kunde	Material	F	S	Staff.Meng	ME	Betrag	Einh.	pro	ME	Gültig ab	Gültig bis
Preis	Motomarkt Stuttgart GmbH	CrossFun / 350 cm3					6.500,00	EUR	1	ST	30.10.2013	31.12.9999

Verkaufsorg. 1000 Deutschl. Frankfurt
Vertriebsweg 12 Wiederverkäufer

Kond.Art	Kunde	F	S	Staff.Meng	ME	Betrag	Einh.	pro	ME	Gültig ab	Gültig bis
Kundenrabatt	Motomarkt Stuttgart GmbH					10,000-	%			30.09.2013	31.12.9999

Abbildung 3.7 Konditionen zum Kunden – erster Testaufruf

Da die Darstellung nicht ganz unseren Vorstellungen entspricht, editieren wir die Konditionsliste noch einmal im Änderungsmodus und tauschen die Attribute in der Spalte **Text** mit der Bezeichnung **3 Nur Text-Anzeige** durch das Attribut **1 Nur Schlüsselfeld-Anzeige** aus. Ein erneuter Aufruf der Konditionsliste XO ergibt das in Abbildung 3.8 dargestellte Ergebnisbild.

In der Regel sind einige Änderungsrunden notwendig, bis Sie die Möglichkeiten des Ergebnisbildes an Ihre individuellen Anforderungen angepasst haben.

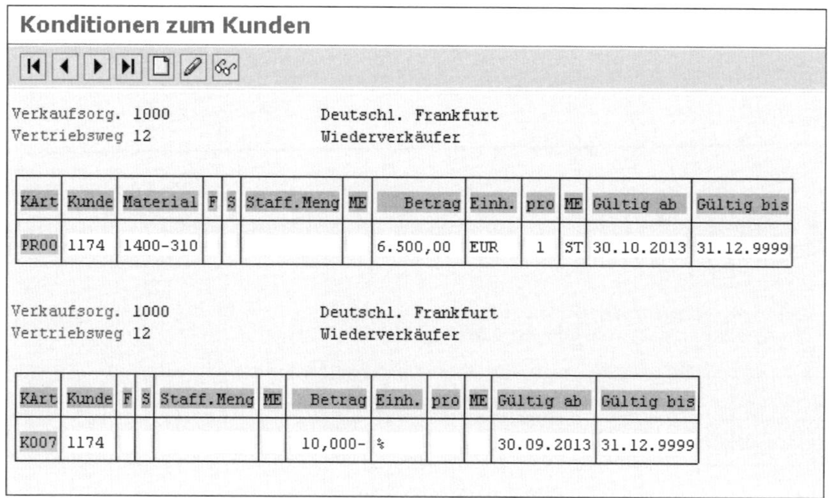

Konditionen zum Kunden

Verkaufsorg. 1000 Deutschl. Frankfurt
Vertriebsweg 12 Wiederverkäufer

KArt	Kunde	Material	F	S	Staff.Meng	ME	Betrag	Einh.	pro	ME	Gültig ab	Gültig bis
PR00	1174	1400-310					6.500,00	EUR	1	ST	30.10.2013	31.12.9999

Verkaufsorg. 1000 Deutschl. Frankfurt
Vertriebsweg 12 Wiederverkäufer

KArt	Kunde	F	S	Staff.Meng	ME	Betrag	Einh.	pro	ME	Gültig ab	Gültig bis
K007	1174					10,000-	%			30.09.2013	31.12.9999

Abbildung 3.8 Konditionen zum Kunden – zweiter Testaufruf

3.1.3 Konditionslisten als Bestandteil der Konditionspflege über Bereichsmenüs

Wie in Kapitel 2, »Konditionsstammdaten der Preisfindung«, beschrieben wurde, spielen die Konditionslisten eine wichtige Rolle bei der Konditionspflege über Bereichsmenüs. Sie fungieren als Filter, der in Form einer Variante einer Konditionsliste zu einem Knoten des verwendeten Bereichsmenüs (z. B. COND_AV) hinterlegt wurde.

Wenn man eine Konditionsliste als Filter in einem Bereichsmenü einsetzen möchte, müssen bei der Generierung der Liste keine besonderen Spezifika berücksichtigt werden. Es wird jedoch bei der Verwendung durch die Konditionspflegetransaktionen VK31 bis VK34 – von diesen gesteuert – ein anderes, dem Verwendungszweck angepasstes Selektionsbild aufgezogen. So sieht das in Abbildung 3.1 (Abschnitt 3.1.1, »Aufruf von Konditionslisten«) gezeigte Selektionsbild der Konditionsliste 16 (Kundenindividuelle Preise) bei der Verwendung als Filter bei der Konditionspflege etwas anders aus (siehe Abbildung 3.9).

Konditionslisten sind an sich schon ein sehr nützliches und flexibles Hilfsmittel und wurden durch ihren Einsatz als Filterelement bei der Konditionspflege über Bereichsmenüs weiter aufgewertet.

Die jüngste Entwicklung zum Thema *Auswertungen und Arbeitsvorräte* sind die im Folgenden vorgestellten Arbeitsvorräte in der Rolle **Vertriebsmitarbeiter im Innendienst**.

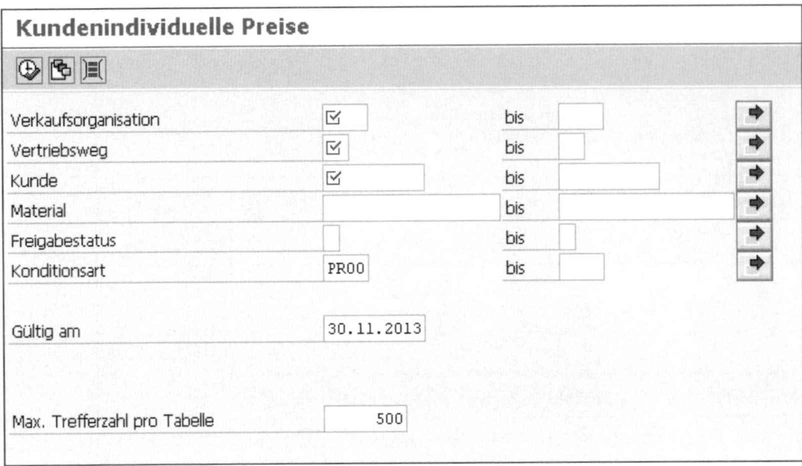

Abbildung 3.9 Konditionsliste als Filter bei der Konditionspflege

3.2 Arbeitsvorräte in der Rolle »Vertriebsmitarbeiter im Innendienst«

Seit SAP ERP 6.0 EHP 2 steht die Business-Package-Funktion **Vertriebsmitarbeiter im Innendienst** zur Verfügung. Um sie nutzen zu können, müssen Sie allerdings die Business Function SD_01 (Logistics S&D Simplification) über Transaktion SFW5 (Switch Framework) aktiviert haben.

In der zugehörigen ausgelieferten Musterbenutzerrolle SAP_BPR_INT_SALES_REP_14 ist ein Arbeitsvorrat für Preisstammdaten enthalten. Dieser Arbeitsvorrat bietet dem Vertriebsmitarbeiter einen flexiblen Überblick über die verschiedenen Preisarten sowie umfangreiche Suchmöglichkeiten, um Preisdaten nach verschiedenen Selektionskriterien zu ermitteln. Die einzelnen Abfragen werden in Form von *persönlichen Arbeitsvorräten* – auch als *POWL-Listen* bezeichnet – zur Verfügung gestellt (POWL steht für *Personal Object Worklist*). Der Vertriebsmitarbeiter erhält verschiedene Listen mit den kundenspezifischen Vereinbarungen wie kundenspezifische Preise, Rabatte und Naturalrabatte. Zusätzlich sind Listen mit Preisen für Materialien, Frachtkosten und Preislisten verfügbar.

Diese POWL-Listen können vom Benutzer hinsichtlich ihrer Nutzung von Selektionskriterien (Funktion **Abfrage ändern**), der Sichtbarkeit und der Bezeichnung der Abfragen (Funktion **Personalisieren**) und der Darstellung des Suchergebnisses (Funktion **Einstellungen**) individuell eingestellt werden. Darüber hinaus können Benutzer sogar eigene Abfragen erstellen (Funktion **Neue Abfrage definieren**).

Ursprünglich war die Funktion für den Vertriebsmitarbeiter im Innendienst ausschließlich über eine Portalnutzung verfügbar. Seit SAP ERP 6.0 EHP 4 gibt es darüber hinaus noch die Einsatzoption über den *SAP Business Client*. Die Funktion bezüglich des Arbeitsvorrats für Preisstammdaten ist dabei identisch. Das Startbild der ausgelieferten Benutzerrolle **Vertriebsmitarbeiter im Innendienst** (SAP_BPR_INT_SALES_REP_14) nach der Anmeldung am System über den SAP Business Client sehen Sie in Abbildung 3.10.

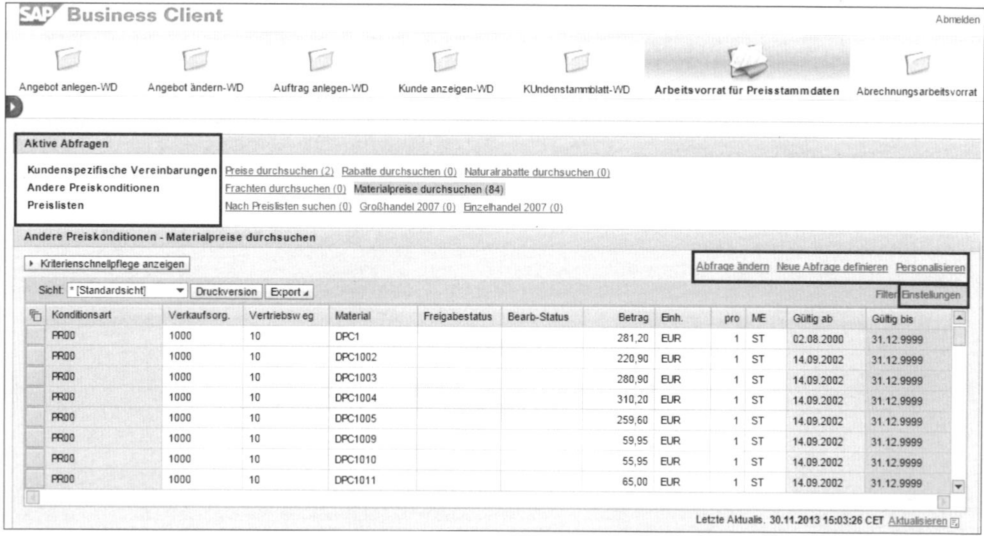

Abbildung 3.10 Startbild der Rolle »Vertriebsmitarbeiter im Innendienst«

Wir stellen Ihnen die genannten Funktionen in den folgenden Abschnitten beispielhaft vor, damit Sie einen Einblick in den Leistungsumfang der POWL-Listen erhalten.

3.2.1 Abfrage ändern

Die Abfragen im *persönlichen Arbeitsvorrat* sollen natürlich den spezifischen Informationsbedarf des Benutzers widerspiegeln. Deshalb können Sie bestehende Abfragen an geänderte Fragestellungen anpassen, indem Sie z. B. für die Abfrage **Preise durchsuchen** die Funktion **Abfrage ändern** auswählen. Daraufhin öffnet sich ein Selektionsbild mit einer großen Anzahl von möglichen Selektionsfeldern, die Sie in beliebigen Kombinationen ausfüllen können (siehe Abbildung 3.11).

Die verfügbaren Selektionsfelder wurden im Customizing der zugrunde liegenden POWL-Liste festgelegt. Dieses Customizing erreichen Sie über den Pfad **(IMG •) Vertrieb • Fakturierung • Portalrolle »Vertriebsmitarbeiter im Innendienst« • Persönlicher**

Arbeitsvorrat (POWL für SAP ERP 2005) • Persönlicher Arbeitsvorrat für Konditionsinformationen.

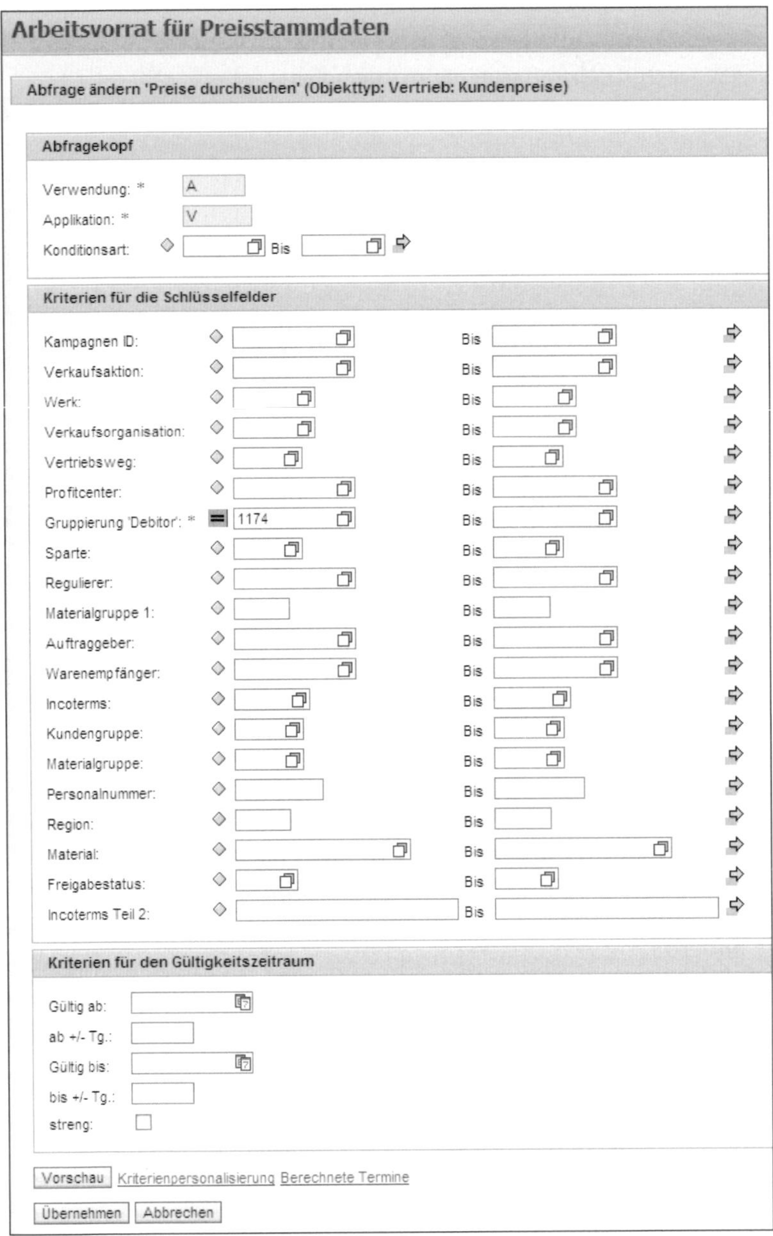

Abbildung 3.11 Selektionsfelder der Abfrage »Preise durchsuchen«

Wichtige Arbeitsvorratstypen für die Arbeitsbereiche der Vertriebsmitarbeiter sind bereits vordefiniert und der Anwendung V (Vertrieb) zugeordnet:

- Vertrieb: Kundenbonus
- Vertrieb: Naturalrabatt Kunde
- Vertrieb: Kundenpreise
- Vertrieb: Belegpreise
- Vertrieb: Fracht
- Vertrieb: Materialpreise
- Vertrieb: Preisliste

[«]

Eigene Arbeitsvorratstypen

Neben den bereits vordefinierten Arbeitsvorratstypen ließen sich auf Kundenseite weitere eigene Arbeitsvorratstypen ausprägen. Dazu müssen aber BAdIs (Business Add-Ins, eine »moderne« Form von User-Exits) ausprogrammiert werden!

Wie Sie bei genauerem Hinsehen in Abbildung 3.11 erkennen können, ist der zugrunde liegende Arbeitsvorratstyp für die Abfrage **Preise durchsuchen** der Typ **Vertrieb: Kundenpreise**.

3.2.2 Abfrage personalisieren

Um eine Abfrage zu personalisieren, wählen Sie im Einstiegsbild der Abfrage (siehe Abbildung 3.10) die Funktion **Personalisieren**. Daraufhin öffnet sich das in Abbildung 3.12 dargestellte Bild. Sie können die dort verfügbaren Abfragen aktivieren bzw. deaktivieren und so Ihren Arbeitsvorrat gestalten.

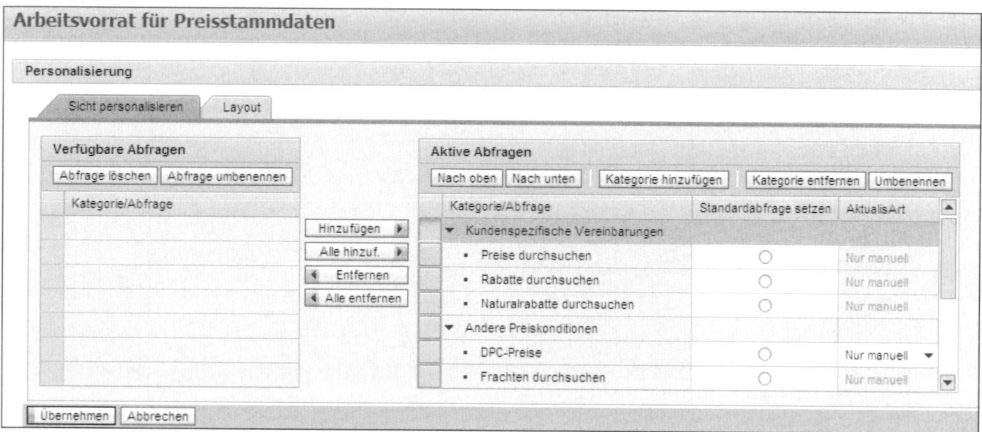

Abbildung 3.12 Abfrage personalisieren

3.2.3 Neue Abfragen definieren

Um Konditionssätze nach weiteren Gesichtspunkten zu durchsuchen, können Sie neue Abfragen anlegen. Nach der Auswahl der Funktion **Neue Abfrage definieren** startet ein Wizard, der den Benutzer in drei Schritten durch die Erstellung einer eigenen neuen Abfrage führt.

Als Erstes wählen Sie den Abfragetyp (d. h. den Objekttyp) aus, siehe Abbildung 3.13.

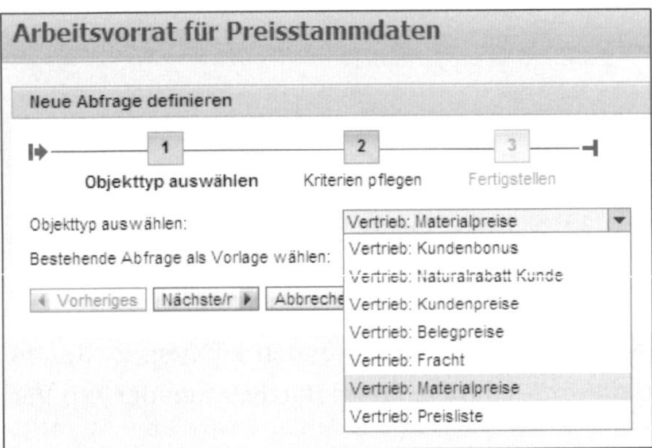

Abbildung 3.13 Neue Abfrage anlegen – Schritt 1

Der zweite Schritt besteht in der Pflege der Selektionskriterien (siehe Abbildung 3.14). Diese werden, wie bereits erwähnt, durch den ausgewählten Abfragetyp definiert.

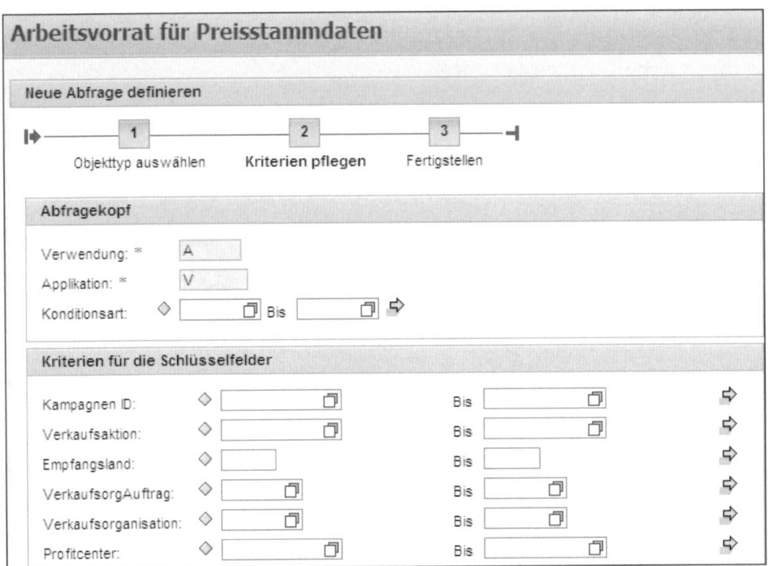

Abbildung 3.14 Neue Abfrage anlegen – Schritt 2

Im dritten und letzten Schritt geben Sie die Beschreibung und die Kategorie ein, unter der die Abfrage im Arbeitsvorrat erscheinen soll (siehe Abbildung 3.15).

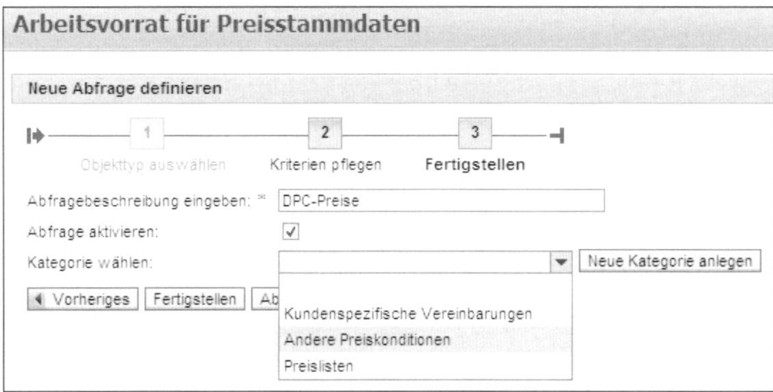

Abbildung 3.15 Neue Abfrage anlegen – Schritt 3

Nachdem Sie auf den Button **Fertigstellen** geklickt haben, kann die neue Abfrage im Arbeitsvorrat genutzt werden (siehe Abbildung 3.16).

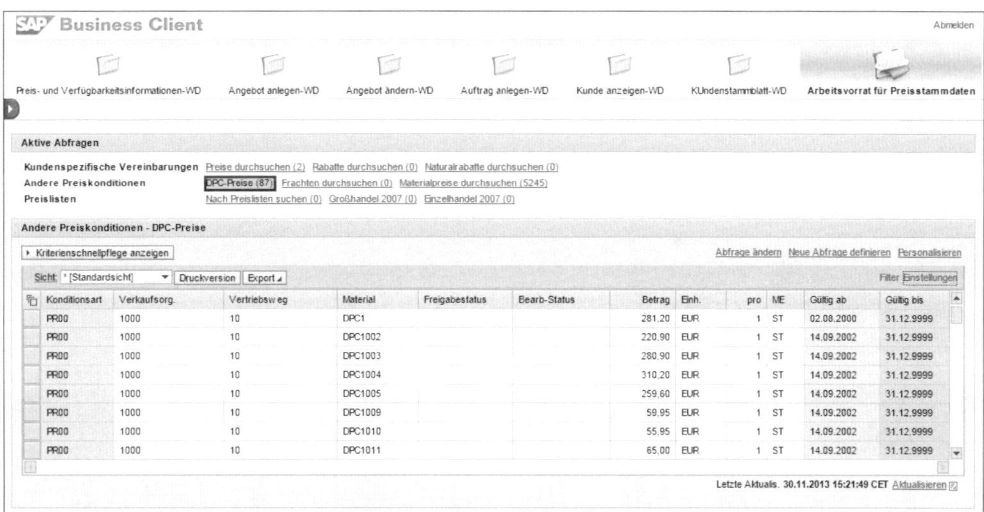

Konditionsart	Verkaufsorg.	Vertriebsweg	Material	Freigabestatus	Bearb-Status	Betrag	Einh.	pro	ME	Gültig ab	Gültig bis
PR00	1000	10	DPC1			281,20	EUR	1	ST	02.08.2000	31.12.9999
PR00	1000	10	DPC1002			220,90	EUR	1	ST	14.09.2002	31.12.9999
PR00	1000	10	DPC1003			280,90	EUR	1	ST	14.09.2002	31.12.9999
PR00	1000	10	DPC1004			310,20	EUR	1	ST	14.09.2002	31.12.9999
PR00	1000	10	DPC1005			259,60	EUR	1	ST	14.09.2002	31.12.9999
PR00	1000	10	DPC1009			59,95	EUR	1	ST	14.09.2002	31.12.9999
PR00	1000	10	DPC1010			55,95	EUR	1	ST	14.09.2002	31.12.9999
PR00	1000	10	DPC1011			65,00	EUR	1	ST	14.09.2002	31.12.9999

Abbildung 3.16 Neue Abfrage im Arbeitsvorrat

Wie Sie sehen, kann es sich lohnen, sich mit dem Business Package **Vertriebsmitarbeiter im Innendienst** zu beschäftigen. Neben dem Arbeitsvorrat für Preisstammdaten hält es noch viele weitere interessante Arbeitsbereiche, wie z. B. das Kunden-Cockpit, bereit. In diesem Zusammenhang lohnt sich auch ein Blick in die SAP-ERP-Dokumentation unter *http://help.sap.com*.

3.3 Konditionsinfo

Wir wollen die Arbeitsvorräte und Auswertungen nicht abschließen, ohne kurz auf die Funktionalität **Konditionsinfo** hingewiesen zu haben.

Die Konditionsinfo steht Ihnen bei der Pflege über die Konditionsart (Abschnitt 2.1, »Konditionspflege über die Konditionsart«) zur Verfügung. Im Einstiegsbild (Abbildung 2.1) sehen Sie links oben den Button **Konditionsinfo.**. Über diesen Button können Sie sich tabellenübergreifend Konditionssätze zu einer Konditionsart anzeigen lassen, diese per IDoc verschicken oder auch als Microsoft-Excel-Datei herunterladen. Wählen Sie dafür die Konditionsinfo, z. B. für die Kondition PR00, und schränken Sie im Selektionsbild die gewünschten Sätze ein (siehe Abbildung 3.17).

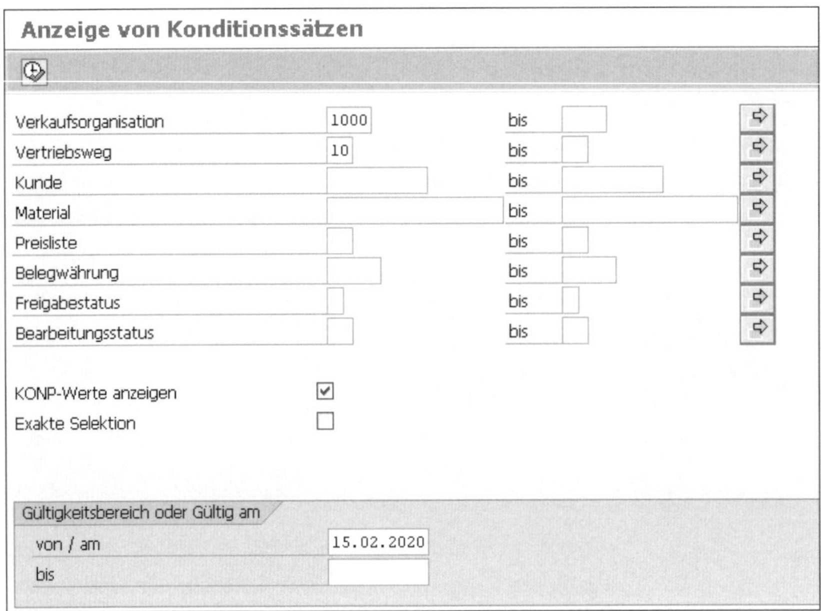

Abbildung 3.17 PR00-Konditionssätze zur Anzeige auswählen

Um auch die Konditionsbeträge in Ihre Liste aufzunehmen, setzen Sie den Haken bei **KONP-Werte anzeigen**. Das Ergebnis der Selektion sehen Sie in Abbildung 3.18.

Von hier aus haben Sie nun mehrere Möglichkeiten: Sie können direkt aus der Liste in einen Satz verzweigen und diesen dort ändern. Über den Button **Sende Kondition** können Sie markierte Konditionsätze per IDoc in ein anderes System senden. Über das kleine Tabellensymbol ganz rechts gelangen Sie in eine ALV-Darstellung (ALV = SAP List Viewer), von der aus Sie die gewünschten Sätze über den Export-Button (in Abbildung 3.19 eingerahmt). in eine Microsoft-Excel- oder HTML-Datei herunterladen.

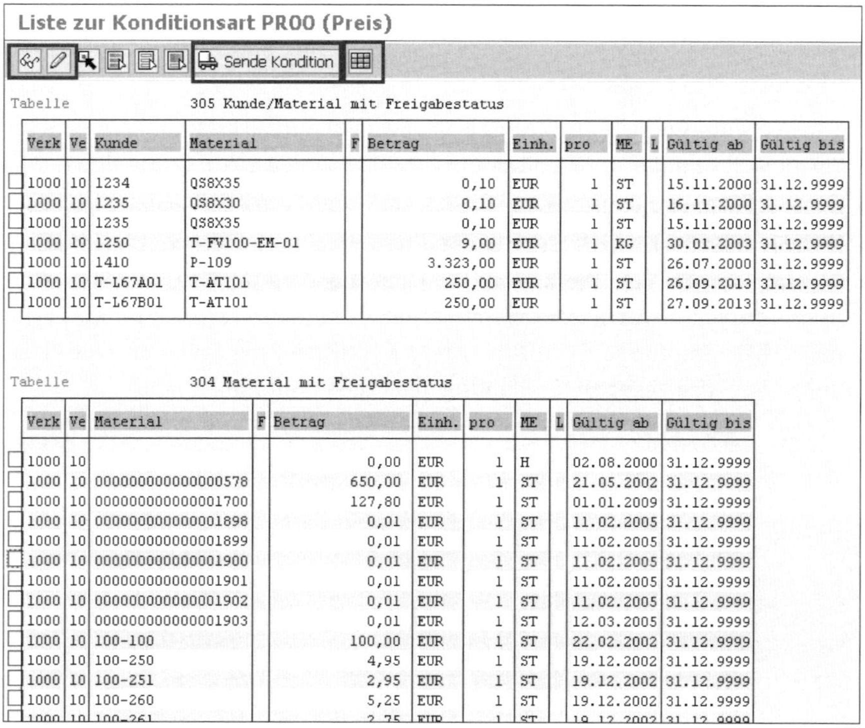

Liste zur Konditionsart PR00 (Preis)

Sende Kondition

Tabelle 305 Kunde/Material mit Freigabestatus

Verk	Ve	Kunde	Material	F	Betrag	Einh.	pro	ME	L	Gültig ab	Gültig bis
1000	10	1234	QS8X35		0,10	EUR	1	ST		15.11.2000	31.12.9999
1000	10	1235	QS8X30		0,10	EUR	1	ST		16.11.2000	31.12.9999
1000	10	1235	QS8X35		0,10	EUR	1	ST		15.11.2000	31.12.9999
1000	10	1250	T-FV100-EM-01		9,00	EUR	1	KG		30.01.2003	31.12.9999
1000	10	1410	P-109		3.323,00	EUR	1	ST		26.07.2000	31.12.9999
1000	10	T-L67A01	T-AT101		250,00	EUR	1	ST		26.09.2013	31.12.9999
1000	10	T-L67B01	T-AT101		250,00	EUR	1	ST		27.09.2013	31.12.9999

Tabelle 304 Material mit Freigabestatus

Verk	Ve	Material	F	Betrag	Einh.	pro	ME	L	Gültig ab	Gültig bis
1000	10			0,00	EUR	1	H		02.08.2000	31.12.9999
1000	10	000000000000000578		650,00	EUR	1	ST		21.05.2002	31.12.9999
1000	10	000000000000001700		127,80	EUR	1	ST		01.01.2009	31.12.9999
1000	10	000000000000001898		0,01	EUR	1	ST		11.02.2005	31.12.9999
1000	10	000000000000001899		0,01	EUR	1	ST		11.02.2005	31.12.9999
1000	10	000000000000001900		0,01	EUR	1	ST		11.02.2005	31.12.9999
1000	10	000000000000001901		0,01	EUR	1	ST		11.02.2005	31.12.9999
1000	10	000000000000001902		0,01	EUR	1	ST		11.02.2005	31.12.9999
1000	10	000000000000001903		0,01	EUR	1	ST		12.03.2005	31.12.9999
1000	10	100-100		100,00	EUR	1	ST		22.02.2002	31.12.9999
1000	10	100-250		4,95	EUR	1	ST		19.12.2002	31.12.9999
1000	10	100-251		2,95	EUR	1	ST		19.12.2002	31.12.9999
1000	10	100-260		5,25	EUR	1	ST		19.12.2002	31.12.9999
1000	10	100-261		2,75	EUR	1	ST		19.12.2002	31.12.9999

Abbildung 3.18 Ergebnis der Konditionsinformation

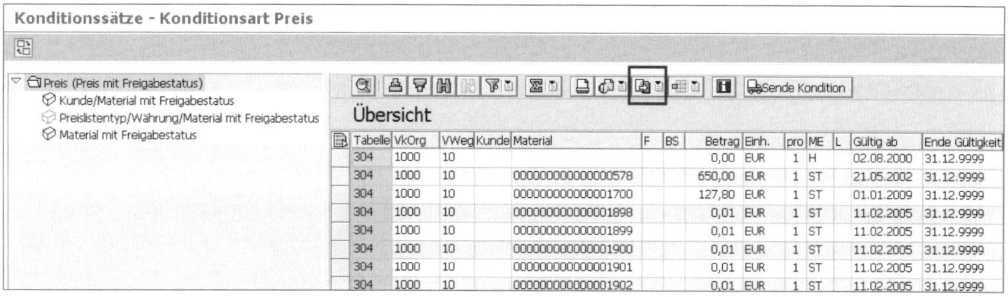

Konditionssätze - Konditionsart Preis

- Preis (Preis mit Freigabestatus)
  - Kunde/Material mit Freigabestatus
  - Preislistentyp/Währung/Material mit Freigabestatus
  - Material mit Freigabestatus

Sende Kondition

Übersicht

Tabelle	VkOrg	VWeg	Kunde	Material	F	BS	Betrag	Einh.	pro	ME	L	Gültig ab	Ende Gültigkeit
304	1000	10					0,00	EUR	1	H		02.08.2000	31.12.9999
304	1000	10		000000000000000578			650,00	EUR	1	ST		21.05.2002	31.12.9999
304	1000	10		000000000000001700			127,80	EUR	1	ST		01.01.2009	31.12.9999
304	1000	10		000000000000001898			0,01	EUR	1	ST		11.02.2005	31.12.9999
304	1000	10		000000000000001899			0,01	EUR	1	ST		11.02.2005	31.12.9999
304	1000	10		000000000000001900			0,01	EUR	1	ST		11.02.2005	31.12.9999
304	1000	10		000000000000001901			0,01	EUR	1	ST		11.02.2005	31.12.9999
304	1000	10		000000000000001902			0,01	EUR	1	ST		11.02.2005	31.12.9999

Abbildung 3.19 Konditionsinfo im SAP List Viewer darstellen

3.4 Nettopreisliste

Die Funktion der Nettopreisliste gewährleistet, dass Sie für einen Kunden eine Preisauskunft über eine selektierte Menge von Produkten erhalten. Die Nettopreise können nicht einfach einer Stammdatentabelle entnommen werden, sondern sie werden ermittelt. Dazu wird vom Programm eine Faktura simuliert (Funktionsbaustein `GN_INVOICE_CREATE`) und eine entsprechende Preisfindung durchlaufen. Deshalb müssen im Selektionsbild der Nettopreisliste alle Informationen eingetragen werden, die zu einer konkreten Kalkulationschemaermittlung erforderlich sind: Vertriebsbereich, Vorgangsart (daraus abgeleitet das Feld **Belegschema**) und natürlich der Kunde (daraus abgeleitet das Feld **Kundenschema**).

Den Aufruf der Nettopreisliste erreichen Sie über den Menüpfad **(SAP Easy Access •) Logistik • Vertrieb • Stammdaten • Konditionen • Liste • Nettopreisliste** (Transaktion V_NL).

Es erscheint ein Selektionsbild (siehe Abbildung 3.20), in das die zuvor bereits erwähnten Auswahlkriterien, z. B. zur Schemafindung, eingetragen werden müssen. Hinzu kommt noch das Feld **Werk**, um das Abgangsland (Einfluss auf die Steuerfindung) zu ermitteln. Das Attribut **Preissimulation** entscheidet darüber, ob Konditionen berücksichtigt werden sollen, die den Freigabestatus **B** (**freigegeben für die Preissimulation**) oder **C** (**freigegeben für Planung und Preissimulation**) tragen.

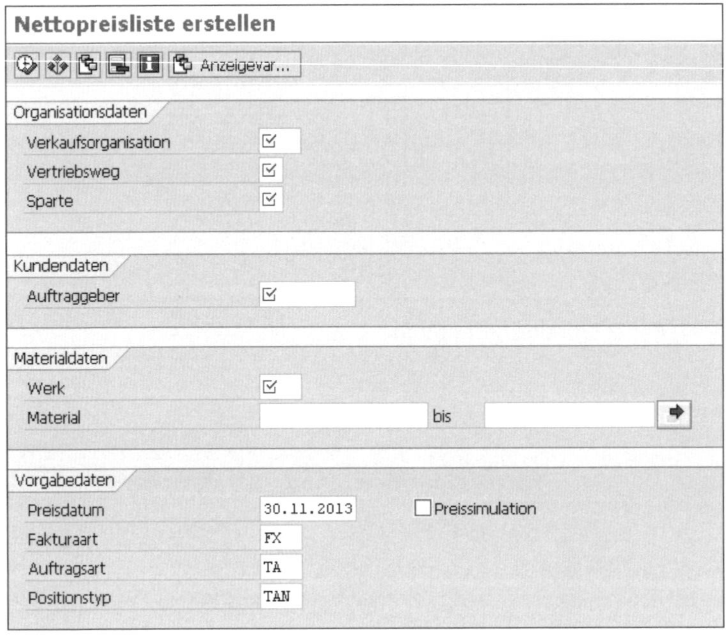

Abbildung 3.20 Nettopreisliste – Selektionsbild (Transaktion V_NL)

Als Ergebnis erscheint eine ALV-Liste (SAP List Viewer) mit einer ausgewählten Menge von Feldern, die Sie mit der üblichen Vorgehensweise bei ALV-Listen (Menüpfad **Einstellungen • Anzeigevarianten**) editieren können (siehe Abbildung 3.21).

Die Nettopreisliste, die auch solche Informationen wie Verrechnungspreise enthalten kann, ist in erster Linie ein Informationswerkzeug für die Fachabteilung. Bei einer Weitergabe solcher Nettopreislisten an den Kunden muss natürlich darauf geachtet werden, dass solche Informationen aus der Liste entfernt werden. Da es sich um ALV-Listen handelt, ist ein Personalisieren der angezeigten Spalten über den Menüpfad **Einstellungen • Anzeigevariante • Aktuelle** leicht möglich.

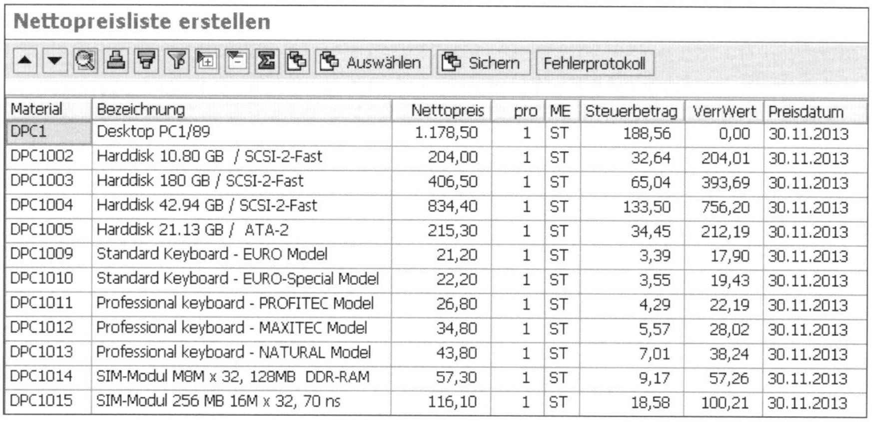

Nettopreisliste erstellen

Auswählen | Sichern | Fehlerprotokoll

Material	Bezeichnung	Nettopreis	pro	ME	Steuerbetrag	VerrWert	Preisdatum
DPC1	Desktop PC1/89	1.178,50	1	ST	188,56	0,00	30.11.2013
DPC1002	Harddisk 10.80 GB / SCSI-2-Fast	204,00	1	ST	32,64	204,01	30.11.2013
DPC1003	Harddisk 180 GB / SCSI-2-Fast	406,50	1	ST	65,04	393,69	30.11.2013
DPC1004	Harddisk 42.94 GB / SCSI-2-Fast	834,40	1	ST	133,50	756,20	30.11.2013
DPC1005	Harddisk 21.13 GB / ATA-2	215,30	1	ST	34,45	212,19	30.11.2013
DPC1009	Standard Keyboard - EURO Model	21,20	1	ST	3,39	17,90	30.11.2013
DPC1010	Standard Keyboard - EURO-Special Model	22,20	1	ST	3,55	19,43	30.11.2013
DPC1011	Professional keyboard - PROFITEC Model	26,80	1	ST	4,29	22,19	30.11.2013
DPC1012	Professional keyboard - MAXITEC Model	34,80	1	ST	5,57	28,02	30.11.2013
DPC1013	Professional keyboard - NATURAL Model	43,80	1	ST	7,01	38,24	30.11.2013
DPC1014	SIM-Modul M8M x 32, 128MB DDR-RAM	57,30	1	ST	9,17	57,26	30.11.2013
DPC1015	SIM-Modul 256 MB 16M x 32, 70 ns	116,10	1	ST	18,58	100,21	30.11.2013

Abbildung 3.21 Nettopreisliste – Ergebnisbild

3.5 Performanceoptimierte Preisliste

Seit SAP ERP Release 6.0 EHP 7 Support Package 3 ist zusätzlich die performanceoptimierte Preisliste verfügbar. Um sie zu nutzen, müssen Sie die Business Functions `LOG_SD_PRICE_LIST` und `LOG_SD_PRICE_LIST_2` (ab Support Package 4) aktivieren. Die optimierte Preisliste bietet neben kürzeren Laufzeiten und verbesserter Flexibilität einen erweiterten Funktionsumfang. So kann sie z. B. mehrere Kunden gleichzeitig verarbeiten und bietet verschiedene Ausgabemöglichkeiten. Ihr Hauptaugenmerk liegt weniger auf der Erstellung von Preislisten für den internen Gebrauch (obwohl dies natürlich weiterhin möglich ist) als auf der Erstellung von Listen, die z. B. automatisch und regelmäßig an Kunden versendet werden. Die technische Realisierung dieser neuen Liste unterscheidet sich grundsätzlich von der der klassischen Nettopreisliste und nutzt keine Dokumentensimulation mehr. Wir beleuchten dies später im Detail, wenn wir die verschiedenen Möglichkeiten von Kundenerweiterungen beschreiben. Im Folgenden müssen wir einiges an Wissen voraussetzen und auf einige Details und Erweiterungskonzepte eingehen, die erst später im Buch, insbesondere in Kapitel 9 und Kapitel 11, beschrieben werden. Wenn Sie eher ein Neuling in der Preisfindung sind, sollten Sie die folgenden Abschnitte vorerst überspringen und mit Kapitel 4, »Customizing der Preisfindung«, fortfahren.

3.5.1 Erstellung von Preislisten

Wenn die oben genannten Business Functions eingeschaltet sind, können Sie die optimierte Preisliste über den Menüpfad **(SAP Menu •) Logistik • Vertrieb • Stammdaten • Konditionen • Liste • Anlegen von Preislisten** oder direkt über Transaktion V_NLN (Anlegen von Preislisten) aufrufen. Die klassische Nettopreisliste bleibt über Transaktion V_NL (Nettopreisliste erstellen) erreichbar.

Beim Aufruf der Preisliste sehen Sie das Selektionsbild aus Abbildung 3.22. Der obere Teil ähnelt der traditionellen Preisliste, jedoch ist es hier möglich, mehrere Kunden gleichzeitig auszuwählen, und die Auswahl der Produkte ist flexibler.

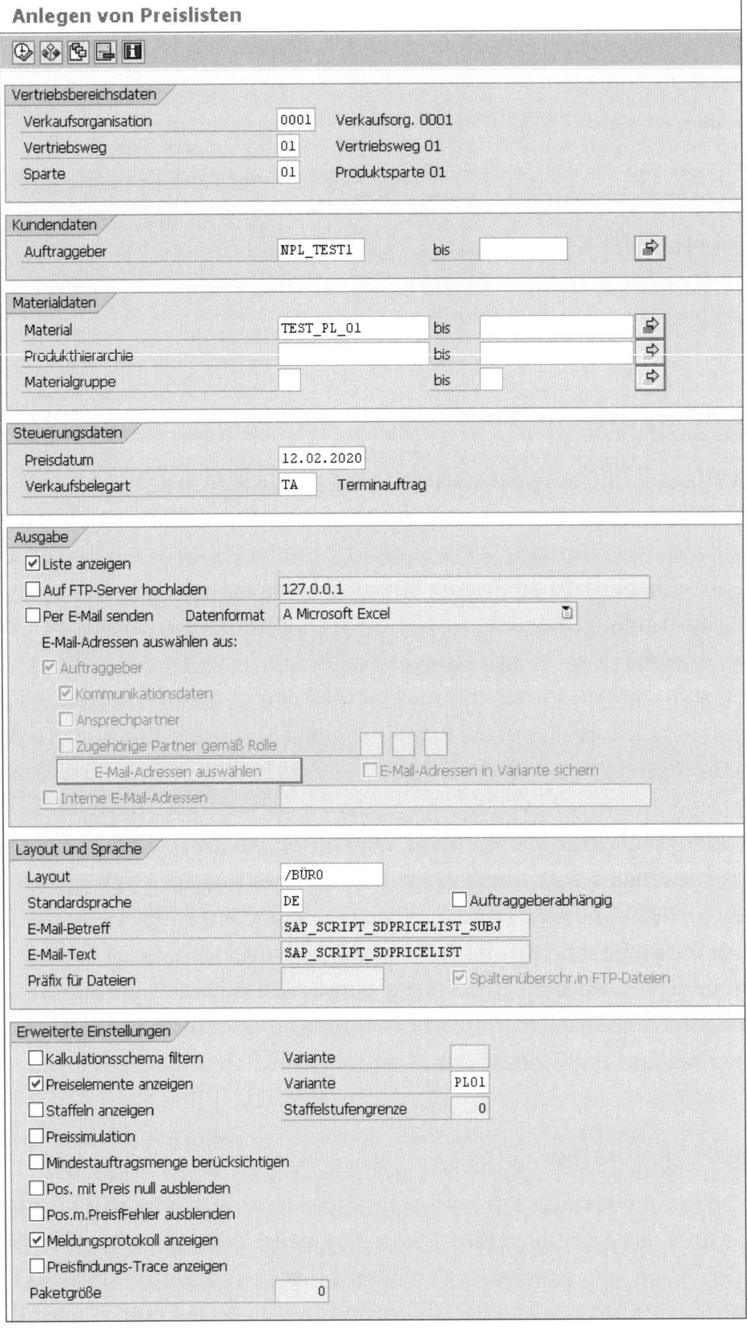

Abbildung 3.22 Selektionsbild der performanceoptimierten Preisliste (Transaktion V_NLN)

Aus Kunden und Materialien wird das Kreuzprodukt gebildet und für jede Kunden-Material-Kombination der Nettopreis berechnet.

Der untere Teil des Auswahlbildes bietet, je nach Releasestand Ihres Systems, verschiedene neue Optionen, die wir im Folgenden näher erläutern.

Ausgabe, Layout und Sprache

Im Bereich **Ausgabe** des Selektions-Screens können Sie zwischen drei Optionen wählen:

- **Liste anzeigen**
  Mit dieser Option werden alle Kunden-Material-Kombinationen mit ihren Preisen in Form einer ALV-Liste im Bild angezeigt. Sie können die Liste nach Ihren Bedürfnissen personalisieren, verschiedene Layouts erstellen und sichern usw. Im Bereich **Layout und Sprache** können Sie ein bereits existierendes Layout vorgeben. Ein Beispiel für eine einfache Listenausgabe sehen Sie in Abbildung 3.23.

  Wir beschreiben in Abschnitt 3.5.6, wie Sie die verfügbaren Felder in der Ausgabeliste kontrollieren und erweitern können.

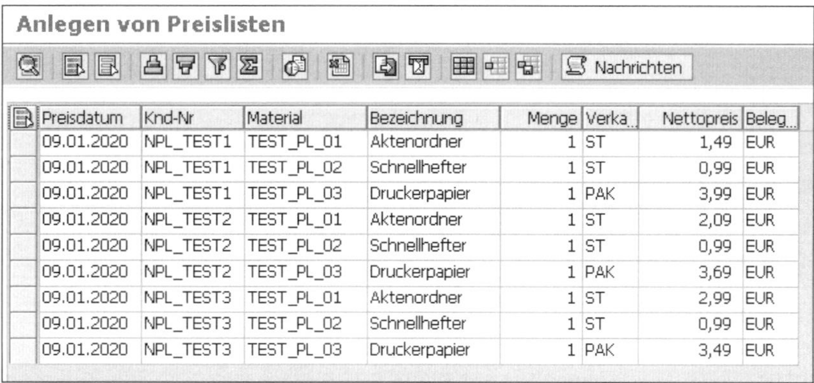

Anlegen von Preislisten

Nachrichten

Preisdatum	Knd-Nr	Material	Bezeichnung	Menge	Verka..	Nettopreis	Beleg..
09.01.2020	NPL_TEST1	TEST_PL_01	Aktenordner	1	ST	1,49	EUR
09.01.2020	NPL_TEST1	TEST_PL_02	Schnellhefter	1	ST	0,99	EUR
09.01.2020	NPL_TEST1	TEST_PL_03	Druckerpapier	1	PAK	3,99	EUR
09.01.2020	NPL_TEST2	TEST_PL_01	Aktenordner	1	ST	2,09	EUR
09.01.2020	NPL_TEST2	TEST_PL_02	Schnellhefter	1	ST	0,99	EUR
09.01.2020	NPL_TEST2	TEST_PL_03	Druckerpapier	1	PAK	3,69	EUR
09.01.2020	NPL_TEST3	TEST_PL_01	Aktenordner	1	ST	2,99	EUR
09.01.2020	NPL_TEST3	TEST_PL_02	Schnellhefter	1	ST	0,99	EUR
09.01.2020	NPL_TEST3	TEST_PL_03	Druckerpapier	1	PAK	3,49	EUR

Abbildung 3.23 Performanceoptimierte Preisliste – Beispiel eines Ergebnisbildes

- **Auf FTP-Server hochladen**
  Alternativ können Sie Preislisten als CSV-Datei auf einen FTP-Server hochladen. Die Serveradresse, der Benutzer und das Passwort werden im Customizing über den Pfad **(IMG •) Vertrieb • Grundfunktionen • Preisfindung • Preislisten • Auswahl und Ergebnis • FTP-Einstellungen definieren** hinterlegt. Preislisten für verschiedene Kunden werden in verschiedenen Dateien gespeichert, wobei die Kundennummer Teil des Dateinamens ist. Sie können ein Präfix für die Dateien im Abschnitt **Layout und Sprache** des Reports definieren. Das SAP-System setzt das Präfix dann vor die Dateinamen, die sich wie folgt zusammensetzen: **<Präfix>_<Kundennummer>_<Zeitstempel>**.

Die Dateien können mit oder ohne die Spaltenüberschriften abgelegt werden (Ankreuzfeld im Bereich **Layout und Sprache**).

- **Per E-Mail senden**
  Es ist ebenfalls möglich, die Preislisten per E-Mail zu versenden. Der Report ermöglicht die Auswahl der E-Mail-Adressen aus verschiedenen Quellen, wie z. B. den Kommunikationsdaten des Kunden oder des Ansprechpartners. Sie können die E-Mail-Adressen auch manuell für jeden Kunden einstellen (Button **E-Mail Adressen auswählen**) und in einer Reportvariante speichern, oder Sie senden alle Listen an eine oder mehrere interne E-Mail-Adressen. SAP liefert mit dem BAdI `BADI_PIQ_SD-PRICELIST` die Methode `PROCESS_CUSTOMER_EMAIL` aus, in der Sie bei Bedarf Ihre eigene Logik programmieren können.

Preislisten können entweder im CSV- oder Microsoft-Excel-Format versendet werden. Bei allen Ausgabemöglichkeiten berücksichtigt das SAP-System das angegebene Layout aus dem Bereich **Layout und Sprache** und versendet pro Kunde eine Liste. Sie können eine Standardsprache für alle Texte festlegen oder entscheiden, die Sprache für jeden Kunden aus dessen Kundenstammsatz zu übernehmen. Sie können auch sprachabhängige SAP-Script-Texte für den E-Mail-Betreff und E-Mail-Text in Transaktion SO10 anlegen und im Selektionsbild angeben. Für mehr Flexibilität steht Ihnen die Methode `PROVIDE_EMAIL_TEXT_NAME` des BAdIs `PROVIDE_EMAIL_TEXT_NAME` zur Verfügung.

Erweiterte Einstellungen

Der Bereich **Erweiterte Einstellungen** bietet verschiedene Möglichkeiten, um die Preisliste an Ihren Bedarf anzupassen.

- **Kalkulationsschema filtern**
  Beim Anlegen einer Preisliste benötigen Sie möglicherweise nicht alle Zeilen Ihres Kalkulationsschemas. Vielleicht sind die Frachtkosten oder Kostenkonditionen für Sie weniger interessant. Das neue Preislisten-Customizing bietet die Definition von sogenannten *Filtervarianten* für Kalkulationsschemata an. In den Varianten markieren Sie die Zeilen des Schemas, die für die Berechnung der Preisliste nicht relevant sind. Diese Zeilen werden dann bei der Preiskalkulation ignoriert bzw. übersprungen, wodurch die Laufzeit verkürzt werden kann. Sie können einen oder mehrere Filter für ein Kalkulationsschema über den Pfad **(IMG •) Vertrieb • Grundfunktionen • Preisfindung • Preisliste • Auswahl und Ergebnis • Filter für Kalkulationsschema definieren** pflegen. Markieren Sie einfach die Zeilen des Schemas, die Sie für die Preisliste nicht benötigen (siehe Abbildung 3.24).

Schema ZZAA01
Filtervariante NOFC

Während Verarbeitung überprungene Zeilen

Stufe	Zähl	KArt	Bezeichnung	VonStu	BisStu	Manu	Obl	Stat	Z	Bedg	RchFrm	BasFrm	Überspring
11	0	PR00	Preis	0	0	☐	☑	☐		2	0	0	☐
13	0	PB00	Preis Brutto	0	0	☑	☐	☐		2	0	0	☐
100	0		Brutto	0	0	☐	☐	☐	1	0	2	0	☐
101	0	KA00	Aktion	0	0	☐	☐	☐		2	0	0	☐
102	0	K032	Preisgrp/Mat	0	0	☐	☐	☐		2	0	0	☐
103	0	K005	Kunde/Material	0	0	☐	☐	☐		2	0	0	☐
104	0	K007	Kundenrabatt	0	0	☐	☐	☐		2	0	0	☐
105	0	K004	Material	0	0	☐	☐	☐		2	0	0	☐
106	0	K020	Preisgruppe	0	0	☐	☐	☐		2	0	0	☐
107	0	K029	Materialgruppe	0	0	☐	☐	☐		2	0	0	☐
108	0	K030	Kunde/MatGrp	0	0	☐	☐	☐		2	0	0	☐
109	0	K031	Preisgrp/MatGrp	0	0	☐	☐	☐		2	0	0	☐
300	0		Rabattbetrag	101	299	☐	☐	☐		0	0	0	☐
302	0	NETP	Preis	0	0	☑	☐	☐		2	6	3	☑
310	0	PN00	Preis Netto	0	0	☑	☐	☐		2	6	0	☑
800	0		Positionsnetto	0	0	☐	☐	☐	2	0	2	0	☐
801	0	NRAB	Naturalrabatt	0	0	☐	☐	☐		59	0	29	☑
815	0	KF00	Fracht	0	0	☐	☐	☐	4	2	0	0	☑
820	0	HM00	Auftragswert	0	0	☑	☐	☐		0	0	0	☑
895	0	PDIF	Differenzwert(eigen)	0	0	☑	☐	☐		0	0	0	☑
900	0		Nettowert 2	0	0	☐	☐	☐	3	0	2	0	☐
914	0	SKTV	Skonto	0	0	☐	☐	☑	D	14	0	2	☑
915	0	MWST	Ausgangssteuer	0	0	☐	☐	☐		10	0	16	☐
919	0	DIFF	Rundung	0	0	☐	☑	☐		13	16	4	☐
920	0		Endbetrag	0	0	☐	☐	☐	A	0	4	0	☐
930	0	SKTO	Skonto	0	0	☐	☐	☑		9	0	11	☑
932	0	RL00	Delkredere	0	0	☐	☐	☑		23	0	2	☑
933	0	MW15	Steuer Delkredere	932	0	☐	☐	☑		21	0	0	☑
935	0	GRWR	Grenzübergangswert	0	0	☐	☐	☑	C	8	0	2	☑
940	0	VPRS	Verrechnungspreis	0	0	☐	☐	☑	B	4	0	0	☑
950	0		Deckungsbeitrag	0	0	☐	☐	☐		0	11	0	☑

Abbildung 3.24 Filtervariante definieren

- **Preiselemente anzeigen**
  Die klassische Nettopreisliste liefert Nettopreis- und Steuerinformationen, aber keine Informationen über einzelne Preiselemente oder Zwischensummenzeilen, wie z. B. den Gesamtrabatt oder eine Sonderaktion. Ähnlich wie beim Filtern einiger Zeilen aus dem Kalkulationsschema können Sie *Anzeigevarianten* definieren, in denen Sie die Zeilen des Preisschemas markieren, die bei der Ausgabe der Preisliste zur Verfügung stehen sollen. Das entsprechende Customizing finden Sie über den Pfad **(IMG •) Vertrieb • Grundfunktionen • Preisfindung • Preisliste • Auswahl und Ergebnis • Filter für Kalkulationsschema definieren**. Wir erläutern später genau, welche Einstellung Sie vornehmen müssen, um die markierten Elemente in die Ausgabeliste aufzunehmen.
- **Staffeln anzeigen**
  Die performanceoptimierte Preisliste unterstützt die Anzeige von gestaffelten Preisen. Wenn Sie das Ankreuzfeld **Staffeln anzeigen** markieren, wertet das System

alle an der Berechnung des Nettopreises beteiligten Staffeln aus und leitet daraus die Mengen ab, bei denen es eine Änderung des effektiven Nettopreises erwartet. Für diese Mengen berechnet das SAP-System den Preis neu und fügt entsprechende Zeilen zum Ergebnis hinzu (siehe Abbildung 3.25). Damit können Sie Ihre Kunden über die Möglichkeit informieren, bei höheren Abnahmemengen bessere Preise zu erzielen.

Die Anzahl der zusätzlichen Preise kann durch das Feld **Staffelstufengrenze** limitiert werden. Wenn Sie hier z. B. »4« eingeben, erhalten Sie bis zu vier zusätzliche bzw. insgesamt maximal fünf Zeilen. Wenn Sie das Feld leer lassen, werden alle relevanten Mengen berechnet und angezeigt.

Die Nettopreisliste unterstützt eine beliebige Mischung von Wert-, Mengen-, Gewichts- und Volumenstaffeln und hat in der Ausgabe eine Ab-Staffelnotation, d. h., dass der Listenpreis ab der angegebenen Verkaufsmenge aufwärts gilt. *Intervallstaffeln* sind nicht zulässig, da sie für jede Verkaufsmenge zu unterschiedlichen Preisen führen. *Staffelbasisformeln* können die Berechnung der Staffelstufen in nicht vorhersehbarer Weise beeinflussen und sind deshalb ebenfalls nicht erlaubt. In beiden Fällen werden keine zusätzlichen Mengen berechnet.

Um diese Einschränkungen aufzuheben und selbst die Mengen bestimmen zu können, für die ein Preis berechnet werden soll, können Sie das BAdI BADI_PRC_NPL_SCALES nutzen.

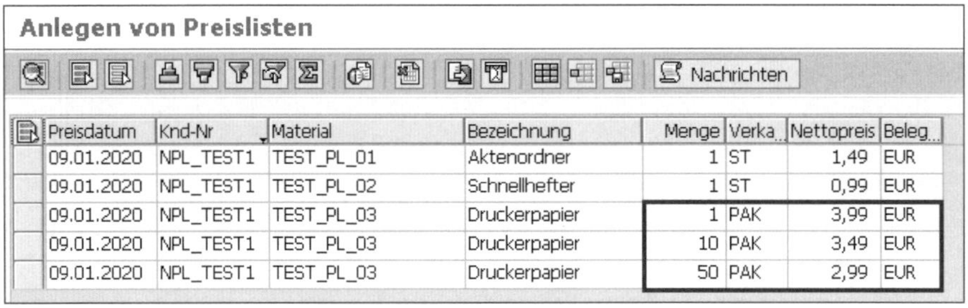

Anlegen von Preislisten

Nachrichten

Preisdatum	Knd-Nr	Material	Bezeichnung	Menge	Verka...	Nettopreis	Beleg...
09.01.2020	NPL_TEST1	TEST_PL_01	Aktenordner	1	ST	1,49	EUR
09.01.2020	NPL_TEST1	TEST_PL_02	Schnellhefter	1	ST	0,99	EUR
09.01.2020	NPL_TEST1	TEST_PL_03	Druckerpapier	1	PAK	3,99	EUR
09.01.2020	NPL_TEST1	TEST_PL_03	Druckerpapier	10	PAK	3,49	EUR
09.01.2020	NPL_TEST1	TEST_PL_03	Druckerpapier	50	PAK	2,99	EUR

Abbildung 3.25 Preisliste mit Staffelinformationen ausgeben

- **Preissimulation**
  Das Attribut **Preissimulation** entscheidet darüber, ob Konditionen berücksichtigt werden sollen, die den Freigabestatus **B** (**freigegeben für die Preissimulation**) oder **C** (**freigegeben für Planung und Preissimulation**) tragen.
- **Mindestauftragsmenge berücksichtigen**
  In der Regel berechnet die Preisliste den Nettopreis für die Menge 1 (in Verkaufsmengeneinheiten). Wenn Sie dieses Ankreuzfeld markieren, werden die Preise stattdessen für die Mindestbestellmenge berechnet.

- **Pos. mit Preis null ausblenden**
  Kunden-Material-Kombinationen mit dem Nettopreis 0 werden nicht mitausgegeben.
- **Position mit Preisfindungsfehler ausblenden**
  Kunden-Material-Kombinationen mit Preisfindungsfehler werden nicht mitausgegeben. Diese Einstellung ist für Preislisten sinnvoll, die Sie nach draußen geben wollen.
- **Meldungsprotokoll anzeigen**
  Insbesondere in der Einrichtungs- und Testphase kann Ihnen das Meldungsprotokoll wertvolle Hinweise darauf geben, wo die erforderlichen Customizing-Einstellungen nicht vollständig sind.
- **Preisfindungs-Trace anzeigen**
  Da die Datenermittlung bei der performanceoptimierten Preisliste anders abläuft, ist die Bereitstellung eines Preisfindungsprotokolls gerade in der Anfangsphase eine große Hilfe. Beachten Sie bei den Selektionsdaten, dass Sie ein Protokoll nur für eine einzelne Position anfordern können. Sie dürfen nur einen Kunden und ein Material eingeben. Auch sollten Sie die Anzeigevariante leer lassen. Sie erreichen das Positionskonditionsbild (siehe Abschnitt 6.1, »Positionskonditionsbild«) und von dort aus die Preisfindungsanalyse, indem Sie von der angezeigten Preisliste zurücknavigieren (Taste [F3]).
- **Paketgröße**
  Um zu verhindern, dass die Speicherkapazität des Anwendungsservers überschritten wird, können Sie über diesen Parameter die Kunden für die Preisliste paketieren, also z. B. in Zehnerblöcken abarbeiten. Beachten Sie, dass diese Option bei der Bildausgabe nicht zur Verfügung steht. Sie können den Speicherbedarf der Preisliste ebenfalls reduzieren, wenn Sie die Methode `ACTIVATE_LEAN_KOMP` des BAdIs `BADI_PIQ_PREPARE` implementieren.

3.5.2 Customizing und Kundenerweiterungen

Wir haben bereits zu Beginn des Abschnitts erwähnt, dass die performanceoptimierte Preisliste keine Belegsimulation verwendet und daher die bekannten User-Exits, wie sie z. B. im Kundenauftrag oder in der Faktura zu finden sind, nicht durchlaufen werden. Stattdessen analysiert das Programm die in den jeweiligen Kalkulationsschemata verwendeten Zugriffsfolgen, User-Exits, Formeln und Bedingungen, um die Liste der für die Preisberechnung relevanten Felder zu bestimmen. Nur die tatsächlich benötigten Informationen werden dann mit möglichst wenigen Datenbankzugriffen ermittelt.

Während das SAP-System die in Zugriffsfolgen genutzten Felder durch Lesen des zugehörigen Customizings selbst identifizieren kann, ist dies bei Formeln oder Bedingungen nicht so einfach möglich. Deshalb ist das dazu notwendige Wissen in einer eigenen Customizing-Tabelle hinterlegt. Auch sind die für die Datenbeschaffung notwendigen Tabellenzugriffe in Form von Metadaten in Customizing-Tabellen gespeichert, um eine effektive und flexible Bündelung von Datenbankselektionen zu ermöglichen.

Wenn Sie kundeneigene Felder in Zugriffsfolgen, User-Exits, Formeln oder Bedingungen verwenden, müssen Sie ebenfalls der Preisliste bekanntmachen, welche Felder wo verwendet werden. Dazu ergänzen Sie die fehlenden Informationen in den dafür vorgesehenen Kundenbereichen im Customizing. Die dazu notwendigen Einstellungen erläutern wir im Folgenden anhand eines Beispiels.

Sie finden alle benötigten Customizing-Aktivitäten über den Pfad **(IMG •) Vertrieb • Grundfunktionen • Preisfindung • Preisliste**.

3.5.3 Registrierung von Feldern

Angenommen, wir haben die Kommunikationsstruktur der Preisfindung für die Position KOMP um die Felder ZZMVGR1, ZZMVGR2, ZZSIZECAT und ZZPROMO erweitert. ZZMVGR1 und ZZMVGR2 sollen den Feldern MVGR1 (**Materialgruppe 1**) und MVGR2 (**Materialgruppe 2**) aus den Vertriebsdaten des Materialstammsatzes entsprechen. ZZSIZECAT ist in einer eigenen Tabelle ZZTSIZECAT mit der Materialnummer als Schlüsselfeld abgelegt. ZZPROMO wird durch eine eigene, etwas komplexere Logik ermittelt. Wir gehen davon aus, dass wir ZZMVGR1 in einem unserer Konditionszugriffe verwenden, während wir ZZMVGR2, ZZSIZECAT und ZZPROMO nur in unserer eigenen Bedingung mit der Nummer 999 benötigen (siehe Abbildung 3.26).

Das SAP-System versucht, alle für eine bestimmte Preisberechnung benötigten Felder zu identifizieren. Dazu scannt es alle Zugriffsfolgen des beteiligten Kalkulationsschemas und wird dadurch auf ZZMGR1 aufmerksam. Felder, die bei der Ausführung von User-Exits, kundenspezifischen Formeln oder Anforderungen benötigt werden, müssen wir jedoch explizit im Customizing hinterlegen. Dazu wählen wir die IMG-Aktivität über den Pfad **(IMG •) Sales and Distribution • Basic Functions • Pricing • Price Lists • Edit Fields Used in Pricing Enhancements** aus.

Im Eingabebild schränken wir die Sicht auf das entsprechende Kalkulationsschema ein und entscheiden, dass wir nur kundeneigene Erweiterungen sehen wollen. Wir navigieren zur Bedingung 999. Ein Doppelklick auf den Include-Namen RV61A999 würde uns zum Coding führen; stattdessen doppelklicken wir auf den Knoten **999**.

Wir sehen jetzt die Liste der Felder, die der Code-Scan automatisch finden konnte: ZZMVGR2 und ZZSIZECAT. Das Feld KOMP-ZZPROMO ist jedoch hinter einem Funktionsbausteinaufruf »versteckt« und wurde daher übersehen. Deshalb registrieren wir es manuell, indem wir den Button 🗋 (**Feld manuell hinzufügen**) verwenden und die notwendigen Daten eingeben. Das Ergebnis können Sie in Abbildung 3.27 sehen.

ABAP Editor: Include RV61A999 anzeigen

Muster | Pretty Printer

Include RV61A999 aktiv

```
FORM kobed_999.
  DATA lv_subrc TYPE sysubrc.
  sy-subrc = 4.
  IF komp-kposn NE 0.
    CHECK: komp-prsfd CA 'BX'.
    CHECK: komp-zzmvgr2 NE '001'.
    CHECK: komp-zzsizecat NE 'XL'.
    CALL FUNCTION 'Z_CHECK_RELEVANCE'
      EXPORTING
        is_komk  = komk
        is_komp  = komp
      IMPORTING
        ev_subrc = lv_subrc.

    CHECK lv_subrc IS INITIAL.
  ENDIF.
  sy-subrc = 0.
ENDFORM.
FORM kobev_999.
ENDFORM.
```

Abbildung 3.26 Bedingung 999 mit offener Verwendung von ZZMVGR2 und ZZSIZECAT und versteckter Verwendung von Feld ZZPROMO

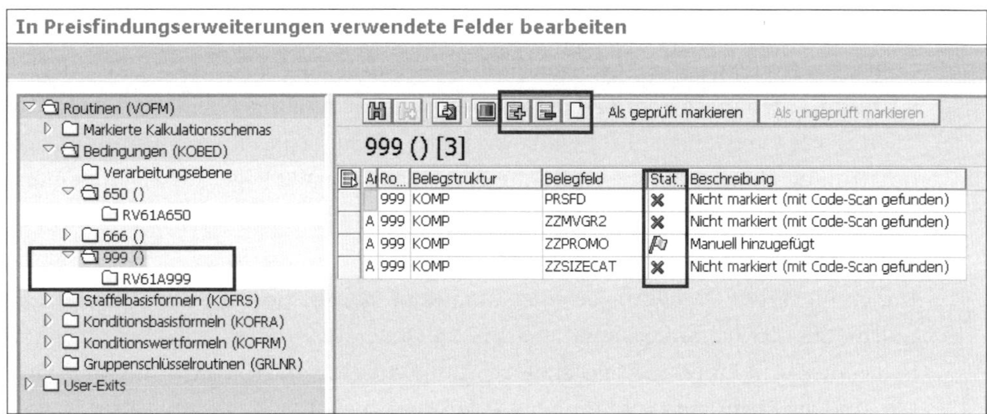

Abbildung 3.27 Ergebnis des automatischen Code-Scans für die Bedingung 999

In einem zweiten Schritt müssen wir alle Felder auswählen, die in unserem Preislistenlauf tatsächlich gefüllt werden müssen (es kann irrelevante Felder geben) und diese explizit bestätigen. Dazu markieren wir das/die Feld(er) und verwenden den Button (**Felder auswählen**) Der Status der Felder wechselt nun auf **Markiert** (siehe Abbildung 3.28). Über den Button (**Feld entmarkieren**) können Sie irrelevante Felder wieder entfernen.

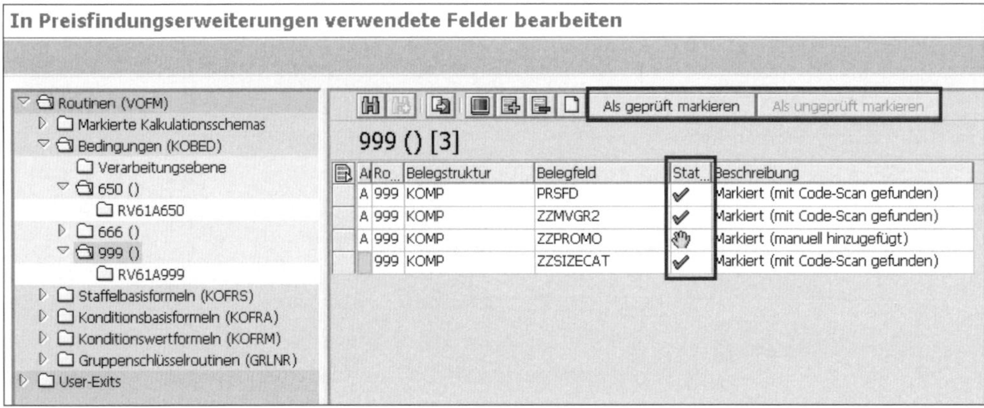

Abbildung 3.28 Relevante Felder markieren

Da der automatische Code-Scan recht einfach ist, sollten Sie immer den Vorschlag des SAP-Systems für Ihre Routinen und User-Exits überprüfen.

Nachdem Sie alle Eingaben durchgesehen und vervollständigt haben, schließen Sie Ihre Einstellungen, indem Sie auf den Button **Als geprüft markieren** klicken. Erst jetzt werden Ihre Einstellungen in der Nettopreisliste berücksichtigt.

Sie können Ihre Einstellungen jederzeit über den Button **Als ungeprüft markieren** wieder rückgängig machen.

Neben der Festlegung, welche Felder Ihre Preisfindungs-Exits benötigen, können Sie auch eine sogenannte *Verarbeitungsebene* für Ihre Bedingungen festlegen (siehe Abbildung 3.29). Verwendet eine Bedingung z. B. nur Felder aus der Kopf-Kommunikationsstruktur KOMK (sogenannte Kopffelder), reicht es in der Regel aus, sie nur einmal pro Kunde zu testen und das Ergebnis für die folgenden Materialien zu demselben Kunden zu puffern.

Die verfügbaren Bearbeitungsebenen sind **Kopf** , **Position** , **Konditionsart** und die Standardverarbeitungsebene (grünes Quadrat). Die Standardverarbeitungsebene entspricht einer nicht gesetzten Verarbeitungsebene. Hier wird nichts gepuffert, und die Bedingung wird immer wieder abgearbeitet. In einfachen Fällen ist dies oft schneller als das Schreiben und Lesen eines Puffers. Deshalb hat SAP für viele Standardbedingungen keine Ebene gepflegt.

Sollten Sie in einer Bedingung Felder für die nachfolgende Preisberechnung ermitteln, dürfen Sie diese Bedingung nicht oder nur mit der Standardverarbeitungsebene klassifizieren. Die Ablauflogik der Preisfindung wurde aus Performancegründen für die Preisliste leicht verändert. Dies hat zur Folge, dass Bedingungen zu einem früheren Zeitpunkt geprüft werden und dort geänderte Felder in der Preisberechnung nicht zur Verfügung stehen.

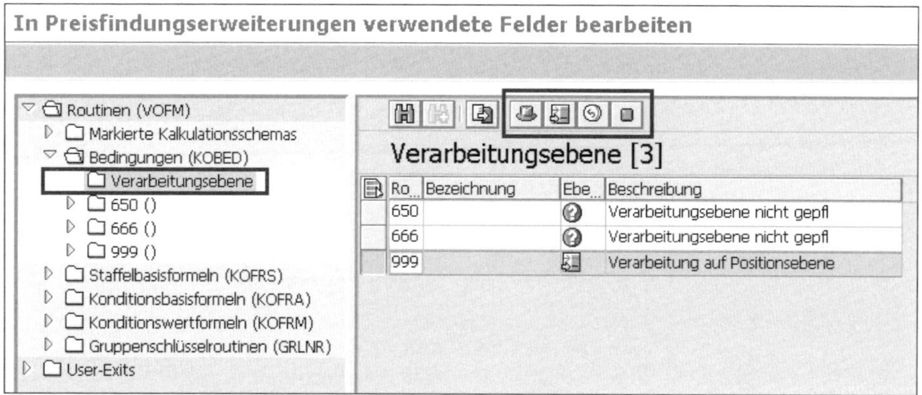

Abbildung 3.29 Setzen der Verarbeitungsebene für Bedingungen

Durch eine Nicht-Klassifizierung erreichen Sie jedoch, dass das System die Bedingungen an gewohnter Stelle noch einmal durchläuft. Wenn Ihre Bedingung also mehr macht, als nur über das Einstellen einer Konditionsart zu entscheiden, sollten Sie auf eine Klassifizierung verzichten.

Die Standardbedingung 62 ist dafür ein Beispiel, da sie die interne Tabelle XKOMP-LOOP füllt.

3.5.4 Datenermittlung und Füllen der Kommunikationsstrukturen

Wir haben schon erwähnt, dass die neue Preisliste versucht, Datenbankzugriffe zu bündeln. Das gilt insbesondere auch beim Füllen der Kommunikationsstrukturen der Preisfindung. Damit das SAP-System bündelbare Zugriffe erkennt, sind die dazu notwendigen Informationen in Metadaten abgelegt. Es ist wichtig zu verstehen, wie die Preisliste die Daten ermittelt, da Sie für kundeneigene Felder die gleichen Informationen zur Verfügung stellen müssen; dies beschreiben wir im Folgenden genauer.

Tabellenzugriff definieren

Das Aufsetzen der Metadaten erfolgt in zwei Schritten. Zuerst müssen Sie festlegen, wie auf eine Datenbanktabelle zugegriffen wird. Folgen Sie hierzu dem Pfad **(IMG •) Vertrieb • Grundfunktionen • Preisfindung • Preislisten • Preisanfrage • Tabellenzugriff definieren**.

In Abbildung 3.30 sehen Sie, dass für die Tabelle mit den Verkaufsdaten des Kundenstamms KNVV drei sogenannte *DB-* oder *Tabellen-Alias* definiert sind. Wenn wir zum Knoten **Schlüssel für Datenbankalias** navigieren, stellen wir fest, dass sich die drei Alias in ihren Zugriffsfeldern unterscheiden. Der Alias KNVV greift auf die Tabelle mit den Inhalten der Quellfelder KUNNR, SPAKU, VKORG und VTWKU zu und liest Daten des Auftraggebers.

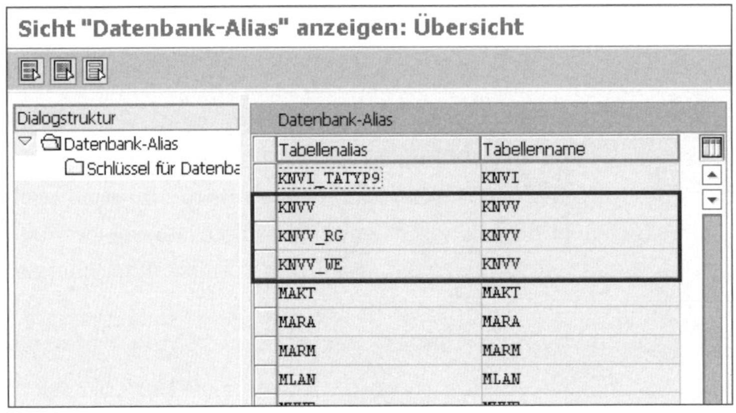

Abbildung 3.30 Tabellen-Alias definieren

Der Alias KNVV_RG hingegen liest Daten des Regulierers und greift auf die gleiche Tabelle mit den Feldern KUNRG, SPAKU, VKORG und VTWKU zu (siehe Abbildung 3.31). Der DB-Alias definiert also die Tabelle und die WHERE-Klausel der gewünschten SELECT-Anweisung.

Sicht "Schlüssel für Datenbank-Alias" anzeigen: Übersicht

Dialogstruktur
Datenbank-Alias
Schlüssel für Datenba

Alias KNVV_RG

Schlüssel für Datenbank-Alias

Schlüsselfeld	Art der Quelle	Quellenfeld
KUNNR	D Kopf vorbelegt	KUNRG
SPART	A Global vorbelegt	SPAKU
VKORG	A Global vorbelegt	VKORG
VTWEG	A Global vorbelegt	VTWKU

Abbildung 3.31 Der Alias KNVV_RG liest die Vertriebsbereichsdaten des Regulierers

In der Spalte **Art der Quelle** wird angegeben, woher das Quellfeld stammt, oder, technisch gesehen, in welcher internen Struktur das Feld liegt (siehe Abbildung 3.31). Wir unterscheiden folgende Quellenarten:

- Global
  Hierbei handelt es sich um Daten, die für die gesamte Preisliste gelten, wie z. B. Organisationsdaten oder das Preisdatum.
- Kopf
  Dies sind Daten, die vom Kunden abgeleitet werden und für alle Materialien relevant sind, z. B. die Kundennummer.

- **Position**
  Diese Daten werden vom Material abgeleitet.
- **Head/Item**
  Hierbei handelt es sich um Daten, die sowohl vom Kunden als auch vom Material abgeleitet werden, z. B. das Werk.
- **Direktwerte**
  Bei diesen Daten handelt es sich um Konstanten.

Globale Daten, Kopfdaten, Positionsdaten und Head-/Item-Daten unterteilen wir weiter in folgende Rubriken:

- **Vorbelegt**
  Dies sind Daten, die die Nettopreisliste von sich aus für Datenbank-Alias zur Verfügung stellt.
- **Aufruferdaten**
  Dies sind Daten, die Sie selbst im in der Methode `PREPARE_PRICING` des BAdI `BADI_PIQ_SDPRICELIST` ermitteln oder die Sie zuvor dem Selektionsbild hinzugefügt haben (siehe Abschnitt 3.5.5, »Erweiterungen des Selektionsbildes«).
- **Zusätzliche Daten**
  Daten, die Sie selbst in der Methode `ADAPT_HEAD_ITEM_DATA` des BAdI `BADI_PIQ_PREPARE` ermitteln.

Vorbelegte Felder sind Daten, die von der Preisliste immer ermittelt werden und daher zur Ermittlung anderer Daten zuverlässig herangezogen werden können. Insbesondere können sie aufgrund der Ablauflogik des Programms für die Datenermittlung über Tabellen-Alias verwendet werden. Aufrufer- und zusätzliche Daten sind kundeneigene Daten, deren Befüllen in den entsprechenden Business Add-Ins programmiert werden muss.

Die Übersetzung des DB-Alias KNVV_RG sehen Sie in Listing 3.1:

```
Select ?  from KNVV into ? where
                           KUNNR = (Kopf vorbelegt)-KUNRG and
                           VKORG = (Global vorbelegt)-VKORG and
                           VTWEG = (Global vorbelegt)-VTWEG and
                           SPART = (Global vorbelegt)-SPAKU.
```

Listing 3.1 Die Bedeutung des DB-Alias KNVV_RG als Teil eines SELECT-Statements

Im nächsten Schritt bestimmen wir, welche Felder wir mittels des Alias lesen wollen und wohin deren Inhalt geschrieben werden soll.

Quellen für Kommunikationsstrukturfelder pflegen

Über den Pfad **(IMG •) Vertrieb • Grundfunktionen • Preisfindung • Preislisten • Preisanfrage • Quellen für die Kommunikationsstrukturen der Preisfindung definieren** legen wir fest, wie die für die Preisfindung relevanten Felder im Detail ermittelt werden. In Abbildung 3.32 sehen Sie die Felder der Kopf-Kommunikationsstruktur KOMK. Der Feldinhalt des Feldes VTWEG (**Vertriebsweg**) wird z. B. aus vorgefüllten Daten übernommen. Weitere Felder, wie ZTERM (**Zahlungsbedingung**), werden über einen DB-Alias ermittelt. Schauen wir uns das Feld ZTERM genauer an: Zusammen mit der Definition des DB-Alias KNVV_RG bedeutet die entsprechende Zeile in Abbildung 3.32, dass wir das Feld ZTERM aus dem Feld ZTERM der Tabelle KNVV füllen, auf die wir mit dem Regulierer KUNRG und den vorgegebenen Vertriebsbereichsdaten zugreifen. Die Zahlungsbedingungen werden also aus den Vertriebsbereichsdaten des Regulierers gelesen.

Sicht "Standardquellen anzeigen" anzeigen: Übersicht

Standardquellen anzeigen

Zielstruktur	Zielfeld	Art der Quelle	Quellenalias	Quellenfeld
KOMK	WAERK	K Alias für Datenbanktabelle	KNVV	WAERS
KOMK	WERKS	M HeadItem vorbelegt		WERKS
KOMK	WKCOU	M HeadItem vorbelegt		COUNC
KOMK	WKCTY	M HeadItem vorbelegt		CITYC
KOMK	ZTERM	K Alias für Datenbanktabelle	KNVV_RG	ZTERM
KOMP	ATTYP	K Alias für Datenbanktabelle	MARA	ATTYP
KOMP	BONUS	K Alias für Datenbanktabelle	MVKE	BONUS

Abbildung 3.32 Felder der Preiskommunikationsstrukturen befüllen

Zusammen mit der Definition des DB-Alias KNVV_RG ergibt sich das benötigte SELECT-Statement aus Listing 3.2.

```
Select ZTERM from KNVV into KOMK-ZTERM where
                        KUNNR = (Head Prefilled)-KUNRG and
                               VKORG = (Global prefilled)-VKORG and
                               VTWEG = (Global prefilled)-VTWEG and
                               SPART = (Global prefilled)-SPAKU.
```

Listing 3.2 Die Bedeutung des DB-Alias und der Quellendefinition für die Kommunikationsstruktur zusammen als SELECT Statement

Nach der Auswertung aller Metadaten kann die Preisliste den Zugriff optimieren und alle benötigten Felder gemeinsam aus einer Datenbanktabelle auslesen.

Verfügbare Felder mit Standardquellen

Die Preisliste unterstützt noch nicht alle Felder, die in den Kommunikationsstrukturen enthalten sind. Welche Felder Ihnen standardmäßig zur Verfügung stehen, können Sie sich im IMG über **(IMG •) Vertrieb • Grundfunktionen • Preisfindung • Preislisten • Preisanfrage • Quellen für die Kommunikationsstrukturen der Preisfindung definieren** anzeigen lassen. Wählen Sie dazu **Standardquellen anzeigen** aus. Falls das gewünschte Feld dort nicht aufgeführt ist, müssen Sie einen entsprechenden Eintrag im Kundenbereich hinzufügen. Kundeneinträge haben immer Priorität über Standardeinträge.

Kundenfelder hinzufügen

Kommen wir auf unser Beispiel zurück: Sie können nun die notwendigen Customizing-Einstellungen pflegen, um Ihre Felder ermitteln zu lassen.

`ZZMVGR1` und `ZZMVGR2` entsprechen den Feldern `MVGR1` und `MVGR2` aus der Tabelle MVKE. Wir finden schnell einen passenden DB-Alias: Der Alias MVKE liest aus der Tabelle MVKE unter Vorgabe der Materialnummer und der Organisationsdaten. Wir müssen dem System also mitteilen, dass wir zusätzlich die Materialgruppe 1 und 2 selektieren und in unsere Felder `ZZMVGR1` und `ZZMVGR2` übernehmen lassen wollen (siehe Abbildung 3.33).

Sicht "Kundenspezifische Quellen definieren" ändern: Übersicht

Neue Einträge

Kundenspezifische Quellen definieren

Zielstruktur	Zielfeld	Quellenart	Quellenalias	Quellenfeld	Direkter Wert
KOMP	ZZMVGR1	K Alias für Datenbanktabelle	MVKE	MVGR1	
KOMP	ZZMVGR2	K Alias für Datenbanktabelle	MVKE	MVGR2	
KOMP	ZZPROMO	L Nachbearbeitungs-BAdI			
KOMP	ZZSIZECAT	K Alias für Datenbanktabelle	ZZMYALIAS	ZZSIZECAT	

Abbildung 3.33 Ermittlung von kundeneigenen Feldern definieren

Tabellen-Alias

Alle Daten, die über denselben Tabellen-Alias ermittelt werden, kann das SAP-System zusammen einlesen. Es sollte daher immer geprüft werden, ob ein bestehender DB-Alias wiederverwendet werden kann, um zusätzliche unnötige Datenbankzugriffe zu vermeiden.

Da wir das Feld ZZSIZECAT in einer eigenen Tabelle lagern, müssen wir zunächst einen neuen DB-Alias anlegen. Wir definieren, dass wir im Tabellen-Alias ZZMYALIAS auf die Tabelle ZZTSIZECAT (siehe Abbildung 3.34) zugreifen wollen, und zwar mit der vorbelegten Materialnummer (siehe Abbildung 3.35).

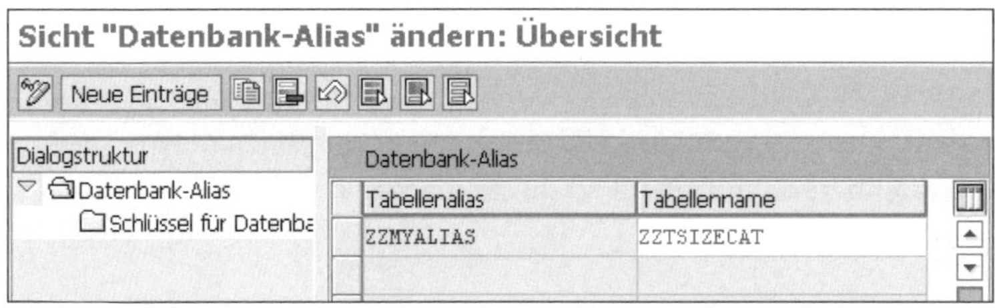

Abbildung 3.34 Datenbank-Alias für die Tabelle ZZTSIZECAT anlegen

Als Nächstes müssen wir das Feld ZZSIZECAT aus der Tabelle anfordern. Dazu gehen wir über den Pfad **(IMG •) Vertrieb • Grundfunktionen • Preisfindung • Preislisten • Preisanfrage • Quellen für die Kommunikationsstrukturen der Preisfindung definieren** zurück und geben die Daten aus der vierten Zeile in Abbildung 3.33 ein.

Sicht "Schlüssel für Datenbank-Alias" ändern: Übersicht

Neue Einträge

Dialogstruktur
Datenbank-Alias
Schlüssel für Datenba

Tab.-Alias ZZMYALIAS

Schlüssel für Datenbank-Alias

Schlüssel	Art der Quelle	Quellfeld	Direkter Wert
MATNR	G Position vorbelegt	MATNR	

Abbildung 3.35 Zugriff auf den Datenbank-Alias ZZMYALIAS mit der vorbelegten Materialnummer definieren

Wir haben angenommen, dass unser letztes Feld ZZPROMO nicht durch einen einfachen Datenbankzugriff bestimmt werden kann. Für solche Fälle stellt SAP das BAdI BADI_PIQ_PREPARE zur Verfügung, in dem Sie Ihre eigene Logik zur Datenermittlung programmieren können. Wir pflegen trotzdem einen Eintrag im Customizing für das Feld ZZPROMO mit der Quellenart L (Nachbearbeitungs-BAdI) (siehe Abbildung 3.33). Dadurch verhindern wir, dass das SAP-System eine Warnung ausgibt, dass die Quelle des Feldes unbekannt sei.

Sie finden das BAdI BADI_PIQ_PREPARE über den Pfad **(IMG •) Vertrieb • Grundfunktionen • Preisfindung • Preislisten • Business Add-Ins (BAdIs) • Preisanfragevorbereitung • BAdI: Preisanfragevorbereitung**. Die zugrunde liegende Preisanfrage kann in verschiedenen Szenarien ablaufen. Jedes Szenario hat eine spezifische *Caller-ID*. Sie müssen daher Ihre BAdI-Implementierung mit dem Filterwert »PL« anlegen, damit sie für die Preisliste gültig ist.

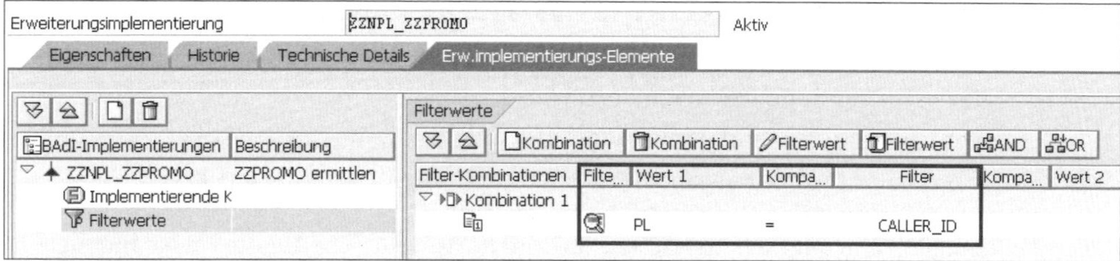

Abbildung 3.36 Filterwert »PL« für BAdI-Implementierungen

Die Methode ADAPT_KOMK_KOMP_DATA entspricht im Wesentlichen den bekannten User-Exits (siehe Abschnitte 13.1 und 13.2 in den verschiedenen Belegen und erlaubt es, den Inhalt der Preisfindungs-Kommunikationsstrukturen zu beeinflussen. Einige Tipps zur Wiederverwendung Ihres User-Exit-Codings finden Sie in SAP-Hinweis 2019242 – Price-Inquiry-API: Nutzung der Userexits in MV45FZZ.

Wenn wir uns die Signatur der Methode ADAPT_KOMK_KOMP_DATA ansehen, sehen wir, dass es neben Kopf- und Positionstabelle eine zusätzliche Tabelle namens CT_KOMP_HEADFIELDS gibt. Diese Tabelle enthält alle Felder, die gleichzeitig vom Kunden und vom Material abhängen können. Das Werk ist ist z. B. ein solches Feldund daher in der Tabelle CT_KOMK leer. Es wird stattdessen in der internen Tabelle CT_KOMP_HEADFIELDS für jede Kunden-Material-Kombination separat gefüllt. Wenn Sie also in der Struktur KOMP Felder hinzugefügt haben, deren Inhalt ebenfalls von den Kopfdaten abhängt, müssen Sie diese Felder auch zur Struktur KOMP_HEAD_FIELDS hinzufügen.

Das BAdI Interface besitzt eine zweite Methode ADAPT_HEAD_ITEM_DATA. Hier können Sie die bereits erwähnte Quelle **Zusätzliche Daten** um Felder erweitern. Dies ist sinnvoll, wenn Sie Felder haben, die Sie in einem DB-Alias verwenden wollen, da die Methode ADAPT_HEAD_ITEM_DATA vor der Datenbankselektion über Aliase durchlaufen wird.

Ähnlich wie bei den User-Exits, Bedingungen und Formeln können Sie für Ihre Implementierung der Methode ADAPT_KOMK_KOMP_DATA über den Pfad **(IMG •) Vertrieb • Grundfunktionen • Preisfindung • Preislisten • Business Add-Ins (BAdIs) • Preisanfragevorbereitung • Im BAdI: Preisanfragevorbereitung verwendete Felder definieren** zusätzliche Felder anfordern (siehe Abbildung 3.37).

Die Aktivität **Im BAdI: Preisanfragevorbereitung verwendete Felder definieren** funktioniert ähnlich wie die Aktivität **In den Erweiterungen der Preisfindung verwendete Felder bearbeiten**, allerdings gibt es keinen Code-Scan. Die hier angeforderten Felder werden vom SAP-System gefüllt, auch wenn die Preisfindung selbst sie nicht benötigt.

Abbildung 3.37 In der Methode ADAPT_KOMK_KOMP_DATA benötigte Felder angeben

Wie Sie sehen, erfordert die Einrichtung der neuen Preislistenfunktion einen gewissen Aufwand. In der Regel werden Sie jedoch mit deutlich kürzeren Laufzeiten belohnt.

Überprüfung der Einstellungen

Derzeit gibt es zwei Reports, die es Ihnen erlauben, Ihre Einstellungen zu überprüfen: Der Report SD_PRC_MULTI_ITEM_CHECK untersucht den neuen gebündelten Zugriff auf Konditionstabellen, nicht aber die Datenermittlung für KOMK- und KOMP-Felder und ist daher für den Endanwender nur von eingeschränktem Nutzen. Es kann aber zur Eingrenzung der Ursache hilfreich sein, wenn das Ergebnis der Preisliste nicht wie erwartet ausfällt. Der Reportverfügt über ein sehr detailliertes Protokoll, das es erleichtert, inkonsistente Konditionen zu finden.

Der Report SDPIQAPICOMPARE vergleicht das Ergebnis der Preisliste mit dem Ergebnis einer Auftragssimulation oder dem Ergebnis der klassischen Preisliste. Das Protokoll ist jedoch nicht so detailliert wie das Protokoll des Reports SD_PRC_MULTI_ITEM_CHECK.

Alternativ können Sie auch die Option **Preisfindungs-Trace anzeigen** beim Start der Preisliste auswählen (siehe Abschnitt 3.5.1, »Erstellung von Preislisten«). Damit können Sie sich sowohl das Positionsbild der Preisfindung (siehe Abschnitt 6.1, »Positionskonditionsbild«) als auch das zugehörige Protokoll der Preisfindung (Abschnitt 6.1.5, »Funktion »Analyse (Protokoll der Preisfindung)«« anzeigen lassen.

3.5.5 Erweiterungen des Selektionsbildes

Sie können sowohl die Selektionskriterien als auch die Ergebnisfelder der Preisliste erweitern. Nehmen wir an, wir wollen unsere Kunden über deren Preisgruppe (Feld KONDA) auswählen. Für diese zusätzliche Möglichkeit müssen wir im Preislistenreport SDPIQPRICELIST den Erweiterungspunkt ES_PIQ_SDPRICELIST implementieren. Im Erweiterungspunkt ES_PIQ_SDPRICELIST_EXT1 ergänzen wir die Selektionsoptionen. Mit dem Erweiterungspunkt ES_PIQ_SDPRICELIST_EXT7 fügen wir einen Feldbezeichner hinzu, und mit dem Erweiterungspunkt ES_PIQ_SDPRICELIST_EXT6 übergeben wir unsere Selektionsoption mit dem ABAP-Makro transfer_select_option an die Preisliste. Listing 3.3 zeigt das dazu notwendige Coding.

```
REPORT sdpiqpricelist.
...
ENHANCEMENT-POINT ES_PIQ_SDPRICELIST_EXT1 SPOTS
                              ES_PIQ_SDPRICELIST STATIC .
*$*$-Start: ES_PIQ_SDPRICELIST_EXT1--------------------
ENHANCEMENT 4  ZZ_NPLTEST.    "active version
 Select-OPTIONS: konda for knvv-konda.
ENDENHANCEMENT.
*$*$-End:   ES_PIQ_SDPRICELIST_EXT1--------------------
...
* Customer extension: change of selection field texts
ENHANCEMENT-POINT ES_PIQ_SDPRICELIST_EXT7
                               SPOTS ES_PIQ_SDPRICELIST .
*$*$-Start: ES_PIQ_SDPRICELIST_EXT7--------------------
ENHANCEMENT 3  ZZ_NPLTEST.    "active version
  loop at screen.
    if screen-name = '%_KONDA_%_APP_%-TEXT'.
      %_KONDA_%_APP_%-TEXT = 'Kundenpreisgruppe'.
      exit.
    endif.
  endloop.
ENDENHANCEMENT.
*$*$-End:   ES_PIQ_SDPRICELIST_EXT7--------------------
...
* transfer the search criteria of customer extension fields to price list API
ENHANCEMENT-POINT ES_PIQ_SDPRICELIST_EXT6 SPOTS ES_PIQ_SDPRICELIST .
*$*$-Start: ES_PIQ_SDPRICELIST_EXT6--------------------
ENHANCEMENT 2  ZZ_NPLTEST.    "active version
  transfer-select_option 'KNVV' 'KONDA' konda.
ENDENHANCEMENT.
*$*$-End:   ES_PIQ_SDPRICELIST_EXT6--------------------
```

Listing 3.3 Feld KONDA als Selektionskriterium für Kunden hinzufügen

Außerdem nehmen wir einen Eintrag über den Pfad **(IMG •) Vertrieb • Grundfunktionen • Preisfindung • Preislisten • Auswahl und Ergebnis • Felder definieren** vor, weil wir dem SAP-System mitteilen müssen, aus welcher Stammdatentabelle der KONDA-Wert abgeleitet werden kann und wie er mit den Kunden- oder Materialdaten verbunden ist (siehe Abbildung 3.38).

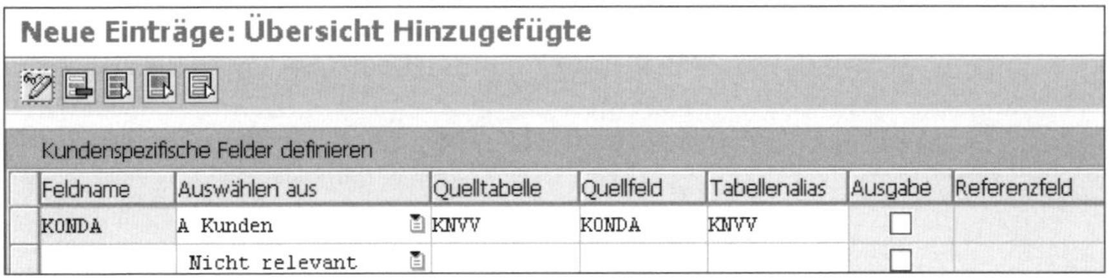

Neue Einträge: Übersicht Hinzugefügte

Kundenspezifische Felder definieren

Feldname	Auswählen aus	Quelltabelle	Quellfeld	Tabellenalias	Ausgabe	Referenzfeld
KONDA	A Kunden	KNVV	KONDA	KNVV	☐	
	Nicht relevant				☐	

Abbildung 3.38 Selektion des Feldes KONDA definieren

Ähnlich wie bei der Datenermittlung für die Preiskommunikationsstruktur werden die Informationen für die generische Auswahl von Kunden und Materialien in Form von Metadaten gespeichert. Der Tabelleneintrag in Abbildung 3.38 zeigt, dass das SAP-System bei der Selektion des Kunden die relevanten Kundengruppeninformationen im Feld KONDA der Tabelle KNVV findet. Der Tabellen-Alias KNVV ist der DB-Alias, den wir bereits in 3.5.4 kennengelernt haben.

Die Kundenpreisgruppe KONDA steht nun als Selektionskriterium **Preisgruppe Kunde** auf dem Einstiegsbild (Abbildung 3.40) der Preisliste zur Verfügung (vergleichen Sie dazu Abbildung 3.22).

[»]

Zusätzliche Felder für Auswahl und Ergebnis

Der Preislistenreport nutzt die Tabellen KNVV und MVKE, um alle notwendigen Daten für die Selektion und Ausgabe zu beschaffen. Sie können nur Felder aus verwandten Tabellen wie KNA1 oder MARA hinzufügen. Das Programm erzeugt eine generische SELECT-Anweisung, die alle notwendigen Tabellen zur Laufzeit miteinander verknüpft. Für komplexere Fälle stehen Business Add-Ins zur Verfügung.

Sie können das Selektionsbild auch um eigene Eingabeparameter erweitern. Nehmen wir an, Sie möchten die Währung vorgeben, in der die Preisliste erstellt werden soll. In diesem Fall fügen Sie das Coding aus Listing 3.4 hinzu.

```
REPORT sdpiqpricelist.
...
* Customer extension: further crieria in control block
ENHANCEMENT-POINT ES_PIQ_SDPRICELIST_EXT3 SPOTS
                            ES_PIQ_SDPRICELIST STATIC .
*$*$-Start: ES_PIQ_SDPRICELIST_EXT3--------------------
ENHANCEMENT 8  ZZ_NPLTEST.     "active version
PARAMETERS Waerk like komk-waerk OBLIGATORY.
ENDENHANCEMENT.
*$*$-End:   ES_PIQ_SDPRICELIST_EXT3--------------------
SELECTION-SCREEN END   OF BLOCK control.
...
```

```
* Customer extension: change of selection field texts
ENHANCEMENT-POINT ES_PIQ_SDPRICELIST_EXT7 SPOTS ES_PIQ_SDPRICELIST .
*$*$-Start: ES_PIQ_SDPRICELIST_EXT7---------------------
ENHANCEMENT 3  ZZ_NPLTEST.    "active version
  loop at screen.
    if screen-name = '%_WAERK_%_APP_%-TEXT'.
      %_WAERK_%_APP_%-TEXT = 'Währung für Preisliste'.
      exit.
    endif.
  endloop.
ENDENHANCEMENT.
*$*$-End:   ES_PIQ_SDPRICELIST_EXT7--------------------
...
* transfer the search criteria of customer extension fields to price list API
ENHANCEMENT-POINT ES_PIQ_SDPRICELIST_EXT6 SPOTS ES_PIQ_SDPRICELIST .
*$*$-Start: ES_PIQ_SDPRICELIST_EXT6---------------------
ENHANCEMENT 2  ZZ_NPLTEST.    "active version
  add_name_value 'WAERK' WAERK 'KOMK'.
ENDENHANCEMENT.
*$*$-End:   ES_PIQ_SDPRICELIST_EXT6---------------------
```

Listing 3.4 Preislistenwährung als Eingabeparameter hinzufügen

Um der Preisliste mitzuteilen, dass sie von nun an die Währung aus den Aufruferdaten und nicht mehr aus den Kundenstammdaten lesen muss, fügen wir den in Abbildung 3.39 dargestellten Eintrag über den Pfad **(IMG •) Vertrieb • Grundfunktionen • Preisfindung • Preislisten • Preisanfrage • Quellen für die Kommunikationsstrukturen der Preisfindung definieren** hinzu. Vielleicht haben Sie in Listing 3.4 den Zusatz OBLIGATORY bemerkt. Dieser Zusatz ist notwendig, da mit dem Eintrag aus Abbildung 3.39 die Währung nicht mehr aus dem Kundenstamm gelesen wird. Daher müssen wir verlangen, dass der Benutzer im Selektionsbild eine Währung eingibt. Alternativ könnten wir aber auch die Währung in der Methode ADAPT_KOMK_KOMP_DATA des BAdIs BADI_PIQ_PREPARE füllen, falls sie nicht vom Benutzer gesetzt wurde.

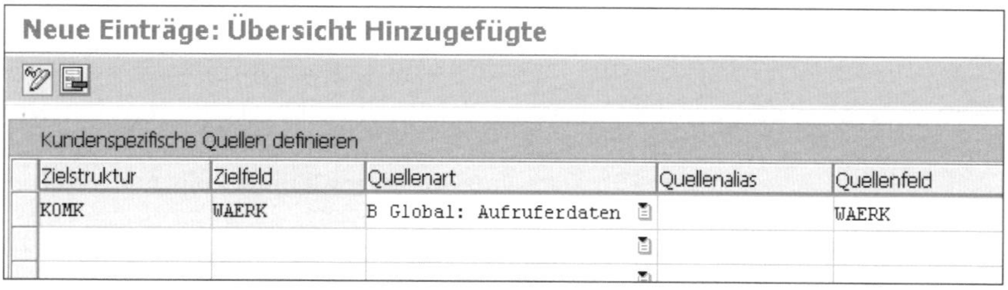

Neue Einträge: Übersicht Hinzugefügte

Kundenspezifische Quellen definieren

Zielstruktur	Zielfeld	Quellenart	Quellenalias	Quellenfeld
KOMK	WAERK	B Global: Aufruferdaten		WAERK

Abbildung 3.39 Währung aus den Aufruferdaten übernehmen

Das Ergebnis unserer Erweiterungen ist als zusätzliches Steuerungdatum **Währung für Preisliste** in Abbildung 3.40 zu sehen.

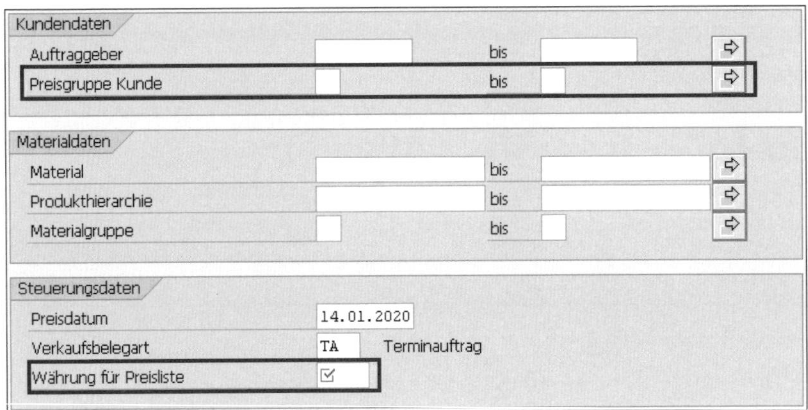

Abbildung 3.40 Das um Preisgruppe und Währung erweiterte Selektionsbild

Neben dem Erweiterungspunkt ES_PIQ_SDPRICELIST stellt das SAP-System das BAdI BADI_PIQ_SDPRICELIST zur Verfügung, um die Auswahl von Kunden und Materialien für die Preisliste zu beeinflussen. Hier sind insbesondere die Methoden GET_CUSTOMER_DATA und GET_MATERIAL_DATA zu nennen. Mit ihnen können Sie Kunden und Materialien in der Preislistenbearbeitung hinzufügen oder entfernen. Die Methode PREPARE_PRICING erlaubt die abschließende Änderung von Daten vor dem Aufruf der zugrunde liegenden Preisfindungs-API (API = Application Programming Interface).

3.5.6 Erweiterungen des Preislistenergebnisses

In diesem Abschnitt erklären wir, wie Sie die Ausgabe der Preisliste an Ihre Bedürfnisse anpassen können. Angenommen, Sie wollten neben der Kundennummer auch den Namen des Kunden anzeigen; Sie wissen, dass der Kundenname im Feld NAME1 der Kundenstammtabelle KNA1 gespeichert ist. Über den Pfad **(IMG •) Vertrieb • Grundfunktionen • Preislisten • Auswahl und Ergebnis • Tabellen-Mapping definieren** stellen Sie fest, dass ein Zugriff auf die Tabelle KNA1 mit der Kundennummer als DB-Alias KNA1 bereits vorhanden ist. Da für die Selektion und die Ausgabe der Preisliste nur die Tabellen KNVV und MVKE (Vertriebsbereichsdaten für Kunde und Material) verwendet werden, müssen Sie dem SAP-System mitteilen, wie sich KNA1 auf KNVV bezieht. Das SAP-System kann dann die Daten mit einem Zugriff durch das Verbinden der beiden Tabellen selektieren.

Im Kundenbereich von **(IMG •) Vertrieb • Grundfunktionen • Preisfindung • Preislisten • Auswahl und Ergebnis • Tabellen-Mapping definieren** legen Sie fest, dass die Kundennummer KUNNR in der Tabelle KNVV gleich der Kundennummer (KUNNR) der Tabelle KNA1 (siehe Abbildung 3.41) sein soll.

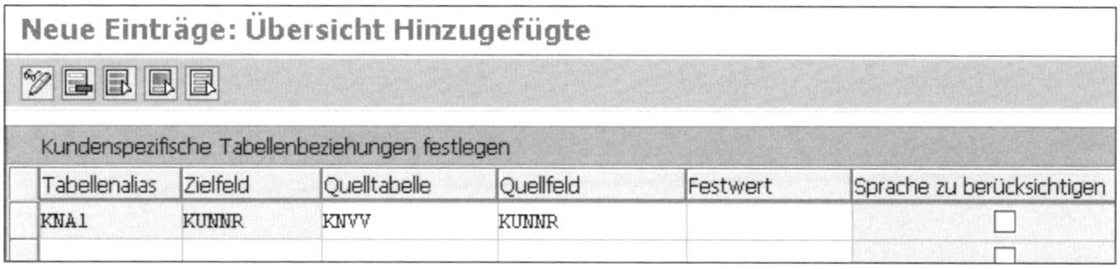

Neue Einträge: Übersicht Hinzugefügte

Kundenspezifische Tabellenbeziehungen festlegen

Tabellenalias	Zielfeld	Quelltabelle	Quellfeld	Festwert	Sprache zu berücksichtigen
KNA1	KUNNR	KNVV	KUNNR		☐
					☐

Abbildung 3.41 Tabellenbeziehung zwischen KNVV und KNA1 festlegen

Als Nächstes müssen Sie dem SAP-System mitteilen, dass Sie das Feld NAME1 aus der Tabelle KNA1 in der Ausgabe benötigen. Dazu fügen Sie die Zeile aus Abbildung 3.42 über den Pfad **(IMG •) Vertrieb • Grundfunktionen • Preisfindung • Preislisten • Auswahl und Ergebnis • Felder definieren** ein.

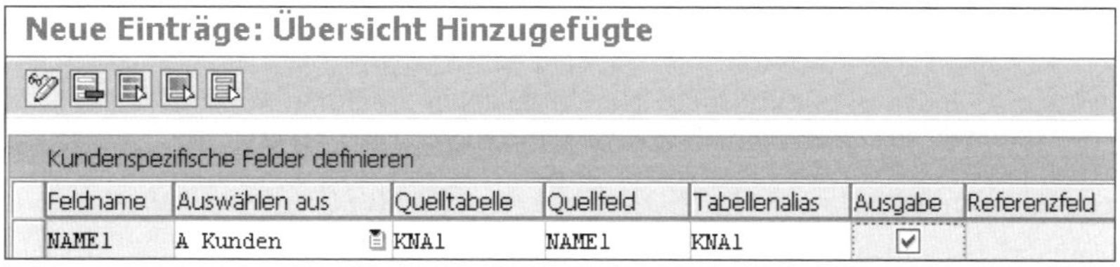

Neue Einträge: Übersicht Hinzugefügte

Kundenspezifische Felder definieren

Feldname	Auswählen aus	Quelltabelle	Quellfeld	Tabellenalias	Ausgabe	Referenzfeld
NAME1	A Kunden	KNA1	NAME1	KNA1	☑	

Abbildung 3.42 Kundennamen als Ausgabefeld der Preisliste festlegen

Nun liest die Preisliste das Feld NAME1 aus der Tabelle KNA1, wobei das Schlüsselfeld KUNNR der Tabelle KNA1 den gleichen Wert haben muss wie das Schlüsselfeld KUNNR der Tabelle KNVV. Markieren Sie das Ankreuzfeld **Ausgabe**, um das Feld in die Ausgabedaten aufzunehmen.

Jetzt wollen Sie einen bestimmten Rabatt in der Preisliste anzeigen. Dafür müssen Sie eine Anzeigevariante anlegen, um ausgewählte Zeilen des Kalkulationsergebnisses für die Ausgabe zur Verfügung zu stellen.

Über den Pfad **(IMG •) Vertrieb • Grundfunktionen • Preisfindung • Preislisten • Auswahl und Ergebnis • Anzeige der Preiselemente definieren** legen Sie die Variante NPLI an und markieren die Zeilen im Kalkulationsschema, die Sie in Ihrer Preislistenausgabe nutzen wollen (siehe Abbildung 3.43).

Ähnlich wie bei dem Feld NAME1 benötigen Sie zusätzliche Einträge in der kundenspezifischen Feldliste für die Ausgabe, erreichbar über den Pfad **(IMG •) Vertrieb • Grundfunktionen • Preisfindung • Preislisten • Auswahl und Ergebnis • Felder definieren**, um die Preiselemente tatsächlich in die Ausgabe zu übernehmen. Sie entscheiden sich dafür, den Konditionsbetrag KBETR und seine Währung WAERS der Kondition KA00 anzuzeigen. Die dafür notwendigen Einträge sehen Sie in Abbildung 3.44. Preiselemente werden immer aus **F Aus Preisfindungsergebnis lesen (Positionskonditionsdetails)** ausgewählt.

Sicht "Anzeige der Preiselemente" ändern: Übersicht

Schema RVAA01
Anzeigevariante NPL1

Anzeige der Preiselemente

Stufe	Zähl	KArt	Bezeichnung	VonStu	BisStu	Manu	Obl	Stat	Z	Bedg	RchFrm	BasFrm	Anzeige
8	0	EK01	Istkosten	0	0	[x]	[ ]	[ ]	B	2	0	0	[ ]
11	0	PR00	Preis	0	0	[ ]	[x]	[ ]		2	0	0	[ ]
13	0	PB00	Preis Brutto	0	0	[x]	[ ]	[ ]		2	0	0	[ ]
20	0	VA00	Variantenpreis	0	0	[ ]	[ ]	[ ]		2	0	0	[ ]
100	0		Brutto	0	0	[ ]	[ ]	[ ]	1	0	2	0	[x]
101	0	KA00	Aktion	0	0	[ ]	[ ]	[ ]		2	0	0	[x]
102	0	K032	Preisgrp/Mat	0	0	[ ]	[ ]	[ ]		2	0	0	[ ]
103	0	K005	Kunde/Material	0	0	[ ]	[ ]	[ ]		2	0	0	[ ]

Abbildung 3.43 Zur Ausgabe in der Preisliste markierte Zeilen im Kalkulationsschema

Die entsprechende Quelltabelle PIQS_CALCULATE_COND_RESULT wird automatisch ergänzt, wenn Sie das Quellfeld aus der Eingabehilfe übernehmen. Da KA00 die zweite markierte Zeile in unserer Anzeigevariante ist, geben Sie in der Spalte **Lfd.Nr** »2« ein. Um die korrekte Formatierung des Betrags zu gewährleisten, füllen Sie zusätzlich das Referenzfeld.

Neue Einträge: Übersicht Hinzugefügte

Kundenspezifische Felder definieren

Feldname	Auswählen aus	Quelltabelle	Quellfeld	Tabellenalias	Ausgabe	Referenzfeld	Lfd. Nr.
KBETR2	F Aus Preisfindungsergebnis...	PIQS_CALCULATE_COND_RESULT	KBETR		[x]	WAERS	2
WAERS2	F Aus Preisfindungsergebnis...	PIQS_CALCULATE_COND_RESULT	WAERS		[x]		2
REMARK	E BAdI	ZZNOTICE	VTEXT		[x]		

Abbildung 3.44 Felder KBETR2, WAERS2 und REMARK zur Ausgabe hinzufügen

Zu guter Letzt möchten wir noch einen Hinweis ausgeben, wenn der Abschlag eine bestimmte Grenze überschreitet. Dazu fügen wir ein Textfeld hinzu, in das wir eine kurze Nachricht schreiben können. Für komplexere Feldermittlungen stellt das SAP-System im BAdI `BADI_PIQ_SDPRICELIST` die Methode `PROCESS_RESULTS` zur Verfügung, mit der Sie Ihre Ausgabefelder in Abhängigkeit von anderen Ergebnisdaten füllen können. Sie fügen nun die dritte Zeile aus Abbildung 3.44 hinzu, die besagt, dass Sie das Feld `REMARK` im BAdI füllen werden. Trotzdem müssen Sie eine Quelltabelle und ein Quellfeld angeben, um die technischen Eigenschaften Ihres Feldes zu definieren.

Das BAdI implementieren Sie, wie in Listing 3.5 beschrieben.

```
METHOD if_badi_piq_sdpricelist~process_result.
  FIELD-SYMBOLS: <ft_result>   TYPE STANDARD TABLE,
                 <fs_result>   TYPE any,
                 <fv_kbetr>    TYPE kbetr,
                 <fv_remark>    TYPE text30.
  DATA: lv_limit TYPE kbetr VALUE '-25.00'.
  DATA: comp1 TYPE komp_type VALUE 'KBETR2',
        comp2 TYPE komp_type VALUE 'REMARK'.
  ASSIGN cr_result->* TO <ft_result>.

  LOOP AT <ft_result> ASSIGNING <fs_result>.
    ASSIGN COMPONENT comp1 OF STRUCTURE <fs_
result> TO                                  <fv_kbetr>.
    CHECK <fv_kbetr> IS ASSIGNED.
    IF <fv_kbetr> LE lv_limit.
      ASSIGN COMPONENT comp2 OF STRUCTURE <fs_result>
                                     TO <fv_remark>.
      CHECK <fv_remark> IS ASSIGNED.
      <fv_remark> = 'stark reduziert'.
    ENDIF.
  ENDLOOP.

ENDMETHOD.
```

Listing 3.5 Ausgabe eines Textes, wenn der Aktionsrabatt 25 % überschreitet

Schließlich wollen wir die Beschriftungen unserer neuen Spalten anpassen. Dazu gehen folgen Sie dem Pfad **(IMG •) Vertrieb • Grundfunktionen • Preisfindung • Preislisten • Auswahl und Ergebnis • Bezeichner für Ergebnisfelder definieren** und geben geeignete Beschreibungen ein (siehe Abbildung 3.45). Sie können die Bezeichnungen allgemein oder in Abhängigkeit vom jeweiligen Kalkulationsschema definieren. Beachten Sie jedoch, dass schemaspezifische Bezeichner ignoriert werden, wenn Sie im Preislistenaufruf die Option **Liste anzeigen** ausgewählt haben. Das liegt daran, dass diese Ausgabeoption mehrere Kunden in einer Liste zusammenfasst, sodass mehrere Kalkulationsschemata beteiligt sein können. Die Spaltenbezeichnung muss jedoch eindeutig sein. Wir legen eine Bezeichnung für die Spalte mit dem Kundennamen und für die Spalte des zusätzlichen Textes an. Die Bezeichnung für den Konditionsbetrag soll aus der Konditionsart selbst übernommen werden.

Nach der Anpassung des Layouts des Preislistenberichts kann die endgültige Liste so aussehen, wie in Abbildung 3.46 dargestellt.

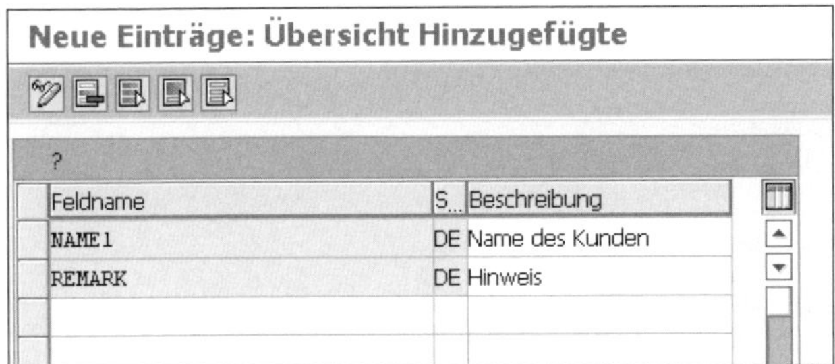

Abbildung 3.45 Spaltenüberschriften anpassen

Preisdatum	Kundennum..	Name des Kunden	Material	Bezeichnung	Menge	Verka..	Nettopreis	Beleg..	Preis..	Meng..	Aktion	Einheit	Hinweis
14.12.2019	NPL_TEST1	Max Mustermann	TEST_PL_01	Aktenordner	1	ST	1,49	EUR	1	ST	0,000	%	
14.12.2019	NPL_TEST1	Max Mustermann	TEST_PL_02	Schnellhefter	1	ST	0,99	EUR	1	ST	0,000	%	
14.12.2019	NPL_TEST1	Max Mustermann	TEST_PL_03	Druckerpapier	1	PAK	3,99	EUR	1	PAK	0,000	%	
14.12.2019	NPL_TEST2	Lieschen Müller	TEST_PL_01	Aktenordner	1	ST	2,09	EUR	1	ST	30,000-	%	stark reduziert
14.12.2019	NPL_TEST2	Lieschen Müller	TEST_PL_02	Schnellhefter	1	ST	0,99	EUR	1	ST	0,000	%	
14.12.2019	NPL_TEST2	Lieschen Müller	TEST_PL_03	Druckerpapier	1	PAK	3,69	EUR	1	PAK	0,000	%	
14.12.2019	NPL_TEST3	Hans Beispiel	TEST_PL_01	Aktenordner	1	ST	2,99	EUR	1	ST	0,000	%	
14.12.2019	NPL_TEST3	Hans Beispiel	TEST_PL_02	Schnellhefter	1	ST	0,99	EUR	1	ST	0,000	%	
14.12.2019	NPL_TEST3	Hans Beispiel	TEST_PL_03	Druckerpapier	1	PAK	3,49	EUR	1	ST	0,000	%	

Abbildung 3.46 Name des Kunden, Abschlag und Hinweis im Preislistenergebnis

Wir wollen diesen Abschnitt nicht abschließen, ohne auf eine weitere Erweiterungsmöglichkeit hinzuweisen: Mit der Methode PROCESS_OUTPUT des BAdIs BADI_PIQ_SDPRICELIST_OUTPUT können Sie eigene Ausgabeoptionen programmieren. So können Sie z. B. entscheiden, das Preislistenergebnis zu Analysezwecken in einer Datenbanktabelle zu speichern.

3.5.7 Übersicht über das Customizing

Dieser Abschnitt dient als Zusammenfassung und liefert einen kurzen Überblick über die Anpassungs- und Erweiterungsmöglichkeiten der performanceoptimierten Preisliste. Abbildung 3.47 zeigt den entsprechenden Teil des IMG. Es hilft, die Strukturierung zu verstehen, wenn man weiß, dass die Preisliste, technisch gesehen, zwei Schichten hat. Die äußere Schicht, die Preislistenschicht, verarbeitet die Daten aus dem Selektionsbild und baut die bereits erwähnten Aufruferdaten auf. Sie ruft die innere Schicht, die *Preisanfrage*, auf und verarbeitet deren Ergebnis, indem sie z. B. die Listen per E-Mail an die Kunden versendet. Die innere Schicht ist dafür verantwortlich, die Aufruferdaten zu übernehmen, aus ihnen alle notwendigen Informationen für die Preisfindung abzuleiten, die Preisfindung durchzuführen und das Ergebnis an den Aufrufer zurückzugeben. Die Preisanfrage kann auch außerhalb der Preisliste eigenständig gerufen werden und unterscheidet ihre Aufrufer anhand ihrer Caller-IDs. Die Preisliste verwendet die Caller-ID PL.

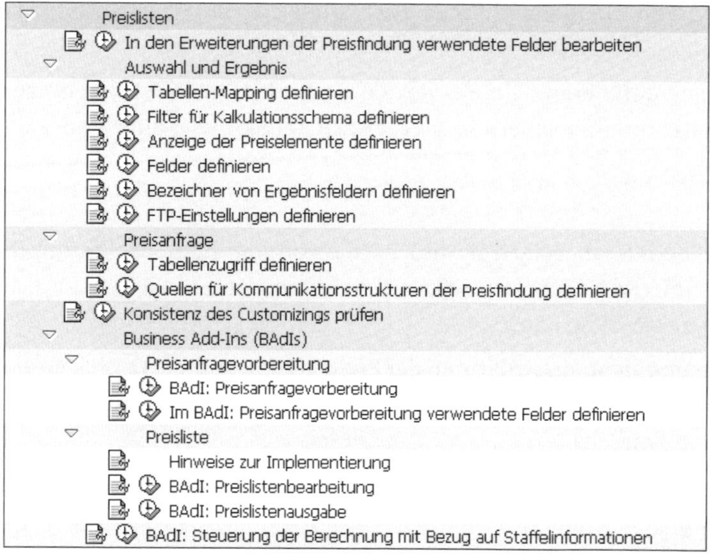

Abbildung 3.47 IMG-Aktivitäten für die performanceoptimierte Preisliste

Für die Preisliste gibt es im IMG die folgenden Knoten und Aktivitäten

- **Preislisten**
  Im Arbeitsschritt **In den Erweiterungen der Preisfindung verwendete Felder bearbeiten** registrieren Sie Felder, die Sie in Formeln, Bedingungen und User-Exits benötigen. Mit diesen Informationen identifiziert die Preisanfrage die relevanten Felder für die Preisberechnung.
- **Auswahl und Ergebnis**
  - **Tabellen-Mapping definieren**: Zeigen Sie entweder die Standardtabellen-Alias und -beziehungen an, oder registrieren Sie eigene Tabellen für Datenbank-Selects. Sie müssen dabei definieren, wie Ihre Tabelle mit den Tabellen KNVV oder MVKE zusammenhängt. KNVV und MVKE sind die Kerntabellen für die Auswahl von Kunden und Produkten für die Preislistenbearbeitung. Die definierte Beziehung ermöglicht ein Join-Statement, um alle notwendigen Daten möglichst performant zu lesen.
  - **Filter für Kalkulationsschema definieren**: In einer Filtervariante markieren Sie solche Zeilen in einem Kalkulationsschema, die für die Preisliste nicht benötigt werden. Sie können damit die Laufzeit reduzieren.
  - **Anzeige der Preiselemente definieren**: In einer Anzeigevariante markierte Zeilen des Kalkulationsschemas (Kondition oder Zwischensumme) stehen in der Ausgabe des Ergebnisses zur Verfügung.
  - **Felder definieren**: Registrieren Sie Felder für die Ausgabe, oder schauen Sie sich die Standardeinstellungen an.

  - **Bezeichner für Ergebnisfelder definieren**: Hier können Sie die Überschriften für die Spalten der Preisliste festlegen.
  - **FTP-Einstellungen definieren**: Hinterlegen Sie die Serveradresse, den Benutzer und das Passwort für die Speicherung des Preislistenergebnisses auf einem FTP-Server.
- **Preisanfrage**
  - **Tabellenzugriff definieren**: Zeigen Sie die DB-Alias von Standard-Tabellenzugriffen an, oder definieren Sie neue DB-Alias. DB-Alias bestimmen, wie auf eine Datenbanktabelle zugegriffen wird.
  - **Quellen für Kommunikationsstrukturen der Preisfindung definieren**: Zeigen Sie die Herkunft von Standardfeldern an, oder definieren Sie, wie weitere Felder ermittelt werden sollen.
  - **Konsistenz des Customizings prüfen**: Überprüfen Sie die Konsistenz der Customizing-Einstellungen.

Unter dem Knoten **Business Add-Ins (BAdIs)** finden Sie die folgenden weiteren IMG-Einstellungen:

- **Preisanfragevorbereitung**
  - **BAdI: Preisanfragevorbereitung:** Mit Hilfe dieses BAdIs können Sie Felder der Preisfindungs-Kommunikationsstrukturen füllen .
  - **Im BAdI: Preisanfragevorbereitung verwendete Felder definieren:** Registrieren Sie die Felder, die Sie in Ihrer BAdI-Implementierung benötigen. Das SAP-System stellt dann die notwendigen Informationen zur Verfügung.
- **Preisliste**
  - **BAdI: Preislistenbearbeitung**: Hier können Sie die Parameter für die Preisanfrage sowie das Ergebnis beeinflussen.
  - **BAdI: Preislistenausgabe**: Hier können Sie eigene Ausgabeoptionen realisieren.
- **BAdI: Steuerung der Berechnung mit Bezug auf Staffelinformationen**
  In diesem BAdI können Sie festlegen, für welche Mengen ein Preis berechnet werden soll.

3.5.8 Wichtige Reports und Funktionsbausteine

Im letzten Abschnitt stellen wir Ihnen die wichtigsten Programme und Funktionsbausteine der performanceoptimierten Preisliste vor.

- **SDPIQPRICELIST**
  Dies ist der zentrale Report für die Erstellung von Preislisten. Er verfügt über ein Selektionsbild, über das Sie Kunden und Produkte sowie aus verschiedenen Opti-

onen zur Listenausgabe auswählen können. Sie können das Selektionsbild über den Erweiterungspunkt ES_PIQ_SDPRICELIST erweitern.

- **API_PIQ_SDPRICELIST**
  Diesen Funktionsbaustein können Sie verwenden, wenn Sie aus einem anderen Programm heraus auf die Preislistenfunktionalität zugreifen möchten. Die Schnittstelle entspricht in etwa dem Selektionsbild der Preisliste. Eine detaillierte Beschreibung finden Sie in SAP-Hinweis 1949280.
- **BAPI_PIQ_SDPRICELIST**
  Mit dem BAPI BAPI_PIQ_SDPRICELIST (BAPI = Business Application Programming Interface) können Sie die Preislistenfunktionalität **Remote** aufrufen. Sie ist dem Funktionsbaustein API_PIQ_SDPRICELIST sehr ähnlich, ermöglicht es Ihnen jedoch, die Konsistenzprüfung auf der Eingabetabelle aus Performancegründen zu deaktivieren. SAP-Hinweis 1949280 enthält eine ausführlichere Beschreibung des BAPIs BAPI_PIQ_SDPRICELIST.
- **PIQ_CALCULATE**
  Der Funktionsbaustein PIQ_CALCULATE ist RFC-fähig und kann von Nutzen sein, wenn Sie Preise außerhalb einer Belegsimulation mit guter Performance berechnen müssen. Dies erfordert einige Steuerungsdaten und eine Liste von Kunden und Materialien. Der Funktionsbaustein liest Metadaten aus dem Customizing, um die Datenbankzugriffe zu optimieren. Verschiedene Aufrufer können unterschiedliche Anrufer-IDs in der Tabelle PIQC_API_CALLER registrieren oder die Standard-ID STD verwenden. Wenn Sie Ihre eigene Anrufer-ID verwenden, müssen Sie die Quellen für die Preiskommunikationsstruktur für Ihre Felder und Ihre neue ID in der Tabelle PIQC_PREP_FLD_C hinterlegen. Im Gegensatz zu Preislisten-APIs kann die Preisanfrage eine Gruppenverarbeitung für zusammengehörige Positionen durchführen.

Wenn Sie den Funktionsbaustein PIQ_CALCULATE oder den Funktionsbaustein API_PIQ_SDPRICELIST verwenden, beachten Sie, dass diesen keine Belegsimulation entspricht. Daher sind nicht alle Belegfunktionen im Zusammenhang mit der Preisfindung verfügbar. Beispiele hierzu sind Naturalrabatt, Produktsubstitution, Anzahlungsfunktionen, EAN-Nummern und Chargen-Findung.

3.6 Fazit

Mit der Möglichkeit, Konditionslisten zu konfigurieren, können Sie z. B. als Fachbereichsbetreuer dafür sorgen, dass den Fachbereichen Konditionslisten zur Verfügung gestellt werden, die an den jeweils spezifischen Informationsbedarf angepasst sind. Erstellen lassen sich diese Konditionslisten ohne Programmierung durch eine Art Listengenerator im Customizing der Preisfindung.

Neben diesem klassischen Ansatz, der über den Einsatz als Filtermedium auch in die Konditionspflege über Bereichsmenüs Einzug gehalten hat, ist mit SAP ERP 6.0 (allerdings nur nach vorheriger Aktivierung der Business Function SD_01) noch der Arbeitsvorrat für Preisstammdaten aus der Rolle **Vertriebsmitarbeiter im Innendienst** als Neuentwicklung hinzugekommen.

Über die Nettopreisliste bzw. ihren Nachfolger, der performanceoptimierten Preisliste, können Sie Ihren Kunden individuelle Preisauskünfte über eine größere Menge an Produkten erteilen. Die optimierte Preisliste bietet Ihnen dabei eine Vielzahl von Einstellungsmöglichkeiten und ist auf Grund ihrer deutlich kürzeren Laufzeiten besonders für große Datenmengen zu empfehlen.

Wir beenden mit diesem Kapitel den ersten Teil dieses Buches zur Konditionstechnik und gehen über zum zentralen Teil II, »Preisfindung«.

TEIL II

Preisfindung

Im zweiten Teil dieses Buches stellen wir die Elemente und Möglichkeiten des Standard-Customizings der Preisfindung ausführlich vor. Darüber hinaus liegt ein Schwerpunkt auf der Arbeit mit Konditionssätzen und auf der Darstellung und Handhabung des Preisfindungsergebnisses mit Besonderheiten in den verschiedenen Vertriebsbelegtypen.

Kapitel 4
Customizing der Preisfindung

In diesem Kapitel stellen wir Ihnen anhand eines Praxisbeispiels Schritt für Schritt vor, wie Sie bei der Umsetzung eines kundenindividuellen Preisfindungsszenarios am besten vorgehen sollten.

Die Konfiguration der Preisfindung erfolgt in umgekehrter Reihenfolge wie der Ablauf der Preisfindung. Das bedeutet, dass am Anfang der Konstruktion der zu findende Konditionssatz steht. Im Vorfeld müssen Sie daher das Preisfindungsproblem, das Sie lösen möchten, schon so weit durchdrungen haben, dass Sie sozusagen den zu findenden Konditionssatz bereits vor Augen haben.

Ausgehend von diesem Ziel, legen Sie die benötigten Elemente der Konditionstechnik in der Reihenfolge ihrer Verwendung an:

1. Die *Konditionstabelle* definiert die Schlüsselfelder des Konditionssatzes.
2. Die *Zugriffsfolge* enthält die Suchreihenfolge zum Zugriff auf den Konditionssatz.
3. Die *Konditionsart* stellt die funktionalen Eigenschaften des Konditionssatzes zur Verfügung. Über die Konditionsart wird letztlich eine Funktion $f_{(x)}$ modelliert: Abhängig von einem Eingangswert x (10 Stück, 100 kg, ...) soll ein Wert $f_{(x)}$ gefunden werden.
4. Das *Kalkulationsschema* legt die Reihenfolge und Beziehungen zwischen den Konditionsarten fest.
5. Die *Schemaermittlung* legt das Kalkulationsschema fest, das im konkreten Vertriebsbeleg verwendet werden soll.

In diesem Kapitel durchlaufen wir alle Schritte, die für eine klassische Konfiguration unter der Verwendung von Standard-Customizing-Möglichkeiten erforderlich sind.

4.1 Umsetzung eines ersten kundenindividuellen Preisfindungsszenarios

Eine eigene Konfiguration für ein gegebenes Preisfindungsproblem wird immer notwendig, wenn dafür keine adäquate Lösung in der SAP-Standardauslieferung angeboten wird.

In unserem Beispiel benötigen wir einen wertabhängigen prozentualen Rabatt, der für alle Aufträge in einer bestimmten Verkaufsorganisation, für einen bestimmten Vertriebsweg und für eine bestimmte Kundengruppe anwendbar sein soll. Wir sind uns also darüber im Klaren, wie unsere Konditionssätze beschaffen sein sollen, und können mit der Konfiguration beginnen.

4.1.1 Anlegen einer Konditionstabelle

Konditionssätze werden immer unter der Verwendung eines bestimmten Schlüssels angelegt. Diese Schlüsselstruktur wird durch das Element der Konditionstabelle definiert. Falls bereits eine Konditionstabelle mit der für das aktuelle Preisfindungsproblem erforderlichen Schlüsselkombination vorhanden ist, können Sie diese wiederverwenden. Um dies herauszufinden, können Sie sich die vorhandenen Konditionstabellen im Customizing ansehen (siehe Abbildung 4.1). Wählen Sie dazu den Pfad **(IMG •) Vertrieb • Grundfunktionen • Preisfindung • Steuerung der Preisfindung • Konditionstabellen definieren • Konditionstabellen anzeigen**.

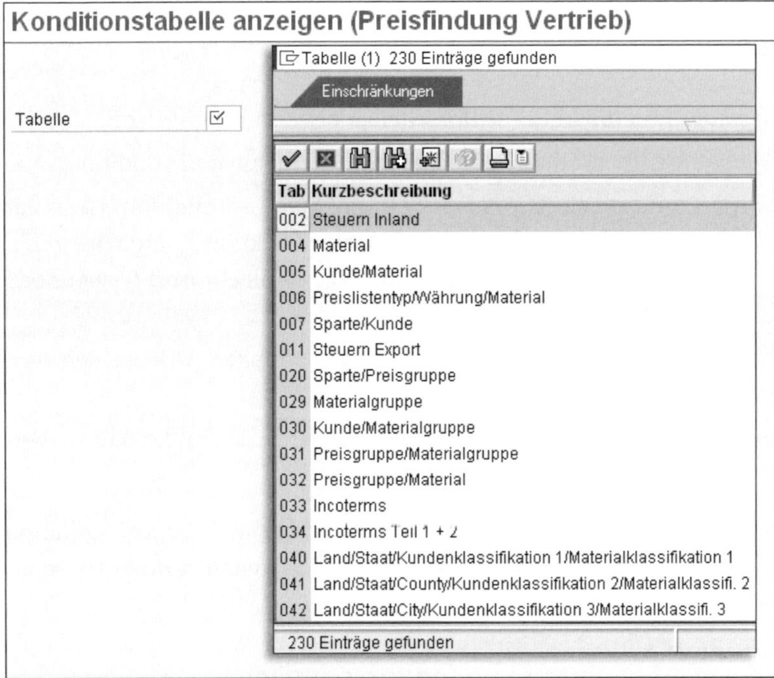

Abbildung 4.1 Konditionstabellen anzeigen

Allerdings geben die Kurzbeschreibungen der Konditionstabellen nicht immer die komplette Schlüsselstruktur wieder. In der Regel wird z. B. auf die Schlüssel **Verkaufsorganisation** und **Vertriebsweg** verzichtet.

Wir könnten nun alle hier in diesem System gefundenen 230 Konditionstabellen »inspizieren«, um herauszufinden, ob es bereits eine Konditionstabelle mit den Schlüsseln **Verkaufsorganisation**, **Vertriebsweg** und **Kundengruppe** gibt. Das kann natürlich etwas mühsam sein.

Glücklicherweise gibt es jedoch einen kleinen Trick, um sich diese Sucharbeit zu erleichtern. Denn man kann über das Anlegen einer Konditionsliste (nur so weit, bis die gewünschte Information gegeben wird) das System recherchieren lassen (siehe Abbildung 4.2).

Das bedeutet, dass man keine Konditionsliste anlegt, sondern den Dialog nur dazu benutzt, um an die besagte Information zu gelangen. Wählen Sie dazu den Pfad **(IMG •) Vertrieb • Grundfunktionen • Preisfindung • Steuerung der Preisfindung • Konditionsliste pflegen • Anlegen Konditionsliste**.

Abbildung 4.2 Recherche über Transaktion V/LA (Konditionsliste anlegen)

Transaktion V/LA (Konditionsliste anlegen) ermittelt alle Konditionstabellen, die die gewünschten Felder (hier **Kundengruppe**) enthalten (siehe Abbildung 4.3). Natürlich könnten Sie auch alle drei gewünschten Felder markieren und mit UND suchen.

Unsere benötigte Schlüsselkombination ist in den gefundenen Konditionstabellen nicht enthalten, sodass wir eine kundeneigene Konditionstabelle anlegen müssen. Der Kundennamensraum dafür umfasst die Nummern 501 bis 999. Dieser Namensraum ist in SAP S/4HANA übrigens um den Bereich 9AA – 9VV vergrößert worden. In SAP ERP müssten Sie für die Erweiterung den SAP-Hinweis 1940393 (»Erweiterter Namensraum für Preiskonditionstabellen«) einspielen.

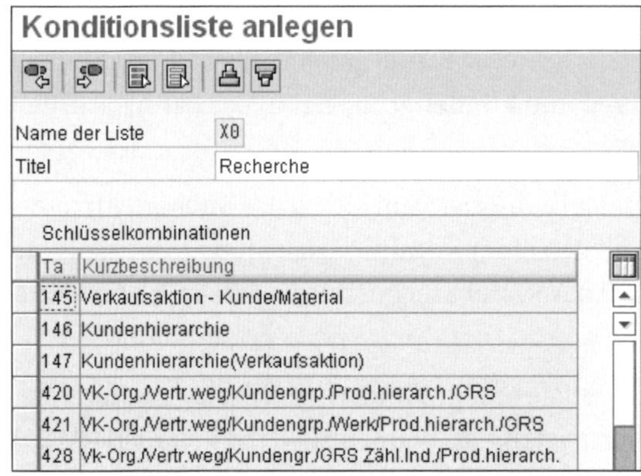

Abbildung 4.3 Konditionstabellen mit dem Feld »Kundengruppe«

Um die Tabelle anzulegen, wählen wir den Pfad **(IMG •) Vertrieb • Grundfunktionen • Preisfindung • Steuerung der Preisfindung • Konditionstabellen definieren • Konditionstabellen Anlegen**. Wir entscheiden uns für die Nummer 501 und erhalten nach der Bestätigung mit [↵] das Bild aus Abbildung 4.4.

Abbildung 4.4 Konditionstabelle anlegen

Es empfiehlt sich, das Attribut **mit Gültigkeitszeit** auf jeden Fall auszuwählen. Nur so können Sie später Konditionssätze, die auf dieser Konditionstabelle aufbauen, mit einem Gültigkeitszeitraum pflegen und z. B. Preisveränderungen zu einem bestimmten Termin vornehmen. Deaktivieren Sie dieses Attribut, kann es zu einer konkreten Ausprägung der durch die Konditionstabelle gegebenen Schlüsselkombination nur einen einzigen unbegrenzt gültigen Konditionssatz geben.

Das Attribut **mit Freigabestatus** eröffnet seit Release SAP R/3 4.6 die Möglichkeit, Konditionssätze für die Anwendung zu sperren bzw. freizugeben (wir gehen darauf in Abschnitt 5.1, »Freigabestatus«, noch näher ein).

Auf der rechten Seite des Bildes (siehe Abbildung 4.4) befindet sich der Bereich **Feldkatalog**. Daraus wählen Sie nun per Doppelklick die benötigten Felder **Verkaufsorganisation**, **Vertriebsweg** und **Kundengruppe** aus. Die Reihenfolge Ihrer Anwahl ist insofern von Bedeutung, als dass dadurch der Aufbau des Erfassungsbildes für die Konditionssätze festgelegt wird (siehe Abbildung 4.5).

Abbildung 4.5 Felder der Konditionstabelle auswählen

Interessant kann es hier noch sein, den Button **Technische Sicht** auszuwählen, um weitere Details sichtbar zu machen (siehe Abbildung 4.6). Sie sehen hier, dass alle Felder, die Sie ausgewählt haben, standardmäßig das Attribut **Key** tragen. Durch das Abwählen des Attributs **Key** entstünde der Sonderfall eines Datenfeldes in der Konditionstabelle (darauf gehen wir in Abschnitt 9.2, »Datenermittlung über Konditionen«, ein).

Konditionstabelle anlegen (Preisfindung Vertrieb): Technische Sicht

Dictionary Elemente | Andere Beschreibung | Feldattribute...

Tabelle 501 VerkOrg./VertrWeg/Kundengrp.

☑ mit Gültigkeitszeit

☑ mit Freigabestatus

Ausgewählte Felder

Kurzbeschreibung	Key	Zeilenfeld	Textfeld	Feldname	Datenelement	Domä
Verkaufsorganisation	☑	☐	○	VKORG	VKORG	VKORG
Vertriebsweg	☑	☐	○	VTWEG	VTWEG	VTWEG
Kundengruppe	☑	☑	◉	KDGRP	KDGRP	KDGRP

Abbildung 4.6 Konditionstabelle anlegen – technische Sicht

Das Attribut **Zeilenfeld** ist immer für das letzte der ausgewählten Schlüsselfelder (hier **Kundengruppe**) markiert. Diese Markierung kann nicht entfernt werden, da der generierte Pflegedialog darauf angewiesen ist, mindestens *ein* Schlüsselfeld für eine tabellarische Darstellung der Konditionssätze zur Verfügung zu haben. Alle Schlüsselfelder, die nicht als Zeilenfeld markiert sind, werden später im Kopfbereich des Pflegedialogs dargestellt. Man könnte so z. B. auch den Vertriebsweg als Zeilenfeld markieren – mit den entsprechenden Konsequenzen für die Darstellung des Feldes im generierten Pflegedialog. (Wer hier neugierig ist, kann schon einmal vorblättern und sich unseren später generierten Pflegedialog in Abbildung 4.15 ansehen.)

Das Attribut **Textfeld** ist als Radio-Button ausgeprägt, d. h., auch wenn Sie mehr als ein Schlüsselfeld als **Zeilenfeld** markieren, können Sie nur eines davon mit dem Attribut **Textfeld** versehen. Für das so markierte Feld wird im generierten Pflegedialog neben der Schlüsselausprägung auch die Bezeichnung ausgegeben.

Wenn Sie mit der Feldauswahl und den Attributen einverstanden sind, können Sie den Button **Generierung** anklicken (in der oberen linken Ecke von Abbildung 4.6 kenntlich gemacht). Es erscheint ein Protokoll der Generierung (siehe Abbildung 4.7), das Sie darüber informiert, dass die Datenbanktabelle A501 angelegt wurde und die Reports und Dynpros zur Tabelle A501 zur Generierung vorgemerkt wurden. Diese werden dann bei der ersten Verwendung automatisch kompiliert.

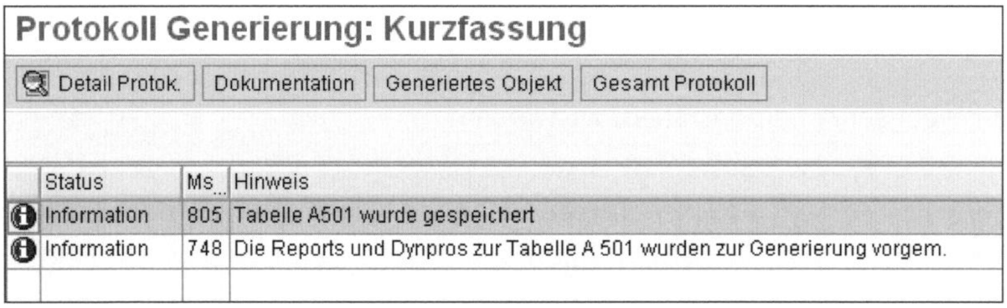

Protokoll Generierung: Kurzfassung

Detail Protok. | Dokumentation | Generiertes Objekt | Gesamt Protokoll

Status	Ms...	Hinweis
Information	805	Tabelle A501 wurde gespeichert
Information	748	Die Reports und Dynpros zur Tabelle A 501 wurden zur Generierung vorgem.

Abbildung 4.7 Protokoll der Generierung der Konditionstabelle 501

Die Beschreibung der Tabelle wird übrigens aus den ausgewählten Feldern vorgeschlagen und darf manuell angepasst werden. Die Übersetzung dieser Beschreibung in andere Sprachen ist ein bisschen ungewöhnlich. Sie können sich z. B. einfach in einer anderen Sprache einwählen und den Text dort ändern. Alternativ können Sie Transaktion SE63 nutzen. Wählen Sie dort den Button **Transportobjekt** aus, und tragen Sie das Objekt »R3TR VKOI A501« ein. Anschließend können Sie die Tabellenbeschreibung in andere Sprachen übersetzen.

Damit haben wir den ersten Schritt in unserer Konfiguration getan und können mit dem nächsten Schritt, dem Anlegen unserer Zugriffsfolge, fortfahren.

4.1.2 Anlegen einer Zugriffsfolge

Preise, Rabatte und Zuschläge können auf verschiedenen Ebenen definiert werden. Zur Abbildung dieser Schlüsselkombinationen, die den verschiedenen Ebenen entsprechen, haben Sie die Konditionstabellen kennengelernt. Damit das System während der Preisfindung die gewünschten Ebenen berücksichtigen kann, muss in einer *Zugriffsfolge* die Reihenfolge der Konditionstabellen, die zu durchsuchen sind, eingetragen werden. In den meisten Fällen enthält die Definition der Zugriffsfolge – ebenso wie in unserem Beispiel – nur eine Konditionstabelle. Bei der Eintragung mehrerer Konditionstabellen wird dagegen eine Art »Suchstrategie« definiert. Man kann das in der SAP-Standardauslieferung sehr gut am Beispiel der Zugriffsfolge PR02 studieren, die für die Suche nach dem anzuwendenden Preis PR00 verwendet wird. Um sich diese Zugriffsfolge anzusehen, wählen Sie den Pfad **(IMG •) Vertrieb • Grundfunktionen • Preisfindung • Steuerung der Preisfindung • Zugriffsfolgen definieren • Zugriffsfolgen pflegen.**

In dieser Zugriffsfolge (siehe Abbildung 4.8) ist durch die Reihenfolge der Eintragung der Konditionstabellen 305, 306 und 304 definiert worden, dass das System zuerst auf der Ebene **Verkaufsorganisation**, **Vertriebsweg**, **Kunde** und **Material** (Konditionstabelle 305) nach einem gültigen Preis suchen soll, d. h., Priorität 1 haben Preise, die individuell für den Kunden vereinbart und als Stammdaten gespeichert wurden.

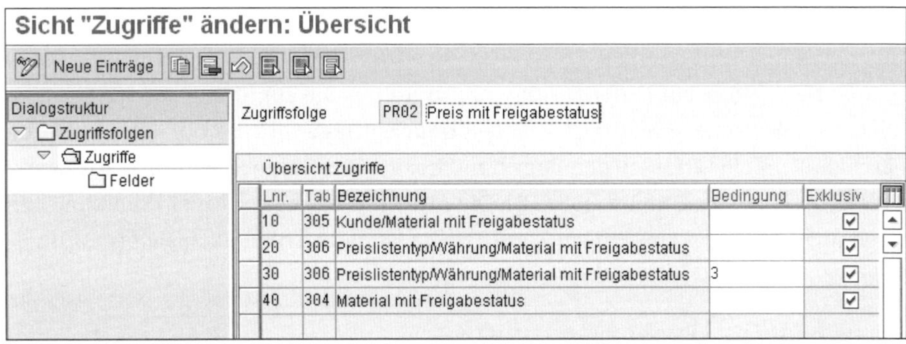

Abbildung 4.8 Zugriffsfolge PR02 (Preis mit Freigabestatus)

Ist ein solcher kundenindividueller Preis nicht vorhanden, wird versucht, einen Preis in einer Preisliste zu finden, für die der Kunde zugelassen ist (Feld **Preislistentyp** im Kundenstamm). Die Konditionstabelle 306 benennt dazu die Felder **Verkaufsorganisation**, **Vertriebsweg**, **Preislistentyp**, **Währung** und **Material** als Schlüsselfelder. Der Zugriff mit der Nummer 30 stellt einen weiteren Zugriffsversuch mit der Konditionstabelle 306 dar, falls die Bedingung 3 (Fremdwährungsbeleg) erfüllt ist. Ist auch der Zugriff auf die Preislistenkonditionssätze erfolglos, wird über die Konditionstabelle 304 mit den Feldern **Verkaufsorganisation**, **Vertriebsweg** und **Material** der Materialpreis in diesem Vertriebsumfeld gelesen.

Das Attribut **Exklusiv** steuert, dass nach dem ersten erfolgreichen Zugriff auf einen Satz innerhalb einer Zugriffsfolge kein weiterer Satz gesucht wird. Dadurch wird erreicht, dass der speziellste vorhandene Konditionssatz berücksichtigt wird.

Wenn wir zu unserer Konfiguration zurückkehren, haben wir nur eine Zugriffsebene definiert, und zwar durch die zuvor angelegte Konditionstabelle 501. Sie wählen also den Pfad **(IMG •) Vertrieb • Grundfunktionen • Preisfindung • Steuerung der Preisfindung • Zugriffsfolgen definieren • Zugriffsfolgen pflegen • Neue Einträge**.

Der Kundennamensraum für Zugriffsfolgen beginnt mit Y oder Z. Wir entscheiden uns für den Schlüssel Z501 mit der Bezeichnung **Kundengruppe** (siehe Abbildung 4.9).

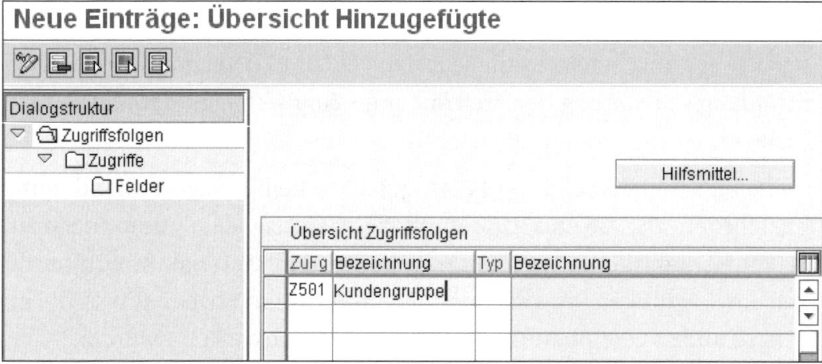

Abbildung 4.9 Zugriffsfolge anlegen

In dem Navigationsbaum der Dialogstruktur wählen Sie **Zugriffe** und gelangen zum nächsten Bild (siehe Abbildung 4.10). Über **Neue Einträge** wird das Übersichtsbild freigeschaltet, und Sie erfassen den Zugriff mit der von uns vergebenen laufenden Nummer 10 und der Konditionstabelle 501. Die Attribute **Bedingung** und **Exklusiv** bleiben ungenutzt (bei einer einstufigen Zugriffsfolge ist das Attribut **Exklusiv** bedeutungslos).

Neue Einträge: Übersicht Hinzugefügte

Dialogstruktur
Zugriffsfolgen
Zugriffe
Felder

Zugriffsfolge Z501 Kundengruppe

Übersicht Zugriffe

Lnr.	Tab	Bezeichnung	Bedingung	Exklusiv
10	501	VerkOrg./VertrWeg/Kundengrp.		☐
				☐
				☐

Abbildung 4.10 Definition des Zugriffs durch die Konditionstabelle

Markieren Sie die Zeile mit dem Zugriff, und wählen Sie als Nächstes **Felder** in der Dialogstruktur auf der linken Seite, um auf die Feldebene zu gelangen. Es erscheint eine

Warnung, dass die Feldzuordnung noch nicht erfolgt ist. Die Warnung müssen Sie – wie immer – mit [↵] bestätigen. Nun erscheint abschließend das in Abbildung 4.11 wiedergegebene Bild.

Abbildung 4.11 Feldebene des Zugriffs

> **Fehlende Feldzuordnung**
>
> Wenn Sie den Schritt der Feldzuordnung einmal auslassen sollten, erhalten Sie später beim Test in der Preisfindungsanalyse die Fehlermeldung »301 (Felder für Zugriffsfolge fehlen)«. Sie müssen dann die Zugriffsfolge noch einmal editieren und die Feldzuordnung nachholen.

Wie Sie in Abbildung 4.12 im nächsten Abschnitt sehen können, wurden neben den Schlüsselfeldern aus der Konditionstabelle 501 noch aufgrund des dort gesetzten Attributs **mit Freigabestatus** zwei weitere Felder in den Zugriff aufgenommen: FRSTAT und KBSTAT. Diese dienen zum Abspeichern der eventuellen Sperrstatus (wir gehen darauf, wie bereits gesagt, in Abschnitt 5.1, »Freigabestatus«, noch näher ein).

Für eine gewöhnliche Zugriffsfolge müssen Sie hier keine weiteren Attribute setzen. Zur Verfügung stehen noch **Direktwert Quelle**, **Init**, **Zart** und **Prio**. Auf die Bedeutung dieser Attribute gehen wir in Abschnitt 4.2.2, »Zugriffsfolge«, ein.

Nun kann unsere Zugriffsfolge Z501 gesichert werden und ist einsatzbereit.

4.1.3 Customizing der Konditionsart

Die Konditionsart stellt, wie zu Beginn des Kapitels bereits erläutert, die funktionalen Eigenschaften des Konditionssatzes zur Verfügung. Es wird dadurch letztlich eine Funktion modelliert (siehe Abbildung 4.12). Wir haben bisher die Schlüsselstruktur definiert (Konditionstabelle 501) und damit die Zugriffsfolge Z501 konfiguriert. Im nächsten Schritt geht es darum, solche Anforderungen wie den prozentualen Rabatt in der Konfiguration umzusetzen. Dies ist die Aufgabe des Preisfindungselements *Konditionsart*.

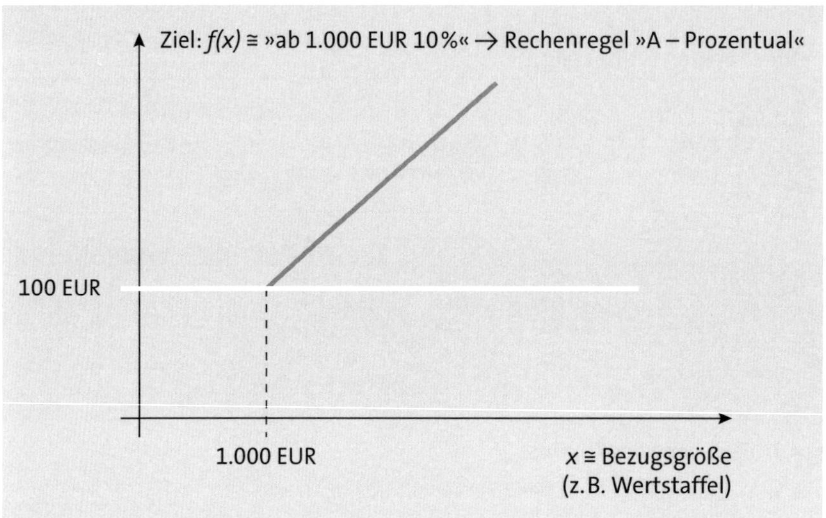

Abbildung 4.12 Verständnis der Konditionsart als Funktion

Wir haben ja das Endergebnis des Konditionssatzes als Ausgangspunkt der Konfiguration noch vor unserem »geistigen Auge«. Um zu dem gewünschten Ergebnis zu kommen, müssen wir jetzt die geeigneten Attribute im Customizing der Konditionsart identifizieren.

Wenn Sie sich z. B. einmal die Rabattkonditionsart KA00 (Aktion) aus der SAP-Auslieferung ansehen, gewinnen Sie einen ersten Eindruck vom Customizing-Bild für Konditionsarten. Wählen Sie dafür den Pfad **(IMG •) Vertrieb • Grundfunktionen • Preisfindung • Steuerung der Preisfindung • Konditionsarten definieren • Konditionsarten pflegen**.

Wenn Sie den Cursor über dem Eintrag **KA00** positionieren und den Button **Detail** anklicken, erhalten Sie das Customizing-Bild für Konditionsarten (siehe Abbildung 4.13). Dieses ist in sieben Bereiche unterteilt, auf die wir in Abschnitt 4.2.3, »Konditionsart«, ausführlicher eingehen:

- Steuerungsdaten 1
- Gruppenkondition
- Änderungsmöglichkeiten
- Stammdaten
- Staffeln
- Steuerungsdaten 2
- Textfindung

Sicht "Konditionen: Konditionsarten" ändern: Detail

Neue Einträge | BC-Set: Feldwert ändern

Konditionsart KA00 Aktion | Zugriffsfolge K005 Kunde-/Materialrabatt

Sätze zum Zugr

Steuerungsdaten 1

Kond.Klasse	A	Zu- oder Abschläge
Rechenregel	A	Prozentual
Konditionstyp		
Rundungsregel		Kaufmännisch
Strukturkond.		

Vorzeichen X negativ

Gruppenkondition

☐ Gruppenkond. | GrpKonRoutine
☐ RundDiffAusgl

Änderungsmöglichkeiten

Manuelle Eingaben C Die Manuelle hat Priorität

☐ Kopfkondition | ☑ Betrag/Prozent | ☐ Mengenrelation
☑ Pos.kondition | ☑ Löschen | ☐ Wert

Stammdaten

Gültig ab Vor	Tagesdatum		Kalk.Schema	KA0000
Gültig bis Vo	31.12.9999		auf DB lösche	nicht löschen (nur Setzen d…
ReferenzKondA			☑ Konditionsindex	
RefApplikatio			☑ KondUpdate	
Obsolet	Konditionssätze uneingeschränkt pflegbar			

Staffeln

Bezugsgröße	B Wertstaffel	Staffelformel	
Prüfung Sta	A absteigend	Mengeneinheit	
Staffelart	im Konditionssatz pflegb		

Steuerungsdaten 2

☐ WährUmrechnung | Ausschluß
☐ Rückstellung | ☐ VariantenKond | Preisdatum Standard (KOMK-PRSDT; St
☐ Relikondition | ☐ Mengenumrechng
☐ IntVerrechKond | KtRelevanz kontierungsrelevant
☐ NebenKostAbr

Textfindung

Textschema | Text-ID

Abbildung 4.13 Customizing-Bild für die Konditionsarten

In Abbildung 4.13 sehen Sie die Gesamtmenge der verfügbaren Attribute. Wir haben die Hauptattribute, die in unserem Beispiel aus KA00 einen wertabhängigen prozentualen Rabatt machen, eingerahmt.

Folgende Attribute sind hier zu nennen:

- **Kond.Klasse** (Konditionsklasse): Dieser Hauptschalter hat die Ausprägung A (Zu- oder Abschläge).
- **Rechenregel**: Unser f(x) hat die Ausprägung A (Prozentual).
- **Bezugsgröße**: Unsere x-Achse hat die Ausprägung B (Wertstaffel).
- **Vorzeichen**: Die Ausprägung X (Negativ) stellt sicher, dass aus dem Rabatt kein Zuschlag werden kann.
- **Zugriffsfolge**: Durch die Zuordnung einer Zugriffsfolge kann die Konditionsart über Konditionssätze erst gepflegt und gefunden werden.

Nachdem Sie nun eine erste Vorstellung vom Customizing der Konditionsarten erhalten haben, fahren wir mit dem nächsten Schritt unserer Konfigurationsaufgabe fort, indem wir eine Konditionsart mit den von uns geforderten Eigenschaften anlegen.

4.1.4 Anlegen einer Konditionsart

Auf dem Weg zu unserer kundenindividuellen Rabattkondition sind wir jetzt so weit, dass wir die entsprechende Konditionsart im Kundennamensraum anlegen können. Der Kundennamensraum für Konditionsarten beginnt mit Y oder Z. Wir entscheiden uns für den Schlüssel Z501 mit der Bezeichnung Kundengruppenrabatt.

Wählen Sie den Pfad **(IMG •) Vertrieb • Grundfunktionen • Preisfindung • Steuerung der Preisfindung • Konditionsarten definieren • Konditionsarten pflegen**. Im erscheinenden Bild (siehe Abbildung 4.14) markieren Sie den Aktionsrabatt KA00 und klicken auf den Button (**Kopieren als**).

Sicht "Konditionen: Konditionsarten" ändern: Übersicht

Neue Einträge

KArt	Konditionsart	Konditionsklasse	Rechenregel
KA00	Aktion	Zu- oder Abschläge	Prozentual
KA02	Aktionsrabatt % 1	Zu- oder Abschläge	Prozentual
KA03	Aktionsrabatt % 2	Zu- oder Abschläge	Prozentual
KA04	Aktionsrabatt abs.1	Zu- oder Abschläge	Menge
KA05	Aktionsrabatt abs.2	Zu- oder Abschläge	Menge
KAD0	Sachkosten (VKHM)	Zu- oder Abschläge	Menge
KAD1	Handlingsk. (VKHM)	Zu- oder Abschläge	Menge
KBM1	Kulanz/Garantie	Zu- oder Abschläge	Prozentual
KF00	Fracht	Zu- oder Abschläge	Bruttogewicht
KP00	Palettenrabatt	Zu- oder Abschläge	Menge
KP01	Anbruchzuschlag	Zu- oder Abschläge	Menge

Abbildung 4.14 Konditionsarten pflegen

Der Inhalt von KA00 wird als Arbeitsgrundlage vorbelegt, und Sie können zunächst den vorgesehenen Konditionsartenschlüssel Z501, die Bezeichnung »Kundengruppenrabatt« und unsere Zugriffsfolge Z501 eintragen. Nach der Bestätigung mit [↵] haben Sie die Konditionsart Z501 unter der Nutzung der Vorlage KA00 angelegt und können sichern.

Da die übrigen Attribute unsere Anforderung erfüllten, unterscheidet sich unsere neue Konditionsart Z501 (Kundengruppenrabatt) nur durch die über unsere abweichende Zugriffsfolge Z501 definierte Schlüsselkombination von der Kopier-Vorlage KA00.

Generierter Pflegedialog

Sobald man einer Konditionsart eine Zugriffsfolge zugewiesen hat, sind die Konditionspflegetransaktionen VK11, VK12 und VK13 einsatzbereit. Sie erinnern sich sicher noch an die Meldung im Generierungsprotokoll unserer Konditionstabelle: »Die Reports und Dynpros zur Tabelle A501 wurden zur Generierung vorgemerkt.« Diese werden jetzt verwendet.

Um einen Konditionssatz anzulegen, nutzen Sie den Pfad **(SAP Easy Access •) Logistik • Vertrieb • Stammdaten • Konditionen • Selektion über Konditionsart • Anlegen** und wählen die Konditionsart Z501 aus. Nach einigen Sekunden der Generierung erscheint das charakteristische Schnellerfassungsbild zur Konditionspflege (siehe Abbildung 4.15) mit den von uns definierten Schlüsseln **Verkaufsorganisation**, **Vertriebsweg** und **Kundengruppe**.

Abbildung 4.15 Generiertes Konditionspflegebild

Sie können nun Ihren ersten Stammsatz erfassen (siehe Abbildung 4.16). Damit der Rabatt erst ab 1.000 EUR gewährt wird, müssen Sie noch in das Staffelbild umschalten (türkisfarbener Button **Staffel**, 4. von links) und den Wert **ab** auf 1.000 EUR setzen. Danach können Sie den Konditionssatz speichern (siehe Abbildung 4.17).

Kundengruppenrabatt (Z501) anlegen: Schnellerfassung

Verkaufsorganisation 1000 Deutschl. Frankfurt
Vertriebsweg 10 Endkundenverkauf

VerkOrg/VertrWeg/Kundengrp

K...	S	Bezeichnung	B...	Betrag	Einh.	pro	ME	R...	B...	Gültig ab	bis
01		Industrie		10,000-	%			A		29.11.2013	31.12.9999

Abbildung 4.16 Ersten Konditionssatz anlegen

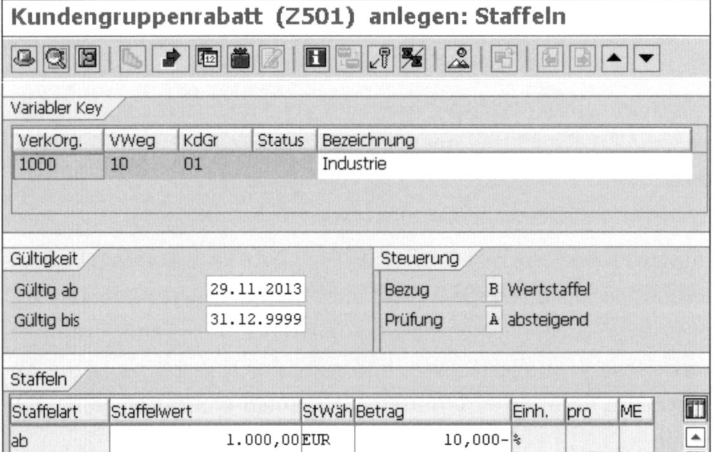

Kundengruppenrabatt (Z501) anlegen: Staffeln

Variabler Key

VerkOrg.	VWeg	KdGr	Status	Bezeichnung
1000	10	01		Industrie

Gültigkeit
Gültig ab 29.11.2013
Gültig bis 31.12.9999

Steuerung
Bezug B Wertstaffel
Prüfung A absteigend

Staffeln

Staffelart	Staffelwert	StWäh	Betrag	Einh.	pro	ME
ab	1.000,00	EUR	10,000-	%		

Abbildung 4.17 Staffelbild der Konditionspflege

4.1.5 Aufnahme der Konditionsart in ein Kalkulationsschema

Damit unser neuer Rabatt in einem Vertriebsbeleg (z. B. einem Kundenauftrag) gefunden werden kann, müssen wir die neue Konditionsart Z501 in das zugrunde liegende *Kalkulationsschema* einbauen. Auch hier sind in der SAP-Grundauslieferung Beispielkalkulationsschemata enthalten, die Sie als Vorlage für die Abbildung eines Preisfindungsszenarios nutzen können. Ein prominentes Beispiel dafür ist das Kalkulationsschema RVAA01 (Standard). Wenn Sie dieses Kalkulationsschema als Grundlage für Ihr eigenes Preisfindungsszenario verwenden wollen, kopieren Sie es in den Kundennamensraum, der auch hier mit Y oder Z beginnt, und wählen den Schlüssel ZOOO01 mit der Bezeichnung **Firmenstandard**. Es erscheint eine Meldung mit der Frage, ob die abhängigen Objekte kopiert werden sollen, die Sie mit **Alle kopieren** beantworten. Der Pfad zur Pflege eines Kalkulationsschemas lautet **(IMG •) Vertrieb •**

Grundfunktionen • Preisfindung • Steuerung der Preisfindung • Kalkulationsschema definieren und zuordnen • Kalkulationsschema pflegen.

> **Nicht benötigte Konditionsarten löschen**
>
> Aus einem kopierten Kalkulationsschema sollten in der Praxis alle Konditionsarten gelöscht werden, die im Firmenstandard nicht verwendet werden. Das betrifft z. B. eine Vielzahl der angebotenen Rabattkonditionsarten. Wir verzichten an dieser Stelle jedoch darauf, jetzt willkürlich einige dieser Konditionsarten zu löschen.

Wir fügen unsere neue Konditionsart Z501 (Kundengruppenrabatt) am Ende des Rabattblocks z. B. auf der Stufe 130 ein (siehe Abbildung 4.18). Bei den Attributen des Kalkulationsschemas orientieren wir uns an einer bestehenden vergleichbaren Rabattart und belegen analog die folgenden Attribute:

- **D** (Druck) = **X** (Drucken auf Positionsebene)
- **Bedg** (Bedingung) = **2** (Pos. mit Preisfindung)
- **KtoSl** (Kontoschlüssel) = **ERS** (Erlösschmälerungen)

Stufe	Zäh...	KArt	Bezeichnung	Von	Bis	Ma...	O...	Stat...	D	ZwiSu	Bedg	RchFrm	BasFrm	KtoSl	Rückst
110	5	RD00	wichtsrabatt			☑	☐	☐	X		2			ERS	
111	0	HI01	Hierarchie			☐	☐	☐	X		2			ERS	
112	0	HI02	Hierarchie/Material			☐	☐	☐	X		2			ERS	
115	0	K148	Produkthierarchie			☐	☐	☐	X		2			ERS	
120	0	VA01	Varianten %			☐	☐	☐	X		2			ERS	
130	0	Z501	Kundengruppenrabatt			☐	☐	☐	X		2			ERS	
300	0		Rabattbetrag	101	299	☐	☐	☐							
302	0	NETP	Preis			☑	☐	☐			2	6	3	ERL	
310	0	PN00	Preis Netto			☑	☐	☐	X		2	6		ERL	
320	0	PMIN	Mindestpreis			☐	☐	☐	X		2	15		ERL	

Abbildung 4.18 Aufnahme der Konditionsart in das Kalkulationsschema

Nachdem wir jetzt unsere neue Konditionsart im Kalkulationsschema eingebettet haben, können wir unsere Konfiguration fortsetzen.

4.1.6 Kalkulationsschemaermittlung festlegen

Immer wenn wir das kundenindividuelle Kalkulationsschema, in das wir unsere Konditionsart eingebaut haben, neu angelegt haben, gibt es noch keinen Vertriebsbeleg, der dieses Kalkulationsschema zur Preisfindung verwenden kann. Dafür ist eine geeignete Kalkulationsschemaermittlung Voraussetzung, die dieses neue Schema referenziert. Der Pfad zur Festlegung der Schemaermittlung lautet **(IMG •) Vertrieb • Grundfunktionen • Preisfindung • Steuerung der Preisfindung • Kalkulationsschema definieren und zuordnen • Kalkulationsschemaermittlung festlegen**.

Die Einflussgrößen für die Kalkulationsschemaermittlung sind:

- Vertriebsbereich
- Belegschema (aus der Vorgangsart)
- Kundenschema (aus den Vertriebsbereichsdaten des Kundenstamms)

Für die Ausprägung Vertriebsbereich 1000/10/00, Belegschema A und Kundenschema 1 wird in unserem SAP-System bisher das Vorlage-Kalkulationsschema RVAA01 zugewiesen. Wir ändern diesen Eintrag so, dass nun unser eigenes Kalkulationsschema Z00001 (Firmenstandard) gefunden wird (siehe Abbildung 4.19), indem wir den Eintrag RVAA01 durch Z00001 überschreiben.

Sicht "Kalkulationsschemata: Ermittlung in Verkaufsbelegen"

Neue Einträge

VkOrg	VW	SP	Be	Ku	Kal.Sm	Kalkulationsschema	KArt	Konditionsart
1000	10	00	A	1	Z00001	Firmen-Standard	PR00	Preis
1000	10	00	A	2	RVAB01	Steuer im Preis enthal	PR01	Preis incl. MWST
1000	10	00	A	Y	ZPKT00	Punkteschema	PR00	Preis
1000	10	00	C	1	RVCA01	Standard kostenlos mit		
1000	10	00	C	2	RVCA02	Standard kostenlos ohn		

Abbildung 4.19 Kalkulationsschemaermittlung

Nach diesem letzten Schritt ist die Konfiguration abgeschlossen, und die neue Konditionsart ist einsatzbereit. Mit einem abschließenden Test wollen wir uns noch vom einwandfreien Zusammenwirken aller beteiligten Objekte, die wir angelegt haben, überzeugen.

4.1.7 Test des Preisfindungsszenarios

Wir erfassen nun einen Terminauftrag für einen Industriekunden und überzeugen uns davon, dass der Konditionssatz gefunden wird, den wir zuvor angelegt haben (siehe Abbildung 4.20).

Wenn der Test nicht erfolgreich gewesen wäre, würde man jetzt die in Abschnitt 1.12, »Findungsanalyse«, vorgestellte Findungsanalyse verwenden, um die Stelle aufzuspüren, an der die Preisfindungskette abreißt, um nach einer Reparatur dieses Kettengliedes (z. B. falsche Zugriffsfolge) den Test so lange zu wiederholen, bis sämtliche Fehler gefunden und ausgeräumt wurden.

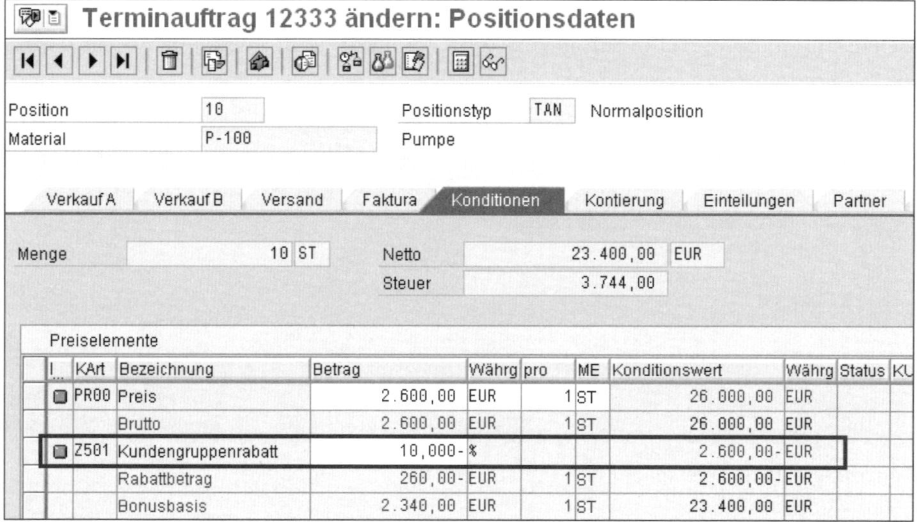

Abbildung 4.20 Neue Rabattart im Preisbild

4.2 Elemente der Preisfindung im Detail

Bei der zuvor erfolgten Umsetzung eines ersten kundenindividuellen Preisfindungsszenarios haben wir ganz bewusst weitere, vorläufig nicht benötige Details ausgespart, um den Blick erst einmal auf das Grundsätzliche zu richten. Nach dieser Einarbeitung erhalten Sie eine komplette Übersicht über alle Details und Attribute, damit Sie für zukünftige Aufgaben gerüstet sind.

4.2.1 Konditionstabelle

Die Hauptaufgabe der Konditionstabelle ist die Definition der Schlüsselstruktur eines Konditionssatzes. Daneben stehen die Attribute **mit Gültigkeitszeit** und **mit Freigabestatus** zur Verfügung. Außerdem können für besondere Zwecke Nicht-Schlüsselfelder am Ende der Konditionstabelle hinzugefügt werden, wie es z. B. beim Spezialfall »Datenermittlung über Konditionen« (siehe Abschnitt 9.2) der Fall ist. Als Beispiel, das alle Optionen enthält, ist in Abbildung 4.21 die Konditionstabelle 702 dargestellt. Wenn Sie sich mit Transaktion SE11 die zugrunde liegende generierte Datenbanktabelle A702 ansehen, bekommen Sie einen noch detaillierteren Eindruck (siehe Abbildung 4.22).

Die Felder, die für den Aufbau einer Konditionstabelle zur Verfügung stehen, sind zunächst einmal durch den Feldkatalog im Anlegebild begrenzt. Dieser Feldkatalog lässt sich jedoch im Bedarfsfall releaseneutral (aufwärtskompatibel) erweitern, sodass man im Prinzip jedes benötigte Feld (also auch Felder, die im Einführungsprojekt vom Kunden hinzugefügt wurden) für die Preisfindung zugänglich machen kann. Wir stellen Ihnen dieses Verfahren in Abschnitt 4.3, »Kundenindividuelle Anpassungen und Kundennamensräume«, vor.

Konditionstabelle anlegen (Preisfindung Vertrieb): Technische Sicht

Dictionary Elemente | Andere Beschreibung | Feldattribute...

Tabelle 702 VerkOrg./VertrWeg/Kundengrp./KPreisstDt

☑ mit Gültigkeitszeit

☑ mit Freigabestatus

Ausgewählte Felder

Kurzbeschreibung	Key	Zeilenfeld	Textfeld	Feldname	Datenelement	Domä
Verkaufsorganisation	☑	☐	○	VKORG	VKORG	VKORG
Vertriebsweg	☑	☐	○	VTWEG	VTWEG	VTWEG
Kundengruppe	☑	☑	◉	KDGRP	KDGRP	KDGRP
Kond.Preisstelldatum	☐			KDATU	KDATU	DATUM

Abbildung 4.21 Beispiel einer Konditionstabelle mit allen Optionen

Dictionary: Tabelle anzeigen

Technische Einstellungen | Indizes... | Append-Struktur...

Transp.Tabelle A702 aktiv

Kurzbeschreibung VerkOrg./VertrWeg/Kundengrp./KPreisstDt

Eigenschaften | Auslieferung und Pflege | Felder | Eingabehilfe/-prüfung | Währungs-/Mengenfelder

Suchhilfe | Eingebauter Typ

Feld	Key	Initi...	Datenelement	Datentyp	Länge	DezSt...	Kurzbeschreibung
MANDT	☑	☑	MANDT	CLNT	3	0	Mandant
KAPPL	☑	☑	KAPPL	CHAR	2	0	Applikation
KSCHL	☑	☑	KSCHA	CHAR	4	0	Konditionsart
VKORG	☑	☑	VKORG	CHAR	4	0	Verkaufsorganisation
VTWEG	☑	☑	VTWEG	CHAR	2	0	Vertriebsweg
KDGRP	☑	☑	KDGRP	CHAR	2	0	Kundengruppe
KFRST	☑	☑	KFRST	CHAR	1	0	Freigabestatus
DATBI	☑	☑	KODATBI	DATS	8	0	Gültigkeitsende des Konditionssatzes
DATAB	☐	☑	KODATAB	DATS	8	0	Gültigkeitsbeginn des Konditionssatzes
KBSTAT	☐	☐	KBSTAT	CHAR	2	0	Bearbeitungsstatus für Konditionen
KDATU	☐	☐	KDATU	DATS	8	0	Konditions-Preisstellungsdatum
KNUMH	☐	☑	KNUMH	CHAR	10	0	Nummer Konditionssatz

Abbildung 4.22 Datenbanktabelle A702 aufrufen

4.2.2 Zugriffsfolge

Eine Zugriffsfolge wird, wie Sie bereits gesehen haben, durch die Eintragung mindestens einer Konditionstabelle definiert. Sie haben sich in Abbildung 4.8 die Zugriffsfolge PR02, die eine Suchstrategie nach dem anzuwendenden Preis abbildet, und die Ebene der Zugriffe mit den dort verfügbaren Attributen **Bedingung** und **Exklusiv** angesehen. Schauen wir uns jetzt noch einmal genauer die Ebene der Felder am Beispiel des Zugriffs mit der laufenden Nummer 30 an (siehe Abbildung 4.23).

Zugriff	PR02	30	Preis mit Freigabestatus
Tabelle	306		Preislistentyp/Währung/Material mit Freigabestatus

Feldübersicht

Kondition	I/O	Belegstrukt.	Belegfeld	Feldbezeichn. lang	Direktwert Quelle	Init	ZArt	Prio
VKORG	⇐	KOMK	VKORG	Verkaufsorganisation		☐		
VTWEG	⇐	KOMK	VTWEG	Vertriebsweg		☐		
PLTYP	⇐	KOMK	PLTYP	Preisliste		☐		
WAERK	⇐	KOMK	HWAER	Hauswährung		☐		
MATNR	⇐	KOMP	PMATN	Preismaterial		☐		
KFRST	O▪			Freigabestatus			B	0
KBSTAT	O▪			Bearbeitungsstatus		☐	C	0

Abbildung 4.23 Attribute auf der Feldebene des Zugriffs

Das ursprünglich aus der Konditionstabelle 306 übernommene Belegfeld WAERK (**Belegwährung**) wurde mit einem Klick auf den Button **Feldkatalog** (nicht in der Abbildung zu sehen) und die darauffolgende Auswahl durch das Feld HWAER (**Hauswährung**) ersetzt.

Neben dem Austausch von Feldern über den Feldkatalog können Sie auch durch das Attribut **Direktwert Quelle** den Zugriff beeinflussen. Sie könnten z. B. (wenn es erwünscht wäre) die Verkaufsorganisation zum Zugriff fest mit dem Wert »2000« belegen.

Sie finden in Abbildung 4.23 auch Beispiele für die Nutzung des Attributs **ZArt** (Zugriffsart). Das Feld **Freigabestatus** hat die Zugriffsart B (Schlüsselfeld nicht relevant für Zugriff), und das Feld **Bearbeitungsstatus** hat die Zugriffsart C (Datenfeld der Konditionstabelle).

Das Attribut **Init** (Initialkennzeichen) hat im Customizing der Zugriffsfolgen zwei Bedeutungen: Es steuert einerseits, dass auf die Kondition auch zugegriffen wird, falls das Feld im Belegkopf bzw. in der Belegposition initial ist. Andererseits sorgt es dafür, dass bei automatischem Rücktransport von Daten, die im Zugriff ermittelt wurden, ein initialer Wert zurückgegeben werden darf. Wenn Sie die Zugriffsfolge **Belegstruktur** und **Belegfeld** leer lassen (oder alternativ mit komk-kdummy belegen), wird immer mit einem Initialwert zugegriffen. Hinterlegen Sie jedoch ein gewöhnliches Belegfeld, wird dessen Wert gelesen. Das heißt, dass wenn das Feld im Konditionssatz initial ist, es in diesem Fall auch im Beleg leer sein muss, damit der Satz gefunden werden kann.

Attribut »Init« nur bei Zeilenfeldern

Das Attribut **Init** ist nur dann sinnvoll einsetzbar, wenn das entsprechende Feld in der Konditionstabelle als Zeilenfeld gekennzeichnet worden ist, denn Kopffelder sind in den generierten Pflegedialogen immer Muss-Felder und können daher nicht initial bleiben!

4.2.3 Konditionsart

Wie Sie bei der Umsetzung unseres ersten Preisfindungsszenarios in Abschnitt 4.1 gesehen haben, ist das Customizing-Bild für Konditionsarten (Abbildung 4.13) in sieben Bereiche unterteilt. Wenn wir nach der Häufigkeit der Nutzung der verschiedenen Attribute unterscheiden, ergeben sich zwei Gruppen:

- Fast immer genutzt werden:
  - Steuerungsdaten 1
  - Änderungsmöglichkeiten
  - Stammdaten
  - Staffeln
- Seltener genutzt werden:
  - Gruppenkondition
  - Steuerungsdaten 2
  - Textfindung

Die Verwendung der in den Bereichen enthaltenen Attribute hängt natürlich von den Anforderungen ab, die an die Konditionsart gestellt werden. Besonders kompakt ist die Definition einer »manuellen« Konditionsart ohne zugeordnete Zugriffsfolge, wie z. B. RC00 (Mengenrabatt), siehe Abbildung 4.24.

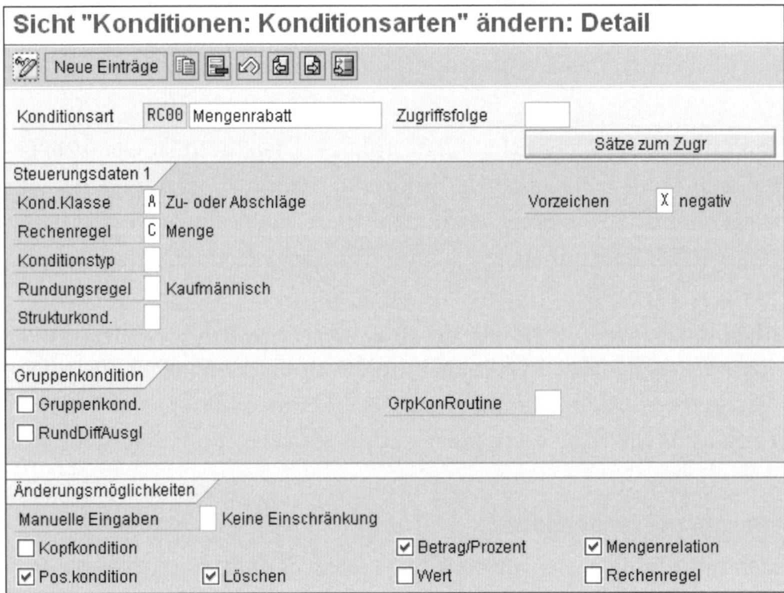

Abbildung 4.24 Manuelle Konditionsart RC00 (Mengenrabatt)

Hier werden nur die beiden Bereiche **Steuerungsdaten 1** und **Änderungsmöglichkeiten** benötigt. Sehen wir uns nun die einzelnen Bereiche genauer an.

Bereich »Steuerungsdaten 1«

Der Bereich **Steuerungsdaten 1** enthält sechs Attribute, die die Konditionsart kategorisieren.

Konditionsklasse

Der Hauptschalter **Kond.Klasse** (Konditionsklasse) enthält eine Grobstrukturierung der Konditionsarten. Wichtige Ausprägungen dieses Schalters, die Sie sich über die Wertehilfe anzeigen lassen können, sind:

- A – Zu- oder Abschläge
- B – Preise
- C – Nachträgliche Vergütungen
- D – Steuern
- G – Verrechnungspreis
- H – Ermittlung Verkaufsaktion

Vorzeichen

Das Kennzeichen **Vorzeichen** steuert, ob die Kondition als negativer (Abschlag) oder positiver Betrag (Zuschlag) behandelt wird oder ob sowohl positive als auch negative Beträge möglich sind. Auf diese Weise können Eingabefehler vermieden werden.

Rechenregel

Die **Rechenregel** legt fest, wie das System Preise, Zu- oder Abschläge für eine Konditionsart berechnet. Als wichtige Ausprägungen können hier genannt werden:

- A – Prozentual
- B – Fester Betrag
- C – Menge
- D – Bruttogewicht
- E – Nettogewicht
- F – Volumen

Durch die Rechenregel wird im Sinne unseres Verständnisses die Konditionsart als Funktion $f(x)$ festgelegt.

Konditionstyp

Der **Konditionstyp** bietet eine Klassifizierung von Konditionen nach vordefinierten Kategorien (z. B. alle Konditionen, die mit Frachtkosten zusammenhängen). Beispiele dafür sind:

- D – Steuer
- E – Skonto
- F – Fracht

Wenn Sie z. B. im Auftrag die Incoterms ändern, erscheint eine Meldung, dass die Frachten neu ermittelt werden. Die Frachtkonditionen erkennt das System am Konditionstyp F (Fracht).

Rundungsregel

Die **Rundungsregel** gibt die Regel an, nach der das System bei der Preisfindung den Konditionswert rundet. Dabei wird die letzte Stelle gerundet.

- _ (Leerzeichen) – Kaufmännisch
- A – Aufrunden
- B – Abrunden

Strukturkondition

Das Attribut **Strukturkond.** (Strukturkondition) steuert, ob die Konditionsart eine Duplikationskondition oder eine Kumulationskondition sein soll:

- Eine Duplikationskondition wird in alle zugeordneten Positionen dupliziert.
- Eine Kumulationskondition enthält den Nettowert aller zugeordneten Positionen.

Diese Steuerung ist nur bei *Stücklisten oder konfigurierbaren Materialien* sinnvoll.

Bereich »Gruppenkondition«

Die Preisfindung läuft auf der Belegpositionsebene. Eine sogenannte *Gruppenkondition* soll positionsübergreifende Auswirkungen auf eine Gruppe von Positionen haben.

Gruppenkondition

Das Attribut **Gruppenkondition** kann – abhängig von den übrigen Attributen der Konditionsart – verschiedene Auswirkungen haben. Man könnte als Synonym zum leichteren Verständnis auch etwa formulieren: »Betrachte (alle) Positionen des Belegs gemeinsam.«

Im Fall einer Positionskondition mit Zugriffsfolge bedeutet Gruppenkondition z. B., dass das System die Basis für den Staffelwert aus allen zusammengehörigen Belegpositionen errechnen soll. Welche Positionen zusammengefasst werden, wird im Normalfall durch einen gemeinsamen Konditionssatz definiert. Die Positionen können z. B. alle derselben Materialgruppe angehören.

Im Falle einer Kopfkondition mit der Rechenregel B (Fester Betrag) bedeutet Gruppenkondition, dass das System den Betrag wertanteilig auf die Positionen des Belegs verteilt. Dabei erfolgt ein Ausgleich der Rundungsdifferenzen, indem ein nicht verteilbarer Rest der wertmäßig größten Position zugerechnet wird.

Gruppenkonditionsroutine

Im Feld **GrpKonRoutine** kann die Nummer einer Gruppenkonditionsroutine angegeben werden. Durch diese Routine kann erreicht werden, dass die Ermittlung der Staffelbasis auf unterschiedlichem Kumulationsgrad erfolgt. Darauf gehen wir in Abschnitt 7.1, »Gruppenkonditionen«, noch näher ein.

Rundungsdifferenzenausgleich

Das Kennzeichen **RundDiffAusgl** steuert, ob für Gruppenkonditionen mit Gruppenkonditionsroutine ein Rundungsdifferenzenausgleich durchgeführt wird. Falls das Kennzeichen gesetzt ist, vergleicht das System den Konditionswert auf der Kopfebene mit der Summe der Konditionswerte auf der Positionsebene. Die Differenz wird dann der wertmäßig größten Position zugeschlagen.

Bereich »Änderungsmöglichkeiten«

Im Bereich **Änderungsmöglichkeiten** ist eine Reihe von Attributen zusammengefasst, mit denen die Eingabemöglichkeiten im Konditionsbild in der Belegerfassung beeinflusst werden können.

Manuelle Eingaben

Mit dem Kennzeichen **Manuelle Eingaben** wird die Priorität zwischen einer manuell eingegebenen Kondition und einer automatisch ermittelten Kondition innerhalb einer Konditionsart gesteuert. Als wichtige Ausprägungen seien genannt:

- _ (Leerzeichen) – Keine Einschränkung.
- B – Die automatische Kondition hat Priorität (d. h., falls ein Konditionssatz existiert, kann die Kondition nicht manuell erfasst werden).
- C – Die manuelle Eingabe hat Priorität (d. h., bei manueller Eingabe wird nicht geprüft, ob ein Konditionssatz existiert).
- D – Nicht manuell bearbeitbar.

Betrag/Prozent, Mengenrelation, Wert, Rechenregel, Löschen

Falls durch das vorausgegangene Attribut das manuelle Bearbeiten der Konditionsart erlaubt wurde, werden abhängig von diesen Attributen unterschiedliche Spalten des Konditionsbildes zur Eingabe geöffnet (siehe Abbildung 4.25). In der Regel ist wird hier nur die Änderung des Betrages oder das Löschen der Zeile erlaubt sein.

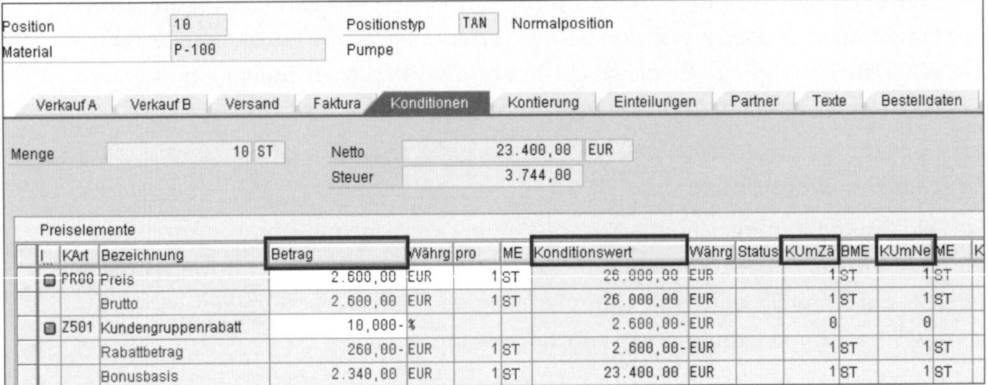

Abbildung 4.25 Änderbarkeit von Feldern im Konditionsbild

Kopfkondition und Positionskondition

Die Kennzeichen **Kopfkondition** und **Pos.kondition** steuern, ob die Kondition auf dem Kopf- und/oder im Positionskonditionsbild eingetragen werden kann (siehe Abbildung 4.24).

Bereich »Stammdaten«

Im Bereich **Stammdaten** (siehe Abbildung 4.13) werden Festlegungen getroffen, die die Stammdatenpflege beeinflussen.

Vorschlagsdatum »gültig ab«

Das Feld **gültig ab Vor** legt das Datum für den Gültigkeitsbeginn fest. Das System schlägt bereits einen Gültigkeitstermin vor, wenn Sie einen Konditionssatz anlegen.

Vorschlagsdatum »gültig bis«

Das Feld **gültig bis Vo** legt das Datum für das Gültigkeitsende fest. Auch dieses Datum wird vom System vorgeschlagen, wenn Sie einen Konditionssatz anlegen.

Kalkulationsschema

Im Feld **Kalk.Schema** können Sie ein Kalkulationsschema eintragen. Anhand dieses »zweckentfremdeten« Kalkulationsschemas steuert das System die Verwendung von *Zusatzkonditionen* in Sätzen dieser Konditionsart. Die in diesem Kalkulationsschema aufgelisteten Konditionsarten können in der Konditionspflege als Zusatzkondition erfasst werden.

[«]

Kalkulationsschema für Zusatzkonditionen

Das Attribut **Kalk.Schema** ist erfahrungsgemäß gerade für Neueinsteiger verwirrend, da man innerhalb der Definition einer Konditionsart keine Angabe eines Kalkulationsschemas erwarten würde – dies widerspricht der bisher kennengelernten Logik. Dieses spezielle Kalkulationsschema ist lediglich eine Gruppierungshilfe, um die Menge der Zusatzkonditionen festzulegen.

In der Definition der Konditionsart PR00 (Preis) ist in der SAP-Auslieferung z. B. das Kalkulationsschema PR0000 eingetragen (siehe Abbildung 4.26). Deshalb können Sie bei der Pflege eines Preises vom Typ PR00 über **Springen • Zusatzkonditionen** die angegebenen Konditionsarten als Zusatzkonditionen pflegen.

Schema PR0000 Zusatzkonditionen zu PR00

Steuerung

Übersicht Bezugsstufen

Stufe	Zäh	KArt	Bezeichnung	Von	Bis	Ma	O	Stat
10	0	PR00	Preis			☐	☐	☐
20	0	KA00	Aktion			☐	☐	☐
40	1	RA00	Proz. v. verm.			☐	☐	☐
40	2	RB00	Absolutrabatt			☐	☐	☐
40	3	RC00	Mengenrabatt			☐	☐	☐
40	4	RD00	Gewichtsrabatt			☐	☐	☐

Abbildung 4.26 Zusatzkonditionen zum Preis PR00

Auf DB löschen

Mit dem Kennzeichen **Auf Db löschen** (siehe Abbildung 4.13) können Sie steuern, wie sich das System beim Löschen von Konditionssätzen verhalten soll. Sie haben die folgenden Möglichkeiten:

- _ (Leerzeichen)
  Es wird ein Kennzeichen gesetzt, dass dieser Konditionssatz in Zukunft bei der Preisfindung nicht mehr verwendet werden soll. Diese Konditionssätze werden im Archivierungslauf archiviert.
- A
  Die Konditionssätze können von der Datenbank gelöscht werden. Der Sachbearbeiter erhält ein Pop-up-Fenster, in dem er entscheiden kann, ob der Konditionssatz wirklich gelöscht oder nur das Löschkennzeichen gesetzt werden soll.
- B
  Die Konditionssätze werden von der Datenbank gelöscht. Der Sachbearbeiter erhält nur dann ein Pop-up-Fenster, wenn zu dem Konditionssatz Zusatzkonditionen vorhanden sind.

Die Ausprägung B war eine Neuerung zu Release SAP R/3 4.5B und muss gesetzt werden, falls Sie in der Zugriffsfolge der Konditionsart die Zugriffsart A (Feld im freien Schlüsselteil) verwenden.

Referenzkonditionsart und Referenzapplikation

Die *Referenzkonditionsart* kann als Referenz verwendet werden, damit für Konditionsarten, die sich sehr ähneln, nur einmal Konditionssätze angelegt werden müssen. Es kann erforderlich sein, für die gleiche Kondition verschiedene Konditionsarten zu verwenden. Diese können sich z. B. in der Zugriffsfolge, der Bezeichnung, der Bezugsstufe im Kalkulationsschema oder in der Rechenregel unterscheiden.

Die Konditionsart MWSI (Ausgangssteuer) unterscheidet sich z. B. von der Konditionsart MWST (Ausgangssteuer) nur in der Rechenregel. Deshalb wird für die Konditionsart MWSI im Feld **ReferenzKondA** »MWST« eingetragen. Die Konditionssätze müssen dann nur für die Konditionsart MWST angelegt werden und nicht zusätzlich noch für MWSI.

Das Feld **RefApplikatio** wird gegebenenfalls dazu verwendet, Konditionssätze aus anderen Applikationen zu referenzieren.

Obsolet

Mit dem Feld **Obsolet** können Sie die Pflegbarkeit von Konditionssätzen zur Konditionsart einschränken. Sie können entweder das Anlegen und Ändern nur noch mit Warnung oder gar nicht mehr erlauben.

Konditionsindex

Der **Konditionsindex** gibt an, ob das System bei der Pflege von Konditionssätzen einen oder mehrere Konditionsindizes fortschreibt. Damit wird z. B. ermöglicht, Konditionssätze unabhängig von Konditionsart und Konditionstabelle aufzulisten oder zu pflegen.

Konditionsupdate

Wenn Sie das Attribut **KondUpdate** (Konditionsupdate) markieren, können Sie Konditionssätze mit einem »Gedächtnis« ausstatten. Das heißt, der Konditionssatz protokolliert seine Verwendung in den Vertriebsbelegen, und Sie können in der Konditionspflege im Konditionssatz Grenzwerte hinterlegen, bis zu deren Erreichen der Konditionssatz verwendet werden darf. Diese Funktionalität wird z. B. bei Steuerbefreiungslizenzen (Konditionsart LCFR) genutzt.

Bereich »Staffeln«

Durch die Attribute des Bereiches **Staffeln** wird als wichtiger Punkt im Sinne unseres Verständnisses der Konditionsart als Funktion die *x-Achse* festgelegt.

Bezugsgröße

Mit dem Attribut **Bezugsgröße** wird festgelegt, mit welcher Bezugsgröße die Konditionsart arbeiten soll – also etwa, ob sich die Kondition auf Menge, Gewicht oder Volumen beziehen soll. Wichtige Ausprägungen sind:

- B – Wertstaffel
- C – Mengenstaffel
- D – Bruttogewichtsstaffel
- E – Nettogewichtsstaffel
- F – Volumenstaffel

Prüfung Staffel

Das Kennzeichen **Prüfung Sta** (Prüfung Staffel) steuert, ob diese bei der Eingabe einer Prüfung unterzogen werden sollen und gegebenenfalls ab- oder aufsteigend angegeben werden müssen.

Staffelart

Das Kennzeichen **Staffelart** steuert, wie der Staffelwert oder -prozentsatz gilt:

- von einer bestimmten Menge oder einem Wert an (Ab-Staffel)
- bis zu einer bestimmten Menge oder einem Wert (Bis-Staffel)
- als Intervallstaffel: Die ersten zehn Stück kosten z. B. 10 EUR, die nächsten zehn 9 EUR und jedes weitere Stück 8 EUR.

Intervallstaffeln können z. B. bei Preisen für Lizenzen eingesetzt werden.

Staffelformel

Im Feld **Staffelformel** können Sie eine Formel zur Ermittlung der Staffelbasis (insbesondere bei Gruppenkonditionen) angeben.

Mengeneinheit

Hier können Sie eine **Mengeneinheit** eingeben, die für die Staffelfindung bei Gruppenkonditionen gilt. Diese Mengeneinheit wird gleichzeitig als Vorschlagsmengeneinheit bei der Konditionspflege von gewichts- und volumenabhängigen Konditionen genutzt.

Bereich »Steuerungsdaten 2«

Im Bereich **Steuerungsdaten 2** sind Steuerungsparameter zusammengefasst, die seltener genutzt werden und oft im Kontext mit einzelnen speziellen Konditionsarten stehen.

Währungsumrechnung

Das Feld **WährUmrechnung** (Währungsumrechnung) steuert diese, falls die Konditionswährung von der Belegwährung abweicht. Um einen Konditionswert in einem Beleg zu errechnen, multipliziert das System den vom Konditionssatz übernommenen Betrag mit der Positionsmenge. Wenn Sie dieses Feld markieren, rechnet das System den Konditionswert *nach der Multiplikation* in die Belegwährung um. Wenn Sie dieses Feld frei lassen, rechnet das System den Konditionswert *vor der Multiplikation* in die Belegwährung um.

Ausschluss

Im Feld **Ausschluss** können Sie ein Ausschlusskennzeichen für den bedingungsgetragenen *Konditionsausschluss für Konditionsarten und -sätze* als Default für die Konditionsart eintragen.

Rückstellung

Das Kennzeichen **Rückstellung** steuert, dass die Kondition in der Finanzbuchhaltung als Rückstellung gebucht wird. Konditionen mit diesem Kennzeichen werden als statistische Konditionen in den Beleg eingestellt. Beispiele aus der SAP-Auslieferung, die dieses Kennzeichen nutzen, sind folgende Konditionsarten aus der Applikation *Einkauf*:

- KAD0 – Sachkosten (Verkaufshilfsmittel)
- KAD1 – Handling-Kosten (Verkaufshilfsmittel)

Darüber hinaus wird dieses Kennzeichen programmgesteuert grundsätzlich bei allen Bonuskonditionsarten gesetzt.

Variantenkondition und interne Verrechnungskondition

Vor Release SAP R/3 4.0 mussten Variantenkonditionen (z. B. VA00) mit dem Konditionstyp O angelegt werden. Es war dadurch nicht möglich, eine Variantenkondition gleichzeitig als interne Verrechnungskondition und als z. B. Fracht zu kennzeichnen. Aus diesem Grund wurden mit Release SAP R/3 4.0 zwei weitere Kennzeichen in der Konditionsart eingerichtet:

- Variantenkondition (KVARC)
- interne Verrechnungskondition (KFKIV)

Die Konditionen für die interne Verrechnung, z. B. PI01 und PI01, waren vor SAP R/3 4.0 durch den Konditionstyp I (Preis für interne Verrechnung) definiert. Durch das Kennzeichen **IntVerrechKond** (KFKIV) ist es möglich, z. B. eine Frachtkondition als interne Verrechnungskondition festzulegen. Dadurch müssen die Ausprägungen O und I des Konditionstyps nicht mehr verwendet werden.

Preisdatum (Preisstellungsdatum)

Im Attribut **Preisdatum** (siehe Abbildung 4.13) geben Sie die Ausprägung für das Datum ein, zu dem eine Kondition dieser Art im Verkaufsbeleg berechnet werden soll. Wenn Sie kein Kürzel eingeben, wird das Preisdatum bzw. Leistungserstellungsdatum verwendet. Die möglichen Ausprägungen sind:

- _ (Leerzeichen) – Standard (komk-prsdt; Steuer und Bonus komk-fbuda)
- A – Datum Leistungserstellung (komk-fbuda)
- B – Preisdatum (komk-prsdt)
- C – Fakturadatum (komk-fkdat)
- D – Erstellungsdatum (komk-erdat)
- E – Auftragsdatum (komk-audat)

Rechnungslistenkondition

Über das Kennzeichen **Relikondition** (Rechnungslistenkondition) können Sie die Konditionsart als relevant für die Verarbeitung von Rechnungslisten markieren, wie es z. B. bei den Konditionsarten RL00 (Delkredereprovision) und MW15 (Steuer Delkredere) genutzt wird.

Mengenumrechnung

Über das Kennzeichen **Mengenumrechng** wird die Mengenumrechnung bei der Ermittlung der Konditionsbasis gesteuert. Das Feld wird nur berücksichtigt bei der Rechenregel C (mengenabhängig), wenn die Verkaufsmengeneinheit und die Konditionsmengeneinheit identisch und *abweichend von der Basismengeneinheit* sind. Folgende Verhaltensweisen werden unterschieden:

- **ausgeschaltet**
  Die Konditionsbasismenge wird über die Menge in Lagermengeneinheiten umgerechnet. Das bedeutet, dass die Konditionsmenge zu Planfaktoren ermittelt wird. Eine Änderung der Umrechnungsfaktoren in Lieferung bzw. Auftrag wird dadurch nicht berücksichtigt. Außerdem können durch die Mengenumrechnung Rundungsfehler auftreten.
- **eingeschaltet**
  Falls Verkaufsmengeneinheit und Konditionsmengeneinheit identisch sind, wird die Erfassungsmenge der Belegposition (also die Ist-Menge) verwendet.

Kontierungsrelevanz

Das Kennzeichen **KtRelevanz** (Kontierungsrelevanz) steuert, wie die Kontierung für Konditionen dieser Art durchgeführt wird. Wenn Sie keine Eingabe vornehmen, erfolgt die Kontierung wie üblich. Wenn Sie den Wert »B« eingeben, berücksichtigt das System das Berechnungsmotiv bei der Kontierung. Die Information aus dem Konditionssatz wird an das Controlling mit der Klassifizierung *Berechnungsmotiv* weitergeleitet. Das System verknüpft den Konditionssatz mit der zugrunde liegenden Fakturaposition, um das Berechnungsmotiv zu ermitteln, das einer bestimmten Transaktion zugeordnet ist.

Die Kontierung mit Berechnungsmotiv wird häufig im Servicemanagement benötigt. Sie können sie nutzen, um Kosten zu identifizieren, die bei einem bestimmten Servicevorgang (z. B. Kulanz- oder Garantiefall) entstanden sind. Im Standardsystem ist die Konditionsart KBM1 (Kulanz/Garantie) für Transaktionen mit einem Berechnungsmotiv vorgesehen.

Nebenkostenabrechnung

Das Kennzeichen **NebenKostAbr** legt fest, dass die Konditionen eines *Trading-Kontrakts* über die Lieferantenfaktura abzurechnen sind. Die Konditionsart muss einer Nebenkostenart im Customizing des Trading-Kontrakts zugeordnet sein.

Budgetkondition

Bei Kontrakten, die Budgeteinschränkungen unterliegen, wird die Konditionsart ACRN mit dem Kennzeichen **Budget Cond.** verwendet, um die Forderungen aus bestimmten Budgets bei der aufwandsbezogenen Fakturierung zuzuordnen.

CPF-fähig

Das Kennzeichen **CPF-fähig** sehen Sie nur, wenn Sie die Business Function `LOG_SD_COMMODITY_02` oder die Business Function `LOG_MM_COMMODITY_02` verwenden. Mit dem Kennzeichen legen Sie fest, ob dieser Kondition in der Konditionssatzpflege oder im Beleg eine sogenannte *CPF-Formel* zugewiesen werden kann. CPF steht für ›Configurable Parameters and Formulas‹. Wir kommen in Abschnitt 4.5, »Konfigurierbare Formeln und Parameter«, im Detail darauf zurück. Dieses Attribut darf derzeit für Gruppenkonditionen nicht gesetzt werden. Ebenso sind Bonuskonditionen und Konditionen mit der Rechenregel Q davon ausgenommen.

Nullwertverarbeitung (nur in SAP S/4HANA)

Dieses Kennzeichen wurde in SAP S/4HANA eingeführt und ist in Abbildung 4.13 daher nicht zu sehen. Es steuert, ob die Konditionsart auch mit Konditionswert null am Ausschluss teilnehmen soll (siehe Abschnitt 7.2.2, »Konditionsausschluss über Ausschlussgruppen«). Außerdem können Sie mit dem Kennzeichen festlegen, dass Preise auch bei Wert Null gültig bleiben.

Bereich »Textfindung«

Der Bereich **Textfindung** wurde zu Release SAP R/3 4.6C neu aufgenommen, als die Textsteuerung auch für Konditionssätze verfügbar gemacht wurde.

Textschema

Hier kann im Feld **Textschema** ein solches für Konditionen angegeben werden. Die in diesem Textschema enthaltenen Textarten können dann im Detailbild der Konditionspflege genutzt werden.

Text-ID

Im Feld **Text-ID** kann die Textart aus dem vorher zugeordneten Textschema angegeben werden, die als Default im Konditionspflegebild vorgeschlagen werden soll. In Abbildung 4.27 ist dies beispielsweise **Eröffnungsvermerke**.

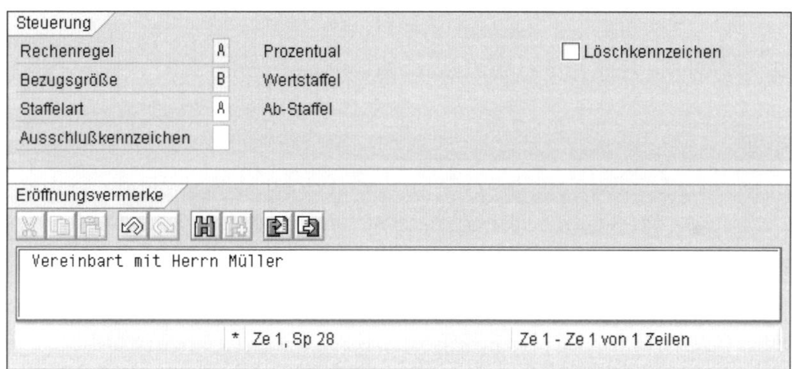

Abbildung 4.27 Textpflege im Konditionssatz

Für die Konfiguration der Mehrzahl der Konditionsarten genügt eine kleine Teilmenge der vorgestellten Attribute, die man in der Regel durch das Kopieren der Vorlage-Konditionsart in die neue Konditionsart übernimmt und im Bedarfsfall ergänzt. Es ist nicht erforderlich, dass Sie diese Attribute auswendig benennen können; aber wir konnten Ihnen durch die Betrachtung hoffentlich ein Gefühl dafür vermitteln, was an Attributen und dadurch an Möglichkeiten vorhanden ist.

4.2.4 Kalkulationsschema

Im Kalkulationsschema werden die erforderlichen Konditionsarten in der gewünschten Reihenfolge eingetragen. Dadurch legt das Kalkulationsschema die Verarbeitungsreihenfolge der Konditionsarten fest. Ein Test der neu angelegten Konditionsart Z501 (Kundengruppenrabatt) war erst möglich, nachdem sie in das zugrunde liegende Kalkulationsschema eingebaut worden war. Im Customizing-Bild für die Pflege eines Kalkulationsschemas (siehe Abbildung 4.28) stehen die im Folgenden beschriebenen Attribute zur Verfügung.

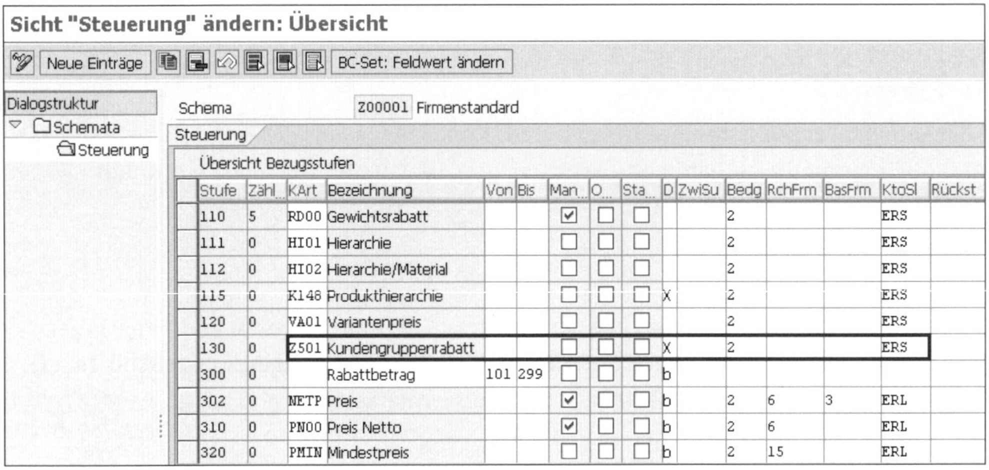

Sicht "Steuerung" ändern: Übersicht

Neue Einträge | BC-Set: Feldwert ändern

Dialogstruktur
- Schemata
  - Steuerung

Schema Z00001 Firmenstandard

Steuerung

Übersicht Bezugsstufen

Stufe	Zähl...	KArt	Bezeichnung	Von	Bis	Man...	O...	Sta...	D	ZwiSu	Bedg	RchFrm	BasFrm	KtoSl	Rückst
110	5	RD00	Gewichtsrabatt			☑	☐	☐			2			ERS	
111	0	HI01	Hierarchie			☐	☐	☐			2			ERS	
112	0	HI02	Hierarchie/Material			☐	☐	☐			2			ERS	
115	0	K148	Produkthierarchie			☐	☐	☐	X		2			ERS	
120	0	VA01	Variantenpreis			☐	☐	☐			2			ERS	
130	0	Z501	Kundengruppenrabatt			☐	☐	☐	X		2			ERS	
300	0		Rabattbetrag	101	299	☐	☐	☐	b						
302	0	NETP	Preis			☑	☐	☐	b		2	6	3	ERL	
310	0	PN00	Preis Netto			☑	☐	☐	b		2	6		ERL	
320	0	PMIN	Mindestpreis			☐	☐	☐	b		2	15		ERL	

Abbildung 4.28 Aufnahme der Konditionsart ins Kalkulationsschema

Stufe und Zähler

Stufe und **Zähler** sind Schlüsselattribute des Kalkulationsschemas, die die Reihenfolge der Eintragungen im Schema festlegen. Der Wert von **Zähler** ist dabei in Normallfall gleich 0. Auf eine **Stufe** kann an einer nachfolgenden Stelle im Kalkulationsschema bei Bedarf explizit Bezug genommen werden.

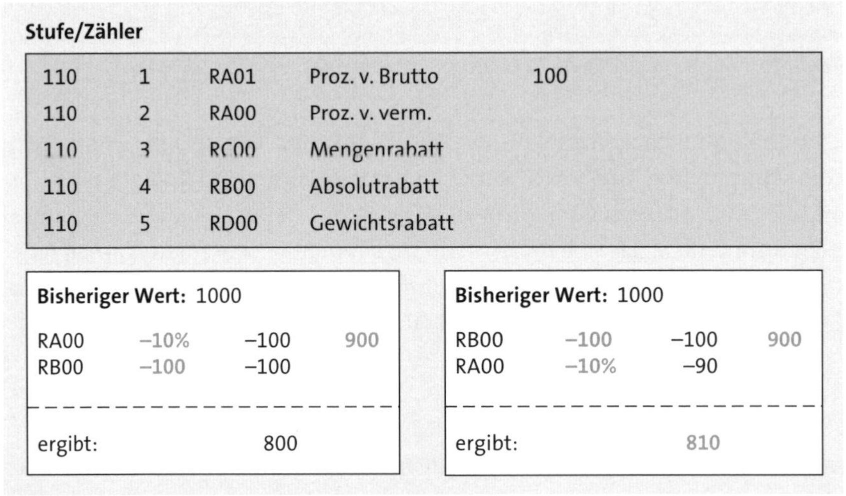

Stufe/Zähler

110	1	RA01	Proz. v. Brutto	100
110	2	RA00	Proz. v. verm.	
110	3	RC00	Mengenrabatt	
110	4	RB00	Absolutrabatt	
110	5	RD00	Gewichtsrabatt	

Bisheriger Wert: 1000

RA00	–10%	–100	900
RB00	–100	–100	
ergibt:		800	

Bisheriger Wert: 1000

RB00	–100	–100	900
RA00	–10%	–90	
ergibt:		810	

Abbildung 4.29 Auswirkung des Feldes »Zähler«

Um manuelle Konditionsarten in einem Schema auf der gleichen Stufe definieren zu können, gibt es den Teilschlüssel **Zähler**. Die Anordnung mehrerer manueller Konditionsarten *auf der gleichen Stufe* kann erforderlich sein, wenn die Reihenfolge der Eingabe dieser Konditionsarten im Vertriebsbeleg beibehalten werden soll. Abbildung 4.29 zeigt dazu ein Beispiel, das Sie z. B. im Schema RVAA01 aus der SAP-Standardauslieferung testen können.

Konditionsart

Die Spalte **KArt** (Konditionsart) enthält entweder die zu verarbeitende Konditionsart der aktuellen Schemazeile, oder Sie lassen das entsprechende Feld in der Spalte **KArt** leer. Wenn Sie keine Konditionsart eintragen, wird das Feld in der Spalte **Bezeichnung** eingabebereit, und Sie können sogenannte *Zwischensummenzeilen*, wie z. B. einen Rabattbetrag, definieren.

Von und Bis

Durch die Angabe einer *Bezugsstufe* kann der laufende Wert des Kalkulationsschemas einer vorangegangenen Stufe der Berechnung der aktuellen Konditionsart zugrunde gelegt werden. Ein Beispiel im Schema RVAA01 ist die Konditionsart RA01 (Prozentualer Rabatt vom Brutto).

Durch die Angabe eines Bereichs (Spalten **Von** und **Bis**) lassen sich z. B. Zwischensummen wie der *Rabattbetrag* definieren, indem man einen Block von Rabattkonditionsarten im Schema definiert. Die Summe der Werte dieses durch **Von** und **Bis** gebildeten Blocks wird automatisch gebildet und der entsprechenden Zeile im Kalkulationsschema zugewiesen.

Die **Von-Bis**-Stufen werden auch zur Basisberechnung von prozentualen und Festbetragskonditionen herangezogen. Bei Festbetragskonditionen dient der Basiswert als Verteilungsschlüssel, sollte die Kondition eine Gruppenkondition sein (siehe Abschnitt 7.1.1). Bei Konditionen mit prozentualer Rechenregel ergibt sich aus der **Von-Bis**-Stufe der Wert, auf den sich der Prozentsatz bezieht. Dabei gilt:

- Ist weder die **Von**- noch die **Bis**-Stufe gefüllt, wird der Wert aus dem letzten vorangehenden aktiven Preis (zur Sonderlogik von Preisen siehe Abschnitt 1.8.4, »Exklusiver oder additiver Zugriff«) plus allen folgenden aktiven Konditionen berechnet. Dies schließt auch statistische Konditionen, nicht jedoch Zwischensummenzeilen ein.
- Ist nur die **Von**-Stufe gefüllt, wird der Wert dieser Stufe übernommen, es sei denn, die Zeile ist im Preisergebnis durch Fehler oder Ausschluss inaktiv. Die Zeile kann sowohl eine Konditions- als auch eine Zwischensummenzeile sein.
- Sind sowohl **Von**- als auch **Bis**-Stufe gefüllt, berechnet sich der Wert durch alle Zeilen zwischen den beiden Stufen, falls die Zeile nicht durch Fehler oder Ausschluss inaktiv ist. Dies schließt Zwischensummenzeilen ein.

Kennzeichen »Manuell«

Eine als manuell markierte Konditionsart (Spalte **Man...**) kann auch nur manuell im Vertriebsbeleg eingetragen werden. Normalerweise besitzen solche Konditionsarten keine Konditionssätze. Es können jedoch auch Konditionssätze eingesetzt werden. In diesem Fall genügt es, in der Belegbearbeitung lediglich die Konditionsart einzutragen. Durch den Konditionssatz wird daraufhin ein Vorschlagswert für den Konditionsbetrag eingestellt.

Kennzeichen »Obligatorisch«

Falls die Konditionsart als Obligatorisch (Spalte **O...**) markiert ist, muss sie in der Vertriebsbelegposition vorhanden sein – sofern eine eventuell im Kalkulationsschema zugeordnete Bedingung erfüllt ist. Es erscheint eine Hinweismeldung »obligatorische Kondition fehlt«, und der Beleg kann nur unvollständig gespeichert werden, wenn auf die Meldung nicht reagiert wird. Dieses Attribut ist typischerweise mindestens bei der Standardpreiskonditionsart des Kalkulationsschemas (z. B. bei PR00) gesetzt.

Kennzeichen »Statistisch«

Eine als statistisch (Spalte **Sta...**) gekennzeichnete Konditionsart hat keinen Einfluss auf die Ermittlung des Nettowertes der Belegposition. Die Werte werden z. B. nur zum Ermitteln von Statistikdaten (daher der Name) benötigt.

Druckkennzeichen

Mit dem Druckkennzeichen (Spalte **D**) wird gesteuert, ob und wie die Konditionsart auf den Vertriebsnachrichten ausgegeben wird. Hier gibt es zwei Logiken: Die ursprüngliche Logik, die in den allermeisten Fällen auch heute noch verwendet wird, kennt nur die Kennzeichen **Blank** (Leerzeichen), **X** und **S**.

- _ (Leerzeichen) – Konditionszeile wird nicht gedruckt.
- X – Konditionszeile wird auf der Positionsebene gedruckt.
- S – Konditionszeile wird im Summenblock gedruckt.

Eine Beschreibung des Wirkungszusammenhangs dieser Druckkennzeichen ist über die [F1]-Hilfe dieses Feldes verfügbar. Die Grundprinzipien werden in Abbildung 4.30 veranschaulicht.

Für eine umfassendere Betrachtung verweisen wir Sie auf Abschnitt 7.8, »Druckaufbereitung des Preisfindungsergebnisses«, in dem wir auch auf die zweite Logik kurz eingehen.

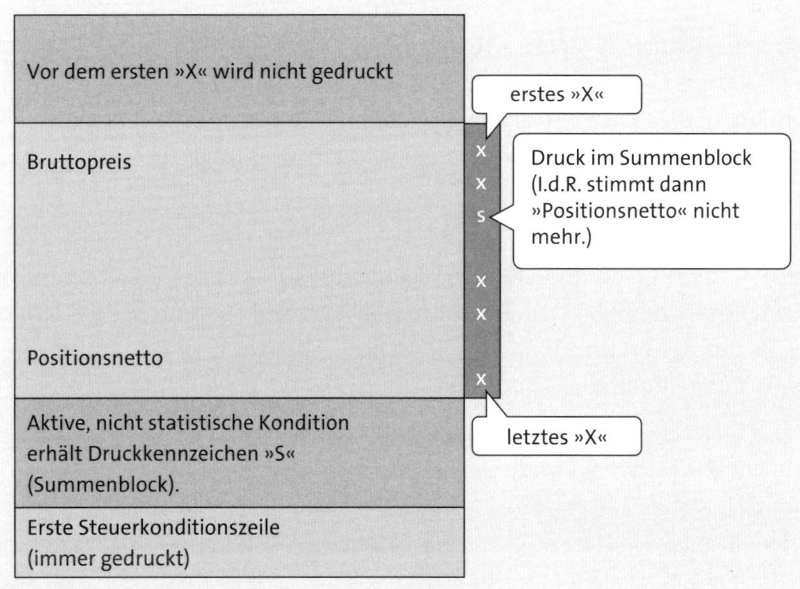

Abbildung 4.30 Druckkennzeichen

Zwischensumme

In der Spalte **ZwiSu** (Zwischensumme) wird gesteuert, ob und in welchen Feldern Konditionswerte oder Zwischensummen (z. B. Kundenrabatt oder Verrechnungspreis) zwischengespeichert werden.

Wird das gleiche Zwischensummenfeld in mehreren Zeilen des Kalkulationsschemas angegeben, werden bei den meisten Ausprägungen (insbesondere auch bei den für die freie Nutzung durch den Kunden vorgesehenen Zwischensummenfeldern 1 bis 6) die einzelnen Werte summiert.

Bedingung

Wird eine Bedingung (Spalte **BedG**) eingetragen, wird die Konditionsart nur berücksichtigt, wenn die Bedingung erfüllt ist (`SY-SUBRC = 0` bedeutet erfüllt.).

Rechenformel

In der Spalte **RchFrm** (Rechenformel) kann eine Formel zur Ermittlung des Wertes der Schemazeile angegeben werden.

Basisformel

In der Spalte **BasFrm** (Basisformel) kann eine Formel angegeben werden, um eine vom Standard abweichende Konditionsbasis zu ermitteln.

Kontoschlüssel

Mithilfe des Kontoschlüssels (Spalte **KtoSl**) kann das System Beträge auf bestimmte Arten von Erlöskonten buchen. So kann es z. B. Frachtkosten, die aus der Preisfindungskondition für die Fracht berechnet werden, auf das entsprechende Frachterlöskonto buchen.

Kontoschlüssel Rückstellung

Mithilfe des Kontoschlüssels **Rückstellung** (Spalte **Rückst**) kann das System Beträge auf bestimmte Arten von Rückstellungskonten buchen. So kann es z. B. Bonusrückstellungen, die aus der Preisfindungskondition berechnet werden, auf das entsprechende Bonusrückstellungskonto buchen.

Auflösung von Rückstellungen

Falls Rückstellungen gebildet werden, muss zuvor immer ein Prozess eingerichtet worden sein, der dieses Rückstellungskonto wieder auflöst. (Im Fall von Bonuskonditionen leistet dies z. B. der Bonusabrechnungsprozess.)

Das Kalkulationsschema ist das zentrale steuernde Element der Preisfindung, in dem die Beziehungen zwischen den Konditionsarten hergestellt werden. Wir sind mit der Vorstellung der Attribute und den dadurch vorhandenen prinzipiellen Möglichkeiten in das Thema eingestiegen. In Kapitel 8, »Ausgewählte Kalkulationsschemata und Konditionsarten«, vertiefen wir das Wissen über verschiedene wichtige Kalkulationsschemata und die darin enthaltenen Besonderheiten anhand eines konkreten Beispiels.

4.3 Kundenindividuelle Anpassungen und Kundennamensräume

Bevor Sie kundenindividuelle Anpassungen im Rahmen der Preisfindung vornehmen, sollten Sie sich – je nach Ausgangslage – immer fragen, ob die aktuelle Anforderung nicht vielleicht doch durch einen »kreativen Einsatz« des Standard-Customizings lösbar ist.

4.3.1 »Kreative Nutzung« des Standard-Customizings

Wir möchten Ihnen an dieser Stelle das Beispiel der zusammengesetzten Funktionen geben. Hier handelt es sich in der Regel um Anforderungen, für die es aufgrund der Eigenschaften der Funktion zunächst scheinbar keine Customizing-Lösung gibt (siehe Abbildung 4.31).

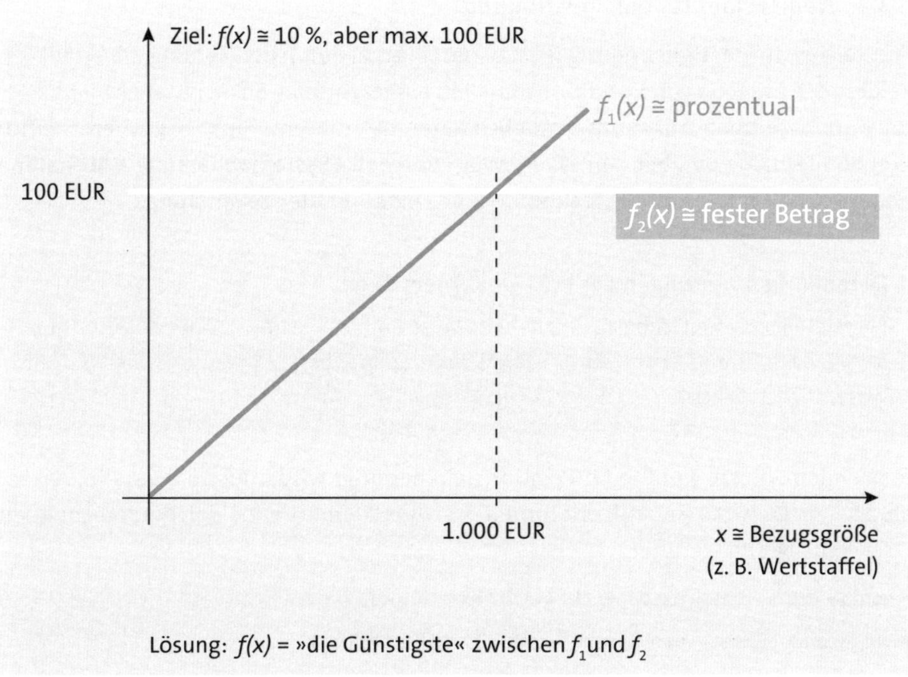

Abbildung 4.31 Beispiel »Zusammengesetzte Funktionen«

Die Anforderung an die abzubildende Funktion lautet hier »10 % (des Basiswertes), aber maximal 100 EUR«. Dafür gibt es keine Rechenregel, die man einfach der Konditionsart zuweisen könnte. Sie könnten nun versucht sein, eine Lösung z. B. über Rechen(wert)- und Basisformeln zu erstellen, d. h. eine kundenindividuelle Anpassung mit den entsprechenden Risiken, die kundeneigenes Programmieren mit sich bringen kann. So könnten Sie z. B. vergessen, dass eine Routine auch in einem anderen betriebswirtschaftlichen Kontext ablaufen kann (Retoure statt Auftrag).

Wenn Sie sich jedoch auf das Endergebnis konzentrieren und dieses als »Konkurrenz« zweier Funktionen f_1 und f_2 interpretieren, wobei f_1 mit der Rechenregel A (Prozentual) arbeitet und f_2 mit der Rechenregel B (Fester Betrag), lässt sich das Problem zusammen mit der Funktion des *Konditionsausschlusses für Gruppen von Konditionen* mit der Funktion A (Auswahl der günstigsten Konditionsart innerhalb einer Konditionsausschlussgruppe) durch Standard-Customizing lösen (als zusammengesetzte Funktion).

Sollte es jedoch nicht möglich sein, durch »kreative Nutzung« des Standard-Customizings die Anforderung zu bewältigen, bleibt nur die kundenindividuelle Anpassung. Die Möglichkeiten dazu erläutern wir in den folgenden Abschnitten.

4.3.2 Neue Felder für die Preisfindung

Die Reichweite der Preisfindung ist zunächst einmal durch den Katalog der erlaubten Felder zum Anlegen von Konditionstabellen eingeschränkt. So erstaunt es nicht, dass die kundenseitigen Anpassungsmöglichkeiten mit diesem Punkt beginnen. Sie finden den Feldkatalog über den Pfad **(IMG) • Vertrieb • Systemanpassung • Aufnahme neuer Felder (mit Konditionstechnik) • Neue Felder für die Preisfindung**.

Detaillierte Anleitung in der IMG-Dokumentation

Eine detaillierte Anleitung zur Vorgehensweise enthält die IMG-Dokumentation zum Menüeintrag **Neue Felder für die Preisfindung**. Wir beschränken uns hier auf die wesentlichen Schritte.

Je nachdem, ob ein Kopf- oder Positionsfeld benötigt wird, muss das Feld in den Include `KOMPAZ` bzw. `KOMKAZ` aufgenommen und durch einen der beiden entsprechenden User-Exits gefüllt werden:

- `userexit_pricing_prepare_tkomk` (für Kopffelder)
- `userexit_pricing_prepare_tkomp` (für Positionsfelder)

Dann steht das Feld bereits für die Verwendung in Bedingungen und Formeln zur Verfügung.

Soll das Feld zum Aufbau von Konditionstabellen verwendet werden, muss es zusätzlich in den Katalog der erlaubten Felder für Konditionstabellen aufgenommen werden. Dieser Eintrag wird über den Pfad **(IMG •) Vertrieb • Grundfunktionen • Preisfindung • Steuerung der Preisfindung • Konditionstabellen Definieren • Konditionen: Erlaubte Felder** gepflegt.

Danach steht das Feld im Anlegebild für Konditionstabellen (siehe Abbildung 4.4) zur Verfügung und kann releaseneutral genauso genutzt werden, wie die Felder der SAP-Standardauslieferung.

4.3.3 Bedingungen und Formeln (Routinen)

Die nächste Stufe der Anpassungen stellen kundenindividuelle Routinen, d. h. Bedingungen und Formeln, dar, die in den Elementen der Preisfindung an unterschiedlichen Stellen eingebunden sind. Diese Routinen werden mit Transaktion VOFM erstellt, die über den folgenden Pfad im Customizing eingebettet ist: **(IMG •) Vertrieb • Systemanpassung • Routinen**.

[«]

Namensräume für Routinen

Die Standardroutinen liegen im Nummernbereich 001 bis 599 (bei zweistelligen Formelnummern 01 bis 49). Die Kundenroutinen liegen im Nummernbereich 600 bis 999 (bei zweistelligen Formelnummern 50 bis 99).

Abbildung 4.32 gibt Ihnen einen ersten Überblick über die Eingriffsmöglichkeiten im Standard-Customizing der Preisfindung.

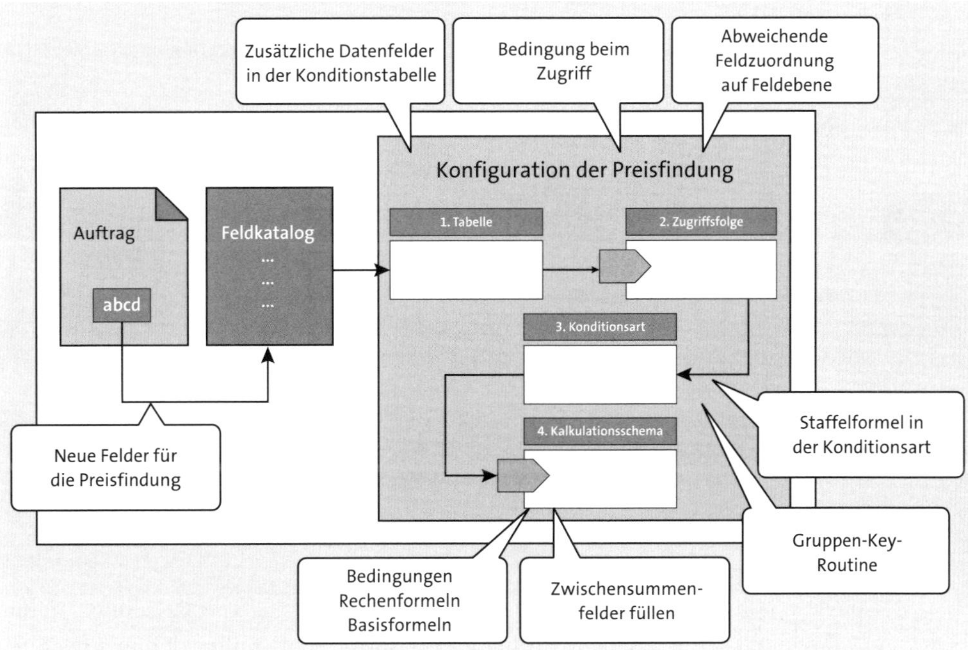

Abbildung 4.32 Eingriffsmöglichkeiten im Standard-Customizing

Um hier tätig werden zu können, sind als Voraussetzung zunächst einmal ABAP-Kenntnisse erforderlich. Allerdings genügt das allein noch nicht – deshalb haben wir in Kapitel 11, »Systemanpassungen mit Bedingungen, Formeln und User-Exits«, zu diesem Themenkreis eine Fülle von Detailinformationen für Sie zusammengetragen.

4.3.4 User-Exits für die Preisfindung

Neben den über die Routinen vorhandenen Eingriffsmöglichkeiten in das Standard-Customizing sind darüber hinaus sogenannte *User-Exits* für die Preisfindung vorgesehen, die zum Ziel haben, noch umfassendere kundenindividuelle Anpassungen releaseneutral durchführen zu können. Unter Einbeziehung von Abbildung 4.32 könnte man das bildhaft so darstellen, dass man noch einmal die Rahmenbedingungen, unter denen die Preisfindung abläuft, beeinflussen kann (siehe Abbildung 4.33).

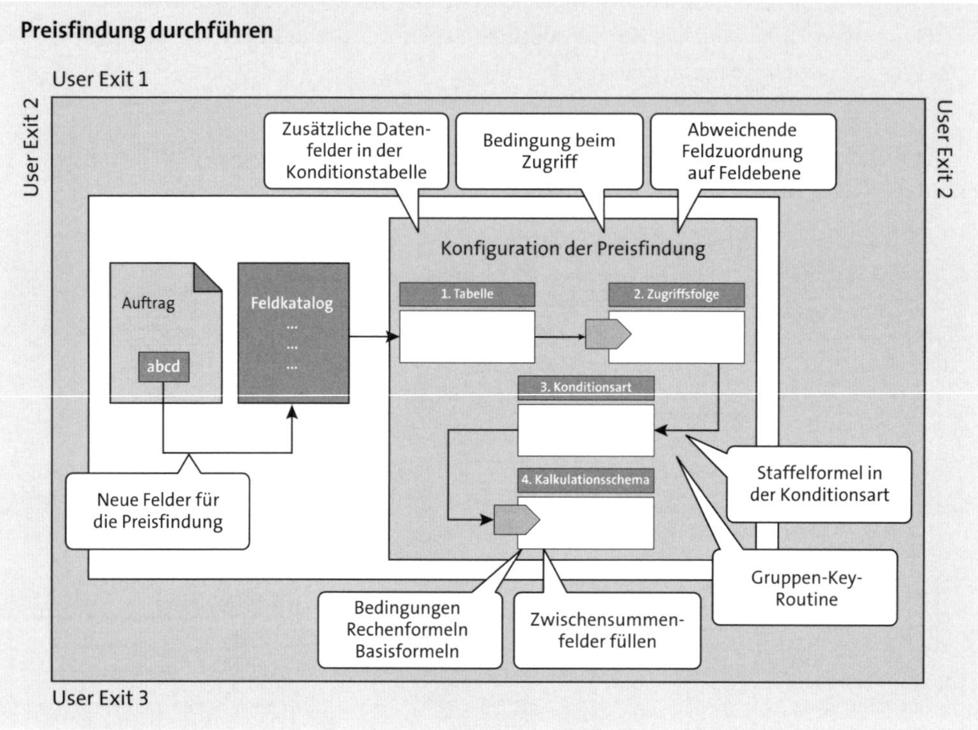

Abbildung 4.33 User-Exits im Rahmen der Preisfindung

Beispielhaft könnte man hier den User-Exit `userexit_pricing_check` nennen. Mit diesem kann man Prüfungen programmieren, die sonst nicht konfigurierbar sind. Auch hier sei für eine detaillierte Betrachtung auf Abschnitt 11.8, »User-Exits«, verwiesen.

4.4 Beispiel für die Umsetzung komplexerer Anforderungen

Damit Sie auch komplexere Anforderungen an die Preisfindung umsetzen können, ist es ab einem bestimmten Punkt unumgänglich, sich mit den technischen Grundlagen der Preisfindung zu beschäftigen. Als Einstiegsbeispiel kann die Umsetzung der Funktion **Auftragsmindestwert** dienen. Dabei handelt es sich um einen Schwellenwert, der als Konditionssatz für die Konditionsart AMIW (Mindestauftragswert) abgelegt werden kann. Wenn dieser Auftragsmindestwert unterschritten wird, soll der erreichte Nettowert des Auftrags um den Differenzwert erhöht werden, um dadurch den Auftragsmindestwert zu erreichen.

Im Beispielauftrag in Abbildung 4.34 wurde ein Mindestauftragswert in Höhe von 500 EUR ermittelt. Da der erreichte Nettowert aber nur 300 EUR beträgt, wurde automatisch ein Mindestwertzuschlag in Höhe von 200 EUR errechnet (Konditionsart AMIZ).

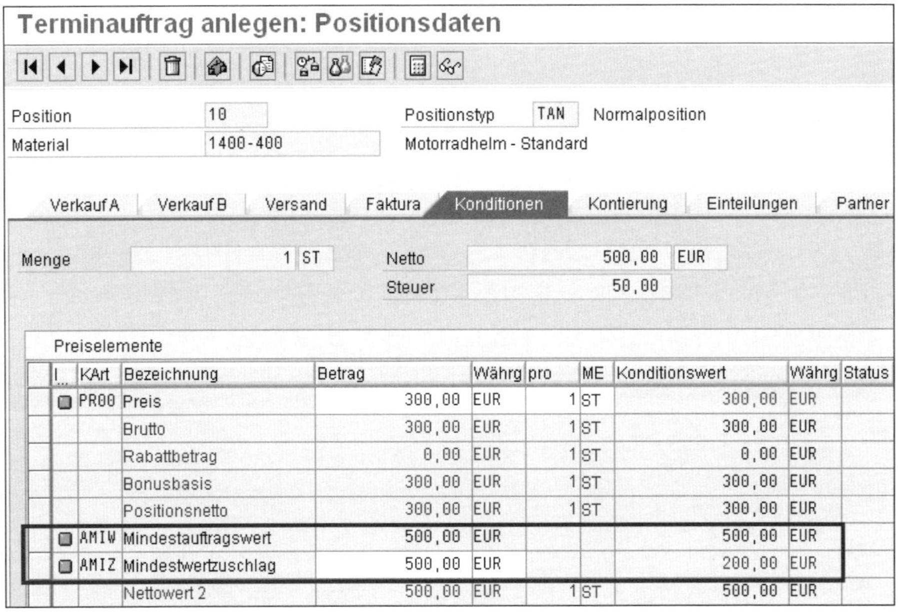

Terminauftrag anlegen: Positionsdaten

Position 10 | Positionstyp TAN Normalposition
Material 1400-400 | Motorradhelm - Standard

Verkauf A | Verkauf B | Versand | Faktura | Konditionen | Kontierung | Einteilungen | Partner

Menge 1 ST | Netto 500,00 EUR
Steuer 50,00

Preiselemente

I...	KArt	Bezeichnung	Betrag	Währg	pro	ME	Konditionswert	Währg	Status
■	PR00	Preis	300,00	EUR	1	ST	300,00	EUR	
		Brutto	300,00	EUR	1	ST	300,00	EUR	
		Rabattbetrag	0,00	EUR	1	ST	0,00	EUR	
		Bonusbasis	300,00	EUR	1	ST	300,00	EUR	
		Positionsnetto	300,00	EUR	1	ST	300,00	EUR	
■	AMIW	Mindestauftragswert	500,00	EUR			500,00	EUR	
■	AMIZ	Mindestwertzuschlag	500,00	EUR			200,00	EUR	
		Nettowert 2	500,00	EUR	1	ST	500,00	EUR	

Abbildung 4.34 Auftragsmindestwert im Positionskonditionsbild

Im zugrunde liegenden Kalkulationsschema (hier RVAA01) sind die beiden Konditionsarten hintereinander eingetragen. Die Konditionsart AMIW trägt das Attribut **Statistisch** (Spalte **Stat...**), sodass sich der gefundene Wert nicht direkt auf den Nettowert der Position auswirkt. Allerdings wird der gefundene Wert in dem Zwischensummenfeld **D** (`xworkd`) abgespeichert. Die nachfolgende Konditionsart AMIZ hat selbst keine Konditionssätze, denn der Wert wird durch die zugeordnete Rechenformel 13 errechnet (siehe Abbildung 4.35).

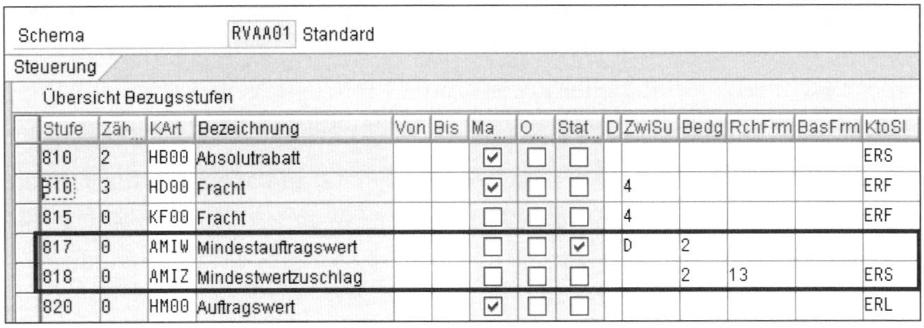

Schema RVAA01 Standard

Steuerung

Übersicht Bezugsstufen

Stufe	Zäh...	KArt	Bezeichnung	Von	Bis	Ma...	O...	Stat...	D	ZwiSu	Bedg	RchFrm	BasFrm	KtoSl
810	2	HB00	Absolutrabatt			☑	☐	☐						ERS
810	3	HD00	Fracht			☑	☐	☐		4				ERF
815	0	KF00	Fracht			☐	☐	☐		4				ERF
817	0	AMIW	Mindestauftragswert			☐	☐	☑		D	2			
818	0	AMIZ	Mindestwertzuschlag			☐	☐	☐			2	13		ERS
820	0	HM00	Auftragswert			☑	☐	☐						ERL

Abbildung 4.35 Mindestauftragswert im Kalkulationsschema

Die Rechenformel 13 (Mindestwertzuschlag) errechnet die Differenz zwischen Mindestauftragswert und erreichtem Nettowert, falls dieser kleiner als der Mindestwert ist (siehe Abbildung 4.36).

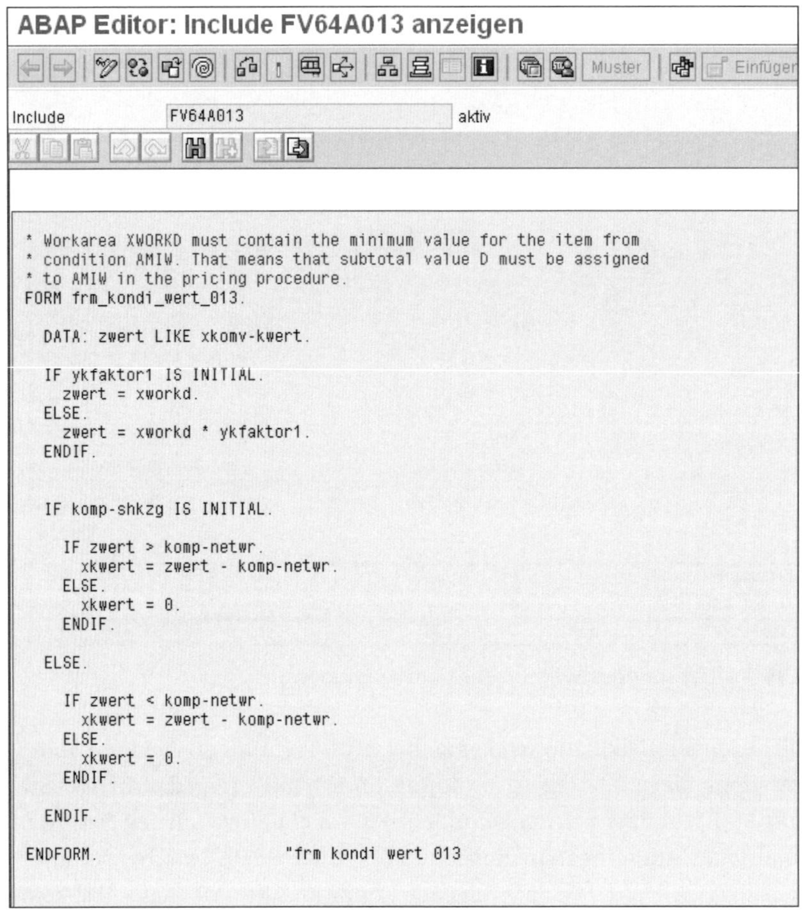


```
* Workarea XWORKD must contain the minimum value for the item from
* condition AMIW. That means that subtotal value D must be assigned
* to AMIW in the pricing procedure.
FORM frm_kondi_wert_013.

  DATA: zwert LIKE xkomv-kwert.

  IF ykfaktor1 IS INITIAL.
    zwert = xworkd.
  ELSE.
    zwert = xworkd * ykfaktor1.
  ENDIF.

  IF komp-shkzg IS INITIAL.

    IF zwert > komp-netwr.
      xkwert = zwert - komp-netwr.
    ELSE.
      xkwert = 0.
    ENDIF.

  ELSE.

    IF zwert < komp-netwr.
      xkwert = zwert - komp-netwr.
    ELSE.
      xkwert = 0.
    ENDIF.

  ENDIF.

ENDFORM.                    "frm kondi wert 013
```

Abbildung 4.36 Rechenformel 13 (Mindestauftragswert)

Allerdings sieht man hier, dass die Formel nicht nur die entsprechenden `IF`-Abfragen, sondern darüber hinaus auch weitere steuernde Abfragen enthält. So müssten Sie sich bei der Lektüre des Codings der Rechenformel 13 z. B. fragen, warum abhängig vom Inhalt des Feldes `komp-shkzg` eine jeweils andere Logik durchlaufen wird.

In Teil III stellen wir die weiterführenden technischen Grundlagen dar, um z. B. die Hintergründe dieser Abfragen einordnen zu können. So gehen wir auch auf die Bedeutung des Feldes `komp-shkzg` in Abschnitt 13.1, »Preisfindung im Kundenauftrag«, ein.

4.5 Konfigurierbare Formeln und Parameter

In diesem Kapitel wollen wir uns mit den *konfigurierbaren Parametern und Formeln* – kurz CPF (**C**onfigurable **P**arameters and **F**ormulas) – beschäftigen. Dabei handelt es sich um eine relativ neue Entwicklung in der Preisfindung, die erstmals in Release SAP ERP 6.0 EHP 7 mit den beiden kostenpflichtigen Business Functions `LOG_SD_COMMODITY_02` und `LOG_MM_COMMODITY_02` ausgeliefert wurde. Ihren Ursprung verdanken sie den oft recht komplexen und individuellen Preisregeln im Rohstoffhandel.

Sie haben in den vorangehenden Abschnitten gesehen, dass Sie kundenindividuelle Erweiterungen um Felder und Routinen im Customizing fest hinterlegen müssen und nicht im einzelnen Beleg auswählen können. Wollen Sie verschiedene Berechnungsarten in einem Beleg zur Auswahl anbieten, müssten Sie pro Formel eine eigene Konditionsart im Kalkulationsschema vorsehen und, abhängig von den Umständen, die eine oder andere Kondition finden lassen. Das ist erst einmal recht umständlich, wenn viele verschiedene Berechnungen möglich sein sollen. Eine zweite Schwierigkeit besteht darin, dass neue kundeneigene Felder, die Sie vielleicht in der Berechnung benötigen, nicht ohne weiteres im User Interface (UI) erscheinen und dort geprüft und gepflegt werden können. Das Hinzufügen neuer Formeln oder Parameter ist also mit gewissem Aufwand verbunden und erfordert im Allgemeinen ABAP-Kenntnisse.

Die konfigurierbaren Parameter und Formeln adressieren all diese Herausforderungen. Sie legen eine CPF-Formel zwar auch im Customizing an, können diese dann aber einem individuellen Konditionssatz in der Konditionssatzpflege oder einer Belegkondition im Beleg zuordnen (z. B. in einem Auftrag oder Kontrakt). Eine Formel besteht aus einem Satz von Parametern, den Sie aus dem *Parameterkatalog* auswählen, sowie einer oder mehreren Berechnungsvorschriften oder Regeln, mit denen sogenannte *Verwendungsaufgaben* durchgeführt werden. Für die Preisfindung ist das die Bestimmung der Konditionsrate, der Konditionsbasis und des Konditionswertes. Die Parameterwerte in der Formel können Sie entweder bei der Konditionssatzpflege bzw. im Beleg manuell eingeben oder vom System automatisch ermitteln lassen. Entsprechend werden die Felder im Detailbild der Kondition als änderbar oder als nicht änderbar angezeigt. Die Berechnungsvorschrift können Sie entweder im *Business Rules Framework plus* von SAP (kurz *BRFplus*) modellieren oder konventionell als BAdI-Implementierung in ABAP programmieren.

Wenn Sie eine CPF-Formel einem Konditionssatz zuordnen, wird die Preisfindung die Formel im Beleg finden und die Berechnung danach durchführen. Sie können eine gefundene Formel und ihre Parameterwerte dort überschreiben.

Sie lernen nun anhand eines Beispiels aus dem Rohstoffhandel die notwendigen Customizing-Schritte für die Verwendung einer einfachen CPF-Formel kennen.

4.5.1 Umsetzung eines einfachen Szenarios mit konfigurierbaren Parametern und Formeln

Nehmen wir an, dass wir Kupferkonzentrat verkaufen wollen. Da der Käufer letztlich an dem enthaltenen Kupfer interessiert ist, soll es einen Zu- bzw. Abschlag geben, falls der Kupfergehalt des gelieferten Erzes von dem zuvor vereinbarten Gehalt abweicht. Der Kupfergehalt kann im SAP-System z. B. als Merkmal in der dem Produkt zugeordneten Material- oder Chargen-Klasse abgelegt werden. Auf diese Details gehen wir hier jedoch nicht ein.

Wir legen für den Abschlag eine prozentuale Konditionsart ZGEH an, deren Betrag sich wie folgt berechnen soll:

$$\frac{(\text{Kupfergehalt}_{\text{vereinbart}} - \text{Kupfergehalt}_{\text{tatsächlich}})}{\text{Inkrement}} \times \text{Basisabschlag}$$

Die Höhe des Basisabschlags, der vereinbarte Kupfergehalt und das Inkrement sind Verhandlungssache und werden erst im Vertrag bzw. Auftrag festgelegt.

Um das zu erreichen, legen wir jetzt eine passende CPF-Formel an und ordnen sie einem Konditionssatz zu. Unsere CPF-Formel muss die notwendigen Parameter und eine passende Berechnungsvorschrift beinhalten. Der tatsächliche Kupfergehalt soll vom System ermittelt werden, vereinbarter Gehalt, Basisabschlag und Inkrement müssen im Bild der Preisfindung eingabebereit sein.

Anlegen einer CPF-Formel im Customizing

Als Erstes machen wir uns klar, welche Parameter wir benötigen. In unserem Beispiel sind dies:

- Vereinbarter Kupfergehalt
- Tatsächlicher Kupfergehalt
- Inkrement
- Basisabschlag

Damit wir diese Parameter in einer CPF-Formel verwenden können, müssen sie im Parameterkatalog vorhanden sein. Den Parameterkatalog pflegen Sie über den Pfad **(IMG •) Vertrieb • Grundfunktionen • Preisfindung • Konfigurierbare Parameter und Formeln in der Preisfindung • Einträge für Parameterkatalog definieren**. Dort legen wir neben den Namen der Parameter auch ihre Typen oder Strukturen fest. Wir definieren dort, worum es sich bei den Parametern eigentlich handelt. Ein Parameter kann entweder ein existierendes Datenelement des ABAP Dictionarys referenzieren oder eine der vorgedachten CPF-Grundstrukturen. Diese *elementaren Datentypen* der

CPF-Applikation lehnen sich an die elementaren Datentypen des BRFplus an und sind in Tabelle 4.1 aufgeführt. Keine Entsprechung im BRFplus hat der Typ CPFS_PRICE_RATE. Er besteht aus einem Betrag (Zahl plus Währung) und einer Menge (Zahl plus Mengeneinheit).

Name des Datentyps	Beschreibung
CPF_NUMBER	einfache Zahl ohne Einheitenfeld
CPFS_AMOUNT	Wert: Struktur, die aus einer Zahl und einem zugehörigen Währungsfeld besteht
CPFS_QUANTITY	Menge: Struktur, die aus einer Zahl und einer zugehörigen Mengeneinheit besteht
CPFS_PRICE_RATE	Betrag: Struktur, die aus einem Wert und einer Menge besteht
CPFS_PRICE_BASE	Basiswert: Struktur, die aus einem Wert und einer Menge besteht; nur intern verfügbar.

Tabelle 4.1 Elementare Datentypen der CPF

Als dritte Möglichkeit können Sie DDIC-Datenelemente und CPF-Datentypen zu sogenannten *kundenspezifischen Strukturen* zusammenfassen und einem Parameter diese Struktur zuweisen. Eine kundenspezifische Struktur ist letztlich einer flachen DDIC-Struktur (DDIC = Data Dictionary) sehr ähnlich, nur dass Sie sie nicht im DDIC definieren, sondern im Customizing der CPF. Alle Parameter im Katalog können Sie beliebig oft wiederverwenden.

Wir legen jetzt die Parameter für unser Beispiel im Parameterkatalog an. Das Ergebnis sehen Sie in Abbildung 4.37.

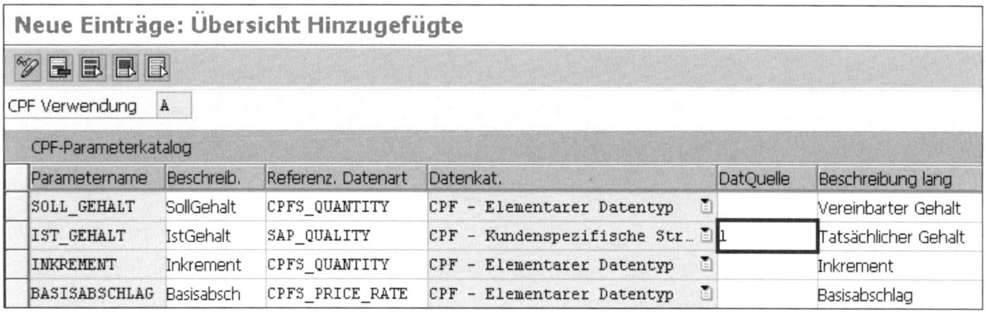

Neue Einträge: Übersicht Hinzugefügte

CPF Verwendung A

CPF-Parameterkatalog

Parametername	Beschreib.	Referenz. Datenart	Datenkat.	DatQuelle	Beschreibung lang
SOLL_GEHALT	SollGehalt	CPFS_QUANTITY	CPF - Elementarer Datentyp		Vereinbarter Gehalt
IST_GEHALT	IstGehalt	SAP_QUALITY	CPF - Kundenspezifische Str…	1	Tatsächlicher Gehalt
INKREMENT	Inkrement	CPFS_QUANTITY	CPF - Elementarer Datentyp		Inkrement
BASISABSCHLAG	Basisabsch	CPFS_PRICE_RATE	CPF - Elementarer Datentyp		Basisabschlag

Abbildung 4.37 Parameter im Parameterkatalog anlegen

Den vereinbarten Gehalt haben wir SOLL_GEHALT genannt. Er ist in unserem Fall eine Prozentzahl. Da die Einheit % im SAP-System eine Mengeneinheit ist, wählen wir als Referenzdatenart die Struktur CPFS_QUANTITY, einen elementaren Datentyp der

CPF. Wir wollen den vereinbarten Kupfergehalt später manuell im Konditionssatz bzw. im Beleg festlegen. Beim tatsächlichen Gehalt IST_GEHALT möchten wir dagegen, dass das System diesen automatisch bereitstellt. Dazu müssen wir angeben können, um welchen Gehalt es sich eigentlich handelt. Wir wählen daher als Referenzdatenart die kundenspezifische Struktur SAP_QUALITY aus, die von SAP ausgeliefert wird. Schauen wir uns die Struktur SAP_QUALITY über den Pfad **(IMG •) Vertrieb • Grundfunktionen • Preisfindung • Konfigurierbare Parameter und Formeln in der Preisfindung • Kundenspezifische Struktur definieren** an (siehe Abbildung 4.38).

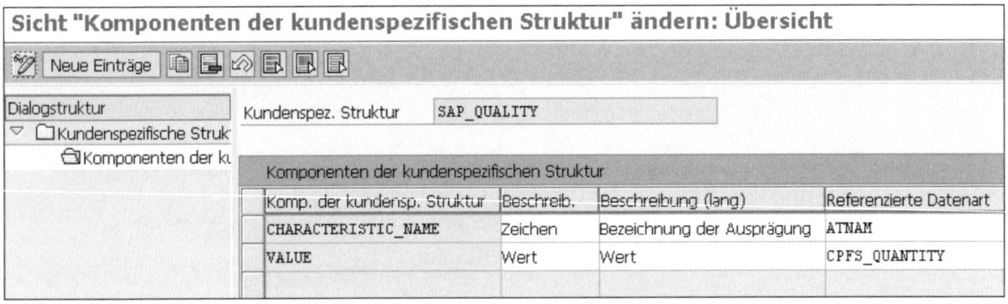

Sicht "Komponenten der kundenspezifischen Struktur" ändern: Übersicht

Neue Einträge

Dialogstruktur
- Kundenspezifische Struk
  - Komponenten der ku

Kundenspez. Struktur: SAP_QUALITY

Komponenten der kundenspezifischen Struktur

Komp. der kundensp. Struktur	Beschreib.	Beschreibung (lang)	Referenzierte Datenart
CHARACTERISTIC_NAME	Zeichen	Bezeichnung der Ausprägung	ATNAM
VALUE	Wert	Wert	CPFS_QUANTITY

Abbildung 4.38 Die kundenspezifische Struktur SAP_QUALITY

SAP_QUALITY besteht aus zwei Komponenten: Die erste Komponente ist ein Textfeld, das einen Merkmalsnamen aus dem Klassensystem tragen soll (referenzierte Datenart ATNAM). Damit können wir die Struktur für alle Merkmale wiederverwenden. Die zweite Komponente ist für den Merkmalswert vorgesehen und referenziert CPFS_QUANTITY. Der Parameter IST_GEHALT besteht somit aus einem Merkmalsnamen und einem Wert. Um ihn automatisch ermitteln zu lassen, ordnen wir im Parameterkatalog eine *Datenquelle* zu. Bei den Datenquellen handelt es sich um nichts anderes als um BAdI-Implementierungen, die über ihren Filterwert unterschieden werden. Wir wählen die Implementierung mit dem Filterwert »1« aus, die den Parameterwert aus der dem Material zugeordneten Material- oder Chargen-Klasse ermittelt (siehe Abbildung 4.37). Wir kommen später noch im Detail auf die Datenermittlung über Datenquellen zurück. Insbesondere lernen Sie noch, wie man einer Datenquelle ansieht, mit welchen Parametern sie arbeitet.

Das Inkrement soll wieder ein Prozentsatz sein und referenziert daher auch CPFS_QUANTIY. Der Basisabschlag repräsentiert dagegen einen Betrag der Form *Zahl Währung/Anzahl Mengeneinheit*. Für Beträge oder Preisraten ist der elementare CPF-Typ CPFS_PRICE_RATE vorgesehen.

Nachdem Sie nun alle benötigten Parameter im Katalog hinterlegt haben, können Sie die CPF-Formel anlegen. Der dazugehörige Pfad ist **(IMG •) Vertrieb • Grundfunktionen • Preisfindung • Konfigurierbare Parameter und Formeln in der Preisfindung • Formel definieren**. Über den Button **Neue Einträge** erfassen Sie zuerst eine Formel-ID und eine Beschreibung. Als Nächstes geben Sie die benötigten Parameter an, indem Sie den Punkt **Formelparameter zuordnen** und dort die Parameter z. B. über die [F4]-Hilfe auswählen.

In Abbildung 4.39 sehen Sie einige zusätzlich Parameter, die automatisch in die Formel übernommen wurden. Es sind die *Ergebnisparameter*, in denen die CPF-Applikation die Resultate der Verwendungsaufgaben speichert. Sie sind daher als **Ergebnis** gekennzeichnet. Für die Preisfindung können der Betrag, die Basis und der Wert einer Kondition über CPF-Formeln bestimmt werden. Sie erhalten daher die zusätzlichen Parameter RESULT_RATE, RESULT_BASE und RESULT_VALUE.

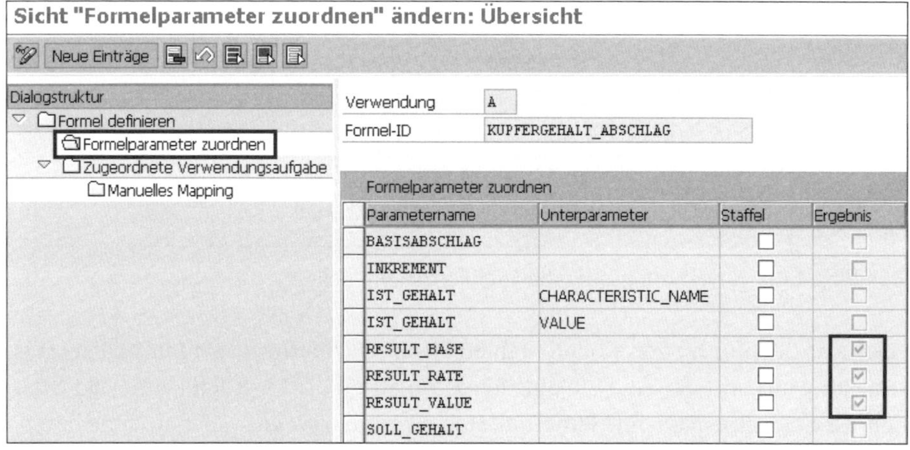

Abbildung 4.39 Parameter der Formel festlegen

Sie können den Inhalt dieser Parameter genauso verwenden wie den Inhalt aller anderen Parameter. Sie sollten aber im Blick behalten, dass deren Wert sich im Laufe der Preisfindung ändern kann, je nachdem, ob die entsprechende Verwendungsaufgabe bereits durchgeführt wurde oder nicht.

Als Nächstes legen Sie fest, was genau die Formel tun soll. Dazu verzweigen Sie zu ihren Verwendungsaufgaben (siehe Abbildung 4.40). Bei den Verwendungsaufgaben handelt es sich technisch um einen Satz von BAdIs, die verschiedene Implementierungen mit jeweils eigenem Filterwert, der *CPF-Routinennummer*, haben. Durch die Auswahl der Nummer wird eine bestimmte Implementierung oder *CPF-Routine* in der Verarbeitung angesteuert. In unserem Fall soll der Konditionsbetrag eines Abschlags berechnet werden. Das heißt, dass wir in unserer Formel nur eine Berechnungsregel für den Betrag eintragen müssen. Für die Berechnung selbst wollen wir eine BRFplus-Funktion nutzen, die wir aus dem Customizing der CPF heraus anlegen. Alternativ könnten wir auch eine eigene BAdI-Implementierung für die Betragsermittlung programmieren. Da aber einer der Vorteile der CPF ist, dass sie weitgehend ohne ABAP-Kenntnisse eine Vielzahl von Berechnungen erlaubt, wollen wir in unserem Beispiel eine BRFplus-Funktion verwenden. Es würde den Rahmen dieses Buches sprengen, wollten wir die Arbeitsweise und den gesamten Funktionsumfang des Business Rules Frameworks von SAP hier erläutern. Das ist für das grundlegende Verständnis der CPF aber auch nicht notwendig. Detaillierte Informationen zum BRFplus können Sie der Anwendungshilfe oder dem Buch *BRFplus – Business Rule Management for ABAP Application* von Carsten Ziegler und Thomas Albrecht entnehmen (SAP PRESS Bonn, 2010).

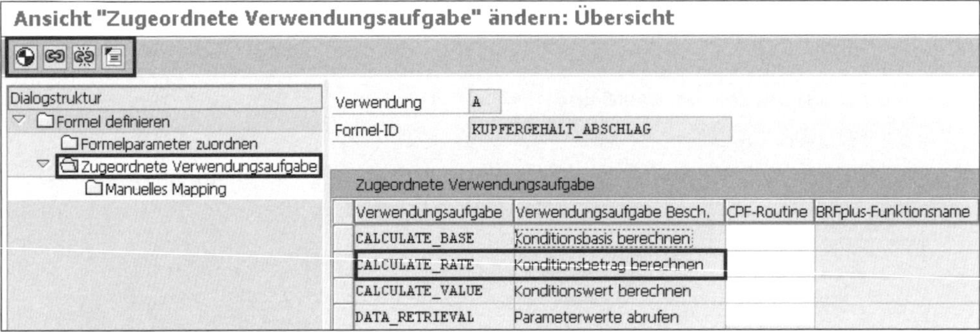

Abbildung 4.40 Verwendungsaufgaben der Formel pflegen

Da wir das BRFplus nutzen wollen, wählen Sie die Standardroutine 1 für die Betragsermittlung aus, mit der eine BRFplus-Funktion ausgeführt werden kann. Jetzt brauchen wir noch eine passende Funktion. Dabei können wir entweder auf eine bereits existierende Funktion zurückgreifen oder eine neue Funktion anlegen. Zum Zuordnen einer vorhandenen Funktion müssten Sie auf das Kettensymbol oben links klicken. Sie klicken jedoch stattdessen auf den rot-weißen Kreis ganz links, um eine neue Funktion zu erzeugen (siehe Abbildung 4.40). Im folgenden Pop-up-Fenster (siehe Abbildung 4.41) geben Sie den Namen einer geeigneten *BRFplus-Anwendung* (siehe unten) und den Funktionsnamen »Kupfergehalt_Abschlag« ein. Danach klicken Sie auf den Button **Generieren und Sichern**.

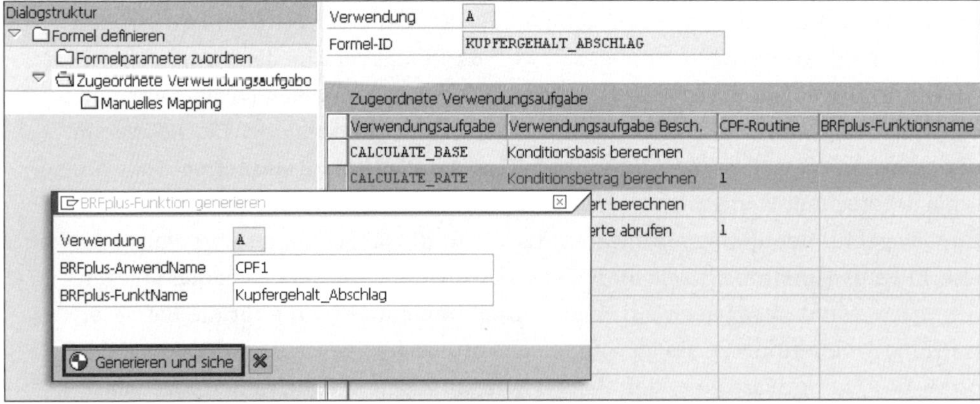

Abbildung 4.41 BRFplus-Funktion anlegen

Das System generiert die Funktion **Kupfergehalt_Abschlag** im BRFplus-Framework und sichert sie auch gleich. Die *Signatur*, d. h., die Schnittstelle der BRFplus-Funktion, erzeugt das System aus den Parametern der CPF-Formel. Da die Namen dabei auf beiden Seiten gleich sind, muss keine explizite Zuordnung zwischen CPF-Parametern und BRFplus-Komponentennamen erfolgen. Eine solche Zuordnung ist aber unter dem Punkt **Manuelles Mapping** der CPF-Formel möglich und kann notwendig sein, falls Sie BRFplus-Funktionen wiederverwenden. Das System springt nun automatisch in die Pflege der Funktion (siehe Abbildung 4.42).

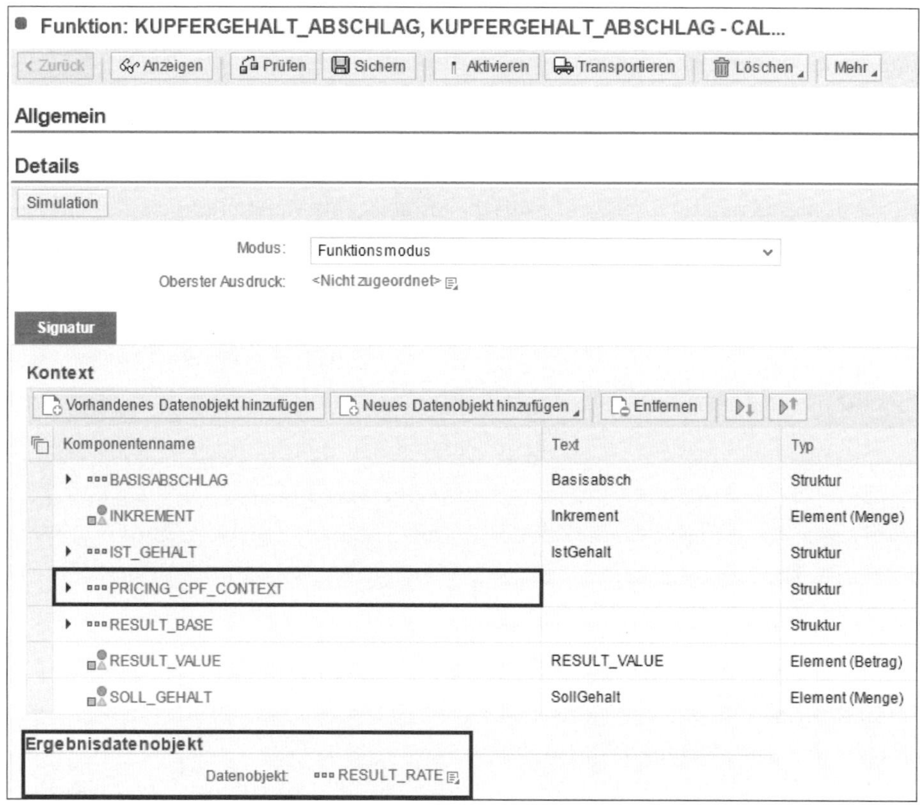

Abbildung 4.42 Generierte Signatur der BRFplus-Funktion

Wenn wir die Signatur der generierten Funktion genauer betrachten, finden wir eine Komponente, die wir nicht in der CPF-Formel angegeben hatten: PRICING_CPF_CONTEXT. Diese Struktur, die Sie im DDIC unter dem Namen PRCS_PRICING_CPF_CONTEXT wiederfinden, wird automatisch in jede aus der CPF-Formelpflege heraus angelegte BRFplus-Funktion hineingeneriert. Sie stellt einige wichtige Daten aus dem Kontext der Preisfindung zur Verfügung, u. a. die Kundennummer, die Materialnummer, Mengen und Einheiten sowie das Preisdatum. Sie enthält außerdem die wichtigsten Kenngrößen der Konditionszeile, auf der die Formel ausgeführt wird, z. B. die

Konditionsart und die von der Preisfindung vorab ermittelten Werte für Betrag, Basis und Wert.

Außerdem sehen Sie, dass das Ergebnisobjekt der Funktion dem Ergebnisparameter der Verwendungsaufgabe zur Betragsberechnung entspricht: RESULT_RATE.

Legen Sie jetzt die gewünschte Berechnungsformel für den Abschlag im Formeleditor des BRFplus an (siehe Abbildung 4.43). Dabei müssen Sie sich entscheiden, ob Sie den zu berechnenden Prozentwert in der Komponente AMOUNT oder QUANTITY des Ergebnisparameters abspeichern wollen. (Der Ergebnisparameter ist vom Typ CPFS_PRICE_RATE und besteht daher aus einem Wert und einer Menge). Beides ist möglich und wird bei der Übernahme in die Preisfindung akzeptiert. Wählen Sie hier die AMOUNT-Komponente, da in der Preisfindung der Prozentwert einer prozentualen Kondition in ihrem Betragsfeld abgelegt ist. Damit ist die spätere Pflege für den Nutzer vertrauter. Das ist leider nicht ganz konsistent damit, dass im BRFplus Prozentwerte als Mengen betrachtet werden, da die Einheit % als Mengeneinheit gilt. Solange Sie jedoch die Einheit im BRFplus nicht wirklich benötigen, also nicht verschiedene Einheiten ineinander umrechnen müssen, können Sie auch mit dem AMOUNT-Feld arbeiten.

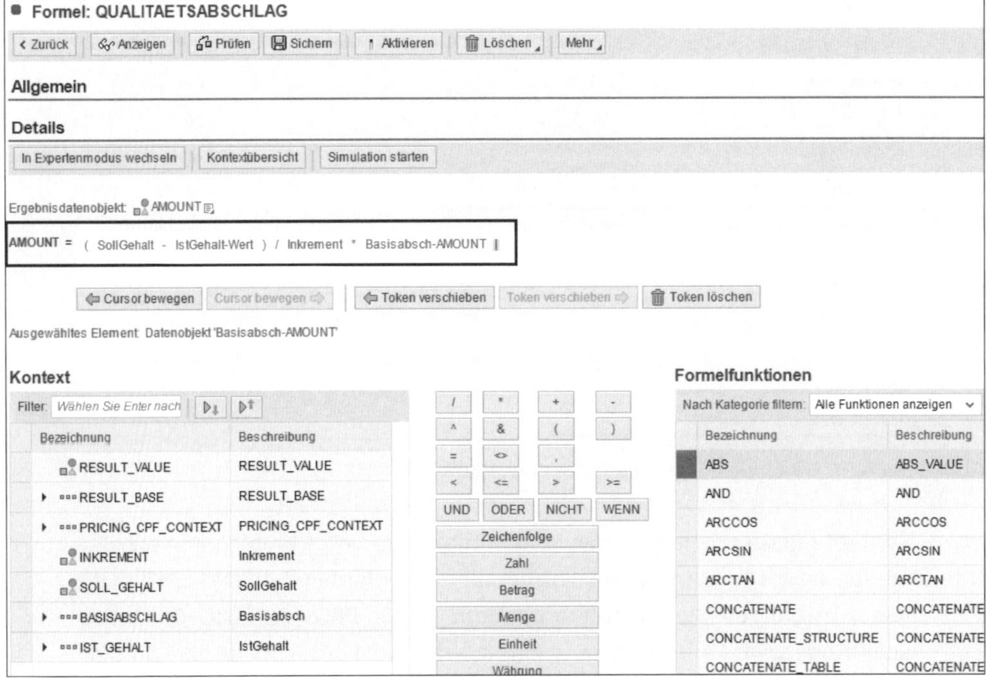

Abbildung 4.43 Berechnungsformel im BRFplus anlegen

Sichern und aktivieren Sie die BRFplus-Funktion, und kehren Sie zu Ihrer CPF-Formel zurück. Der BRFplus-Funktionsname erscheint jetzt in der Formel (siehe Abbildung 4.44). Wenn Sie auf den Namen oder auf den rechten Button oben klicken, können Sie jederzeit wieder in die BRFplus-Funktion verzweigen und Änderungen oder Ergänzungen vornehmen. Sie können über den Button mit der geöffneten Kette die BRFplus-Funktion auch entfernen und durch eine andere ersetzen.

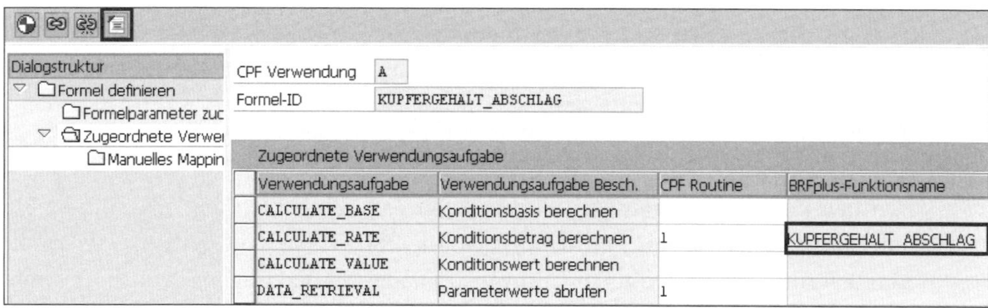

Abbildung 4.44 Verwendungsaufgaben der Formel mit zugeordneter BRFplus-Funktion

Zuletzt geben Sie unter der Verwendungsaufgabe DATA_RETRIEVAL die Routinennummer »1« ein. Dadurch werden für alle Parameter die im Katalog zugeordneten Datenquellenroutinen ausgeführt. Das ist wichtig, da ansonsten unser tatsächlicher Kupfergehalt vom System nicht ermittelt würde. Sie sichern nun und haben damit die Pflege der Formel abgeschlossen.

Zuordnung einer CPF-Formel zu einem Konditionssatz

Wir möchten, dass die Preisfindung unsere Formel automatisch beim Verkauf von Kupferkonzentrat findet. Dazu müssen Sie einen Konditionssatz anlegen, der die Formel enthält. Damit eine Kondition überhaupt CPF-Formeln nutzen darf, müssen Sie vorher im Customizing der Konditionsart das Kennzeichen **CPF-fähig** setzen (siehe den Abschnitt »CPF-fähig« in Abschnitt 4.2.3, »Konditionsart«, und in Abbildung 4.45). Erst dann können Sie der Kondition in der Konditionssatzpflege (oder später auch im Beleg) eine CPF-Formel zuordnen.

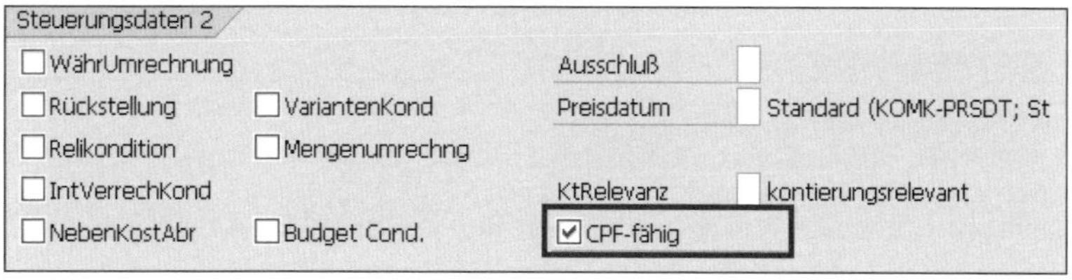

Steuerungsdaten 2
WährUmrechnung | Ausschluß
Rückstellung | VariantenKond | Preisdatum | Standard (KOMK-PRSDT; St
Relikondition | Mengenumrechng
IntVerrechKond | KtRelevanz | kontierungsrelevant
NebenKostAbr | Budget Cond. | CPF-fähig

Abbildung 4.45 Konditionsart für die CPF-Formel freischalten

In unserem Beispiel haben wir das für unsere Konditionsart ZGEH getan und legen jetzt einen Konditionssatz für Kupferkonzentrat an (siehe Abbildung 4.46).

Verkaufsorganisation 0001 Verkaufsorg. 0001
Vertriebsweg 01 Vertriebsweg 01

Material

Material	Bezeichnung	Betrag	Einh.	pro	ME	R..	B..	Gültig ab	bis
TST1_CU_CONC	Kupferkonzentrat (konfiguri...		%			A		15.11.2013	31.12.9999

Abbildung 4.46 Konditionssatz anlegen

Über den kleinen eingerahmten Button oben rechts in Abbildung 4.46 ordnen Sie dem Konditionssatz eine CPF-Formel zu. Markieren Sie dazu die gewünschte Konditionszeile, und klicken Sie auf den Button. Im nächsten Bild tragen Sie unsere Formel »KUPFERGEHALT_ABSCHLAG« ein und bestätigen die Eingabe (siehe Abbildung 4.47). Das System liest die Formel aus dem Customizing und bietet Ihnen die Formelparameter zur Pflege an.

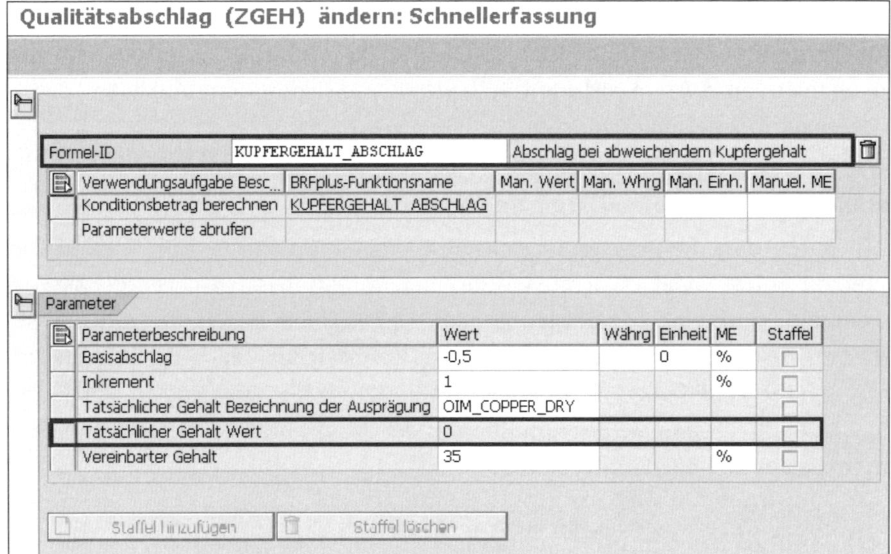

Abbildung 4.47 Formel im Konditionssatz anlegen

Geben Sie allen Parametern die Werte, die wir im Beleg vorschlagen lassen wollen. Wenn Sie sich Abbildung 4.47 genauer anschauen, sehen Sie, dass der Wert des tatsächlichen Gehalts nicht eingabebereit ist. Das liegt daran, dass dieser Wert über eine Datenquelle ermittelt wird. Ein manueller Wert würde von der Datenquelle immer wieder überschrieben und ist daher nicht erlaubt.

Nach dem Speichern des Konditionssatzes sind wir fertig und können unser Szenario testen.

Test des Szenarios

Wir legen einen Auftrag für Kupferkonzentrat an und schauen uns das Preisfindungsergebnis in Abbildung 4.48 an.

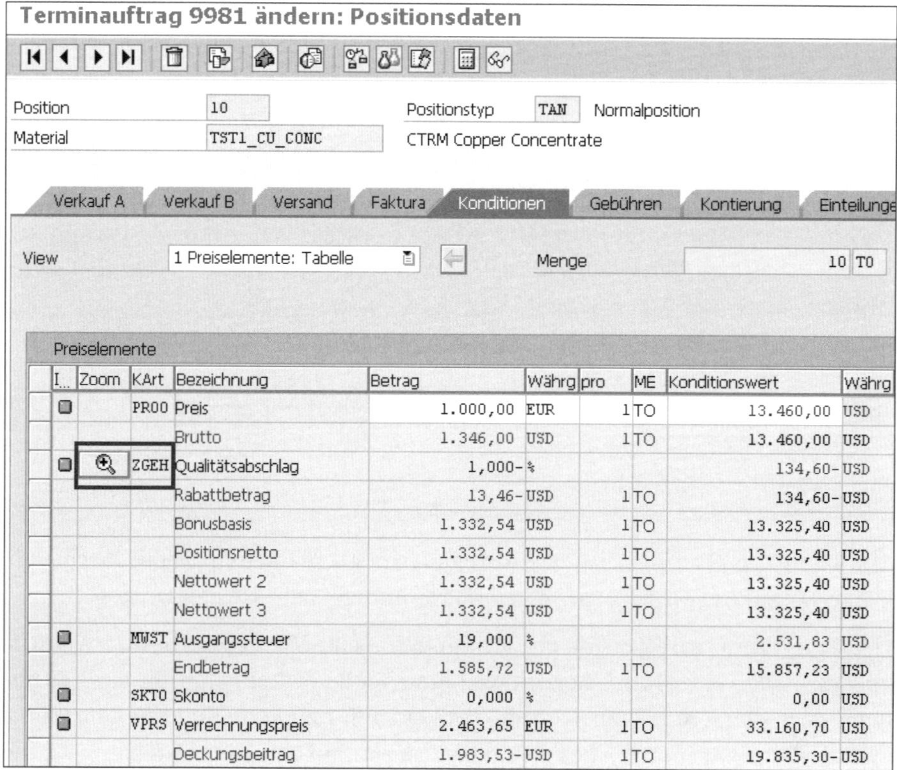

Abbildung 4.48 Preisergebnis: Mit der Lupe zur CPF-Formel verzweigen

Vor der ZGEH-Kondition befindet sich ein Lupensymbol. Wenn Sie daraufklicken, verzweigen Sie in die Detailsicht der zugeordneten CPF-Formel. Hier finden Sie das Formelergebnis und die Parameter mit ihren Werten (siehe Abbildung 4.49). Der tatsächliche Kupfergehalt wurde, wie gewünscht, durch die Datenquellenroutine ermittelt und der Abschlag daraus errechnet.

Sie könnten bei Bedarf die manuellen Parameterwerte anpassen oder auch die gesamte Formel austauschen. Parameterwerte, die automatisch ermittelt werden, sind dagegen auch hier nicht überschreibbar.

Dagegen können Sie die Ergebnisse aller aktiven Verwendungsaufgaben (außer **Parameterwerte abrufen**) durch einen manuellen Wert übersteuern. (Die entsprechenden Felder sind in Abbildung 4.49 ganz rechts nur zum Teil sichtbar.) Diese Möglichkeit ist wichtig, da die CPF einen manuellen Betrag im Übersichtsbild der Preisfindung immer wieder überschreiben würde. Wie Sie in Abbildung 4.48 sehen, ist das Betragsfeld dort daher geschlossen. Damit ist unser Beispiel abgeschlossen.

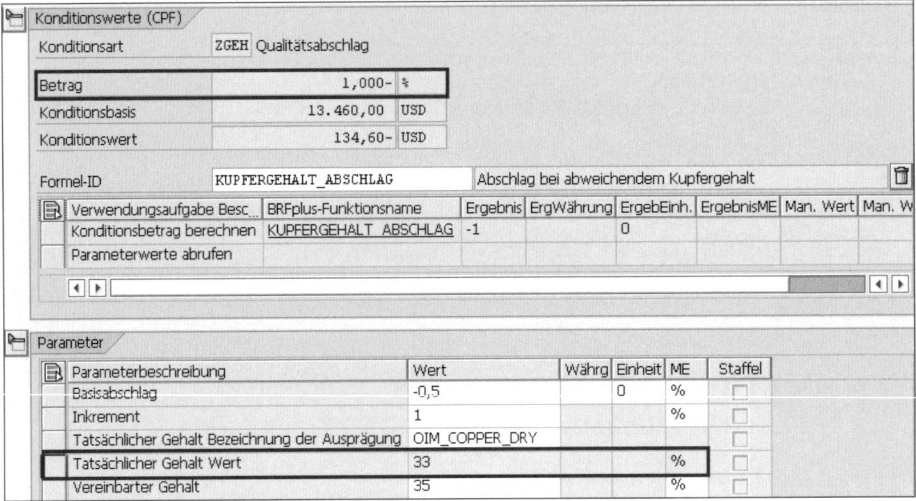

Abbildung 4.49 CPF-Formel im Beleg

Bevor wir uns als Nächstes die CPF-Einstellungsmöglichkeiten im Detail anschauen, erklären wir kurz, wie CPF-Formeln in der Preisfindung abgearbeitet werden.

Im Findungsschritt wird geprüft, ob eine Kondition eine CPF-Formel besitzt. Wenn ja, wird diese in den Beleg hineinkopiert. Während der Berechnung nimmt die Preisfindung immer zuerst die Datenermittlung vor, auch für kopierte Konditionen. Damit basiert das Ergebnis immer, auch z. B. in der Faktura, auf aktuellen Daten.

Nach der Standardberechnung der Konditionsbasis (aber noch vor der Ausführung einer eventuellen Basisformel) wird die Verwendungsaufgabe zur Basisberechnung prozessiert. Das heißt, Sie können mithilfe einer Preisformel das Ergebnis der CPF noch einmal überschreiben oder auch Parameterwerte für weitere Berechnungen in die Preisfindung übernehmen.

Es mag im ersten Augenblick erstaunlich erscheinen, dass nicht die Betragsberechnung an erster Stelle erfolgt, schließlich haben die Einheiten des Betrags unmittelbar Einfluss auf die Konditionsbasis. Jedoch würde das bedeuten, dass die CPF-Betragsermittlung vor der Auswertung der Staffeln stattfinden müsste, die in der Preisfindung erst nach der Basisermittlung erfolgt. Das ist jedoch nicht sinnvoll, weil sonst eine hinterlegte Staffel den CPF-Betrag überschreiben würde. SAP hat sich daher entschlossen, die Betragsermittlung erst nach der potenziellen Übernahme von Staffelwerten vorzunehmen. Bis dahin entspricht der Konditionsbetrag dem im Konditionssatz hinterlegten Wert. Ändern sich die Einheiten der Kondition durch die CPF-Formel, berechnet die Preisfindung die Basis neu. Sie sollten diesen Ablauf im Hinterkopf behalten, wenn Sie in einer Verwendungsaufgabe von den Ergebnissen anderer CPF-Verwendungsaufgaben Gebrauch machen wollen.

Die Wertberechnung der CPF wird ebenfalls nach der Standardwertberechnung, aber vor der Wertformel durchgeführt.

4.5.2 Elemente der konfigurierbaren Parameter und Formeln im Detail

Nachdem wir im vorangegangenen Abschnitt die Verwendung von CPF-Formeln beispielhaft erläutert haben, wollen wir uns jetzt mit den Details beschäftigen, um dann später die Möglichkeiten der CPF auch wirklich ausnutzen zu können. Das gesamte Customizing finden Sie im IMG über den Pfad **(IMG •) Vertrieb • Grundfunktionen • Preisfindung • Konfigurierbare Parameter und Formeln in der Preisfindung** (siehe Abbildung 4.50).

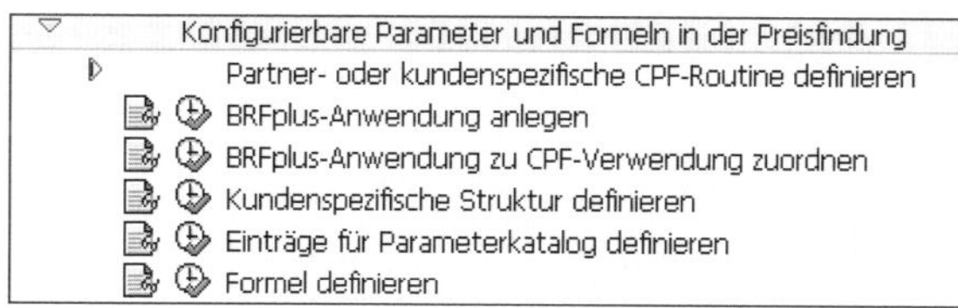

Abbildung 4.50 Customizing für konfigurierbare Parameter und Formeln

BRFplus-Anwendung anlegen

Wenn Sie im Rahmen der CPF das Business Rules Framework nutzen wollen, sollten Sie eine oder mehrere Anwendungen im BRFplus anlegen, in denen Sie Ihre Funktionen ordnen und speichern können. Wählen Sie dazu die entsprechende Aktivität im IMG aus (siehe Abbildung 4.50). Geben Sie im Pflegebild einen Namen und eine passende Beschreibung Ihrer Anwendung an, und speichern Sie sie in Ihrem Entwicklungspaket. Es ist wichtig, dass Sie den Ablagetyp **Customizing** beibehalten, damit das Transportverhalten der BRFplus-Funktionen dem der CPF-Formeln entspricht. Außerdem müssen Sie in der Anwendung unter **Eigenschaften** im Feld **Klasse für Anwendungsentwicklung** den Klassennamen »CL_PR_CPF_BRFPLUS_APPL_EXIT« eingeben. Damit werden notwendige Mengen- und Währungsumrechnungen vom BRFplus an die Preisfindung delegiert, und es wird sichergestellt, dass die dort verfügbaren Informationen, wie z. B. der Währungskurs oder manuelle Umrechnungsfaktoren, genutzt werden. Im Zweifel schauen Sie sich die ausgelieferte Anwendung CPF1 an.

BRFplus-Anwendung zuordnen

Als Nächstes müssen Sie eine Ihrer Verwendungen als Standardvorschlag der CPF zuordnen. Diese wird beim Anlegen einer BRFplus-Funktion aus der Formelpflege als Zielanwendung vorgeschlagen.

Kundenspezifische Strukturen

Anschließend wenden wir uns den kundenspezifischen Strukturen zu. Sie haben eine dieser Strukturen, nämlich SAP_QUALITY, schon kennengelernt. Kundenspezifische Strukturen ähneln Strukturen im DDIC, nur werden sie nicht dort, sondern im Customizing der CPF angelegt. Parameter, die kundenspezifische Strukturen referenzieren, haben damit ein wohldefiniertes Set von Komponenten oder *Unterparametern*, auf die wir z. B. in Datenquellen programmieren können. Wir verdeutlichen dies anhand eines kleinen Beispiels (siehe Abbildung 4.51).

Kundenspez. Struktur SAP_REFERENCE_RATE

Komponenten der kundenspezifischen Struktur

Komp. der kundensp. Struktur	Beschreib.	Beschreibung (lang)	Referenzierte Datenart
COND_TYPE	KondArt	Konditionsart	KSCHL
ITEM_NO	PosNr.	Positionsnummer	KPOSN
RATE	Preis	Betrag	CPFS_PRICE_RATE

Abbildung 4.51 Kundenspezifische Struktur SAP_REFERENCE_RATE

Betrachten wir die zweite von SAP ausgelieferte Struktur SAP_REFERENCE_RATE in Abbildung 4.51. Sie soll den Betrag einer Referenzkondition enthalten können und besteht aus den Komponenten COND_TYPE für den Namen der referenzierten Konditionsart, ITEM_NO für die Positionsnummer und RATE für den Konditionsbetrag. Nehmen wir an, dass Sie in einer Formel die Beträge von zwei Konditionen verarbeiten möchten. Sie legen dazu zwei Parameter A und B an, die beide die Struktur SAP_REFERENCE_RATE referenzieren. Beiden Parametern wird die Datenquellenroutine 2 zugewiesen, die eine andere Kondition im Preisergebnis liest. Die Datenroutine erhält vom System bei kundenspezifischen Strukturen nur die Komponenten eines Parameters und kann daher jeden Parameter des Typs SAP_REFERENCE_RATE verarbeiten, da dieser immer die Unterparameter COND_TYPE, ITEM_NO und RATE besitzt.

Kundenspezifische Strukturen sorgen auch dafür, dass ein Parameter genau die Felder enthält, die er benötigt, ohne dass man sich beim Anlegen eines weiteren Parameters darüber erneut Gedanken machen müsste.

Kundenspezifische Strukturen legen Sie über den Pfad **(IMG •) Vertrieb • Grundfunktionen • Preisfindung • Konfigurierbare Parameter und Formeln in der Preisfindung • Kundenspezifische Strukturen definieren** an. Sie bestehen aus einem Namen, einer Beschreibung und ihren Komponenten, für die Sie aus den Datenelementen des DDIC oder den elementaren Datentypen der CPF wählen können.

Parameterkatalog

Im Parameterkatalog, den Sie über den Pfad **(IMG •) Vertrieb • Grundfunktionen • Preisfindung • Konfigurierbare Parameter und Formeln in der Preisfindung • Einträge für Parameterkatalog definieren** finden, legen Sie die Parameter an, die Ihnen beim Aufbau einer Formel zur Verfügung stehen sollen. Ein Parameter besteht aus seinem Namen, einer Beschreibung, seiner Referenzdatenart und, falls nötig, einer Datenquelle. Die Referenzdatenart bestimmt die technische Struktur des Parameters. Sie können dabei aus Datenelementen des DDIC, elementaren Datentypen der CPF und kundenspezifischen Strukturen wählen.

Wenn der Wert des Parameters oder eines Unterparameters automatisch während der Preisfindung ermittelt werden soll, muss dem Parameter eine Datenquelle zugeordnet werden. Bei der Datenquelle handelt es sich um ein BAdI mit verschiedenen Implementierungen, die sich anhand ihrer Filterwerte unterscheiden lassen. Dieser Filterwert wird auch als *Routinennummer* bezeichnet. Ihre eigene Implementierung des BAdIs `BADI_PR_CPF_DATA_SOURCE` müssen Sie der CPF über den Pfad **(IMG •) Vertrieb • Grundfunktionen • Preisfindung • Konfigurierbare Parameter und Formeln in der Preisfindung • Partner- oder Kundenspezifische CPF-Routine definieren • Datenquellenroutine definieren** bekannt machen.

Das System prüft bei der Zuordnung zum Parameter, ob die ebenfalls dort hinterlegte Schnittstelle der Routine mit dem Parameter kompatibel ist.

Sie können jedem Parameter nur eine Datenquelle zuordnen. Sollten Sie also sehr komplexe Parameter definieren, müssen Sie unter Umständen auch eine dedizierte Datenquellenroutine vorsehen, die alle gewünschten Unterparameter versorgt.

Vielleicht ist Ihnen in Abbildung 4.37 oben der Hinweis auf die CPF-Verwendung A aufgefallen. Ähnlich wie die Konditionstechnik könnte die CPF potenziell zu verschiedenen Zwecken eingesetzt werden, da die zugrunde liegenden Strukturen sehr allgemein sind. Momentan ist das jedoch nicht der Fall.

Formeln anlegen

Auch die Customizing-Aktivität zum Anlegen von CPF-Formeln über den Pfad **(IMG •) Vertrieb • Grundfunktionen • Preisfindung • Konfigurierbare Parameter und Formeln in der Preisfindung • Formel definieren** haben Sie in unserem Beispiel schon kennengelernt. Allerdings haben Sie noch nicht von allen Möglichkeiten Gebrauch gemacht. Sie wissen aber schon, dass sich eine Formel aus einem Satz von Parametern und einem Satz von Verwendungsaufgaben zusammensetzt.

Für jede benötigte Verwendungsaufgabe können Sie eine Routinennummer hinterlegen, die wie bei den Datenquellen einer BAdI-Implementierung entspricht. Zusätzlich können Sie eine BRFplus-Funktion zuordnen, falls die Implementierung im Customizing entsprechend gekennzeichnet ist. Dazu muss das Kennzeichen **BRFplus aktiv.** (BRFplus aktiviert) im IMG-Knoten **(IMG •) Vertrieb • Grundfunktionen • Preisfindung • Konfigurierbare Parameter und Formeln in der Preisfindung • Partner- oder Kundenspezifische CPF-Routine definieren • Datenquellenroutine definieren** gesetzt sein (siehe Abbildung 4.52).

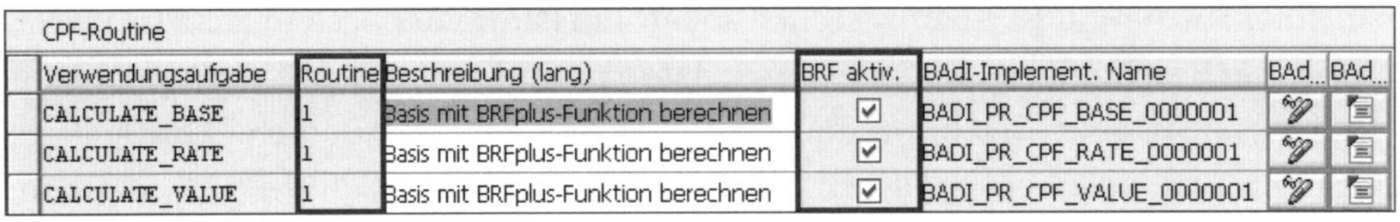

CPF-Routine

Verwendungsaufgabe	Routine	Beschreibung (lang)	BRF aktiv.	BAdI-Implement. Name	BAd...	BAd...
CALCULATE_BASE	1	Basis mit BRFplus-Funktion berechnen	☑	BADI_PR_CPF_BASE_0000001		
CALCULATE_RATE	1	Basis mit BRFplus-Funktion berechnen	☑	BADI_PR_CPF_RATE_0000001		
CALCULATE_VALUE	1	Basis mit BRFplus-Funktion berechnen	☑	BADI_PR_CPF_VALUE_0000001		

Abbildung 4.52 CPF-Routinen für Verwendungsaufgaben definieren

Wir haben in unserem Beispiel eine BRFplus-Funktion aus der Formel heraus angelegt. Es ist auch möglich, eine bereits bestehende Funktion zuzuordnen. Dabei kann es sein, dass die Komponenten in der BRFplus-Funktion nicht den gleichen Namen haben wie die Parameter in der CPF-Formel. In diesem Fall müssen Sie in der Formel ein Mapping hinterlegen. Das System wird Sie, falls nötig, darauf hinweisen.

Nehmen wir an, dass wir neben der Formel aus unserem Beispiel KUPFERGEHALT_ABSCHLAG eine weitere Formel für Gold anlegen wollen, für die die gleiche Berechnung gilt. Natürlich hätten wir unsere Kupferformel gleich etwas neutraler benennen können, aber wir wollten es unseren Nutzern bei der Suche nach der richtigen Formel einfach machen. Wir legen daher eine neue Formel an und benennen die Gehaltsparameter diesmal mit »IST_GEHALT_GOLD« und »SOLL_GEHALT_GOLD«, verwenden aber die gleiche BRFplus-Funktion. Die jetzt erforderlichen Einträge zum Mapping können Sie sich in Abbildung 4.53 anschauen.

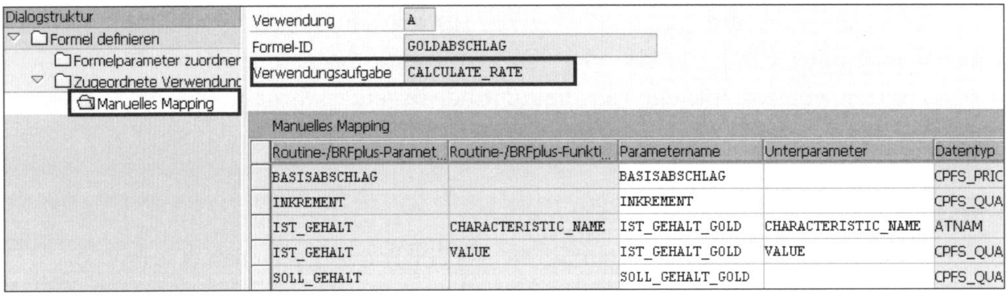

Dialogstruktur
- Formel definieren
  - Formelparameter zuordner
  - Zugeordnete Verwendunc
    - Manuelles Mapping

Verwendung: A
Formel-ID: GOLDABSCHLAG
Verwendungsaufgabe: CALCULATE_RATE

Manuelles Mapping

Routine-/BRFplus-Paramet...	Routine-/BRFplus-Funkti...	Parametername	Unterparameter	Datentyp
BASISABSCHLAG		BASISABSCHLAG		CPFS_PRIC
INKREMENT		INKREMENT		CPFS_QUA
IST_GEHALT	CHARACTERISTIC_NAME	IST_GEHALT_GOLD	CHARACTERISTIC_NAME	ATNAM
IST_GEHALT	VALUE	IST_GEHALT_GOLD	VALUE	CPFS_QUA
SOLL_GEHALT		SOLL_GEHALT_GOLD		CPFS_QUA

Abbildung 4.53 Mapping-Einträge

Die Liste der Parameter beim Mapping muss vollständig sein. Sie beinhaltet daher auch Parameter, deren Namen auf beiden Seiten gleich sind, wie z. B. den Basisabschlag.

Staffeln

Eine weitere Funktion, die wir bisher noch nicht näher betrachtet haben, sind die Staffeln in CPF-Formeln. Wie Sie in Abbildung 4.39 sehen, kann für jeden Parameter das Kennzeichen **Staffel** gesetzt werden. Was es damit auf sich hat, erläutern wir wieder anhand eines Beispiels. Wir vereinbaren in unserem Kupferverkauf, den Basisabschlag stufenweise zu erhöhen, falls der gelieferte Kupfergehalt gewisse Grenzen unterschreitet.

Dazu legen Sie eine Kopie unserer Formel unter dem neuen Namen »KUPFERGEHALT_ABSCHLAG_STAFFEL« an, und markieren für den Parameter **Basisabschlag** das Kennzeichen **Staffel** (siehe Abbildung 4.54).

Dialogstruktur
- Formel definieren
  - Formelparameter zuordnen
  - Zugeordnete Verwendungsaufgabe
    - Manuelles Mapping

CPF Verwendung: A
Formel-ID: KUPFERGEHALT_ABSCHLAG_STAFFEL

Formelparameter zuordnen

Parametername	Unterparameter	Staffel	Ergebnis
BASISABSCHLAG		☑	☐
INKREMENT		☐	☐
IST_GEHALT	CHARACTERISTIC_NAME	☐	☐
IST_GEHALT	VALUE	☐	☐
RESULT_BASE		☐	☑
RESULT_RATE		☐	☑
RESULT_VALUE		☐	☑
SOLL_GEHALT		☐	☐

Abbildung 4.54 Parameter für Staffeln freischalten

In der Konditionspflege markieren Sie in der Formel den Basisabschlag und klicken auf den Button **Staffel hinzufügen** (siehe Abbildung 4.55). Jetzt müssen Sie den Parameter angeben, der als Staffelbasis dienen soll. In unserem Fall ist das der Wert des tatsächlichen Kupfergehalts. Außerdem müssen Sie eine Auswertungsroutine wählen. Sie definiert, ähnlich wie die Staffelart aus Abschnitt 4.2.3, »Konditionsart«, die Gültigkeit des *Staffelstufenwertes* und berechnet das Staffelergebnis. In unserem Beispiel wählen wir eine Ab-/Bis-Staffel, bei der das Ergebnis der Staffel dem Wert der gültigen Staffelstufe entspricht. Zuletzt legen Sie die Staffelstufen an. Dazu müssen Sie für jede Stufe auf den Button **Anlegen** klicken. Bei der ersten Stufe können Sie sich entscheiden, ob Sie eine Ab- oder eine Bis-Staffel haben wollen. Außerdem legen Sie hier sowohl die Einheiten der Staffelstufen als auch die Einheiten der Staffelstufenwerte fest. Die Spalte **Inkrement** ist für eine Ab-/Bis-Staffel ohne Bedeutung und wird vom System automatisch mit dem Wert »1« belegt. Wir werden auf das Inkrement später noch zurückkommen, wenn wir Ihnen die anderen verfügbaren Staffelroutinen vorstellen.

Im Beleg ermittelt das System den Basisabschlag nun aus der Staffel. Das Feld selbst kann dann manuell nicht mehr geändert werden. Wichtig ist noch, dass alle in einer Formel definierten Staffeln in den Standardroutinen 1 der Verwendungsaufgaben vor der BRFplus-Funktion ausgewertet werden. Das Ergebnis steht also im BRFplus zur Verfügung. Sie sollten aber beachten, dass die Reihenfolge der Auswertung zufällig ist. Brauchen Sie in Ihrer Formel eine bestimmte sequenzielle Abarbeitung, weil z. B. die

Staffelbasis der einen Staffel vom Ergebnis einer anderen Staffel abhängt, sollten Sie eine eigene Routine für die entsprechende Verwendungsaufgabe in Betracht ziehen.

Zuletzt sei noch kurz auf das Attribut **Staffel nicht aktiv** in Abbildung 4.55 hingewiesen. Damit können Sie Staffeln beispielhaft in den Stammdaten vorschlagen, es aber dem Nutzer im Beleg überlassen, ob er die Staffel tatsächlich benötigt. Wenn das Attribut gesetzt ist, wird die Staffel nicht ausgewertet.

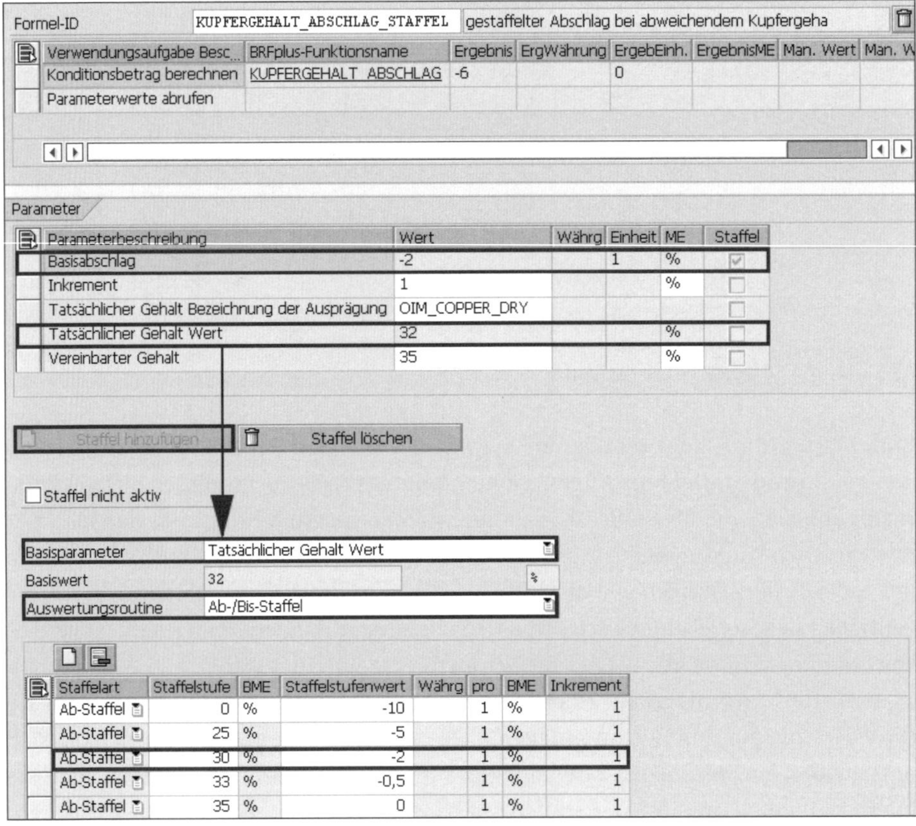

Abbildung 4.55 Staffel im Beleg. Der tatsächliche Kupfergehaltehalt im Beleg dient als Staffelbasis.

4.5.3 Kundenindividuelle Anpassungen in konfigurierbaren Parametern und Formeln

Die CPF bietet mit der Einbindung des Business Rules Frameworks eine hohe Flexibilität, um ohne Programmierung eine Vielzahl von Anforderungen abzudecken. Vielleicht kommen Sie aber doch hier und da an den Punkt, wo das nicht auszureichen scheint. Die CPF stellt daher einige Möglichkeiten bereit, um die ausgelieferten Routinen durch eigene Implementierungen zu ergänzen.

Bevor Sie aber darangehen, neue Routinen zu programmieren, sollten Sie die mannigfaltigen Möglichkeiten des BRFplus prüfen. Manchmal kann es schon ausreichend sein, die Kontextdaten der Struktur PRCS_PRICING_CPF_CONTEXT durch ein APPEND zu erweitern und so dem BRFplus weitere Informationen zur Verfügung zu stellen. Wenn Sie dabei den Feldnamen in der APPEND-Struktur identisch zu den Feldnamen der Kommunikationsstrukturen KOMK und KOMP oder der Konditionszeile KOMV wählen, wird der Inhalt automatisch an die Kontextstruktur weitergereicht.

Sollte sich auch damit keine Lösung finden lassen, können Sie an den folgenden Stellen über eine eigene BAdI-Implementierung eingreifen. Verwenden Sie dabei die dafür vorgesehenen Namensräume.

Namensräume für CPF-Routinen

- 0000000 – 0009999 (Standardroutine)
- 0010000 – 0019999 (industriespezifische Routinen)
- 0020000 – 0029999 (Partnerroutinen)
- 0030000 – 0099999 (Kundenroutinen)
- 0100000 – 9999999 (bisher ungenutzt)

Datenquellenroutinen

In den Datenquellenroutinen legen Sie die automatische Ermittlung von Parameterwerten ab. Dahinter verbirgt sich das BAdI `BADI_PR_CPF_DATA_SOURCE`.

Wenn Sie eine eigene Implementierung angelegt haben, müssen Sie diese über den Menüpfad **(IMG •) Vertrieb • Grundfunktionen • Preisfindung • Konfigurierbare Parameter und Formeln in der Preisfindung • Partner- oder Kundenspezifische CPF-Routine definieren • Datenquellenroutine definieren** über den Button **Neue Einträge** der CPF bekannt machen (siehe Abbildung 4.56). Erst dann können Sie Ihre Routine im Parameterkatalog verwenden.

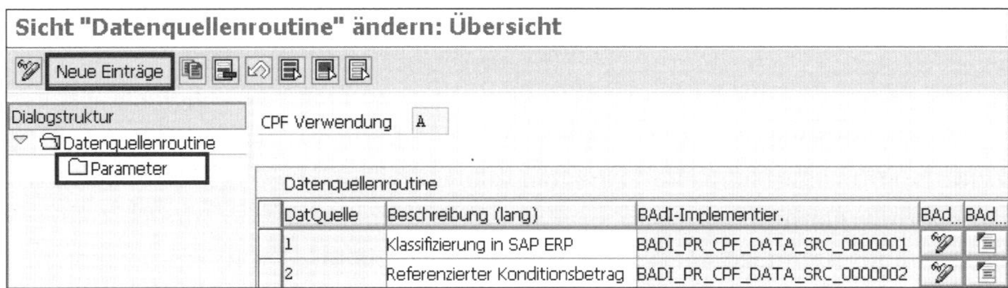

Abbildung 4.56 Datenquellenroutinen eintragen

Wenn einem Parameter eine Datenquellenroutine zugeordnet ist, erhält die Routine bei ihrem Aufruf in der Tabelle `it_dtsrc_param` den Parameternamen und seinen Wert. Falls der Parameter über eine kundenspezifische Struktur definiert ist, enthält die Tabelle nicht den Parameternamen selbst, sondern die Liste der Namen und Werte der Unterparameter. Die Werte aller (Unter)parameter können Sie in der Routine anpassen.

Da die Schnittstelle des BAdIs sehr allgemein ist, kann man der einzelnen Routine nicht ansehen, welche Parameter sie benötigt. Daher müssen Sie für Ihre Routinen zusätzlich eine explizite Schnittstelle angeben. Sie tun das, indem Sie links im Pflegebaum in Abbildung 4.56 zu den Parametern Ihrer Routine navigieren und dort die nötigen Informationen eintragen. Indem Sie die Checkbox **Ausgabe** markieren, können Sie ebenfalls hinterlegen, welchen Parameter die Implementierung tatsächlich ermittelt (siehe Abbildung 4.57). Dieser wird bei der Formelpflege nicht eingabebereit sein.

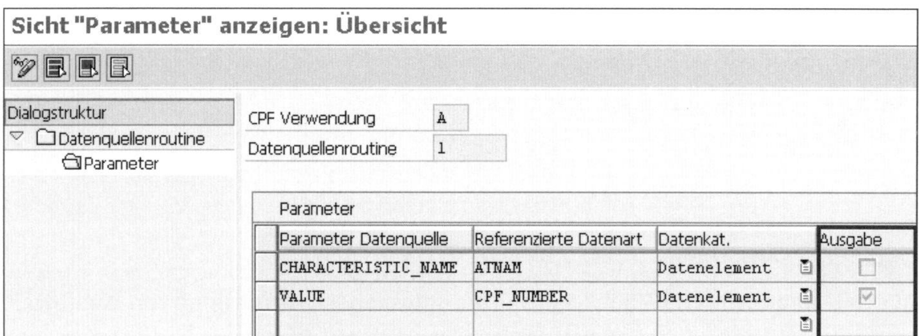

Abbildung 4.57 Parameter einer Datenquellenroutine pflegen

Die Angabe der tatsächlichen Schnittstelle hat noch eine andere Funktion: Sie wird im Parameterkatalog dazu genutzt, die »Verträglichkeit« eines Parameters mit seiner Datenquellenroutine zu prüfen.

CPF-Routinen für Verwendungsaufgaben

Hinter den Verwendungsaufgaben liegen die folgenden Business Add-ins:

- `badi_pr_cpf_base` für die Verwendungsaufgabe `calculate_base` zur Berechnung einer Konditionsbasis
- `badi_pr_cpf_rate` für die Verwendungsaufgabe `calculate_rate` zur Berechnung eines Konditionsbetrags
- `badi_pr_cpf_value` für die Verwendungsaufgabe `calculate_value` zur Berechnung eines Konditionswerts
- `badi_pr_cpf_data_rtrvl` für die Verwendungsaufgabe `data_retrieval` zur Beschaffung der Parameterwerte

Für alle Exits gelten ebenfalls die oben angegebenen Namensräume. Und auch hier können Sie Implementierung und Schnittstelle im Customizing unter **(IMG •) Vertrieb • Grundfunktionen • Preisfindung • Konfigurierbare Parameter und Formeln in der Preisfindung • Partner- oder Kundenspezifische CPF-Routine definieren • CPF-Routine definieren** pflegen. Die Angabe der Schnittstelle ist wichtig, wenn bei der Formeldefinition ein Mapping notwendig ist. Dann kann das System die Parameter der Implementierung in der F4-Hilfe anzeigen.

Wollen Sie für Ihre Implementierung eine BRFplus-Funktion in der Formel hinterlegen können, markieren Sie das Feld **BRF aktiv** (siehe Abbildung 4.52).

Für alle Verwendungsaufgaben liefert SAP die Standardimplementierung 1 aus. Außer bei der Datenermittlung wertet sie alle Staffeln aus und ruft danach die zugeordnete BRFplus-Funktion auf.

[«]

Staffel- und Datenermittlung

In den Standardroutinen werden bei jeder Preisfindung, die nicht der Anzeige dient, Datenermittlung und Staffelauswertung neu durchlaufen. Dies gilt auch in der Fakturierung.

Der SAP-Standard für die Datenbeschaffung durchläuft für alle Parameter die hinterlegte Datenquellenroutine.

Routinen zur Staffelauswertung

Hinter den Routinen zur Staffelauswertung verbirgt sich das Business Add-in `badi_cpf_scale_evaluation`. Hier können Sie eigene Regeln zur Berechnung des Staffelergebnisses definieren. Derzeit liefert SAP drei Implementierungen aus.

Ab-/Bis-Staffel

Die Ab-/Bis-Staffel entspricht in ihrer Funktionalität den Staffelarten A und B, wie Sie sie aus der Pflege der Konditionsart kennen (siehe Abbildung 4.58).

Staffelart	Staffelstufe	BME	Staffelstufenwert	Währg	pro	BME
Ab-Staffel	0	%	-10		1	%
Ab-Staffel	25	%	-5		1	%
Ab-Staffel	30	%	-2		1	%
Ab-Staffel	33	%	-0,5		1	%
Ab-Staffel	35	%	0		1	%

→

Intervall	Wert
0%–25%	–10%
25%–30%	–5%
30%–33%	–2%
33%–35%	–0,5%
35 %–...%	–0%

Abbildung 4.58 Das Staffelintervall schließt den nächstgrößeren Ab-Wert nicht mit ein.

Intervallstaffel

Die Intervallstaffel entspricht im Prinzip der Staffelart D (Bruttogewichtsstaffel) aus der Konditionsartenpflege. Allerdings werden in der CPF nicht die einzelnen Anteile als separate Konditionszeilen dargestellt. Stattdessen berechnet die CPF aus den Stufen und deren Werten einen Mittelwert, wobei die Einzelwerte mit dem Anteil der Staffelbasis gewichtet werden, der auf die entsprechende Stufe entfällt (siehe Abbildung 4.59).

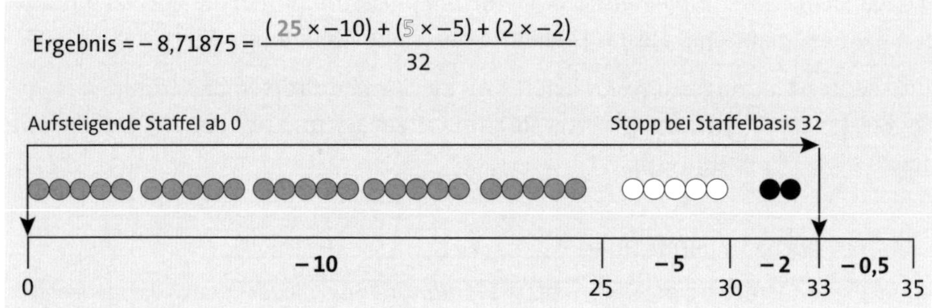

Abbildung 4.59 Einfache Intervallstaffel innerhalb der konfigurierbaren Parameter und Formeln berechnen

Die CPF bietet einige zusätzliche Möglichkeiten, die wir Ihnen anhand unseres bekannten Beispiels aus Abschnitt 4.5.1, »Umsetzung eines einfachen Szenarios mit konfigurierbaren Parametern und Formeln«, erklären wollen.

Wir erinnern uns, dass wir einen Kupfergehalt von 35 % vereinbart hatten. Nur wenn der Gehalt geringer ist, soll es einen Preisabschlag geben – und zwar für jeden Prozentpunkt zwischen 35 % und 33 % um 0,5 %, zwischen 33 % und 30 % um 2 %, zwischen 30 % und 25 % um 5 % und für alles darunter um 10 %. Dazu legen wir erst eine Staffel wie in Abbildung 4.60 an und wählen im Feld **Auswertungsroutine** die Option **Intervallstaffel** aus. Jetzt erscheinen zwei zusätzliche Felder auf dem Screen: **Start aufst. Staffel** und **Start abst. Staffel**. Mit diesen Feldern können wir festlegen, dass unsere Staffel bei 35 % starten soll und absteigend ist, also zu kleineren Staffelstufen hin ausgewertet wird.

Das System rechnet jetzt alle Intervalle zwischen 35 % und der Staffelbasis aus. Bei einer Staffelbasis von 32 % bedeutet dies, dass für jeden Prozentpunkt zwischen 35 % und 33 % anteilig ein Abschlag von –0,5 % und für jeden Prozentpunkt zwischen 33 % und 32 % ein Abschlag von –2 % fällig wird (siehe Abbildung 4.61). Anders ausgedrückt, werden die ersten 2 % der Abweichung mit je 0,5 % Abschlag bestraft und das letzte % Abweichung mit 2 %. In der Summe ergibt sich damit ein mittlerer Abschlag von (35 –33) ÷ 3 × 2 × –0,5 % + (33 – 32) ÷ 3 × –2 % = –1 % für die Gesamtabweichung von 3 %.

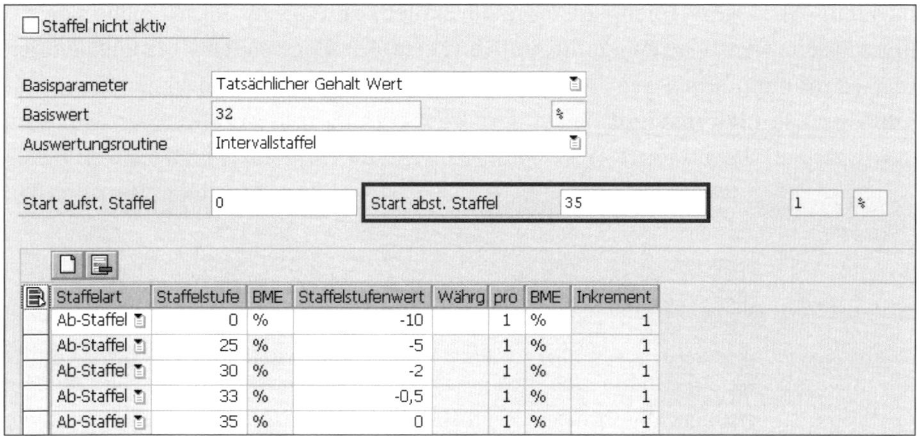

Staffel nicht aktiv

Basisparameter: Tatsächlicher Gehalt Wert
Basiswert: 32 %
Auswertungsroutine: Intervallstaffel

Start aufst. Staffel: 0 | Start abst. Staffel: 35 | 1 %

Staffelart	Staffelstufe	BME	Staffelstufenwert	Währg	pro	BME	Inkrement
Ab-Staffel	0	%	-10		1	%	1
Ab-Staffel	25	%	-5		1	%	1
Ab-Staffel	30	%	-2		1	%	1
Ab-Staffel	33	%	-0,5		1	%	1
Ab-Staffel	35	%	0		1	%	1

Abbildung 4.60 Definition einer Staffel mit Startwert (35%) und Richtung (absteigend)

Dass das System den Abschlag pro Prozentpunkt berechnet, wird übrigens durch das Inkrement bestimmt, das wir mit 1 % in der Staffel angegeben haben. Hätten wir für das Inkrement z. B. den Wert 0,5 % gewählt, wäre der Gesamtabschlag –2 %.

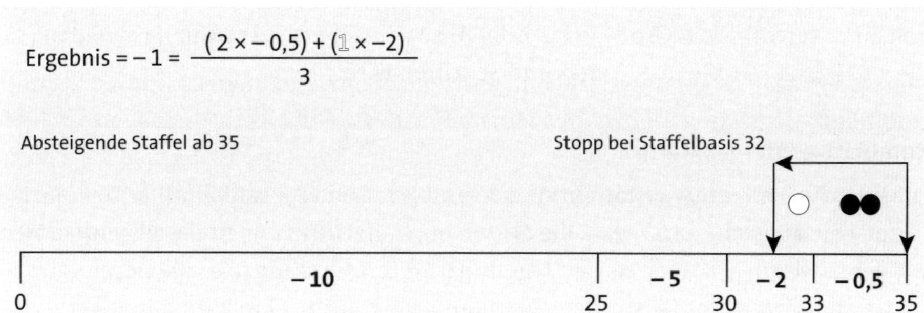

Abbildung 4.61 Intervallstaffel mit gesetztem Feld »Start absteigende Staffel« berechnen

Bisher haben wir nur **Start abst. Staffel** genutzt. Was passiert aber, wenn wir auch bei **Start aufst. Staffel** einen Wert eintragen? Im Prinzip erlaubt uns das, in einer Staffel zwei separate Teilstaffeln und einen »neutralen« Bereich zwischen den beiden Startwerten abzubilden, in dem das Staffelergebnis immer null bleibt.

Betrachten wir das Beispiel in Abbildung 4.62. Befindet sich die Staffelbasis unterhalb des Startwertes der absteigenden Staffeln, werden nur Staffelstufen mit kleineren Werten für die Berechnung berücksichtigt. Ist die Staffelbasis größer als der Startwert der aufsteigenden Staffel, werden nur Staffelstufen oberhalb des Startwertes berücksichtigt. Liegt die Staffelbasis dazwischen, ist der Staffelwert gleich null. Konkret heißt das in unserem Beispiel, dass bei einer Staffelbasis von 32 % der Staffelwert immer noch zu –1 % ausgerechnet wird. Wäre die Staffelbasis dagegen 43 %, ergäbe sich ein Ergebnis von (42 % – 40 %) × 2 ÷ 3 × 0,5 % + (43 % – 42 %) × 1 ÷ 3 × 2 % = +1 %. Wieder haben wir die Staffelwerte pro 1 % Abweichung berechnet (Inkrement) und für den Gesamtwert anteilig aufaddiert.

Intervall	Wert
0% – 25%	– 10%
25% – 30%	– 3%
30% – 33%	– 2%
33% – 35%	– 0,5%
35% – 40%	– 0%
40% – 42%	+0,5%
42% – 45%	+2%
45% – 50%	+3%
50% – 100%	+10%

=

Intervall	Wert
0% – 25%	– 10%
25% – 30%	– 3%
30% – 33%	– 2%
33% – 35%	– 0,5%

Intervall	Wert
40% – 42%	+0,5%
42% – 45%	+2%
45% – 50%	+3%
50% – 100%	+10%

Abbildung 4.62 Staffel mit aufsteigendem, neutralem und absteigendem Bereich

Das sieht erst mal recht kompliziert aus, ist aber hilfreich, wenn man Abweichungen von einer vereinbarten Größe in Zu- oder Abschläge übersetzen will – je nachdem, ob die vereinbarte Größe über- oder unterschritten wird.

Kumulative Intervallstaffel

Die kumulativen Intervallstaffeln sind den Intervallstaffeln sehr ähnlich. Der einzige Unterschied besteht darin, dass die einzelnen Staffelstufen nicht anteilig aufaddiert werden, sondern absolut. Das heißt, es findet keine Mittelung über die Gesamtabweichung statt. Für unser Beispiel aus Abbildung 4.62 würde eine kumulative Intervallstaffel einen Wert von –3 % für 32 % Kupfer und +3 % für 43 % Kupfer ermitteln.

Umgang mit CPF-Feldern im Pricing UI

Nach den doch recht schwierigen Staffelauswertungsroutinen können wir uns jetzt beim BAdI `BADI_PRICING_CPF_UI_FIELD` ein wenig erholen. Dieses bietet die Möglichkeit, Ein- und Ausgabe der Parameterwerte zu kontrollieren. Sie können hier für jede Referenzdatenart aus dem Parameterkatalog eine [F4]-Hilfe hinterlegen, die Eingabe prüfen oder eine Konvertierung zwischen internem und externem Format vornehmen. Die Referenzdatenart dient dabei als Filterwert. Für die Prüfung und Eingabehilfe benötigen Sie vermutlich in der Implementierung Kontextdaten aus der Preisfindung. Sie können dazu den Baustein `PRICING_GET_KOMK_KOMP_XKOMV` verwenden, der Sie mit dem aktuellen Stand von KOMK, KOMP und XKOMV versorgt.

4.6 Anbindung an die Ergebnis- und Marktsegmentrechnung (CO-PA)

Ziel der *Ergebnis- und Marktsegmentrechnung* (CO-PA) ist es, auf einem bestimmten Ergebnisobjekt ein Ergebnis durch Datenübernahme aus dem Vertrieb auszuweisen. Dabei unterscheidet die Ergebnisrechnung zwei unterschiedliche Verfahren: die buchhalterische und die kalkulatorische Ergebnisrechnung. Beide Verfahren können parallel eingesetzt werden.

Beim Einsatz des buchhalterischen CO-PA werden nur echte (in FI gebuchte) Konditionen in CO-PA übernommen. Als einzige Aktivität zur Übernahme dieser Informationen in die Ergebnisrechnung müssen daher die verwendeten Konten (z. B. Erlös- und Erlösschmälerungskonten) als CO-relevante Konten gesteuert werden.

Bei der kalkulatorischen Ergebnisrechnung können Daten bereits beim Auftragseingang an CO-PA übergeben werden. Dabei wird für jede Auftragsposition ein Einzelposten mit einem Ergebnisrechnungsbeleg erzeugt. Das Gleiche geschieht bei der Fakturierung. Auch hier wird pro Fakturaposition ein Einzelposten erzeugt. Für die Auswertbarkeit der Daten ist hier jedoch Voraussetzung, dass die relevanten Mengen- und Wertfelder des Vertriebsbelegs entsprechenden Mengen- und Wertfeldern des Controllings zugeordnet werden.

Wenn Sie beim Einsatz der kalkulatorischen Ergebnisrechnung einen ersten Auftrag fakturieren, der die in diesem Kapitel neu angelegte Konditionsart Z501 (Kundengruppenrabatt) enthält, kommt es deshalb aufgrund dieser fehlenden Zuordnung beim Versuch, die Faktura in die Buchhaltung überzuleiten, zu einem Fehler, zu dem Sie eine qualifizierte Fehlermeldung erhalten (siehe Abbildung 4.63).

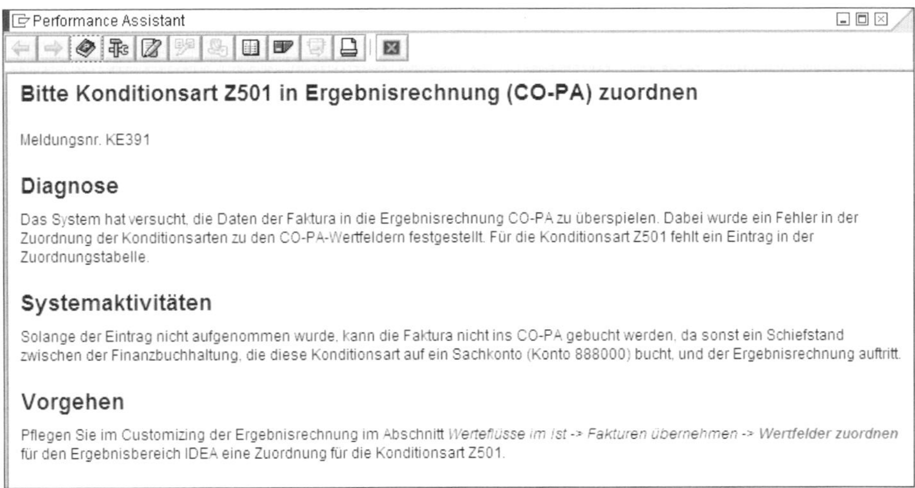

Abbildung 4.63 Fehlermeldung bei fehlender CO-PA-Zuordnung

Sie können aus der Fehlermeldung direkt in den entsprechenden Customizing-Dialog abspringen. Die zugehörigen Einstellungen erreichen Sie aber auch über den Menüpfad **(IMG •) Controlling • Ergebnis- und Marktsegmentrechnung • Werteflüsse im Ist • Fakturen übernehmen • Wertfelder zuordnen.**

Es würde sich für die Konditionsart Z501 eine Zuordnung zum Wertfeld VV030 (**Kundenrabatt**) anbieten (siehe Abbildung 4.64).

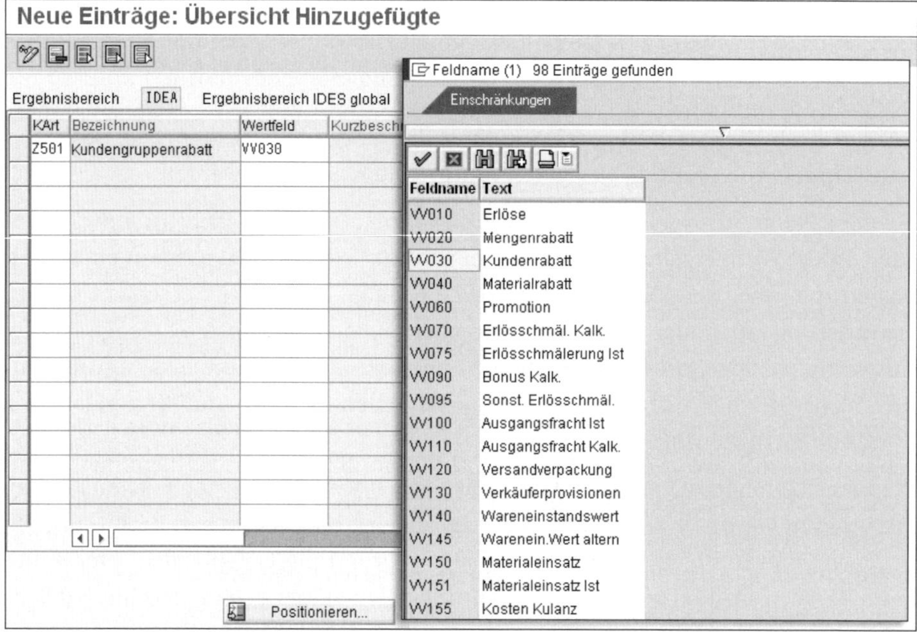

Abbildung 4.64 Zuordnung der Konditionsart zum Wertfeld

Nach dem Sichern dieser Zuordnung steht der Überleitung der Faktura an die Buchhaltung nichts mehr im Wege.

4.7 Fazit

In diesem zentralen Kapitel haben Sie die Prinzipien der Konfiguration der Preisfindung am Beispiel der Umsetzung eines kundenindividuellen Szenarios kennengelernt. Anschließend haben wir Ihnen die Elemente der Preisfindung im Detail vorgestellt, um die Grundlagen für unsere weiteren Ausführungen zu legen. Dazu gehörte auch eine Einführung in die kundenindividuellen Anpassungen, die notwendig werden können, wenn man das Standard-Customizing »ausgereizt« hat. Diese Thematik ist vielschichtig und erfordert ein »Hineinwachsen« in die technischen Grundlagen –

angereichert mit Tipps und Tricks –, die wir Ihnen in Teil III, »Weiterführende technische Grundlagen, Tipps und Tricks«, dieses Buches vermitteln. Das Finden der optimalen Lösung für eine gegebene Aufgabenstellung ist oft ein iterativer Prozess, den der Einsteiger, ebenso wie auch der erfahrene Berater, durchlaufen muss, um sich neue Teilbereiche zu erschließen.

Auf dem Weg zu Teil III, »Weiterführende technische Grundlagen, Tipps und Tricks«, fahren wir nun fort mit Kapitel 5, »Arbeiten mit Konditionssätzen«, denn der nächste Schritt nach der Konfiguration eines Preisfindungsszenarios ist das Bereitstellen entsprechend ausgeprägter Konditionsstammdaten.

Kapitel 5
Arbeiten mit Konditionssätzen

Nachdem wir Ihnen zuvor bereits die Werkzeuge zur Konditionspflege vorgestellt haben, beschäftigen wir uns in diesem Kapitel mit besonderen Fragestellungen rund um die Arbeit mit Konditionssätzen.

Nachdem wir Ihnen in Kapitel 2, »Konditionsstammdaten der Preisfindung«, die verschiedenen Pflegewerkzeuge vorgestellt haben, beschäftigen wir uns jetzt mit einigen Fragestellungen rund um die tägliche Arbeit mit Konditionssätzen. Wir gehen auf die folgenden Möglichkeiten ein:

- den (optionalen) Freigabestatus
- Massenänderungen mit dem *Anlegen mit Bezug* und *Rundungsformeln*
- das Kopieren von Konditionssätzen
- das Nutzen der Konditionspflege über Bereichsmenüs
- weitere Funktionen innerhalb der Konditionspflege, wie z. B. das Löschen von Konditionssätzen und die Nachverfolgung von Änderungen an Konditionssätzen

5.1 Freigabestatus

Die Funktion des Freigabestatus wurde ab Release SAP R/3 4.5 zur Verfügung gestellt und bietet die Möglichkeit, Konditionssätze mit einem Sperrstatus zu versehen, der ihre Verwendbarkeit einschränkt. So können Konditionssätze z. B. so lange gesperrt werden, bis der Vertriebsleiter diese genehmigt hat.

Um den Freigabestatus für Konditionssätze nutzen zu können, muss beim Anlegen der zugrunde liegenden Konditionstabelle das Attribut **mit Freigabestatus** markiert werden. Da man dieses Attribut nicht nachträglich für bestehende Konditionstabellen setzen kann, wurde auch ein Beispielreport SD_MOVE_A004_TO_A304 ausgeliefert, mit dem man auf Wunsch die Daten der Datenbanktabelle A004 (Material ohne Freigabestatus) in die Datenbanktabelle A304 (mit Freigabestatus) umkopieren kann. Für andere Tabellenkombinationen kann der Report kopiert und inhaltlich entsprechend angepasst werden. So wurden neben der Konditionstabelle 304 im Zusammenhang mit dem neuen Freigabestatus auch die Konditionstabellen 305 und 306 – ebenfalls jeweils mit Freigabestatus – ausgeliefert. Diese entsprechen den Konditionstabellen 004, 005 und 006, die in der Zugriffsfolge PR00 (Preis) enthalten sind, und wurden zum Aufbau der analogen Zugriffsfolge PR02 (Preis mit Freigabestatus) verwendet. Wenn Sie also bei der Konditionsart PR00 (Preis) von der ursprünglichen Zugriffsfolge PR00 (Preis ohne Freigabestatus) auf die neue Zugriffsfolge PR02 (Preis mit Freigabestatus) umstellen wollten, müssten Sie die Konditionstabellen 005 bzw. 006 mithilfe von entsprechend angepassten Kopien des genannten Reports SD_MOVE_A004_TO_A304 in die Tabellen 305 bzw. 306 umkopieren (lassen). Schauen wir nun uns an, welche zusätzlichen Möglichkeiten Sie durch den Freigabestatus erhalten.

5.1.1 Ausprägungen des Freigabestatus

Für den Freigabestatus gibt es vier vordefinierte Ausprägungen:

- _ (Leerzeichen) – **freigegeben**
- A – **gesperrt**
- B – **freigegeben für die Preissimulation**
- C – **freigegeben für Preissimulation und Planung**

Für die Preisfindung in den Vertriebsbelegen werden nur solche Konditionen herangezogen, die den Freigabestatus **freigegeben** (**SPACE**) besitzen. Konditionssätze, die einen der anderen Status tragen, werden nicht berücksichtigt. Allerdings erkennt sie die Preisfindungsanalyse und zeigt sie als gesperrt an. Konditionssätze mit der Ausprägung **B** oder der Ausprägung **C** werden bei der Nettopreisliste (Report SDNETPRO) berücksichtigt.

Konditionssätze mit der Ausprägung **C** fließen darüber hinaus auch in der Planung in die Ergebnis- und Marktsegmentrechnung (CO-PA) mit ein.

5.1.2 Freigabestatus bei Konditionssätzen

Um den Freigabestatus bei Konditionssätzen einsetzen zu können, müssen zuvor im Customizing der Preisfindung noch sogenannte *Bearbeitungsstatus* definiert und einem der vier Freigabestatus zugeordnet werden (siehe Abbildung 5.1). Die zugehörigen Einstellungen erreichen Sie über den Menüpfad **(IMG •) Vertrieb • Grundfunktionen • Preisfindung • Bearbeitungsstatus definieren**.

Nach der Zuordnung können diese Bearbeitungsstatus in der Konditionspflege verwendet werden. Durch das Setzen eines Bearbeitungsstatus wird dann automatisch der zugeordnete Freigabestatus im Konditionssatz gesetzt (siehe Abbildung 5.2).

Neue Einträge: Übersicht Hinzugefügte

Customizing der Bearbeitungsstatus

Bearb.stat	Bezeichnung	Freigabestatus
FR	frei	freigegeben
GE	gesperrt	A gesperrt
		freigegeben
		freigegeben

Abbildung 5.1 Bearbeitungsstatus zu den Freigabestatus zuordnen

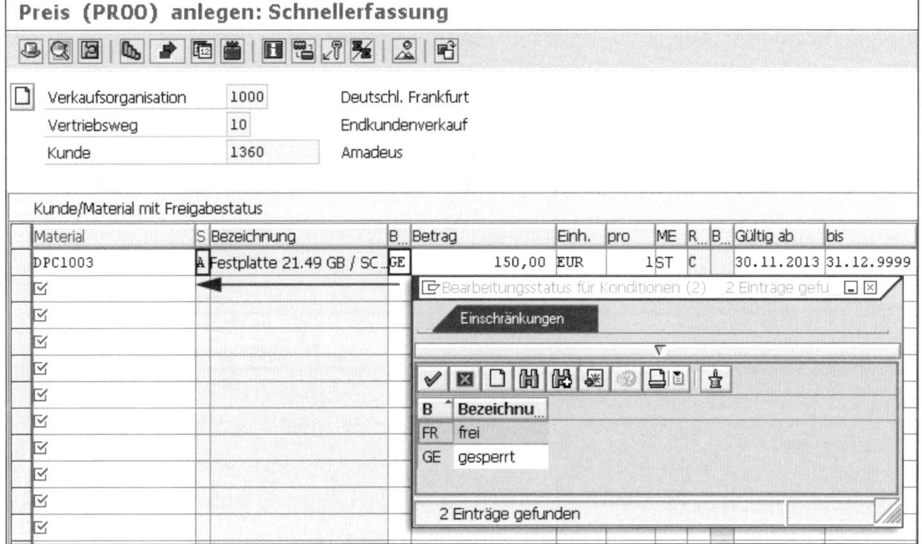

Abbildung 5.2 Bearbeitungsstatus setzen

Neben dem direkten Eintragen während der Konditionspflege kann der Freigabestatus noch in Verbindung mit einer Absprache gesetzt werden.

5.1.3 Sonderfall des Freigabestatus in Verbindung mit Absprachen

Der Freigabestatus in Verbindung mit Absprachen funktioniert auch für Konditionsarten, die das Feld **Freigabestatus** nicht im Schlüssel des Konditionssatzes haben. Der Freigabestatus kann hier direkt (d. h. ohne den »Umweg« über den Bearbeitungsstatus) eingetragen werden.

Die Pflege des Freigabestatus erfolgt in der Verkaufsaktion im Bereich **Vorschlagswerte**. Dieser Status wird für alle in der Absprache enthaltenen Konditionssätze gesetzt und kann dort lokal nicht geändert werden. Ein Vorschlagswert für den Freigabestatus kann im Customizing der Abspracheart hinterlegt werden.

Wird bei der Pflege einzelner Konditionssätze (etwa über Transaktion VK12 im Bild **Zusatzdaten**) einem Konditionssatz eine Verkaufsaktion zugeordnet, wird auch für diesen Satz der Freigabestatus aus der Verkaufsaktion verwendet.

Der Freigabestatus von Konditionen einer Absprache kann nur geändert werden, wenn der Konditionssatz den Freigabestatus im Schlüssel enthält und die Absprache den Freigabestatus **freigegeben** hat.

Ansonsten hat der Konditionssatz immer den Freigabestatus der Absprache.

Nun wird es ein bisschen kompliziert: Falls Bearbeitungsstatus definiert wurden, die ja genau einem Freigabestatus zugeordnet sind, wird innerhalb einer Absprache für Konditionen mit Freigabestatus der entsprechende Bearbeitungsstatus über den Freigabestaus der Absprache gesetzt. (Sollten mehrere Bearbeitungsstatus einem Freigabestatus zugeordnet sein, erhält der Konditionssatz den (alphabetisch) ersten passenden Eintrag als Bearbeitungsstatus.) Der Bearbeitungsstatus, den Konditionen von einer Absprache indirekt über den Freigabestatus erhalten haben, kann nur bei freigegebenen Absprachen beliebig geändert werden.

In Abbildung 5.3 haben wir »labormäßig« einmal verschiedene Zustände des Bearbeitungsstatus sichtbar gemacht.

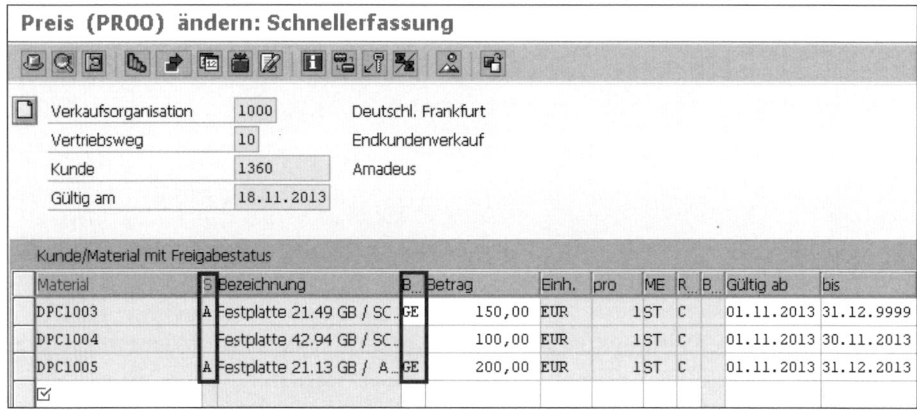

Abbildung 5.3 Verschiedene Zustände des Bearbeitungsstatus

Im Beispiel ist der Bearbeitungsstatus für das Material DPC1003 änderbar, da dieser Konditionssatz keiner Absprache zugeordnet ist. Der Bearbeitungsstatus für das Material DPC1004 ist nicht zugeordnet und nicht änderbar. Denn dieser Konditionssatz wurde einer Absprache mit dem Freigabestatus **gesperrt** zugeordnet, als noch keine Bearbeitungsstatus definiert waren, und konnte damit nicht – wie oben dargestellt – abgeleitet werden. Der Bearbeitungsstatus für das Material DPC1005 ist zugeordnet und nicht änderbar, da dieser Konditionssatz einer Absprache mit dem Freigabestatus **gesperrt** zugeordnet wurde.

Den über die Absprache gesetzten Freigabestatus können Sie im Detailbild des Konditionssatzes überprüfen (siehe Abbildung 5.4).

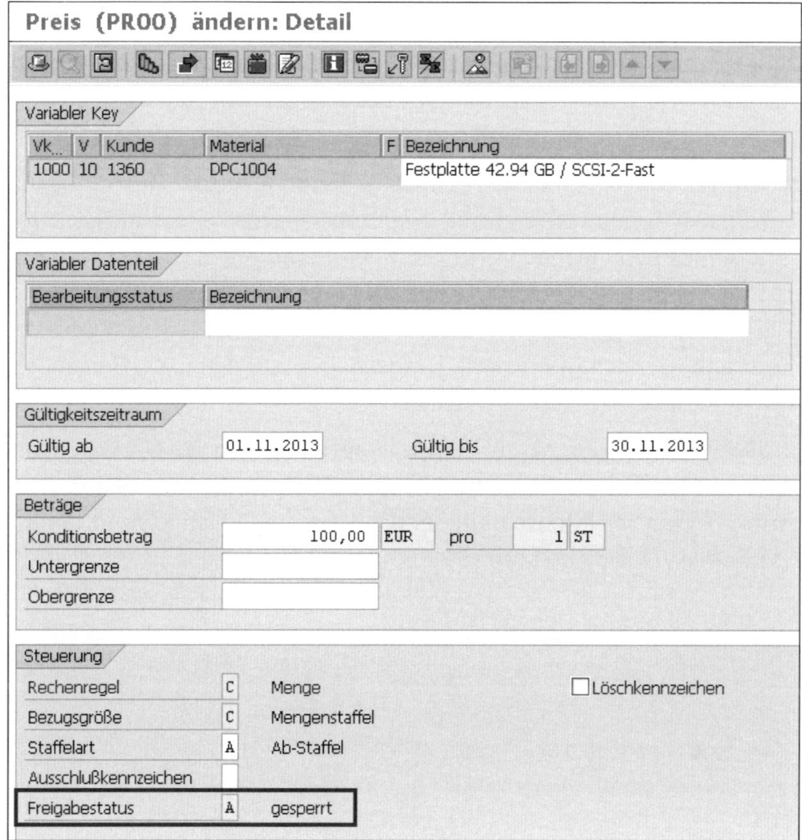

Abbildung 5.4 Freigabestatus im Detailbild

Abschließend sei noch angemerkt, dass ein Business Transaction Event 00503303 (Pflege Konditionen: Übergänge) zur Verfügung steht, mit dem Sie kundenindividuelle Verarbeitungslogiken für den Wechsel des Bearbeitungsstatus realisieren können.

Business Transaction Events

Business Transaction Events hieß die Erweiterungstechnologie, die in der Komponente SD (Vertrieb) nur zum Release SAP R/3 4.5 verwendet wurde. Sie wurde zwar bereits in vorangegangenen Releases der Komponente »erfunden« und eingesetzt, aber durch die mit Release SAP R/3 4.6 aufgekommenen methodenorientierten Business Add-ins (BAdIs) verdrängt. Weitere Details zu den Business Transaction Events finden Sie über den Menüpfad **(IMG •) Vertrieb • Systemanpassung • Business Transaction Events.**

5.2 Massenänderungen/Anlegen mit Bezug

Die Konditionspflege bietet die Möglichkeit, Massenänderungen durchzuführen. Allerdings werden Sie hier nur in seltenen Fällen bestehende Konditionssätze in ihrem aktuellen Gültigkeitszeitraum verändern, etwa wenn Sie einen Fehler korrigieren möchten. In der Regel sollen Änderungen jedoch erst zu einem Stichtag wirksam werden.

Daher selektieren Sie in einem ersten Schritt über die Funktion **Anlegen mit Bezug** die Menge der betroffenen Konditionssätze und legen zunächst ein neues Gültigkeitsintervall an. Da es keine überlappenden Gültigkeitszeiträume geben kann, wird beim Speichern programmgesteuert das Endedatum des vorangegangenen Intervalls auf den letzten Tag vor dem neu angelegten Intervall gesetzt und gegebenenfalls das Beginndatum des nachfolgenden Intervalls (falls vorhanden) auf den nächstfolgenden Tag des aktuellen Gültigkeitszeitraums festgelegt.

Wenn Sie sich diesen Vorgang einmal am Beispiel von Transaktion VK14 (Anlegen mit Bezug) ansehen, wählen Sie zunächst die gewünschte Konditionsart aus, um im nächsten Schritt über die Selektionsparameter die betreffende Menge von Konditionssätzen auszuwählen (siehe Abbildung 5.5).

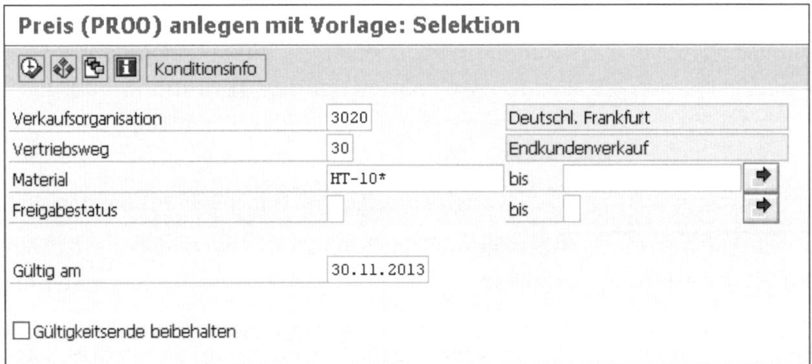

Abbildung 5.5 Anlegen mit Bezug – Selektion der Daten

Über das Feld **Gültig am** werden die Gültigkeitszeiträume der Vorlage-Daten bestimmt. Im unteren Teil des Selektionsbildes finden Sie noch den Schalter **Gültigkeitsende beibehalten**. Wenn dieser Schalter gesetzt ist (= X), wird das Gültigkeitsende der Konditionen aus den Vorlage-Konditionen übernommen. Ist dieser Schalter nicht aktiviert, wird das Gültigkeitsende der Konditionen aus dem Customizing der Konditionsart vorgeschlagen.

Als Nächstes markieren Sie die gefundenen Konditionssätze und setzen den Gültigkeitszeitraum auf das gewünschte Beginn- und Endedatum. In den meisten Fällen ist das Beginndatum der Stichtag der Preisveränderung und das Endedatum der

31.12.9999 – d. h., das letzte Intervall läuft dann immer »bis auf weiteres«. Wir wählen das Beispiel einer begrenzten Preisveränderung – z. B. vom 01.01.2014 bis zum 31.01.2014 –, um zu beobachten, wie sich der programmgesteuerte Intervallsplit auswirkt (siehe Abbildung 5.6).

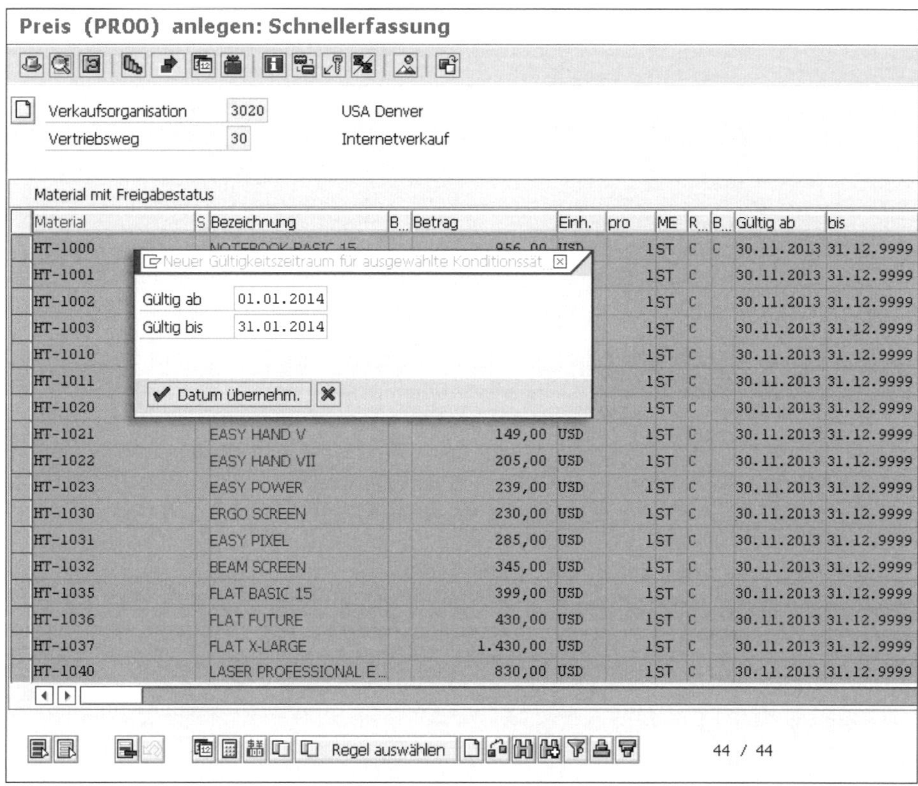

Abbildung 5.6 Anlegen mit Bezug – Gültigkeit ändern

Im nächsten Schritt können Sie nun Transaktion VK12 (Konditionssätze ändern) starten und dort den Selektionsparameter **Gültig am** z. B. auf den Anfang des neu angelegten Intervalls stellen, in dem die Preisveränderung stattfinden soll.

Wenn wir uns nun die Gültigkeitszeiträume für einen der selektierten Konditionssätze ansehen, stellen wir fest, dass – wie vorher beschrieben – drei Gültigkeitszeiträume entstanden sind (siehe Abbildung 5.7).

Wenn Sie die selektierte Menge von Konditionssätzen markieren und den Button (**Betrag ändern**) anklicken, können Sie in einem nachfolgenden Pop-up-Fenster entweder einen **Prozentsatz** oder einen **Absolutbetrag** und gegebenenfalls eine **Rundungsregel** vorgeben (siehe Abbildung 5.8). Nach dieser Änderung wird noch ein Protokoll mit den veränderten Werten angezeigt, und die geänderten Daten können gesichert werden.

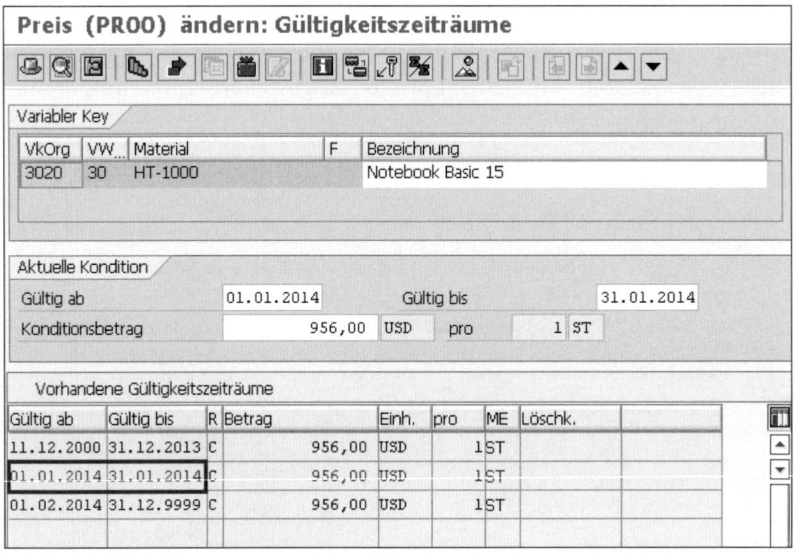

Abbildung 5.7 Anlegen mit Vorlage – Intervallsplit

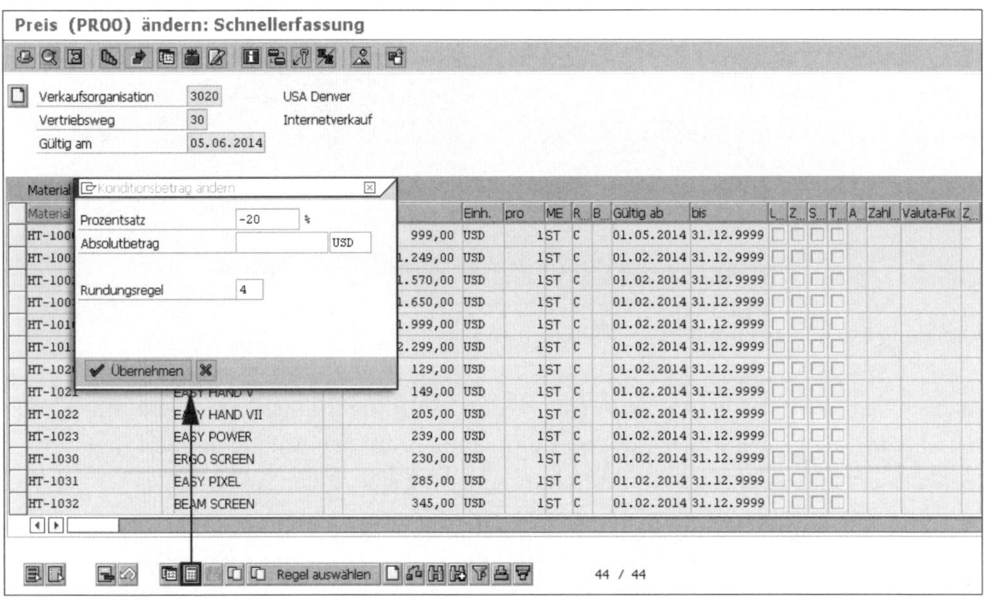

Abbildung 5.8 Anlegen mit Vorlage – Konditionsbetrag ändern

Aufgrund der gewählten Situation der begrenzten Preisveränderung vom 01.01.2014 bis zum 31.01.2014 mit dem dadurch bedingten Intervallsplit ergibt sich nun der in Abbildung 5.9 gezeigte Zustand.

Abbildung 5.9 Anlegen mit Bezug – Zustand nach der Änderung

Die gewählte Rundungsregel 4 hat dafür gesorgt, dass die geänderten Werte ab der zweiten Nachkommastelle auf null gesetzt wurden. Neben der Regel 4 sind noch drei weitere Rundungsregeln in der SAP-Standardauslieferung enthalten (siehe Abbildung 5.10).

Pflegen: Formeln Rundungsregeln

Pflegen: Formeln Rundungsregeln

Formroutine	Bezeichnung	aktiv	Applikation
1	Nachkommastellen = 9	☑	
2	Letzte Stelle = 9	☑	
3	5 Rappenrundung	☑	
4	ab 2.Nachkommast.= 0	☑	

Abbildung 5.10 Rundungsregeln

Die Rundungsregeln werden wie alle anderen Routinen in der Komponente SD mit Transaktion VOFM (Bedingungen und Formeln pflegen) gepflegt. Die Rundungsregeln finden Sie dort über den Menüpfad **Formeln • Rundungsregeln**.

Da es sich hier um zweistellige Nummern handelt, liegt der Kundennamensraum im Bereich von 50 bis 99. Mittels kundenindividueller Rundungsregeln kann das Verhalten bei der Änderung des Konditionsbetrags in ähnlicher Weise beeinflusst werden.

5.3 Kopieren von Konditionen

Die Kopierfunktion lässt es zu, dass Sie die Daten eines vorhandenen Konditionssatzes in weitere neue Konditionssätze übernehmen, um so den Pflegeaufwand zu reduzieren.

5.3.1 Voraussetzungen

Die Kopierfunktion ist nur dann verfügbar, wenn innerhalb der Konfiguration der Preisfindung die entsprechende Kopiersteuerung für Konditionen eingerichtet ist. Die Einstellungen dazu finden Sie über den Menüpfad **(IMG •) Vertrieb • Grundfunktionen • Preisfindung • Kopiersteuerung für Konditionen**.

Ein bestehender Konditionssatz enthält eine Konditionsart und eine Konditionstabelle, die in der Definition der Kopierregel als *Quellkonditionsart* und *Quellkonditionstabelle* bezeichnet werden. In den Kopierregeln zur Konditionsart wird die mögliche Zuordnung von Quellkonditionsarten zu Zielkonditionsarten vorgenommen (siehe Abbildung 5.11). In der Abbildung sind z. B. der **Konditionsart Quelle** K004 zwei mögliche Zielkonditionsarten zugeordnet, nämlich **Konditionsart Ziel** K004 und K029.

QKAr	Nr	Konditionsart Quelle	Ap	Applikation Ziel	ZKArt	Konditionsart Ziel
K004	01	Material	V	Vertrieb	K004	Material
K004	02	Material	V	Vertrieb	K029	Materialgruppe
K005	01	Kunde/Material	V	Vertrieb	K005	Kunde/Material
K007	01	Kundenrabatt	V	Vertrieb	K007	Kundenrabatt
K007	02	Kundenrabatt	V	Vertrieb	K020	Preisgruppe
K020	01	Preisgruppe	V	Vertrieb	K020	Preisgruppe
K020	02	Preisgruppe	V	Vertrieb	K007	Kundenrabatt
K029	01	Materialgruppe	V	Vertrieb	K029	Materialgruppe
K029	02	Materialgruppe	V	Vertrieb	K004	Material
K030	01	Kunde/MatGrp	V	Vertrieb	K030	Kunde/MatGrp
K032	01	Preisgrp/Mat	V	Vertrieb	K032	Preisgrp/Mat
PR00	01	Preis	V	Vertrieb	PR00	Preis

Abbildung 5.11 Kopierregeln für Konditionsarten

Die Zuordnung von Quellkonditionstabellen zu Zielkonditionstabellen erfolgt in einem zweiten Schritt. Dabei gelten die folgenden Bedingungen:

- Wenn sich die Konditionstabellen von Quell- und Zielkonditionssatz unterscheiden:
  - darf nur ein Feld in den Konditionstabellen unterschiedlich sein
  - müssen die Konditionstabellen die gleiche Anzahl Felder haben
- Bei unterschiedlichen Konditionsarten von Quell- und Zielkonditionssatz müssen die Konditionsarten die gleiche Rechenregel, Bezugsgröße, Konditionsklasse und Vorzeichenregel haben.

Es ist möglich, einer Quellkonditionstabelle mehrere Zielkonditionstabellen zuzuordnen, wobei dann eine davon als automatischer Vorschlag gekennzeichnet wird. In Abbildung 5.12 ist z. B. zu sehen, dass der Konditionstabelle 004 die Konditionstabellen 004 und 029 zugeordnet sind.

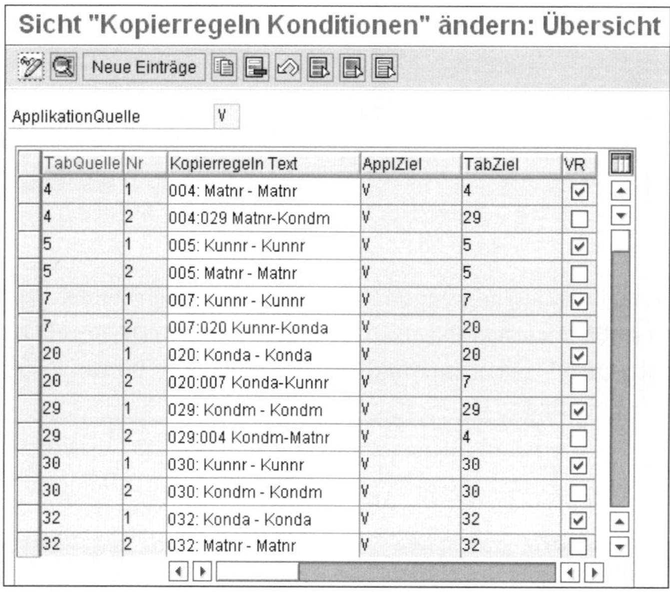

Sicht "Kopierregeln Konditionen" ändern: Übersicht

Neue Einträge

ApplikationQuelle V

TabQuelle	Nr	Kopierregeln Text	ApplZiel	TabZiel	VR
4	1	004: Matnr - Matnr	V	4	☑
4	2	004:029 Matnr-Kondm	V	29	☐
5	1	005: Kunnr - Kunnr	V	5	☑
5	2	005: Matnr - Matnr	V	5	☐
7	1	007: Kunnr - Kunnr	V	7	☑
7	2	007:020 Kunnr-Konda	V	20	☐
20	1	020: Konda - Konda	V	20	☑
20	2	020:007 Konda-Kunnr	V	7	☐
29	1	029: Kondm - Kondm	V	29	☑
29	2	029:004 Kondm-Matnr	V	4	☐
30	1	030: Kunnr - Kunnr	V	30	☑
30	2	030: Kondm - Kondm	V	30	☐
32	1	032: Konda - Konda	V	32	☑
32	2	032: Matnr - Matnr	V	32	☐

Abbildung 5.12 Kopierregeln für Konditionen (d. h. Konditionstabellen)

Zu jedem Eintrag im Übersichtsbild gibt es noch eine Detailsicht (siehe Abbildung 5.13).

Hier erfolgt die Zuordnung von Quell- und Zielfeldern. Außerdem wird festgelegt, ob das Gültigkeitsdatum des Quellsatzes in den Zielsätzen vorgeschlagen wird. Darüber hinaus wird ein Selektionsreport zugeordnet, der das Selektionsbild für die Auswahlkriterien steuert, das bei der Anwahl der Kopierfunktion erscheint.

Sie können eigene Selektionsreports definieren, um z. B. individuelle Selektionsparameter zu nutzen. Dafür wird der Standardreport RV15CC01 als Kopier-Vorlage ausgeliefert. In diesem Report finden Sie auch Hinweise für das Anlegen eines neuen Reports im Kundennamensraum.

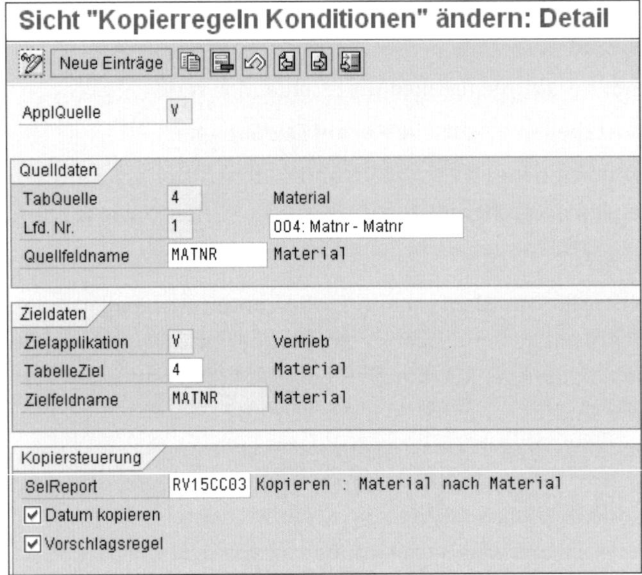

Abbildung 5.13 Kopierregeln für Konditionen – Detailsicht

5.3.2 Anwendungsbeispiel

Aufgrund der zuvor vorgestellten Customizing-Einstellungen ergibt sich beim Kopieren für die Konditionsart K004 (Materialrabatt) die folgende Situation: Die Regel 1 ist als automatische Vorschlagsregel zugeordnet und lässt sich über den Button **Regel auswählen** ändern (siehe Abbildung 5.14).

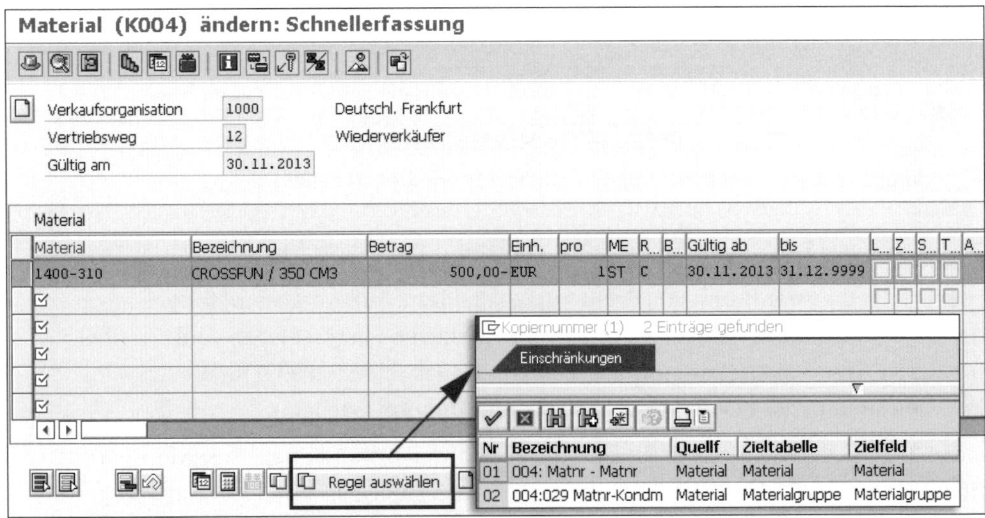

Abbildung 5.14 Kopierregel auswählen (optional)

Wenn Sie die Regel 1 verwenden und den Button (**Kopieren**) anklicken, erscheint das zugeordnete Selektionsbild, durch das die Menge der kopierten Konditionssätze ermittelt wird (siehe Abbildung 5.15).

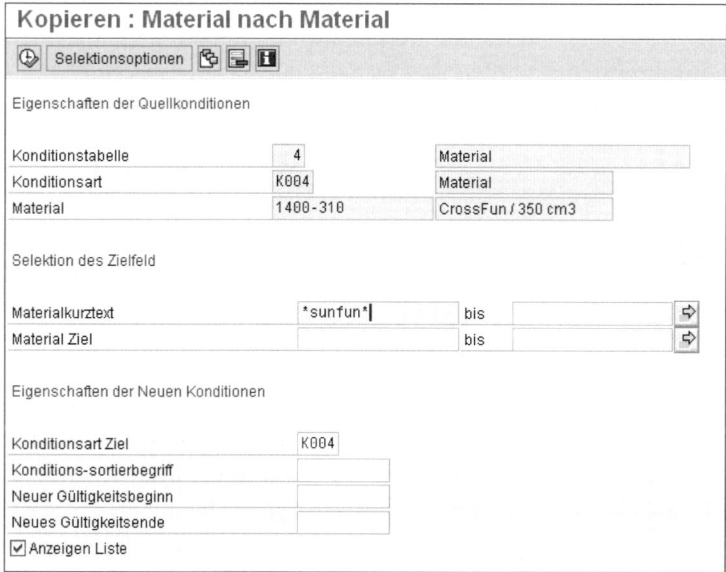

Abbildung 5.15 Selektionsbild beim Kopieren (Regel 1)

Aufgrund der Eingabe werden alle Materialien, die im Kurztext »sunfun« enthalten sind, in der Ergebnisliste vorgeschlagen (siehe Abbildung 5.16). Anschließend werden für die markierten Einträge die entsprechenden Konditionssätze mit dem Wert des Vorlage-Konditionssatzes angelegt.

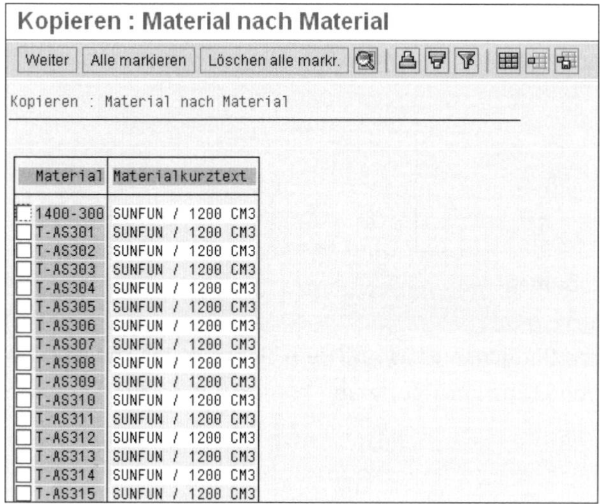

Abbildung 5.16 Kopieren – Ergebnisliste für *sunfun*

Im Prinzip ist das Kopieren eine sehr nützliche Funktion. Wenn aber damit häufiger Aufgabenstellungen wie z. B. »Preise des Kunden A auf die Kunden B und C kopieren« erledigt werden, könnte das ein Indiz dafür sein, dass Sie vielleicht Ihre Konfiguration anpassen sollten. Auf diese Weise können Sie einen Preis z. B. auch auf der Kundengruppenebene ablegen, der dann für die Kunden A, B und C mit der gemeinsamen Kundengruppenzuordnung XY anwendbar ist. Das heißt, Sie haben dann *einen* Konditionssatz für eine Menge von Kunden – anstelle einer Menge von Konditionsätzen für einzelne Kunden.

5.4 Konditionspflege mit Bereichsmenüs

Wie bereits in Abschnitt 2.2, »Konditionspflege über Bereichsmenüs«, angemerkt wurde, können sich im Einzelfall durch besondere Bereichsmenüs interessante Möglichkeiten ergeben. Wir greifen diesen Gedanken hier noch einmal auf.

Die für das folgende Szenario erforderlichen Bereichsmenüs können allerdings nicht von den Fachbereichen gepflegt werden, sondern müssen von der Systemadministration bereitgestellt und ins Produktivsystem transportiert werden.

Die Zuordnung eines Bereichsmenüs kann der Benutzer dann selbst vornehmen. Nach dem Aufruf einer verfügbaren Pflegetransaktion mit Bereichsmenüs (VK11 bis VK34) können Sie sich über **Umfeld • Bereichsmenü-Zuordnung** ein oder mehrere vorhandene Bereichsmenüs selbst zuweisen. Haben Sie mehrere Bereichsmenüs zugeordnet, können Sie in der Spalte **Nummer** die Reihenfolge der resultierenden Menüeinträge bestimmen (siehe Abbildung 5.17).

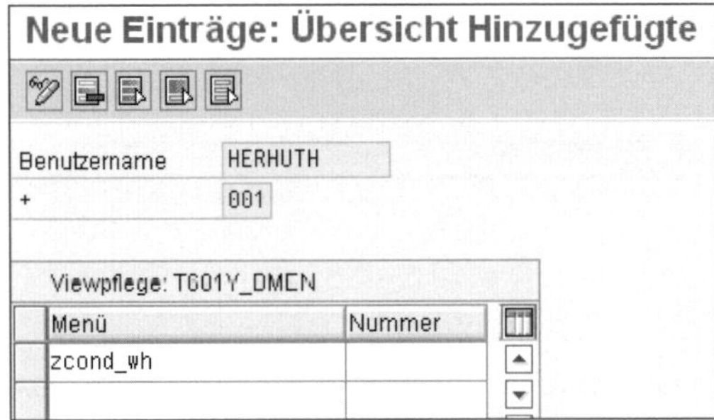

Abbildung 5.17 Bereichsmenüs zuordnen

Nach der Auswahl eines anderen Bereichsmenüs und dem Neustart der Transaktion steht der Inhalt des Bereichsmenüs zur Verfügung und könnte z. B. so aussehen wie in Abbildung 5.18.

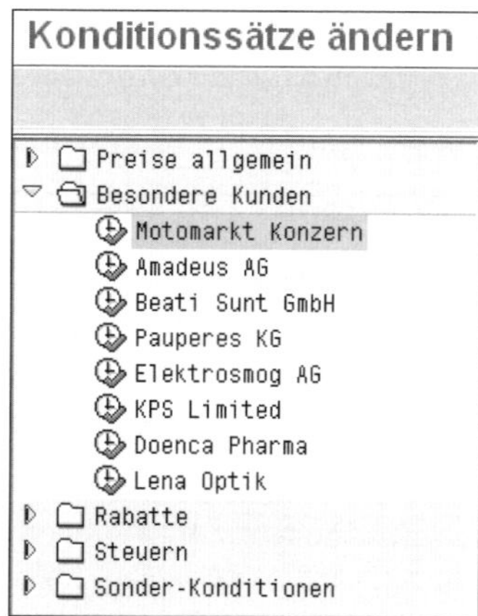

Abbildung 5.18 Personalisiertes Bereichsmenü

Wenn der Benutzer nun den Menüeintrag **Motomarkt Konzern** auswählt, wird die dahinter vereinbarte Konditionsliste in der zugeordneten Variante als »ausgefülltes Selektionsbild« gestartet. Die »Instandhaltung« der Variante würde man sinnvollerweise der nutzenden Fachabteilung übertragen (Pflege der Selektionsparameter, Zuordnung weiterer Filialen usw.).

Neben der Zuordnung der Bereichsmenüs durch den Benutzer über den Menüpfad **Umfeld • Bereichsmenü-Zuordnung** gibt es einen weiteren, weniger bekannten Weg zur zentralen Pflege: Transaktion SM30 (Tabellensicht-Pflege) mit View V_T681Y_BMEN_USR. Hier können bestehende Zuordnungen auf der Ebene **Benutzername** eingesehen und geändert werden (siehe Abbildung 5.19).

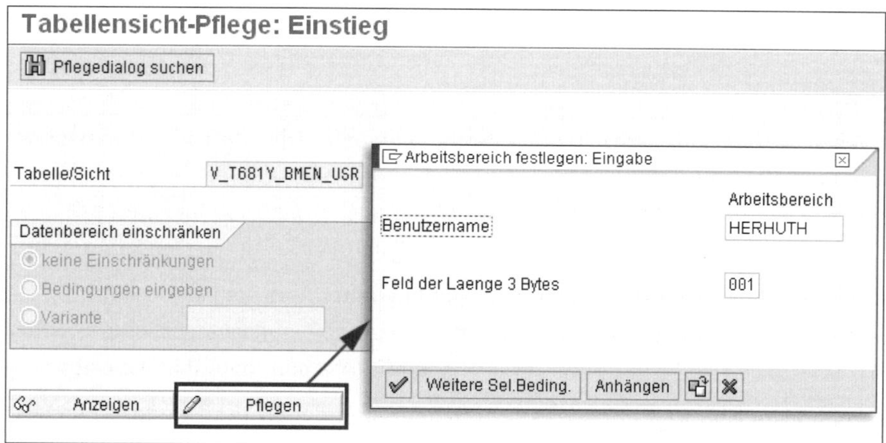

Abbildung 5.19 Bereichsmenü über Transaktion SM30 (Tabellensicht-Pflege) zuordnen

Insbesondere für Gelegenheitsnutzer, die sich z. B. nur für die Konditionen bestimmter Kunden interessieren, können solche personalisierten Bereichsmenüs eine Hilfe darstellen.

5.5 Weitere Funktionen innerhalb der Konditionspflege

Im Zusammenhang mit der Konditionspflege gibt es eine Reihe von Fragestellungen, die nicht jeden Tag auftreten und deren Lösung daher nicht auf dem Schnellerfassungsbild zu finden ist. Beispiele dafür sind die Fragen »Wer hat diesen wichtigen Preis verändert?« oder »Kann ich im Konditionsstammsatz eine Notiz hinterlegen, die erläutert, warum die 70 % Rabatt hier kein Erfassungsfehler sind?«. Änderungsbelege, Texte, die Handhabung von Zusatzkonditionen und das Löschen von Konditionen sind Funktionen, die wir Ihnen in diesem Zusammenhang vorstellen möchten.

5.5.1 Änderungsbelege

Veränderungen an Konditionssätzen werden, wie bei allen wichtigen Stammdaten, durch Änderungsbelege protokolliert und können im Bedarfsfall ausgewertet werden. Aus den verschiedenen Pflegetransaktionen heraus können die Änderungsbelege über den Menüpfad **Umfeld • Änderungen • Je Konditionssatz** für den markierten Konditionssatz aufgerufen werden (siehe Abbildung 5.20).

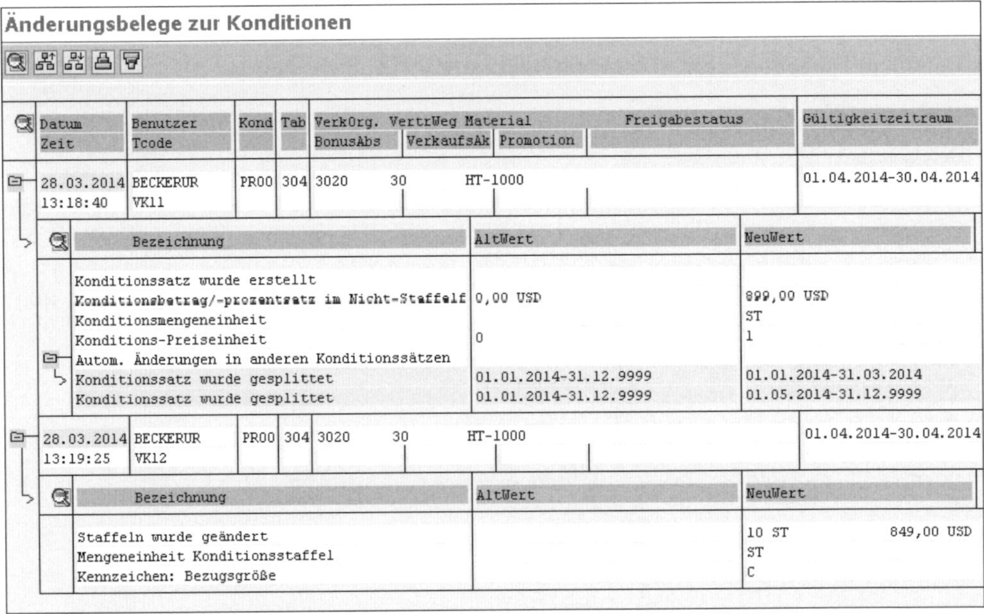

Abbildung 5.20 Änderungsbelege zu Konditionen

Ebenso ist es möglich, über den Menüpfad **Umfeld • Änderungen • Änderungsreport** einen Änderungsreport zu starten, um komplexere Veränderungen nachzuvollziehen (siehe Abbildung 5.21).

Änderungsbelege zur Konditionen

Selektionskriterien - Änderungsdaten

Datum		bis	
Uhrzeit	00:00:00	bis	00:00:00
Name		bis	
Transaktionscode		bis	

Selektionskriterien - Konditionsdaten

Absprache		bis	
Verkaufsaktion		bis	
Promotion		bis	
Konditionsart		bis	
Tabelle		bis	
Gültig ab		bis	
Gültig bis		bis	

Anzeigekriterien

- [x] Anzeige detailliert
- [ ] nur physisch gelöschte Sätze

Abbildung 5.21 Selektionsbild für Änderungsbelege

Dadurch lassen sich Änderungen schnell nachvollziehen, und Sie können den Kollegen, der den Konditionssatz geändert hat, kontaktieren, um den fraglichen Sachverhalt aufzuklären. Vielleicht wäre eine Rückfrage sogar überflüssig, wenn Sie eine erklärende Notiz als Text im Konditionsstammsatz vorfänden.

5.5.2 Texte

Bei der Konditionspflege können Sie erläuternde Texte hinterlegen, wenn Sie der Konditionsart ein *Textschema* zugeordnet haben. Die Einstellungen zur Konfiguration eines Textschemas finden Sie über den Menüpfad **(IMG •) Vertrieb • Grundfunktionen • Textsteuerung • Textschemata definieren und zuordnen**.

Ein Textschema besteht aus einer Abfolge von Textarten, die Sie ebenfalls auf einfache Weise im Kundennamensraum ergänzen können. In Abbildung 5.22 ist als Beispiel das ausgelieferte Textschema für Preiskonditionen 01 (Preis) wiedergegeben.

Die Zuordnung zur Konditionsart können Sie im Customizing der Textsteuerung oder alternativ über das Customizing der Konditionsart (siehe Abbildung 5.23) vornehmen (zwei Sichten auf die gleichen Daten).

Sicht "Preiskonditionen Konditionen Text-ID's im Textschema 01"

Neue Einträge

Dialogstruktur
- Textschema
  - Text-IDs im Textsche
- Zuordnung Textschema

Textobjekt KONP
Gruppe für N Konditionen
Textschema 01

Text-IDs im Textschema

LfdNr	ID	Bezeichnung ID
10	0001	Eröffnungsvermerke
20	0002	Genehmigungen
30	0003	Abschlußvermerke

Abbildung 5.22 Textschema für die Preiskondition 01 (Preis)

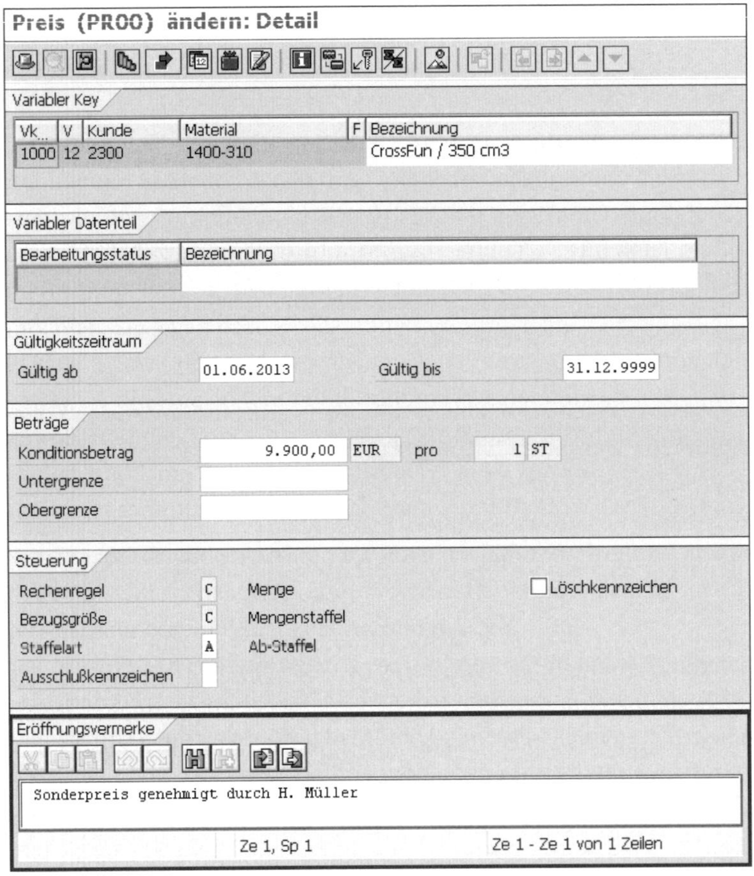

Abbildung 5.23 Textpflege im Konditionsdetailbild

Bei der Zuordnung muss noch eine der Textarten des Schemas als zu verwendende Textart definiert werden. Wenn das in Abbildung 5.22 gezeigte Textschema z. B. der

Konditionsart PR00 zugeordnet wurde, wird im Detailbild der Konditionspflege ein sogenanntes *TextEdit-Control-Fenster* zur Textpflege für die voreingestellte Textart ausgegeben.

Aus der Preisfindungsanalyse heraus haben Sie ebenfalls die Möglichkeit, sich den Konditionssatz anzeigen zu lassen. Ein eventuell vorhandener Text kann auch hier nützliche Informationen bereitstellen.

5.5.3 Zusatzkonditionen

Die Voraussetzungen zur Pflege von Zusatzkonditionen haben wir Ihnen bereits in Abschnitt 4.2.3, »Konditionsart«, vorgestellt. Zusatzkonditionen werden nicht über eine eigene Zugriffsfolge, sondern über den Konditionssatz gefunden, für den sie gepflegt wurden. Allerdings müssen sie ebenfalls in dem für den Vertriebsbeleg gefundenen Kalkulationsschema enthalten sein, damit sie wirksam werden können. In der Preisfindungsanalyse sind als Zusatzkonditionen ermittelte Konditionsarten als **Zusatzkondition zu (Name der Hauptkonditionsart)** besonders gekennzeichnet (siehe Abbildung 5.24 mit Zusatzkonditionen zur Konditionsart PR00).

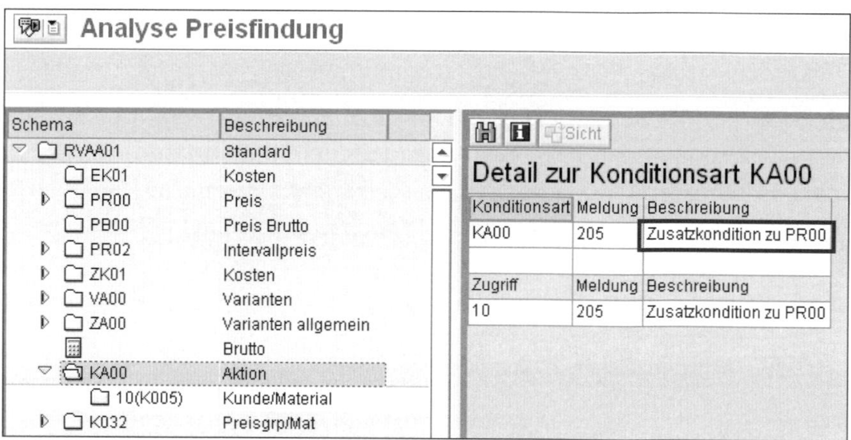

Abbildung 5.24 Zusatzkonditionen in der Preisfindungsanalyse

Abschließend möchten wir uns noch mit dem Löschen von Konditionsstammdaten befassen, denn auch bei diesem Thema gibt es Besonderheiten zu beachten.

5.5.4 Löschen von Konditionsstammdaten

Wie sich das System beim Löschen von Konditionsstammdaten verhält, wird durch das in Abschnitt 4.2.3, »Konditionsart«, vorgestellte Attribut **auf DB löschen** im Bereich **Stammdaten** im Customizing der betreffenden Konditionsart festgelegt. Bei der Default-Ausprägung SPACE wird beim Löschen des Konditionssatzes ein Kennzeichen gesetzt, dass dieser in Zukunft bei der Preisfindung nicht mehr verwendet werden soll. Das Attribut **Löschkennzeichen** ist z. B. im Detailbild der Konditionspflege sichtbar (siehe Abbildung 5.25) und wird im Feld LOEVM_KO in der Tabelle KONP (Konditionen (Position)) abgespeichert (siehe Abbildung 5.26).

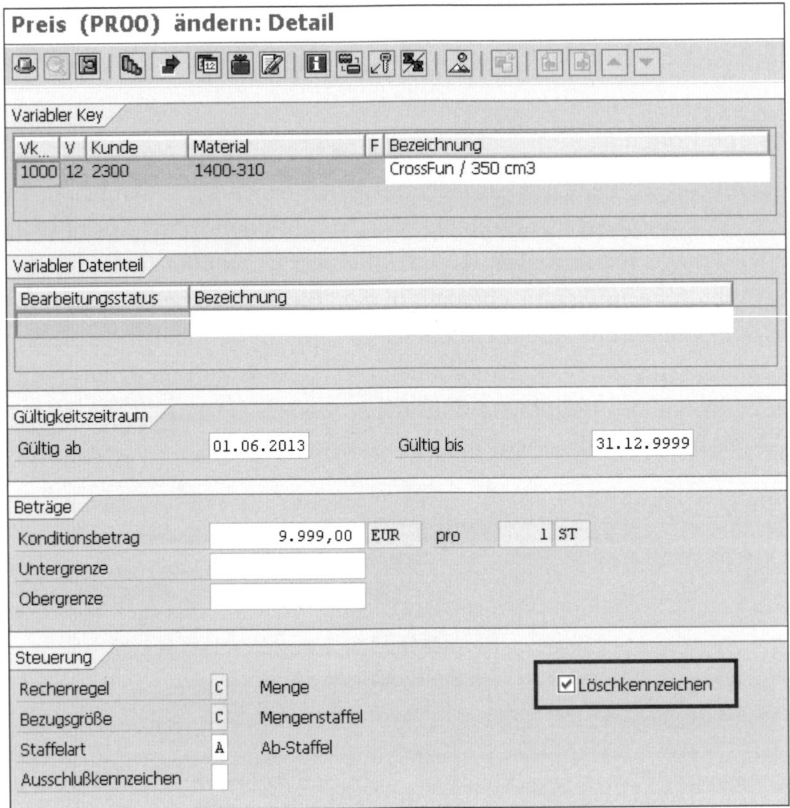

Abbildung 5.25 Löschkennzeichen im Konditionsdetailbild

Der auf diese Weise zum Löschen vorgemerkte Konditionssatz ist in den Pflegetransaktionen so lange weiterhin sichtbar, bis er von einem Archivierungslauf endgültig entfernt wird.

Data Browser: Tabelle KONP 1 Treffer

Prüftabelle...

Tabelle: KONP
Angezeigte Felder: 10 von 10 Feststehende Führungsspalten: 3 Listbreite 0250

	MANDT	KNUMH	KOPOS	KAPPL	KSCHL	KRECH	KBETR	KONWA	MWSK1	LOEVM_KO
☐	800	0000034485	01	V	PR00	C	9.999,00	EUR		X

Abbildung 5.26 Löschkennzeichen auf der Datenbanktabelle KONP

Seit Release SAP R/3 4.5 haben Sie zusätzlich noch die Möglichkeit, für das Attribut **Auf DB löschen** die folgenden beiden Ausprägungen zu wählen:

- A – Die Konditionssätze können von der Datenbank gelöscht werden. Der Sachbearbeiter erhält ein Pop-up-Fenster, über das er entscheiden kann, ob der Konditionssatz wirklich gelöscht oder nur das Löschkennzeichen gesetzt werden soll.
- B – Die Konditionssätze werden von der Datenbank gelöscht. Der Sachbearbeiter erhält nur dann ein Pop-up-Fenster, wenn zu dem Konditionssatz Zusatzkonditionen vorhanden sind.

Dazu ist anzumerken, dass nur der Eintrag des Konditionssatzes in der entsprechenden A-Tabelle gelöscht wird. Der KONP-Eintrag selbst bleibt bestehen und trägt das Kennzeichen für die Löschvormerkung. Diese »unsichtbaren« Bestandteile des Konditionssatzes werden ebenfalls erst im Archivierungslauf gelöscht.

5.6 Fazit

Die vorgestellten Funktionen im Umfeld der Konditionssatzpflege sind im Laufe der Release auch über Entwicklungsanträge von Kunden (z. B. Freigabestatus) ergänzt und ausgebaut worden, um die gestellten Anforderungen noch besser erfüllen zu können. Unser Ziel war, Sie mit diesen Funktionen vertraut zu machen, damit Sie sie in Ihrem Umfeld optimal einsetzen können, obwohl sie nicht immer gleich auf den ersten Blick im Schnellerfassungsbild zu finden sind.

Im folgenden Kapitel 6, »Preisfindung im Vertriebsbeleg«, bauen wir auf diesen Kenntnissen auf und beschäftigen uns intensiv mit der Darstellung und der Handhabung des Preisfindungsergebnisses in verschiedenen Vertriebsbelegen.

Kapitel 6
Preisfindung im Vertriebsbeleg

In diesem Kapitel zeigen wir Ihnen die Darstellung und Handhabung der Preisfindung im Vertriebsbeleg.

Angesichts der zahlreichen Möglichkeiten, um die Preisfindung zu konfigurieren, ist es besonders wichtig, dass alle Anwender die Darstellung des Preisfindungsergebnisses verstehen, um die Preisfindung erfolgreich verwenden zu können. Deshalb müssen die Verantwortlichen für die Konfiguration der Preisfindung bei der Lösungsentwicklung bestrebt sein, durch geeignete Hilfsmittel für eine maximale Transparenz auch bei komplexen Szenarien zu sorgen. Als geeignete Hilfsmittel kommen dabei z. B. Zwischensummen infrage.

Im Einzelnen stellen wir Ihnen in den folgenden Abschnitten folgende Elemente vor:

- das Positionskonditionsbild
- das Kopfkonditionsbild
- vordefinierte Preiselemente
- Preisvereinbarungen
- die Preisfindung beim Anlegen von Belegen mit Referenz
- die Preisfindung bei Miet- und Wartungsverträgen (periodischer Fakturierungsplan)
- die Preisfindung bei Festbetragverträgen (Milestone-Fakturierungsplan)
- die Preisfindung bei der Aufwandsabrechnung

Diese verschiedenen Preisfindungsszenarien sind das Abbild einer betriebswirtschaftlichen Komplexität, zu deren Umsetzung die vorgestellten speziellen Eigenschaften der Preisfindung unverzichtbar sind.

6.1 Positionskonditionsbild

In der Positionsübersicht stehen zunächst einige wichtige Informationen zur Verfügung (siehe Abbildung 6.1).

Alle Positionen

Pos	Material	Auftragsmenge	ME	KArt	Betrag	Währg	Nettopreis	pro	ME	Nettowert	Belegwähr	NächsteStaffel
10	1400-310	5	ST	PR00	7.000,00	EUR	6.300,00	1	ST	31.500,00	EUR	10

Abbildung 6.1 Preisinformationen im Übersichtsbild des Auftrags

Bei der Position handelt sich um die Konditionsart, die im Customizing-Eintrag zur Kalkulationsschemaermittlung (siehe Abschnitt 4.1.6, »Kalkulationsschemaermittlung festlegen«) spezifiziert wurde. Dies ist in der Regel die Grundpreisart des Kalkulationsschemas, wie z. B. PR00. Als weitere Information steht der Nettopreis zur Verfügung, d. h. der Inhalt des Feldes `komp-netpr` (Spalte **Nettopreis**). Daraus ergibt sich der ebenfalls angezeigte Nettowert der Position. Weniger bekannt ist, dass in der Spalte **NächsteStaffel** noch Zusatzinformation angegeben werden können. Damit könnte man z. B. bei einer telefonischen Auftragserfassung den Kunden darauf hinweisen, dass der Preis günstiger würde – wie in unserem Fall ab zehn Stück.

Diese Standardinformationen lassen sich seit SAP ERP 6.0 EHP 4 nach der Aktivierung der Business Function `LOG_SD_SIMP_02` noch erweitern. Durch die Konfiguration sogenannter *vordefinierter Preiselemente* können weitere Detailinformationen aus der Positionspreisfindung zur Verfügung gestellt werden, was die Auftragserfassung im Einzelfall erheblich beschleunigen kann (siehe Abschnitt 6.3, »Vordefinierte Preiselemente in der Positionsübersicht«).

Das wichtigste Informations- und Arbeitshilfsmittel, wenn es um die Preisfindung im Kundenauftrag geht, ist jedoch das Positionskonditionsbild (siehe Abbildung 6.2). In diesem Detailbild wird immer dann aus der Positionsübersicht heraus verzweigt, wenn man sich für weitere Preisfindungsdetails einer Auftragsposition interessiert bzw. manuelle Eingriffe in der Preisfindung auf der Positionsebene vornehmen möchte.

Auf der Registerkarte **Konditionen** der Positionsdetails wird die Situation der Preisfindung zur aktuellen Belegposition wiedergegeben. Solange keine manuellen Eingriffe vorgenommen worden sind, ist die Darstellung das Ergebnis der Abarbeitung des Kalkulationsschemas. Das Inaktivitätskennzeichen in der Spalte 1 (im Konditionsbild sichtbar gemacht seit SAP ERP 6.0 – vorher nur im Konditionsdetail ausgegeben) weist gegebenenfalls auf inaktive oder fehlerhafte Konditionen hin. Die automatisch gefundenen Konditionsarten sind im Rahmen der über das Customizing der Konditionsarten festgelegten Änderungsmöglichkeiten für eventuelle manuelle Anpassungen eingabebereit. Durch Zwischensummenzeilen werden weitere Informationen hervorgehoben (z. B. der Rabattbetrag) oder bereitgestellt (z. B. der Deckungsbeitrag). Statistische Konditionsarten ergänzen das Bild (z. B. Skonto – als Information über mögliche weitere Erlösschmälerungen).

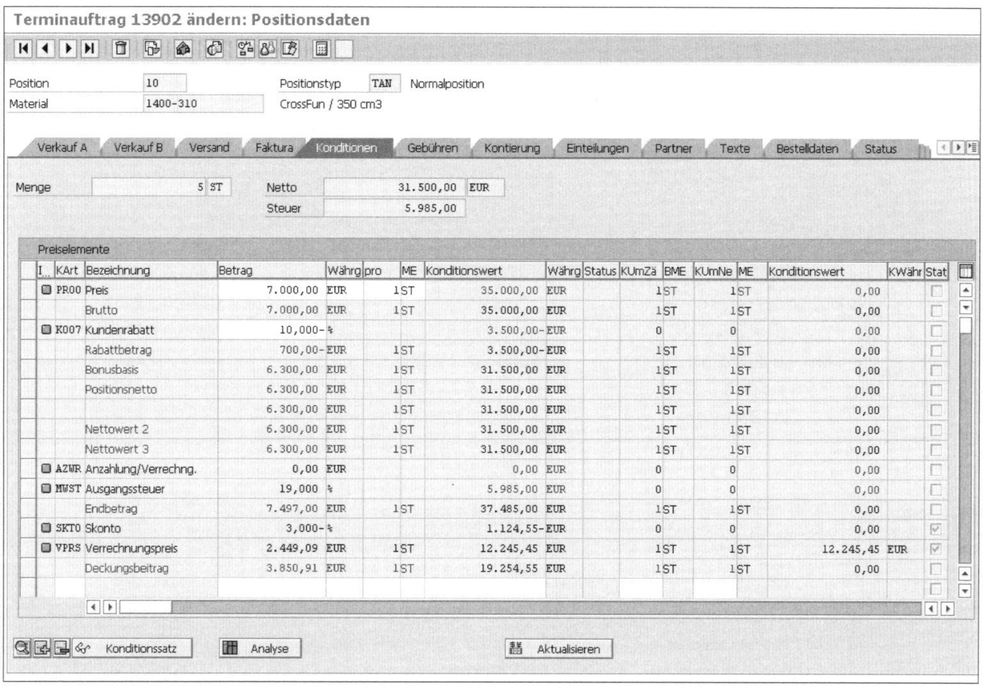

I...	KArt	Bezeichnung	Betrag	Währg	pro	ME	Konditionswert	Währg	Status	KUmZä	BME	KUmNe	ME	Konditionswert	KWähr	Stat
	PR00	Preis	7.000,00	EUR	1	ST	35.000,00	EUR		1	ST	1	ST	0,00		
		Brutto	7.000,00	EUR	1	ST	35.000,00	EUR		1	ST	1	ST	0,00		
	K007	Kundenrabatt	10,000-	%			3.500,00-	EUR		0		0		0,00		
		Rabattbetrag	700,00-	EUR	1	ST	3.500,00-	EUR		1	ST	1	ST	0,00		
		Bonusbasis	6.300,00	EUR	1	ST	31.500,00	EUR		1	ST	1	ST	0,00		
		Positionsnetto	6.300,00	EUR	1	ST	31.500,00	EUR		1	ST	1	ST	0,00		
			6.300,00	EUR	1	ST	31.500,00	EUR		1	ST	1	ST	0,00		
		Nettowert 2	6.300,00	EUR	1	ST	31.500,00	EUR		1	ST	1	ST	0,00		
		Nettowert 3	6.300,00	EUR	1	ST	31.500,00	EUR		1	ST	1	ST	0,00		
	AZWR	Anzahlung/Verrechng.	0,00	EUR			0,00	EUR		0		0		0,00		
	MWST	Ausgangssteuer	19,000	%			5.985,00	EUR		0		0		0,00		
		Endbetrag	7.497,00	EUR	1	ST	37.485,00	EUR		1	ST	1	ST	0,00		
	SKTO	Skonto	3,000-	%			1.124,55-	EUR		0		0		0,00		✓
	VPRS	Verrechnungspreis	2.449,09	EUR	1	ST	12.245,45	EUR		1	ST	1	ST	12.245,45	EUR	✓
		Deckungsbeitrag	3.850,91	EUR	1	ST	19.254,55	EUR		1	ST	1	ST	0,00		

Abbildung 6.2 Positionskonditionsbild des Kundenauftrags

Der Cursor steht in einer leeren neuen Zeile am Ende des Positionskonditionsbildes, und bei Bedarf können manuell weitere, als Positionskonditionen konfigurierte Konditionsarten hinzugefügt werden.

In einer Button-Leiste am linken unteren Ende des Bildes stehen weitere Funktionen zur Verfügung:

- **Konditionsdetail**
- **Zeile einfügen**
- **Zeile löschen**
- **Stammdaten Konditionssatz**
- **Analyse (Protokoll der Preisfindung)**
- **Preise aktualisieren**

Würde nun z. B. die Anforderung bestehen, für die Position manuell einen vereinbarten Sonderpreis in Höhe von 6.000 EUR pro Stück zu vergeben, könnte man z. B. über die Wertehilfe die Konditionsart PN00 (Preis Netto) eintragen. Da es sich hier um einen weiteren Preis handelt, pro Position aber nur *ein* aktiver Preis zulässig ist, werden daraufhin die der Konditionsart PN00 im Schema vorausgehenden Konditionsarten inaktiv geschaltet. Im Positionskonditionsbild erhalten wir daraufhin die in Abbildung 6.3 gezeigte Darstellung.

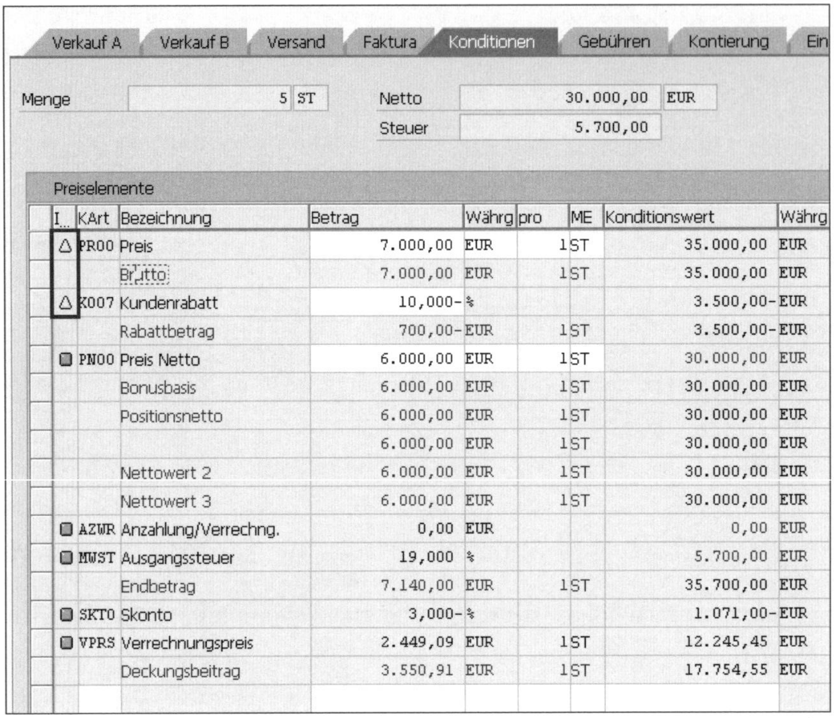

Verkauf A | Verkauf B | Versand | Faktura | Konditionen | Gebühren | Kontierung | Ein

Menge 5 ST | Netto 30.000,00 EUR
Steuer 5.700,00

Preiselemente

I...	KArt	Bezeichnung	Betrag	Währg	pro	ME	Konditionswert	Währg
△	PR00	Preis	7.000,00	EUR	1	ST	35.000,00	EUR
		Brutto	7.000,00	EUR	1	ST	35.000,00	EUR
△	K007	Kundenrabatt	10,000-	%			3.500,00-	EUR
		Rabattbetrag	700,00-	EUR	1	ST	3.500,00-	EUR
▪	PN00	Preis Netto	6.000,00	EUR	1	ST	30.000,00	EUR
		Bonusbasis	6.000,00	EUR	1	ST	30.000,00	EUR
		Positionsnetto	6.000,00	EUR	1	ST	30.000,00	EUR
			6.000,00	EUR	1	ST	30.000,00	EUR
		Nettowert 2	6.000,00	EUR	1	ST	30.000,00	EUR
		Nettowert 3	6.000,00	EUR	1	ST	30.000,00	EUR
▪	AZWR	Anzahlung/Verrechng.	0,00	EUR			0,00	EUR
▪	MWST	Ausgangssteuer	19,000	%			5.700,00	EUR
		Endbetrag	7.140,00	EUR	1	ST	35.700,00	EUR
▪	SKTO	Skonto	3,000-	%			1.071,00-	EUR
▪	VPRS	Verrechnungspreis	2.449,09	EUR	1	ST	12.245,45	EUR
		Deckungsbeitrag	3.550,91	EUR	1	ST	17.754,55	EUR

Abbildung 6.3 Inaktivität im Konditionsbildes (siehe Markierung)

Dieses Beispiel zeigt auch, wie wichtig es ist, dass man sich bei Bedarf weitere Konditionsdetails anzeigen lassen kann, die bei einer Routinebearbeitung normalerweise nicht interessieren. Im Beispiel weist das Inaktivitätskennzeichen zwar darauf hin, dass die Konditionen PR00 und K007 inaktiv sind, aber der genaue Grund, von denen es mehrere geben könnte, wird nicht genannt. Diese und andere Informationen liefert bei Bedarf die Funktion **Konditionsdetail**, auf die wir im nächsten Abschnitt genauer eingehen.

6.1.1 Funktion »Konditionsdetail«

Wie wir schon an verschiedenen Stellen gezeigt haben, können durch die Vielfalt der Preisfindungsmöglichkeiten und durch deren Abhängigkeiten untereinander sehr komplexe Konstellationen entstehen. Über diese muss die Preisfindungssteuerung den Überblick behalten. Deshalb werden auf der Konditionsdetailebene verschiedene Steuerungsinformationen wie das Inaktivitätskennzeichen mitgeführt, um diese Anforderungen erfüllen zu können.

Wenn Sie im vorangehenden Beispiel aus Abbildung 6.3 für die Konditionsart PR00 (Preis) die Konditionsdetails anfordern, erhalten Sie das in Abbildung 6.4 dargestellte Bild.

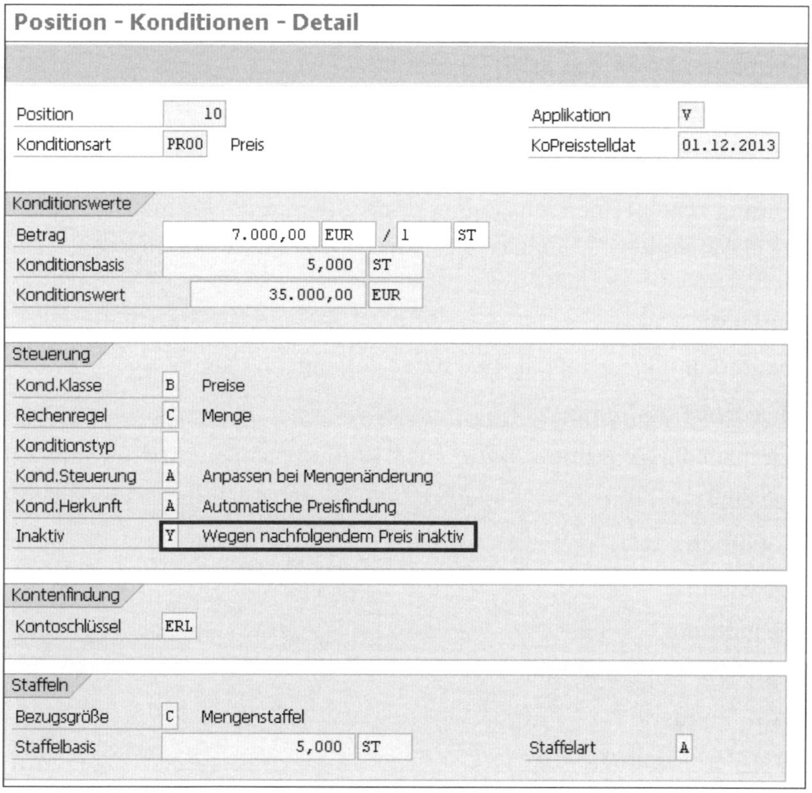

Position - Konditionen - Detail

Position 10 — Applikation V
Konditionsart PR00 Preis — KoPreisstelldat 01.12.2013

Konditionswerte
Betrag 7.000,00 EUR / 1 ST
Konditionsbasis 5,000 ST
Konditionswert 35.000,00 EUR

Steuerung
Kond.Klasse B Preise
Rechenregel C Menge
Konditionstyp
Kond.Steuerung A Anpassen bei Mengenänderung
Kond.Herkunft A Automatische Preisfindung
Inaktiv Y Wegen nachfolgendem Preis inaktiv

Kontenfindung
Kontoschlüssel ERL

Staffeln
Bezugsgröße C Mengenstaffel
Staffelbasis 5,000 ST — Staffelart A

Abbildung 6.4 Konditionsdetails auf der Positionsebene

In dieser Detailansicht erfahren Sie, dass die Konditionsart wegen eines nachfolgenden Preises inaktiv ist (Inaktivitätskennzeichen = Y). Neben von der Bedeutung her bereits bekannten Informationen in den Bereichen **Konditionswerte**, **Kontenfindung** und **Staffeln** sehen Sie im Bereich **Steuerung** die Angaben zur Konditionssteuerung (Feld **Kond.Steuerung**), zur Konditionsherkunft (**Kond.Herkunft**) und das Kennzeichen **Inaktiv**. Diese Einträge ergeben sich nicht direkt aus dem Customizing, sondern haben mit der Situation der Konditionsart im Vertriebsbeleg zu tun.

Konditionssteuerung

Das Feld **Kond.Steuerung** (`xkomv-ksteu`) liefert eine Aussage darüber, ob Staffelbasis, Konditionsbetrag, Konditionsbasis und Konditionswert bei Positionsänderungen angepasst werden können oder ob sie fixiert sind. Das Feld kann folgende Werte annehmen:

- A – Anpassen bei Mengenänderung
- C – Manuell geändert
- D – Fixiert
- E – Konditionswert und -basis fixiert
- F – Konditionswert fixiert (fakturierte Positionen)
- G – Konditionsbasis fixiert
- H – Konditionswert fixiert (Verrechnungspreis)

Auf die Bedeutung der einzelnen Ausprägungen des Steuerungskennzeichens gehen wir detailliert in Abschnitt 11.7, »Steuerungskennzeichen ›xkomv-ksteu‹«, ein.

Konditionsherkunft

Das Feld **Kond.Herkunft** kann auf folgende Weise definiert werden:

- A – Automatische Preisfindung
- B – Dupliziert aus Hauptposition
- C – Manuell eingegeben
- D – Kopfkondition
- E – Positionssumme
- F – Zusatzkondition
- G – Ursprüngliche Kopfkondition
- H – Korrektur Bonus
- I – Korrektur Verrechnungspreis

Inaktivitätskennzeichen

Die möglichen Werte des Feldes **Inaktiv** (Inaktivitätskennzeichen) finden Sie im Folgenden:

- A – Konditionsausschluss Position
- K – Wegen Berechnungsgrundlage/Versandhilfsmittelart inaktiv
- L – Konditionsausschluss Kopf oder inaktiv auf Kopfebene
- M – Wegen manueller Eingabe inaktiv
- T – Inaktiv auf Kopfebene
- W – Die Belegposition ist statistisch
- X – Inaktiv über Formeln oder fehlerhaft
- Y – Wegen nachfolgendem Preis inaktiv

- Z – Programmintern existiert zusätzlich der Wert »Z«. Wird das Inaktivitätskennzeichen einer Kondition z. B. über eine Formel auf den Wert »Z« gesetzt, wird die Konditionszeile komplett aus dem Preisfindungsergebnis entfernt.

6.1.2 Funktion »Zeile einfügen«

Über die Funktion **Zeile einfügen** können weitere Positionskonditionsarten eingefügt werden, die in dem Kalkulationsschema enthalten sein müssen, das für den Beleg gefunden wurde. Jede Konditionsart wird auf der durch das Kalkulationsschema vorgegebenen Stufe eingefügt. Die Reihenfolge der Erfassung mehrerer Konditionsarten spielt keine Rolle, abgesehen von dem Sonderfall, dass mehrere Konditionsarten im Kalkulationsschema durch die Nutzung des Teilschlüssels **Zähler** auf der gleichen Stufe angeordnet wurden.

6.1.3 Funktion »Zeile löschen«

Durch die Funktion **Zeile löschen** können alle Konditionsarten gelöscht werden, die im Customizing der Konditionsart über die Attribute zu den Änderungsmöglichkeiten ein Löschen erlauben.

6.1.4 Funktion »Stammdaten Konditionssatz«

Über die Funktion **Stammdaten Konditionssatz** verzweigen Sie direkt in die Stammdaten des Konditionssatzes, um sich bei Bedarf beliebige Details des Konditionssatzes anzeigen lassen zu können.

6.1.5 Funktion »Analyse (Protokoll der Preisfindung)«

Die Analysefunktion erlaubt es, den Ablauf der Preisfindung für die aktuelle Belegposition sichtbar zu machen. Während das Positionskonditionsbild selbst nur die automatisch eingestellten bzw. manuell hinzugefügten Konditionsarten anzeigt, kann das Analysebild eine Hilfestellung geben, um z. B. ein vermeintliches Fehlverhalten der Preisfindung aufzuklären. Das Bild zeigt den kompletten Weg vom Schema über die Konditionsart und gegebenenfalls die Zugriffsfolge mit dem Inhalt der Felder, mit denen zugegriffen wird, bis hin zum Konditionssatz (siehe Abbildung 6.5). Auf diese Weise ist es jedem Anwender mit etwas Erfahrung möglich, Verständnislücken zu schließen.

Zu einigen Besonderheiten zum Thema *Preisfindungsanalyse* sei auf Abschnitt 12.2, »Konditionen wurden nicht gefunden – woran liegt das?«, hingewiesen.

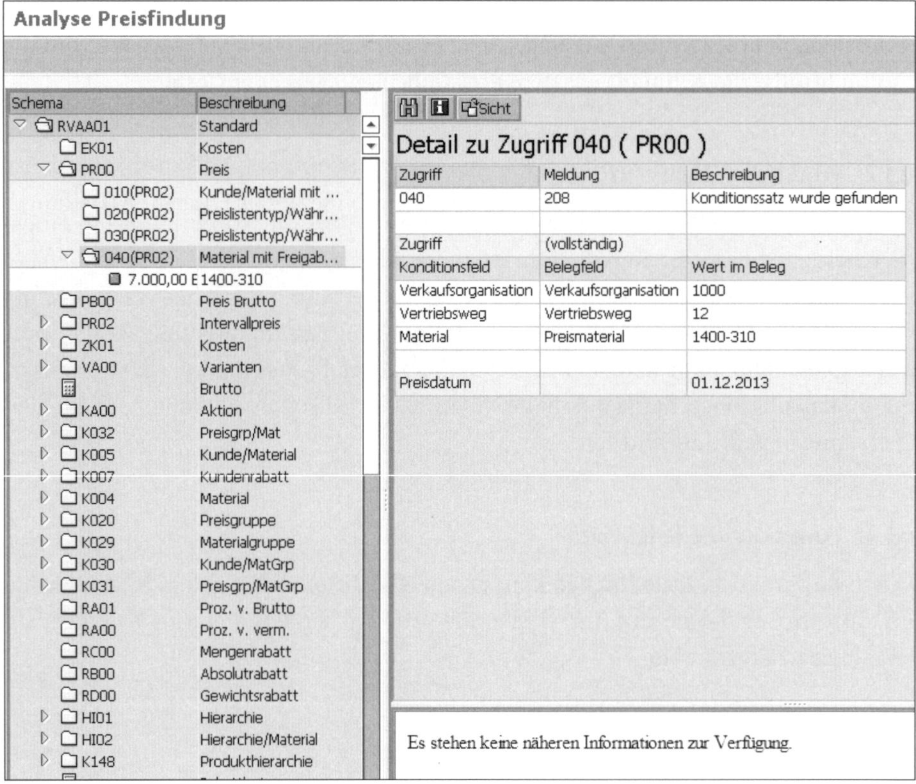

Abbildung 6.5 Analysefunktion der Preisfindung

6.1.6 Funktion »Preise aktualisieren«

Durch die Funktion **Preise aktualisieren** kann eine neue Preisfindung auf Positionsebene angefordert werden. Bis zu Release SAP R/3 4.0 war die Preisfindungsart B (Neue Preisfindung durchführen) für diese Funktion fest vorgegeben. Seit Release SAP R/3 4.5 erscheint nach der Auswahl des Buttons **Preise Aktualisieren** ein Pop-up-Fenster zur Auswahl der Preisfindungsart. Damit sind alle verfügbaren Preisfindungsarten auswählbar geworden, aber B (Neue Preisfindung durchführen) wird sicher weiterhin die Regel sein.

6.1.7 Konfigurierbare Benutzungsoberfläche für die Preisfindung

In Release SAP ERP 6.0 EHP 7 wurden mit den kostenpflichtigen Business Functions `LOG_SD_COMMODITY_02` und `LOG_MM_COMMODITY_02` umfassende Konfigurationsmöglichkeiten des Preisbildes ausgeliefert. Der Grundgedanke ist dabei, dem Nutzer verschiedene Sichten auf das Preisfindungsergebnis anzubieten, die sich separat voneinander konfigurieren und zuordnen lassen. Das ist besonders hilfreich, wenn man sehr komplexe Preisschemata hat, wie es im Bereich des Rohstoffhandels oft der Fall ist. So kann eine Sicht z. B. alle Rohstoffpreise enthalten und eine andere nur Frachten. Im Beleg können Sie dann zwischen den verschiedenen Sichten wählen (siehe Abbildung 6.6).

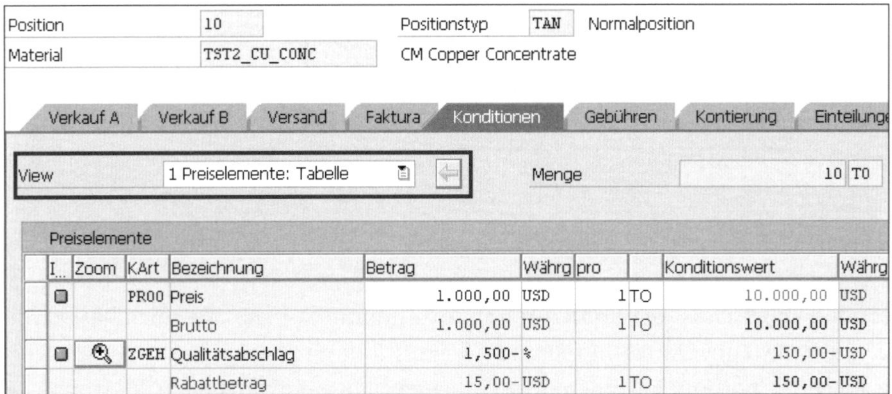

Abbildung 6.6 Sicht auf das Preisfindungsbild auswählen

Unser gewohntes Konditionsbild ist dabei die Sicht **1 Preiselemente: Tabelle**. Eine andere Standardsicht ist der sogenannte *Baum*, bei dem links alle Preiselemente aufgelistet sind. Hier können Sie einfach zwischen den Details der einzelnen Preiselemente hin- und herspringen. Die Details der konfigurierbaren Parameter und Formeln, die Sie in Abschnitt 4.5, »Konfigurierbare Formeln und Parameter«, kennengelernt haben, sind z. B. im Baumdetail sichtbar und können gepflegt werden.

Die nötigen Customizing-Einstellungen zur konfigurierbaren Oberfläche finden Sie über den Menüpfad **(IMG •) Vertrieb • Grundfunktionen • Preisfindung • Konfigurierbare Benutzungsoberfläche für die Preisfindung**.

Sie haben dort die Möglichkeit, eigene Sichten zu definieren. Im einfachsten Fall möchten Sie nur einen Ausschnitt aus dem Kalkulationsschema sehen, vielleicht noch mit einer bestimmten Feldauswahl. Dazu legen Sie eine Sicht vom Typ **Konfigurierte Sicht** an und weisen dieser die gewünschten Preisdetails in einer weiteren Aktivität zu. Alternativ können Sie mit dem Typ **Kundenspezifische Sicht** auch eigene Dynpros und Programme einbinden.

In Abbildung 6.7 sehen Sie z. B., dass die Konditionsart CBP1 unabhängig vom Kalkulationsschema der Sicht 7501 zugeordnet ist. In der Sicht 9007 ist die Zwischensummenzeile 920 dagegen nur vorhanden, wenn es sich um das Kalkulationsschema CMCOP1 handelt. Damit ist es möglich, spezielle Zeilen, wie z. B. den Deckungsbeitrag oder die Kosten nur ausgewählten Benutzern zugänglich zu machen.

Darüber hinaus können Sie Anzeige und Änderbarkeit der Felder pro Sicht konfigurieren – und zwar auch abhängig von anderen Feldinhalten. Sie könnten z. B. einzelne Parameter von CPF-Formeln ausblenden.

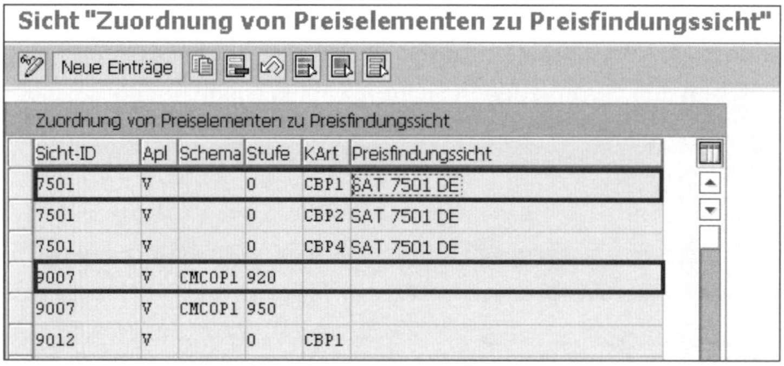

Sicht "Zuordnung von Preiselementen zu Preisfindungssicht"

Neue Einträge

Zuordnung von Preiselementen zu Preisfindungssicht

Sicht-ID	Apl	Schema	Stufe	KArt	Preisfindungssicht
7501	V		0	CBP1	SAT 7501 DE
7501	V		0	CBP2	SAT 7501 DE
7501	V		0	CBP4	SAT 7501 DE
9007	V	CMCOP1	920		
9007	V	CMCOP1	950		
9012	V		0	CBP1	

Abbildung 6.7 Preiselemente zu Sichten zuordnen

Besonders hilfreich ist die Konfiguration für Konditionen, die über die *Commodity Pricing Engine* (kurz CPE) ermittelt und der Preisfindung zur Verfügung gestellt werden. Solche Konditionen werden über CPE-eigene Formeln berechnet, die komplexe Regeln zur Bestimmung von börsennotierten Preisen und eine Vielzahl von Parametern enthalten können.

Die Sichten ordnen Sie einem oder mehreren Profilen zu, die Sie zuvor definiert haben. Durch die nachfolgende Zuordnung der Profile zu bestimmten Rollen können Sie festlegen, welche Benutzergruppe welche Preiselemente sehen und bearbeiten darf.

6.2 Kopfkonditionsbild

Die Preisfindung läuft auf jeder preisfindungsrelevanten Position ab. Um jedoch insbesondere sogenannte *Kopfkonditionen* eingeben zu können, ist es erforderlich, die Preisfindungsdaten aller Belegpositionen in einem Kopfkonditionsbild zusammenzuführen. Sie erreichen dieses Bild über den Menüpfad **Springen • Kopf • Konditionen**.

Die Darstellung ist ähnlich wie auf der Positionsebene, jedoch handelt es sich hier um die Zusammenfassung *aller* Positionen (siehe Abbildung 6.8). Deshalb sind diese Werte auch nicht änderbar. Sie können jedoch manuell Kopfkonditionen hinzufügen. Beim Einfügen einer solchen Konditionsart besteht der Wertevorrat aus der Menge aller Konditionsarten des zugrunde liegenden Kalkulationsschemas, die als Kopfkondition konfiguriert wurden (Attribut **Kopfkondition** in der Konditionsart).

Im Beispiel des Kalkulationsschemas RVAA01 sieht dieser Wertevorrat wie in Abbildung 6.9 aus. Durch den Wertevorrat ist es z. B. möglich, einen vereinbarten Sonderrabatt in Höhe von 10 % für einen gesamten Auftrag durch die Erfassung der Konditionsart HA00 (Prozentrabatt) auf der Kopfebene zu gewähren.

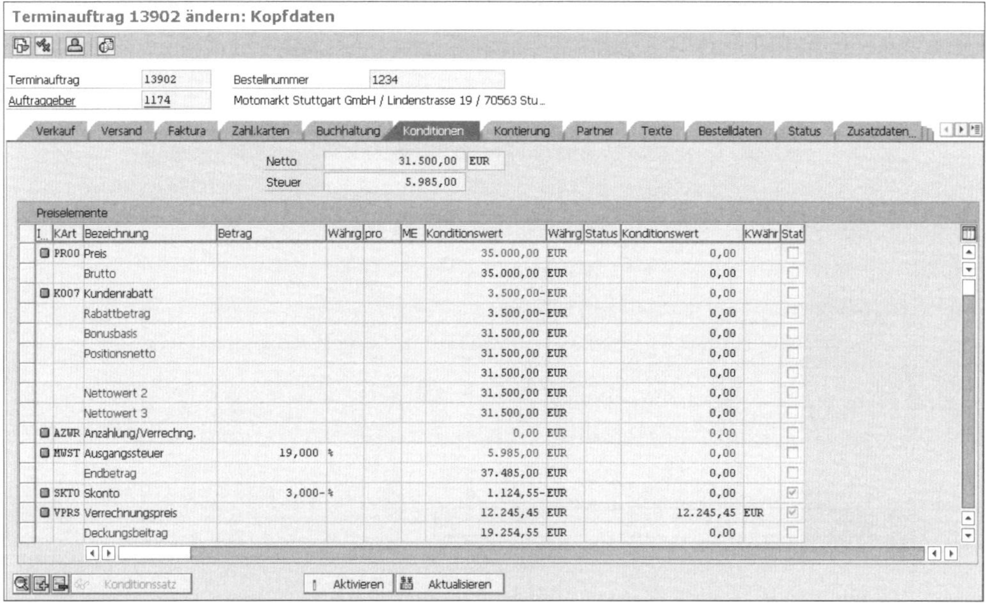

Abbildung 6.8 Kopfkonditionsbild des Kundenauftrags

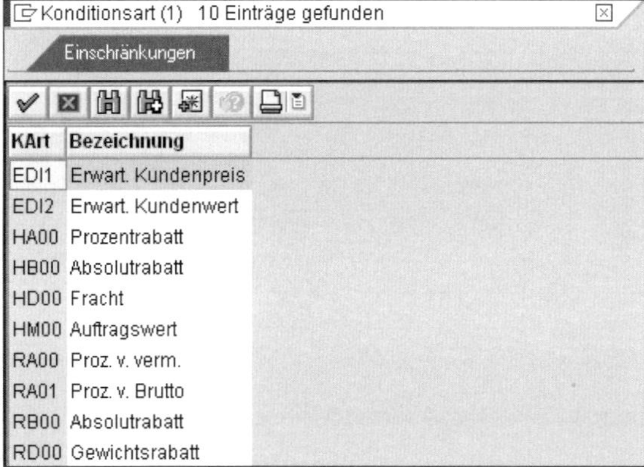

Abbildung 6.9 Beispiel eines Wertevorrats für Kopfkonditionsarten

[«]

Kopfkonditionen werden auf die Positionen verteilt

Da die Werte des Kopfkonditionsbildes nur während der Belegbearbeitung zur Verfügung stehen und alle eingegebenen Werte auf die betreffenden Positionen »heruntergebrochen« werden müssen, wird auch eine Kopfkondition zum Bestandteil der Positionen und entsprechend auf der Positionsebene abgespeichert. Dieses »Herunterbrechen« erfolgt, wenn Sie das Kopfkonditionsbild verlassen oder den Button **Aktivieren** anklicken.

Ein Kopfrabatt HA00 in Höhe von 10 % findet sich dann in allen betroffenen Positionskonditionsbildern wieder und kann nun seinerseits dort nicht manuell bearbeitet werden (siehe Abbildung 6.10).

Verkauf A | Verkauf B | Versand | Faktura | Konditionen | Gebühren | Kontierung | Ein

Menge 5 ST | Netto 28.350,00 EUR | Steuer 5.386,50

Preiselemente

I...	KArt	Bezeichnung	Betrag	Währg	pro	ME	Konditionswert	Währg
	PR00	Preis	7.000,00	EUR	1	ST	35.000,00	EUR
		Brutto	7.000,00	EUR	1	ST	35.000,00	EUR
	K007	Kundenrabatt	10,000-	%			3.500,00-	EUR
		Rabattbetrag	700,00-	EUR	1	ST	3.500,00-	EUR
		Bonusbasis	6.300,00	EUR	1	ST	31.500,00	EUR
		Positionsnetto	6.300,00	EUR	1	ST	31.500,00	EUR
	HA00	Prozentrabatt	10,000-	%			3.150,00-	EUR
			5.670,00	EUR	1	ST	28.350,00	EUR

Abbildung 6.10 Kopfrabatt im Positionskonditionsbild darstellen

Wenn Sie sich für die Konditionsart HA00 die Konditionsdetails anzeigen lassen, erhalten Sie das in Abbildung 6.11 gezeigte Bild.

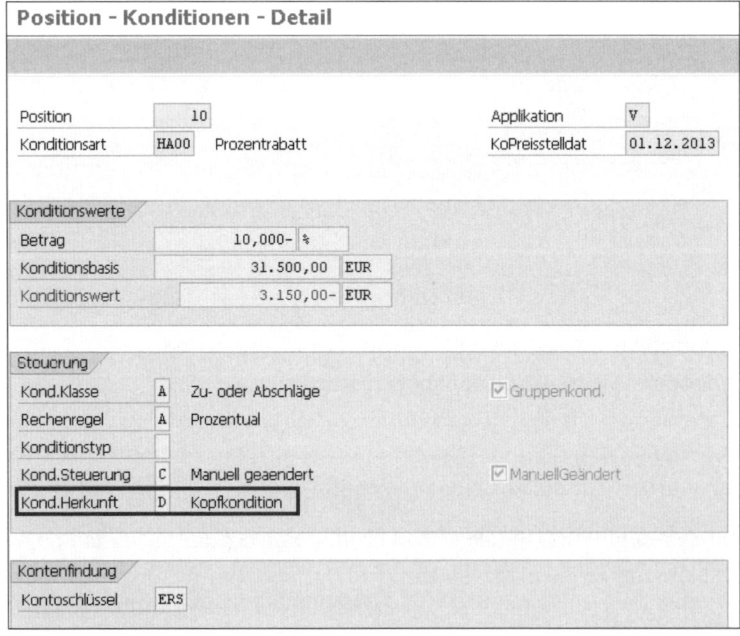

Abbildung 6.11 Konditionsdetails eines »heruntergebrochenen« Kopfrabatts

Die besondere Herkunft wird durch **D – Kopfkondition** festgehalten.

6.2.1 »Preise aktualisieren« auf Kopfebene

Die Funktion **Preise aktualisieren**, die Sie schon von der Positionsebene her kennen, steht auch auf der Kopfebene zur Verfügung. Wenn die Funktion von hier aus aufgerufen wird, werden alle preisfindungsrelevanten Positionen einer neuen Preisfindung mit der ausgewählten Preisfindungsart unterzogen. Beachten Sie dabei, dass die eventuell vorhandenen manuellen Kopfkonditionen dadurch nicht entfernt werden, sondern – gegebenenfalls mit angepassten Werten – erhalten bleiben.

Sie können diese Funktion auch durch den Aufruf über den Menüpfad **Bearbeiten • Neue Preisfindung Beleg** auslösen. Dann wird die Preisfindungsregel verwendet, die dem Kalkulationsschema zugeordnet wurde (siehe Abbildung 6.12). Ist dort kein Eintrag hinterlegt, wird als Default die Preisfindungsart B (Neue Preisfindung durchführen) verwendet.

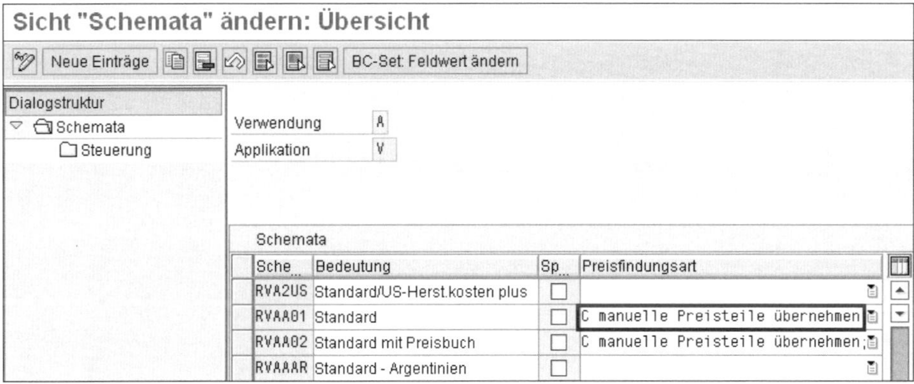

Abbildung 6.12 Zuordnung der Preisfindungsart auf der Schemaebene

6.3 Vordefinierte Preiselemente in der Positionsübersicht

Ab SAP ERP 6.0 EHP 4 ist nach der Aktivierung der Business Function `LOG_SD_SIMP_02` (Vereinfachte Verkaufsprozesse im Vertrieb 2) die Bearbeitung bzw. Anzeige von *vordefinierten Preiselementen* im Table Control der Positionsübersicht möglich.

Sie finden in diesem Fall die zugehörigen Einstellungen im Customizing über den Menüpfad **(IMG •) Vertrieb • Grundfunktionen • Preisfindung • Vordefinierte Preiselemente**.

Wenn z. B. der Vertriebsmitarbeiter sehr häufig eine bestimmte Rabattkondition manuell eingeben muss, können Sie dafür ein vordefiniertes Preiselement festlegen und dieses der Vorgangsart (z. B. TA, Terminauftrag) zuordnen. Dadurch wird das Table Control der Positionsübersicht um diese Information ergänzt, und Sie können noch festlegen, ob neben dem Konditionsbetrag noch weitere Daten wie Konditionswährung, Preiseinheit und Konditionsmengeneinheit ausgegeben werden sollen. Für das Beispiel der Konditionsart K007 (Kundenrabatt) könnte das wie in Abbildung 6.13 aussehen.

Um den Unterschied zu verdeutlichen, wurde zweimal das gleiche Produkt eingegeben, wobei bei der Position 20 von der Möglichkeit Gebrauch gemacht wurde, 10 % Kundenrabatt zu vergeben – mit den entsprechenden Auswirkungen auf Nettopreis und Nettowert. Es ist klar, dass der dahinterstehende Rabatt K007 auch an der entsprechenden Stelle im Positionskonditionsbild auftaucht.

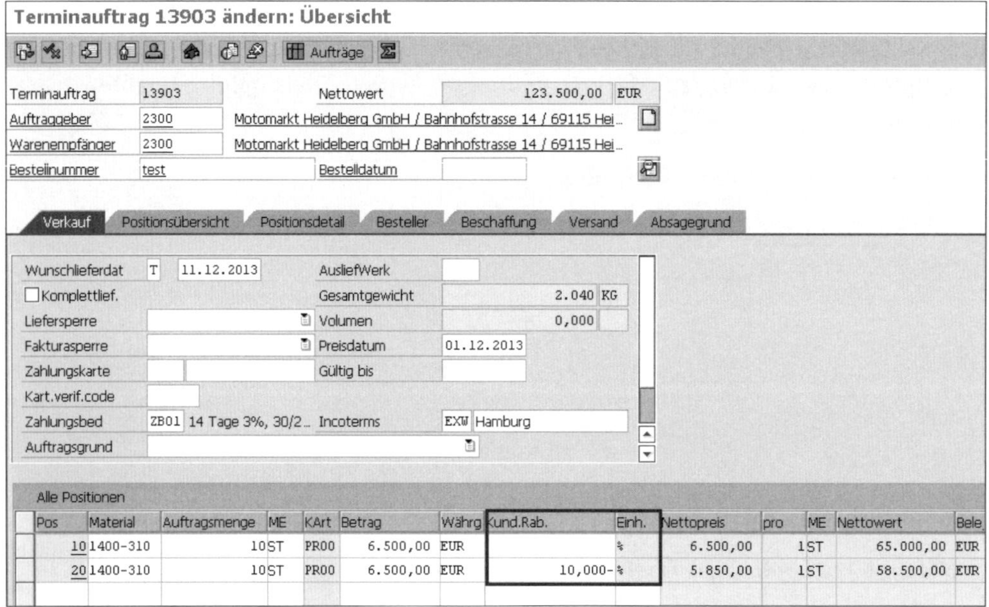

Abbildung 6.13 Vordefinierte Preiselemente

Diese Vorgehensweise kann im geeigneten Einsatzumfeld zu erheblichen Einsparungen bei der Bearbeitungszeit des Angebots oder Auftrags führen.

6.4 Preisvereinbarungen

Mithilfe von Preisvereinbarungen können Sie vertrags- und positionsspezifische Preise definieren. Das Besondere ist, dass hier nicht einfach Werte in das Kopf- oder Positionskonditionsbild eingetragen werden, sondern Konditionssätze aus dem Vorgang heraus angelegt werden, die im Schlüssel ihre Herkunft, d. h. die Vorgangsnummer, enthalten.

In Serviceverträgen können Sie folgende Preisvereinbarungen anlegen und pflegen:

- Konditionssätze für die monatliche Servicegebühr
- Konditionssätze, die dem Auftraggeber des Vertrags besondere Preise für bestimmte Materialien oder Materialgruppen bieten

So wollen Sie z. B. dem Auftraggeber des Vertrags einen besonderen Preis für alle von ihm benötigten Ersatzteile bieten.

6.4.1 Anlegen von Preisvereinbarungen

Sie können einen Konditionssatz für die monatliche Servicegebühr für eine Servicevertragsposition direkt im Preisvereinbarungsbild zur Vertragsposition eingeben. Im Standardsystem ist dafür in der Kontraktart WV (Service und Wartung) die Konditionsart PPSV (Preis Pos. Service) vorgesehen.

Um einen Konditionssatz anzulegen, müssen Sie den Button **Detail Preisvereinbarung** anklicken (siehe Abbildung 6.14). Alternativ könnten Sie auch den Menüpfad **Zusätze • Preisvereinbarungen • Position** wählen. Preisvereinbarungen auf der Kopfebene sind nur über das Menü zu erreichen.

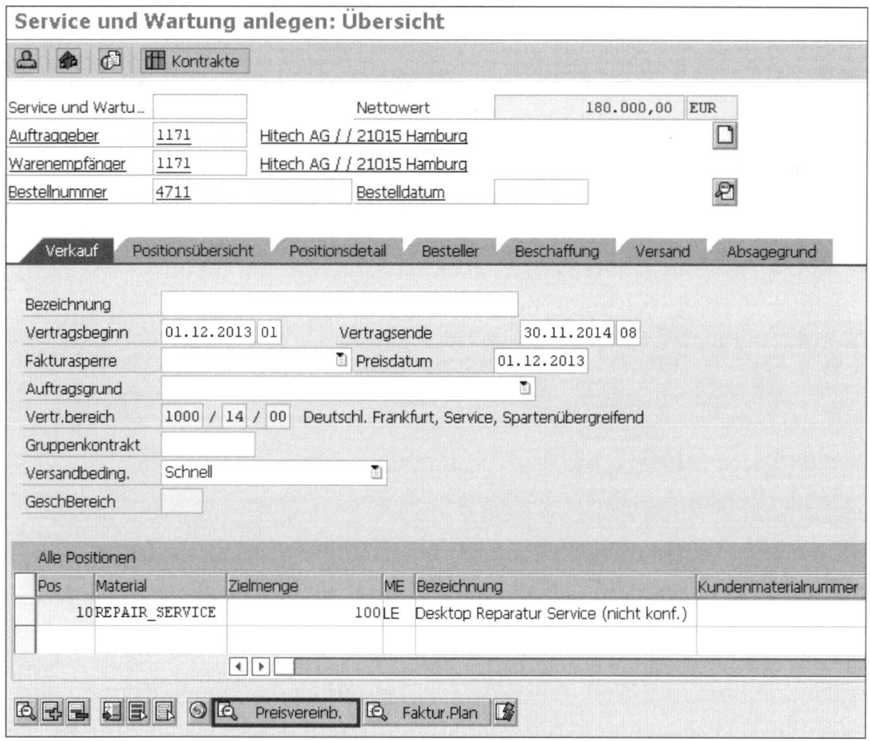

Abbildung 6.14 Preisvereinbarung zur Position anlegen

Es öffnet sich ein Anlegebild für Konditionssätze, und hier müssen Sie auf den Button **Andere Konditionsart** klicken, bevor Sie die gewünschte Konditionsart auswählen können (siehe Abbildung 6.15).

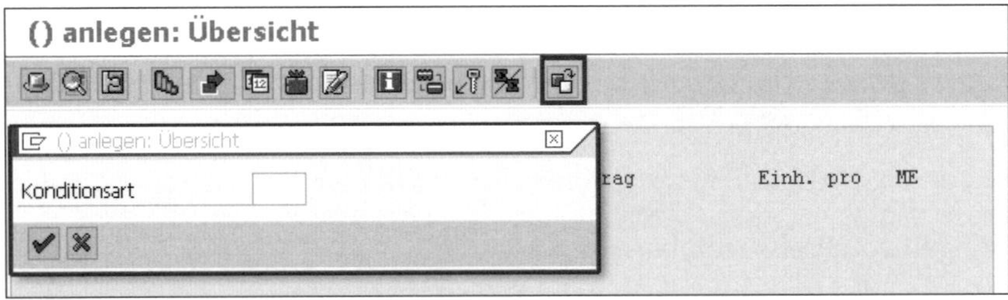

Abbildung 6.15 Button »Andere Konditionsart«

Der Wertevorrat der Konditionsarten für Preisvereinbarungen wird durch das in der Vorgangsart WV im Bereich **Kontrakt** zugeordnete Kalkulationsschema PABR02 definiert (siehe Abbildung 6.16). Es handelt sich dabei allerdings nicht um ein »echtes« Kalkulationsschema im Sinne der Preisfindung, sondern um ein Gruppierungshilfsmittel zur Festlegung der Menge der erlaubten Konditionsarten.

Kontrakt

Schema Kond. Kopf	PABR01	Vertragsdaten erl.	X
Schema Kond. Pos.	PABR02	Folgekontaktart	0002
Vertragsprofil	0001 Einjahresvertrag	Folgeauftragsart	
Fakturaanforderung	LV	Abrufprüfung Partner	
GrpReferenzschema		☐ UKont.aktualisieren	

Abbildung 6.16 Schemata für die Preisvereinbarungen zuordnen

Da der Vertrag noch nicht gespeichert ist, enthält auch der Konditionssatz zunächst die temporäre Vertriebsbelegnummer $TEMP (siehe Abbildung 6.17).

Preis Pos. Service (PPSV) anlegen: Schnellerfassung

Vertriebsbeleg $TEMP

Vertriebsbeleg/Position

Pos	Bezeichnung	Betrag	Einh.	pro	ME	R...	B...	Gültig ab	bis	L...	Z...	S...	T...
10		130,00	EUR	1	LE	M		01.12.2013	31.12.9999	☐	☐	☐	☐

Abbildung 6.17 Preisvereinbarung erfassen

Neben der Konditionsart PPSV (Preis Pos. Service) enthält das Standardsystem noch die in Tabelle 6.1 gezeigten weiteren Konditionsarten für das Anlegen vertragsspezifischer Preisvereinbarungen.

Konditionsart	Beschreibung
PPSV	Preis Pos. Service
PKAR	Preis Kopf Abrechnung – Servicevertrag
PPAG	Preis Position Abrechnung – Servicevertrag (Preis für Materialgruppe)
PPAR	Preis Position Abrechnung – Servicevertrag (Preis für Material)

Tabelle 6.1 Konditionsarten für Preisvereinbarungen

Das gemeinsame Merkmal dieser Konditionsarten ist das Feld **Vertriebsbeleg** im Schlüssel der Konditionssätze.

6.4.2 Anzeigen von Preisvereinbarungen über den Konditionsindex

In Verbindung mit den Preisvereinbarungen könnte es interessant sein, vorhandene Konditionssätze anzeigen zu lassen (siehe Abbildung 6.18). Dafür können Sie die Selektion über den Index nach Vertriebsbeleg nutzen (Transaktion V/6).

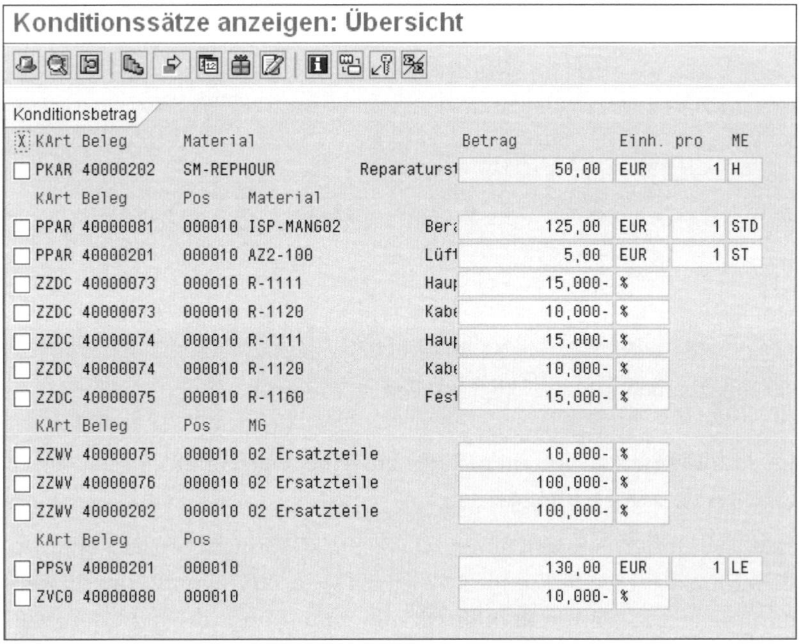

Konditionssätze anzeigen: Übersicht

Konditionsbetrag

X	KArt	Beleg	Material		Betrag	Einh.	pro	ME
☐	PKAR	40000202	SM-REPHOUR	Reparaturst	50,00	EUR	1	H
	KArt	Beleg	Pos	Material				
☐	PPAR	40000081	000010 ISP-MANG02	Ber	125,00	EUR	1	STD
☐	PPAR	40000201	000010 AZ2-100	Lüft	5,00	EUR	1	ST
☐	ZZDC	40000073	000010 R-1111	Haup	15,000-	%		
☐	ZZDC	40000073	000010 R-1120	Kabe	10,000-	%		
☐	ZZDC	40000074	000010 R-1111	Haup	15,000-	%		
☐	ZZDC	40000074	000010 R-1120	Kabe	10,000-	%		
☐	ZZDC	40000075	000010 R-1160	Fest	15,000-	%		
	KArt	Beleg	Pos	MG				
☐	ZZWV	40000075	000010 02 Ersatzteile		10,000-	%		
☐	ZZWV	40000076	000010 02 Ersatzteile		100,000-	%		
☐	ZZWV	40000202	000010 02 Ersatzteile		100,000-	%		
	KArt	Beleg	Pos					
☐	PPSV	40000201	000010		130,00	EUR	1	LE
☐	ZVC0	40000080	000010		10,000-	%		

Abbildung 6.18 Konditionspflege mit Selektion über Index

Sie sehen hier ein anschauliches Beispiel für die Verwendung von Konditionsindizes. Durch den Konditionsindex finden Sie performant alle Preisvereinbarungen (Konditionssätze) zu den Vertriebsbelegen.

6.5 Preisfindung beim Anlegen von Belegen mit Referenz

Beim Anlegen von Belegen mit Referenz wird die Preisfindung durch die Preisfindungsart beeinflusst, die in der Kopiersteuerung auf der Positionstypebene hinterlegt ist.

Hier gilt es z. B., im Vorgängerbeleg manuell erfasste oder geänderte Konditionen zu berücksichtigen oder bei der Referenz von Teilmengen zu reagieren, indem man den Staffelzugriff auf den im Vorgängerbeleg gewährten Konditionssatz aktualisiert. Das erwünschte Verhalten wird durch die Auswahl einer geeigneten Preisfindungsart festgelegt.

In der SAP-Standardauslieferung ist z. B. für die Kopiersteuerung der Vorgangsarten AG (Angebot) nach TA (Terminauftrag) für den Positionstyp AGN (Normalposition) die Preisfindungsart A (Preisteile kopieren und Staffeln aktualisieren) hinterlegt (siehe Abbildung 6.19). Dadurch wird erreicht, dass die eingangs skizzierten Anforderungen erfüllt werden.

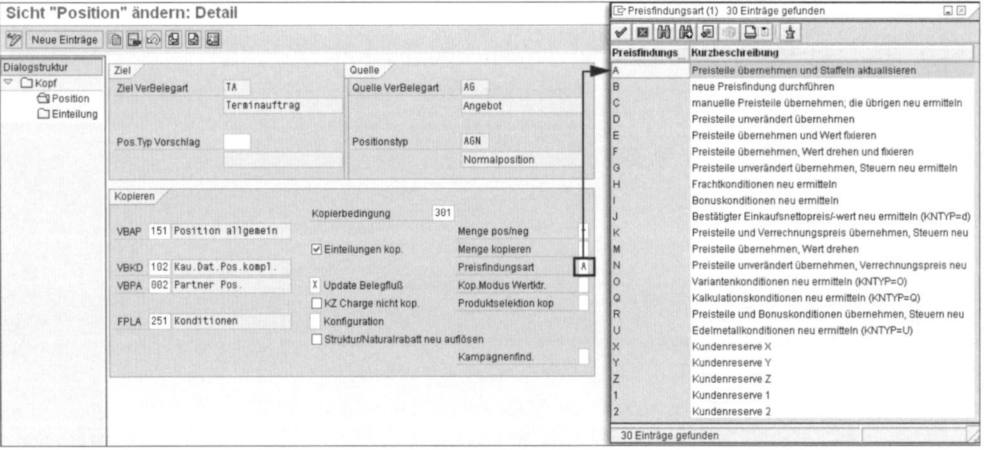

Abbildung 6.19 Preisfindungsart in der Kopiersteuerung zuordnen

Wenn andere Anforderungen bestehen, kann auf eine Vielzahl an ausgelieferten Preisfindungsarten zurückgegriffen werden.

Darüber hinaus ist es möglich, kundenindividuelle Preisfindungsarten auszuprägen. Dazu steht die Kundenreserve (X, Y und Z sowie 1 bis 9) zur Verfügung. Einige mögliche Anwendungsfälle, wie z. B. die Kombination mehrerer Preisfindungsarten, werden im SAP-Hinweis 24832 (Preisfindungsregeln) detailliert beschrieben.

In Kapitel 10, »Wichtige Programme der Preisfindung«, werden zu diesem Thema weitere technische Details beschrieben.

6.6 Preisfindung bei Miet- und Wartungsverträgen (periodischer Fakturierungsplan)

Bei Miet- und Wartungsverträgen wird normalerweise die periodische Fakturierung eingesetzt, realisiert durch einen *Fakturierungsplan*. Dadurch kann im Vertriebsbeleg auf der Positionsebene ein detaillierter Fakturierungsplan mit mehreren Fakturierungsterminen anstelle eines einzigen Fakturadatums hinterlegt werden.

Die Zuordnung des Fakturierungsplans erfolgt auf der Ebene des Positionstyps. Ein Beispiel aus der SAP-Standardauslieferung ist der Positionstyp WVN (Wartungsvertragsposition). Das Customizing des Positionstyps erreichen Sie über den Menüpfad **(IMG •) Vertrieb • Verkauf • Verkaufsbelegposition • Positionstypen definieren** (siehe Abbildung 6.20).

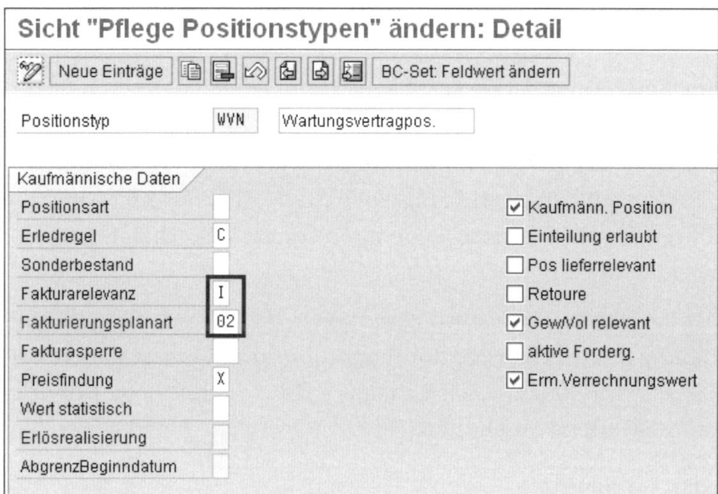

Abbildung 6.20 Positionstyp für die Wartungsvertragsposition

Im Customizing des Positionstyps WVN hat das Attribut **Fakturarelevanz** die Ausprägung I (Auftragsbezogene Faktura – Fakturierungsplan). Die zugeordnete **Fakturierungsplanart** ist 02 (Periodische Fakturierung), siehe Abbildung 6.21.

Das Customizing dieses Fakturierungsplans erreichen Sie über den Menüpfad **(IMG •) Vertrieb • Fakturierung • Fakturierungsplan • Fakturierungsplanart definieren • Fakturierungsplanarten für periodische Fakturierung pflegen**.

Beginn- und Enddatum definieren die Laufzeit des Fakturierungsplans und werden, wenn möglich, aus den Vertragsdaten übernommen. Unter Umständen setzen Sie keinen Endtermin, da Sie eine unbegrenzte Laufzeit vereinbaren wollen. In diesem Fall können neue Termine bis zum Horizont ergänzt werden. (Der Horizont gibt die Anzahl von Abrechnungszeiträumen an, die in den Fakturierungsplan eingestellt werden.)

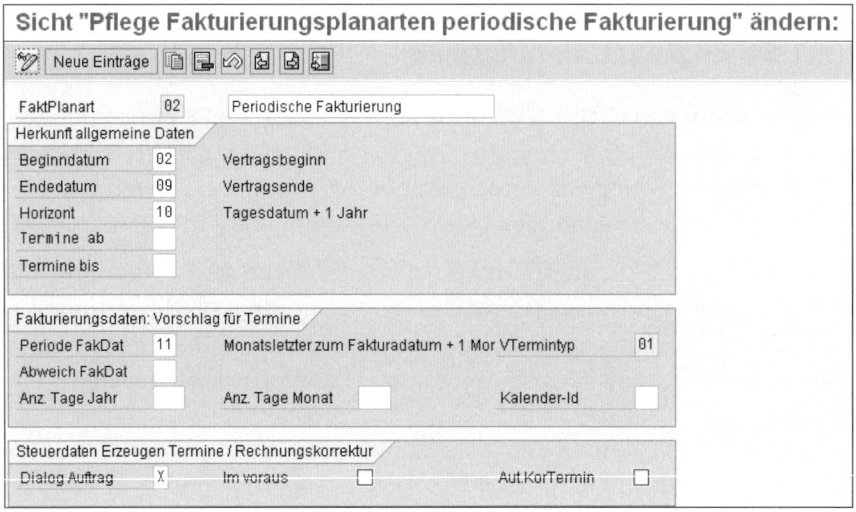

Sicht "Pflege Fakturierungsplanarten periodische Fakturierung" ändern:

Neue Einträge

FaktPlanart 02 Periodische Fakturierung

Herkunft allgemeine Daten

Beginndatum	02	Vertragsbeginn
Endedatum	09	Vertragsende
Horizont	10	Tagesdatum + 1 Jahr
Termine ab		
Termine bis		

Fakturierungsdaten: Vorschlag für Termine

Periode FakDat	11	Monatsletzter zum Fakturadatum + 1 Mor		VTermintyp	01
Abweich FakDat					
Anz. Tage Jahr		Anz. Tage Monat		Kalender-Id	

Steuerdaten Erzeugen Termine / Rechnungskorrektur

Dialog Auftrag	X	Im voraus	☐	Aut.KorTermin	☐

Abbildung 6.21 Fakturierungsplanart für die periodische Fakturierung

Wenn wir nun noch einmal das Beispiel des Wartungsvertrags aus dem vorangehenden Abschnitt 6.4, »Preisvereinbarungen«, aufgreifen (siehe Abbildung 6.14) und die Fäden zusammenführen, ergeben sich folgende interessante Möglichkeiten für die Preisfindung.

Wir verkaufen wieder die gleichen 100 Leistungseinheiten (LE) REPAIR_SERVICE und erhalten das in Abbildung 6.22 gezeigte Positionskonditionsbild. Das verwendete Kalkulationsschema dazu ist im Standard das Schema PSER01 (Periodische Fakturierung). (Zum Schema PSER01 siehe Abschnitt 8.1.4.)

Service und Wartung anlegen: Positionsdaten

Position 10 Positionstyp WVN Wartungsvertragpos.

Material REPAIR_SERVICE Desktop Reparatur Service (nicht konf.)

Verkauf A | Verkauf B | Vertragsdaten | Versand | Faktura | Faktur.plan | Konditionen | Gebühren | Kontierung | Part

Menge 100 LE Netto 15.000,00 EUR

Steuer 2.850,00

Preiselemente

I...	KArt	Bezeichnung	Betrag	Währg	pro	ME	Konditionswert	Währg	Status	KUmZä	BME	KUmNe	ME
■	PPSV	Preis Pos. Service	150,00	EUR	1	LE	15.000,00	EUR		1	LE	1	LE
		Brutto	150,00	EUR	1	LE	15.000,00	EUR		1	LE	1	LE
		Rabattbetrag	0,00	EUR	1	LE	0,00	EUR		1	LE	1	LE
		Positionsnetto	150,00	EUR	1	LE	15.000,00	EUR		1	LE	1	LE
■	MWST	Ausgangssteuer	19,000	%			2.850,00	EUR		0		0	
		Endbetrag	178,50	EUR	1	LE	17.850,00	EUR		1	LE	1	LE
■	SKTO	Skonto	3,000-	%			535,50-	EUR		0		0	

Abbildung 6.22 Positionskonditionsbild im Wartungsvertrag

Wenn wir uns den Fakturierungsplan zur Position ansehen, ergibt sich durch die vorher skizzierten Einstellungen zur Fakturierungsplanart zunächst das in Abbildung 6.23 gezeigte Bild. Man sieht, dass die Fakturatermine für den eingestellten Horizont **Tagesdatum + 1 Jahr** angelegt wurden und den aktuell gültigen Preis (Konditionsart PPSV) in Höhe von 150,00 EUR pro LE verwenden.

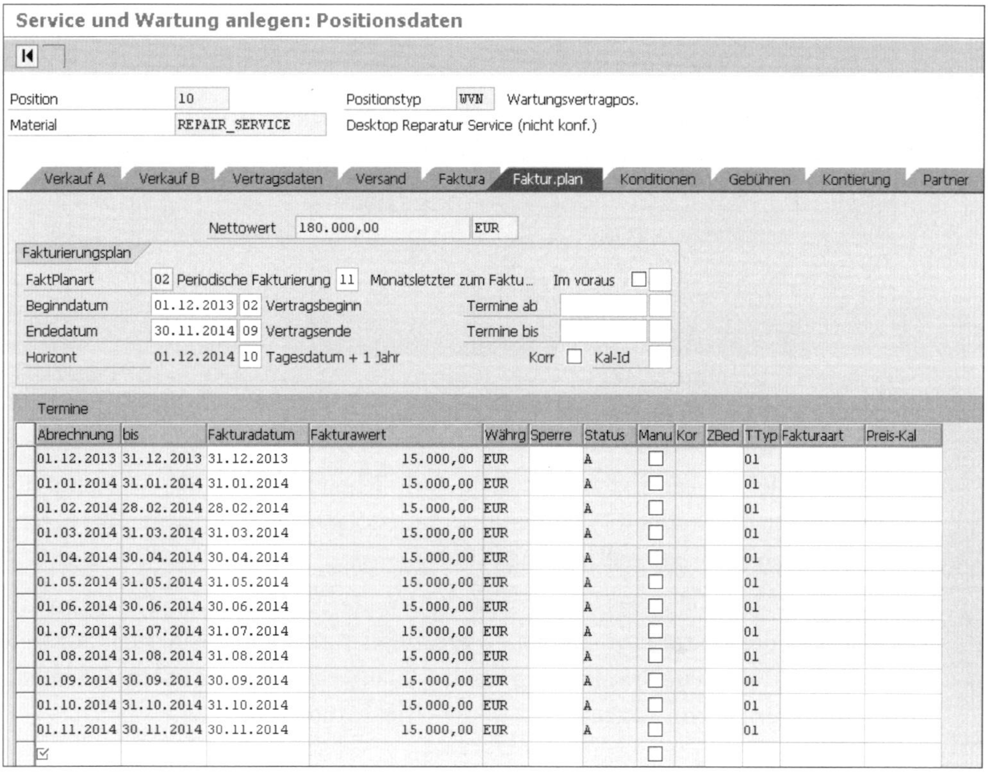

Service und Wartung anlegen: Positionsdaten

Position 10 Positionstyp WVN Wartungsvertragpos.
Material REPAIR_SERVICE Desktop Reparatur Service (nicht konf.)

Verkauf A | Verkauf B | Vertragsdaten | Versand | Faktura | Faktur.plan | Konditionen | Gebühren | Kontierung | Partner

Nettowert 180.000,00 EUR

Fakturierungsplan
FaktPlanart 02 Periodische Fakturierung 11 Monatsletzter zum Faktu... Im voraus
Beginndatum 01.12.2013 02 Vertragsbeginn Termine ab
Endedatum 30.11.2014 09 Vertragsende Termine bis
Horizont 01.12.2014 10 Tagesdatum + 1 Jahr Korr Kal-Id

Termine

Abrechnung	bis	Fakturadatum	Fakturawert	Währg	Sperre	Status	Manu	Kor	ZBed	TTyp	Fakturaart	Preis-Kal
01.12.2013	31.12.2013	31.12.2013	15.000,00	EUR		A	☐			01		
01.01.2014	31.01.2014	31.01.2014	15.000,00	EUR		A	☐			01		
01.02.2014	28.02.2014	28.02.2014	15.000,00	EUR		A	☐			01		
01.03.2014	31.03.2014	31.03.2014	15.000,00	EUR		A	☐			01		
01.04.2014	30.04.2014	30.04.2014	15.000,00	EUR		A	☐			01		
01.05.2014	31.05.2014	31.05.2014	15.000,00	EUR		A	☐			01		
01.06.2014	30.06.2014	30.06.2014	15.000,00	EUR		A	☐			01		
01.07.2014	31.07.2014	31.07.2014	15.000,00	EUR		A	☐			01		
01.08.2014	31.08.2014	31.08.2014	15.000,00	EUR		A	☐			01		
01.09.2014	30.09.2014	30.09.2014	15.000,00	EUR		A	☐			01		
01.10.2014	31.10.2014	31.10.2014	15.000,00	EUR		A	☐			01		
01.11.2014	30.11.2014	30.11.2014	15.000,00	EUR		A	☐			01		

Abbildung 6.23 Fakturierungsplan zur Wartungsposition

Jetzt können wir die bereits vorgestellten Preisvereinbarungen (siehe Abbildung 6.12 bis Abbildung 6.15) nutzen, um eine Preiserhöhung zum Stichtag **Gültig ab**, z. B. ab 01.06.2014, einzupreisen (siehe Abbildung 6.24).

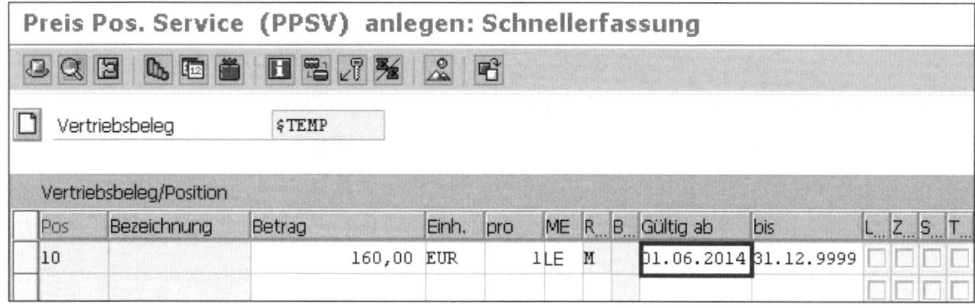

Preis Pos. Service (PPSV) anlegen: Schnellerfassung

Vertriebsbeleg $TEMP

Vertriebsbeleg/Position

Pos	Bezeichnung	Betrag	Einh.	pro	ME	R...	B...	Gültig ab	bis	L...	Z...	S...	T...
10		160,00	EUR	1	LE	M		01.06.2014	31.12.9999	☐	☐	☐	☐

Abbildung 6.24 Wartungsvertrag – Preiserhöhung

Mit der Eingabe ändert sich der Fakturierungsplan dahingehend, dass die Termine, beginnend mit dem 01.06.2014, bereits die neu angelegte Preisvereinbarung von 160,00 EUR pro LE bei der Berechnung des Fakturawertes berücksichtigen (siehe Abbildung 6.25).

Termine

Abrechnung	bis	Fakturadatum	Fakturawert	Währg	Sperre	Status	Manu	Kor	ZBed	TTyp
01.12.2013	31.12.2013	31.12.2013	15.000,00	EUR		A	☐			01
01.01.2014	31.01.2014	31.01.2014	15.000,00	EUR		A	☐			01
01.02.2014	28.02.2014	28.02.2014	15.000,00	EUR		A	☐			01
01.03.2014	31.03.2014	31.03.2014	15.000,00	EUR		A	☐			01
01.04.2014	30.04.2014	30.04.2014	15.000,00	EUR		A	☐			01
01.05.2014	31.05.2014	31.05.2014	15.000,00	EUR		A	☐			01
01.06.2014	30.06.2014	30.06.2014	16.000,00	EUR		A	☐			01
01.07.2014	31.07.2014	31.07.2014	16.000,00	EUR		A	☐			01
01.08.2014	31.08.2014	31.08.2014	16.000,00	EUR		A	☐			01
01.09.2014	30.09.2014	30.09.2014	16.000,00	EUR		A	☐			01
01.10.2014	31.10.2014	31.10.2014	16.000,00	EUR		A	☐			01
01.11.2014	30.11.2014	30.11.2014	16.000,00	EUR		A	☐			01
							☐			

Abbildung 6.25 Geänderter Fakturierungsplan

Diese Veränderung kann schon vor dem eigentlichen Speichern des Wartungsvertrags und der zugehörigen Preisvereinbarung erfolgen, weil im Programm bereits Vorkehrungen für diesen Fall getroffen sind.

Voraussetzung für dieses Verhalten ist noch ein weiteres Customizing-Detail: Im **Termintyp**, der der Fakturierungsplanart zugeordnet wurde, muss über das Attribut **Preisfindung** eine neue Preisfindung – z. B. C (Manuelle Preisteile übernehmen; die übrigen neu ermitteln) – angefordert werden (siehe Abbildung 6.26).

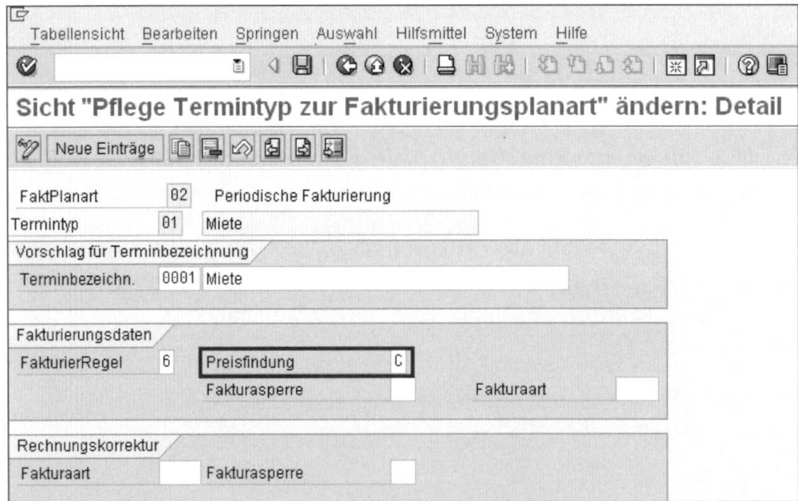

Abbildung 6.26 Neue Preisfindung über den Termintyp

Neben den Fakturierungsplänen für die periodische Fakturierung gibt es noch eine weitere Form für die Abwicklung von Festbetragverträgen.

6.7 Preisfindung bei Festbetragverträgen (Meilensteinfakturierungsplan)

Bei Festbetragverträgen, wie z. B. im Anlagenbau, wird oftmals eine Teilfakturierung verwendet, bei der der zu fakturierende Gesamtwert nach bestimmten Regeln auf die einzelnen Termine eines Fakturierungsplans aufgeteilt wird. Ein Beispiel aus der SAP-Standardauslieferung ist der Positionstyp TAO (Meilensteinfakturierung), den Sie in Abbildung 6.27 sehen.

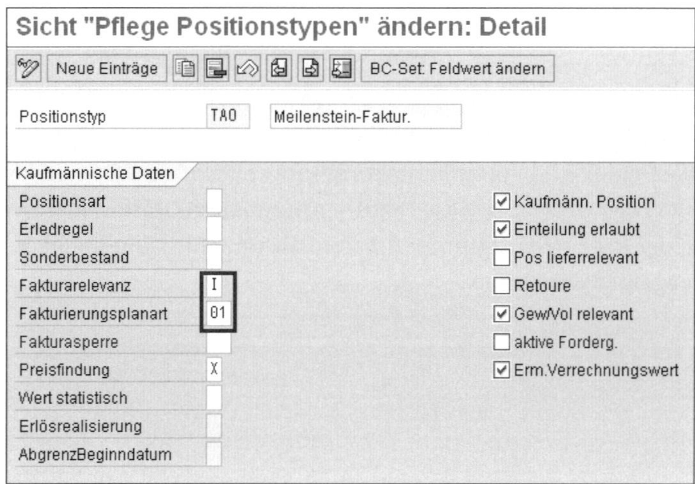

Abbildung 6.27 Positionstyp für die Meilensteinfakturierung

Um das Verhalten der Preisfindung bei Festbetragverträgen verstehen zu können, ist ein Blick in das Customizing für Fakturierungspläne erforderlich.

Im Customizing des Positionstyps TAO hat das Attribut **Fakturarelevanz** die Ausprägung I (Auftragsbezogene Faktura – Fakturierungsplan). Die zugeordnete **Fakturierungsplanart** ist 01 (Teilfakturierung), siehe Abbildung 6.28.

Das Customizing dieses Fakturierungsplans erreichen Sie über den Menüpfad **(IMG •) Vertrieb • Fakturierung • Fakturierungsplan • Fakturierungsplanart definieren • Fakturierungsplanarten für Teilfakturierung pflegen**.

Im Bereich **Herkunft allgemeine Daten** ist ein Standardfakturierungsplan zugeordnet. Die Termine dieses Standardfakturierungs- bzw. -rechnungsplans übernimmt das System dann als Vorschlagswerte in den anzulegenden Fakturierungs- bzw. Rechnungsplan, wobei die Termine bei der Übernahme mit Bezug auf das Beginndatum des Fakturierungs- bzw. Rechnungsplans umgerechnet werden.

Sicht "Pflege Fakturierungsplanarten Teilfakturierung" ändern: Detail

Neue Einträge

FaktPlanart 01 Teilfakturierung

Herkunft allgemeine Daten

Beginndatum 01 Tagesdatum

FPlanNr Vorlage 0000000435

Fakturierungsdaten: Vorschlag für Termine

Termintyp 01

Steuerdaten Erzeugen Termine

Dialog Auftrag X

Abbildung 6.28 Fakturierungsplanart für die Teilfakturierung

Den Standardfakturierungs- bzw. -rechnungsplan pflegen Sie im Customizing des Projektsystems zur Fakturierungs- bzw. Rechnungsplanart über den Menüpfad **(IMG •) Projektsystem • Erlöse und Ergebnis • Planerlöse • Maschinelle Kalkulation von Planerlösen • Einstellungen zum Fakturierungsplan pflegen**.

Abbildung 6.29 zeigt die Details zum Vorschlagsfakturierungsplan 00000435, der der Fakturierungsplanart 01 zugewiesen ist. Diese Fakturierungsplanart 01 ist wiederum im Positionstyp TAO eingetragen. Die Termine enthalten die weiteren steuernden Attribute **Fakturierungsregel**und **Termintyp**.

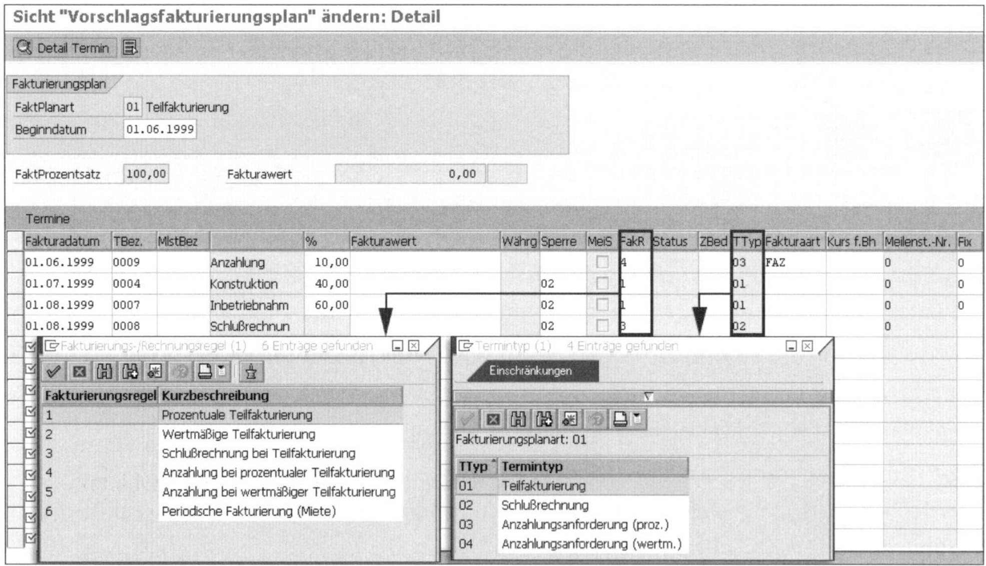

Sicht "Vorschlagsfakturierungsplan" ändern: Detail

Detail Termin

Fakturierungsplan

FaktPlanart 01 Teilfakturierung

Beginndatum 01.06.1999

FaktProzentsatz 100,00 Fakturawert 0,00

Termine

Fakturadatum	TBez.	MlstBez		%	Fakturawert	Währg	Sperre	MeiS	FakR	Status	ZBed	TTyp	Fakturaart	Kurs f.Bh	Meilenst.-Nr.	Fix
01.06.1999	0009		Anzahlung	10,00					4			03	FAZ		0	0
01.07.1999	0004		Konstruktion	40,00			02		1			01			0	0
01.08.1999	0007		Inbetriebnahm	60,00			02		1			01			0	0
01.08.1999	0008		Schlußrechnun				02		3			02			0	

Fakturierungs-/Rechnungsregel (1) 6 Einträge gefunden

Fakturierungsregel	Kurzbeschreibung
1	Prozentuale Teilfakturierung
2	Wertmäßige Teilfakturierung
3	Schlußrechnung bei Teilfakturierung
4	Anzahlung bei prozentualer Teilfakturierung
5	Anzahlung bei wertmäßiger Teilfakturierung
6	Periodische Fakturierung (Miete)

Termintyp (1) 4 Einträge gefunden

Einschränkungen

Fakturierungsplanart: 01

TTyp	Termintyp
01	Teilfakturierung
02	Schlußrechnung
03	Anzahlungsanforderung (proz.)
04	Anzahlungsanforderung (wertm.)

Abbildung 6.29 Vorschlagsfakturierungsplan 00000435

Wenn Sie nun einen entsprechenden Auftrag mit dem enthaltenen Positionstyp TAO anlegen, können Sie das Ineinanderwirken der gezeigten Einstellungen beobachten (siehe Abbildung 6.30).

Abbildung 6.30 Auftrag mit Teilfakturierungsplan

Aufgrund des Vorschlagsfakturierungsplans wurden die entsprechenden Fakturierungstermine auf der Grundlage des gefundenen Nettopreises in Höhe von 300.000 EUR vorgeschlagen. Als erste Teilfaktura entsteht eine Anzahlungsanforderung über 30.000 EUR plus Steuer (siehe Abbildung 6.31).

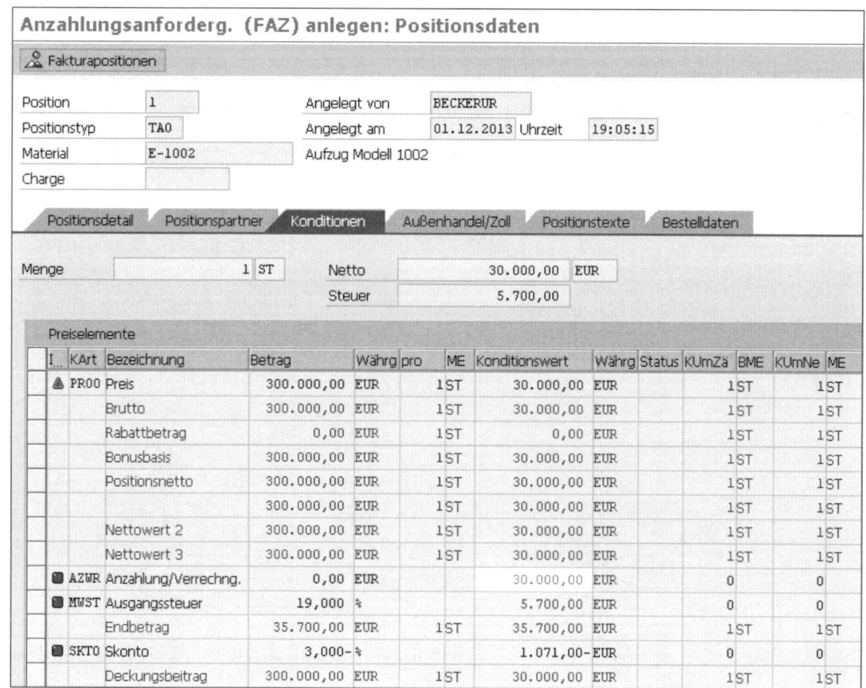

Abbildung 6.31 Anzahlungsanforderung anlegen

Nach dem Zahlungseingang der entsprechenden Anzahlung des Kunden kann sie bei den folgenden Teilfakturen verrechnet werden. Dabei wird der noch nicht ausgeschöpfte Anzahlungsbetrag in einer weiteren Position in die Faktura eingestellt und kann im Positionskonditionsbild angepasst werden. Im Beispiel wurde für die erste Teilfaktura der vorgeschlagene Wert von 30.000 EUR auf 10.000 EUR verringert (siehe Abbildung 6.32).

Rechnung (F2) (F2) anlegen: Übersicht - Fakturapositionen

Fakturen

Rechnung (F2)	$000000001	Nettowert	120.000,00 EUR
Regulierer	1280	MODE Technologies / John-F. Kennedy Platz 34 / 108...	
Fakturadatum	31.12.2013		

Pos	Bezeichnung	Fakturierte Menge	ME	Nettowert	Material
10	Aufzug Modell 1002	1	ST	120.000,00	E-1002
20	Anzahlungsverrechnung	1	ST	10.000,00	E-1002

Abbildung 6.32 Anzahlungsverrechnung

Um das Beispiel komplexer auszubauen, nehmen wir im zugrunde liegenden Auftrag eine nachträgliche Preiserhöhung in Höhe von 300.000 EUR auf 320.000 EUR vor (siehe Abbildung 6.33).

Terminauftrag 13904 ändern: Positionsdaten

Position	10	Positionstyp	TAO Meilenstein-Faktur.
Material	E-1002	Aufzug Modell 1002	

Verkauf A | Verkauf B | Versand | Faktura | Faktur.plan | Konditionen | Gebühren | Kontierung | Einteilungen | Partne

Menge	1 ST	Netto	320.000,00 EUR
		Steuer	60.800,00

Preiselemente

I...	KArt	Bezeichnung	Betrag	Währg	pro	ME	Konditionswert	Währg	Status	KUmZä	BME	KUmNe	ME
	PR00	Preis	320.000,00	EUR	1	ST	320.000,00	EUR		1	ST	1	ST
		Brutto	320.000,00	EUR	1	ST	320.000,00	EUR		1	ST	1	ST
		Rabattbetrag	0,00	EUR	1	ST	0,00	EUR		1	ST	1	ST
		Bonusbasis	320.000,00	EUR	1	ST	320.000,00	EUR		1	ST	1	ST
		Positionsnetto	320.000,00	EUR	1	ST	320.000,00	EUR		1	ST	1	ST
			320.000,00	EUR	1	ST	320.000,00	EUR		1	ST	1	ST
		Nettowert 2	320.000,00	EUR	1	ST	320.000,00	EUR		1	ST	1	ST
		Nettowert 3	320.000,00	EUR	1	ST	320.000,00	EUR		1	ST	1	ST
	AZWR	Anzahlung/Verrechng.	0,00	EUR			0,00	EUR		0		0	
	MWST	Ausgangssteuer	19,000	%			60.800,00	EUR		0		0	
		Endbetrag	380.800,00	EUR	1	ST	380.800,00	EUR		1	ST	1	ST
	SKTO	Skonto	3,000-	%			11.424,00-	EUR		0		0	
	VPRS	Verrechnungspreis	102.258,38	EUR	1	ST	102.258,38	EUR		1	ST	1	ST
		Deckungsbeitrag	217.741,62	EUR	1	ST	217.741,62	EUR		1	ST	1	ST

Abbildung 6.33 Nachträgliche Preiserhöhung

Da die bereits fakturierten Termine im Fakturierungsplan sinnvollerweise nicht mehr zu ändern sind, werden die zusätzlichen 20.000 EUR auf die noch offenen Termine im Fakturierungsplan verteilt, d. h., 60 % der Summe entfallen auf den Termin **Inbetriebnahme** und der Rest auf den Termin **Schlussrechnung** (siehe Abbildung 6.34).

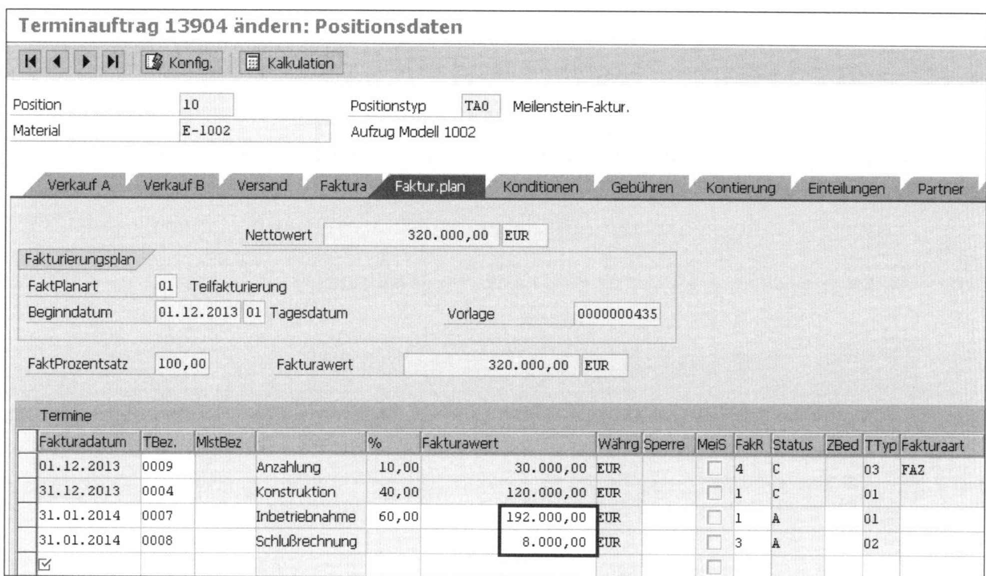
Terminauftrag 13904 ändern: Positionsdaten

Position 10 | Positionstyp TAO Meilenstein-Faktur.
Material E-1002 | Aufzug Modell 1002

Verkauf A | Verkauf B | Versand | Faktura | Faktur.plan | Konditionen | Gebühren | Kontierung | Einteilungen | Partner

Nettowert 320.000,00 EUR

Fakturierungsplan
FaktPlanart 01 Teilfakturierung
Beginndatum 01.12.2013 01 Tagesdatum | Vorlage 0000000435

FaktProzentsatz 100,00 | Fakturawert 320.000,00 EUR

Termine

Fakturadatum	TBez.	MlstBez		%	Fakturawert	Währg	Sperre	MeiS	FakR	Status	ZBed	TTyp	Fakturaart
01.12.2013	0009		Anzahlung	10,00	30.000,00	EUR		☐	4	C		03	FAZ
31.12.2013	0004		Konstruktion	40,00	120.000,00	EUR		☐	1	C		01	
31.01.2014	0007		Inbetriebnahme	60,00	192.000,00	EUR		☐	1	A		01	
31.01.2014	0008		Schlußrechnung		8.000,00	EUR		☐	3	A		02	

Abbildung 6.34 Auswirkungen der nachträglichen Preiserhöhung auf den Fakturierungsplan

In der letzten Teilfaktura, die die Schlussrechnung darstellt, wird der noch nicht ausgeschöpfte Anzahlungsbetrag in Höhe von 20.000 EUR verrechnet (siehe Abbildung 6.35). Damit ist der Auftrag vollständig fakturiert.

Rechnung (F2) (F2) anlegen: Übersicht - Fakturapositionen

Fakturen

Rechnung (F2) $000000001 | Nettowert 200.000,00 EUR
Regulierer 1280 | MODE Technologies / John-F. Kennedy Platz 34 / 108...
Fakturadatum 31.01.2014

Pos	Bezeichnung	Fakturierte Menge	ME	Nettowert	Material	Steuerbetrag
10	Aufzug Modell 1002	1	ST	192.000,00	E-1002	36.480,00
20	Anzahlungsverrechnung	1	ST	20.000,00	E-1002	3.800,00
30	Aufzug Modell 1002	1	ST	8.000,00	E-1002	1.520,00

Abbildung 6.35 Teilfakturierung – Schlussrechnung

Bei der Abwicklung dieses Prozesses spielt der Funktionsbaustein `PRICING_COPY` eine zentrale Rolle bei der besonderen Ermittlung der Fakturawerte. Auf diesen Funktionsbaustein gehen wir in Abschnitt 10.3, »Funktionsbaustein PRICING_COPY«, detaillierter ein.

6.8 Preisfindung bei der Aufwandsabrechnung

Da bei Serviceverträgen in der Regel nicht alle Leistungen durch den Vertrag abgedeckt werden, wird ein anfallender Serviceauftrag aufwandsbezogen fakturiert.

Wenn ein Serviceauftrag mit Bezug auf den Servicevertrag angelegt wird, errechnet das System die Preise für die Fakturaanforderung (Transaktion DP90) aufgrund der Preisvereinbarungen im zugrunde liegenden Servicevertrag (siehe Abbildung 6.36).

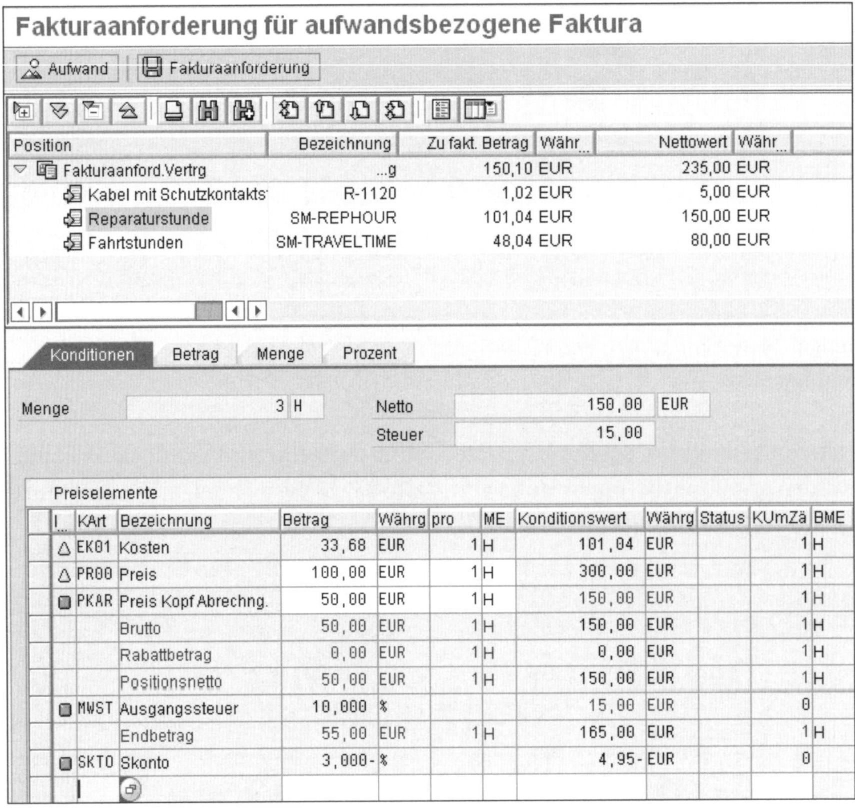

Abbildung 6.36 Fakturaanforderung für die aufwandsbezogene Faktura

Die Verbindung wird in der jeweiligen Zugriffsfolge über das Feld VGBEL (**Belegnummer des Vorlagebelegs**) hergestellt (entspricht **BelegFeld** Vorlagebeleg in Abbildung 6.37).

Das Kalkulationsschema, das im Standard dafür eingesetzt wird, ist das Schema PSER02 (Service/Aufwandsabrechnung). Darauf gehen wir in Abschnitt 8.1.5, »Schema PSER02 (Service/Aufwandsabrechnung)«, ausführlicher ein.

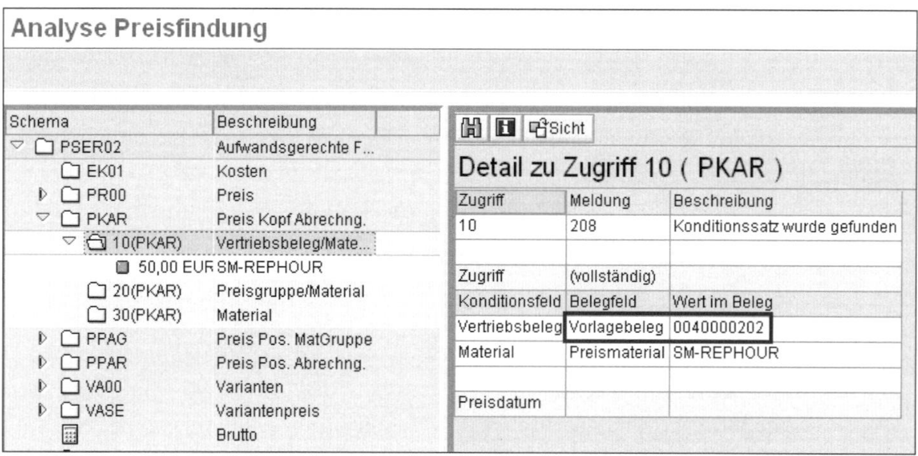

Abbildung 6.37 Analyse der Preisfindung

6.9 Fazit

Nach der Lektüre dieses Kapitels kennen Sie sich in der Darstellung und Handhabung des Preisfindungsergebnisses in verschiedenen wichtigen Bereichen aus. Außerdem haben Sie Einblicke in verwandte Customizing-Bereiche gewonnen (z. B. Fakturierungspläne), um die vorgestellten Funktionen der Preisfindung in ihren Zusammenhang einordnen zu können.

Im nächsten Kapitel 7, »Spezielle Funktionen der Preisfindung«, behandeln wir wichtige Sonderfunktionen der Preisfindung detaillierter und bewegen uns dadurch weiter auf ein möglichst präzises Gesamtbild der Preisfindung zu.

Kapitel 7

Spezielle Funktionen der Preisfindung

In diesem Kapitel werden wir Funktionen, denen wir im Rahmen der Konfiguration bereits begegnet sind, detaillierter behandeln. Außerdem runden wir das Gesamtbild der Preisfindung mit Ausführungen zu weiteren wichtigen Themen, wie z. B. der Steuerermittlung, ab.

Neben der Konditionstechnik und dem Berechnen von Werten aufgrund gefundener Konditionssätze besteht die Preisfindung aus vielen Funktionen, von denen wir die wichtigsten vertiefen. Wir sprechen über:

- die Gruppenkonditionen für die positionsübergreifenden Aktivitäten
- den Konditionsausschluss zur Behandlung von Abhängigkeiten zwischen den Konditionen
- das Konditionsupdate für die Abbildung von Limits und für statistische Auswertungen
- die Besonderheiten der Steuerermittlung im Vertrieb
- den Naturalrabatt und seine Auswirkungen auf die Preisfindung
- die Kosten- bzw. Deckungsbeitragsermittlung eines Verkaufsvorgangs als Grundlage für Preisverhandlungen
- Währungen und Umrechnungskurse und das Zusammenspiel zwischen Preisfindung und Beleg
- die Druckaufbereitung des Preisfindungsergebnisses

Wir beginnen mit einem Thema, das mit zu den anspruchsvollsten innerhalb der Preisfindung zählt: das Thema *Gruppenkonditionen*.

7.1 Gruppenkonditionen

Im Customizing der Konditionsarten (siehe Abschnitt 4.2.3, »Konditionsart«) können Sie eine Kondition als *Gruppenkondition* kennzeichnen. Bei Bedarf lässt sich bei Konditionen mit *Staffeln* auch eine *Gruppen-Key-Routine* einsetzen. Die Gruppenkonditionen begegnen uns noch einige Male in diesem Buch. Wir fassen an dieser Stelle kurz die verschiedenen Varianten zusammen und verweisen ansonsten auf die Detailinformationen und Beispiele in den anderen Kapiteln.

[»]

Definition Gruppenkondition

Als Gruppenkonditionen werden solche Konditionen bezeichnet, bei denen zum Belegendezeitpunkt eine abschließende Bewertung durch den Funktionsbaustein `PRICING_COMPLETE` stattfindet. Dabei werden manuelle Kopfkonditionen auf die Positionen verteilt, ein Rundungsdifferenzenausgleich durchgeführt und eine positionsübergreifende Kumulation der Staffelbasen vorgenommen. Daraus resultiert eine Anpassung der Konditionsprozentsätze und -beträge.

Wenn wir die Preisfindung für eine Auftragsposition betrachten, werden normale Konditionen ohne Gruppenkennzeichen unabhängig von den übrigen Positionen eines Auftrags bewertet. Gruppenkonditionen haben hingegen die Eigenschaft, dass auch die anderen Positionen des Auftrags die Bewertung beeinflussen. Wir kennen die folgenden Typen von Gruppenkonditionen:

7.1.1 Absolute Kopfkonditionen

Kopfkonditionen sind Konditionen ohne Zugriffsfolge, die manuell im Kopfkonditionsbild des Kundenauftrags eingegeben werden. Kopfkonditionen mit der Rechenregel **Absolutbetrag** werden nach ihrem Basiswert auf die einzelnen Positionen verteilt. Sie können also über eine geeignete Basisformel den Verteilungsschlüssel frei definieren. Der Rundungsdifferenzenausgleich wird dabei bei der größten Position durchgeführt. Beim Verteilen der Kopfkonditionen auf die Positionen werden die Bedingungen geprüft. Dadurch können Positionen von der Verteilung ausgenommen werden. Kopfkonditionen werden aus technischen Gründen als Gruppenkonditionen gekennzeichnet, da die Verteilung auf die Positionen zusammen mit den anderen Gruppenkonditionen im Funktionsbaustein `PRICING_COMPLETE` durchgeführt wird.

7.1.2 Prozentuale Kopfkonditionen

Kopfkonditionen mit der Rechenregel **Prozentual** werden wie die absoluten Kopfkonditionen in alle Positionen übernommen. Bei der größten Position wird auch hier der Rundungsdifferenzenausgleich durchgeführt. Über Bedingungen kann erreicht werden, dass die Kondition bei bestimmten Positionen nicht gewährt wird.

7.1.3 Staffelkonditionen ohne Gruppen-Key

Bei einer Kondition mit Staffelkonditionssatz wird die Staffelbasis über alle Positionen ermittelt, in denen der Konditionssatz gezogen wurde. In diesem Fall wird keine Gruppen-Key-Routine eingesetzt.

7.1.4 Staffelkonditionen mit Gruppen-Key

Falls bei einer Kondition mit Staffelkonditionssatz eine Gruppen-Key-Routine verwendet wird, wird die Kumulation der Staffelbasis auf einer anderen Ebene als dem Konditionssatz selbst durchgeführt. Die Kumulationsebene wird durch die Gruppen-Key-Routine festgelegt. In diesem Fall müssen Sie bei Mengenstaffeln immer auch eine spezielle Mengeneinheit in der Konditionsart (im Bereich **Staffeln**) angeben. Alle Positionsmengen müssen sich dann in diese Mengeneinheit umrechnen lassen. Sie können z. B. die Staffelbasis kumulieren:

- Aus allen Positionen, in denen die Konditionsart vorkommt (mit unterschiedlichen Konditionssätzen). Das kann auch der gesamte Auftrag sein (Gruppen-Key-Routine 001).
- Aus allen Positionen, die zu bestimmten Konditionsarten gehören, d. h., die Kumulation erfolgt konditionsartenübergreifend (Routine 002).
- Bei Konditionen mit Materialbezug aus allen Positionen der gleichen Materialgruppe (Routine 003).

Die Gruppen-Key-Funktion ist recht speziell und kommt selten zum Einsatz.

7.1.5 Prozentuale und absolute Gruppenkonditionen mit Konditionssätzen

Die automatisch über Konditionssätze gefundenen Konditionen werden bezüglich des Verteilungsmechanismus und des Rundungsdifferenzenausgleichs genauso behandelt wie die manuellen Kopfkonditionen.

Rundungsdifferenzenausgleich

Ein Rundungsdifferenzenausgleich wird nur bei prozentualen und absoluten Gruppenkonditionen durchgeführt.

Die hier aufgeführten positionsübergreifenden Aktivitäten werden im Funktionsbaustein `PRICING_COMPLETE` vorgenommen. Detaillierte technische Informationen zu diesem Funktionsbaustein finden Sie in Abschnitt 10.2. Ein konkretes Beispiel zur Arbeitsweise von Staffelkonditionen mit und ohne Gruppen-Key-Routine zeigen wir Ihnen in Abschnitt 11.4.4, »Gruppen-Key-Routine«.

7.2 Konditionsausschluss

Während der Preisfindung können Konditionen gefunden werden, die sich gegenseitig ausschließen. So soll z. B. ein speziell vereinbarter Kundenrabatt die Nachlässe einer allgemeinen Verkaufsaktion ausschließen, oder es soll der für den Kunden günstigste Preis genommen werden. In der Praxis gibt es sicherlich viele Spielarten für sich widersprechende Konditionen – die meisten dürften mit den Möglichkeiten im SAP-System mit Standardmitteln umzusetzen sein. Beim Ausschluss von Konditionen werden drei Verfahren unterschieden, auf die wir im Folgenden ausführlicher eingehen:

- einfacher Konditionsausschluss über Bedingungen (Customizing)
- komplexer Konditionsausschluss über Ausschlussgruppen (Customizing)
- Konditionsausschluss über Formeln

Das Customizing für die ersten beiden Verfahren finden Sie über den Pfad **(IMG •) Vertrieb • Grundfunktionen • Preisfindung • Konditionsausschluss**.

7.2.1 Einfacher Konditionsausschluss über Bedingungen

Beim einfachen Konditionsausschluss über Bedingungen können Sie im Customizing der Konditionsarten (siehe Abschnitt 4.2.3) im Bereich **Steuerungsdaten 2** das Feld **Ausschluss** einer Konditionsart generell zuordnen, oder Sie tragen das Feld innerhalb der Konditionspflege bei den betreffenden Konditionssätzen ein. Sobald bei der Preisfindung ein solcher Konditionssatz gefunden wurde, wird das Kennzeichen in die Kommunikationsstruktur KOMP in das Feld `komp-kznep` übernommen.

Dieser Inhalt kann dann über Bedingungen bewirken, dass nachfolgende Konditionen nicht ermittelt werden. So wird z. B. in der Standardbedingung 002 (Position mit Preisfindung) abgefragt, ob der Ausschlusswert ungleich initial ist. Eine Kondition mit eingetragenem Ausschlusskennzeichen bewirkt somit, dass alle nachfolgenden Konditionen, die die Bedingung 002 verwenden, ignoriert werden. Im Coding der Bedingung können Sie die Arbeitsweise erahnen (siehe Listing 7.1).

```
form kobed_002.
  sy-subrc = 4.
  if komp-kposn ne 0.
    check: komp-prsfd ca 'BX'.
    check: komp-kznep = space.
  endif.
  sy-subrc = 0.
endform.
```

Listing 7.1 Ausschlussprüfung über Bedingungen

Sie können die zulässigen Werte für das Ausschlusskennzeichen im Customizing nach eigenem Bedarf erweitern; die Werte 0 bis 9 und Z sind für Kunden reserviert.

Der Vorteil dieses Verfahrens liegt in der Performance. Dennoch gibt es auch zwei Nachteile: zum einen die mangelnde Transparenz, und zum anderen muss sichergestellt werden, dass bei einer neuen Preisfindung alle abhängigen Konditionsarten neu ermittelt werden. Wir empfehlen Ihnen deshalb, vorzugsweise das zweite Verfahren anzuwenden – Konditionsausschluss über Ausschlussgruppen – es sei denn, Sie haben Probleme mit der Systemperformance.

7.2.2 Konditionsausschluss über Ausschlussgruppen

Bei diesem Verfahren richten Sie zunächst sogenannte *Ausschlussgruppen* ein und ordnen diesen Gruppen Konditionsarten zu. Im folgenden Beispiel haben wir fünf Ausschlussgruppen eingerichtet:

- Z901 mit der Konditionsart PR00
- Z902 mit den Konditionsarten K020 und K029
- Z903 mit den Konditionsarten K031 und HI01
- Z904 mit der Konditionsart PBBS
- Z905 mit der Konditionsart Z905

In einem weiteren Schritt definieren Sie das Ausschlussverfahren für Ihr Kalkulationsschema wie im Beispiel in Abbildung 7.1 anhand des Kalkulationsschemas ZVAA01.

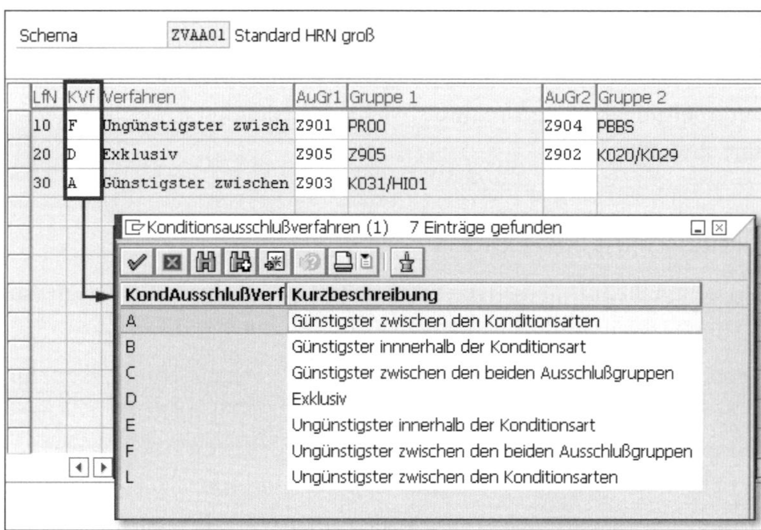

Abbildung 7.1 Konditionsausschluss zum Schema ZVAA01 (Standard erweitert)

In der Wertehilfe zum Ausschlussverfahren sehen Sie mögliche Varianten:

- **Ausschluss A, L**
  Es wird die günstigste/ungünstigste Kondition innerhalb der Ausschlussgruppe 1 genommen.
- **Ausschluss B, E**
  Bei jeder Konditionsart in der Gruppe 1 wird jeweils die günstigste/ungünstigste gefundene Kondition genommen. Dieses Verfahren ist nur sinnvoll, wenn die Konditionsarten Zugriffsfolgen mit mehreren additiven Zugriffen verwenden.
- **Ausschluss C, F**
  Zunächst werden die Werte der Gruppen 1 und 2 als Summe der darin enthaltenen Konditionswerte ermittelt. Im zweiten Schritt werden diese Werte verglichen und alle Konditionen der auszuschließenden Gruppe deaktiviert.
- **Ausschluss D**
  Gruppe 1 schließt die Konditionen der Gruppe 2 aus. Falls mindestens eine Kondition der Gruppe 1 vorkommt, werden alle Konditionen der Gruppe 2 deaktiviert.

Die Deaktivierung der Konditionen beim Konditionsausschluss über Ausschlussgruppen erfolgt durch Setzen des **Inaktiv**-Kennzeichens auf A in den betreffenden Konditionszeilen. Beachten Sie jedoch, dass nur solche Konditionen als vorhanden angesehen werden, die einen Wert ungleich null haben. Insbesondere bei Zuschlägen kann es jedoch gewünscht sein, auch Nullbetragskonditionen in den Wertevergleich einzubeziehen. Dies erreichen Sie dadurch, dass Sie bei einer der beteiligten Konditionsarten die Wertformel 038 (Ausschluss mit Wert null) im Kalkulationsschema zuordnen.

In SAP S/4HANA gibt es hierfür eine Einstellungsmöglichkeit im Customizing der Konditionsart (siehe Abschnitt 4.2.3, »Konditionsart«). Hier können Sie das Kennzeichen **Nullwertverarbeitung** auf A setzen und so die Berücksichtigung des Nullwertes pro Konditionsart steuern.

7.2.3 Konditionsausschluss über Formeln

In allen Fällen, in denen Sie mit den zuvor beschriebenen Verfahren nicht zum Ziel kommen, bleibt Ihnen immer noch die Möglichkeit, Formeln einzusetzen.

Im Folgenden geben wir Ihnen ein Beispiel für einen Konditionsausschluss über eine Wertformel. Die Anforderung lautet: Falls die Rabatte Z905, K007 und K004 *gleichzeitig* auftreten, soll mindestens der Wert von Rabatt RA01 gewährt werden. Diese Anforderung entspricht dem Ausschlussverfahren C, jedoch unter der Voraussetzung, dass alle Konditionen der Gruppe gleichzeitig vorkommen.

Wir können die Anforderung folgendermaßen erfüllen:

1. Wir richten eine neue Wertformel 901 (siehe Listing 7.2) ein und ordnen diese der Kondition RA01 zu.

```
form frm_kondi_wert_901.
  check: preisfindungsart ne 'E'.
  data: zwert like komv-kwert,
        zwert2 like komv-kwert.
  if not xworkf is initial
    and not xworkg is initial
    and not xworkh is initial.
    zwert = xworkf + xworkg + xworkh.
    if zwert le xkwert.
      clear xkwert.
      xkomv-kinak = 'X'.
    else.
      zwert2 = xkwert - zwert.
      xkwert = zwert2.
    endif.
  else.
    clear xkwert.
    xkomv-kinak = 'X'.
  endif.
endform.
```

Listing 7.2 Wertformel 901 – Konditionsausschluss

2. Die Kondition Z905 erhält im Kalkulationsschema als Zwischensumme den Wert F. Dadurch wird der Wert der Kondition in der Arbeitsvariablen `xworkf` zwischengespeichert. Falls das Kennzeichen **Zwischensumme** bereits anderweitig benötigt wird, richten Sie stattdessen die neue Wertformel 925 (Füllen `xworkf`) ein (siehe Listing 7.3) und ordnen diese der Kondition zu.

```
form frm_kondi_wert_925.
  add xkwert to xworkf.
endform.
```

Listing 7.3 Wertformel 925 – Befüllen der Variable xworkf

3. Kondition K007 erhält als Zwischensumme den Wert G. Alternativ verwenden Sie stattdessen die Wertformel 926 (siehe Listing 7.4).

```
form frm_kondi_wert_926.
  add xkwert to xworkg.
endform.
```

Listing 7.4 Wertformel 926 – Befüllen der Variable xworkg

4. Kondition K004 erhält als Zwischensumme den Wert H. Alternativ verwenden Sie stattdessen die Wertformel 927 (siehe Listing 7.5).

```
form frm_kondi_wert_927.
  add xkwert to xworkh.
endform.
```

Listing 7.5 Wertformel 927 – Befüllen der Variable xworkh

Damit ist die Aufgabe mit minimalem Coding-Aufwand und performant gelöst. Wie ist nun die Funktionsweise dieser Lösung?

Zunächst sei darauf hingewiesen, dass die Lösung nur unter einer Voraussetzung richtig arbeitet: Die durch die Formel 901 zu manipulierende Kondition RA01 im Kalkulationsschema ist *nach* den Konditionen Z905, K007 und K004 positioniert. Während der Bewertung wird somit die Kondition RA01 als letzte der beteiligten Konditionsarten verarbeitet.

Sie sehen in dem Beispiel in Abbildung 7.2, dass die Konditionen Z905, K007 und K004 in der Summe einen Wert von –3,39 EUR ausweisen. Da RA01 mit 3 % hingegen einen Rabatt in Höhe von 3,60 EUR errechnet, sollen die Routinen letztlich so greifen, dass diese 3,60 EUR Rabatt gewährt werden. Wir erreichen das mit der Wertformel 901, die in diesem Fall einfach RA01 das Delta in Höhe von –0,21 EUR zuweist, sodass wir einen Gesamtrabatt in Höhe von 3,60 EUR erhalten. Der Trick ist hier, dass wir die auszuschließenden Konditionsarten nicht deaktivieren (wir können in Wertformeln keine vorangegangenen Konditionen verändern), sondern über das Delta erreichen, dass die Kondition RA01 gewinnt.

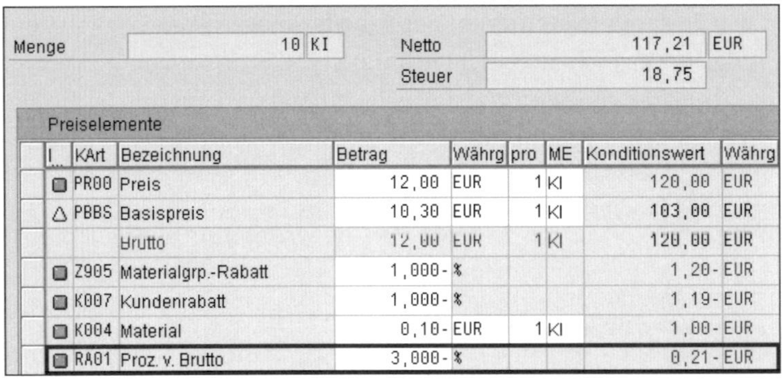

Menge 10 KI | Netto 117,21 EUR | Steuer 18,75

Preiselemente

I...	KArt	Bezeichnung	Betrag	Währg	pro	ME	Konditionswert	Währg
	PR00	Preis	12,00	EUR	1	KI	120,00	EUR
	PBBS	Basispreis	10,30	EUR	1	KI	103,00	EUR
		Brutto	12,00	EUR	1	KI	120,00	EUR
	Z905	Materialgrp.-Rabatt	1,000-	%			1,20-	EUR
	K007	Kundenrabatt	1,000-	%			1,19-	EUR
	K004	Material	0,10-	EUR	1	KI	1,00-	EUR
	RA01	Proz. v. Brutto	3,000-	%			0,21-	EUR

Abbildung 7.2 Konditionsausschluss mit der Formel 901 – RA01 gültig

In dem Beispiel aus Abbildung 7.3 hat RA01 mit einem Rabatt in Höhe von 2 % einen Wert in Höhe von –2,40 EUR, was weniger ist als Z905, K007 und K004 zusammen. Damit wird RA01 in diesem Fall durch die Wertformel 901 deaktiviert.

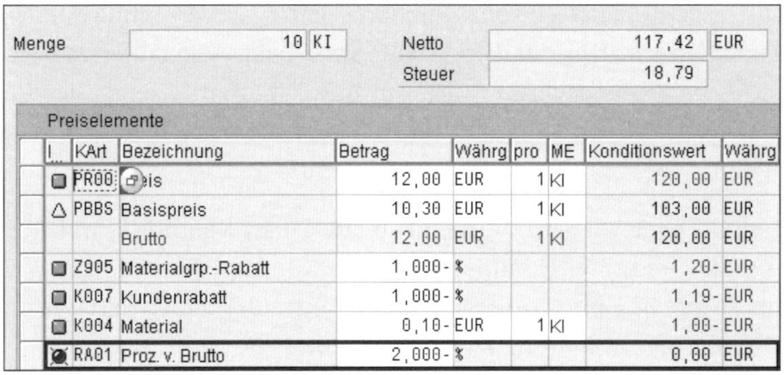

Menge 10 KI | Netto 117,42 EUR | Steuer 18,79

Preiselemente

I	KArt	Bezeichnung	Betrag	Währg	pro	ME	Konditionswert	Währg
	PR00	Preis	12,00	EUR	1	KI	120,00	EUR
	PBBS	Basispreis	10,30	EUR	1	KI	103,00	EUR
		Brutto	12,00	EUR	1	KI	120,00	EUR
	Z905	Materialgrp.-Rabatt	1,000-	%			1,20-	EUR
	K007	Kundenrabatt	1,000-	%			1,19-	EUR
	K004	Material	0,10-	EUR	1	KI	1,00-	EUR
	RA01	Proz. v. Brutto	2,000-	%			0,00	EUR

Abbildung 7.3 Konditionsausschluss mit der Formel 901 – RA01 ungültig

Wir haben Ihnen in diesem Abschnitt ein aussagekräftiges Beispiel vorgestellt, wie Formeln effizient eingesetzt werden können. Auch mit unserem nächsten Thema, dem Konditionsupdate, werden Sie eine Funktion kennenlernen, die vielfältige Ausbaumöglichkeiten bietet, natürlich wieder unter dem Einsatz von Formeln.

7.3 Konditionsupdate

Im Customizing der Konditionsarten (siehe Abschnitt 4.2.3, »Konditionsart«) gibt es im Bereich **Stammdaten** das Kennzeichen **Konditionsupdate**. Dieses Kennzeichen können Sie nur setzen, wenn Sie der Konditionsart eine Zugriffsfolge zugeordnet haben, d. h., zur Konditionsart werden Konditionssätze angelegt. Dahinter verbirgt sich die folgende Funktionalität:

1. Zu einem gefundenen Konditionssatz wird im Kundenauftrag die Statistiktabelle S071 fortgeschrieben, in der Faktura die Tabelle S060. Detaillierte Informationen dazu finden Sie in Abschnitt 12.1, »Budgetierungsanforderungen«. Dort zeigen wir, wie diese kumulierten Daten über die Standardfunktion hinaus genutzt werden können, um Budgetierungsanforderungen zu erfüllen.
2. Bei der Pflege der Konditionssätze erscheinen, wie in Abbildung 7.5 dargestellt, drei Felder, mit deren Hilfe Sie Limits festlegen können. Dabei können Sie:
   - den zu gewährenden Konditionswert begrenzen. Wir gewähren z. B. einen Rabatt in Höhe von 3 %, höchstens jedoch 1.000 EUR insgesamt über alle Aufträge.
   - eine maximale Konditionsbasis festlegen. Wir gewähren z. B. einen Rabatt in Höhe von 2 EUR pro Stück, maximal jedoch für 1.000 Stück.
   - eine maximale Anzahl von Aufträgen festlegen, für die ein Rabatt gewährt werden soll. Insbesondere können Sie damit steuern, dass ein Rabatt einmalig, also beim ersten Auftrag, innerhalb eines Zeitraums angewandt wird.

3. In der Konditionspflege steht der Button **Kumulierte Werte** zur Verfügung (Menüpfad **Zusätze • Kumulierte Werte**), mit dessen Hilfe Sie sich die aufgelaufenen Konditionswerte und Konditionsbasen zu Aufträgen und Fakturen anzeigen lassen können. Außerdem sehen Sie die ersten drei Auftragsnummern, bei denen die Kondition gefunden wurde.

Im folgenden Beispiel schalten wir das Konditionsupdate bei der Konditionsart K005 ein und erfassen anschließend einen Konditionssatz zum Kunden HN8711 und Artikel HN1080 mit einem Rabatt in Höhe von 0,20 EUR pro Kiste und einer maximalen Menge von zehn Kisten (siehe Abbildung 7.4 und Abbildung 7.5).

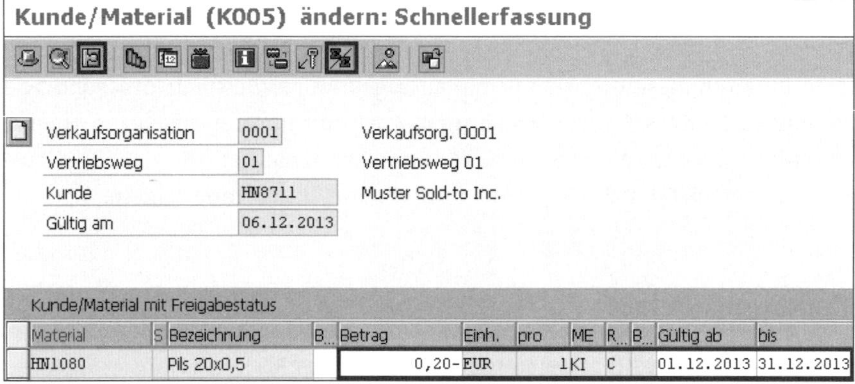

Abbildung 7.4 Konditionssatz zur Konditionsart K005

Über den Button **Zusatzdaten** (siehe Abbildung 7.4) erreichen Sie das Zusatzdatenbild (siehe Abbildung 7.5), in dem Sie die Limits pflegen können.

Grenzwerte für die Preisfindung		
Maximaler KondWert		EUR
Max. Anzahl Aufträge		
Maximale KondBasis	10	KI

Abbildung 7.5 Konditionssatz zur Konditionsart K005 (Zusatzdaten)

Erfassen Sie zwei Aufträge mit Mengen von fünf und drei Kisten. Klicken Sie in der Konditionspflege auf den Button **Kumulierte Werte** (rechter eingerahmter Button in Abbildung 7.4), und schauen Sie sich Abbildung 7.6 an, die die aufgelaufenen Werte und Mengen aus Aufträgen je Periode anzeigt.

Dort können Sie den Button **Erste Aufträge** anklicken und erhalten die Darstellung aus Abbildung 7.7, oder Sie können sich über den Button **Fakturawerte** die aufgelaufenen Summen zu den vorhandenen Fakturen ansehen.

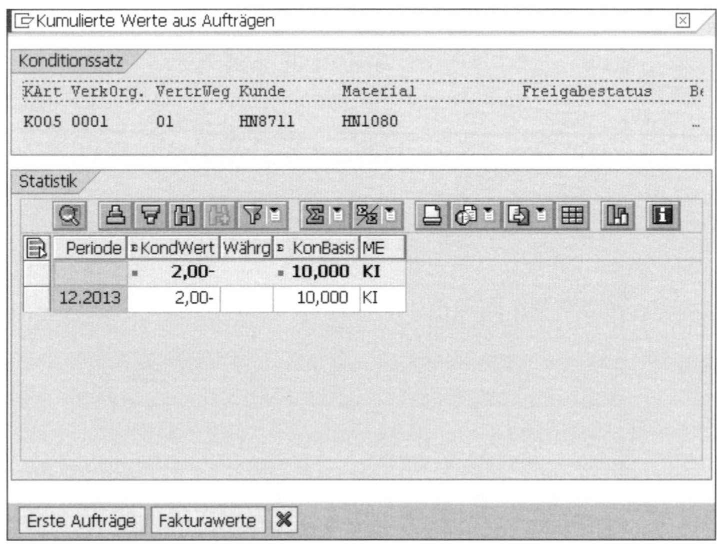

Abbildung 7.6 Konditionssatz zu K005 – kumulierte Auftragswerte

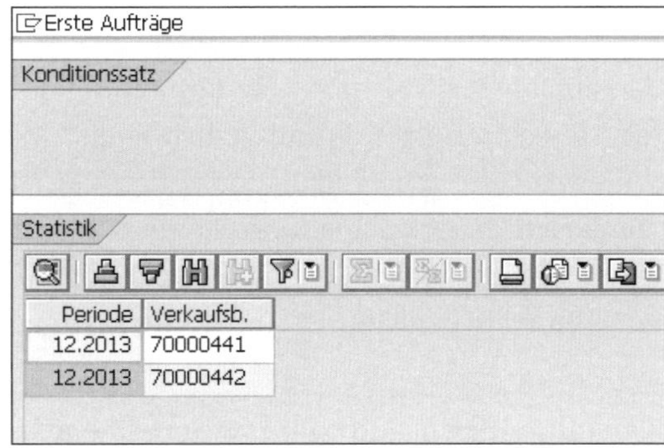

Abbildung 7.7 Konditionssatz zu K005 – Bild »Erste Aufträge«

Erfassen Sie nun einen weiteren Auftrag über fünf Kisten. Da wir bisher acht Kisten verkauft haben, bleiben nur noch zwei Kisten bis zum Limit von zehn Kisten übrig. Im Konditionsdetailbild der Position zu Kondition K005 sehen Sie, dass als Konditionsbasis zwei Kisten ermittelt wurden (siehe Abbildung 7.8). Die Tatsache, dass die Konditionsbasis abgeschnitten wurde, erkennen Sie daran, dass **MaximaleBasis** auf X gesetzt ist. Solange die Grenze nicht erreicht ist, haben wir eine **MaximaleBasis** von Y.

Die Funktion **Maximaler Konditionswert** verhält sich analog. In diesem Fall erscheint ein Feld **Maximalwert** im Bild aus Abbildung 7.8, das ebenfalls die Ausprägungen X und Y enthält. Ein Beispiel, in dem beide Limits verwendet werden, finden Sie in Abschnitt 12.1, »Budgetierungsanforderungen«.

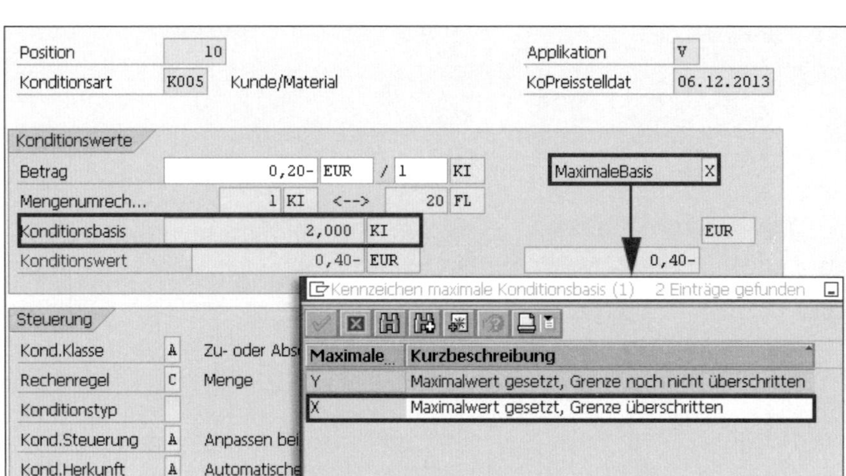

Abbildung 7.8 Auftragsposition – Konditionsdetails zu Kondition K005

7.4 Steuerermittlung im Vertrieb

Die Ermittlung der Steuer für einen Verkaufsvorgang ist integraler Bestandteil der Preisfindung. Die Einstellungen für die Steuern erfolgen grundsätzlich zuerst im Rechnungswesen. Dort wird festgelegt, mit welchem Steuerkalkulationsschema jedes einzelne Land arbeitet. Jedem Land ist genau *ein* Steuerkalkulationsschema zugeordnet. Diese Kalkulationsschemata sind Preisfindungsschemata zur Applikation TX (Steuern). Wir beschreiben die Steuerberechnung in der Finanzbuchhaltung ausführlich in Abschnitt 13.5.

Zwischen der Steuerermittlung in Kundenauftrag bzw. Faktura und der Steuerberechnung im Rechnungswesen gibt es eine enge Verbindung. Es existieren zwei Varianten der Steuerermittlung in Vertriebsvorgängen, die wir im Folgenden näher beschreiben: die einfache Steuerermittlung und die Steuerermittlung über Rechnungswesen/Steuerausloser.

7.4.1 Einfache Steuerermittlung

Das Verfahren der einfachen Steuerermittlung ist immer dann anwendbar, wenn die Steuer zu einem Land bei der Anlage der Steuersätze mit Transaktion FTXP (Steuerkennzeichen pflegen) immer nur einen einzigen Prozentsatz ausweist, wie wir es z. B. in Deutschland kennen. Die Steuer ist deshalb *einfach*, weil nur ein einziger Prozentsatz zugeordnet ist.

In Abbildung 7.9 sehen Sie die Definition des Steuerkennzeichens A1 im Land DE mit Transaktion FTXP. Über das Land DE wurde das Steuerschema TAXD ermittelt. Es muss sichergestellt sein, dass alle Steuerkennzeichen, die innerhalb der Auftragsbearbeitung gefunden werden, von diesem Typus sind; ansonsten ist das hier beschriebene einfache Verfahren nicht anwendbar.

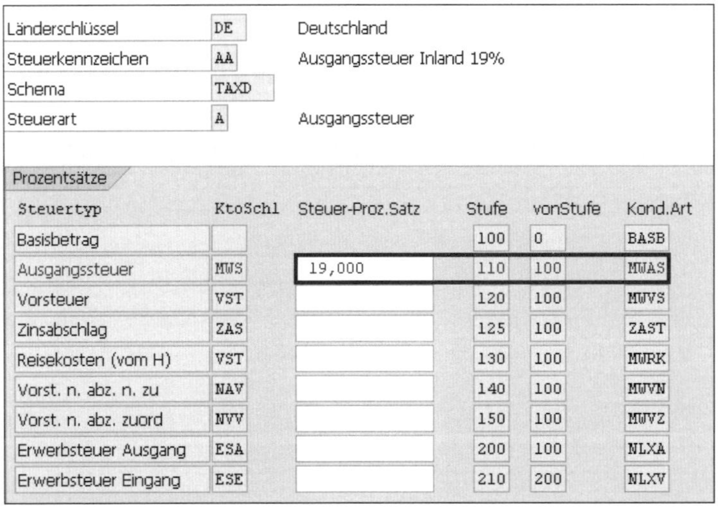

Länderschlüssel	DE	Deutschland
Steuerkennzeichen	AA	Ausgangssteuer Inland 19%
Schema	TAXD	
Steuerart	A	Ausgangssteuer

Prozentsätze

Steuertyp	KtoSchl	Steuer-Proz.Satz	Stufe	vonStufe	Kond.Art
Basisbetrag			100	0	BASB
Ausgangssteuer	MWS	19,000	110	100	MWAS
Vorsteuer	VST		120	100	MWVS
Zinsabschlag	ZAS		125	100	ZAST
Reisekosten (vom H)	VST		130	100	MWRK
Vorst. n. abz. n. zu	NAV		140	100	MWVN
Vorst. n. abz. zuord	NVV		150	100	MWVZ
Erwerbsteuer Ausgang	ESA		200	100	NLXA
Erwerbsteuer Eingang	ESE		210	200	NLXV

Abbildung 7.9 Steuersatz zu Steuerkennzeichen A1 (Transaktion FTXP)

Wir betrachten nun das Vertriebskalkulationsschema RVAA01. Bei diesem Schema wird die Steuer durch die Kondition MWST berechnet. Die Verbindung zum Steuerkalkulationsschema der Buchhaltung wird durch den zugehörigen Konditionssatz hergestellt. Bei der Anlage dieses Konditionssatzes (siehe Abbildung 7.10), der übrigens datumsabhängig ist, geben Sie lediglich das Steuerkennzeichen ein. Über das Abgangsland wird das Steuerkalkulationsschema ermittelt und über eine Preisfindungssimulation (Aufruf des Funktionsbausteins `PRICING` mit Applikation TX) der Steuerprozentsatz festgestellt und im MWST-Konditionssatz redundant abgespeichert.

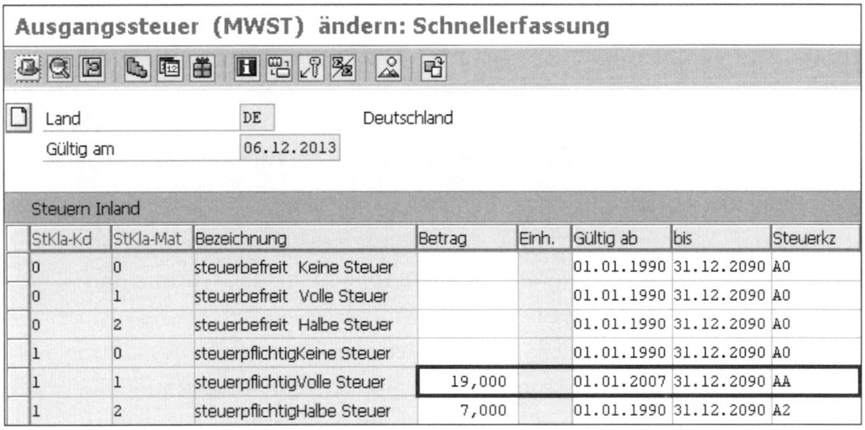

Ausgangssteuer (MWST) ändern: Schnellerfassung

Land	DE	Deutschland
Gültig am	06.12.2013	

Steuern Inland

StKla-Kd	StKla-Mat	Bezeichnung	Betrag	Einh.	Gültig ab	bis	Steuerkz
0	0	steuerbefreit Keine Steuer			01.01.1990	31.12.2090	A0
0	1	steuerbefreit Volle Steuer			01.01.1990	31.12.2090	A0
0	2	steuerbefreit Halbe Steuer			01.01.1990	31.12.2090	A0
1	0	steuerpflichtigKeine Steuer			01.01.1990	31.12.2090	A0
1	1	steuerpflichtigVolle Steuer	19,000		01.01.2007	31.12.2090	AA
1	2	steuerpflichtigHalbe Steuer	7,000		01.01.1990	31.12.2090	A2

Abbildung 7.10 Konditionssätze zur Konditionsart MWST (Transaktion VK12)

Sie sehen im Kalkulationsschema RVAA01 (siehe Abbildung 7.11) gleich zwei *einfache* Steuerkonditionsarten MWST und MW15. Die Kondition MWST bezieht sich auf den Warenwert und ermittelt durch die Verwendung der Zugriffsfolge MWST den Prozentsatz in Abhängigkeit von der Steuerklassifikation des Materials (z. B. Steuerkennzeichen A2 für Lebensmittel mit reduziertem Satz). Die zweite Kondition MW15 bezieht sich ausschließlich auf die Kondition RL00, die eine Vergütung für eine Dienstleistung darstellt und damit unabhängig vom Material mit dem vollen Satz versteuert werden muss. Dies wird durch Nutzung der Zugriffsfolge MWM1 erreicht.

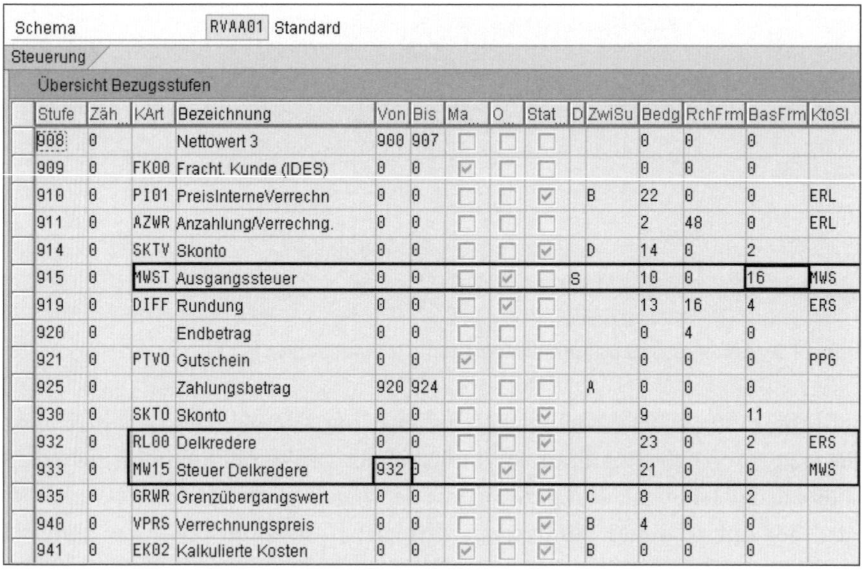

Schema RVAA01 Standard

Steuerung

Übersicht Bezugsstufen

Stufe	Zäh	KArt	Bezeichnung	Von	Bis	Ma	O	Stat	D	ZwiSu	Bedg	RchFrm	BasFrm	KtoSl
908	0		Nettowert 3	900	907	☐	☐	☐			0	0	0	
909	0	FK00	Fracht. Kunde (IDES)	0	0	☑	☐	☐			0	0	0	
910	0	PI01	PreisInterneVerrechn	0	0	☐	☐	☑		B	22	0	0	ERL
911	0	AZWR	Anzahlung/Verrechng.	0	0	☐	☐	☐			2	48	0	ERL
914	0	SKTV	Skonto	0	0	☐	☐	☑		D	14	0	2	
915	0	MWST	Ausgangssteuer	0	0	☐	☑	☐	S		10	0	16	MWS
919	0	DIFF	Rundung	0	0	☐	☑	☐			13	16	4	ERS
920	0		Endbetrag	0	0	☐	☐	☐			0	4	0	
921	0	PTV0	Gutschein	0	0	☑	☐	☐			0	0	0	PPG
925	0		Zahlungsbetrag	920	924	☐	☐	☐		A	0	0	0	
930	0	SKTO	Skonto	0	0	☐	☐	☑			9	0	11	
932	0	RL00	Delkredere	0	0	☐	☐	☑			23	0	2	ERS
933	0	MW15	Steuer Delkredere	932	0	☐	☑	☑			21	0	0	MWS
935	0	GRWR	Grenzübergangswert	0	0	☐	☐	☑		C	8	0	2	
940	0	VPRS	Verrechnungspreis	0	0	☐	☐	☑		B	4	0	0	
941	0	EK02	Kalkulierte Kosten	0	0	☑	☐	☑		B	0	0	0	

Abbildung 7.11 Kalkulationsschema RVAA01 – einfache Steuer (MWST)

Auf diese Weise erhalten Sie Auftragspositionen, bei denen zwei unterschiedliche Steuerkennzeichen (z. B. A1 und A2) vorkommen. Dies ist dann erlaubt, wenn sich, wie in unserem Fall, die beiden Steuern auf unterschiedliche Konditionsarten beziehen und damit keine gemeinsame Basis haben.

7.4.2 Steuerermittlung über das Rechnungswesen (Steuerauslöser)

Wir betrachten nun den Fall der zusammengesetzten Steuern. Sie erkennen diese Art von Steuer daran, dass in Transaktion FTXP mindestens einem Steuerkennzeichen mehr als ein Prozentsatz zugewiesen ist (siehe Abbildung 7.13). Wir möchten dieses Verfahren der Steuerermittlung über das Rechnungswesen/den Steuerauslöser am Beispiel des Steuerschemas TAXES für Spanien erläutern (siehe Abbildung 7.12). Weitere Details zur Steuerberechnung in der Finanzbuchhaltung finden Sie in Abschnitt 13.5.

Schema TAXES Umsatzsteuer Spanien

Steuerung

Übersicht Bezugsstufen

Stufe	Zäh	KArt	Bezeichnung	Von	Bis	Ma	O	Stat	D	ZwiSu	Bedg	RchFrm	BasFrm	KtoSl
100	0	BASB	Basisbetrag			☐	☐	☐						
110	0	MWAS	Ausgangssteuer	100		☐	☐	☐						MWS
120	0	MWVS	Vorsteuer	100		☐	☐	☐						VST
140	0	MWVN	Vorst. n. abz. n. zu	100		☐	☐	☐						NAV
150	0	MWVZ	Vorst. n. abz. zuord	100		☐	☐	☐						NVV
190	0	MWAA	Ausgleichs-Steuer	100		☐	☐	☐						ASB
200	0	NLXA	Erwerbsteuer Ausgang	100		☐	☐	☐						ESA
210	0	NLXV	Erwerbsteuer Eingang	100		☐	☐	☐						ESE

Abbildung 7.12 Steuerschema TAXES für Spanien (Applikation TX)

In Spanien wird bei Verkaufsvorgängen, abhängig vom Kunden, neben der Ausgangssteuer MWAS auch noch die zusätzliche Steuer MWAA berechnet, wie Sie am Beispiel des Steuerkennzeichens E3 sehen können (siehe Abbildung 7.13).

Länderschlüssel ES Spanien
Steuerkennzeichen E3 IVA repercutido + recargo de equivalencia 16+4%
Schema TAXES
Steuerart A Ausgangssteuer

Prozentsätze

Steuertyp	KtoSchl	Steuer-Proz.Satz	Stufe	vonStufe	Kond.Art
Basisbetrag			100	0	BASB
Ausgangssteuer	MWS	16,000	110	100	MWAS
Vorsteuer	VST		120	100	MWVS
Vorst. n. abz. n. zu	NAV		140	100	MWVN
Vorst. n. abz. zuord	NVV		150	100	MWVZ
Ausgleichs-Steuer	ASB	4,000	190	100	MWAA
Erwerbsteuer Ausgang	ESA		200	100	NLXA
Erwerbsteuer Eingang	ESE		210	100	NLXV

Abbildung 7.13 Steuersätze für das Schema TAXES und das Steuerkennzeichen E3 (Transaktion FTXP)

Die Einbindung der Steuerermittlung in das Vertriebskalkulationsschema erfolgt nun über eine Steuerauslöserkonditionsart MW01. Diese Konditionsart ist durch die Konditionsklasse G als Steuerauslöser gekennzeichnet und als **statistisch** eingestellt. Der Konditionsart nachgelagert folgen dann, als manuell eingestellte Konditionen, die Konditionsarten MWAS und MWAA des Steuerschemas. Sofern diese Konditionsarten im Vertriebs-Customizing noch nicht vorhanden sind, legen Sie sie mit Transaktion V/06 an (ohne Zugriffsfolge, Konditionsklasse D, Rechenregel A).

Abbildung 7.14 zeigt ein Vertriebskalkulationsschema ZVAAEU (Standard mit Steuerauslöser), das einige Länder abdeckt. Ein vergleichbares Schema ist in der Standardauslieferung leider nicht enthalten. Dieses Schema kann als Muster dienen, mit dem Sie alle bei Ihnen vorkommenden Steuersituationen über ein einziges Kalkulationsschema abwickeln können.

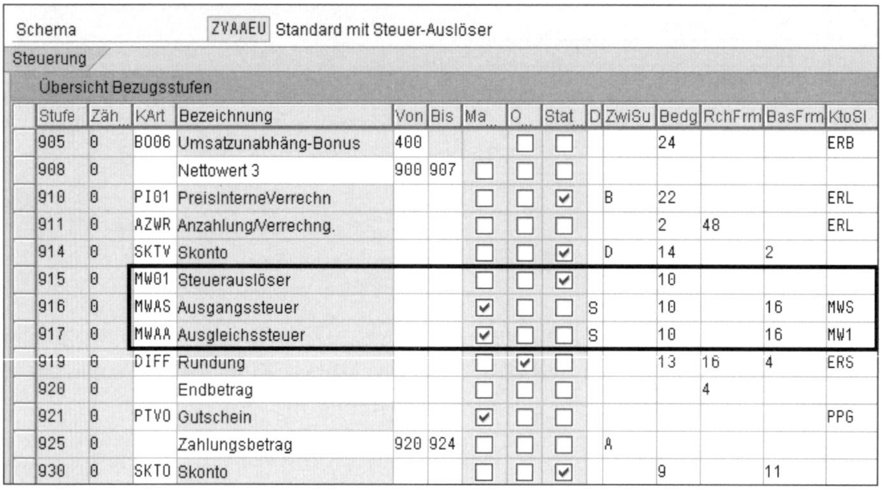

Schema ZVAAEU Standard mit Steuer-Auslöser

Steuerung

Übersicht Bezugsstufen

Stufe	Zäh	KArt	Bezeichnung	Von	Bis	Ma	O	Stat	D	ZwiSu	Bedg	RchFrm	BasFrm	KtoSl
905	0	B006	Umsatzunabhäng-Bonus	400			☐	☐			24			ERB
908	0		Nettowert 3	900	907	☐	☐	☐						
910	0	PI01	PreisInterneVerrechn			☐	☐	☑		B	22			ERL
911	0	AZWR	Anzahlung/Verrechng.			☐	☐	☐			2	48		ERL
914	0	SKTV	Skonto			☐	☐	☑		D	14		2	
915	0	MW01	Steuerauslöser			☐	☐	☑			10			
916	0	MWAS	Ausgangssteuer			☑	☐	☐	S		10		16	MWS
917	0	MWAA	Ausgleichssteuer			☑	☐	☐	S		10		16	MW1
919	0	DIFF	Rundung			☐	☑	☐			13	16	4	ERS
920	0		Endbetrag			☐	☐	☐				4		
921	0	PTVO	Gutschein			☑	☐	☐						PPG
925	0		Zahlungsbetrag	920	924	☐	☐	☐		A				
930	0	SKTO	Skonto			☐	☐	☑			9		11	

Abbildung 7.14 Musterkalkulationsschema ZVAAEU mit Steuerauslöser (Transaktion V/08)

Das folgende Beispiel zeigt den Einsatz dieses Kalkulationsschemas ZVAAEU am Beispiel eines Auftrags mit deutschem Steuerschema. In Abbildung 7.15 sehen Sie das Konditionsbild zu einer Auftragsposition, nachdem Sie die Konditionssätze für MW01 für das Land DE angelegt und das Standardkalkulationsschema RVAA01 durch das neue Schema ZVAAEU ersetzt haben.

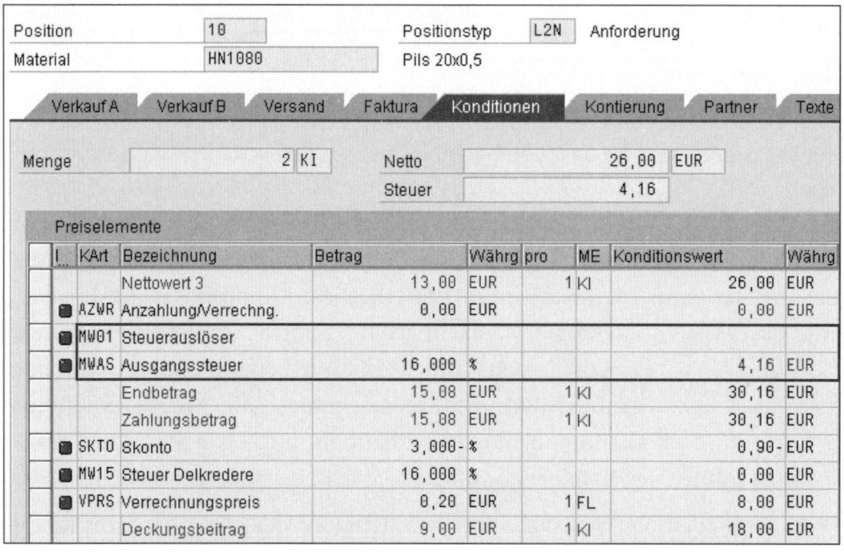

Position 10 Positionstyp L2N Anforderung

Material HN1080 Pils 20x0,5

Verkauf A | Verkauf B | Versand | Faktura | Konditionen | Kontierung | Partner | Texte

Menge 2 KI Netto 26,00 EUR

Steuer 4,16

Preiselemente

I...	KArt	Bezeichnung	Betrag	Währg	pro	ME	Konditionswert	Währg
		Nettowert 3	13,00	EUR	1	KI	26,00	EUR
■	AZWR	Anzahlung/Verrechng.	0,00	EUR			0,00	EUR
■	MW01	Steuerauslöser						
■	MWAS	Ausgangssteuer	16,000	%			4,16	EUR
		Endbetrag	15,08	EUR	1	KI	30,16	EUR
		Zahlungsbetrag	15,08	EUR	1	KI	30,16	EUR
■	SKTO	Skonto	3,000-	%			0,90-	EUR
■	MW15	Steuer Delkredere	16,000	%			0,00	EUR
■	VPRS	Verrechnungspreis	0,20	EUR	1	FL	8,00	EUR
		Deckungsbeitrag	9,00	EUR	1	KI	18,00	EUR

Abbildung 7.15 Positionskonditionsbild mit Kalkulationsschema ZVAAEU

Die erforderlichen Konditionssätze für den Steuerauslöser MW01 wurden dabei, wie aus Abbildung 7.16 hervorgeht, angelegt.

Land DE Deutschland
Gültig am 06.12.2013

Steuern Inland

StKla-Kd	StKla-Mat	Bezeichnung	Gültig ab	bis	Ste...	L...	T...
0	0	steuerbefreit keine Steuer	01.01.2000	31.12.9999	A0		
0	1	steuerbefreit volle Steuer	01.01.2000	31.12.9999	A0		
0	2	steuerbefreit halbe Steuer	01.01.2000	31.12.9999	A0		
1	0	steuerpflichtigkeine Steuer	01.01.2000	31.12.9999	A0		
1	1	steuerpflichtigvolle Steuer	01.01.2007	31.12.9999	AA		
1	2	steuerpflichtighalbe Steuer	01.01.2000	31.12.9999	A2		

Abbildung 7.16 Konditionssätze zum Steuerauslöser MW01 für Deutschland (Transaktion VK12)

Grundsätzlich ist zu sagen, dass das »einfache« Verfahren eine bessere Performance als das hier vorgestellte Verfahren hat. Sie können allerdings auch beide Verfahren innerhalb eines Kalkulationsschemas kombinieren. Das bedeutet, dass Sie neben der Kondition MWAS auch noch die altbekannte Kondition MWST aufnehmen. Sie müssen dann lediglich organisatorisch dafür sorgen, dass in einem Vorgang immer nur MW01 *oder* MWST vorkommt und nie beide Konditionsarten gleichzeitig. Sie erreichen dies dadurch, dass Sie die Konditionssätze für die Konditionsart MWST nur für bestimmte Länder anlegen, für die Sie die Konditionsart MW01 dann eben nicht benutzen. Um ganz sicherzugehen, könnten Sie natürlich auch eine Ausschlussmethode einsetzen, die verhindert, dass die Kondition MW01 verwendet wird, falls eine MWST vorhanden ist (wie in Abschnitt 7.2, »Konditionsausschluss«, beschrieben wurde).

7.4.3 Steuerermittlung mit externem Steuer-Interface

In den USA ist es möglich, die Ermittlung der Verkaufssteuern durch eine externe Software (z. B. Vertex) vorzunehmen. Dies hat den Vorteil, dass die Aktualisierung der Steuerbasisdaten extern durchgeführt wird, was die Handhabung der Steuern erheblich vereinfacht. Das Reporting erfolgt dann ebenfalls über diese Software.

Die Berechnung der Steuer verwendet in diesem Fall grundsätzlich die Technik des *Steuerauslösers*. In der Buchhaltung ist dafür das Steuerschema TAXUSX vorgesehen (weitere Informationen dazu finden Sie auch in Abschnitt 13.5, »Steuerberechnung in der Finanzbuchhaltung«), mit dem das im Standard ausgelieferte Beispielvertriebsschema RVAXUS arbeitet. In Abbildung 7.17 sehen Sie einen Auszug eines Vertriebskalkulationsschemas, mit dem es möglich ist, die einfache Steuerermittlung durch die Konditionsart MWST und das externe Steuer-Interface in einem einzigen Schema abzuwickeln.

Schema CF0001 CRM Claim - EU/US

Steuerung

Übersicht Bezugsstufen

Stufe	Zäh	KArt	Bezeichnung	Von	Bis	Ma	O	Stat	D	ZwiSu	Bedg	RchFrm	BasFrm
900	0		Nettowert 2	0	0	☐	☐	☐		3	0	2	0
905	0	MWST	Ausgangssteuer	900	0	☐	☐	☐			73	0	16
906	0	VST	Eingangssteuer	906	0	☐	☐	☑			74	0	16
910	0	UTXJ	TaxJurDictionCode	900	0	☐	☐	☑			73	300	0
911	0	XR1	Tax Jur Code Level 1	900	0	☑	☐	☐			73	301	0
912	0	XR2	Tax Jur Code Level 2	900	0	☑	☐	☐			73	302	0
913	0	XR3	Tax Jur Code Level 3	900	0	☑	☐	☐			73	303	0
914	0	XR4	Tax Jur Code Level 4	900	0	☑	☐	☐			73	304	0
915	0	XR5	Tax Jur Code Level 5	900	0	☑	☐	☐			73	305	0
916	0	XR6	Tax Jur Code Level 6	900	0	☑	☐	☐			73	306	0

Abbildung 7.17 Vertriebskalkulationsschema zur Abwicklung unterschiedlicher Steuerverfahren (Transaktion V/08)

Der Steuerauslöser in diesem Szenario ist die statistische Vertriebskondition UTXJ, die über Konditionssätze der Ermittlung eines Steuerkennzeichens dient. Falls die Kondition gefunden wurde, wird über die Wertformel 300 das externe Steuer-Interface aufgerufen. Dieses liefert dann die Werte für die »echten« Steuerkonditionen XR1–XR6, die über die Wertformeln 301 bis 306 versorgt werden. Wichtiges qualifizierendes Merkmal für die Abwicklung der US-Steuern ist der *Tax Jurisdiction Code* (TXJCD) als Adressbestandteil des Warenempfängers.

7.4.4 Steuererhöhung

Eine Änderung des Steuersatzes zu einem bestimmten Termin wird, sofern Sie kein externes Steuer-Interface einsetzen, dadurch durchgeführt, dass zunächst mit Transaktion FTXP für das betroffene Land ein neues Steuerkennzeichen für die Buchhaltung eingerichtet wird und die neuen Prozentsätze zugeordnet werden. Danach werden mit Transaktion VK11 oder VK12 für das Land und die betreffenden Steuerklassifikationen neue Konditionssätze angelegt (MWST, MW01) – mit diesem neuen Steuerkennzeichen und entsprechendem Gültig-ab-Datum.

7.5 Naturalrabatt im Vertrieb

Neben den direkten Rabatten, die mit jeder Rechnung abgezogen werden, und den nachträglichen Vergütungen (Boni), die erst zu einem späteren Zeitpunkt ausgezahlt werden, gibt es noch die Vereinbarung von Naturalrabatten als verkaufsfördernder Maßnahme. Die Umsetzung dieser Vereinbarungen erfolgt im Kundenauftrag und hat eine direkte Beziehung zur Preisfindung. Im SAP-System werden drei Arten der Rabattierung durch Naturalrabatt unterstützt:

- **Dreingabe mit Positionsgenerierung**
  Kaufe x Einheiten des Produkts A, bezahle jedoch nur y Einheiten. Bei dieser Variante wird die Auftragsmenge des Produkts A auf y reduziert und eine zusätzliche kostenlose Position mit der Menge x–y erzeugt.
- **Draufgabe**
  Kaufe x Einheiten des Produkts A und erhalte y Einheiten des Produkts B zusätzlich kostenlos. Es wird eine zusätzliche kostenlose Unterposition zum Produkt B generiert.
- **Dreingabe ohne Positionsgenerierung**
  Wir haben das gleiche Szenario wie in Fall 1. Im Unterschied zu diesem werden jedoch hier keine Unterpositionen erzeugt. Die Rabattierung erfolgt ausschließlich mit Mitteln der Preisfindung.

Die Naturalrabattvereinbarungen werden in Form von Konditionssätzen zur Verwendung N (Naturalrabatt) angelegt. Das Customizing zur Verwendung finden Sie über **(IMG •) Vertrieb • Grundfunktionen • Naturalrabatt**.

Wir wollen uns die Arbeitsweise dieser drei Varianten anhand eines Beispiels ansehen. Zunächst legen Sie mit Transaktion VBN1 für den Kunden HN8711 eine Naturalrabattvereinbarung für das Produkt HN1082 an (siehe Abbildung 7.18).

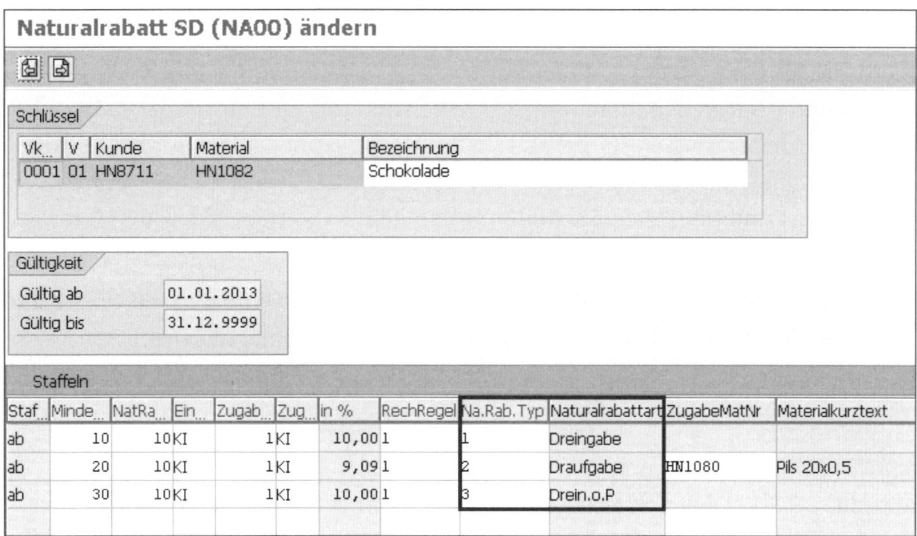
Naturalrabatt SD (NA00) ändern

Schlüssel

Vk...	V	Kunde	Material	Bezeichnung
0001	01	HN8711	HN1082	Schokolade

Gültigkeit

Gültig ab 01.01.2013
Gültig bis 31.12.9999

Staffeln

Staf...	Minde...	NatRa...	Ein...	Zugab...	Zug...	in %	RechRegel	Na.Rab.Typ	Naturalrabattart	ZugabeMatNr	Materialkurztext
ab	10	10	KI	1	KI	10,00	1	1	Dreingabe		
ab	20	10	KI	1	KI	9,09	1	2	Draufgabe	HN1080	Pils 20x0,5
ab	30	10	KI	1	KI	10,00	1	3	Drein.o.P		

Abbildung 7.18 Naturalrabattvereinbarung (Transaktionen VBN1, VBN2)

Wir bringen in diesem Beispiel alle drei Varianten zum Einsatz: Auswahlkriterium für das Verfahren ist die *Mindestabnahmemenge*, d. h., ab einer Auftragsmenge von zehn Einheiten wird das Verfahren (der Rabatttyp) 1 gewählt, ab 20 Einheiten das Verfahren 2 und ab 30 Einheiten Verfahren 3.

Wir erfassen im Folgenden einen Auftrag mit drei Positionen und mit den in Abbildung 7.19 gezeigten Mengen.

Pos	Material	Auftrags...	ME	Bezeichnung
	hn1082	10		
	hn1082	20		
	hn1082	30		

Abbildung 7.19 Auftragspositionen mit Naturalrabatt

Nach der Datenfreigabe erhalten wir die in Abbildung 7.20 gezeigte Situation. Dort können Sie die Arbeitsweise der drei Varianten nachvollziehen.

Pos	Material	Auftragsmenge	ME	Bezeichnung	E	Ptyp	GG...	Üb.Pos	L	1.Datum	Nettowert
10	HN1082	9	KI	Schokolade	☐	TAN			T	06.12.2013	335,79
11	HN1082	1	KI	Schokolade	☐	TANN		10	T	06.12.2013	0,00
20	HN1082	20	KI	Schokolade	☐	TAN			T	06.12.2013	743,78
21	HN1080	2	KI	Pils 20x0,5	☐	TANN		20	T	06.12.2013	0,00
30	HN1082	30	KI	Schokolade	☑	TAN			T	06.12.2013	1.003,60

Abbildung 7.20 Positionsbild nach Naturalrabattauflösung

Die generierten Naturalrabattunterpositionen 11 und 21 haben den Positionstyp TANN, der mit dem Kennzeichen **Preisfindung** = B (Preisfindung Naturalrabatt) parametrisiert ist. Diese Eigenschaft des Positionstyps nutzen wir über die Bedingung 55 (Preisfindung Naturalrabatt) innerhalb der Preisfindung, um eine spezielle Kondition R100 erscheinen zu lassen, die bei diesem Positionstyp mit der Basisformel 28 (100 % Abschlag) einen Abschlag in Höhe von 100 % Abschlag bewirkt. Diese Kondition arbeitet ohne Konditionssätze; Sie finden sie auf dem Konditionsbild zu den Auftragspositionen 11 und 21.

Bei der Position 30, also der Dreingabe ohne Positionsgenerierung, setzen wir die spezielle Konditionsart NRAB ein, die sich auf dem Konditionsbild so darstellt wie in Abbildung 7.21.

	Positionsnetto	37,13	EUR	1	KI	1.113,85	EUR
NRAB	Naturalrabatt	37,13-	EUR	1	KI	111,39-	EUR

Abbildung 7.21 Kondition NRAB bei der Dreingabe ohne Positionsgenerierung

Die Details zu dieser Kondition finden Sie in Abbildung 7.22.

Die Konditionsart NRAB wird nicht über Konditionssätze, sondern über die Basisformel 29 (Naturalrabatt Dreingabe) gefüllt. Diese bewirkt, dass der an dieser Stelle ermittelte Nettopreis (–36,75 EUR) negativ eingestellt wird und, mit der Konditionsbasis von 30 KI und dem Naturalrabattanteil von 0,1 multipliziert, den Rabattwert in Höhe von –110,25 EUR ergibt. Der Naturalrabattanteil ist im Feld **VarFaktor** zu finden. Dieser

Naturalrabattanteil wird innerhalb der Auftragsbearbeitung vor dem Aufruf der Preisfindung über den Funktionsbaustein `NATRAB_SELECTION` ermittelt und in der Schnittstelle KOMP im Feld `komp-nrfaktor` an die Preisfindung übergeben.

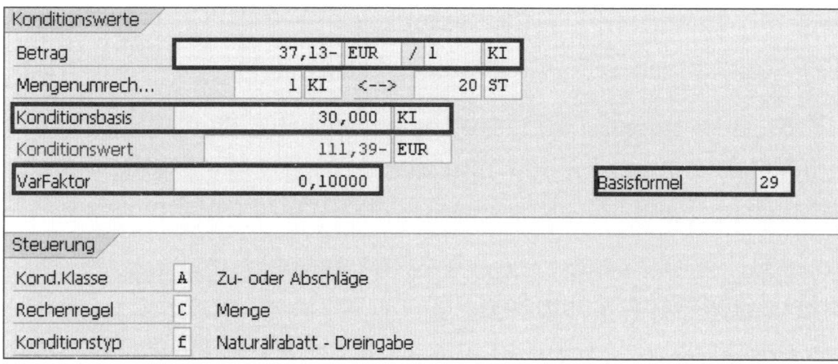

Abbildung 7.22 Details zur Kondition NRAB

7.6 Kosten des Verkaufsvorgangs

Die Ermittlung der Kosten zu einem Verkaufsvorgang ist ausgesprochen wichtig. Im Kundenauftrag bzw. Angebot sind wir bestrebt, eine möglichst genaue Vorstellung der tatsächlichen Kosten zu erhalten, die naturgemäß erst zu einem späteren Zeitpunkt bekannt sind. Schließlich wollen wir wissen, welchen Rabattierungsspielraum wir bei der Verhandlung eines Angebots haben; wir wollen schließlich kein Verlustgeschäft machen. Wir sprechen zu diesem Zeitpunkt von *geplanten Kosten*.

Zum Zeitpunkt der Fakturaerstellung wollen wir die tatsächlichen Kosten, die Ist-Kosten, ermitteln. Dies ist insofern essenziell, weil die Faktura bei den meisten Prozessen diese Kosteninformationen an die Ergebnisrechnung weiterreicht, um das Umsatzkostenverfahren weiterabzuwickeln. Bei diesem Verfahren sollen den Erlösen die tatsächlichen Kosten gegenübergestellt werden.

Natürlich sind diese Kosten auch für SAP BW, das Controlling und die Vertriebsstatistiken sowie eigene fakturabezogene Auswertungen interessant. Sind die Ist-Kosten zum Zeitpunkt der Fakturierung noch nicht endgültig bekannt, gibt es im SAP-System bei den Prozessen Lagerverkauf, Streckengeschäft und Ist-Kostenabrechnung Mechanismen, die diese Kosteninformation im Nachhinein in die betroffenen Fakturen transportieren. Damit erhalten Sie beim Blick auf eine Faktura immer die bestmögliche Kostenaussage. Sobald ein Vorgang endgültig abgeschlossen ist, ist auch die Kosteninformation in der Faktura in diesen Fällen aktuell.

Die Kosten werden innerhalb des Kalkulationsschemas durch spezielle statistische Konditionsarten abgebildet, die je nach Prozess unterschiedlich sind. Es lohnt sich, an dieser Stelle einen kleinen Überblick über die verschiedenen Prozesse und ihre Behandlung der Kosten zu geben:

- Lagerverkauf normal
- Streckengeschäft (Third Party)
- Lagerverkauf buchungskreisübergreifend (Cross Company)
- Kundeneinzelfertigung mit/ohne Fertigungsauftrag
- Ist-Kosten- bzw. Aufwandsabrechnung (Resource Related Billing)

In jedem dieser Prozesse betrachten wir im Folgenden die Behandlung der Kosten in Kundenauftrag (Plankosten) und Faktura (Ist-Kosten). Wir verwenden die Konditionsarten, wie sie auch im Standardkalkulationsschema RVAA01 enthalten sind.

7.6.1 Lagerverkauf (kein Cross Company)

Im Standardkalkulationsschema RVAA01 verwenden wir die Konditionsart VPRS (Verrechnungspreis) für die Darstellung der Kosten. Diese Konditionsart wird nicht über Konditionssätze ermittelt, sondern über das Kennzeichen **Konditionstyp** = G (Verrechnungspreis) der Konditionsart programmintern gesteuert. Im Auftrag wird der Wert der Kondition aus dem Material-Bewertungssegment MBEW ermittelt; die Kondition repräsentiert hier die geplanten Kosten. Die Differenz zwischen Nettowert und geplanten Kosten ist im Konditionsbild der Auftragsposition als Deckungsbeitrag dargestellt (siehe Abbildung 7.23).

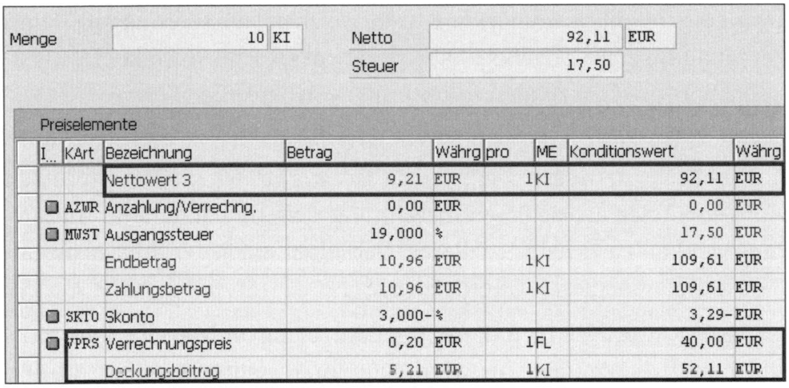

Menge 10 KI | Netto 92,11 EUR | Steuer 17,50

Preiselemente

I...	KArt	Bezeichnung	Betrag	Währg	pro	ME	Konditionswert	Währg
		Nettowert 3	9,21	EUR	1	KI	92,11	EUR
	AZWR	Anzahlung/Verrechng.	0,00	EUR			0,00	EUR
	MWST	Ausgangssteuer	19,000	%			17,50	EUR
		Endbetrag	10,96	EUR	1	KI	109,61	EUR
		Zahlungsbetrag	10,96	EUR	1	KI	109,61	EUR
	SKTO	Skonto	3,000-	%			3,29-	EUR
	VPRS	Verrechnungspreis	0,20	EUR	1	FL	40,00	EUR
		Deckungsbeitrag	5,21	EUR	1	KI	52,11	EUR

Abbildung 7.23 Verrechnungspreis und Deckungsbeitrag der Auftragsposition

Die Faktura, die üblicherweise nach erfolgtem Warenausgang stattfindet, übernimmt den Wert der Warenausgangsbuchung als Ist-Kosten in diese Kondition. In der Faktura erfolgt die Übergabe dieses Warenausgangswerts an die Preisfindung mit einer besonderen Logik. Der Wert wird beim Aufruf der Preisfindung über die Schnittstelle KOMP durch das Feld `komp-wavwr` übergeben und in der Kondition VPRS abgespeichert.

Falls die Faktura vor dem Warenausgang erstellt wird – dies kann bei Exportvorgängen erforderlich sein – müssen die Fakturen nach erfolgtem Warenausgang aktualisiert werden. Zu diesem Zweck steht der Report SDVPRSUPDATE zur Verfügung.

7.6.2 Streckengeschäft (Third Party)

Beim Streckengeschäft wird die Ware bzw. Dienstleistung von einer dritten Firma geliefert. Es wird eine Bestellanforderung an die Einkaufs-Komponente Materialwirtschaft (MM) abgesetzt, die dort als Streckenbestellung abgewickelt wird. Die Kosten werden durch die Konditionsart VPRS dargestellt. Im Auftrag werden, wie beim Lagerverkauf, die Plankosten innerhalb der Preisfindung aus dem Materialbewertungssegment MBEW ermittelt. Die Faktura, die üblicherweise nach erfolgtem Rechnungseingang der liefernden Firma stattfindet, übernimmt den Wert der Kreditorenrechnung als Ist-Kosten in diese Kondition. Erfolgt die Erstellung der Kundenfaktura vor der Buchung der Kreditorenrechnung des Lieferanten, werden zunächst die Plankosten eingesetzt. Sobald die Kreditorenrechnung gebucht ist, wird, wie bei allen Nachlaufkosten bzw. Gutschriften zu dieser Bestellung, die VPRS-Kondition innerhalb der beteiligten Fakturen automatisch aktualisiert.

7.6.3 Lagerverkauf Cross Company

Der Lagerverkauf *Cross Company* ist eine Variante des zuvor beschriebenen Streckengeschäfts. Hier ist die liefernde Firma ein zweiter Buchungskreis des Mandanten, der dazu noch auf demselben SAP-ERP oder S/4HANA-System abgewickelt wird. Der Vorgang ist dadurch gekennzeichnet, dass die Auftragsposition mit einem Werk angelegt wird, das zu einem anderen Buchungskreis als die Verkaufsorganisation gehört. Im Gegensatz zum zuvor beschriebenen Streckengeschäft ist hier der Einkauf nicht involviert, es gibt also keine Bestellung an die liefernde Firma, wodurch der gesamte Prozess wesentlich vereinfacht wird. Die Kosten im Auftrag werden bei diesem Vorgang nicht durch die Kondition VPRS, sondern durch die internen Verrechnungskonditionsarten PI01 bzw. PI02 repräsentiert. Abbildung 7.24 zeigt das Konditionsbild zu einer Auftragsposition bei einem Cross-Company-Verkauf.

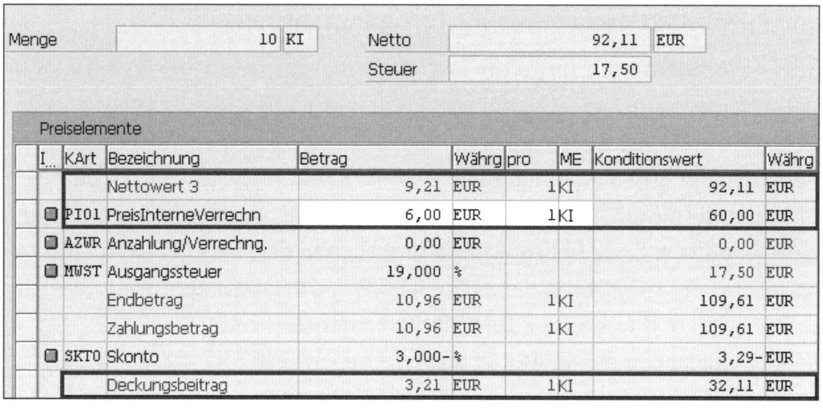

Menge	10	KI	Netto	92,11	EUR
			Steuer	17,50	

Preiselemente

I...	KArt	Bezeichnung	Betrag	Währg	pro	ME	Konditionswert	Währg
		Nettowert 3	9,21	EUR	1	KI	92,11	EUR
■	PI01	PreisInterneVerrechn	6,00	EUR	1	KI	60,00	EUR
■	AZWR	Anzahlung/Verrechng.	0,00	EUR			0,00	EUR
■	MWST	Ausgangssteuer	19,000	%			17,50	EUR
		Endbetrag	10,96	EUR	1	KI	109,61	EUR
		Zahlungsbetrag	10,96	EUR	1	KI	109,61	EUR
■	SKTO	Skonto	3,000-	%			3,29-	EUR
		Deckungsbeitrag	3,21	EUR	1	KI	32,11	EUR

Abbildung 7.24 Kosten (PI01) und Deckungspreis bei einer Cross-Company-Auftragsposition

PI01/PI02 sind die Preisvereinbarungen zwischen den beiden beteiligten Firmen. Bei diesem Vorgang werden zwei Fakturen erzeugt:

- Die *Kundenfaktura* (z. B. Fakturaart F2) wird durch den verkaufenden Buchungskreis erzeugt. Die Kosten bei dieser Fakturaart werden, wie im Auftrag, durch die Konditionen PI01/PI02 repräsentiert.
- Die *interne Verrechnungsfaktura* wird durch den liefernden Buchungskreis an den Verkaufenden gestellt. Hier sind die Kosten durch den Warenausgang und damit durch die Kondition VPRS gegeben. Abbildung 7.25 zeigt das Konditionsbild einer Fakturaposition einer internen Verrechnungsfaktura.

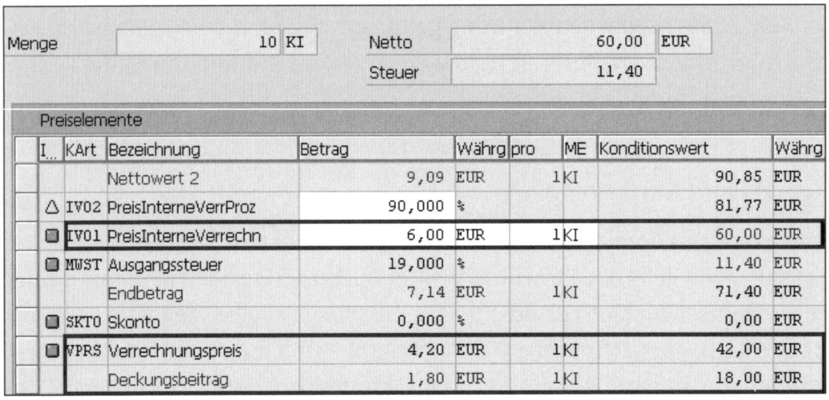

Menge 10 KI | Netto 60,00 EUR | Steuer 11,40

Preiselemente

I...	KArt	Bezeichnung	Betrag	Währg	pro	ME	Konditionswert	Währg
		Nettowert 2	9,09	EUR	1	KI	90,85	EUR
△	IV02	PreisInterneVerrProz	90,000	%			81,77	EUR
■	IV01	PreisInterneVerrechn	6,00	EUR	1	KI	60,00	EUR
■	MWST	Ausgangssteuer	19,000	%			11,40	EUR
		Endbetrag	7,14	EUR	1	KI	71,40	EUR
■	SKTO	Skonto	0,000	%			0,00	EUR
■	VPRS	Verrechnungspreis	4,20	EUR	1	KI	42,00	EUR
		Deckungsbeitrag	1,80	EUR	1	KI	18,00	EUR

Abbildung 7.25 Kosten (VPRS) und Deckungsbeitrag bei einer internen Verrechnungsfaktura

Welche Kondition in welchem Szenario relevant ist, wird durch geeignete Bedingungen bei den Konditionen VPRS, PI01 und PI02 geregelt.

7.6.4 Kundeneinzelfertigung mit/ohne Fertigungsauftrag

Bei der *Kundeneinzelfertigung mit/ohne Fertigungsauftrag* liefert der Materialpreis aus der Materialbewertung im Allgemeinen keine brauchbare Kostenaussage, d. h., die VPRS-Kondition ist hier nicht nützlich. Die Plankosten zu einer Auftragsposition werden hier entweder durch eine manuelle Einzelkalkulation gebildet oder dem Fertigungsauftrag entnommen, sofern ein solcher angelegt worden ist. Die Plankosten werden in die Kondition EK02 übernommen und auch in die Faktura übertragen, sodass wir es in diesem Szenario leider nicht schaffen, die Ist-Kosten in der Faktura sichtbar zu machen. Für die Ergebnis- und Marktsegmentrechnung (CO-PA) ist dies allerdings kein Handicap, da die Kosten in diesem Fall sowieso nicht über die Faktura in CO-PA gebracht werden, sondern durch eine Auftragsabrechnung, die den Einzelfertigungsauftrag abschließt.

7.6.5 Ist-Kostenabrechnung

Bei der Ist-Kostenabrechnung, auch *Aufwandsabrechnung* genannt, hat die Auftragsposition lediglich die Funktion eines Kostensammlers. Eine Aussage über geplante Kosten ist auch hier bestenfalls über eine manuelle Kalkulation möglich. Die Kosten entstehen durch Buchungen (Materialentnahmen, Kreditorenrechnungen, Rückmeldungen von Arbeitszeiten, Kostenstellenumbuchungen usw.), die auf die Auftragsposition kontiert sind. Bei der Erzeugung der Fakturen zu diesen Posten (Transaktion: DP90) werden die Kosten über die Kondition EK01 in die Faktura transportiert, sodass in diesem Szenario die Kostenaussage in der Faktura korrekt ist.

7.6.6 Konditionsart VPRS (Verrechnungspreis)

Die Konditionsart VPRS wird in verschiedenen Szenarien für die Darstellung der Kosten verwendet. Im Auftrag werden für Konditionen mit dem Konditionstyp G (Verrechnungspreis), T (Verrechnungspreis – Gleitend) oder S (Verrechnungspreis – Standard) die Kosten aus dem Materialbewertungssegment des Materialstamms übernommen, aber nur bei Konditionstyp G reicht die Faktura die Ist-Kosten an die Konditionsart VPRS weiter. In diesem Fall berechnet die Preisfindung den Konditionsbetrag als Betrag = Wert / Menge und setzt das Steuerungskennzeichen `xkomv-ksteu` auf H – **Konditionswert fixiert (Verrechnungspreis)**. Sie finden das Kennzeichen im Konditionsdetailbild in der Position (siehe Abbildung 6.4 in Kapitel 6) im Feld **Kond.Steuerung**. Dabei spielt es keine Rolle, ob die Kondition kopiert oder in der Faktura neu ermittelt wurde. Der Übertrag der Kosten in eine Konditionsart mit dem Konditionstyp G findet übrigens nur bei der ersten Kondition dieses Typs statt. Normalerweise sollten Sie also nur eine solche Kondition in Ihrem Schema haben.

Der Verrechnungspreis unterliegt auch bei der Währungsumrechnung einer Sonderlogik: Er wird immer mit dem Kurstyp M (Standardumrechnung) zum Mittelkurs umgerechnet. Nur bei internen Verrechnungsbelegen wird, wie üblich, der Kurstyp aus dem Kundenstamm herangezogen.

Wir empfehlen, im Kalkulationsschema die Bedingung 004 (Verrechnungswert) und das Zwischensummenfeld B (Wertübernahme nach KOMP-WAVWR (Verrechnungswert)) der Konditionsart VPRS zuzuweisen sowie die Kondition als **statistisch** zu kennzeichnen.

7.7 Währungsumrechnungen im Vertrieb

Bei der Anlage von Konditionssätzen (z. B. für Preislisten) werden Beträge in einer Währung angegeben. Je nach Situation müssen dann im Rahmen der Preisfindung

Währungsumrechnungen durchgeführt werden. Dies erfolgt in der Routine `xkomv_bewerten` des Preisfindungsprogramms (siehe Abschnitt 10.1.6).

In Kundenauftrag und Faktura haben wir es bei Umrechnungen mit drei Währungsfeldern (und den zugehörigen Umrechnungskursen) zu tun:

- Hauswährung
- Belegwährung (auch Transaktionswährung genannt)
- Konditionswährung

Die Umrechnungskurse treten immer im Zusammenhang mit einem Umrechnungsdatum auf. Da wir im hinteren technischen Teil dieses Buches nicht mehr näher auf dieses Thema eingehen, listen wir Ihnen hier alle beteiligten Felder in den Tabellen von Auftrag, Faktura und Konditionen auf (siehe Tabelle 7.1). Für SAP S/4HANA ersetzen Sie gedanklich die Felder von Tabelle KONV durch Felder der Tabelle PRCD_ELEMENTS (siehe Kapitel 15, »Preisfindung in SAP S/4HANA«).

Feldname	Bezeichnung
vbak-waerk	Belegwährung des Auftrags
vbkd-kursk	Umrechnungskurs für die Preisfindung
vbkd-kursk_dat	zugehöriges Kursdatum
vbkd-kurrf	Währungskurs für FI-Buchungen
vbkd-kurrf_dat	zugehöriges Kursdatum
vbrk-waerk	Belegwährung der Faktura
vbrp-kursk	Umrechnungskurs für die Preisfindung
vbrp-kursk_dat	zugehöriges Kursdatum
vbrk-kurrf	Währungskurs für FI-Buchungen
vbrk kurrf_dat	zugehöriges Kursdatum
konv-waers	Währung der Kondition im Beleg
konv-kkurs	zugehöriger Umrechnungskurs
konv-kdatu	zugehöriges Kursdatum
t001-waers	Hauswährung
konp-konwa	Währung des Konditionssatzes

Tabelle 7.1 Währungsfelder von Kundenauftrag und Faktura

7.7.1 Hauswährung

Die *Hauswährung* wird immer dann benötigt, wenn Belege oder Konditionssätze mit abweichender Währung vorliegen. Die Hauswährung wird im Beleg nicht abgespeichert, sondern aus der Buchungskreistabelle T001 ermittelt. Der Buchungskreis wiederum wird im Allgemeinen über die Verkaufsorganisation ermittelt.

7.7.2 Belegwährung und Umrechnungskurs

Die *Belegwährung* wird im Auftrag aus dem Kundenstamm übernommen und kann manuell verändert werden. Der zugehörige *Umrechnungskurs* zur Hauswährung wird mit dem *Kursdatum* ermittelt; im Hinzufüge-Vorgang wird hier das *Preisdatum* verwendet. Sie finden diese Felder im Kopfdetailbild des Auftrags (siehe Abbildung 7.26).

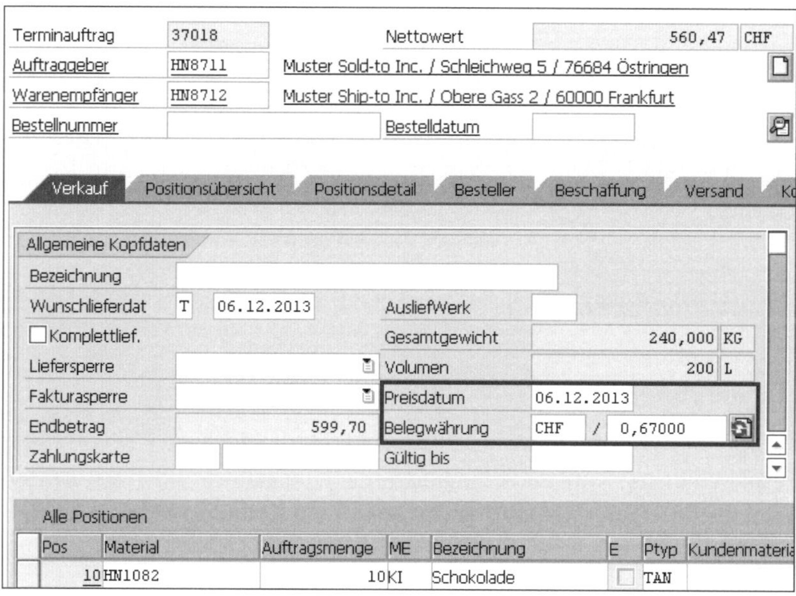

Abbildung 7.26 Währung und Umrechnungskurs im Auftragskopf

Bei den Kundenfakturen werden die Belegwährung, der Umrechnungskurs und das Kursdatum aus dem Auftrag übernommen. Durch diese Vorgehensweise ist gewährleistet, dass trotz eventuell geänderter Umrechnungskurse (diese werden üblicherweise täglich aktualisiert) der Wert der Faktura mit dem Wert aus der Auftragsbestätigung übereinstimmt. Diese Programmlogik kann im Customizing der Kopiersteuerung der Fakturen (Transaktionen VTFA und VTFL) jedoch geändert werden.

Der Kurs kann in der Faktura nach Bedarf neu ermittelt werden; daraus kann sich jedoch ein Rechnungsbetrag mit Veränderungen gegenüber der Auftragsbestätigung ergeben.

In Abbildung 7.27, dem Positionsdetailbild der Faktura, finden Sie den Kurs zur Fakturaposition.

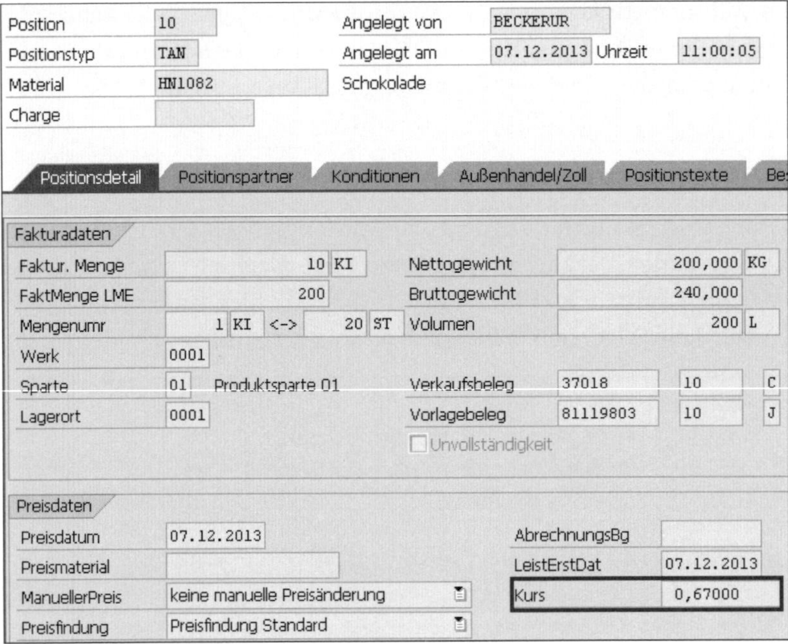

Abbildung 7.27 Umrechnungskurs in der Fakturaposition

7.7.3 Kurs für die Buchhaltung (Währungskurs für FI-Buchungen)

Neben dem Umrechnungskurs gibt es in Auftrag und Faktura noch ein weiteres Kursfeld **Kurs f.Buchh** (Währungskurs für FI-Buchungen) mit den zugehörigen Datumsfeldern. Sie finden die Kursfelder für Auftrag und Faktura in Abbildung 7.28 und Abbildung 7.29.

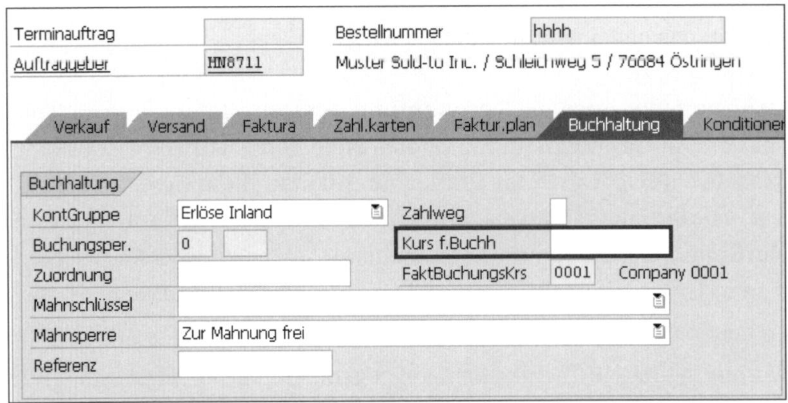

Abbildung 7.28 Währungskurs für FI-Buchungen im Auftragskopf

Die zugehörigen Datumsfelder werden nicht angezeigt. Die Angabe im Kursfeld wird nicht zu Preisfindungszwecken benutzt, sondern lediglich im Rechnungswesen-Interface der Faktura an die Buchhaltung übergeben. Alle Werte werden an die Buchhaltung ausschließlich in Belegwährung übertragen. Im Buchhaltungsbeleg werden dann daraus mithilfe des Währungskurses für FI-Buchungen die benötigten Werte in Hauswährung errechnet. Dieser Buchhaltungskurs ist im Allgemeinen im Auftrag nicht versorgt; durch manuelle Eingabe kann damit jedoch eine Kursfixierung erreicht werden. In der Faktura wird der Kurs entweder aus dem Auftrag übernommen oder mit dem aktuellen Datum der Faktura neu ermittelt.

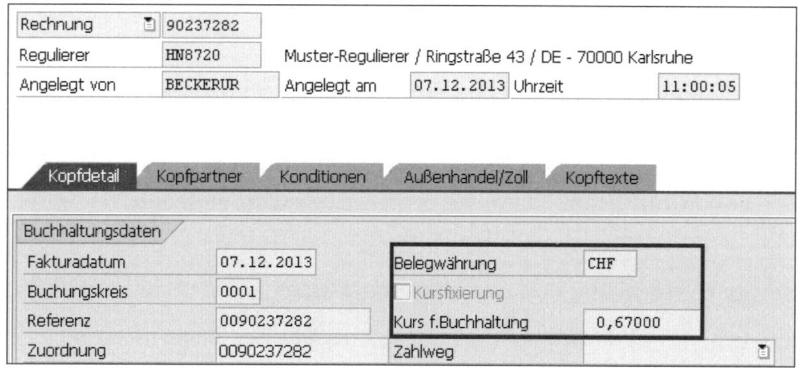

Abbildung 7.29 Währung und Währungskurs für FI-Buchungen im Fakturakopf

Buchhaltungskurs in der Belegkette

Der Buchhaltungskurs wird automatisch in alle Belege übernommen, die mit Bezug zur Faktura angelegt werden (Rechnungsstorno, Gutschriften, Lastschriften, Retouren). Dadurch wird erreicht, dass alle Folgebelege zum gleichen (historischen) Kurs bewertet werden. Eine Gesamtgutschrift etwa bucht somit exakt den gleichen Hauswährungsbetrag aus der ursprünglichen Faktura zurück. Es entsteht daher kein Saldo in Hauswährung auf den Sachkonten.

Wenn Sie Gutschriftsanforderungen oder Retouren anlegen, sollten Sie diese, wenn möglich, mit Bezug zur Faktura erfassen. Arbeiten Sie ohne Bezug zur Faktura, wird der Buchhaltungskurs bei jedem Beleg neu ermittelt, was zur Folge hat, dass die Vorgänge bei gleichem Fremdwährungswert unterschiedliche Hauswährungsbeträge in der Buchhaltung ergeben.

7.7.4 Konditionswährung und Umrechnungskurs

Die Währung eines Konditionssatzes mit nichtprozentualer Rechenregel wird innerhalb der Preisfindung in die Belegkonditionen übertragen. In der Routine `xkomv_` kkurs_ermitteln des Preisfindungsprogramms wird dann ein Umrechnungskurs ermittelt. Dabei unterscheiden wir zwei Fälle:

- **Gepflegter Umrechnungskurs**
  Falls der Umrechnungskurs zwischen Konditionswährung und Belegwährung *nicht* gepflegt ist, wird der Umrechnungskurs zwischen Konditions- und Hauswährung ermittelt. Das dürfte der Normalfall sein, zumal die Umrechnungskurse üblicherweise zur Hauswährung gepflegt werden und nicht die Beziehung zwischen allen möglichen Fremdwährungen. In dieser Situation sind im Konditionsdetailbild, wie im Beispiel in Abbildung 7.33 dargestellt, beide Umrechnungskurse eingeblendet.
- **Gepflegter Umrechnungskurs**
  Falls der Umrechnungskurs zwischen Konditionswährung und Belegwährung gepflegt ist, wird dieser übernommen (programmtechnisch wird diese Situation in dem internen Steuerungskennzeichen xkomv-kbflag vermerkt). In dieser Konstellation ist im Konditionsdetailbild nur *ein* Umrechnungskurs zu sehen.

7.7.5 Währungs-Customizing und Umrechnungskurse

Bevor wir darangehen, die Währungsumrechnung anhand eines Beispiels zu erklären, möchten wir kurz auf das Customizing eingehen. Sie finden dies über den Pfad **(IMG •) SAP NetWeaver • Allgemeine Einstellungen • Währungen** (siehe Abbildung 7.30).

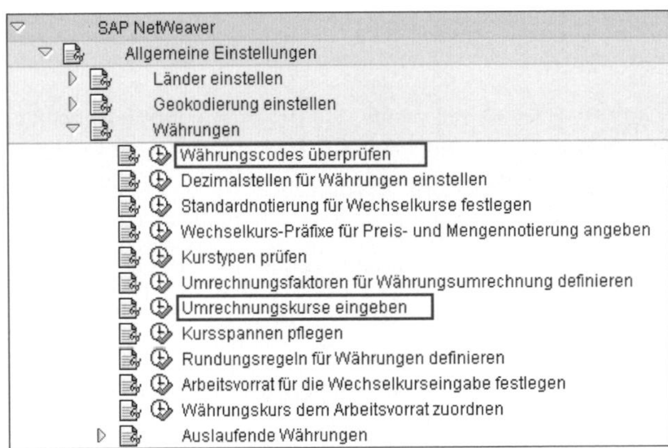

Abbildung 7.30 Währungs-Customizing

In Abbildung 7.31 sehen Sie einen Auszug der Tabelle der Umrechnungskurse. Die Umrechnungskurse sind mit einem Gültig-ab-Datum versehen; bei jeder Kursänderung wird ein neuer Eintrag mit neuem Gültig-ab-Datum hinzugefügt. In der markierten Zeile sehen Sie, dass in diesem Beispiel der Wert von 1 CHF (Schweizer Franken) 0,67 EUR beträgt. Die **Von**-Währung ist dabei die Fremdwährung, die **Nach**-Währung die Hauswährung.

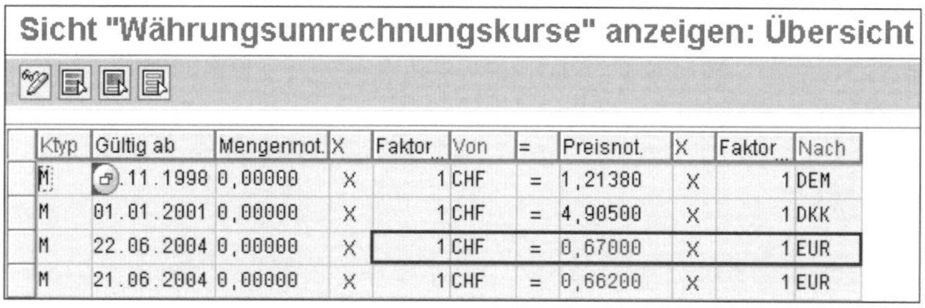

Sicht "Währungsumrechnungskurse" anzeigen: Übersicht

Ktyp	Gültig ab	Mengennot.	X	Faktor	Von	=	Preisnot.	X	Faktor	Nach
M	.11.1998	0,00000	X	1	CHF	=	1,21380	X	1	DEM
M	01.01.2001	0,00000	X	1	CHF	=	4,90500	X	1	DKK
M	22.06.2004	0,00000	X	1	CHF	=	0,67000	X	1	EUR
M	21.06.2004	0,00000	X	1	CHF	=	0,66200	X	1	EUR

Abbildung 7.31 Tabelle der Umrechnungskurse

7.7.6 Währungsumrechnung

Die Berechnungslogik bei der Währungsumrechnung wird anhand eines Beispiels deutlich: Wir legen einen Auftrag mit der Belegwährung CHF und der Konditionswährung JPY (Japanische Yen) zur Konditionsart PBBS an. Unsere Hauswährung ist EUR. In Abbildung 7.32 sehen Sie das Konditionsbild der Position, in Abbildung 7.33 das Detailbild zur Kondition PBBS. Die Berechnung wird normalerweise in folgender Reihenfolge durchgeführt:

1. *Umrechnung Preis in Konditionswährung → Preis in Hauswährung*
2. *Umrechnung Preis in Hauswährung → Preis in Belegwährung*
3. *Multiplikation Preis in Belegwährung mit der Menge → Konditionswert in Belegwährung*

Menge 10 KI — Netto 311,87 CHF — Steuer 21,83

Preiselemente

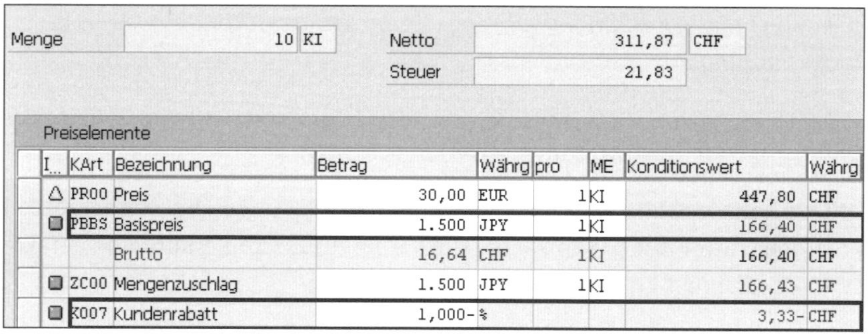

I...	KArt	Bezeichnung	Betrag	Währg	pro	ME	Konditionswert	Währg
△	PR00	Preis	30,00	EUR	1	KI	447,80	CHF
▢	PBBS	Basispreis	1.500	JPY	1	KI	166,40	CHF
		Brutto	16,64	CHF	1	KI	166,40	CHF
▢	ZC00	Mengenzuschlag	1.500	JPY	1	KI	166,43	CHF
▢	K007	Kundenrabatt	1,000-	%			3,33-	CHF

Abbildung 7.32 Konditionsbild der Position

In unserem Beispiel der Kondition PBBS sieht das folgendermaßen aus:

1. Die Umrechnung des Preises von 1.500 JPY in EUR mit dem Umrechnungskurs 134,515 ergibt 11,15 EUR (Preis in Hauswährung).
2. Die Umrechnung von 11,15 EUR mit dem Umrechnungskurs 0,67 ergibt 16,64 CHF (Preis in Belegwährung).
3. Die Multiplikation von 16,64 CHF mit der Menge 10 ergibt 166,40 CHF (Konditionswert in Belegwährung).

Bei jedem Schritt wird kaufmännisch gerundet. Durch dieses Verfahren wird erreicht, dass der errechnete Preis pro Einheit in Belegwährung immer der gleiche ist.

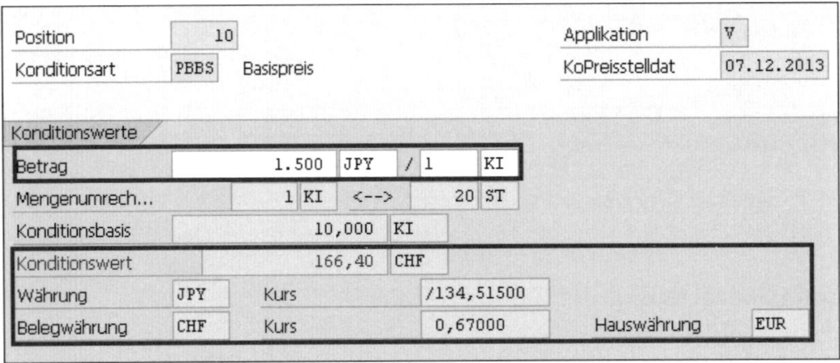

Abbildung 7.33 Konditionsdetail zur Kondition PBBS

Die für das Beispiel der Kondition PBBS beschriebene Berechnungslogik bei der Währungsumrechnung ist die Standardmethode. Über das Kennzeichen **Währungsumrechnung** im Customizing der Konditionsart können Sie abweichend davon erreichen, dass die Währungsumrechnung erst nach der Multiplikation mit der Menge durchgeführt wird. Wir haben in unserem Beispiel die Konditionsart ZC00 entsprechend eingestellt und sehen in Abbildung 7.32 den Konditionswert von 166,43 CHF im Unterschied zur Kondition PBBS mit dem Wert von 166,40 CHF. Die Berechnung wird in diesem Fall in der folgenden Reihenfolge durchgeführt:

1. *Multiplikation Preis in Konditionswährung mit der Menge → Konditionswert in Konditionswährung*
2. *Umrechnung Wert in Konditionswährung → Wert in Hauswährung*
3. *Umrechnung Wert in Hauswährung → Wert in Belegwährung*

Diese Methode könnte bei Produkten mit Kleinpreisen, von denen hohe Stückzahlen verkauft werden, zum Einsatz kommen. Dabei können durch die Rundungseffekte der ersten Methode recht große Abweichungen auftreten.

[»]

Währungsumrechnungen bei der Kondition VPRS (Verrechnungspreis)

Bei der Konditionsart VPRS sollte das Kennzeichen **Währungsumrechnung** gesetzt sein. Dadurch erreichen Sie, dass die Werte in Auftrag und Faktura bei unverändertem Materialbewertungspreis in der Regel identisch sind, was bei der ausgelieferten Einstellung – bedingt durch die Rundungsdifferenzen – eben nicht der Fall ist.

Wir kommen nun zum letzten Thema dieses Kapitels, der Druckaufbereitung, und interessieren uns dort vor allem für die Behandlung der Belegkonditionen.

7.8 Druckaufbereitung des Preisfindungsergebnisses

Bei der Auftragsabwicklung stehen Sie vor der Aufgabe, Dokumente für den Druck aufzubereiten, zu drucken und an den Kunden zu schicken. Wir wollen uns in diesem Abschnitt in erster Linie mit der Aufbereitung der Preisinformationen für die Ausgabe von Angeboten, Auftragsbestätigungen und Rechnungen befassen. Vorab erhalten Sie noch einen groben Überblick über den Funktionsumfang der Nachrichtenverarbeitung.

7.8.1 Der Funktionsumfang der Nachrichtenverarbeitung

Die Übermittlung der Dokumente (z. B. Angebot, Auftragsbestätigung und Rechnung) an den Kunden kann auf drei Arten erfolgen:

- in gedruckter Form durch ein Formular (SAPscript, Smart Forms, PDF)
- elektronisch per EDI (Electronic Data Interchange)
- elektronisch per E-Mail mit PDF-Anhang

Gedruckte Nachrichten können zusätzlich für Revisionszwecke im optischen Archiv abgelegt werden.

Die Nachrichtenverarbeitung in den Belegen besteht aus den Teilen:

- Nachrichtenfindung mit der Konditionstechnik für die Konditionsverwendung B
- Nachrichtenverarbeitung (Ausgabe) mit den Zeitpunkten:
  - Sofort mit der Erstellung des Belegs.
  - Durch den allgemeinen Ausgabereport RSNAST00.
  - Durch einen anwendungsspezifischen Ausgabereport, sofern vorhanden. Für die Ausgabe der Fakturanachrichten gibt es Transaktion VF31; für die Verkaufsbelege existiert eine derartige Transaktion nicht. Transaktion VF31 zeichnet sich gegenüber dem Report RSNAST00 durch erweiterte Selektionsmöglichkeiten aus.

Wir sehen uns die Nachrichtenverarbeitung am Beispiel eines Kundenauftrags an.

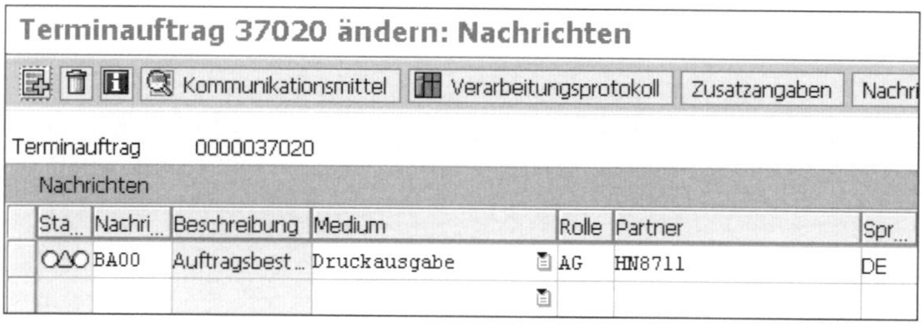

Terminauftrag 37020 ändern: Nachrichten

Kommunikationsmittel | Verarbeitungsprotokoll | Zusatzangaben | Nachri

Terminauftrag 0000037020

Nachrichten

Sta...	Nachri...	Beschreibung	Medium	Rolle	Partner	Spr...
	BA00	Auftragsbest...	Druckausgabe	AG	HN8711	DE

Abbildung 7.34 Nachrichten des Kundenauftrags (Transaktion VA02)

Die Nachrichtenfindung erfolgt dort entweder bei der Anwahl des Nachrichtenbildes (**Zusätze • Nachrichten • Kopf • Bearbeiten**), wie in Abbildung 7.34 dargestellt, oder spätestens automatisch beim Sichern des Belegs.

Im Änderungsmodus des Kundenauftrags geben Sie die Nachricht im Bild über **Verkaufsbeleg • Ausgeben • Druckansicht** aus. In Abbildung 7.35 sehen Sie die Druckaufbereitung der Auftragsbestätigung im PDF-Format.

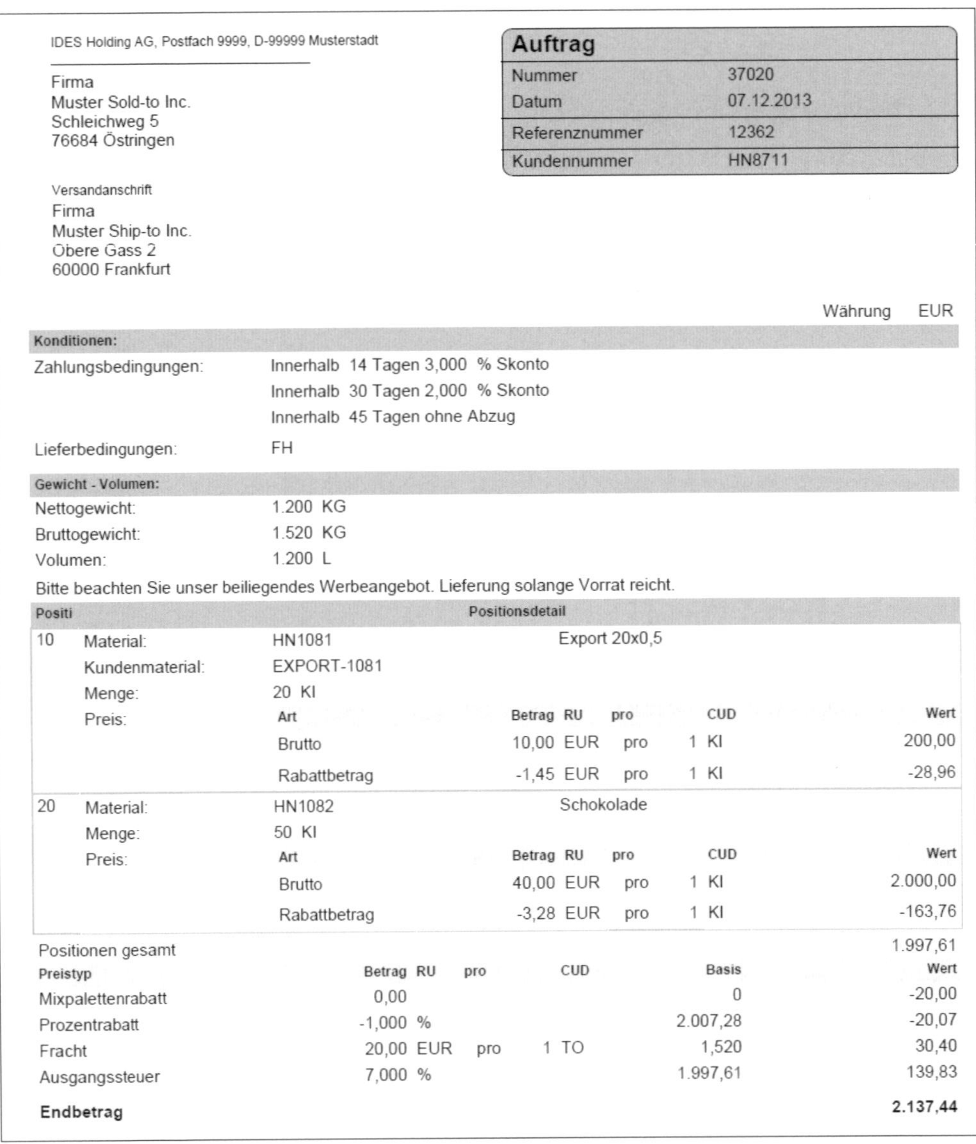

IDES Holding AG, Postfach 9999, D-99999 Musterstadt

Firma
Muster Sold-to Inc.
Schleichweg 5
76684 Östringen

Auftrag	
Nummer	37020
Datum	07.12.2013
Referenznummer	12362
Kundennummer	HN8711

Versandanschrift
Firma
Muster Ship-to Inc.
Obere Gass 2
60000 Frankfurt

Währung EUR

Konditionen:

Zahlungsbedingungen:	Innerhalb 14 Tagen 3,000 % Skonto
	Innerhalb 30 Tagen 2,000 % Skonto
	Innerhalb 45 Tagen ohne Abzug
Lieferbedingungen:	FH

Gewicht - Volumen:

Nettogewicht:	1.200 KG
Bruttogewicht:	1.520 KG
Volumen:	1.200 L

Bitte beachten Sie unser beiliegendes Werbeangebot. Lieferung solange Vorrat reicht.

Positi		Positionsdetail							
10	Material:	HN1081	Export 20x0,5						
	Kundenmaterial:	EXPORT-1081							
	Menge:	20 KI							
	Preis:	Art		Betrag	RU	pro		CUD	Wert
		Brutto		10,00	EUR	pro	1	KI	200,00
		Rabattbetrag		-1,45	EUR	pro	1	KI	-28,96
20	Material:	HN1082	Schokolade						
	Menge:	50 KI							
	Preis:	Art		Betrag	RU	pro		CUD	Wert
		Brutto		40,00	EUR	pro	1	KI	2.000,00
		Rabattbetrag		-3,28	EUR	pro	1	KI	-163,76

Positionen gesamt							1.997,61
Preistyp	**Betrag**	**RU**	**pro**		**CUD**	**Basis**	**Wert**
Mixpalettenrabatt	0,00					0	-20,00
Prozentrabatt	-1,000	%				2.007,28	-20,07
Fracht	20,00	EUR	pro	1	TO	1,520	30,40
Ausgangssteuer	7,000	%				1.997,61	139,83
Endbetrag							**2.137,44**

Abbildung 7.35 Auftragsbestätigung

Im nächsten Abschnitt erfahren Sie, wie Sie die Ausgabe der Werte in der Auftragsbestätigung einstellen können.

7.8.2 Druckaufbereitung der Werte der Positionen und des Dokumentenfußes

Wir betrachten das zugehörige Konditionsbild zur Auftragsposition 10 in der zuvor dargestellten Auftragsbestätigung (siehe Abbildung 7.36).

Sie können erkennen, dass wir in unserer Beispielauftragsbestätigung nicht alle Konditionen einzeln andrucken, sondern ausschließlich die Zwischensummen **Brutto** und **Rabattbetrag**. Die Zeilen, die angedruckt werden, sind in der Abbildung mit einem Rahmen versehen. Der Anbruchzuschlag wird nicht ausgewiesen, da er den Wert null hat.

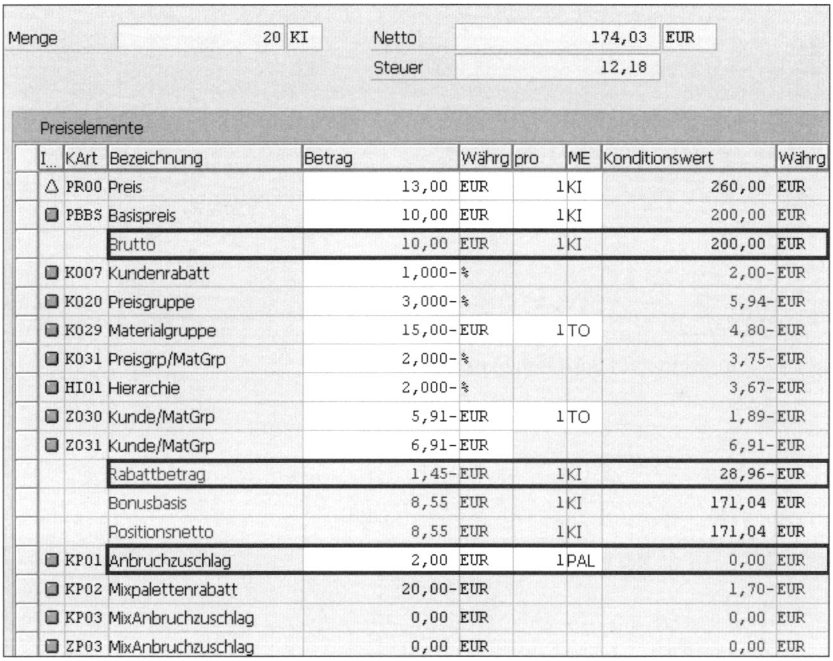

Menge	20	KI	Netto	174,03	EUR
			Steuer	12,18	

Preiselemente

I...	KArt	Bezeichnung	Betrag	Währg	pro	ME	Konditionswert	Währg
	PR00	Preis	13,00	EUR	1	KI	260,00	EUR
	PBBS	Basispreis	10,00	EUR	1	KI	200,00	EUR
		Brutto	10,00	EUR	1	KI	200,00	EUR
	K007	Kundenrabatt	1,000-	%			2,00-	EUR
	K020	Preisgruppe	3,000-	%			5,94-	EUR
	K029	Materialgruppe	15,00-	EUR	1	TO	4,80-	EUR
	K031	Preisgrp/MatGrp	2,000-	%			3,75-	EUR
	HI01	Hierarchie	2,000-	%			3,67-	EUR
	Z030	Kunde/MatGrp	5,91-	EUR	1	TO	1,89-	EUR
	Z031	Kunde/MatGrp	6,91-	EUR			6,91-	EUR
		Rabattbetrag	1,45-	EUR	1	KI	28,96-	EUR
		Bonusbasis	8,55	EUR	1	KI	171,04	EUR
		Positionsnetto	8,55	EUR	1	KI	171,04	EUR
	KP01	Anbruchzuschlag	2,00	EUR	1	PAL	0,00	EUR
	KP02	Mixpalettenrabatt	20,00-	EUR			1,70-	EUR
	KP03	MixAnbruchzuschlag	0,00	EUR			0,00	EUR
	ZP03	MixAnbruchzuschlag	0,00	EUR			0,00	EUR

Abbildung 7.36 Konditionsbild zur Auftragsposition 10

In Abbildung 7.37 des Kopfkonditionsbildes sind die Konditionen eingerahmt, die im Dokumentenfuß angedruckt werden.

Die Darstellung der Werte im Positionsteil und im Dokumentenfuß bestimmen Sie über das Kalkulationsschema (siehe Abbildung 7.38).

Netto	1.997,61	EUR
Steuer	139,83	

Preiselemente

I...	KArt	Bezeichnung	Betrag	Währg	pro	ME	Konditionswert	Währg
	Z031	Kunde/MatGrp	6,90-	EUR			6,90-	EUR
		Rabattbetrag					192,72-	EUR
		Bonusbasis					2.007,28	EUR
		Positionsnetto					2.007,28	EUR
	KP01	Anbruchzuschlag					0,00	EUR
	KP02	Mixpalettenrabatt	20,00-	EUR			20,00-	EUR
	KP03	MixAnbruchzuschlag	0,00	EUR			0,00	EUR
	ZP03	MixAnbruchzuschlag	0,00	EUR			0,00	EUR
	HA00	Prozentrabatt	1,000-	%			20,07-	EUR
	HD00	Fracht	20,00	EUR	1	TO	30,40	EUR
	AMIW	Mindestauftragswert	3,00	EUR			3,00	EUR
	AMIZ	Mindestwertzuschlag					0,00	EUR
	ZM00	Auftragswert-Delta					0,00	EUR
		Nettowert 2					1.997,61	EUR
		Nettowert 3					1.997,61	EUR
	AZWR	Anzahlung/Verrechng.					0,00	EUR
	MWST	Ausgangssteuer	7,000	%			139,83	EUR
		Endbetrag					2.137,44	EUR
		Zahlungsbetrag					2.137,44	EUR
	SKTO	Skonto	3,000-	%			64,12-	EUR
	VPRS	Verrechnungspreis					1.080,00	EUR
		Deckungsbeitrag					917,61	EUR

Abbildung 7.37 Konditionsbild zum Belegkopf

Schema ZVAX01 Standard HRN klein

Steuerung

Übersicht Bezugsstufen

Stufe	Zäh	KArt	Bezeichnung	Von	Bis	Ma	O	Stat	Druck
11	0	PR00	Preis			☐	☑	☐	
100	0		Brutto			☐	☐	☐	a
104	0	K007	Kundenrabatt			☐	☐	☐	
110	3	RC00	Mengenrabatt			☑	☐	☐	
300	0		Rabattbetrag	101	299	☐	☐	☐	b
399	0	R100	100%-Abschlag			☐	☐	☐	b
800	0		Positionsnetto			☐	☐	☐	
807	0	KP02	Mixpalettenrabatt			☐	☐	☐	B
810	1	HA00	Prozentrabatt	800	806	☑	☐	☐	B
810	3	HD00	Fracht			☑	☐	☐	B
900	0		Nettowert 2			☐	☐	☐	
903	0	B003	Kundenbonus	400			☐	☐	
915	0	MWST	Ausgangssteuer			☐	☑	☐	A
920	0		Endbetrag			☐	☐	☐	
940	0	VPRS	Verrechnungspreis			☐	☐	☑	
950	0		Deckungsbeitrag			☐	☐	☐	

Abbildung 7.38 Einfaches Kalkulationsschema

Die Ausgabe der Preisinformationen im Druck steuern Sie über das Kennzeichen **Druck**; die möglichen Ausprägungen sind dabei durch die Domäne DRUKZ definiert (siehe Abbildung 7.39).

Druck...	Kurzbeschreibung
	Es wird nicht gedruckt
X	Drucken auf Positionsebene (bisheriges Verfahren)
S	Drucken als Summe (bisheriges Verfahren)
A	in Summe: generell
B	in Summe: falls Wert <> Null
C	in Summe: falls Wert <> Wert des Vorgängers
D	in Summe: falls Wert <> Null und Wert <> Vorgängerwert
a	auf Pos.: generell
b	auf Pos.: falls Wert <> Null
c	auf Pos.: falls Wert <> Wert des Vorgängers
d	auf Pos.: falls Wert <> Null und Wert <> Vorgängerwert

Abbildung 7.39 Festwerte der Domäne DRUKZ (Druckkennzeichen)

Die Arbeitsweise der einzelnen Ausprägungen ergibt sich aus der Bezeichnung. Die Werte X und S stellen ein einfaches Verfahren dar, das durch die Einführung der weiteren Ausprägungen mit Release SAP R/3 4.0 verfeinert wurde. In SAP S/4HANA wird die Verwendung der Werte X und S nicht mehr empfohlen, bei der Cloud-Version sind sie sogar gar nicht mehr verfügbar. Grundsätzlich gilt, dass Sie beide Verfahren nicht mischen sollten.

[!]

Darauf müssen Sie beim Customizing der Druckkennzeichen achten

Sie müssen beim Einstellen der Druckkennzeichen daran denken, dass es programmtechnisch nicht sichergestellt ist, dass die dargestellten Werte ein in der Summe konsistentes Bild ergeben. Daher sollten Sie zum Test des Drucks ein Beispiel konstruieren, in dem *alle* Konditionsarten des Kalkulationsschemas vorkommen.

Die Aufbereitung der Konditionsdaten für den Druck bzw. den EDI-Ausgang erfolgt durch die Funktionsbausteine `RV_PRICE_PRINT_ITEM` für die Positionsinformationen (hier werden die Konditionen mit den Druckkennzeichen X, a, b, c und d verarbeitet) und `RV_PRICE_PRINT_HEAD` für die Rechnungsfußinformationen. (Hier werden die Konditionen mit Druckkennzeichen S, A, B, C und D eingearbeitet.) In beiden Fällen wird die Schnittstellentabelle TKOMVD aufgebaut, in der die Konditionen enthalten sind, bei denen im Kalkulationsschema das Druckkennzeichen gesetzt ist.

Diese Schnittstelle TKOMVD können Sie durch die User-Exits der Preisfindung `userexit_print_head` und `userexit_print_item` manipulieren. Weitere Informationen zu diesen User-Exits finden Sie in Abschnitt 11.8.1, »User-Exits der Funktionsgruppe V61A«.

7.9 Fazit

In diesem Kapitel haben Sie die Möglichkeiten des Standard-Customizings bei der Preisfindung kennengelernt und sich mit der Konditionspflege und der Preisfindung vertraut gemacht. Die Beschreibung dieser Funktionalität ist damit abgeschlossen. Bevor wir tief in die Technik einsteigen, erhalten Sie im nächsten Kapitel noch einen Überblick über die Kalkulationsschemata und Konditionsarten, die im Standard ausgeliefert werden. Hier werden Sie das bisher Gelernte wiederfinden – und es wird darüber hinaus in einen betriebswirtschaftlichen Kontext gestellt.

TEIL III

Weiterführende technische Grundlagen, Tipps und Tricks

Im dritten »Experten«-Teil vermitteln wir Ihnen das technische Detailwissen, das Sie benötigen, um kundenindividuelle Anpassungen stabil, performant und mit hoher Qualität vornehmen zu können. Notwendig werden diese Maßnahmen, wenn das Standard-Customizing ausgeschöpft ist. Diese Kenntnisse werden durch die Vorstellung typischer Praxisanforderungen an die Preisfindung und ihrer Lösung vertieft und gefestigt.

Kapitel 8
Ausgewählte Kalkulationsschemata und Konditionsarten

In diesem Kapitel stellen wir Ihnen einige repräsentative Kalkulationsschemata der Komponente SD und die dort verwendeten Konditionsarten vor.

Die Preisfindung muss immer im Kontext von betriebswirtschaftlichen Prozessen betrachtet werden. Je nach Szenario setzen Sie deshalb unterschiedliche Kalkulationsschemata und Konditionsarten ein. In der Praxis neigt man allerdings gerne dazu, möglichst wenige Kalkulationsschemata zu benutzen, im Extremfall nur ein einziges. Das vereinfacht einerseits die Wartung und den Änderungsaufwand bei erforderlichen Anpassungen, und andererseits wird das Schema unter Umständen sehr komplex. Die Feinsteuerung der Konditionsarten muss dann über Bedingungen erfolgen. In manchen Fällen werden Sie nicht daran vorbeikommen, unterschiedliche Schemata einzusetzen. So dürfte es wohl nicht sinnvoll sein, die Schemata RVAA01 (Standard B2B) und RVAB01 (Standard B2C) zusammenzuführen.

In Tabelle 8.1 sehen Sie eine Übersicht ausgewählter betriebswirtschaftlicher Prozesse und die jeweils eingesetzten Kalkulationsschemata.

Prozess	Belegart	Positionstyp	Kalkulationsschema	
Verkauf ab Lager/Strecke				
Angebot	AG	AGN	RVAA01	Standard
Kundenauftrag	TA	TAN	RVAA01	Standard
Lieferung	LF	TAN		
Kundenfaktura	F2	TAN	RVAA01	Standard
Interne Faktura	IV	TAN	ICAA01	Intern
Mietabwicklung				
Mietvertrag	MV	MVN	PSER01	Periodisch

Tabelle 8.1 Betriebswirtschaftliche Prozesse und deren Kalkulationsschemata

Prozess	Belegart	Positionstyp	Kalkulationsschema	
Periodische Faktura	FV	MVN	PSER01	Periodisch
Serviceabwicklung				
Wartungsvertrag	WV	WVN	PSER01	Periodisch
Periodische Faktura	FV	WVN	PSER01	Periodisch
Aufwandsabrechnung	LV	L2N	PSER02	Service
Faktura Aufwand	L2	L2N	PSER02	Service
Mengenkontraktabwicklung				
Mengenkontrakt	KM	KMN	RVAA01	Standard
Kontraktabruf	TA	TAN	RVAA01	Standard
Lieferung	LF	TAN		
Faktura	F2	TAN	RVAA01	Standard
Wertkontraktabwicklung				
Wertkontrakt	WK1	WKN	WK0001	Wert-kontrakt
Wertkontrakt	WK2	WKN	WK0001	Wert-kontrakt
Meilensteinfaktura	FV	WKN	WK0001	Wert-kontrakt
Kontraktabruf ohne Faktura	WA	WAN	RVAA01	Standard
Lieferung	LF	WAN		
Kontraktabruf mit Faktura	TA	TAN	RVAA01	Standard
Lieferung	LF	TAN		
Faktura	F2	TAN	RVAA01	Standard
Kontrakt zur Aufwandsabrechnung				
Kontrakt	CBWV	CBVN	RVACRN	Kontrakt
Aufwandsabrechnung	CBLV	CBLN	RVACRN	Kontrakt
Faktura Aufwand	L2	CBLN	RVACRN	Kontrakt

Tabelle 8.1 Betriebswirtschaftliche Prozesse und deren Kalkulationsschemata (Forts.)

8.1 Ausgewählte Kalkulationsschemata

Wir sehen uns im Folgenden die wichtigsten der im Standard ausgelieferten Kalkulationsschemata etwas genauer an. Diese können Ihnen als Referenz dienen, wenn Sie Ihre eigenen Schemata einrichten.

Die im Schema eingetragenen Konditionen werden entweder automatisch ermittelt (über Konditionssätze oder Formeln) oder manuell bei der Belegerfassung in das Konditionsbild eingetragen. Manuelle Konditionen können durchaus auch Konditionssätze haben. In diesem Fall muss bei der Erfassung im Beleg lediglich die Konditionsart eingetragen werden; der Betrag wird dann über den Konditionssatz ermittelt.

[!]

Vorsicht bei Änderungen des Kalkulationsschemas im Produktivsystem

Sie sollten Änderungen an einem produktiv genutzten Kalkulationsschema immer mit Bedacht vornehmen. Sie müssen dabei bedenken, ob sich durch die Änderung beim Anfassen alter Belege signifikante Änderungen in den Werten ergeben können. Kritisch sind insbesondere die Auswirkungen auf den Nettowert und den Steuerbetrag. Die sicherste Methode besteht darin, produktive Schemata nicht zu ändern, sondern stattdessen ein neues Schema anzulegen und das alte Schema später bei neuen Vorgängen nicht mehr zu verwenden.

Eine Versionierung der Kalkulationsschemata steht im Standard nicht zur Verfügung.

Das sind die wichtigsten Schemata:

- RVAA01 – Standard B2B
- RVAA02 – Preisbuch
- RVAB01 – Standard B2C (Ausgangspreis ist inklusive Steuer)
- PSER01 – Periodische Fakturierung
- PSER02 – Service/Aufwandsabrechnung
- ICAA01 – Interne Verrechnungsfaktura
- WK0001 – Wertkontrakt
- RVWIA1 – Werke im Ausland/Steuerbehandlung
- RVACRN – Kontraktfakturierung

Innerhalb der Branchenlösungen werden teilweise andere Schemata benötigt, auf die wir hier jedoch nicht eingehen.

8.1.1 Schema RVAA01 (Standard)

Das Schema RVAA01 (siehe Tabelle 8.2) wird sicherlich am häufigsten als Muster verwendet. Es wird bei den normalen Verkaufsvorgängen in B2B-Szenarien (Business-to-

Business) eingesetzt und umfasst einen großen Teil der in der Vertriebskomponente (SD, Sales and Distribution) ausgelieferten Konditionsarten.

Im Laufe der Entwicklung wurden immer wieder neue Konditionsarten geschaffen. Sie wurden jedoch nicht immer in das Schema integriert, sondern lediglich per Release-Notes (zu finden in der Menüleiste unter **Hilfe • Release-Infos**) oder über SAP-Hinweise kommuniziert. Daher wird die in Ihrem System vorliegende Version im SAP-Standardmandanten sicherlich von der hier vorgestellten Version geringfügig abweichen.

Das Schema ist sehr umfangreich; der hier dargestellte Stand ist der Versuch einer Konsolidierung. Die Spalten in Tabelle 8.2 (und in den weiteren Tabellen bis zum Kapitelende) haben die folgende Bedeutung:

- Stu – Stufennummer
- KArt – Konditionsart
- Von – Von-Stufennummer
- Bis – Bis-Stufennummer
- M – manuelle Kondition
- Bd – Bedingung
- Z – Zwischensumme
- S – Kondition ist statistisch
- Rch – Konditionswertformel
- Bas – Basisformel
- Kto – Kontoschlüssel für die Erlöskontenfindung

Stu	KArt	Bezeichnung	Von	Bis	M	Bd	Z	S	Rch	Bas
8	EK01	Ist-Kosten			X	2	B			
11	PR00	Preis				2				
13	PB00	Preis Brutto			X	2				
20	VA00	Variantenpreis				2				
100		**Brutto**					**1**		**2**	
101	KA00	Aktion				2				
102	K032	Preisgrp/Mat				2				
103	K005	Kunde/Material				2				

Tabelle 8.2 Kalkulationsschema RVAA01 im Standard

Stu	KArt	Bezeichnung	Von	Bis	M	Bd	Z	S	Rch	Bas
104	K007	Kundenrabatt				2				
105	K004	Material				2				
106	K020	Preisgruppe				2				
107	K029	Materialgruppe				2				
108	K030	Kunde/MatGrp				2				
109	K031	Preisgrp/MGrp				2				
110	RA01	Proz. v. Brutto	100		X	2				
110	RA00	Proz. v. verm.			X	2				
110	RC00	Mengenrabatt			X	2				
110	RB00	Absolutrabatt			X	2				
110	RD00	Gewichtsrabatt			X	2				
111	HI01	Hierarchie				2				
112	HI02	Hierarchie/Mat				2				
120	VA01	Variantenpreis				2				
300		**Rabattbetrag**	**101**	**299**						
302	NETP	Preis			X	2			6	3
310	PN00	Preis Netto			X	2			6	
320	PMIN	Mindestpreis				2			15	
399	R100	100 %-Abschlag				55				28
400		**Bonusbasis**					**7**			
800		**Positionsnetto**					**2**		**2**	
801	NRAB	Naturalrabatt				59				29
805	KP00	Palettenrabatt				57				22
806	KP01	Anbruchzuschlag				57				24
807	KP02	Mixpalettenrabatt				57				
808	KP03	Mixanbruchzuschlag				57				

Tabelle 8.2 Kalkulationsschema RVAA01 im Standard (Forts.)

Stu	KArt	Bezeichnung	Von	Bis	M	Bd	Z	S	Rch	Bas
810	HA00	Prozentrabatt			X	2				
810	HB00	Absolutrabatt			X	2				
810	HD00	Fracht			X	57	4			
815	KF00	Fracht			X	57	4			
817	AMIW	MindestauftrWert				2	D	X		
818	AMIZ	MindestwertZuschl.				2			13	
820	HM00	Auftragswert			X	2				
900		**Nettowert 2**					**3**		**2**	
901	BO01	Mat/Gruppenbon.	400			24				
902	BO02	Materialbonus	400			24				
903	BO03	Kundenbonus	400			24				
904	BO04	Hierarchiebonus	400			24				
905	BO05	Hierarch.bonus/Mt	400			24				
908		**Nettowert 3**								
909	PI02	PreisInterneVerr %				22	B	X		
910	PI01	PreisInterneVerr.				22	B	X		
911	AZWR	Anzahlung/Verr.				2			48	
914	SKTV	Skonto				14	D	X		2
915	MWST	Ausgangssteuer				10				16
919	DIFF	Rundung				13			16	4
920		**Endbetrag**					**A**		**4**	
921	PTVO	Gutschein			X					
925		**Zahlungsbetrag**	**920**	**924**						
930	SKTO	Skonto				9		X		11
932	RL00	Delkredere				23		X		2
933	MW15	Steuer Delkredere	932			21		X		

Tabelle 8.2 Kalkulationsschema RVAA01 im Standard (Forts.)

Stu	KArt	Bezeichnung	Von	Bis	M	Bd	Z	S	Rch	Bas
935	GRWR	Grenzüberg.wert				8	C	X		2
940	VPRS	Verrechnungspreis				4	B	X		
941	EK02	Kalkulierte Kosten			X		B	X		
942	EK03	Kalkulierte FixKst			X		B	X		
950		**Deckungsbeitrag**							**11**	
970	EDI1	Erw. Kundenpreis			X			X	8	
971	EDI2	Erw. Kundenwert			X			X	8	

Tabelle 8.2 Kalkulationsschema RVAA01 im Standard (Forts.)

Das Schema ist in Blöcke eingeteilt, und als Strukturierungsmittel werden Zwischensummenzeilen eingesetzt, das sind die Zeilen ohne Konditionsart. Diese Zwischensummen werden während der Preisfindung immer wieder dynamisch aufgebaut, also nicht in der Datenbanktabelle KONV abgelegt. Das gilt analog auch für die Datenbank PRCD_ELEMENTS in SAP S/4HANA.

Das Schema ist in folgende Blöcke unterteilt:

- **Stufe 001–099 (Bruttopreis)**
  Hier werden die möglichen Ausgangspreise platziert. Es handelt sich in der Regel um Preiskonditionen, mit der Logik, dass der letzte Preis gewinnt. Ausnahme ist der Variantenpreis VA00, der als Zu-/Abschlag eingestellt ist, da er mehrfach auftreten kann und diese Variantenpreise somit addiert werden müssen.
- **Stufe 101–299 (Rabatte)**
  Hier sind die Rabattkonditionsarten aufgeführt. Diese können automatisch gefunden oder manuell eingetragen werden.
- **Stufe 301–399 (Nettokonditionen)**
  Hier befinden sich die Konditionen, mit denen Sie den Nettopositionswert endgültig festlegen.
  - **NETP (Preis)**
    Wenn Sie diese Kondition im Kalkulationsschema aktivieren (d. h. das Kennzeichen **Manuell** entfernen), wird eine Rundung des bisher ermittelten Nettowertes vorgenommen. Dies geschieht in der Form, dass der in der Zeile **Positionsnetto** dargestellte Wert die Eigenschaft *Preis × Menge = Wert* erfüllt (siehe Abschnitt 12.3, »Rundung«).
  - **PN00 (Preis Netto)**
    Mit dieser Kondition kann manuell ein Nettopreis eingetragen werden, der die vorangegangenen Konditionen außer Kraft setzt.

- **PMIN (Mindestpreis)**
  Mit dieser Kondition kann ein Mindestpreis automatisch ermittelt werden. Dieser ist als Zu-/Abschlag eingestellt, was bewirkt, dass der Wert als Delta zum bisherigen Nettowert zugeschlagen wird. Dies wird durch die Wertformel 015 (Mindestpreis) erreicht. Wenn Sie PN00 als Zu-/Abschlag einstellen, haben Sie dort den gleichen Effekt. Diese Vorgehensweise hat den Vorteil, dass alle vorangegangenen Konditionen aktiv bleiben, was aus Kontierungsgründen in der Buchhaltung meistens erwünscht ist.
- **R100 (100 % Abschlag)**
  Diese Kondition wird bei kostenlosen Positionen durch die Bedingung 55 (Preisfindung Naturalrabatt) aktiviert. Sie hat keine Konditionssätze, sondern stattdessen wird mit der Basisformel 028 die Kondition als 100%iger Abschlag ausgeprägt.

- **Stufe 801–899 (Nettowert 2)**
  Hier befinden sich einige Sonderkonditionen und alle Konditionen, die im Allgemeinen im Dokumentenfuß ausgegeben werden. Die Kondition NRAB haben wir in Abschnitt 7.5, »Naturalrabatt im Vertrieb«, die Konditionen AMIW/AMIZ in Abschnitt 8.2.5 und die Kondition HM00 in Abschnitt 8.2.4 behandelt.
- **Stufe 901–907 (Nettowert 3)**
  Hier befinden sich die Konditionen mit der Konditionsklasse C (Nachträgliche Vergütung). Diese Konditionsarten werden durch die Bedingung 024 nur in den Fakturen ermittelt. Dort werden sie als statistische Kondition eingestellt, wo sie dazu dienen, die Umsätze in den Infostrukturen S060 und S469 für die spätere Bonusabrechnung zu kumulieren. Außerdem dienen sie dazu, für die zu erwartenden Bonusauszahlungen Rückstellungen in der Buchhaltung zu bilden. Wenn Sie diese Konditionen bereits im Kundenauftrag sehen wollen, können Sie anstelle der Bedingung 024 (Nur in Fakturen) die Bedingung 002 (Position mit Preisfindung) verwenden.
- **Stufe 908–919 (Endbetrag)**
  Hier befinden sich die Steuerkonditionen, die zusammen mit der Rundungskondition DIFF und dem Nettowert 2 den Endbetrag bilden. Die übrigen Konditionen dieses Blocks beschreiben wir in Abschnitt 8.2, »Ausgewählte Konditionsarten des Standardschemas«, genauer.
- **Stufe 921–924 (Zahlungsbetrag)**
  Hier befinden sich Konditionsarten, die die Funktion von Zahlungen haben. Die Zahlungsbeträge werden negativ eingetragen. Die Konditionsarten sind mit dem Konditionstyp g (Zahlung) eingestellt, was bewirkt, dass der Wert der Kondition nicht in den Nettowert eingerechnet wird, der offene Posten um diesen Wert verringert und der Zahlungsbetrag stattdessen auf einem speziellen Bilanzkonto

verbucht wird. Die Konditionsart PTVO kann z. B. dafür verwendet werden, einen Gutschein als Zahlung zu buchen. Solche Konditionen werden innerhalb der Anbindung an Kassensysteme oder beim Verkauf über einen Webshop verwendet.

- **Stufe 926–999 (Statistische Konditionen)**
  Hier befinden sich statistische Konditionen, die verschiedenen – in der Regel internen – Zwecken dienen. Einige der hier aufgeführten Konditionsarten haben wir ebenfalls in Abschnitt 8.2 detailliert behandelt.

  Die Konditionsarten VPRS, EK01, EK02, PI01 und PI02, deren Bedeutung wir in Abschnitt 7.6, »Kosten des Verkaufsvorgangs«, erklärt haben, repräsentieren die Kosten eines Verkaufsvorgangs. Beachten Sie auch den Zusammenhang mit den Konditionsarten IV01/IV02 in Abschnitt 8.1.8, »Schema RVWIA1 (Werke im Ausland/Steuerbehandlung)«. All diese Konditionen sind mit **Zwischensumme** = B eingestellt, wodurch der Wert der Kondition in das Feld `komp-wavwr` (Verrechnungswert) übertragen wird. Das Delta zwischen dem *Nettowert* der Position (im Feld `komp-netwr` zu finden) und diesem *Verrechnungswert* wird in der Zwischensummenzeile 950 über die Wertformel 011 als *Deckungsbeitrag* dargestellt.

In dieser hier vorliegenden Einstellung des Kalkulationsschemas haben wir das Kennzeichen **Druck** nicht erwähnt, denn wir haben es ausführlich in Abschnitt 7.8, »Druckaufbereitung des Preisfindungsergebnisses«, behandelt. Außerdem haben wir das Kennzeichen **Zwischensumme** nur gelegentlich angesprochen, denn wir gehen darauf in Abschnitt 12.11, »Kennzahlen für Reporting und Analyse«, näher ein.

8.1.2 Schema RVAA02 (Preisbuch)

Das zuvor behandelte Schema RVAA01 enthält als Hauptkondition zur Ermittlung eines Ausgangspreises die Kondition PR00. Diese liefert über eine Zugriffsfolge den für einen Vorgang (Auftragsposition) gültigen Preis. Im Kalkulationsschema RVAA02 (Tabelle 8.3 zeigt die Unterschiede zum Schema RVAA01) werden zur Ermittlung des Ausgangspreises insgesamt vier Konditionsarten eingesetzt; die zugehörigen Konditionssätze werden ausschließlich in Verbindung mit einer Verkaufsaktion angelegt. Das *Preisbuch* ist, technisch gesehen, eine *Verkaufsaktion*. Der wesentliche Unterschied zur Kondition PR00 besteht darin, dass die Preisdefinition beim Preisbuch in zwei Schritten vollzogen wird:

1. Festlegung der Preise oder preisbeeinflussenden Merkmale innerhalb eines Preisbuches (Produktebene). Dies erfolgt mit der Konditionsart PBUD.
2. Festlegung der berechtigten Kunden bzw. Kundengruppen. Dies erfolgt mit der Konditionsart PBU.

Stu	KArt	Bezeichnung	Von	Bis	M	Bd	Z	S	Rch	Bas
9	PBU	Preisbuchfindung				2				
10	PBUD	Preisbuchbasis				2		X		
11	PBBS	Basispreis				202				
12	PBUP	Preisbuchbrutto				2				202
100		**Brutto**					**1**		**2**	
102	PB1	VerkAktion1-Find.				2				
103	PB1D	VerkAktion1				62				
300		**Rabattbetrag**	**101**	**299**						

Tabelle 8.3 Kalkulationsschema RVAA02 (Preisbuch)

Der Ablauf während der Preisfindung und der Zusammenhang der Konditionen stellen sich wie folgt dar:

1. **PBU (Preisbuchfindung)**
   Die Kondition PBU ist als *Konditionsklasse* H (Verkaufsaktionsfindung) eingestellt. Das bewirkt, dass die Kondition nur dazu verwendet wird, die relevante Verkaufsaktion (das Preisbuch) zu finden und sie für die folgende Kondition PBUD über die Positionsstruktur KOMP (im Feld `komp-knuma_ag`) bereitzustellen.
2. **PBUD (Preisbuchbasis)**
   Mit der Kondition PBUD werden auf der Ebene des Produkts bzw. der Produktgruppe preisbeeinflussende Parameter für die Ausgangspreiskondition PBBS ermittelt, wie z. B.:
   - Prozentsatz vom Ausgangspreis
   - anzuwendende Preisliste
   - anzuwendende Staffel

   An dieser Stelle kommen die variablen Datenfelder zum Einsatz, die in Abschnitt 9.2, »Datenermittlung über Konditionen«, noch ausführlich beschrieben werden.
3. **PBBS (Basispreis)**
   Die Kondition PBBS ist der Ersatz für die Kondition PR00 (Preis) und liefert den eigentlichen Ausgangspreis. Es wäre durchaus möglich gewesen, die Konditionsart PR00 anzupassen. Da dies jedoch eine Erweiterung der dort verwendeten Zugriffsfolge bedeutet hätte, wurde stattdessen bei der Entwicklung dieser Funktion entschieden, eine neue Konditionsart PBBS und eine neue Zugriffsfolge auszuliefern. Es handelt sich um die Zugriffsfolge PR01 (Preis – Positionspreisliste), mit der zuerst geprüft wird, ob durch die vorangegangene Kondition PBUD ein abweichender

Preislistentyp geliefert wurde. Außerdem wird durch die Bedingung 202 (Preisbuchgrundpreis) ein gegebenenfalls durch die Konditionsart PBUD geliefertes abweichendes Preisstellungsdatum angewandt.

4. **PBUP (Preisbuchbutto)**
   Die Kondition PBUP verarbeitet mit der Basisformel 202 die Informationen der Konditionen PBUD (Prozentsatz) und PBBS (Bruttopreis) zum endgültigen Ausgangspreis.

Die beiden Konditionen PB1 (Verkaufsaktionsfindung) und PB1D (Verkaufsaktionsrabatt) sind ein Beispiel dafür, wie die gleiche Technologie zur Abwicklung von verkaufsfördernden Maßnahmen eingesetzt werden kann. Auch hier setzen wir das Mittel der *Verkaufsaktionen* ein – allerdings mit nur zwei Konditionsarten:

1. **PB1 (Verkaufsaktionsfindung)**
   Wie die Kondition PBU ist die Kondition PB1 mit der *Konditionsklasse* H (Verkaufsaktionsfindung) eingestellt und wird dazu verwendet, die relevanten Verkaufsaktionen zu finden und für die Kondition PB1D in der internen Tabelle XKNUMA bereitzustellen. Abweichend von der Kondition PBU, können mit der Kondition PB1 allerdings mehrere gültige Verkaufsaktionen gefunden werden.
2. **PB1D (Verkaufsaktionsrabatt)**
   Über die Bedingung 062 (Verkaufsaktionsbasis) wird die interne Tabelle XKOMPLOOP aus XKNUMA geladen (siehe Abschnitt 9.3, »Felder mit Mehrfachbelegung«), wodurch die Konditionssätze zu allen gefundenen Verkaufsaktionen gelesen werden. Das bedeutet, dass die Kondition PB1D gegebenenfalls mehrfach im Beleg erscheint.

Es ist problemlos möglich, die Schemata RVAA01 und RVAA02 zu verschmelzen. Das müssen Sie sogar tun, denn schließlich werden Sie die Konditionssätze nicht zweimal, also für PR00 und PBBS, pflegen wollen. Die verwendete Kondition muss dann mit einer neuen Zugriffsfolge arbeiten, die die Zugriffe beider Konditionen vereinigt. Möglicherweise bietet es sich hier auch an, die Technik der Referenzierung von Konditionsarten einzusetzen, wie wir es z. B. in Abschnitt 8.2.2, »Konditionsarten RL00/MW15 (Rechnungslistenkonditionen)«, mit der Konditionsart MW15 praktiziert haben.

8.1.3 Schema RVAB01 (Ausgangspreise sind inklusive Steuer (B2C))

Die ersten beiden Schemata, die wir in den vorangegangenen Abschnitten beschrieben haben, haben die Eigenschaft, dass der Ausgangspreis (PR00, PBBS) die Steuer nicht enthält. Der daraus resultierende Bruttowert wird über Zu-/Abschläge zum Nettowert entwickelt, auf die dann die Steuer zum Endbetrag zugeschlagen wird. Diese Vorgehensweise ist in B2B-Szenarien üblich. In B2C-Geschäften (Business-to-Consumer), also dem Verkauf an Endkunden, ist es hingegen notwendig, die Preise inklusive

Steuer festzulegen, über Zu-/Abschläge zum Endbetrag zu kommen und schließlich die darin enthaltene Steuer auszuweisen. Für diese Szenarien sind im Standard die Kalkulationsschemata RVAB01 (Standard Bruttopreise einfach) und RVAB02 (Standard Bruttopreise komplex) vorgesehen.

Wir wollen uns hier auf den einfachen Fall des Schemas RVAB01 (siehe Tabelle 8.4) beschränken, der im Allgemeinen ausreichen sollte. Das Schema RVAB02 stellt eine Erweiterung des Schemas RVAB01 in der Form dar, dass der Nettowarenwert ohne Steuer in zwei Beträge aufgeteilt wird: den Wert des Ausgangspreises (zur Buchung im Rechnungswesen als Erlös) und den Wert der Rabatte (zur Buchung als Erlösschmälerung).

Stu	KArt	Bezeichnung	Von	Bis	M	Bd	Z	S	Rch	Bas
10	PR01	Preis inkl. MwSt.				2		X		
113	K007	Kundenrabatt				2		X		
114	K004	Material				2		X		
116	K029	Materialgruppe				2		X		
210	RA00	Prozentrabatt			X	2		X		
210	RC00	Mengenrabatt			X	2		X		
210	RB00	Absolutrabatt			X	2		X		
210	RD00	Gewichtsrabatt			X	2		X		
290	PN00	Preis Netto			X	2		X		
300		**Positionsnetto**								
310	HA00	Prozentrabatt			X			X		
310	HB00	Absolutrabatt			X			X		
310	HD00	Fracht			X			X		
320	HM00	Auftragswert			X			X		
400		**Endbetrag**					**1**			
410	MWSI	Ausgangssteuer	400			10				
420	NETW	Warenwert							25	
510	SKTO	Skonto	400			9		X		
520	VPRS	Verrechnungspreis				4	B	X		
530		**Deckungsbeitrag**							**11**	

Tabelle 8.4 Kalkulationsschema RVAB01 (Preise inklusive Steuer)

Das Charakteristische an diesem Schema ist, dass alle Konditionsarten, mit Ausnahme von MWSI und NETW, statistisch sind. Nur diese beiden Konditionsarten sind daher für die Buchhaltung relevant:

- **MWSI (Ausgangssteuer)**
  Die Konditionsart ist mit der Rechenregel H (Prozent im Hundert) eingestellt und referenziert auf die Konditionsart MWST, d. h., es werden die Konditionssätze der Kondition MWST gelesen.
- **NETW (Warenwert)**
  Diese Kondition wird nicht über Konditionssätze, sondern über die Wertformel 025 (`KZWI1` minus Steuer) als Differenz des Endbetrags und des Steuerbetrags errechnet. Der Endbetrag ist zu diesem Zweck in der Stufe 400 mit **Zwischensumme** = 1 gekennzeichnet.

Das Schema RVAB01 hat die Eigenschaft, dass lediglich die Konditionen NETW und MWSI an die Buchhaltung übergeben werden. Das bedeutet, dass keine Möglichkeit besteht, bei der Kontierung nach Erlösen und Erlösschmälerungen zu differenzieren. Diese Anforderung ist mit dem Schema RVAB02 erfüllt.

8.1.4 Schema PSER01 (Periodische Fakturierung)

Wie aus Tabelle 8.1 hervorgeht, wird das Kalkulationsschema PSER01 (Periodische Fakturierung) bei Miet- und Wartungsverträgen eingesetzt (Tabelle 8.5 zeigt die wesentlichen Konditionsarten). Bei diesen erfolgt die Fakturierung über einen periodischen Fakturierungsplan. Die Preisfindung in diesem Zusammenhang haben wir in Abschnitt 6.6, »Preisfindung bei Miet- und Wartungsverträgen (periodischer Fakturierungsplan)«, detailliert beschrieben.

Stu	KArt	Bezeichnung	Von	Bis	M	Bd	Z	S	Rch	Bas
10	PPSV	Preis Pos. Service				2				
20	PPSG	Preis Pos.Hierarchie				2				
61	VASE	Variantenpreis				2				
100		**Brutto**					1			

Tabelle 8.5 Kalkulationsschema PSER01 (Periodischer Fakturierungsplan)

Das Schema unterscheidet sich von den bisherigen Schemata dadurch, dass bei der periodischen Fakturierung der Zeitraum eine Rolle spielt. So haben wir z. B. Monatspreise vereinbart, fakturieren jedoch quartalsweise. Zu diesem Zweck verwenden die hier eingesetzten Konditionsarten die zeitabhängigen Rechenregeln:

- M – Monatspreis
- N – Jahrespreis)
- O – Tagespreis)
- P – Wochenpreis)

Die Konditionsarten PPSV, PPSG und VASE in Tabelle 8.5 sind mit der *Rechenregel* M eingestellt. Erwähnenswert ist in diesem Zusammenhang der Funktionsbaustein `PRICING_DETERMINE_DATES` (siehe Abschnitt 10.6.3), der dazu dient, aus einem Zeitraum die Anzahl der Monate, Jahre, Tage und Wochen zu ermitteln.

8.1.5 Schema PSER02 (Service/Aufwandsabrechnung)

Das Kalkulationsschema PSER02 (Service/Aufwandsabrechnung) wird bei der aufwandsgerechten Fakturierung (Aufwandsabrechnung, Tabelle 8.1) von Serviceverträgen eingesetzt (Tabelle 8.6 zeigt die entscheidenden Konditionsarten). In diesem Szenario dient die Position des Wartungsvertrags als Kostensammler, auf dem die Leistungen gesammelt werden. Mit Transaktion DP90 werden periodisch die angefallenen Kosten in den Fakturaanforderungen zur Abrechnung an den Kunden überführt. In diesen wird das Kalkulationsschema PSER02 verwendet. Die Preisfindung in diesem Zusammenhang haben wir in Abschnitt 6.8, »Preisfindung bei der Aufwandsabrechnung«, detailliert beschrieben.

Stu	KArt	Bezeichnung	Von	Bis	M	Bd	Z	S	Rch	Bas
8	EK01	Ist-Kosten			X					
11	PR00	Preis				2				
20	PPAR	Preis Pos. Abr.				2				
30	PPAG	Preis Pos. MatGrp				2				
40	PKAR	Preis Kopf Abr.				2				
100		**Brutto**					**1**		**2**	

Tabelle 8.6 Kalkulationsschema PSER02 (Service/Aufwandsabrechnung)

Bei der Aufwandsabrechnung werden die erbrachten Leistungen in Materialnummern umgeschlüsselt, da Vertriebsbelege immer das Material benötigen. Zu diesen Materialien können, sofern möglich, die Verkaufspreise über die Kondition PR00 ermittelt werden.

- **EK01 (Ist-Kosten)**
  Mithilfe dieser Kondition werden die Kosten der einzelnen Aufwendungen an die Fakturaanforderung übergeben. Das können z. B. Rechnungsbeträge von externen

Dienstleistern sein oder auch der Wert von entnommenen Materialien. Bei Positionen zu Kreditorenrechnungen ist die Kondition PR00 nicht relevant.

- **Konditionen (PPAR, PPAG, PKAR)**
  Mithilfe dieser Konditionen können für die einzelnen Leistungen bzw. Leistungsgruppen spezielle Preise definiert werden. Diese können auch vertragsspezifisch im Servicevertrag als sogenannte *Preisvereinbarungen* erfasst werden.

8.1.6 Schema ICAA01 (Interne Verrechnungsfaktura)

8

Bei Verkäufen ab Lager oder auch beim Verkauf von Dienstleistungen können die verkaufende Firma und die liefernde Firma unterschiedlich sein. Die liefernde Firma wird durch das Werk der Auftragsposition bestimmt, die verkaufende Firma durch die Verkaufsorganisation. Falls diese Firmen (Buchungskreise) unterschiedlich sind, sprechen wir von einem buchungskreisübergreifenden Verkauf (*Cross-Company-Vorgang*). In dieser Situation wird neben der Kundenfaktura zu einer Lieferung zusätzlich eine interne Verrechnungsfaktura der liefernden an die verkaufende Firma erzeugt. Diese interne Verrechnung verwendet das Kalkulationsschema ICAA01 (siehe Tabelle 8.7).

Stu	KArt	Bezeichnung	Von	Bis	M	Bd	Z	S	Rch	Bas
900		**Nettowert 3**					3		2	
909	IV02	PreisIntVerrProz				22	9			
910	IV01	PreisIntVerrech.				22	9			
911	KW00	Konzernbewert.				22		X		
912	PC00	Profit Cent.Bew.				22		X		
914	SKTV	Skonto				14	D	X		2
915	MWST	Ausgangssteuer				10				16
919	DIFF	Rundung				13			16	4
920		**Endbetrag**					A		4	

Tabelle 8.7 Kalkulationsschema ICAA01 (Interne Verrechnung)

Das Schema ICAA01 ist eine Kopie des Standardschemas RVAA01 mit den in Tabelle 8.7 dargestellten Abweichungen. Die Konditionsarten IV01, IV02, KW00 und PC00 kommen neu hinzu; die Konditionsarten PI01 und PI02 entfallen. Die Abweichungen sind erforderlich, da der Preis für die interne Verrechnung ermittelt werden kann:

- als Preis der Kundenfaktura (Konditionen IV01/IV02 nicht vorhanden)
- als prozentualer Preis der Kundenfaktura (Kondition IV02 vorhanden)
- unabhängig vom Preis der Kundenfaktura (Kondition IV01 vorhanden)

Die Konditionsarten IV01 und IV02 sind als Referenz zu den Konditionsarten PI01 bzw. PI02 eingestellt (siehe Abschnitt 7.6.3, »Lagerverkauf Cross Company«). Die Konditionssätze müssen also ausschließlich unter PI01/PI02 gepflegt werden. Dabei entsteht das Problem, dass die Konditionen in der *Kundenfaktura* in CO-PA als Kosten zu behandeln sind, die gleichen Konditionen in der *internen Verrechnungsfaktura* jedoch die Erlöse repräsentieren. Diese Anforderung wird durch die Wahl unterschiedlicher Konditionsarten in den beiden Prozessen erfüllt, da die Zuordnungen in CO-PA über die Konditionsart erfolgen.

Die Konditionen KW00 und PC00 sind statistische Konditionen, die den Wert des internen Vorgangs aus Konzernsicht bzw. aus Profit-Center-Sicht enthalten. Diese Werte werden an das Rechnungswesen übergeben.

8.1.7 Schema WK0001 (Wertkontrakt)

Das Kalkulationsschema zum Wertkontrakt (siehe Tabelle 8.8) ist sehr einfach; von einer Preisfindung kann man hier eigentlich nicht sprechen. Der Wert wird manuell über die Kondition WK00 eingetragen.

Stu	KArt	Bezeichnung	Von	Bis	M	Bd	Z	S	Rch	Bas
50	WK00	Zielwert			X					
100		**Positionsnetto**					**1**		**2**	
500	SKTV	Skonto				14	D	X		2
700	MWST	Ausgangssteuer				10				16
750	DIFF	Rundung				13			16	4
800	SKTO	Skonto				9		X		11

Tabelle 8.8 Kalkulationsschema WK0001 (Wertkontrakt)

8.1.8 Schema RVWIA1 (Werke im Ausland/Steuerbehandlung)

Umlagerungen zwischen Werken in unterschiedlichen Ländern sind insbesondere im EU-Raum steuerlich meldepflichtig. Zu diesem Zweck werden Umlagerungslieferungen mit der Fakturaart WIA fakturiert. Diese verwendet das Kalkulationsschema RVWIA1 (siehe Tabelle 8.9).

Stu	KArt	Bezeichnung	Von	Bis	Bd	Z	S	Rch	Bas	Kto
10	PR00	Preis				9				UML
20	WIA3	Ausg.steu.E-Land								MWS
30	WIA2	Ausg.steu.A-Land	10							MWS
40	R100	100 %-Abschlag	10						28	UML
50	WIA1	Eing.steu.E-Land	40							VST
60	GRWR	Grenzüb.Wert	10		8	C	X			

Tabelle 8.9 Kalkulationsschema RVWIA1 (Werke im Ausland)

Der Endbetrag dieser Fakturaart hat den Wert null; es werden lediglich die benötigten steuerrelevanten Buchungen für die Buchhaltung erzeugt.

8.1.9 Schema RVACRN (Kontraktfakturierung)

Das Kalkulationsschema RVACRN (siehe Tabelle 8.10) wurde mit SAP ERP 6.0 EHP 3 geschaffen. Es dient dazu, spezielle Kontrakte, wie sie etwa im Bereich Aerospace & Defense vorkommen, aufwandsbezogen, also mit Transaktion DP90 (Aufwandsabrechnung), abzurechnen. Das Schema ist insofern interessant, als dass hier die Bedingungen und Formeln intensiv eingesetzt werden.

Stu	KArt	Bezeichnung	Von	Bis	M	Bd	Z	S	Rch	Bas
9	EK01	Ist-Kosten			X	106	B			
10	PR00	Preis				2				
11	PKAR	Preis Kopf Abr.				2				
12	PPAR	Preis Pos. Abr.				2				
100		Bruttowert					2		2	
120	K007	Kundenrabatt	100			2	3			
800		Nettowert 1							2	
810	HA00	Prozentrabatt			X	2	3			
815	ITD2	Fakturiert Brutto				106	2		112	
816	ITD3	Fakturiert Rabatt				106	3		112	

Tabelle 8.10 Kalkulationsschema RVACRN (Aufwandsabrechnung)

Stu	KArt	Bezeichnung	Von	Bis	M	Bd	Z	S	Rch	Bas
817	ITD4	Fakturiert ACRR				106	4		112	
820	ITD5	Fakturiert ZFEE				106	5		112	
850		Nettowert 2							2	
851	ACRN	Budget				107	1	X	114	110
852	ACRB	ACRN Verbrauch				107		X	111	
853	ACRR	ACRN Delta			X	107	4		113	
854	ACRL	Limit				107		X	114	2
900		Nettowert 3					7		2	
903	BO03	Kundenbonus	900			24				
908		Nettowert 4	900	903						
910	PI01	Preis InterneVerr				22	B	X		
915	MWST	Ausgangssteuer				10				16
920		Endbetrag					A		4	
930	SKTO	Skonto				9		X		11
935	GRWR	GrenzübWert				8	C	X		2
940	VPRS	Verrechnungspreis				4	B	X		
941	ITDB	Fakturiert EK01				106	B	X	112	
950		Deckungsbeitrag							11	

Tabelle 8.10 Kalkulationsschema RVACRN (Aufwandsabrechnung) (Forts.)

Neben den in der Aufwandsabrechnung üblichen Konditionsarten des Kalkulationsschemas PSER02 (siehe Abschnitt 8.1.5) kommen zusätzlich folgende Konditionsarten zum Einsatz:

- **ACRN (Budget)**
  Durch die Kondition ACRN werden Budgets im Kontrakt hinterlegt. Gegen diese Budgets wird bei der Erzeugung der Fakturaanforderungen mit Transaktion DP90 geprüft. Es wird dabei die Funktion des Konditionsupdate unter der Verwendung des maximalen Konditionswertes genutzt. Das Besondere ist hier, dass die Kondition mehrfach auftreten kann. Durch die Basisformel 110 wird der Nettowert der Position auf die verschiedenen Budgets verteilt. Durch die Wertformel 114 wird der

Ausschöpfungsprozentsatz errechnet und im Datencontainer `xkomv-varcond` für die Anzeige im Bild abgespeichert.

- **ACRB (Budgetverbrauch)**
  Durch die Kondition ACRB wird mit der Wertformel 111 die Budgetausschöpfung der Kondition ACRN überprüft; bei Überschreitung des Budgets wird die Preisfindung der Position auf **fehlerhaft** gesetzt und eine Meldung ausgegeben.
- **ACRR (Budgetdelta)**
  Durch die Kondition ACRR kann auf Wunsch bei fehlendem Budget ein entsprechender Rabatt automatisch gezogen werden. Das Delta wird durch die Wertformel 113 ermittelt.
- **ACRL (Limit)** Durch die Kondition ACRL wird ein weiteres Limit unter der Nutzung des maximalen Konditionswertes abgebildet. Bei Überschreiten des Limits wird die Position durch die Wertformel 114 auf **fehlerhaft** gesetzt.
- **Konditionen (ITD*)**
  Das Profil zur Aufwandsabrechnung kann auf die retroaktive Fakturierung eingestellt werden. In diesem Fall werden immer alle Aufwandsposten fakturiert, unabhängig davon, ob diese bereits fakturiert wurden. Die bereits fakturierten Werte werden über die Konditionen ITD* abgezogen. Die Ermittlung dieser fakturierten Werte erfolgt durch die Wertformel 112 aus der Infostruktur S409, in der die Fakturaanforderungen und Fakturen zum Kontrakt fortgeschrieben werden.

Die vorliegende Aufstellung der Standardkalkulationsschemata für die gebräuchlichen Geschäftsprozesse soll Ihnen als Referenz beim Einrichten Ihrer eigenen Schemata dienen. Die meisten Konditionsarten dieser Schemata sollten Sie in diesem Kapitel beschrieben finden, sofern es sich nicht um »gewöhnliche Konditionsarten« handelt, die keinerlei Besonderheiten aufweisen.

8.2 Ausgewählte Konditionsarten des Standardschemas

Zum Abschluss der Vorstellung der wichtigsten Kalkulationsschemata des Standards werden wir noch einige spezielle Konditionsarten des Schemas RVAA01 beschreiben.

8.2.1 Konditionsart EDI1/EDI2 (Erwarteter Kundenpreis)

Über die *statistischen* Konditionsarten EDI1/EDI2 (Erwarteter Kundenpreis) kann der vom Kunden erwartete Preis bzw. Wert einer Auftragsposition im Auftrag eingetragen werden. Dies kann z. B. dadurch erfolgen, dass bei der Anlage von Kundenaufträgen in B2B-Szenarien über EDI (Electronic Data Interchange) eine dieser Konditionen vom Besteller mitgegeben wird.

Mithilfe der Wertformel 008 (Erwarteter Wert) wird der vom System ermittelte Nettowert/Nettopreis mit dem übermittelten Wert verglichen. Bei Überschreitung einer Toleranzgrenze wird die Auftragsposition mit der Wertformel (über das Schnittstellenfeld `komp-cepok`) auf **unvollständig** gesetzt und damit die Auslieferung blockiert. Die Unvollständigkeit muss durch Anpassen des Preises oder durch Transaktion V.25 (Freigabe erwarteter Kundenpreis) beseitigt werden. Die Toleranzgrenze kann durch Einrichten einer kundeneigenen Wertformel an die Anforderungen angepasst werden.

Durch die Positionierung der Konditionen wird der Vergleichswert bestimmt. Wenn z. B. die Frachtkonditionen und die anderen Kopfkonditionen nicht berücksichtigt werden sollen, platzieren Sie die Konditionen z. B. auf Stufe 790.

8.2.2 Konditionsarten RL00/MW15 (Rechnungslistenkonditionen)

Die in Auftrag und Kundenfaktura *statistischen* Konditionsarten RL00/MW15 (Rechnungslistenkonditionen) dienen dazu, sogenannte *Delkredereprovisionen* abzuwickeln. Diese kommen z. B. dann zum Einsatz, wenn beim Verkauf an Filialen von Einkaufsverbänden die Bezahlung der Rechnungen über einen Zentralregulierer vorgenommen wird. Damit geht einher, dass der Kunde *rechnungslistenrelevant* eingestellt ist. Da sich der Zahlungsverkehr durch diese Art der Organisationsform vereinfacht, kann dafür ein Rabatt in Form der Kondition RL00 gewährt werden. Die Kondition MW15 dient dazu, die Steuer für diese Provision zu berechnen, die über die Zugriffsfolge so eingestellt ist, dass, unabhängig vom Produkt, immer der volle Steuersatz berechnet wird. Die Konditionen sind als *Rechnungslistenkonditionen* eingestellt; sie werden somit in der Kundenfaktura lediglich berechnet, jedoch nicht an die Buchhaltung übergeben. Erst mit der Erstellung der Rechnungsliste werden diese Konditionen aktiviert und in der Buchhaltung als Gutschrift gebucht.

8.2.3 Konditionsart SKTV/SKTO (Skonto)

Die *statistischen* Konditionsarten SKTV/SKTO (Skonto) sind mit **Konditionstyp** = E eingestellt. Sie werden nicht über Konditionssätze ermittelt; stattdessen wird der Prozentsatz über die Tabelle T052 der Zahlungsbedingungen gefunden. Die beiden Konditionsarten unterscheiden sich dadurch, dass sie die Steuerbasis entweder beeinflussen (SKTV) oder nicht (SKTO).

Konditionsart SKTV (Skonto vor Steuer)

Die Kondition SKTV kommt dann zum Tragen, wenn der Buchungskreis so eingestellt ist, dass das Skonto die Steuerbasis vermindert. Gesteuert wird dies über die Bedingung 014 (Skonto vor Steuer). Die Kondition ist vor der Steuerkondition MWST positioniert, sodass diese mit der Basisformel 016 den Skontobetrag berücksichtigen kann.

Konditionsart SKTO (Skonto nach Steuer)

Die Kondition SKTO benutzt die zur Bedingung 014 komplementäre Bedingung 009 (Skonto nach Steuer). Die Kondition ist dabei hinter der Steuer positioniert, sodass die Steuerbasis nicht beeinflusst wird. In diesem Zusammenhang sollten Sie wissen, dass die Bedingungen 009 und 014 nicht funktionieren, wenn die Steuer über Tax Jurisdiction ermittelt wird. Beachten Sie in diesem Fall SAP-Hinweis 1080339 (Skonto und Tax Jurisdiction).

8.2.4 Konditionsart HM00 (Auftragswert)

Mit der Kondition HM00 (Auftragswert) können Sie im Kundenauftrag manuell einen Gesamtauftragswert eintragen. Die Merkmale der Kondition sind:

- Konditionsklasse B (Preis)
- Keine Zugriffsfolge
- Rechenregel B (Absolutbetrag)
- Gruppenkondition
- Kopfkondition
- Manuell

Der eingetragene Auftragswert wird wertanteilig auf alle Positionen verteilt. Da die Kondition als Preis eingestellt ist, werden alle zuvor ermittelten Konditionen deaktiviert.

Diese Einstellung hat den Nachteil, dass eine differenzierte Kontierung nach Erlösen und Erlösschmälerungen nicht möglich ist. Aus diesem Grund ist die folgende, an das AMIW/AMIZ-Verfahren (Mindestauftragswert) angelehnte Vorgehensweise (siehe Abschnitt 8.2.5) eine sinnvolle Alternative:

1. Wir stellen die Kondition HM00 *statistisch* ein, mit **Zwischensumme** = E, d. h., der Wert der Kondition wird in der Arbeitsvariablen `xworke` zwischengespeichert.
2. Wir richten eine neue Wertformel (siehe Listing 8.1) ein. Die Variable `ykfaktor1` ist nur relevant im (eher seltenen) Zusammenspiel der Kondition HM00 mit zeitabhängigen Preisen bei periodischen Fakturierungsplänen.

```
form frm_kondi_wert_913.
  data: zwert like xkomv-kwert.
  if ykfaktor1 is initial or ykrech na 'MNOP'.
    zwert = xworke.
  else.
    zwert = xworke * ykfaktor1.
  endif.
  if not zwert is initial.
```

```
    xkwert = zwert - komp-netwr.
  endif.
  if komk-vbtyp ca vbtyp_fakt and xkwert = 0.
    xkomv-kinak = 'Z'.
  endif.
  clear xworke.
endform.
```

Listing 8.1 Wertformel 913 – Auftragswertdelta

3. Wir richten eine neue Konditionsart ZM00 (Auftragswertdelta) ein und positionieren diese im Kalkulationsschema direkt hinter der Kondition HM00. Dabei weisen wir ihr folgende Merkmale zu:
   - Konditionsklasse A – Zu-/Abschlag)
   - Rechenregel G – Formel
   - Bedingung 002 – Position mit Preisfindung
   - Wertformel 913 – Auftragswertdelta

Die Lösung hat den kleinen Nachteil, dass die neue Kondition ZM00 in Aufträgen grundsätzlich (im Allgemeinen mit dem Wert null) erscheint, auch wenn die Auftragswertkondition HM00 nicht eingetragen wurde.

8.2.5 Konditionsart AMIW/AMIZ (Mindestauftragswert/Mindestwertzuschlag)

Über die beiden Konditionsarten AMIW/AMIZ (Mindestauftragswert und Mindestwertzuschlag) ist es möglich, die Prüfung gegen einen Mindestauftragswert zu aktivieren.

Konditionsart AMIW (Mindestauftragswert)

Die Kondition ist als *statistische Gruppenkondition* mit der Rechenregel B (Absolutbetrag) eingestellt. Zu dieser Kondition pflegen Sie die Konditionssätze mit den gewünschten Mindestauftragswerten. Im Rahmen der Beleg-Ende-Verarbeitung (`PRICING_COMPLETE`) wird der so ermittelte Wert anteilig auf die Positionen verteilt. Durch **Zwischensumme** = D wird dieser Wert in der Arbeitsvariablen `xworkd` zur späteren Verwendung in der Kondition AMIZ zwischengespeichert.

Konditionsart AMIZ (Mindestwertzuschlag)

Durch die vorangestellte Kondition AMIW wird der Mindestauftragswert festgelegt. Wird dieser Wert im Auftrag unterschritten, wird durch die Kondition AMIZ (Mindestwertzuschlag) der Fehlbetrag als Zuschlag berechnet. AMIZ ist als Referenz zu AMIW eingestellt, was bewirkt, dass die Kondition immer dann gezogen wird, wenn auch AMIW ermittelt wurde. AMIZ ist *nicht statistisch* und *keine Gruppenkondition*. Durch die Wertformel 013 (Mindestwertzuschlag) wird bei der Unterschreitung des Mindestwertes (d. h., `komp-netwr` ist kleiner als `xworkd`) das Delta zum Nettowert als Konditionswert gesetzt.

8.2.6 Konditionsart AZWR (Anzahlungswert)

Die Kondition AZWR (Anzahlungswert) wird bei der Anzahlungsabwicklung eingesetzt. Diese erfolgt über den Fakturierungsplan zur Meilensteinfakturierung, etwa beim Wertkontrakt (siehe Tabelle 8.1). Darin werden Anzahlungstermine sowie Termine für Teilfakturen und die Schlussfaktura vereinbart. Für einen Anzahlungstermin wird zum Fälligkeitstermin eine sogenannte *Anzahlungsanforderungsfaktura* erstellt. Der Wert dieses Anzahlungstermins wird in der Anzahlungsanforderung in die Kondition AZWR übernommen. Diese wird in der Faktura im Funktionsbaustein `PRICING_COPY` als Preis eingestellt, sodass alle vorangegangenen Konditionen dadurch deaktiviert werden. Bei Teil- und Schlussfakturen wird die Kondition in separaten Positionen zur Verrechnung der geleisteten Anzahlungen verwendet. Ein konkretes Beispiel finden Sie in Abschnitt 6.7, »Preisfindung bei Festbetragverträgen (Meilensteinfakturierungsplan)«.

8.2.7 Konditionsart GRWR (Grenzübergangswert)

Die statistische Kondition GRWR wird verwendet, um den Grenzübergangswert zu berechnen. Dieser wird bei Exportgeschäften zur Erstellung der benötigten Exportdokumente sowie für die erforderlichen Meldungen an die Behörden eingesetzt. Die Kondition ist mit **Zwischensumme** = C eingestellt, wodurch der Wert der Kondition an das Feld `komp-grwrt` übergeben wird. Durch die Bedingung 008 wird erreicht, dass die Kondition nur bei Exportvorgängen ermittelt wird.

8.3 Fazit

Wir haben in diesem Kapitel alle wichtigen Kalkulationsschemata und Konditionsarten der Standardauslieferung angesprochen, die Ihnen als Referenz beim Einrichten Ihrer eigenen Schemata dienen können. Weitere Informationen zu Konditionsarten finden Sie auch in Anhang A, »Konditionssteckbriefe«.

Sie haben mit den Kapiteln bis hierhin sämtliche Einstellungsmöglichkeiten des Standards kennengelernt, die die Konditionstechnik, die Stammdatenpflege und die Preisfindung betreffen. Vielleicht können Sie damit Ihre individuellen Anforderungen an die Preisfindung schon komplett umsetzen. Aber es lohnt sich trotzdem, weiterzulesen. Sie werden viele Anregungen und Beispiele finden, sodass sich sicherlich hier und da ein Aha-Effekt einstellen wird. Denn im nächsten Kapitel steigen wir tief in die »Besonderheiten der Konditionstechnik in der Preisfindung« ein.

Kapitel 9
Besonderheiten der Konditionstechnik in der Preisfindung

Sie haben in den bisherigen Kapiteln gelernt, die Möglichkeiten des Standard-Customizings auszuschöpfen. Mit diesem Kapitel schaffen wir die Grundlage, um weiterführende komplexe Anforderungen an die Preisfindung umzusetzen.

Die Umsetzung einer Preisfindungsanforderung geht im Allgemeinen damit einher, dass Sie neue Konditionstabellen, Zugriffsfolgen und Konditionsarten sowie gegebenenfalls Bedingungen und Formeln einrichten müssen. Möglicherweise wollen Sie neue Merkmale einführen, die Sie im Rahmen der Preisfindung ermitteln und innerhalb der Preisfindung wiederverwenden möchten, oder Sie möchten diese Felder an den Aufrufer (Kundenauftrag) übergeben, bei dem diese Informationen weiterverwendet werden können (Dokumentendruck, Statistiken, SAP BW, CO-PA, Auswertungen usw.).

Es gibt im Standard bereits einige Felder, die aus Konditionssätzen an den Beleg übertragen werden:

- Zahlungsbedingung, Valutatage, Valutadatum (werden im Auftrag in die Felder `vbkd-zterm`, `vbkd-valtg` und `vbkd-valdt` übertragen).
- Nummer der Verkaufsaktion, Nummer der Promotion (werden in die Positionsfelder `vbap-knuma_ag` und `vbap-knuma_pi` eingestellt).

Bei der Umsetzung weiterführender Anforderungen müssen Sie einige Regeln beachten, die sich insbesondere auf die spätere Performance auswirken können. Dieses Kapitel soll dazu dienen, Sie mit den internen Strukturen der Preisfindung und ihren Zusammenhängen vertraut zu machen. Wann immer Sie Erweiterungen der Preisfindungen vornehmen wollen, werden Sie mit diesen internen Strukturen konfrontiert.

Insbesondere gehen wir auf die Funktion **variable Datenbeschaffung** ein, die die Preisfindung gegenüber den anderen Konditionsverwendungen auszeichnet. Diese Funktion bietet eine Reihe sehr nützlicher Anwendungsmöglichkeiten.

Im Einzelnen betrachten wir in diesem Kapitel:

- Kommunikationsstrukturen, interne Tabellen und deren Zusammenhänge
- die Bedeutung der Reihenfolge der Felder im Schlüssel der Konditionstabellen
- die Möglichkeit der flexiblen Datenbeschaffung über Konditionssätze sowie die Verwendung dieser Daten
- die Möglichkeit, über die flexible Datenbeschaffung hierarchische Strukturen ausschließlich mit Mitteln der Preisfindung abzubilden
- sogenannte *Felder mit Mehrfachbelegung* – etwa Konfigurationsvarianten, Kundenhierarchien und Verkaufsaktionen

Nach der Lektüre dieses Kapitels sind Sie für die Anwendungsmöglichkeiten der Konditionstechnik innerhalb der Preisfindung über das Customizing hinaus sensibilisiert.

9.1 Schnittstellen, Tabellen und Zusammenhänge

Zunächst stellen wir Ihnen alle Strukturen und deren Bedeutung vor, die in der *Preisfindung* wichtig sind. Sobald Sie Erweiterungen der Preisfindung vornehmen, haben Sie es auch mit einigen dieser Strukturen zu tun.

9.1.1 Schnittstellen für Konditionstabellen und zur Stammdatenpflege

In diesem Abschnitt beschreiben wir die Kommunikationsstrukturen, die sowohl von den Transaktionen zur Anlage neuer Konditionstabellen als auch von den Transaktionen zur Pflege der Konditionssätze verwendet werden:

- **KOMG**
  Die Struktur KOMG dient zum Anlegen von Konditionstabellen sowie zur Pflege der Konditionsstammdaten. Diese Struktur erzeugt den maximalen Vorrat an Feldern, mit denen Konditionstabellen gebildet werden können.
- **KOMK, KOMP, KOMPAZD**
  Die Strukturen KOMK, KOMP und KOMPAZD werden bei der Bildung der Zugriffsfolgen verwendet. Die Zugriffsfolgen spielen bei der Konditionspflege insofern eine Rolle, als darin festgelegt ist, ob ein Schlüsselfeld initial sein darf oder obligatorisch ist.

Die Strukturen bilden den Gesamtvorrat aller verwendbaren Felder. Dieser Gesamtvorrat wird durch den Feldkatalog applikationsspezifisch eingeschränkt (siehe Abschnitt 1.6, »Feldkatalog und Kommunikationsstrukturen«).

9.1.2 Schnittstellen zu den Preisfindungsbausteinen

In diesem Abschnitt beschreiben wir die Schnittstellenstrukturen der beiden wichtigsten Funktionsbausteine PRICING und PRICING_COMPLETE, die wir in Kapitel 10, »Wichtige Programme der Preisfindung«, ausführlich beschreiben.

- KOMK
  Struktur der kopfartigen Felder zum Anlegen von Zugriffsfolgen sowie Schnittstelle zur Positionspreisfindung (PRICING). Struktur für die Schnittstellentabelle TKOMK der Preisfindung für den Gesamtbeleg (PRICING_COMPLETE).
- KOMP
  Struktur der positionsartigen Felder zum Anlegen von Zugriffsfolgen sowie Schnittstelle zur Positionspreisfindung (PRICING). Struktur für die Schnittstellentabelle TKOMP der Preisfindung für den Gesamtbeleg (PRICING_COMPLETE).
- KOMV
  Struktur für die interne Tabelle TKOMV des Preisfindungsergebnisses für den gesamten Beleg. Die Struktur KOMV setzt sich aus der Tabelle KONV (in der das Preisfindungsergebnis in SAP ERP auf der Datenbank abgelegt wird) und dem dynamischen Teil KONVD zusammen. In SAP S/4HANA hat die Datenbank PRCD_ ELEMENTS zwar ein anderes Format. In den Programmen wird jedoch weiterhin mit den auf der KONV basierenden Strukturen gearbeitet.

Obligatorisch für den Aufruf der Preisfindung sind lediglich die Felder **Applikation** und **Kalkulationsschema** der Struktur KOMK sowie das Feld **Position** der Struktur KOMP. Damit die gefundenen Konditionen auch bewertet werden können, müssen Felder wie **Belegwährung** und **Preisdatum** in KOMK gefüllt werden.

Das Beispielprogramm in Listing 9.1 zeigt den Aufruf des Funktionsbausteins PRICING mit einer minimal gefüllten Schnittstelle.

```
REPORT  ZZHRNPRICING.
  Tables: KOMK, KOMP.
  Data: tkomv like komv occurs 5 with header line.
  clear komk.
  komk-kappl = 'V '.
  komk-kalsm = 'RVAA01'.
  komk-vkorg = '0001'.
  komk-vtweg = '01'.
  komk-prsdt = sy-datum.
  komk-waerk = 'EUR'.
  clear komp.
  komp-kposn = '000001'.
  komp-pmatn = 'HN1080'.
```

```
komp-mgame = '20'.
komp-vrkme = 'KI'.
komp-meins = 'KI'.
komp-prsfd = 'X'.
call function 'PRICING'
       exporting
            comm_head_i      = komk
            comm_item_i      = komp
            calculation_type = 'B'
       importing
            comm_head_e      = komk
            comm_item_e      = komp
       tables
            tkomv            = tkomv.
```

Listing 9.1 Minimalschnittstelle zum Aufruf des Funktionsbausteins »PRICING«

9.1.3 Interne Strukturen und Tabellen der Preisfindungsprogramme

Wenn Sie Bedingungen, Formeln und User-Exits programmieren, bewegen Sie sich innerhalb des Preisfindungsprogramms, also der Funktionsgruppe V61A (Preisfindung). In diesem Abschnitt beschreiben wir alle Strukturen, mit denen Sie in diesem Umfeld arbeiten.

Wir veranschaulichen den Zusammenhang der Strukturen und internen Tabellen anhand von Abbildung 9.1. In dieser Abbildung finden Sie folgende Elemente:

- p10 bis p40 – Positionsnummern des Auftrags
- k1 und k2 – Index des zur Struktur KOMP gehörigen KOMK-Eintrags
- s1 bis s6 – Zeilennummern der Konditionsarten zu KOMK-Eintrag k1
- s7 bis s11 – Zeilennummern der Konditionsarten zu KOMK-Eintrag k2
- z1 bis z21 – Zeilennummern der Zugriffe zu den KOMT1-Einträgen

In Abbildung 9.1 sehen Sie den Informationsfluss vom Kundenauftrag zur Preisfindung (KOMK, KOMP), den Weg innerhalb der Preisfindung (KOMT1, KOMT2, XKOMV) und schließlich den Transfer des Ergebnisses zurück zum Auftrag (TKOMV, KOMP).

Der Weg von KOMT2 nach XKOMV führt über Konditionssätze, die wir in Abbildung 9.1 nicht dargestellt haben. Im Bild sehen Sie die Einträge der internen Tabellen grau unterlegt, die beim Aufruf der Preisfindung (Funktionsbaustein `PRICING`) für die zweite Auftragsposition (p2) beteiligt sind.

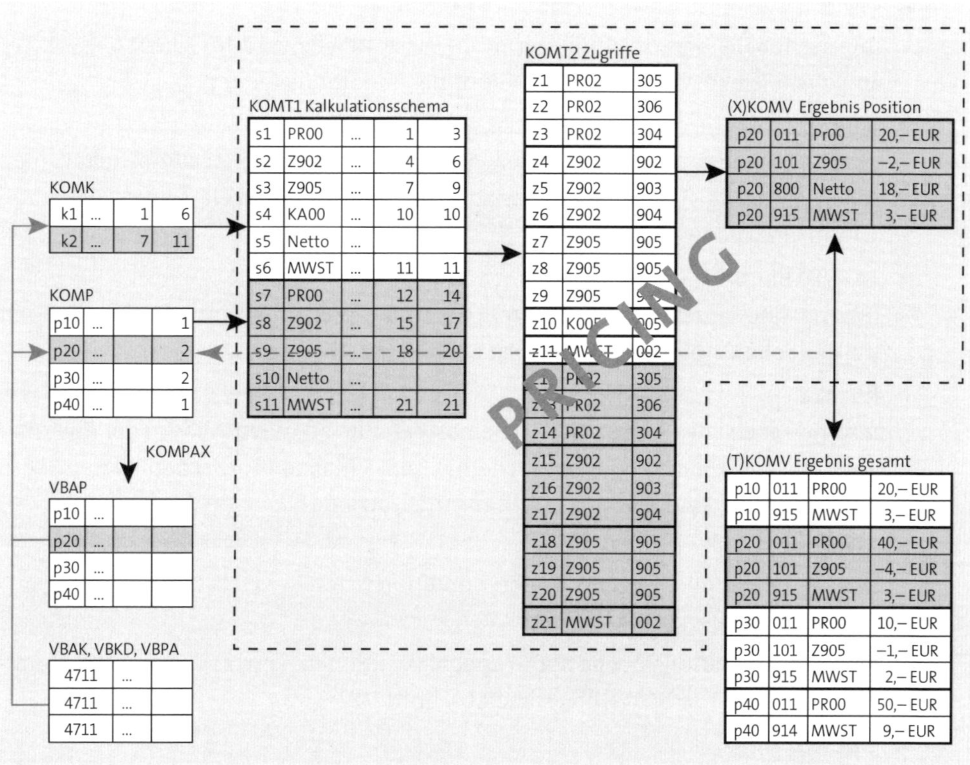

Abbildung 9.1 Zusammenhang der wichtigsten Strukturen im Umfeld der Preisfindung

Das sind die beteiligten Strukturen und internen Tabellen:

- **KOMV**
  Struktur für die interne Tabelle XKOMV des Preisfindungsergebnisses einer Position.
- **KOMPAZD**
  Struktur der positionsartigen Felder zur Aufnahme von variablen Datenfeldern aus Konditionstabellen (VADAT), Verwendung innerhalb der Zugriffsfolge (siehe Abbildung 9.2).
- **KOMPLOOP**
  Struktur für die interne Tabelle XKOMPLOOP (siehe Abschnitt 9.3, »Felder mit Mehrfachbelegung«) der positionsartigen Felder, um einen Mehrfachzugriff für ein Merkmal zu erreichen (z. B. Konfigurationsvarianten).
- **KOMPAX**
  Auszug von Feldern aus der Struktur KOMP, die als Ergebnis der Preisfindung an die aufrufende Belegposition (z. B. Auftrag, Faktura) übergeben und dort abgespeichert werden (siehe Abschnitt 11.6, »Preisfindungsergebnis in KOMP«).

- **STEU**
  Interne Tabelle der Preisfindungsarten. Diese Tabelle wird im `konditionsvorstep` aufgebaut (siehe Abschnitt 10.1.2, »Routine ›konditionsvorstep‹«).
- **TKSCHL**
  Interne Tabelle der Konditionsarten, die in der Preisfindung neu ermittelt werden sollen. Beispiele für die Verwendung dieser internen Tabelle finden Sie in Abschnitt 11.2, »Bedingungen«.
- **TKSCHLEXCL**
  Interne Tabelle der Konditionsarten, die in der Preisfindung *nicht* neu ermittelt werden sollen. Auch dazu finden Sie Beispiele in Abschnitt 11.2.
- **KOMT1**
  Interne Tabelle des Kalkulationsschemas, gebildet aus allen Feldern der Customizing-Tabellen T683 (Kalkulationsschema), T683S (Kalkulationsschemadaten), T685 (Konditionsart) und T685A (Konditionsartzusatzdaten).
- **KOMT2**
  Interne Tabelle aller Zugriffe zu den Konditionsarten in KOMT1.
- **GKOMV**
  Interne Kumulationstabelle der Gruppenkonditionen, verwendet bei der Gesamtbewertung (`PRICING_COMPLETE`, siehe Abschnitt 10.2).
- **GKOMZ**
  Interne Zuordnungstabelle aller beteiligten Positionen und Gruppenkonditionen, die in GKOMV eingeflossen sind (siehe ebenfalls Abschnitt 10.2).
- **KONP**
  Struktur für die interne Tabelle XKONP der gefundenen und in die interne Tabelle XKOMV übernommenen Konditionssätze. Die Verbindung zwischen KONP und XKOMV wird über das Feld `xkomv-knumh` hergestellt.

9.1.4 Reihenfolge der Felder in der Konditionstabelle

Bei der Anlage einer Konditionstabelle müssen Sie festlegen, in welcher Reihenfolge die Schlüsselfelder angeordnet werden. Im Allgemeinen orientieren Sie sich daran, wie die daraus generierte Konditionspflege den Anforderungen des späteren Benutzers gerecht wird. Zu beachten ist dabei jedoch, dass kopfartige Felder vor den positionsartigen Feldern angeordnet sein sollten.

Woran erkennen Sie die kopfartigen Felder? Sie sind daran zu erkennen, dass alle Zugriffe innerhalb der Zugriffsfolgen bei diesem Merkmal ausschließlich Felder der Struktur KOMK oder *Direktwerte* verwenden.

Wenn Sie ein neues Merkmal verwenden wollen, müssen Sie sich daher gut überlegen, ob Sie das Feld in die Struktur KOMK oder KOMP aufnehmen. Technisch sollten

Sie das über eine APPEND-Struktur zu den Strukturen KOMKAZ (Teil von KOMK) bzw. KOMPAZ (Teil von KOMP) realisieren.

[!]

Darauf sollten Sie unbedingt achten

Auf keinen Fall dürfen Sie die Felder als APPEND-Struktur direkt an die Struktur KOMK anhängen. In Abschnitt 12.2, »Konditionen wurden nicht gefunden – woran liegt das?«, finden Sie Hinweise auf mögliche Fehlersituationen, die auftreten können, wenn Sie sich nicht an diese Regel halten.

Falls das neue Merkmal mit einer hohen Wahrscheinlichkeit in den Positionen eines Objekts (Belegs) identisch ist, sollte es in die Struktur KOMK aufgenommen werden. Im Zweifelsfall können Sie beide Varianten hinsichtlich ihres Performanceverhaltens bei repräsentativen Vorgängen testen.

9.2 Datenermittlung über Konditionen

Wie Sie in Abschnitt 1.2, »Einsatzgebiete der Konditionstechnik (Konditionsverwendung)«, gesehen haben, gibt es bei den Preisfindungskonditionen die Möglichkeit, neben dem variablen Schlüsselbestandteil auch variable Datenfelder aufzunehmen. Die Pflege dieser Felder wird dann im Rahmen der generierten Dialogprogramme automatisch bereitgestellt. Die geschickte Verwendung dieser Datenfelder in Zugriffsfolgen, Bedingungen und Formeln bietet viele Möglichkeiten, die die Flexibilität der Preisfindung noch einmal ganz erheblich steigern.

Abbildung 9.2 zeigt die verschiedenen Varianten der Verwendung dieser variablen Daten. Wir zeigen in dieser Abbildung die Transportwege der Informationen vom Konditionssatz (Annn-Tabellen) in die Zielstruktur bzw. Tabelle auf. Welches Verfahren für Ihre Anforderung das richtige ist, bleibt Ihrem Urteil überlassen. Sie sollten stets bedenken, dass es in der Regel mehrere Lösungsmöglichkeiten gibt. Das sind die Varianten:

- Datenermittlung im Zugriff, Verwendung in späteren Zugriffen
- Datenermittlung im Zugriff, Übertragung in die Belegposition mittels Bedingung
- Übertragung in die Belegkondition über eine Formel (Manipulation der Berechnung)
- Übertragung nach KOMK mittels Bedingung (Manipulation des Konditionszugriffs)
- Verwendung von Daten anderer Belegkonditionen in Formeln

Im Folgenden zeigen wir Ihnen einige Beispiele für diese verschiedenen Verfahren der Datenermittlung aus Konditionen.

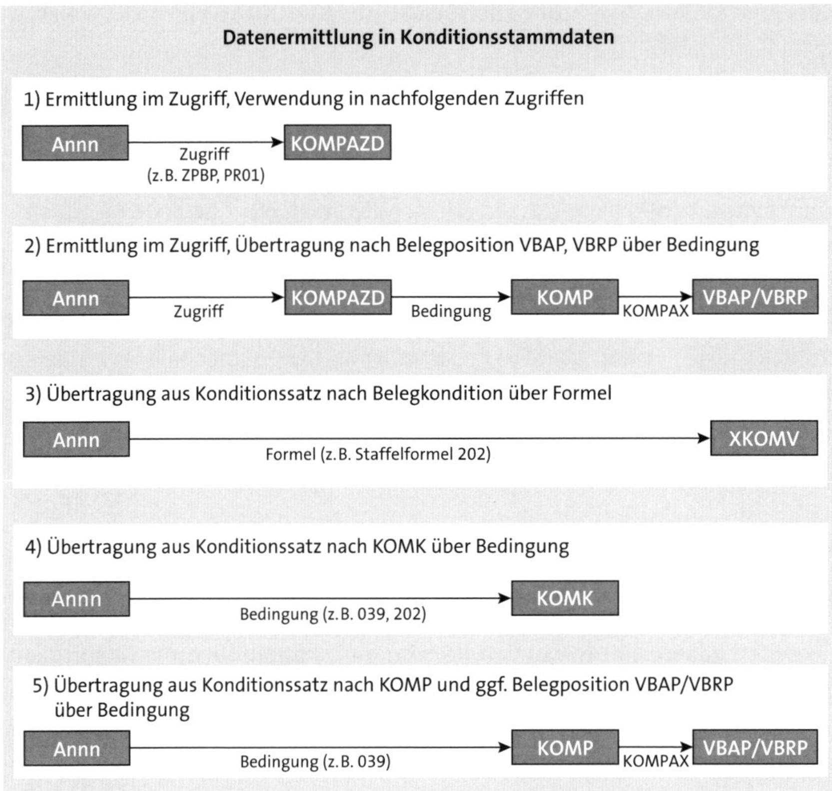

Abbildung 9.2 Varianten der Datenermittlung aus Konditionen

9.2.1 Variante 1 – Datenermittlung im Zugriff, Verwendung in späteren Zugriffen

Diese Variante der Datenermittlung basiert ausschließlich auf den Möglichkeiten der Zugriffsfolgen. Sie können sie also einfach im Customizing einstellen. Bedingungen und Formeln werden nicht benötigt.

[zB]

Variante 1 – Datenermittlung im Zugriff

Der Preislistentyp ist ein Attribut des Kundenstammsatzes und wird während der Auftragsbearbeitung aus dem Stammsatz des Auftraggebers *datumsunabhängig* ermittelt. Die Anforderung besteht nun darin, innerhalb einer gegebenen dreistufigen Hierarchie, definiert durch die Beziehung *Regulierer* (oberste Stufe), *Auftraggeber* und *Warenempfänger* (unterste Stufe), auf jeder Ebene die Zuordnung zum Preislistentyp *datumsabhängig* änderbar zu machen.

Wir können diese Aufgabe durch zwei Zugriffsfolgen nebst zugehörigen Konditionsarten lösen.

Erforderliche Maßnahmen im Überblick

Zunächst richten wir die Zugriffsfolge ZPBP (Datenermittlung) für die Standardkonditionstabelle A149, wie in Tabelle 9.1 dargestellt, als additive Zugriffsfolge ein.

Im nächsten Schritt richten wir die namensgleiche Konditionsart ZPBP (Datenermittlung Kunde) zur datumsabhängigen Ermittlung des abweichenden Preislistentyps ein. Wenn Sie sich die Zugriffsfolge ZPBP in Tabelle 9.1 genauer ansehen, erkennen Sie, dass der Preislistentyp aus dem Konditionssatz in die Kommunikationsstruktur KOMPAZD in das Feld `kompazd-pltyp_d` übernommen wird. Die Konditionsart ZPBP stellen Sie mit **Konditionsklasse** = H (Datenermittlung) ein, die bewirkt, dass gefundene Konditionssätze lediglich der Datenermittlung dienen und nicht als Preisfindungsergebnis abgespeichert werden.

Als zweite Konditionsart verwenden wir die Standardkonditionsart PBBS (Basispreis). Die darin verwendete Zugriffsfolge PR01 (Preis – Positionspreisliste) verwendet die im Feld `kompaz-pltyp` von der Kondition ZPBP zuvor bereitgestellte abweichende Preisliste. Sie erkennen dies in der in Tabelle 9.2 dargestellten Zugriffsfolge PR01.

Schließlich nehmen wir die beiden Konditionsarten ZPBP und PBBS in unser Kalkulationsschema auf (siehe Abbildung 9.4), erfassen die erforderlichen Konditionsstammdaten und können das Ergebnis in der Auftragsbearbeitung überprüfen.

Konditionsart ZPBP (Datenermittlung Kunde) mit Zugriffsfolge ZPBP

Die Konditionstabelle A149 bildet zusammen mit der Zugriffsfolge ZPBP (siehe Tabelle 9.1) den in Abbildung 9.3 dargestellten hierarchischen Zusammenhang zwischen den Partnerrollen **Regulierer**, **Auftraggeber** und **Warenempfänger** ab.

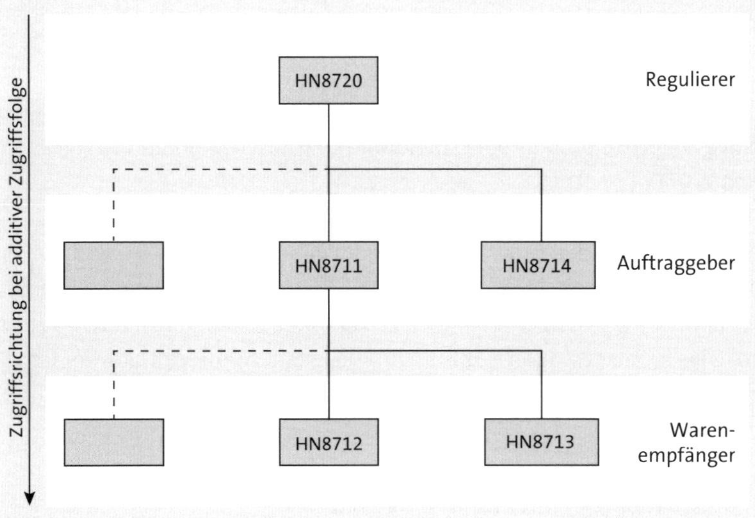

Abbildung 9.3 Einfache Kundenhierarchie, gebildet durch die Konditionstabelle A149 und die Zugriffsfolge ZPBP

Zugr	Tabelle	Konditionsfeld		Belegfeld		Init	Zugr
10	A149 – Regulierer	VKORG	=	**KOMK**	**VKORG**		
		VTWEG	=	**KOMK**	**VTWEG**		
		KUNRG	=	**KOMK**	**KNRZE**		
		KUNAG	=	KOMK	KDUMMY	X	
		KUNWE	=	KOMK	KDUMMY	X	
		PLTYP	=>	KOMPAZD	PLTYP_D		C
20	A149 – Auftraggeber	VKORG	=	**KOMK**	**VKORG**		
		VTWEG	=	**KOMK**	**VTWEG**		
		KUNRG	=	KOMK	KDUMMY	X	
		KUNAG	=	**KOMK**	**KUNNR**		
		KUNWE	=	KOMK	KDUMMY	X	
		PLTYP	=>	KOMPAZD	PLTYP_D		C
30	A149 – Warenempfänger	VKORG	=	**KOMK**	**VKORG**		
		VTWEG	=	**KOMK**	**VTWEG**		
		KUNRG	=	KOMK	KDUMMY	X	
		KUNAG	=	KOMK	KDUMMY	X	
		KUNWE	=	**KOMK**	**KUNWE**		
		PLTYP	=>	KOMPAZD	PLTYP_D		C

Tabelle 9.1 Additive Zugriffsfolge ZPBP zur Datenermittlung aus der Konditionstabelle A149 (Transaktion V/07)

In Tabelle 9.1 sehen Sie, dass das Datenfeld `PLTYP` der Konditionstabelle A149 aus einem gefundenen Konditionssatz in das Feld `kompazd-pltyp_d` übernommen wird. Die Zugriffsfolge ist additiv eingestellt, was bewirkt, dass der letzte gefundene Eintrag verwendet wird. Dies ist insbesondere dann sinnvoll, wenn mehrere Datenfelder ermittelt werden, die über verschiedene Konditionssätze verteilt sind, sodass dadurch ein Aufsammeln möglich ist.

Konditionsart PBBS (Basispreis) mit Zugriffsfolge PR01

Mit der zweiten Zugriffsfolge PR01 wird dann über die Konditionsart PBBS der eigentliche Preis ermittelt (siehe Tabelle 9.2). Dabei wird der im Feld `kompazd- pltyp_d` zwischengespeicherte abweichende Preislistentyp verwendet. Falls kein abweichender Preislistentyp ermittelt wurde, wird der normale Preislistentyp verwendet.

Zugr	Tabelle	KondFeld		Belegfeld	
15	A006 – abweichende Preisliste in Belegwährung	VKORG	=	KOMK	VKORG
		VTWEG	=	KOMK	VTWEG
		PLTYP	=	**KOMPAZD**	**PLTYP_D**
		WAERK	=	KOMK	WAERK
		MATNR	=	KOMP	PMATN
16	A006 – abweichende Preisliste in Hauswährung (Bedingung 003)	VKORG	=	KOMK	VKORG
		VTWEG	=	KOMK	VTWEG
		PLTYP	=	**KOMPAZD**	**PLTYP_D**
		WAERK	=	KOMK	HWAER
		MATNR	=	KOMP	PMATN
20	A006 – Standardpreisliste in Belegwährung	VKORG	=	KOMK	VKORG
		VTWEG	=	KOMK	VTWEG
		PLTYP	=	KOMK	PLTYP
		WAERK	=	KOMK	WAERK
		MATNR	=	KOMP	PMATN
30	A006 – Standardpreisliste in Hauswährung (Bedingung 003)	VKORG	=	KOMK	VKORG
		VTWEG	=	KOMK	VTWEG
		PLTYP	=	KOMK	PLTYP
		WAERK	=	KOMK	HWAER
		MATNR	=	KOMP	PMATN
40	A004 – Materialgrundpreis	VKORG	=	KOMK	VKORG
		VTWEG	=	KOMK	VTWEG
		MATNR	=	KOMP	PMATN

Tabelle 9.2 Exklusive Zugriffsfolge PR01 zur Ermittlung eines Preises aus einer abweichenden Preisliste (Zugriffe 15 und 16)

Kalkulationsschema erweitern

Nun müssen Sie noch die beiden Konditionsarten ZPBP und PBBS ins Kalkulationsschema aufnehmen (siehe Abbildung 9.4, erster Kasten) sowie geeignete Konditionssätze anlegen, und schon können Sie das Ergebnis im Kundenauftrag überprüfen.

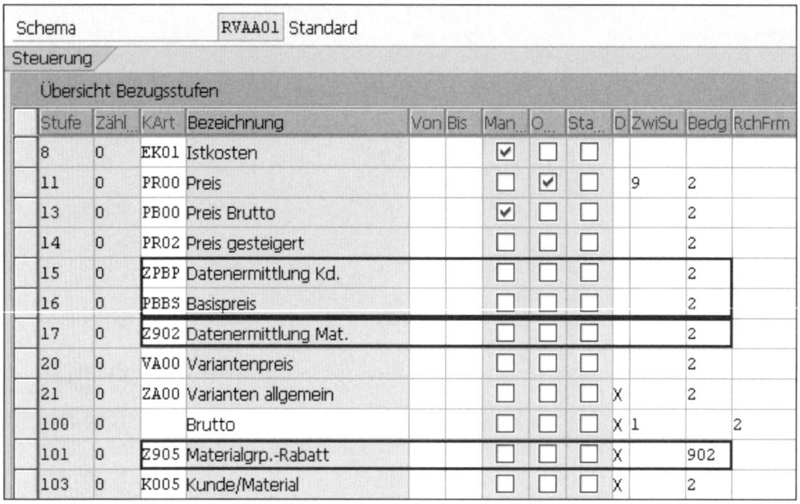

Schema RVAA01 Standard

Steuerung

Übersicht Bezugsstufen

Stufe	Zähl..	KArt	Bezeichnung	Von	Bis	Man..	O...	Sta...	D	ZwiSu	Bedg	RchFrm
8	0	EK01	Istkosten			☑	☐	☐				
11	0	PR00	Preis			☐	☑	☐		9	2	
13	0	PB00	Preis Brutto			☑	☐	☐			2	
14	0	PR02	Preis gesteigert			☐	☐	☐			2	
15	0	ZPBP	Datenermittlung Kd.			☐	☐	☐			2	
16	0	PBBS	Basispreis			☐	☐	☐			2	
17	0	Z902	Datenermittlung Mat.			☐	☐	☐			2	
20	0	VA00	Variantenpreis			☐	☐	☐			2	
21	0	ZA00	Varianten allgemein			☐	☐	☐	X		2	
100	0		Brutto			☐	☐	☐	X	1		2
101	0	Z905	Materialgrp.-Rabatt			☐	☐	☐	X		902	
103	0	K005	Kunde/Material			☐	☐	☐	X		2	

Abbildung 9.4 Beispielkalkulationsschema in Transaktion V/08

Beispielkonditionssätze zur Konditionsart ZPBP für Variante 1

Wir können nun ein Beispiel einrichten und legen dazu die Konditionssätze zur Datenermittlung an, wie in Abbildung 9.5 dargestellt. Der Warenempfänger HN8713 soll ab 08.12.2013 die Preisliste 02 erhalten, ansonsten sollen alle Aufträge zum Regulierer HN8720 im Jahr 2013 mit der Preisliste 03 berechnet werden.

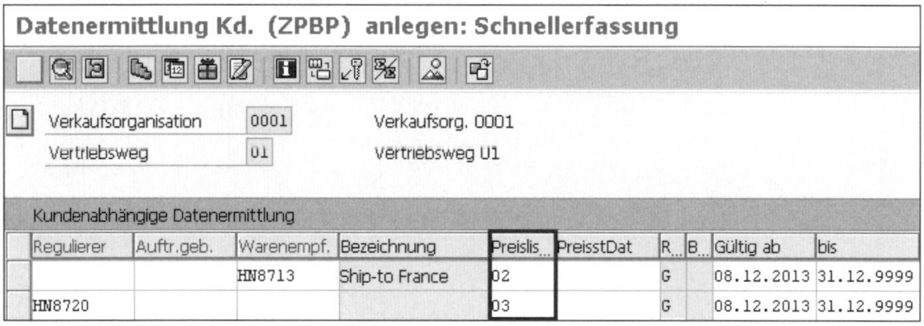

Datenermittlung Kd. (ZPBP) anlegen: Schnellerfassung

Verkaufsorganisation 0001 Verkaufsorg. 0001

Vertriebsweg 01 Vertriebsweg 01

Kundenabhängige Datenermittlung

Regulierer	Auftr.geb.	Warenempf.	Bezeichnung	Preislis...	PreisstDat	R...	B...	Gültig ab	bis
		HN8713	Ship-to France	02		G		08.12.2013	31.12.9999
HN8720				03		G		08.12.2013	31.12.9999

Abbildung 9.5 Konditionssätze zur Datenermittlung des Preislistentyps in Transaktion VK12

Zusammenfassung der Variante 1

Hier finden Sie noch einmal alle notwendigen Maßnahmen im Überblick:

1. Anlegen der Konditionsart ZPBP (Datenermittlung des Preislistentyps) mit der Konditionstabelle A149 sowie der additiven Zugriffsfolge ZPBP. Anlegen der zugehörigen Konditionsstammdaten.
2. Die zweite Konditionsart PBBS (Preislistenpreis) mit der Konditionstabelle A006 sowie der exklusiven Zugriffsfolge PR01 ist im Standard vorhanden und kann – so, wie sie ist – verwendet werden. Anlegen der zugehörigen Konditionsstammdaten.
3. Aufnehmen der beiden Konditionsarten ins Kalkulationsschema (siehe Abbildung 9.4).
4. Kundenauftrag erfassen und Preisfindungsergebnis überprüfen (gegebenenfalls Findungsanalyse verwenden).

9.2.2 Variante 2 – Datenermittlung im Zugriff, Übertragung in die Belegposition über eine Bedingung (Abbildung hierarchischer Strukturen)

Im vorangegangenen Beispiel zur Datenermittlung haben wir die Konditionstabelle A149 eingesetzt. Die darin verwendeten Merkmale Warenempfänger, Auftraggeber und Regulierer stellen eine hierarchische Beziehung dar, die von außen durch die Kundenstammbeziehungen definiert ist. Der Warenempfänger ist dem Auftraggeber und der Auftraggeber dem Regulierer zugeordnet. Die Auflösung dieser Beziehung ist bereits im Kundenauftrag erfolgt und wird an die Preisfindung übergeben. Wir wollen uns nun mit der Möglichkeit beschäftigen, eine hierarchische Struktur ausschließlich mit den Mitteln der Preisfindung zu definieren und zu verarbeiten. Dabei gehen wir so weit, dass wir das Ergebnis der Datenermittlung an den Kundenauftrag zurückübertragen können.

Abbildung einer hierarchischen Struktur

Wir wollen nun ein Beispiel einer Materialgruppenhierarchie aufbauen, wobei die komplette Hierarchie nebst der Zuordnung der Materialien zu dieser Materialgruppe ausschließlich innerhalb der Konditionen definiert wird und der Hierarchiepfad gegebenenfalls an den Aufrufer zurückübertragen wird. Alle Zuordnungen sollen datumsabhängig gepflegt werden können. Außerdem wollen wir auf der so ermittelten Hierarchie einen Rabatt gewähren.

Wir gehen nun daran, die Lösung Schritt für Schritt zu entwickeln, und beginnen mit der Definition einer Materialgruppenhierarchie.

Definition einer Materialgruppenhierarchie

Als Elemente der Materialgruppenhierarchie können wir die Felder Materialgruppe 1 bis 3 verwenden (MVGR1, MVGR2, MVGR3). Die zulässigen Werte und die Bezeichnungen sind in den Tabellen TVM1 bis TVM3 abgelegt und werden über die Pflege-Views V_TVM1 bis V_TVM3 gepflegt. Die Felder können im Materialstamm eingetragen werden und werden von dort in die Auftragsposition übernommen. Wir wollen diese Möglichkeit jedoch nicht nutzen, da die Zuordnung im Materialstamm nicht datumsabhängig vorgenommen werden kann.

Ziel ist es, die Materialien lediglich der untersten Gruppe MVGR1 zuzuordnen; die höheren Hierarchieknoten MVGR2 und MVGR3 sollen dann daraus ermittelt werden. Die Hierarchie selbst kann datumsabhängig geändert werden. Diese Konstruktion hat den Vorteil, dass Aufträge, die rückwirkend erfasst werden, mit dem damals gültigen Zustand bewertet werden. Würden wir die Felder aus dem Materialstamm verwenden, müssten wir eine Änderung der Zuordnung direkt im Materialstamm vornehmen und hätten damit keine Chance, zu historischen Ständen zu berechnen.

In Abbildung 9.6 sehen Sie die gewünschte Materialgruppenhierarchie, die Sie mithilfe der Konditionstabellen A902, A903 und A904 definieren. Mit der Tabelle A902 ordnen Sie die Materialien einer Materialgruppe 1 zu, und mit den Tabellen A903 und A904 finden Sie dann die jeweils übergeordneten Materialgruppen 2 und 3.

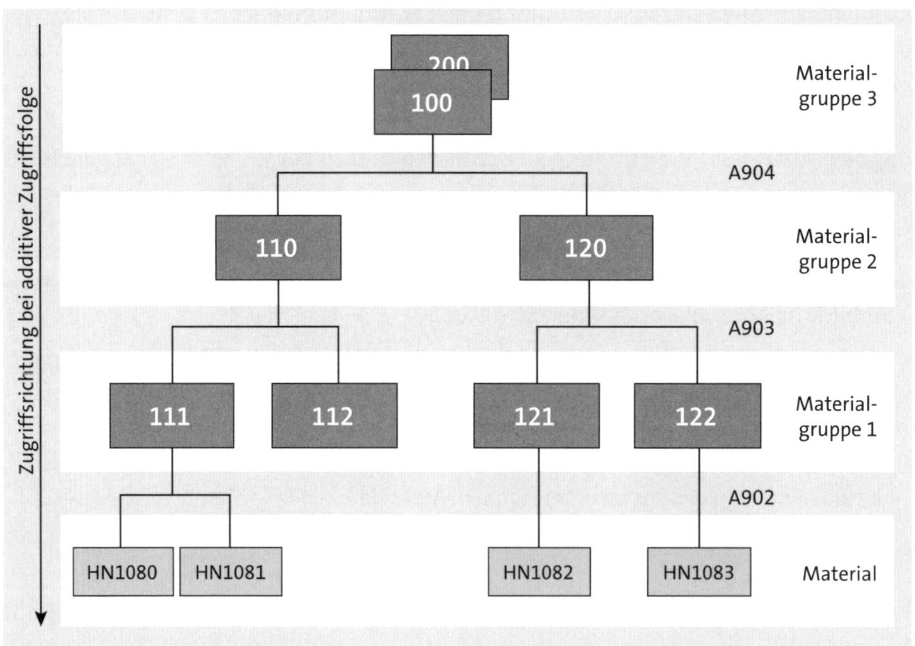

Abbildung 9.6 Materialgruppenhierarchie, definiert durch die Konditionstabellen A902, A903, A904 und die Zugriffsfolge Z902

Die erlaubten Werte zu den Materialgruppen sind in Abbildung 9.7, Abbildung 9.8 und Abbildung 9.9 dargestellt. Mit der Definition der Materialgruppenhierarchie haben Sie die Voraussetzungen geschaffen, um nun eine konkrete Hierarchie einrichten zu können.

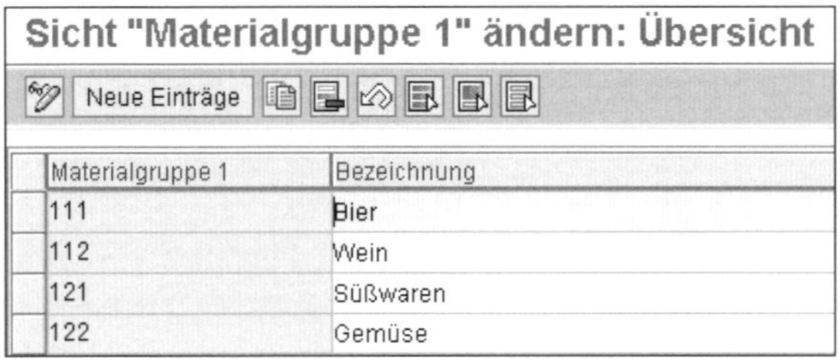

Sicht "Materialgruppe 1" ändern: Übersicht

Neue Einträge

Materialgruppe 1	Bezeichnung
111	Bier
112	Wein
121	Süßwaren
122	Gemüse

Abbildung 9.7 Materialgruppe 1 – unterster Level (View V_TVM1)

Sicht "Materialgruppe 2" ändern: Übersicht

Neue Einträge

Materialgruppe 2	Bezeichnung
110	Getränke
120	Feste Nahrungsmittel

Abbildung 9.8 Materialgruppe 2 – zweiter Level (View V_TVM2)

Sicht "Materialgruppe 3" ändern: Übersicht

Neue Einträge

Materialgruppe 3	Bezeichnung
200	Haushaltswaren
300	Reinigungsmittel

Abbildung 9.9 Materialgruppe 3 – oberster Level (View V_TVM3)

Durchzuführende Maßnahmen im Überblick

Zur Lösung der gestellten Aufgabe richten Sie zwei neue Konditionsarten und Zugriffsfolgen ein:

1. Zunächst richten Sie die Zugriffsfolge Z902 (Datenermittlung Material) ein, wie in Tabelle 9.3 dargestellt. Mit dieser Zugriffsfolge ermitteln Sie zuerst die **Materialgruppe 1** des Materials sowie die übergeordneten Hierarchiestufen **Materialgruppe 2** und **Materialgruppe 3**.
2. Als Nächstes richten Sie die Konditionsart Z902 (Datenermittlung Material) zur Datenermittlung mit der Zugriffsfolge Z902 und der **Konditionsklasse** = H ein.
3. Im nächsten Schritt richten Sie die zweite Zugriffsfolge Z905 (Materialgruppen) ein, wie in Tabelle 9.4 dargestellt. Die Zugriffe sind exklusiv eingestellt und greifen

die drei Hierarchiestufen der Materialgruppe von unten nach oben mithilfe teilqualifizierter Zugriffe ab.

4. Sie verwenden diese Zugriffsfolge in der zweiten einzurichtenden Konditionsart Z905 (Materialgruppenrabatt), mit der Sie einen Rabatt auf dieser Materialgruppenhierarchie abbilden.
5. Sie können nun geeignete Konditionsstammdaten für Z902 und Z905 anlegen (siehe Abbildung 9.10).
6. Für die Konditionsart Z905 benötigen Sie eine neue Bedingung 902 (Datentransport), mit der Sie den Transport der gefundenen Felder in die Belegposition vornehmen können.
7. Tragen Sie die Konditionsarten Z902 und Z905, wie in Abbildung 9.4 zu sehen, in das Kalkulationsschema ein. Anschließend können Sie das Ergebnis in der Auftragsbearbeitung überprüfen.

Konditionsart Z902 (Datenermittlung Material) mit Zugriffsfolge Z902

Legen Sie die Zugriffsfolge Z902 (Datenermittlung Material) als additive Zugriffsfolge an, wie in Tabelle 9.3 zu sehen. Diese verwenden Sie in der ebenfalls neu einzurichtenden gleichnamigen Konditionsart Z902.

Zugr	Tabelle	KondFeld		Belegfeld/Direktwert		Zugr
10	A902 – Material	VKORG	=	**KOMK**	**VKORG**	
		MATNR	=	**KOMP**	**PMATN**	
		MVGR1	=>	KOMPAZD	ZZMVGR1	C
		KONDM	=>	KOMPAZD	ZZKONDM	C
		BONUS	=>	KOMPAZD	ZZBONUS	C
		PROVG	=>	KOMPAZD	ZZPROVG	C
20	A903 – Materialgruppe 1	VKORG	▪		**0001**	
		MVGR1	=	**KOMPAZD**	**ZZMVGR1**	
		MVGR2	=>	KOMPAZD	ZZMVGR2	C
30	A904 – Materialgruppe 2	VKORG	=		**0001**	
		MVGR2	=	**KOMPAZD**	**ZZMVGR2**	
		MVGR3	=>	KOMPAZD	ZZMVGR3	C

Tabelle 9.3 Additive Zugriffsfolge Z902 zur Datenermittlung (Transaktion V/07)

Mit dieser Zugriffsfolge Z902 ermitteln Sie zuerst die **Materialgruppe 1** des Materials, anschließend finden Sie mit den beiden nächsten Zugriffen die übergeordneten Hierarchiestufen **Materialgruppe 2** und **Materialgruppe 3**. In der Tabelle A902 können neben **Materialgruppe 1** auch die weiteren Datenfelder **Materialgruppe**, **Bonusgruppe** und **Provisionsgruppe** ermittelt werden, die wir jedoch in unserem Beispiel nicht benötigen.

Außerdem haben Sie in diesem Beispiel die Möglichkeit der *Direktwerte* kennengelernt. Die Zugriffe 20 und 30 sind demnach so zu verstehen, dass die Materialgruppenhierarchie nur in der Verkaufsorganisation 0001 gepflegt wird und alle anderen diese verwenden.

Konditionsart Z905 (Materialgruppenrabatt) mit Zugriffsfolge Z905

Legen Sie die Zugriffsfolge Z905 (Materialgruppe) als exklusive Zugriffsfolge an, wie in Tabelle 9.4 dargestellt. Mit dieser Zugriffsfolge greifen Sie die Materialgruppenhierarchie von unten nach oben ab. Sie verwenden die Zugriffsfolge in der gleichnamigen, neu anzulegenden Konditionsart Z905 (Materialgruppenrabatt), die Sie z. B. als prozentualen Rabatt ausprägen.

Zugr	Tabelle	KondFeld		Belegfeld		Init
10	A905 – Materialgruppe 1	VKORG	=	**KOMK**	**VKORG**	
		MVGR1	=	**KOMP**	**MVGR1**	
		MVGR2	=	KOMK	KDUMMY	X
		MVGR3	=	KOMK	KDUMMY	X
20	A905 – Materialgruppe 2	VKORG	=	**KOMK**	**VKORG**	
		MVGR1	=	KOMK	KDUMMY	X
		MVGR2	=	**KOMP**	**MVGR2**	
		MVGR3	=	KOMK	KDUMMY	X
30	A905 – Materialgruppe 3	VKORG	=	**KOMK**	**VKORG**	
		MVGR1	=	KOMK	KDUMMY	X
		MVGR2	=	KOMK	KDUMMY	X
		MVGR3	=	**KOMP**	**MVGR3**	

Tabelle 9.4 Exklusive Zugriffsfolge Z905 für Materialgruppenrabatt Z905 (teilqualifizierter Zugriff)

Anlegen Beispielkonditionssätze für die Konditionen Z902 und Z905

Abbildung 9.10 zeigt Beispielkonditionssätze zu den Konditionsarten Z902 und Z905. Außerdem können Sie in dieser Abbildung den Aufbau aller beteiligten Konditionstabellen auf einen Blick sehen.

Konditionsart	VAKEY	DATBI	DATAB	VADAT

A902

KSCHL	VKORG	MATNR		DATBI	DATAB	MVGR1	KONDM	BONUS	PROVG
Z902	0001	HN1080		31.12.9999	01.02.2010	111			
	0001	HN1081		31.12.9999	01.02.2010	111			
	0001	HN1082		31.12.9999	01.02.2010	121			
	0001	HN1083		31.12.9999	01.02.2010	122			

A903

KSCHL	VKORG	MVGR1		DATBI	DATAB	MVGR2
Z902	0001	111		31.12.9999	01.02.2010	110
	0001	112		31.12.9999	01.02.2010	110
	0001	121		31.12.9999	01.02.2010	120
	0001	122		31.12.9999	01.02.2010	120

A904

KSCHL	VKORG	MVGR2		DATBI	DATAB	MVGR3
Z902	0001	110		31.12.9999	01.02.2010	100
	0001	120		31.12.9999	01.02.2010	100

A905

KSCHL	VKORG	MVGR1	MVGR2	MVGR3	DATBI	DATAB	Rabatt
Z905	0001			100	31.12.9999	01.02.2010	–1%
	0001		120		31.12.9999	01.02.2010	–2%

Abbildung 9.10 Konditionstabellen mit Beispielstammdaten

Als Nächstes müssen Sie nun dafür sorgen, dass die durch die Kondition Z902 ermittelten Daten verwendet werden können. Zu diesem Zweck richten Sie die neue Bedingung 902 ein.

Bedingung 902 zur Datenübernahme

Die Bedingung 902 (Datenermittlung) für die Konditionsart Z905 verwenden Sie, um die in der Struktur KOMPAZD zwischengespeicherten Felder nach KOMP zu übertragen. Auf diese Weise kann die Zugriffsfolge Z905 anschließend die KOMP-Felder verwenden.

Durch die Aufnahme der Felder `MVGR1`, `MVGR2` und `MVGR3` in der Struktur KOMPAX werden die Inhalte automatisch an den aufrufenden Kundenauftrag übergeben und dort in den Feldern `vbap-mvgr1`, `vbap-mvgr2`, `vbap-mvgr3` abgespeichert.

Das Coding zur Bedingung 902 finden Sie in Listing 9.2. Diese Bedingung liefert Ihnen ein Beispiel dafür, wie Sie Feldinhalte von KOMPAZD nach KOMP transportieren können. Sie übernehmen hier die Materialgruppen 1 bis 3. Nach dem gleichen Schema können Sie beliebige andere Felder in dieser Bedingung aufnehmen und damit den Transport durchführen.

```
form kobed_902.
  If not kompazd-zzmvgr1 is initial.
    komp-mvgr1 = kompazd-zzmvgr1.
  endif.
  If not kompazd-zzmvgr2 is initial.
    komp-mvgr2 = kompazd-zzmvgr2.
  endif.
  If not kompazd-zzmvgr3 is initial.
    komp-mvgr3 = kompazd-zzmvgr3.
  endif.
  perform kobed_002.
endform.

* Prestep
form kobev_902.
  sy-subrc = 0.
endform.
```

Listing 9.2 Preisfindungsbedingung 902 für die Kondition Z905

Einrichten des Kalkulationsschemas

Nun müssen Sie noch die beiden Konditionsarten Z902 und Z905 in das Kalkulationsschema aufnehmen (siehe Abbildung 9.4). Anschließend erfassen Sie einen Kundenauftrag, um das Ergebnis zu überprüfen. Sie können in der Bedingung 902 einen Breakpoint setzen und sollten dann den gleichen Zustand vorfinden wie in Abbildung 9.11.

Variable	W...	Wert
KOMPAZD-ZZMVGR1		111
KOMPAZD-ZZMVGR2		110
KOMPAZD-ZZMVGR3		100
KOMP-MVGR1		
KOMP-MVGR2		
KOMP-MVGR3		

Abbildung 9.11 Debugger der Preisfindung in der Bedingung 902

Abbildung 9.12 zeigt das Konditionsbild einer Auftragsposition. Sie sehen hier, dass der Rabatt Z905 gefunden wurde. Ob der gewünschte Konditionssatz gezogen hat, überprüfen Sie über den Button **Konditionssatz** (hier nicht im Bild, siehe aber Abbildung 6.2).

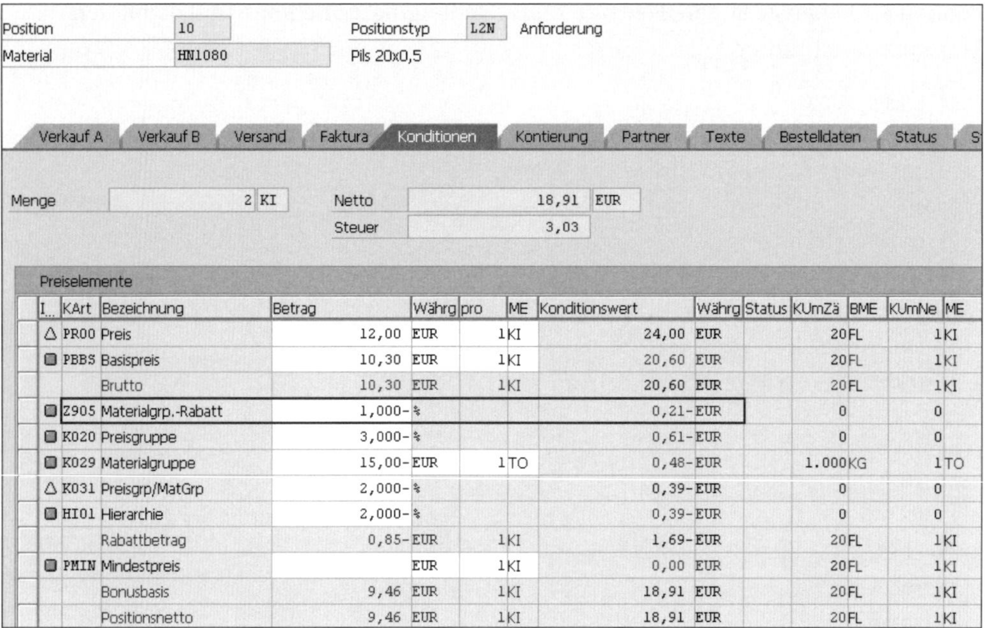

I...	KArt	Bezeichnung	Betrag	Währg	pro	ME	Konditionswert	Währg	Status	KUmZä	BME	KUmNe	ME
	PR00	Preis	12,00	EUR	1	KI	24,00	EUR		20	FL	1	KI
	PBBS	Basispreis	10,30	EUR	1	KI	20,60	EUR		20	FL	1	KI
		Brutto	10,30	EUR	1	KI	20,60	EUR		20	FL	1	KI
	Z905	Materialgrp.-Rabatt	1,000-	%			0,21-	EUR		0		0	
	K020	Preisgruppe	3,000-	%			0,61-	EUR		0		0	
	K029	Materialgruppe	15,00-	EUR	1	TO	0,48-	EUR		1.000	KG	1	TO
	K031	Preisgrp/MatGrp	2,000-	%			0,39-	EUR		0		0	
	HI01	Hierarchie	2,000-	%			0,39-	EUR		0		0	
		Rabattbetrag	0,85-	EUR	1	KI	1,69-	EUR		20	FL	1	KI
	PMIN	Mindestpreis		EUR	1	KI	0,00	EUR		20	FL	1	KI
		Bonusbasis	9,46	EUR	1	KI	18,91	EUR		20	FL	1	KI
		Positionsnetto	9,46	EUR	1	KI	18,91	EUR		20	FL	1	KI

Abbildung 9.12 Preisfindungsergebnis im Kundenauftrag

Zum Schluss kontrollieren Sie noch, ob die neu ermittelte Materialgruppenhierarchie in der Kundenauftragsposition angekommen ist. Sie finden diese Informationen im Positionsdetail (siehe Abbildung 9.13) auf der Registerkarte **Zusatzdaten A**.

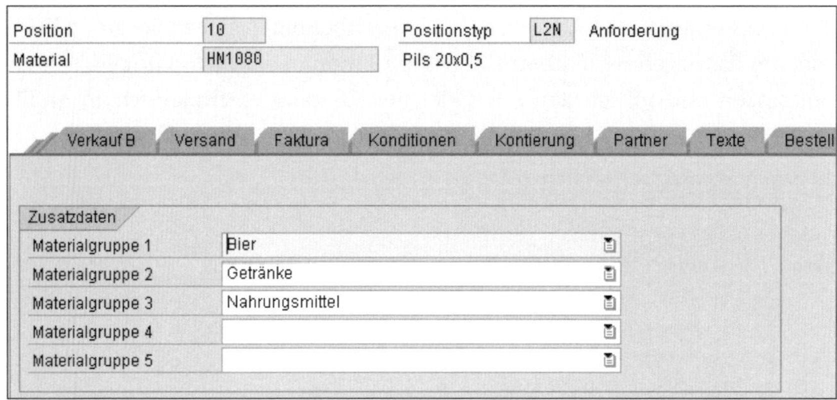

Abbildung 9.13 Positionsdetailbild »Zusatzdaten A«: aus den Konditionen übernommene Materialgruppen

Damit sind Sie am Ziel angekommen. In der folgenden Zusammenfassung können Sie das Verfahren noch einmal rekapitulieren.

Zusammenfassung der Variante 2 und alternative Lösung

Bei dem hier beschriebenen Verfahren erfolgt die Datenbeschaffung *innerhalb* der Preisfindung. Diese Lösung hat den Vorteil, dass die Daten immer dann aktualisiert werden, wenn eine neue Preisfindung für den Beleg durchgeführt wird, was z. B. bei rückwirkenden Änderungen erforderlich sein kann. Der Nachteil ist allerdings, dass Sie nicht jedes beliebige Feld auf diese Weise handhaben können. Nur solche Felder kommen dafür infrage, die im Auftrag ausschließlich für die Preisfindung oder für Folgefunktionen wie SAP BW, CO-PA (Ergebnis- und Marktsegmentrechnung), Statistiken, Druck usw. verwendet werden. Außerdem können Sie *ausschließlich* Felder der Belegposition (VBAP, VBRP) damit füllen; Felder des Auftragskopfes (VBAK) oder der kaufmännischen Daten (VBKD) können damit nicht ermittelt werden.

Alternativmethode zur datumsabhängigen Datenermittlung

Eine zweite Methode zur datumsabhängigen Datenermittlung, die diese Nachteile nicht hat (dafür allerdings andere), beschreiben wir in Abschnitt 12.8, »Stammdatenfelder datumsabhängig pflegen«.

Hier finden Sie noch einmal alle notwendigen Maßnahmen der Variante 2 im Überblick:

1. Aufnehmen der Felder `MVGR1` bis `MVGR3` in die Struktur KOMP mittels APPEND an die Struktur KOMPAZ, sofern diese Felder nicht bereits vorhanden sind. Aufnehmen der Felder in den Feldkatalog.
2. Aufnehmen der gewünschten variablen Datenfelder, z. B. `ZZMVGR1` bis `ZZMVGR3`, `ZZKONDM`, `ZZBONUS`, `ZZPROVG` in die Struktur KOMPAZD mittels APPEND.
3. Anlegen der Konditionsart Z902 (Datenermittlung) mit der additiven Zugriffsfolge Z902 (Datenermittlung Material) sowie Anlegen der zugehörigen Konditionsstammdaten (siehe Tabelle 9.3 und Abbildung 9.10).
4. Anlegen der Konditionsart Z905 (Materialgruppenrabatt) mit der exklusiven Zugriffsfolge Z905 (Materialgruppe) sowie Anlegen der zugehörigen Konditionsstammdaten (siehe Tabelle 9.4 und Abbildung 9.10).
5. Aufnehmen der Felder `MVGR1` bis `MVGR3` in die Struktur KOMPAX mittels APPEND-Struktur zur inkludierten Struktur KOMPAXM. Dadurch wird der Transport der Datenfelder von KOMP nach VBAP automatisch per `MOVE-CORRESPONDING` durchgeführt.
6. Einrichten der Bedingung 902 für Konditionsart Z905 zum Transport der Datenfelder von KOMPAZD nach KOMP (siehe Listing 9.2).
7. Aufnehmen der beiden Konditionsarten in das Kalkulationsschema (siehe Abbildung 9.4).
8. Kundenauftrag erfassen und Preisfindungsergebnis überprüfen (gegebenenfalls Findungsanalyse verwenden).

Die beiden ersten hier vorgestellten Varianten nutzen die Möglichkeiten der Zugriffsfolge, Daten des variablen Teils der Konditionssätze zu verarbeiten. Die folgenden Verfahren nutzen diese Eigenschaft nicht, sondern setzen ausschließlich Formeln und Bedingungen ein.

9.2.3 Übertragung aus Konditionsstammsatz über Formel oder Bedingung

Neben der Möglichkeit, Datenfelder aus Konditionssätzen im Zugriff über die Struktur KOMPAZD zu verwenden, können Sie diese Daten auch direkt in Bedingungen und Formeln ansprechen. Dazu müssen immer mindestens zwei Konditionsarten vorhanden sein – die erste (z. B. PBUD) stellt die Daten bereit und die zweite (z. B. PBBS) verwendet diese Daten.

Sie sehen das am Beispiel des Preisbuches, das über das Kalkulationsschema RVAA02 abgewickelt wird (siehe Abbildung 9.14).

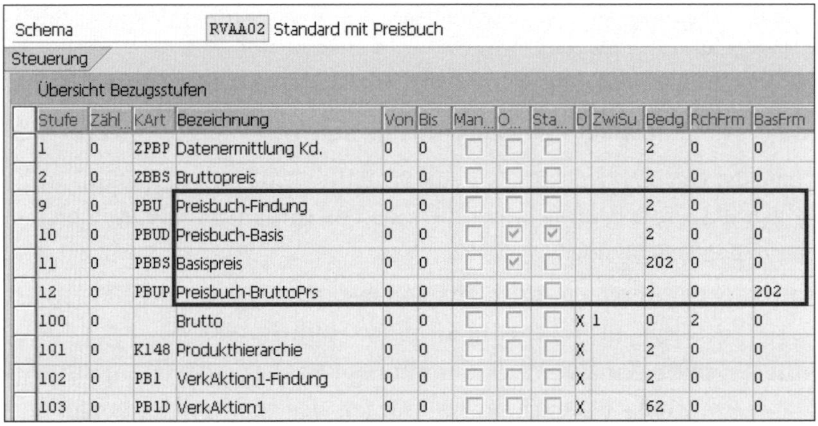

Schema RVAA02 Standard mit Preisbuch

Steuerung

Übersicht Bezugsstufen

Stufe	Zähl...	KArt	Bezeichnung	Von	Bis	Man...	O...	Sta...	D	ZwiSu	Bedg	RchFrm	BasFrm
1	0	ZPBP	Datenermittlung Kd.	0	0	☐	☐	☐			2	0	0
2	0	ZBBS	Bruttopreis	0	0	☐	☐	☐			2	0	0
9	0	PBU	Preisbuch-Findung	0	0	☐	☐	☐			2	0	0
10	0	PBUD	Preisbuch-Basis	0	0	☐	☑	☑			2	0	0
11	0	PBBS	Basispreis	0	0	☐	☑	☐			202	0	0
12	0	PBUP	Preisbuch-BruttoPrs	0	0	☐	☐	☐			2	0	202
100	0		Brutto	0	0	☐	☐	☐	X	1	0	2	0
101	0	K148	Produkthierarchie	0	0	☐	☐	☐	X		2	0	0
102	0	PB1	VerkAktion1-Findung	0	0	☐	☐	☐	X		2	0	0
103	0	PB1D	VerkAktion1	0	0	☐	☐	☐	X		62	0	0

Abbildung 9.14 Kalkulationsschema RVAA02 (Preisbuch) – Transaktion V/08

Weitere Informationen zum Preisbuch erhalten Sie in Abschnitt 8.1.2, »Schema RVAA02 (Preisbuch)«, und Kapitel 6, »Preisfindung im Vertriebsbeleg«.

Zur Erinnerung:

- Mithilfe der Kondition PBU (Preisbuchfindung) legen Sie fest, welche Kunden an einer Verkaufsaktion teilnehmen sollen.
- Mithilfe der Kondition PBUD (Preisbuchbasis) legen Sie pro Artikel oder Artikelgruppe fest, mit welchem Prozentsatz des Basispreises PBBS berechnet werden soll. Neben diesem Prozentsatz können Sie weitere Daten vorgeben (Preisdatum, Preisliste, feste Staffelmenge).
- Die Kondition PBBS liefert den Basispreis (Grundpreis), und zwar als Preislistenpreis.

- Die Kondition PBUP (Preisbuchbrutto) ermittelt aus den Konditionen PBBS und PBUD den endgültigen Ausgangspreis.

Wir veranschaulichen die Arbeitsweise anhand eines Beispiels. Dazu legen wir mit Transaktion VB21 (Verkaufsaktion anlegen) eine Verkaufsaktion unter Verwendung der Verkaufsaktionsart PRBU (Preisbuch) an und erfassen die zugehörigen Konditionssätze. Sie sehen dies in unserem Beispiel der Verkaufsaktion 300004 in Abbildung 9.15.

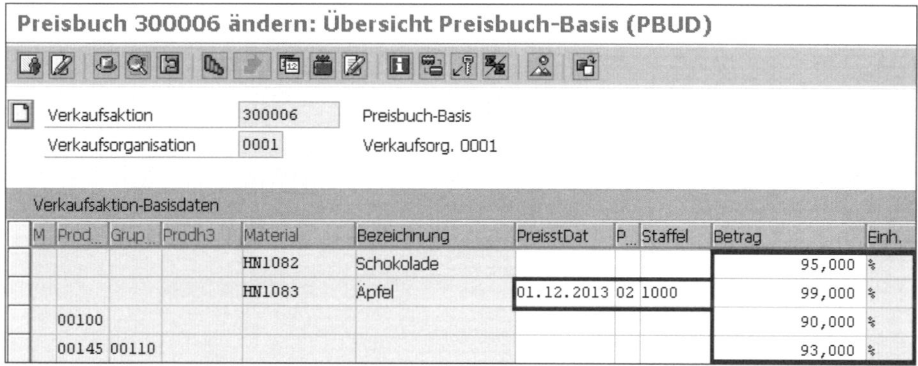

Abbildung 9.15 Konditionssätze für Verkaufsaktion 300004 (Transaktionen VB12 bis VB23)

Wir betrachten das Material HN1083; dort haben wir als Abweichung zum Normalfall eingetragen:

- Preisdatum = 01.12.2013
- Preisliste = 02
- Staffelmenge = 1.000

Nun erfassen wir eine Auftragsposition zum Material HN1083 mit der Auftragsmenge von zwei Kisten (KI). In Abbildung 9.16 sehen Sie das Konditionsbild zu dieser Position.

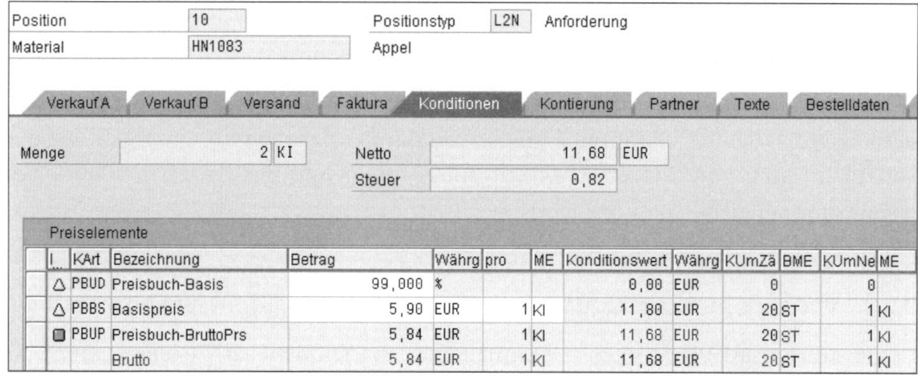

Abbildung 9.16 Konditionsbild für eine Auftragsposition zu Material HN1083

Wählen Sie jetzt das Konditionsdetailbild zur Kondition PBBS (Basispreis) aus (siehe Abbildung 9.17).

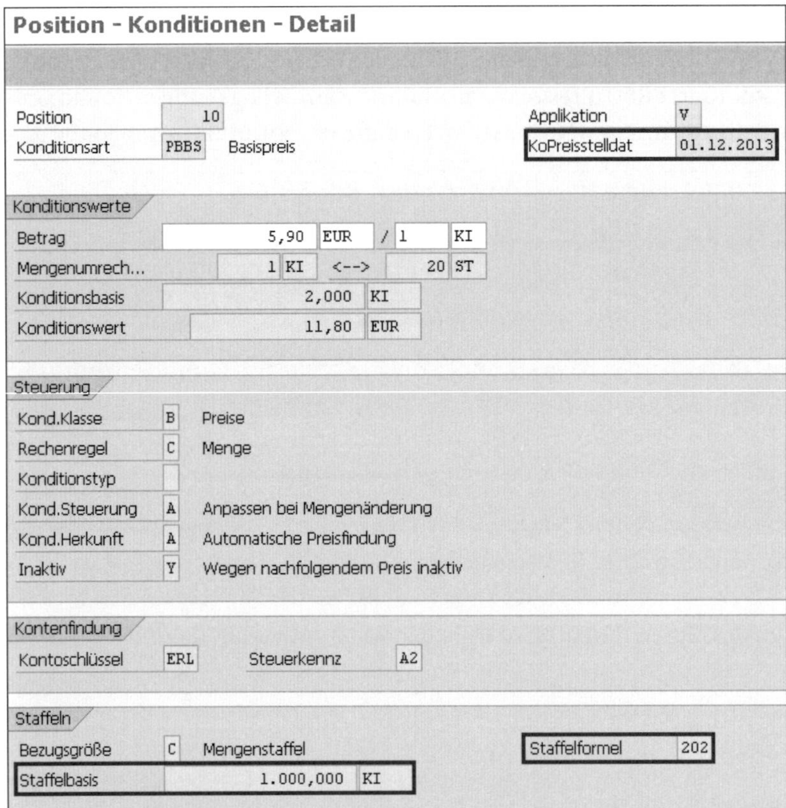

Abbildung 9.17 Konditionsdetail zur Auftragsposition

Sie sehen hier zwei Varianten der Datenübernahme aus der davorliegenden Kondition PBUD. Zum einen wird über die Bedingung 202 das abweichende Preisdatum übernommen (Kasten oben rechts), und zum anderen wird über die Staffelformel 202 die feste Staffelmenge von 1.000 gesetzt (Kasten unten links).

Wir nutzen das hier vorgestellte Beispiel außerdem, um Ihnen auch die Arbeitsweise der folgenden beiden Varianten 3 und 4 zu erklären. Diese Varianten zeigen, wie die variablen Daten von Konditionssätzen mit Formeln und Bedingungen verarbeitet werden können.

9.2.4 Variante 3 – Übertragung nach XKOMV aus Konditionssatz über Formel

Der Konditionsart PBBS ist im Customizing die Staffelformel 202 (siehe Listing 9.3) zugeordnet. In unserem Beispiel übernehmen wir die feste Staffelmenge 1.000 aus rkomg-kstaf nach xkwert (und dadurch weiter nach xkomv-kstbs), wodurch die Staffelmenge von vorher zwei Kisten (KI) auf nun 1.000 KI geändert wird.

```
form frm_staffelbas_202.
  check: preisfindungsart ne 'E'.
  perform provide_condition_data using 'PBUD'.
  if not rkomg-kstaf is initial.
    arbfeld = rkomg-kstaf * 1000.
    if xkwert lt arbfeld.
      xkwert = arbfeld.
    endif.
  endif.
endform.
```

Listing 9.3 Staffelbasisformel 202 für die Kondition PBBS

In der Struktur RKOMG finden Sie alle Felder des variablen Schlüssels sowie die variablen Datenfelder. Neben den Staffelformeln können Sie natürlich auch Basisformeln und Wertformeln benutzen, um diese Informationen zu ermitteln und zu verarbeiten. Dies geschieht nach dem gleichen Muster wie in der hier vorgestellten Staffelformel. Mit diesen Formeln kann lediglich die Berechnung der Konditionswerte beeinflusst werden; mit der nächsten Variante wird der Zugriff auf die Konditionssätze manipuliert.

9.2.5 Variante 4 – Übertragung nach KOMK aus Konditionssatz über Bedingung

Der Kondition PBBS (Basispreis) ist im Kalkulationsschema RVAA02 die Standardbedingung 202 (Preisbuchgrundpreis) zugeordnet. Das Coding dazu finden Sie in Listing 9.4.

```
form kobed_202.
  sy-subrc = 4.
  if komp-kposn ne 0.
    check: komp-prsfd ca 'BX'.
    check: komp-kznep = space.
  endif.
  perform provide_condition_data using 'PBUD'.
  if not rkomg-kdatu is initial and
     rkomg-kdatu ne space.
    komk-prsdt = rkomg-kdatu.
  endif.
  sy-subrc = 0.
endform.
```

```
* Prestep
form kobev_202.
  sy-subrc = 0.
endform.
```

Listing 9.4 Preisfindungsbedingung 202 für die Kondition PBBS

Durch den Aufruf `provide_condition_data using 'PBUD'` wird die Kondition PBUD in der internen Tabelle XKOMV gesucht, und die Daten dieses Eintrags werden in der Struktur RKOMV bereitgestellt. Außerdem wird der zugehörige Konditionsstammsatz gelesen und in die Struktur RKONP eingestellt. Die variablen Datenfelder finden Sie in der Struktur RKOMG.

In unserem Beispiel wird das Datenfeld KDATU aus dem Konditionssatz zur Kondition PBUD in das Feld `komk-prsdt` übernommen, was bewirkt, dass die Kondition PBBS mit dem geänderten Preisstellungsdatum gelesen wird.

Restriktion dieses Verfahrens

Änderungen an Inhalten der Struktur KOMK innerhalb von Bedingungen sind *nicht* dauerhaft. Die nächste Konditionsart verwendet wieder den ursprünglichen Zustand (das ursprüngliche Preisdatum). Außerdem ist zu beachten, dass ein eventuell ausgeführter Prestep den ursprünglichen Zustand der Struktur KOMK verwendet hat, was bedeutet, dass Sie die betreffenden Zugriffe zur Konditionsart eben nicht in die Zugriffsoptimierung aufnehmen dürfen (siehe Abschnitt 14.2, »Konditions-Prestep und Zugriffsoptimierung«); ansonsten besteht die Gefahr, dass unerklärliche Effekte nicht gefundener Konditionen eintreten können, wie sie in Abschnitt 12.2, »Konditionen wurden nicht gefunden – woran liegt das?«, beschrieben sind. Das Verfahren wird bei Zugriffen, die ausschließlich KOMK-Felder verwenden, ebenfalls nicht funktionieren, da in diesen Fällen der endgültige Zugriff auf die Konditionstabellen bereits zum Prestep-Zeitpunkt und somit mit dem ursprünglichen Preisdatum durchgeführt wurde.

9.2.6 Variante 5 – Verwendung von Informationen anderer Belegkonditionen in Formeln

Als Abschluss des Themas der Datenübernahme aus Konditionssätzen möchten wir Ihnen noch eine etwas anders geartete Variante vorstellen. Wir verarbeiten bei diesem Verfahren nicht die Informationen aus Konditionssätzen, sondern verwenden die Daten einer anderen gefundenen Kondition innerhalb von Formeln. Die Konditionsart PBUP (Preisbuchbrutto) in unserem Beispiel verwendet Daten der vorangegangenen Konditionsarten PBUD und PBBS, um daraus den endgültigen Bruttopreis zu bestimmen. Dies ist ausschließlich mit Formeln realisierbar. Im Beispiel verwenden wir die Basisformel 202 (siehe Listing 9.5). Die Struktur RKOMV enthält die Daten der Kondition PBUD; in den *Y-Feldern* werden die Daten der letzten Preiskondition bereitgestellt (in diesem Fall der Kondition PBBS).

```
form frm_kond_basis_202.
  check: preisfindungsart NE 'E'.
  perform provide_condition_data USING 'PBUD'.
  clear xkomv-kbetr.
  if rkomv-krech ca percental.
    xkomv-kbetr = ykbetr * rkomv-kbetr / 100000.
    xkomv-krech = ykrech.
    ..
  elseif rkomv-krech ca relative.
    xkomv-kbetr = rkomv-kbetr.
    xkomv-krech = rkomv-krech.
    ..
  endif.
  ..
endform.
```

Listing 9.5 Konditionsbasisformel für die Kondition PBUP

Abschließend möchten wir Sie noch einmal auf das wesentliche Element der Varianten 3 bis 5, die Routine `provide_condition_data`, hinweisen, mit deren Hilfe alle Daten einer anderen gefundenen Kondition innerhalb von Formeln ermittelt werden können.

9.3 Felder mit Mehrfachbelegung

Im Standard kennen wir Konditionsarten, die Merkmale mit Mehrfachausprägung aufweisen. Die Aufgabe besteht nun darin, bei Konditionszugriffen, die ein solches Merkmal verwenden, den Zugriff gegebenenfalls mehrfach – und zwar für alle angegebenen Ausprägungen – auszuführen.

9.3.1 Die KOMPLOOP-Variante für Mehrfachfelder

Im Standard kennen wir folgende Beispiele für Konditionsarten mit Mehrfachfeldern:

- VA00 – Variantenkondition (`VARCOND`)
- PB1D – Verkaufsaktionsfindung (`KNUMA_AG`)
- KAD0 – Sachkosten (`ADDNR`) aus der Konditionsapplikation M (Einkauf)

Zur Lösung dieser Aufgabe verwenden wir die DDIC-Struktur (DDIC = Data Dictionary) KOMPLOOP. Diese enthält die hier aufgeführten Merkmale sowie zusätzliche Informationen (z. B. Menge), die zur Berechnung der Kondition benötigt werden (siehe Abbildung 9.18). ❶ zeigt die Komponente für PB1, ❷ die Komponenten für VA00 und ❸ die Komponenten für KADO.

Struktur KOMP aktiv
Kurzbeschreibung Preisfindung Kommunikations-Position.

Eigenschaften | Komponenten | Eingabehilfe/-prüfung | Währungs-/Mengenfelder

Eingebauter Typ 151 / 607

	Komponente	Typisierungsart	Komponententyp	Datentyp	Länge	DezSt...	Kurzbeschreibung
	STF_JAHRE	Type	ANZ_JAHRE	FLTP	16	16	Anzahl Jahre
	VLAUFK	Type	VLAUK_VEDA	CHAR	2	0	Laufzeitenkategorie Vertrag
	WMINR	Type	WMINR	CHAR	10	0	Katalognummer
	.INCLUDE	Type	KOMPLOOP		0	0	Felder für Loop innerhalb KOMP
❶	KNUMA_AG	Type	KNUMA_AG	CHAR	10	0	Verkaufsaktion
❷	VARCOND	Type	VARCOND	CHAR	26	0	Variantenkondition
❷	FACTOR	Type	ATFLV	FLTP	16	16	interner Fließkomma-Wert von
❸	ADDNR	Type	ADDI_MATNR	CHAR	18	0	Verkaufshilfsmittel-Materialnummer
❸	ADDMG	Type	ADDI_ORDQU	QUAN	13	3	Verwendete Menge des Verkaufshilfsmittels
❸	ADDME	Type	ADDI_MEINS	UNIT	3	0	Mengeneinheit für verwendete Menge des Verkaufshilfsmittels
	MBWNR	Type	MBWNR	CHAR	10	0	Debitorennummer des Mitbewerbers
	KNUMA_PI	Type	KNUMA_PI	CHAR	10	0	Nummer der Promotion
	UPMAT	Type	UPMAT	CHAR	18	0	Preismaterial der Hauptposition

Abbildung 9.18 KOMPLOOP-Teil der Positionsstruktur KOMP

Die Struktur ist Bestandteil der Positionsstruktur KOMP. Außerdem gibt es innerhalb der Preisfindung dazu eine interne Tabelle XKOMPLOOP. Der Zugriff auf einen Konditionssatz (im Zuge der Abarbeitung einer Zugriffsfolge) wird so oft durchgeführt, wie Einträge in der Tabelle XKOMPLOOP enthalten sind. Dabei werden die Felder der Struktur KOMP per `move-corresponding` aus der Struktur XKOMPLOOP übernommen.

Die Erzeugung der internen Tabelle XKOMPLOOP erfolgt bei der:

- **Konditionsart VA00 durch die interne Tabelle XVCKEY**
  Diese interne Tabelle XVCKEY wird vor dem Aufruf der Preisfindung mit den Variantenschlüsseln aus der Produktkonfiguration einer Auftragsposition gefüllt. Variiert wird das Feld `VARCOND`. Neben diesem wird auch das Feld `FACTOR` übernommen. Dieses stellt bei variablen Konfigurationsmerkmalen die Variantenmenge dar und wird später in die erzeugte Belegkondition in das Feld `xkomv-kfaktor` übernommen.
- **Konditionsart PB1D durch die Bedingung 062** (siehe Listing 9.6)
  Variiert wird das Feld `KNUMA_AG`. Die hier verwendete interne Tabelle XKNUMA wird durch die vorangegangene Kondition PB1 (Verkaufsaktionsfindung) aufgrund deren Einstellung mit der **Konditionsklasse** = H bereitgestellt. Dort werden die zu berücksichtigenden Verkaufsaktionsnummern ermittelt.

```
form kobed_062.
 sy-subrc = 4.
  if komp-kposn ne 0.
    check: komp-prsfd ca 'BX'.
    check: komp-kznep = space.
    if not xknuma[] is initial.
      refresh xkomploop.
      clear xkomploop.
      loop at xknuma where anz_excl = 0.
        xkomploop-knuma_ag = xknuma-knuma_ag.
        append xkomploop.
      endloop.
    endif.
  endif.
  sy-subrc = 0.
endform.
```

Listing 9.6 Preisfindungsbedingung 62 für die Konditionsart PB1D

- **Konditionsart KADO durch die Bedingung 063** (siehe Listing 9.7)
  Variiert wird das Feld ADDNR. Das Feld ADDMG (**Menge**) wird später wie bei VA00 in das Feld xkomv-kfaktor übernommen.

```
form kobed_063.
  sy-subrc = 4.
  if komp-kposn ne 0.
    check: komp-prsfd ca 'BX'.
    refresh xkomploop.
    clear xkomploop.
    call function 'WTAD_ADDIS_FOR_PRICING'
         exporting
              fi_komk           = komk
              fi_komp           = komp
              fi_addicalc       = '1'   "material costs
         tables
              fet_komploop      = xkomploop
         exceptions
              addis_not_active = 1
              no_addis_found   = 2
              others           = 3.
    check sy-subrc eq 0.
  endif.
  sy-subrc = 0.
endform.
```

Listing 9.7 Preisfindungsbedingung 63 für die Konditionsart KADO

Sie können dieses Verfahren auch für eigene Merkmale anwenden. In diesem Fall nehmen Sie Ihr neues Merkmal nicht als APPEND-Struktur zu KOMP auf, sondern zu KOMPLOOP. Schon können Sie über eine eigene Bedingung die interne Tabelle XKOMPLOOP, wie in den obigen Beispielen dargestellt, erzeugen.

9.3.2 Die Wiederholfelder-Variante für Mehrfachfelder

Eine zweite Methode, um solche Merkmale mit Mehrfachbelegung abzuwickeln, besteht darin, das Merkmal n-fach in KOMK oder KOMP aufzunehmen. Ein Beispiel dafür ist die Kundenhierarchie, die über die Felder `komk-hienr01` bis `komk-hienr15` abgewickelt wird.

Der Unterschied der beiden Methoden besteht darin, dass im KOMPLOOP-Fall die Zugriffsfolge einen einzigen Zugriff aufweist, während bei dieser Methode die Zugriffsfolge höchstens so viele Zugriffe haben kann, wie Wiederholfelder vorhanden sind, im Beispiel der Kundenhierarchie also im Standard maximal fünfzehn. Damit ist klar, dass die Anzahl der Zugriffe beschränkt ist, Sie müssen sich gut überlegen, wie viele Ausprägungen maximal auftreten können.

Bei KOMK-Feldern müssen diese außerhalb der Preisfindung ermittelt und an diese übergeben werden (und nicht innerhalb der Preisfindung über eine Bedingung). Wenn unser Merkmal ein kopfartiges ist (also ein typischer KOMK-Kandidat), sollten Sie besser diese Methode anstelle der KOMPLOOP-Methode verwenden, die ja nur auf der Positionsebene möglich ist. Der Unterschied liegt in der Performance. Bei KOMK-Feldern wirkt die Prestep-Logik, die wir in Abschnitt 14.2, »Konditions-Prestep und Zugriffsoptimierung«, genauer erläutern.

9.3.3 Die Variante mit Business Add-In SD_COND_LOAD_MVA

Bei dieser dritten Methode werden die Mehrfachfelder über die Methode `load_multivalued_attributes` des BAdIs (Business Add-In) `SD_COND_LOAD_MVA` als Name-/Wert-Paare der Preisfindung bekannt gemacht. Zusätzlich zur Programmierung des BAdIs müssen Sie bei mehrwertigen Attributen in der Preisfindungsvorbereitung das Kennzeichen `tkomp-use_multival_attr` setzen, damit die BAdI-Methode prozessiert wird. Die Preisfindung berücksichtigt dann bei allen betroffenen Zugriffen automatisch die Mehrwertigkeit.

Der Vorteil diese Methode ist, dass Sie theoretisch beliebig viele mehrwertige Merkmale verwalten können, aber jeweils nur ein Feld in die Kommunikationsstrukturen aufnehmen müssen. Die Anzahl der Werte ist nicht beschränkt. Allerdings ist dieses Verfahren nur für Positionsfelder erlaubt, und die Merkmalswerte stehen im Rest der Preisfindung nur bedingt zur Verfügung. Sie lassen sich aber, falls nötig, über einen zweiten, selbst programmierten Aufruf des BAdIs wieder ermitteln.

9.4 Fazit

Sie haben in diesem Kapitel alle wichtigen Kommunikationsstrukturen und internen Tabellen der Preisfindung sowie deren Zusammenhänge kennengelernt. Sie benötigen diese Kenntnisse, um das Hauptthema dieses Kapitels, die Datenermittlung über Konditionen, erfolgreich in eigenen Anforderungen anzuwenden. Außerdem haben Sie hier auch wieder gesehen, wie wichtig Bedingungen und Formeln zur Lösung vielfältiger Aufgaben sind. Den richtigen Gebrauch von Bedingungen und Formeln behandeln wir intensiv in Kapitel 11, »Systemanpassungen mit Bedingungen, Formeln und User-Exits«. Nicht zuletzt zum Verständnis der Arbeitsweise dieser Routinen sowie der weiteren User-Exits stellen wir Ihnen in Kapitel 10 die wichtigsten Programme der Preisfindung vor.

Kapitel 10

Wichtige Programme der Preisfindung

In diesem Kapitel skizzieren wir die Programmabläufe der wichtigsten Routinen und Funktionsbausteine der Preisfindungs. Insbesondere zeigen wir, an welchen Stellen User-Exits, Bedingungen und Formeln aufgerufen werden.

10

Wir sehen uns im Folgenden die wichtigsten Funktionsbausteine der Preisfindung genauer an. Mit diesen Informationen sollten Sie in der Lage sein, die Preisfindung an ein eigenes Objekt anzuschließen. Die aufgeführten Programmteile sind vereinfacht dargestellt, was bedeutet, dass die Originalprogrammstellen im Allgemeinen die eine oder andere Coding-Zeile mehr enthalten. Wir haben deshalb nur die relevanten, für das Verständnis erforderlichen Teile aus den Originalprogrammen herausgeschnitten. Im Einzelnen sprechen wir über:

- den Funktionsbaustein `PRICING`
- den Funktionsbaustein `PRICING_COMPLETE`
- den Funktionsbaustein `PRICING_COPY`
- die Datenablage des Preisfindungsergebnisses in der Tabelle KONV (bzw. PRCD_ELEMENTS in S/4HANA)
- den Funktionsbaustein `PRICING_REFRESH`
- die Dialoganbindung im SAP GUI und weitere interessante Programme
- den Zusammenhang der Komponenten der Preisfindung

Um eine Preisfindung durchzuführen, benötigen Sie mindestens den Funktionsbaustein `PRICING`; die anderen Bausteine werden gegebenenfalls nicht benötigt.

Sie sollten sich dem vorliegenden Kapitel iterativ nähern: Beim ersten Lesen gehen Sie noch nicht sehr tief in die Details, sondern verschaffen sich zunächst einen Überblick über die Programmteile und Begriffe. Nach und nach können Sie dann immer tiefer einsteigen. Wir verweisen im Zusammenhang mit konkreten Aufgabenstellungen immer wieder auf dieses Kapitel und geben Ihnen so auch Gelegenheit, Ihr Wissen auszubauen.

10.1 Funktionsbaustein PRICING

Durch den Funktionsbaustein PRICING wird die Preisfindung für eine Position durchgeführt. Der Aufrufer bereitet die Kommunikationsstrukturen KOMK und KOMP auf und übergibt diese zusammen mit einer *Preisfindungsart* an den Funktionsbaustein. In Listing 10.1 sehen Sie den vereinfacht dargestellten Aufruf der Preisfindung zu einer Kundenauftragsposition im Programm SAPFV45P (Verkauf: Positionsbearbeitung).

```
form preisfindung using preisfindungsart.
   perform preisfindung_vorbereiten using 'P'.
   call function 'PRICING'
            exporting
                 comm_head_i      = tkomk
                 comm_item_i      = tkomp
                 calculation_type = preisfindungsart
                 preliminary      = 'X'
            importing
                 comm_head_e      = tkomk
                 comm_item_e      = tkomp
            tables
                 tkomv            = xkomv
                 svbap            = uvbap.
   move-corresponding tkomp to kompax.
   move-corresponding kompax to vbap.
endform.
```

Listing 10.1 Positionspreisfindung im Kundenauftrag aufrufen

Die einzelnen Teile in diesem Coding haben folgende Bedeutung: Die Routine preisfindung_vorbereiten füllt die Kommunikationsstrukturen (T)KOMK und (T)KOMP. Wir behandeln diese Routine detailliert in Abschnitt 10.1.1, »Routine ›preisfindung_vorbereiten‹«. Weitere Informationen zum Füllen dieser Kommunikationsstrukturen in den verschiedenen Applikationen finden Sie in Kapitel 13, »Preisfindung in ausgewählten Applikationen«.

Die Preisfindungsart muss situationsabhängig gesetzt werden und bestimmt, welche Konditionsarten neu ermittelt werden sollen. Die möglichen Werte sind in der Domäne KNPRS hinterlegt, und die Ausprägung der einzelnen Werte ist in der internen Preisfindungstabelle STEU definiert, die wiederum in der Routine konditionsvorstep gefüllt wird (siehe Abbildung 10.1).

Weitere Informationen zur Preisfindungsart, insbesondere zum Einrichten eigener Preisfindungsarten, finden Sie in Kapitel 11, »Systemanpassungen mit Bedingungen, Formeln und User-Exits«.

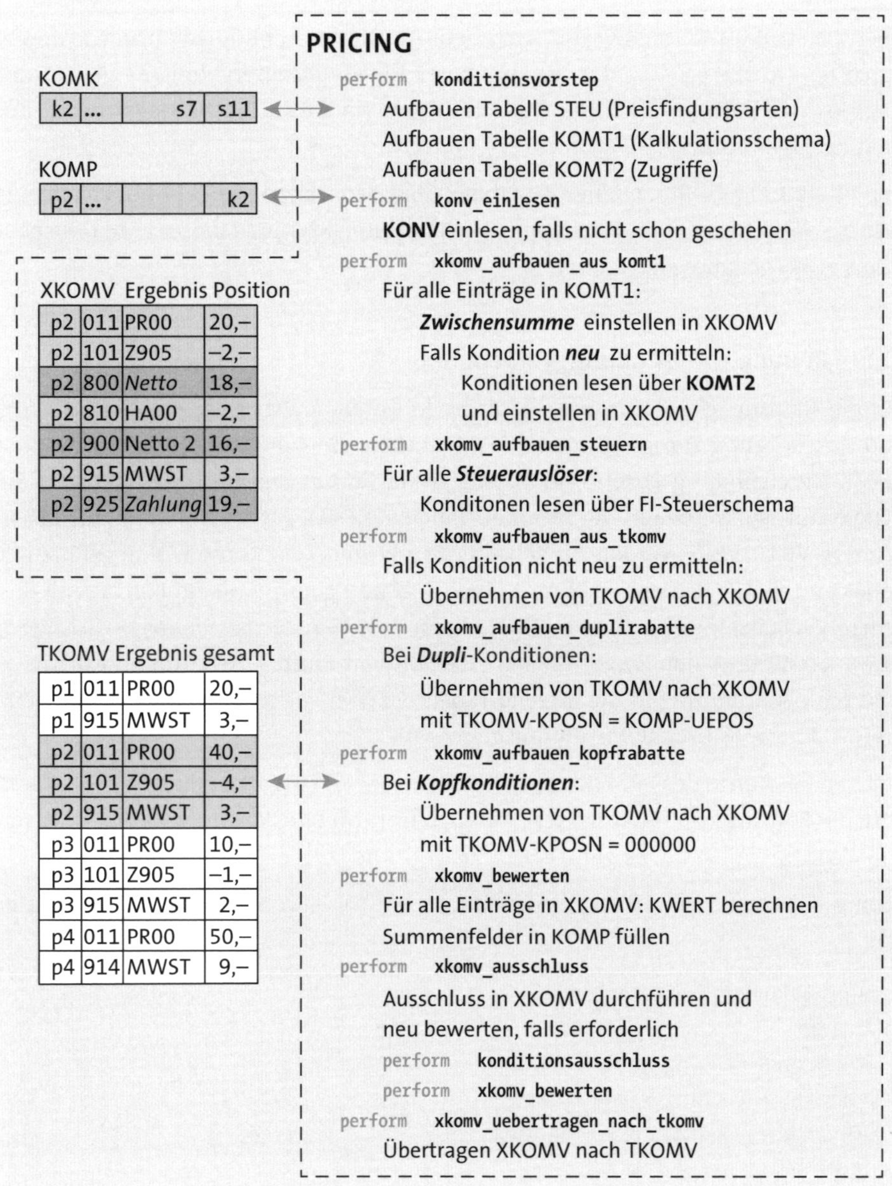

Abbildung 10.1 Programmablauf im Funktionsbaustein PRICING

Die interne Tabelle XKOMV enthält im hier gezeigten Coding-Beispiel die gefundenen Konditionen des gesamten Auftrags. Dies ist die Namensgebung im Kundenauftrag; innerhalb des Funktionsbausteins PRICING trägt diese Tabelle dann den Namen TKOMV.

Über die Struktur KOMPAX wird nach dem Aufruf des Funktionsbausteins PRICING durch move-corresponding der Transport des Preisfindungsergebnisses in die Auftragsposition durchgeführt. Weitere Details dazu finden Sie in Abschnitt 11.6, »Preisfindungsergebnis in KOMP«.

Abbildung 10.1 gibt Ihnen einen Überblick über den Ablauf des Funktionsbausteins PRICING. Wir sehen uns im Folgenden die wichtigsten Routinen dieses Funktionsbausteins etwas genauer an.

10.1.1 Routine »preisfindung_vorbereiten«

Mit der Routine preisfindung_vorbereiten in Kundenauftrag (Programm SAPFV45P) und Fakturierung (Programm SAPLV60A) werden die Kommunikationsstrukturen KOMK (Preisfindungskopf) und KOMP (Preisfindungsposition) aufgebaut; die KOMK-Einträge werden in der internen Tabelle TKOMK gespeichert. Für jede Belegposition VBAP/VBRP werden zunächst die Strukturen KOMK und KOMP gefüllt. Mit dem Key-Teil KEY_UC der Struktur KOMK wird nun geprüft, ob ein Eintrag mit diesem Inhalt in der internen Tabelle TKOMK bereits vorhanden ist. Wenn ja, wird die Position KOMP über den Zeiger komp-ix_komk diesem Eintrag zugeordnet. Falls nein, wird ein neuer Eintrag in die interne Tabelle TKOMK aufgenommen und die neue Preisfindungsposition KOMP diesem zugeordnet.

Beim ersten Aufruf des Funktionsbausteins PRICING zu einem neuen KOMK-Segment wird die Routine konditionsvorstep durchgeführt und die Verbindung zur internen Tabelle KOMT1 über die Zeiger komk-ix_komt1_v und komk-ix_komt1_b hergestellt.

Listing 10.2 zeigt den Aufbau der Routine preisfindung_vorbereiten im Kundenauftrag.

```
form preisfindung_vorbereiten.
   * tkomk
   move-corresponding kuwev to tkomk.
   move-corresponding vbak  to tkomk.
   move-corresponding vbkd  to tkomk.
   tkomk-bukrs = tvko-bukrs.
   tkomk-hwaer = t001-waers.
   ..
   call method l_sd_sales_item_exit->item_pricing_com_h.
   perform userexit_pricing_prepare_tkomk(sapmv45a).
   read table tkomk with key tkomk-key_uc.
```

```
  if sy-subrc ne 0.
    append tkomk.
    tkomk-ix_komk = sy-tabix.
    modify tkomk index sy-tabix.
  endif.
  * tkomp
  clear tkomp.
  tkomp-ix_komk =  tkomk-ix_komk.
  move-corresponding vbak  to tkomp.
  move-corresponding vbap  to tkomp.
  move-corresponding vbapd to tkomp.
  move vbap-prodh to prodh.
  move-corresponding prodh to tkomp.
  ..
  call method l_sd_sales_item_exit->item_pricing_com_i.
  perform userexit_pricing_prepare_tkomp(sapmv45a).
endform.
```


Listing 10.2 Routine »preisfindung_vorbereiten«

Die an dieser Stelle vorgesehenen User-Exits dürften wohl mit zu den am häufigsten genutzten User-Exits im SAP-System gehören.

[!]

Das müssen Sie beachten

Bei dem »alten« User-Exit `userexit_pricing_prepare_tkomp` dürfen Sie auf keinen Fall TKOMK-Felder verändern, da sonst unerklärliche Preisfindungsresultate auftreten können. Dies liegt daran, dass Änderungen zu diesem späten Zeitpunkt nicht mehr in die KOMK-KEY_UC-Logik einfließen (siehe dazu Listing 10.2).

10.1.2 Routine »konditionsvorstep«

Die Routine `konditionsvorstep` hat zwei Aufgaben: erstens den Aufbau der internen Tabelle STEU der Preisfindungsarten und zweitens den Aufbau der internen Tabellen KOMT1 und KOMT2 aus dem Kalkulationsschema und den Zugriffsfolgen.

Aufbau der internen Tabelle STEU der Preisfindungsarten

Zunächst wird die interne Tabelle STEU der *Preisfindungsarten* aufgebaut. Die zulässigen Werte sind in der Domäne `KNPRS` als Festwerte definiert. In Abbildung 10.2 sehen Sie per Debugging den Inhalt der internen Tabelle STEU der Preisfindungsarten.

KNPRS	KNTYP [C(10)]	KOAID [C(10)]	MAUEB	STFKZ [	NOTYP	KFKIV	KVARC	PRSQU
A	f.........	....		CD...	.....	.	.	
B	....	ABCDEGQWH.		CD...	JQ...	.	.	
C	....	ABCDEGQWH.	X	CD...	.....	.	.	
D	....	....		.....	.....	.	.	.
E	....	....		.....	.....	.	.	.
F	....	....		.....	.....	.	.	.
G	GLRIEfbhn.	CDEGQ.....		.....	.....	X	.	
H	BFLf......	....		CD...	.....	.	.	
I	....	C.........		.....	.....	.	.	
K	..RIE.....	CDEGQ.....		.....	.....	X	.	
M	....	....		.....	.....	.	.	.
N	G.........	....		.....	.....	.	.	
O	O.........	....	X	.....	.....	.	X	
P	....	....		.....	.....	.	.	
Q	Q.........	....		.....	.....	.	.	
U	U.........	....		.....	.....	.	.	
J	d.........	....		.....	.....	.	.	
R	GLRIEfbhn.	DEGQ......		.....	.....	X	.	
S	ij........	....		.....	.....	.	.	

Abbildung 10.2 Debugger – interne Tabelle STEU der Preisfindungsarten

In den Spalten der Tabelle in Abbildung 10.2 ist festgelegt, bei welchem Inhalt des entsprechenden Merkmals der Konditionsart diese *neu* ermittelt werden soll bzw. *nicht neu* ermittelt werden soll.

- KNPRS – Preisfindungsart (Schlüssel der internen Tabelle STEU).
- KNTYP – Konditionstypen (maximal zehn) neu ermitteln.
- KOAID – Konditionsklassen (maximal zehn) neu ermitteln.
- MAUEB – Manuelle Änderungen auf jeden Fall erhalten.
- STFKZ – Staffelart: Intervallstaffeln mit Staffelart C und D müssen auch bei Mengenänderungen der Position neu ermittelt werden.
- NOTYP – Konditionstypen (maximal fünf) *nicht* neu ermitteln.
- KFKIV – Interne Verrechnungskonditionen neu ermitteln (z. B. Konditionsart PI01).
- KVARC – Variantenkonditionen neu ermitteln (z. B. Konditionsart VA00).
- PRSQU – Preisquelle: Konditionen, die von anderen Applikationen (z. B. Einkauf) übernommen wurden, nicht neu ermitteln.
  Die Übernahme solcher Konditionen erfolgt über den Funktionsbaustein `PRICING_COPY`; eine automatische Ermittlung solcher »fremden« Konditionen ist im Allgemeinen nicht möglich.

Im Standard ist innerhalb der Auftragsbearbeitung in bestimmten Situationen auf einige dieser Preisfindungsarten »hart« programmiert. So werden die folgenden Preisfindungsarten eingesetzt:

- A – bei Mengenänderung (Intervallstaffeln neu)
- C – beim Erzeugen einer Position (alle Konditionen neu bis auf manuelle)
- G – beim Ändern des Warenempfängers (Steuern neu)
- O – beim Aufruf der Variantenkonfiguration (Variantenkonditionen neu)

Zum Ausprägen eigener Preisfindungsarten (die Werte X, Y, Z sowie 1 bis 9 sind für Kunden reserviert) ist die Routine `userexit_pricing_rule` vorgesehen (siehe Abschnitt 11.8.1, »User-Exits der Funktionsgruppe V61A«).

Nachdem wir zunächst die interne Tabelle STEU der Preisfindungsarten aufgebaut haben, besteht der nächste Schritt darin, die internen Tabellen KOMT1 (Kalkulationsschema) und KOMT2 (Konditionszugriffe) zu einer gegebenen Ausprägung der Struktur KOMK zu erzeugen.

Aufbau der internen Tabellen KOMT1 (Kalkulationsschema) und KOMT2 (Zugriffe)

Das Aufbauen der beiden internen Tabellen erfolgt jeweils nur bei der ersten Position, die zu einer KOMK-Ausprägung bearbeitet wird. Alle anderen Positionen in der Folge verwenden dann diese Informationen.

In die Tabelle KOMT1 werden die Konditionsarten aus der Tabelle T683S (Kalkulationsschema) übernommen, angereichert um alle Felder aus den Tabellen T685 und T685A der Konditionsarten. Falls im Schema eine Bedingung eingetragen ist, wird hier der Prestep-Teil ausgeführt (`kobev_nnn`). Bei negativem Ausgang der Prüfung wird die Kondition *nicht* in die Tabelle KOMT1 aufgenommen. Die Verbindung zwischen der Struktur KOMK und der internen Tabelle KOMT1 wird durch die Zeiger `komk-ix_komt1_v` und `komk-ix_komt1_b` hergestellt.

Falls der Konditionsart eine Zugriffsfolge zugeordnet ist, werden die Zugriffe aus der Tabelle T682I gelesen und in die interne Tabelle KOMT2 eingestellt. Auch hier werden zunächst, sofern eingetragen, die Bedingungen des Zugriffs im Prestep-Modus ausgeführt. Bei negativem Ausgang der Prüfung werden die Zugriffe nicht in die Tabelle KOMT2 übernommen. Außerdem wird gegebenenfalls bereits zu diesem Zeitpunkt auf die Konditionssätze zugegriffen, um deren Existenz zu prüfen (Probelesen). Wir kennen dabei drei Situationen:

- **Der Zugriff enthält nur KOMK-Felder**
  Verwendet der Zugriff ausschließlich KOMK-Felder, wird der endgültige Zugriff auf die Konditionstabelle bereits hier durchgeführt. Falls ein Konditionssatz gefunden wurde, wird dies durch Füllen des Feldes `komt2-knumh` (eindeutige Nummer des Konditionssatzes) dokumentiert; anderenfalls wird der Zugriff nicht in die Tabelle KOMT2 aufgenommen.
- **Der Zugriff enthält auch KOMP-Felder/Probelesen aktiv**
  Der Zugriff verwendet auch KOMP-Felder und ist in der Tabelle T682V als »zu prüfen im Prestep« eingetragen. In diesem Fall wird ein Probelesen der Konditionsta-

belle mit den vorderen KOMK-Feldern durchgeführt. Falls kein Satz gefunden wird, wird der Zugriff nicht in die Tabelle KOMT2 aufgenommen. Dies wird mit dem Funktionsbaustein `SD_COND_ACCESS` bei gesetztem Parameter `prestep` durchgeführt. Das Feld `komt2-knumh` bleibt in diesem Fall leer.

- **Der Zugriff enthält auch KOMP-Felder/Probelesen inaktiv**
  Der Zugriff verwendet auch KOMP-Felder und ist in der Tabelle T682V *nicht* eingetragen. In diesem Fall wird *kein* Probelesen der Konditionstabelle durchgeführt; der Eintrag wird in die Tabelle KOMT2 aufgenommen. Das Feld `komt2-knumh` bleibt auch in diesem Fall leer.

Die Verbindung zwischen einem Eintrag der internen Tabelle KOMT1 und den zugehörigen Konditionszugriffen in der internen Tabelle KOMT2 wird durch die Zeiger `komt1-ix_komt2_v` und `komt1-ix_komt2_b` hergestellt. In Listing 10.3 und Listing 10.4 sehen Sie den Programmablauf des Presteps:

```
form konditionsvorstep using incl_zugriffsfolge type c.
   < read tables t001, t001k, t001w,t001r,t005,.. >
   < create internal table STEU >
   perform userexit_pricing_rule.
   loop at xt683s into t683s.
      perform kobev_nnn.
      move-corresponding t685  to komt1.
      move-corresponding t685a to komt1.
      perform komt2_aufbauen using incl_zugriffsfolge.
      move-corresponding t683s to komt1.
      append komt1.
   endloop.
endform.
```

Listing 10.3 Routine »konditionsvorstep«

Neben der Hauptaufgabe, dem Aufbauen der internen Tabellen STEU, KOMT1 und KOMT2 aus den Customizing-Tabellen T683S, T685, T685A und T682I, werden in der Routine `konditionsvorstep` auch noch diverse Customizing-Tabellen gelesen (u. a. die Tabellen T001, T001K, T001W, T001R und T005), und der User-Exit `userexit_pricing_rule` wird zum Einrichten kundeneigener Preisfindungsarten aufgerufen.

```
form komt2_aufbauen using incl_zugriffsfolge type c.
   loop at xt682i into t682i.
      move-corresponding t682i to komt2.
      <check entry in T682V>
      perform kobev_nnn.
      call function 'SD_COND_ACCESS'
        exporting
```

```
          application                = komk-kappl
          condition_type             = komt1-rkschl
          date                       = komk-prsdt
          header_comm_area           = komk
          position_comm_area         = komp
          prestep                    = 'X'
          read_only_one_record       = 'X'
          t682i_i                    = t682i
        importing
          condition_is_purely_header = headkz
        tables
          condition_records          = kondtab.
        komt2-knumh = kondtab-knumh.
      append komt2.
   endloop.
endform.
```

Listing 10.4 Routine »kompt2_aufbauen« (Zugriffsfolgen)

Mit der Routine komt2_aufbauen wird die interne Tabelle KOMT2 der Konditionszugriffe aus der Tabelle T682I aufgebaut. Dabei wird geprüft, ob in der Customizing-Tabelle T682V die Prestep-Prüfung aktiviert ist; außerdem wird die Prestep-Bedingungsprüfung durchgeführt. Davon abhängig, wird ein Probelesen der Konditionssätze mit dem Funktionsbaustein SD_COND_ACCESS durchgeführt.

10.1.3 Routine »konv_einlesen«

Mit der Routine konv_einlesen werden die Konditionen eines Belegs von der Datenbanktabelle KONV eingelesen und in der Schnittstellentabelle TKOMV zwischengespeichert. Da die Tabelle TKOMV mit der Struktur KOMV definiert ist, wird die Ergänzung der dynamischen Felder (KOMVD) der Struktur TKOMV durch die Routine xkomv_ergaenzen vorgenommen. Dort werden die nicht in der Struktur KONV vorhandenen Parameter der Struktur TKOMV aus der internen Tabelle KOMT1 ergänzt. Außerdem wird durch die Routine konp_2_xkonp die interne Tabelle XKONP aufgebaut. Diese enthält die Daten aller im Beleg gefundenen Konditionsstammsätze, angereichert um die kumulierten Werte aus den Infostrukturen S060 und S071. In SAP S/4HANA findet in dieser Routine das Einlesen nicht aus der Tabelle KONV sondern aus der Tabelle PRCD_ELEMENTS statt. Als zusätzlicher Schritt werden die Datenbankeinträge dann in das übliche »KONV-Format« übertragen, so dass sie in der Preisfindung wie gewohnt verarbeitet werden können.

10.1.4 Routine »xkomv_aufbauen_aus_komt1«

In der Routine xkomv_aufbauen_aus_komt1 (siehe Listing 10.5) werden die Konditionen des Kalkulationsschemas KOMT1 ermittelt, die gemäß der *Preisfindungsart* neu bestimmt werden müssen, d. h., eine eventuell zuvor ermittelte Kondition in der Schnittstellentabelle TKOMV wird wieder verworfen und neu ermittelt. Die Entscheidung, ob die Kondition neu ermittelt werden soll, wird durch die Routine xkomv_aufbauen_pruefen getroffen. Falls eine Kondition neu zu ermitteln ist, werden die endgültigen Bedingungen durch kobed_nnn geprüft. Die Tabelle XKOMPLOOP für Mehrfachfelder wird berücksichtigt, und schließlich werden die Konditionen über die Zugriffe gemäß KOMT2 gelesen und die gefundenen Konditionen in die Tabelle XKOMV übernommen (konditionen_lesen).

Eine Besonderheit stellen Zwischensummen im Kalkulationsschema dar. Diese sind dadurch gekennzeichnet, dass sie keine Konditionsart haben. Zwischensummen werden immer neu ermittelt, da sie nicht in die Schnittstellentabelle TKOMV übertragen werden.

```
form xkomv_aufbauen_aus_komt1.
   old_komk = komk.
   loop at komt1 from komk-ix_komt1_v to komk-ix_komt1_b.
      refresh xkomploop.
      <buildt xkomploop from xvckey for variant conditions>
      perform kobed_nnn.
      check sy-subrc = 0.
      perform xkomv_aufbauen_pruefen.
      check sy-subrc = 0.
      loop at xkomploop.
        move-corresponding xkomploop to komp.
        loop at komt2 from komt1-ix_komt2_v to komt1-ix_komt2_b
           perform konditionen_lesen.
        endloop.
      endloop.
   komk = old_komk.
   endloop.
endform.
```

Listing 10.5 Routine »xkomv_aufbauen_aus_komt1«

Mit der Routine konditionen_lesen (siehe Listing 10.6) werden zu einem gegebenen Zugriff aus der Tabelle KOMT2 (bzw. Tabelle T682I) die Konditionssätze gelesen und in die Arbeitstabelle XKOMV eingestellt. Hier werden bei Bedarf die Bedingungen des Zugriffs geprüft (kobed_nnn) und anschließend die Konditionssätze mit SD_COND_ACCESS gelesen. Für die gefundenen Konditionssätze in der internen Tabelle KONDTAB wird dann die interne Tabelle XKONP der Konditionsdetails aufgebaut (konp_2_xkonp), die Struktur XKOMV gefüllt (xkomv_fuellen) und diese in die Tabelle XKOMV aufgenommen.

In einigen Szenarien werden die Konditionssätze nicht von der Datenbank gelesen, sondern mithilfe des Funktionsbausteins SD_COND_READ_FROM_MEMORY aus dem Arbeitsspeicher. Dies ist dann erforderlich, wenn, wie im Fall der Preisvereinbarungen bei Kontrakten, die Konditionssätze in der gleichen Session erzeugt werden, also zum Zeitpunkt der Preisfindung noch nicht auf der Datenbank abgelegt sind (ein Beispiel dazu finden Sie in Abschnitt 6.6, »Preisfindung bei Miet- und Wartungsverträgen (periodischer Fakturierungsplan)«).

```
form konditionen_lesen.
   perform kobed_nnn.
   call function 'SD_COND_ACCESS'
          EXPORTING
            application                = komk-kappl
            condition_type             = komt1-rkschl
            date                       = komk-prsdt
            header_comm_area           = komk
            position_comm_area         = komp
            prestep                    = ' '
            t682i_i                    = t682i
          importing
            condition_is_purely_header = headkz
            condition_is_in_memory     = cond_in_memory
          tables
            condition_records          = kondtab
          changing
            position_comm_area_dynamic = kompazd.
   loop at kondtab.
      call function 'SD_COND_READ_FROM_MEMORY'
           exporting
             i_knumh             = kondtab-knumh
           tables
             mem_konp            = h_mem_konp
             mem_konm            = h_mem_konm
             mem_konw            = h_mem_konw.
      perform konp_2_xkonp using xknumh.
      read table xkonp with key xknumh binary search.
      perform xkomv_fuellen.
      if sy-subrc = 0.
         append xkomv.
```

```
    endif.
  endloop.
endform.
```

Listing 10.6 Routine »konditionen_lesen«

In der Routine xkomv_fuellen (siehe Listing 10.7) wird die Struktur XKOMV aus den Inhalten von KOMT1, KOMT2 und KONP (Konditionssatz) gefüllt. In der Routine xkomv_kbetr_ermitteln wird für die Verrechnungspreise (Konditionstyp G) und Transferpreise der Betrag ermittelt, und in der Routine xkomv_kkurs_ermitteln wird der Umrechnungskurs xkomv-kkurs bei Fremdwährungskonditionen ermittelt. Abschließend können im User-Exit userexit_xkomv_fuellen (siehe Abschnitt 11.8.1, »User-Exits der Funktionsgruppe V61A«) die zuvor ermittelten Daten der Struktur XKOMV noch manipuliert werden. Zusätzlich können Sie in diesem User-Exit durch Setzen von returncode ungleich null die Übernahme der Kondition unterbinden.

```
form xkomv_fuellen.
  move-corresponding komt1  to xkomv.
  move-corresponding komt2  to xkomv.
  move-corresponding konp   to xkomv.
  perform xkomv_kbetr_ermitteln.
  perform xkomv_ergaenzen_manuelle
  perform xkomv_kkurs_ermitteln.
  perform userexit_xkomv_fuellen using sy-subrc.
endif.
```

Listing 10.7 Routine »xkomv_fuellen«

Damit haben wir Ihnen den wichtigsten Teil der Preisfindung, die Routine xkomv_aufbauen_aus_komt1, vorgestellt.

10.1.5 Routine »xkomv_aufbauen_aus_tkomv«

In der Routine xkomv_aufbauen_aus_tkomv werden die Konditionen, die gemäß Preisfindungsart *nicht* neu zu bestimmen sind, direkt aus der Schnittstellentabelle TKOMV nach XKOMV übernommen, sofern vorhanden. Die Entscheidung darüber wird auch hier durch die Routine xkomv_aufbauen_pruefen getroffen (siehe Abschnitt 10.1.4, »Routine ›xkomv_aufbauen_aus_komt1‹«).

10.1.6 Routine »xkomv_bewerten«

In der Routine xkomv_bewerten (siehe Listing 10.8) werden die in XKOMV eingestellten Konditionen und Zwischensummen bewertet. Im Einzelnen werden die *Konditionsbasis* ermittelt, die *Konditionsbasisformeln* prozessiert, die *Staffelbasis* ermittelt, die

Staffelbasisformeln prozessiert, die Beträge (xkomv-kbetr) gegebenenfalls aus Staffeln ermittelt, der *Konditionswert* ermittelt, dabei die *Konditionswertformeln* prozessiert und die Werte als Positionsinformationen an KOMP übergeben. Neben den erwähnten Formeln sind am Anfang und Ende der Routine User-Exits vorgesehen (siehe Abschnitt 11.8.1, »User-Exits der Funktionsgruppe V61A«).

```
form xkomv_bewerten.
   perform userexit_xkomv_bewerten_init.
   loop at xkomv.
      perform konditionsbasis_ermitteln.
      perform frm_kond_basis_nnn. (Konditionsbasisformel)
      perform staffelbasis_ermitteln.
      perform frm_staffelbas_nnn. (Staffelbasisformel)
      perform xkomv_kbetr_aus_staffel.
      perform xkomv_kwert_ermitteln.
      <übernehmen Werte nach KOMP-NETWR, KZWI1,..>
   endloop.
   <alle Konditionen vor letztem Preis deaktivieren>
   perform userexit_xkomv_bewerten_end.
endform.
```

Listing 10.8 Routine »xkomv_bewerten«

Sie erkennen hier, zu welchen Zeitpunkten die Formeln prozessiert werden. Das ist wichtig, denn schließlich können Sie innerhalb dieser Formeln nur auf solche Informationen zugreifen, die zuvor bereitgestellt wurden. Die Konditionswertformeln werden übrigens in der Routine xkomv_kwert_ermitteln aufgerufen.

10.1.7 Routine »xkomv_ausschluss«

In der Routine xkomv_ausschluss wird der Konditionsausschluss gemäß dem Kennzeichen **Manuelle Eingaben** der Konditionsart sowie dem Konditionsausschluss über Ausschlussgruppen auf der Arbeitstabelle XKOMV durchgeführt (siehe Abschnitt 7.2.2, »Konditionsausschluss über Ausschlussgruppen«). Ausgeschlossene Konditionen erhalten das Kennzeichen **Inaktiv** = A. Falls dabei mindestens eine Kondition deaktiviert wurde, wird nochmals die Routine xkomv_bewerten aufgerufen, um die endgültige Bewertung zu erhalten. Details dazu finden Sie in Abschnitt 7.2, »Konditionsausschluss«.

10.1.8 Routine »xkomv_uebertragen_nach_tkomv«

In der Routine xkomv_uebertragen_nach_tkomv wird das Preisfindungsergebnis XKOMV der aktuellen Position in die Schnittstellentabelle TKOMV der Konditionen des gesamten Belegs übernommen. Zwischensummen, also Zeilen aus XKOMV ohne Konditionsart, werden nicht übertragen.

10.2 Funktionsbaustein PRICING_COMPLETE

Der Funktionsbaustein `PRICING_COMPLETE` wird spätestens zum Zeitpunkt des Sicherns des Belegs benötigt:

- Hier wird der gesamte Beleg mit allen Positionen und allen Konditionen übergeben.
- Hier werden alle Konditionen abschließend bewertet, die als *Gruppenkondition* eingestellt sind, wozu auch die manuell erfassten Kopfkonditionen gehören.
- Hier werden die positionsübergreifenden Aktivitäten durchgeführt (z. B. Ermittlung der Staffelbasis und Rundungsdifferenzenausgleich).

Weitere Details zu Gruppenkonditionen finden Sie in Abschnitt 7.1, »Gruppenkonditionen«. In den folgenden Auflistungen beschreiben wir die vier möglichen Fälle und deren Aktivitäten.

10.2.1 Die verschiedenen Arten von Gruppenkonditionen

Je nachdem, um welchen Fall es sich handelt, werden unterschiedliche Verarbeitungsschritte durchgeführt.

Fall 1: Prozentuale und absolute Gruppenkonditionen ohne Gruppen-Key

Der erste Fall ist »Prozentuale und absolute Gruppenkonditionen ohne Gruppen-Key«. Darunter fallen auch die manuellen Kopfkonditionen ohne Konditionssatz. Das sind die Verarbeitungsschritte:

1. Kumulation der Staffelbasis (nur bei Konditionen mit Staffeln) und der Konditionsbasis in die Felder `gkomv-kstbs` und `gkomv-kawrt` der Kumulationstabelle GKOMV.
2. Bei Konditionen mit Staffeln Ermittlung des Konditionsbetrags bzw. Prozentsatzes `gkomv-kbetr` aufgrund der kumulierten Staffelbasis `gkomv-kstbs`. Zuvor wird eine eventuell eingetragene Staffelformel prozessiert, mit der die kumulierte Staffelbasis `gkomv-kstbs` manipuliert werden kann.
3. Berechnung des Konditionswertes `gkomv-kwert` aufgrund der kumulierten Konditionsbasis `gkomv-kawrt`. Anschließend wird eine eventuell eingetragene Wertformel prozessiert, mit der dieser Wert manipuliert werden kann.
4. Im letzten Schritt wird das Ergebnis der Bewertung auf der Kumulationsebene GKOMV auf die Positionen verteilt (GKOMZ-Verarbeitung). Dabei wird:

- der Betrag/Prozentsatz gkomv-kbetr in die Positionen in das Feld tkomv-kbetr übernommen.
- der Gesamtwert gkomv-kwert in die Positionskonditionen in das Feld tkomv-kwert übernommen, und zwar im Verhältnis tkomv-kawrt/gkomv-kawrt.
- eine etwaige Rundungsdifferenz bei der größten Position zugeschlagen und im Feld xkomv-kdiff abgespeichert.

Beispiele für diese Kategorie von Gruppenkonditionen sind die Konditionen HA00 (Manueller prozentualer Kopfrabatt) und KP03 (Absoluter Mixanbruchzuschlag mit Staffeln).

Fall 2: Restliche Gruppenkonditionen (nicht prozentual/absolut) ohne Gruppen-Key

Der zweite Fall ist »Restliche Gruppenkonditionen (z. B. gewichtsabhängige) ohne Gruppen-Key«. Diese Situation tritt nur in Verbindung mit Staffelkonditionssätzen auf. Das sind die Verarbeitungsschritte:

1. Kumulation der Staffelbasis in das Feld gkomv-kstbs der Kumulationstabelle GKOMV.
2. Ermittlung des Konditionsbetrags bzw. Prozentsatzes gkomv-kbetr aufgrund der kumulierten Staffelbasis gkomv-kstbs. Zuvor wird eine eventuell eingetragene Staffelformel prozessiert, mit der die kumulierte Staffelbasis gkomv-kstbs manipuliert werden kann.
3. Im letzten Schritt (GKOMZ-Verarbeitung) wird der neu ermittelte Betrag gkomv-kbetr in die zugehörigen Positionskonditionen in das Feld tkomv-kbetr übernommen und damit der neue Konditionswert tkomv-kwert errechnet, d. h., es erfolgt *kein* Rundungsdifferenzenausgleich.

Ein Beispiel für diese Kategorie ist die Kondition Z030 (Materialgruppenrabatt) in Abschnitt 11.4.4, »Gruppen-Key-Routine«.

Fall 3: Nichtabsolute Gruppenkonditionen mit Gruppen-Key

Der dritte Fall ist »Nichtabsolute Gruppenkonditionen mit Gruppen-Key«. Diese Situation tritt nur in Verbindung mit Staffelkonditionssätzen auf.

1. Kumulation der Staffelbasis in das Feld gkomv-kstbs der Kumulationstabelle GKOMV.
2. Prozessieren einer eventuell eingetragenen Staffelformel, mit der die kumulierte Staffelbasis gkomv-kstbs manipuliert werden kann.
3. Im letzten Schritt (GKOMZ-Verarbeitung) wird der Betrag tkomv-kbetr in den zugehörigen Positionskonditionen aufgrund der kumulierten Staffelbasis gkomv-kstbs aus den Konditionssätzen ermittelt und damit der neue Konditionswert tkomv-kwert errechnet, d. h., es erfolgt *kein* Rundungsdifferenzenausgleich.

Sie können diesen Fall am Beispiel der Kondition Z030 aus Abschnitt 11.4.4, »Gruppen-Key-Routine«, durchspielen, wenn Sie der Kondition im Customizing der Konditionsart z. B. die Gruppen-Key-Routine 001 (Gesamtbeleg) zuordnen.

Fall 4: Absolute Gruppenkonditionen mit Gruppen-Key

Der vierte Fall ist »Absolute Gruppenkonditionen mit Gruppen-Key«. Diese Situation tritt nur in Verbindung mit Staffelkonditionssätzen auf.

1. Kumulation der Staffelbasis in das Feld `cgkomv-kstbs` der Kumulationstabelle CGKOMV.
2. Kumulation der Konditionsbasis in das Feld `gkomv-kawrt` der Kumulationstabelle GKOMV.
3. Übernahme der Staffelbasis `gkomv-kstbs` der Kumulationstabelle GKOMV aus dem Feld `cgkomv-kstbs` der auf höherem Niveau aggregierten Kumulationstabelle CGKOMV.
4. Alle weiteren Schritte sind identisch mit Fall 1 ab Verarbeitungsschritt 2.

Ein Beispiel für diese Kategorie ist die Kondition Z031 (Materialgruppenrabatt) in Abschnitt 11.4.4, »Gruppen-Key-Routine«.

10.2.2 Aufruf des Funktionsbausteins PRICING_COMPLETE in der Auftragsbearbeitung

Zum Aufruf des Funktionsbausteins `PRICING_COMPLETE` in einem Objekt bereitet der Aufrufer die Kommunikationsstrukturen KOMK und KOMP für alle Positionen auf und übergibt diese nebst einer *Preisfindungsart* an den Funktionsbaustein. In Listing 10.9 sehen Sie den vereinfacht dargestellten Aufruf des Funktionsbausteins `PRICING_COMPLETE` im Kundenauftrag im Programm `SAPMV45A`:

```
form preisfindung_gesamt using preisfindungsart_kopf.
  refresh tkomp.
  loop at xvbap where updkz ne updkz_delete.
    perform preisfindung_vorbereiten(sapfv45p).
    append tkomp.
  endloop.
  call function 'PRICING_COMPLETE'
    exporting
      calculation_type = preisfindungsart_kopf
      preliminary      = da_prelim
    tables
      tkomv            = xkomv
      tkomk            = tkomk
```

```
      tkomp             = tkomp
      svbap             = uvbap.
  loop at tkomp.
      read table tkomk index tkomp-ix_komk.
      read table xvbap index tkomp-ix_vbap.
      vbap = xvbap.
      move-corresponding tkomp to kompax.
      move-corresponding kompax to vbap.
      perform vbap_bearbeiten_vorbereiten(sapfv45p).
      perform vbap_bearbeiten(sapfv45p).
  endloop.
endform.
```

Listing 10.9 Routine »preisfindung_gesamt« im Kundenauftrag

Das sind die wesentlichen Schritte, die in der Routine `preisfindung_gesamt` durchlaufen werden:

1. Zunächst werden für alle Positionen des Auftrags die Tabellen TKOMK und TKOMP durch die Routine `preisfindung_vorbereiten` aufgebaut. Die Verbindung zwischen der Positionsstruktur TKOMP und der zugehörigen Kopfstruktur TKOMK wird durch das Feld `tkomp-ix_komk` hergestellt. Das Feld enthält die Indexnummer (Zeilennummer) des zugehörigen Eintrags in der internen Tabelle TKOMK.
2. Beim anschließenden Aufruf des Funktionsbausteins `PRICING_COMPLETE` werden diese internen Tabellen übergeben, zusammen mit einer Preisfindungsart, wie wir sie auch schon vom Funktionsbaustein `PRICING` her kennen. Es kann damit z. B. für alle Positionen eine neue Preisfindung durchgeführt werden, oder es werden lediglich die Steuern neu ermittelt.
3. Nach dem Aufruf des Funktionsbausteins `PRICING_COMPLETE` wird das Ergebnis schließlich in den Kundenauftrag übernommen. Die Konditionen des Auftrags in XKOMV sind bereits aktualisiert, lediglich die Auftragspositionen in XVBAP müssen noch angepasst werden (KOMPAX-Logik).

Die Programmstellen in anderen Applikationen, wie z. B. der Fakturierung, gestalten sich nach dem gleichen Muster.

10.2.3 Ablauf des Funktionsbausteins PRICING_COMPLETE

In Abbildung 10.3 sehen Sie den Ablauf des Funktionsbausteins `PRICING_COMPLETE`, der im Wesentlichen aus drei Blöcken besteht, die durch eine Loop-Anweisung zu erkennen sind:

1. `Loop at tkomp` – Schritt 1 (GKOMV, CGKOMV, GKOMZ aufbauen)
2. `Loop at gkomv` – Schritt 2 (GKOMV bewerten)
3. `Loop at gkomz` – Schritt 3 (Ergebnis in die Positionen übernehmen)

Wir möchten zunächst die drei Schritte kurz beschreiben, um anschließend tiefer in die Details einzusteigen.

Schritt 1: Aufbau der internen Tabellen GKOMV, CGKOMV und GKOMZ

Für alle Gruppenkonditionen (auch Kopfkonditionen) werden zunächst die internen Tabellen GKOMV, CGKOMV und GKOMZ aufgebaut.

Schritt 2: Bewerten der Kumulationstabelle GKOMV

Im nächsten Schritt wird die Tabelle GKOMV bewertet. Auf Basis der hier kumulierten Zahlen werden gegebenenfalls Staffelbeträge neu ermittelt und in `gkomv-kbetr` abgelegt. Bei prozentualen und absoluten Konditionen wird dann der Konditionswert `gkomv-kwert` auf der Summenbasis `gkomv-kawrt` errechnet (`gkomv_bewerten`). Dabei werden auch *Staffelbasisformeln* und die *Konditionswertformeln* prozessiert. Die Konditionsbasis `gkomv-kawrt` wird aus den Positionskonditionen kumuliert und bleibt unverändert; die Konditionsbasisformeln werden hier nicht mehr prozessiert.

Schritt 3: Übernahme des Ergebnisses der Gruppenbewertung in die Positionen

Im abschließenden Schritt wird dann das Ergebnis dieser Summenbewertung in die Konditionen der beteiligten Positionen übernommen. Dabei werden Absolutbeträge anteilig (gemäß Konditionsbasis `xkomv-kawrt`) verteilt, und bei der größten Position wird eine eventuell aufgetretene Rundungsdifferenz zugeschlagen. Dies gilt auch für prozentuale Konditionen. Diese Rundungsdifferenz ist ersichtlich in `xkomv-kdiff`. Die Verarbeitung in diesem Teil erfolgt mit der besonderen Preisfindungsart F.

Dieser Schritt ist der aufwendigste Teil des Bausteins. Wie aus Abbildung 10.3 hervorgeht, wird der gesamte `PRICING`-Block für jeden Eintrag in der internen Tabelle GKOMZ ausgeführt.

Der Block besteht aus:

```
perform xkomv_aufbauen_aus_komt1
perform xkomv_aufbauen_aus_tkomv
sort xkomv by kposn stunr zaehk
perform xkomv_bewerten
perform xkomv_ausschluss
perform xkomv_uebertragen_nach_tkomv
```

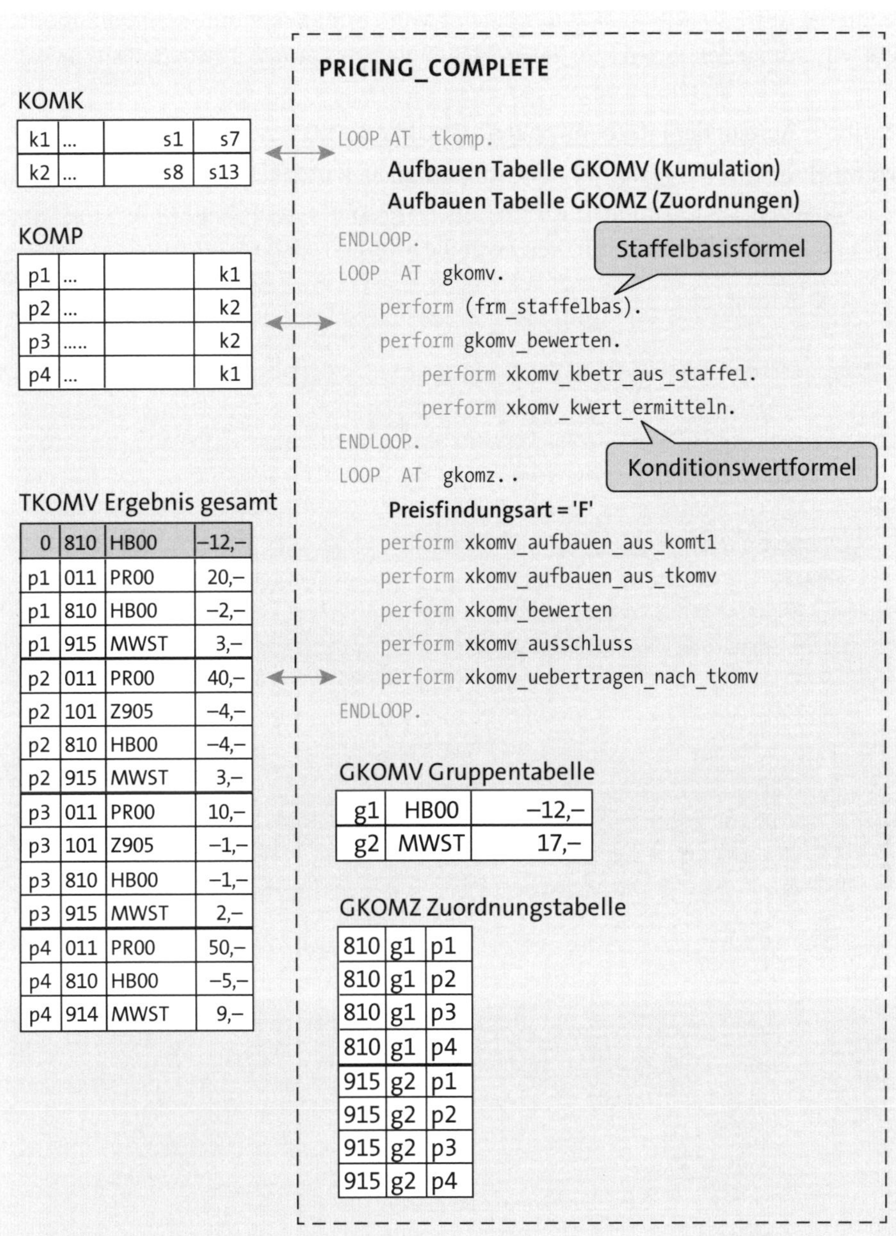

Abbildung 10.3 Programmablauf des Funktionsbausteins PRICING_COMPLETE

Das sind in unserem Beispiel bei zwei Gruppenkonditionen (HA00 und MWST) und vier Positionen insgesamt achtmal, und damit ergibt sich die Anzahl der Aufrufe des Blocks aus `(Anzahl Gruppenkonditionen) × (Anzahl Positionen)`.

Schon daran ist zu sehen, dass der Einsatz von Gruppenkonditionen wohlüberlegt sein will. Wir stellen Ihnen nun die einzelnen Verarbeitungsschritte im Detail vor.

Schritt 1 – Aufbau der internen Tabellen GKOMV, CGKOMV und GKOMZ

Wir möchten uns das Erzeugen der Gruppentabellen GKOMV und GKOMZ etwas genauer ansehen (siehe Listing 10.10). Im Fall von Absolutbetragskonditionen mit Gruppen-Key-Routine kommt zusätzlich noch die interne Tabelle CGKOMV ins Spiel.

```
function pricing_complete.
   ..
   loop at tkomp into komp.
      if komp-ix_komk ne komk-ix_komk.
         read table tkomk index komp-ix_komk into komk.
         perform konditionsvorstep using incl_konditionen.
         move-corresponding komk to gkomv_key.
         move-corresponding komk to gkomv.
      endif.
      move-corresponding komp to gkomv_key.
      move-corresponding komp to gkomv.

      perform konditionsvorstep using incl_konditionen.
      loop at tkomv into xkomv <all conditions of komp-kposn>.
         read table komt1 index xkomv-ix_komt1.
         move-corresponding xkomv to gkomv_key.
         if komt1-grlnr gt 0.
            perform frm_gruppenkey_nnn.
            gkomv_key-vakey = xvakey.
         endif.
         loop at gkomv <where key = gkomv_key>.
            add  xkomv-kawrt to gkomv-kawrt.
            add  xkomv-kwert to gkomv-kwert.
            add  xkomv-kwert to gkomv-sumps.
            add  xkstbs      to gkomv-kstbs.
            modify gkomv.
            perform cgkomv_aufbauen <if gkomv-rdifa = X>
            exit.
         endloop.
         if gkomv_vorhanden eq no.
            move-corresponding xkomv to gkomv.
            add  xkomv-kwert         to gkomv-sumps.
            move gkomv_key           to gkomv-key.
            append gkomv.
            perform cgkomv_aufbauen <if gkomv-rdifa = X>.
```

```
        endif.
        move-corresponding xkomv to gkomz
        append gkomz.
      endloop <tkomv>.
    endloop <tkomp>.
    ..
endfunction.
```

Listing 10.10 Funktionsbaustein PRICING_COMPLETE – Tabellen GKOMV und GKOMZ aufbauen

Wir möchten das Coding an dieser Stelle nicht weiter vertiefen, es ist weitestgehend selbsterklärend.

Schritt 2 – Bewerten der Kumulationstabelle GKOMV

Nun sehen wir uns die Aufrufstelle der Routine gkomv_bewerten innerhalb des Funktionsbausteins PRICING_COMPLETE (siehe Listing 10.11) sowie die Routine gkomv_bewerten selbst (siehe Listing 10.12) etwas genauer an.

```
function pricing_complete.
  ..
  loop at gkomv < for conditions with rdifa = X >.
    < read assigned entry in CGKOMV >
    gkomv-kstbs = cgkomv-kstbs.
    modify gkomv.
  endloop.
  loop at gkomv.
    move-corresponding gkomv_key to komk.
    move-corresponding gkomv     to komk.
    move-corresponding gkomv_key to komp.
    move-corresponding gkomv     to komp.
    if gkomv_key-kofrs ne 0.
      xkwert = gkomv-kstbs.
      frm_staffelbas-nr = gkomv_key-kofrs.
      perform (frm_staffelbas) in program saplv61a if found.
      gkomv-kstbs = xkwert.
    endif.
    perform gkomv_bewerten.
    modify gkomv.
  endloop.
  ..
endfunction.
```

Listing 10.11 Funktionsbaustein PRICING_COMPLETE – Tabelle GKOMV bewerten

```
form gkomv_bewerten.
  gkomv_key = gkomv-key.
  check: gkomv_key-vakey = space or
       (not gkomv-key-vakey is initial and
         gkomv-key-krech = 'B').
  move-corresponding gkomv_key to xkomv.
  move-corresponding gkomv     to xkomv.
  xkomv-kdatu = gkomv-prsdt.
  if xkomv-ksteu = 'A'.
    perform xkomv_kbetr_ermitteln.
    if xkomv-kntyp = 'E'.
      perform xkomv_kbetr_ermitteln_aus_t052.
    endif.
    if xkomv-kzbzg ne space.
      xkstbs = xkomv-kstbs.
      perform xkomv_kbetr_aus_staffel.
    endif.
    gkomv-kbetr = xkomv-kbetr.
  endif.
  perform xkomv_kwert_ermitteln.
  gkomv-kwert = xkomv-kwert.
endform.
```

Listing 10.12 Routine »gkomv_bewerten«

Sie sehen hier, dass die Strukturen KOMK und KOMP jeweils durch `move-corresponding` aus GKOMV bzw. GKOMV_KEY gefüllt werden. Daran erkennen Sie, dass nur die Felder in KOMK und KOMP versorgt sind, die auch in der Summentabelle GKOMV (bzw. GKOMV_KEY) existieren. Dies müssen Sie beim Einsatz von Staffelformeln und Wertformeln beachten. Die Routine `gkomv_bewerten` führt die Wertermittlung nur durch, wenn eine der folgenden beiden Bedingungen erfüllt ist:

- `gkomv key-vakey` ist initial, d. h., es ist *keine* Gruppen-Key-Routine eingesetzt. Dies ist der Normalfall einer Gruppenkondition. Der Key der Kondition in der Tabelle GKOMV ist in diesem Fall der Konditionssatz selbst, repräsentiert durch `gkomv_key-knumh`.
- `gkomv_key-krech = B` und `gkomv_key-vakey` sind gefüllt, d. h., es handelt sich um eine Absolutbetragskondition *mit* Gruppen-Key-Routine.

Auf die Besonderheit der Gruppenkonditionen mit Gruppen-Key-Routine gehen wir in Abschnitt 11.4.4, »Gruppen-Key-Routine«, noch genauer ein.

Im letzten Schritt müssen Sie nun noch das Ergebnis dieser Bewertung auf Kumulationsebene in die Positionen transportieren.

Schritt 3 – Übernahme des Ergebnisses der Gruppenbewertung in die Positionen

Das Coding zum Abarbeiten der internen Tabelle GKOMZ finden Sie in Listing 10.13.

```
function pricing_complete.
   ..
   sort gkomz by ix_gkomv.
   loop at gkomz.
      read table gkomv index gkomz-ix_gkomv.
      if gkomv-ix_komv ne gkomz-ix_komv.
        gkomz-ix_komv = 0.
        modify gkomz.
      endif.
   endloop.
   sort gkomz by stunr ix_gkomv ix_komv zaehk.

   loop at gkomz.
      read table gkomv index gkomz-ix_gkomv.
      tkomp_tabix = gkomz-ix_komp.
      read table tkomp into komp index gkomz-ix_komp.
      read table tkomk into komk index komp-ix_komk.
      preisfindungsart = 'F'.
      perform xkomv_aufbauen_aus_komt1.
      perform xkomv_aufbauen_aus_tkomv using yes.
      sort xkomv by kposn stunr zaehk.
      perform xkomv_bewerten.
      perform xkomv_ausschluss.
      perform xkomv_uebertragen_nach_tkomv using no.
      modify tkomp index tkomp_tabix from komp.
      modify tkomk index komp-ix_komk from komk.
   endloop.
endfunction.
```

Listing 10.13 Funktionsbaustein PRICING_COMPLETE – Tabelle GKOMZ abarbeiten

Das Feld `gkomv-ix_komv` zeigt auf die Kondition der größten Position, der dann später eine etwaige Rundungsdifferenz zugeschlagen wird. Durch zweimaliges Sortieren der Tabelle GKOMZ erreichen wir, dass diese größte Position jeweils als letzte aktualisiert wird. Das Einpflanzen des Ergebnisses erfolgt im zweiten LOOP über die Tabelle GKOMZ; die Werte werden dort in der Routine `xkomv_bewerten` angepasst. Das Kriterium dafür, dass wir uns in dieser speziellen Situation befinden, ist die hier verwendete besondere `preisfindungsart = F`. Weiterführende Informationen zu dieser Preisfindungsart finden Sie in Abschnitt 11.5, »Sonderlogik der Preisfindungsart F in der Routine ›xkomv_bewerten‹«.

10.3 Funktionsbaustein PRICING_COPY

Mit dem Funktionsbaustein PRICING_COPY werden beim Anlegen von Belegen mit Bezug die Belegkonditionen des Referenzbelegs aus der Datenbanktabelle KONV gelesen und in den aktuellen Beleg in XKOMV übernommen. Durch die vorgegebene *Preisfindungsart* wird eine Vorabauswahl der zu übernehmenden Konditionen getroffen. Die endgültige Entscheidung, welche Konditionen erhalten bleiben und welche neu ermittelt werden, wird im anschließenden Aufruf des Funktionsbausteins PRICING aufgrund der *Preisfindungsart* getroffen. In Listing 10.14 sehen Sie den vereinfacht dargestellten Aufruf innerhalb der Faktura, mit dem die Konditionen aus dem zugrunde liegenden Auftrag übernommen werden.

```
form fakturaposi_lieferbezogen.
   ..
   loop at lrefcp.
      call function 'PRICING_COPY'
              exporting
                currency_new          = vbrk-waerk
                currency_new_date     = vbrk-fkdat
                currency_new_local    = t001-waers
                currency_new_rate     = vbrk-kurrf
                currency_new_type     = vbrk-kurst
                currency_old          = lrefcp-waerk
                currency_old_local    = tvko_auft_t001-waers
                vbtyp_new             = vbrk-vbtyp
                document_number_from  = lrefcp-knumv
                document_number_to    = beleg
                item_number_from      = lrefcp-kposn
                item_number_to        = xposnr
                mode                  = lrefcp-pmode
                quantity_new          = vbrp-fklmg
                quantity_old          = lips-lgmng
                order_number          = vbak-vbeln
                source                = lrefcp-source
                check_rebate          = 'X'
              tables
                tkomv                 = xkomv.
   endloop.
   perform preisfindung using tvcpf-knprs.
   ..
endform.
```

Listing 10.14 Funktionsbaustein PRICING_COPY aufrufen

Die *Preisfindungsart* wird im Parameter mode übergeben und aus der Kopiersteuerung (in diesem Fall aus derTabelle TVCPF) ermittelt. Die Faktura hat die Eigenschaft, dass Belegkonditionen nicht nur vom Auftrag, sondern auch von der Lieferung, der Bestellung und dem Frachtbeleg übernommen werden können. In der Tabelle LREFCP sind die zu kopierenden Belege in Form des KONV-Schlüsselbegriffs KNUMV abgelegt (üblicherweise wird lediglich die interne Nummer in vbak-knumv des Auftrags verwendet). Die Preisquelle wird im Parameter source übergeben.

Bei einem Kopiervorgang kann ein Wechsel der Belegwährung stattfinden. Außerdem kann es sein, dass die Mengen von Quell- und Zielposition unterschiedlich sind (bei Teillieferungen). Die Informationen über *Währung alt*, *Währung neu*, *Menge alt* und *Menge neu* werden übergeben, da bestimmte Konditionswerte in diesen Situationen angepasst werden müssen. Es sind dies alle Konditionswerte konv-kwert zu Konditionen, deren Werte fixiert sind, was z. B. durch konv-ksteu = E gegeben ist; Sie finden diese Situation grundsätzlich bei kopierten Kopfkonditionen vor. Diese Werte werden mengenanteilig skaliert; bei Währungswechsel wird der Wert in die neue Währung umgerechnet.

Eine Besonderheit ist die Fakturierung von Festpreisfakturierungsplänen (Teilfaktura, Schlussfaktura, Anzahlungsfaktura). Der Wert des Fakturierungsplans wird im Parameter amount übergeben (nur bei auftragsbezogener Faktura relevant). In diesem Fall werden alle Konditionen fixiert, und der Parameter amount wird auf alle Konditionswerte verteilt.

10.4 Datenablage des Preisfindungsergebnisses

Das Preisfindungsergebnis eines Belegs gehört in die Verantwortung des Aufrufers, also beim Auftrag zum Programm SAPM45A und bei der Faktura in die Funktionsgruppe V60A. Das Preisfindungsergebnis wird dort jeweils in der internen Tabelle XKOMV verwaltet. Die Inhalte der Tabelle XKOMV werden in SAP ERP in der *Cluster*-Tabelle KONV, in SAP S/4HANA in der transparenten Tabelle PRCD_ELEMENTS abgelegt, und die Verbuchung erfolgt durch Bausteine des Auftrags bzw. der Faktura. Im Auftrag ist dies der Funktionsbaustein RV_SALES_DOCUMENT_UPDATE. Das Coding zum Update der Tabelle KONV in SAP ERP sehen Sie in Listing 10.15.

```
form konv_bearbeiten.
  if vorgang ne 'H'.
    delete from konv where knumv = vbak-knumv.
  endif.
  loop at fxkomv.
    fxkomv-mandt = vbak-mandt.
    fxkomv-knumv = vbak-knumv.
```

```
    modify fxkomv.
  endloop.
  insert konv from table fxkomv.
  if sy-subrc ne 0.
    message a100 with 'konv' sy-subrc.
  endif.
endform.
```

Listing 10.15 Update der Tabelle KONV

Üblicherweise erfolgt die Verwaltung der Tabellen eines Belegs durch X-Tabellen (aktueller Stand nach Änderung) und Y-Tabellen (alter Stand vor der Änderung) wie z. B. mit den Tabellen XVBAP und YVBAP der Auftragspositionen. Darin ist über das Kennzeichen `UPDKZ` (Update-Kennzeichen) genau zu erkennen, ob eine Zeile hinzugefügt, geändert oder gelöscht wurde. Zu den Tabellen KONV und PRCD:ELEMENTS wurde diese Logik nicht implementiert; es gibt keine YKOMV-Tabelle, sondern lediglich die Tabelle XKOMV, was bedeutet, dass das Kennzeichen `UPDKZ` nicht verwendet wird. Wir löschen bei einer Belegänderung zuerst alle alten DB-Einträge eines Belegs von der Datenbank, um anschließend den neuen Stand des Belegs komplett hinzuzufügen. Es wurde auf die Verwaltung einer Tabelle YKOMV aus Vereinfachungsgründen verzichtet, zumal in der Tabelle XKOMV großer »Verkehr« herrscht, denn es erfolgen ständig Änderungen.

Diese Logik erscheint auf den ersten Blick laufzeitungünstig. Da die Tabelle KONV jedoch eine *Cluster*-Tabelle ist, sind hier keine Nachteile festzustellen.

10.5 Funktionsbaustein PRICING_REFRESH

Jedes Objekt führt am Ende und/oder am Anfang der Verarbeitung eines Belegs eine Initialisierung durch. Im Beispiel des Auftrags ist dies die Routine `beleg_initialisieren` im Programm `SAPMV45A`. Dort wird auch der Baustein `PRICING_REFRESH` zur Initialisierung der intern benutzten globalen Daten der Funktionsgruppe V61A aufgerufen. Da der Kundenauftrag auch Bausteine anderer Integrationsobjekte aufruft (z. B. des Controllings) und diese selbst ebenfalls Preisfindungsbausteine aufrufen, besteht die Herausforderung, die Initialisierungsanforderung der V61A-Daten nur vom ersten Aufrufer (dem führenden Objekt) anzunehmen.

In der internen Tabelle EXTR des Funktionsbausteins `PRICING_REFRESH` werden alle in der Tabelle KOMT1 vorhandenen Applikationen gesammelt. Falls die Applikation V (Vertrieb) beteiligt ist, wird die Initialisierung nur durchgeführt, wenn der Refresh-Aufruf von eben dieser Applikation kommt, d. h., der erste Eintrag in der übergebenen Tabelle TKOMK hat die Applikation KAPPL = V. Da die Tabelle TKOMK im jeweiligen

Aufrufer verwaltet wird, gibt es für jeden dieser Aufrufer einen eigenen Funktionsbaustein in dessen Funktionsgruppe, der aufgerufen wird, um die dort verwaltete Tabelle TKOMK zu initialisieren. Beispiele sind die Bausteine `RKE_PRICING_REFRESH`, `PRICING_REFRESH_KA` und `PRICING_REFRESH_TX`.

10.6 Dialoganbindung/weitere Funktionsbausteine

Die bisher aufgeführten Funktionsbausteine und Routinen sind sicherlich die wichtigsten, deshalb haben wir diese recht ausführlich besprochen. Aber Sie werden von Zeit zu Zeit sicher noch mit weiteren Programmen zu tun haben, von denen wir die wichtigeren daher im Folgenden noch kurz ansprechen.

10.6.1 Funktionsbaustein PRICING_LOAD_CONDITION_TYPS

Mit dem Funktionsbaustein `PRICING_LOAD_CONDITION_TYPS` können die internen Tabellen TKSCHL und TKSCHLEXCL gefüllt werden. Damit ist es möglich, die Logik der Preisfindungsregeln zu übersteuern, durch die normalerweise festgelegt ist, welche Konditionsarten neu ermittelt werden sollen und welche nicht. TKSCHL enthält dann die Konditionsarten, die auf jeden Fall neu ermittelt werden sollen, und Tabelle TKSCHLEXCL enthält die Konditionsarten, die auf keinen Fall neu ermittelt werden dürfen. Innerhalb der Auftragsbearbeitung und der Fakturierung wird dieser Baustein im Standard nicht verwendet. Sie können ihn jedoch bei Bedarf im im User-Exit `userexit_pricing_prepare_tkomp` in Auftrag oder Faktura einsetzen. Weitere Informationen finden Sie in Abschnitt 11.1, »Preisfindungsarten«.

10.6.2 Dialoganbindung

Die Dialoganbindung des Preisfindungsergebnisses im SAP GUI in den Objekten Auftrag, Lieferung, Faktura und Bestellung ist über die Funktionsgruppe V69A realisiert. Dort finden Sie auch die User-Exits, um die Feldauswahl auf dem Konditionsbild der Belege zu beeinflussen (siehe Abschnitt 11.8.2, »User-Exits der Funktionsgruppe V69A«). Das Konditionsübersichtsbild ist das Dynpro `SAPLV69A 6201` und das Detailbild das Dynpro `SAPLV69A 0640`.

10.6.3 Funktionsbaustein PRICING_DETERMINE_DATES

Bei den Miet- und Wartungsverträgen (Auftragsarten MV und WV) werden periodische Fakturierungspläne eingesetzt. In diesem Zusammenhang werden Konditionsarten mit zeitabhängiger Rechenregel zur Abbildung von Jahres-, Monats-, Wochen-

und Tagespreisen verwendet. Zu diesem Zweck werden in der Schnittstellenstruktur KOMP die folgenden Felder gefüllt:

- ANZ_JAHRE Anzahl Jahre
- ANZ_MONAT Anzahl Monate
- ANZ_WOCHEN Anzahl Wochen
- ANZ_TAG Anzahl Tage

Die Ermittlung dieser Anzahlfelder erfolgt über den Funktionsbaustein PRICING_DETERMINE_DATES, basierend auf den Daten eines Fakturierungsplantermins (Tabellen FPLA und FPLT). Neben diesen Feldern, die den Zeitraum eines konkreten Fakturierungsplantermins beschreiben, gibt es noch die Felder:

- STF_JAHRE Anzahl Jahre
- STF_MONAT Anzahl Monate
- STF_WOCHEN Anzahl Wochen
- STF_TAG Anzahl Tage

Diese wiederum geben den Zeitraum zwischen Vertragsbeginn und den einzelnen Fakturierungsterminen wieder, also den relativen Abstand eines Termins vom Vertragsbeginn. Verwendung finden diese Felder bei Konditionsarten mit zeitabhängigen Staffeln.

Beispiele dafür sind:

- Die Miete beträgt 800,00 EUR monatlich, die ersten drei Monate sind jedoch mietfrei.
- Nach einem Jahr erhöht sich der Preis um 100,00 EUR.

Diese Art von Vereinbarungen kann natürlich auch mit Konditionssätzen abgebildet werden, deren Gültig-ab-Datum nach drei Monaten bzw. einem Jahr beginnt. Solche Konditionssätze müssen dann allerdings vertragsspezifisch als sogenannte *Preisvereinbarungen* angelegt werden und können nicht als allgemeingültige Konditionen hinterlegt werden, die bei allen Verträgen verwendet werden können.

10.7 Zusammenhang der Komponenten der Preisfindung

Abschließend möchten wir noch den Zusammenhang der Komponenten der Preisfindung anhand von Abbildung 10.4 veranschaulichen. Hier sehen Sie alles Wichtige auf einen Blick. Die Abbildung wirkt auf den ersten Blick sehr voll und unübersichtlich. Nachdem Sie aber nun die Bestandteile der Preisfindung kennen, kann Ihnen dieses Schaubild dabei helfen, die Zusammenhänge der Strukturen, Tabellen und internen Tabellen innerhalb der Preisfindung besser zu durchschauen. Im oberen linken Kasten finden Sie die Datenbanktabellen des Customizings mit den Fremdschlüsselbeziehungen, im rechten oberen Kasten die Konditionsstammdaten und im unteren Kasten die Haupttabellen des Kundenauftrags. Außerhalb der Kästen finden Sie die Kommunikationsstrukturen zu den Preisfindungsfunktionsbausteinen (KOMK, KOMP, TKOMK, TKOMP und TKOMV) sowie die internen Tabellen der Preisfindung selbst (KOMT1, KOMT2 und XKOMV). In S/4HANA sehen die Beziehungen übrigens genauso aus, nur ist die Datenbanktabelle KONV für die Belegkonditionen durch die Tabelle PRCD_ELEMENTS ersetzt.

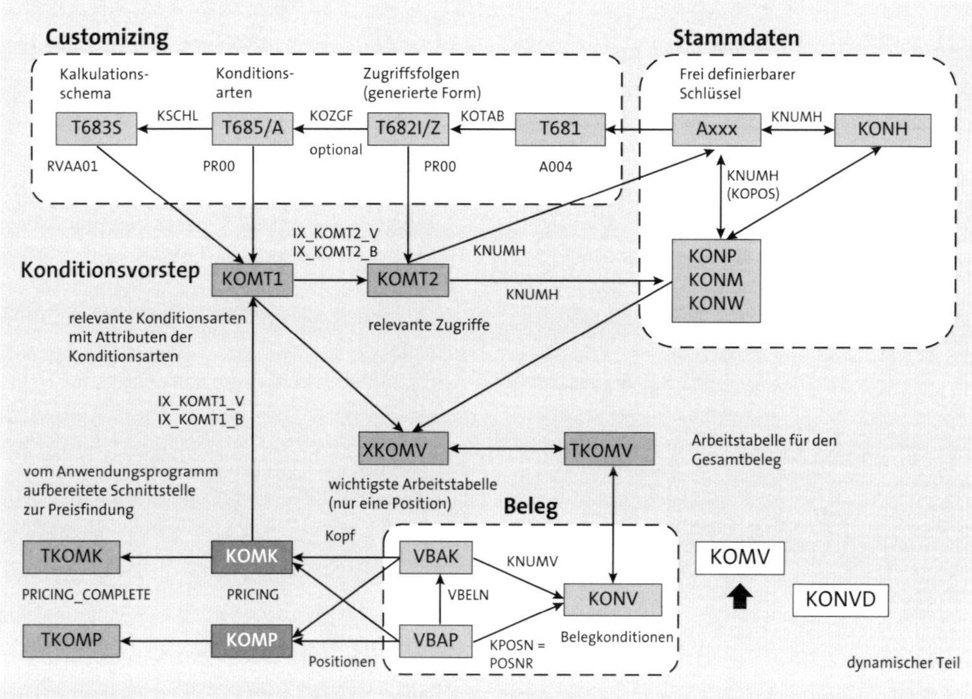

Abbildung 10.4 Zusammenhang der Tabellen und Strukturen

10.8 Fazit

In diesem Kapitel haben Sie einen (möglicherweise noch recht groben) Überblick über die an der Preisfindung beteiligten Programme und deren Schnittstellen und internen Strukturen erhalten. In den folgenden Kapiteln verweisen wir immer wieder auf diese Beschreibungen, was sicherlich zum besseren Verständnis der dort behandelten Funktionen und Lösungen beitragen kann. Im Laufe der Zeit werden Sie Ihre Kenntnisse vertiefen. Dazu trägt sicherlich auch das nächste Kapitel bei, mit dem Sie den Funktionsumfang der Preisfindung erweitern können.

Kapitel 11

Systemanpassungen mit Bedingungen, Formeln und User-Exits

Durch die Flexibilität der Konditionstechnik und durch den geschickten Einsatz von Bedingungen, Formeln und User-Exits lassen sich nahezu alle in der Praxis auftretenden Anforderungen an die Preisfindung lösen.

Mit den bisherigen Kapiteln haben Sie sich die Grundlagen und das Verständnis angeeignet, das Sie benötigen, um die Fülle der Anpassungsmöglichkeiten einzuschätzen und auszuschöpfen. Jetzt geht es um die Erweiterung Ihrer Kenntnisse. Wenn Sie erkannt haben, dass Sie eine Anforderung nicht allein mit den Mitteln des Customizing umsetzen können, werden Sie versuchen, eine Lösung des Problems unter der Nutzung der Bedingungen, Formeln oder User-Exits zu finden. Dazu sollten Sie wissen, zu welchen Zeitpunkten die einzelnen Routinen ausgeführt werden, welches die Eingangsschnittstellen sind und welche Manipulationen innerhalb der verwendeten Routine vorgenommen werden können. Diese Informationen sind Thema in diesem Kapitel. Im anschließenden Kapitel 12, »Typische Praxisanforderungen an die Preisfindung und ihre Lösung«, finden Sie einige Anwendungsbeispiele.

Bedingungen und Formeln werden über Transaktion VOFM angelegt und im Customizing dem jeweiligen Objekt zugeordnet. Da es sich dabei um ABAP-Coding handelt, sind Sie einerseits sehr flexibel, andererseits setzt der Einsatz natürlich Programmierkenntnisse voraus. Da diese VOFM-Routinen als Formroutinen im Preisfindungsprogramm direkt prozessiert werden, besteht die Gefahr, dass Sie Schaden anrichten. Dies liegt daran, dass diese Routinen User-Exits im klassischen Stil darstellen, d. h., Sie haben Zugriff auf alle globalen Daten des Rahmenprogramms und können diese auch manipulieren. Die Schnittstellen sind dabei nicht eingeschränkt.

Neben diesen VOFM-Routinen gibt es noch die klassischen User-Exits mit den gleichen Eigenschaften und Risiken. An einigen Stellen sind auch User-Exits als BAdI-Implementierung vorgesehen. Sofern vorhanden, sind diese den klassischen Implementierungen vorzuziehen, da hier die Schnittstellen klar definiert sind und die Implementierung im Kundennamensraum liegt.

Alle beschriebenen Erweiterungsmöglichkeiten finden Sie auch in S/4HANA, wenn Sie die On-Premise-Version gewählt haben. Sollten Sie SAP S/4HANA Cloud einsetzen, sind die Möglichkeiten im Allgemeinen eingeschränkt. Wir kommen in Kapitel 15, »Preisfindung in S/4HANA«, darauf zurück.

Nachdem Sie die Business Function `LOG_SD_COMMODITY_02` oder `LOG_MM_COMMODITY_02` aktiviert haben, stehen darüber hinaus auch die BAdIs der konfigurierbaren Parameter und Formeln zur Verfügung, die Sie in Abschnitt 4.5, »Konfigurierbare Formeln und Parameter«, kennengelernt haben. Ihre Verwendung erklären wir Ihnen in Kapitel 12, »Typische Praxisanforderungen an die Preisfindung und ihre Lösung«, anhand eines ausführlichen Beispiels.

Im Einzelnen sprechen wir in diesem Kapitel über:

- Preisfindungsarten
- Bedingungen
- ein Beispiel für den Einsatz der Formeln
- Konditionsbasisformeln
- Staffelbasisformeln
- Konditionswertformeln
- Gruppen-Key-Routinen beim Einsatz von Gruppenkonditionen
- die Sonderlogik der Preisfindungsart F
- die Übergabe des Preisfindungsergebnisses in der Struktur KOMP
- die Bedeutung des Steuerungskennzeichens `xkomv-ksteu`
- User-Exits in der Preisfindung
- die Möglichkeit, Informationen in der DB Tabelle für die Belegkonditionen zu speichern
- den Performanceaspekt im Zusammenhang mit der Benutzung von Formeln und Bedingungen
- Fehlermeldungen aus Formeln und die allgemeine Fehlerbehandlung innerhalb der Preisfindung

Ebenso wie das vorangehende Kapitel ist auch dieses Kapitel ein sehr technisches. Es dient vor allem als Nachschlagewerk, wenn Sie neue Formeln und Bedingungen einrichten bzw. Modifikationen im Rahmen der User-Exits durchführen wollen. Wenn Sie zum ersten Mal solche Erweiterungen planen, sollten Sie zuvor auf jeden Fall dieses Kapitel gelesen haben. Auch diesem Kapitel werden Sie sich iterativ nähern: Beim ersten Lesen tauchen Sie sicher noch nicht tief in die Details ein, sondern verschaffen sich zunächst einen Überblick über die Anpassungsmöglichkeiten und Begriffe. Das Detailwissen werden Sie sich dann im Zusammenhang mit konkreten Aufgabenstellungen aneignen.

Bevor wir in die genauere Beschreibung der Bedingungen, Formeln und User-Exits einsteigen, wollen wir das bisher erlernte Wissen um die Preisfindungsarten abrunden, die insbesondere innerhalb der Bedingungen und Formeln eine wichtige Rolle spielen. So können z. B. die Preisfindungsarten durch Bedingungen übersteuert werden.

11.1 Preisfindungsarten

Die *Preisfindungsart* wird an allen wichtigen Schnittstellen verwendet. Sie dient in erster Linie dazu, festzulegen, welche Konditionsarten bei einem Aufruf der Preisfindung neu ermittelt werden sollen.

Die Preisfindungsarten werden in der Routine `konditionsvorstep` in der internen Tabelle STEU ausgeprägt, und über die Routine `userexit_pricing_rule` können kundeneigene Preisfindungsarten eingerichtet werden (siehe Abschnitt 10.1.2, »Routine ›konditionsvorstep‹«, und Abschnitt 11.8.1, »User-Exits der Funktionsgruppe V61A«). Der angesprochene User-Exit wird zu einem Zeitpunkt prozessiert, zu dem lediglich die Informationen aus der Schnittstellenstruktur KOMK zur Verfügung stehen, was eventuell für eine Feinsteuerung nicht ausreicht; denn Sie können die Preisfindungsarten nicht abhängig von Positionsinformationen, wie etwa den Positionstypen, abhängig machen.

Falls die Steuerung über die Preisfindungsarten nicht ausreicht, können Sie das Verhalten der Preisfindungsarten über die internen Tabellen TKSCHL und TKSCHLEXCL übersteuern. Diese wiederum können Sie innerhalb von Bedingungen laden oder über den Funktionsbaustein `PRICING_LOAD_CONDITION_TYPS` (siehe Abschnitt 10.6.1, »Funktionsbaustein PRICING_LOAD_CONDITION_TYPS«) im Rahmen der Vorbereitungsarbeiten im User-Exit `userexit_pricing_prepare_tkomp` (siehe Abschnitt 13.1, »Preisfindung im Kundenauftrag«, und Abschnitt 13.2, »Preisfindung in der Faktura«).

Eine weitere Möglichkeit der Übersteuerung erhalten Sie durch die beiden Schnittstellenfelder `komp-kaend_typ` und `komp-konau_typ`.

11.1.1 Steuerung über das Feld »komp-kaend_typ«

Im Feld `komp-kaend_typ` (**Nicht änderbare Konditionstypen**) können Sie bis zu fünf Konditionstypen eintragen, die innerhalb der Preisfindung nicht verändert werden dürfen. In der Faktura werden z. B. die Konditionstypen G, b und h hier eingetragen, womit verhindert wird, dass Verrechnungspreis- und Transferpreiskonditionen verändert werden. Dies ist erforderlich, da die Werte für diese Konditionen normalerweise von außen an die Faktura übergeben werden und damit innerhalb der Preisfindung nicht ermittelbar sind.

Eine besondere Rolle spielt der Wert »*« an der ersten Stelle des Feldes. Hat dieses Feld den Inhalt »*«, werden keinerlei Konditionen neu ermittelt, unabhängig von der Preisfindungsart. Im Auftrag wird diese Funktion bei Positionen verwendet, die bereits fakturiert sind. Bei solchen Positionen sollen die Änderungsmöglichkeiten stark eingeschränkt sein. Innerhalb der Fakturierung wird die Logik bei Stornobelegen und bei Fakturen eingesetzt, die bereits an die Buchhaltung übergeleitet sind.

Das Feld können Sie in der Routine `userexit_pricing_prepare_tkomp` von Auftrag und Faktura setzen (siehe Abschnitt 13.1, »Preisfindung im Kundenauftrag«, und Abschnitt 13.2, »Preisfindung in der Faktura«).

11.1.2 Steuerung über das Feld »komp-konau_typ«

Auch im Feld `komp-konau_typ` (**Unzulässige Konditionstypen**) können Sie bis zu fünf Konditionstypen eintragen, die jedoch bewirken, dass solche Konditionsarten überhaupt nicht ermittelt werden. Auch die manuelle Eingabe solcher Konditionen ist unterbunden. Auch hier verwenden Sie die Routine `userexit_pricing_prepare_tkomp`, um das Feld zu füllen.

11.2 Bedingungen

Wie schon in vorangegangenen Kapiteln besprochen, werden Bedingungen in Zugriffsfolgen und im Kalkulationsschema eingesetzt. Sie haben in Abschnitt 10.2, »Funktionsbaustein PRICING_COMPLETE«, und in Abschnitt 10.1.4, »Routine ›xkomv_aufbauen_aus_komt1‹«, den Unterschied zwischen der Prüfung zum Prestep-Zeitpunkt (`kobev_nnn`) und der endgültigen Prüfung (`kobed_nnn`) kennengelernt. Bei negativem Ausgang einer Bedingungsprüfung (`sy-subrc ne zero`) werden keine Datenbankzugriffe auf die Konditionstabellen durchgeführt, bzw. die Konditionsart wird überhaupt nicht in die interne Tabelle der Konditionsarten KOMT1 aufgenommen. Damit ist klar, dass es immer von Vorteil ist, wenn es möglich ist, Datenbankzugriffe durch geschickte Bedingungen zu verhindern.

11.2.1 Manipulation von KOMK- und KOMP-Feldern durch Bedingungen

In Abschnitt 9.2, »Datenermittlung über Konditionen«, haben wir schon ausführlich die Möglichkeit besprochen, innerhalb der Bedingungen KOMK- und KOMP-Felder zu manipulieren, um damit die Grundlagen für den Konditionszugriff zu ändern, und wir haben Beispiele genannt. Sie haben auch gesehen, wie Sie die interne Tabelle XKOMPLOOP füllen können, um damit mehrwertige Felder zu realisieren (siehe Abschnitt 9.3, »Felder mit Mehrfachbelegung«).

11.2.2 Übersteuerung der Preisfindungsarten durch Bedingungen

Eine weitere Möglichkeit besteht darin, innerhalb der Bedingung die internen Tabellen TKSCHL und/oder TKSCHLEXCL einzusetzen. Diese internen Tabellen dienen dazu, die Logik der *Preisfindungsarten* zu übersteuern, wenn deren Möglichkeiten nicht ausreichen. In die Tabelle TKSCHL können die Konditionsarten aufgenommen werden, die auf jeden Fall neu ermittelt werden sollen, und in die Tabelle TKSCHLEXCL die Konditionsarten, die auf keinen Fall neu ermittelt werden dürfen.

11.2.3 Beispiel 1 – Einsatz der Tabelle TKSCHLEXCL

Wir betrachten die Konditionsart ITD2 des Kalkulationsschemas RVACRN, das bei Kontrakten eingesetzt werden kann, bei denen die erbrachten Leistungen aufwandsbezogen fakturiert werden (siehe Abschnitt 8.1, »Ausgewählte Kalkulationsschemata«). Die Fakturierung ist retroaktiv eingestellt, d. h., es werden immer die gesamten Leistungen fakturiert, unabhängig davon, ob bereits Fakturen vorhanden sind oder nicht. Mit den Konditionsarten ITD2 bis ITD4 wird dann ein bereits fakturierter Wert über die Infostruktur S409 ermittelt und als negativer Wert per Konditionswertformel 112 (ITD fakturiert) eingestellt. Diese Konditionen sind mit **Konditionssteuerung** = E fixiert. Sie dürfen nur beim Anlegen der Fakturaanforderungsposition ermittelt werden und müssen dann unverändert erhalten bleiben, auch in der Faktura.

Da die Preisfindungsarten diese Anforderung nicht erfüllen, setzen wir hier die Bedingung 106 (Kontrakt ITD) ein (siehe Listing 11.1).

```
form kobed_106.
  sy-subrc = 4.
  if komp-kposn ne 0.
    check: komp-prsfd ca 'BX'.
  endif.
  if preisfindungsart ca 'BCDG'.
*   determine change mode
    data: changemode.
    read table tkomv with key knumv = komk-knumv
                              kposn = komp-kposn
                              binary search.
    if sy-subrc = 0 and not tkomv-zaehk is initial
                    and not tkomv-zaehk = '99'.
      changemode = yes.
    else.
      changemode = no.
    endif.
*   avoid redetermination of the condition in change mode by
*   filling exclusion table tkschlexcl
```

```
    read table tkschlexcl with key kschl = komt1-kschl
      binary search.
    case sy-subrc.
      when 0.
        if changemode = no and komk-vbtyp na vbtyp_fakt.
          delete tkschlexcl index sy-tabix.
        endif.
      when 4 or 8.
        if changemode = yes or komk-vbtyp ca vbtyp_fakt.
          tkschlexcl-kschl = komt1-kschl.
          insert tkschlexcl index sy-tabix.
        endif.
    endcase.
  else.
    refresh tkschlexcl.
    refresh tkschl.
  endif.
  sy-subrc = 0.
endform.
```

Listing 11.1 Bedingung 106 für die Konditionsarten ITDn

Im ersten Schritt ermitteln Sie zunächst, ob Sie sich im *Hinzufügemodus* einer Position oder im *Änderungsmodus* befinden, und speichern diese Information in der Variablen changemode. Da es innerhalb der Preisfindung nicht ganz einfach ist, diese Situation festzustellen, sollten Sie sich diese Programmlogik für mögliche andere Fälle merken.

Im zweiten Schritt füllen Sie dann die interne Tabelle TKSCHLEXCL immer genau dann mit Ihrer Konditionsart, wenn Sie sich nicht im Hinzufügemodus einer Auftragsposition befinden.

11.2.4 Beispiel 2 – Einsatz der Tabellen TKSCHL und TKSCHLEXCL

Ein weiteres Beispiel finden Sie in der Bedingung 107 (Kontrakt ACRN) für die Budgetkondition ACRN. Dort wird die interne Tabelle TKSCHLEXCL verwendet, um eine Neuermittlung der Kondition bei Fakturen und Retouren bzw. Gutschriftsanforderungen zu verhindern. TKSCHL wiederum wird verwendet, um die Ermittlung in Fakturaanforderungen im Hinzufügemodus zu erzwingen.

11.2.5 Aufrufzeitpunkt der Prestep-Bedingung

Die Prestep-Bedingung wird zum Zeitpunkt des Aufbaus der internen Tabellen KOMT1 und KOMT2 der Konditionsarten und Zugriffe prozessiert. Falls diese Prüfung negativ ist, wird die Konditionsart bzw. der Zugriff nicht in die internen Tabellen aufgenommen; die betreffende Konditionsart bzw. der Zugriff wird in der Folge auf der Positionsebene nicht berücksichtigt. Die Bedingung im Kalkulationsschema wird in der Routine `konditionsvorstep` und die Bedingung im Zugriff in der Routine `komt2_aufbauen` aufgerufen (siehe Abschnitt 10.1.2, »Routine ›konditionsvorstep‹«, und Abschnitt 10.1.4, »Routine ›xkomv_aufbauen_aus_komt1‹«).

[«]

Eingangsschnittstelle der Prestep-Bedingung (kobev_nnn)

- KOMK – Kommunikationskopf
- T683S – Tabelleneintrag im Kalkulationsschema
- `preisfindungsart` – Schnittstellenvariable

[«]

Ausgangsschnittstelle der Prestep-Bedingung

- `sy-subrc` – Returncode

In der Prestep-Bedingung können nur die Feldinhalte der Struktur KOMK abgefragt werden, Positionsinformationen, also Felder der Struktur KOMP, können Sie nur in der endgültigen Bedingung abfragen. Interessant ist die Eigenschaft, dass ein negatives Prüfungsergebnis im Prestep bewirkt, dass in Folgebelegen, in die Belegkonditionen kopiert wurden, diese im Zielbeleg wieder verworfen werden. Diesen Effekt gibt es bei der endgültigen Prüfung nicht. Aus Gründen der Performance werden die Prestep-Bedingungen in der Fakturierung nur bei den Preisfindungsarten B und C für alle Konditionen aufgerufen. Seit Release SAP ERP 6.0 EHP 6 können Sie jedoch in der Preisfindungsvorbereitung den Parameter `gv_pric_prelim_control` auf »X« setzen und damit eine Prüfung aller Prestep-Bedingungen auch in der Fakturierung erzwingen.

11.2.6 Aufrufzeitpunkt der endgültigen Bedingung

Die eigentliche Bedingung wird in den Routinen `xkomv_aufbauen_aus_komt1` und `konditionen_lesen` aufgerufen.

[«]

Eingangsschnittstelle der endgültigen Bedingung (kobed_nnn)

- KOMK, KOMP, KOMPAZD
- KOMT1 – Tabelleneintrag im Kalkulationsschema sowie alle Parameter der Konditionsart
- `preisfindungsart` – Schnittstellenvariable

In der Struktur KOMP dürfen Sie nur solche Felder verwenden, die an die Preisfindung von außen übergeben wurden, oder Felder, die in Bedingungen vorangegangener Konditionsarten gefüllt wurden. Felder, die in der Routine `xkomv_bewerten` gefüllt werden (zu diesem Zeitpunkt werden auch die Formeln prozessiert), dürfen auf keinen Fall verwendet werden. Dazu gehören insbesondere alle Wertfelder (z. B. `komp-netwr`).

[»]

Ausgangsschnittstelle der endgültigen Bedingung

- `sy-subrc` – Returncode
- KOMK – eine Änderung gilt nur temporär für die aktuelle Kondition
- KOMP – eine Änderung bleibt dauerhaft erhalten
- XKOMPLOOP – Tabelle der Felder mit mehreren Werten

Beachten Sie, dass die Bedingungen im Schema bei Konditionen, die aus einem Vorgängerbeleg übernommen wurden, zwar durchlaufen, ihr Prüfergebnis aber nicht angewandt wird.

11.2.7 Verhalten bei kopierten Konditionen

Bei Belegketten werden normalerweise (zumindest teilweise) Konditionen vom Quellbeleg in den Zielbeleg übernommen. Diese Übernahme wird durch den Funktionsbaustein `PRICING_COPY` durchgeführt (siehe Abschnitt 10.3, »Funktionsbaustein PRICING_COPY«). Bei den kopierten Konditionen findet *keine* Bedingungsprüfung statt, was unter Umständen dazu führen kann, dass eine neue Preisfindung im Zielbeleg ein anderes Ergebnis als im Quellbeleg liefern kann. Wir können allerdings indirekt erreichen, dass bei Nichterfüllung der Bedingung im Zielbeleg die Kondition verworfen wird. Dies ist dann der Fall, wenn die Prüfung der *Prestep-Bedingung* negativ ausfällt. In dieser Situation existiert die Kondition nicht in der internen Tabelle KOMT1 des Kalkulationsschemas, was in der Routine `xkomv_aufbauen_aus_tkomv` dazu führt, dass die Kondition nicht übernommen wird. Beachten Sie jedoch, dass Prestep-Bedingungen für den Gesamtbeleg gelten und in der Faktura üblicherweise nicht ausgeführt werden (siehe Abschnitt 11.2.5, »Aufrufzeitpunkt der Prestep-Bedingung«). Eine weitere Möglichkeit, um kopierte Konditionen wieder zu verwerfen, besteht deshalb darin, mittels Wertformel das Kennzeichen **inaktiv** der Kondition auf »Z« zu setzen.

11.3 Ein Beispiel für den Einsatz der Formeln

In diesem Abschnitt zeigen wir Ihnen ein Beispiel für eine Konditionsart ZP03, bei dem alle Formeln eingesetzt werden. Diese Konditionsart ist eine Kopie der Konditionsart KP03 (Mixanbruchzuschlag).

[zB]

Konditionsart ZP03 für den Einsatz der Formeln

Mit der Konditionsart ZP03 soll immer dann, wenn der gesamte Auftrag keine ganzen Paletten füllt, ein Zuschlag in Höhe von 4 EUR für den Gesamtauftrag berechnet werden. Dabei soll bei Belegen, die von der Hauswährung abweichen, der umgerechnete Betrag gemäß Rundungsregel für diese Währung gerundet werden. Im Falle eines Belegs in CHF soll somit die Fünfer-Rappen-Rundung erfolgen. Der Betrag soll dann auf die Auftragspositionen im Verhältnis der Bruttogewichte verteilt werden.

Die Konditionsart ZP03 ist als Referenz zur Konditionsart KP03 eingestellt, was bedeutet, dass die Konditionsstammsätze ausschließlich unter KP03 gepflegt werden. Die Kondition ist mit der Rechenregel **Absolutbetrag** eingestellt, als Gruppenkondition markiert und verwendet eine Mengenstaffel zur fest in der Konditionsart vorgegebenen Palettenmengeneinheit PAL. Voraussetzung ist, dass alle erfassten Artikel in die Mengeneinheit PAL umgerechnet werden können.

Zur Lösung dieser Aufgabe verwenden wir die Formeln:

- **Staffelbasisformel 023 (Ermitteln Anbruchmenge)**
- **Konditionsbasisformel 012 (Einstellen Bruttogewicht der Position als Konditionsbasis)**
  Dies bewirkt bei Gruppenkonditionen mit Rechenregel B (Absolutbetrag), dass der Wert nach dem Bruttogewicht auf die Positionen verteilt wird.
- **Konditionswertformel 017 (Rundung des Konditionswertes gemäß Rundungsregel der Tabelle T001R)**

Zum Einrichten des Beispiels sind die folgenden Schritte erforderlich:

1. Einrichten der Konditionsart ZP03 und Aufnahme von ZP03 in das Kalkulationsschema mit den zu Beginn des Abschnitts beschriebenen Einstellungen.
2. Anlegen eines Konditionssatzes zu der Kondition KP03 (siehe Abbildung 11.1).
3. Anlegen eines Kundenauftrags (siehe Abbildung 11.2). Bei den eingesetzten Artikeln müssen die Umrechnungsfaktoren zur Mengeneinheit Palette (PAL) gepflegt werden.
4. Überprüfen des Preisfindungsergebnisses der Konditionen KP03 und ZP03 auf der Positionsebene (siehe Abbildung 11.2 und Abbildung 11.3).
5. Überprüfen des Preisfindungsergebnisses auf der Kopfebene (siehe Abbildung 11.4 und Abbildung 11.5).

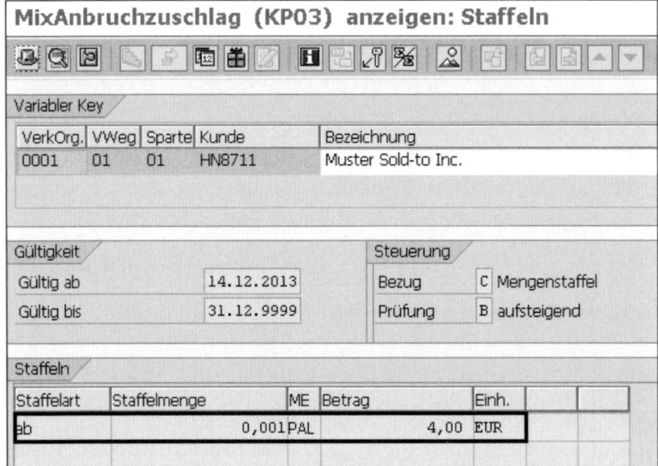

Abbildung 11.1 Konditionssatz zur Kondition ZP03 (Referenz zur Konditionsart KP03)

Die Staffelmenge in Höhe von 0,001 Paletten hat die Bedeutung der Anbruchmenge, d. h., der Zugriff auf diese Staffel erfolgt nicht mit der Gesamtmenge der Paletten, sondern lediglich mit der Anbruchmenge (siehe Abbildung 11.1). Eine Gesamtmenge von 30 KI (Kisten) ergibt 1,5 PAL (Paletten) und damit eine Anbruchmenge von 0,5 PAL. Eine Menge von 40 KI ergibt 2,0 PAL, also 0,0 PAL Anbruchmenge.

Lastschriftsanford. 70000444 Nettowert 794,62 CHF
Auftraggeber HN8711 Muster Sold-to Inc. / Schleichweg 5 / 76684 Östringen
Warenempfänger HN8712 Muster Ship-to Inc. / Obere Gass 2 / 60000 Frankfurt
Bestellnummer xyz Bestelldatum

Verkauf | Positionsübersicht | Positionsdetail | Besteller | Beschaffung | Konfiguration | Absag

Fakturadatum 16.12.2013 LeistErstDat
Fakturasperre Preisdatum 14.12.2013

Alle Positionen

Pos	Material	Zielmenge	ME	Nettowert	Dele...	Absagegrund	Bezeichnung
10	HN1080	10	KI	154,62	CHF		Pils 20x0,5
20	HN1081	10	KI	167,78	CHF		Export 20x0,5
30	HN1082	5	KI	202,15	CHF		Schokolade
40	HN1083	5	KI	270,07	CHF		Äpfel

Abbildung 11.2 Beispielkundenauftrag

Die eingesetzten Artikel sind so eingerichtet, dass bei den Artikeln HN1080 und HN1081 20 Kisten (KI) eine Palette (PAL) ergeben; bei den Artikeln HN1082 und HN1083 besteht eine PAL aus 50 KI. In unserem Beispielkundenauftrag (siehe Abbildung 11.2) erhalten wir mit diesen Umrechnungsfaktoren eine Gesamtmenge von 1,2 PAL und damit eine Anbruchmenge von 0,2 PAL.

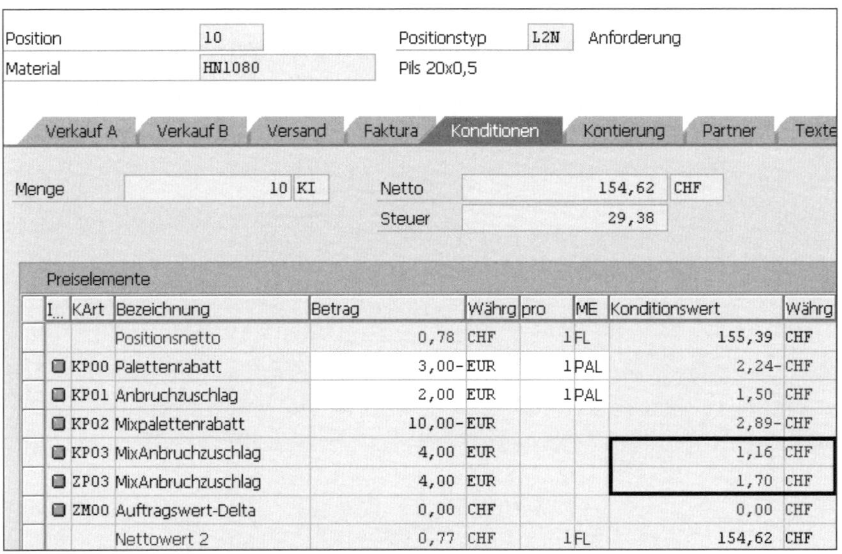

I...	KArt	Bezeichnung	Betrag	Währg	pro	ME	Konditionswert	Währg
		Positionsnetto	0,78	CHF	1	FL	155,39	CHF
	KP00	Palettenrabatt	3,00-	EUR	1	PAL	2,24-	CHF
	KP01	Anbruchzuschlag	2,00	EUR	1	PAL	1,50	CHF
	KP02	Mixpalettenrabatt	10,00-	EUR			2,89-	CHF
	KP03	MixAnbruchzuschlag	4,00	EUR			1,16	CHF
	ZP03	MixAnbruchzuschlag	4,00	EUR			1,70	CHF
	ZM00	Auftragswert-Delta	0,00	CHF			0,00	CHF
		Nettowert 2	0,77	CHF	1	FL	154,62	CHF

Abbildung 11.3 Konditionsbild für Position 10

Die Verteilung des Konditionswertes erfolgt bei der Konditionsart KP03 wertanteilig, bei der Konditionsart ZP03 hingegen gewichtsanteilig.

Wie Sie wissen, ist die Konditionsbasis je nach Rechenregel ein Wert, eine Menge, ein Gewicht usw. Bei Konditionen der Rechenregel **Absolutbetrag** hat die Konditionsbasis keine Dimension, ist also weder Wert noch Menge. In unserem Beispiel ist die *Konditionsbasis* 160.000 und wird durch die Basisformel 012 gefüllt, mit der das Bruttogewicht übernommen wird. Bei absoluten Gruppenkonditionen liefert die Konditionsbasis den Schlüssel für die Verteilung des Gesamtwerts der Kondition auf die Positionen (siehe Abbildung 11.4).

Die Staffelbasisformel 023 ermittelt die Palettenanbruchmenge in Höhe von 0,5 PAL. Bei Gruppenkonditionen mit Absolutbetrag werden die Staffeln erst zum Zeitpunkt `PRICING_COMPLETE`, also in der Routine `gkomv_bewerten`, gelesen (siehe den Abschnitt »Schritt 2 – Bewerten der Kumulationstabelle GKOMV« in Abschnitt 10.2.2, »Aufruf des Funktionsbausteins PRICING_COMPLETE in der Auftragsbearbeitung«).

Die Konditionswertformel 017 wird bei Gruppenkonditionen mit Absolutbetrag ebenfalls ausschließlich zum Zeitpunkt `PRICING_COMPLETE`, also in der Routine `gkomv_bewerten`, prozessiert. Durch diese Wertformel wird der Gesamtwert der Kondition in CHF (Schweizer Franken) gerundet.

Im Kopfkonditionsbild (siehe Abbildung 11.5) betrachten wir den in Schweizer Franken umgerechneten Wert der Konditionen KP03 und ZP03. Der Unterschied zwischen den Konditionen besteht darin, dass der Konditionswert für ZP03 nach der Währungsumrechnung über die Wertformel 017 gerundet wurde.

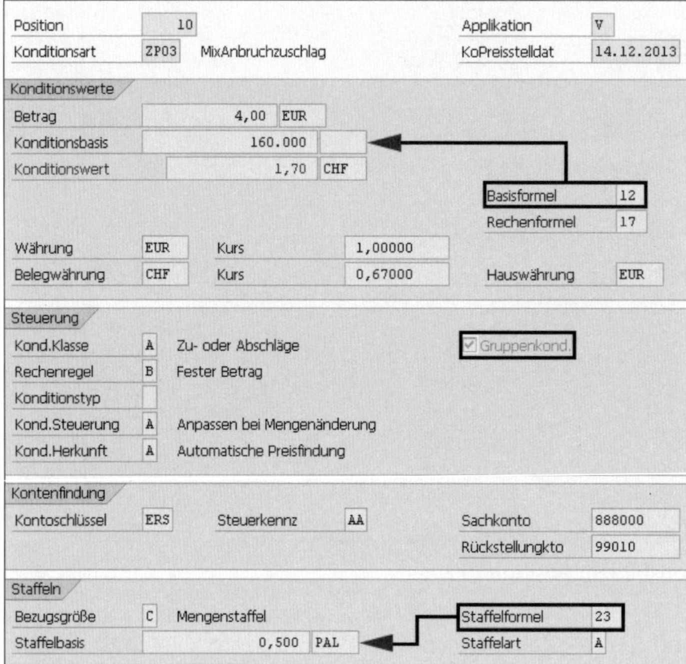

Abbildung 11.4 Konditionsbild für die Position 10 – Detail zur Konditionsart ZP03

Lastschriftsanford. 70000444 Bestellnummer xyz

Auftraggeber HN8711 Muster Sold-to Inc. / Schleichweg 5 / 76684 Östringen

Verkauf | Versand | Faktura | Buchhaltung | Konditionen | Kontierung | Partner | Texte

Netto 794,62 CHF

Steuer 74,18

Preiselemente

I...	KArt	Bezeichnung	Betrag	Währg	pro	ME	Konditionswert	Währg
		Positionsnetto					799,43	CHF
	KP00	Palettenrabatt					5,38-	CHF
	KP01	Anbruchzuschlag					3,60	CHF
	KP02	Mixpalettenrabatt	10,00-	EUR			14,93-	CHF
	ZP03	MixAnbruchzuschlag	4,00	EUR			5,97	CHF
	ZP03	MixAnbruchzuschlag	4,00	EUR			5,95	CHF
	AMIW	Mindestauftragswert	3,00	EUR			4,48	CHF
	AMIZ	Mindestwertzuschlag					0,00	CHF
	ZM00	Auftragswert-Delta					0,00	CHF
		Nettowert 2					794,64	CHF
		Nettowert 3					794,64	CHF
	AZWR	Anzahlung/Verrechng.					0,00	CHF
	MWST	Ausgangssteuer	19,000	%			29,38	CHF
	MWST	Ausgangssteuer	7,000	%			44,80	CHF
	DIFF	Rundung	0,00	CHF			0,02-	CHF
		Endbetrag					868,80	CHF
		Zahlungsbetrag					868,80	CHF
	SKTO	Skonto	3,000-	%			26,06-	CHF

Abbildung 11.5 Kopfkonditionsbild

Im Kopfkonditionsbild wählen Sie das Detailbild zur Kondition ZP03 aus (siehe Abbildung 11.6). Hier sehen Sie alle eingesetzten Formeln. Durch die Konditionswertformel 017 wurde während des Ablaufs der Routine `gkomv_bewerten` der Konditionswert von 5,97 CHF auf 5,95 CHF abgerundet.

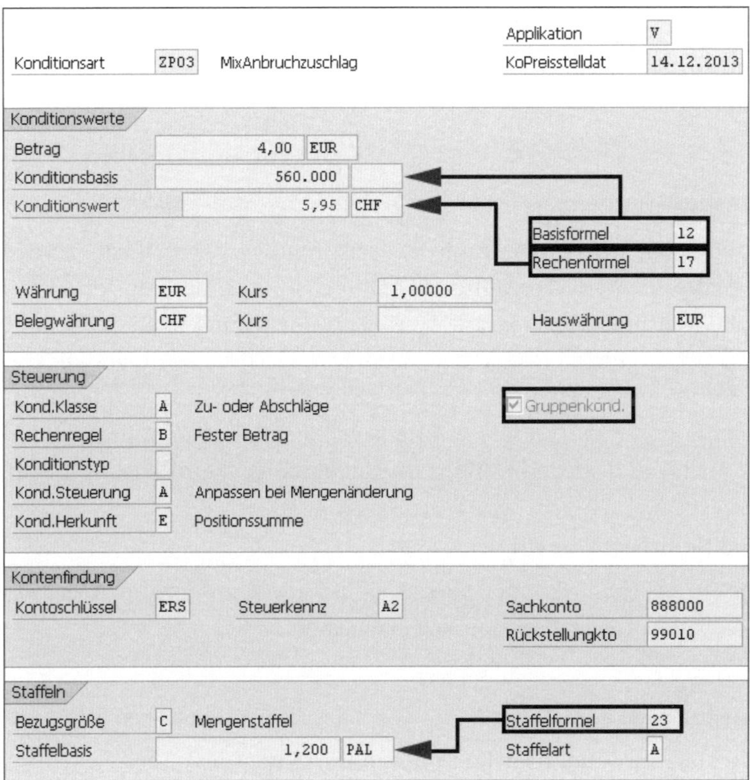

Abbildung 11.6 Kopfkonditionsbild – Detail zu ZP03

Die hier abgebildete *Staffelbasis* von 1,200 PAL ist die Summe der Staffelbasismengen (Anbruchmengen) aller Positionen. Durch die Staffelbasisformel 023 wird daraus 0,2 PAL; mit dieser Menge werden dann die Staffeln gelesen (siehe Abbildung 11.1). Diese Information steht nur temporär während des Ablaufs der Routine `gkomv_bewerten` zur Verfügung und wird nicht abgespeichert.

In der *Konditionsbasis* ist das Gesamtgewicht des Auftrags (dimensionslos) repräsentiert.

11.4 Konditionsformeln

In diesem Abschnitt stellen wir Ihnen wichtige Informationen zum Gebrauch der Formeln vor. Die Formeln stellen User-Exits in Form von Routinen dar, mit denen Sie die vom Standard ermittelten Resultate verändern können. Wir interessieren uns vor allem dafür, zu welchem Zeitpunkt die Routinen prozessiert werden und welche Schnittstellen zur Verfügung stehen. Wir betrachten:

- Konditionsbasisformeln (auch Basisformeln genannt)
- Staffelbasisformeln (auch Staffelformeln genannt)
- Konditionswertformeln (auch Wertformeln genannt)
- Gruppen-Key-Routinen

11.4.1 Konditionsbasisformeln

Wie Sie in Kapitel 10, »Wichtige Programme der Preisfindung«, gesehen haben, wird die Konditionsbasis von `xkomv-kawrt` während der Preisfindung innerhalb von `xkomv_bewerten` durch die Routine `konditionsbasis_ermitteln` berechnet (siehe Abschnitt 10.1.6, »Routine ›xkomv_bewerten‹«). Darin werden, je nach Rechenregel, die zugrunde liegende Menge, das Gewicht, der Wert usw. ermittelt und in `xkwert` der Basisformel zur Verfügung gestellt, wo dieses Ergebnis gegebenenfalls manipuliert werden kann. Die Basisformel wird der Konditionsart im Kalkulationsschema zugeordnet.

Beispiele für Konditionsbasisformeln

Zur Einstimmung auf das Thema können Sie sich einfach die eine oder andere der folgenden Standardformeln mit Transaktion VOFM ansehen:

- 002 (Nettowert)
- 004 (Nettowert + Steuer)
- 028 (100 %Abschlag: verwendet bei der Konditionsart R100)
- 029 (Naturalrabatt Dreingabe: verwendet bei der Konditionsart NRAB)
- 022 (Ganzzahlig: verwendet bei der Konditionsart KP00)

Aufrufzeitpunkt und Schnittstellen der Konditionsbasisformeln

Die Routine wird nur im Rahmen der Positionsbewertung (Zeitpunkt XKOMV_BEWERTEN) prozessiert und nicht zum Zeitpunkt der Bewertung der Gruppentabelle GKOMV innerhalb des Funktionsbausteins `PRICING_COMPLETE`.

Eingangsschnittstelle der Basisformel

- `xkwert` – im Standard ermittelte Konditionsbasis (`xkomv-kawrt`)
- `ykawrt` – Konditionsbasis, alt
- `ywert` – Konditionswert, alt
- `KOMK`, `KOMP`, `KOMPAZD`: Die Felder `komp-netwr`, `netpr`, `kmein`, `kpein`, `kumza`, `kumne` enthalten den Zwischenstand der Bewertung *vor* der aktuellen Kondition.

- XKOMV – aktuelle Konditionszeile
- preisfindungsart
- ykbetr, ybasis, ykrech, ykmein, ykpein, ykumza, ykumne, ywaers, ykkurs, ykbflag – Ausprägungen der letzten Preiskondition. Diese bestimmen insbesondere die Darstellung der Zwischensummenzeilen des Kalkulationsschemas (Zeilen ohne Konditionsart).
- xworkd, xworke, xworkf, xworkg, xworkh, xworki, xworkj, xworkk, xworkl, xworkm – diese Arbeitsfelder können frei in Formeln verwendet werden und können darüber hinaus auch aus dem Kalkulationsschema über das Kennzeichen **Zwischensumme** (xkomv-kzwiw) versorgt werden.

[«]

Ausgangsschnittstelle der Basisformel

- xkwert – geänderte Konditionsbasis
- KOMP – alle Felder aus KOMPAX außer netwr, mwsbp und wavwr
- XKOMV – die meisten Felder sind änderbar. Der Konditionswert xkomv-kwert kann zu diesem Zeitpunkt nur dann gesetzt werden, wenn gleichzeitig die Kondition durch Setzen von xkomv-ksteu = E fixiert wird.
- xworkd, xworke, xworkf, xworkg, xworkh, xworki, xworkj, xworkk, xworkl, xworkm

Die Felder komp-netwr und komp-mwsbp dürfen nie geändert werden, da ansonsten die Überleitung von Fakturen an das Rechnungswesen scheitern würde.

11.4.2 Staffelbasisformeln

Bei Konditionen mit Staffeln wird während der Preisfindung innerhalb von xkomv_bewerten die Routine staffelbasis_ermitteln prozessiert. Darin wird je nach Rechenregel die Staffelbasis xkomv-kstbs (Menge, Gewicht, Wert usw.) ermittelt und in xkwert der Staffelformel zur Verfügung gestellt, wo dieses Ergebnis gegebenenfalls manipuliert werden kann. Die Staffelformel ist der Konditionsart zugeordnet.

Beispiele für Staffelbasisformeln

Die Staffeln werden recht selten eingesetzt; sie bieten jedoch Möglichkeiten, die erst auf den zweiten Blick zu erkennen sind. Ein überzeugendes Beispiel ist die Staffelformel 023 (Anbruchmenge) für die Realisierung eines Palettenanbruchzuschlags mit der Konditionsart KP03 (siehe Konditionssteckbrief). Dass für die Lösung die Staffeln eingesetzt werden, ist ein Trick, auf den man erst einmal kommen muss.

- **202 (Preisbuchstaffel)**
  Setzen einer festen Staffelmenge bei der Kondition PBBS. Dieses Beispiel haben wir ausführlich in Abschnitt 9.2, »Datenermittlung über Konditionen«, behandelt.

- **023 (Anbruchmenge)**
  Setzen einer Anbruchmenge bei der Kondition KP03 zur Ermittlung eines Mixpalettenanbruchzuschlags.
- **043 (Steuerlizenz Frankreich)**
  Ermitteln des Gesamtumsatzes einer Periode zur Abwicklung von Steuerbefreiungslizenzen. Diese Formel (siehe Listing 11.2) ist insofern interessant, als dass die Ausführung nur zum Zeitpunkt der Belegendeverarbeitung (PRICING_COMPLETE) zur Bewertung der Kumulationstabelle GKOMV erfolgt. Dieser Zeitpunkt GKOMV ist generell daran zu erkennen, dass die Positionsnummer xkomv-kposn *initial* ist. Der Funktionsbaustein SD_COND_STATISTICS_READ zur Ermittlung der Kumulationswerte zu einem Konditionssatz wird im Übrigen recht häufig verwendet. gkomv-kstbs enthält die Summe der Staffelbasiswerte aller beteiligten Positionen.

```
form frm_staffelbas_043.
  if xkomv-kposn is initial.
    if tkomk-vbtyp ca vbtyp_retour.
      xkwert = gkomv-kawrt.
    else.
      call function 'SD_COND_STATISTICS_READ'
           exporting
                buffer_read      = ' '
                condition_item   = gkomv_key-kopos
                condition_number = gkomv_key-knumh
                s071_not_read    = 'X'
                s060_not_read    = ' '
           importing
                kstbs_s060       = zzkawrt
           exceptions
                others           = 1.
      xkwert = gkomv-kstbs + zzkawrt.
    endif.
  endif.
endform.
```

Listing 11.2 Staffelbasisformel 043 für die Kondition LCFR

Die Staffelformel 043 ist ein schönes Beispiel dafür, wie kumulierte Werte aus Statistiktabellen eingesetzt werden können.

Aufrufzeitpunkte und Schnittstellen der Staffelbasisformeln

Die Staffelformeln und Wertformeln werden zu zwei Zeitpunkten aufgerufen, und zwar während der Positionsbewertung grundsätzlich und für *Gruppenkonditionen* zusätzlich bei der Bewertung der Kumulationstabelle GKOMV innerhalb von PRICING_

COMPLETE. Dabei ist zu beachten, dass die Schnittstellen unterschiedlich sind. Sind zwei Zeitpunkte vorhanden, sind sie daran zu erkennen, ob die Positionsnummer xkomv-kposn gefüllt ist oder nicht.

- Zeitpunkt XKOMV_BEWERTEN: xkomv-kposn ist gefüllt.
- Zeitpunkt GKOMV_BEWERTEN: xkomv-kposn ist initial.

Wie Sie an der folgenden Aufstellung sehen können, sind die Schnittstellen zum Zeitpunkt GKOMV_BEWERTEN stark eingeschränkt.

Eingangsschnittstelle der Staffelformel zum Zeitpunkt XKOMV_BEWERTEN

- xkwert – im Standard ermittelte Staffelbasis (xkomv-kstbs)
- ykstbs – Staffelbasis, alt
- ykawrt – Konditionsbasis, alt
- ywert – Konditionswert, alt
- KOMK, KOMP
- XKOMV – aktuelle Konditionszeile
- preisfindungsart
- ykbetr, ybasis, ykrech, ykmein, ykpein, ykumza, ykumne, ywaers, ykkurs, ykbflag
- xworkd, xworke, xworkf, xworkg, xworkh, xworki, xworkj, xworkk, xworkl, xworkm

Ausgangsschnittstelle der Staffelformel zum Zeitpunkt XKOMV_BEWERTEN

- xkwert – geänderte Staffelbasis

Eingangsschnittstelle der Staffelformel zum Zeitpunkt GKOMV_BEWERTEN

- xkwert – im Standard ermittelte Staffelbasis (aus gkomv-kstbs)
- KOMK, KOMP stark eingeschränkt: Es sind nur Felder gefüllt, die in den Strukturen GKOMV und GKOMV_KEY enthalten sind. Falls zur Bedienung einer eigenen Formel ein Feld benötigt wird, kann dies gegebenenfalls als APPEND zu diesen Strukturen realisiert werden.
- XKOMV – aktuelle Konditionszeile (aus GKOMV gefüllt)

Ausgangsschnittstelle der Staffelformel zum Zeitpunkt GKOMV_BEWERTEN

- xkwert – geänderte Staffelbasis

Wie zu sehen ist, unterscheiden sich die Schnittstellen zu den zwei Zeitpunkten doch erheblich.

11.4.3 Konditionswertformeln

Die Konditionswertformel ist wohl die am meisten eingesetzte. Bei allen Zeilen des Kalkulationsschemas wird während der Preisfindung innerhalb von `xkomv_bewerten` die Routine `kwert_ermitteln` prozessiert. Darin wird je nach Rechenregel der Konditionswert `xkomv-kwert` ermittelt und in `xkwert` der Wertformel zur Verfügung gestellt, wo dieses Ergebnis gegebenenfalls manipuliert werden kann. Diese Formel wird im Kalkulationsschema zugeordnet und insbesondere gerne bei Zwischensummen ohne Konditionsart eingesetzt, um diese nach Belieben zu füllen.

Beispiele für Konditionswertformeln

An Beispielen für Wertformeln mangelt es im Standard nicht; wir haben davon drei ausgewählt:

- **008 (Erwarteter Kundenpreis)**
  Vergleicht den vom Kunden erwarteten mit dem errechneten Preis und blockiert die Position bei Überschreitung eines Grenzwertes für die Lieferung. Die Formel wird bei den Konditionsarten EDI1 und EDI2 verwendet.
- **011 (Deckungsbeitrag)**
  Ermittelt den Deckungsbeitrag als Differenz der Felder `komp-netwr` und `komp-wavwr`. Die Formel wird bei Zwischensummen verwendet.
- **017 (Rundung laut T001R)**
  Rundet den ermittelten Konditionswert gemäß Rundungsregel der Tabelle T001R (Rundungsregel je Buchungskreis).

Aufrufzeitpunkte und Schnittstellen der Konditionswertformeln

Ebenso wie die Staffelbasisformeln werden auch die Konditionswertformeln zu den folgenden Zeitpunkten aufgerufen:

- Zeitpunkt XKOMV_BEWERTEN: `xkomv-kposn` ist gefüllt.
- Zeitpunkt GKOMV_BEWERTEN: `xkomv-kposn` ist initial.

[»]

Eingangsschnittstelle der Wertformel zum Zeitpunkt XKOMV_BEWERTEN

- `xkwert` – im Standard ermittelter Konditionswert (`xkomv-kwert`)
- `ykstbs` – Staffelbasis alt
- `ykawrt` – Konditionsbasis, alt
- `ywert` – Konditionswert, alt
- `KOMK`, `KOMP`, `KOMPAZD`
- `XKOMV` – aktuelle Konditionszeile

- preisfindungsart
- ykbetr, ybasis, ykrech, ykmein, ykpein, ykumza, ykumne, ywaers, ykkurs, ykbflag
- xworkd, xworke, xworkf, xworkg, xworkh, xworki, xworkj, xworkk, xworkl, xworkm

Ausgangsschnittstelle der Wertformel zum Zeitpunkt XKOMV_BEWERTEN

- xkwert – geänderter Konditionswert
- KOMP – alle Felder aus KOMPAX, außer netwr, mwsbp und wavwr
- XKOMV – aktuelle Konditionszeile, insbesondere die Felder:
- xkomv-kbetr, krech, waers, kkurs, kmein, kpein, kumza, kumne, kfaktor
- xkomv-ksteu, kherk, kinak, kstat, fxmsg
- xkomv-kwaeh, kwert_k, kawrt_k

Eingangsschnittstelle der Wertformel zum Zeitpunkt GKOMV_BEWERTEN

- xkwert – im Standard ermittelter Konditionswert (aus gkomv-kwert)
- KOMK, KOMP wie bei Staffelbasisformel stark eingeschränkt
- XKOMV – aktuelle Konditionszeile (aus GKOMV gefüllt)

Ausgangsschnittstelle der Wertformel zum Zeitpunkt GKOMV_BEWERTEN

- xkwert – geänderter Konditionswert

Auch hier können Sie erkennen, dass sich die Schnittstellen zu den beiden Zeitpunkten stark unterscheiden.

11.4.4 Gruppen-Key-Routine

Wie Sie in Abschnitt 10.2, »Funktionsbaustein PRICING_COMPLETE«, gesehen haben, findet die abschließende Bewertung der Gruppenkonditionen im Rahmen der Belegendeverarbeitung im Funktionsbaustein PRICING_COMPLETE statt. Insbesondere werden hier die Staffelbasen der Gruppenkonditionen positionsübergreifend in den Tabellen GKOMV und gegebenenfalls CGKOMV kumuliert, um dann mit diesen kumulierten Zahlen die Staffelbeträge zu ermitteln.

Der Key der Tabelle GKOMV ist normalerweise der Konditionssatz, repräsentiert durch dessen eindeutig identifizierende interne Nummer KNUMH (gkomv-key-knumh, xkomv-knumh). Das bedeutet, dass zur Ermittlung der Staffelbasis zu einem Konditionssatz genau die Positionen herangezogen werden, in denen dieser Konditionssatz gefunden wurde. Durch den Einsatz einer Gruppen-Key-Routine haben wir nun die

Möglichkeit, die Staffelbasis auf einer anderen Ebene als der des Konditionssatzes zu ermitteln.

Die Gruppen-Key-Routinen werden beim Aufbau der Tabelle GKOMV verwendet und dienen dazu, das variable Key-Feld `gkomv-key-vakey` zu füllen. Ein gefüllter `VAKEY` ersetzt dann `KNUMH` als keybildenden Teil der Tabelle GKOMV.

Eingangsschnittstelle der Gruppen-Key-Routine

- `KOMK`, `KOMP`, `KOMT1`
- `XKOMV` – aktuelle Konditionszeile
- `GKOMV`, `GKOMV_KEY`

Ausgangsschnittstelle der Gruppen-Key-Routine

- `xvakey` – Gruppen-Key

Wir erläutern an dieser Stelle die Arbeitsweise der Gruppen-Key-Routine anhand eines ausführlichen Beispiels. Wir betrachten in diesem Beispiel die beiden Konditionsarten Z030 und Z031 zur Abbildung eines Materialgruppenrabatts. In Abbildung 11.7 sehen Sie den Konditionssatz zur Materialgruppe 02. Der Konditionssatz zur Materialgruppe 01 ist analog angelegt, zur besseren Unterscheidung jedoch mit den Konditionsbeträgen 5,91 EUR und 6,91 EUR.

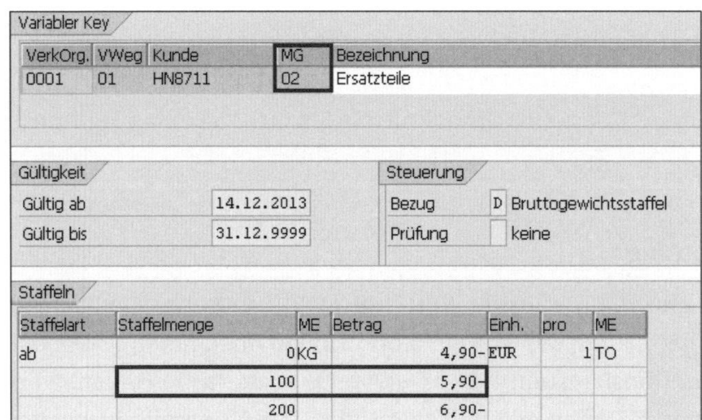

Abbildung 11.7 Konditionssatz zu Z030 für die Materialgruppe 02

Die Konditionsart Z030 ist als gewichtsabhängige Gruppenkondition mit Gewichtsstaffel und ohne Gruppen-Key eingestellt.

Die Konditionsart Z031 ist als Absolutbetrag-Gruppenkondition eingestellt, ebenfalls mit Gewichtsstaffel, jedoch zusätzlich mit der *Gruppen-Key-Routine* 001 (siehe Listing 11.3). Diese einfache Routine füllt `xvakey` mit einem beliebigen Inhalt, was bewirkt, dass gkomv-key-knumh initialisiert wird und damit die Kumulation konditionssatzübergreifend auf der Ebene der Konditionsart erfolgt.

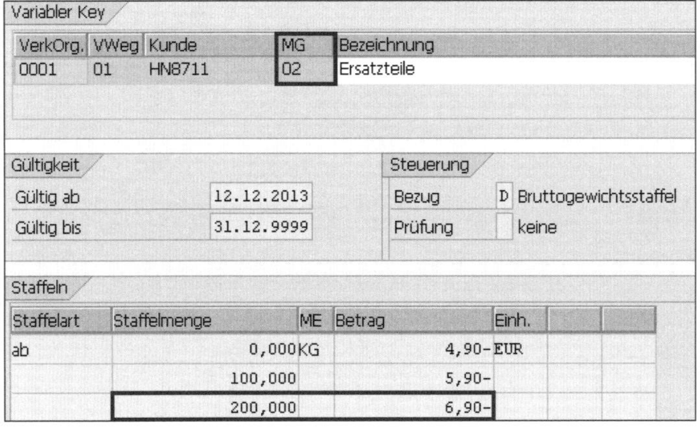

Abbildung 11.8 Konditionssatz zu Z031 für die Materialgruppe 02


```
form frm_gruppenkey_001.
  xvakey      = '001'.
endform.
```

Listing 11.3 Gruppen-Key-Routine 001 für die Kondition Z031

Wir betrachten den Beispielauftrag in Abbildung 11.9 mit vier Positionen (p1 bis p4). Die ersten beiden Positionen gehören zur Materialgruppe 01 und haben ein Gesamtgewicht von 160 kg, die letzten beiden Positionen gehören zur Materialgruppe 02 mit einem Gesamtgewicht von 144 kg.

Wie aus dem Kopfkonditionsbild aus Abbildung 11.10 hervorgeht, wurde für die Kondition Z030 für beide Materialgruppen die 100-kg-Staffel gezogen; für Z031 wegen der Gruppen-Key-Routine die 200-kg-Staffel. Folgende Staffelbasen wurden zugrunde gelegt (siehe Tabelle 11.1).

Materialgruppe	Gesamtgewicht	Konditionswert/ME
Z030 Materialgruppe 01	160 kg (p1, p2)	–5,91 EUR/TO
Z030 Materialgruppe 02	144 kg (p3, p4)	–5,90 EUR/TO
Z031 Materialgruppe 01	304 kg (p1, p2, p3, p4)	–6,91 EUR
Z031 Materialgruppe 02	304 kg (p1, p2, p3, p4)	–6,90 EUR

Tabelle 11.1 Staffelbasen

Im Kopfkonditionsbild des Auftrags (siehe Abbildung 11.10) können Sie die vier beteiligten Konditionssätze erkennen; in den zugehörigen Detailbildern können Sie über **Springen • Konditionssatz** in die Anzeige des Konditionssatzes verzweigen.

Lastschriftsanford. 70000445 Nettowert 318,02 EUR
Auftraggeber HN8711 Muster Sold-to Inc. / Schleichweg 5 / 76684 Östringen
Warenempfänger HN8712 Muster Ship-to Inc. / Obere Gass 2 / 60000 Frankfurt
Bestellnummer Bestelldatum

Verkauf | Positionsübersicht | Positionsdetail | Besteller | Beschaffung | Konfiguration | Ab

Fakturadatum 16.12.2013 LeistErstDat
Fakturasperre Preisdatum 14.12.2013

Alle Positionen

Pos	Material	Zielmenge	ME	Materialgruppe	Bruttogewicht	Ge...	Nettowert	Bele...
10	HN1080	5	KI	01 Normalteile	80,000	KG	46,93	EUR
20	HN1081	5	KI	01 Normalteile	80,000	KG	45,62	EUR
30	HN1082	3	KI	02 Ersatzteile	72,000	KG	112,73	EUR
40	HN1083	3	KI	02 Ersatzteile	72,000	KG	112,74	EUR

Abbildung 11.9 Beispielauftrag zur Gruppen-Key-Routine

Netto 318,02 EUR
Steuer 27,90

Preiselemente

I...	KArt	Bezeichnung	Betrag	Währg	pro	ME	Konditionswert	Währg
	K007	Kundenrabatt					3,42-	EUR
	K020	Preisgruppe	3,000-	%			10,14-	EUR
	K029	Materialgruppe					3,84-	EUR
	K031	Preisgrp/MatGrp					1,91-	EUR
	HI01	Hierarchie					6,49-	EUR
	Z030	Kunde/MatGrp 01	5,91-	EUR	1	TO	0,94-	EUR
	Z030	Kunde/MatGrp 02	5,90-	EUR	1	TO	0,84-	EUR
	Z031	Kunde/MatGrp 01	6,91-	EUR			6,91-	EUR
	Z031	Kunde/MatGrp 02	6,90-	EUR			6,90-	EUR
		Rabattbetrag					39,48-	EUR

Abbildung 11.10 Kopfkonditionsbild mit Z030 und Z031

[»]

Restriktion beim Einsatz von Gruppen-Key-Routinen

Bei der Verwendung von Gruppen-Key-Routinen ist zu beachten, dass die Konditionsart in allen Positionen, die in die Staffelkumulation einfließen sollen, gefunden worden sein muss. Wenn wir in unserem Beispiel für die Materialgruppe 03 keinen Rabatt gewähren wollen, müssen wir dennoch einen Konditionssatz für Z031 und Materialgruppe 03 anlegen – und zwar mit dem Betrag null.

11.5 Sonderlogik der Preisfindungsart F in der Routine »xkomv_bewerten«

Die Aktualisierung der Positionskonditionen aufgrund der Gruppenbewertung innerhalb des Funktionsbausteins `PRICING_COMPLETE` erfolgt durch Abarbeiten der internen Tabelle GKOMZ unter der besonderen *Preisfindungsart F* (siehe Abschnitt 10.2, »Funktionsbaustein PRICING_COMPLETE«). Für jeden Eintrag in der Tabelle GKOMZ wird u. a. die Routine `xkomv_bewerten` aufgerufen, die diese Aufgabe übernimmt. Beim Bewerten der Positionskonditionen XKOMV für eine konkrete Position sind in diesem Zusammenhang vier Zeitpunkte zu beachten, denen besondere Bedeutung zukommt. Für jeden dieser Zeitpunkte findet man in der Routine `xkomv_bewerten` spezielle Coding-Stellen. Wir wollen dies an einem Beispiel erläutern, in dem wir den markierten Eintrag der Tabelle GKOMZ bearbeiten (siehe Abbildung 11.11).

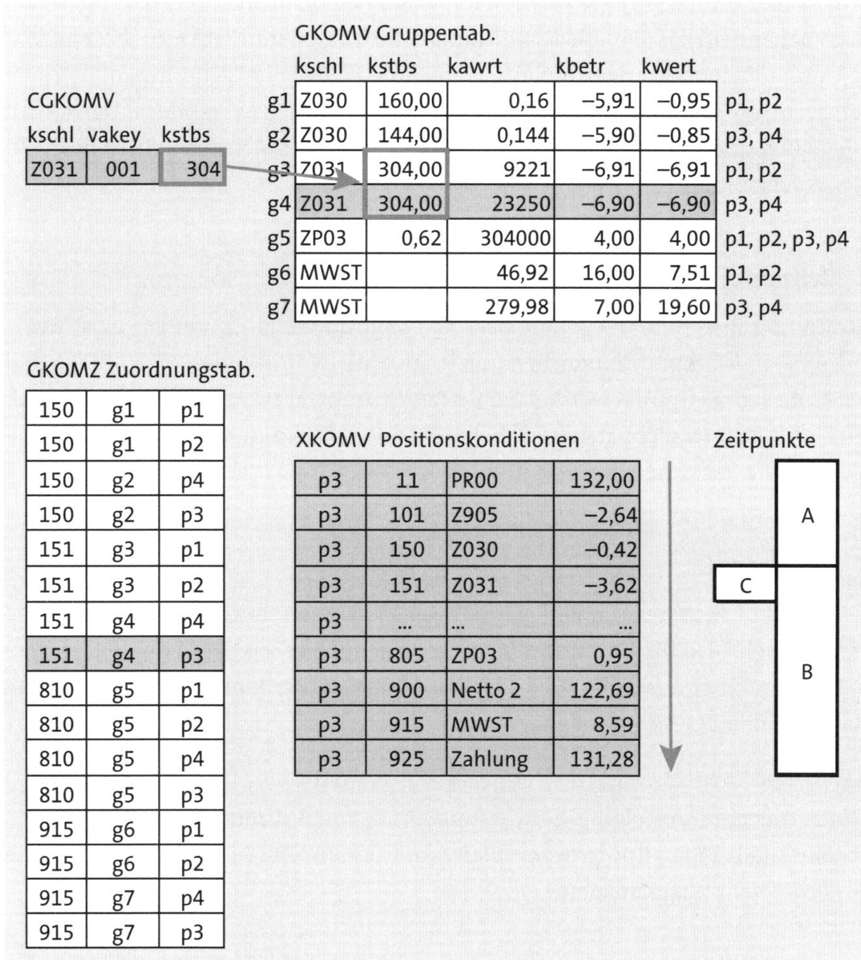

CGKOMV

kschl	vakey	kstbs
Z031	001	304

GKOMV Gruppentab.

	kschl	kstbs	kawrt	kbetr	kwert	
g1	Z030	160,00	0,16	–5,91	–0,95	p1, p2
g2	Z030	144,00	0,144	–5,90	–0,85	p3, p4
g3	Z031	304,00	9221	–6,91	–6,91	p1, p2
g4	Z031	304,00	23250	–6,90	–6,90	p3, p4
g5	ZP03	0,62	304000	4,00	4,00	p1, p2, p3, p4
g6	MWST		46,92	16,00	7,51	p1, p2
g7	MWST		279,98	7,00	19,60	p3, p4

GKOMZ Zuordnungstab.

150	g1	p1
150	g1	p2
150	g2	p4
150	g2	p3
151	g3	p1
151	g3	p2
151	g4	p4
151	g4	p3
810	g5	p1
810	g5	p2
810	g5	p4
810	g5	p3
915	g6	p1
915	g6	p2
915	g7	p4
915	g7	p3

XKOMV Positionskonditionen

p3	11	PR00	132,00
p3	101	Z905	–2,64
p3	150	Z030	–0,42
p3	151	Z031	–3,62
p3	...	...	...
p3	805	ZP03	0,95
p3	900	Netto 2	122,69
p3	915	MWST	8,59
p3	925	Zahlung	131,28

Abbildung 11.11 Bewerten der Positionskonditionen unter der Preisfindungsart F

In dieser Abbildung bedeuten:

- p1 bis p4 – Positionsnummer des Auftrags
- g1 bis g7 – Zeilennummer der Gruppenkondition in Tabelle GKOMV

Wie Sie sehen, wurde die Gruppenkondition g4 in den Positionen p3 und p4 ermittelt. Der markierte Eintrag in der Tabelle GKOMZ besagt, dass Sie das Ergebnis der Gruppenbewertung der Kondition g4 (Konditionssatz Z031 zu Materialgruppe 02) in die Position p3 übernehmen. Diese Position ist der letzte Eintrag des GKOMZ-Blocks zur Gruppenkondition g4, was bedeutet, dass gegebenenfalls bei dieser Position ein Rundungsdifferenzenausgleich durchgeführt wird.

11.5.1 Zeitpunkt A

Zum Zeitpunkt A werden alle Konditionen *vor* der gerade bearbeiteten Gruppenkondition g4 behandelt, das sind die Konditionen PR00, Z905 und Z030. Zu diesem Zeitpunkt werden keinerlei Änderungen an der XKOMV-Zeile vorgenommen. Formeln werden zwar prozessiert, können aber ebenfalls nichts mehr verändern. Der Aufruf dient lediglich dazu, KOMP-Felder oder Arbeitsvariablen, die in der Formel bestückt werden, zu versorgen.

11.5.2 Zeitpunkt B

Zum Zeitpunkt B werden die gerade bearbeitete Gruppenkondition g4 selbst sowie alle *nachfolgenden* Konditionen behandelt, also die Konditionen Z031, ZP03 und MWST. Zu diesem Zeitpunkt werden der Betrag/Prozentsatz `xkomv-kbetr` aus den Staffeln ermittelt (sofern nicht aus der Tabelle GKOMV übernommen) sowie der Konditionswert `xkomv-kwert` neu berechnet.

11.5.3 Zeitpunkt C

Zum Zeitpunkt C wird ausschließlich die `aktuell` bearbeitete Gruppenkondition g4 selbst behandelt, also die Kondition Z031. Zu diesem Zeitpunkt wird der Betrag/Prozentsatz `xkomv-kbetr` aus `gkomv-kbetr` übernommen; außerdem wird bei Absolutbetragskonditionen der Konditionswert mit der Formel

`xkomv-kwert = gkomv-kwert × xkomv-kawrt ÷ gkomv-kawrt`

errechnet, was eine Verteilung des Gesamtwerts gemäß Konditionsbasis bedeutet. Bei Absolutkonditionen und prozentualen Konditionen wird hier gegebenenfalls die *Rundungsdifferenz* zugeschlagen.

11.5.4 Zeitpunkt D

Zum Zeitpunkt D werden alle Konditionen behandelt, die der aktuellen Gruppenkondition g4 *nachfolgen*, das sind die Konditionen ZP03 und MWST. Zu diesem Zeitpunkt werden Konditionsbasis, Staffelbasis und Konditionswert aktualisiert.

In Abbildung 11.11 ist zu erkennen, welche Konditionen zum jeweiligen Zeitpunkt betroffen sind, wenn Sie den grau unterlegten Eintrag der Tabelle GKOMZ bearbeiten.

Wir haben diese Programmlogik deshalb so ausführlich behandelt, weil es gegebenenfalls sinnvoll sein kann, innerhalb eigener Formeln auf diese Situationen zu reagieren – und zwar nicht zuletzt aus Performancegründen. Wenn Sie z. B. in einer Ihrer Formeln Datenbankzugriffe programmiert haben, sollten diese so selten wie möglich ausgeführt werden. Im einfachsten Fall finden bei der Preisfindungsart F überhaupt keine Datenbankzugriffe statt; eventuell können Sie zumindest die Zeitpunkte einschränken.

11.6 Preisfindungsergebnis in KOMP

Das Ergebnis der Preisfindung wird über die Schnittstellentabelle TKOMV (das sind die Belegkonditionen) und die Struktur KOMP (Preisfindungsergebnis auf der Positionsebene) an den Aufrufer übergeben. Sie haben gesehen, dass die Felder der Struktur KOMP, die auch in der Struktur KOMPAX definiert sind, an die aufrufende Auftragsposition bzw. die Fakturaposition übertragen werden. Neben diesen Feldern ist auch noch das Feld `komp-fxmsg` von Interesse, in dem Sie erkennen, ob die Preisfindung gelaufen ist, und gegebenenfalls auch, welche Art von Fehler aufgetreten ist. In Tabelle 11.2 sehen Sie die Felder der Struktur KOMPAX, auf die wir nun genauer eingehen werden. Die Felder sind in zwei Blöcke eingeteilt. Im Include `KOMPAXM` befinden sich alle Character-Felder und im Include `KOMPAXA` alle numerischen Felder.

Komponente	Typ	Länge	Kurzbeschreibung
.INCLUDE	**KOMPAXM**	**0**	**Character-Felder**
PRSOK	PRSOK	1	**Preisfindung okay**
KMEIN	KMEIN	3	**Konditionsmengeneinheit**
CEPOK	CEPOK	1	**Status erwarteter Preis**
MPROK	MPROK	1	**Status manuelle Preisänderung**
KOUPD	KOUPD	1	**Konditionsupdate**
AKTNR	WAKTION	10	**Aktion**

Tabelle 11.2 Preisfindungsergebnis – Positionsfelder (KOMP)

Komponente	Typ	Länge	Kurzbeschreibung
KNUMA_PI	KNUMA_PI	10	Nummer der Promotion
KNUMA_AG	KNUMA_AG	10	Verkaufsaktion
KPEIN	KPEIN	5	Konditionspreiseinheit
.INCLUDE	**KOMPAXA**	**0**	Addierbare Felder
BRTWR	BRTWR_FP	15	Bruttowert in Belegwährung
NETWR	NETWR	15	Nettowert in Belegwährung
MWSBP	MWSBP	13	Steuerbetrag in Belegwährung
NETPR	NETPR	11	Nettopreis
WAVWR	WAVWR	13	Verr.Wert in Belegwährung
KZWI1	KZWI1	13	Konditionszwischensumme 1
KZWI2	KZWI2	13	Konditionszwischensumme 2
KZWI3	KZWI3	13	Konditionszwischensumme 3
KZWI4	KZWI4	13	Konditionszwischensumme 4
KZWI5	KZWI5	13	Konditionszwischensumme 5
KZWI6	KZWI6	13	Konditionszwischensumme 6
CMPRE	CMPRE	11	Kreditpreis der Position
SKFBP	SKFBT	13	Skontof. Betrag in Belegwährung
BONBA	BONBA	13	Bonusbasis
CMPRE_FLT	CMPRE_FLT	16	Kreditpreis der Position
NRAB_VALUE	KWERT	13	Naturalrabattwert
PAYMNT	PAYMNT	15	Zahlungswert in Belegwährung

Tabelle 11.2 Preisfindungsergebnis – Positionsfelder (KOMP) (Forts.)

11.6.1 Feld »komp-fxmsg« (Meldungsnummer)

Das Feld `komp-fxmsg` (**Meldungsnummer**) sagt aus, ob die Preisfindung vollständig gelaufen ist und welcher Fehler gegebenenfalls aufgetreten ist.

Hier sind die wichtigsten Meldungen:

- 801 Preisfindungsfehler – obligatorische Kondition fehlt
- 802 Preisfindungsfehler – Feldüberlauf

- 803 Preisfindungsfehler – Kursumrechnung
- 804 Preisfindungsfehler – Mengenumrechnung
- 805 Preisfindung ist fehlerfrei gelaufen
- 806 Preisfindungsfehler – interner Fehler
- 807 Preisfindungsfehler – Mengenumrechnungsfaktoren fehlen

Der Fehler 806 darf nicht auftreten; er kann nur durch einen Programmfehler oder eine Inkonsistenz ausgelöst werden. Diese Art von Fehler wird am ehesten noch durch eigene Modifikationen verursacht. Alle anderen Fehler wurden durch unvollständiges Customizing oder unvollständige Stammdaten verursacht (z. B. durch fehlende Währungskurse oder fehlende Mengenumrechnungsfaktoren im Materialstamm). Diese letzte Art von Fehlern kann in der Einschwingphase einer Installation eintreten oder immer dann, wenn neue Kunden- oder Materialstammsätze angelegt werden. In all diesen Fällen wird das Feld `komp-prsok` zurückgesetzt und damit die Auftragsposition auf **unvollständig** gesetzt.

11.6.2 Feld »komp-prsok« (Preisfindung o. k.)

Das Feld `komp-prsok` (**Preisfindung o. k.**) wird intern mit »X« vorbesetzt. Falls innerhalb der Preisfindung eine Fehlersituation auftritt, wird `komp-prsok` initialisiert. Außerdem wird in solchen Situationen das Feld `komp-fxmsg` mit einer Fehlernummer gefüllt. Das Feld kann auch innerhalb von Formeln zurückgesetzt werden, wodurch die Position auf **fehlerhaft** gesetzt wird und damit unvollständig für Folgeverarbeitungen ist (Auslieferung, Fakturierung).

11.6.3 Feld »komp-cepok« (Status erwarteter Kundenpreis)

Das Feld `komp-cepok` (**Status erwarteter Kundenpreis**) wird über die Konditionsarten EDI1 und EDI2 durch die Wertformeln 008 bzw. 009 gesetzt und hat die folgenden Ausprägungen:

- _ (Leerzeichen) – nicht relevant
- A – erwarteter Preis o.k.
- B – erwarteter Preis nicht o.k.
- C – erwarteter Preis nicht o.k., aber freigegeben

Sobald der erwartete Preis/Wert um ein in den Formeln definiertes Delta abweicht, wird der Status auf **B** gesetzt. Auftragspositionen mit diesem Zustand sind unvollständig und damit gesperrt für die Auslieferung oder Fakturierung. Über Transaktion V.25 (Erwarteter Kundenpreis) können solche Belege selektiert, bearbeitet und freigegeben werden.

Dieses Verfahren bietet sich auch an, um zusätzliche Anforderungen zu erfüllen. Sie bestehen darin, bei einem bestimmten Zustand der Preisfindung die automatische Auslieferung des Auftrags zu blockieren, um letztlich solche Aufträge durch einen Genehmigungsschritt zu kontrollieren. Beispiele dafür können Budgetierungsanforderungen sein.

11.6.4 Feld »komp-mprok« (Status manuelle Preisänderung)

Das Feld `komp-mprok` (**Status manuelle Preisänderung**) wird immer dann gesetzt, wenn eine manuelle Änderung an einer Kondition vorgenommen wurde. Folgende Ausprägungen sind möglich:

- _ (Leerzeichen) – keine manuelle Änderung
- A – manuelle Änderung vorgenommen
- B – Kondition wurde manuell gelöscht

Ein Freigabeverfahren für solchermaßen gekennzeichnete Aufträge, wie im vorangegangenen Abschnitt für das Feld `komp-cepok` beschrieben, ist im SAP-Standard nicht realisiert. Eine Lösungsmöglichkeit würde darin bestehen, eine Prüfkonditionsart einzuführen und über eine Wertformel `komp-cepok = B` zu setzen, falls `komp-mprok` gefüllt ist. Das wollen wir hier aber nicht weiter ausführen.

11.6.5 Feld »komp-koupd« (Konditionsupdate)

Das Feld `komp-koupd` (**Konditionsupdate**) wird immer dann gesetzt, wenn mindestens eine Kondition gefunden wurde, bei der das Konditionsupdate eingeschaltet ist. Das Feld darf auf keinen Fall modifiziert werden.

11.6.6 Feld »Komp-netpr« (Nettopreis)

Das Feld `komp-netpr` enthält den Nettopreis in der Einheit der (einzigen) aktiven Preiskondition. Zum Preis gehören immer auch die Felder `komp-kmein` (**Mengeneinheit**) und `komp-kpein` (**Preiseinheit**). Die Umrechnungsfaktoren zur Lagermengeneinheit (`komp-kumza` und `komp-kumne`) dienen dazu, bei abweichenden Mengeneinheiten die Menge in der Preismengeneinheit zu errechnen. Der Nettopreis wird aus dem Nettowert `komp-netwr` der Position ermittelt, skaliert auf die Einheit der Preiskondition. Innerhalb der Routine `xkomv_bewerten` der Preisfindung stehen zu diesem Zweck die Informationen der Preiskondition in den Arbeitsvariablen `ykmein`, `ykpein`, `ykumza` und `ykumne` zur Verfügung und können auch in den Formeln verwendet werden.

11.6.7 Feld »komp-netwr« (Nettowert der Position)

Das Feld komp-netwr (**Nettowert der Position**) ist die Summe aller aktiven (xkomv-kinak = space) und nichtstatistischen (xkomv-kstat = space) Konditionen, die nicht Steuern sind (xkomv-koaid ≠ D). Das Feld darf auf keinen Fall modifiziert werden, da in Fakturen aus der Addition von komp-netwr und komp-mwsbp (**Steuerbetrag**) die Debitorengegenbuchung zu den Erlösbuchungen generiert wird.

11.6.8 Feld komp-mwsbp (Steuerbetrag der Position)

Das Feld komp-mwsbp (**Steuerbetrag der Position**) ist die Summe aller aktiven (xkomv-kinak = space) nichtstatistischen (xkomv-kstat = space) Steuerkonditionen (xkomv-koaid = D). Das Feld darf auf keinen Fall modifiziert werden (siehe die Erläuterung zum Feld komp-netwr).

11.6.9 Feld »komp-wavwr« (Verrechnungswert der Position)

Das Feld komp-wavwr (**Verrechnungswert der Position**) repräsentiert die Kosten einer Position, im Normalfall ermittelt über die Kondition VPRS. Im Kundenauftrag sind dies Plankosten, in der Faktura Ist-Kosten. Da die Kosten eines Verkaufsvorgangs je nach Prozess über unterschiedliche Konditionsarten ermittelt werden, wird die Zuordnung der Konditionsart über das Kennzeichen **Zwischensumme** = B (xkomv-kzwiw) aus dem Kalkulationsschema vorgenommen (siehe Tabelle 11.2 und Abschnitt 7.6, »Kosten des Verkaufsvorgangs«). Beispiele für Konditionen, die den Verrechnungswert einer Position bestimmen, sind:

- VPRS – Verkauf ab Lager, Streckenverkauf
- EK02 – Kundeneinzelfertigung, Kalkulation
- EK01 – Aufwandsgerechte Faktura
- PI01, PI02 – Buchungskreisübergreifender Verkauf

Das Feld darf durch Formeln nicht modifiziert werden, da insbesondere im Fall VPRS (xkomv-kntyp = G) ein im Standard implementierter Aktualisierungsmechanismus bei nachträglicher Änderung der Ist-Kosten der Fakturen nicht mehr funktionieren würde. In Fakturen ist es extrem wichtig, dass die Verrechnungspreiskondition die tatsächlichen Kosten darstellt.

11.6.10 Felder »komp«–»brtwr«, »kzwi1«–»kzwi6« usw. (Zwischensummen)

Die Felder komp-brtwr, kzwi1–kzwi6 ... (**Zwischensummen**) werden ebenfalls über das Kennzeichen **Zwischensumme** (xkomv-kzwiw) gefüllt (siehe Tabelle 11.3). Dabei können im Kalkulationsschema sowohl Zeilen mit der Konditionsart als auch Zwischensummenzeilen zugeordnet werden. Im oberen Block sehen Sie die Kennzeichen, die dazu dienen, Felder der Schnittstellenstruktur KOMP zu füllen, die im Anschluss an die Preisfindung an den Aufrufer übergeben und dort in der Belegposition abgespeichert werden können. Im zweiten Block sehen Sie Kennzeichen, die dazu dienen, Arbeitsvariablen zur Verwendung in Formeln nachfolgender Konditionen zu füllen.

Festwert	Kurzbeschreibung
1	Wertübernahme nach **KOMP-KZWI1**
2	Wertübernahme nach **KOMP-KZWI2**
3	Wertübernahme nach **KOMP-KZWI3**
4	Wertübernahme nach **KOMP-KZWI4**
5	Wertübernahme nach **KOMP-KZWI5**
6	Wertübernahme nach **KOMP-KZWI6**
7	Wertübernahme nach **KOMP-BONBA** (Bonusbasis)
8	Wertübernahme nach **KOMP-PREVA** (Präferenzwert)
9	Wertübernahme nach **KOMP-BRTWR** (Bruttowert)
A	Preisübernahme nach **KOMP-CMPRE** (Kreditpreis)
B	Wertübernahme nach **KOMP-WAVWR** (Verrechnungswert)
C	Wertübernahme nach **KOMP-GRWRT** (Grenzübergangswert)
N	Wertübernahme nach **KOMP-NRAB_VALUE** (Naturalrabatt)
D	Wertübernahme nach XWORKD
E	Wertübernahme nach XWORKE
F	Wertübernahme nach XWORKF
G	Wertübernahme nach XWORKG
H	Wertübernahme nach XWORKH
I	Wertübernahme nach XWORKI
J	Wertübernahme nach XWORKJ
K	Preisübernahme nach XWORKK
L	Preisübernahme nach XWORKL
M	Preisübernahme nach XWORKM

Tabelle 11.3 Festwerte der Domäne KZWIW

Alle Anforderungen, die über die KZWIW-Zuordnungen nicht abgebildet werden können, müssen über den Einsatz von Konditionsformeln erfüllt werden. Der Steuerungsparameter KZWIW bietet neben der Zuordnung der Zwischensummenfelder der Struktur KOMP auch noch die Möglichkeit, die internen Arbeitsvariablen xworkd bis xworkm zu bestücken, die dann wiederum in den nachfolgenden Konditionen in Formeln verwendet werden können.

11.7 Steuerungskennzeichen »xkomv-ksteu«

Das Feld xkomv-ksteu ist das wohl wichtigste Steuerungsfeld. Es liefert eine Aussage darüber, inwieweit Staffelbasis, Konditionsbetrag, Konditionsbasis und Konditionswert bei Positionsänderungen angepasst werden können oder ob sie fixiert sind. Sie finden die Information im Preisfindungsdetailbild der Position (siehe Abbildung 11.4). Das Kennzeichen wird in bestimmten Situationen preisfindungsintern gesetzt, kann jedoch auch über Formeln verändert werden.

11

Gehen wir nun auf die Aussagen der einzelnen Werte, die Sie in Tabelle 11.4 sehen, etwas genauer ein.

KSTEU	Bezeichnung
A	Anpassen bei Mengenänderung
B	Ungenutzt
C	Manuell geändert
D	Fixiert
E	Konditionswert und -basis fixiert
F	Konditionswert fixiert (fakturierte Positionen)
G	Konditionsbasis fixiert
H	Konditionswert fixiert (Verrechnungspreis)

Tabelle 11.4 Festwerte der Domäne KSTEU

- **A (Anpassen bei Mengenänderung)**
  Dies ist der Normalzustand einer automatisch gefundenen Kondition. In xkomv_bewerten werden bei jeder Positionsänderung die Staffelbasis xkomv-kstbs, der Betrag aus Staffeln xkomv-kbetr, die Konditionsbasis xkomv-kawrt und der Konditionswert xkomv-kwert angepasst.

- **C (Manuell geändert)**
  Zustand nach manueller Änderung der Kondition. In `xkomv_bewerten` werden bei jeder Positionsänderung nur noch die Konditionsbasis `xkomv-kawrt` und der Konditionswert `xkomv-kwert` angepasst. Staffeln werden nicht neu gezogen. In dieser Situation ist auch das Kennzeichen `xkomv-kmprs` gesetzt.
- **D (Betrag fixiert)**
  Zustand beim Anlegen von Belegen mit Referenz. Die Belegkonditionen können dabei über den Funktionsbaustein `PRICING_COPY` kopiert werden (siehe Abschnitt 10.3, »Funktionsbaustein PRICING_COPY«). In `xkomv_bewerten` werden in diesem Zustand bei jeder Positionsänderung nur noch die Konditionsbasis `xkomv-kawrt` und der Konditionswert `xkomv-kwert` angepasst. Staffeln werden nicht neu gezogen. Beim Aufruf des Funktionsbausteins `PRICING_COPY` mit der Preisfindungsart A werden die Konditionen nicht fixiert; der ursprüngliche Inhalt von `xkomv-ksteu` bleibt damit erhalten.
- **E (Konditionswert und -basis fixiert)**
  Zustand beim Anlegen von Belegen mit Referenz. Die Belegkonditionen werden mit der Preisfindungsart E kopiert, wie z. B. bei Stornofakturen. Bei einer manuellen Änderung des Konditionswertes `xkomv-kwert` wird ebenfalls E gesetzt. In `xkomv_bewerten` werden hier keinerlei Änderungen mehr vorgenommen. Formeln werden zwar ausgeführt, es werden jedoch lediglich KOMP-Felder und Arbeitsvariablen gesetzt. Eine Beeinflussung der XKOMV-Felder ist nicht mehr möglich.
- **F (Konditionswert fixiert)**
  Zustand bei der Änderung von Auftragspositionen, zu denen bereits eine Faktura existiert. In `xkomv_bewerten` wird hier lediglich die Konditionsbasis `xkomv-kawrt` ganz normal ermittelt und dann der neue Konditionswert durch Skalierung mit `xkomv-kwert = xkomv-kwert` *(alt)* × `xkomv-kawrt` *(neu)* ÷ `xkomv-kawrt` *(alt)* errechnet.

  Dadurch wird bei Mengenänderungen im Auftrag erreicht, dass sich der Preis der Position nach erfolgter Fakturierung nicht mehr ändert. Die Basisformel wird normal ausgeführt, die Wertformel dagegen ist ohne Änderungsmöglichkeit.
- **G (Konditionsbasis fixiert)**
  Zustand nach manueller Anderung der Konditionsbasis `xkomv-kawrt`. In `xkomv_bewerten` wird lediglich der Konditionswert `xkomv-kwert` ganz normal ermittelt. Im Kundenauftrag ist die Möglichkeit, manuell die Konditionsbasis zu ändern, nicht vorgesehen, sodass diese Situation nur durch Formeln erreicht werden kann.
- **H (Konditionswert fixiert (Verrechnungspreis))**
  Spezieller Zustand der Verrechnungspreiskondition VPRS (`xkomv-kntyp = G`) in der Faktura. In der Faktura werden die tatsächlichen Kosten der Warenausgangsbuchung (bzw. der Rechnungseingangsbuchung bei Streckenverkäufen) an die Faktura übergeben und in der Kondition VPRS abgespeichert. Dies wird durch `xkomv-ksteu = H` dokumentiert. Auch Tax-Jurisdiction-Konditionen können beim Kopieren diesen Wert erhalten. Es gelten die gleichen Regeln wie bei `xkomv-ksteu = F`.

11.8 User-Exits

Wenn Sie Anpassungen der Preisfindung vornehmen wollen, tun Sie dies normalerweise über Formeln und Bedingungen. Es gibt jedoch auch noch ein paar klassische User-Exits und BAdIs (Business Add-Ins). Denn es gibt Situationen, in denen Sie allein mit Formeln und Bedingungen eine Anforderung nicht bewältigen können, sondern diese User-Exits innerhalb der Preisfindung (zusätzlich) benötigen. Anschauliche Beispiele dazu finden Sie in Abschnitt 12.9, »Kopierte Konditionen und anschließende Mengenänderung«, zur Behandlung von Absolutkonditionen und in Listing 11.5 zur Neuermittlung des Umrechnungskurses. Von Nutzen sind insbesondere auch die User-Exits im Dialogteil, in denen Sie die Darstellung des Preisfindungsergebnisses im Konditionsbild des Belegs manipulieren können. Die User-Exits in den aufrufenden Objekten (Auftrag, Faktura) im Zusammenhang mit der Preisfindung behandeln wir in Kapitel 13, »Preisfindung in ausgewählten Applikationen«.

11.8.1 User-Exits der Funktionsgruppe V61A

In der Funktionsgruppe V61A befinden sich die User-Exits des Preisfindungsprogramms.

Routine »userexit_pricing_copy«

Belegkonditionen werden beim Anlegen von Belegen mit Referenz durch den Funktionsbaustein `PRICING_COPY` von der Datenbanktabelle KONV bzw PRCD_ELEMENTS gelesen und in den neuen Beleg übernommen. Der User-Exit wird für jeden zu kopierenden Eintrag ausgeführt. Hier können Sie z. B. Konditionen bei Bedarf fixieren, indem Sie `konv-ksteu = D` setzen, oder Sie können die Übernahme der Kondition verhindern, indem Sie `u15_subrc` ungleich null setzen. Dieser User-Exit wird oft auch im Zusammenhang mit der Einrichtung eigener Preisfindungsarten über `userexit_pricing_rule` eingesetzt. Interessant in diesem Zusammenhang ist SAP-Hinweis 24832 (Preisfindungsregeln).

Eingangsschnittstelle der Routine »userexit_pricing_copy«

- KONV – Konditionszeile
- Die Eingangsschnittstelle des Funktionsbausteins `PRICING_COPY`. Hier sind insbesondere die Parameter `mode` (Preisfindungsart) und `vbtyp_new` (Vertriebsbelegtyp des Zielbelegs) wichtig.

Übrigens: Auch wenn in SAP S/4HANA die Daten nicht von der Tabelle KONV gelesen werden, so wird doch programmintern immer noch mit dem Format der Tabelle KONV gearbeitet. Die hier beschriebenen Schnittstellen sind auch also in SAP S/4HANA immer noch gültig.

[»]

Ausgangsschnittstelle der Routine »userexit_pricing_copy«

- KONV – Konditionszeile
- `u15_subrc` – Falls dieser Returncode ungleich null ist, wird die Kondition nicht übernommen.

Routine »userexit_pricing_rule«

Sie haben die Bedeutung der Preisfindungsarten bereits kennengelernt, insbesondere haben Sie in Kapitel 10, »Wichtige Programme der Preisfindung«, gesehen, dass diese in der Routine `konditionsvorstep` definiert werden. Dort ist auch die Routine `userexit_pricing_rule` angesiedelt. Mit ihr können einerseits eigene Preisfindungsarten (X, Y, Z, 1 bis 9) eingerichtet werden, und andererseits kann das Verhalten der Standardpreisfindungsarten geändert werden. Davon raten wir Ihnen allerdings ab, da ansonsten eine von SAP ausgelieferte Änderung des Verhaltens einer Preisfindungsart nicht bei Ihnen ankommt.

Eingangsschnittstelle der Routine »userexit_pricing_rule«

- KOMK – Struktur des Preisfindungskopfes

[»]

Ausgangsschnittstelle der Routine »userexit_pricing_rule

- STEU – interne Tabelle der Preisfindungsarten

Listing 11.4 zeigt ein Beispiel für das Einrichten der kundeneigenen Preisfindungsart X. Diese soll so eingerichtet werden, dass sie sich wie die Preisfindungsart G verhält; jedoch sollen Verrechnungspreiskonditionen (mit Konditionstyp G) übernommen, also nicht neu ermittelt werden.

```
form userexit_pricing_rule.
  steu-knprs = 'X'.
  steu-kntyp = 'LRIEfbhn..'.  "vergl. Preisfd.sart 'G': 'GLRIEfbhn.'
  if komk-knuma is initial.
    steu-koaid = 'CDEGQW....'.
  else.
    steu-koaid = 'DG........'.
  endif.
  steu-maueb = ' '.
  steu-stfkz = '.....'.
  steu-notyp = '.....'.
  steu-kdupl = '...'.
```

```
  steu-nokdupl = '...'.
  IF komk-vbtyp CA vbtyp_fakt.
    steu-nokdupl = 'AB.'.
    steu-notyp = 'a....'.
  ENDIF.
  steu-kfkiv = 'X'.
  steu-kvarc = '.'.
  steu-prsqu = ' '.
  APPEND steu.
endform.
```

Listing 11.4 Formroutine »userexit_pricing_rule«

Für unser Beispiel sollten Sie das Coding zur Preisfindungsart G in der Routine `konditionsvorstep` der Funktionsgruppe V61A kopieren und, wie in Listing 11.4 dargestellt, anpassen.

Routine »userexit_print_head«

Die Routine `userexit_print_head` wird am Ende des Funktionsbausteins `RV_PRICE_PRINT_HEAD` aufgerufen, mit dem die für die Ausgabe der Werte im Nachrichtenfuß (Auftragsbestätigung, Rechnung, EDI) benötigten Daten aufbereitet werden. Diese Konditionsdaten werden in der Schnittstellentabelle TKOMVD gemäß Steuerung durch das Druckkennzeichen im Kalkulationsschema bereitgestellt (siehe Abschnitt 7.8, »Druckaufbereitung des Preisfindungsergebnisses«). Mit dem User-Exit können diese Daten verändert werden.

Eingangsschnittstelle der Routine »userexit_print_head«

- KOMK – Struktur des Preisfindungskopfes
- interne Tabelle TKOMVD

Ausgangsschnittstelle der Routine »userexit_print_head«

- interne Tabelle TKOMVD

Routine »userexit_print_item«

Die Routine `userexit_print_item` wird am Ende des Funktionsbausteins `RV_PRICE_PRINT_ITEM` aufgerufen, mit dem die Daten aufbereitet werden, die für die Ausgabe der Werte in der Nachrichtenposition benötigt werden. Auch hier werden die Konditionsdaten in der Schnittstellentabelle TKOMVD bereitgestellt und können modifiziert werden (siehe Abschnitt 7.8, »Druckaufbereitung des Preisfindungsergebnisses«).

Eingangsschnittstelle der Routine »userexit_print_item«

- KOMK, KOMP – Struktur von Preisfindungskopf und -position
- interne Tabelle TKOMVD

Ausgangsschnittstelle der Routine »userexit_print_item«

- interne Tabelle TKOMVD

Routine »userexit_xkomv_bewerten_end«

Die Routine `userexit_xkomv_bewerten_end` wird am Ende der Routine `xkomv_bewerten` aufgerufen. Hier können Sie abschließend das Preisfindungsergebnis, also die interne Tabelle XKOMV, auswerten und gegebenenfalls KOMP-Felder im Rahmen des Erlaubten verändern.

Routine »userexit_xkomv_bewerten_init«

Die Routine `userexit_xkomv_bewerten_init` wird am Anfang der Routine `xkomv_bewerten` aufgerufen. Hier können Sie eigene Felder, die Sie in die Struktur KOMP aufgenommen haben und die über Formeln verarbeitet werden, initialisieren, was für einen fehlerfreien Ablauf im Allgemeinen notwendig ist.

Routine »userexit_xkomv_ergaenzen«

Die Routine `userexit_xkomv_ergaenzen` wird in der Routine `xkomv_ergaenzen` aufgerufen. Diese dient im Änderungsfall zum einen dazu, die Felder des dynamischen Teils KONVD der Tabelle XKOMV zu füllen (auf der Datenbank werden lediglich die Felder der Tabellen KONV bzw. in S/4HANA PRCD_ELEMENTS abgelegt), und zum anderen dazu, Informationen aus den Konditionsstammsätzen zu aktualisieren.

Eingangsschnittstelle der Routine »userexit_xkomv_ergaenzen«

- KOMK – Preisfindungskopf
- KOMT1 – Zeile des Kalkulationsschemas
- KONP – Konditionssatz
- XKOMV – Konditionszeile

Ausgangsschnittstelle der Routine »userexit_xkomv_ergaenzen«

- XKOMV – Konditionszeile

Ein kurzes Beispiel zur Verwendung dieses User-Exits: Der Umrechnungskurs xkomv-kkurs bei Fremdwährungskonditionen wird im Auftrag ermittelt und in die Faktura kopiert. Damit ist sichergestellt, dass Auftrag und Faktura den gleichen Wert ermitteln. Wenn Sie nun erreichen wollen, dass bei diesen kopierten Konditionen der Umrechnungskurs in der Faktura neu ermittelt wird, können Sie dies mit dem User-Exit in Listing 11.5 realisieren.

```
form userexit_xkomv_ergaenzen.
  if xkomv-zaehk is initial and
    preisfindungsart ca 'CG' and
    xkomv-krech na prozentual and
    komk-vbtyp ca vbtyp_fakt.
    xkomv-kdatu = komk-prsdt.
    perform xkomv_kkurs_ermitteln.
  endif.
endform.
```

Listing 11.5 Formroutine »xkomv_ergaenzen«

Die Situation xkomv-zaehk is initial ist genau dann gegeben, wenn zu einer kopierten Kondition erstmals ein PRICING-Aufruf durchgeführt wird. Gegenüber dem User-Exit userexit_pricing_copy hat dieser User-Exit den Vorteil, dass die Struktur KOMK gefüllt ist und damit wesentlich mehr Informationen zur Verfügung stehen.

Routine »userexit_xkomv_ergaenzen_manu«

Die Routine userexit_xkomv_ergaenzen_manu wird am Ende der Routine xkomv_ergaenzen_manuelle aufgerufen, in der die XKOMV-Daten für eine manuell hinzugefügte Kondition gefüllt werden. Die Struktur MKOMV enthält dabei die manuellen Eingaben.

[«]

Eingangsschnittstelle der Routine »userexit_xkomv_ergaenzen_manu«

- MKOMV – manuelle Eingaben
- XKOMV – neue manuell angelegte Konditionszeile

[«]

Ausgangsschnittstelle der Routine »userexit_xkomv_ergaenzen_manu«

- XKOMV – neue manuell angelegte Konditionszeile

Routine »userexit_xkomv_fuellen«

Die Routine userexit_xkomv_fuellen wird am Ende der Routine xkomv_fuellen aufgerufen, in der die Struktur XKOMV zu einer Kondition gefüllt wird, zu der ein Konditionssatz existiert. Insbesondere können Sie hier durch Setzen von `returncode` ungleich null die Übernahme der Kondition unterbinden.

[»]

Eingangsschnittstelle der Routine »userexit_xkomv_fuellen«

- KOMK, KOMP, KOMPAZD – Strukturen von Kopf und Position
- KOMT1, KOMT2 – Strukturen von Konditionsart und Zugriff
- KONP – Daten des Konditionssatzes
- XKOMV – anzulegende Konditionszeile

[»]

Ausgangsschnittstelle der Routine »userexit_xkomv_fuellen«

- `returncode` – ungleich null bedeutet, Kondition verwerfen
- XKOMV – anzulegende Konditionszeile

Routine »userexit_xkomv_fuellen_o_konp«

Die Routine `userexit_xkomv_fuellen_o_konp` wird am Ende der Routine `xkomv_fuellen_ohne_konp` aufgerufen, in der die Struktur XKOMV zu Konditionen gefüllt wird, die nicht über Konditionssätze ermittelt werden. Es handelt sich dabei um Konditionsarten ohne Zugriffsfolge.

Eingangsschnittstelle der Routine »userexit_xkomv_fuellen_o_konp«

- KOMK, KOMP – Strukturen von Kopf und Position
- KOMT1, KOMT2 – Strukturen von Konditionsart und Zugriff
- XKOMV – anzulegende Konditionszeile

Ausgangsschnittstelle der Routine »userexit_xkomv_fuellen_o_konp«

- XKOMV – anzulegende Konditionszeile

11.8.2 User-Exits der Funktionsgruppe V69A

In dieser Funktionsgruppe befinden sich die User-Exits des Dialogteils der Preisfindung. Die Routinen werden beim Aufruf der Konditionsbilder in Auftrag, Faktura und Bestellung im SAP GUI aufgerufen.

Routine »userexit_change_pricing_rule«

Der User-Exit wird am Ende der Routine `kot_ende` aufgerufen, die am Ende des Belegkonditionsbildes abläuft, um die Verarbeitung der durchgeführten Änderungen vorzunehmen. Diese Verarbeitung erfolgt mit der Preisfindungsart `p_rv61a_ksteu`, die hier verändert werden kann. Beachten Sie dabei, dass ein vorgeschlagener Wert E in `p_rv61a_ksteu` nicht verändert werden darf, da dieser Wert dafür sorgt, dass im Anzeigemodus keine Änderungen möglich sind.

[«]

Eingangsschnittstelle der Routine »userexit_change_pricing_rule«

- KOMK, KOMP – Strukturen von Kopf und Position
- `p_rv61a_ksteu` – Preisfindungsart

[«]

Ausgangsschnittstelle der Routine »userexit_change_pricing_rule«

- `p_rv61a_ksteu` – Preisfindungsart

Routine »userexit_field_modification«

Die Routine `userexit_field_modification` wird am Ende der Routine `feldauswahl` aufgerufen, in der das SAP-GUI-Belegkonditionsbild bezüglich der Sichtbarkeit und Eingabebereitschaft der Felder aufbereitet wird. Diese Routine wird bei allen Zeilen prozessiert, die Konditionsarten enthalten.

[«]

Eingangsschnittstelle der Routine »userexit_field_modification«

- KOMK, KOMP – Strukturen von Kopf und Position
- `screen-name` – Name des Bildfeldes
- KOMV – aktuelle Konditionszeile

[«]

Ausgangsschnittstelle der Routine »userexit_field_modification«

- `screen-active` – 0 = ausgeblendet
- `screen-input` – 0 = nicht eingabebereit; 1 = eingabebereit

Routine »userexit_field_modific_kopf«

Die Routine `userexit_field_modific_kopf` dient der Behandlung von Zwischensummenzeilen im Kopfkonditionsbild. Die Schnittstellen sind die gleichen wie in der Routine `userexit_field_modification`.

Routine »userexit_field_modific_kzwi«

Die Routine `userexit_field_modific_kzwi` dient der Behandlung von Zwischensummenzeilen im Positionskonditionsbild. Die Schnittstellen sind die gleichen wie in der Routine `userexit_field_modification`.

Routine »userexit_field_modific_leer«

Die Routine `userexit_field_modific_leer` dient der Behandlung von leeren Zeilen in Kopf- und Positionskonditionsbild. Die Schnittstellen sind die gleichen wie in der Routine `userexit_field_modification`.

Routine »userexit_pricing_check«

Die Routine `userexit_pricing_check` wird am Ende der Routine `kondition_pruefen` aufgerufen, wo manuelle Eingaben im Konditionsbild geprüft werden. Dies dürfte wohl die einzige Stelle sein, an der es Ihnen erlaubt ist, Error- oder Warnmeldungen abzusetzen, um unerwünschte Eingaben zu verhindern.

[»]

Eingangsschnittstelle der Routine »userexit_pricing_check«

- KOMK, KOMP – Strukturen von Kopf und Position
- *KOMV – Stand der Kondition vor Änderung
- KOMV – Stand der Kondition nach Änderung

[»]

Ausgangsschnittstelle der Routine »userexit_pricing_check«

- KOMV – Stand der Kondition nach Änderung

Mit dieser umfassenden Auflistung haben wir alle User-Exits innerhalb der Preisfindungsprogramme angesprochen. Weitere User-Exits in anderen Programmen, die mit der Preisfindung in Zusammenhang stehen, zeigen wir Ihnen in Kapitel 13, »Preisfindung in ausgewählten Applikationen«.

11.9 Erweiterungen der Tabelle KONV

Bisweilen besteht die Anforderung, zusätzliche Felder im Preisfindungsergebnis KONV (und damit auch in KOMV) aufzunehmen, z. B. um Zusatzinformationen im Preisfindungsbild anzuzeigen oder diese in der Auftragsbestätigung oder in der Rechnung anzudrucken. Von der Aufnahme neuer Felder in die KONV-Tabelle raten wir Ihnen jedoch grundsätzlich ab, nicht zuletzt deshalb, weil diese Tabelle zu den Tabellen mit den meisten Einträgen in einer produktiven Umgebung zählt. Das ist auch der

Grund, weshalb die Tabelle als eine der wenigen immer noch als Cluster-Tabelle ausgeliefert wird, und nicht als transparente Datenbanktabelle. Es besteht jedoch die Möglichkeit, das Feld `xkomv-varcond` als Datencontainer zu »missbrauchen«. Das Feld wird vom Standard bei Variantenkonditionen (`xkomv-kntyp = 0` oder `xkomv-kvarc = X`) und speziellen Kontraktkonditionen (Feld **Budget-Kondition** im Customizing der Konditionsart) verwendet. Bei eigenen Konditionsarten, die nicht von dieser Art sind, können Sie dieses Feld durchaus als Datencontainer benutzen, indem Sie es über Formeln füllen.

Für die Tabelle PRCD_ELEMENTS, die die Funktion der Tabelle KONV in S/4HANA übernommen hat, gelten im Wesentlichen die gleichen Überlegungen, auch wenn PRCD_ELEMENTS keine Cluster-Tabelle ist, sondern von den Komprimierungsmöglichkeiten von SAP HANA profitiert. Sollten Sie trotzdem eine Erweiterung vornehmen wollen, dürfen Sie in SAP S/4HANA nicht direkt die Tabelle PRCD_ELEMENTS erweitern, sondern stattdessen die dort inkludierte Struktur PRCS_ELEMENTS_DATA.

11.10 Performanceaspekte

Sie haben gesehen, dass Formeln innerhalb des Funktionsbausteins `PRICING_COMPLETE` so oft prozessiert werden, wie Einträge in der internen Tabelle GKOMZ enthalten sind. Sie haben auch gesehen, dass es verschiedene Zeitpunkte gibt, zu denen die Formeln aufgerufen werden. Wenn Sie nun aufwendige Formeln einsetzen wollen, sollten Sie darauf achten, dass der performanceintensive Teil nur so oft wie nötig abläuft.

In diesem Abschnitt sind alle wichtigen Zeitpunkte sowie die Programmlogik, wie diese Zeitpunkte zu erkennen sind, noch einmal aufgeführt (siehe Abbildung 11.10). Insbesondere ist es in der Regel nicht erforderlich, das Coding auszuführen, wenn die Preisfindungsart E verwendet wird. Diese wird z. B. beim Anzeigen von Belegen und bei der Druckaufbereitung eingesetzt, wobei keinerlei Änderungen an der internen Tabelle XKOMV vorgenommen werden; lediglich die Zwischensummen werden aufgebaut.

- **Zeitpunkt XKOMV_BEWERTEN**
  ```
  if not xkomv-kposn is initial.
  ```
- **Zeitpunkt GKOMV_BEWERTEN**
  ```
  if xkomv-kposn is initial.
  ```
- **Preisfindungsart F (Zeitpunkt A)**
  ```
  if preisfindungsart = 'F'
   and not (xkomv-stunr ge gkomz-stunr and laufnr ge gkomz-zaehk).
  ```
  Zu diesem Zeitpunkt werden keinerlei Änderungen an der XKOMV-Zeile vorgenommen.

- **Zeitpunkt XKOMV_BEWERTEN oder Preisfindungsart F (Zeitpunkt B)**

  ```
  if preisfindungsart ne 'E'.
    if preisfindungsart ne 'F'
    or ( xkomv-stunr ge gkomz-stunr and laufnr ge gkomz-zaehk ).
  ```

  Zu diesem Zeitpunkt wird der Konditionsbetrag/Prozentsatz `xkomv-kbetr` aus den Staffeln ermittelt, und die Konditionswerte `xkomv-kwert` und `xkomv-kwert_k` werden berechnet.

- **Preisfindungsart F (Zeitpunkt C)**

  ```
  if preisfindungsart eq 'F' and xkomv-ix_gkomv eq gkomv_tabix.
  ```

  Zu diesem Zeitpunkt werden der Konditionsbetrag/Prozentsatz `xkomv-kbetr` und der Konditionswert `xkomv-kwert` aus der Tabelle GKOMV übernommen bzw. daraus errechnet.

- **Zeitpunkt XKOMV_BEWERTEN oder Preisfindungsart F (Zeitpunkt D)**

  ```
  if preisfindungsart ne 'E'.
     if preisfindungsart ne 'F'
        or ( xkomv-stunr ge gkomz-stunr and laufnr gt gkomz-zaehk ).
  ```

  Zu diesem Zeitpunkt werden Konditionsbasis, Staffelbasis und Konditionswert ermittelt.

Bei der Einrichtung von Formeln wird häufig nicht sonderlich auf die Performance geachtet. Wir empfehlen Ihnen deshalb grundsätzlich, beim Testen von aufwendigen Formeln einen Breakpoint zu setzen und einen repräsentativen Auftrag anzulegen. Bei einfachen Formeln, die lediglich rechnen oder Arbeitsvariablen setzen, müssen Sie sich keine Gedanken machen. Bei aufwendigen Formeln sollten Sie sich überlegen, ob Sie nicht zumindest die Situationen *Preisfindungsart E* und *Preisfindungsart F (Zeitpunkt A)* abfragen können, um dadurch die Anzahl der Aufrufe der Formeln wesentlich zu reduzieren.

Im nächsten Abschnitt gehen wir noch auf die Behandlung von Fehlersituationen ein – damit haben Sie dann alles Erwähnenswerte zum Thema User-Exits, Formeln und Bedingungen erfahren.

11.11 Fehlermeldungen/Fehlerbehandlung

Innerhalb der Funktionsgruppe V61A (Preisfindung) werden normalerweise keine Dialoge in Form von Fehler- oder Warnmeldungen (E- oder W-Messages) ausgelöst. Allgemein kann gesagt werden, dass innerhalb der User-Exits und VOFM-Routinen (Bedingungen und Formeln) bei Kundenerweiterungen keinerlei Dialoge ausgelöst werden dürfen; ausschließlich sogenannte *S-Messages* (Status) sind erlaubt. Diese erzeugen keinen Dialog, sondern zeigen die Meldung in der Fußleiste des Bildes beim nächsten Bildwechsel an (hängende Meldung). Dialoge sind in diesem Zusammenhang nicht erlaubt, weil die korrekte Weiterverarbeitung nach einem Dialog im Allgemeinen nicht gewährleistet ist. Außerdem ist zu bedenken, dass die Preisfindung nicht nur in Dialogtransaktionen aufgerufen wird, sondern auch in Batch-Prozessen (wie z. B. der Batch-Fakturierung), aus ABAP-Reports heraus (wie z. B. aus der Rückstandsbearbeitung von Aufträgen) sowie in den Bausteinen zur Bearbeitung eines Objekts (APIs, BAPIs, eSOA-Services). Die einzige Ausnahme ist die Routine `userexit_pricing_check` in der Funktionsgruppe V69A (Preisfindung Dialogteil). Hier dürfen Sie Fehler- und Warnmeldungen ausgeben.

Fehlersituationen in der Funktionsgruppe V61A werden im Standard in vielen Situationen so gehandhabt, dass eine S-Message abgesetzt wird, die fehlerhafte Konditionszeile durch `xkomv-kinak = X` deaktiviert wird und zur Information die Fehlermeldung in `xkomv-fxmsg` und `komp-fxmsg` hinterlegt wird. Das kann bei der Analyse eines Fehlers hilfreich sein. Darüber hinaus wird in solchen Situationen (je nach Schwere des Fehlers) `komp-prsok = space` gesetzt, wodurch dem Aufrufer mitgeteilt wird, dass die Preisfindung fehlerhaft ist. Im Kundenauftrag wird dadurch eine Unvollständigkeit ausgelöst, die verhindert, dass der Auftrag ausgeliefert oder fakturiert wird. Beachten Sie dazu auch die Informationen in Abschnitt 11.6, »Preisfindungsergebnis in KOMP«.

Einen solchen fehlerhaften Auftrag müssen Sie natürlich dahingehend bearbeiten, dass die Fehlersituation beseitigt wird. Sie sehen jedoch dem Auftrag nur an, dass die Preisfindung unvollständig ist, denn genauere Informationen über die Ursache erhalten Sie in der Auftragsbearbeitung zunächst nicht. Um zu erfahren, welcher Fehler vorliegt, wechseln Sie im Änderungsmodus des Auftrags in das Positionskonditionsbild oder gegebenenfalls in das Kopfkonditionsbild. Dabei wird die verursachende S-Meldung in der Regel wieder ausgelöst, und Sie können die Ursache auch im Nachhinein lokalisieren und beseitigen, indem Sie z. B. eine neue Preisfindung auslösen, die fehlerhaften Konditionen löschen oder ändern.

Eine zweite Möglichkeit, um eine Auftragsposition zunächst für die Weiterverarbeitung zu sperren, besteht darin, das Feld `komp-cepok = B` zu setzen. Ein Beispiel dafür ist die Wertformel 008 zur Kondition EDI1, mit der das Ergebnis der automatischen Preisfindung mit einem von außen (z. B. vom Kunden) vorgegebenen Preis verglichen wird. Auch hier wird eine Unvollständigkeit ausgelöst, die dadurch beseitigt werden kann, dass die Ursache behoben (durch Anpassen des Preises) oder der Beleg durch Transaktion V.25 (Erwarteter Kundenpreis) explizit freigegeben wird. Ein interessantes Anwendungsbeispiel dazu finden Sie in Abschnitt 12.1, »Budgetierungsanforderungen«, in dem wir diese Methode einsetzen, um eine Auftragsposition bei Überschreitung eines Budgets zu sperren.

11.12 Fazit

Sie haben sich nun über alle Stellen der Preisfindung, an denen Sie eingreifen können, um die Preisfindung nach Ihren Anforderungen zu erweitern, einen Überblick verschafft. Insbesondere kennen Sie die Begriffe *Bedingung*, *Staffelformel*, *Basisformel*, *Wertformel* und *Gruppen-Key*. Wann immer Sie diese Elemente einsetzen, werden Sie in diesem Kapitel Hinweise finden, worauf Sie achten müssen und welche Schnittstellen Ihnen zur Verfügung stehen.

Im nächsten Kapitel werden Sie nun einige typische Aufgabenstellungen aus der Praxis und ihre Lösungen kennenlernen. Dort werden wir die Bedingungen, Formeln und User-Exits intensiv nutzen.

Kapitel 12

Typische Praxisanforderungen an die Preisfindung und ihre Lösung

In den vorangehenden Kapiteln haben wir Ihnen die Instrumente vorgestellt, mit denen Sie die Preisfindung anpassen können. In diesem Kapitel zeigen wir Ihnen Beispiele aus Praxisanforderungen, die Sie mit diesen Instrumenten erfüllen können.

Wir gehen in diesem Kapitel auf Fragestellungen aus der Praxis ein, für die es im Standard keine einfache Customizing-Einstellung gibt. Wir beschreiben Anforderungen und Fragestellungen, zu denen es schon SAP-Beratungshinweise gibt, und teilweise verbessern wir die vorgestellten Lösungen.

Darüber hinaus haben wir während der Entstehung dieses Buches völlig neue Lösungen für Aufgabenstellungen geschaffen, für die es bisher noch nichts gab. Dazu gehören Lösungsvorschläge für Budgetierungsanforderungen und die allgemeine datumsabhängige Datenermittlung. Sie werden sich fragen, was das denn mit der Preisfindung zu tun hat. Die Datenermittlung kann die Grundlage für die Preisfindung liefern, muss sie aber nicht. Wir nutzen in erster Linie die Funktionen und die Flexibilität der Konditionstechnik. Natürlich könnte man Lösungen auch außerhalb der Preisfindung finden, aber der Vorteil der Nutzung der Konditionstechnik liegt in der Geschwindigkeit, in der Sie eine Lösung liefern können.

Die Preisfindung erfüllt nicht nur Preisfindungsanforderungen

Dieses Kapitel soll auch als Anregung dienen, über den Tellerrand der Preisfindung hinauszublicken und immer ein Auge darauf zu haben, ob eine Anforderung außerhalb der Preisfindung nicht vielleicht mit Mitteln der Preisfindung einfacher und schneller zu lösen ist.

Besonderes Augenmerk haben wir auf das Verhalten der Preisfindung in Belegketten gelegt. In diesem Zusammenhang tauchen immer wieder Fragen und Probleme auf, die darin bestehen, dass nicht für alle Spielarten von Konditionen eine durchgängige Behandlung, insbesondere bei Mengenänderungen, möglich ist.

Das sind die Themen im Überblick:

- Nutzung des Konditionsupdates zur Erfüllung von *Budgetierungsanforderungen*
- Konditionen wurden nicht gefunden – was nun?
- Das SAP-System rundet anders als erwartet.
- Bei Kleinartikeln sollen die Preise mit mehr als zwei Nachkommastellen angelegt werden.
- Absolute Frachtzuschläge sollen komplett bei der ersten Teillieferung berechnet werden; die Folgelieferungen sind frachtfrei.
- Frachtkonditionen sollen bei Naturalrabattpositionen und Retourenpositionen nicht berechnet werden.
- Frachtkonditionen sollen für den gesamten Beleg ausgeschlossen werden, wenn ein bestimmtes Produkt mitgekauft wird.
- Über spezielle Berechtigungen soll gesteuert werden, welche Preisinformationen der Benutzer im Konditionsbild sehen darf.
- Die frei verwendbaren Zwischensummenfelder `KZWI1` bis `KZWI6` der Auftrags- und Fakturaposition reichen nicht aus.
- Bestimmte Felder der Stammdaten (Kunde, Material) sollen datumsabhängig gepflegt werden können.
- In Folgebelege übernommene Konditionen (z. B. Absolutbetragskonditionen) werden bei Mengenänderung nicht automatisch angepasst.
- Bei Retouren- und Gutschriftsanforderungen mit Bezug zu Fakturen werden gesteigerte Preise (Konditionsart PR02) nicht übernommen, sondern neu ermittelt.
- Für das Reporting werden Kennzahlen aus der Preisfindung benötigt, mit besonderem Augenmerk auf die Ermittlung eines Deckungsbeitrags. Wie stellt man das Kalkulationsschema richtig ein?
- Es sollen Bedingungen für Konditionssätze formuliert werden können.

Das erste Thema, die Budgetierungsanforderungen, nimmt zusammen mit den Bedingungen am Konditionssatz den größten Raum in diesem Kapitel ein.

Die hier beschriebenen Lösungen sind übrigens auch für SAP S/4HANA gültig und können dort genauso eingesetzt werden.

12.1 Budgetierungsanforderungen

Wenn Sie das Kennzeichen **Konditionsupdate** im Customizing der Konditionsart aktivieren, werden die Konditionswerte bei Aufträgen in die Statistiktabelle S071 und bei Fakturen in die Statistiktabelle S060 fortgeschrieben. Dies ist nur bei Konditionen möglich, die über Konditionssätze ermittelt wurden. Der Schlüssel dieser Tabellen ist im Wesentlichen der Schlüssel des Konditionssatzes KONP, bestehend aus KNUMH und KOPOS sowie aus den bei Infostrukturen üblichen Periodenfeldern. Sie können sich die kumulierten Werte zu einem Konditionssatz innerhalb der Konditionspflegetransaktionen anzeigen lassen. Die Werte der Tabellen zu einem Konditionssatz können mit dem Funktionsbaustein SD_COND_STATISTICS_READ gelesen werden. Beachten Sie dabei, dass Sie die Parameter S071_NOT_READ und S060_NOT_READ nach Bedarf setzen, um unnötiges Lesen zu vermeiden.

12.1.1 Statistiktabellen S060 und S469

Die Tabelle S060 wird bei Fakturen fortgeschrieben. Bei Bonuskonditionen (Konditionsklasse C) ist das Update immer automatisch aktiv. Bei aktiviertem erweiterten Bonusverfahren wird zusätzlich auch noch die Statistiktabelle S469 fortgeschrieben. Der Schlüssel der Tabelle S469 enthält neben den Schlüsselfeldern der Tabelle S060 weitere Felder, über die die Umsätze dem Verursacher zugeordnet werden können, das sind z. B. Auftraggeber und Material. Dieser verursachende Anteil (s469-vakey) ist per Customizing definierbar und bestimmt letztlich die Granularität der Bonusauszahlung. Die Bonusabwicklung verwaltet alle benötigten kumulierten Werte über diese beiden Tabellen; die wichtigsten sind:

- kumulierter Konditionswert in Konditionswährung (KW)
- kumulierte Konditionsbasis in KW
- kumulierte Staffelbasis in KW
- Bonus: ausgezahlter Wert in Hauswährung (HW) und KW
- Bonus: rückgestellter Wert in HW und KW
- Bonus: aufgelöste Rückstellungen in HW und KW

Ein Beispiel für die Nutzung der kumulierten Werte in S060 ist die Konditionsart LCFR (Steuerlizenz Frankreich) als Gruppenkondition zur Abwicklung von Steuerbefreiungslizenzen. Diese Kondition hat eine Wertstaffel mit der Aussage, dass eine Steuerbefreiung nur bis zu einem kumulierten Umsatz einer Periode gilt. Danach gilt wieder die volle Steuerpflicht. Realisiert wird diese Funktion über die Staffelformel 043 (siehe Listing 12.1).

```
form frm_staffelbas_043.
  if xkomv-kposn is initial.
    if tkomk-vbtyp ca vbtyp_retour.

      xkwert = gkomv-kawrt.
    else.
      call function 'SD_COND_STATISTICS_READ'
           exporting
```

```
                 buffer_read        = ' '
                 condition_item     = gkomv_key-kopos
                 condition_number   = gkomv_key-knumh
                 s071_not_read      = 'X'
                 s060_not_read      = ' '
             importing
                 kstbs_s060         = zzkawrt
             exceptions
                 others             = 1.
         xkwert = gkomv-kstbs + zzkawrt.
       endif.
    endif.
endform.
```

Listing 12.1 Staffelbasisformel 043 für die Kondition LCFR

Durch `s071_not_read = X` wird hier erreicht, dass ausschließlich die Tabelle S060 gelesen wird. `KSTBS_S060` liefert uns anschließend die kumulierte Staffelbasis.

12.1.2 Statistiktabelle S071

Die Tabelle S071 wird bei Verkaufsbelegen (z. B. Kundenaufträgen) fortgeschrieben. Sofern das Kennzeichen **Konditionsupdate** aktiviert ist, können zu einem Konditionssatz Maximalwerte bzw. -mengen festgelegt werden. Sobald diese Grenzen überschritten werden, werden der Konditionswert oder die Konditionsbasis »abgeschnitten«; die Grenzen werden komplett ausgeschöpft. Ab diesem Zeitpunkt wird die Kondition nicht mehr gewährt, d. h., sie wird mit null bewertet.

12.1.3 Budgetierungsanforderungen

Diese Funktion der Limitierung möchten wir nun einsetzen, um allgemeine Budgetierungsanforderungen zu erfüllen.

Budgetierung mithilfe der Preisfindung

Alle Verkäufe an Kunden des Kundenhierarchieknotens 421 sollen ein maximales Gewicht von 600 kg sowie einen Maximalwert von 1.000 EUR nicht übersteigen. Aufträge, die über diesem Limit liegen, sollen geprüft und gezielt freigegeben werden.

Zu diesem Zweck richten wir zwei neue Konditionsarten ZH01 und ZH02 ein und nehmen diese in unser Kalkulationsschema auf (siehe Abbildung 12.1). Außerdem benötigen wir eine neue Konditionswertformel 900 zur Prüfung gegen das Budget.

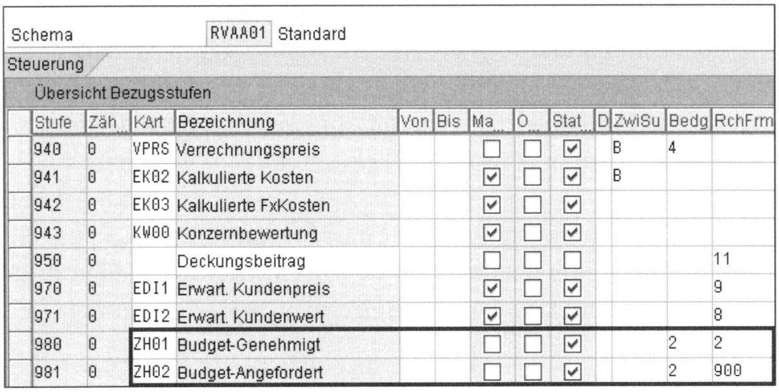

Schema	RVAA01 Standard											
Steuerung												
Übersicht Bezugsstufen												
Stufe	Zäh	KArt	Bezeichnung	Von	Bis	Ma	O	Stat	D	ZwiSu	Bedg	RchFrm
940	0	VPRS	Verrechnungspreis			☐	☐	☑		B	4	
941	0	EK02	Kalkulierte Kosten			☑	☐	☑		B		
942	0	EK03	Kalkulierte FxKosten			☑	☐	☑				
943	0	KW00	Konzernbewertung			☑	☐	☑				
950	0		Deckungsbeitrag			☐	☐	☐				11
970	0	EDI1	Erwart. Kundenpreis			☑	☐	☑				9
971	0	EDI2	Erwart. Kundenwert			☑	☐	☑				8
980	0	ZH01	Budget-Genehmigt			☐	☐	☑			2	2
981	0	ZH02	Budget-Angefordert			☐	☐	☑			2	900

Abbildung 12.1 Kalkulationsschema RVAA01

- **ZH01 (Budget – genehmigt)**
  - Konditionsklasse – A (Zu-/Abschlag)
  - Zugriffsfolge – HI01
  - Rechenregel – D (**Bruttogewichtabhängig**)
  - Konditionstyp – J (Erwarteter Kundenpreis)
  - Konditionsupdate – X
  - Kondition statistisch – X
  - Bedingung – 002
  - Konditionswertformel – 002 (Nettowert)
- **ZH02 (Budget – angefordert)**
  - Konditionsklasse – A (Zu-/Abschlag)
  - Zugriffsfolge – *keine*
  - Rechenregel – *beliebig*, z. B. A (**Prozentual**)
  - Konditionsupdate – *nicht* aktiv
  - Kondition statistisch – X
  - Kondition obligatorisch – X
  - Bedingung – 002
  - Konditionswertformel 900 (Budgetprüfung)

Die verwendete Zugriffsfolge HI01 bei der Konditionsart ZH01 ist selbstverständlich nur ein Beispiel.

Die Konditionswertformel 900 für die Kondition ZH02 (siehe Listing 12.2) prüft, ob in der Kondition ZH01 die maximale Konditionsbasis oder der maximale Konditionswert überschritten ist. Wir setzen die Routine `provide_condition_data` ein, um die Daten der Kondition ZH01 in den Strukturen RKOMV und RKONP bereitzustellen. Mit der Routine konditionsbasis_ermitteln ermitteln wir die Soll-Konditionsbasis (hier das Bruttogewicht der Position) und vergleichen diese mit der gegebenenfalls abgeschnittenen Konditionsbasis von ZH01, um daraus einen Abweichungsprozentsatz zu errechnen. Den gegebenenfalls gekappten Konditionswert von ZH01 vergleichen wir mit dem Nettowert der Position. Falls in ZH01 ein Limit überschritten ist, wir erkennen das an rkomv-kmxaw = 'X' or rkomv-kmxwr = 'X', setzen wir komp-cepok = 'B' und geben die S-Message 780 aus. Damit erreichen wir, dass die Auftragsposition unvollständig wird. Diese für die Weiterverarbeitung gesperrten Aufträge können dann über Transaktion V.25 (Erwarteter Kundenpreis) freigegeben bzw. abgesagt werden.

```
form frm_kondi_wert_900.
data: workfield(16) type p decimals 2.
 xkwert = komp-netwr.
 check: komp-cepok ne 'C',
        komp-kposn ne 0,
        komk-vbtyp na vbtyp_fakt,
        Preisfindungsart ne 'E'.
 check: komp-prsfd = 'X'.
 clear rkomv.
 perform provide_condition_data using 'ZH01'.
 check: rkomv-kschl = 'ZH01'.
 xkwert = komp-netwr.
 xkomv-kawrt = 0.
 xkomv-krech = rkomv-krech.
 xkomv-kmein = rkomv-kmein.
 xkomv-kpein = rkomv-kpein.
 xkomv-waers = rkomv-waers.
 xkomv-kumza = rkomv-kumza.
 xkomv-kumne = rkomv-kumne.
 perform konditionsbasis_ermitteln.
 if rkomv-kmxaw = 'X' or rkomv-kmxwr = 'X'.
   komp-cepok = 'B'.
   if rkomv-kawrt ne xkomv-kawrt and
      rkonp-mxkbas ne 0.
     workfield = ( xkomv-kawrt - rkomv-kawrt )
                 * 10000 / rkonp-mxkbas.
   endif.
   if rkomv-kwert ne xkwert and
      rkonp-komxwrt ne 0.
     workfield = ( xkwert - rkomv-kwert )
                 * 10000 / rkonp-komxwrt.
   endif.
```

```
    message s780(VH) with workfield komp-kposn.
  endif.
* call function 'ENQUEUE_EZ_S071'
*     exporting
*       knumh          = rkomv-knumh
*     exceptions
*       foreign_lock   = 4
*       system_failure = 8.
*  if sy-subrc ne 0.
*    xkomv-kinak = 'Z'.
*    message s084(VK) with sy-msgv1.
*  endif.
endform.
```

Listing 12.2 Konditionswertformel 900 für die Kondition ZH02

Hier müssen Sie beachten, dass die Funktionen **Maximaler Konditionswert** bzw. **Maximale Konditionsbasis** die Schwäche haben, dass der Konditionssatz nicht gesperrt wird. Falls zwei Benutzer also gleichzeitig einen Auftrag erfassen, bei dem der gleiche Konditionssatz gezogen wird, kann es vorkommen, dass einer der beiden ungerechtfertigt das Limit überschreitet. Das Problem tritt dann auf, wenn das Limit zunächst noch nicht erreicht ist und erst dann überschritten wird, wenn beide Aufträge zusammengefasst sind. Diese Situation kommt zwar in der Praxis kaum vor; allerdings hängt die Wahrscheinlichkeit von der Generalität des Konditionssatzes ab. Bei Bedarf können Sie diese Lücke schließen, indem Sie, wie im SAP-Hinweis 74794 (Maximale Konditionsbasis in der Faktura) beschrieben, das Sperrobjekt `ENQUEUE_EZ_S071` anlegen und die (ausgesternte) Prüfung in der Formel 900 (siehe Listing 12.2) aktivieren. Tritt die Situation ein, dass der Konditionssatz gesperrt ist, wird die Kondition ZH02 durch `xkomv-kinak = 'Z'` entfernt. Da ZH02 andererseits auf obligatorisch gesetzt ist, wird die Position dadurch unvollständig. Solche Aufträge müssen dann im Nachhinein noch einmal geändert werden (dazu müssen Sie durch Aktualisierung im Konditionsbild eine neue Preisfindung vornehmen), um die Unvollständigkeit zu beseitigen.

Legen Sie nun den Konditionssatz zur Kondition ZH01 (siehe Abbildung 12.2) an, und pflegen Sie dort nur die Felder **Maximale KondBasis** und **Maximaler KondWert** im Zusatzdatenbild.

Alle Kundenaufträge, bei denen diese Kondition ermittelt wird, schreiben die kumulierten Werte in der Infostruktur S071 fort. Die aufgelaufenen Werte finden Sie in der Konditionspflege unter **Zusätze kumulierte Werte** (siehe Abbildung 12.3).

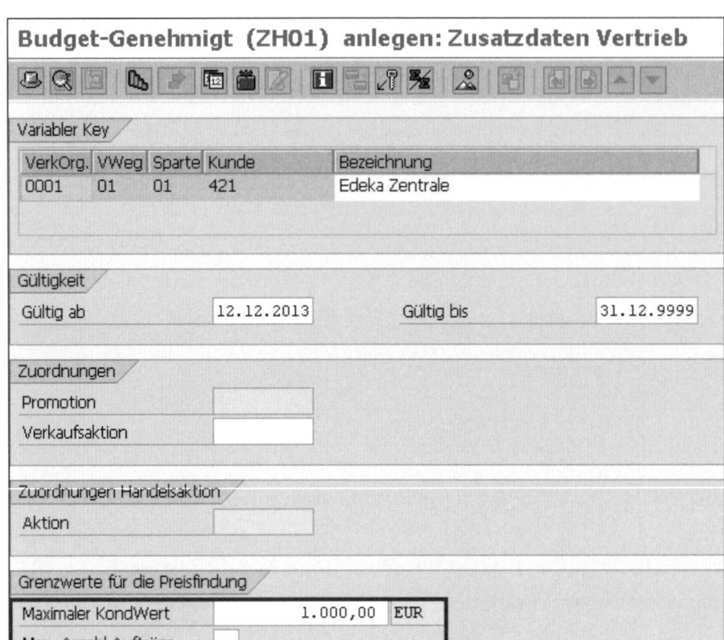

Abbildung 12.2 Budgetkonditionssatz zu ZH01

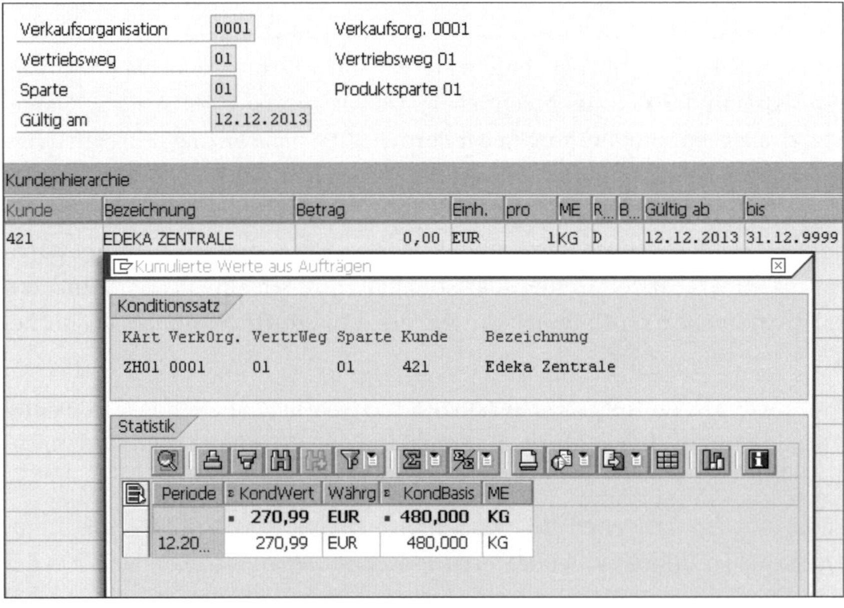

Abbildung 12.3 Kumulierte Werte des Konditionssatzes zu ZH01

Erfassen Sie einen weiteren Kundenauftrag (siehe Abbildung 12.4). Sobald das Limit überschritten wird, erhalten Sie die S-Message 780.

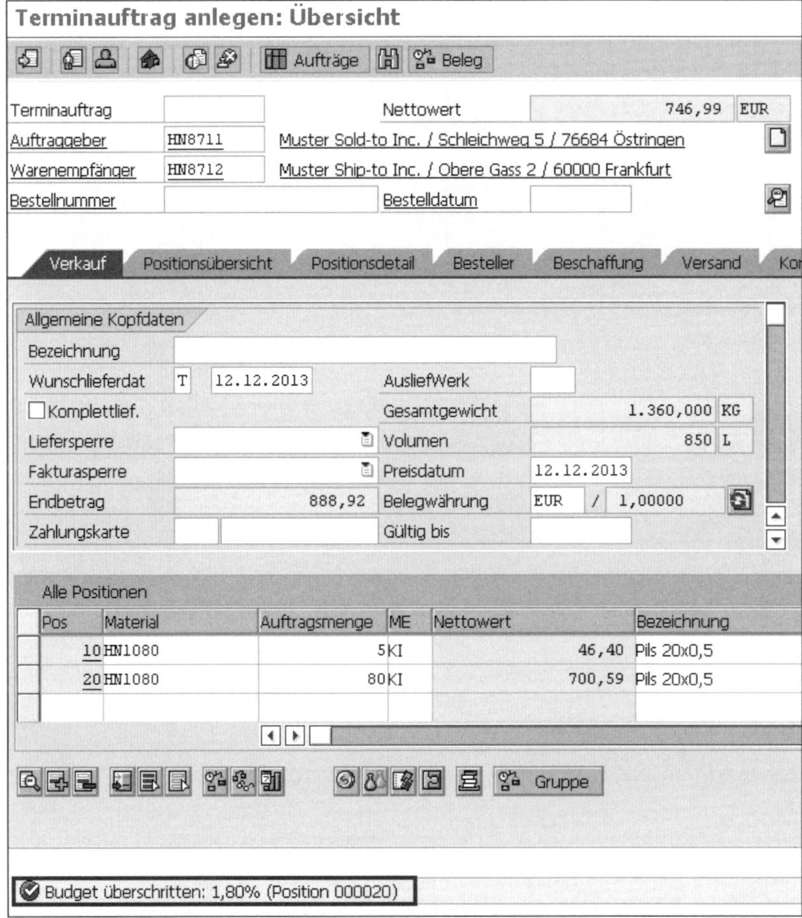

Abbildung 12.4 Kundenauftrag – Budget überschritten

Genauere Informationen erhalten Sie im Konditionsbild zur Position (siehe Abbildung 12.5). Hier sehen Sie, dass die Werte der Konditionen ZH01 und ZH02 abweichen. Dies ist ein Indiz dafür, dass das Wertlimit überschritten ist.

Falls die Konditionsbasis überschritten ist, ist dies hier noch nicht zu erkennen. Die weiteren benötigten Informationen erhalten Sie im Detailbild zur Kondition ZH01 (siehe Abbildung 12.6). In diesem Bild erkennen Sie die Situation am Eintrag X im Feld **MaximaleBasis**: In diesem Beispiel waren lediglich 40 kg verfügbar. Die geforderte Konditionsbasis (in unserem Fall das Positionsbruttogewicht in Höhe von 1.280 kg) ist im Detailbild der Kondition ZH02 (siehe Abbildung 12.7) erkennbar.

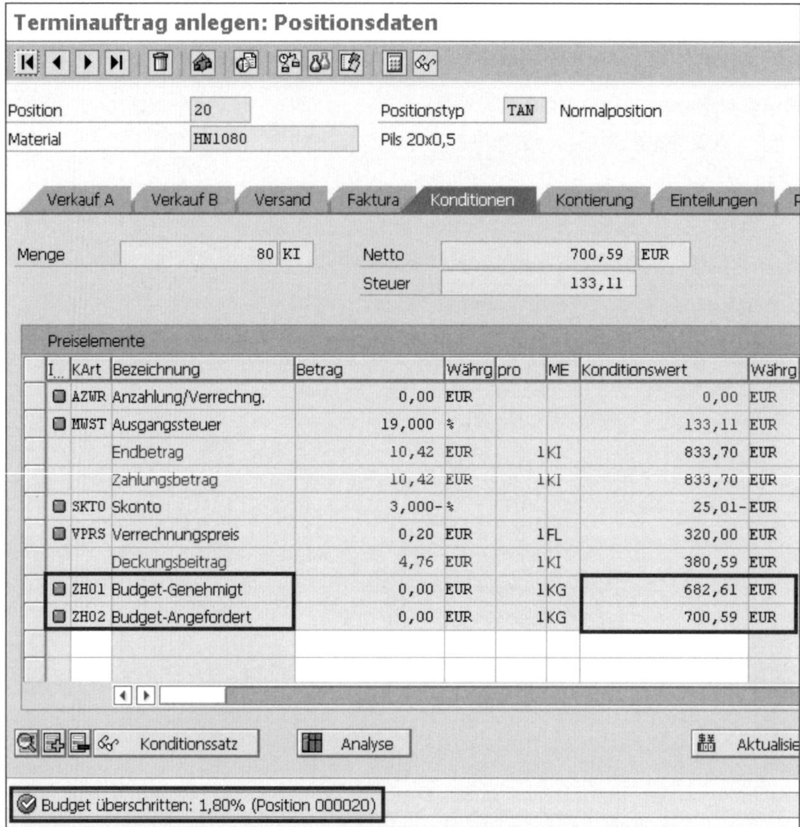

Abbildung 12.5 Konditionsbild zur Position – Wertlimit überschritten

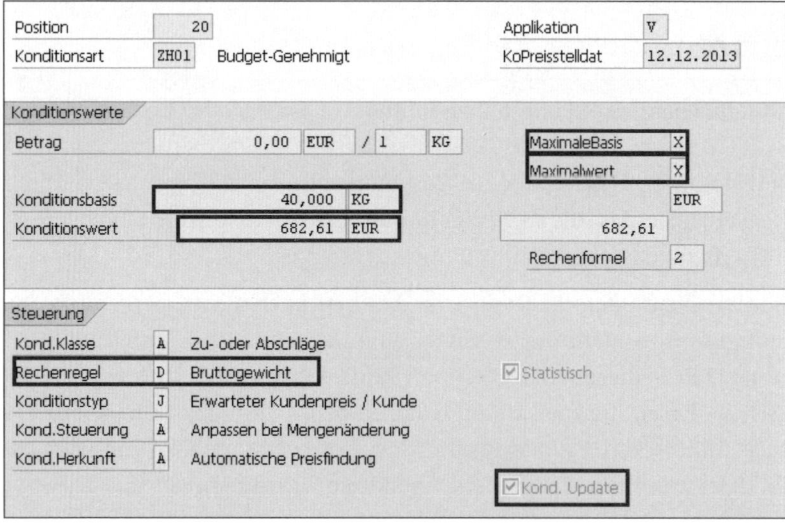

Abbildung 12.6 Konditionsdetail zur Kondition ZH01

Wenn Sie einen solchen Auftrag mit überschrittenem Limit nachträglich bearbeiten, ist es hilfreich, das Kopfkonditionsbild aufzurufen. Dabei erscheint wiederum die Meldung 780, und Sie erfahren, bei welcher Position die Grenze überschritten wurde.

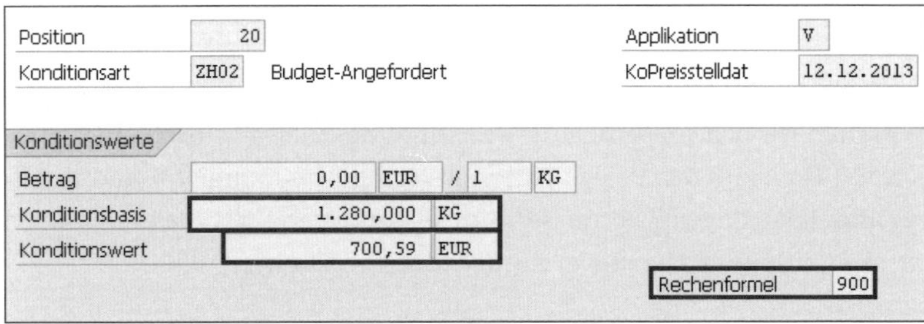

Abbildung 12.7 Konditionsdetail zur Kondition ZH02

Mit Transaktion V.25 (siehe Abbildung 12.8) können Sie die gesperrten Kundenaufträge selektieren und gegebenenfalls für die Weiterverarbeitung freigeben.

Freigabe erwarteter Kundenpreis

Freigeben

Verkaufsorganisation 0001 Verkaufsorg. 0001

Grundliste

Fre	Vertr.Bel.	Pos	Material	erw. Wert	Netto	Währg
	36306	10	HN1080	16,00	22,04	EUR
	36351	20	HN1080	682,61	700,59	EUR

Abbildung 12.8 Transaktion V.25 zur Bearbeitung gesperrter Aufträge

Wir haben bei der hier vorgestellten Lösung die CEPOK-Funktionalität genutzt (Erwarteter Kundenpreis), um bei Überschreitung eines Budgets eine Freigabe des Vorgangs zu erzwingen. Diesen Trick kann man natürlich auch für andere Anforderungen einsetzen; man kann sich da vieles vorstellen: Zum Beispiel könnten Sie damit eine andere Lösung des Artikelausschlusses realisieren. Bei der Standardfunktion des Artikelausschlusses ist die Erfassung eines ausgeschlossenen Artikels nicht möglich; es erfolgt eine Fehlermeldung. Mit einer statistischen Kondition, die die ausgeschlossenen Artikel bzw. Artikelgruppen bestimmt, und mit einer neuen Formel könnte die CEPOK-Logik auch hier genutzt werden. Damit könnte die Auftragsposition erfasst werden und wäre zunächst unvollständig. Schließlich könnte es ja auch sein, dass die Ausschlussstammsätze nicht korrekt gepflegt sind.

12.2 Konditionen wurden nicht gefunden – woran liegt das?

Es kommt vor, dass im Rahmen der Preisfindung Konditionen nicht gefunden wurden, obwohl Sie dies aufgrund der Stammdaten erwartet hätten. Möglicherweise wurden Rabatte, die mit dem Kunden vereinbart wurden, nicht gefunden, sodass der Kunde dies reklamiert.

In diesen Situationen werden Sie immer die Preisfindungsanalyse einsetzen. Sie finden diese im Konditionsbild der Belegpositionen (siehe Abbildung 12.9 und Abbildung 12.10). Im folgenden Beispiel vermissen Sie die Kondition K031. Sie erhalten die Meldung »108 – Konditionssatz existiert, wurde jedoch nicht eingestellt«.

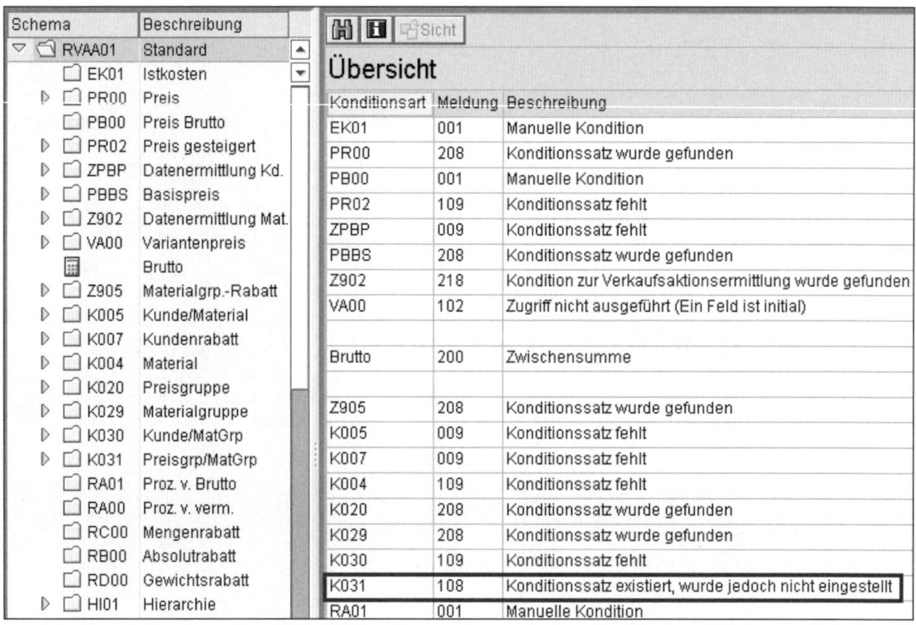

Schema	Beschreibung
RVAA01	Standard
EK01	Istkosten
PR00	Preis
PB00	Preis Brutto
PR02	Preis gesteigert
ZPBP	Datenermittlung Kd.
PBBS	Basispreis
Z902	Datenermittlung Mat.
VA00	Variantenpreis
	Brutto
Z905	Materialgrp.-Rabatt
K005	Kunde/Material
K007	Kundenrabatt
K004	Material
K020	Preisgruppe
K029	Materialgruppe
K030	Kunde/MatGrp
K031	Preisgrp/MatGrp
RA01	Proz. v. Brutto
RA00	Proz. v. verm.
RC00	Mengenrabatt
RB00	Absolutrabatt
RD00	Gewichtsrabatt
HI01	Hierarchie

Sicht

Übersicht

Konditionsart	Meldung	Beschreibung
EK01	001	Manuelle Kondition
PR00	208	Konditionssatz wurde gefunden
PB00	001	Manuelle Kondition
PR02	109	Konditionssatz fehlt
ZPBP	009	Konditionssatz fehlt
PBBS	208	Konditionssatz wurde gefunden
Z902	218	Kondition zur Verkaufsaktionsermittlung wurde gefunden
VA00	102	Zugriff nicht ausgeführt (Ein Feld ist initial)
Brutto	200	Zwischensumme
Z905	208	Konditionssatz wurde gefunden
K005	009	Konditionssatz fehlt
K007	009	Konditionssatz fehlt
K004	109	Konditionssatz fehlt
K020	208	Konditionssatz wurde gefunden
K029	208	Konditionssatz wurde gefunden
K030	109	Konditionssatz fehlt
K031	108	Konditionssatz existiert, wurde jedoch nicht eingestellt
RA01	001	Manuelle Kondition

Abbildung 12.9 Preisfindungsanalyseübersicht – fehlende Kondition K031

Sie finden im Textteil unten rechts einige mögliche Erklärungen für dieses Problem. Außerdem können Sie SAP-Hinweis 27636 (Meldung: Kondition existiert, wurde jedoch manuell entfernt) zurate ziehen. Damit sollten Sie in der Lage sein, das Problem zu analysieren. In den meisten Fällen handelt es sich um einen Modifikationsschaden.

Hier sehen Sie eine Aufstellung der wichtigsten Situationen, die zu diesem Verhalten führen können:

- Die Kondition wurde im Positionskonditionsbild manuell gelöscht.
- Die Kondition wurde mit einer Formel durch Setzen von `xkomv-kinak = 'Z'` gelöscht.
- Der Konditionssatz wurde erst im Nachhinein angelegt.

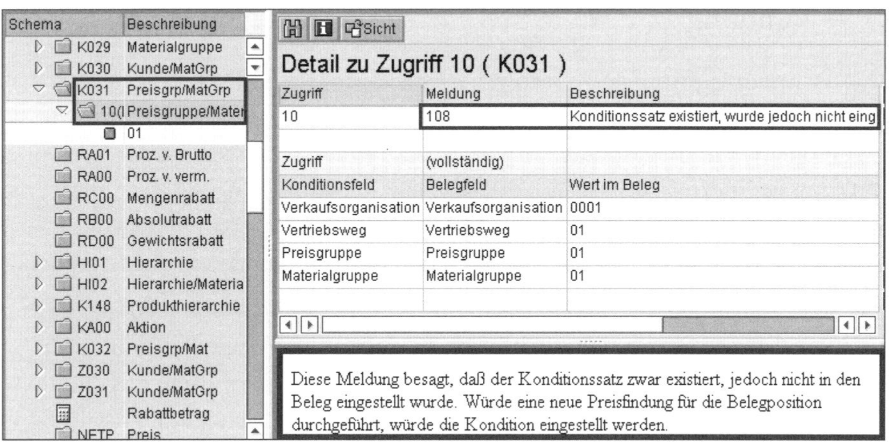

Abbildung 12.10 Preisfindungsanalysedetail – fehlende Kondition K031

- Zum Zeitpunkt des Hinzufügens einer Position wurde mit anderen Schlüsselfeldern auf den Konditionssatz zugegriffen als zum Änderungszeitpunkt. Dies kann auch daran liegen, dass eine Feldänderung im Beleg vorgenommen wurde, aber die erforderliche Neuermittlung nicht automatisch ausgelöst wurde.
- Die Bedingungsprüfung zum Hinzufügezeitpunkt liefert ein anderes Resultat als zum Änderungszeitpunkt.
- Bei der Erstellung von Belegen mit Bezug: Die Kondition wurde im Quellbeleg nicht ermittelt, und es erfolgt keine Neuermittlung im Zielbeleg.
- Die Kondition ist als Intervallstaffel gekennzeichnet (Staffelart D), die Staffelmengen werden jedoch nicht erreicht.
- Bei der ersten Auftragsposition ist alles in Ordnung. Der Fehler tritt sporadisch ab der zweiten Position auf. Dieser Effekt kann dann auftreten, wenn ein kundeneigenes Feld direkt per APPEND an die Struktur KOMK (anstelle von KOMKAZ) angehängt wurde.

Die häufigste Fehlerursache besteht darin, dass die Kommunikationsstrukturen KOMK und KOMP zum Hinzufügezeitpunkt anders gefüllt werden als zum Änderungszeitpunkt. Die Gefahr besteht insbesondere dann, wenn Felder verwendet werden, die nicht in den Originaltabellen vorhanden sind. Unproblematisch sind in aller Regel die Felder der Tabellen:

- VBAK, VBAP, VBPA, VBKD – für die Auftragsbearbeitung
- VBRK, VBRP, VBPA – für die Fakturabearbeitung

Bei der Fakturierung wird manchmal nicht beachtet, dass innerhalb einer Sitzung mehrere Fakturen erzeugt werden können, d. h., die internen Tabellen XVBRK, XVBRP und XVBPA enthalten die Daten mehrerer Belege.

12.3 Rundung

Im Zusammenhang mit der Berechnungslogik der Preisfindung kommt es immer wieder vor, dass die Korrektheit des Standardberechnungsverfahrens angezweifelt wird. Das Problem tritt insbesondere in Verbindung mit der Darstellung des Nettopreises auf einer gedruckten Auftragsbestätigung bzw. Rechnung auf, und zwar immer dann, wenn auf den Ausgangspreis sogenannte *versteckte Zu-/Abschläge* (wohl eher Zuschläge) angewandt werden, die im Dokument nicht ausgewiesen werden sollen.

Die Berechnungslogik im Standard arbeitet so, dass der Wert und nicht der Preis entwickelt wird, d.h., aus einem Bruttowert (gegeben durch eine Preiskondition) wird durch die Anwendung von Zu-/Abschlägen ein Nettowert ermittelt. Aus diesem wird dann mittels Division durch die Menge der Nettopreis errechnet und natürlich auch kaufmännisch gerundet.

Diese Vorgehensweise ist nicht SAP-spezifisch, sondern allgemein gebräuchlich. Wo also liegt das Problem?

Das Problem liegt darin, welche Zeilen im Dokument gedruckt werden. Werden alle Konditionen, also der Ausgangspreis und alle Zu-/Abschläge, gedruckt, ist die Darstellung in Ordnung. Wird aber auf den Ausgangspreis ein versteckter Zu-/Abschlag angewandt, der dem Kunden gegenüber nicht ausgewiesen werden soll, stoßen wir auf genau dieses Problem. Der erste dargestellte Ausgangspreis ist in diesem Fall ein entwickelter Preis mit der durch Rundungseffekte bedingten Eigenschaft *Preis × Menge ≠ Wert*.

Dazu kommt noch, dass, abhängig von der Auftragsmenge, der ausgewiesene Preis in der Regel unterschiedlich ist. Das folgende Beispiel verdeutlicht dies, wobei die Zeile **Grundpreis** die erste Preisinformation sein soll, die im Dokument gedruckt wird.

Bei einer Auftragsmenge von drei Stück erhalten wir:				
	Preis	135,50 EUR pro Stück	=	406,50 EUR
	Rabatt	–9,00 %	=	–36,59 EUR
	Grundpreis	123,30 EUR pro Stück	=	369,91 EUR
erwartet wird jedoch	*123,30 EUR × 3*		=	*369,90* EUR
Bei einer Auftragsmenge von zehn Stück erhalten wir:				
	Preis	135,50 EUR pro Stück	=	1.355,00 EUR
	Rabatt	–9,00 %	=	–121,95 EUR
	Grundpreis	123,31 EUR pro Stück	=	1.233,05 EUR
erwartet wird jedoch	*123,31 EUR × 10*		=	*1.233,10 EUR*

Lösungsvorschläge für dieses Problem finden Sie in SAP-Hinweis 80183 (Rundung). Die drei dort beschriebenen Varianten setzen Formeln ein, von denen nicht alle im SAP-Standard ausgeliefert werden. Sie müssen diese deshalb im Kundennamensraum selbst einrichten.

Die Varianten unterscheiden sich in folgenden Eigenschaften:

- dargestellter Preis × Menge = dargestellter Wert
- dargestellter Preis ist mengenunabhängig, also immer gleichbleibend
- Zu-/Abschlag exakt berechnet

Von den drei Varianten, die im Hinweis beschrieben wurden, hat nur die zweite alle drei der hier aufgeführten Eigenschaften; wir beschränken uns bei der Darstellung des dazu passenden Kalkulationsschemas (siehe Tabelle 12.1) auf diese Variante. Die Eigenschaft »Zu-/Abschlag exakt berechnet« bedeutet, dass die Zu-/Abschläge genau wie im Standard berechnet werden. In diesem Fall wird die Rundungsdifferenz über eine besondere Kondition aufgefangen und kann deshalb in der Buchhaltung auf einem speziellen GuV-Konto ausgewiesen werden.

Konditionsart	Bezeichnung	Bedingung	Wertformel	Basisformel	Statistisch	Druck
PR00	Preis	2				
RA00	Rabatt	2	19			
NETP	Rundungsdifferenz	2	6	17		
PNTP	Grundpreis	2	906	17	X	X

Tabelle 12.1 Kalkulationsschema zur Rundung (Transaktion V/08)

Wenn Sie auf die Eigenschaft »Dargestellter Preis mengenunabhängig, also immer gleichbleibend« verzichten können, ist die Lösung wesentlich einfacher. Sie können dann lediglich die Konditionsart NETP (Nettopreis), wie im Kalkulationsschema in Tabelle 12.3 in Abschnitt 8.1.1, »Schema RVAA01 (Standard)«, dargestellt, zum Einsatz bringen, was der ersten Variante des Hinweises entspricht. Auf jeden Fall aber sollten Sie den besagten Hinweis gründlich studieren.

12.4 Preise mit mehr als zwei Nachkommastellen

Währungen im SAP-System haben eine festgelegte Anzahl an Nachkommastellen, die Währung USD hat z. B. zwei. Dies bedeutet, dass alle Preise und Werte in dieser Währung grundsätzlich mit zwei Nachkommastellen dargestellt werden. Das ist für die

Wertseite richtig und notwendig, auf der Preisseite gibt es jedoch die Anforderung, mehr als zwei signifikante Nachkommastellen zu haben. Das ist vor allem bei Kleinartikeln mit niedrigem Preis relevant. Die empfohlene Lösung besteht darin, die Preiseinheit zu nutzen, also z. B. 1,98 USD pro 1.000 Stück. Damit erhalten Sie drei signifikante Stellen mehr. Diese Vorgehensweise wird jedoch manchmal nicht akzeptiert, da es in manchen Geschäftsbereichen gebräuchlich ist, mit fünf Nachkommastellen zu arbeiten, und es immer schwierig ist, eingespielte Gewohnheiten zu ändern.

In diesem Fall besteht noch die Möglichkeit, SAP-Hinweis 38881 (Preisfindung mit unterschiedlichen Dezimalstellen) einzusetzen, in dem eine parallele Währung US$ mit maximal fünf Nachkommastellen eingeführt wird. Die Preise in den Konditionen werden dann in dieser Währung erfasst; die Belegwährung bleibt hingegen immer im Beispiel bei USD (also mit zwei Nachkommastellen).

Die von uns empfohlene Lösung ist sicherlich die Nutzung der Preiseinheit, zumal dies Standard ist. Wenn die Darstellung z. B. im Rechnungsdruck mit fünf Nachkommastellen erfolgen soll, könnte das auch durch eine kleine Modifikation in der Druckaufbereitung über vorhandene User-Exits erreicht werden.

12.5 Behandlung von Frachtzuschlägen

Versandkosten werden üblicherweise als Absolutbetragskonditionen abgebildet und häufig auch mit einer Wertstaffel versehen. Falls die Lieferung in mehreren Teilen erfolgt, gibt es Anforderungen an die Fakturierung, die im Standard nicht erfüllt sind. Außerdem müssen Sie klären, wie diese Konditionen bei Folgebelegen wie Gutschriften und Retouren behandelt werden sollen. Zudem stellt sich die Frage, wie Sie bei Naturalrabattpositionen vorgehen sollten.

12.5.1 Frachtzuschläge komplett mit erster Lieferung berechnen

Bei Frachtkonditionen, die als Absolutbetrag-Gruppenkonditionen eingestellt sind, gilt der Konditionsbetrag für den ganzen Auftrag. Dieselbe Eigenschaft finden wir bei den manuellen Kopfkonditionen vor. Bei Konditionen dieses Typs wird der Betrag auf die Positionen verteilt. Dies bedeutet im Fall von Teillieferungen, dass die Versandkosten mit jeder Teilfaktura anteilig berechnet werden. Es ist jedoch in der Praxis häufig üblich, die gesamten Versandkosten mit der ersten (Teil)faktura zu berechnen; die restlichen Lieferungen sind dann versandkostenfrei.

Diese Funktion ist im SAP-Standard nicht vorgesehen, es gibt jedoch SAP-Hinweis 25144 (Frachtkonditionen bei Teilfakturierung), der diese Anforderung über einen User-Exit erfüllt.

12.5.2 Frachtzuschläge nicht berechnen bei Naturalrabatt und Retoure

Die in Abschnitt 12.5.1, »Frachtzuschläge komplett mit erster Lieferung berechnen«, beschriebenen absoluten Frachtzuschläge werden normalerweise wertanteilig auf alle Positionen verteilt. In diesem Fall wird auf Naturalrabattpositionen, die ja den Nettowert null ausweisen, keine Fracht zugeschlagen. Dies sieht jedoch anders aus, wenn die Verteilung nicht wertanteilig, sondern z. B. gewichtsanteilig erfolgt. In diesem Fall erhalten auch kostenlose Positionen die Frachtzuschläge, was im Allgemeinen nicht erwünscht ist. Auch bei Frachtkonditionen, die gewichtsabhängig sind, stellt sich die Frage, ob für die Naturalrabattpositionen die Fracht berechnet werden soll oder nicht.

Eine weitere Anforderung besteht darin, dass bei Retourenpositionen, die mit Bezug zu einer Faktura mit Frachtzuschlägen erstellt sind, diese Frachtkosten nicht gutgeschrieben werden sollen.

Die Anforderung für die Naturalrabattpositionen können Sie dadurch erfüllen, dass Sie den betreffenden Konditionsarten die Bedingung 057 (Nicht Naturalrabatt) im Kalkulationsschema zuordnen. Was die Behandlung von Retouren betrifft, löst diese Bedingung allerdings lediglich das Problem für Retourenpositionen innerhalb eines Kundenauftrags, sie liefert jedoch keine Lösung für Retourenbelege, die z. B. mit Bezug zu einem Kundenauftrag oder zu einer Faktura angelegt werden.

Beide Anforderungen werden durch die Bedingung 957 (Nur bei Auftrag/Angebot/Faktura) in Listing 12.3 erfüllt, die Sie mit Transaktion VOFM im Kundennamensraum anlegen und anschließend Ihren Konditionsarten zuordnen.

```
form kobed_957.
  sy-subrc = 4.
  if komp-kposn ne 0.
    check: komk-vbtyp ca 'BCMN'.
    check: komp-prsfd ca 'X'.
    check: komp-kznep = space.
    check: komp-shkzg ne 'X'.
  endif.
  sy-subrc = 0.
endform.
* Prestep
form kobev_957.
  sy-subrc = 4.
  check: komk-vbtyp ca 'BCMN'.
  sy-subrc = 0.
endform.
```

Listing 12.3 Preisfindungsbedingung 957 für Frachtkonditionen

Diese Bedingung 957 bewirkt, dass die Konditionen ausschließlich bei Angeboten, Kundenaufträgen (Vertriebsbelegtypen = B und C) und den zugehörigen Kundenfakturen (Vertriebsbelegtypen = M und N) ermittelt werden.

Falls Sie in einer Retoure bzw. Gutschrift die Frachtkosten ausnahmsweise doch gutschreiben wollen, können Sie dies über eine manuelle Kondition (z. B. als Kopfkondition analog HD00 oder HB00) erreichen. Diese Konditionen verwenden dann wiederum nicht die hier beschriebene Bedingung 957, sondern die Standardbedingungen 057 oder 002.

[»]

Entfernen von kopierten Konditionen

Wichtig in der Routine 957 ist der Prestep-Teil. Dieser bewirkt, dass Konditionen, die zunächst durch den Funktionsbaustein `PRICING_COPY` übernommen wurden, bei Nichterfüllung der Bedingung wieder verworfen werden (siehe Abschnitt 11.2.7, »Verhalten bei kopierten Konditionen«).

12.5.3 Frachtzuschläge ausschließen, wenn bestimmte Materialien mitverkauft werden

Manchmal sollen Frachtzuschläge für einen ganzen Beleg entfallen, wenn z. B. bestimmte Materialien oder Materialgruppen im Beleg vorhanden sind. Dies können Sie rein mit Standard-Customizing erreichen, indem Sie Gruppenkonditionen und Konditionsausschluss (siehe Abschnitt 7.2.2, »Konditionsausschluss über Ausschlussgruppen«) kombinieren.

Ziel ist es, dass die Existenz eines Materials in einer Position die Preisberechnung in den anderen Positionen beeinflussen soll. Hierzu legen Sie eine Kondition an, die in allen Positionen vorhanden ist, um dort die Frachten ausschließen zu können, sobald ihr Wert von Null verschieden ist. Diese Kondition nennen Sie ZEXF (Ausschluss Fracht). Ihre Konditionssätze sollten so allgemein sein, dass ZEXF immer gefunden und eingestellt wird. Wie schaffen Sie es jetzt, dass ZEXF nur dann einen von null verschiedenen Wert bekommt, wenn bestimmte Materialen mitverkauft werden? Sie können dies erreichen, indem Sie ZEXF als Gruppenkondition mit Wertstaffeln einstellen. Da sich ZEXF immer auf den ganzen Beleg beziehen soll, nutzen Sie die Gruppen-Key-Routine 1 (Gesamtbeleg). Die Rechenregel setzen Sie auf E (**Nettogewicht**); es ist wichtig, hier nicht die Rechenregel A (**Prozentual**) zu verwenden, da die Konditionsbasis im Gegensatz zur Staffelbasis in den einzelnen Positionen nicht null sein darf. Im zugehörigen Konditionssatz legen Sie eine Staffel an, sodass der Konditionsbetrag ab einer Staffelbasis in Höhe von 0,01 EUR von null verschieden ist. Mit dieser Konstruktion erreichen Sie, dass ZEXF für alle Positionen aktiv wird, wenn sie auf mindestens einer Position eine Staffelbasis von mehr als einem Cent hat.

Als Zweites legen Sie eine Konditionsart ZNOF (Beleg: keine Fracht), z. B. mit der Rechenregel C (**Menge**) an. Die Zugriffsfolge sollte so gebaut sein, dass sie uns erlaubt, für alle Materialen oder Materialgruppen einen Konditionssatz anzulegen, bei denen die Frachtzuschläge für den ganzen Beleg verschwinden sollen.

Im Schema werden ZEXF und ZNOF als statistische Konditionen gekennzeichnet. Über das Setzen der Von-Bezugsstufe erreichen Sie, dass der Wert der Kondition ZNOF als Staffelbasis der Kondition ZEXF dient (siehe Tabelle 12.2). Damit wird die Gruppenkondition ZEXF auf allen Positionen aktiv, wenn ZNOF auf mindestens einer Position vorhanden ist.

Stu	KArt	Bezeichnung	Von	Bis	Statistisch
1	PR00	Preis			
200	ZFRA	Fracht			
210	ZNOF	Beleg: keine Fracht			X
220	ZEXF	Fracht ausschließen			X
300		Frachtkosten	200		

Tabelle 12.2 Wert von ZNOF als Staffelbasis für ZEXF

Als Nächstes definieren Sie zwei Ausschlussgruppen, z. B. ZEXF und ZFRA. Sie ordnen ZEXF der Gruppe ZEXF und unsere Frachtkondition der Gruppe ZFRA zu. Zuletzt richten Sie für das Kalkulationsschema einen Ausschluss ein, bei dem alle Konditionen der Gruppe ZFRA ausgeschlossen werden, sobald eine Kondition der Gruppe ZEXF aktiv ist – Ausschlussverfahren D (Exklusiv).

Damit haben Sie nun folgendes Systemverhalten erreicht: Sind bestimmte Materialien im Beleg vorhanden, wird auf deren Position die Kondition ZNOF mit einem von null verschiedenen Wert gefunden. Dadurch ist auch die Gesamtstaffelbasis der Kondition ZEXF von null verschieden, und damit ihr Wert auf allen Positionen, da ZEXF als Gruppenkondition eingestellt ist. Somit schließt ZEXF nun die Frachtkonditionen auf allen Positionen aus. Durch die Verwendung von Staffeln haben wir außerdem erreicht, dass sich das Ergebnis nicht ändert, falls z. B. durch Teillieferungen nicht alle Materialien zusammen fakturiert werden. Wir erinnern uns: Staffeln werden bei kopierten Konditionen im Allgemeinen nicht neu ausgewertet, da das Steuerungskennzeichen auf D (**Betrag fixiert**) sitzt (siehe Abschnitt 11.7, »Steuerungskennzeichen ›xkomv-ksteu‹«).

Das hier beschriebene Prinzip, den Ausschluss zur Definition von Ausnahmen zu nutzen, ist allgemeingültig und kann viele andere Anwendungen finden.

12.6 Berechtigungsabhängigkeit des Konditionsbildes

Jeder Benutzer, der die Berechtigung hat, Aufträge und Fakturen anzuzeigen oder zu ändern, hat auch im Konditionsbild uneingeschränkte Berechtigung. Bestimmte Informationen in diesem Bild sind jedoch sehr sensibel, insbesondere all jene Bestandteile, die dazu dienen, einen Deckungsbeitrag zu errechnen. Es handelt sich dabei vor allem um Konditionen, die die Kosten repräsentieren (Verrechnungspreis VPRS), und um Konditionen zur internen Verrechnung (PI01/PI02) sowie um Zwischensummenzeilen, die die Werte dieser Konditionen verwenden (Deckungsbeitrag). Die Funktion, Informationen im Konditionsbild benutzerabhängig auszublenden, ist im Standard nicht vollständig unterstützt, sondern lediglich vorbereitet, und zwar in Form des BAdIs `PRICING_AUTHORITY_CHECK_UI` sowie der Beispielimplementierung `VF_PRC_AUTH_EXAMPLE`. In SAP-Hinweis 1165078 (Berechtigungsprüfung für Konditionen) finden Sie eine Beschreibung aller erforderlichen Schritte.

12.7 Aufnahme neuer Zwischensummenfelder

In der Auftrags- und Fakturaposition (VBAP, VBRP) sind sechs frei verwendbare Zwischensummenfelder `KZWI1` bis `KZWI6` vorhanden. Diese Wertfelder können über das Customizing des Kalkulationsschemas über das Kennzeichen **Zwischensumme** mit dem Wert einer Zeile im Schema bestückt werden. Falls das Kennzeichen **Zwischensumme** bereits anderweitig belegt ist, können Sie die Felder `komp-kzwi1` bis `komp-kzwi6` auch über einfache Formeln versorgen. Die Felder werden vor allem für SAP BW oder andere statistische Auswertungen verwendet. Falls diese sechs Felder nicht ausreichen, können Sie mit wenig Aufwand weitere Wertfelder hinzufügen. Sie legen einfach weitere Datenelemente im Kundennamensraum an und hängen diese per APPEND an die Tabellen VBAP und VBRP sowie an die Strukturen KOMPAZ und KOMPAXA. Anschließend können Sie die neuen KOMP-Felder über eigene Formeln füllen. Zusätzlich sollten Sie diese neuen KOMP-Felder in der Routine `userexit_xkomv_bewerten_init` der Funktionsgruppe V61A initialisieren.

12.8 Stammdatenfelder datumsabhängig pflegen

Die Attribute der Stammdaten (Kunde, Material) sind in diesen Objekten fix abgelegt; es gibt im Allgemeinen keine Möglichkeit, um Stammdatenfindungen datumsabhängig (in die Zukunft oder auch rückwirkend) vorzunehmen. Eine einmal vorgenommene Änderung in den Stammdaten wirkt sofort und insbesondere auch bei Vorgängen, die in die Vergangenheit datiert sind. Es gibt also keine Möglichkeit, um Belege automatisch zum historischen Stand zu bewerten, sondern Sie können die Werte lediglich durch einen manuellen Eingriff in den ursprünglichen Zustand bringen.

Es gibt allerdings im Standard die Möglichkeit, zumindest ein Feld in den Preisfindungskonditionssätzen (und damit datumsabhängig) zu pflegen. Von dort aus wird es in den Kundenauftrag übernommen und die feste Zuordnung aus dem Kundenstamm übersteuert. Es handelt sich dabei um das Feld **Zahlungsbedingung**. Die Felder **Valutadatum** und **Valutatage** können in diesem Zusammenhang übrigens auch in den Konditionssätzen abgelegt werden. Der betriebswirtschaftliche Hintergrund dieser Funktion liegt darin, dass bestimmte Rabatte nur in Verbindung mit einer speziellen Zahlungsbedingung gewährt werden.

In Abschnitt 9.2.2, »Variante 2 – Datenermittlung im Zugriff, Übertragung in die Belegposition über eine Bedingung (Abbildung hierarchischer Strukturen)«, haben wir Ihnen eine Methode vorgestellt, mit der Sie über spezielle Konditionsarten Stammdatenattribute datumsabhängig pflegen, diese über die Preisfindung ermitteln, dort verwenden und anschließend an die aufrufende Auftragsposition zurückübertragen können. Das Positive an dieser Methode ist, dass die Daten mit jeder neuen Preisfindung aktualisiert werden. Der Nachteil dieses Verfahrens besteht darin, dass nur Positionsfelder (VBAP, VBRP) ermittelt werden können, die ausschließlich für die Preisfindung oder Folgefunktionen wie CO-PA, SAP BW, Statistiken, Auswertungen, Druck usw. verwendet werden. Felder des Belegkopfes (VBAK, VBRK) bzw. der kaufmännischen Daten (VBKD) können damit nicht ermittelt werden.

12

12.8.1 Datenermittlung für die Auftragsposition VBAP

Wir möchten Ihnen nun eine zweite allgemeine Methode der Datenbeschaffung vorstellen, die die eben genannten Nachteile nicht hat. Als Beispiel verwenden wir wiederum die Materialgruppenhierarchie aus Abschnitt 9.2.2, »Variante 2 – Datenermittlung im Zugriff, Übertragung in die Belegposition über eine Bedingung (Abbildung hierarchischer Strukturen)«, die wir mit der Konditionsart Z902 gebildet haben, sowie die Bedingung 902 (Datentransport). Beides wenden wir jedoch nicht im Preisfindungskalkulationsschema an, sondern wir bilden ein neues kleines Schema, das wir ausschließlich für die Datenermittlung verwenden (siehe Abbildung 12.11).

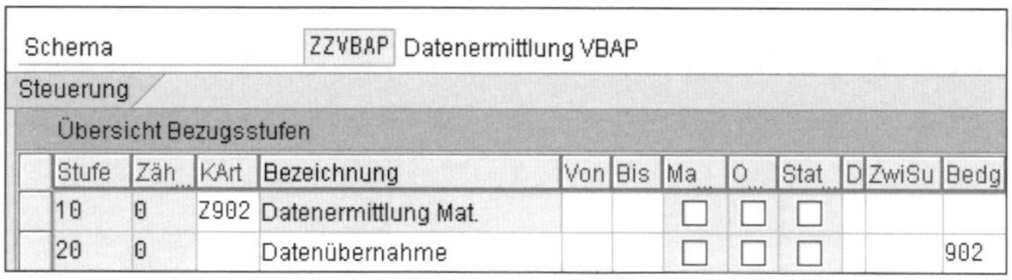

Schema ZZVBAP Datenermittlung VBAP

Steuerung

Übersicht Bezugsstufen

Stufe	Zäh...	KArt	Bezeichnung	Von	Bis	Ma...	O...	Stat...	D	ZwiSu	Bedg
10	0	Z902	Datenermittlung Mat.			☐	☐	☐			
20	0		Datenübernahme			☐	☐	☐			902

Abbildung 12.11 Kalkulationsschema ZZVBAP zur Datenbeschaffung für die Belegposition (Transaktion V/08)

Nachdem wir unser neues Kalkulationsschema eingerichtet haben, müssen wir die eigentliche Datenermittlung in der Routine `userexit_move_field_to_vbap` im Include

MV45AFZZ programmieren, wie in Listing 12.4 dargestellt. Die Datenermittlung erfolgt über den Aufruf des Funktionsbausteins PRICING mit dem neuen Kalkulationsschema ZZVBAP.

```
form userexit_move_field_to_vbap.
  if vbap-matnr ne *vbap-matnr.
    perform zz_fill_vbap.
  endif.
endform.
form zz_fill_vbap.
  data: zkomp like komp,
        kond_t683s_tab like kond_t683s occurs 0
with header line,
        zkomv like komv occurs 0 with header line.
  clear tkomk.
  tkomk-kappl = 'V '.
  tkomk-kalsm = 'ZZVBAP'.
  tkomk-vkorg = vbak-vkorg.
  tkomk-vtweg = vbak-vtweg.
  tkomk-spart = vbak-spart.
  tkomk-prsdt = vbkd-prsdt.
  read table tkomk with key tkomk-key_uc.
  if sy-subrc ne 0.
    append tkomk.
    tkomk-ix_komk = sy-tabix.
    modify tkomk index sy-tabix.
  endif.
  clear zkomp.
  zkomp-ix_komk =  tkomk-ix_komk.
  zkomp-kposn = '000001'.
  zkomp-pmatn = vbap-matnr.
  call function 'PRICING'
         exporting
              comm_head_i      = tkomk
              comm_item_i      = zkomp
              calculation_type = 'B'
              preliminary      = 'X'
              no_calculation   = 'X'
         importing
              comm_head_e      = tkomk
              comm_item_e      = zkomp
         tables
              tkomv            = zkomv.
   modify tkomk index zkomp-ix_komk.
```

```
    If not zkomp-mvgr1 is initial.
      vbap-mvgr1 = zkomp-mvgr1.
    endif.
    If not zkomp-mvgr2 is initial.
      vbap-mvgr2 = zkomp-mvgr2.
    endif.
    If not zkomp-mvgr3 is initial.
      vbap-mvgr3 = zkomp-mvgr3.
    endif.
endform.
```

Listing 12.4 Beispiel-Coding zur Datenbeschaffung im Include MV45AFZZ

Sie müssen alle für Ihre Datenbeschaffungskonditionen benötigten Felder in den Strukturen TKOMK und ZKOMP füllen. Mit dieser Vorgehensweise erzielen wir das gleiche Resultat wie in unserer ersten Lösung. Auch die Performance ist dieselbe; wir nutzen auch hier die Prestep-Logik der Preisfindung. Durch die Anweisung `if vbap-matnr ne *vbap-matnr` nehmen wir die Ermittlung nur zum Hinzufügezeitpunkt und bei Änderung der Materialnummer vor.

Sie sollten, wie in diesem Beispiel gezeigt, die automatische Aktualisierung davon abhängig machen, ob ein betroffenes Feld geändert wurde. In den User-Exits des Auftrags stehen Ihnen die Strukturen *VBAK, *VBKD und *VBAP zur Verfügung, in denen der Zustand vor der Änderung zu sehen ist.

12.8.2 Datenermittlung für den Auftragskopf VBAK/kaufmännische Daten VBKD

Wenn Sie Felder des Belegkopfes oder der kaufmännischen Daten ermitteln wollen, benutzen Sie dafür die Routine `userexit_move_field_to_vbkd`. Sie können in diesem User-Exit die Felder beider Strukturen VBAK und VBKD manipulieren.

Sie richten dafür ein neues Schema ZZVBKD analog zu ZZVBAP ein. Die Beispielbedingung 902 kann auch in diesen Fällen eingesetzt werden; Sie müssen sie lediglich um weitere Feldtransporte nach dem gleichen Muster ergänzen. Falls die ermittelten Felder für die Preisfindung genutzt werden, sollten Sie daran denken, dass bei einer Änderung gegebenenfalls eine passende Neubewertung des gesamten Belegs erfolgen muss. Wie Sie das machen, haben wir in Abschnitt 13.1.3, »Reaktion auf Änderungen von Beleginhalten«, beschrieben.

Mit dieser Methode haben Sie auch die Möglichkeit, eine Merkmalsausprägung ab einem bestimmten Termin oder für einen bestimmten Zeitraum durch einen anderen Wert zu ersetzen. Ein entsprechendes Beispiel beschreiben wir im folgenden Abschnitt.

12.8.3 Beispiel zur Substitution einer Kundengruppe (VBKD-KDGRP)

Unser Ziel in diesem Beispiel ist es, die Kundengruppe 05 (Feld KDGRP) im Jahr 2014 in der Verkaufsorganisation 0001 durch die Kundengruppe 06 zu ersetzen.

Das sind die erforderlichen Aktivitäten:

1. Anlegen eines neuen Feldes ZZKDGRP (**Neue Kundengruppe**) als APPEND zu den Strukturen KOMPAZ und KOMPAZD sowie Aufnahme des Feldes in den Feldkatalog
2. Einrichten einer neuen Konditionstabelle NNN mit den Merkmalen VKORG und KDGRP (**Alte Kundengruppe**) im Schlüssel und mit dem Merkmal ZZKDGRP (**Neue Kundengruppe**) im Datenteil
3. Einrichten einer neuen Zugriffsfolge ZXXX mit der Übernahme des Datenfeldes ZZKDGRP in das dynamische Positionsfeld kompazd-zzkdgrp
4. Einrichten einer neuen Konditionsart ZXXX analog zur Konditionsart Z902 mit der Zugriffsfolge ZXXX
5. Erweiterung der Bedingung 902:
   ```
   If not kompazd-zzkdgrp is initial.
   komp-zzkdgrp = kompazd-zzkdgrp.
   endif.
   ```
6. Programmieren der Routine userexit_move_field_to_vbkd (analog zum Beispiel in Listing 12.4):
   ```
   If vbkd-kdgrp ne *vbkd-kdgrp.
   Perform zz_fill_vbkd.
   endif.
   ```
7. Programmieren der Routine zz_fill_vbkd analog zur Routine zz_fill_vbap und Durchführen des Datentransportes mit der Anweisung:
   ```
   If not zkomp-zzkdgrp is initial.
   vbkd-kdgrp = zkomp-zzkdgr.
   endif.
   ```
8. Einrichten des neuen Kalkulationsschemas ZZVBKD (analog zum Kalkulationsschema ZZVBAP)
9. Anlegen der geeigneten Konditionssätze zur Konditionsart ZXXX
10. Überprüfen des Ergebnisses im Kundenauftrag

Wir haben dieses Beispiel in unserem Testsystem nicht eingerichtet, d. h., Sie müssen für die Konditionsart und die Zugriffsfolge eigene Namen vergeben. Das Gleiche gilt für die Konditionstabelle, für die Sie eine Nummer im Kundennamensraum auswählen müssen.

12.8.4 Vor- und Nachteile der Datenbeschaffung innerhalb und außerhalb der Preisfindung

Der Vorteil der (ersten) Methode aus Abschnitt 9.2.2, »Variante 2 – Datenermittlung im Zugriff, Übertragung in die Belegposition über eine Bedingung (Abbildung hierarchischer Strukturen)«, gegenüber der hier vorgestellten (zweiten) Methode ist die Reaktionsmöglichkeit bei rückwirkender Änderung der Konditionssätze. Die Aktualisierung vorhandener Aufträge erreichen Sie durch eine Neubewertung, die Sie mit einer Massenverarbeitung anstoßen können (Transaktion VA05, erreichbar über **Bearbeiten • Massenänderung • Neue Preisfindung**).

Bei der hier vorgestellten zweiten Methode wird diese retroaktive Änderung nicht unterstützt. Außerdem fehlt bei Klärungsbedarf die Unterstützung durch die Findungsanalyse. Ein weiteres Manko besteht darin, dass bei einer Änderung beteiligter VBAK- bzw. VBKD-Felder, wie z. B. dem Preisdatum, die Neuermittlung für die Positionen nicht automatisch durchgeführt wird (das kann andererseits jedoch auch gewünscht sein).

Die Vorteile des hier vorgestellten zweiten Verfahrens sind:

Wenn Sie Felder der Position VBAP ermitteln, können Sie dies nicht nur für solche Felder tun, die für die Preisfindung, SAP BW, CO-PA oder den Dokumentendruck benötigt werden, sondern Sie können alle Felder ermitteln, die ansonsten auch in der Routine `userexit_move_field_to_vbap` manipulierbar sind. Sie könnten damit also durchaus auch z. B. das Feld **Werk** füllen, d. h., Sie hätten eine konditionsbasierte und damit datumsabhängige Werksfindung realisiert – und zwar ganz ohne Modifikation.

Wenn Sie Felder der Tabellen VBAK oder VBKD füllen wollen, können Sie dies ausschließlich mit diesem Verfahren realisieren.

Sie sehen, dass diese zweite Methode durchaus ein großes Potenzial besitzt.

12.8.5 Datenermittlung in der Faktura

Wir haben die Methode zur Datenermittlung über User-Exits lediglich für den Auftrag beschrieben. Die Faktura übernimmt normalerweise die Inhalte des Auftrags, sodass eine Neuermittlung der Merkmale in der Faktura wohl nicht erforderlich ist. Falls doch, müssten Sie die entsprechenden Eingriffsmöglichkeiten in der Faktura nutzen. Sie nehmen die Datenermittlung analog Listing 12.4 am besten in einer Kopierbedingung zur Faktura vor.

12.9 Kopierte Konditionen und anschließende Mengenänderung

Es gibt einige Konditionsarten, die beim Anlegen von Folgebelegen problematisch sind. Das sind in erster Linie Konditionen der Rechenregel B (**Absolutbetrag**), wozu die Standardkonditionsarten RB00, HB00, HM00, AMIW und AMIZ gehören. Aber auch andere Konditionsarten bereiten Probleme. Generell können wir sagen, dass alle Konditionen betroffen sind, die im Zielbeleg die Konditionssteuerung = E (xkomv-ksteu) erhalten (z. B. Konditionen, bei denen eine maximale Konditionsbasis oder ein maximaler Konditionswert überschritten ist). Aber auch solche Konditionen, bei denen Basisformeln eingesetzt werden, die nur im Ursprungsbeleg laufen sollen, sind problematisch (z. B. die Konditionsarten KP00 und KP01 mit den Basisformeln 022 und 024).

Wir betrachten in diesem Abschnitt die folgenden Kopiervorgänge:

- Anlegen eines Auftrags mit Bezug zum Angebot
- Anlegen einer Faktura mit Bezug zur Lieferung oder zum Auftrag
- Anlegen einer Gutschriftsanforderung oder Retourenanforderung mit Bezug zur Faktura

Die Konditionen des Bezugsbelegs werden dabei durch den Funktionsbaustein PRICING_COPY in den Zielbeleg kopiert (siehe Abschnitt 10.3, »Funktionsbaustein PRICING_COPY«). Falls die Positionsmenge des Quellbelegs von der Menge des Zielbelegs abweicht, wird der Wert von Absolutkonditionen sowie Konditionen, deren Wert fixiert ist, im Verhältnis der Mengenänderung skaliert.

Wird bei kopierten Belegen anschließend jedoch eine Mengenänderung vorgenommen, bleibt der Wert dieser Konditionen unverändert und muss gegebenenfalls manuell angepasst werden. Interessant zu wissen ist, dass für die Konditionsart VPRS (Verrechnungspreis), die ja ebenfalls in der Faktura fixiert ist, das Problem der anschließenden Mengenänderung im Standard gelöst ist, d. h., der Wert der Kondition wird im Verhältnis der Mengenänderung skaliert.

Eine allgemeingültige Lösung für alle Konditionsarten steht im SAP-Standard nicht zur Verfügung. Wir wollen diese Lücke schließen und haben dafür zwei mögliche Lösungswege entwickelt:

1. einfache Lösung für Absolutbetragskonditionen unter ausschließlicher Nutzung der Routine userexit_pricing_copy
2. allgemein verwendbare Lösung für alle betroffenen Konditionsarten

12.9.1 Einfache Lösung für Absolutbetragskonditionen

Wir betrachten beispielhaft die folgenden Standardkonditionsarten:

- RB00 – Manueller absoluter Rabatt (Positionskondition)
- HM00 – Manueller Gesamtauftragswert (Kopfkondition)
- HB00 – Manueller absoluter Rabatt (Kopfkondition)
- AMIW/AMIZ – Automatischer Absolutbetrag (Gruppenkondition)

Ein Lösungsweg zur automatischen Anpassung der kopierten Absolutbetragskonditionen bei Mengenänderung ist die in Listing 12.5 dargestellte Modifikation per User-Exit im Report RV61AFZA.

```
form userexit_pricing_copy.
  if vbtyp_new ca vbtyp_verk and konv-ksteu ne 'A' and
     ( konv-kschl = 'RB00' or
       konv-kschl = 'HM00' or
       konv-kschl = 'HB00' or
       konv-kschl = 'AMIW' or
       konv-kschl = 'AMIZ' ).
       konv-ksteu = 'F'.
       konv-kherk = 'G'.
  endif.
endform.
```

Listing 12.5 Skalierung Absolutkonditionen bei Mengenänderung

Diese Modifikation bewirkt, dass in Verkaufsbelegen, die mit Bezug zum Angebot oder zur Faktura erstellt werden, die aufgeführten Konditionsarten durch **Konditionssteuerung** = F (konv-ksteu) auf spezielle Art fixiert werden (siehe Abschnitt 11.7, »Steuerungskennzeichen ›xkomv-ksteu‹«). Bei einer Mengenänderung wird nun der Konditionswert im Verhältnis der Änderung der Konditionsbasis skaliert.

Die Konditionsbasis andererseits hat bei absoluten Kopfkonditionen die Bedeutung eines Verteilungsschlüssels, nach dem der Kopfbetrag auf die Positionen verteilt wird. Üblicherweise ist dies der Nettowert der Position; andere Verteilungsschlüssel können durch Verwendung einer geeigneten einfachen Basisformel erreicht werden. So sind z. B. Basisformeln, die das Gewicht oder das Volumen verwenden, unproblematisch. Bei der Wertverteilung ist es grundsätzlich empfehlenswert, zumindest die Basisformel 002 (Nettowert) bei den betreffenden Konditionsarten zuzuordnen. Ansonsten können etwaige vorangestellte statistische Konditionen unerwünschte Effekte erzeugen.

Im Allgemeinen skaliert bei kopierten Positionen der Nettowert im Verhältnis der Mengenänderung, sodass damit indirekt die Skalierung der betreffenden Konditionswerte ebenfalls im Verhältnis der Mengenänderung erfolgt. Die Anweisung konv-kherk = 'G' wird für die Positionskondition RB00 benötigt.

In Abschnitt 14.8, »Testen«, finden Sie Testergebnisse für das Beispiel der Konditionsart HM00 mit und ohne Modifikation.

Lösungsweg 1 hat den Vorteil, dass er sehr einfach zu implementieren ist und sofort funktioniert. Anpassungen des Customizings sind nicht erforderlich. Der Nachteil ist allerdings, dass die Lösung nur bei Absolutbetragskonditionen anwendbar ist. Außerdem dürfen bei den kopierten Belegen keine Preisänderungen stattfinden, da sonst die Skalierung nicht im Verhältnis der Mengenänderung erfolgt.

12.9.2 Komplexe Lösung für alle Konditionsarten

Mit der hier vorgestellten Variante können wir folgende beispielhaften Fälle abdecken:

- **Absolutbetragskonditionen**
  Zum Beispiel RB00, HB00, HM00, AMIW, AMIZ.
- **Konditionen mit speziellen Basisformeln**
  Zum Beispiel KP00 und KP01. Das Problem besteht hier darin, dass die Entscheidung, ob ein Zu-/Abschlag gewährt werden soll, bei Fakturen zu Teillieferungen aufgrund der (Teil)liefermengen erfolgt, was normalerweise nicht gewünscht ist. Entscheidend für die Berechnung soll die gesamte Auftragsmenge sein. Diese steht jedoch in der Faktura und in den Folgebelegen zur Faktura nicht zur Verfügung. Das bedeutet, dass diese speziellen Basisformeln ausschließlich im ursprünglichen Kundenauftrag lauffähig sind.
- **Konditionen, bei denen die maximale Konditionsbasis bzw. der maximale Konditionswert überschritten ist**
  Sie müssen dann allerdings in der Routine `userexit_pricing_copy` neben der Konditionsart zusätzlich noch abfragen, ob die Überschreitung eingetreten ist. Sie erkennen das mit der Abfrage `if konv-kmxwr = 'X' or konv-kmxaw = 'X'`.

Für unsere Lösung greifen wir tief in die Trickkiste. Wir benötigen dazu Folgendes:

- **Die Routine »userexit_pricing_copy«**
  Hier fixieren wir die betreffenden Konditionen mit `konv-ksteu = F` und *unterbinden die Standardlogik* der Skalierung von Konditionsbasis und -wert im Verhältnis der Mengen des Quellbelegs und des Zielbelegs (siehe Listing 12.6).
- **Eine Basisformel 921**
  Das Coding für diese Basisformel finden Sie in Listing 12.7. Die Basisformel ordnen Sie der Preiskondition (z. B. PR00) zu, von der Sie wissen, dass sie immer vorhanden ist (PR00 sollte deshalb im Kalkulationsschema als **obligatorisch** eingestellt sein). Mit dieser Basisformel merken wir uns die *alte Menge* und die *neue Menge* in den Arbeitsvariablen `xworkl` und `xworkm`. Falls Sie diese Arbeitsvariablen bereits selbst verwenden, müssen Sie andere einsetzen.
- **Eine Basisformel 923 (Skalieren – allgemein)**
  Das Coding für diese Basisformel finden Sie in Listing 12.9. Die Basisformel verwenden Sie bei allen Konditionsarten, die bisher keine Basisformel zugeordnet haben, also z. B. bei RB00, HB00, HM00, AMIW und AMIZ. Wir skalieren die alte Konditionsbasis `ykawrt` in die neue Konditionsbasis im Verhältnis der Mengenänderung `xkwert = ykawrt × xworkl ÷ xworkm`.

- **Eine Basisformel 922 (Skalieren Formel 022)**
  Das Coding für diese Basisformel finden Sie in Listing 12.8. Die Basisformel benötigen Sie als Ersatz für die Basisformel 022 für die Konditionsart KP00.
- **Eine Basisformel 924 (Skalieren Formel 024)**
  Das Coding für diese Basisformel finden Sie in Listing 12.10. Die Basisformel benötigen Sie als Ersatz für die Basisformel 024 für die Konditionsart KP01.
- **Eventuell weitere Basisformeln**
  Falls Sie Konditionsarten behandeln wollen, die selbst schon eine eigene Basisformel haben, müssen Sie diese analog der Formel 922 um die Skalierung erweitern oder eine neue Basisformel erstellen.

Sobald wir im Kalkulationsschema bei den beteiligten Konditionsarten die passende Basisformel zugeordnet haben, sind wir fertig.

In der Routine `userexit_pricing_copy` (siehe Listing 12.6) fixieren wir die betreffenden Konditionen und setzen die Standardlogik der mengenanteiligen Skalierung innerhalb des Funktionsbausteins `PRICING_COPY` außer Kraft, d. h., die Importparameter `QUANTITY_OLD` und `QUANTITY_NEW` sind eigentlich überflüssig. Die Konditionsarten KP00 und KP01 müssen Sie nur dann hier aufnehmen, wenn diese auch manuell geändert werden können. Ansonsten sind die Basisformeln (z. B. 022 und 024) für diesen Problemtyp ausreichend.


```
form userexit_pricing_copy.
  if konv-ksteu ne 'A' and
  ( konv-kschl = 'RB00' or
    konv-kschl = 'HM00' or
    konv-kschl = 'HB00' or
    konv-kschl = 'AMIW' or
    konv-kschl = 'AMIZ' or
    konv-kschl = 'KP00' or
    konv-kschl = 'KP01' ).
  konv-ksteu = 'F'.
  clear: konv-kgrpe, konv-kmxaw, konv-kmxwr.
* Avoid quantity related scaling of values for
* conditions with ksteu = 'F'. Scaling will be done by
* apropriate condition base formulas within PRICING.
    if quantity_new ne 0.
      arbfeld = konv-kwert   * quantity_old / quantity_new.
      konv-kwert = arbfeld.
      arbfeld = konv-kwert_k * quantity_old / quantity_new.
      konv-kwert_k = arbfeld.
      arbfeld = konv-kawrt   * quantity_old / quantity_new.
      konv-kawrt   = arbfeld.
```

```
      arbfeld = konv-kawrt_k * quantity_old / quantity_new.
      konv-kawrt_k = arbfeld.
    endif.
  endif.
endform.
```

Listing 12.6 Routine »userexit_pricing_copy« – Skalierung bei Lösung 2

Mit dem Trick über die Basisformel 921 (Änderungsfaktor) zur Kondition PR00 (siehe Listing 12.7) merken wir uns die Menge vor und nach der Änderung. Diese Information verwenden wir dann in den folgenden Konditionen in den Basisformeln, um die eigentliche Skalierung durchzuführen.

```
form frm_kond_basis_921.
  xworkl = xkwert. "quantity new
  xworkm = ykawrt. "quantity old
endform.
```

Listing 12.7 Basisformel 921 für PR00 – Zwischenspeichern der Mengen alt/neu

Die Basisformel 922 (siehe Listing 12.8) führt die Basisformel 022 aus, ergänzt um die Skalierungslogik.

```
form frm_kond_basis_922.
  perform frm_kond_basis_022.
  perform frm_kond_basis_923.
endform.
```

Listing 12.8 Basisformel 922 für die Kondition KP00

Die Basisformel 923 (siehe Listing 12.9) enthält die Skalierungslogik. Sie muss bei allen betroffenen Konditionsarten eingesetzt werden, denen bisher keine Basisformel zugeordnet ist.

```
form frm_kond_basis_923.
  if xkomv-ksteu ca 'DF' and xkomv-kgrpe = space
                         and xworkm ne 0.
    xkomv-ksteu = 'F'.
    arbfeld = ykawrt * xworkl / xworkm.
    xkwert = arbfeld.
    if ( not xkomv-kwert_k is initial
         and xkomv-kntyp na 'GSTbhcn'
         and ykawrt ne 0 ).
      xkomv-kwert_k = xkomv-kwert_k * xkwert / ykawrt.
```

```
    endif.
  endif.
endform.
```

Listing 12.9 Basisformel 923 für die Konditionsarten RB00, HB00, HM00, AMIW und AMIZ

Die Basisformel 924 (siehe Listing 12.10) führt schließlich die Basisformel 024 aus, ergänzt um die Skalierungslogik.

```
form frm_kond_basis_924.
  perform frm_kond_basis_024.
  perform frm_kond_basis_923.
endform.
```

Listing 12.10 Basisformel 924 für die Kondition KP01

Lösungsweg 2 hat den Vorteil, dass das Verfahren auf alle Konditionsarten und alle denkbaren Fälle anwendbar ist. Die Skalierung erfolgt stabil im Verhältnis der Mengenänderung. Der Nachteil ist, dass das Customizing angepasst werden muss: Bei allen verwendeten Kalkulationsschemata müssen die passenden Basisformeln eingetragen werden. In der Routine `userexit_pricing_copy` gibt es keine Möglichkeit, um das Verfahren auf bestimmte Kalkulationsschemata zu beschränken, es geht also nur »ganz oder gar nicht«.

[!]

Das müssen Sie bei der Aktivierung der Lösung 2 beachten

Beim Transport der Modifikation in das Produktivsystem müssen Sie vorsichtig sein. Transportieren Sie zuerst die Customizing-Änderungen (Formeln und Kalkulationsschemata). Ohne die Routine `userexit_pricing_copy` bewirken diese Formeln noch nichts (außer, dass bei den Konditionen KP00 und KP01 die Lösung damit bereits funktioniert). Erst danach transportieren Sie den User-Exit. Die Verwendung des User-Exits ohne gleichzeitigen Einsatz der Formeln würde dazu führen, dass die betroffenen Konditionen in der Faktura nicht mehr skaliert würden.

12.10 Gesteigerte Preise in Retouren und Gutschriften

Die Konditionsart PR02 (Preis gesteigert) ist im Standard mit der Staffelart D (Intervallstaffel) eingestellt (siehe Anhang A, »Konditionssteckbriefe«). In dieser Situation sehen wir, abhängig von der Auftragsmenge, im Konditionsbild der Position mehrere Einträge der Kondition. Bei jeder Mengenänderung erfolgt eine neue Preisfindung, da sich dadurch die Anzahl der Einträge wieder ändern kann. Bei Fakturen zu Teillieferungen werden nun die Konditionen aus dem Auftrag übernommen und alle Werte mengenanteilig angepasst.

Erstellen wir nun eine Retoure oder Gutschriftsanforderung mit Bezug zur Faktura, wird die Kondition neu ermittelt, sodass sich bei reduzierter Gutschriftmenge ein anderer Preis ergibt als in der Faktura. Die Konditionen müssten auch hier kopiert und mengenanteilig angepasst werden.

Einen möglichen Lösungsweg für dieses Problem finden Sie in SAP-Hinweis 39774 (Retoure für Rechnungen mit Intervallpreisen), in dem zur Lösung des Problems eine neue Kondition eingeführt wurde, die den Durchschnittspreis aufnimmt.

Eine alternative und wesentlich einfachere Lösung besteht in der neu einzurichtenden Bedingung 906 (Kopierte nicht neu), die Sie einfach der betreffenden Konditionsart zuordnen. Das Coding zu dieser Bedingung finden Sie in Listing 12.11. Gegebenenfalls müssen Sie eine bereits verwendete Bedingung kopieren und nach dem Muster der Bedingung 906 anpassen.

Die neue Bedingung ist eine Kopie der Standardbedingung 002 (Position mit Preisfindung), ergänzt um die geschickte Nutzung der internen Ausschlusstabelle TKSCHLEXCL (siehe Abschnitt 11.2, »Bedingungen«).

```
form kobed_906.
  sy-subrc = 4.
  if komp-kposn ne 0.
    check: komp-prsfd ca 'BX'.
  endif.
  if preisfindungsart na 'EF'.
    read table tkomv with key knumv = komk-knumv
                              kposn = komp-kposn
                              stunr = komt1-stunr
                              binary search.
    if sy-subrc = 0 and tkomv-ksteu ca 'DEF'.
* avoid redetermination if condition is copied by
* filling exclusion table tkschlexcl
      read table tkschlexcl with key kschl = komt1-    kschl binary search.
      if sy-subrc ne 0.
        tkschlexcl-kschl = komt1-kschl.
        insert tkschlexcl index sy-tabix.
      endif.
    else.
      refresh tkschlexcl.
    endif.
  endif.
  sy-subrc = 0.
endform.
```

```
form kobev_906.
  sy-subrc = 0.
endform.
```

Listing 12.11 Bedingung 906 – keine Neuermittlung bei kopierten Konditionen

Durch diese Bedingung wird erreicht, dass fixierte Konditionen (zu erkennen am Kennzeichen `konditionssteuerung` = D, E oder F), die in Folgebelege übernommen wurden, nicht mehr neu ermittelt werden. Die Mengenskalierung erfolgt bei diesen Konditionsarten dann ohne weiteres Zutun, da der Intervallanteil einer Konditionszeile durch den Konditionsfaktor bestimmt ist (`xkomv-kfaktor1`).

12.11 Kennzahlen für Reporting und Analyse

Zugegeben, die SD-Entwicklung hat sich bezüglich der Frage, welche Wertkennzahlen für das Reporting, die Vertriebsstatistiken oder SAP BW von Interesse sind, zurückgehalten und hat diese Entscheidung dem Anwender, also Ihnen, überlassen. Natürlich sind die Anforderungen von Kunde zu Kunde unterschiedlich. In CO-PA wird dieser Individualität bereits Rechnung getragen. Denn es gibt dort eine Zuordnung der Konditionsarten zu den Kennzahlen, womit bereits eine hohe Flexibilität erreicht ist. Das bedeutet allerdings, dass die Konditionsarten die passende Granularität haben müssen, und genau das ist das Problem. Wir werden Ihnen gleich erklären, was sich dahinter verbirgt.

Normalerweise bewegen sich Reporting oder Statistiken nicht auf der Ebene der Belegkonditionen (das wäre zu laufzeitintensiv), sondern auf der Ebene der Belegpositionen. Wir müssen also sehen, welche Wertfelder uns auf der Positionsebene zur Verfügung stehen. Es gibt z. B. die Felder **Nettowert** und **Verrechnungswert** (`NETWR` und `WAVWR`). Wird eine weitere Differenzierung des Preisfindungsergebnisses benötigt, sind dafür die frei verwendbaren Zwischensummenfelder `KZWI1` bis `KZWI6` vorgesehen. Reichen diese nicht aus, können weitere Felder angefügt werden; wir beschreiben dies in Abschnitt 12.7, »Aufnahme neuer Zwischensummenfelder«.

Eine Anforderung aus der Praxis

Die Auswertungen aus SD-Belegen sollen die folgenden Kennzahlen liefern:

- **Kennzahl 1: der Ausgangswert**
  Das ist der Wert, der sich aus einem zu definierenden Grundpreis ergibt.
- **Kennzahl 2: die Standardkonditionen**
  Das ist die Summe aller allgemeinen Konditionen, die automatisch gefunden werden und nicht kundenabhängig sind.

- **Kennzahl 3: die kundenindividuellen Konditionen**
Das ist die Summe aller kundenabhängigen Konditionen, die automatisch gefunden werden. Diese Konditionen stellen kundenindividuelle Vertragsvereinbarungen dar.
- **Kennzahl 4: die manuell im Beleg eingetragenen Konditionen**
- **Kennzahl 5: die Bonuskonditionen**
Das sind die zu erwartenden Aufwendungen für nachträgliche Vergütungen, die erst im Rahmen der Bonusabrechnung ausgezahlt werden.
- **Kennzahl 6: der Nettowert**
Das ist die Summe aller Konditionen, die aktiv, nicht statistisch und keine Steuern sind.
- **Kennzahl 7: der Verrechnungswert**
Das sind die Kosten des Verkaufsvorgangs.

Grundsätzlich ist zu sagen, dass alle Werte im Auftrag den Charakter von Planwerten (Planerlöse, Planerlösschmälerungen, Plankosten), in der Faktura jedoch den Charakter von Ist-Werten (tatsächlichen Werten) haben.

Wie wollen wir diese Anforderung nun umsetzen?

Die Kennzahlen 6 und 7 (**Nettowert** und **Verrechnungswert**) stehen in Gestalt der Felder `NETWR` und `WAVWR` zur Verfügung. Hier müssen wir nichts weiter tun. Die Kennzahlen 1 bis 5 wollen wir in den Zwischensummenfeldern `KZWI1` bis `KZWI5` ablegen. Wir haben damit die Aufgabe, jede Kondition einer dieser Kennzahlen zuzuordnen. Diese Zuordnung ist bei den aktuellen Einstellungen nicht bei allen Konditionsarten möglich, sondern wir müssen die angesprochene Granularität verändern und werden dies am Beispiel der Konditionsart PR00 zeigen. Die Zuordnung der Konditionsarten wird im Kalkulationsschema über das Kennzeichen **Zwischensumme** vorgenommen. Dadurch und durch die Einführung weiterer Konditionsarten besteht die Notwendigkeit, die Kalkulationsschemata anzupassen. Wie das gemacht wird, erfahren Sie im nächsten Abschnitt.

12.11.1 Einrichten eines neuen, konsolidierten Kalkulationsschemas

Wir hatten bei der Vorstellung einiger repräsentativer Kalkulationsschemata in Kapitel 8, »Ausgewählte Kalkulationsschemata und Konditionsarten«, darauf hingewiesen, dass es durchaus möglich wäre, einige dieser Kalkulationsschemata zu vereinigen. Das bietet sich nun bei dieser Gelegenheit an. Wir wollen die Schemata RVAA01 (Standard), RVAA02 (Preisbuch) und PSER02 (Aufwandsabrechnung) zu einem neuen (Super-)Kalkulationsschema ZVAA02 (Standard - konsolidiert) vereinigen, in dem die Zuordnung der Konditionsarten zu den Kennzahlen 1 bis 5 möglich ist. Darüber hinaus wollen wir in das neue Schema die meisten der in diesem Buch neu geschaffenen Konditionsarten, quasi als Dokumentation der geleisteten Arbeit, aufnehmen. Wir stellen Ihnen nun zunächst dieses neue Schema (siehe Tabelle 12.3) vor und beschreiben anschließend ausführlich die Schritte zu diesem Schema.

[«]

Bedeutung der Tabellenspalten

Die Spalten in dieser Tabelle haben die Bedeutung: Stu = Stufennummer, KArt = Konditionsart, Bez = Bezeichnung, Von = Von-Stufe, Bis = Bis-Stufe, M = Manuelle Kondition, Bd = Bedingung, Z = Kennzeichen Zwischensumme, S = Statistische Kondition, Rch = Wertformel, Bas = Basisformel, Kto1 = Kontoschlüssel für Erlöse, Kto2 = Kontoschlüssel für Rückstellungen, D = Druckkennzeichen, Obl = Kondition ist obligatorisch.

12

Stu	KArt	Bez	Von	Bis	M	Bd	Z	S	Rch	Bas	Kto1	Kto2	D	Obl
4	ZPBP	Datenermittlung Kd.				2								
5	Z902	Datenermittlung Mat.				2								
6	PBU	Preisbuchfindung				2								
7	PBUD	Preisbuchbasis				2		X						
8	EK01	Ist-Kosten			X		B			921	ERL			
9	ZPRA	Preis allgemein				202				921	ERL			
10		**Basispreis**				**902**	**1**		**2**					
12	ZBUP	Preisbuchbrutto-Prs				2	1		6	202	ERL			
14	ZPRC	Preis gesteigert				906	3		906		ERL			
16	ZPRB	Preis kundenindiv.				2	3		6		ERL			
18	ZPRD	Preis Kontrakt				2	3		6		ERL			
20	VA00	Variantenpreis				2	1				ERL			
30	ZB00	Bruttopreis manuell			X	2	4		6		ERL			
100		**Brutto**							**2**				**a**	

Tabelle 12.3 Konsolidiertes Kalkulationsschema ZVAA02

Stu	KArt	Bez	Von	Bis	M	Bd	Z	S	Rch	Bas	Kto1	Kto2	D	Obl
101	Z905	Materialgrp.-Rabatt				2	2				ERS			
102	ZC00	Mengenzuschlag			X	2	4				ERS			
103	K005	Kunde/Material				2	3				ERS			
104	K007	Kundenrabatt				7	3				ERS			
105	K004	Material				2	2				ERS			
106	K020	Preisgruppe				2	2				ERS			
107	K029	Materialgruppe				2	2				ERS			
108	K030	Kunde/MatGrp				2	3				ERS			
109	K031	Preisgrp/MatGrp				2	2				ERS			
110	RA01	Proz. v. Brutto	100		X	2	4				ERS			
110	RA00	Proz. v. verm.			X	2	4				ERS			
110	RC00	Mengenrabatt			X	2	4				ERS			
110	RB00	Absolutrabatt			X	2	4			923	ERS			
110	RD00	Gewichtsrabatt			X	2	4				ERS			
111	HI01	Hierarchie				2	3				ERS			
112	HI02	Hierarchie/ Material				2	3				ERS			
115	K148	Produkthierarchie				2	2				ERS			
120	VA01	Variantenpreis				2	2				ERS			
131	KA00	Aktion				2	3				ERS			
132	K032	Preisgrp/Mat				2	2				ERS			
150	Z030	Kunde/MatGrp				2	3				ERS			
151	Z031	Kunde/MatGrp				2	3			923	ERS			
300		**Rabattbetrag**	**101**	**299**									**b**	
302	NETP	Preis			X	2	2		6	3	ERL		b	
310	PN00	Preis Netto			X	2	4		6		ERL		b	

Tabelle 12.3 Konsolidiertes Kalkulationsschema ZVAA02 (Forts.)

Stu	KArt	Bez	Von	Bis	M	Bd	Z	S	Rch	Bas	Kto1	Kto2	D	Obl
320	PMIN	Mindestpreis				2	2		15		ERL		b	
399	R100	100 %-Abschlag				55	2			28	ERS		b	
400		**Bonusbasis**					**7**							
701	EDI1	Erwarteter Kundenpreis			X			X	8					
702	EDI2	Erwarteter Kundenwert			X			X	8					
800		**Positionsnetto**							**2**					
801	NRAB	Naturalrabatt				59	2			29	ERS		b	
805	KP00	Palettenrabatt				57	3			922	ERS		B	
806	KP01	Anbruchzuschlag				57	3			924	ERS		B	
807	KP02	Mixpalettenrabatt				957	3			923	ERS		B	
808	KP03	Mixanbruch-zuschlag				957	3			923	ERS		B	
809	ZP03	Mixanbruch-zuschlag				957	3		17	12	ERS		B	
810	HA00	Prozentrabatt	800	809	X	2	4				ERS		B	
810	HB00	Absolutrabatt			X	2	4			923	ERS		B	
810	HD00	Fracht			X	957	4				ERF		B	
817	AMIW	Mindestauftrags-wert				2	D	X		923				
818	AMIZ	Mindestwert-zuschlag				2	2		13	923	ERS		B	
820	HM00	Auftragswert			X	2	E	X		923				
821	ZM00	Auftragswertdelta				2	4		913		ERS		D	
900		**Nettowert 2**							**2**					
901	BO01	Mat-/Gruppen-bonus	400			2	5				ERB	ERU		
902	BO02	Materialbonus	400			2	5				ERB	ERU		

Tabelle 12.3 Konsolidiertes Kalkulationsschema ZVAA02 (Forts.)

Stu	KArt	Bez	Von	Bis	M	Bd	Z	S	Rch	Bas	Kto1	Kto2	D	Obl
903	BO03	Kundenbonus	400			2	5				ERB	ERU		
904	BO04	Hierarchiebonus	400			2	5				ERB	ERU		
905	BO06	Umsatzunabhäng. Bonus	400			2	5				ERB	ERU		
908		**Nettowert 3**	**900**	**907**										
910	PI01	PreisInterne Verrechn				22	B	X			ERL			
911	AZWR	Anzahlung/ Verrechng.				2			48		ERL			
914	SKTV	Skonto				14	D	X		2				
915	MWST	Ausgangssteuer				10				16	MWS		A	X
919	DIFF	Rundung				13			16	4	ERS			X
920		**Endbetrag**							**4**					
921	PTVO	Gutschein			X						PPG			
925		**Zahlungsbetrag**	**920**	**924**			**A**							
930	SKTO	Skonto				9		X		11				
932	RL00	Delkredere				23		X		2	ERS			
933	MW15	Steuer Delkredere	932			21		X			MWS			X
935	GRWR	Grenzübergangswert				8	C	X		2				
940	VPRS	Verrechnungspreis				4	B	X						
941	EK02	Kalkulierte Kosten			X		B	X						
942	EK03	Kalkulierte FxKosten			X			X						
943	KW00	Konzernbewertung			X			X						
950		**Deckungsbeitrag**	**908**						**911**					

Tabelle 12.3 Konsolidiertes Kalkulationsschema ZVAA02 (Forts.)

Stu	KArt	Bez	Von	Bis	M	Bd	Z	S	Rch	Bas	Kto1	Kto2	D	Obl
951		Deckungsbeitrag %	908				H		918					
960	ZDB1	Mindestdeckungs-beitrag	908			2		X	905					
980	ZH01	Budget – genehmigt				2		X	2					
981	ZH02	Budget – angefordert				2		X	900					

Tabelle 12.3 Konsolidiertes Kalkulationsschema ZVAA02 (Forts.)

Zur besseren Orientierung folgen hier eine Aufstellung der Konditionsarten, die in diesem Buch neu eingeführt wurden, und eine Übersicht, in welchen Abschnitten diese zu finden sind:

12

- ZPBP – Datenermittlung Kunde (siehe Abschnitt 9.2, »Datenermittlung über Konditionen«)
- Z902 – Datenermittlung Material (siehe Abschnitt 9.2, »Datenermittlung über Konditionen«, und Abschnitt 12.8, »Stammdatenfelder datumsabhängig pflegen«)
- ZPRA – Preis allgemein (siehe Abschnitt 12.11.2, »Kennzahl 1 – Ausgangswert (KZWI1)«)
- ZBUP – Preisbuch Bruttopreis (siehe Abschnitt 12.11.2, »Kennzahl 1 – Ausgangswert (KZWI1)«)
- ZPRC – Preis - gesteigert (siehe Abschnitt 12.11.4, »Kennzahl 3 – Kundenindividuelle Konditionen (KZWI3)«)
- ZPRB – Preis - kundenindividuell (siehe Abschnitt 12.11.4 »Kennzahl 3 – Kundenindividuelle Konditionen (KZWI3)«)
- ZPRD – Preis - Kontrakt (siehe Abschnitt 12.11.4 »Kennzahl 3 – Kundenindividuelle Konditionen (KZWI3)«)
- ZBOO – Bruttopreis manuell (siehe Abschnitt 12.11.5, »Kennzahl 4 – Manuelle Konditionen (KZWI4)«)
- Z905 – Materialgruppenrabatt (siehe Abschnitt 9.2, »Datenermittlung über Konditionen«)
- ZCOO – Mengenzuschlag (siehe Abschnitt 7.7.6, »Währungsumrechnung«)
- Z030 und Z031 – Kunde/Materialgruppe (siehe Abschnitt 11.4.4, »Gruppen-Key-Routine«)
- ZP03 – Mixanbruchzuschlag (siehe Abschnitt 11.3, »Ein Beispiel für den Einsatz der Formeln«)

- ZM00 – Auftragswertdelta (siehe Abschnitt 8.2.4, »Konditionsart HM00 (Auftragswert)«
- ZDB1 – Mindestdeckungsbeitrag (siehe Abschnitt 12.11.8, »Kennzahl 7 – Verrechnungswert (WAVWR)«)
- ZH01 – Budget, genehmigt (siehe Abschnitt 12.2, »Konditionen wurden nicht gefunden – woran liegt das?«)
- ZH02 – Budget, angefordert (siehe Abschnitt 12.2, »Konditionen wurden nicht gefunden – woran liegt das?«)

Wir werden nun unser neues Kalkulationsschema im Detail entwickeln. Die Zuordnung der Konditionsarten wird durch das Kennzeichen **Zwischensumme** vorgenommen, ausgenommen der Konditionen EK01 und ZPRA, aber das erklären wir gleich. Unsere Kennzahlen haben die Eigenschaft:

Summe (KZWI1 bis KZWI4) = NETWR

Unser neues Schema hat nur zwei nicht statistische Konditionsarten, die mit **Konditionsklasse** = B (Preis) eingestellt sind: die Kondition EK01 (Ist-Kosten) und die neue Kondition ZPRA. Es muss immer eine der beiden Konditionen bei der Preisfindung gefunden werden. Alle anderen Preiskonditionen müssen als Zu-/Abschlag eingestellt sein, also **Konditionsklasse** = A haben. Wären diese Konditionen als Preis eingestellt, würden sie alle vorangegangenen Konditionen deaktivieren, also auch den Ausgangswert. Damit diese Konditionen im Endeffekt wie ein Preis wirken, müssen sie die Wertformel 006 (Ausgangspreis) oder 906 (Ausgangspreis PR02) erhalten. Beide bewirken, dass der Wert der Preiskondition als Delta zum bisher entwickelten Nettowert eingestellt wird.

12.11.2 Kennzahl 1 – Ausgangswert (KZWI1)

Wir definieren als Ausgangswert den Standardpreis PR00, jedoch nur die Artikelpreise und die Preislistenpreise. Diese legen wir in die neue Konditionsart ZPRA (Preis – allgemein). Die kundenindividuellen Preise müssen wir ebenfalls aus der Kondition »herausschneiden« und in eine andere Konditionsart legen. Dies ist die neue Konditionsart ZPRB (Preis – kundenindividuell).

Der Ausgangswert muss immer vorhanden sein, entweder als Kondition EK01 oder als Kondition ZPRA. Wir wollen nun mit dem Einrichten der neuen Konditionsarten beginnen.

Konditionsart EK01 (Ist-Kosten)

Die Konditionsart taucht in Verbindung mit der Aufwandsabrechnung auf, die üblicherweise mit dem Schema PSER02 abgewickelt wird. Da die Kondition in erster Linie die Ist-Kosten liefert, ist das Kennzeichen **Zwischensumme** = B (Verrechnungswert) zugeordnet. Wir transportieren den Wert der Kondition ausnahmsweise nicht direkt in die Zwischensumme KZWI1, sondern machen das mit der Zeile *Basispreis* im Schema mit der Stufennummer 10, die das Kennzeichen **Zwischensumme** = 1 erhält. Die Situation, dass bei einem Vorgang ausschließlich die Ist-Kosten EK01 und kein zusätzlicher Preis ZPRA gefunden werden, tritt dann auf, wenn z. B. externe Dienstleistungen (Lieferantenrechnungen) im Rahmen der Aufwandsabrechnung fakturiert werden. Der Basispreis enthält entweder den Wert der Kondition EK01 oder der Kondition ZPRA, sofern diese vorhanden ist.

Konditionsart ZPRA (Preis – allgemein)

Wir richten zunächst eine neue Zugriffsfolge ZPRA (Preis allgemein) als exklusive Zugriffsfolge ein (siehe Tabelle 12.4). Danach legen wir die neue Konditionsart ZPRA als Kopie der Konditionsart PR00 an, jedoch mit der Zugriffsfolge ZPRA und der Referenzkonditionsart PR00. Dies bedeutet, dass wir die bestehenden Konditionssätze von PR00 nutzen und für ZPRA keine eigenen Konditionssätze anlegen.

Zugriff	Tabelle	Konditionsfeld		Belegfeld	
10	A306 – Bedingung 003	PLTYP	=	KOMPAZD	PLTYP_D
		WAERK	=	KOMK	WAERK
		MATNR	=	KOMP	PMATN
15	A306	PLTYP	=	KOMPAZD	PLTYP_D
		WAERK	=	KOMK	HWAER
		MATNR	=	KOMP	PMATN
20	A306 – Bedingung 003	PLTYP	=	KOMK	PLTYP
		WAERK	=	KOMK	WAERK
		MATNR	=	KOMP	PMATN
30	A306	PLTYP	=	KOMK	PLTYP
		WAERK	=	KOMK	HWAER
		MATNR	=	KOMP	PMATN
40	A304	MATNR	=	KOMP	PMATN

Tabelle 12.4 Zugriffsfolge ZPRA für die Kondition ZPRA (Preis – allgemein)

Wir haben in dieser Zugriffsfolge auch die Eigenschaften der Kondition PBBS (Basispreis) zur Verarbeitung einer Positionspreisliste, wie sie im Schema RVAA02 (Preisbuch) eingesetzt wird, berücksichtigt. Das heißt, die Konditionsart PBBS wird nicht mehr benötigt. Der Wert der Kondition gelangt mit der nachfolgenden Zeile **Basispreis** im Schema in die Kennzahl 1 (KZWI1).

Ein weiterer Kandidat für die Kennzahl 1 ist die Konditionsart ZBUP.

Konditionsart ZBUP (Preisbuchbrutto)

Die Kondition ZBUP ist eine Kopie der Konditionsart PBUP, jedoch abweichend von dieser mit **Konditionsklasse** = A (Zu-/Abschlag) eingestellt.

12.11.3 Kennzahl 2 – Standardkonditionen (KZWI2)

Der Kennzahl 2 müssen Sie alle automatisch gefundenen Konditionen zuordnen, die nicht kundenabhängig sind. Sie finden diese im Kalkulationsschema der Zwischensumme = 2 zugeordnet. In diesem Block gibt es keine Besonderheiten.

12.11.4 Kennzahl 3 – Kundenindividuelle Konditionen (KZWI3)

Der Kennzahl 3 sind alle automatisch gefundenen Konditionen zugeordnet, die in irgendeiner Weise kundenabhängig sind. Dazu gehören auch die Kundenhierarchiekonditionen. Sie finden die zugehörigen Konditionsarten im Kalkulationsschema der **Zwischensumme** = 3 zugeordnet. In diesem Block haben wir die drei neuen Konditionsarten ZPRB, ZPRC und ZPRD eingerichtet.

Konditionsart ZPRB (Preis – kundenindividuell)

Mit der Konditionsart ZPRB »schneiden« wir den kundenindividuellen Teil aus der Konditionsart PR00 aus. Wir richten dazu die neue Zugriffsfolge ZPRB (siehe Tabelle 12.5) als exklusive Zugriffsfolge ein. Danach legen wir die neue Konditionsart ZPRB an, als Kopie der Konditionsart PR00, jedoch mit Zugriffsfolge ZPRB und der Referenzkonditionsart PR00. Das bedeutet, dass wir die bestehenden Konditionssätze von PR00 nutzen und für ZPRB keine eigenen Konditionssätze anlegen. Außerdem müssen wir die Konditionsart mit **Konditionsklasse** = A (Zu-/Abschlag) einstellen.

Zugriff	Tabelle	Konditionsfeld		Belegfeld	
10	A305	KUNNR	=	KOMK	KUNNR
		MATNR	=	KOMP	PMATN
20	A305	KUNNR	=	KOMK	HIENR01
		MATNR	=	KOMP	PMATN

Tabelle 12.5 Zugriffsfolge ZPRB (Preis – kundenindividuell)

Zugriff	Tabelle	Konditionsfeld		Belegfeld	
30	A305	KUNNR	=	KOMK	HIENR02
		MATNR	=	KOMP	PMATN
40	A305	KUNNR	=	KOMK	HIENR03
		MATNR	=	KOMP	PMATN
50	A305	KUNNR	=	KOMK	HIENR04
		MATNR	=	KOMP	PMATN
60	A305	KUNNR	=	KOMK	HIENR05
		MATNR	=	KOMP	PMATN
70	A305	KUNNR	=	KOMK	HIENR06
		MATNR	=	KOMP	PMATN
80	A305	KUNNR	=	KOMK	HIENR07
		MATNR	=	KOMP	PMATN

Tabelle 12.5 Zugriffsfolge ZPRB (Preis – kundenindividuell) (Forts.)

Mit dieser Einstellung der Konditionsart wird erreicht, dass der kundenindividuelle Preis als Delta zum Ausgangspreis berechnet wird. Außerdem haben wir die Zugriffsfolge so eingerichtet, dass damit nach dem Zugriff auf den kundenindividuellen Preis auch die Kundenhierarchie abgesucht wird. Sie können also auch die Preise unter Konditionsart PR00 für alle Knoten der Kundenhierarchie pflegen.

Konditionsart ZPRC (Preis – gesteigert)

Die Konditionsart ZPRC ist eine Kopie der Konditionsart PR02, jedoch abweichend von dieser mit **Konditionsklasse** = A (Zu-/Abschlag) und der Referenzkonditionsart PR02 eingestellt. Dies bedeutet, dass wir die bestehenden Konditionssätze von PR02 nutzen und für ZPRC keine eigenen Konditionssätze anlegen. Wir verwenden für diese Kondition die neue Wertformel 906 (siehe Listing 12.5).

Konditionsart ZPRD (Preis – Kontrakt)

Mit der Konditionsart ZPRD lösen wir die Konditionsarten PPAR, PPAG und PKAR aus dem Kalkulationsschema PSER02 der Aufwandsabrechnung ab. Dies ist keine 1:1-Ablösung, sondern wir haben in dieser Konditionsart die belegabhängigen Konditionszugriffe der drei Konditionsarten vereinigt. Dahinter verbergen sich Konditionssätze, die im Kontrakt hinterlegt werden und erst bei der Aufwandsabrechnung zum Tragen kommen (sogenannte *Preisvereinbarungen*). Bei der hier gewählten Vorgehensweise werden die Konditionssätze unter der neuen Konditionsart angelegt.

Wir richten dazu die neue Zugriffsfolge ZPRD (siehe Tabelle 12.6) als exklusive Zugriffsfolge ein. Danach legen wir die neue Konditionsart ZPRD an, als Kopie der Konditionsart PPAR, jedoch mit der Zugriffsfolge ZPRD. Außerdem müssen wir die Konditionsart mit **Konditionsklasse** = A (Zu-/Abschlag) einstellen.

Zugriff	Tabelle	Konditionsfeld		Belegfeld	
10	A090	VBELN	=	KOMP	VGBEL
		POSNR	=	KOMP	VGPOS
		MATNR	=	KOMP	PMATN
15	A098	VBELN	=	KOMP	VGBEL
		POSNR	=	KOMP	VGPOS
		KONDM	=	KOMP	KONDM
20	A089	VBELN	=	KOMP	VGBEL
		MATNR	=	KOMP	PMATN

Tabelle 12.6 Zugriffsfolge ZPRD – Kontraktkonditionen (Preisvereinbarungen)

Die übrigen zur Kennzahl 3 gehörigen Konditionsarten weisen keine Besonderheiten auf.

12.11.5 Kennzahl 4 – Manuelle Konditionen (KZWI4)

Damit Sie die Kennzahlen 3 und 4 sauber auseinanderhalten können, müssen Sie alle automatischen Konditionsarten auf **Nicht manuell änderbar** einstellen. Manuelle Änderungen können anschließend nur dadurch vorgenommen werden, dass in der Auftragsbearbeitung Konditionen manuell hinzugefügt werden; eine Änderung von bestehenden, automatisch gefundenen Konditionen ist dann nicht möglich. Sollte dies nicht gewünscht sein, müssen Sie die Konditionsarten der Kennzahlen 3 und 4 zusammenfassen. Sie finden die zugehörigen manuellen Konditionsarten im Kalkulationsschema der **Zwischensumme** = 4 zugeordnet.

Konditionsart ZBOO (Bruttopreis manuell)

Die Konditionsart ZBOO ist eine Kopie der Konditionsart PBOO, jedoch abweichend von dieser mit **Konditionsklasse** = A (Zu-/Abschlag) eingestellt. Die übrigen zur Kennzahl 4 gehörenden Konditionsarten weisen keine Besonderheiten auf.

12.11.6 Kennzahl 5 – Bonuskonditionen (KZWI5)

In der Kennzahl 5 finden sich alle Konditionsarten, die als nachträgliche Vergütung eingestellt sind (Konditionsklasse = C). Diese Konditionen sind in den Belegen grundsätzlich statistisch und stellen einen Schätzwert dar. Der tatsächliche Wert steht erst zu einem späteren Zeitpunkt fest. Sie finden die zugehörigen Konditionsarten im Kalkulationsschema der Zwischensumme = 5 zugeordnet.

12.11.7 Kennzahl 6 – Nettowert (NETWR)

Im Feld NETWR ist, fest programmiert, die Summe aller Konditionen enthalten, die nicht statistisch, aktiv (Kennzeichen **inaktiv** = Space) und keine Steuern sind.

12.11.8 Kennzahl 7 – Verrechnungswert (WAVWR)

Im Feld WAVWR sind die Kostenkonditionen abgelegt. Sie finden die zugehörigen Konditionsarten im Kalkulationsschema der **Zwischensumme** = B zugeordnet. Diese Kennzahl wird dazu verwendet, um einen Deckungsbeitrag auszuweisen, der sich im einfachen Fall als Delta aus Nettowert minus Verrechnungswert ergibt, also:

Deckungsbeitrag (DB1) = NETWR – WAVWR

Natürlich ist es auch möglich, die zu erwartenden Aufwendungen für nachträgliche Vergütungen (Bonuskonditionen) zu berücksichtigen:

Deckungsbeitrag (DB2) = NETWR + KZWI5 – WAVWR

Im Kalkulationsschema und damit also im Konditionsbild des Belegs ist der Deckungsbeitrag in zwei Zwischensummen dargestellt:

- Stufe 950: Deckungsbeitrag, dargestellt als Preis
- Stufe 951: Deckungsbeitrag, dargestellt als Prozentsatz

Als Basis für die Berechnung des Deckungsbeitrags verwenden wir die Bezugsstufe. Wir haben unser neues Kalkulationsschema so eingerichtet, dass bei den beiden Zwischensummen die Bezugsstufe 908 eingetragen ist, was bedeutet, dass der Deckungsbeitrag den als DB2 bezeichneten Wert darstellt. Als Bezugsstufe kann jede Zwischensumme im Kalkulationsschema verwendet werden. Damit diese Flexibilität möglich ist, mussten wir die bisher verwendeten Wertformeln 011 (Deckungsbeitrag) und 018 (Deckungsbeitrag %) durch die beiden neuen Wertformeln 911 (siehe Listing 12.12) und 918 (siehe Listing 12.13) ersetzen.

```
form frm_kondi_wert_911.
  xkwert = xkwert - komp-wavwr.
endform.
```

Listing 12.12 Wertformel 911 (Deckungsbeitrag)

```
form frm_kondi_wert_918.
  data: workfield(16) type p decimals 2.
  workfield = xkwert.
  xkomv-kawrt = xkwert.
  xkwert = xkwert - komp-wavwr.
  xkomv-krech = 'A'.
  clear xkomv-waers.
  check: workfield ne 0.
  workfield = xkwert * 100000 / workfield.
  xkomv-kbetr = workfield.
endform.
```

Listing 12.13 Wertformel 918 – prozentualer Deckungsbeitrag

In der Praxis besteht häufig die Anforderung, manuelle Preisänderungen im Kundenauftrag oder im Angebot nur so lange zuzulassen, wie ein gewisser Deckungsbeitrag nicht unterschritten ist. Um dies zu erreichen und um damit das Thema der Deckungsbeitragsbehandlung abzurunden, haben wir eine weitere Konditionsart ZDB1 (Mindestdeckungsbeitrag) eingeführt. Die Kondition ist parametrisiert, wie in Tabelle 12.7 dargestellt.

Zugriffsfolge	K029	Materialgruppe
Konditionsklasse	A	Zu-/Abschlag
Rechenregel	A	Prozentual
Konditionstyp	J	Erwarteter Preis
Vorzeichen	A	Positiv
Manuelle Eingaben	D	Nicht manuell bearbeitbar
Stufennummer Von	908	Nettowert minus Bonus
Bedingung	002	Position mit Preisfindung
Statistische Kondition	x	
Wertformel	905	Deckungsbeitragsprüfung

Tabelle 12.7 Konditionsart ZDB1 (Deckungsbeitragsprüfung)

Wenn Sie die Konditionssätze zu dieser Kondition angelegt haben und einen Auftrag erfassen, bei dem der Mindestdeckungsbeitrag unterschritten ist, erhalten Sie die in Abbildung 12.12 dargestellte Meldung.

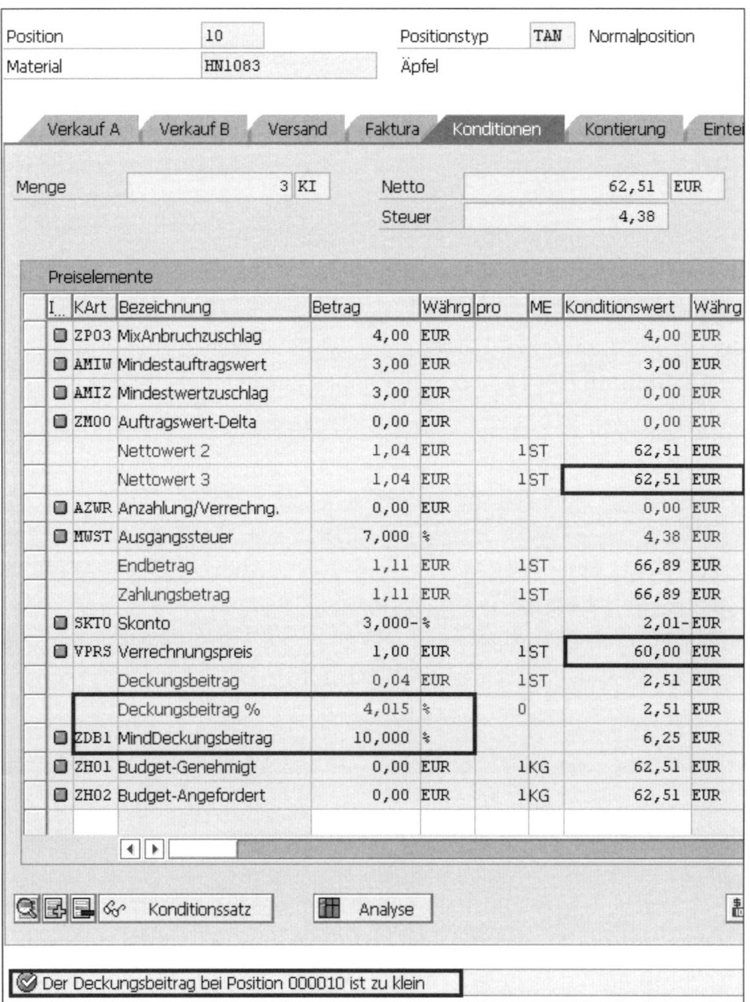

Abbildung 12.12 Konditionsbild der Position – Mindestdeckungsbeitrag unterschritten

Die an der Ermittlung des Deckungsbeitrags beteiligten Informationen finden Sie in Abbildung 12.12 (eingerahmt). Die Prüfung des Deckungsbeitrags wird durch die neue Wertformel 905 (Deckungsbeitragsprüfung) durchgeführt (siehe Listing 12.14).

```
form frm_kondi_wert_905.
  if komk-vbtyp ca vbtyp_fakt.
    xkomv-kinak = 'Z'.
  endif.
  If komp-kposn ne 0
    and komk-vbtyp na vbtyp_fakt
    and xkwert gt xworkh
    and xworkh ne 0.
```

```
    message s237 with komp-kposn.
    if komp-cepok ne 'C'.
      komp-cepok = 'B'.
    endif.
  endif.
  clear xworkh.
endform.
```

Listing 12.14 Wertformel 905 (Deckungsbeitragsprüfung)

An dieser Stelle sei der Vollständigkeit halber noch die neue Wertformel 906 aufgeführt, die wir für die Kondition ZPRC eingerichtet haben (siehe Listing 12.15).

```
form frm_kondi_wert_906.
   data: ls_komv  like xkomv,
         lv_tabix like xkomv_tabix.
   check: preisfindungsart ne 'E'.
   lv_tabix = xkomv_tabix - 1.
   read table xkomv index lv_tabix into ls_komv
         transporting kschl knumh zaehk_ind.
   if sy-subrc ne 0 or ls_komv-kschl ne xkomv-kschl.
      xkwert = xkomv-kwert - komp-netwr - komp-mwsbp.
   endif.
endform.
```

Listing 12.15 Wertformel 906 (Ausgangspreis PR02)

Der tatsächliche Deckungsbeitrag der Position wird in der im Schema vorangestellten Zwischensummenzeile mit der Stufennummer 951 (Deckungsbeitrag %) durch das Kennzeichen **Zwischensumme** = H in der Arbeitsvariablen `xworkh` zwischengespeichert. Bei einer Unterschreitung des Mindestdeckungsbeitrags wird die Auftragsposition durch Setzen des Kennzeichens `CEPOK` (**Erwarteter Preis**), wie Sie es auch von den Konditionsarten EDI1 und EDI2 sowie dem Budgetierungsverfahren in Abschnitt 12.1, »Budgetierungsanforderungen«, her kennen, unvollständig gesetzt. Entweder wird die Preisgestaltung der Auftragsposition dahingehend angepasst, dass der Deckungsbeitrag nicht mehr zu gering ist, oder der gesperrte Beleg wird durch Transaktion V.25 (Erwarteter Kundenpreis) explizit freigegeben. Zugegebenermaßen ist der Listaufbau dieser Transaktion für die Deckungsbeitragssituation einer prozentualen Kondition nicht gut geeignet. Dort müsste also noch eine geeignete Anpassung der Listausgabe realisiert werden, aber das würde den Rahmen dieses Buches sprengen.

Mit diesen Überlegungen rund um das Thema *Deckungsbeitrag* wollen wir den Ausflug in die Praxisanforderungen abschließen.

12.12 Konditionssatzspezifische Bedingungen

Sie haben in Abschnitt 4.5, »Konfigurierbare Formeln und Parameter«, die konfigurierbaren Parameter und Formeln (kurz CPF) kennengelernt, mit denen Sie flexible Berechnungsvorschriften direkt an einen Konditionssatz hängen können. Wir werden das Konzept hier erweitern, um auch individuelle Bedingungen mit Konditionssätzen zu verknüpfen. Als konkretes Beispiel nehmen wir uns vor, einen Kundenrabatt für einige Materialklassen nicht zu gewähren. Natürlich könnten wir das Problem auch dadurch lösen, dass wir den Rabatt nur für bestimmte Materialklassen anlegen und unsere Zugriffsfolge um diesen Zugriff erweitern. Allerdings kann das bei vielen Materialklassen umständlich werden, insbesondere wenn wir nur vereinzelt Ausnahmen definieren wollen. Die Lösung dieses Problems ist insofern beispielhaft, als wir dazu verschiedene Exits der CPF verwenden werden.

Damit wir zum Ziel kommen, sind einige grundlegende Programmierkenntnisse im ABAP-Umfeld notwendig, und auch um ein paar tiefere, technische Details der CPF-Applikation kommen wir nicht herum. Aus Platzgründen können wir die Lösung hier nicht im Detail ausarbeiten; um die Behandlung von Fehlern und Ausnahmen kümmern wir uns z. B. nicht. Denn uns ist es vor allem wichtig, Sie mit den grundlegenden Prinzipien vertraut zu machen.

Unsere Lösung gliedert sich grob in zwei Anteile. Zuerst einmal müssen wir die CPF dazu bringen, überhaupt so etwas wie Bedingungen zu prüfen. Dazu erstellen wir eine ganz neue Verwendungsaufgabe und rufen diese in der Preisfindung auf. Im zweiten Schritt erstellen wir durch die kreative Nutzung der CPF-Staffeln eine Formel, die unsere ganz konkrete Bedingung abbildet.

12.12.1 Anlegen einer neuen Verwendungsaufgabe

Starten Sie mit dem Bau der neuen Verwendungsaufgabe. Zunächst müssen Sie wissen, dass alle Daten zu einer CPF-Verwendungsaufgabe in der Tabelle CPFC_USAGETASK abgespeichert sind. Diese enthält einen Kundennamensraum, sodass Sie dort eigene Aufgaben definieren können.

Eine Verwendungsaufgabe benötigt:

- Eine Klasse mit einer Methode, die das System zur Durchführung der Aufgabe ruft.
- Ein BAdI mit einer oder mehreren Implementierungen. Diese sind die CPF-Routinen, zwischen denen Sie später in der CPF-Formelpflege wählen können. Das BAdI wird in der oben beschriebenen Klassenmethode gerufen.
- Einen Ergebnisparameter, der den Typ des Ergebnisses der Verwendungsaufgabe definiert. Er erscheint automatisch in allen CPF-Formeln.

Wir legen diese Objekte an und tragen sie dann in die Tabelle CPFC_USAGETASK ein.

Anlegen des Ergebnisparameters im Parameterkatalog

Wir legen den Parameter `returncode` im Parameterkatalog an. Er ist vom Typ `syst-subrc` und soll der Ergebnisparameter unserer neuen Verwendungsaufgabe sein. Damit wird er automatisch in jede Formel hineingeneriert (siehe Abbildung 12.13).

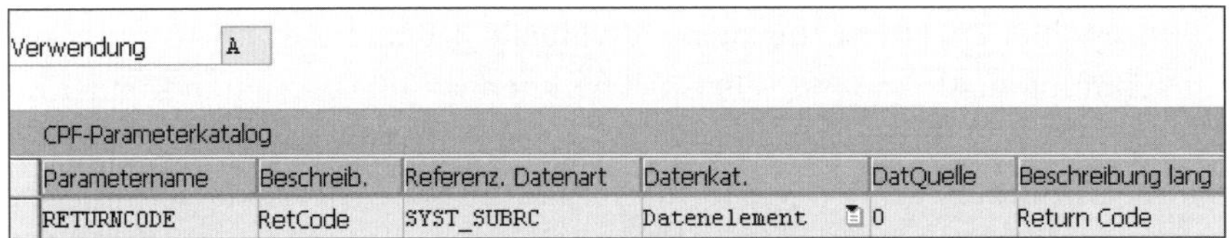

Abbildung 12.13 Parameter »returncode« im Parameterkatalog anlegen

Erweiterungsspot und BAdI-Definition

Im zweiten Schritt legen wir im Repository (TA SE80) den Erweiterungspunkt `Z_ES_CPF_ERWEITERUNGEN` mit der BAdI-Definition `Z_BADI_CPF_BEDINGUNG` und der Schnittstelle `Z_IF_CPF_BEDINGUNG` an (siehe Abbildung 12.14).

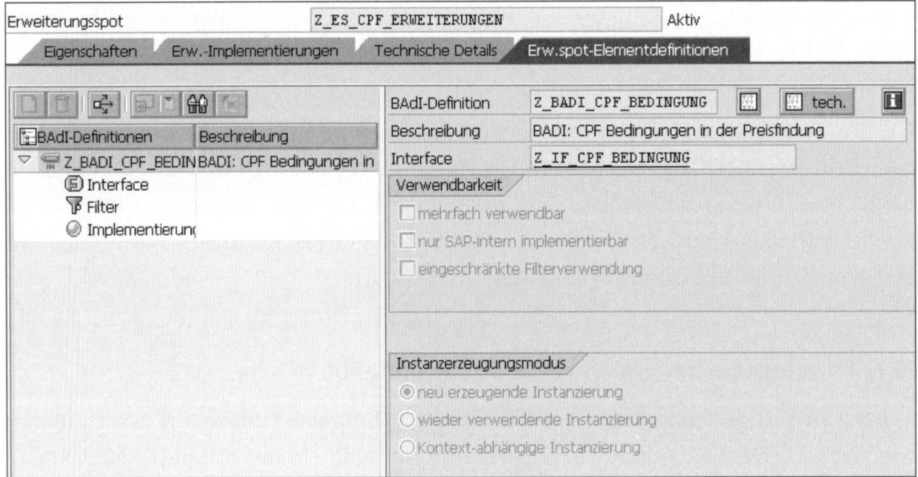

Abbildung 12.14 Neuer Erweiterungspunkt für CPF Routinen mit BAdI zur Prüfung von Bedingungen

Die Schnittstelle erhält die Methode `CHECK_REQUIREMENT` mit einer Schnittstelle, die die CPF-Formelparameter entgegennimmt und das Ergebnis der Prüfung herausreicht (siehe Abbildung 12.15). Damit wir mehrere Implementierungen hinterlegen können, definieren wir einen Filter, wie es ihn in den BAdIs der Standardverwendungsaufgaben gibt.

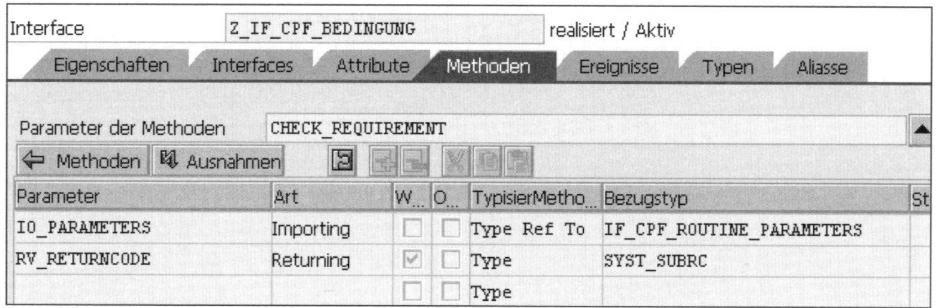

Interface: Z_IF_CPF_BEDINGUNG — realisiert / Aktiv

Eigenschaften | Interfaces | Attribute | Methoden | Ereignisse | Typen | Aliasse

Parameter der Methoden: CHECK_REQUIREMENT

Methoden | Ausnahmen

Parameter	Art	W...	O...	TypisierMetho...	Bezugstyp	St
IO_PARAMETERS	Importing	☐	☐	Type Ref To	IF_CPF_ROUTINE_PARAMETERS	
RV_RETURNCODE	Returning	☑	☐	Type	SYST_SUBRC	
		☐	☐	Type		

Abbildung 12.15 BAdI-Schnittstelle mit den CPF-Parametern als Input und dem Prüfergebnis als Output

Durchführende Klasse zur Verwendungsaufgabe

Wir definieren die Klasse `Z_CL_PRICING_REQ_CPF` mit der statischen Methode `CHECK_REQUIREMENT`, die beim Aufruf unserer Verwendungsaufgabe durchgeführt werden soll. Die Methode muss eine wohldefinierte Schnittstelle haben, damit die CPF-Applikation sie aufrufen kann (siehe Abbildung 12.16).

Klasse/Interface: Z_CL_PRICING_REQ_CPF — realisiert / Aktiv

Eigenschaften | Interfaces | Friends | Attribute | Methoden | Ereignisse | Typen | Aliasse

Parameter der Methoden: CHECK_REQUIREMENT

Methoden | Ausnahmen

Parameter	Art	W...	O...	TypisierM...	Bezugstyp	Standardwert	Beschreibung
IV_ROUTINE	Importing	☐	☐	Type	CPF_ROUTINE		CPF Routine
IV_BRFPLUS_FUNCTION	Importing	☐	☐	Type	FDT_UUID		FDT: Universal Unique Identifier
IV_USAGE_TASK	Importing	☐	☐	Type	CPF_USAGE_TASK		CPF Verwendungsaufgabe
IO_FORMULA	Importing	☐	☐	Type Re...	IF_CPF_FORMULA		
EO_RESULT	Exporting	☐	☐	Type Re...	DATA		

Abbildung 12.16 Parameter der Methode zur Prüfung von Bedingungen

Das Innenleben unserer Methode können wir fast 1:1 aus einer der Methoden der Standardaufgaben kopieren. Nur müssen wir unser BAdI `Z_BADI_CPF_BEDINGUNG` aufrufen und auch den Rückgabeparameter richtig deklarieren. Das Ergebnis (ohne Fehlerbehandlung) sehen Sie in Listing 12.16.

```
METHOD check_requirement.
  DATA:
  lo_pr_requirement    TYPE REF TO z_badi_cpf_bedingung,
  lo_parameters        TYPE REF TO if_cpf_parameters,
  lo_rout_parameters   TYPE REF TO if_cpf_routine_parameters,
  lv_returncode        TYPE        syst_subrc,
  lo_returncode        TYPE REF TO data,
  lo_result            TYPE REF TO data,
  lo_cx_cpf            TYPE REF TO cx_cpf,
```

```
  lo_cx_fdt            TYPE REF TO cx_fdt,
  lo_cx_root           TYPE REF TO cx_root,
  lo_cx_unknown_type   TYPE REF TO cx_sy_assign_cast_unknown_type,
  lo_cx_cast_error     TYPE REF TO cx_sy_move_cast_error,
  lo_cx_conv_no_number TYPE REF TO cx_sy_conversion_no_number,
  lo_cx_conv_overflow  TYPE REF TO cx_sy_conversion_overflow,
  lv_msg_text          TYPE        string,
  lt_bapiret2          TYPE        bapiret2_t,
  ls_cpf_context       TYPE        cpfs_context,
  lt_cpf_message       TYPE        cpft_message.

  FIELD-SYMBOLS: <fs_cpf_message> TYPE cpfs_message.

  IF iv_routine IS INITIAL.
    RAISE EXCEPTION TYPE cx_cpf_nothing_done.
  ENDIF.

  TRY.

* Prepare context
    ls_cpf_context-cpf_usage = io_formula->get_usage( ).
    ls_cpf_context-cpf_usage_task        = iv_usage_task.
    ls_cpf_context-formula_id  = io_formula->get_key( ).
    ls_cpf_context-cpf_routine             = iv_routine.
    ls_cpf_context-brfplus_function_id = iv_brfplus_function.
    ls_cpf_context-class_name    = 'Z_CL_PRICING_REQ_CPF'.

* Fill the routine parameters
    lo_rout_parameters = io_formula->build_routine_parameters(
                     iv_routine          = iv_routine
                     iv_brfplus_function = iv_brfplus_function
                     iv_task             = iv_usage_task ).

    GET BADI lo_pr_requirement
       FILTERS
         cpf_routine = iv_routine.

* call requirement check routine
    CALL BADI lo_pr_requirement->check_requirement
       EXPORTING
         io_parameters = lo_rout_parameters
       RECEIVING
         rv_returncode = lv_returncode.
```

```
    GET REFERENCE OF lv_returncode INTO lo_returncode.
        lo_result = cl_cpf_basis_helper=>copy_data_object(
                            io_data_from = lo_returncode ).

* Fehlerbehandlung...
.......................
ENDMETHOD.
```

Listing 12.16 Methode, die beim Durchführen der neuen Verwendungsaufgabe aufgerufen wird

Jetzt können wir die CPF mit der neuen Verwendungsaufgabe bekannt machen.

Definition der neuen Verwendungsaufgabe

Wir legen über Transaktion SM30 im View CPFV_USAGETASK für die Verwendung A die neue Verwendungsaufgabe CHECK_REQUIREMENT an (siehe Abbildung 12.17). Wir tragen unsere Klasse `Z_CL_PRICING_REQ_CPF`, ihre Methode `CHECK_REQUIREMENT` und unser BAdI `Z_BADI_CPF_BEDINGUNG` ein und hinterlegen den Parameter `returncode` als Ergebnisparameter. Da es für Bedingungen keinen Sinn macht, das Ergebnis manuell übersteuern zu wollen, lassen wir die Spalten für den manuellen Ergebnisparameter leer.

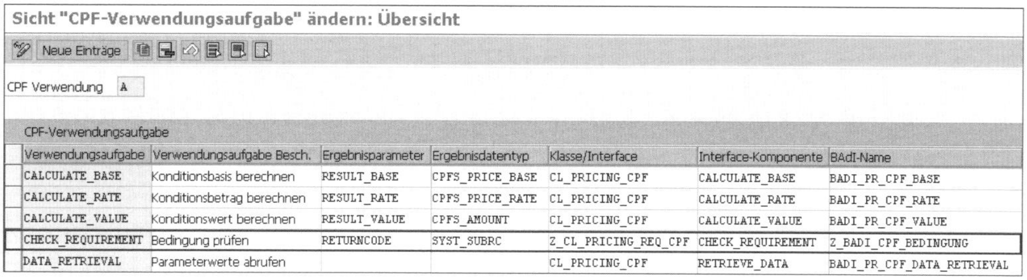

Verwendungsaufgabe	Verwendungsaufgabe Besch.	Ergebnisparameter	Ergebnisdatentyp	Klasse/Interface	Interface-Komponente	BAdI-Name
CALCULATE_BASE	Konditionsbasis berechnen	RESULT_BASE	CPFS_PRICE_BASE	CL_PRICING_CPF	CALCULATE_BASE	BADI_PR_CPF_BASE
CALCULATE_RATE	Konditionsbetrag berechnen	RESULT_RATE	CPFS_PRICE_RATE	CL_PRICING_CPF	CALCULATE_RATE	BADI_PR_CPF_RATE
CALCULATE_VALUE	Konditionswert berechnen	RESULT_VALUE	CPFS_AMOUNT	CL_PRICING_CPF	CALCULATE_VALUE	BADI_PR_CPF_VALUE
CHECK_REQUIREMENT	Bedingung prüfen	RETURNCODE	SYST_SUBRC	Z_CL_PRICING_REQ_CPF	CHECK_REQUIREMENT	Z_BADI_CPF_BEDINGUNG
DATA_RETRIEVAL	Parameterwerte abrufen			CL_PRICING_CPF	RETRIEVE_DATA	BADI_PR_CPF_DATA_RETRIEVAL

Abbildung 12.17 Neuen Eintrag in der Tabelle CPFC_USAGETASK anlegen

Von nun an wird in jeder CPF-Formel die Verwendungsaufgabe CHECK_REQUIREMENT auftauchen und zusätzlich der Parameter `returncode` vorgeschlagen. Das System »weiß«, welche Methode zur Durchführung dieser Aufgabe aufgerufen werden muss, und Sie können CPF-Routinen zur Verwendungsaufgabe definieren.

Aufruf der neuen Verwendungsaufgabe in der Preisfindung

Jetzt müssen Sie in der Preisfindung einen geeigneten Platz für die Bedingungsprüfung finden. Da Sie Ihre Bedingung an einen Konditionssatz hängen werden, muss die Prüfung nach der Findung stattfinden, aber bevor der Konditionssatz in das Preisfindungsergebnis übernommen wird. Das System soll ja mit der Zugriffsfolge fortfahren, falls der Konditionssatz für unseren Beleg nicht gültig ist. Eine passende Stelle ist der User-Exit userexit_xkomv_fuellen, in den Sie das in Listing 12.17 aufgeführte Coding einfügen. Wir prüfen in diesem Coding zuerst, ob unsere Kondition überhaupt eine CPF-Formel besitzt. Falls ja, rufen wir die Datenermittlung der CPF auf, damit alle Parameter der Formel versorgt sind. Erst dann wird die eigentliche Prüfung angestoßen. Falls die Bedingung nicht erfüllt ist, setzen wir die beiden Parameter returncode und xsubrc, damit der Konditionssatz verworfen und mit dem nächsten Schritt in der Zugriffsfolge fortgefahren wird.

```
FORM userexit_xkomv_fuellen USING returncode.
  DATA: lo_pricing_cpf TYPE REF TO if_pricing_cpf.
  DATA: lo_result TYPE REF TO data.
  FIELD-SYMBOLS: <lv_subrc> TYPE syst_subrc.
  PERFORM get_pricing_cpf_instance USING komk-knumv
                                CHANGING lo_pricing_cpf.
  CHECK lo_pricing_cpf IS BOUND.

  TRY.
      IF NOT xkomv-cpf_guid IS INITIAL.
        PERFORM cpf_retrieve_data.
        lo_pricing_cpf->execute_task(
          EXPORTING
            iv_task         = 'CHECK_REQUIREMENT'
            iv_guid         = xkomv-cpf_guid
            iv_komk         = komk
            iv_komp         = komp
            iv_komv         = xkomv
          IMPORTING
            eo_result       = lo_result ).
        ASSIGN lo_result->* TO <lv_subrc>.
        returncode = <lv_subrc>.
        xsubrc     = <lv_subrc>.
      ENDIF.
  ENDTRY.

ENDFORM.
```

Listing 12.17 Aufruf der neuen Verwendungsaufgabe CHECK_REQUIREMENT in der Routine »userexit_xkomv_fuellen« (Include RV61AFZB)

Auch hier haben wir aus Platzgründen keine Fehlerbehandlung aufgeführt. Ebenfalls wäre es wünschenswert, im Analysefall einen Protokolleintrag zu schreiben, falls die Bedingung nicht erfüllt ist.

Damit haben wir die Grundlagen für konditionssatzabhängige Bedingungen geschaffen und können nun unsere konkrete Bedingung ausformulieren.

12.12.2 Ausschluss bestimmter Materialklassen in einem Konditionssatz

Wollen wir auf bestimmte Materialklassen in der CPF prüfen, müssen wir zuerst einmal sicherstellen, dass wir einen geeigneten Parameter im Katalog haben und dieser auch aus dem Beleg gefüllt wird. Wir benötigen also eine Datenquellenroutine, die das für uns erledigt.

Außerdem wollen wir beliebig viele Materialklassen ausschließen können. Um das zu erreichen, erweitern wir das Staffelkonzept der CPF und legen die betreffenden Materialklassen in Form von Staffelzeilen ab. Mit dem Wert der Staffelzeile können wir dann steuern, ob die Bedingung erfüllt ist oder nicht. Wir benötigen dazu eine eigene Staffelroutine.

Danach legen wir eine Implementierung unseres neuen BAdIs Z_BADI_CPF_BEDINGUNG an, die die Prüfung vornimmt.

Im letzten Schritt erstellen wir eine geeignete CPF-Formel und ordnen sie einem Konditionssatz zu.

Datenquellenroutine zur Ermittlung der Materialklasse

Die Materialklasse ist in der Tabelle KOMP zum Zeitpunkt der Preisfindung im Feld MATKL verfügbar. Wir bedienen uns in unserer neuen Datenquellenroutine also einfach aus der Tabelle KOMP und drücken uns dabei so allgemein aus, dass wir bei Namensgleichheit die Routine für beliebige KOMK- und KOMP-Felder wiederverwenden können.

Zu diesem Zweck legen wir eine Implementierung des BAdIs BADI_PR_CPF_DATASOURCE mit dem Coding aus Listing 12.18 an.

```
METHOD if_pr_cpf_data_source~get_value.
  DATA: ls_komk TYPE komk,
        ls_komp TYPE komp.
  FIELD-SYMBOLS:
            <fs_param> TYPE prcs_cpf_dtsrc_parameter,
              <fv_value> TYPE any,
              <fs_name>  TYPE any.

  CALL FUNCTION 'PRICING_GET_KOMK_KOMP_XKOMV'
    IMPORTING
      es_komk = ls_komk
      es_komp = ls_komp.
  LOOP AT it_dtsrc_param ASSIGNING <fs_param>.

    ASSIGN COMPONENT <fs_param>-parameter_name
       OF STRUCTURE ls_komk TO <fs_name>.
    IF <fs_name> IS ASSIGNED.
```

```
      ASSIGN <fs_param>-parameter_value->* TO <fv_value>.
      <fv_value> = <fs_name>.
    ENDIF.

    ASSIGN COMPONENT <fs_param>-parameter_name
       OF STRUCTURE ls_komp TO <fs_name>.
    IF <fs_name> IS ASSIGNED.
      ASSIGN <fs_param>-parameter_value->* TO <fv_value>.
      <fv_value> = <fs_name>.
    ENDIF.
    APPEND <fs_param> TO et_dtsrc_param.
  ENDLOOP.
ENDMETHOD.
```

Listing 12.18 Datenquellenroutine zur Beschaffung von Daten aus KOMK und KOMP

Wir geben der Implementierung den Filterwert 3000001.

Über den Pfad **(IMG •) Vertrieb • Grundfunktionen • Preisfindung • Konfigurierbare Parameter und Formeln in der Preisfindung • Partner- oder kundenspezifische CPF-Routine definieren • Datenquellenroutine definieren** machen wir unsere neue Implementierung bekannt und geben die Materialklasse als erlaubten Parameter an (siehe Abbildung 12.18 und Abbildung 12.19).

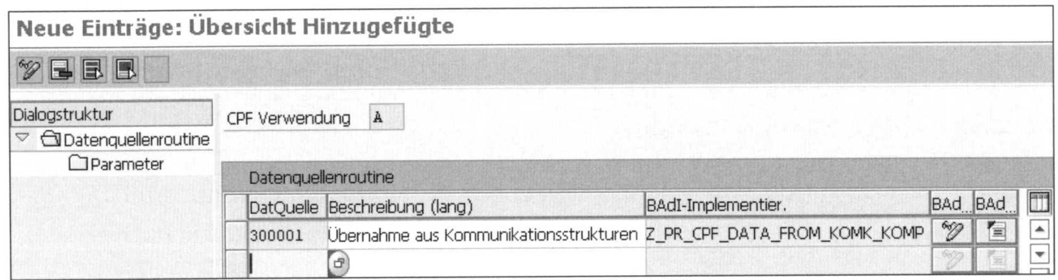

Abbildung 12.18 Neue Datenquellenroutine anlegen

CPF Verwendung	A
Datenquellenroutine	300001

Parameter

Parameter Datenquelle	Referenzierte Datenart	Datenkat.	Ausgabe
MATKL	MATKL	Datenelement	☑

Abbildung 12.19 Materialklasse als Parameter in der neuen Datenquellenroutine

Damit steht die Datenquellenroutine im Parameterkatalog zur Verfügung.

CPF-Staffeln als Entscheidungstabelle

Die Liste der ausgeschlossenen Materialklassen wollen wir in Form einer Staffel hinterlegen. Jede Staffelstufe entspricht dabei einer Klasse. Der Staffelstufenwert zeigt an, ob die Klasse ausgeschlossen ist. Im Beleg vergleichen wir dann die aktuelle Materialklasse mit den einzelnen Staffelstufen. Dazu brauchen wir jedoch eine neue Staffelroutine, die diesen Vergleich durchführt. Die dafür nötige Implementierung des BAdIs BADI_CPF_SCALE_EVALUATION sehen Sie in Listing 12.19. Wir haben dort der Einfachheit halber und aus Platzgründen vorausgesetzt, dass das Staffelergebnis vom Typ CHAR ist. Es wäre auch möglich und sicher sinnvoll, die Routine allgemeiner zu formulieren. In der Tat können die Standardroutinen mit unterschiedlichen Ergebnistypen umgehen.

```
METHOD if_cpf_scale_evaluation~evaluate_scale.
 DATA: ls_scale_line TYPE cpfs_obj_scale_line,
       string1       TYPE string,
       string2       TYPE string,
       lv_result     TYPE cpf_text.
 FIELD-SYMBOLS: <fs_output> TYPE any.

 string2 = cl_cpf_basis_helper=>get_data_as_text(
             io_data = is_scale-scale_base_value ).

 LOOP AT is_scale-scale_lines INTO ls_scale_line.
   string1 = cl_cpf_basis_helper=>get_data_as_text(
               io_data = ls_scale_line-scale_level ).
   IF string1 = string2.
     CREATE DATA ro_output TYPE
                    (is_scale-sc_res_par_ref_data_type).
     ASSIGN ro_output->* TO <fs_output>.

*Ergebnis dieser Staffelberechnung ist vom Typ CHAR!
     lv_result = cl_cpf_basis_helper=>get_data_as_text(
             io_data = ls_scale_line-scale_level_value ).
     <fs_output> = lv_result.
     EXIT.
   ENDIF.
 ENDLOOP.
ENDMETHOD.
```

Listing 12.19 Staffeln als Entscheidungstabelle verwenden

Dieses Konzept können Sie natürlich auch anders nutzen; z. B. könnten Sie anstelle eines Ausschlusskennzeichens auch einen abweichenden Konditionsbetrag hinterlegen.

Implementierung einer CPF-Routine zur Verwendungsaufgabe

Jetzt müssen wir noch eine Implementierung für unser BAdI Z_BADI_CPF_BEDINGUNG anlegen, damit wir in der CPF-Formel eine Routine auswählen können. Im Prinzip könnte man ganz analog zu den anderen Verwendungsaufgaben mit dem BRFplus arbeiten. Da wir uns aber in diesem Beispiel für das Innenleben der CPF interessieren, werden wir das nicht tun und unsere Bedingung stattdessen konkret ausformulieren. Wir setzen dafür voraus, dass unsere Formel immer den Parameter AUSSCHLUSS enthält. Ist der Parameter gesetzt, wird der Returncode 4 ausgegeben und damit der Konditionssatz ausgeschlossen. (siehe Listing 12.20). Der Implementierung geben wir den Filterwert 1.

```
METHOD z_if_cpf_bedingung~check_requirement.
 DATA: lv_result type cpf_text.

 io_parameters->evaluate_scales( ).

 lv_result = io_parameters->get_parameter_value_as_text(
                          iv_parameter = 'AUSSCHLUSS' ).
 if lv_result is initial or lv_result = '0'.
   rv_returncode = 0.
 else.
   rv_returncode = 4.
 endif.
ENDMETHOD.
```

Listing 12.20 Implementierung einer Routine zur Verwendungsaufgabe CHECK_REQUIREMENT.

Auch diese Implementierung müssen wir dem System bekannt machen und nutzen dazu den Pfad **(IMG •) Vertrieb • Grundfunktionen • Preisfindung • Konfigurierbare Parameter und Formeln in der Preisfindung • Partner- oder kundenspezifische CPF-Routine definieren • CPF-Routine definieren.**

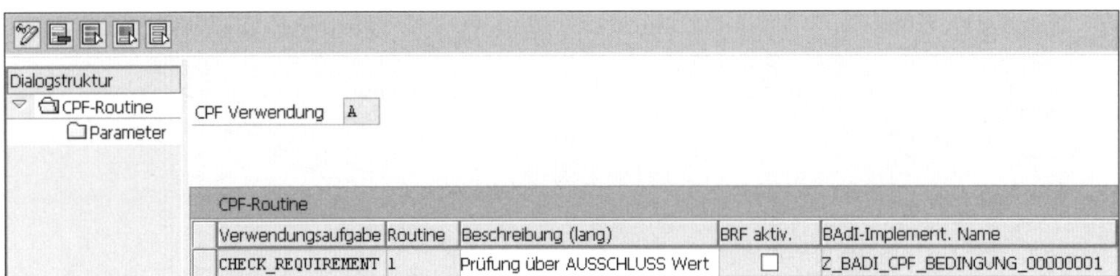

Abbildung 12.20 Neue Routine 1 für die Aufgabe CHECK_REQUIREMENT

Wie Sie in Abbildung 12.20 sehen, kann die von uns neu definierte Verwendungsaufgabe hier eingegeben werden. Durch den Eintrag des BAdI-Namens in die Tabelle CPFC_USAGETASK kann das System zudem alle verfügbaren Implementierungen vorschlagen.

Es ist an der Zeit, uns noch mal kurz den geplanten Programmablauf bei der Bedingungsprüfung zu verdeutlichen, damit wir die Zusammenhänge nicht aus den Augen verlieren.

- Im User-Exit userexit_xkomv_fuellen wird zuerst die Datenermittlung der CPF durchlaufen. Unsere neue Datenquelle füllt die Materialklasse in der Formel mit der Materialklasse der Belegposition. Als Nächstes wird die Verwendungsaufgabe CHECK_REQUIREMENT der CPF aufgerufen.
- Das Programm führt die in der Tabelle CPFC_USAGETASK hinterlegte Methode CHECK_REQUIREMENT unserer neuen Klasse Z_CL_PRICING_REQ_CPF aus.
- Die Methode CHECK_REQUIREMENT wiederum ruft das neue BAdI Z_BADI_CPF_BEDINGUNG mit der Routinennummer als Filterwert und allen Formelparametern.
- Unsere Z_BADI_CPF_BEDINGUNG-Implementierung ruft die Staffelermittlung und damit unsere neue Staffelroutine. Aus dem dort ermittelten Parameter AUSSCHLUSS wird das Ergebnis abgeleitet und an die Preisfindung zurückgegeben, wo wir es in unserem User-Exit auswerten.

Jetzt müssen wir nur noch die notwendigen Parameter MATKL und AUSSCHLUSS im Parameterkatalog definieren und können dann endlich unsere eigentliche Formel anlegen (siehe Abbildung 12.21).

CPF-Parameterkatalog

Parametername	Beschreib.	Referenz. Datenart	Datenkat.	DatQuelle	Beschreibung lang
AUSSCHLUSS	Ausgeschl	XFELD	Datenelement		Ausgeschlossen
MATKL	Mat.Klasse	MATKL	Datenelement	300001	Materialklasse
RETURNCODE	RetCode	SYST_SUBRC	Datenelement		Rückgabecode

Abbildung 12.21 Materialklasse im Parameterkatalog mit zugeordneter Datenquelle 3000001

Anlegen der CPF-Formel im Customizing

Wir definieren die CPF-Formel AUSSCHLUSS_MATERIALKLASSE mit den Parametern MATKL und AUSSCHLUSS. Für den Parameter AUSSCHLUSS markieren wir das Ankreuzfeld **Staffel**, damit er über Staffeln ermittelt werden kann (siehe Abbildung 12.22).

Bei den Verwendungsaufgaben taucht automatisch die Aufgabe CHECK_REQUIREMENT auf. Wir tragen dort unsere Implementierung 1 ein (siehe Abbildung 12.23). Auch die Aufgabe DATA_RETRIEVAL erhält die Routinennummer 1.

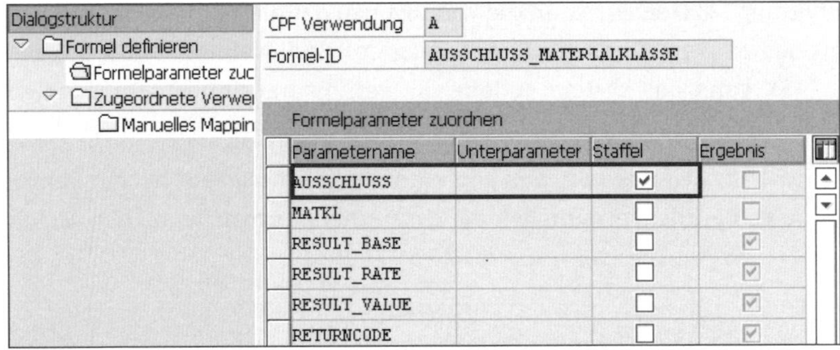

Parametername	Unterparameter	Staffel	Ergebnis
AUSSCHLUSS		☑	☐
MATKL		☐	☐
RESULT_BASE		☐	☑
RESULT_RATE		☐	☑
RESULT_VALUE		☐	☑
RETURNCODE		☐	☑

Abbildung 12.22 Der Parameter AUSSCHLUSS soll über eine Staffel ermittelt werden.

Dialogstruktur
Formel definieren
Formelparameter zuc
Zugeordnete Verwei
Manuelles Mappin

CPF Verwendung A
Formel-ID AUSSCHLUSS_MATERIALKLASSE

Zugeordnete Verwendungsaufgabe

Verwendungsaufgabe	Verwendungsaufgabe Besch.	CPF Routine
CALCULATE_BASE	Konditionsbasis berechnen	
CALCULATE_RATE	Konditionsbetrag berechnen	
CALCULATE_VALUE	Konditionswert berechnen	
CHECK_REQUIREMENT	Bedingung prüfen	1
DATA_RETRIEVAL	Parameterwerte abrufen	1

Abbildung 12.23 Verwendungsaufgaben eintragen

Formel zum Konditionssatz anlegen

Jetzt ist es so weit. Wir fügen unsere Formel einem Konditionssatz hilnzu. (Vergessen Sie nicht, dass die Konditionsart dazu im Customizing für die CPF »freigeschaltet« sein muss.) In Abbildung 12.24 sehen Sie das Ergebnis.

Der Parameter **Ausgeschlossen** wird über eine Staffel ermittelt. Als Staffelbasis fungiert der Parameter **Materialklasse**. Falls die Materialklasse den Wert 02 hat, wird das Ausschlusskennzeichen = X gesetzt und damit der Konditionssatz nicht eingestellt.

Performance bei der CPF-Nutzung

Das Einlesen und Durchführen von CPF-Formeln ist vergleichsweise aufwendig, insbesondere wenn Sie viele Parameter in Ihren Formeln verwenden. Sie sollten CPF-Formeln daher eher sparsam einsetzen, wenn Performance für Sie ein kritischer Aspekt ist.

Damit sind wir fertig. Zugegeben, diese Lösung hat einige Anstrengungen erfordert, aber wir hoffen, dass Sie dabei noch einmal viel über die konfigurierbaren Parameter und Formeln gelernt haben.

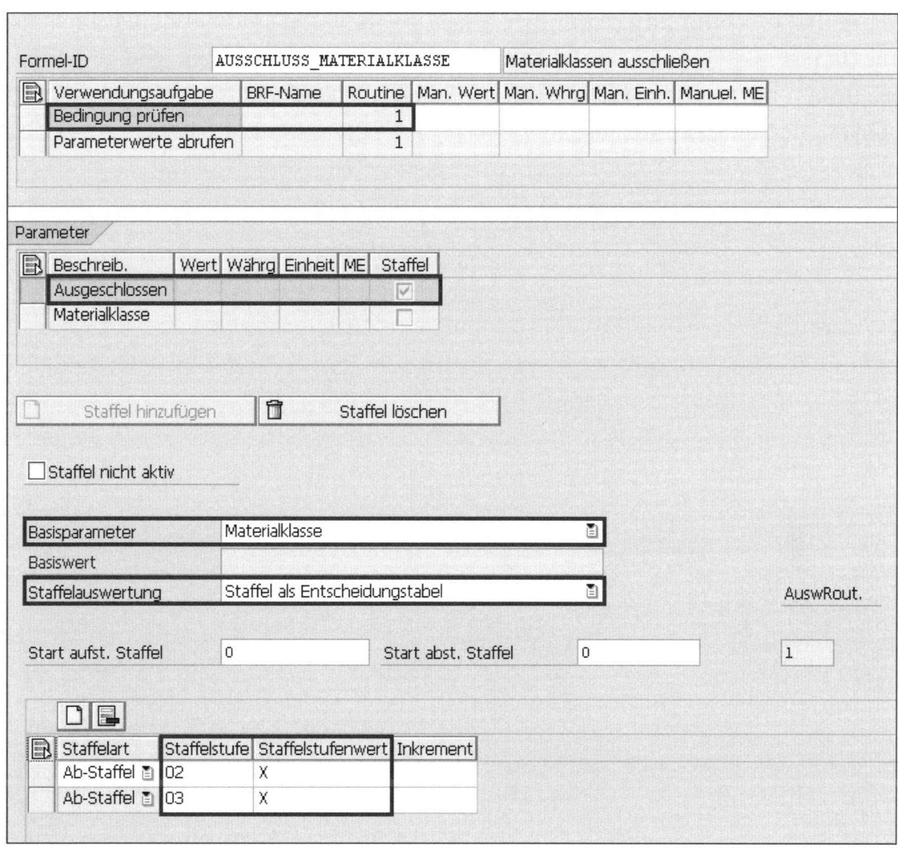

Abbildung 12.24 Bedingung am Konditionssatz.

12.13 Fazit

Die Lösungsvorschläge für die verschiedenen Anforderungen, die wir Ihnen in diesem Kapitel vorgestellt haben, zeigen, dass die Preisfindung in Verbindung mit der Konditionstechnik viele Möglichkeiten bietet, die über die eigentliche Aufgabe der Preisfindung weit hinausgehen. Auch wenn Sie keine der hier aufgeführten konkreten Fragestellungen und Anforderungen haben, können Sie aus unseren Beispielen sicherlich wertvolle Anregungen ziehen und insbesondere den Blick für mögliche Alternativen schärfen. Ihre Erkenntnisse, die Sie hier gewonnen haben, könnten möglicherweise auch in Projekten anderer Aufgabengebiete im Umfeld der Auftragsbearbeitung und Fakturierung von Nutzen sein. Aber auch in den anderen Anwendungsbereichen, allen voran der Einkaufsabwicklung, können Sie die hier praktizierten Methoden einsetzen. Auch dort gibt es im Allgemeinen entsprechende User-Exits. Wir haben in unseren Beispielen bereits die User-Exits der Auftragsbearbeitung verwendet und möchten Ihnen nun im nächsten Kapitel die Einbindung der Preisfindung in die verschiedenen Anwendungsbereiche, die Applikationen, genauer erläutern. Insbesondere interessieren wir uns für die vorhandenen User-Exits in diesen Applikationen und für ihre Besonderheiten.

Kapitel 13

Preisfindung in ausgewählten Applikationen

In diesem Kapitel betrachten wir die Anwendung der Preisfindung innerhalb ausgewählter Applikationen und gehen auf die User-Exits ein, die im direkten Zusammenhang mit dem Aufruf der Preisfindung stehen.

In den vorangehenden Kapiteln haben wir das Thema *Preisfindung* immer im Umfeld von Auftragsabwicklung und Fakturierung betrachtet. Wir haben die technischen Aspekte der Preisfindung angesprochen und die Anpassungsmöglichkeiten über Formeln, Bedingungen und User-Exits innerhalb der Preisfindung behandelt. In diesem Kapitel gehen wir nun näher auf die Einbindung der Preisfindung in die verschiedenen Applikationen ein, und beschreiben insbesondere auch die dort verwendeten User-Exits. Diese dienen in erster Linie dazu, den Aufruf der Preisfindung vorzubereiten.

Im Einzelnen sprechen wir über folgende Bereiche:

- Preisfindung im Kundenauftrag – Applikation V
- Preisfindung in der Fakturierung – Applikation V
- Preisfindung in der Bestellung – Applikation M
- Preisfindung im Rechnungswesen – Applikationen KA, KE
- Steuerermittlung im Rechnungswesen – Applikation TX
- Preisfindung im Transport – Frachtkalkulation, Applikation F

Der mit Abstand größte Anpassungsbedarf besteht sicherlich in Kundenauftrag und Faktura, gefolgt von der Bestellung.

Preisfindung innerhalb von Branchenlösungen

Im Rahmen der Entwicklung von Branchenlösungen wurden auch Erweiterungen an der Preisfindung vorgenommen, die sich jedoch nur dann auswirken, wenn die Branchenlösung aktiv ist. Im einfachsten Fall wurden neue Bedingungen und Formeln benötigt; in komplexeren Fällen wurden auch Erweiterungen der Schnittstellen in Form von neuen Tabellen und Strukturen vorgenommen. Solche Erweiterungen gibt es insbesondere im Bereich *SAP IS-Oil*. Dort ist es z. B. erforderlich, Berechnungen in Abhängigkeit der Temperatur durchzuführen. Die Bewertung ist außerdem auch stark durch die Bestandteile (Rohstoffe) der Produkte beeinflusst. Auf diese Branchenbesonderheiten gehen wir im Rahmen dieses Buches jedoch nicht näher ein.

13.1 Preisfindung im Kundenauftrag

Der Aufruf der Preisfindung im Kundenauftrag erfolgt über die *Applikation V*. Die relevanten Routinen finden Sie in:

- `form preisfindung` (Programm SAPFV45P): Aufruf des Funktionsbausteins `PRICING`
- `form preisfindung_gesamt` (Programm SAPMV45A): Aufruf des Funktionsbausteins `PRICING_COMPLETE`
- `form preisfindung_vorbereiten` (Programm SAPFV45P)
- `form userexit_pricing_prepare_tkomk` (Programm SAPMV45A)
- `form userexit_pricing_prepare_tkomp` (Programm SAPMV45A)
- `form userexit_new_pricing_vbap` (Programm SAPMV45A)
- `form userexit_new_pricing_vbkd` (Programm SAPMV45A)

Hier finden Sie eine Aufstellung einiger wichtiger Felder der Eingangsschnittstellenstrukturen TKOMK (siehe Tabelle 13.1) und TKOMP (siehe Tabelle 13.2).

Eingangsschnittstelle TKOMK	
KNUMV	**Interne Belegnummer**
KAPPL = V	**Applikation**
KALSM	**Kalkulationsschema**
KVORG	**Vorgang**
VBTYP	**Belegtyp**
BUKRS	**Buchungskreis**
VKORG	**Verkaufsorganisation**
WAERK	**Belegwährung**
HWAER	**Hauswährung**
PRSDT	**Preisstellungsdatum**

Tabelle 13.1 Wichtige Felder der Schnittstellenstruktur TKOMK

Eingangsschnittstelle TKOMK	
FBUDA	**Leistungserstellungsdatum**
ALAND	**Lieferndes Land**
LAND1	**Beliefertes Land**
ZTERM	**Zahlungsbedingung**
KNUMA	**Bonusabsprache**
KUNNR	**Auftraggeber**
KUNRE	**Rechnungsempfänger**
KUNWE	**Warenempfänger**
KNRZE	**Regulierer**

Tabelle 13.1 Wichtige Felder der Schnittstellenstruktur TKOMK (Forts.)

Eingangsschnittstelle TKOMP	
KPOSN	**Positionsnummer**
WERKS	**Werk**
MATNR	**Material**
PMATN	**Materialnummer für die Preisfindung**
VRKME	**Verkaufsmengeneinheit (VME)**
MGAME	**Menge in VME**
LAGME, MEINS	**Lagermengeneinheit (LME)**
MGLME	**Menge in LME**
UMVKN, UMVKZ	**Umrechnungsfaktoren VME/LME**
VOLEH	**Volumeneinheit**
VOLUM	**Volumen**
GEWEI	**Gewichtseinheit**
BRGEW, NTGEW	**Brutto-/Nettogewicht**
KAEND_TYP	**Nicht-änderbare Konditionstypen**

Tabelle 13.2 Wichtige Felder der Schnittstellenstruktur TKOMP

Eingangsschnittstelle TKOMP	
KONAU_TYP	**Auszuschließende Konditionstypen**
SHKZG	**Vorzeichen drehen**
KURSK, KURSK_DAT	**Umrechnungskurs und Datum**
NRFAKTOR	**Naturalrabattfaktor**
Anzahlfelder eines Zeitraums im periodischen Fakturierungsplan	
ANZ_TAGE	**Anzahl Tage**
ANZ_MONATE	**Anzahl Monate**
ANZ_WOCHEN	**Anzahl Wochen**
ANZ_JAHRE	**Anzahl Jahre**
Anzahlfelder relativ zum Vertragsbeginn im periodischen Fakturierungsplan	
STF_TAGE	**Anzahl Tage**
STF_MONATE	**Anzahl Monate**
STF_WOCHEN	**Anzahl Wochen**
STF_JAHRE	**Anzahl Jahre**

Tabelle 13.2 Wichtige Felder der Schnittstellenstruktur TKOMP (Forts.)

Dem Feld `komp-shkzg` kommt eine besondere Bedeutung zu. Das Feld existiert ebenfalls in der Auftrags- und Fakturaposition und hat dort die Bedeutung, dass es sich, falls gesetzt, um eine Retouren- oder Gutschriftsposition handelt. Innerhalb der Preisfindung hat das Feld aber eine andere Bedeutung. Es besagt, dass der Konditionswert bei gesetztem Kennzeichen `komp-shkzg` bei relativen Konditionen (z. B. mengenabhängigen) *gedreht* wird. Ob die Werte gedreht werden oder nicht, hängt von der »Hauptrichtung« der Belegart ab, dem Vertriebsbelegtyp (`komk-vbtyp`). So werden bei einem Auslieferungsauftrag Retourenpositionen negativ dargestellt, innerhalb einer Gutschrift sind diese dagegen positiv. Wenn Sie also z. B. innerhalb einer Formel feststellen wollen, ob es sich bei der Position um eine Retourenposition handelt, müssen Sie `komp-shkzg` in Verbindung mit `komk-vbtyp` interpretieren.

13.1.1 Routine »userexit_pricing_prepare_tkomk«

In der Routine `userexit_pricing_prepare_tkomk` können Sie die Feldbelegung der Schnittstelle TKOMK beeinflussen. Insbesondere werden Sie hier eigene Felder versorgen, sofern diese nicht sowieso schon durch `move-corresponding` gefüllt sind.

Eingangsschnittstelle für die Routinen »userexit_pricing_prepare_tkomk« und »userexit_pricing_prepare_tkomp«	
VBAK	**Auftragskopf**
VBAP	**Auftragsposition**
VBKD	**Kaufmännische Daten**
VBUK	**Kopfstatus**
VBUP	**Positionsstatus**
KUAGV	**Kundenstammdaten des Auftraggebers**
KURGV	**Kundenstammdaten des Regulierers**
KUREV	**Kundenstammdaten des Rechnungsempfängers**
KUWEV	**Kundenstammdaten des Warenempfängers**

Tabelle 13.3 Wichtige Felder der Eingangsschnittstelle für die Routinen »userexit_pricing_prepare_tkomk« und »userexit_pricing_prepare_tkomp«

Dabei stehen Ihnen die Felder verschiedener interner Datenstrukturen wie z. B. der Auftragskopf VBAK oder die Auftragsposition VBAP zur Verfügung (siehe Tabelle 13.3). Weitere globale Daten (TVAK, TVKO, T001W usw.) können ebenfalls genutzt werden, sind aber insofern mit Vorsicht zu genießen, als dass nicht unbedingt sichergestellt ist, dass diese globalen Daten immer korrekt gefüllt sind.

In diesem User-Exit müssen Sie dabei unbedingt sicherstellen, dass die Versorgung der Felder im Anlegemodus und im Änderungsmodus identisch erfolgt.

13.1.2 Routine »userexit_pricing_prepare_tkomp«

In der Routine `userexit_pricing_prepare_tkomp` können Sie die Feldbelegung der Schnittstelle TKOMP beeinflussen. Es steht die gleiche Eingangsschnittstelle zur Verfügung wie im User-Exit zur TKOMK.

Wie in der Routine `userexit_pricing_prepare_tkomk` gilt auch hier, dass Sie unbedingt sicherstellen müssen, dass die Versorgung der Felder im Anlegemodus und im Änderungsmodus identisch erfolgt. Darüber hinaus müssen Sie unbedingt beachten, dass in der Routine `userexit_pricing_prepare_tkomp` *keine* TKOMK-Felder verändert werden dürfen, da ansonsten Effekte auftreten können, wie sie in Abschnitt 12.2, »Konditionen wurden nicht gefunden – woran liegt das?«, beschrieben sind. Weitere Erklärungen dazu finden Sie in Abschnitt 10.1.1, »Routine ›preisfindung_vorbereiten‹«.

13.1.3 Reaktion auf Änderungen von Beleginhalten

Sobald Sie Änderungen an einem Kundenauftrag vornehmen, besteht unter Umständen die Notwendigkeit, bestimmte Konditionsarten, die genau von dieser Änderung betroffen sind, neu zu ermitteln. Das Ziel wäre nun, lediglich die tatsächlich von der Änderung betroffenen Konditionsarten neu zu ermitteln. »Betroffen sein« bedeutet in diesem Zusammenhang, dass das geänderte Feld in einem der folgenden Elemente verwendet wird:

- in einer beteiligten Konditionstabelle als Schlüsselfeld
- in einer Bedingung
- in einer Formel

Im Standard wird auf eine Reihe von Änderungen dadurch reagiert, dass eine erneute Preisfindung mit einer »passenden« *Preisfindungsart* durchgeführt wird (siehe Tabelle 13.4).

Beispiele für Belegänderungen und die zugeordnete Preisfindungsart	
Preisstellungsdatum	C – Alles neu, manuelle Änderungen übernehmen
Materialnummer	B – Alles neu
Incoterms	F – Frachtkonditionen neu ermitteln
Warenempfänger	G – Steuern neu ermitteln
Werk	G – Steuern neu ermitteln

Tabelle 13.4 Belegänderungen und die entsprechende Preisfindungsart

Wenn Sie nun eigene Konditionsarten eingerichtet haben, bei denen die gewünschte Neuermittlung nach entsprechender Belegänderung nicht automatisch ausgelöst wird, können Sie diese Neuermittlung über zwei User-Exits erzwingen.

Routine »userexit_new_pricing_vbap«

In der Routine `userexit_new_pricing_vbap` können Sie Änderungen von Positionsfeldern abfragen (siehe Tabelle 13.5) und im Übergabeparameter `NEW_PRICING` eine passende Preisfindungsart übergeben. Im Zweifelsfall verwenden Sie einfach die Preisfindungsart C. Diese ermittelt möglicherweise einige Konditionen unnötig. Das schadet jedoch nicht, vorausgesetzt, Sie haben nicht zuvor eine Kondition gelöscht. Diese würde dann wieder eingestellt. Es ist also immer besser, Konditionen nicht zu löschen, sondern diese durch Änderung des Konditionsbetrags auf null zu setzen.

Eingangsschnittstelle für die Routine »userexit_new_pricing_vbap«	
VBAK	Auftragskopf
VBKD	Kaufmännische Daten
*VBAP	Auftragsposition, alt
VBAP	Auftragsposition, neu

Tabelle 13.5 Wichtige Strukturen der Eingangsschnittstelle für die Routine »userexit_new_pricing_vbap«

Routine »userexit_new_pricing_vbkd«

In der Routine `userexit_new_pricing_vbkd` können Sie Änderungen im Belegkopf oder in den kaufmännischen Daten abfragen (siehe Tabelle 13.6).

Eingangsschnittstelle für die Routine »userexit_new_pricing_vbkd«	
*VBAK	Auftragskopf, alt
VBAK	Auftragskopf, neu
*VBKD	Kaufmännische Daten, alt
VBKD	Kaufmännische Daten, neu

Tabelle 13.6 Wichtige Strukturen der Eingangsschnittstelle für die Routine »userexit_new_pricing_vbkd«

Listing 13.1 zeigt ein Beispiel, in dem bei Änderung der Fakturasperre im Auftragskopf eine neue Preisfindung für den gesamten Beleg mit der Preisfindungsart C ausgelöst werden soll.

```
form userexit_new_pricing_vbkd changing new_pricing.
  if vbak-faksk ne *vbak-faksk.
     new_pricing = 'C'.
  endif.
endform.
```

Listing 13.1 Neue Preisfindung bei Änderung der Fakturasperre

13.1.4 Manuell eine neue Preisfindung im Kundenauftrag auslösen

In der Auftragsbearbeitung (Transaktion VA01 und Transaktion VA02) finden Sie über **Bearbeiten • Neue Preisfindung Beleg** die Möglichkeit, für den gesamten Auftrag eine neue Preisfindung auszulösen. Die dabei verwendete Preisfindungsart (üblicher-

13

weise C) ist im Customizing der Kalkulationsschemaermittlung (Pflege-View V_T683V) hinterlegt; Sie können diese nach Ihren Wünschen ändern. Eine weitere Möglichkeit, um eine neue Preisfindung für den Gesamtbeleg auszulösen, haben Sie im Kopfkonditionsbild. Dort können Sie die gewünschte Preisfindungsart auswählen. Die gleiche Möglichkeit besteht im Positionskonditionsbild, wenn Sie nur einzelne Positionen aktualisieren wollen.

13.2 Preisfindung in der Faktura

Der Aufruf der Preisfindung in der Faktura erfolgt in den folgenden Routinen der Funktionsgruppe V60A – und zwar ebenfalls mit der Applikation V:

- `form preisfindung`: Aufruf des Funktionsbausteins `PRICING`
- `form preisfindung_gesamt`: Aufruf des Funktionsbausteins `PRICING_COMPLETE`
- `form preisfindung_vorbereiten`
- `form userexit_pricing_prepare_tkomk`
- `form userexit_pricing_prepare_tkomp`

[»]

Schnittstellen in Auftrag und Faktura müssen im Allgemeinen identisch sein

Die Schnittstellen TKOMK und TKOMP müssen genauso wie im Auftrag gefüllt werden (siehe Abschnitt 13.1, »Preisfindung im Kundenauftrag«). Ansonsten entsteht der Effekt, dass die Preisfindung im Auftrag und die Preisfindung in der Faktura unterschiedliche Resultate liefern können. Nur wenn die Schnittstellen identisch sind, ist auch das Ergebnis identisch. Es gibt jedoch auch Situationen, in denen die Preisfindung in der Faktura bewusst von der Preisfindung im Auftrag abweichen kann. Dies ist dann der Fall, wenn Informationen für die Preisfindung verwendet werden, die erst in der Lieferung bekannt sind, wie z. B. die Charge.

Bei der Versorgung der Felder in den User-Exits gelten die gleichen Regeln wie im Kundenauftrag; dies gilt auch für die Verwendung weiterer globaler Daten. Insbesondere dürfen Sie *nicht* die Struktur VBRP verwenden, denn diese ist nicht immer korrekt versorgt. Verwenden Sie ausschließlich die Struktur XVBRP. Die Schnittstelle finden Sie in Tabelle 13.7.

Eine Sonderrolle in der Faktura spielt das Feld `tkomp-wavwr`. Über dieses Feld werden, sofern ermittelbar, die tatsächlichen Kosten eines Verkaufsvorgangs übergeben und innerhalb der Preisfindung in die Verrechnungspreiskondition (definiert durch **Konditionstyp** = G) übernommen.

Eingangsschnittstelle für die Routinen »userexit_pricing_prepare_tkomk« und »userexit_pricing_prepare_tkomp«	
XVBRK	Fakturakopf
XVBRP	Fakturaposition
KUAGV	Kundenstammdaten des Auftraggebers
KURGV	Kundenstammdaten des Regulierers
KUREV	Kundenstammdaten des Rechnungsempfängers
KUWEV	Kundenstammdaten des Warenempfängers

Tabelle 13.7 Wichtige Strukturen der Eingangsschnittstelle für die Routinen »userexit_pricing_prepare_tkomk« und »userexit_pricing_prepare_tkomp«

Die Änderungsmöglichkeiten innerhalb der Faktura sind im Vergleich zum Auftrag stark eingeschränkt. Eine automatische neue Preisfindung ist deshalb nur nach der Änderung von Steuerklassifikationen vorgesehen. Dabei wird, wie im Auftrag, die Preisfindungsart G verwendet. Unabhängig davon ist eine neue Preisfindung wie im Auftrag in den Konditionsbildern der Position und des Kopfes unter der Auswahl einer geeigneten Preisfindungsart so lange möglich, wie die Faktura nicht an die Buchhaltung übergeleitet ist.

Kein User-Exit zum Auslösen einer neuen Preisfindung in der Faktura

Ein User-Exit zum Auslösen einer neuen Preisfindung nach der Änderung bestimmter Feldinhalte, wie er im Auftrag vorhanden ist, existiert in der Faktura nicht.

13.3 Preisfindung in der Bestellung

In B2B-Szenarien (Business-to-Business) wird im Allgemeinen ein Verkaufsvorgang dadurch ausgelöst, dass eine Firma (der Kunde) bei einer anderen Firma (dem Lieferanten) eine Bestellung aufgibt. Diese Bestellung, in der Einkaufskomponente (MM) erfasst, wird per Druck oder elektronisch (per EDI) an den Lieferanten übermittelt. Beim Lieferanten wird diese Bestellung als Kundenauftrag erfasst (manuell oder maschinell), ausgeliefert, und letztlich schickt der Lieferant dem Kunden eine Rechnung für die erbrachte Leistung. Diese Kundenfaktura wird wiederum beim Kunden als Kreditorenrechnung mit Bezug zur Bestellung gebucht und bezahlt. Nachdem diese Zahlung auf Lieferantenseite eingegangen und verbucht worden ist, ist der Prozess abgeschlossen.

Zwischen den beiden Parteien bestehen Preisvereinbarungen, die als Konditionsstammdaten abgelegt sind. Beide Seiten, die Bestellung und der Kundenauftrag, sollten schließlich für einen Vorgang das gleiche Ergebnis liefern. Die Preisgestaltung erfolgt sicherlich auf der Verkaufsseite (also beim Lieferanten, innerhalb des Gestaltungsspielraums der Vertriebsmitarbeiter), deren Rahmenbedingungen durch das Verkaufskalkulationsschema vorgegeben sind.

Auf der Einkaufsseite ist es nicht möglich, alle Kalkulationsschemata zu allen Lieferanten, zu denen der Kunde Geschäftsbeziehungen hat, spiegelbildlich zu verwalten. Aus diesem Grund werden die Preisvereinbarungen normalerweise beim Lieferanten hinterlegt. Dafür wird z. B. die Konditionsart PB00 (Bruttopreis) mit den Konditionstabellen A067 und A017 eingesetzt. Eine weitere Quelle, um Preisinformationen abzulegen, ist der Kontrakt. Auch dort wird die Konditionsart PB00 eingesetzt, jedoch mit den Konditionstabellen A068 und A016. Auf dieser Ebene werden dann die Konditionssätze gespeichert. Unter der Konditionsart PB00 werden neben dem Ausgangspreis gegebenenfalls auch weitere Zu-/Abschläge als sogenannte *Zusatzkonditionen* hinterlegt (siehe Abschnitt 5.5.3, »Zusatzkonditionen«). Das Customizing der Preisfindung im Einkauf finden Sie über den Pfad **(IMG •) Materialwirtschaft • Einkauf • Konditionen • Preisfindung festlegen**.

Die Ermittlung des Kalkulationsschemas ist – abhängig von der Einkaufsorganisation und dem Lieferanten – über die Felder **Schemagr. EKORG** und **Schemagr. Lieferant** steuerbar (siehe Abbildung 13.1).

Schemagr. Ekorg	Schemagr. Lief.	Sche...	Bezeichnung
		RM0000	Einkaufsbeleg (groß)
	01	RM1000	Einkaufsbeleg (klein)
	C1	CPE001	RM1000 mit CPE
0001		RM0000	Einkaufsbeleg (groß)
0001	01	RM1000	Einkaufsbeleg (klein)
0001	C1	CPE001	RM1000 mit CPE

Abbildung 13.1 Ermittlung des Kalkulationsschemas im Einkauf

Abbildung 13.2 zeigt ein Kalkulationsschema mit einigen repräsentativen Konditionsarten.

Die Konditionsart PBXX (Bruttopreis) aus Abbildung 13.2 ist als Kondition ohne Konditionssätze eingestellt und dient als Erfassungshilfe. Durch die Bedingung 006 (Konditionsausschluss ≠ X) erscheint sie immer nur dann, wenn die automatische Kondition PB00 nicht gefunden wurde (der Konditionsausschluss erfolgt so, wie in Abschnitt 7.2.1, »Einfacher Konditionsausschluss über Bedingungen«, gezeigt).

Schema ZZ0000 Einkaufsbeleg (Muster)

Steuerung

Übersicht Bezugsstufen

Stufe	Zäh	KArt	Bezeichnung	Von	Bis	Ma	O	Stat	D	ZwiSu	Bedg	RchFrm	BasFrm	KtoSl	Rückst
1	1	PB00	Bruttopreis	0	0	☐	☐	☐	X	9	0	0	0		
2	0	VA00	Varianten/Menge	0	0	☐	☐	☐	X		0	0	0		
4	0	GAU1	enthalt. Goldpreis	0	0	☑	☐	☐	X		0	31	0		
5	0	GAU2	aktueller Goldpreis	0	0	☐	☐	☐	X		31	32	32		
10	3	RA00	Rabatt % vom Netto	0	0	☑	☐	☐	X		0	0	0		
10	5	HB00	Kopfzuschlag absolut	0	0	☑	☐	☐	X		0	0	0		
10	13	RGR0	Gruppenrabatt %	1	0	☐	☐	☐	X		0	0	0		
17	0	EDI1	Bestätigter Preis	0	0	☐	☐	☑		D	53	0	0		
19	0	EDI2	Wertabweichung	0	0	☐	☐	☐			53	40	0		
20	0		Nettowert incl Rab.	0	0	☐	☐	☐	X	7	0	0	0		
21	1	NAVS	Nicht abz. Vorsteuer	0	0	☐	☐	☑			0	0	0		
22	0		Nettowert incl Vst.	20	21	☐	☐	☐			0	0	0		
31	2	FRB1	Fracht absolut	20	0	☑	☐	☑			0	0	0	FRE	FR1
37	0	A001	Bonus	20			☐	☑			26			EIN	B01
40	0		Effektivpreis	22	39	☐	☐	☐		S	0	0	0		
70	0	GRWR	Grenzübergangswert	20	0	☐	☐	☑		C	8	0	0		

Abbildung 13.2 Musterkalkulationsschema für den Einkauf

Der Aufruf der Preisfindung in der Bestellung erfolgt im Programm SAPMM06E in der Applikation M.

Die relevanten Programmstellen finden Sie in:

- `form preisfindung` (Programm SAPMM06E): Aufruf des Funktionsbausteins `PRICING`
- `form preisfindung_complete` (Programm SAPMM06E): Aufruf des Funktionsbausteins `PRICING_COMPLETE`
- `form preisfindung_vorbereiten` (Programm SAPMM06E)
- Funktionsbaustein `MEPOBADI_PROCESS_KOMK`: BAdI für die Schnittstelle KOMK
- Funktionsbaustein `MEPOBADI_PROCESS_KOMP`: BAdI für die Schnittstelle KOMP

In Tabelle 13.8 finden Sie eine Aufstellung einiger wichtiger Felder der Schnittstelle KOMK und in Tabelle 13.9zur Schnittstelle KOMP.

Eingangsschnittstelle KOMK	
KNUMV	**Interne Belegnummer**
KAPPL= M	**Applikation**

Tabelle 13.8 Wichtige Felder der Eingangsschnittstelle KOMK

Eingangsschnittstelle KOMK	
KALSM	**Kalkulationsschema**
KVORG	**Vorgang**
BUKRS	**Buchungskreis**
EKORG	**Einkaufsorganisation**
WAERK	**Belegwährung**
HWAER	**Hauswährung**
PRSDT	**Preisstellungsdatum**
LIFNR	**Lieferant**

Tabelle 13.8 Wichtige Felder der Eingangsschnittstelle KOMK (Forts.)

Eingangsschnittstelle KOMP	
KPOSN	**Positionsnummer**
WERKS	**Werk**
MATNR	**Material**
CHARG	**Charge**
MATKL	**Warengruppe**
EVRTN	**Kontrakt**
EVRTP	**Kontraktposition**
BSTME	**Bestellmengeneinheit (BME)**
MGLME	**Menge in BME**
MEINS, LAGME	**Basismengeneinheit**
VRKME	**Bestellpreismengeneinheit (BPME)**
MGAME	**Menge in BPME**

Tabelle 13.9 Wichtige Felder der Eingangsschnittstelle KOMP

Da die User-Exits zum Manipulieren der Schnittstellenstrukturen KOMK und KOMP als BAdI-Methoden realisiert sind, ergeben sich die zur Verfügung stehenden Felder aus den Schnittstellen dieser Methoden.

13.4 Preisfindung im Rechnungswesen

Im Rechnungswesen wird die Preisfindung in den folgenden Applikationen eingesetzt:

- TX – Steuerberechnung in der Finanzbuchhaltung
- KA – Kostenstellen: Zuschlagskalkulation
- KE – Ergebnisrechnung: Planung

Die Applikationen KA und KE wollen wir hier nicht weiter vertiefen, da die Notwendigkeit der Einflussnahme über User-Exits dort eher nicht gegeben ist und auch zur SD-Preisfindung keine direkte Verbindung besteht. Wir beschränken uns daher darauf, Ihnen zu den beiden Applikationen ein Beispielkalkulationsschema zu zeigen. Zur Pflege der Konditionsarten und Kalkulationsschemata der Applikationen KA und KE wurden spezielle Pflegetransaktionen eingerichtet (OKOZ und 8KEV), die dem Controlling-Kontext angepasst sind.

Das Customizing der Preisfindung zu den Kostenstellen finden Sie über den Pfad **(IMG •) Controlling • Kostenstellenrechnung • Planung • Verrechnungen • Gemeinkostenzuschläge im Plan definieren** (siehe Abbildung 13.3).

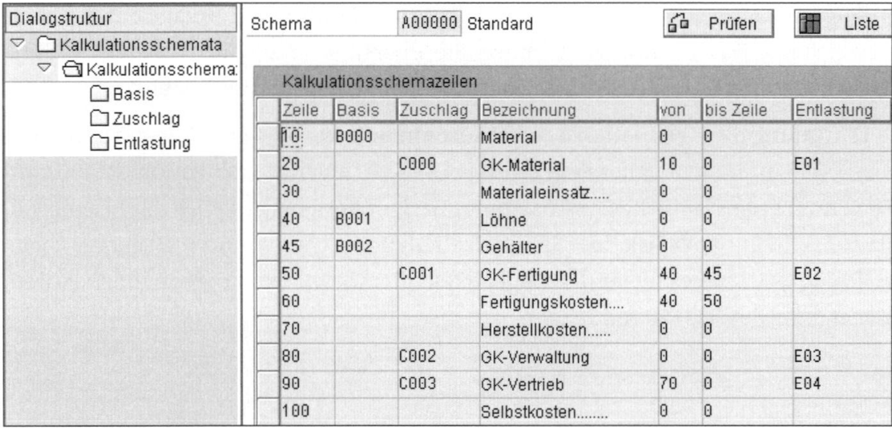

Zeile	Basis	Zuschlag	Bezeichnung	von	bis Zeile	Entlastung
10	B000		Material	0	0	
20		C000	GK-Material	10	0	E01
30			Materialeinsatz.....	0	0	
40	B001		Löhne	0	0	
45	B002		Gehälter	0	0	
50		C001	GK-Fertigung	40	45	E02
60			Fertigungskosten....	40	50	
70			Herstellkosten......	0	0	
80		C002	GK-Verwaltung	0	0	E03
90		C003	GK-Vertrieb	70	0	E04
100			Selbstkosten........	0	0	

Abbildung 13.3 Kalkulationsschema für die Kostenstellenzuschlagskalkulation (Transaktion OKOZ)

Das Customizing der Preisfindung zur Ergebnisrechnung finden Sie über den Pfad **(IMG •) Controlling • Ergebnis- und Marktsegmentrechnung • Stammdaten • Bewertung • Konditionen und Kalkulationsschemata definieren** (siehe Abbildung 13.4).

Auf die Applikation TX gehen wir im folgenden Abschnitt etwas genauer ein; schließlich müssen Sie eine Steuerermittlung auch in SD-Vorgängen und damit in der SD-Preisfindung, vornehmen.

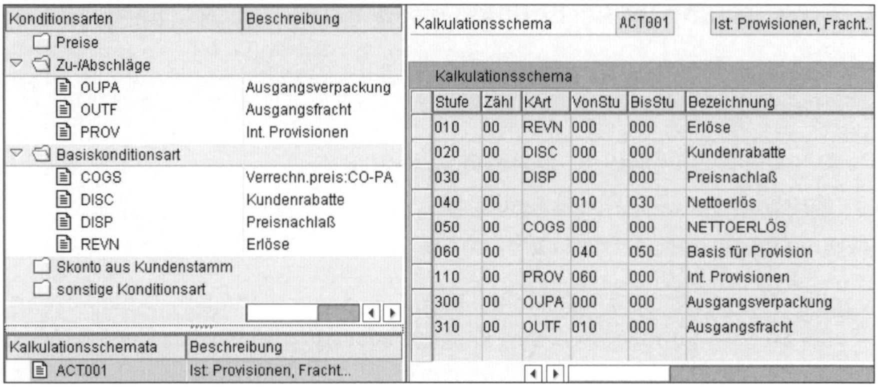

Konditionsarten	Beschreibung
Preise	
Zu-/Abschläge	
OUPA	Ausgangsverpackung
OUTF	Ausgangsfracht
PROV	Int. Provisionen
Basiskonditionsart	
COGS	Verrechn.preis:CO-PA
DISC	Kundenrabatte
DISP	Preisnachlaß
REVN	Erlöse
Skonto aus Kundenstamm	
sonstige Konditionsart	

Kalkulationsschemata	Beschreibung
ACT001	Ist: Provisionen, Fracht...

Kalkulationsschema ACT001 Ist: Provisionen, Fracht..

Kalkulationsschema

Stufe	Zähl	KArt	VonStu	BisStu	Bezeichnung
010	00	REVN	000	000	Erlöse
020	00	DISC	000	000	Kundenrabatte
030	00	DISP	000	000	Preisnachlaß
040	00		010	030	Nettoerlös
050	00	COGS	000	000	NETTOERLÖS
060	00		040	050	Basis für Provision
110	00	PROV	060	000	Int. Provisionen
300	00	OUPA	000	000	Ausgangsverpackung
310	00	OUTF	010	000	Ausgangsfracht

Abbildung 13.4 Kalkulationsschema Ergebnisrechnung (Transaktion 8KEV)

13.5 Steuerberechnung in der Finanzbuchhaltung

Innerhalb der Belegverarbeitung in der Finanzbuchhaltung wird eine Steuerberechnung durchgeführt, auf die wir hier etwas näher eingehen, da eine enge Verbindung zur SD-Preisfindung besteht. Die Steuerberechnung in der Buchhaltung erfolgt durch den Aufruf der Preisfindung mit der Applikation TX unter der Vorgabe eines Steuerkennzeichens. Das Customizing finden Sie über den Pfad **(IMG •) Finanzwesen • Grundeinstellungen Finanzwesen • Umsatzsteuer • Grundeinstellungen**.

Die Ermittlung des Kalkulationsschemas ist einfach realisiert; es ist in der Ländertabelle T005 hinterlegt. In aller Regel wird je Land ein eigenes Kalkulationsschema angelegt. Interessant ist in diesem Zusammenhang aber sicherlich auch das Beispielkalkulationsschema TAXEUR als Sammelkalkulationsschema für EU-Länder (siehe Abbildung 13.5). Dieses bietet die Möglichkeit, die Anzahl der eingesetzten Kalkulationsschemata deutlich zu reduzieren.

Schema TAXEUR Sammelschema Europ.Steuern

Steuerung

Übersicht Bezugsstufen

Stufe	Zäh	KArt	Bezeichnung	Von	Bis	Ma	O	Stat	D	ZwiSu	Bedg	RchFrm	BasFrm	KtoSl
100	0	BASB	Basisbetrag	0	0	☐	☐	☐			0	0	0	
110	0	MWAS	Ausgangssteuer	100	0	☐	☐	☐			0	0	0	MWS
120	0	MWVS	Vorsteuer	100	0	☐	☐	☐			0	0	0	VST
130	0	MWRK	Reisekosten (vom H)	100	0	☐	☐	☐			0	0	0	VST
140	0	MWVN	Vorst. n. abz. n. zu	100	0	☐	☐	☐			0	0	0	NAV
150	0	MWVZ	Vorst. n. abz. zuord	100	0	☐	☐	☐			0	0	0	NVV
160	0	MWZU	Investment Tax Norw.	100	0	☐	☐	☐			0	0	0	ZUS
170	0	MWZG	Gegenpos.Investm.Tax	100	0	☐	☐	☐			0	0	0	ZUG
180	0	MWAL	Luxus-Steuer	100	0	☐	☐	☐			0	0	0	LUX
190	0	MWAA	Ausgleichs-Steuer	110	0	☐	☐	☐			0	0	0	ASB
200	0	NLXA	Erwerbsteuer Ausgang	100	0	☐	☐	☐			0	0	0	MWS
210	0	NLXV	Erwerbsteuer Eingang	100	0	☐	☐	☐			0	0	0	VST

Abbildung 13.5 Steuerkalkulationsschema TAXEUR für Europa

Die wichtigste Konditionstabelle ist Tabelle A003 mit der Zugriffsfolge MWST. Für bestimmte Länder werden darüber hinaus noch weitere Tabellen eingesetzt, wie z. B. die Tabelle A053 für US-Steuern mit Jurisdiction Code.

[«]

Die Konditionstabellen der Buchhaltung sind nicht datumsabhängig

Die verwendeten Konditionstabellen sind *nicht* datumsabhängig. Die Datumsabhängigkeit der Steuerermittlung in Auftrag und Faktura kommt erst durch eine Steuerkonditionsart der Applikation V ins Spiel (MWST, MW01, UTXJ). Wir haben diesen Zusammenhang in Abschnitt 7.4, »Steuerermittlung im Vertrieb«, ausführlich behandelt.

Für die Pflege der Steuersätze wurde für das Rechnungswesen eine eigene Pflegetransaktion FTXP geschaffen. Der Einstieg erfolgt dort immer über ein Land. Zu diesem Land wird dann das zugehörige Kalkulationsschema ermittelt und die Pflege im Zusammenhang des Schemas ermöglicht.

13

In Abbildung 13.6 sehen Sie beispielhaft den Pflege-Screen zur Anlage der Steuerkonditionssätze für Spanien (Schema TAXES) und in Abbildung 13.7 den Screen für die USA (Schema TAXUSX).

Länderschlüssel	ES	Spanien
Steuerkennzeichen	E3	IVA repercutido + recargo de equivalencia 16+4%
Schema	TAXES	
Steuerart	A	Ausgangssteuer

Prozentsätze

Steuertyp	KtoSchl	Steuer-Proz.Satz	Stufe	vonStufe	Kond.Art
Basisbetrag			100	0	BASB
Ausgangssteuer	MWS	16,000	110	100	MWAS
Vorsteuer	VST		120	100	MWVS
Vorst. n. abz. n. zu	NAV		140	100	MWVN
Vorst. n. abz. zuord	NVV		150	100	MWVZ
Ausgleichs-Steuer	ASB	4,000	190	100	MWAA
Erwerbsteuer Ausgang	ESA		200	100	NLXA
Erwerbsteuer Eingang	ESE		210	100	NLXV

Abbildung 13.6 Steuerkonditionssätze für Spanien pflegen (Transaktion FTXP)

In Abbildung 13.6 werden für das Steuerkennzeichen E3 die beiden Steuerkonditionsarten MWAS (Ausgangssteuer) und MWAA (Ausgleichssteuer) hinterlegt.

Für die USA werden beispielhaft die Kalkulationsschemata TAXUSJ und TAXUSX ausgeliefert. Abbildung 13.7 zeigt die Konditionspflege zum Schema TAXUSX. Die Besonderheit dieses Kalkulationsschemas besteht darin, dass die Ermittlung der endgültigen Steuersätze über ein externes Steuer-Interface erfolgt. Durch den Eintrag »100,000« (also 100 %) im Feld **Steuer-Proz.Satz** wird je möglicher Steuerkonditionsart XR1 bis XR6 bestimmt, ob die Kondition relevant ist oder nicht. Die eigentliche Ermittlung erfolgt dann über die Wertformel 300 direkt hinter der Kondition BASB (Basisbetrag) durch Aufruf des externen Steuer-Interface (z. B. Vertex). Die Übernahme der eigentlichen Prozentsätze und Werte findet dann je Steuerkondition XR1 bis XR6 durch die Wertformeln 301 bis 306 statt.

Länderschlüssel	US	USA
Steuerkennzeichen	S1	Ausgangssteuer 100%
Schema	TAXUSX	
Steuerart	A	Ausgangssteuer

Prozentsätze

Steuertyp	KtoSchl	Steuer-Proz.Satz	Stufe	vonStufe	Kond.Art
A/P Sales Tax 5 Use	MW4		450	250	XP5U
A/P Sales Tax 6 Use	MW4		460	260	XP6U
Accrued			500	0	
A/R Sales Tax 1	MW1	100,000	510	100	XR1
A/R Sales Tax 2	MW2	100,000	520	100	XR2
A/R Sales Tax 3	MW3	100,000	530	100	XR3
A/R Sales Tax 4	MW4	100,000	540	100	XR4
A/R Sales Tax 5	MW4	100,000	550	100	XR5
A/R Sales Tax 6	MW4	100,000	560	100	XR6

Abbildung 13.7 Steuerkonditionssätze für die USA pflegen

Informationen zur Einbindung der Steuerermittlung in die Vertriebsbelege finden Sie in Abschnitt 7.4, »Steuerermittlung im Vertrieb«. Den Aufruf der Preisfindung im Buchhaltungsbeleg finden Sie z. B. im Funktionsbaustein CALCULATE_TAX_ITEM. Hier werden die Schnittstellen KOMK und KOMP gefüllt, und es wird der Funktionsbaustein PRICING aufgerufen.

Der Funktionsbaustein PRICING_COMPLETE, also die Belegendeverarbeitung, wird nicht eingesetzt. Auch User-Exits sind nicht vorgesehen.

Tabelle 13.9 und Tabelle 13.10 zeigen die wichtigsten Schnittstellenfelder.

Eingangsschnittstelle TKOMK	
KNUMV	**Interne Belegnummer**
KAPPL = TX	**Applikation**
KALSM	**Kalkulationsschema aus T005**
BUKRS	**Buchungskreis**
ALAND	**Abgangsland**
WAERK	**Belegwährung**

Tabelle 13.10 Wichtige Felder der Eingangsschnittstelle TKOMK

Eingangsschnittstelle TKOMK	
HWAER	**Hauswährung**
PRSDT	**Preisstellungsdatum**
TXJCD	**Tax Jurisdiction Code**
MWSKZ	**Steuerkennzeichen**

Tabelle 13.10 Wichtige Felder der Eingangsschnittstelle TKOMK (Forts.)

Der Ausgangsbetrag für die Steuerberechnung wird im Schnittstellenfeld `komp-wrbtr` übergeben. Falls dieser die Steuer enthält, wird zusätzlich das Feld `komp-kzinc = X` gesetzt. Innerhalb der Preisfindung wird dann dieser Wert, gegebenenfalls um die errechnete Steuer reduziert, in die Basiskondition (im Allgemeinen BASB) übernommen. Diese Konditionen sind durch den speziellen **Konditionstyp** = K gekennzeichnet.

Eingangsschnittstelle TKOMP	
KPOSN	**Positionsnummer**
MWSKZ	**Steuerkennzeichen**
KZINC	**Ausgangsbetrag inklusive Steuer**
WRBTR	**Ausgangsbetrag**

Tabelle 13.11 Wichtige Felder der Eingangsschnittstelle TKOMP

Ausgangsbetrag inklusive Steuer

Die normale Steuerberechnung in einem Beleg geht so vonstatten, dass zu einem vorgegebenen Nettowert eine oder mehrere prozentuale Steuern berechnet werden. Dabei es nicht notwendigerweise so, dass sich alle Steuern auf denselben Ausgangswert beziehen. Die Basis für eine Steuer kann durchaus auch eine andere Steuer oder ein um die vorangegangene Steuer erhöhter Betrag sein.

In der Belegbearbeitung in der Buchhaltung (Debitorenrechnung, Kreditorenrechnung) besteht nun häufig die Anforderung, aus einem vorgegebenen Rechnungsendbetrag inklusive Steuern den resultierenden Nettowert zu errechnen. Bei einer einzigen Steuer wäre das einfach, bei mehreren Steuern wird es schon schwieriger – insbesondere dann, wenn sich diese nicht auf den gleichen Ausgangswert beziehen.

Wir betrachten nur solche Steuerschemata, bei denen der Endbetrag E eine lineare (und damit stetige) Funktion des Nettowertes A darstellt:

$$E = f_{(A)} = mA + b$$

Man kann leicht zeigen, dass alle prozentualen Steuern, auch die Steuern mit unterschiedlichen Bezugsstufen, lineare Funktionen darstellen. Die Konstante b repräsentiert nichtprozentuale Steuern, die ja unabhängig vom Ausgangswert sind, vorausgesetzt sie verwenden keine Wertstaffel. Falls Steuerkonditionen mit Wertstaffeln zugelassen sind, funktioniert die hier vorgestellte Lösung nicht, da die resultierende Funktion nicht linear ist.

Beispiele für lineare Steuerfunktionen sind:

1. $E = f_{(A)} = A + (A \times p1 \div 100) + (A \times p2 \div 100)$
2. $E = f_{(A)} = A + (A \times p1 \div 100) + ((A + (A \times p1 \div 100)) \times p2 \div 100)$
3. $E = f_{(A)} = A + (A \times p1 \div 100) + ((A \times p1 \div 100) \times p2 \div 100)$

Im ersten Fall haben wir zwei Steuern mit den Prozentsätzen p1 und p2 zur gleichen Basis, im zweiten Fall bezieht sich die zweite Steuer p2 auf den um die erste Steuer erhöhten Betrag, und im dritten Fall bezieht sich p2 auf den Wert der ersten Steuer.

Zur Lösung solcher Rechenanforderungen enthält die Schnittstellenstruktur KOMP ein Feld `KZINC`, das in dieser Situation mit X gefüllt wird. Dieses Kennzeichen bewirkt, dass die Bewertungsroutine `xkomv_bewerten` innerhalb der Preisfindung mindestens dreimal aufgerufen wird. Die Aufgabe besteht darin, zu einem vorgegebenen Endbetrag E den Ausgangsbetrag A zu ermitteln. Wir lehnen uns dazu an das Prinzip der *Newton-Iteration*, einem mathematischen Verfahren zur Nullstellenfindung, an. In unserem Fall suchen wir bei vorgegebenem Wert E eine Lösung A für die Gleichung:

$$f_{(A)} = E$$

Da unsere Funktion linear ist, reduziert sich das Verfahren auf lediglich drei Schritte.

Erster Iterationsschritt mit A0 = 0

Die Berechnung wird mit Nettowert null durchgeführt und daraus der Endbetrag E0 ermittelt (üblicherweise ist E0 = null):

$$A0 = 0$$
$$E0 = f_{(A0)}$$

Zweiter Iterationsschritt mit A1 = E

Die Berechnung wird mit Nettowert gleich Endbetrag durchgeführt und daraus der (zu hohe) Endbetrag E1 errechnet:

$$A1 = E$$
$$E1 = f_{(A1)}$$

Dritter und letzter Iterationsschritt

Der letzte Iterationsschritt verwendet den Ausgangswert A2 gemäß folgender Relation (siehe Abbildung 13.8):

$$A2 = (E - E0) \times E \div (E1 - E0)$$
$$E2 = f_{(A2)}$$

Die Berechnung mit diesem Ausgangswert wird bis auf eine mögliche Rundungsdifferenz den gewünschten Wert E treffen. Die Rundungsdifferenz $E2 - E$ wird dem Nettowert A2 zugeschlagen und nochmals abschließend eine Bewertung mit dem angepassten Basisbetrag durchgeführt, womit sich ergibt:

$$A = A2 + (E2 - E)$$

Der Algorithmus im linearen Fall lässt sich durch Abbildung 13.8 veranschaulichen.

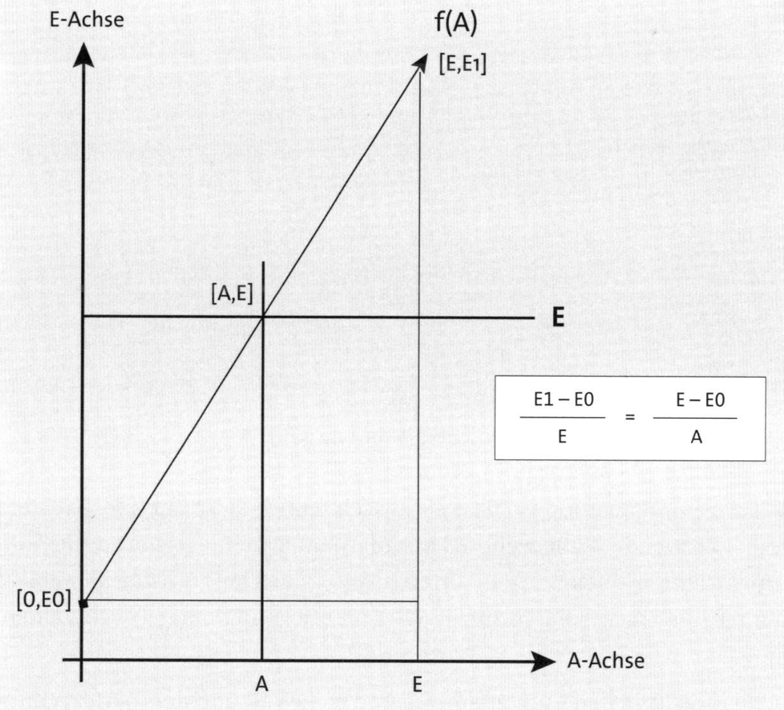

Abbildung 13.8 Steuer als lineare Funktion des Ausgangswertes A

In der Anfangsphase der SAP-R/3-Einführung gab es immer wieder Verunsicherungen bezüglich dieser Rechenlogik, wenn Kunden nach ihrer bisher praktizierten Logik des Herausrechnens bei einfachen Steuern einen um die Rundungsdifferenz abweichenden Ausgangswert erwarteten. Diese Situationen können aber nur dann auftreten, wenn es für die Aufgabe, zu einem gegebenen Endbetrag E den Ausgangsbetrag

A zu ermitteln, keine eindeutige Lösunggibt. Vorgaben vom Gesetzgeber, wie in solchen Fällen mathematisch zu verfahren ist, gibt es nicht.

13.6 Preisfindung in der Transportabwicklung (Frachtkalkulation)

Innerhalb der Transportabwicklung wird mit der Preisfindung eine Frachtberechnung zu einem Transport durchgeführt. Wir verwenden hier die Applikation F. Das Customizing zur Einstellung der Preisfindung finden Sie über den Pfad **(IMG •) Logistics Execution • Transport • Frachtkosten • Preisfindung • Steuerung der Preisfindung**.

Die Ermittlung des Kalkulationsschemas ist abhängig von der Transportdispositionsstelle, dem Frachtpositionstyp, dem Dienstleister und der Versandart. Abbildung 13.9 zeigt ein repräsentatives Kalkulationsschema.

Schema SDFC00 Standard

Steuerung

Übersicht Bezugsstufen

Stufe	Zäh	KArt	Bezeichnung	Von	Bis	Ma	O	Stat	D	ZwiSu	Bedg	RchFrm	BasFrm
100	0	FB00	Güterklasse / Gew	0	0	☐	☐	☐	S		51	0	0
110	0	FS00	Container	0	0	☐	☐	☐	S		51	0	0
190	0	FB20	Preis aus Transport	0	0	☐	☐	☐	S		51	90	0
200	0	FB10	Pauschale	0	0	☑	☐	☐	S		51	0	0
300	0		Bruttofracht	0	0	☐	☐	☐			0	0	0
400	0	FD00	Marge	0	0	☐	☐	☐	S		51	0	0
410	0	FD10	Marge absolut	0	0	☑	☐	☐	S		51	0	0
500	0		Nettofracht	0	0	☐	☐	☐			0	0	0
600	0	FT00	Vorsteuer	0	0	☐	☐	☐	S		51		51
950	0		Gesamtbertag	0	0	☐	☐	☐			0	0	0

Abbildung 13.9 Kalkulationsschema zur Frachtkalkulation

Das Besondere dieser Applikation ist, dass sie ausschließlich den Funktionsbaustein `PRICING_COMPLETE` verwendet. Eine weitere Besonderheit besteht darin, dass die Konditionssätze mehrdimensionale Staffeln unterstützen, wie es bei Frachttarifen üblich ist. So können z. B. die Frachtkosten, abhängig von Entfernung und Gewicht, eingestellt werden.

Die Frachtkalkulation ist in den Kundenauftrag und in die Faktura integriert. Im Kundenauftrag können geplante Frachtkosten über den Aufruf einer Frachtsimulation als statistische Konditionen übernommen werden. In der Faktura können Ist-Werte aus der Frachtberechnung in die Fakturaposition entweder als statistische Werte übernommen werden, oder sie werden als Frachtkosten an den Kunden weitergegeben. An dieser Stelle kommt die Preisquelle aus der Kopiersteuerung der Faktura ins Spiel.

13.7 Fazit

Nach der Lektüre dieses Kapitels kennen Sie nun die Einbindung der Preisfindung in die Hauptanwendungen Auftrag, Faktura und Bestellung, Sie finden bei Bedarf die User-Exits in diesen Anwendungen, und Sie wissen, wie die Schnittstellen aussehen. Die Anpassungsnotwendigkeiten der anderen aufgeführten Anwendungen werden sich normalerweise auf Einstellungen des Customizings beschränken. Natürlich müssen Sie auch hier die Regeln und Hinweise beachten, die für die Hauptanwendungen gelten: Wie muss die Reihenfolge der Felder in der Konditionstabelle gewählt werden? Welche Felder gehören in die Struktur KOMK, welche in KOMP usw.?

Nach diesem kleinen Ausflug in andere Anwendungsbereiche nähern wir uns dem Ende dieses Teils. Was bleibt noch übrig? Falls Sie Anpassungen an der Preisfindung vorgenommen haben, sollten diese natürlich performant und stabil sein. Bei der Erreichung dieses Ziels soll Ihnen das nächste Kapitel behilflich sein.

Kapitel 14
Performance und Test

Im produktiven Betrieb ist die Performance des Systems immer ein wichtiges Thema. Wir zeigen Ihnen in diesem Kapitel, welche Möglichkeiten Sie haben, um den Anteil der Preisfindung an der Programmlaufzeit positiv zu beeinflussen.

Der Anteil der Preisfindung am Ressourcenverbrauch der Auftragsbearbeitung oder Fakturierung beträgt nicht selten 30 % und mehr. In der Praxis finden wir häufig Kalkulationsschemata mit bis zu hundert Konditionsarten, insbesondere in der Konsumgüterindustrie. Oft verwenden diese Konditionsarten Zugriffsfolgen zum Absuchen von Kunden- und Produkthierarchien. Wenn wir z. B. 50 Konditionsarten mit einer Zugriffsfolge mit 20 Zugriffen haben, kommen wir auf maximal 1.000 Konditionszugriffe – und das pro Position! Das Ziel muss sein, so wenige Datenbankzugriffe wie möglich auszuführen. Die Datenbank ist der Engpass; sie gibt es nur einmal pro System.

Eine andere häufige Ursache für eine schwache Performance sind eigene Konditionsformeln und Bedingungen. Eine Formel ist schnell geschrieben, diese performant zu gestalten erfordert allerdings mehr Aufwand und ist nicht selbstverständlich.

Es lohnt sich also durchaus, beim Setup der Preisfindung von Anfang an die Performance im Auge zu behalten. Das fängt bereits beim Einrichten der Konditionstabellen an, wobei wir uns z. B. fragen müssen, in welcher Reihenfolge die Felder im Schlüssel der Konditionstabelle aufgenommen werden sollen.

Sobald Sie die Preisfindung eingerichtet haben, müssen Sie diese natürlich intensiv testen. In diesem Abschnitt finden Sie Tipps, worauf Sie dabei besonders achten sollten. Das sind die Themen in diesem Kapitel:

- der SAP-Tabellenpuffer zur Vermeidung von Datenbankzugriffen
- der Konditions-Prestep und die Möglichkeiten der Zugriffsoptimierung
- die Beeinflussung der Effizienz des Presteps durch die Reihenfolge der Key-Felder in den Konditionstabellen
- der Einsatz der Bedingungen zur Vermeidung von Datenbankzugriffen
- Beachtenswertes bei Gruppenkonditionen und Formeln
- Besonderheiten im Kundenauftrag und in der Faktura

- Tools zur Analyse der Performance
- das Testen der Preisfindung

14.1 SAP-Tabellenpuffer

Das einfachste Mittel, um die Anzahl der Datenbankzugriffe so gering wie möglich zu halten, ist der SAP-Tabellenpuffer. Die Client-Server-Architektur ist dadurch gekennzeichnet, dass wir einen einzigen Datenbankserver haben und im Allgemeinen mehrere Applikationsserver. Sie können im DDIC (Data Dictionary) bei den Datenbanktabellen festlegen, ob nach einem ausgeführten Datenbankzugriff die Tabelleneinträge komplett, partiell, einzeln oder überhaupt nicht auf dem Applikationsserver gepuffert werden sollen. Weitere Anwendungen auf demselben Applikationsserver, die Sätze einer gepufferten Tabelle lesen, enthalten die Daten aus dem Puffer erhalten, sofern diese dort vorhanden sind. In diesem Fall finden keine Datenbankzugriffe statt.

Wenn Sie eine Konditionstabelle einrichten, wird die Pufferung dieser Tabelle zunächst auf 100 % gestellt. Das ist sicherlich richtig bei Tabellen, die nicht allzu groß werden. Wenn Sie jedoch Tabellen verwenden, die sehr viele Einträge haben werden, mag es günstiger sein, die Pufferung nur partiell einzustellen oder gegebenenfalls ganz auszuschalten. Schließlich ist die Größe des gesamten Pufferbereichs eines Applikationsservers beschränkt. Wenn zu viele Pufferungsanforderungen vorliegen, werden andere Tabellen aus dem Puffer entfernt. Wenn das sehr häufig passiert, kann die Performance insgesamt schlechter werden als ohne Pufferung. In den meisten Fällen ist die partielle Pufferung daher eine gute Alternative.

Die Pufferung überprüfen Sie mit Transaktion SE11 über den Button **Technische Einstellungen** (der zur Abbildung 14.1 führt).

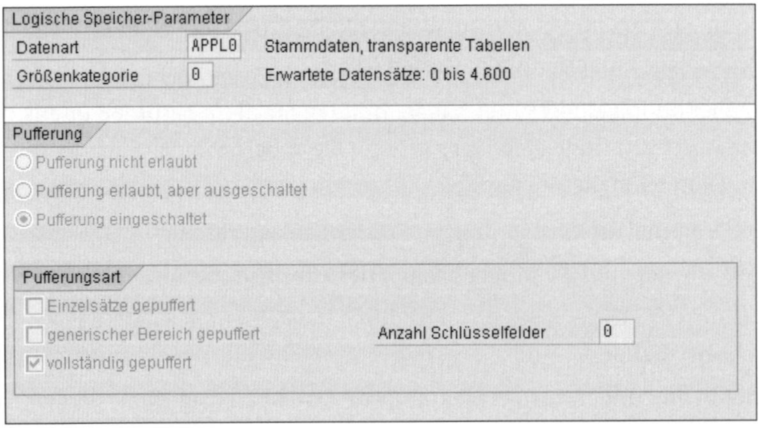

Abbildung 14.1 Pufferung von transparenten Tabellen (Transaktion SE11)

14.2 Konditions-Prestep und Zugriffsoptimierung

Wie schon eingangs erwähnt, werden wir Kalkulationsschemata antreffen, bei denen möglicherweise Hunderte von Zugriffen je Position auf die Konditionstabellen auszuführen sind, um letztlich nur einige wenige Treffer zu erzielen. Die Hauptarbeit besteht somit darin festzustellen, dass ein bestimmter Konditionssatz in einer Konditionstabelle *nicht* existiert. Die Lösung für diese Herausforderung ist der sogenannte *Prestep*.

Dieser Prestep wird innerhalb der Preisfindung auf der KOMK-Ebene durchgeführt (Routine `konditionsvorstep`). Sie haben gelernt, dass die Struktur KOMK solche Felder enthalten soll, die bei den meisten Positionen identisch sind und somit Kopfcharakter haben. Bei den meisten Kundenaufträgen finden wir genau einen KOMK-Zustand vor. In Abschnitt 10.1.2, »Routine ›konditionsvorstep‹«, haben wir die Routine `konditionsvorstep` genauer beschrieben. Wir betrachten darin alle Zugriffe der eingesetzten Zugriffsfolgen und führen alternativ folgende Aktionen durch:

- **Vollständiger Zugriff**
  Falls ein Zugriff ausschließlich KOMK-Felder verwendet, wird der Zugriff auf die Konditionstabelle an dieser Stelle durchgeführt und das Ergebnis in der internen Tabelle KOMT2 vermerkt. Das heißt, ein solcher Zugriff wird in aller Regel pro Beleg nur einmal ausgeführt.
- **Probelesen**
  Falls ein Zugriff nicht nur KOMK-Felder enthält (also auch KOMP oder KOMPAZD) und der Zugriff im Customizing der Zugriffsoptimierung eingetragen ist, wird an dieser Stelle ein Probelesen auf die Konditionstabelle vorgenommen, wobei lediglich die von vorne lückenlosen KOMK-Felder spezifiziert werden.

Im folgenden Beispiel der Zugriffsfolge K005 (siehe Abbildung 14.2) wird das Probelesen mit den Feldern `VKORG`, `VTWEG` und `KUNNR` durchgeführt, um festzustellen, ob zu dem Kunden überhaupt ein Konditionssatz existiert.

Zugriff K005 10 Kunde-/Materialrabatt
Tabelle 5 Kunde/Material

Feldübersicht

Kondition	I/O	Belegstrukt.	Belegfeld	Feldbezeichn. lang
VKORG	⇐	KOMK	VKORG	Verkaufsorganisation
VTWEG	⇐	KOMK	VTWEG	Vertriebsweg
KUNNR	⇐	KOMK	KUNNR	Auftraggeber
MATNR	⇐	KOMP	PMATN	Preismaterial

Abbildung 14.2 Zugriff der Zugriffsfolge K005 (Transaktion V/07)

Sie haben nun die etwas mühsame Aufgabe, alle verwendeten Zugriffsfolgen hinsichtlich ihrer Eignung für das Probelesen im Prestep zu überprüfen und alle interessanten Zugriffe im Customizing einzutragen. Dieses finden Sie über den Pfad **(IMG •) Vertrieb • Grundfunktionen • Preisfindung • Steuerung der Preisfindung • Zugriffsfolgen definieren • Zugriffe optimieren** (siehe Abbildung 14.3).

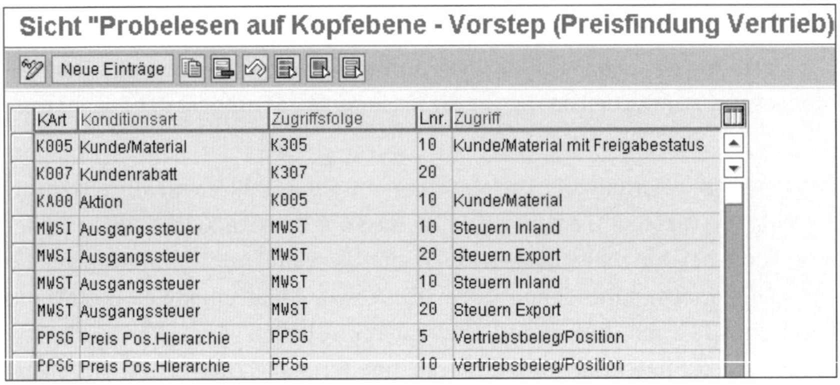

Sicht "Probelesen auf Kopfebene - Vorstep (Preisfindung Vertrieb)

Neue Einträge

KArt	Konditionsart	Zugriffsfolge	Lnr.	Zugriff
K005	Kunde/Material	K305	10	Kunde/Material mit Freigabestatus
K007	Kundenrabatt	K307	20	
KA00	Aktion	K005	10	Kunde/Material
MWSI	Ausgangssteuer	MWST	10	Steuern Inland
MWSI	Ausgangssteuer	MWST	20	Steuern Export
MWST	Ausgangssteuer	MWST	10	Steuern Inland
MWST	Ausgangssteuer	MWST	20	Steuern Export
PPSG	Preis Pos.Hierarchie	PPSG	5	Vertriebsbeleg/Position
PPSG	Preis Pos.Hierarchie	PPSG	10	Vertriebsbeleg/Position

Abbildung 14.3 Customizing zur Zugriffsoptimierung

Das Probelesen sollten Sie dann unterlassen, wenn Sie davon ausgehen können, dass der Leseversuch in allen Fällen erfolgreich sein wird. In dieser Situation verliert das Probelesen seine (positive) Wirkung und führt im Gegenteil sogar zu einer Performanceverschlechterung, da ein unnötiger Zugriff durchgeführt wird. Lassen Sie uns am Beispiel der Konditionsart PBBS (Basispreis) mit der Zugriffsfolge PR01 (Preis – Positionspreisliste), die Sie in Tabelle 9.2 sehen, die Entscheidungslogik verdeutlichen:

1. **Zugriff 15**
   Das Probelesen wird nur mit den ersten lückenlosen KOMK-Feldern durchgeführt, in diesem Fall also mit `VKORG` und `VTWEG`. Das ergibt keinen Sinn, denn dieser Leseversuch wäre immer erfolgreich.
2. **Zugriff 16**
   Hier gilt das Gleiche wie für den Zugriff 15.
3. **Zugriff 20**
   Das Probelesen würde mit den Feldern `VKORG`, `VTWEG` und `WAERK` (**Belegwährung**) durchgeführt. Wir gehen davon aus, dass die Preislisten nur in wenigen Fremdwährungen gepflegt werden, womit dieser Zugriff sich eigentlich für das Probelesen anbieten würde. Aber: Der Zugriff würde auch ausgeführt, wenn die Belegwährung gleich der Hauswährung wäre. In diesem Fall wissen wir, dass die Preisliste vorhanden und das Probelesen also unnötig ist. Jetzt hängt die Entscheidung davon ab, wie viele Fremdwährungsbelege und wie viele Hauswährungsbelege Sie im Schnitt haben. Falls Sie unsicher sind, unterlassen Sie das Probelesen. Dieses Dilemma wäre ganz einfach dadurch zu beseitigen, dass dieser Zugriff 20 die Bedingung 003 (Fremdwährungsbeleg) anstelle des nächsten Zugriffs 30 erhielte. Das Ergebnis wäre das gleiche, aber wir könnten dann beim Zugriff 20 das Probelesen aktivieren.

4. **Zugriff 30**
   Hier erfolgt der Zugriff auf die Preisliste mit der Hauswährung. Da die Preisliste in Hauswährung immer vorhanden ist, ergibt das Probelesen keinen Sinn.
5. **Zugriff 40**
   Auch hier ergibt das Probelesen keinen Sinn, da irgendein Materialpreis immer vorhanden ist.

Sie sehen also, dass Sie schon bei der Einrichtung der Zugriffsfolge auf diese Möglichkeiten der Zugriffsoptimierung achten sollten.

14.3 Reihenfolge der Felder in den Konditionstabellen

Zur Reihenfolge der Felder in den Konditionstabellen beachten Sie auch die Ausführungen in Abschnitt 9.1.4, »Reihenfolge der Felder in der Konditionstabelle«. Sie sollten sehr viel Sorgfalt auf die Entscheidung verwenden, ob Sie eigene Felder in KOMK oder KOMP aufnehmen. Dann sollten Sie darauf achten, die Schlüsselfelder der Konditionstabellen so anzuordnen, dass zuerst alle KOMK-Felder kommen und dann erst die KOMP-Felder, was wiederum die Effizienz des Presteps positiv beeinflusst (siehe Abschnitt 14.2, »Konditions-Prestep und Zugriffsoptimierung«). Das ist allerdings nicht so einfach zu entscheiden, wenn Sie mit unterschiedlichen Zugriffen auf die Konditionstabellen zugreifen, die sowohl KOMK-Felder als auch KOMP-Felder verwenden. Ein Beispiel dafür ist wieder die Zugriffsfolge PR01, anhand derer wir im vorangegangenen Abschnitt die Entscheidungslogik für oder gegen das Probelesen erläutert haben. In dieser Zugriffsfolge werden sowohl das Kopffeld `komk-pltyp` als auch das Positionsfeld `kompazd-pltyp_d` verwendet. Wir haben deutlich gemacht, dass kein Zugriff für das Probelesen geeignet ist.

Wir hätten das auch anders machen können: Wenn wir die Konditionstabelle A006 mit der Reihenfolge der Felder `VKORG`, `VTWEG`, `WAERK` und dann erst `PLTYP` eingerichtet hätten und wenn wir in der Zugriffsfolge die Zugriffe 15 und 20 mit der Bedingung 003 versehen hätten (anstelle der Zugriffe 16 und 30), hätten wir für die Zugriffe 15 und 20 das Probelesen aktivieren können und hätten damit eine bessere Performance.

Die Reihenfolge der Felder beeinflusst die Performance

Durch die Reihenfolge der Schlüsselfelder in den Konditionstabellen beeinflussen Sie die Effizienz des Presteps. Sie müssen bei der Festlegung der Reihenfolge immer auch die eingesetzten Zugriffsfolgen und die damit verbundenen Möglichkeiten der Zugriffsoptimierung betrachten.

14.4 Einsatz von Bedingungen

Die Arbeitsweise von Bedingungen haben wir bereits in Kapitel 11, »Systemanpassungen mit Bedingungen, Formeln und User-Exits«, ausführlich beschrieben, insbesondere haben wir dort auch die unterschiedlichen Zeitpunkte der Prüfung erklärt. Es ist grundsätzlich von Vorteil, wenn es möglich ist, einen Datenbankzugriff durch eine Bedingung zu verhindern. Wir veranschaulichen dies an einem Beispiel.

Die Aufgabe besteht darin, für die Materialgruppe 25 einen Rabatt einzurichten. Dieser Rabatt soll kundenabhängig gewährt werden. Wir können dafür zwei Wege beschreiten:

1. Die Standardvorgehensweise wäre, eine Konditionstabelle mit den Schlüsselfeldern **Kundennummer** und **Materialgruppe** einzurichten. Den Zugriff würden wir sicherlich in die Zugriffsoptimierung aufnehmen.
2. Eine zweite Möglichkeit bestünde darin, die Konditionstabelle ausschließlich mit dem Feld **Kundennummer** im Schlüssel einzurichten sowie eine Bedingung zu erzeugen, die prüft, ob die Position zur Materialgruppe 25 gehört.

Bei der ersten Methode würde bei einem Auftrag, bei dem der Rabatt zu gewähren ist, pro Position ein Datenbankzugriff durchgeführt, bei der zweiten Lösung lediglich ein einziger Zugriff pro Beleg.

So wie in diesem Beispiel gibt es meistens mehrere Lösungswege zu einer vorgegebenen Aufgabe. Nehmen Sie sich etwas Zeit, spielen Sie mit den Möglichkeiten, und entscheiden Sie sich für die Option, die für die Performance am günstigsten ist.

14.5 Gruppenkonditionen und Formeln

Wenn Sie eigene Formeln einsetzen, sollten Sie auf jeden Fall die Performancehinweise in Kapitel 11, »Systemanpassungen mit Bedingungen, Formeln und User-Exits«, beachten. Überprüfen Sie genau Ihre Gruppenkonditionen. Müssen diese wirklich als Gruppenkondition gekennzeichnet sein? Eigene Konditionsarten werden häufig kopiert, wobei möglicherweise die Eigenschaft als Gruppenkondition unbewusst übernommen wird. Sie erkennen übrigens die Gruppenkonditionen auch daran, dass im Kopfkonditionsbild des Kundenauftrags bei diesen Konditionen das Feld **Betrag** eingeblendet ist.

Gruppenkondition

Die statistische Kondition SKTO (Skonto) ist im Standard als prozentuale Gruppenkondition ausgeliefert, was bedeutet, dass im Rahmen der Belegendeverarbeitung im Funktionsbaustein `PRICING_COMPLETE` der Rundungsdifferenzenausgleich durchgeführt wird.

Die Konditionsart SKTO (Skonto) ist im Standard als Gruppenkondition eingestellt. Das wurde so gemacht, damit die Errechnung des Skontoabzugs in der Buchhaltung bei der Buchung der Zahlung zu einer Faktura den gleichen Wert ermittelt, wie er in der Faktura in dieser Kondition zu sehen ist. Wir sehen diesen exakten Betrag also im Kopfkonditionsbild. Brauchen wir das wirklich? Nur für die Anzeige in diesem Bild sicherlich nicht. Wir bräuchten es, wenn wir die Kondition im Rechnungsfuß andrucken würden, wie z. B. die Steuern. Das tun wir aber nicht, also kann das Gruppenkennzeichen herausgenommen werden. Die Kondition wird bestenfalls noch in CO-PA (Ergebnisrechnung) oder in statistischen Auswertungen verwendet, und da können wir sicherlich mit dem fehlenden Rundungsdifferenzenausgleich leben.

14.6 Besonderheiten in Kundenauftrag und Faktura

In diesem Abschnitt wollen wir auf ein paar Besonderheiten innerhalb der Vertriebsbelege eingehen. Von Interesse sind die Unterschiede beim Ausführen des Presteps und in der Versorgung der Kommunikationsstruktur KOMK.

14.6.1 Besonderheiten im Kundenauftrag

Die Anwendung des Presteps ist über den Importparameter `PRELIMINARY` des Funktionsbausteins `PRICING` steuerbar. Im Kundenauftrag wird der Prestep immer durchgeführt.

14.6.2 Besonderheiten in der Faktura

In der Faktura wird der Prestep, abhängig von der Preisfindungsart, durchgeführt, die in der Kopiersteuerung der Faktura festgelegt ist:

- Bei der Preisfindungsart B oder C wird der Prestep für alle Konditionsarten durchgeführt.
- Bei der Preisfindungsart G wird der Prestep bei Steuern und Bonuskonditionen durchgeführt.
- Bei allen anderen Preisfindungsarten wird der Prestep nur bei Bonuskonditionen durchgeführt.

Das bedeutet, dass der Positionstyp der ersten Position zu einem KOMK-Zustand den Prestep bestimmt. Es kann Konstellationen geben, in denen diese Logik performanceungünstig ist: Kommt als Erstes ein Positionstyp mit der Preisfindungsart G und kommen anschließend (viele) Positionen zur Preisfindungsart C, ist dies ungünstig, da für die meisten Konditionen kein Prestep ausgeführt wird. Seit Release SAP ERP 6.0 EHP 6 können Sie zwar in der Preisfindungsvorbereitung den Parameter `gv_pric_` prelim_control auf X setzen und damit eine Prüfung aller Prestep-Bedingungen auch für andere Preisfindungsarten erzwingen, vor diesem Release ist eine Änderung des Standardverhaltens allerdings nur durch eine Modifikation möglich.

Sammelrechnungen

Ein weiteres fakturaspezifisches Problem besteht darin, dass Fakturen oft Sammelrechnungen sind, d. h., in einer Faktura sind alle Lieferungen einer Periode zusammengefasst. Im Gegensatz zum Auftrag haben wir oft die Situation, dass wir viele KOMK-Einträge erhalten können. Viele KOMK-Einträge bedeuten, dass die Routine konditionsvorstep ebenso oft ausgeführt wird. Das kostet Laufzeit.

Im folgenden Beispiel betrachten wir drei Lastschriftanforderungen mit jeweils zwei Positionen, die ein unterschiedliches Preisdatum und Buchungsdatum (vbkd-prsdt, vbkd-fbuda) ausweisen. Abbildung 14.4 zeigt einen Beleg exemplarisch. Wir fakturieren diese drei Belege zusammen über Transaktion VF01 (siehe Abbildung 14.5).

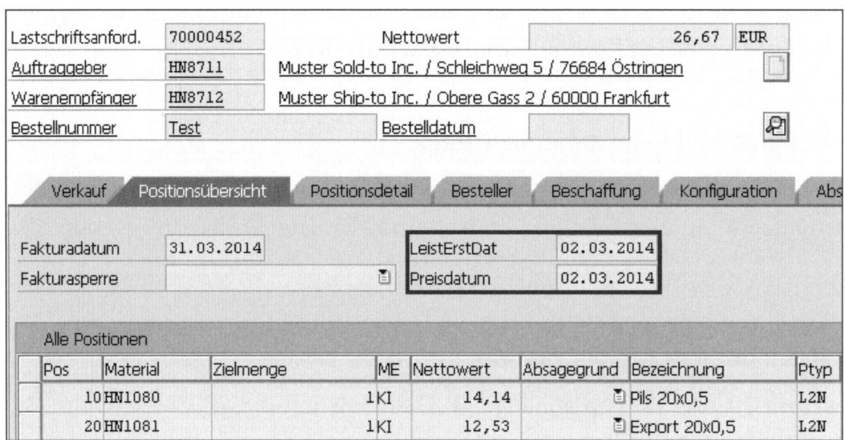

Lastschriftsanford. 70000452 Nettowert 26,67 EUR
Auftraggeber HN8711 Muster Sold-to Inc. / Schleichweg 5 / 76684 Östringen
Warenempfänger HN8712 Muster Ship-to Inc. / Obere Gass 2 / 60000 Frankfurt
Bestellnummer Test Bestelldatum

Verkauf | Positionsübersicht | Positionsdetail | Besteller | Beschaffung | Konfiguration | Abs

Fakturadatum 31.03.2014 LeistErstDat 02.03.2014
Fakturasperre Preisdatum 02.03.2014

Alle Positionen

Pos	Material	Zielmenge	ME	Nettowert	Absagegrund	Bezeichnung	Ptyp
10	HN1080	1	KI	14,14		Pils 20x0,5	L2N
20	HN1081	1	KI	12,53		Export 20x0,5	L2N

Abbildung 14.4 Erste Lastschriftanforderung (Transaktion VA01)

Faktura anlegen

Bearb.Fakturavorrat | Übersicht Fakt. | Positionsauswahl

Vorgabedaten
Fakturaart LeistErstDat
Fakturadatum Preisdatum

Zu verarbeitende Belege

Beleg	Pos.	Vertriebsbelegtyp	Bearbeitungsstatus
70000452		Lastschriftsanforderung	
70000453		Lastschriftsanforderung	
70000454		Lastschriftsanforderung	

Abbildung 14.5 Faktura für drei Lastschriftanforderungen anlegen (Transaktion VF01)

Nach einem Klick auf den Button (**Ausführen**) erhalten wir die Faktura aus Abbildung 14.6.

Lastschrift	$000000001	Nettowert	133,22 EUR
Regulierer	HN8720	Muster-Regulierer / Ringstraße 43 / DE - 70000 Karlsr...	
Fakturadatum	31.03.2014		

Pos	Bezeichnung	Fakturierte Menge	ME	Nettowert	Material	Steuerbetrag	Preisdatum	LeistErstDat
10	Pils 20x0,5	1	KI	14,14	HN1080	2,26	02.03.2014	02.03.2014
20	Export 20x0,5	1	KI	12,53	HN1081	0,88	02.03.2014	02.03.2014
21	Pils 20x0,5	2	KI	22,29	HN1080	3,57	03.03.2014	03.03.2014
22	Export 20x0,5	2	KI	21,75	HN1081	1,52	03.03.2014	03.03.2014
23	Pils 20x0,5	3	KI	31,67	HN1080	5,07	01.03.2014	31.03.2014
24	Export 20x0,5	3	KI	30,84	HN1081	2,16	01.03.2014	31.03.2014

Abbildung 14.6 Sammelfaktura für drei Lastschriftanforderungen

Wir setzen einen Breakpoint im Funktionsbaustein PRICING_COMPLETE und sichern den Beleg. Der Debugger zeigt dann die Situation in Abbildung 14.7. Wir sehen drei Einträge in der internen Tabelle TKOMK, die sich lediglich durch ein unterschiedliches Preisdatum (PRSDT) und Leistungserstellungsdatum (FBUDA) unterscheiden.

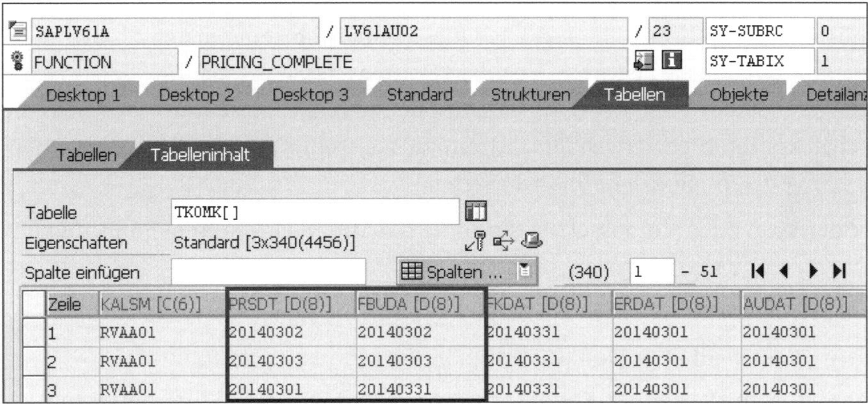

SAPLV61A / LV61AU02 / 23 SY-SUBRC 0
FUNCTION / PRICING_COMPLETE SY-TABIX 1
Desktop 1 Desktop 2 Desktop 3 Standard Strukturen Tabellen Objekte Detailan
Tabellen Tabelleninhalt
Tabelle TKOMK[]
Eigenschaften Standard [3x340(4456)]
Spalte einfügen Spalten ... (340) 1 - 51

Zeile	KALSM [C(6)]	PRSDT [D(8)]	FBUDA [D(8)]	FKDAT [D(8)]	ERDAT [D(8)]	AUDAT [D(8)]
1	RVAA01	20140302	20140302	20140331	20140301	20140301
2	RVAA01	20140303	20140303	20140331	20140301	20140301
3	RVAA01	20140301	20140331	20140331	20140301	20140301

Abbildung 14.7 Debugger in der Faktura/PRICING_COMPLETE

Sammelrechnungen werden durch das Feld **Rechnungstermine** im Kundenstamm erwirkt. Dort legen Sie fest, ob ein Kunde Einzelrechnungen, Monatsrechnungen oder eine frei definierbare andere Taktung für die Rechnungserstellung erhält. Diese Rechnungskalender bewirken, dass ein zu fakturierender Vorgang als Fakturadatum immer den letzten Tag dieser Periode erhält; in unseren Lastschriftanforderungen ist dies der Monatsletzte. Alle Vorgänge zum gleichen Fakturadatum werden in einer Sammelrechnung zusammengefasst, sofern nicht andere Kriterien dies verhindern. Das Preisdatum und das Leistungserstellungsdatum sind in der Faktura zwar Positionsfelder, für die Preisfindung haben diese Felder allerdings Kopfcharakter und sind damit Bestandteil der Tabelle KOMK.

Wenn wir nun erreichen, dass die beiden Daten für alle Positionen identisch sind, würden wir nur einen einzigen KOMK-Eintrag erhalten und hätten dadurch die Laufzeiten spürbar verbessert.

Eine Lösungsmöglichkeit bestünde darin, beide Felder mit dem Fakturadatum gleichzusetzen. Wir erreichen dies mit der einfachen Fakturadaten-Transportroutine in Listing 14.1, die wir mit Transaktion VOFM anlegen und in der Kopiersteuerung unserem Vorgang zuordnen.

```
form daten_kopieren_902.
* Set PRSDT and FBUDA equal VBRK-
FKDAT to avoid multiple         * entries in TKOMK (Performance emprovement
Pricing)
   vbrp-fbuda = vbrk-fkdat.
   vbrp-prsdt = vbrk-fkdat.
endform.
```

Listing 14.1 Datentransportroutine 902 für die Faktura

Sie müssen sich natürlich überlegen, ob diese Änderung keine neuen Probleme erzeugt. Dazu müssen Sie beachten, dass das Leistungserstellungsdatum (`FBUDA`) zur Ermittlung der Steuern und der Bonuskonditionen und das Preisdatum (`PRSDT`) für die restlichen Konditionen verwendet wird (einmal abgesehen von der Einstellungsmöglichkeit im Customizing der Konditionsarten).

Unter den folgenden Voraussetzungen sollte die Modifikation problemlos möglich sein:

- Ihre Rechnungsperioden sind nicht länger als monatlich.
- Diese gehen nicht über Monatsgrenzen hinweg.
- Das Gültig-ab-Datum der Konditionssätze, die Sie in der Faktura neu ermitteln (Steuer, Bonus), fällt grundsätzlich auf den Beginn einer Periode, also z. B. auf den Monatsersten.

14.6.3 Versorgung der Kommunikationsstruktur KOMK

Wie Sie im vorangehenden Abschnitt gesehen haben, ist es interessant, zu prüfen, ob wir für einen repräsentativen Beleg (Auftrag und Faktura) mehrere Einträge in der internen Tabelle TKOMK bekommen. Je weniger Einträge, desto besser ist es für die Performance. Wir prüfen das, indem wir einen Breakpoint im Funktionsbaustein `PRI-`

CING_COMPLETE setzen. Die Vorgehensweise, um die Anzahl der Einträge der Tabelle TKOMK gegebenenfalls zu reduzieren, vollzieht sich in fünf Schritten:

1. Im ersten Schritt können Sie bei Erreichen des Breakpoints feststellen, welche Felder das Auftreten mehrerer TKOMK-Einträge verursachen.
2. Im zweiten Schritt prüfen Sie, ob diese Felder in Ihrer Konfiguration der Preisfindung verwendet werden. Sie können dazu mithilfe des kleinen Analyseprogramms in Listing 14.2 prüfen, ob das Feld in irgendwelchen Zugriffsfolgen verwendet wird. Das Programm ermittelt letztlich die betreffenden Konditionsarten und Kalkulationsschemata. Wenn Sie diese ausgewiesenen Schemata nicht einsetzen, können Sie fortfahren.
3. In einem dritten Schritt müssen Sie sicherstellen, dass das Feld *nicht* als Merkmal in der Ergebnis- und Marktsegmentrechnung (CO-PA) verwendet wird.
4. Im vierten Schritt überprüfen Sie, ob das Feld im Preisfindungsprogramm, z. B. in Formeln oder Bedingungen, angesprochen wird. Sie führen dazu im Programm SAPLV61A mit der ABAP Workbench eine globale Suche nach dem betreffenden KOMK-Feld durch.
5. Falls das Feld auch hier nicht verwendet wird, können Sie es im fünften und letzten Schritt über die Routine userexit_pricing_prepare_tkomk (siehe Kapitel 13, »Preisfindung in ausgewählten Applikationen«) von Auftrag und Faktura initialisieren.

```
report  zzhrnt682z.
data : begin of lt_kozgf occurs 10.
data :   kozgf like t682z-kozgf.
data : end   of lt_kozgf.
data : begin of lt_kschl occurs 10.
data :   kschl like t685-kschl.
data : end   of lt_kschl.
data : begin of lt_kalsm occurs 10.
data :   kalsm like t683s-kalsm.
data : end   of lt_kalsm.
parameters: p_field like t682z-qufna default 'WERKS'.
start-of-selection.
  write: / 'KOMK-Field: ', p_field.
  select kozgf
    into corresponding fields of table lt_kozgf
    from t682z where qustr eq 'KOMK' and
               qufna eq p_field.
  sort lt_kozgf.
  delete adjacent duplicates from lt_kozgf.
  loop at lt_kozgf.
```

```
    write: / 'Access sequence: ', lt_kozgf-kozgf.
    select kschl
      appending corresponding fields of table lt_kschl
      from t685 where kozgf eq lt_kozgf-kozgf and
                 kvewe = 'A' and kappl = 'V '.
  endloop.
  sort lt_kschl.
  delete adjacent duplicates from lt_kschl.
  loop at lt_kschl.
    write: / 'Condition type: ', lt_kschl-kschl.
    select kalsm
      appending corresponding fields of table lt_kalsm
      from t683s where kschl eq lt_kschl-kschl and
                 kvewe = 'A' and kappl = 'V '.
  endloop.
  sort lt_kalsm.
  delete adjacent duplicates from lt_kalsm.
  loop at lt_kalsm.
    write: / 'Pricing procedure: ', lt_kalsm-kalsm.
  endloop.
```

Listing 14.2 Analyse-Report für KOMK-Felder

Wir spielen die beschriebene Vorgehensweise anhand eines Beispiels Schritt für Schritt durch.

Schritt 1: Feststellen der verursachenden Felder

Wenn Sie einen Auftrag mit Positionen zu unterschiedlichen Werken erfassen, werden Sie (per Debugging im Funktionsbaustein PRICING_COMPLETE) feststellen, dass mehrere KOMK-Einträge erzeugt wurden. Der Vergleich der Einträge identifiziert die Felder komk-werks und komk-wkreg als Verursacher.

Schritt 2: Prüfen, ob das verursachende Feld im Customizing der Preisfindung verwendet wird

Sie führen den Report z. B. für das Feld WERKS aus und erhalten das Ergebnis in Abbildung 14.8. Das Ergebnis kann in Ihrer Systemumgebung natürlich anders aussehen.

Wenn Sie sicher sind, dass Sie die betreffenden Kalkulationsschemata nicht verwenden (es handelt sich in unserem Beispiel hauptsächlich um Retail-Schemata), können Sie mit dem nächsten Schritt fortfahren.

```
Used KOMK-Fields

KOMK-Field:  WERKS
Access sequence:  0010
Access sequence:  BB00
Access sequence:  JEXC
Access sequence:  JLST
Access sequence:  MWB1
Access sequence:  MWB2
Access sequence:  PREF
Access sequence:  TP00
Access sequence:  VKP0
Condition type:  EVP1
Condition type:  MWB1
Condition type:  MWB2
Condition type:  PREF
Condition type:  VKA0
Condition type:  VKA1
Condition type:  VKP0
Pricing procedure:  EVP000
Pricing procedure:  POS100
Pricing procedure:  PREF00
Pricing procedure:  VKA000
Pricing procedure:  VKP000
Pricing procedure:  VKP001
Pricing procedure:  VKP002
Pricing procedure:  VKP004
Pricing procedure:  VKP005
```

Abbildung 14.8 Verwendung des Feldes »komk-werks«

Schritt 3: Prüfen der Verwendung als Merkmal in CO-PA

Sie müssen nun sicherstellen, dass das KOMK-Feld nicht in CO-PA als Merkmal verwendet wird. Setzen Sie sich dazu mit dem Zuständigen für die Ergebnisrechnung in Verbindung. Falls das Feld verwendet werden sollte, besteht immer auch die Möglichkeit, dieses in die Positionsstruktur KOMP aufzunehmen und in CO-PA zu verwenden. Das Feld `WERKS` ist übrigens in der Struktur KOMP bereits vorhanden und kann anstelle des KOMK-Feldes eingesetzt werden.

Schritt 4: Prüfen der Verwendung im Preisfindungsprogramm, in Formeln und Bedingungen

Die globale Suche nach dem Feld `komk-werks` im Programm SAPLV61A bringt in einem SAP-Standardsystem lediglich eine Routine der Branchenlösung SAP IS-OIL. Das Feld `komk-wkreg` wurde in keiner Zugriffsfolge verwendet, lediglich die Wertformel 352 für Indien hat dieses Feld angesprochen. Wenn Sie für unser Beispiel nicht die Branchenlösung SAP IS-OIL einsetzen und wenn Sie keinen indischen Buchungskreis haben, können Sie den letzten Schritt durchführen.

Schritt 5: Felder initialisieren

Sie können nun die Felder `komk-werks` und `komk-wkreg` in der Routine `userexit_pricing_prepare_tkomk` von Auftrag und Faktura initialisieren und das Ergebnis wiederum per Debugging testen. Sie sehen also, ganz trivial ist die Sache nicht, aber es kann sich lohnen. Weitere Kandidaten, wie z. B. das Feld KUNWE (**Warenempfänger**), finden Sie in SAP-Hinweis 43002 (Feldüberlauf) beschrieben.

14.7 Analyse-Tools

Nach dem Setup der Preisfindung sollten Sie anhand eines repräsentativen Vorgangs eine Performanceanalyse durchführen. Mit der Laufzeitanalyse können Sie überprüfen, ob der Ressourcenverbrauch der Preisfindung im Rahmen liegt. Abbildung 14.9 zeigt eine Auswertung, die wir in einem SAP-Testsystem für Transaktion VA01 für einen Beleg der Auftragsart L2 mit vier Positionen gezogen haben.

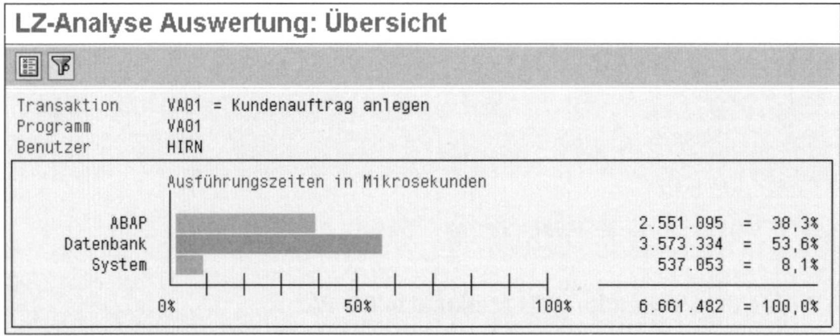

Abbildung 14.9 Übersicht über eine Laufzeitanalyse für Transaktion VA01 für einen Beleg der Auftragsart L2 mit vier Positionen (Transaktion SE30)

In dieser Übersicht ist z. B. zu erkennen, dass der Datenbankanteil zu hoch ist.

Wählen Sie **Hitliste** aus (siehe Abbildung 14.10), und sortieren Sie diese nach dem **Aufruf**. Einen ersten Eindruck erhalten Sie durch den Verbrauch für die Aufrufe der Routinen preisfindung und preisfindung_gesamt.

LZ-Analyse Auswertung: Hitliste

Anz.	Brutto	=	Netto	Brut.%	Nett.%	Aufruf
1	197.420		1.128	3,0	0,0	Perform PREISFINDUNG_GESAMT
4	283.547		876	4,3	0,0	Perform PREISFINDUNG

Abbildung 14.10 Hitliste der Laufzeitanalyse (Transaktion SE30)

Sie sehen in diesem Beispiel, dass die Preisfindung insgesamt lediglich 7,3 % der Gesamtzeit verbraucht. Wir können natürlich nicht sagen, welcher Anteil der Preisfindung in Ihrer Anwendung angemessen ist, das hängt selbstverständlich stark von Ihrem Kalkulationsschema ab. Bei Bedarf steigen Sie tiefer in die Hitliste ein, indem Sie diese nach **Programmname** filtern (nicht im Bild) und nach **Brutto** sortieren. Achten Sie dabei vor allem auf die Programme SAPLV61A und SAPLV61Z. Die Beispielauswertungen in Abbildung 14.11 und Abbildung 14.12 aus demselben Testlauf können Ihnen dazu als Referenz dienen.

Anz.	Brutto	=	Netto	Brut.%	Nett.%	Aufruf
40	252.231		24.548	3,8	0,4	Perform XKOMV_AUFBAUEN_AUS_KOMT1
135	201.158		4.270	3,0	0,1	Perform KONDITIONEN_LESEN
150	200.544		4.606	3,0	0,1	Call Func. SD_COND_ACCESS
68	116.190		52.319	1,7	0,8	Perform XKOMV_BEWERTEN
36	56.763		672	0,9	0,0	Perform XKOMV_AUSSCHLUSS
26	37.094		3.465	0,6	0,1	Perform KONDITIONSVORSTEP
40	29.543		1.727	0,4	0,0	Perform KOMT2_AUFBAUEN
1.058	24.821		14.381	0,4	0,2	Perform XKOMV_KWERT_ERMITTELN
15	16.911		1.658	0,3	0,0	Perform KONP_2_XKONP
964	15.210		4.297	0,2	0,1	Perform KONDITIONSBASIS_ERMITTELN
364	14.847		5.287	0,2	0,1	Perform XKOMV_FUELLEN_OHNE_KONP
81	14.136		866	0,2	0,0	Perform XKOMV_KBETR_ERMITTELN_AUS_T052
81	13.270		1.722	0,2	0,0	Call Func. FI_TERMS_OF_PAYMENT_PROPOSE
2.419	11.344		10.013	0,2	0,2	Perform XKOMV_AUFBAUEN_PRUEFEN
40	10.987		8.334	0,2	0,1	Perform XKOMV_UEBERTRAGEN_NACH_TKOMV
15	9.581		334	0,1	0,0	Call Func. PRICING_SELECT_RECORD
455	8.144		2.271	0,1	0,0	Perform XKOMV_KBETR_ERMITTELN
40	7.326		5.075	0,1	0,1	Perform XKOMV_AUFBAUEN_AUS_TKOMV
100	6.613		1.240	0,1	0,0	Perform MATERIAL_UNIT_CONVERSION
216	6.000	=	6.000	0,1	0,1	Perform XKOMV_KAWRT_ERMITTELN

Abbildung 14.11 Hitliste – Preisfindung (Programm SAPLV61A)

Nach der Laufzeitanalyse können Sie in einem zweiten Schritt mit Transaktion ST05 für Ihren repräsentativen Vorgang den SQL-Trace durchführen, mit dem Sie die Datenbankaktivitäten analysieren können. Konsequenz dieser Analyse kann u. a. sein, dass Sie die Einstellung der SAP-Puffer bei einzelnen Tabellen korrigieren.

Anz.	Brutto	=	Netto	Brut.%	Nett.%	Aufruf
154	186.424		17.172	2,8	0,3	Perform SEL_KONDTAB
13	37.336		959	0,6	0,0	Perform DELETE_UNIMPORTANT_LINES
1	19.016	=	19.016	0,3	0,3	Load Report RV13A306
1	12.428	=	12.428	0,2	0,2	Load Report RV13A901
154	3.870		2.530	0,1	0,0	Perform T682Z_SELECT
13	3.760		348	0,1	0,0	Call Func. RV_T681_SELECT_AND_GENERATE
32	3.489		1.923	0,1	0,0	Call Func. SD_COND_RECORD_TO_NORM_RECORD
158	3.446		3.094	0,1	0,0	Perform LOAD_COMMUNI
154	1.945		560	0,0	0,0	Perform T681_SELECT
4	1.892		178	0,0	0,0	Call Func. SD_COND_ACCESS
154	1.156		765	0,0	0,0	Perform T682_SELECT
158	622		425	0,0	0,0	Perform T681Z_SELECT
157	526		293	0,0	0,0	Perform T681V_SELECT

Abbildung 14.12 Hitliste – Konditionszugriffe (Programm SAPLV61Z)

14.8 Testen

Neben der Performance ist es selbstverständlich wichtig, die eingestellte Preisfindung zu testen. Ganz besonders aufmerksam müssen Sie sein bei:

- eigenen Formeln und Bedingungen
- Konditionen mit der Rechenregel **Absolut**
- Konditionen mit Staffeln
- Gruppenkonditionen

Sie testen das Ergebnis der Preisfindung zunächst an einem repräsentativen Kundenauftrag. Sind Sie mit dem Ergebnis zufrieden, müssen Sie sich darüber Gedanken machen, welche Szenarien Sie haben. Sie werden sich also einen Überblick über die Belegketten verschaffen, die bei Ihnen vorkommen. Beispiele für solche Prozesse finden Sie auch in Kapitel 8, »Ausgewählte Kalkulationsschemata und Konditionsarten«. Belegkonditionen werden üblicherweise innerhalb dieser Belegketten kopiert, und es muss sichergestellt sein, dass auch in den Folgebelegen das gewünschte Ergebnis erreicht wird.

Abbildung 14.13 zeigt den Belegfluss zu einer Belegkette, wie er z. B. beim Prozess **Verkauf ab Lager** aussehen könnte. Tabelle 14.1 kann Ihnen als Muster dienen, um Ihre eigenen Belegketten und das Testergebnis zu dokumentieren.

Im Beispiel in Tabelle 14.1 haben wir die Modifikation aus Abschnitt 12.9, »Kopierte Konditionen und anschließende Mengenänderung«, am Beispiel der Konditionsart HM00 getestet. Durch Einsatz der Routine `userexit_pricing_copy` haben wir dadurch das Verhalten der Kondition HM00 in den Folgebelegen gegenüber dem Standard geändert. In der Spalte **Vorher** sehen Sie den Zustand ohne Modifikation. Gefettet sind dabei Situationen, in denen der Konditionswert nicht mit der geänderten Menge skaliert wurde. In der Spalte **Nachher** sehen Sie den Zustand nach Einbau der Modifikation (siehe ebenfalls Abschnitt 12.9, »Kopierte Konditionen und anschließende Mengenänderung«), wodurch die Mengenskalierung des Wertes erfolgt. Das Kennzeichen **Konditionssteuerung** (`xkomv-ksteu`) der Kondition wurde durch den User-Exit in auftragsartigen Belegen auf den Wert F gesetzt.

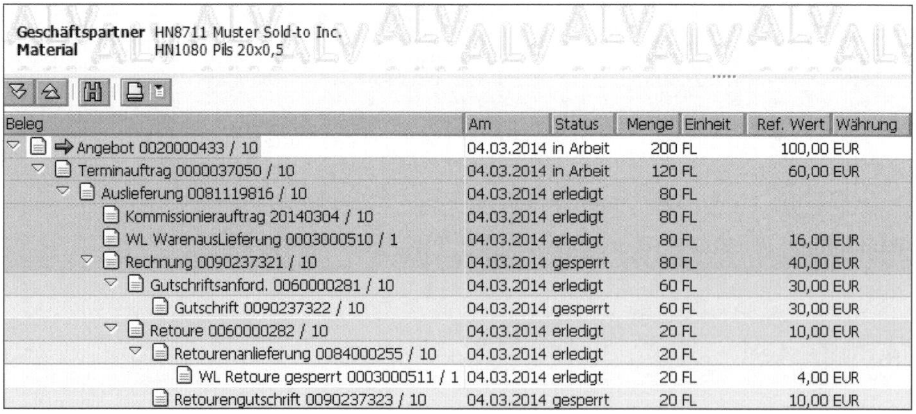

Geschäftspartner HN8711 Muster Sold-to Inc.
Material HN1080 Pils 20x0,5

Beleg	Am	Status	Menge	Einheit	Ref. Wert	Währung
Angebot 0020000433 / 10	04.03.2014	in Arbeit	200	FL	100,00	EUR
Terminauftrag 0000037050 / 10	04.03.2014	in Arbeit	120	FL	60,00	EUR
Auslieferung 0081119816 / 10	04.03.2014	erledigt	80	FL		
Kommissionierauftrag 20140304 / 10	04.03.2014	erledigt	80	FL		
WL WarenausLieferung 0003000510 / 1	04.03.2014	erledigt	80	FL	16,00	EUR
Rechnung 0090237321 / 10	04.03.2014	gesperrt	80	FL	40,00	EUR
Gutschriftsanford. 0060000281 / 10	04.03.2014	erledigt	60	FL	30,00	EUR
Gutschrift 0090237322 / 10	04.03.2014	gesperrt	60	FL	30,00	EUR
Retoure 0060000282 / 10	04.03.2014	erledigt	20	FL	10,00	EUR
Retourenanlieferung 0084000255 / 10	04.03.2014	erledigt	20	FL		
WL Retoure gesperrt 0003000511 / 1	04.03.2014	erledigt	20	FL	4,00	EUR
Retourengutschrift 0090237323 / 10	04.03.2014	gesperrt	20	FL	10,00	EUR

Abbildung 14.13 Belegfluss zum Prozess »Verkauf ab Lager«

Die Spalten der Tabelle haben folgende Bedeutung:

- Beleg: Belegart (Auftragsart, Lieferart, Fakturaart)
- PTyp: Positionstyp
- Mg: Menge
- Prs: Preisfindungsart aus der Kopiersteuerung
- Steu: Kennzeichen **Konditionssteuerung** (`xkomv-ksteu`)

Prozess	Verkauf ab Lager					Nachher		Vorher	
Konditionsart	**HM00**	**Beleg**	**PTyp**	**Mg**	**Prs**	**Wert**	**Steu**	**Wert**	**Steu**
Angebot		AG	AGN	10		100,00	C	100,00	C
Kundenauftrag		TA	TAN	8	A	80,00	F	80,00	E
Mengenänderung				6		60,00	F	**80,00**	E
Lieferung		LF	TAN	4					
Kundenfaktura		F2	TAN	4	G	40,00	E	**53,33**	E
Gutschrifts-anforderung		G2	G2N	3	D	30,00	F	**53,33**	E
Gutschrift		G2	G2N	3	D	30,00	E	**53,33**	E
Retouren-anforderung		RE	REN	1	D	10,00	F	**53,33**	E
Abholung		LR	REN	1					
Retouren-gutschrift		RE	REN	1	D	10,00	E	**53,33**	E
Interne Faktura		IV	TAN						

Tabelle 14.1 Testdokumentation von Belegketten

Neben den Belegketten ist es auch erforderlich, mögliche Auswirkungen von Änderungen der Preisfindung in Folgefunktionen zu prüfen. Hier ist eine kleine Checkliste:

- Dokumentendruck und EDI
- Anbindung SAP BW und CO-PA
- Vertriebsstatistiken
- Kreditfortschreibung
- eigene Auswertungsreports

Dies ist natürlich nur eine grobe Aufstellung der zu testenden Bereiche. Sie werden sich auf Stichproben beschränken müssen; ein gewisses Restrisiko, dass eine Änderung fehlerhaft ist, bleibt immer.

14.9 Fazit

Am Ende dieses Kapitels möchten wir Sie noch einmal darauf hinweisen, wie wichtig die Themen *Performance* und *Test* sind. Nehmen Sie sich ein bisschen Zeit, und überprüfen Sie in erster Linie Ihre Einstellungen der Zugriffsoptimierung im Konditions-Prestep unter Berücksichtigung des hier Gelernten. Das ist völlig ungefährlich.

Unser Ziel war es, Ihnen ein Mehr an Sicherheit in der Beurteilung der Möglichkeiten und Alternativen zu vermitteln, insbesondere im Hinblick auf die Umsetzung neuer Anforderungen – wohl wissend, dass bestehende Lösungen in der Praxis ungern geändert werden, da damit immer ein gewisses Risiko verbunden ist. Die Performance sollte jedoch immer ein Argument sein, um bestehende Lösungen auf den Prüfstand zu stellen.

Kapitel 15
Preisfindung in SAP S/4HANA

SAP S/4HANA ist die jüngste Generation der SAP-ERP-Systeme. Diese Lösung wurde wurde entwickelt, um Firmen bei der digitalen Transformation zu unterstützen, die Benutzung zu vereinfachen und von den Möglichkeiten der In-Memory-Datenbank SAP HANA zu profitieren.

Nach SAP R/2, SAP R/3 und SAP ERP veröffentlichte SAP SE im Jahr 2015 die nächste Generation der SAP-Anwendungs-Suite: SAP Business Suite 4 SAP HANA, kurz SAP S/4HANA. Das *S* steht für *Suite* (und *simplified*), die *4* für die vierte Generation der SAP-ERP-Systeme und *HANA* für die zugrunde liegende Datenbank SAP HANA.

In diesem Kapitel erläutern wir die Neuerungen in SAP S/4HANA im Bereich der Preisfindung. Sie erfahren, welche technischen Änderungen es gibt, welche zusätzlichen Funktionen zur Verfügung stehen und was bei einer Migration nach SAP S/4HANA zu beachten ist.

Die grundlegenden Neuerungen von SAP S/4HANA finden sich in den Bereichen Datenbank, Benutzeroberfläche und Deployment-Optionen. Daneben wurden viele Detailverbesserungen vorgenommen, um die Infrastruktur zu modernisieren, Prozesse zu vereinfachen und die Grundlagen für eine intelligente Prozessunterstützung zu schaffen.

15.1 Überblick über SAP S/4HANA

In diesem Abschnitt machen wir Sie zunächst mit den Grundlagen vertraut. Sie erfahren, welche Merkmale die neue Datenbank SAP HANA aufweist, wie die Benutzeroberfläche SAP Fiori aussieht und welche Betriebsformen (Deployment-Optionen) Ihnen für SAP S/4HANA zur Verfügung stehen.

15.1.1 Die Datenbank SAP HANA

Die Datenbank, auf der SAP S/4HANA aufsetzt, ist SAP HANA. Es handelt sich um eine spaltenorientierte, relationale In-Memory-Datenbank. Das heißt, alle Daten werden zu jeder Zeit im Speicher gehalten und müssen nicht von physischen Datenträgern gelesen werden. Die Daten sind spaltenbasiert abgelegt, was vor allem die Aggregation eines Datenelementes über viele Datensätze hinweg beschleunigt. Diese Kombination ermöglicht analytische Funktionen (Online Analytical Processing, OLAP) in nahezu Echtzeit auch auf sehr großen Datenvolumen (Big Data).

OLAP (Online Analytical Processing)

Unter OLAP versteht man analytische Informationssysteme, die mit Analysen operationaler Daten bei betriebswirtschaftlichen Entscheidungsfindungen unterstützen. Die In-Memory-Technologie von SAP HANA ermöglicht Analysen in Echtzeit auch bei sehr großen Datenbeständen.

Big Data

Big Data ist ein Sammelbegriff für alle Themen rund um die Erstellung, Verarbeitung und Nutzung großer Datenbestände. Die Zahl der gespeicherten Informationen steigt seit Jahren stark an, seien es Daten zu Geschäftsprozessen, Daten aus Sensoren von Produktionsmaschinen oder Daten aus externen Quellen. Ziel ist es, aus diesen großen Datenmengen die entscheidenden Informationen herauszukristallisieren und für die Optimierung von Prozessen und Kennzahlen zu nutzen.

15.1.2 Die Benutzeroberfläche SAP Fiori

Die Benutzeroberfläche von SAP S/4HANA basiert auf den SAP Fiori Design Guidelines. Diese geben an, dass die Anwendungen auf eine bestimmte Rolle des Nutzers zugeschnitten sein sollen. Das Design und die Bedienung sollen sowohl über alle Anwendungen als auch über alle Endgeräte (Desktop, Laptop, Mobiltelefon) hinweg einheitlich sein. Dazu sollen die Anwendungen einfach zu bedienen und ansprechend gestaltet sein.

Die technische Umsetzung von SAP Fiori erfolgt mit dem SAPUI5 Development Framework. Dieses nutzt die Webstandards HTML5, JavaScript sowie CSS3. Es setzt auf jQuery auf und schreibt das MVC-Modell vor, um die Anwendungslogik von der Benutzeroberfläche zu trennen.

jQuery

jQuery ist eine JavaScript-Bibliothek. Diese bietet Funktionen, um das Document Object Model (DOM) einer Website zu manipulieren. Sie ermöglicht die browserübergreifend einheitliche Entwicklung von Funktionen.

[«]

Model View Controller (MVC)

Das Konzept des Model View Controllers, kurz MVC, ermöglicht die Trennung einer Software in drei logische Blöcke: Model, View und Controller. Das Model repräsentiert das Datenmodell, der View die visuelle Präsentation und der Controller die Programmablauflogik. Diese Trennung dient der logischen Gliederung der Software und ermöglicht sowohl die getrennte Entwicklung als auch den Austausch einzelner Blöcke.

15.1.3 Deployment-Optionen von SAP S/4HANA

SAP S/4HANA kann sowohl in der Cloud als auch als On-Premise-Version bereitgestellt und betrieben werden. Es gibt Unterschiede im Funktionsumfang der verschiedenen Deployment-Optionen (Stand: April 2020). SAP ist bestrebt, den Funktionsumfang zu vereinheitlichen. Durch die stetige Angleichung sind die Unterschiede von Release zu Release verschieden. Eine detaillierte Auflistung hier im Buch wäre im nächsten Release bereits wieder hinfällig. Informieren Sie sich, bevor Sie sich für eine der Deployment-Optionen entscheiden, über die funktionalen Unterschiede der jeweils aktuellen Releases.

In der Cloud veröffentlicht SAP vier Releases pro Jahr. Der Name setzt sich aus den letzten beiden Ziffern des aktuellen Jahres und dem Monat der Veröffentlichung zusammen. Die Cloud-Releases des Jahres 2020 lauten entsprechend:

- SAP S/4HANA Cloud 2002
- SAP S/4HANA Cloud 2005
- SAP S/4HANA Cloud 2008
- SAP S/4HANA Cloud 2011

Im Jahr 2020 könnten die Namen mit den Jahreszahlen des letzten Jahrzehnts, die noch relativ präsent im Gedächtnis sind, verwechselt werden. Um Missverständnisse auszuschließen, hier die Liste der Cloud-Releases des Jahres 2019:

- SAP S/4HANA Cloud 1902
- SAP S/4HANA Cloud 1905
- SAP S/4HANA Cloud 1908
- SAP S/4HANA Cloud 1911

Jährlich wird ein Release der On-Premise-Version veröffentlicht. Dieses wird jeweils im September zur Verfügung gestellt. Die Releases für die Jahre 2019 bzw. 2020 haben entsprechend die folgenden Namen:

- SAP S/4HANA, On-Premise-Version 1909
- SAP S/4HANA, On-Premise-Version 2009

15.2 Unterschiede und Gemeinsamkeiten von SAP ERP und SAP S/4HANA

Die grundlegenden Prinzipien der Konditionstechnik und der Preisfindung bleiben in SAP S/4HANA erhalten. Es gibt nach wie vor Kalkulationsschemata, Konditionsarten, Zugriffsfolgen und Konditionstabellen. Auch das Zusammenspiel dieser Elemente bleibt unverändert. Die in den vorangehenden Kapiteln dieses Buches beschriebenen Funktionsprinzipien sind größtenteils weiterhin gültig.

Der Generationswechsel von SAP ERP zu SAP S/4HANA wurde genutzt, um Anpassungen in mehreren Bereichen vorzunehmen. Änderungen gibt es im Datenmodell, in der Konfiguration, bei den Systemerweiterbarkeiten und der Preisstammdatenpflege. Darüber hinaus gibt es funktionale Erweiterungen. Diese Änderungen erläutern wir im folgenden Abschnitt.

15.2.1 Datenmodell

Das Datenmodell wurde sowohl in der Preisfindung als auch in der Konditionstechnik angepasst.

Preisfindung

Die Einführung von SAP S/4HANA hat die Gelegenheit geboten, von Kunden gewünschte Erweiterungen zu implementieren, ohne die Stabilität von Geschäftsprozessen mit Preisfindungsbezug zu gefährden. So wurde durch Feldverlängerungen erreicht, dass in Zukunft ein größerer Namensraum zur Verfügung gestellt werden kann. Außerdem wurde die mögliche Genauigkeit mancher Felder erhöht.

In SAP ERP wurden Preisfindungsergebnisse, also das errechnete Ergebnis eines Preisfindungsaufrufes in einem Beleg in der Tabelle KONV gespeichert. Um den größtmöglichen Nutzen aus der Umstellung zu ziehen und gleichzeitig eine stabile Integration der Preisfindung in Belege, wie z. B. Verkaufsauftrag, zu gewährleisten wurde eine neue Persistenz für die Preisfindungsergebnisse erstellt.

In SAP S/4HANA werden Preisfindungsergebnisse in der *neuen Tabelle PRCD_ELEMENTS* gespeichert. Die Tabelle KONV ist bezüglich ihres Datenvolumens in der Regel eine der größten Datenbanktabellen in Produktivsystemen. Somit musste unbedingt dafür Sorge getragen werden, dass die Migration von KONV auf PRCD_ELEMENTS reibungslos und performant erfolgt. Darum werden die Daten direkt während der Migration von SAP ERP auf SAP S/4HANA automatisch von der Tabelle KONV in die Tabelle PRCD_ELEMENTS übertragen.

Um die Integration der Preisfindung in bestehende Belege stabil zu halten wurde die neue Tabelle PRCD_ELEMENTS von den Belegen entkoppelt. Die Belege können nach wie vor mit dem bekannten KONV-Format arbeiten. Dies wird dadurch möglich, dass die Belege sowohl bei lesenden als auch bei schreibenden Zugriffen nicht per `Select`-Statement auf die Tabelle zugreifen, sondern über APIs oder CDS Views. Während eines Zugriffs wird das neue PRCD_ELEMENTS-Format in das den Belegen vertraute KONV-Format konvertiert. Das kommt auch kundeneigenen Erweiterungen zugute, da auch hier nicht die Prozesslogik umgestellt werden, sondern nur der direkte Zugriff auf die Tabelle KONV durch den Aufruf eines APIs oder CDS Views ersetzt werden muss.

Der von SAP zur Verfügung gestellte CDS View lautet V_KONV_CDS. Dieser übernimmt die oben beschriebene Aufgabe der Konvertierung: Er liest aus der Tabelle PRCD_ELEMENTS und gibt das Ergebnis im KONV-Format aus.

Core Data Services (CDS)

Core Data Services (CDS) sind semantische Datenmodelle, die logisch oder betriebswirtschaftlich zusammenhängende Daten zusammenführen. Ähnlich eines vordefinierten SQL Statements kann über sie auf die Daten zugegriffen werden. Allerdings haben CDS Views eine Funktionalität, die deutlich über SQL hinausgeht. Eine weitere Aufgabe des CDS Views ist die Entkopplung der Datenbank. Eine Applikation, die ihre Daten über einen CDS View konsumiert, hat keine direkte Verbindung zur Datenbank. Solange der CDS View eine stabile Schnittstelle bietet, kann die eigentliche Datenquelle beliebig geändert werden, ohne dass die Applikation auf diese Änderung reagieren müsste.

15

Die Tabelle KONV war üblicherweise eine Cluster-Tabelle. Die Tabelle PRCD_ELEMENTS ist eine *transparente Tabelle*. Durch diese Änderung ergeben sich eine Reihe von Vorteilen.

SQL Statements werden nun vollumfänglich unterstützt. Bei Cluster-Tabellen sind z. B. `insert`-Befehle nicht zugelassen.

Die Bereitstellung von Daten der Tabelle PRCD_ELEMENTS über CDS Views und SAP HANA Calculation Views wird ermöglicht. Dadurch lassen sich VDMs erstellen, über die betriebswirtschaftlichen Daten, inklusive einer wohldefinierten semantischen Bedeutung, bereitgestellt werden können.

Virtual Data Model (VDM)

Das Virtual Data Model (VDM) ist eine strukturierte Repräsentation von CDS Views. Über ein VDM kann per SQL oder OData Request auf die Geschäftsdaten zugegriffen werden.

Es ist möglich, einfache Verarbeitungslogik direkt auf der SAP-HANA-Datenbank auszuführen. Dies kann zu deutlichen Performanceverbesserungen führen und wird durch einen Code-Pushdown ermöglicht.

[»]

Code-Pushdown

Durch einen Code-Pushdown wird Programmcode und damit Anwendungslogik direkt auf der Datenbank ausgeführt. Dies ist vor allem bei datenintensiven Operationen sinnvoll und kann erhebliche Performancesteigerungen bewirken. Ein einfaches Beispiel wäre hier die Aggregation einer Datenbanktabellenspalte über viele Zeilen hinweg.

Durch die Verlängerung mehrerer Felder wurde die Flexibilität der Preisfindung erhöht:

- Die *Kalkulationsschemafindung* kann durch die Erweiterungen für das Kalkulationsschema flexibler gestaltet werden.
- Der *Namensraum für kundeneigene Konditionstabellen* wurde nahezu verdoppelt.
- Innerhalb einer *Zugriffsfolge* können jetzt 999 statt bisher 99 Zugriffe abgebildet werden.
- Die mögliche Gesamtlänge des *Schlüssels für Konditionstabellen* wurde von 100 auf 255 Zeichen erhöht.

Durch die Entfernung redundanter Felder aus der Kopfkonditionstabelle konnte der benötigte Speicherplatz reduziert werden. Dies reduziert die Kosten für Speicherplatz und erhöht gleichzeitig die Performance. Der Vergleich zwischen den Tabellen KONV und PRCD_ELEMENTS zeigt, welche Felder erweitert wurden (siehe Tabelle 15.1).

Datenelement	Beschreibung	Vorherige Länge	Jetzige Länge
KRECH	Konditionsrechenregel	CHAR1	CHAR3
KAWRT	Konditionsbasiswert	CURR15,2	DEC24,9
KBETR	Betrag (Preisbetrag oder Prozentsatz)	CURR11,2	DEC24,9
KUMZA	Zähler für Konvertierung in Basismengeneinheit	DEC5	DEC10
KUMNE	Nenner zur Umrechnung in die Basismengeneinheit	DEC5	DEC10
KOPOS	Laufende Nummer der Kondition	NUMC2	NUMC3
KWERT	Konditionswert	CURR13,2	CURR15,2
KSTBS	Staffelbasiswert	CURR15,2	DEC24,9

Tabelle 15.1 Felderweiterungen in der Tabelle PRCD_ELEMENTS

Datenelement	Beschreibung	Vorherige Länge	Jetzige Länge
KZBZG	Kennzeichen: **Bezugsgröße**	CHAR1	CHAR3
KWERT_K	Konditionswert	CURR13,2	CURR15,2
KAWRT_K	Konditionsbasiswert	CURR15,2	DEC24,9
KDATU	Zeitstempel für Preisfindung	DATS8	CHAR14

Tabelle 15.1 Felderweiterungen in der Tabelle PRCD_ELEMENTS (Forts.)

Während die Erweiterung und die damit verbundene Konvertierung für DEC- oder CHAR-Felder einfach sind, sollten wir uns das Verhalten bei währungsbezogenen Feldern genauer anschauen. Um die Präzision zu erhöhen werden in der Tabelle PRCD_ELEMENTS einige Feldern nicht mehr wie bisher mit zwei Dezimalen, die durch den Typ CURR vorgegeben waren, sondern als DEC24.9 gespeichert. Welche Felder das sind, können Sie Tabelle 15.1 entnehmen.

Daraus ergibt sich, dass alle Werte sowohl mit deutlich mehr möglichen Nachkommastellen als auch mit ihrem eigentlichen Wert gespeichert werden können, egal wie viele Nachkommastellen die zugehörige Währung hat. Das ist notwendig, da Werte mit einer zugehörigen Währung teilweise mit einer höheren Präzision gespeichert werden müssen, als es die Währung offiziell vorgibt (z. B. bei Börsenkursen oder beim Benzinpreis an der Tankstelle, der üblicherweise mit drei Nachkommastellen angegeben wird).

Die gespeicherten Werte unterscheiden sich zwischen der Tabelle KONV und der Tabelle PRCD_ELEMENTS, wie in Tabelle 15.2 dargestellt.

Logische Darstellung	Nachkommastellen	Tabelle KONV	PRCD_ELEMENTS
100 JPY	0	1,00	100,000000000
100,00 EUR	2	100,00	100,000000000
100,00000 USDN	5	100000,00	100,000000000

Tabelle 15.2 Datenablage bei Währungen mit unterschiedlich vielen Nachkommastellen

Um die Werte der Tabelle PRCD_ELEMENTS in das KONV-Format konvertieren zu können, muss die relevante Währung bekannt sein. Aus diesem Grund wurde das Feld WAERK in die Tabelle PRCD_ELEMENTS hinzugefügt (siehe Tabelle 15.3). Dieses Feld war nicht Teil von Tabelle KONV. Es wird für die Konvertierung zwischen beiden Formaten herangezogen.

Datenelement	Beschreibung	Kommentar
WAERK	Währung des Vertriebsbelegs	Ermöglicht die Übernahme von Basiswerten aus der Tabelle PRCD_ELEMENTS in das KONV-Format.

Tabelle 15.3 WAERK als zusätzliches Feld in der Tabelle PRCD_ELEMENTS

Folgende Felder der Tabelle KONV sind obsolet und werden nicht in die Tabelle PRCD_ELEMENTS übernommen (siehe Tabelle 15.4)

Datenelement	Beschreibung	Kommentar
KOLNR3	Zugriffsfolge – Zugriffsnummer	Der mögliche Feldinhalt wird mit dem Inhalt von KOLNR zusammengeführt und in die Tabelle PRCD_ELEMENTS übernommen.
STUFE	Stufe (in mehrstufigen Stücklistenauflösungen)	Keine Übernahme in die Tabelle PRCD_ELEMENTS.
WEGXX	Weg (für mehrstufige Stücklistenauflösungen)	Keine Übernahme in die Tabelle PRCD_ELEMENTS.

Tabelle 15.4 Obsolete Felder in der Tabelle KONV

Um die Kompatibilität zwischen der Tabelle KONV und der Tabelle PRCD_ELEMENTS und damit eine problemlose Konvertierung zu gewährleisten, wurden die entsprechenden Felder ebenfalls in der Tabelle KONV angepasst. Die Tabelle KONV kann nach wie vor zur Datendeklaration genutzt werden.

Die Verlängerung der Felder in der Tabelle KONV und Tabelle PRCD_ELEMENTS wurden meist durch neue Datenelemente abgebildet. Um die Konsistenz über alle Applikationen hinweg zu gewährleisten, wurden allerdings bereits bestehende Datenelemente erweitert (siehe Tabelle 15.5).

Datenelement	Beschreibung	Vorherige Länge	Jetzige Länge
KOLNR, EVSNR, FSELNR	Zugriff in Zugriffsfolge	NUMC2	NUMC3
KOBED, KOFRM, KOFRA, GRLNR, KOFRS	Preisfindungsformel und Bedarfsnummer	NUMC3	NUMC7

Tabelle 15.5 Erweiterungen bestehender Datenelemente

Datenelement	Beschreibung	Vorherige Länge	Jetzige Länge
DZAEHK, DZAEHK_IND, DZAEKO, BBP_ZAEHK	Konditionszähler im Preisfindungsergebnis	NUMC2	NUMC3
GRLNR	Gruppenkonditionsroutine	NUMC2	NUMC7
KALKS, KALVG	Kunden- und Belegklassifikation für Kalkulationsschemafindung	CHAR1	CHAR2

Tabelle 15.5 Erweiterungen bestehender Datenelemente (Forts.)

Konditionstechnik

In der Konditionstechnik wurden ebenfalls Anpassungen vorgenommen. Das Feld VAKEY, das den konkatenierten Schlüssel für den entsprechenden Konditionstabelleneintrag enthält, sowie das Feld VADAT, der variable Datenteil, wurden aus der Kopfkonditionstabelle KONH entfernt. Wenn benötigt, können diese Informationen auf der Datenbank SAP HANA sehr schnell dynamisch aufgebaut werden.

15

Daraus ergeben sich folgende Vorteile: Die Tabelle KONH muss im Falle von Felderweiterungen in Konditionstabellen nicht mehr konvertiert werden, wie z. B. bei der Verlängerung der Materialnummer. Der benötigte Datenbankplatz wird reduziert.

Die Felder VAKEY und VADAT werden nach wie vor bei der Konditionssatzpflege verwendet. Sie wurden unter den Namen VAKEY_LONG und VADAT_KO_LONG auf CHAR255 verlängert. Die Felder lassen sich mithilfe der Klasse CL_COND_VAKEY_SRV dynamisch aufbauen.

Die in Tabelle 15.6 aufgelisteten Datenelemente wurden ebenfalls erweitert.

Datenelement	Beschreibung	Vorherige Länge	Jetzige Länge
QUDIW	Quelle des Direktwerts	CHAR20	CHAR50
SDKONDTAB_LONG	SD-Archivierung von Konditionen: Struktur für Konditionstabellen	CHAR228	CHAR512
KOND_DATA	Konditionen – Konditionssatz	CHAR228	CHAR512

Tabelle 15.6 Erweiterte Datenelemente

Schnittstellen

Aufgrund der Feldlängenänderungen mussten auch Schnittstellen angepasst werden. Allerdings konnten hier die Felder selbst nicht erweitert werden, da SAP eine stabile, kompatible Schnittstelle garantiert. Eine Verlängerung hätte eine inkompatible Änderung bedeutet. Aus diesem Grund wurden die verlängerten Felder als zusätzliche Felder an das Ende der jeweiligen Schnittstelle angehängt.

Im Preiskonditionssatz-Batch-Input (technisch: Report RV14BTCI) wurde das Feld VAKEY_LONG hinzugefügt. Dieses Feld hat Priorität gegenüber dem Feld VAKEY. Das heißt, wann immer es gefüllt ist bzw. verwendet wird, wird der Wert aus VAKEY_LONG genutzt.

Im Preiskonditionssatz-IDoc COND_A wurden die Felder MATNR_LONG (CHAR40), UPMAT_LONG (CHAR40), BOMAT_LONG (CHAR40), VADAT_KO_LONG (CHAR255) und VAKEY_LONG (CHAR255) hinzugefügt. Auch diese Felder haben, vergleichbar mit den Feldern im Batch-Input, die Priorität gegenüber den kürzeren Feldern.

Folgende Regeln gelten für die Konvertierungen:

- ausgehende Konvertierung
  - Das lange Feld enthält immer den korrekten Wert.
  - Das kurze Feld enthält immer den Wert, solange er die Länge des Feldes nicht überschreitet.
  - Wenn der Wert für das kurze Feld zu lang ist, bleibt es leer.
- eingehende Konvertierung
  - Wenn das lange Feld gefüllt ist, wird dieser Wert übernommen.
  - Wenn das kurze Feld gefüllt ist und gleichzeitig das lange Feld leer ist, wird der Wert des kurzen Feldes übernommen.
  - Wenn beide Felder gefüllt sind, aber der Wert nicht identisch ist, wird ein Fehler ausgegeben.

15.2.2 Konfiguration

Konfigurationen wurden in SAP ERP im Einführungsleitfaden (IMG, englisch: Implementation Guide), vorgenommen. Dieser IMG steht in SAP S/4HANA, On-Premise-Version, nach wie vor zur Verfügung. In S/4HANA Cloud wird die Konfiguration über Self-Service Configuration User Interfaces (SSCUIs) vorgenommen. Diese Konfigurationsmöglichkeit wird in Abschnitt 15.4.1 beschrieben.

Je nach Deployment-Option (siehe Abschnitt 15.1.3, »Deployment-Optionen von SAP S/4HANA«) stehen entweder nur SSCUIs oder SSCUIs in Kombination mit dem IMG zur Verfügung.

15.2.3 Systemanpassung

Ähnlich wie bei der Konfiguration verhält es sich auch bei den Systemanpassungen, die über die Konfiguration hinausgehen. In S/4HANA, On-Premise-Version, stehen nach wie vor die klassischen User-Exits zur Verfügung. In der Preisfindung können auch weiterhin Formeln und Bedingungen genutzt werden die in der Transaktion VOFM definiert werden (siehe Abschnitt 4.3.3).

Zusätzlich wurde das Konzept *Key User Extensibility* eingeführt. Dieses Konzept steht sowohl für die On-Premise- als auch für die Cloud-Version zur Verfügung; es wird in Abschnitt 15.4 beschrieben.

15.2.4 Stammdatenpflege

Durch die Verfügbarkeit von SAP Fiori in SAP S/4HANA konnte die Preisstammdatenpflege um eine moderne, flexible, einfach zu bedienende Benutzeroberfläche ergänzt werden. Eine webbasierte Version der aus SAP ERP bekannten Transaktion VK12 (**Ändern Kondition**) kann parallel ebenfalls genutzt werden.

Autorisierung

Die Autorisierung für die Änderung von Preisstammdaten erhält ein User durch die Zuordnung der Rolle SAP_BR_PRICING_SPECIALIST.

15

Öffnen Sie das SAP Fiori Launchpad. In Ihrer Rolle als Pricing Specialist haben Sie zur Preisstammdatenpflege die Wahl zwischen zwei verschiedenen SAP-Fiori-Apps (siehe Abbildung 15.1).

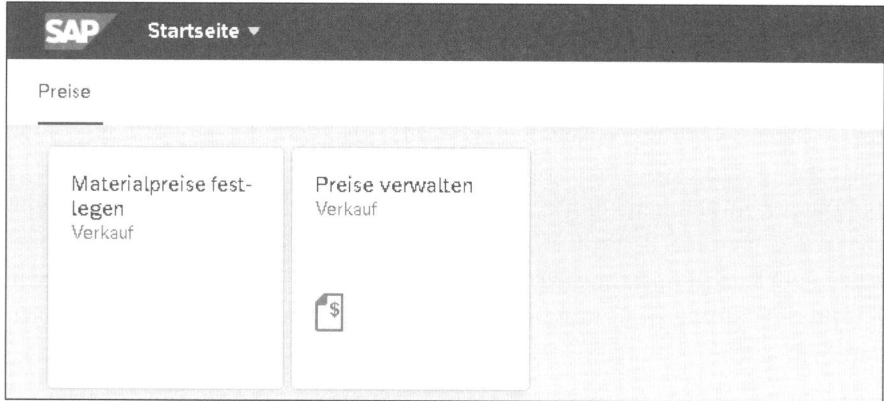

Abbildung 15.1 SAP-Fiori-Apps zur Preisstammdatenpflege

Hinter der SAP-Fiori-App **Materialpreise festlegen – Verkauf** verbirgt sich die bereits erwähnte VK12-basierte Webanwendung. Wir schauen uns hier allerdings die neue SAP-Fiori-Preisstammdatenpflege an. Starten Sie dafür die SAP-Fiori-App **Preise verwalten – Verkauf** (siehe Abbildung 15.2).

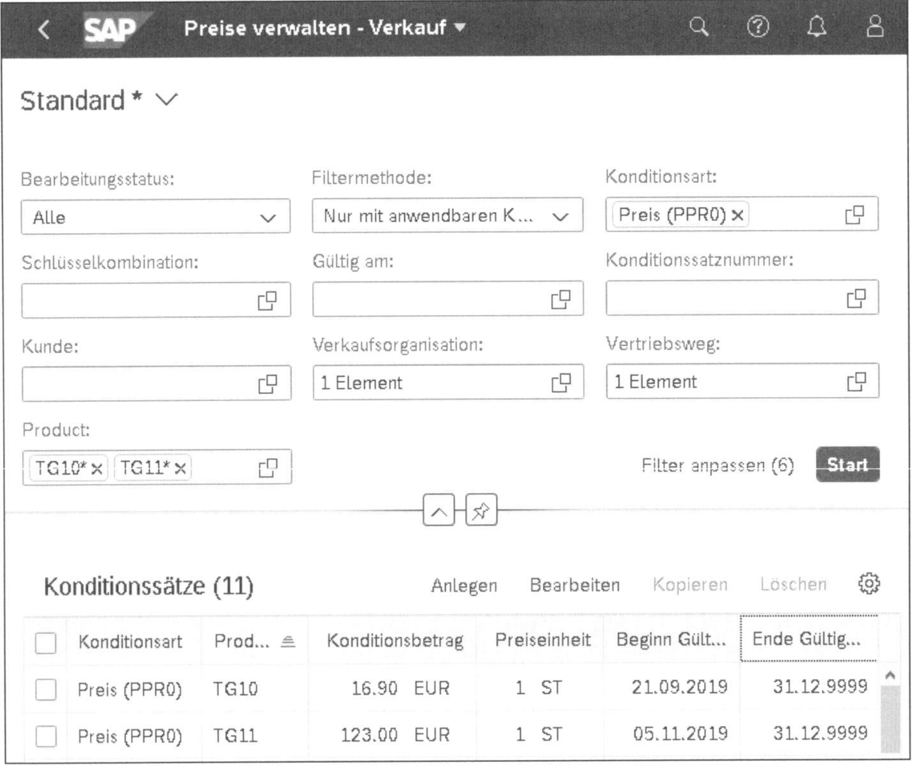

Abbildung 15.2 SAP-Fiori-App »Preise verwalten – Verkauf« – Konditionen filtern

In Abbildung 15.2 sehen Sie oben eine Filterleiste, mit der Sie auswählen, welche Konditionen Ihnen angezeigt werden soll. Im Vergleich zu Transaktion VK12 (**Ändern Kondition**) ist die Auswahlmöglichkeit deutlich umfänglicher und flexibler. Es wird auch eine deutlich größere Kombinatorik der einzelnen Attribute unterstützt. Wie Sie es Abbildung 15.2 entnehmen können, wurde keine Schlüsselkombination ausgewählt. Das bedeutet, dass Sie z. B., wenn es gewünscht ist, für die verschiedenen Konditionstabellen einer Konditionsart gleichzeitig die Preise in einer Tabelle pflegen können. Eine weitere Filterung nach Konditionstabelle/Schlüsselkombination ist natürlich weiterhin möglich.

Je nach Konditionsart und zugehöriger Schlüsselkombination, die sich über die Zugriffsfolge aus der zugrunde liegenden Konditionstabelle ableitet, steht Ihnen in der Filterleiste immer die Summe aller potenziell benötigten Felder zur Verfügung.

Die Tabelle, in der die Konditionssätze angezeigt werden, können Sie nach eigenen Wünschen anpassen. Sie können wählen, welche Spalten und in welcher Reihenfolge diese angezeigt werden sollen.

Abbildung 15.3 zeigt, wie die Benutzeroberfläche im Bearbeitungsmodus dargestellt wird. Im Beispiel wurde der Button **Anlegen** gewählt und ein neuer Preis für das Produkt TG10 in USD gepflegt.

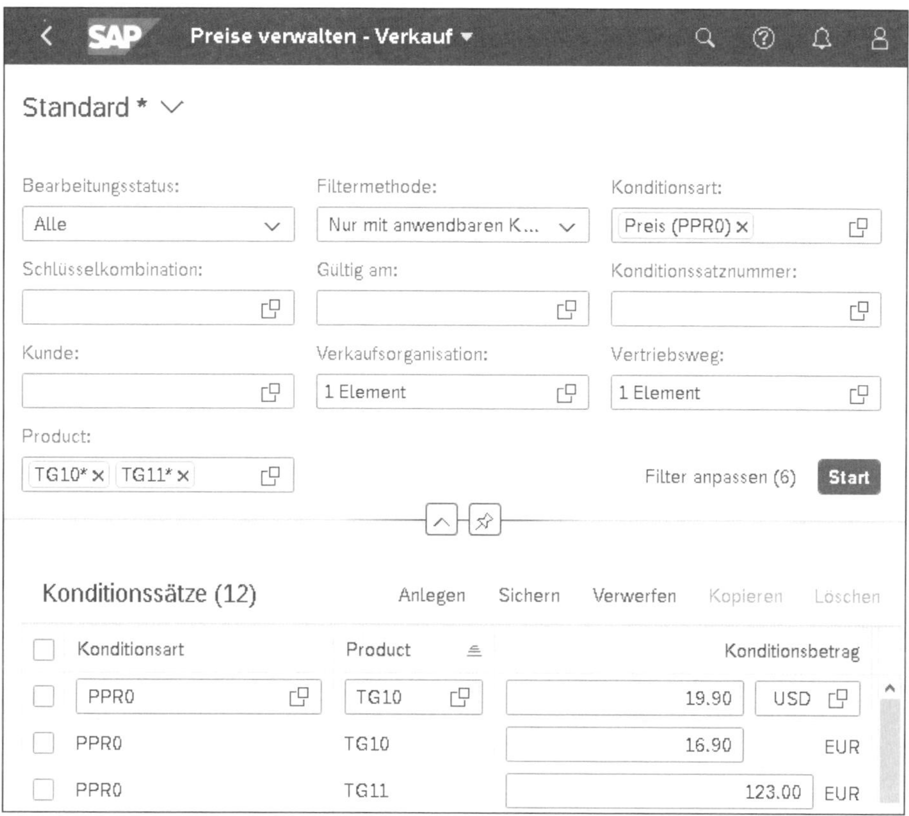

Abbildung 15.3 SAP-Fiori-App »Preise verwalten – Verkauf« – Bearbeitungsmodus

Neben zahlreichen technischen Erweiterungen wurden auch neue Funktionen mit SAP S/4HANA eingeführt. In diesem Abschnitt stellen wir Ihnen die zentralen Funktionen vor.

15.2.5 Nullwertverarbeitung

Es wurde eine neue Steuerungsmöglichkeit für Konditionen, deren Wert gleich null ist, eingeführt. Dies ist besonders dann interessant, wenn Sie aktive Preise mit dem Wert gleich null in Ihren Belegen benötigen. Das neue Steuerungskennzeichen ist Teil der Konditionsartenkonfiguration und im Bereich **Steuerungsdaten 2** zu finden.

Das Kennzeichen **Nullwertverarbeitung** bietet zwei Optionen: <initial> (**Preis von null wird auf inaktiv gesetzt**) oder A (**Betrag von null wird berücksichtigt**).

Steuerungsdaten 2

Preisdatum: Standard (KOMK-PRSDT; Steuer und Bonus K

Nullwertverarbeitung: A Preis von null wird auf inaktiv gesetzt

Abbildung 15.4 Nullwertverarbeitung

<initial> ist der Standardwert, mit dem sich die Konditionsart genauso verhält wie vor der Einführung des Steuerungskennzeichens:

- Die Konditionen werden, wenn ihr Betrag gleich null ist, nicht in der Konditionsausschlusslogik berücksichtigt.
- Preiskonditionen werden, wenn ihr Betrag und Wert gleich null sind, deaktiviert.

A ist der Wert, der die folgenden neuen Möglichkeiten bietet:

- Die Konditionen werden, wenn ihr Betrag gleich null ist, in der Ausschlusslogik berücksichtigt.
- Preiskonditionen werden, wenn ihr Betrag und Wert gleich null sind, nicht deaktiviert.

Es ist nicht möglich, dieses Kennzeichen für Steuerkonditionen auf A zu setzen.

15.2.6 Bonus

In SAP S/4HANA wird der aus SAP ERP bekannte SD-Bonus nicht mehr unterstützt. Bonusvereinbarungen und andere nachträgliche Vergütungen werden jetzt über das Abrechnungsmanagement abgebildet. Das Abrechnungsmanagement hat seine Wurzeln in der aus SAP ERP bekannten Konditionskontraktabrechnung. Transaktion WCOCO ist nach wie vor die Grundlage der Pflege der Kontrakte.

15.2.7 Analytics

Durch die Umstellung von der Cluster-Tabelle KONV auf die transparente Tabelle PRCD_ELEMENTS ergeben sich neue Möglichkeiten im Analytics-Bereich.

In transparenten Tabellen kann jede Spalte der Datenbanktabelle als Index genutzt werden. Dadurch können erweiterte analytische Funktionen auf den Preisfindungsergebnissen ausgeführt werden.

15.2.8 Erweiterung der Zugriffsfolge

Die Zugriffsnummer wurde von zwei auf drei Stellen erweitert (siehe Abschnitt 15.2.1). Dadurch haben Sie die Möglichkeit, bis zu 999 verschiedene Zugriffe zu definieren.

15.3 Migration nach SAP S/4HANA

Es wurde bei dem Design der Änderungen in SAP S/4HANA größter Wert darauf gelegt, die technischen Anforderungen der Applikationen sowie die betriebswirtschaftliches Anforderungen der Unternehmen zu erfüllen und gleichzeitig eine reibungslose Migration sicherzustellen. Die Anpassungen, die in Kundensystemen vorgenommen werden müssen, sollen verständlich, handhabbar und möglichst gering sein. Daneben war es wichtig, dass die Preisfindung sofort in allen Applikationen, Belegen und Prozessen wie gewohnt funktioniert.

Trotzdem müssen an einigen Stellen Anpassungen vorgenommen werden. Was an welchen Stellen geprüft und angepasst werden muss, wenn Sie ein System von SAP ERP nach SAP S/4HANA migrieren, wird Ihnen im folgenden Abschnitt gezeigt.

15.3.1 Erweiterung der Tabelle KONV

Falls Sie die Tabelle KONV erweitert haben, müssen die entsprechenden Erweiterungen ebenfalls in der Tabelle PRCD_ELEMENTS sowie dem CDS View V_KONV_CDS vorgenommen werden. Stellen Sie sicher, dass identische Feldnamen verwendet werden, damit die Daten während der Migration übernommen werden können.

15.3.2 Erweiterung von Draft-Tabellen

Um dem Benutzer das Arbeiten mit SAP-Fiori-Anwendungen möglichst angenehm zu gestalten, folgen diese gewissen architektonischen Richtlinien. So dient das Draft-Konzept dazu, dass, falls Ihr Browser die Verbindung zum Backend verlieren sollte, Ihre Daten trotzdem nicht verloren gehen. Sie können sich einfach erneut am System anmelden und auf dem letzten Stand weiterarbeiten. Dies wird dadurch ermöglicht, dass die von Ihnen eingegebenen Daten zwar nicht sofort auf die endgültige Persistenz gesichert, sondern in einer Art Puffer auf der Backendseite zwischengespeichert werden. Dieser Puffer wird *Draft* genannt.

Das heißt, Sie geben Ihre Werte auf der Benutzeroberfläche ein; diese Daten werden sofort im Draft gespeichert und stehen zur weiteren Verarbeitung zur Verfügung. Unabhängig davon, ob Sie in der gleichen Browser-Session oder auf einem anderen Gerät, wie z. B. dem Smartphone, weiterarbeiten: Erst wenn Sie aktiv die Daten sichern möchten, werden diese aus dem Draft in die endgültige Persistenz gesichert.

Die beschriebene Draft-Persistenz wird technisch über eigene Datenbanktabellen abgebildet. In der Preisfindung ist dies z. B. die Tabelle PRCD_ELEM_DRAFT. Der zugehörige CDS View heißt V_KONV_DRAFT.

Falls Sie Ihre Datenbanktabellen KONV und PRCD_ELEMENTS z. B. mit Append-Strukturen erweitert haben, müssen Sie diese Erweiterungen in den entsprechenden Draft-Tabellen und CDS Views nachziehen.

15.3.3 Erweiterungen von Datenelementen

Wie es in Abschnitt 15.2.1 beschrieben wurde, wurden einige Datenelemente erweitert. Wenn Sie eigene Datenelemente angelegt haben, die Daten aus erweiterten Feldern übernehmen oder an diese übergeben, müssen Sie prüfen, ob diese ebenfalls entsprechend erweitert werden müssen. Insbesondere Fälle, in denen per `move` Daten übergeben werden, sollten Sie sich anschauen. Hier wird keine direkte technische Verbindung zwischen den Feldern hergestellt, und somit können Problemfälle nicht per Syntax-Check identifiziert werden.

Wenn Sie Werte nutzen, die die Länge des kurzen Feldes überschreiten, müssen Sie Ihre Aufrufstellen im Programmcode anpassen.

Wenn Sie keine Werte nutzen, die die Länge des kurzen Feldes überschreiten, können Sie weiterhin das kurze Feld nutzen und benötigen keine Anpassung der Aufrufstelle im Programmcode.

15.3.4 Schnittstellen

Wenn Sie eigene Schnittstellen, wie z. B. Remote Function Calls (RFCs), Business Application Programming Interfaces (BAPIs) usw. angelegt haben, müssen Sie überprüfen ob diese auch entsprechend angepasst werden müssen, um weiterhin kompatibel zu bleiben.

15.3.5 Zugriff auf die Tabelle KONV

Die neue Persistenz für Preisfindungsergebnisse ist die Tabelle PRCD_ELEMENTS (siehe Abschnitt 15.2.1). Aus diesem Grund ist ein direkter Zugriff auf die Tabelle KONV nicht mehr zulässig. Dies gilt für alle Zugriffsarten: Anlegen, Lesen, Aktualisieren und Löschen.

Für alle schreibenden Zugriffe müssen Sie die zur Verfügung gestellten APIs (Application Programming Interfaces) nutzen. Ein schreibender Zugriff kann beispielsweise, wie in Listing 15.1 gezeigt, implementiert werden.

```
cl_prc_result_factory=>get_instance( )
          ->get_prc_result( )->save_price_element_db
          (
          EXPORTING
                 it_prc_element_classic_format = lt_konv
                 it_prc_element_doc_currency   = lt_doc_curr
          ).
```

Listing 15.1 Schreibender Zugriff auf die Tabelle PRCD_ELEMENTS

Beachten Sie, dass Sie die Währung des Beleges angeben müssen (siehe Tabelle 15.3). Für alle lesenden Zugriffe haben Sie zwei Möglichkeiten: entweder per API oder per CDS View V_KONV_CDS.

Da PRCD_ELEMENTS eine transparente Tabelle ist, steht der intrinsische Puffermechanismus einer Cluster-Tabelle wie bei der Tabelle KONV nicht mehr zur Verfügung. Das API übernimmt diese Pufferung. Daher ist die Benutzung des APIs der zu bevorzugende Weg für Lesezugriffe.

Ein lesender Zugriff kann folgendermaßen implementiert werden (siehe Listing 15.2):


```
TRY.
      cl_prc_result_factory=>get_instance( )
          ->get_prc_result( )->get_price_element_db_by_key
          (
          EXPORTING
                 iv_knumv = ls_ekko-knumv
                                  iv_kposn = ls_ekpo-ebelp
          IMPORTING
                 et_prc_element_classic_format = DATA(lt_komv)
          ).
      ct_komv = lt_komv.
  CATCH cx_prc_result.
ENDTRY
```

Listing 15.2 Lesender Zugriff auf die Tabelle PRCD_ELEMENTS

Folgende Schnittstellen stehen zur Verfügung:

- GET_PRICE_ELEMENT_DB: Liest ein oder mehrere Preisergebnisse aus der Tabelle PRCD_ELEMENTS.
- GET_PRICE_ELEMENT_DB_BY_KEY: Liest genau ein Preisergebnis aus der Tabelle PRCD_ELEMENTS, entsprechend dem gegebenen Schlüssel.
- SAVE_PRICE_ELEMENT_DB: Schreibt das Preisergebnis in die Tabelle PRCD_ELEMENTS. Die Belegwährung muss mitübergeben werden.

Es wird jeweils die Ausnahme CX_PRC_RESULT geworfen, falls die Anfrage ungültig ist.

Folgende Schnittstellen stehen Ihnen darüber hinaus zur Verfügung:

- `DELETE_PRICE_ELEMENT_DB_BY_KEY`: Löscht ein Preisergebnis aus der Tabelle PRCD_ELEMENTS, entsprechend dem gegebenen Schlüssel (ein Dokument).
- `DELETE_PRICE_ELEMENT_DB`: Löscht Preisergebnisse aus der Tabelle PRCD_ELEMENTS (mehrere Dokumente).
- `DELETE_PRICE_ELEMENTS_DB`: Löscht eine Liste an Preisergebnissen aus der Tabelle PRCD_ELEMENTS (mehrere Dokumente).

[»]

Löschen von Preisergebnissen

Seien Sie vorsichtig beim Löschen von Preisergebnissen. Das API stößt keine Neuberechnung des Preisergebnisses in den Belegen an, sondern löscht nur den entsprechenden Datenbankeintrag.

15.3.6 VOFM-Routinen

Die Identifikationsnummern der Formeln und Bedingungen (Transaktion VOFM, siehe Abschnitt 4.3.3) wurden verlängert auf `NUMC7`. Wenn Sie in eigenem Code den entsprechenden Include-Namen generieren, achten Sie darauf, dass Sie nur die letzten drei Stellen verwenden. Zum Beispiel heißt für die Konditionswertformel 999 das entsprechende Include nach wie vor `FV64A999`. Wenn Sie darauf nicht achten, wird der Aufruf der Formel fehlschlagen.

Innerhalb der VOFM-Routinen ist es nach wie vor möglich, mit den Strukturen KONV, KOMV, XKOMV usw. zu arbeiten.

15.3.7 Nicht mehr unterstützte Felder in der Tabelle PRCD_ELEMENTS

Die Felder `WEGXX`, `STUFE` und `KOLNR3` werden nicht mehr in der Tabelle PRCD_ELEMENTS genutzt (siehe Tabelle 15.4). Überprüfen Sie, ob Sie diese Felder in eigenem Code nutzen und gegebenenfalls Ihre Ablauflogik anpassen müssen.

15.3.8 Zugriffsfolgen mit mehr als 99 Zugriffen

Um die Beschränkung auf 99 Zugriffe innerhalb einer Zugriffsfolge aufzuheben, wurde eine Erweiterung der Zugriffsnummer auf `NUMC3` mit der Einführung des Datenelementes `KONLR3` vorgenommen. In SAP ERP wurde diese Erweiterung nur per Pilothinweis ausgeliefert; in SAP S/4HANA ist diese Erweiterung nun Standard. Das Datenelement `KOLNR` wurde auf `NUMC3` erweitert; `KOLNR3` ist damit obsolet. Mit diesem

Pilothinweis wurden folgende Tabellen eingeführt: T682IA, T682ZA und T682VA. Die Daten in diesen Tabellen werden bei einer Migration in die Tabellen T682I, T682Z und T682V überführt.

15.3.9 Die Felder VAKEY und VADAT

Die Felder `VAKEY` und `VADAT` wurden verlängert und aus der Tabelle KONH entfernt. Falls Sie diese Felder nach wie vor benötigen, können Sie sich diese mithilfe der Klasse `CL_COND_VAKEY_SRV` dynamisch aufbauen lassen. Prüfen Sie, ob Sie Anpassungen aufgrund der geänderten Länge von `VAKEY` und `VADAT` in Ihrem Code vornehmen müssen.

Überprüfen Sie auch die Aufrufe der Schnittstellen, die die beiden Felder enthalten. Das verlängerte Feld wird jeweils mit Priorität behandelt. Eventuell müssen Sie die Aufrufe in Ihrem Code anpassen.

15.3.10 Währung des Vertriebsbelegs in der Tabelle PRCD_ELEMENTS

Das Feld `WAERK` wurde in die Tabelle PRCD_ELEMENTS aufgenommen (siehe Abschnitt 15.2.1); es existierte nicht in der Tabelle KONV. Wie schon erwähnt, ist die Tabelle KONV bzw. PRCD_ELEMENTS eine der größten Tabellen auf Produktivsystemen. Dadurch hat jeder zusätzliche Aufwand während einer Migration großen Einfluss auf die Downtime des Systems. Um diese zu minimieren, wird das Feld `WAERK` während der Migration immer mit der technischen Währung 2 gefüllt. Dadurch wird sofort eine konsistente Umwandlung von PRCD_ELEMENTS-Daten in das KONV-Format ermöglicht. Die Preisfindung kann sofort nach der Migration ohne Einschränkung genutzt werden. Die technische Währung wird im Nachgang nach der Migration durch die eigentliche Währung mithilfe des Reports PRC_MIG_POST_PROCESSING ersetzt. Auch wenn der Report noch nicht ausgeführt wurde, funktioniert die Preisfindung in Belegen und kann ganz normal genutzt werden.

SAP-Hinweis 2267308 beachten

Da sich die Preisfindung weiterentwickelt und sich die Notwendigkeiten bei der Migration im Laufe der Zeit ändern können, empfehlen wir Ihnen, SAP-Hinweis 2267308 (S4TWL – Änderungen am Datenmodell bei der SD-Preisfindung) aufmerksam zu lesen und bei der Migration den Anweisungen des Hinweises zu folgen.

15.4 Preisfindung in SAP S/4HANA Cloud

Während in SAP S/4HANA, On-Premise-Version, vieles sehr ähnlich zu SAP ERP funktioniert, sind die Änderungen in SAP S/4HANA Cloud deutlich größer. Ein Grund dafür ist, dass die Benutzeroberfläche SAP GUI nicht mehr zur Verfügung steht. Konfiguration, Stammdatenpflege und transaktionale Prozesse müssen über einen Webbrowser bedienbar sein.

15.4.1 Konfiguration

In SAP S/4HANA stehen SSCUIs für die Konfiguration zur Verfügung. Dies sind Webanwendungen, die funktional mit IMG-Aktivitäten vergleichbar sind.

Folgende Konfigurationsschritte stehen Ihnen als SSCUIs zur Verfügung. Wenn Sie Erfahrung mit dem IMG haben, werden sie Ihnen vermutlich bekannt vorkommen:

- Feldkatalog ändern
- Konditionstabellen anlegen
- Konditionstabellen ändern
- Zugriffsfolgen festlegen
- Konditionsarten für Preisfindung festlegen
- Kalkulationsschemata festlegen
- Kundenschemata festlegen
- Kalkulationsschemaermittlung festlegen
- Konditionsausschlussgruppen definieren
- Konditionsarten zu Ausschlussgruppen zuordnen
- Konditionsausschluss für Kalkulationsschemata bearbeiten
- Bedingung in Preisfindung definieren
- Alternative Berechnung des Konditionsbetrags festlegen
- Alternative Berechnung der Konditionsbasis festlegen
- Liste der in Preisfindungsroutinen verwendeten Felder bearbeiten
- Preislistentypen für Kunden festlegen
- Preisgruppen für Kunden festlegen
- Preisgruppen für Materialien festlegen

Bei den Konfigurationsschritten **Feldkatalog ändern**, **Konditionstabelle anlegen**, **Konditionstabelle ändern** und **Zugriffsfolge festlegen** muss Folgendes beachtet werden: In diesen Konfigurationsschritten legt das System technische Erweiterungen an, die nicht durch das Standardtransportsystem für die Konfiguration abgedeckt sind. Der Transport dieser Erweiterungen vom Qualitätssystem in das Produktivsystem muss manuell angestoßen werden. Nach dem Sichern müssen Sie diese Schritte mit den Berechtigungen der Rolle `SAP_BR_ADMINSTRATOR` ausführen:

1. Fügen Sie im Qualitätssystem das entsprechende Erweiterungselement zur Exportliste hinzu.

2. Exportieren Sie die Softwarekollektion mit der SAP-Fiori-App **Softwarekollektion exportieren**.
3. Importieren Sie im Produktivsystem die Softwarekollektion mit der SAP-Fiori-App **Kollektion importieren**.

Transporte, die Erweiterungspositionen (z. B. BAdI-Implementierungen oder benutzerdefinierte Felder) enthalten, müssen immer zuerst freigeben werden. Erst danach dürfen Sie die Transporte der Standardkonfiguration anstoßen. Nur so lassen sich inkonsistente Transporte verhindern.

Nachdem Sie kennengelernt haben, was Sie in SSCUIs konfigurieren können, erfahren Sie im Folgenden, wie Sie Zugriff auf die SSCUIs erhalten und wie diese aussehen. Darüber hinaus schauen wir uns die Konfiguration für die drei wichtigsten Elemente der Preisfindungskonfiguration, das Kalkulationsschema, die Konditionsart und die Zugriffsfolge, an.

[«]

Autorisierung

Die Autorisierung für die Konfiguration über SSCUIs erhält ein User durch die Zuordnung der Rolle SAP_BR_BCP_EXPERT.

Öffnen Sie das Implementierungs-Cockpit, und starten Sie die SAP-Fiori-App **Lösung verwalten** (siehe Abbildung 15.5).

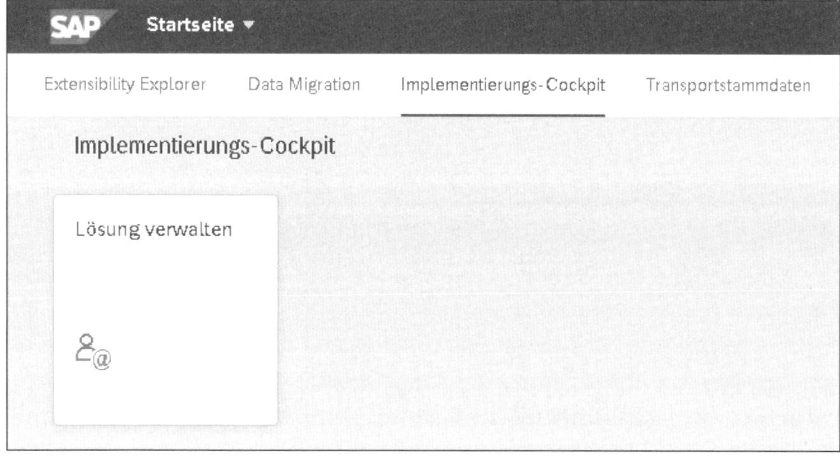

Abbildung 15.5 Implementierungs-Cockpit – Lösung verwalten

Navigieren Sie weiter zu **Lösung konfigurieren** (siehe Abbildung 15.6).

Selektieren Sie im Feld **Anwendungsbereich** die Option **Sales** sowie im Feld **Subanwendungsbereich** die Auswahl **Price Management**, und haken Sie anschließend das Kennzeichen **Preisfindung** an (siehe Abbildung 15.7).

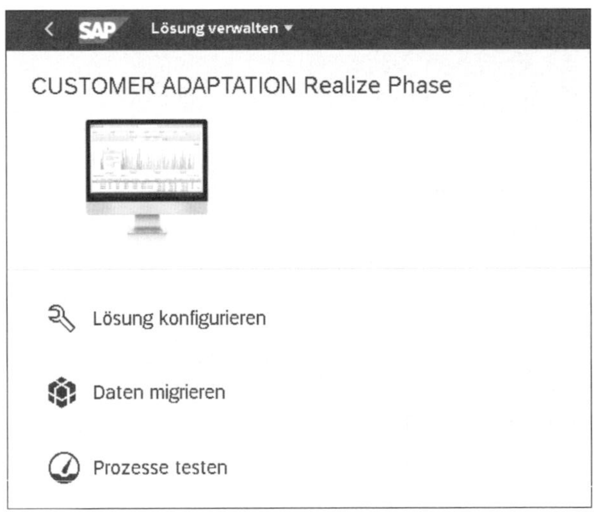

Abbildung 15.6 Lösung verwalten – Lösung konfigurieren

Abbildung 15.7 Lösung konfigurieren – Preisfindung

Ihnen werden nun alle verfügbaren Konfigurationsschritte aufgelistet, die zum Themenbereich der Preisfindung zur Verfügung stehen (siehe Abbildung 15.8). Bei der Konfiguration können Sie sich im Allgemeinen an die gegebene Reihenfolge halten, müssen es aber nicht. Für jeden Konfigurationsschritt wird Ihnen angezeigt, ob dieser obligatorisch ist und ob er Produktivsystem wiederholt werden muss.

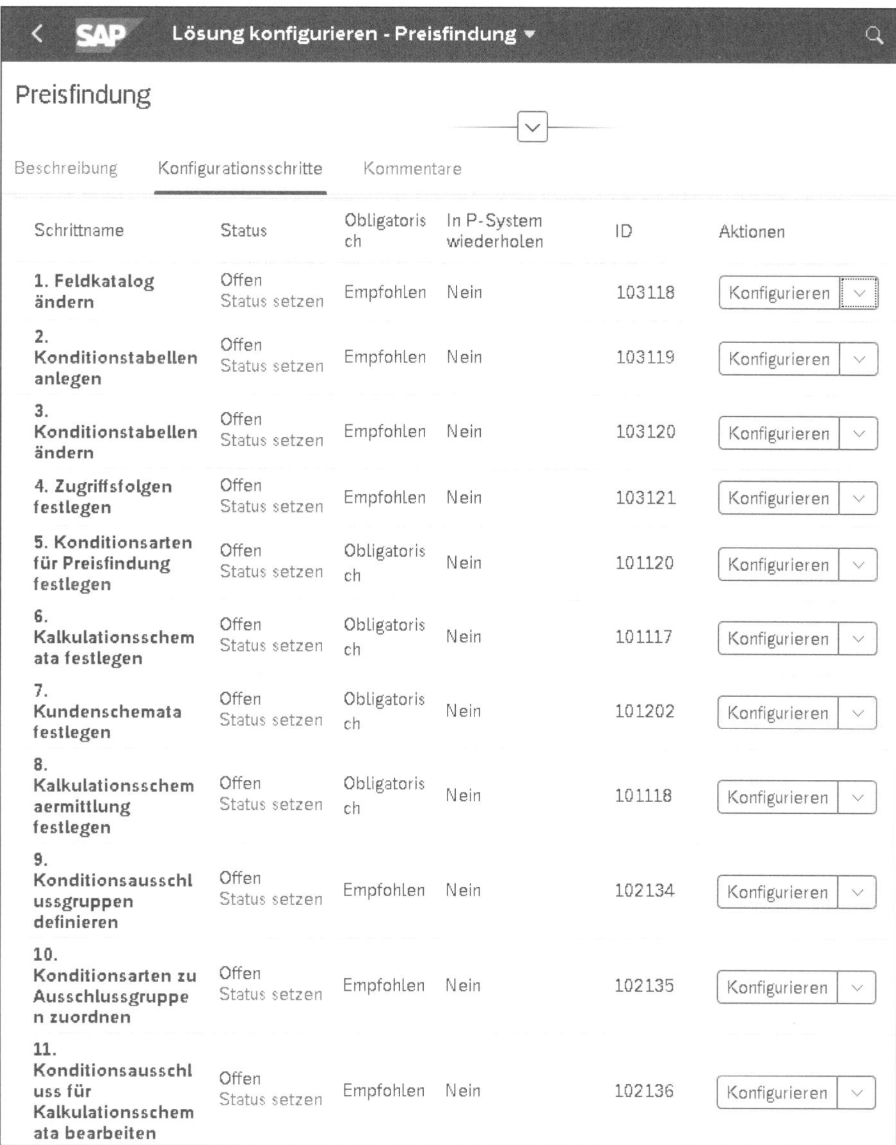

Schrittname	Status	Obligatorisch	In P-System wiederholen	ID	Aktionen
1. Feldkatalog ändern	Offen Status setzen	Empfohlen	Nein	103118	Konfigurieren
2. Konditionstabellen anlegen	Offen Status setzen	Empfohlen	Nein	103119	Konfigurieren
3. Konditionstabellen ändern	Offen Status setzen	Empfohlen	Nein	103120	Konfigurieren
4. Zugriffsfolgen festlegen	Offen Status setzen	Empfohlen	Nein	103121	Konfigurieren
5. Konditionsarten für Preisfindung festlegen	Offen Status setzen	Obligatorisch	Nein	101120	Konfigurieren
6. Kalkulationsschemata festlegen	Offen Status setzen	Obligatorisch	Nein	101117	Konfigurieren
7. Kundenschemata festlegen	Offen Status setzen	Obligatorisch	Nein	101202	Konfigurieren
8. Kalkulationsschemaermittlung festlegen	Offen Status setzen	Obligatorisch	Nein	101118	Konfigurieren
9. Konditionsausschlussgruppen definieren	Offen Status setzen	Empfohlen	Nein	102134	Konfigurieren
10. Konditionsarten zu Ausschlussgruppen zuordnen	Offen Status setzen	Empfohlen	Nein	102135	Konfigurieren
11. Konditionsausschluss für Kalkulationsschemata bearbeiten	Offen Status setzen	Empfohlen	Nein	102136	Konfigurieren

Abbildung 15.8 Lösung konfigurieren – Preisfindung – Konfigurationsschritte

Um das Kalkulationsschema einzustellen, klicken Sie in der Zeile **Kalkulationsschemata festlegen** auf **Konfigurieren** (siehe Abbildung 15.9).

Sicht "Schemata" ändern: Übersicht

Mehr ∨ | Anzeigen | Beenden

Schemata

Schema	Bezeichnung
A10001	Dienstleistungen (Deutschland)
A10002	Materialien (Deutschland)
A10003	Bukrs-übergreif. Services (DE)
A10004	Wertkontraktschema - DE
A10005	Boni (Deutschland)
A10006	Delta-Bonusrückst. (Deutschl.)
A10007	Boni (Produktrel.) (Deutschl.)
A10009	Bukrs-übergreif. Bestand (DE)
A10010	Material u. Service(Deutschl.)
A10011	Bukrs-übergr. Umlagerung (DE)
A10012	Provision (Deutschland)

Abbildung 15.9 Kalkulationsschema – Übersichtsbild

Sicht "Schemata - Steuerungsdaten" ändern: Übersicht

Mehr ∨ | Anzeigen | Beenden

Schema: A10001 Dienstleistungen (Deutschland)

Schemata - Steuerungsdaten

Übersicht Bezugsstufen

Stufe	Zähler	Kon...	Bezeichnung	Von ...	Bis S...	Man...	Ob...
10	0	PC01	Istkosten	0	0	✓	
20	0	PSP0	Servicepreis	0	0		
25	0	DCM2	Kunde/Material 2	0	0		
30	0	PCP0	Projektpreis	0	0		
70	0	DPD0	Preisdifferenz	0	0		
80	0	PMP0	Manueller Preis	0	0	✓	
100	0		Bruttobetrag	0	0		
104	0	SOV2	Mehrarbeit (%)	100	0		
350	0	PNG1	Positionswert	0	0	✓	
700	0		Nettobetrag	0	0		
840	0	YZWR	Anzahlung/Verrechn.	0	0		
850	0	TTX1	Ausgangssteuer	0	0		✓
899	0	DRD1	Runden	0	0		✓
900	0		Gesamtbetrag	0	0		
910	0	DCD1	Skonto brutto	0	0		
961	0	PSAS	EVP (Service)	0	0	✓	

Abbildung 15.10 Kalkulationsschema – Detailbild

Das Übersichtsbild listet alle Kalkulationsschemata auf, die für die Preisfindung im Vertrieb zur Verfügung stehen. Wählen Sie das gewünschte Kalkulationsschema aus, und navigieren Sie zum Kalkulationsschema-Detailbild (siehe Abbildung 15.10).

In diesem Bild können Sie das Kalkulationsschema einstellen (siehe Abschnitt 4.1.5, »Aufnahme der Konditionsart in ein Kalkulationsschema«). Um die Konditionsart zu konfigurieren, navigieren Sie zurück zu **Lösung konfigurieren** – **Preisfindung** (siehe Abbildung 15.8). Klicken Sie in der Zeile **Konditionsarten für Preisfindung Festlegen** auf **Konfigurieren** (siehe Abbildung 15.11).

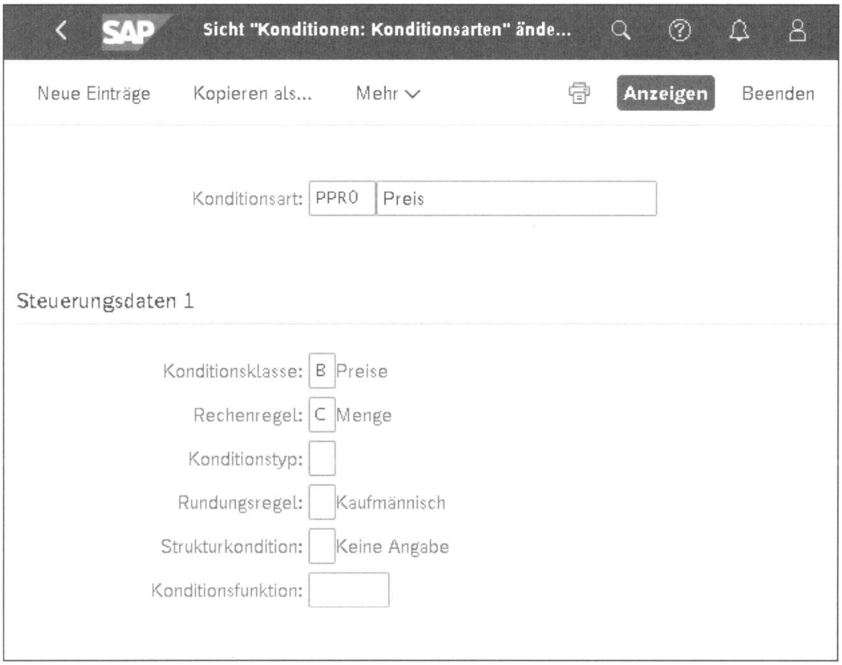

Abbildung 15.11 Konditionsart konfigurieren

In diesem Bild können Sie die Konditionsart einstellen. Die Funktionsweise ist analog zum IMG in SAP ERP beschrieben (siehe Abschnitt 4.1.3, »Customizing der Konditionsart«).

Um die Zugriffsfolge zu konfigurieren, navigieren Sie zurück zu **Lösung konfigurieren** – **Preisfindung** (siehe Abbildung 15.8). Klicken Sie in der Zeile **Zugriffsfolgen festlegen** auf **Konfigurieren** (siehe Abbildung 15.12).

In diesem Bild können Sie die Konditionsart einstellen (analog zum IMG, siehe Abschnitt 4.1.2, »Anlegen einer Zugriffsfolge«). Sie können zu den einzelnen Zugriffen navigieren, wo Sie diese konfigurieren können (siehe Abbildung 15.13).

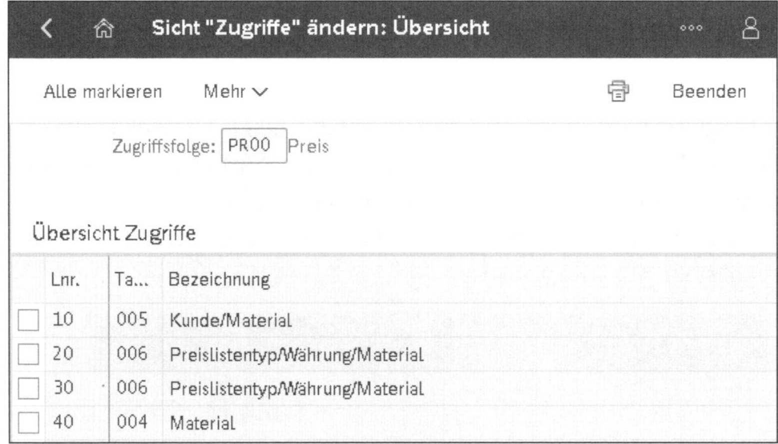

Abbildung 15.12 Konfiguration – Zugriffsfolge

Abbildung 15.13 Konfiguration – Zugriff

Wenn Sie Erfahrungen mit der Konfiguration der Preisfindung im IMG haben, haben Sie sicher bereits festgestellt, dass sich die einzelnen Konfigurationsschritte wiedererkennen lassen und Sie vor keine größeren Herausforderungen stellen werden.

15.4.2 In-App-Erweiterbarkeit

Wenn Ihnen die zur Verfügung stehenden Konfigurationsmöglichkeiten nicht ausreichen, um das System an Ihre Anforderungen anzupassen, gibt es auch in SAP S/4HANA Cloud zusätzliche Erweiterungsmöglichkeiten. Das Konzept wird In-App-Erweiterbarkeit genannt. Es umfasst folgende Möglichkeiten:

- Anpassungen an den Benutzeroberflächen vornehmen
- kundeneigene Felder erstellen
- Datenquellenerweiterungen vornehmen
- kundeneigenen Code erstellen
- kundeneigene Business-Objekte erstellen
- kundeneigene CDS Views erstellen
- kundeneigene Analytical Queries erstellen
- kundeneigene Formulare und E-Mail-Vorlagen erstellen

In der Preisfindung ist speziell der kundeneigene Code interessant. Dieses Konzept ist entfernt verwandt mit den User-Exits in SAP ERP. Die Logik des Systems kann durch eignen Code erweitert werden. Das funktioniert jedoch anders als in SAP ERP. SAP stellt sogenannte Cloud Business Add-Ins (Cloud BAdIs) bereit.

Cloud BAdIs stehen an genau definierten Stellen zur Verfügung. Sie sind über festgelegte Eingangs- und Ausgangsschnittstellen definiert. Innerhalb dieser Grenzen lässt sich eigener Code implementieren. Dieser Code wird in ABAP geschrieben. Der ABAP-Befehlssatz ist für Cloud Business Add-Ins reduziert. So sind z. B. die Generierung von Code, die dynamische Programmierung oder ein direkter Datenbankzugriff nicht möglich. Auch der Zugriff auf Datenquellen ist beschränkt. Es kann nur auf explizit freigegebene Quellen zugegriffen werden. Dies können z. B. CDS Views oder ABAP-Klassen sein.

In der Preisfindung stehen folgende Cloud BAdIs zur Verfügung.

- `PRCG_DOC_CONDITION_AMOUNT`: Alternative Berechnung des Konditionsbetrags für Gruppenkonditionen definieren
- `PRCG_DOC_ITEM_CONDITION_AMOUNT`: Alternative Berechnung des Konditionsbetrags für Positionskonditionen definieren
- `PRCG_DOC_ITM_CNDN_BASE_VALUE`: Alternative Berechnung der Konditionsbasis für Positionskonditionen definieren
- `PRICING_DOCUMENT_REQUIREMENT`: Bedingungen in der Preisfindung für den Prestep definieren
- `PRCG_DOCUMENT_ITEM_REQUIREMENT`: Bedingungen in der Preisfindung für Positionskonditionen definieren

Autorisierung

Die Autorisierung für die SAP-Fiori-App **Benutzerdefinierte Felder und Logik** erhält ein User durch die Zuordnung der Rolle `SAP_BR_ADMINISTRATOR`. Für die Zuordnung der Logik zu einer Zeile im Kalkulationsschema muss dem User die Rolle `SAP_BR_BCP_EXPERT` zugeordnet werden.

Nehmen wir an, Sie möchten eine alternative Berechnung des Konditionsbetrags für Positionskonditionen definieren. Um ein Cloud BAdI zu implementieren, starten sie die SAP-Fiori-App **Benutzerdefinierte Felder und Logik**.

Hier implementieren Sie für den Geschäftskontext **Preisfindung** benutzerdefinierte Logik für das Cloud Business Add-In **Alternative Berechnung des Konditionsbetrags für Positionskonditionen definieren** und weisen einen eindeutigen Filterwert zu.

In der SAP-Fiori-App **Lösung verwalten** führen sie für die Implementierungsart **Business Add-In** den Konfigurationsschritt **Alternative Berechnung des Konditionsbetrags festlegen** aus. Für die Prozesserweiterungsoption **Konditionsbetrag** definieren Sie eine Routinennummer im Namensraum zwischen 3000000 und 3009999.

Dieser Routinennummer weisen Sie jetzt den im vorangehenden Schritt definierten eindeutigen Filterwert als Erweiterungs-ID zu. Diese Zuweisung legen Sie für die Prozesserweiterungsoptionsaufgabe **Konditionsbetrag in Belegposition** fest.

Gehen Sie nun zum Konfigurationsschritt **Kalkulationsschema festlegen** (siehe Abbildung 15.8 weiter vorne). Hier weisen Sie die benutzerdefinierte Logik einer Zeile in Ihrem Kalkulationsschema zu. Dafür tragen Sie die zuvor definierte Routinennummer in das Feld **Alt.Berech.d.KondBtr** ein.

15.5 Fazit

In diesem Kapitel haben Sie einen Überblick über die Preisfindung in SAP S/4HANA gewonnen. Sie wissen, welche Änderungen Sie erwarten, welche Möglichkeiten die Preisfindung sowohl in der On-Premise- als auch in der Cloud-Version bietet und wie Sie aus SAP ERP gewohnte Funktionen und Anpassungen in SAP S/4HANA umsetzen können.

Zusammenfassend steht die aus SAP ERP gewohnte Funktionalität und Erweiterbarkeit auch in SAP S/4HANA für Sie bereit. Bei einer Migration müssen einige Anpassungen manuell umgesetzt werden. Sie können nach der Migration wie gewohnt mit der Preisfindung in allen Belegen und Prozessen weiterarbeiten.

TEIL IV

Bonusabwicklung im Vertrieb

Im vierten und abschließenden Teil widmen wir uns der Bonusabwicklung im Vertrieb. Sie lernen hier den Lebenszyklus einer Bonusabsprache, die verschiedenen Bonusverfahren, das Customizing und die unterschiedlichen Möglichkeiten der kundenindividuellen Anpassungen kennen. Dabei werden Sie sehen, wie sehr die Bonusabwicklung mit Preisfindung und Konditionstechnik zusammenhängt.

Kapitel 16
Bonusabwicklung im Vertrieb

In diesem Kapitel möchten wir Ihnen die Bonusabwicklung im Vertrieb näher vorstellen – eine prominente Verwenderin der Konditionstechnik und Preisfindung.

Wie Sie in Abschnitt 2.4.2, »Bonusabsprachen«, schon erfahren haben, ist ein Bonus ein Preisnachlass, der erst nachträglich gewährt wird und sich normalerweise aus einem in einer bestimmten Periode aufgelaufenen Umsatz berechnet. Die Basis dieses Nachlasses kann beliebig in Form von Bonuskonditionssätzen innerhalb einer Absprache definiert werden (z. B. Kunde, Kunde/Material). Die Konditionssätze sind die zentralen Objekte in der Bonusabwicklung. Obwohl sie der Verwendung E (Bonus) angehören, werden sie in der Preisfindung ermittelt und berechnet.

Vielleicht fragen Sie sich, warum wir dem Vertriebsbonus in einem Buch über Preisfindung und Konditionstechnik ein so vergleichsweise umfangreiches Kapitel widmen. Wir sind der Meinung, dass die Bonusabwicklung in so einzigartiger Weise von Preisfindung und Konditionstechnik abhängt, dass ein tieferes Verständnis ohne solide Preisfindungskenntnisse gar nicht möglich ist. Insbesondere erlaubt uns erst das Wissen über Preisfindung und Konditionstechnik, die Möglichkeiten des Bonus voll zu nutzen. Daher nehmen wir hier die Gelegenheit wahr und stellen Ihnen die Bonusabwicklung umfassend vor.

Beachten Sie aber, dass man sich in SAP S/4HANA entschieden hat, den SD-Bonus nicht weiterzuentwickeln. Bonusvereinbarungen und andere nachträgliche Vergütungen werden dort über das Abrechnungsmanagement abgewickelt, und zwar über den schon in SAP ERP bekannten Konditionskontrakt. Wenn Sie also ein S/4HANA-System haben, können Sie dieses Kapitel getrost überspringen.

16.1 Übersicht über die Bonusabwicklung

Bevor wir ins Detail gehen, möchten wir anhand eines einfachen Beispiels die grundlegenden Funktionen der Bonusabwicklung näher erläutern. Unser Schwerpunkt ist dabei die Integration mit der Preisfindung und der Konditionstechnik.

Nehmen wir an, dass Sie mit einem Kunden verhandelt haben, dass er nach Ablauf eines Jahres einen gewissen Prozentsatz seines Gesamtumsatzes rückvergütet bekommt. Zu diesem Zweck legen Sie eine Bonusabsprache mit Bonuskonditionssätzen an, mit deren Hilfe Sie den Umsatz aufsummieren und den vereinbarten Bonus auszahlen.

16.1.1 Anlegen einer Bonusabsprache

Zuerst überprüfen Sie im System, ob es für diesen Zweck schon eine passende Bonuskondition gibt. Sie möchten einen Bonus auf den Gesamtumsatz Ihres Kunden gewähren und werden daher in der Konditionsart BO03 fündig, die einen passenden Zugriff hat. Die Konditionsart BO03 ist über die *Konditionsartengruppe* 0003 der *Absprachеart* 0003 zugeordnet. Wie bei den Verkaufsabsprachen in Abschnitt 2.4.2, »Bonusabsprachen« definiert die Konditionsartengruppe die Menge der verwendbaren Konditionsarten. Hinter der Abspracheart verbergen sich beim Bonus zusätzlich Einstellungen, die grundlegende Eigenschaften der Vereinbarung festlegen. Das sind neben den nutzbaren Konditionsarten insbesondere Regeln zur Auszahlung und eine Reihe von Vorschlagswerten. Wir kommen darauf noch im Detail zurück.

Sie legen die Bonusabsprache über Transaktion VB01 oder alternativ über den Menüpfad **(SAP Easy Access •) Logistik • Vertrieb • Stammdaten • Absprachen • Bonusabsprache • Anlegen** an. Sie wählen die **Abspracheart** 0003 (siehe Abbildung 16.1).

Danach geben Sie die Organisationsdaten ein und nehmen im nächsten Bild im Feld **Bonusempfänger** eine Eingabe vor (siehe Abbildung 16.2).

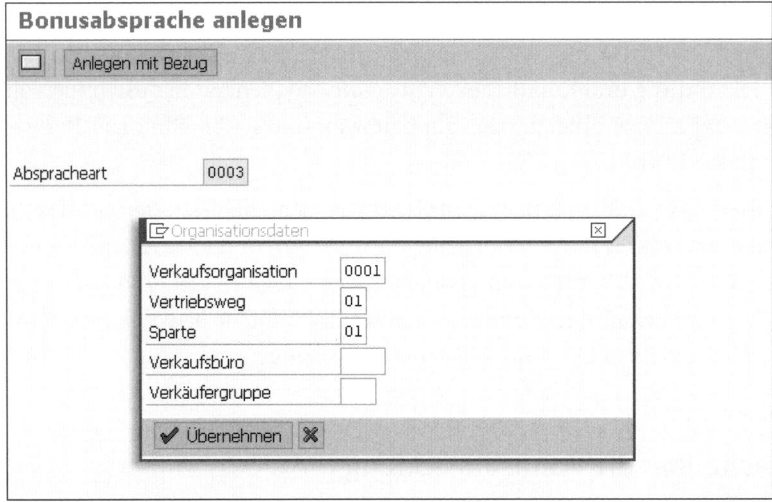

Abbildung 16.1 Bonusabsprache anlegen – Einstiegsbild

Der Bonusempfänger soll die Bonusauszahlung erhalten und muss daher im System mit der entsprechenden Kontengruppe als Debitor vorhanden sein. Die *Auszahlungswährung*, also die Währung, in der der Bonus gezahlt wird, schlägt das System aus dem Kundenstamm vor (Feld **Währung**). Sie können die Währung bei Bedarf vor dem Sichern manuell anpassen. Die Gültigkeitsdauer (Felder **Zeitraum von** und **bis**) wird aus dem Customizing der Absprachеart abgeleitet und kann jederzeit geändert werden.

Als Nächstes geben Sie die Konditionssätze an, die den relevanten Umsatz definieren. Über den Button **Konditionen** (siehe Abbildung 16.2) werden Ihnen die möglichen Konditionsarten und Tabellen angeboten, und Sie wählen den gewünschten Eintrag BO03 aus. In den Konditionssätzen legen Sie außerdem über Rechenregel und Konditionsbetrag fest, wie der Auszahlungswert berechnet wird.

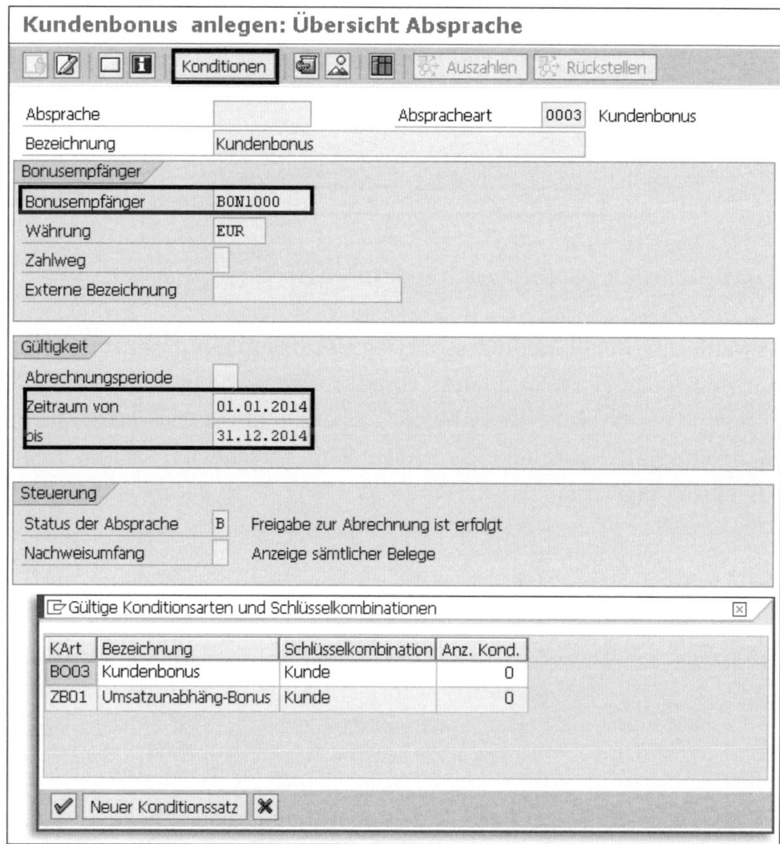

Abbildung 16.2 Bonusabsprache anlegen – Übersichtsbild der Absprache

In unserem Beispiel soll der gesamte Umsatz des Kunden BON1000 im Vertriebsbereich der Absprache für die Bonusberechnung relevant sein. Der Konditionssatz enthält als Zugriffsfelder daher **Verkaufsorganisation/Vertriebsweg/Sparte** und **Kunde** (sieheAbbildung 16.3). Der Gültigkeitszeitraum ist normalerweise gleich der Laufzeit der Absprache und kann – wenn die Absprachеart das vorsieht – auch kleiner, aber nicht größer gewählt werden.

Zusätzlich zum Konditionsbetrag, der den Auszahlungswert bestimmt, können Sie in einer Bonuskondition noch den *Rückstellungsbetrag* festlegen (Spalte **Rückstellung**). Dieser sorgt dafür, dass mit den Umsatzbelegen eine Rückstellung in der Finanzbuchhaltung gebucht wird, da eine spätere Auszahlung erwartet wird. Die Bonusabrechnung löst diese Rückstellungen später wieder auf.

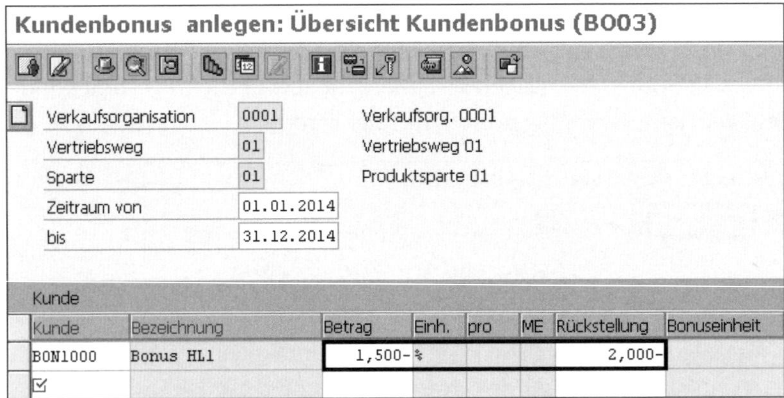

Abbildung 16.3 Bonuskondition mit Betrag und Rückstellungsbetrag anlegen

Normalerweise wählen Sie den Rückstellungsbetrag gleich dem Konditionsbetrag. In diesem Fall möchten Sie jedoch bei höherem Umsatz auch einen höheren Prozentsatz rückvergüten und legen dazu eine Staffel an (siehe Abbildung 16.4). Da Sie nicht wissen können, welche Staffelstufe letztlich erreicht wird, entscheiden Sie sich für einen mittleren Rückstellungsbetrag.

Variabler Key

VerkOrg.	VWeg	Sparte	Kunde	Bezeichnung
0001	01	01	BON1000	Bonus HL1

Gültigkeit
Gültig ab 01.01.2014
Gültig bis 31.12.2014

Steuerung
Bezug B Wertstaffel
Prüfung A absteigend

Staffeln

Staffelart	Staffelwert	StWäh	Betrag	Einh.	pro	ME	Rückstellung	Bonu...
ab	10.000,00	EUR	1,500-	%			2,000-	
	20.000,00		2,000-					
	30.000,00		2,500-					

Abbildung 16.4 Bei gestaffelten Auszahlungsbeträgen hat der Rückstellungsbetrag oft einen mittleren Wert.

Bevor Sie die Absprache sichern können, müssen Sie noch das *Abrechnungsmaterial* für den Konditionssatz angeben. Das Abrechnungsmaterial wird in den Positionen der Abrechnungsbelege als Material genutzt und dient u. a. dazu, die Steuern in der Auszahlung zu ermitteln. Solange der Zugriff einer Bonuskondition eine Materialnummer enthält, schlägt das System das Abrechnungsmaterial daraus vor. In diesem Fall enthält der Zugriff jedoch kein Material, und so müssen Sie eines unter **Springen • Abrechmat** angeben (siehe Abbildung 16.5). Danach sichern Sie die Absprache.

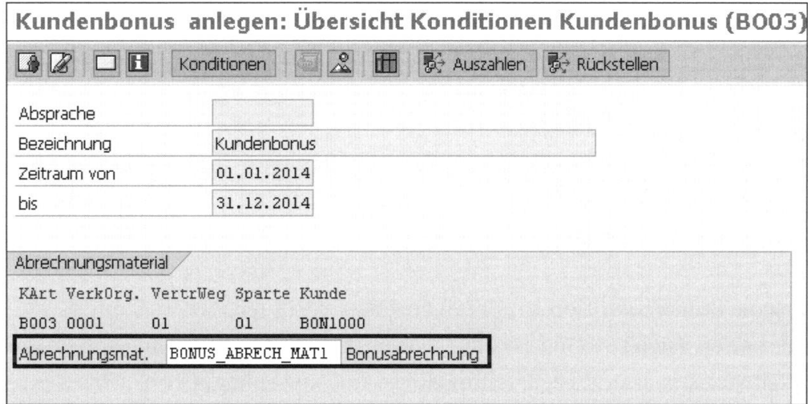

Abbildung 16.5 Abrechnungsmaterial zu einem Bonuskonditionssatz

16.1.2 Umsatz: Bonuskonditionen im Beleg

Als Nächstes legen Sie einen Auftrag für unseren Kunden an, den Sie gleich fakturieren. Im Auftrag werden Bonuskonditionen nicht eingestellt, wenn im Kalkulationsschema die Bedingung 24 zugeordnet ist. Für die Bonusabwicklung sind ohnehin nur Fakturen relevant.

Bonusrelevanz eines Belegs

Damit eine Rechnung in der Bonusabwicklung berücksichtigt werden kann, müssen Fakturaart, Verkaufsorganisation und Regulierer als **bonusrelevant** gekennzeichnet sein. Ansonsten werden für den Beleg keine Bonuskonditionen ermittelt.

Während der Fakturierung unseres Belegs werden alle Bonuskonditionen neu ermittelt. Sollte die Preisfindungsart in der Kopiersteuerung keine Neuermittlung vorsehen, wird beim Sichern der Rechnung nochmals eine Preisfindung mit der Preisfindungsart I durchgeführt, die für die Neudeterminierung sorgt.

Bonuskonditionen werden im Beleg im Prinzip weitgehend genauso gefunden und berechnet wie normale Preiskonditionen. Allerdings sind ein paar kleinere Besonderheiten zu beachten: So werden Bonuskonditionen generell nur dann ermittelt, wenn der Beleg als bonusrelevant erkannt wird, d. h., wenn sowohl Verkaufsorganisation, Belegart als auch Regulierer entsprechend gekennzeichnet sind.

Der Wert einer Bonuskondition in einem Umsatzbeleg wird aus dem Rückstellungsbetrag ermittelt und nicht aus dem Konditionsbetrag. Daraus ergibt sich auch, dass die Staffel der Bonuskondition im Umsatzbeleg keine Rolle spielt. Das ist auch sinnvoll, da die Staffelstufen in der Größenordnung des gesamten aufsummierten Umsatzes liegen und nicht in der eines Einzelbelegs (siehe Abbildung 16.4 und Abbildung 16.6).

Preiselemente

I...	KArt	Bezeichnung	Betrag	Währg	pro	ME	Konditionswert	Währg	Konditionswert	KWähr
■	AMIZ	Mindestwertzuschlag	3,00	EUR			0,00	EUR	0,00	
		Nettowert 2	9,46	EUR	1	KI	9.460,00	EUR	0,00	
■	B003	Kundenbonus	2,000-	%			189,20-	EUR	189,20-	EUR
		Nettowert 3	9,27	EUR	1	KI	9.270,80	EUR	0,00	

Abbildung 16.6 Bonuskondition im Umsatzbeleg

Wenn wir uns die Bonuskondition im Detail anschauen, finden wir noch einige weitere Besonderheiten (siehe Abbildung 16.7). Bonuskonditionen in Umsatzbelegen sind prinzipiell statistisch und rückstellungsrelevant, unabhängig von ihrer Kennzeichnung im Preisschema. Außerdem sehen wir in Abbildung 16.7 die Konditionsbasis und den Wert zweimal. Beide Beträge werden zum einen in Belegwährung, zum anderen in der sogenannten *Konditionswährung* berechnet. Die Konditionswährung entspricht der in der Absprache bei der Anlage festgelegten Auszahlungswährung (ist von dieser aber technisch getrennt). Sie bestimmt bei prozentualen Konditionen, in welcher Währung das System den Umsatz und die Rückstellungen fortschreibt. Technisch werden die zusätzlichen Werte in den Feldern `KWERT_K` und `KAWRT_K` der Konditionszeile abgespeichert. Dadurch wird erreicht, dass Wert und Basis in allen Belegen immer in der gleichen Währung vorliegen und problemlos kumuliert werden können.

Bemerkenswert ist ebenfalls, dass die Preisfindung eine Staffelbasis auch dann berechnet, wenn keine Staffel in der Vereinbarung angelegt wurde. Es reicht, dass im Customizing der Konditionsart die Staffelbezugsgröße gepflegt ist. Damit können Sie auch nachträglich eine Staffel zu einer Bonuskondition hinzufügen, ohne dass die Gesamtstaffelbasis über alle Umsatzbelege neu ermittelt werden müsste.

Die Gültigkeit einer Bonuskondition wird übrigens immer anhand des Leistungserstellungsdatums der Belegposition geprüft.

Findungsdatum für Bonuskonditionen

Bonuskonditionen werden immer mit dem Leistungserstellungsdatum einer Position gefunden. Falls das nicht erwünscht ist, bleibt die Möglichkeit, das Leistungserstellungsdatum `fbuda` im Beleg geeignet zu beeinflussen bzw. zu überschreiben. Beachten Sie aber dabei, dass andere Konditionen dieses Datum vielleicht auch verwenden, und weisen Sie diesen gegebenenfalls ein anderes Findungsdatum zu.

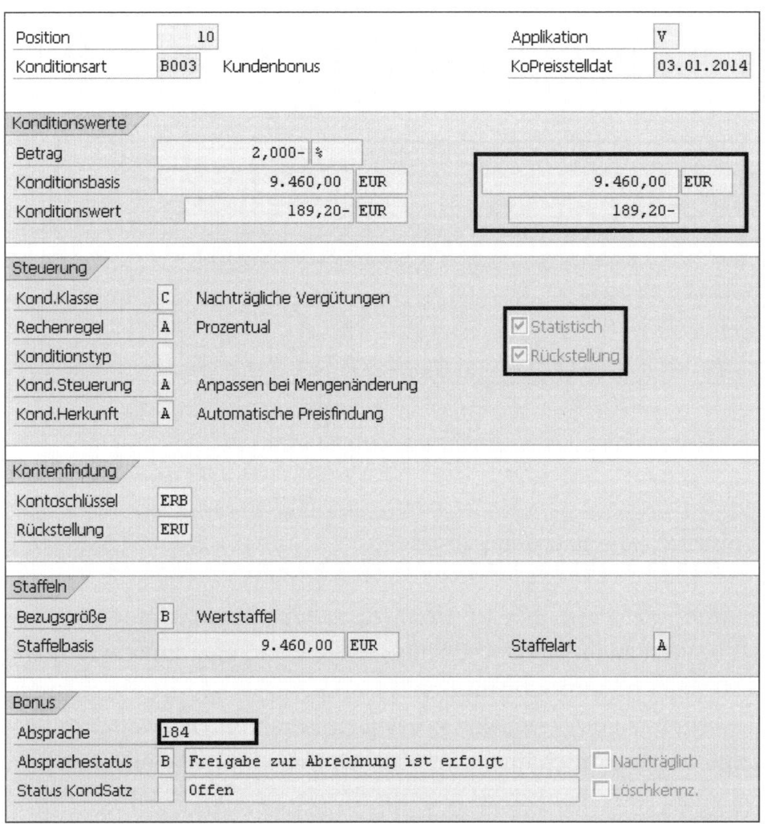

Abbildung 16.7 Details einer Bonuskondition im Beleg

Erst mit der Überleitung der Rechnung an das Finanzwesen erfolgt die eigentliche Kumulation der Bonuswerte in die Tabelle S060 des *Logistics Information System* (LIS). Dabei werden Basis und Staffelbasis der Kondition in der Konditionswährung fortgeschrieben. Ihre kumulierte Summe stellt die Basis und Staffelbasis für die Auszahlung. Der Konditionswert wird sowohl in Konditionswährung als auch in Hauswährung aufsummiert, damit das System weiß, wie viele Rückstellungen es bei der Abrechnung wieder auflösen muss. Erst nach der Fortschreibung sehen Sie die Umsätze in der Absprache, wie in Abbildung 16.8 dargestellt. Sie erkennen hier, dass durch die Staffelung Rückstellungen und erwarteter Auszahlungswert unterschiedlich sein können. Eine andere Quelle für Abweichungen können übrigens auch Rundungen sein.

Umsatzanzeige in der Bonusabsprache

Umsätze und Rückstellungen werden erst dann in der Umsatzanzeige einer Absprache sichtbar, wenn Sie die entsprechenden Belege an das Rechnungswesen übergeleitet haben.

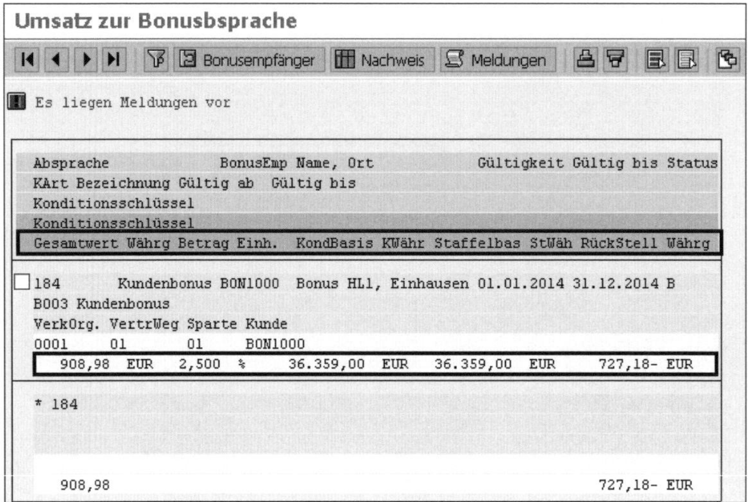

Abbildung 16.8 Umsatzanzeige einer Bonusabsprache

Um eine detailliertere Übersicht über die Umsätze zu bekommen, können wir uns den *Einzelnachweis* anschauen (siehe Abbildung 16.9). Je nach gewähltem Umfang werden die Umsätze hier in unterschiedlichem Detailierungsgrad aufgelistet. In Abbildung 16.9 haben wir den Einzelnachweis pro Beleg gewählt und können damit genau nachvollziehen, welcher Geschäftsvorfall welchen Umsatzanteil erzielt hat.

Bonusabsprache 184: Nachweis

Beleg | Umfang | Auswählen | Sichern

Bonusempfänger BON1000 Bonus HL1
Bonusabsprache 184 Kundenbonus
Gültigkeit 01.01.2014 bis 31.12.2014

Literale für variablen Key
KArt Variabler Key

Auftraggeber	Material	Monat	Vertr.Bel.	Pos	Konditionsbasis		Staffelbasis		Rückstellung	Währg
Konditionsart	VerkOrg.	VertrWeg	Sparte	Kunde						
B003 Kundenbonus	0001	01	01	BON1000						
BON1000	HN1080	01.2014	90237296	10	9.460,00	EUR	9.460,00	EUR	189,20-	EUR
BON1000	HN1080	01.2014	90237297	20	946,00	EUR	946,00	EUR	18,92-	EUR
BON1000	HN1081	01.2014	90237297	10	946,00	EUR	946,00	EUR	18,92-	EUR
BON1000	HN1082	01.2014	90237296	20	21.151,00	EUR	21.151,00	EUR	423,02-	EUR
BON1000	HN1083	01.2014	90237296	30	3.856,00	EUR	3.856,00	EUR	77,12-	EUR
* Summe B003					36.359,00		36.359,00		727,18-	EUR
** Summe B003					36.359,00		36.359,00		727,18-	EUR
*** Summe					36.359,00		36.359,00		727,18-	EUR

Abbildung 16.9 Einzelnachweis einer Absprache

Exkurs: Festbetragsboni

Wir verlassen jetzt unser Beispiel, um einen kurzen Exkurs über Festbetragsboni einzuschieben. Darunter verstehen wir Bonuskonditionen mit der Rechenregel **B** (**Fester Betrag**). Einen Festbetragsbonus können Sie für eine umsatzunabhängige Leistung gewähren, z. B. für die Durchführung einer Werbekampagne. Sie können die Rechenregel B aber auch umsatzabhängig nutzen, indem Sie den Auszahlungsbetrag über eine Staffel an die Höhe des Umsatzes koppeln. Beide Spielarten lassen sich im Customizing der Konditionsart durch das Kennzeichen **Bonusverfahr.** im Bereich **Bonus** unterscheiden (siehe Abbildung 16.10).

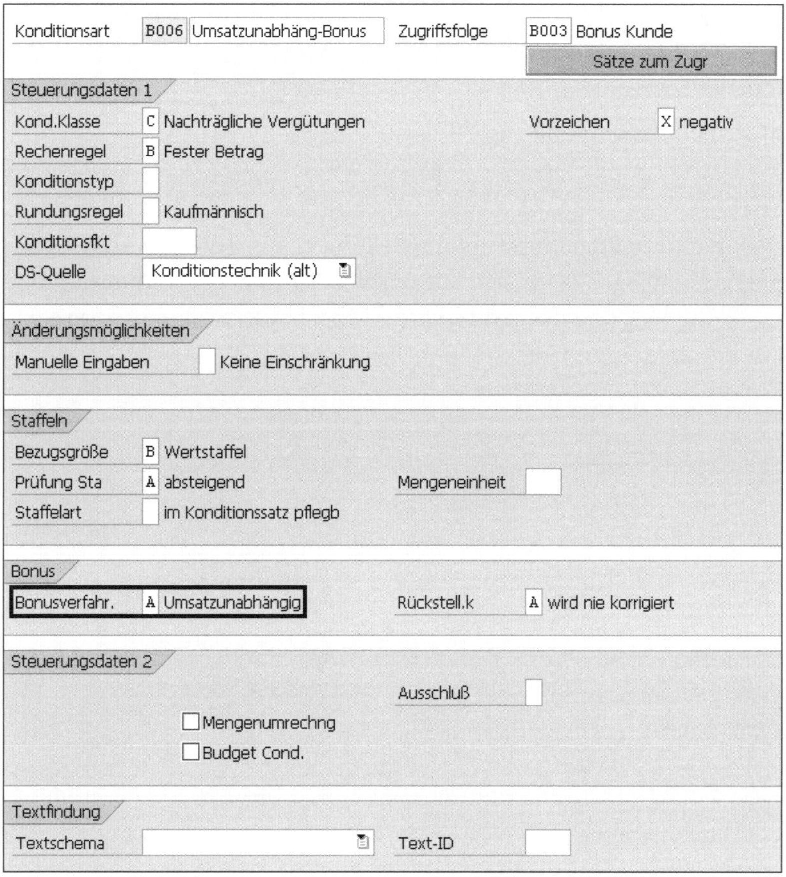

Konditionsart B006 Umsatzunabhäng-Bonus
Zugriffsfolge B003 Bonus Kunde
Sätze zum Zugr

Steuerungsdaten 1
Kond.Klasse C Nachträgliche Vergütungen
Vorzeichen X negativ
Rechenregel B Fester Betrag
Konditionstyp
Rundungsregel Kaufmännisch
Konditionsfkt
DS-Quelle Konditionstechnik (alt)

Änderungsmöglichkeiten
Manuelle Eingaben Keine Einschränkung

Staffeln
Bezugsgröße B Wertstaffel
Prüfung Sta A absteigend
Mengeneinheit
Staffelart im Konditionssatz pflegb

Bonus
Bonusverfahr. A Umsatzunabhängig
Rückstell.k A wird nie korrigiert

Steuerungsdaten 2
Ausschluß
Mengenumrechng
Budget Cond.

Textfindung
Textschema
Text-ID

Abbildung 16.10 Bonusverfahren im Customizing der Bonuskondition setzen

Ein gesetztes Kennzeichen hat zur Folge, dass Sie in der Pflege des Konditionssatzes keinen Rückstellungsbetrag eintragen können. Damit werden für diese Absprache keine umsatzinduzierten Rückstellungen gebucht.

Wird das Kennzeichen **Bonusverfahr.** nicht gesetzt, können Sie für einen Festbetragsbonus einen prozentualen Rückstellungsbetrag angeben (Spalte **Rückstellung**, siehe

Abbildung 16.11. Damit ist es möglich, einen kontinuierlichen Aufbau der Rückstellungen über den gesamten Gültigkeitszeitraum zu erzielen.

Das Bonusverfahren hat übrigens keinen Einfluss darauf, ob die Kondition in Belegen gefunden wird oder nicht.

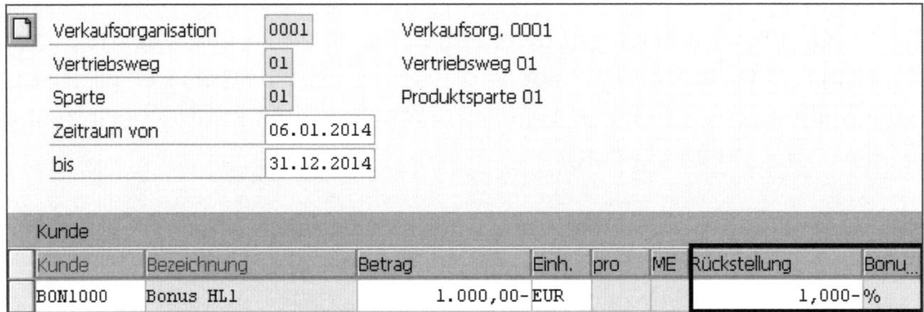

Abbildung 16.11 Prozentuale Rückstellungen bei Festbetragsboni

Häufig wird bei Festbeträgen jedoch auf automatische Rückstellungen verzichtet und stattdessen eine manuelle Buchung von Rückstellungen aus der Absprache heraus vorgenommen. Dazu müssen Sie nur den Button **Rückstellen** in der Absprache anklicken (siehe Abbildung 16.2) und die gewünschte Höhe der Rückstellungen eingeben. Der Betrag muss negativ sein, um Rückstellungen aufzubauen (siehe Abbildung 16.12).

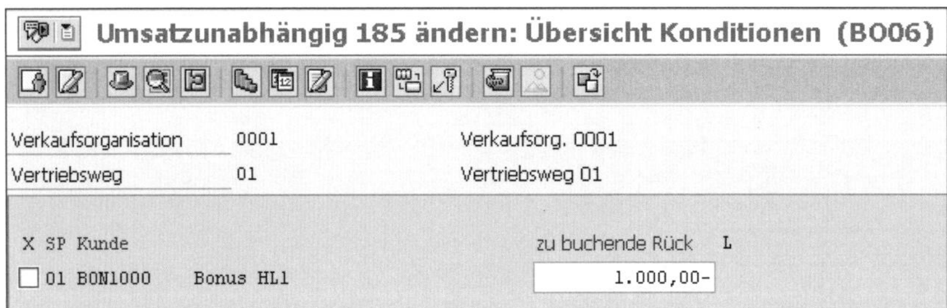

Abbildung 16.12 Um die Rückstellungen zu erhöhen, müssen diese als negativer Betrag eingegeben werden.

Beim Sichern legt das System im Hintergrund eine Gutschriftsanforderung an, deren Fakturierung die Buchung im Rechnungswesen vornimmt.

16.1.3 Abrechnen von Bonusabsprachen

Bei Bedarf können Sie während der Laufzeit der Vereinbarung einen Teilbetrag auszahlen. Dazu müssen Sie im Customizing der Absprachеart ein entsprechendes *Auszahlungsverfahren* hinterlegt haben. Manchmal ist es Teil der Absprache, dass die Auszahlungen zu festgelegten Terminen erfolgen, z. B. jeden Monat oder etwa vierteljährlich. In diesem Fall müssen Sie in der Absprache die *Abrechnungsperiode* in Form eines Kalenders angeben. Die im Kalender als Werktage gekennzeichneten Daten dienen dann als Abrechnungstermine für die Absprache.

Abrechnungsperioden in Bonusabsprachen

Die erlaubten Abrechnungstermine in einer Absprache werden über einen Fabrikkalender vorgegeben, der als Abrechnungsperiode in der Absprache hinterlegt ist. Die Abrechnungstermine müssen dabei alle am Ende eines Monats liegen, da der Umsatz stets pro Monat kumuliert wird.

Die Abrechnung stoßen Sie über Transaktion VB (7 bzw. den Menüpfad **(SAP Easy Access •) Logistik • Vertrieb • Fakturierung • Bonus • Bonusabrechnung durchführen** an. Im Selektionsbild können Sie die abzurechnenden Absprachen einschränken und die **Abrechnungsperiode** sowie den relevanten **Abrechnungstermin** angeben (siehe Abbildung 16.13).

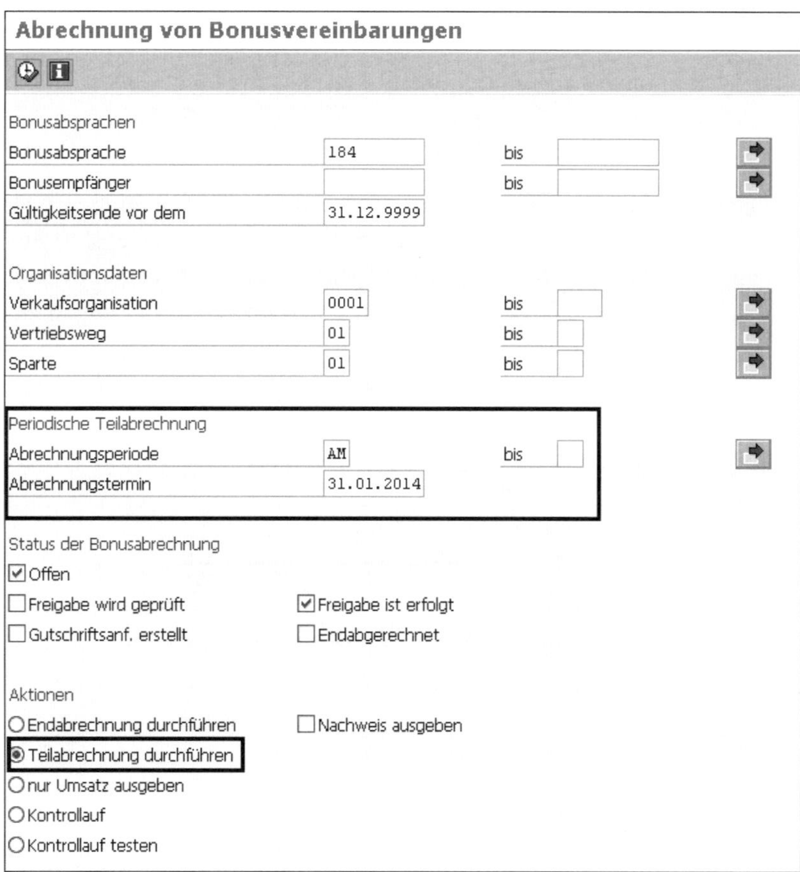

Abbildung 16.13 Automatische periodische Abrechnung von Bonusvereinbarungen

Für eine Teilabrechnung wählen Sie den Ratiobutton **Teilabrechnung durchführen** aus. Der Abrechnungsbetrag ergibt sich aus den bis genau zu diesem Datum aufgelaufenen Umsatzdaten. Damit eine genaue Abgrenzung möglich ist, müssen die Abrechnungstermine genau auf den Periodengrenzen der Umsatzkumulation liegen und somit immer am Monatsende, da die Kumulation in der Tabelle S060 pro Monat erfolgt.

[»]

Periodizität der Umsatzfortschreibung im Bonus

Der Umsatz im Vertriebsbonus wird immer pro Monat kumuliert. Das wird im Coding der Bonusabwicklung vorausgesetzt und darf daher für die Statistiktabelle S060 nicht geändert werden.

Alternativ zur automatischen Abrechnung können Sie auch eine manuelle Abrechnung aus der Absprache heraus anstoßen, z. B. über den Button **Abrechnen** oder über den Menüpfad **Auszahlung • Auszahlen** (siehe Abbildung 16.2). Im folgenden Auszahlungsbild geben Sie dann den gewünschten Auszahlungsbetrag ein. Wenn Sie eine Abrechnungsperiode nutzen, müssen Sie zusätzlich einen Abrechnungstermin angeben, damit das System einen Auszahlungswert vorschlagen kann. Verwenden Sie keine Abrechnungsperiode, wird der Auszahlungswert aus dem Gesamtumsatz ermittelt.

In unserem Beispiel entschließen wir uns zu einer manuellen Teilauszahlung über 500 EUR. Den auszuzahlenden Wert geben wir als negativen Betrag in das System ein. Wie Sie in Abbildung 16.14 sehen, wird uns ein Maximalbetrag vorgeschlagen, den wir nicht überschreiten dürfen. Die dazu notwendigen Customizing-Einstellungen lernen Sie in16.2.2«, kennen.

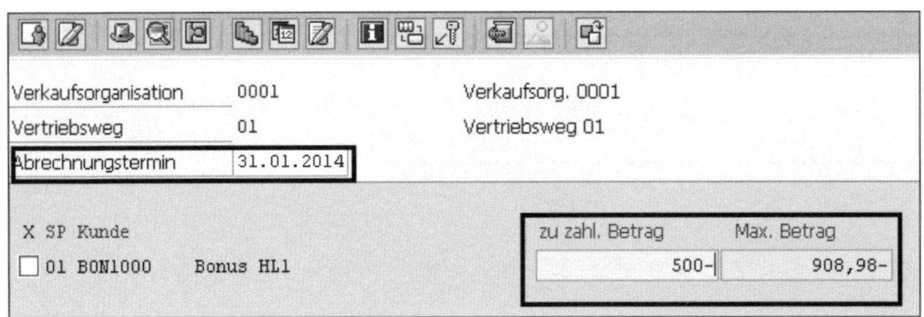

Abbildung 16.14 Daten zur manuellen Auszahlung einer Bonusabsprache eingeben

Wenn wir jetzt die Absprache sichern, legt das System im Hintergrund eine Gutschriftsanforderung an, wobei der Bonusempfänger als Auftraggeber, Regulierer, Rechnungsempfänger und Warenempfänger des Belegs fungiert.

Alle Belege einer Absprache können Sie sich übrigens über den Menüpfad **Auszahlung • Bonusbelege** anzeigen lassen und von dort auch direkt in die Belege abspringen (siehe Abbildung 16.15). Die Belege enthalten pro Bonuskondition eine Position mit dem entsprechenden Abrechnungsmaterial und der Menge null.

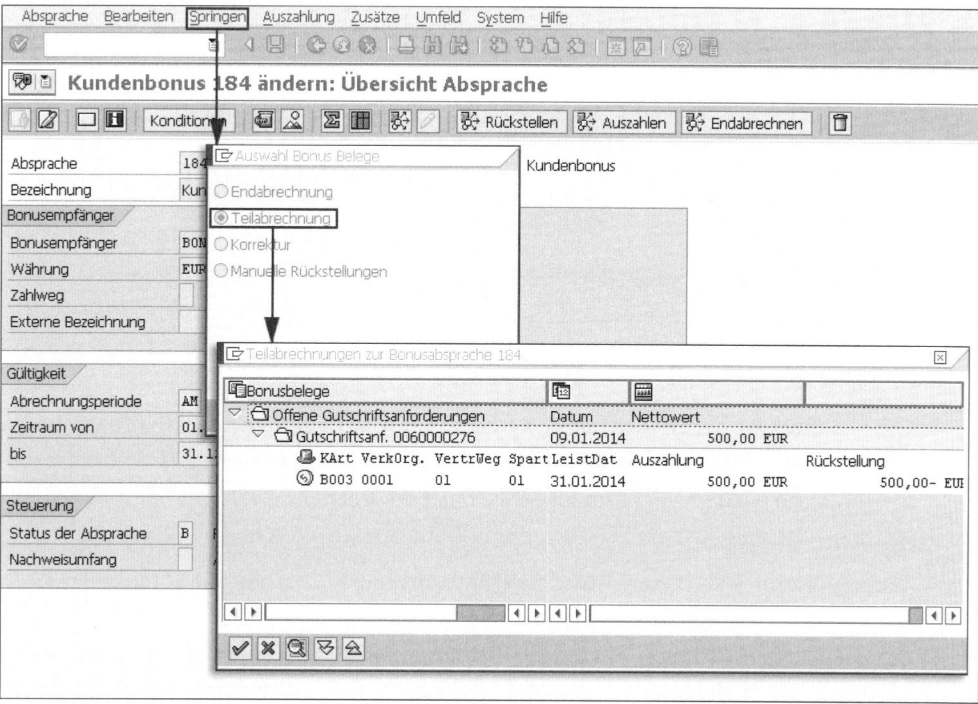

Abbildung 16.15 Zu den Auszahlungsbelegen einer Absprache navigieren

Wir sehen uns das Konditionsbild in Abbildung 16.16 etwas genauer an. Wie Sie sehen, taucht unsere Bonuskondition zweimal auf. Die erste Zeile ist dabei nicht statistisch und trägt den Auszahlungswert, die zweite Zeile ist statistisch und sorgt für die Auflösung der Rückstellungen. Wenn wir uns noch die Details der beiden Zeilen anschauen, stellen wir fest, dass beide Konditionen als manuell eingegeben gekennzeichnet und fixiert sind (Felder **Kond.Steuerung** und **Kond.Herkunft** auf dem Konditionsdetailbild, siehe Abbildung 6.4 in Abschnitt 6.1.1). Das liegt daran, dass beiden Zeilen nicht von der Preisfindung gefunden und berechnet wurden, sondern die Bonusabwicklung ihre Werte »von außen« vorgegeben hat. In den Abrechnungsbelegen findet keine automatische Ermittlung von Bonuskonditionen statt.

Außerdem fällt auf, dass die Preisfindungsdaten in der Teilabrechnung manuell nicht geändert werden können. Das liegt daran, dass die Absprachеart für eine Teilauszahlung einen Maximalwert vorsehen kann, der bei der Eingabe des Auszahlungswertes nicht überschritten werden darf. Um zu verhindern, dass dies später in der Gutschriftsanforderung passiert, ist das Preisfindungsbild für Eingaben geschlossen.

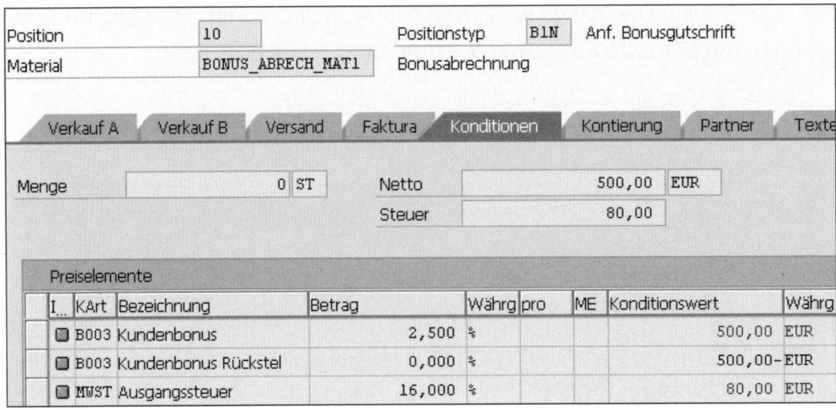

Abbildung 16.16 Konditionsbild in einer Bonusteilabrechnung

Die Preisfindung berücksichtigt übrigens aus dem verwendeten Kalkulationsschema nur Bonuskonditionen und Steuern. Sollten Sie mehr Konditionsklassen benötigen, z. B. für statistische Zwecke, müssen Sie das entsprechende Schema im IMG als *vorgangsspezifisches Schema* kennzeichnen (siehe Spalte **SpSM** in Abbildung 16.28).

Wir fakturieren jetzt unsere Gutschriftsanforderung und haben damit die Teilauszahlung abgeschlossen. Übrigens berücksichtigt das System offene Bonusbelege (Auszahlungen, Rückstellungen) in den folgenden Teilauszahlungen. In der Umsatzanzeige sind sie jedoch erst sichtbar, wenn die Statistikfortschreibung der Faktura stattgefunden hat, also nach der Überleitung an die Buchhaltung. Die Auszahlungswerte und aufgelösten Rückstellungen werden ebenfalls in der S060 aufsummiert.

Sie können sich die Zahlungsdaten zu einer Kondition auch über den Menüpfad **Springen • Zahlungsdaten** anschauen, wenn Sie in der Konditionsübersicht die entsprechende Kondition markieren. Aus diesem Bild ist es ebenfalls möglich, eine Auszahlung anzustoßen (siehe Abbildung 16.17).

Wir stellen uns nun vor, dass wir mit unserem Kunden nachverhandelt haben und auch auf die Umsätze eines Tochterunternehmens einen Bonus auszahlen wollen. Wir fügen also der Absprache eine zweite Kondition mit gleicher Gültigkeit hinzu (siehe Abbildung 16.18).

Diese Kondition konnte bisher natürlich noch nicht gefunden werden. Wir haben also unter Umständen Umsatz »verpasst«, und unsere Statistiken sind nicht aktuell. Alle Änderungen an Absprachen, die den bereits aufgelaufenen Umsatz beeinflussen können, bezeichnen wir als *rückwirkende* Änderungen. Im Falle einer solchen Änderung kennzeichnet das System Absprachen und Konditionssätze mit dem dafür vorgesehenen Kennzeichen KSPAE als **verspätet eingestellt**.

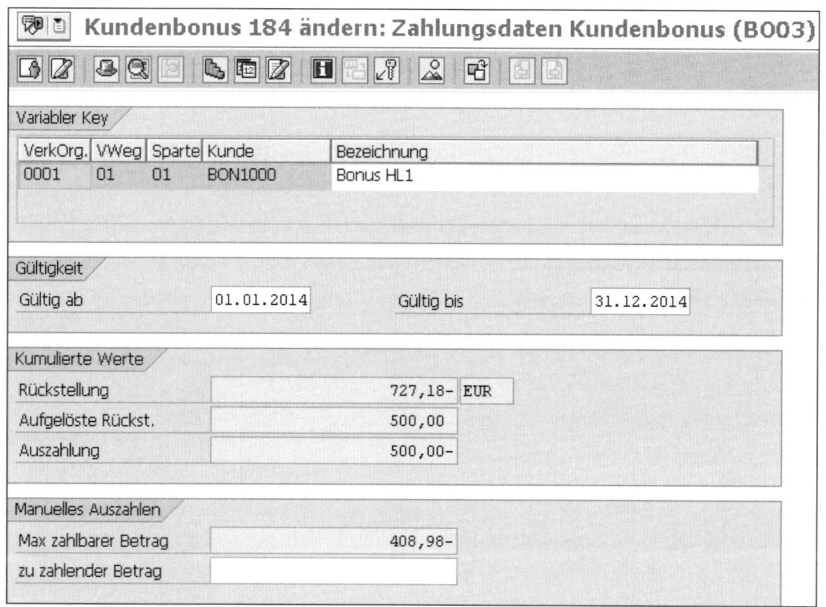
Kundenbonus 184 ändern: Zahlungsdaten Kundenbonus (B003)

Variabler Key

VerkOrg.	VWeg	Sparte	Kunde	Bezeichnung
0001	01	01	BON1000	Bonus HL1

Gültigkeit

Gültig ab 01.01.2014 Gültig bis 31.12.2014

Kumulierte Werte

Rückstellung	727,18-	EUR
Aufgelöste Rückst.	500,00	
Auszahlung	500,00-	

Manuelles Auszahlen

Max zahlbarer Betrag	408,98-
zu zahlender Betrag	

Abbildung 16.17 Kumulierte Werte und Auszahlungen einer Bonuskondition

Verkaufsorganisation	0001	Verkaufsorg. 0001
Vertriebsweg	01	Vertriebsweg 01
Sparte	01	Produktsparte 01
Zeitraum von	01.01.2014	
bis	31.12.2014	

Kunde

Kunde	Bezeichnung	Betrag	Einh.	pro	ME	Rückstellung
BON1000	Bonus HL1	1,500-	%			2,000-
BON2010	Bonus HL2.1	1,000-	%			1,000-

Abbildung 16.18 Zweite Kondition zur Absprache hinzufügen

Um mit rückwirkenden Änderungen umzugehen, kennt der SD-Bonus zwei Arbeitsweisen: das *alte* und das *neue Bonusverfahren*. Dabei ist auch das neue Bonusverfahren gar nicht mehr so neu, sondern steht bereits seit Release 4.5B zur Verfügung. Inzwischen hat es das alte Verfahren bei den meisten Verwendern abgelöst. In Abschnitt 16.1.5, »Rückwirkende Änderungen und Bonusindex«, stellen wir Ihnen beide Verfahren vor.

Hier sei nur gesagt, dass das neue Verfahren die Strategie verfolgt, die Umsätze in den Statistiken stets aktuell zu halten. Erkennt es, dass die Umsätze vielleicht nicht vollständig sind, verbietet es alle weiteren Auszahlungen, bis die Umsätze aktualisiert wurden. Dazu rufen wir den Report SDBONT06 bzw. Transaktion VBOF auf oder folgen dem Menüpfad **(SAP Easy Access •) Logistik • Vertrieb • Fakturierung • Bonus • Fakturen aktualisieren** (siehe Abbildung 16.19).

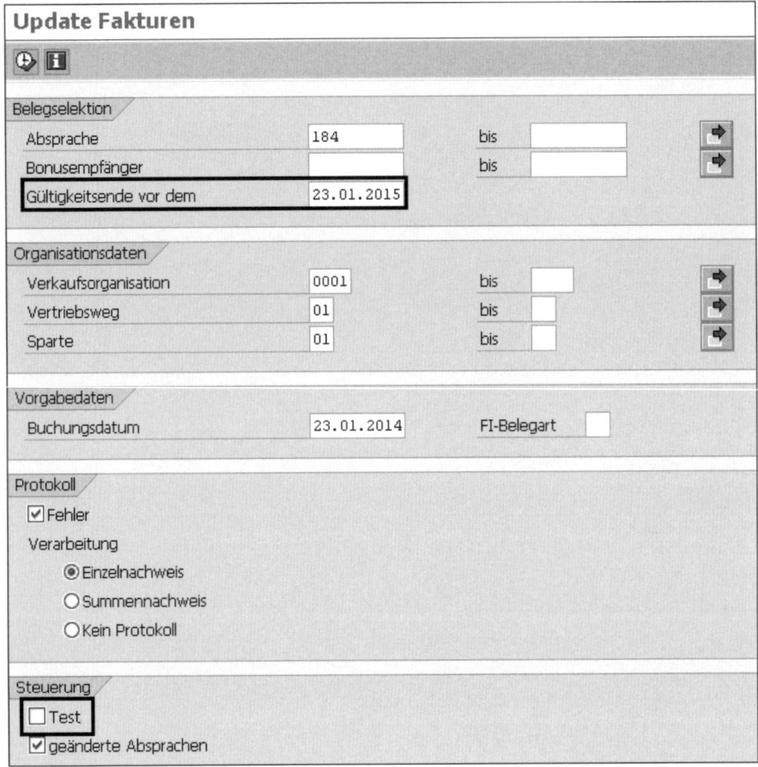

Abbildung 16.19 Aktualisieren von Fakturen zur Bonusabsprache

In der Eingabemaske geben wir unsere Absprachenummer im Feld **Absprache** ein, wählen ein korrektes Gültigkeitsende im Feld **Gültigkeitsende vor dem** und entfernen das Häkchen des Kennzeichens **Test**, damit die notwendigen Änderungen tatsächlich gebucht werden. Der Report wird nun bei allen betreffenden Fakturen die Bonuskonditionen neu ermitteln und die Differenz an Statistiken und Finanzbuchhaltung weiterleiten. Wir führen den Report aus und erhalten eine Liste der Fakturen, die tatsächlich geändert wurden (siehe Abbildung 16.20).

Update Fakturen

Auswählen

Faktura		Posnr	KArt	KondBasis	Einh.	Betrag	Einh.	KonWert	Währg	Absprache	KWähr	
90237304	Neu	10	B003	189,20	EUR	1,000-	%	1,89-	EUR	184	EUR	Kondition neu aufgenommen
Summe	Neu							1,89-	EUR	184		

Abbildung 16.20 Ergebnis des Aktualisierungslaufs

Der letzte Schritt im Leben einer Absprache ist die *Endabrechnung*. Dazu müssen alle vorangegangenen Teilauszahlungen fakturiert und an die Buchhaltung übergeleitet worden sein. Die Endabrechnung können wir entweder über die schon erwähnte Transaktion VB(7 (siehe Abbildung 16.13) anstoßen oder direkt aus der Absprache heraus über das Transaktionsmenü **Auszahlung • Endabrechnung • Automatisch oder Auszahlung • Endabrechnung • Über Auszahlungsbild** anlegen. Letzteres entspricht dem Button **Endabrechnung** im Übersichtsbild der Absprache. (In Abbildung 16.2 ist der Button nicht zu sehen, da die Absprache dazu erst gesichert werden muss.) Das erlaubt es uns, den Auszahlungsbetrag manuell einzugeben. Der Vorschlagswert wird dabei folgendermaßen berechnet (siehe Abbildung 16.21):

gültiger Konditionsbetrag × Bonusbasis – bereits erfolgte Auszahlungen

Verkaufsorganisation	0001	Verkaufsorg. 0001
Vertriebsweg	01	Vertriebsweg 01
Sparte	01	Produktsparte 01

X	Kunde		zu zahl. Betrag
☐	BON1000	Bonus HL1	408,98-
☐	BON2010	Bonus HL2.1	1,89-

Abbildung 16.21 Manuellen Endabrechnungsbetrag eingeben

Wir entscheiden uns, die vorgeschlagenen Beträge beizubehalten, und sichern die Absprache. Wieder wird im Hintergrund eine Gutschriftsanforderung angelegt und der Status der Absprache auf **C** (**Abrechnung wurde erstellt**) gesetzt (siehe Abbildung 16.22).

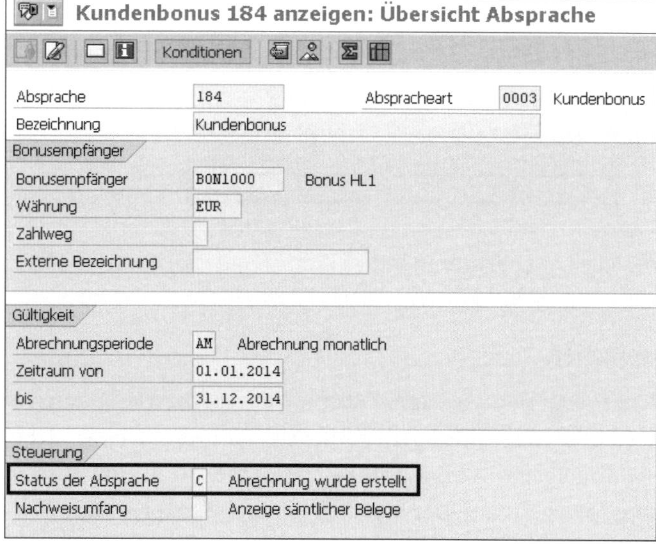

Abbildung 16.22 Statusänderung einer Absprache nach der Erzeugung der Gutschriftsanforderung zur Endabrechnung

Status einer Bonusabsprache und Preisfindung

Bonuskonditionen mit den Status **C** (**Abrechnung wurde erstellt**) und **D** (**Absprache ist endabgerechnet**) werden nicht mehr von der Preisfindung im Beleg gefunden und sogar beim Kopieren zwischen Belegen ausgefiltert. Damit können nach der Endabrechnung keine Rückstellungen mehr zu einer Absprache angelegt werden.

Sie können übrigens zu diesem Zeitpunkt durch Löschen der Gutschriftsanforderung die Bonusabsprache wieder eröffnen. Ist die Anforderung jedoch einmal fakturiert, ist die Absprache unwiderruflich geschlossen.

Es lohnt sich, auch bei der Endabrechnung einen kurzen Blick auf das Preisbild zu werfen (siehe Abbildung 16.23). Im Gegensatz zur Teilauszahlung wird hier die rückstellungsrelevante Kondition mit der Rechenregel B (**Fester Betrag**) eingestellt, und ihr werden die aufzulösenden Rückstellungen als Konditionsbetrag in Hauswährung mitgegeben. Damit soll eine möglichst genaue, von Währungskursschwankungen weitgehend unabhängige Auflösung der Rückstellungen erreicht werden. Die Endabrechnung löst alle noch offenen Rückstellungen auf. Wenn Sie SAP-Hinweis 1272817 (Endabrechnung: Rückstellungsauflösung in Absprachewährung) im Einsatz haben, können Sie die Rückstellungen auch in Absprachewährung auflösen lassen.

Nachdem die Gutschriftsanforderung abgerechnet und übergeleitet worden ist, wird der Status der Bonusabsprache auf **D** (**Absprache ist endabgerechnet**) gesetzt. Damit ist unser Beispiel abgeschlossen.

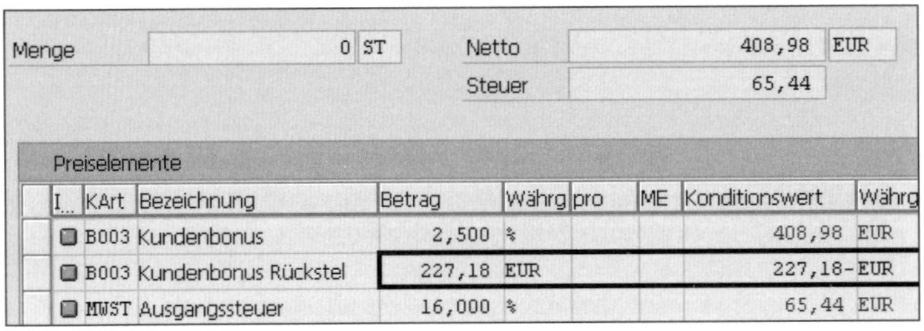

Menge 0 ST | Netto 408,98 EUR | Steuer 65,44

Preiselemente

I...	KArt	Bezeichnung	Betrag	Währg	pro	ME	Konditionswert	Währg
	B003	Kundenbonus	2,500	%			408,98	EUR
	B003	Kundenbonus Rückstel	227,18	EUR			227,18-	EUR
	MWST	Ausgangssteuer	16,000	%			65,44	EUR

Abbildung 16.23 Konditionsbild einer Endabrechnung

16.1.4 Löschen von Absprachen

Sie können Bonusabsprachen über den Menüpfad **Absprache • Löschen** beenden. Solange noch keine Umsätze oder Auszahlungen vorliegen, wird das Objekt dabei tatsächlich aus der Datenbank gelöscht. Anderenfalls erstellt das System eine Abrechnung mit dem Auszahlungsbetrag null, in der lediglich die aufgelaufenen Rückstellungen aufgelöst werden. Liegen schon Auszahlungen vor, die Sie zurückfordern möchten, sollten Sie, anstatt zu löschen, die Beträge der Konditionen auf null setzen und danach endabrechnen. Das System erstellt dann eine Lastschrift über die bereits ausgezahlten Summen.

16.1.5 Rückwirkende Änderungen und Bonusindex

Eine der Herausforderungen in der Bonusabwicklung ist der Umgang mit rückwirkenden Änderungen. Darunter verstehen wir alle Änderungen, die sich auf Umsätze und die daraus kumulierten Werte auswirken könnten, die zeitlich vor der Änderung stattgefunden haben. Ein Beispiel, das nachträgliche Anlegen eines Konditionssatzes mit Gültigkeitsbeginn in der Vergangenheit, haben Sie schon kennengelernt. Andere potenziell rückwirkende Änderungen sind z. B. das Löschen eines Konditionssatzes oder die Veränderung seiner Gültigkeit. Im neuen Verfahren gilt übrigens auch die Anpassung des Rückstellungswertes als rückwirkend. Änderungen an Staffeln oder dem Konditionsbetrag sind dagegen unproblematisch, da sie sich nicht auf den Umsatz auswirken.

Um den »verpassten« Umsatz zu ermitteln, müssen alle betroffenen Belege möglichst effizient identifiziert werden. Dazu speichert die Bonusapplikation für jede Rechnungsposition alle notwendigen Zugriffsdaten im sogenannten *Bonusindex*, der Tabelle VBOX, ab. Gibt es z. B. eine Bonuszugriffsfolge, die mit den Feldern KNRZE (**Regulierer**) und PMATN (**Preismaterial**) nach Konditionssätzen sucht, wird der zusammengehängte Feldinhalt der beiden Zugriffsfelder als Zeichenfolge VAKEY in der Tabelle VBOX gespeichert, zusammen mit der relevanten Konditionstabellen-, der Beleg- und Positionsnummer sowie dem Leistungserstellungsdatum. Dabei spielt es keine Rolle, ob zu diesem Zugriff ein Konditionssatz gefunden wurde oder nicht. Es reicht, dass ein Satz zu einem späteren Zeitpunkt existieren könnte (siehe Abbildung 16.24).

Je nach Anzahl der definierten Zugriffe auf Bonuskonditionen und Rechnungspositionen kann die Anzahl der Einträge in der Tabelle VBOX enorm groß werden. Sie sollten daher wissen, wann genau ein Indexeintrag erzeugt wird, damit Sie die Anzahl so gut wie möglich begrenzen können.

Unabhängig davon, ob der Zugriff BO02 10 auf die Tabelle 00 in der Rechnung 90237296 erfolgreich durchgeführt wurde, erzeugt er einen Eintrag im Bonusindex.

Für alle bonusrelevanten Rechnungsbelege werden für alle Zugriffe in Bonuszugriffsfolgen Einträge in der Tabelle VBOX erzeugt, wenn die folgenden Kriterien zutreffen:

- Die Zugriffsfolge ist einer Bonuskonditionsart zugeordnet. Es ist dabei nicht nötig, dass die Konditionsart tatsächlich im Schema verwendet wird.
- Kein Feld im Zugriff ist leer, es sei denn, der Zugriff erlaubt dies explizit (Kennzeichen **Initialwert erlaubt**).
- Die Bedingung im Zugriff ist erfüllt. Die Bedingung im Kalkulationsschema spielt hier hingegen keine Rolle.

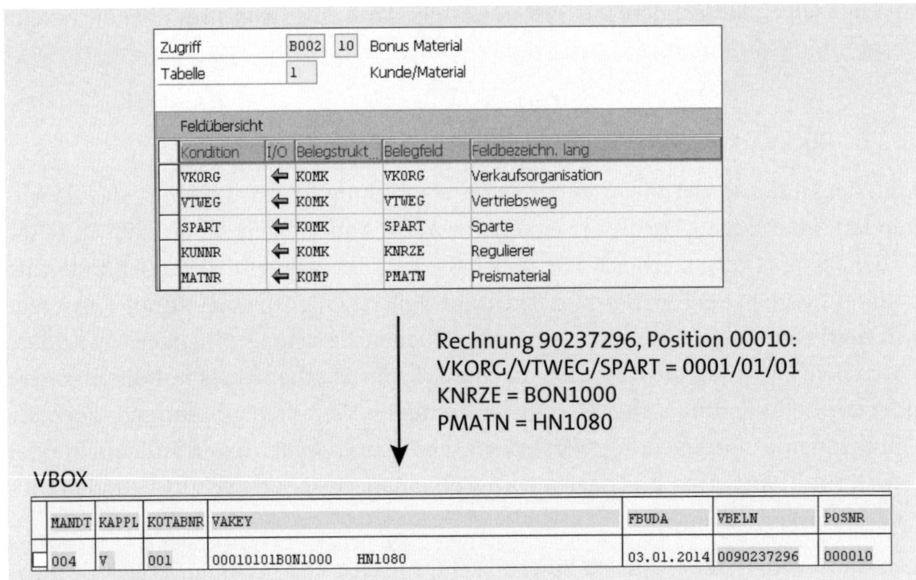

Abbildung 16.24 Beispiel für den Aufbau eines Eintrags im Bonusindex VBOX

[»]

Kundeneigene Felder für den Bonuszugriff

Wenn Sie eigene Felder in den Kommunikationsstrukturen der Preisfindung für den Bonuszugriff definiert haben, achten Sie beim Füllen in der Faktura darauf, nie die Strukturen VBRK oder VBRP zu benutzen, da diese zum Zeitpunkt des VBOX-Aufbaus nicht zuverlässig gefüllt sind. Verwenden Sie stattdessen die Strukturen XVBRK bzw. XVBRP.

Die Tabelle VBOX ist übrigens der Grund dafür, warum alle Boni mit dem gleichen Datum, dem Leistungserstellungsdatum, gesucht werden. Wollte man auch andere Daten zulassen, müssten auch diese mitabgespeichert werden.

Wird nun eine Bonuskondition rückwirkend geändert, kann das System im Bonusindex die Fakturen identifizieren, deren Feldinhalte, also der Schlüssel VAKEY, dem Schlüssel der geänderten Kondition entsprechen.

Seit Release SAP ERP 6.0 EHP 6 in der Version für SAP HANA kann auf die Tabelle VBOX verzichtet werden. Die entsprechenden Business Functions heißen `LOG_SD_REBATE_INDEX` und `LOG_SD_REBATE_INDEX_SBS`. Sie erfordern zwar einige zusätzliche Customizing-Einstellungen, dafür müssen Sie sich nicht mehr um die Größe der Tabelle VBOX sorgen, und es gibt auch keine Notwendigkeit eines Neuaufbaus (siehe unten).

Wir stellen Ihnen im Folgenden kurz die beiden bereits erwähnten Bonusverfahren und ihre Unterschiede vor.

Altes Bonusverfahren

Wird im alten Verfahren eine rückwirkende Änderung erkannt, erfolgen Umsatzanzeige und Berechnung der Auszahlungswerte nicht mehr über die kumulierten Daten der Tabelle S060, sondern mithilfe der relevanten Fakturen selbst. Dazu müssen alle Belege identifiziert werden, die zum Umsatz beitragen sollen, bei denen also die Preisfindung die entsprechende Kondition tatsächlich finden und einstellen würde.

Zu diesem Zweck selektiert der Bonus zuerst alle Fakturen aus dem Index, die zur Gültigkeit und zum Konditionsschlüssel passen. Dann wird geprüft, ob die Kondition im Preisschema tatsächlich enthalten ist und ob die hinterlegte Bedingung sowie zusätzlich die Bedingung 002 erfüllt sind. Ist beides der Fall, wird die Belegposition für den Bonusumsatz berücksichtigt. Jetzt schaut das System, ob die Kondition eventuell schon im Preisfindungsergebnis vorhanden ist. Falls ja, werden die dortigen Werte übernommen und aufsummiert. Ist die Kondition noch nicht vorhanden, muss das System Basis und Staffelbasis aus den Belegdaten ableiten. Bei mengenabhängigen Rechenregeln ist das relativ einfach. Es wird als Umsatzmenge immer die Positionsmenge (bzw. Gewicht oder Volumen) in die richtige Einheit umgerechnet und aufsummiert. Bei prozentualen Boni oder wertabhängigen Staffeln ist die Sache etwas komplizierter. Beim alten Verfahren tragen Sie dazu im Kalkulationsschema für jede betroffene Bonuskondition eine Von-Bezugsstufe ein. Dieser Stufe ordnen Sie wiederum ein Zwischensummenfeld zwischen 1 und 7 zu, das somit die Bonusbasis enthält. Da diese Zwischensummen in der Rechnung, genauer in der Tabelle VBRP, gespeichert werden, kann die Bonusabwicklung Basis und Staffelbasis direkt dem Beleg entnehmen. Ein mögliches Customizing sehen Sie in Abbildung 16.25.

Steuerung

Übersicht Bezugsstufen

Stufe	Zähl..	KArt	Bezeichnung	Von	Bis	Man..	O...	Sta...	D	ZwiSu	Bedg	RchFrm	BasFrm
399	0	R100	100%-Abschlag			☐	☐	☐	X		55		28
400	0		Bonusbasis			☐	☐	☐		7			
800	0		Positionsnetto			☐	☐	☐	X	2		2	
801	0	NRAB	Naturalrabatt			☐	☐	☐	X		59		29
810	3	HD00	Fracht			☑	☐	☐		4			
815	0	KF00	Fracht			☑	☐	☐		4			
816	0		Nettowert 2			☐	☐	☐				2	
820	0	HM00	Auftragswert			☑	☐	☐					
895	0	PDIF	Differenzwert(eigen)			☑	☐	☐					
900	0		Nettowert 3			☐	☐	☐		3		2	
901	0	B001	Mat-/Gruppenbonus	400			☐	☐			24		
902	0	B002	Materialbonus				☐	☐			24		
903	0	B003	Kundenbonus	400			☐	☐			24		
904	0	B004	Hierarchiebonus	400			☐	☐			24		
905	0	B006	Umsatzunabhäng-Bonus	400			☐	☐			24		
906	0	ZB07	K-Hierachie/P-Gruppe	400			☐	☐			24		

Abbildung 16.25 Bonuskonditionen im Kalkulationsschema beim alten Verfahren.

Der Wert der Bezugsstufe 400 wird über die Zuweisung an das Zwischensummenfeld 7 (BONBA – **Bonusbasis**) im Beleg gespeichert.

Aus dem beschriebenen Ablauf ergeben sich einige Einschränkungen für die Preisfindung. Formeln (Basis, Wert, Staffelbasis) sind in der alten Bonusabwicklung für Bonuskonditionen z. B. nicht erlaubt, da diese beim Umsatzaufbau über die Tabelle VBOX nicht berücksichtigt werden könnten. Wie Sie in Abbildung 16.25 sehen, sind die Felder daher auch nicht eingabebereit. Ebenso ist es nicht möglich, in der Zugriffsfolge das Exklusivkennzeichen zu setzen. Allerdings sind Ausschlüsse zwischen Bonuskonditionen ohnehin fragwürdig, da sie absprachеübergreifend und damit schwer zu kontrollieren wären.

Der Einzelnachweis wird auf die gleiche Weise erzeugt.

Das hier beschriebene Verfahren birgt einige gravierende Nachteile. So können Sie sich bestimmt vorstellen, dass bei großen Absprachen die Berechnung des Umsatzes bei vielen Fakturen sehr lange dauert und auch der Einzelnachweis seine Zeit braucht. Da oft zu Quartals- oder Jahresende viele Abrechnungen gleichzeitig anstehen, kann das zu Problemen führen. SAP hat daher zu Release R/3 4.5 das *neue* Bonusverfahren eingeführt.

Neues Bonusverfahren

Der Grundgedanke des neuen Verfahrens ist, bei Änderungen die Statistiken immer wieder zu vervollständigen. Abrechnungen und Umsatzanzeigen können dann immer mit kumulierten Daten erzeugt werden, was normalerweise sehr viel schneller ist.

Wenn Sie beim neuen Verfahren eine Kondition rückwirkend ändern, erhalten Sie beim nächsten Aufruf der Bonusabsprache eine Mitteilung, dass die Daten nicht aktuell sind. Eine Abrechnung der Absprache ist dann so lange nicht erlaubt, bis die Umsatzdaten aktualisiert wurden. Das geschieht mit dem Report SDBONT06, den Sie über Transaktion VBOF aufrufen können oder im Menü über **(SAP Easy Access •) Logistik • Vertrieb • Fakturierung • Bonus • Fakturen aktualisieren** finden. Der Report sammelt über die Tabelle VBOX alle potenziell betroffenen Fakturen auf und führt eine Preisfindung mit der Preisfindungsart I (Bonuskonditionen) neu aus. Diese Preisfindung ermittelt ausschließlich die Bonuskonditionen neu, eine Änderung an Netto- oder Steuerwert ist verboten. Eventuelle Änderungen in den Bonuskonditionen werden verbucht. Sie lernen den Report SDBONT06 unten noch detaillierter kennen. Für den Moment soll es reichen, dass er die geänderten Bonuskonditionen in allen Belegen durch eine neue Preisfindung korrigiert.

Durchführung von Aktualisierungsläufen

Führen Sie die Belegaktualisierung so bald wie möglich nach rückwirkenden Änderungen durch, um nicht unnötig viele Rechnungen bearbeiten zu müssen. Beachten Sie aber, dass der Report unter Umständen erhebliche Laufzeiten aufweisen kann. Sie sollten die Aktualisierung daher auch nicht zu häufig durchführen.

Die Aktualisierung an sich ist zwar nicht schneller als eine Ermittlung der Bonusbasis über den Bonusindex, aber Sie können den Report jederzeit starten, sodass die einzelnen Absprachen zu unterschiedlichen Zeiten aktualisiert werden und die Last auf dem System zeitlich verteilt ist. Ein weiterer großer Vorteil ist, dass durch die erneute Preisfindung nun auch Formeln für Bonuskonditionen möglich sind. Außerdem erfolgt die Buchung der Rückstellungen verursachergemäß auf den Ursprungsbelegen, was eine bessere Kontrolle der Profitabilität der einzelnen Geschäftsvorfälle erlaubt.

Für den Einzelnachweis wird im neuen Verfahren übrigens nicht mehr die Tabelle VBOX genutzt, sondern die eigens dafür geschaffene Statistiktabelle S136, in die jeder Fakturabeleg »seine« Bonuskonditionen einträgt.

Das neue Bonusverfahren wird aktiviert, wenn Sie die Fortschreibung der Tabelle S136 in Transaktion OMO1 aktivieren. Stellen Sie dabei die Fortschreibung auf **Synchron**.

16

[«]

Manuelle Änderung von Bonuskonditionen im Beleg

Bonuskonditionen können in Umsatzbelegen grundsätzlich nicht manuell eingegeben, gelöscht oder geändert werden. Eine solche Änderung könnte bei rückwirkenden Änderungen weder im alten noch im neuen Verfahren nachvollzogen werden und ist daher grundsätzlich nicht gestattet.

16.2 Elemente der Bonusabwicklung im Detail

In diesem Abschnitt werfen wir einen näheren Blick auf die Einstellungsmöglichkeiten der Bonusabwicklung. Sie finden das beschriebene Customizing über den Pfad **(IMG •) Vertrieb • Fakturierung • Bonusabwicklung**.

16.2.1 Konditionstechnik für die Bonusabwicklung

Das zentrale Element der Bonusabwicklung ist die Bonuskondition. Sie hat aus technischen Gründen die Verwendung E (Bonus), wird aber innerhalb der Preisfindung gefunden und ausgewertet. Die Pflege von Bonuskonditionen ist der Pflege von Preiskonditionen sehr ähnlich. Wir konzentrieren uns daher bei der Beschreibung auf die Unterschiede.

Die Einstellungen zu Bonuskonditionen finden Sie über den Pfad **(IMG •) Vertrieb • Fakturierung • Bonusabwicklung • Konditionstechnik für die Bonusabwicklung**.

Konditionstabellen für Bonus pflegen

Die Pflege von Konditionstabellen im Bonus unterscheidet sich nicht wesentlich von der Pflege in der Preisfindung. Allerdings ist die erlaubte Länge des Tabellenschlüssels geringer. Während in der Preisfindung Schlüssel mit der Gesamtlänge von 100 Zeichen erlaubt sind, sind es bei Bonustabellen nur 50 erlaubte Zeichen. So lang ist auch der Schlüssel VAKEY in der Tabelle VBOX.

Eine Bonuskonditionstabelle wird mit dem Namen KOTE und einer dreistelligen Nummer, also z. B. KOTE999, erzeugt. Der zur Verfügung stehende Feldkatalog ist gegenüber der Preisfindung leicht reduziert, kann aber bei Bedarf erweitert werden.

Zugriffsfolgen pflegen

Bei den Zugriffsfolgen sollten Sie beachten, dass Sie den Typ auf **1** (**Bonusrelevante Zugriffsfolge**) setzen müssen (siehe Abbildung 16.26). Ihnen werden dann in den Zugriffen Bonuskonditionstabellen vorgeschlagen. Das Exklusivkennzeichen können Sie nur setzen, wenn das neue Bonusverfahren aktiviert ist. Wir raten Ihnen aber eher davon ab.

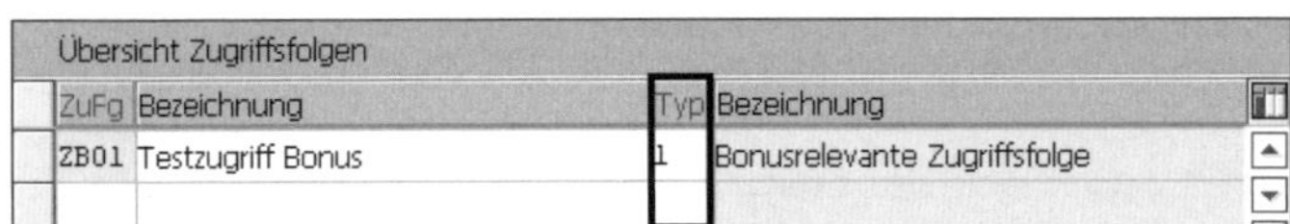

Abbildung 16.26 Typ 1 (Bonusrelevante Zugriffsfolge) für Zugriffsfolgen im Bonus setzen

Konditionsarten definieren

Eine Konditionsart wird erst durch die Konditionsklasse **C** (**Nachträgliche Vergütungen**) zur Bonuskondition. Wenn Sie dieses Kennzeichen im Feld **Kond.Klasse** im Bereich **Steuerungsdaten 1** setzen, wird die Feldauswahl deutlich reduziert (siehe Abbildung 16.27). Es kommen allerdings auch einige Felder dazu. So können Sie für Festbetragskonditionen das Bonusverfahren (Feld **Bonusverf.**) im Bereich **Bonus** wählen und damit festlegen, ob Sie für diese Konditionsart Rückstellungen buchen wollen oder nicht. Für Konditionen mit dem Bonusverfahren A ist in der Konditionssatzpflege das Feld für den Rückstellungsbetrag geschlossen.

Das zweite zusätzliche Feld im Bereich **Bonus** ist **Rückstell.k** (Rückstellungskorrekturverfahren), mit dem Sie festlegen können, ob bei Teilauszahlungen Rückstellungen aufgelöst werden sollen oder nicht.

Erwähnenswert ist auch, dass Sie über die Bezugsgröße für die Staffeln die Kumulation der Staffelbasis bestimmen, auch wenn im Konditionssatz keine Staffel angelegt wird. Das Mengeneinheitsfeld wird dann als Vorschlag für die Staffelbasiseinheit verwendet.

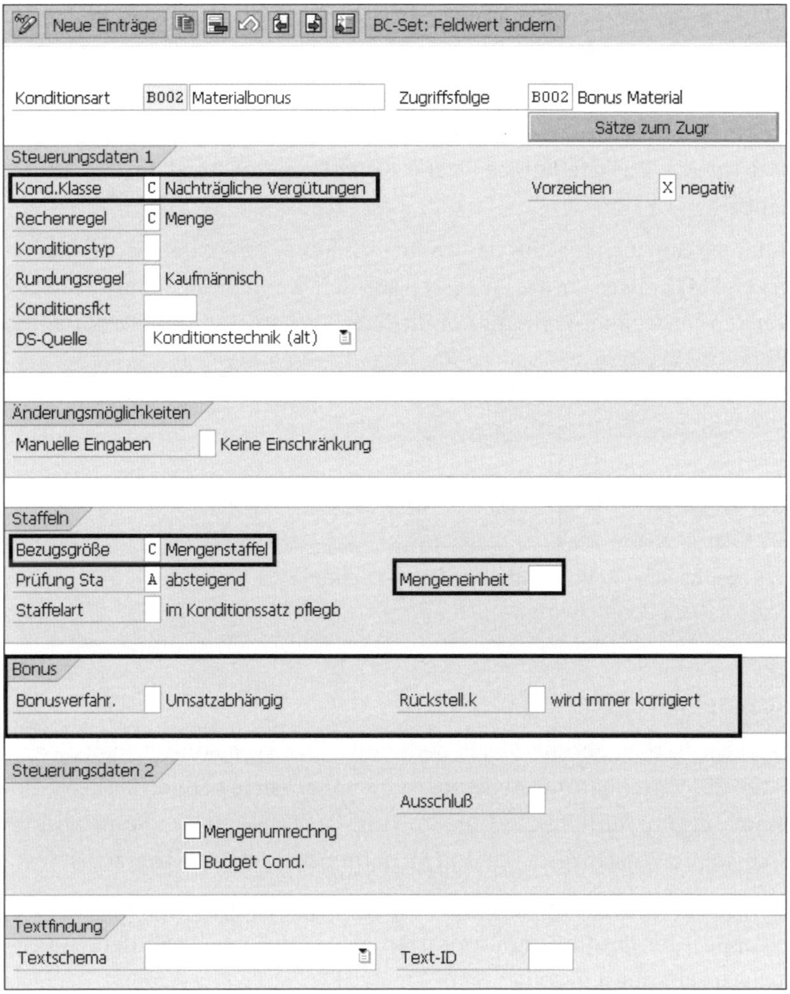

Abbildung 16.27 Bonuskonditionsart definieren

Die Kennzeichen **Währungsumrechnung** und **Rückstellung** sind übrigens bei Bonuskonditionen implizit immer gesetzt und tauchen daher in der Pflege nicht auf. Das Feld **Ausschluss** im Bereich **Steuerungsdaten 2** ist nur im neuen Verfahren verfügbar.

Kalkulationsschemata pflegen

Für Bonuskonditionen gibt es nur wenige Dinge zu beachten. Sie haben schon gehört, dass sich im alten Verfahren prozentuale Konditionen auf eine Stufe beziehen müssen, der eine Konditionszwischensumme zugeordnet ist. Beim neuen Verfahren ist das nicht mehr erforderlich; auch sind hier die Felder für Basisformel und Wertformel offen. Das Kennzeichen **Manuell** ist aber auf jeden Fall nicht erlaubt und daher ausgeblendet. Das Kennzeichen **Statistisch** sollten Sie nicht setzen. In Umsatzbelegen werden Bonuskonditionen automatisch als statistisch eingestellt, in Abrechnungsbelegen sollen sie es jedoch nicht sein.

Da Bonuskonditionen Rückstellungen buchen, müssen Sie zwei Kontenschlüssel eingeben: einen Kontoschlüssel für die Buchung der Erlösschmälerung und den anderen Kontoschlüssel für die Rückstellungen (siehe Konditionssteckbrief für Kondition BO01 in Anhang A).

Zuletzt möchten wir Sie noch mal auf das Kennzeichen **Vorgangsspezifisches Kalkulationsschema (SpSM)** hinweisen, das Sie setzen können, wenn Sie in der Abrechnung ein Schema verwenden wollen, das mehr Konditionen als Boni und Steuern enthalten soll (siehe Abbildung 16.28).

Schemata

Schema	Bedeutung	SpSM	Preisfindungsart
RVBRC	Brazil: Condition-based Taxes	☐	
RVBRCE	BR cond.: Fut. dlvy: Rechnung	☐	
RVBRCF	BR cond.: Fut. dlvy: Lieferung	☐	
RVBRCK	BR cond.: Konsi-Beschickung	☐	

Abbildung 16.28 Kennzeichen »Vorgangsspezifisches Schema« bei der Pflege von Kalkulationsschemata

16.2.2 Bonusabsprachearten

Die Bonusabsprache ist das zentrale Objekt der Bonusabwicklung und enthält die wesentlichen Daten der Vereinbarung. Außerhalb einer Absprache können Sie keine Bonuskonditionen anlegen. Mithilfe des Customizings legen Sie in den Bonusabsprachearten verschiedene Vorschlagsdaten und Verfahrensweisen für Absprachen fest.

Jeder Bonusabspracheart wird eine Konditionsartengruppe zugeordnet. In der Konditionsartengruppe legen Sie die Konditionsarten mit ihren Tabellen ab, deren Pflege in der Abspracheart erlaubt sein soll.

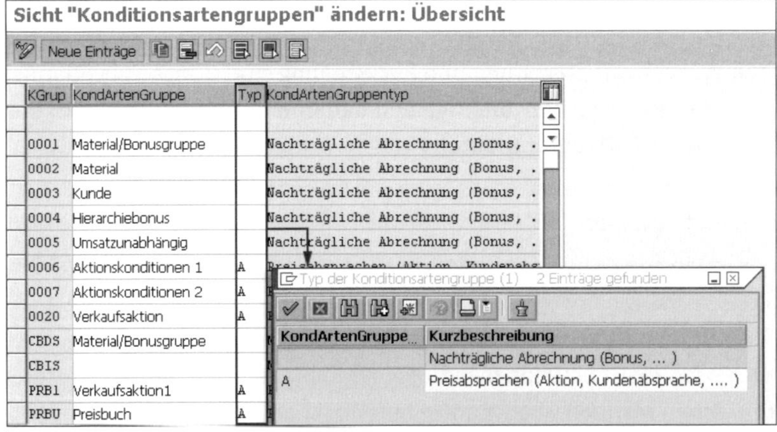

Abbildung 16.29 Konditionsartengruppe für die Bonusabwicklung anlegen

Beim Anlegen einer neuen Konditionsartengruppe müssen Sie den Typ leer lassen, damit die Gruppe in der Bonusabwicklung verwendet werden kann (siehe Abbildung 16.29).

Im zweiten Schritt ordnen Sie der Konditionsartengruppe die gewünschten Konditionsarten und Tabellen zu (siehe Abbildung 16.30).

Den Zähler können Sie dabei beliebig wählen. Die Nummer ist die Konditionstabellennummer, die in der zugeordneten Zugriffsfolge genutzt wird. In Abbildung 16.30 sehen Sie z. B., dass die Konditionsartengruppe 002 nur die Pflege der Konditionsart B002 in der Tabelle KOTE001 zulässt.

Im letzten Schritt ordnen Sie jeder Absprachetart eine Konditionsartengruppe zu.

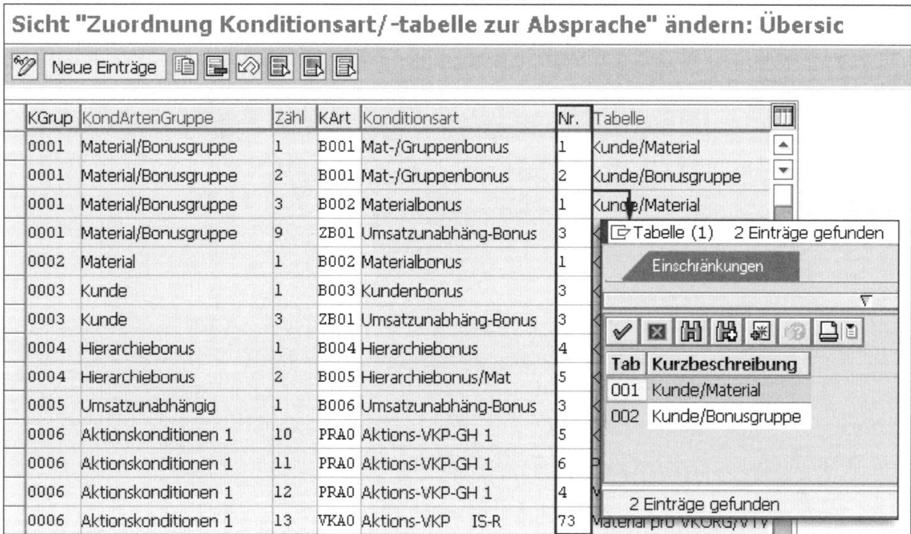

KGrup	KondArtenGruppe	Zähl	KArt	Konditionsart	Nr.	Tabelle
0001	Material/Bonusgruppe	1	B001	Mat-/Gruppenbonus	1	Kunde/Material
0001	Material/Bonusgruppe	2	B001	Mat-/Gruppenbonus	2	Kunde/Bonusgruppe
0001	Material/Bonusgruppe	3	B002	Materialbonus	1	Kunde/Material
0001	Material/Bonusgruppe	9	ZB01	Umsatzunabhäng-Bonus	3	
0002	Material	1	B002	Materialbonus	1	
0003	Kunde	1	B003	Kundenbonus	3	
0003	Kunde	3	ZB01	Umsatzunabhäng-Bonus	3	
0004	Hierarchiebonus	1	B004	Hierarchiebonus	4	
0004	Hierarchiebonus	2	B005	Hierarchiebonus/Mat	5	
0005	Umsatzunabhängig	1	B006	Umsatzunabhäng-Bonus	3	
0006	Aktionskonditionen 1	10	PRA0	Aktions-VKP-GH 1	5	
0006	Aktionskonditionen 1	11	PRA0	Aktions-VKP-GH 1	6	
0006	Aktionskonditionen 1	12	PRA0	Aktions-VKP-GH 1	4	
0006	Aktionskonditionen 1	13	VKA0	Aktions-VKP IS-R	73	Material pro VKORG/VTV

Abbildung 16.30 Konditionsarten und Konditionstabellen zu einer Konditionsartengruppe zuordnen

Die Absprachegruppe wird vom System übrigens auch dazu genutzt, um die zu einer Absprache gehörigen Konditionssätze zu finden. Sie dürfen also insbesondere keine Zuordnungen entfernen, wenn Sie noch laufende Absprachen zu einer Absprachetart haben.

Absprachearten definieren

Jede Absprache hat eine Absprachetart, die wichtige Einstellungen zur Absprache enthält. Es lohnt daher, einen genaueren Blick auf ihre Felder zu werfen (siehe Abbildung 16.31).

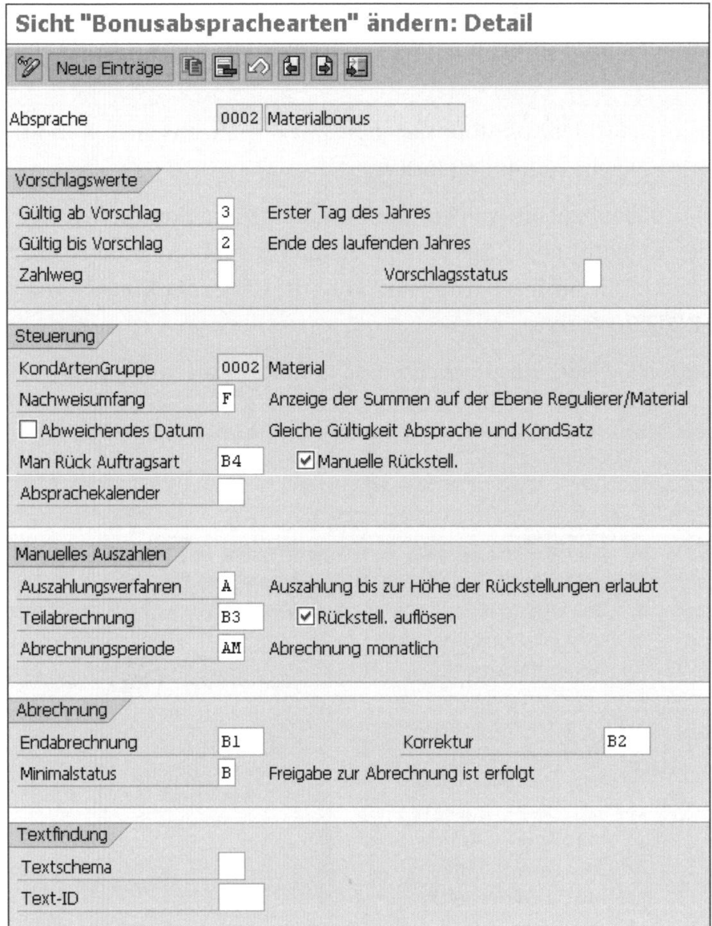

Abbildung 16.31 Absprachеart 0002 im Detail

Bereich »Vorschlagswerte«

Hier können Sie einige Feldinhalte der Absprache bei der Anlage vorbelegen.

- Das Feld **Gültig ab Vorschlag** legt das Datum für den Gültigkeitsbeginn der Absprache fest. Das System schlägt es aus der hinterlegten Regel und dem Tagesdatum vor.
- Das Feld **Gültig bis Vorschlag** legt das Datum für das Gültigkeitsende der Absprache fest. Auch dieses schlägt das System aus der hinterlegten Regel und dem Tagesdatum vor.
- Mit dem Feld **Zahlweg** bestimmen Sie, mit welchem Verfahren (Überweisung, Verrechnung usw.) die Bonusauszahlung ausgeführt werden soll.
- Mit dem Feld **Vorschlagsstatus** wird der Status der Bonusabsprache bei der Anlage gesetzt. Zusammen mit dem Minimalstatus für die Abrechnung können Sie so

steuern, ob vor einer automatischen Abrechnung die Absprache noch einmal geprüft werden muss.

Alle Felder können in der Absprache manuell geändert werden.

Bereich »Steuerung«

Die Felder in diesem Bereich sind meist in der Absprache selbst nicht änderbar.

- Über das Feld **KondArtenGruppe** (Konditionsartengruppe) wird festgelegt, welche Konditionen in der Absprache gepflegt werden können.
- Das Feld **Nachweisumfang** steuert, mit welchem Detailgrad der Nachweis des Bonusumsatzes ausgegeben wird. Sie können das Feld in der Absprache ändern.
- Ist das Kennzeichen **Abweichendes Datum** gesetzt, können Konditionssätze mit abweichenden Gültigkeitszeiträumen angelegt werden. Die Dauer kann dabei kürzer, nicht jedoch länger als die der Absprache gewählt werden. Sie können die abweichenden Daten dann über den Menüpfad **Springen • Übersicht Konditionssätze** in der Absprache pflegen. Wählen Sie dort die Sicht **Gültigkeitszeiträume** (siehe Abbildung 16.32).

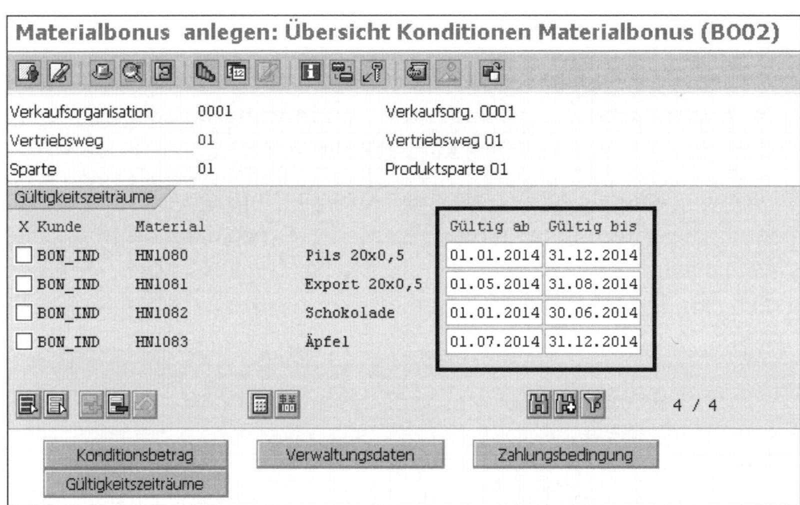

Abbildung 16.32 Abweichende Gültigkeitszeiträume pflegen

- In dem Feld **Man Rück Auftragsart** legen Sie fest, welche Auftragsart genutzt wird, wenn Sie manuelle Rückstellungen buchen wollen.
- Markieren Sie das Kennzeichen **Manuelle Rückstell.**, wenn Sie für Ihre Absprache Rückstellungen manuell erfassen wollen. In diesem Fall müssen Sie auch eine manuelle Auftragsart für Rückstellungen pflegen.
- Über das Feld **Absprachekalender** wird die Verlängerung einer Absprache gesteuert. *Verlängerung* bedeutet in diesem Zusammenhang, dass die Absprache in eine

neue Absprache kopiert wird. Die Vorschlagswerte für Beginn und Ende einer Absprache müssen mit dem gewählten Absprachekalender konsistent sein. Wenn Sie einen Absprachekalender verwenden, dürfen Sie keine abweichende Gültigkeit von Konditionssätzen erlauben.

Bereich »Manuelles Auszahlen«

Hier steuern Sie alle Teilauszahlungen einer Absprache – sowohl manuelle als auch automatische. Die festgelegten Parameter können Sie mit Ausnahme des Abrechnungskalenders in der Absprache selbst nicht mehr ändern.

Über das Feld **Auszahlungsverfahren** legen Sie fest, bis zu welcher Höhe Teilauszahlungen erlaubt sein sollen. Sie können z. B. bestimmen, dass die Teilauszahlung den Wert der bereits aufgelaufenen Rückstellungen nicht übersteigen darf oder dass der Wert genauso berechnet wird wie für eine Endabrechnung. Das Auszahlungsverfahren bestimmt nicht nur den Maximalwert der manuellen Auszahlung, sondern auch den Wert bei der automatischen Auszahlung. Sie müssen daher das Auszahlungsverfahren A oder B wählen, wenn Sie Ihre Absprachen automatisch teilabrechnen wollen.

Hinter dem Feld **Teilabrechnung** verbirgt sich die Auftragsart, die für die Teilauszahlung genutzt wird.

Wenn Sie das Kennzeichen **Rückstell. auflösen** markieren, löst das System bei einer Teilauszahlung auch Rückstellungen auf – und zwar maximal bis zur Höhe des Auszahlungsbetrags bzw. der vorhandenen Rückstellungen.

Im Feld **Abrechnungsperiode** können Sie einen Kalender eintragen, in dem die Daten für eine periodische Abrechnung hinterlegt sind. Sie können dann die Absprache in einem Massenlauf automatisch teilabrechnen. Die Werktage des Kalenders entsprechen den Abrechnungsdaten der Absprache. Sie müssen stets mit den Periodengrenzen der Umsatztabelle S060 zusammenfallen, also immer auf einem Monatsende liegen.

Bereich »Abrechnung«

Im Feld **Endabrechnung** hinterlegen Sie die Auftragsart, die Sie für die Endabrechnung der Bonusabsprache verwenden wollen.

Wenn Sie im Feld **Korrektur** eine Belegart eintragen, wird bei der Endabrechnung im alten Bonusverfahren, falls notwendig, ein sogenannter *Korrekturbeleg* erzeugt. Dieser Beleg korrigiert bei rückwirkend geänderten Absprachen die kumulierten Umsätze in den Statistiken, sodass sie danach den über die Tabelle VBOX ermittelten Umsätzen entsprechen.

Über das Feld **Minimalstatus** legen Sie fest, welchen Status eine Absprache mindestens haben muss, bevor sie endabgerechnet werden darf.

Bereich »Textfindung«

Im Feld **Textschema** kann ein Textschema für Absprachen angegeben werden. Die in diesem Textschema enthaltenen Textarten können im Detailbild der Absprache genutzt werden.

Im Feld **Text-ID** kann die Textart aus dem vorher zugeordneten Textschema angegeben werden, die als Default im Absprachepflegebild vorgeschlagen werden soll.

16.2.3 Bonusabwicklung aktivieren

Um in einer Verkaufsorganisation überhaupt eine Bonusabsprache anlegen zu können, müssen Sie dort zuerst den Bonus aktivieren. Dazu folgen Sie dem Pfad **(IMG •) Vertrieb • Fakturierung • Bonusabwicklung • Bonusabwicklung aktivieren** und wählen dort die Aktivität **Bonusabwicklung für Verkaufsorganisationen aktivieren**. Setzen Sie dort für alle Verkaufsorganisationen das Kennzeichen **Bonus aktiv**, in denen Sie tatsächlich Boni anlegen wollen. Da sowohl die Fortschreibung des Bonusindex als auch die Preisfindung dieses Kennzeichen prüft, können Sie so unnötige Zugriffe und Datensätze vermeiden, wenn Sie darauf achten, das Kennzeichen nur bei Bedarf zu setzen.

In nächsten Schritt wählen Sie unter dem gleichen Pfad die Aktivität **Fakturen für die Bonusabwicklung kennzeichnen** und verfahren dort genauso. Auch hier gilt, dass aus Performancegründen und wegen der Größe der Tabelle VBOX nur tatsächlich benötigte Fakturen gekennzeichnet werden sollten. 16

Damit Sie nun tatsächlich Kunden Boni gewähren können, müssen Sie noch in den Vertriebsbereichsdaten des Kundenstamms die Bonusrelevanz (Kennzeichen **Bonus**) ankreuzen (siehe Abbildung 16.33). Falls sich Ihre Änderung auf bereits gebuchte Belege auswirken soll, müssen Sie zusätzlich die Tabelle VBOX neu aufbauen.

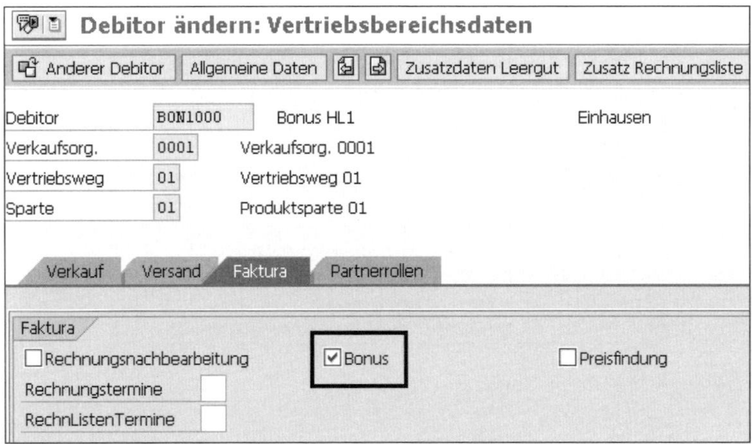

Abbildung 16.33 Kunden als bonusrelevant kennzeichnen

16.2.4 Bonusbelegarten

Wir haben bei der Absprachеart verschiedene Belegarten hinterlegen müssen. Wir werfen daher einen kurzen Blick auf diese Belegarten weisen und auf die Besonderheiten hin.

Die Auftragsarten für die Bonusbelege sind normale Gutschriftsanforderungen. Die einzige Besonderheit findet sich im Positionstyp. Der darf, obwohl es sich um eine Gutschriftsposition handelt, nicht als Retoure gekennzeichnet werden, um die richtigen Vorzeichen in den Abrechnungskonditionen zu erhalten. Die Preisfindung erkennt einen Bonusabrechnungsbeleg technisch an der gefüllten Absprachenummer in der Kommunikationsstruktur KOMK-KNUMA.

Bei den Fakturaarten gibt es ein paar mehr Dinge zu beachten. Damit die Kumulation in die Statistiktabelle S060 korrekt durchgeführt wird, muss die Art des Bonusbelegs, die **Bonusabrechnung**, angegeben werden (siehe Abbildung 16.34).

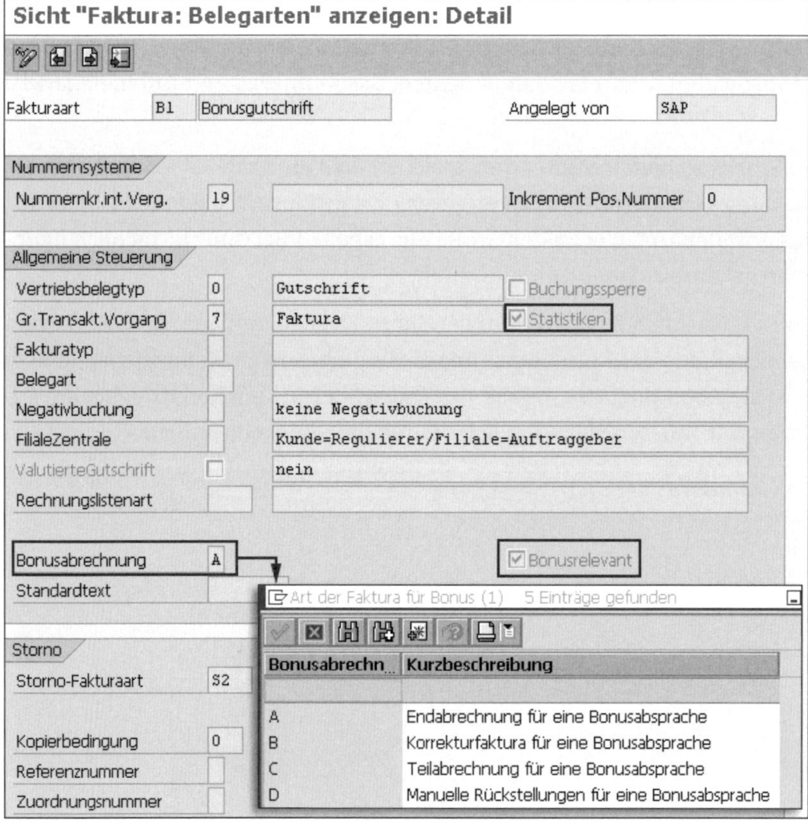

Abbildung 16.34 Fakturaarten für die Bonusabrechnung

Außerdem müssen Bonusfakturen als statistik- und bonusrelevant gekennzeichnet sein. Vergessen Sie nicht, diese Kennzeichen auch bei der zugeordneten Stornobelegart zu setzen.

16.2.5 Aktivierung des neuen Bonusverfahrens

Das neue Bonusverfahren ist heute das Standardverfahren und wird von den meisten Nutzern bevorzugt. Sie aktivieren es, indem Sie die Fortschreibung der Statistikstruktur S136 einschalten. Achten Sie darauf, dass die Fortschreibung **synchron** ist, und bauen Sie bei Bedarf die Statistikdaten neu auf. SAP-Hinweis 105681 enthält dazu wertvolle Informationen.

16.2.6 Wichtige Reports

In diesem Abschnitt stellen wir Ihnen die wichtigsten Reports der Bonusabwicklung vor.

Neuberechnung von Zwischensummen

Der Report RV15B003, den Sie über Transaktion OVG1 oder im IMG über den Pfad **(IMG •) Vertrieb • Fakturierung • Bonusabwicklung • Neuberechnung von Zwischensummen für die Bonusabwicklung** aufrufen können, ist insbesondere für die alte Bonusabwicklung von Interesse. Wir erinnern uns, dass wir im alten Verfahren jeder wertbasierten Bonuskondition eine Zwischensumme zuweisen müssen. Bei Änderungen an diesem Customizing können Sie hier die Zwischensummen aller Fakturen neu berechnen lassen.

Fakturaindex aufbauen

Hinter dem Pfad **(IMG •) Vertrieb • Fakturierung • Bonusabwicklung • Fakturaindex aufbauen** verbirgt sich der Report RV15B001 bzw. Transaktion OVB3. Mit diesem Report können Sie den Bonusindex, also den Inhalt der Tabelle VBOX, neu aufbauen. Dazu werden für die betreffenden Belege die Kommunikationsstrukturen der Preisfindung aufgebaut, und daraus wird der Bonusindex neu erstellt.

Wir erinnern uns: Der Bonusindex dient dazu, bei rückwirkenden Änderungen alle davon betroffenen Fakturen zu finden. Es gibt allerdings auch Änderungen, bei denen selbst der Index nicht mehr vollständig ist. Darunter fallen z. B. Änderungen in der Bonusrelevanz von Kunden, Verkaufsorganisationen oder Belegarten sowie das Anlegen neuer Konditionstabellen und Zugriffe. Nicht zuletzt können auch Coding-Änderungen im Aufbau der Preisfindungskommunikationsstrukturen in den entsprechenden User-Exits einen Neuaufbau der Tabelle VBOX notwendig machen.

[»]

Neuaufbau des Bonusindex VBOX

Prüfen Sie genau, ob die Tabelle VBOX wirklich neu aufgebaut werden muss, d. h., ob sich Ihre Änderungen tatsächlich auf schon gebuchte Fakturen auswirken müssen. Der Neuaufbau kann eine erhebliche Laufzeit haben und markiert alle offenen Bonusabsprachen als **rückwirkend geändert**. Im neuen Verfahren müssen Sie daher zusätzlich alle Absprachen aktualisieren. Im alten Verfahren werden danach alle Absprachen über den Bonusindex und nicht mehr über die Statistikdaten abgerechnet, was ebenfalls zu erheblich erhöhten Laufzeiten führen kann.

Statistikneuaufbau

Durch eine Erweiterung der Struktur S060 zwischen den Releaseständen SAP R/3 3.1I und 4.0 war es nötig, beim Upgrade die Statistikdaten des Bonus neu aufzubauen. Heute ist das kaum noch von Bedeutung, und ein Neuaufbau der S060-Daten sollte sehr selten notwendig sein, solange nicht z. B. die Statistikrelevanz von Belegen geändert wird oder Fehler in der Statistikfortschreibung aufgetreten sind. In beiden Fällen sollten Sie prüfen, ob ein Teilaufbau über einen bestimmten Belegtyp ausreichend ist. Im Zweifel können Sie den Neuaufbau erst einmal simulieren und feststellen, ob es tatsächlich zu Abweichungen kommt. Beim Neuaufbau werden die selektieren Belege einfach noch einmal in die Statistiken gebucht. Sie müssen daher darauf achten, dass keine Fakturen doppelt in die Statistiken eingehen und keine Fakturen vergessen werden. Bei einem kompletten Neuaufbau bietet es sich an, verschiedene Pakete von Belegen zu bilden und verschiedene Läufe einzuplanen. Nur der erste Lauf sollte mit dem Kennzeichen gestartet werden, dass die Statistikdaten zuerst initialisiert, d. h. komplett gelöscht werden. Es ist ratsam, den Lauf mit den neusten Fakturen zuerst zu starten und einen Zeitpunkt abzupassen, in dem während der Laufzeit keine neuen Fakturen erzeugt werden. Danach können Sie nach und nach die älteren Fakturen einbuchen, bis die Statistiken wieder komplett sind. Den Statistikneuaufbau können Sie über Transaktion VFSN oder den Pfad **(IMG •) Vertrieb • Fakturierung • Bonusabwicklung • Statistikneuaufbau: Simulation und Durchführung** starten. Der Report dahinter heißt SDS060RB.

Vergleich der Bonusbasis und Korrektur der Rückstellungen

Der Report RV15B002 (Transaktion VOB3, Pfad **(IMG •) Vertrieb • Fakturierung • Bonusabwicklung • Vergleich der Bonusbasis und Korrektur der Rückstellungen**) vergleicht die kumulierten Umsätze mit denen aus dem Einzelnachweis (siehe Abbildung 16.35). Im neuen Verfahren sind hier keine Abweichungen zu erwarten, da die Statistiktabelle S060 stets aktuell gehalten wird. Im alten Verfahren kann es jedoch bei rückwirkend geänderten Absprachen zu Abweichungen kommen. In diesem Fall erlaubt es der Report, die fehlenden Rückstellungen über den Button **Rückst. korrigieren** mithilfe eines Korrekturbelegs zu buchen. Dabei werden ebenfalls Basis und Staffelbasis korrigiert. Die Korrektur erfolgt jedoch nicht periodengerecht, sondern fällt in die aktuelle Periode.

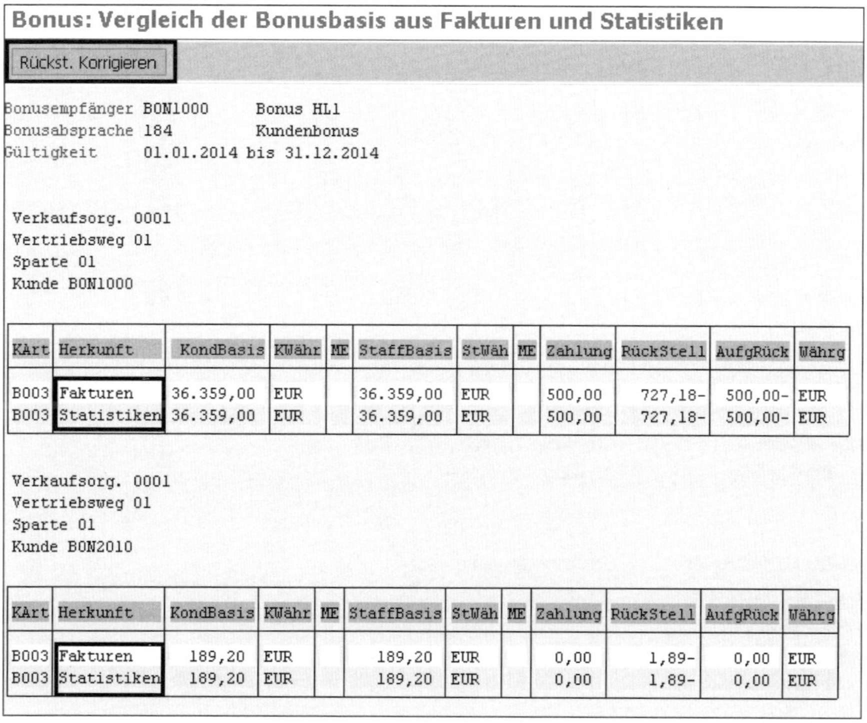

Bonus: Vergleich der Bonusbasis aus Fakturen und Statistiken

Rückst. Korrigieren

```
Bonusempfänger BON1000       Bonus HL1
Bonusabsprache 184           Kundenbonus
Gültigkeit      01.01.2014 bis 31.12.2014

 Verkaufsorg. 0001
 Vertriebsweg 01
 Sparte 01
 Kunde BON1000
```

KArt	Herkunft	KondBasis	KWähr	ME	StaffBasis	StWäh	ME	Zahlung	RückStell	AufgRück	Währg
B003	Fakturen	36.359,00	EUR		36.359,00	EUR		500,00	727,18-	500,00-	EUR
B003	Statistiken	36.359,00	EUR		36.359,00	EUR		500,00	727,18-	500,00-	EUR

```
 Verkaufsorg. 0001
 Vertriebsweg 01
 Sparte 01
 Kunde BON2010
```

KArt	Herkunft	KondBasis	KWähr	ME	StaffBasis	StWäh	ME	Zahlung	RückStell	AufgRück	Währg
B003	Fakturen	189,20	EUR		189,20	EUR		0,00	1,89-	0,00	EUR
B003	Statistiken	189,20	EUR		189,20	EUR		0,00	1,89-	0,00	EUR

Abbildung 16.35 Report RV15B002 – Überprüfen und Korrigieren von Rückstellungen

Abrechnen von Bonusabsprachen

Der Report RV15C001, erreichbar über Transaktion VB(7, ist einer der zentralen Reports der Bonusabwicklung und wird insbesondere zur automatischen Abrechnung von Bonusvereinbarungen genutzt (siehe Abbildung 16.36).

Mit den Eingaben in den Bereichen **Bonusabsprachen** und **Organisationsdaten** selektieren Sie die Absprachen, die bearbeitet werden sollen. Achten Sie dabei darauf, dass Gültigkeitsende so zu wählen, dass es die gewünschten Absprachen einschließt.

Der Bereich **Periodische Teilabrechnung** muss nur ausgefüllt werden, wenn tatsächlich eine Teilabrechnung vorgenommen werden soll. Geben Sie in diesem Fall hier die **Abrechnungsperiode** und den **Abrechnungstermin** an. Achten Sie darauf, dass der Termin tatsächlich einem Abrechnungsdatum in der Abrechnungsperiode entspricht. Es werden nur solche Absprachen abgerechnet, die die gleiche Abrechnungsperiode haben.

Abrechnung von Bonusvereinbarungen

Bonusabsprachen
Bonusabsprache bis
Bonusempfänger bis
Gültigkeitsende vor dem 31.12.9999

Organisationsdaten
Verkaufsorganisation 0001 bis
Vertriebsweg 01 bis
Sparte 01 bis

Periodische Teilabrechnung
Abrechnungsperiode bis
Abrechnungstermin 31.01.2014

Status der Bonusabrechnung
☐ Offen
☐ Freigabe wird geprüft ☑ Freigabe ist erfolgt
☐ Gutschriftsanf. erstellt ☐ Endabgerechnet

Aktionen
○ Endabrechnung durchführen ☐ Nachweis ausgeben
○ Teilabrechnung durchführen
◉ nur Umsatz ausgeben
○ Kontrollauf
○ Kontrollauf testen

Abbildung 16.36 Report RV15C001 (Abrechnen von Absprachen)

Außerdem muss das Auszahlungsverfahren bei den Absprachearten entweder A oder B sein, da ansonsten kein Abrechnungsbetrag berechnet werden kann. Das Programm summiert dann den Gesamtumsatz bis zum Abrechnungstermin auf und berechnet daraus den Auszahlungsbetrag. Davon werden alle bereits bestehenden Auszahlungen abgezogen.

Im Bereich **Status der Bonusabrechnung** können Sie die selektierten Bonusvereinbarungen noch einmal einschränken.

Zuletzt legen Sie noch die genaue Aktion fest, die Sie durchführen möchten. End- und Teilabrechnung haben Sie schon kennengelernt. Sie können den Report RV15C001 aber auch dazu nutzen, lediglich den Umsatz ausgeben zu lassen. In diesem Fall erhalten Sie nur eine entsprechende Liste als Ergebnis (siehe Abbildung 16.37). Von hier aus können Sie übrigens über den Menüpfad **Bearbeiten • Freigabe durchführen** für alle markierten Vereinbarungen den Status der Absprache umsetzen.

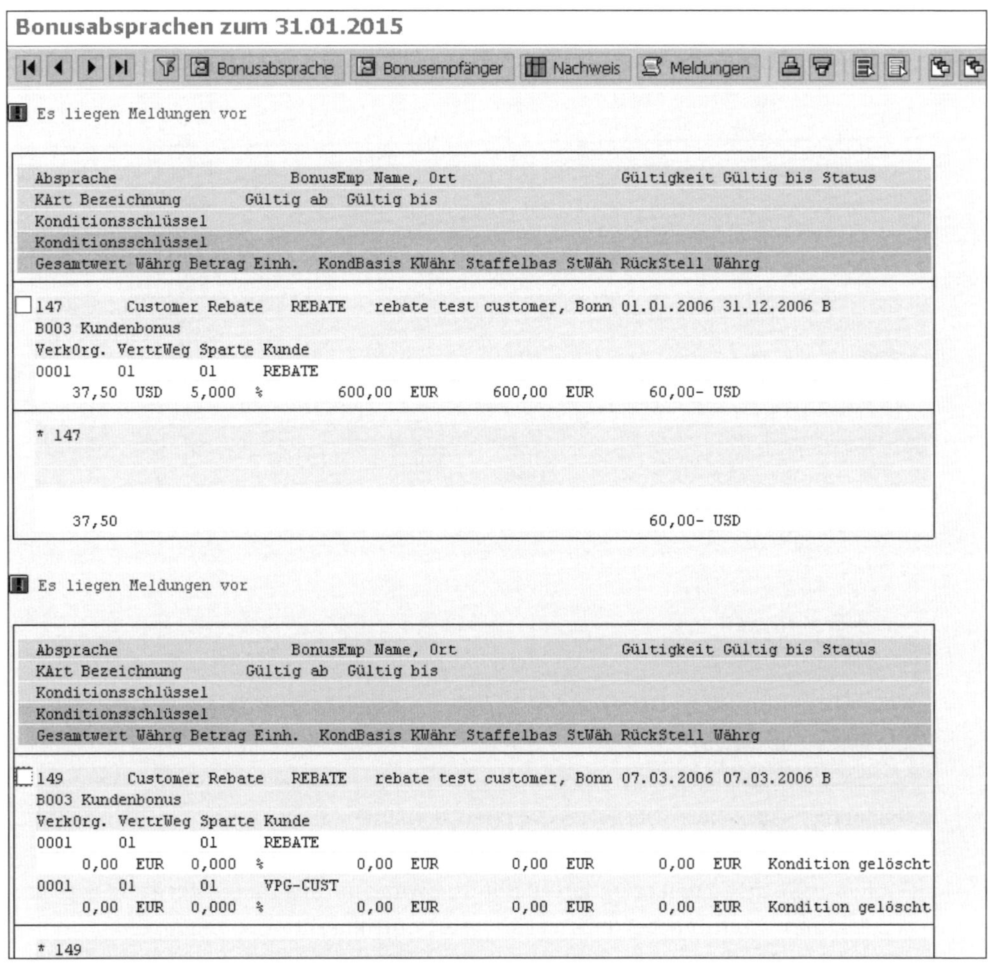

Abbildung 16.37 Report RV15C001 (Liste von Bonusumsätzen)

Zuletzt möchten wir noch kurz auf den Kontrolllauf eingehen. Im alten Verfahren kann man bei endabgerechneten Absprachen den Auszahlungswert noch einmal über den Bonusindex ermitteln und Differenzen nachträglich abrechnen. Ein Grund dafür könnte sein, dass relevante Fakturen erst nach der Abrechnung erstellt, übergeleitet oder storniert wurden. Das neue Verfahren unterstützt diese Funktion nicht, da dort eine Abrechnung über die Tabelle VBOX nicht mehr vorgesehen ist.

Fakturen aktualisieren

Der zweite zentrale Report der Bonusabwicklung ist der Report SDBONT06, mit dem im neuen Verfahren bei rückwirkenden Änderungen die Statistiken vervollständigt werden. Der Report SDBONT06 wird mit Transaktion VBOF aufgerufen (siehe Abbildung 16.38).

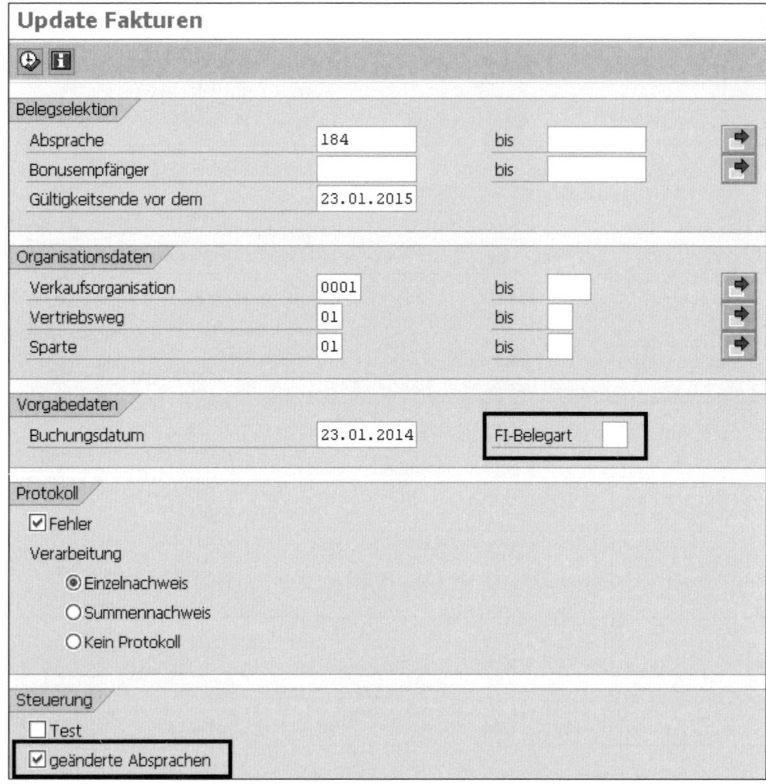

Abbildung 16.38 Report SDBONT06 (Fakturen aktualisieren)

Der Report sucht zu den selektierten Bonusabsprachen alle möglicherweise betroffenen Fakturen. Fakturen, bei denen geänderte Bonuskonditionen hinzugefügt werden müssen, werden über den Bonusindex gefunden. Fakturen, aus denen Bonuskonditionen eventuell entfernt werden müssen, werden über die Einzelnachweistabelle S136 identifiziert. Bei allen Fakturen wird eine Preisfindung mit der Preisfindungsart I (Bonuskonditionen) neu durchgeführt. Ist das Preisfindungsergebnis verändert, wird das neue Ergebnis gesichert und die Differenz an die Buchhaltung gemeldet. Änderungen an Nettowert oder Steuerwert werden dabei nicht zugelassen. Sind alle Fakturen erfolgreich abgearbeitet, wird das Kennzeichen **verspätet eingestellt** für die gesamte Absprache zurückgesetzt.

[»]

Netto- und Steuerwert bei der Aktualisierung von Fakturen

Wird im laufenden Betrieb z. B. das Kalkulationsschema geändert oder sind Formeln nicht sachgemäß programmiert, kann es im Einzelfall zu Änderungen an Netto- oder Steuerwert kommen. Das System bricht dann die Verarbeitung ab, ohne die Änderung zu verbuchen. Die Aktualisierung kann nicht abgeschlossen werden. In solchen Fällen finden Sie Hilfe in SAP-Hinweis 456458.

Als Faustregel gilt, dass eine Aktualisierung der Fakturen so bald wie möglich nach einer Änderung durchgeführt werden sollte, damit die Anzahl der zu bearbeitenden Belege möglichst klein bleibt. Gleichzeitig sollten Sie bei häufigen Änderungen vielleicht aber auch erst alle Änderungen abwarten, da die Laufzeit bei hohem Volumen durchaus beträchtlich sein kann. Letztlich müssen Sie einen für Ihre Situation angemessenen Kompromiss finden.

Beachten Sie, dass die Preisfindung auf den Belegen natürlich alle Bonuskonditionen neu ermittelt, also auch solche, die nicht zu den selektierten Absprachen gehören. Es bietet sich daher an, bei der Selektion zu versuchen, Absprachen zusammenzufassen, die viele gemeinsame Belege haben.

Geänderte Bonuskonditionen führen zu einem zweiten FI-Beleg zur Rechnung. Falls Sie FI-Belegarten verwenden, die eine externe Nummernvergabe haben, kann das zu Problemen führen. In diesem Fall müssen Sie im Bereich **Vorgabedaten** eine abweichende FI-Belegart mit interner Nummernvergabe eintragen.

Mit dem Kennzeichen **Test** können Sie die Aktualisierung auch ohne Verbuchung aufrufen, und mit dem Kennzeichen **geänderte Absprachen** erreichen Sie, dass nur tatsächlich verspätet eingestellte Absprachen selektiert werden.

Verlängern von Bonusabsprachen

Mit dem Report RV15C005 oder Transaktion VB(D können Sie Bonusabsprachen verlängern, bei denen Sie einen Absprachekalender hinterlegt haben. Dabei wird nicht die Gültigkeit der ursprünglichen Absprache angepasst, sondern eine neue Absprache in der nächsten Periode des Absprachekalenders angelegt.

Kopieren von Absprachen

Mit dem Report RV15B004 können Sie eine Absprache auf mehrere neue Absprachen kopieren. Dazu geben Sie die Nummer der Vereinbarung an, die kopiert werden soll, und eine Liste von Kundennummern, die als Bonusempfänger in den neuen Absprachen dienen sollen. Das System setzt außerdem die Kundennummern in den Konditionen der alten Absprache auf die neuen Kundennummern um.

Ändern von Währungen von Bonusabsprachen

Mit dem Report RV15C006 bzw. Transaktion VBOE können Sie die Auszahlungswährung einer Absprache ändern. Ursprünglich war der Report dafür gedacht, bei der Einführung des Euro auslaufende Währungen bei langen Bonusvereinbarungen zu ersetzen.

Wir werfen an dieser Stelle einen kurzen Blick auf die beteiligten Währungen in der Bonusabwicklung. Da ist zuerst einmal die gut sichtbare Absprachewährung, die die Währung der Auszahlungsbelege bestimmt und in dem Feld WAERS der Tabelle KONA abgespeichert ist. Bei der Anlage von Konditionssätzen wird die Absprachewährung als Konditionswährung (Feld KWAEH in der Tabelle KONP) an die Konditionen weitergegeben. Die Konditionswährung bestimmt, in welcher Währung die Umsatzwerte, also die (wertmäßige) Basis und die Rückstellungen, kumuliert werden. Sie haben schon in Abschnitt 16.1.2, »Umsatz: Bonuskonditionen im Beleg«, gesehen, dass bei Bedarf Wert und Basis der Kondition zweimal berechnet werden: in Beleg- und in Konditionswährung. Dadurch wird sichergestellt, dass die Umrechnung des Bonusumsatzes in die Absprachewährung mit dem aktuell gültigen Kurs stattfindet und bei der Abrechnung keine Umrechnung mehr notwendig ist. Die Rückstellungen werden zusätzlich noch in Hauswährung kumuliert, da es wichtig ist, bei der Endabrechnung genau die in FI gebuchte Summe aufzulösen.

Ändert man nun die Absprachewährung, bleiben die Konditionswährung und damit die kumulierten Statistikdaten davon unberührt. Das heißt aber auch, dass bei der Abrechnung die Umsätze als Summe mit dem aktuellen Datum in die Absprachewährung umgerechnet werden. Der individuelle Zeitpunkt der Umsätze bleibt dabei unberücksichtigt. Schwankungen der Währungskurse können hier also einen erheblichen Einfluss auf das Endergebnis haben.

Es wird daher nicht empfohlen, die Absprachewährung zu ändern, wenn der Kurs zwischen alter und neuer Währung nicht fixiert ist.

Anzeigen von Bonusabsprachen

Mit Transaktion VB(8 oder dem Report RV15C002 können Sie sich eine Liste von Bonusabsprachen anzeigen lassen.

Archivieren von Fakturen verhindern

Mit dem Report SDBONARCH können Sie Fakturen markieren, die für laufende Absprachen noch relevant sind. Diese Fakturen sind damit für die Archivierung gesperrt.

Bonusanalyse-Tool

Der Report REBATE_GENERAL_ANALYZE gibt Ihnen eine weitgehend komplette Übersicht über alle Aspekte einer Absprache und kann insbesondere bei der Suche nach Fehlern hilfreich sein.

16.2.7 Konditionssatzübergreifende Staffelbasisermittlung

Diese kleine Zusatzfunktion steht seit Release SAP ERP 2005 zur Verfügung und erlaubt es, den Umsatz verschiedener Konditionssätze für die Staffelermittlung zusammenzufassen. Dazu müssen Sie lediglich das Feld **Staffelgruppe** mit einem beliebigen

Wert füllen (siehe Abbildung 16.39). Für alle Zeilen mit den gleichen Werten werden die Staffelbasen für die individuelle Staffelstufenermittlung addiert. Sie müssen aber darauf achten, dass die Staffelbasiseinheiten der beteiligten Konditionen gleich sind, damit die Basen aufsummiert werden können.

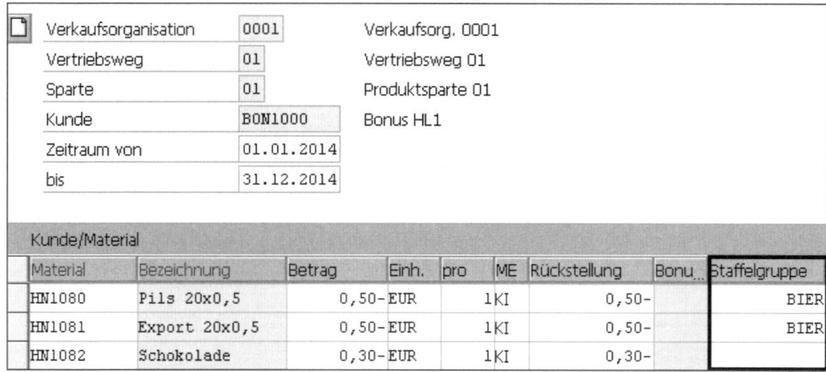

Verkaufsorganisation	0001	Verkaufsorg. 0001
Vertriebsweg	01	Vertriebsweg 01
Sparte	01	Produktsparte 01
Kunde	BON1000	Bonus HL1
Zeitraum von	01.01.2014	
bis	31.12.2014	

Kunde/Material

Material	Bezeichnung	Betrag	Einh.	pro	ME	Rückstellung	Bonu...	Staffelgruppe
HN1080	Pils 20x0,5	0,50-	EUR	1	KI	0,50-		BIER
HN1081	Export 20x0,5	0,50-	EUR	1	KI	0,50-		BIER
HN1082	Schokolade	0,30-	EUR	1	KI	0,30-		

Abbildung 16.39 Staffelgruppe für gemeinsame Staffelbasisermittlung setzen

Falls Sie bei sich das Feld **Staffelgruppe** nicht sehen, kann es helfen, die Pflegebilder des Bonus mit dem Report RV12A001 für die Verwendung E neu zu generieren.

16

16.2.8 Indextabelle für Bonus ersetzen

Seit Release ERP 6.0 EHP 6 in der Version für SAP HANA kann auf die Indextabelle VBOX verzichtet werden. Dazu müssen Sie entweder die Business Function LOG_SD_REBATE_INDEX oder LOG_SD_REBATE_INDEX_SBS aktivieren. Das System ermittelt dann die relevanten Fakturen direkt, ohne über den Index zu gehen. Dazu sind aber einige zusätzliche Customizing-Einstellungen notwendig.

Die Tabelle VBOX wird mit den Feldern der Kommunikationsstrukturen KOMP und KOMK und dem Wissen um die Zuweisung des KOMK-/KOMP-Feldes zum Tabellenfeld im Zugriff aufgebaut. Wenn wir jedoch direkt die Fakturen finden wollen, müssen wir zusätzlich wissen, wie sich die KOMK-/KOMP-Felder aus den Feldern des Belegs ergeben. Genau dieses Beziehungswissen müssen wir im Customizing über den Pfad **(IMG •) Vertrieb • Fakturierung • Bonusabwicklung • Fakturaermittlung: Kundenspezifisches Mapping** für den Fall hinterlegen, dass wir von der Standardermittlung abweichen, also z. B., wenn wir KOMK oder KOMP erweitert haben und eigene Felder verwenden. Es ist hilfreich, sich in diesem Zusammenhang die Daten unter dem Knoten **(IMG •) Vertrieb • Fakturierung • Bonusabwicklung • Fakturaermittlung: Standardmapping** anzuschauen (siehe Abbildung 16.40).

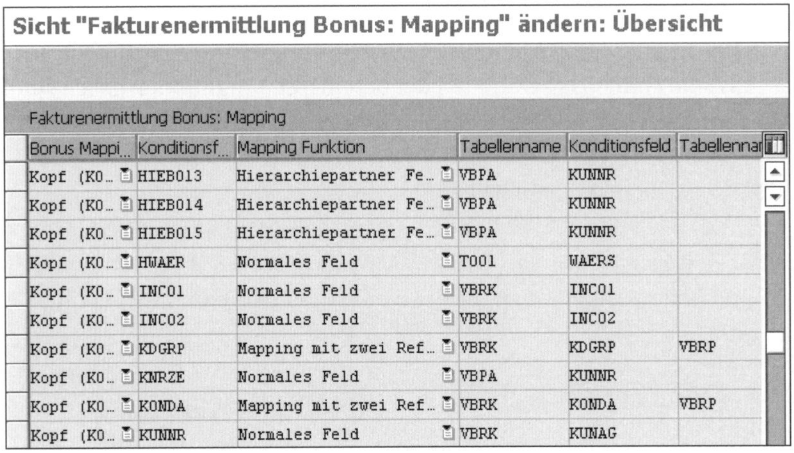

Sicht "Fakturenermittlung Bonus: Mapping" ändern: Übersicht

Fakturenermittlung Bonus: Mapping

Bonus Mappi...	Konditionsf...	Mapping Funktion	Tabellenname	Konditionsfeld	Tabellennar
Kopf (KO...	HIEB013	Hierarchiepartner Fe...	VBPA	KUNNR	
Kopf (KO...	HIEB014	Hierarchiepartner Fe...	VBPA	KUNNR	
Kopf (KO...	HIEB015	Hierarchiepartner Fe...	VBPA	KUNNR	
Kopf (KO...	HWAER	Normales Feld	T001	WAERS	
Kopf (KO...	INCO1	Normales Feld	VBRK	INCO1	
Kopf (KO...	INCO2	Normales Feld	VBRK	INCO2	
Kopf (KO...	KDGRP	Mapping mit zwei Ref...	VBRK	KDGRP	VBRP
Kopf (KO...	KNRZE	Normales Feld	VBPA	KUNNR	
Kopf (KO...	KONDA	Mapping mit zwei Ref...	VBRK	KONDA	VBRP
Kopf (KO...	KUNNR	Normales Feld	VBRK	KUNAG	

Abbildung 16.40 Belegfelder zu Feldern der Preisfindungskommunikationsstrukturen zuweisen – Blick in das Standard-Mapping

In den meisten Fällen gibt es eine einfache 1:1-Beziehung zwischen Belegfeld und Kommunikationsfeld. Allerdings existieren auch andere Zusammenhänge, die durch eine **Mapping Funktion** gekennzeichnet werden und zu denen es Beispiele im Standard-Mapping gibt:

- Manche Felder werden aus zwei Quellen ermittelt (**Mapping mit zwei Referenzfeldern**), wobei die zweite Quelle genutzt wird, falls die erste zu keinem Ergebnis geführt hat. Das Feld KONDA ist so ein Fall. Hier müssen wir beide Quellen angeben.
- Ein **zu ignorierendes Feld** wird nicht zur Fakturaermittlung herangezogen, sondern erst in der folgenden Preisfindung geprüft. Ein Beispiel für diese Funktion kann die Kampagnen-ID im Falle von mehrwertigen oder nachträglichen Kampagnen sein.
- Werden Felder genutzt, die nicht im Beleg abgespeichert sind, muss das Mapping **nicht persistentes Feld** verwendet werden. Dann ignoriert das System dieses Feld zunächst ebenfalls und kann erst später mit einer zusätzlichen Preisfindungsvorbereitung die Fakturen eingrenzen. Aus Laufzeitsicht sind solche Felder natürlich nicht ideal.
- Produkt- oder Partnerhierarchiefelder (**Hierarchiepartner Feld, Produkthierarchie Feld**) werden ebenfalls gesondert gekennzeichnet, da sie speziell ermittelt werden.
- Die Funktion **Feld mit Zusatzbedingung** erlaubt es, eine einfache Selektionsbedingung zu formulieren. So können Sie z. B. eine bestimmte Partnerfunktion für die Suche in der VBPA-Tabelle nutzen.
- Zuletzt kann das Feld auch noch über eine komplexere Logik im Rahmen einer BAdI-Implementierung ermittelt werden (**Komplexe Logik:BAdI**).

16.3 Erweiterte Bonusverarbeitung

Wenn wir uns unser Beispiel aus Abschnitt 16.1, »Übersicht über die Bonusabwicklung«, noch einmal anschauen, fällt auf, dass in der Abrechnung jedes Wissen über die Zusammensetzung des Umsatzes verloren geht. Das ist mit dem neuen Verfahren nicht weiter schlimm, da die Rückstellungsbuchung auf den Belegen die entsprechende Information an das Controlling weitergibt. Solange die Auszahlungshöhe gleich der Höhe der Rückstellungsauflösung ist, entspricht die Endabrechnung hier einer Nullbuchung. Wenn, wie in unserem Beispiel, jedoch Staffeln im Spiel sind, ist das nicht mehr unbedingt gegeben. Die Information im Controlling ist also nicht vollständig. Das könnte man zwar mit einer entsprechenden Anzahl von materialabhängigen Einzelsätzen umgehen, was aber natürlich recht aufwendig ist.

Dazu kommt die Einschränkung, dass eine Bonusabsprache nur an einen bestimmten Bonusempfänger ausgezahlt werden kann. Gerade wenn man Boni im Zusammenhang mit Kundenhierarchien einsetzt, wäre es wünschenswert, alle Kunden der Hierarchie in einer Absprache behandeln zu können. Sie könnten sie dann z. B. zur Staffelermittlung zusammenfassen.

Deshalb wurde zu Release SAP 4.7 Extension Set 2 die sogenannte *erweiterte Bonusverarbeitung* entwickelt. Kurz gesagt, erlaubt es der erweiterte Bonus, den Umsatz getrennt nach bestimmten Attributen, wie z. B. der Materialnummer, zu kumulieren und diese Attribute dann auch in die Abrechnung zu übernehmen. Wir nennen das die Bonusabwicklung mit *variablem Schlüssel*.

Daneben bietet der erweiterte Bonus noch zwei weitere Funktionen: die Behandlung von indirekten Umsätzen, also Umsätzen, die nicht im SAP-ERP-System abgewickelt wurden, und eine etwas andere Berechnung von periodischen Abrechnungen.

16.3.1 Umsetzung eines ersten Szenarios

Wir möchten Sie mithilfe eines Beispiels mit der wichtigsten Funktion des erweiterten Bonus, dem variablen Schlüssel, vertraut machen. Nehmen wir an, dass wir mit einem Mutterkonzern vereinbart haben, dass die Töchter von ihrem Umsatz einen bestimmten Prozentsatz rückvergütet bekommen. Für die Ermittlung von Staffelstufen soll aber der Gesamtumsatz aller Töchter betrachtet werden.

Um überhaupt mit dem erweiterten Bonusverfahren arbeiten zu können, müssen Sie zuerst die Enterprise Extension EA-ISE aktivieren. Erst danach finden Sie alle Einstellungsmöglichkeiten über den Pfad **(IMG •) Vertrieb • Fakturierung • Bonusabwicklung • Erweiterte Bonusverarbeitung**. Voraussetzung ist außerdem der Einsatz des neuen Bonusverfahrens.

Die verschiedenen Funktionen des erweiterten Bonus können Sie einzeln pro Absprachéart anfordern. Dazu setzen Sie das entsprechende Kennzeichen unter dem

IMG-Punkt **Einstellungen zu Absprachearten** über den oben angegebenen Pfad. Markieren Sie dort für die Absprachearten ZOE4 das Kennzeichen **mit VAKEY** (siehe Abbildung 16.41).

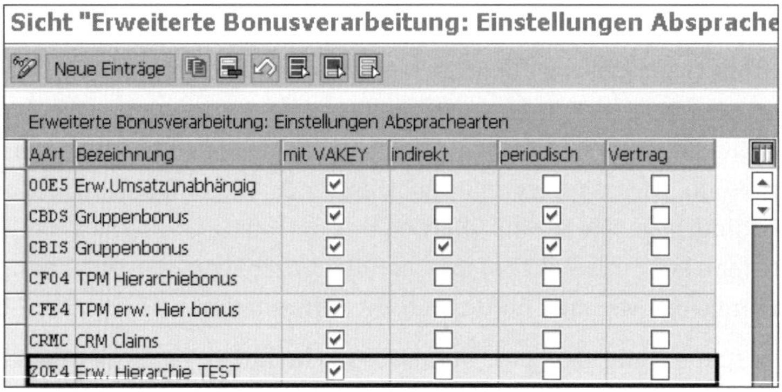

Sicht "Erweiterte Bonusverarbeitung: Einstellungen Abspraché

Neue Einträge

Erweiterte Bonusverarbeitung: Einstellungen Absprachearten

AArt	Bezeichnung	mit VAKEY	indirekt	periodisch	Vertrag
00E5	Erw.Umsatzunabhängig	☑	☐	☐	☐
CBDS	Gruppenbonus	☑	☐	☑	☐
CBIS	Gruppenbonus	☑	☑	☑	☐
CF04	TPM Hierarchiebonus	☐	☐	☐	☐
CFE4	TPM erw. Hier.bonus	☑	☐	☐	☐
CRMC	CRM Claims	☑	☐	☐	☐
ZOE4	Erw. Hierarchie TEST	☑	☐	☐	☐

Abbildung 16.41 Einstellungen zum erweiterten Bonus pro Absprachearten

Als Nächstes teilen wir dem System mit, wie wir den Umsatz aufgeteilt sehen wollen. Dazu müssen wir den variablen Schlüssel in der Aktivität **Variablen Schlüssel zur Bonusabrechnung aufbauen** angeben. Dazu ist es hilfreich, die Arbeitsweise der Bonusabwicklung an dieser Stelle etwas besser zu verstehen.

Die erweiterte Bonusabwicklung kumuliert ihre Umsätze in die Statistiktabelle S469. Diese unterscheidet sich von der uns schon bekannten S060 dadurch, dass ein zusätzliches Schlüsselfeld eingeführt wurde: VAKEY. In dieses Feld werden Informationen aus dem Beleg als String der Länge 100 kopiert. Uns stehen dabei alle Felder zur Verfügung, die in die Statistikfortschreibung hineingereicht werden. Das sind insbesondere der Rechnungskopf MCVBRK und die Rechnungsposition MCVBRP. Wenn wir wollen, dass der Umsatz pro Regulierer und Material gesammelt wird, übernehmen wir die Felder `KUNRG` aus der Tabelle MCVBRK und `MATERIAL` aus der Tabelle MCVBRP.

Nun wird in der Tabelle S469 nicht nur der Umsatz gesammelt, sondern es werden auch die Auszahlungen und aufgelösten Rückstellungen vermerkt. Es ist daher unbedingt notwendig, dass der Auszahlungsbeleg zu einem bestimmten VAKEY-Schlüssel wieder den gleichen VAKEY-Schlüssel bei seiner eigenen Fortschreibung erzeugt und damit die Auszahlung in den Statistiken dem richtigen VAKEY-Schlüssel zugeordnet wird. Daher müssen wir zu jedem Quellfeld ein Zielfeld (Spalte **Zielfeld**) angeben. Uns stehen dazu die Felder der *allgemeinen Fakturaschnittstelle* zur Verfügung. Für uns heißt das, dass der Regulierer im Umsatz wieder der Regulierer der Bonusabrechnung werden muss. Außerdem möchten wir, dass der Regulierer ebenfalls als Auftraggeber, Warenempfänger und Rechnungsempfänger »seiner« Abrechnung fungiert. Zuletzt übernehmen wir noch das Material. Das Ergebnis sehen Sie in Abbildung 16.42.

Sicht "Erweiterter Bonus: Aufbau VAKEY" ändern: Übersicht

Neue Einträge

Erweiterter Bonus: Aufbau VAKEY

Abs...	Zähl	Belegstru	Belegfeld	Zielfeld	Direktwert
ZOE4	1	MCVBRK	KUNRG	KUNAG	
ZOE4	2	MCVBRK	KUNRG	KUNRE	
ZOE4	3	MCVBRK	KUNRG	KUNRG	
ZOE4	4	MCVBRK	KUNRG	KUNWE	
ZOE4	5	MCVBRP	MATNR	MATNR	

Abbildung 16.42 Variablen Schlüssel für eine Absprachеart definieren

Damit die Kumulation in der Tabelle S469 auch stattfindet, aktivieren wir als Letztes die Fortschreibung der Tabelle S469 in Transaktion OMO1 bzw. über den Punkt **Erweiterte Bonusverarbeitung aktivieren**. Die Einstellungen müssen wie bei der Tabelle S060 eine monatliche Kumulation und eine synchrone Fortschreibung beinhalten.

Jetzt können wir unsere Bonusabsprache anlegen. Sie sehen im Übersichtsbild, dass der variable Schlüssel aktiv ist (siehe Abbildung 16.43).

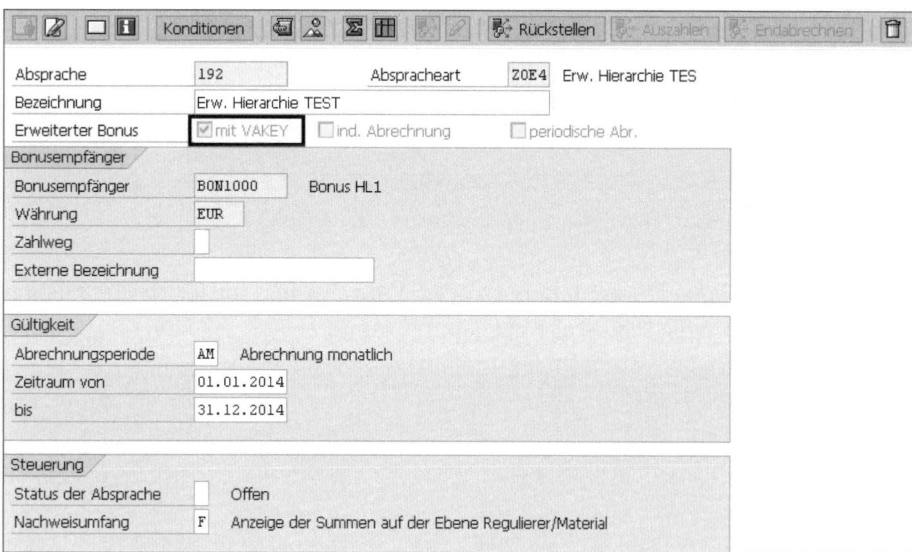

Abbildung 16.43 Absprache mit aktiviertem VAKEY-Schlüssel

Wir legen in der Absprache einen einzelnen Konditionssatz an, der für alle Hierarchieknoten unterhalb unseres Kunden gültig ist.

Nachdem wir Umsatz für diese Absprache gebucht haben, werfen wir einen Blick auf die Umsatzanzeige (siehe Abbildung 16.44). Wir sehen, dass der Umsatz des Konditionssatzes auf verschiedene Regulierer-/Materialkombinationen aufgespalten wurde. Jede dieser Kombinationen wird später in der Abrechnung zu einer eigenen Belegposition. Falls nötig, werden mehrere Belege erzeugt. Wir erwarten in unserem Beispiel einen Beleg pro abweichendem Regulierer, also drei Belege mit jeweils einer, drei und zwei Positionen.

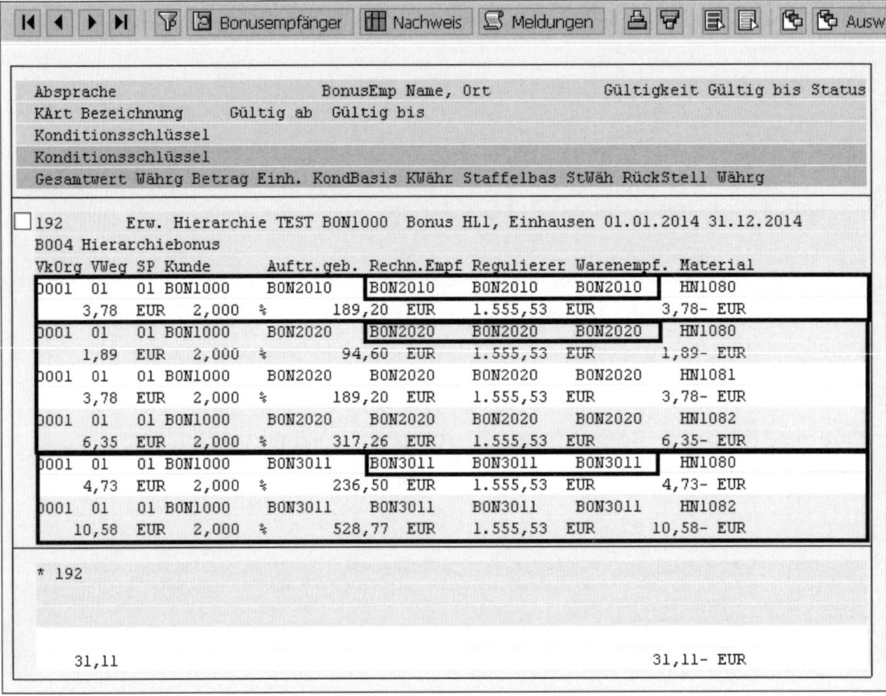

Abbildung 16.44 Umsatzanzeige in einer Absprache mit variablem Schlüssel

Zum Vergleich sehen wir in Abbildung 16.45 die Anzeige für eine identische Absprache, bei der der variable Schlüssel nicht genutzt wurde.

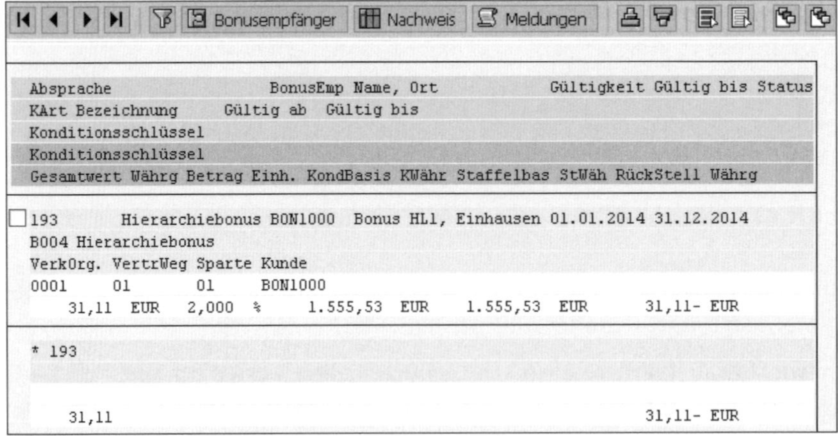

Abbildung 16.45 Umsatzanzeige einer identischen Absprache ohne VAKEY-Schlüssel

[«]

Verteilung von Festwertboni

Bei Festbetragskonditionen wird der Gesamtauszahlungsbetrag gemäß den kumulierten Konditionsbasen auf die variablen Schlüssel verteilt.

Zuletzt wollen wir die Absprache abrechnen. Vielleicht haben Sie in Abbildung 16.43 bemerkt, dass die Buttons für die manuelle Auszahlung im Absprachebild ausgegraut sind. Tatsächlich ist bei erweiterten Absprachen mit VAKEY eine Auszahlung über das Auszahlungsbild nicht möglich. Sie können diese Vereinbarungen derzeit nur über Transaktion RBT_ENH_VB7 bzw. über den Menüpfad **(SAP Easy Access •) Logistik • Vertrieb • Fakturierung • Bonus • Erweiterte Bonusverarbeitung • Erweiterte Bonusabrechnung** abrechnen. Dahinter verbirgt sich der Report BON_ENH_SETTLE.

Wie Sie in Abbildung 16.46 sehen, ähnelt die Eingabemaske der erweiterten Abrechnung der Eingabemaske der normalen Abrechnung sehr.

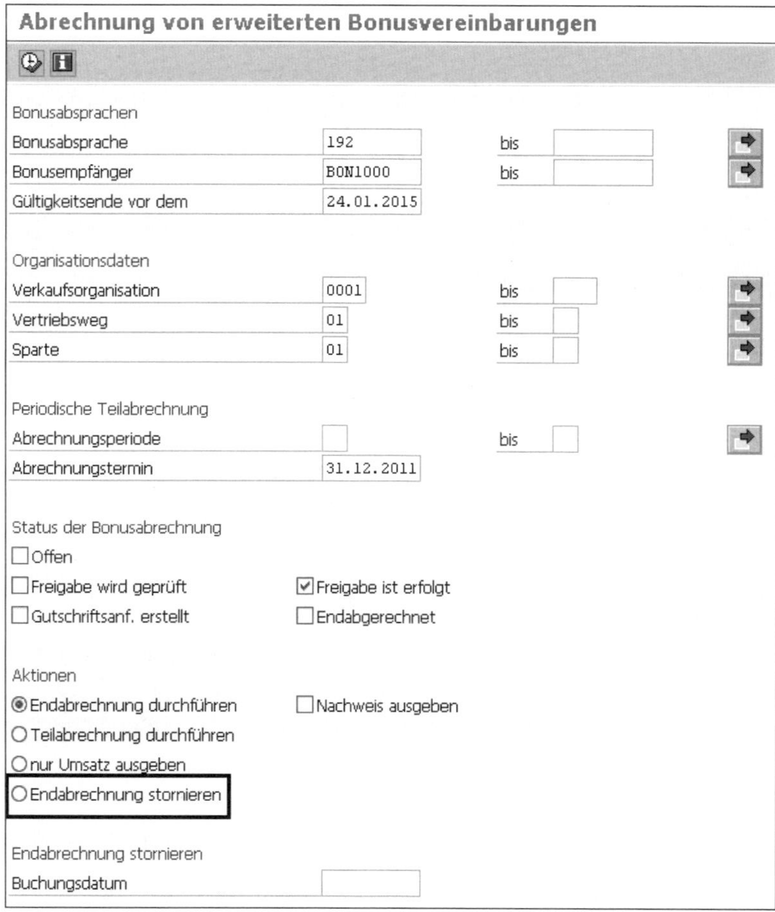

Abbildung 16.46 Erweiterte Bonusabsprachen abrechnen

In der erweiterten Bonusabwicklung ist es jedoch möglich, eine Vereinbarung durch Stornieren aller Abrechnungen wiederzueröffnen. Sie müssten dazu den Punkt **Endabrechnung stornieren** wählen und – falls die ursprüngliche Buchungsperiode in der Finanzbuchhaltung schon geschlossen ist – ein abweichendes Buchungsdatum vorgeben. Wenn Sie die Stornierung hier vornehmen, wird der Status der Absprache zurückgesetzt und die Absprache, falls nötig, als **rückwirkend geändert** markiert. Wir wollen unsere Absprache jedoch einfach endabrechnen.

Nachdem wir die Endabrechnung vorgenommen haben, werfen wir einen Blick auf die erzeugten Abrechnungsbelege. In Abbildung 16.47 sehen Sie, dass drei Gutschriften erzeugt wurden.

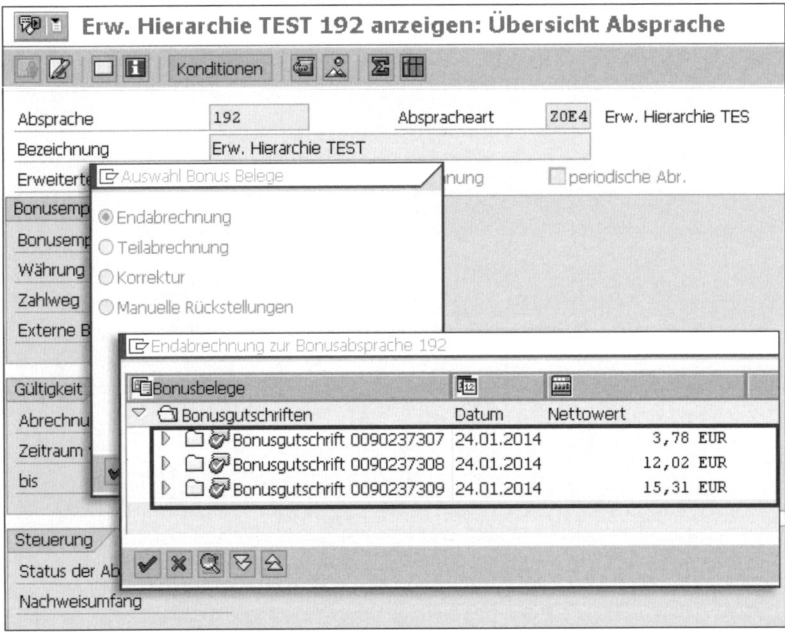

Abbildung 16.47 Endabrechnungsbelege einer erweiterten Absprache

[»]

Abrechnungsbelege bei erweiterten Bonusvereinbarungen

Bei der Abrechnung erweiterter Bonusvereinbarungen wird sofort eine Gutschrift erzeugt. Ein Umweg über eine Gutschriftsanforderung findet nicht mehr statt. Wenn Sie die Gutschrift noch einmal kontrollieren wollen, sollten Sie die Buchungssperre in der entsprechenden Belegart setzen.

Innerhalb der Abrechnung sehen wir, dass der Umsatz auf die beteiligten Materialien aufgeteilt wurde (siehe Abbildung 16.48). Wir haben damit aus einer Bonuskondition drei Belege mit insgesamt sechs Positionen erzeugt.

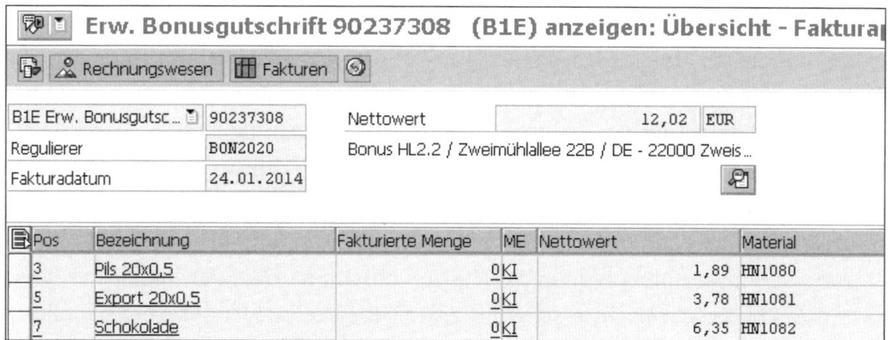

Abbildung 16.48 Bonusgutschrift der erweiterten Abrechnung

Damit ist unser Beispiel abgeschlossen, und wir schauen uns im nächsten Abschnitt die erweiterte Bonusabwicklung noch etwas genauer an.

16.3.2 Customizing der erweiterten Bonusverarbeitung

Einige Customizing-Einstellungen des erweiterten Bonusverfahrens haben Sie schon kennengelernt. In diesem Kapitel schließen wir die Lücken. Wir sparen hier aber bewusst Details aus, die nur in bestimmten Szenarien eine Rolle spielen, wie z. B. die Integration des Vertragsmanagements oder der Pendelliste in der Getränkeindustrie. Sehen wir uns das Customizing des erweiterten Bonus im Einzelnen an.

Erweiterte Bonusverarbeitung aktivieren

Die Aktivierung der erweiterten Bonusverarbeitung erfolgt über die Aktivierung der S469-Fortschreibung. Die Fortschreibung muss synchron und monatlich erfolgen. Das relevante Fortschreibungs-Report heißt RBT_ENH_RMCSS469.

Es bietet sich an, erst alle anderen Einstellungen für den erweiterten Bonus vorzunehmen, bevor die Fortschreibung aktiviert wird.

Einstellungen zu Absprachearten

Hier schalten Sie individuell für verschiedene Absprachearten die erweiterten Funktionen zu. Sie können also den erweiterten und den Standardbonus parallel betreiben. Wenn Sie für eine Absprache eines der Felder markiert haben, kann die Abrechnung nur noch über den Abrechnungs-Report des erweiterten Bonus erfolgen. Auch werden bei der Abrechnung keine Gutschriftsanforderungen, sondern direkt Gutschriften, also Fakturabelege, angelegt. Die Einstellungen werden in den einzelnen Absprachen gespeichert.

Variablen Schlüssel zur Bonusabrechnung aufbauen

Hier können Sie für Ihre Absprachenart hinterlegen, welche Informationen Sie aus dem Umsatz zur Kumulation und Abrechnung verwenden wollen. Die hier unter **Belegstruktur** und **Belegfeld** hinterlegten Felder werden zusammengehängt und als variabler Schlüssel VAKEY in der Tabelle S469 hinterlegt. Alle Umsätze mit gleichem VAKEY-Schlüssel werden kumuliert. Umsätze mit unterschiedlichem VAKEY-Schlüssel werden separat kumuliert. Schauen wir uns in Abbildung 16.49 kurz die Statistikeinträge zu unserem Beispiel oben an. Wir hatten bestimmt, dass der Regulierer (viermal) und das Material zur Unterscheidung der Umsätze verwendet werden sollten. Entsprechend ist der VAKEY-Schlüssel der Tabelle S469 gefüllt worden.

Tabelle: S469
Angezeigte Felder: 11 von 23 Feststehende Führungsspalten: 10 Listbreite 0250

MANDT	KNUMH	SPMON	SPWOC	SPBUP	VAKEY
004	0000060846	201401	000000	000000	BON2010 BON2010 BON2010 BON2010 HN1080
004	0000060846	201401	000000	000000	BON2020 BON2020 BON2020 BON2020 HN1080
004	0000060846	201401	000000	000000	BON2020 BON2020 BON2020 BON2020 HN1081
004	0000060846	201401	000000	000000	BON2020 BON2020 BON2020 BON2020 HN1082
004	0000060846	201401	000000	000000	BON3011 BON3011 BON3011 BON3011 HN1080
004	0000060846	201401	000000	000000	BON3011 BON3011 BON3011 BON3011 HN1082

Abbildung 16.49 VAKEY-Schlüssel in der Tabelle S469 aufbauen

Es wurde viermal der Regulierer in den VAKEY-Schlüssel geschrieben, um daraus in der Abrechnung Auftraggeber, Regulierer, Rechnungsempfänger und Warenempfänger zu füllen.

Sie müssen ebenfalls angeben, in welches Feld in der Auszahlung das Feld des Umsatzes übertragen werden soll. Wir hatten festgelegt, dass der Regulierer im Umsatz Regulierer, Auftraggeber, Rechnungsempfänger und Warenempfänger in der Abrechnung sein soll und dass auch das Material wiederverwendet wird. Damit ist sichergestellt, dass Regulierer und Materialien in den Auszahlungsbelegen denen in den Umsätzen entsprechen.

[!]

Verwendung des Zielfeldes beim variablen Schlüssel

Es ist zwingend erforderlich, dass der Abrechnungsbeleg den gleichen VAKEY-Schlüssel erzeugt wie die zugehörigen Umsätze, damit Auszahlung und Rückstellungsauflösung in den richtigen Statistiksatz geschrieben werden. Ansonsten können Teilauszahlungen nicht richtig zugeordnet und berücksichtigt werden.

Wenn Sie das Customizing des variablen Schlüssels einer Bonusabsprache ändern, werden die neuen Einstellungen ignoriert, falls schon Buchungen zu dieser Absprachenart existieren. Damit soll sichergestellt werden, dass die Umsatzdaten in der Tabelle S469 konsistent bleiben. Erst wenn Sie den Inhalt der Tabelle S469 neu aufbauen (siehe den nächsten Abschnitt), werden die geänderten Customizing-Einstellungen aktiviert. Beachten Sie aber, dass existierende Auszahlungen bei VAKEY-Änderungen unter Umständen nicht mehr korrekt zugeordnet werden können.

Statistikneuaufbau: Simulation und Durchführung

Hier können Sie die Statistiktabelle des erweiterten Bonus neu aufbauen. Die Funktion entspricht der Funktion des S060-Aufbaus, die Sie oben schon kennengelernt haben.

Periodische Abrechnung

Die periodische Abrechnung unterscheidet sich von der bekannten Abrechnung dadurch, dass alle Perioden als kleine Einzelabsprachen betrachtet werden. Bei der gewöhnlichen periodischen Teilabrechnung addiert man die Umsätze aller Perioden seit Beginn der Absprache bis zum Stichtag auf und berechnet mit diesen Zahlen den Auszahlungsbetrag. Ist im erweiterten Bonus das Kennzeichen **Periodisch** gesetzt, wird der Umsatz der Perioden einzeln zur Berechnung des Auszahlungswertes pro Periode herangezogen. Unterschiede gibt es hier also insbesondere bei Staffeln, da die Staffelbasis ebenfalls pro Periode ausgewertet wird. Feste Beträge werden einmal pro Periode fällig. Eine einmal abgerechnete Periode wird bei späteren Auszahlungen nicht mehr berücksichtigt. Die Endabrechnung rechnet alle noch offenen Perioden ab und löst alle verbleibenden Rückstellungen auf.

Erweiterte Bonusverarbeitung für indirekte Absätze

In manchen Industrien findet der bonusrelevante Umsatz nicht zwischen Bonusempfänger und Bonusgewährer direkt statt, sondern z. B. über einen Zwischenhändler. Der Bonus wird also auf sogenannte *indirekte Umsätze* gezahlt. Wir nennen das auch *indirekte Boni*. Die erweiterte Bonusabwicklung bietet eine gewisse Unterstützung, um die indirekten Umsätze ins System zu bringen und damit der Bonusabwicklung zur Verfügung zu stellen.

Dazu müssen die Umsätze zuerst einmal in einer kundeneigenen Tabelle des Logistics Information Systems (LIS) abgelegt werden. Dieser Teil obliegt allein Ihnen. Im Customizing machen Sie die Bonusabwicklung dann mit der Tabelle bekannt. Aus diesen Informationen generiert das System Reports, die mit dem Tabelleninhalt spezielle Fakturen anlegen, bei deren Erzeugung eine Preisfindung läuft, die alle relevanten Bonuskonditionen ermittelt und damit die Statistiken füllt.

Wir schauen uns den Prozess jetzt etwas genauer an. Zuerst definieren wir eine Tabelle im Vertriebsinformationssystem. Die Tabelle sollte eine monatliche Periode und zwei Versionen haben. Unter der einen Version speichern wir Plandaten ab, also die Umsätze, die wir erwarten. Mit diesen werden wir Rückstellungen buchen. Unter einer anderen Version speichern wir die Ist-Daten, also die tatsächlichen Umsätze, ab.

In Abbildung 16.50 sehen Sie ein Beispiel für eine solche Tabelle. Wichtig ist, dass die Tabelle die Struktur BON_ENH_S1 enthält.

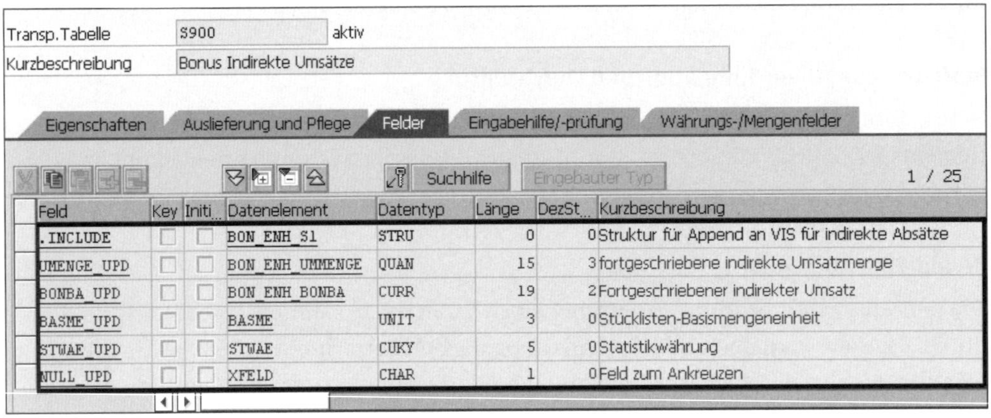

Transp.Tabelle S900 aktiv
Kurzbeschreibung Bonus Indirekte Umsätze

Eigenschaften | Auslieferung und Pflege | Felder | Eingabehilfe/-prüfung | Währungs-/Mengenfelder

Suchhilfe | Eingebauter Typ | 1 / 25

Feld	Key	Initi...	Datenelement	Datentyp	Länge	DezSt...	Kurzbeschreibung
.INCLUDE	☐	☐	BON_ENH_S1	STRU	0	0	Struktur für Append an VIS für indirekte Absätze
UMENGE_UPD	☐	☐	BON_ENH_UMMENGE	QUAN	15	3	fortgeschriebene indirekte Umsatzmenge
BONBA_UPD	☐	☐	BON_ENH_BONBA	CURR	19	2	Fortgeschriebener indirekter Umsatz
BASME_UPD	☐	☐	BASME	UNIT	3	0	Stücklisten-Basismengeneinheit
STWAE_UPD	☐	☐	STWAE	CUKY	5	0	Statistikwährung
NULL_UPD	☐	☐	XFELD	CHAR	1	0	Feld zum Ankreuzen

Abbildung 16.50 Beispiel einer Fortschreibungsstruktur für indirekte Umsätze

Im nächsten Schritt geben wir die Fakturaarten an, mit denen wir die indirekten Umsätze verbuchen werden. Im Standard-Customizing finden Sie dazu zwei Beispiele: BIND und BINP. Sie verwenden beide das Belegschema E. Damit können wir diesen Fakturen ein eigenes Kalkulationsschema zuordnen. Wir kommen gleich noch mal darauf zurück. Zuerst einmal machen wir über den Pfad **(IMG •) Vertrieb • Fakturierung • Bonusabwicklung • Erweiterte Bonusverarbeitung • Erweiterte Bonusverarbeitung für indirekte Absätze • Einstellungen für indirekte Fakturen ändern** die notwendigen Angaben.

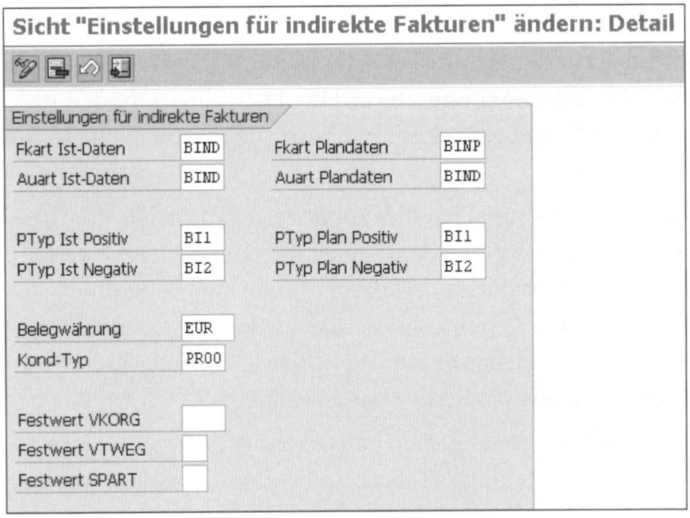

Sicht "Einstellungen für indirekte Fakturen" ändern: Detail

Einstellungen für indirekte Fakturen

Fkart Ist-Daten	BIND	Fkart Plandaten	BINP
Auart Ist-Daten	BIND	Auart Plandaten	BIND
PTyp Ist Positiv	BI1	PTyp Plan Positiv	BI1
PTyp Ist Negativ	BI2	PTyp Plan Negativ	BI2
Belegwährung	EUR		
Kond-Typ	PR00		
Festwert VKORG			
Festwert VTWEG			
Festwert SPART			

Abbildung 16.51 Fakturen für indirekte Ist- und Plandaten

Außer den Fakturaarten müssen wir für deren Erzeugung noch Auftragsarten und Positionstypen angeben, damit die entsprechende Kopiersteuerung in der Fakturaabwicklung gefunden werden kann (siehe Abbildung 16.51).

Wichtig ist außerdem die Angabe einer Konditionsart. Für wertbasierte Konditionen wird hier der Wert abgelegt. Diese Konditionsart muss in dem mit Belegschema E gefundenen Kalkulationsschema vorhanden sein. Damit die Fakturen keinen Nettowert bekommen, sollte diese Kondition als statistisch gekennzeichnet werden. Auch für die Bonuskonditionen in dem Schema gibt es eine Besonderheit. Sie müssen alle Bonuskonditionen mit der Wertformel 329 (Indirekte Umsätze) versehen. Die Formel wird dafür sorgen, dass für Plandaten nur Rückstellungen, für Ist-Daten aber Basis und Staffelbasis berechnet und kumuliert werden. Ein Beispielschema sehen Sie in Abbildung 16.52.

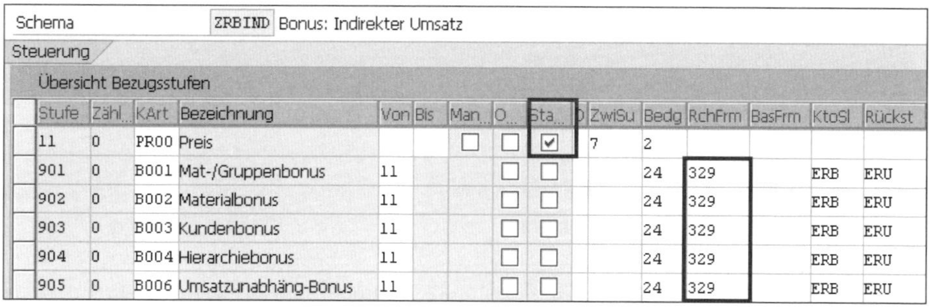

Schema ZRBIND Bonus: Indirekter Umsatz

Steuerung

Übersicht Bezugsstufen

Stufe	Zähl...	KArt	Bezeichnung	Von	Bis	Man...	O...	Sta...	D	ZwiSu	Bedg	RchFrm	BasFrm	KtoSl	Rückst
11	0	PR00	Preis			☐	☐	☑		7	2				
901	0	B001	Mat-/Gruppenbonus	11			☐	☐			24	329		ERB	ERU
902	0	B002	Materialbonus	11			☐	☐			24	329		ERB	ERU
903	0	B003	Kundenbonus	11			☐	☐			24	329		ERB	ERU
904	0	B004	Hierarchiebonus	11			☐	☐			24	329		ERB	ERU
905	0	B006	Umsatzunabhäng-Bonus	11			☐	☐			24	329		ERB	ERU

Abbildung 16.52 Beispielschema für die Umsatzfortschreibung des indirekten Bonus

Nachdem nun alle Einstellungen vorgenommen worden sind, können wir die benötigten Reports generieren. Dazu steht der Pfad **(IMG •) Vertrieb • Fakturierung • Bonusabwicklung • Erweiterte Bonusverarbeitung • Erweiterte Bonusverarbeitung für indirekte Absätze • Fortschreibung indirekter Absätze generieren** zur Verfügung (siehe Abbildung 16.53). Hier geben Sie noch an, welche Felder in Ihrer Struktur die für die Faktura relevanten Informationen enthalten.

Nachdem die Reports generiert worden sind, können Sie über den Menüpfad **(SAP Easy Access •) Logistik • Vertrieb • Fakturierung • Bonus • Erweiterte Bonusverarbeitung • Fortschreibung indirekter Absätze bzw. Fortschreibung indirekter Plandaten** die Fakturen erzeugen.

Natürlich finden wir in diesen Belegen auch Bonuskonditionen von Standardabsprachen. Sie könnten sich also fragen, wozu Sie das Kennzeichen **Indirekt** überhaupt setzen. Tatsächlich ist das nur dann wirklich erforderlich, wenn Sie gleichzeitig das Kennzeichen **Periodisch** nutzen. Dann wird das System nämlich die Abrechnung einer Periode nicht zulassen, bevor die Ist-Daten gebucht sind.

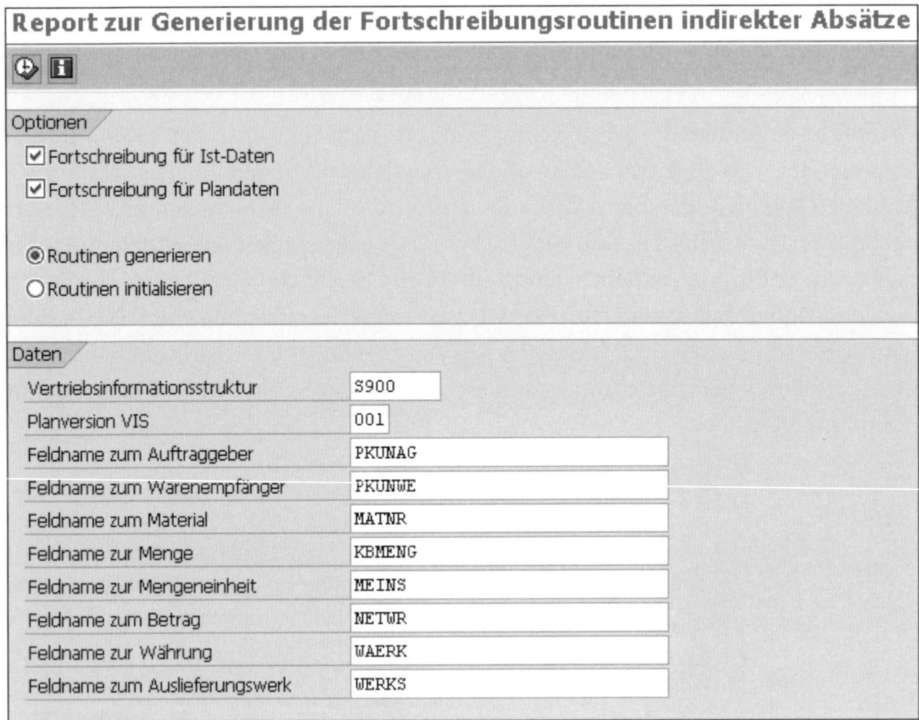
Report zur Generierung der Fortschreibungsroutinen indirekter Absätze

Optionen
[x] Fortschreibung für Ist-Daten
[x] Fortschreibung für Plandaten
(•) Routinen generieren
( ) Routinen initialisieren

Daten

Vertriebsinformationsstruktur	S900
Planversion VIS	001
Feldname zum Auftraggeber	PKUNAG
Feldname zum Warenempfänger	PKUNWE
Feldname zum Material	MATNR
Feldname zur Menge	KBMENG
Feldname zur Mengeneinheit	MEINS
Feldname zum Betrag	NETWR
Feldname zur Währung	WAERK
Feldname zum Auslieferungswerk	WERKS

Abbildung 16.53 Generierung der Fortschreibungsroutinen für indirekte Absätze

16.4 Systemanpassungen im Bonusumfeld

Helfen alle Möglichkeiten des Customizings nicht, gibt es in der Bonusabwicklung einige Stellen, an denen Sie mit eigenem Coding eingreifen können. Wir wollen diese Stellen im Folgenden kurz auflisten.

16.4.1 Business Transaction Event 00503201

Das Business Transaction Event (kurz:BTE) 00503201 wird unmittelbar vor der Erzeugung des Abrechnungsbelegs im Standardbonus gerufen und erlaubt letzte Änderungen an den Eingangswerten für Kopf, Position, Partner und Konditionen der Gutschriftsanforderung.

Hinterlegen Sie dazu in Transaktion FIBF Ihren eigenen Baustein für das Business Transaction Event 00503201. Als Vorlage für die Schnittstelle dient die Funktion `OUTBOUND_CALL_00503201_E`. Beachten Sie aber, dass dort geänderte Auszahlungswerte aufgrund des Aufrufzeitpunkts nicht in der Umsatzanzeige oder dem Auszahlungsbild sichtbar sind.

Eingangsschnittstelle des Business Transaction Events00503201

- REBATE_AGREEMENT – Bonusabsprache, Tabelle KONA
- REBATE_AGREEMENT_TYPE – Bonusabspracheart, Tabelle T6B1
- CREDIT_NOTE_TYPE – Typ der Abrechnung (1 – Endabrechnung, 2 – Korrekturbeleg, 3 – Teilabrechnung, 4 – manuelle Rückstellungen)
- CONDITION – beteiligte Konditionssätze, Tabelle KONP
- CONDITION._SCALE – beteiligte Staffeln, Struktur CONDSCALE
- CREDIT_NOTE_POSITIONS – Daten für die Position und Auszahlungswerte, Struktur BONUSKOM
- PARTNERS – Partnertabelle, Struktur VBPAKOM

[«]

Ausgangsschnittstelle des Business Transaction Events 00503201

- CONDITION – beteiligte Konditionssätze, Tabelle KONP
- CONDITION._SCALE – beteiligte Staffeln, Struktur CONDSCALE
- CREDIT_NOTE_POSITIONS – Daten für die Position und Auszahlungswerte, Struktur BONUSKOM
- PARTNERS – Partnertabelle, Struktur VBPAKOM
- SALES_HEADER – Belegkopf, Struktur VBAKKOM

16

Das Business Transaction Event wird im erweiterten Bonus nicht durchlaufen, da dort keine Gutschriftsanforderungen erzeugt werden (siehe Abschnitt 16.3.1, »Umsetzung eines ersten Szenarios«).

16.4.2 Business Add-in BADI_SD_REBATES

Das Business Add-in (BAdI) `BADI_SD_REBATES` wurde für die Behandlung von mehrwertigen Feldern in der Bonusabwicklung entwickelt. Außerdem soll es die Handhabung von Zugriffsfeldern, die nicht im Rechnungsbeleg abgelegt sind und die sich zeitlich oft ändern, erleichtern. Sie haben schon gelernt, dass sich ändernde Stammdaten einen Neuaufbau des Bonusindex erforderlich machen können. Das ist bei häufigen Änderungen jedoch nicht praktikabel, und so soll dieses BAdI Abhilfe schaffen.

Nehmen wir an, Sie möchten einem Kunden Boni auf ein Produktsegment zahlen (den Feldkatalog im Bonus müssten Sie dazu allerdings erweitern), das mehrere Materialen enthält. Von Zeit zu Zeit kommen jedoch Materialien dazu. Es ist nicht sinnvoll, für Produktsegmente VBOX-Einträge zu schreiben, wenn diese ohnehin nicht zuverlässig gültig sind. In diesem Fall sollten Sie anstelle des Produktsegments eine

»stabile« Information speichern, aus der sich das Produktsegment jederzeit verlässlich ableiten lässt, also z. B. die Materialnummer. Das erreichen Sie, indem Sie einen zweiten Zugriff definieren, der die entsprechenden Ersatzinformationen enthält. Diesen Zugriff weisen Sie einer freien Bonuskondition zu, damit auch dafür VBOX-Einträge geschrieben werden. Anstelle der Kombination Kunde/Produktsegment schreiben Sie Kunde/Material fort. Die unerwünschten Einträge filtern Sie mithilfe der Methode `REDUCE_VBOX_ENTRIES` aus.

Bei der Aktualisierung von Fakturen nutzen Sie die Methode `MODIFY_VBOX_READ`, um den eigentlichen Konditionsschlüssel auf den Ersatzschlüssel umzuleiten. Dazu suchen Sie zum Produktsegment im Konditionssatz alle zugeordneten Materialien. Daraus leiten Sie die relevanten Kombinationen Kunde/Material ab und ermitteln damit die Fakturen. Schauen wir uns die Methoden des BAdIs genauer an.

REDUCE_VBOX_ENTRIES

Diese Methode läuft während der VBOX-Fortschreibung in der Faktura.

[»]

Eingangsschnittstelle der Methode REDUCE_VBOX_ENTRIES

- CT_NAMEVALUE – Liste der Namen mehrwertiger Zugriffsfelder und ihrer Werte
- CT_T682I – Liste aller Bonuszugriffe
- C_MVA_REQUESTED – ist gesetzt, falls mehrwertige Attribute existieren und fortgeschrieben werden sollen

[»]

Ausgangsschnittstelle der Methode REDUCE_VBOX_ENTRIES

- CT_NAMEVALUE – reduzierte Liste der Namen mehrwertiger Zugriffsfelder und ihrer Werte
- CT_T682I – reduzierte Liste der Bonuszugriffe, die fortgeschrieben werden
- C_MVA_REQUESTED – kann gelöscht sein, falls mehrwertige Attribute nicht fortgeschrieben werden sollen

Hier können Sie Zugriffe und Attribute entfernen, für die Sie keine VBOX-Einträge schreiben wollen, also z. B. alle Zugriffe mit Produktsegment.

MODIFY_VBOX_READ

Die fehlenden Einträge in der Tabelle VBOX müssen bei Aktualisierung einer Absprache wieder rekonstruiert werden. Dazu dient die Methode `MODIFY_VBOX_READ`.

[«]

Eingangsschnittstelle der Methode MODIFY_VBOX_READ

- IS_VAKE – variabler Schlüssel und andere Informationen zum Konditionssatz, für den relevante Fakturen gefunden werden sollen

[«]

Ausgangsschnittstelle der Methode MODIFY_VBOX_READ

- E_SKIP – falls gesetzt, werden keine Fakturen zu diesem Zugriff gesucht
- C_VAKEY – hier kann der VAKEY-Schlüssel geändert werden, mit dem in der Tabelle VBOX gesucht wird
- CT_HELPTAB – Angabe zusätzlicher Fakturen, die bearbeitet werden sollen

In unserem Beispiel könnten Sie hier für die Produktsegmente alle gültigen Materialien ermitteln, um dann alle relevanten Fakturen über die VBOX-Einträge des Ersatzzugriffs zu finden und auszugeben.

Der Parameter `C_VAKEY` kann genutzt werden, wenn der ursprüngliche Schlüssel zu genau einem anderen Schlüssel konvertiert wird. Bei mehrwertigen Attributen kann es z. B. erwünscht sein, die Anzahl der VBOX-Einträge zu reduzieren: Anstelle eines Zugriffs mit anderen Feldern können Sie auch einen Ersatzzugriff definieren, der für das mehrwertige Attribut einen Initialwert erlaubt und auch setzt (z. B. über einen entsprechenden Direktwert in der Zugriffsfolge). In der Methode `MODIFY_VBOX_READ` leiten Sie dann den eigentlichen Konditionsschlüssel auf den Schlüssel mit Initialwert um. Sie werden dann allerdings mehr Fakturen finden und prüfen, als nötig wäre, bezahlen die reduzierte Anzahl von VBOX-Einträgen also mit Performanceeinbußen.

BUILD_INDEX_WITH_PROCEDURE

Diese Methode soll helfen, die Anzahl der VBOX-Einträge zu verringern. Wird der Parameter `PC_WITH_PROCEDURE_ACTIVE` gesetzt, werden in der Fortschreibung nur Zugriffsfolgen berücksichtigt, die im aktuellen Preisschema tatsächlich enthalten sind.

16.4.3 Business Add-ins in der erweiterten Bonusabwicklung

Der erweiterte Bonus bietet die folgenden Möglichkeiten, in die Bonusabwicklung einzugreifen:

BAdI RBT_ENH_BADI_SETTLE

Mit den Methoden dieses BAdIs können Sie die Berechnung des Auszahlungswertes und die Erstellung des Auszahlungsbelegs beeinflussen.

Methode BONUS_BASE_MODIFY

Hier können Sie den Basis- oder Staffelbasisbetrag für die Abrechnung eines Konditionssatzes ändern.

Eingangsschnittstelle der Methode BONUS_BASE_MODIFY

- IS_KONA – Kopf der Bonusabsprache
- IS_KONP – Konditionssatz in der Bearbeitung
- CV_TOTAL_BASE – vom System berechnete gesamte Konditionsbasis – wird verwendet, um z. B. bei Festbeträgen den anteiligen Betrag ermitteln zu können
- CS_TURNOVER – kumulierte Werte zum Konditionssatz, summiert über alle variablen Schlüssel
- CT_TURNOVER_VAKEY – kumulierte Werte zu den variablen Schlüsseln des Konditionssatzes

Ausgangsschnittstelle der Methode BONUS_BASE_MODIFY

- CV_TOTAL_BASE – geänderte Konditionsbasis
- CS_TURNOVER – geänderte kumulierte Gesamtwerte zum Konditionssatz
- CT_TURNOVER_VAKEY – geänderte kumulierte Werte zu allen variablen Schlüsseln des Konditionssatzes

Passen Sie für die Änderung des Betrags die entsprechenden Felder in CS_TURNOVER und CT_TURNOVER_VAKEY an.

Methode BONUS_METHOD_SELECT

Hier können Sie Regeln zur Staffelermittlung oder Auszahlung von Festbeträgen wählen.

Eingangsschnittstelle der Methode BONUS_METHOD_SELECT

- IS_KONA – Kopf der Bonusabsprache
- IT_KONP – Konditionssätze der Absprache

Ausgangsschnittstelle der Methode BONUS_METHOD_SELECT

- E_SCALE_ON_ON_VAKEY_LEVEL – falls gesetzt, wird die Staffel nicht aus der Summe aller Staffelbasen der verschiedenen variablen Schlüssel gebildet, sondern einzeln für jeden Schlüssel

- E_FIXED_AMOUNT_ON_VAKEY – falls gesetzt, wird bei Festbetragskonditionen der volle Betrag auf alle variablen Schlüssel ausgezahlt
- E_FIXED_FLAT_DISTRIBUTION – derzeit keine Funktion

Methode BONUS_VALUE_MODIFY

Mit dieser Methode können Sie die vom System berechneten Auszahlungswerte anpassen.

[«]

Eingangsschnittstelle der Methode BONUS_VALUE_MODIFY

- IS_KONA – Kopf der Bonusabsprache
- IS_KONP – Konditionssatz in der Bearbeitung
- IT_TURNOVER – enthält die Umsatzinformationen für alle Konditionen der Absprache
- IT_CONDITION_SCALE – enthält die Staffeln für alle Konditionen
- IS_PERIOD_DATAB – Start der abzurechnenden Periode
- IS_PERIOD_DATBI – Ende der abzurechnenden Periode
- CT_BONUS_RECORDS – vom System ermittelte Werte, die für die Auszahlung verwendet werden sollen
- CT_SETTLEMENT_VALUES – Auszahlungsinformationen zu allen Konditionssätzen, summiert über die variablen Schlüssel
- CT_SETTLEMENT_VALUES_ENH – Auszahlungsinformationen zu allen Konditionssätzen zu allen variablen Schlüsseln

[«]

Ausgangsschnittstelle der Methode BONUS_VALUE_MODIFY

- CT_BONUS_RECORDS – geänderte Werte, die für die Auszahlung verwendet werden sollen
- CT_SETTLEMENT_VALUES – geänderte Auszahlungsinformationen zu allen Konditionssätzen, summiert über die variablen Schlüssel
- CT_SETTLEMENT_VALUES_ENH – geänderte Auszahlungsinformationen zu allen Konditionssätzen zu allen variablen Schlüsseln

Beachten Sie, dass Sie die drei Tabellen CT_BONUS_RECORDS, CT_SETTLEMENT_VALUES und CT_SETTLEMENT_VALUES_ENH konsistent halten. Es empfiehlt sich hier auf jeden Fall ein Blick in die Dokumentation des Interface. Änderungen, die Sie hier vornehmen, sind in der Umsatzanzeige der Absprache sichtbar.

Methode BONUS_DATA_MODIFY

Hier können Sie die Daten ändern, mit denen der Abrechnungsbeleg erzeugt wird.

Eingangsschnittstelle der Methode BONUS_DATA_MODIFY

- IS_KONA – Kopf der Bonusabsprache
- IS_LINE_ITEMS – Auszahlungswerte zu den Konditionen und den variablen Schlüsseln
- CS_KOMFKGN – Kopf- und Positionsdaten für die Fakturaerzeugung
- CT_KOMFKKO – Konditionsdaten für die Fakturaerzeugung

Ausgangsschnittstelle der Methode BONUS_DATA_MODIFY

- CS_KOMFKGN – Kopf- und Positionsdaten für die Fakturaerzeugung, Kopf und Position
- CT_KOMFKKO – Konditionsdaten für die Fakturaerzeugung

Business Add-in RBT_ENH_BADI_IND

Dieses BAdI erlaubt es Ihnen, die Fortschreibung des indirekten Bonus zu erweitern.

16.5 Typische Praxisanforderungen

Wir schließen das Kapitel über die Bonusabwicklung ab, indem wir noch einige typische Praxisanforderungen und ihre mögliche Lösungen diskutieren.

16.5.1 Ausschluss

Sie möchten einem Kunden einen Bonus auf seinen Gesamtumsatz gewähren, einzelne Materialien aber davon ausnehmen. Eine Möglichkeit wäre sicher, für alle eingeschlossenen Produkte eigene Konditionssätze anzulegen, aber das ist in der Praxis bei vielen Produkten schnell recht umständlich und aufwendig. Da die Ausnahmen pro Absprache definiert werden sollen, kommt auch eine Lösung über die üblichen Ausschlussverfahren der Preisfindung nicht infrage. Wir müssen also etwas tiefer in die Trickkiste greifen. Dazu definieren wir eine neue Bonuskonditionsart ZEXC (z. B. durch Kopie der Konditionsart BO02) und ordnen sie der Konditionspflegegruppe der gewünschten Absprachеart zu. Wenn wir jetzt einen Kundenbonus anlegen, legen wir für jedes Material, das ausgeschlossen werden soll, einen entsprechenden ZEXC-Satz mit Betrag und Rückstellung null an. Außerdem fügen wir in unserem Kalkulationsschema die Bonuskonditionsart ZEXC vor der eigentlichen Bonuskondition ein. Hinter unserer eigentlichen Konditionsart hinterlegen wir eine Wertformel, wie die Wertformel aus Listing 16.1. Durch diese Formel wird die eigentliche Bonuskondition entfernt, falls zur gleichen Absprachenummer die Konditionsart ZEXC gefunden, d. h. das Material von der Absprache ausgeschlossen wurde.

```
FORM frm_kondi_wert_953.
  DATA: ls_komv type komv.
  LOOP AT xkomv INTO ls_komv.
    IF sy-tabix GE xkomv_tabix AND xkomv_tabix NE 0.
      EXIT.
    ENDIF.
    IF ls_komv-kschl EQ 'ZEXC'
       AND ls_komv-knuma_bo EQ xkomv-knuma_bo.
      xkomv-kinak = 'Z'.
      EXIT.
    ENDIF.
  ENDLOOP.
ENDFORM.                    "FRM_KONDI_WERT_953
```

Listing 16.1 Wertformel 953 zum Ausschluss von Bonuskonditionen derselben Absprache

Zuletzt wollen wir noch die ZEXC-Kondition aus der Abrechnung entfernen (siehe Listing 16.2). Im Standardbonus können wir dazu das Business Transaction Event aus Abschnitt 16.4.1, »Business Transaction Event 00503201«, benutzen; im erweiterten Bonus steht die Methode BONUS_DATA_MODIFY des BAdIs RBT_ENH_BADI_MODIFY zur Verfügung.

```
FUNCTION Z_BONUS_KOND_FILTER.
......
  DATA: ls_condition TYPE konp,
        ls_position TYPE bonuskom.

  LOOP AT condition INTO ls_condition.
    IF ls_condition-kschl = 'ZEXC'.
      DELETE condition INDEX sy-tabix.
    ENDIF.
  ENDLOOP.
  LOOP AT credit_note_positions INTO ls_position.
    IF ls_position-kschl = 'ZEXC'.
      DELETE credit_note_positions INDEX sy-tabix.
    ENDIF.
  ENDLOOP.
ENDFUNCTION.
```

Listing 16.2 Implementierung des Business Transaction Events00503201
zum Ausfiltern von Konditionen in der Auszahlung (Standardbonus)

Keine Sorge, auch wenn die ZEXC-Kondition nicht in der Endabrechnung auftaucht, wird ihr Status trotzdem auf **D** (**Endabgerechnet**) gesetzt.

16.5.2 Abrechnungsmaterial und Steuerklassifikation

Bei Bonuskonditionen mit Abrechnungsmaterial bestimmt dieses u. a. die Steuerklassifikation und damit den Steuerbetrag in der Abrechnung. Falls sich der Umsatz jedoch aus Materialien mit unterschiedlicher Steuerklassifikation zusammensetzt, ist das nicht wirklich korrekt. Eine Lösung besteht darin, die Steuerklassifikation mit in den Zugriff der Kondition aufzunehmen und pro Klassifikation eine Kondition mit einem passenden Abrechnungsmaterial anzulegen. Allerdings ist es im Allgemeinen erwünscht, diese Konditionen in der Staffelbetrachtung wieder zusammenzuführen. Zu diesem Zweck können Sie die in Abschnitt 16.2.7, »Konditionssatzübergreifende Staffelbasisermittlung«, beschriebenen Staffelgruppen verwenden oder den erweiterten Bonus nutzen und die Auszahlung auf dem ursprünglichen Material vornehmen lassen.

16.5.3 Steuerung des Bonus von außen

Im Rahmen anderer Applikationen oder Eigenentwicklungen kann es nötig sein, die Daten von Bonusabsprachen zu lesen und eventuell sogar Buchungen vorzunehmen. Zu diesem Zweck stehen seit Release SAP ERP 2005 verschiedene Funktionsbausteine in der Funktionsgruppe V14API zur Verfügung. Da ihre Existenz nicht sehr bekannt ist, wollen wir diese hier kurz aufführen. Ihre Verwendung bleibt jedoch dem Experten vorbehalten, da sie ein tieferes technisches Verständnis der Datentypen im Bonus voraussetzt.

Funktionsbaustein SD_REBATES_SALES_VOLUME

Der Funktionsbaustein `SD_REBATES_SALES_VOLUME` liefert den Umsatz einer oder mehrerer Bonusabsprachen zurück.

Funktionsbaustein SD_REBATES_GET_OPEN_AMOUNT

Der Funktionsbaustein `SD_REBATES_GET_OPEN_AMOUNT` liefert den offenen Auszahlungsbetrag für einen vorgegebenen Auszahlungstermin zurück. Im Gegensatz zum Funktionsbaustein `SD_REBATES_SALES_VOLUME` ist der Betrag vom Datum abhängig und berücksichtigt offene Teilauszahlungsbelege. Ebenso wird der Auszahlungsbetrag gemäß Auszahlungsverfahren der Absprachеart berechnet.

Funktionsbaustein SD_REBATES_FINAL_SETTLE

Mit dem Funktionsbaustein SD_REBATES_FINAL_SETTLE können Sie eine Endabrechnung für eine Absprache (normal oder erweitert) anstoßen. Die Abrechnungswerte können dabei von außen vorgegeben werden. Falls Sie das wünschen, ist es ratsam, den Baustein zweimal aufzurufen: beim ersten Mal ohne das ADD_SETTLE-Kennzeichen, um die Vorschlagswerte zu erhalten, beim zweiten Mal dann mit den angepassten Auszahlungswerten und gesetztem ADD_SETTLE-Kennzeichen.

Funktionsbaustein SD_REBATES_PARTIAL_SETTLE

Mithilfe des Funktionsbausteins SD_REBATES_PARTIAL_SETTLE können Sie Teilauszahlungen anstoßen. Wie bei der Endabrechnung können Sie in einem ersten Aufruf die Vorschlagswerte bestimmen, um diese in einem zweiten Aufruf modifiziert wieder hineinzureichen.

Funktionsbaustein SD_REBATES_MANUAL_ACCRUAL

Mithilfe des Funktionsbausteins SD_REBATES_MANUAL_ACCRUAL können Sie zusätzliche Rückstellungen buchen.

Funktionsbaustein SD_REBATES_CORRECTION

Der Funktionsbaustein SD_REBATES_CORRECTION erzeugt ein Korrekturdokument, mit dem Basis-, Staffelbasis-, Rückstellungs- und Auszahlungswert korrigiert werden können. Wenn Sie Rückstellungswerte korrigieren, werden diese tatsächlich in die Finanzbuchhaltung gebucht. Korrigieren Sie dagegen Basis-, Staffelbasis- oder Auszahlungswerte, werden durch den Korrekturbeleg nur die Statistiken angepasst. Insbesondere wird keine tatsächliche Auszahlung angestoßen. Sie können diesen Baustein also verwenden, um Auszahlungen außerhalb der Absprache, z. B. durch eine Gutschrift oder eine Preisreduktion, auf einem anderen Beleg der Absprache bekannt zu machen.

16.6 Fazit

Damit sind wir am Ende des Themas *Preisfindung und Konditionstechnik mit SAP* angekommen. In diesem abschließenden Kapitel haben Sie die Bonusabwicklung im Vertrieb genauer kennengelernt, auch wenn wir einige Aspekte, wie z. B. die Integration mit dem Trade Promotion Management, ausgelassen haben. Sie haben gesehen, wie dicht sie mit der Preisfindung und der Konditionstechnik verwoben ist und welche Möglichkeiten sich dadurch ergeben. Vielleicht bekommen Sie dadurch die eine oder andere Idee, wie Sie eigene Anforderungen an den Bonus angehen und umsetzen können.

Anhang

Anhang A
Konditionssteckbriefe

Sie haben im Verlauf dieses Buches gesehen, dass sich letzten Endes alles um die Konditionsarten dreht. Wir haben viele Beispiele aufgeführt und halten es für hilfreich, Ihnen eine Übersicht der wichtigsten Konditionsarten bereitzustellen, in der Sie alle relevanten Einstellungen auf einen Blick finden. Wir führen dabei jeweils nur die Parameter der Konditionsart und des Kalkulationsschemas auf, die gesetzt sein müssen; alle anderen können – und müssen teilweise auch – initial bleiben.

Außerdem betrachten wir nur solche Konditionsarten, die eine Besonderheit aufweisen, und führen zusätzlich auch alle Konditionsarten Zxxx auf, die wir im Buch zur Realisierung der unterschiedlichen Anforderungen neu geschaffen haben. Diese sind in der SAP-Standardauslieferung nicht vorhanden, und Sie müssen sie, wie von uns beschrieben, einrichten, falls Sie die eine oder andere Funktion nutzen wollen. Das Gleiche gilt übrigens auch für alle Formeln und Bedingungen mit den Nummern größer gleich 900. Wenn Sie das Coding zu diesen Routinen suchen, orientieren Sie sich am besten am Index. Die aufgeführten Kalkulationsschemata sind als Beispiele zu betrachten, in denen die jeweilige Konditionsart angewandt wird bzw. eingesetzt werden kann.

Die Konditionsarten sind im Folgenden, gemäß ihrer technischen Bezeichnung, alphabetisch sortiert.

A.1 AMIW (Mindestauftragswert)

Durch die Konditionsarten AMIW und AMIZ kann ein Mindestauftragswert festgelegt werden. Die zugehörigen Konditionssätze, die diesen Mindestwert bestimmen, werden dazu unter der Konditionsart AMIW angelegt. Die dabei verwendete Zugriffsfolge K020 ist exemplarisch und muss im Allgemeinen den Anforderungen angepasst werden. Die Kondition selbst ist statistisch, und erst durch den Einsatz der zweiten Konditionsart AMIZ wird der Mindestauftragswert bei Unterschreitung wirksam. Interessant ist hier das Verhalten der Kondition bei Folgebelegen und dortiger Mengenänderung. Hier möchten wir Sie auf Abschnitt 12.9, »Kopierte Konditionen und anschließende Mengenänderung«, verweisen.

Parameter im Customizing	Technischer Name	Bezeichnung
Zugriffsfolge	K020	Preisgruppe
Konditionsklasse	A	Zu-/Abschlag
Rechenregel	B	Absolutbetrag
Gruppenkondition	x	
Manuelle Eingaben	D	Nicht manuell bearbeitbar
Positionskondition	x	
Kalkulationsschema	RVAA01	Standard
Bedingung	002	Position mit Preisfindung
Zwischensumme	D	Wertübernahme nach XWORKD
Statistische Kondition	x	

Tabelle A.1 Customizing für die Konditionsart AMIW

A.2 AMIZ (Mindestwertzuschlag)

Durch die Konditionsart AMIZ wird das Delta zwischen Nettowert der Position an dieser Stelle (`komp-netwr`) und dem Wert der vorangestellten Kondition AMIW (Arbeitsvariable `xworkd`) durch die Wertformel 013 berechnet.

Die Zugriffsfolge muss die gleiche sein wie in Kondition AMIW. Die Konditionsart ist auf die Konditionsart AMIW referenziert, was bewirkt, dass die Konditionssätze zu AMIW gelesen werden. Dadurch wird erreicht, dass AMIW und AMIZ immer gemeinsam auftreten. Beachten Sie auch hier Abschnitt 12.9, »Kopierte Konditionen und anschließende Mengenänderung«.

Parameter im Customizing	Technischer Name	Bezeichnung
Zugriffsfolge	K020	Identisch mit AMIW
Konditionsklasse	A	Zu-/Abschlag
Rechenregel	B	Absolutbetrag
Manuelle Eingaben	D	Nicht manuell bearbeitbar
Positionskondition	x	

Tabelle A.2 Customizing für die Konditionsart AMIZ

Parameter im Customizing	Technischer Name	Bezeichnung
Referenzkonditionsart	AMIW	
Referenzapplikation	V	
Kalkulationsschema	RVAA01	Standard
Bedingung	002	(wie AMIW)
Wertformel	013	Mindestwertzuschlag
Kontoschlüssel	ERS	Erlösschmälerung

Tabelle A.2 Customizing für die Konditionsart AMIZ (Forts.)

A.3 AZWR (Anzahlung/Anzahlungsverrechnung)

Die Konditionsart AZWR wird bei Aufträgen mit (Teil)fakturierungsplan eingesetzt und enthält bei:

- Anzahlungsanforderungsfakturen den Wert der Anzahlungsanforderung
- Teil- und Schlussrechnungen den Wert der zu verrechnenden Anzahlung

Die Ermittlung des Konditionswertes erfolgt nicht über Konditionssätze, sondern programmintern über den Funktionsbaustein `PRICING_COPY`.

Parameter im Customizing	Technischer Name	Bezeichnung
Konditionsklasse	A	Zu-/Abschlag
Rechenregel	B	Absolutbetrag
Konditionstyp	e	Anzahlung/Anzahlungs-verrechnung
Positionskondition	x	
Änderung: Wert	x	
Kalkulationsschema	RVAA01	Standard
Bedingung	002	
Wertformel	048	Prüfen Anzahlung
Kontoschlüssel	ERL	Erlös

Tabelle A.3 Customizing für die Konditionsart AZWR

A.4 BO01 (Material/Materialgruppenbonus)

Die Konditionsart BO01 steht stellvertretend für alle Bonuskonditionen.

Diese haben die Eigenschaft, dass sie in den Fakturen nur statistisch auftauchen und dort dazu dienen, Rückstellungen für die später erfolgende Auszahlung im Rahmen der Bonusabrechnung zu buchen. Die Konditionssätze können Sie nur über eine Bonusabsprache pflegen. Abbildung A.1 zeigt einen Beispielkonditionssatz. In den Aufträgen/Fakturen wird der Rückstellungsprozentsatz verwendet. Die Staffeln werden erst zum Zeitpunkt der Bonusabrechnung berücksichtigt, da ab diesem Zeitpunkt der Umsatz des gesamten Zeitraums feststeht. Die Kontenfindung für die Fakturen erfolgt unter Verwendung des Kontoschlüssels Rückstellung. Unter diesem Kontoschlüssel (z. B.ERU) müssen zwei Sachkonten hinterlegt werden: das Erlösschmälerungskonto und das Rückstellungskonto. Dieser zweite Kontoschlüssel wird ebenfalls bei der Auflösung der gebuchten Rückstellungen im Rahmen der Bonusabrechnungsbelege verwendet.

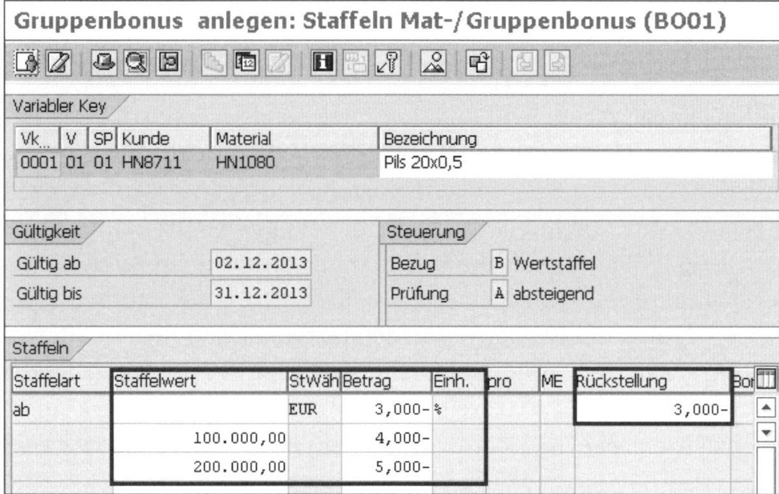

Abbildung A.1 Konditionssatz zur Konditionsart BO01

Parameter im Customizing	Technischer Name	Bezeichnung
Zugriffsfolge	BO01	Preisgruppe
Konditionsklasse	C	Nachträgliche Vergütung
Rechenregel	A	Prozentual
Vorzeichen	x	Negativ

Tabelle A.4 Customizing für die Konditionsart BO01

Parameter im Customizing	Technischer Name	Bezeichnung
Bezugsgröße	B	Wertstaffel
Prüfung Staffel	A	Absteigend
Kalkulationsschema	RVAA01	Standard
Bedingung	024	Nur in Fakturen
Bedingung alternativ	002	In Aufträgen und Fakturen
Kontoschlüssel	ERB	Bonuserlösschmälerung
Kontoschlüssel Rückstell.	ERU	Bonusrückstellung

Tabelle A.4 Customizing für die Konditionsart BO01 (Forts.)

A.5 DIFF (Rundung Endbetrag)

Die Konditionsart DIFF wird eingesetzt, um den Endbetrag des Gesamtbelegs zu runden.

Die Wertermittlung erfolgt nicht über Konditionssätze, sondern durch die Wertformel 048. Die Rundungsregel ist in der Customizing-Tabelle T001R definiert. Die Kondition wird insbesondere in der Schweiz zur Abbildung der sogenannten *Fünf-Rappen-Rundung* benötigt. Die Kondition nimmt die Rundungsdifferenz auf und wird üblicherweise in der Buchhaltung auf ein separates Konto gebucht. Im Kalkulationsschema ist die Kondition direkt hinter der Steuer positioniert. Das weicht von normalen Zu-/Abschlägen ab, die ja den Basisbetrag für die Steuerermittlung liefern. Ein Problem ist dies nicht, solange die Rundungsdifferenz klein ist. Bei der Fünf-Rappen-Rundung kann der Wert maximal 0,02 sein. Die heute üblichen Steuersätze, angewandt auf diesen Wert, ergeben null, sodass die Überleitung an die Buchhaltung kein Problem ist.

Parameter im Customizing	Technischer Name	Bezeichnung
Konditionsklasse	A	Zu-/Abschlag
Rechenregel	B	Absolutbetrag
Konditionstyp	L	Generell neu ermitteln
Gruppenkondition	x	
Manuelle Eingaben	D	Nicht manuell bearbeitbar
Positionskondition	x	

Tabelle A.5 Customizing für die Konditionsart DIFF

Parameter im Customizing	Technischer Name	Bezeichnung
Kalkulationsschema	RVAA01	Standard
Bedingung	013	Rundung gemäß T001R
Wertformel	016	Rundung Endbetrag
Basisformel	004	Nettowert + Steuer
Kontoschlüssel	ERS	Erlösschmälerung

Tabelle A.5 Customizing für die Konditionsart DIFF (Forts.)

A.6 DUPL (Duplikationskondition)

Die Konditionsart DUPL kann bei strukturierten Aufträgen eingesetzt werden, d. h., es gibt Haupt- und Unterpositionen. Sie dient dazu, manuelle Zu-/Abschläge in der Hauptposition einzugeben. Diese werden dann auf alle Unterpositionen dupliziert.

Die Funktion ist eingeschränkt auf prozentuale Zu-/Abschläge.

Parameter im Customizing	Technischer Name	Bezeichnung
Konditionsklasse	A	Zu-/Abschlag
Rechenregel	A	Prozentual
Strukturkondition	A	Duplikationskondition
Positionskondition	x	
Kalkulationsschema	RVAA01	Standard
Manuelle Kondition	x	
Bedingung	002	Position mit Preisfindung
Kontoschlüssel	ERS	Erlösschmälerung

Tabelle A.6 Customizing für die Konditionsart DUPL

A.7 EDI1 (Erwarteter Kundenpreis)

Über die Konditionsart EDI1 kann der vom Besteller erwartete Preis für eine Auftragsposition zu Prüfzwecken eingegeben werden.

Die Eingabe erfolgt manuell oder bei EDI-Prozessen maschinell. Durch die Wertformel 008 (Erwarteter Kundenpreis) wird der Wert dieser Kondition mit dem Nettowert an dieser Stelle verglichen. Bei Überschreitung einer Abweichungstoleranz wird die

Position auf **unvollständig** gesetzt, und es wird ein Freigabeprozess in Gang gesetzt. Die Positionierung der Kondition im Kalkulationsschema bestimmt den Vergleichswert. Falls die Toleranz geändert werden soll, muss die Wertformel 008 in eine kundeneigene Formel kopiert und entsprechend angepasst werden.

Parameter im Customizing	Technischer Name	Bezeichnung
Konditionsklasse	B	Preis
Rechenregel	C	Mengenabhängig
Konditionstyp	J	Erwarteter Kundenpreis
Positionskondition	x	
Kalkulationsschema	RVAA01	Standard
Manuelle Kondition	x	
Statistische Kondition	x	
Bedingung	002	Position mit Preisfindung
Wertformel	008	Erwarteter Kundenpreis

Tabelle A.7 Customizing für die Konditionsart EDI1

A.8 EDI2 (Erwarteter Kundenwert)

Der Unterschied zur Konditionsart EDI1 besteht bei EDI2 darin, dass hier nicht der Preis, sondern der Wert einer Auftragsposition eingetragen wird.

Parameter im Customizing	Technischer Name	Bezeichnung
Konditionsklasse	B	Preis
Rechenregel	B	Absolutbetrag
Konditionstyp	J	Erwarteter Kundenpreis
Positionskondition	x	
Kalkulationsschema	RVAA01	Standard
Manuelle Kondition	x	
Statistische Kondition	x	
Bedingung	002	Position mit Preisfindung
Wertformel	008	Erwarteter Kundenpreis

Tabelle A.8 Customizing für die Konditionsart EDI2

A.9 EK01 (Ist-Kosten)

Über die Konditionsart EK01 werden innerhalb der Aufwandsabrechnung (Transaktion DP90) die tatsächlichen Kosten der abzurechnenden Leistungen an die Fakturaanforderung übergeben (siehe Abschnitt 7.6.5, »Ist-Kostenabrechnung«).

Die Kondition ist nicht statistisch und bestimmt somit zunächst den Ausgangspreis, der gegebenenfalls bei einem nachfolgenden Preis übersteuert werden kann. Der Wert wird in der Belegposition abgespeichert (`vbap/vbrp-wavwr`).

Parameter im Customizing	Technischer Name	Bezeichnung
Konditionsklasse	B	Preis
Rechenregel	C	Mengenabhängig
Konditionstyp	Q	Kalkulation
Positionskondition	x	
Kalkulationsschema	PSER02	Aufwandsabrechnung
Manuelle Kondition	x	
Zwischensumme	B	Wertübernahme nach WAVWR
Bedingung	002	Position mit Preisfindung
Kontoschlüssel	ERL	Erlös

Tabelle A.9 Customizing für die Konditionsart EK01

A.10 EK02/EK03 (Kalkulierte Kosten)

Über diese Konditionsarten werden bei Vorgängen mit Kundeneinzelfertigung die geplanten Kosten aus einer Kalkulation oder einem Fertigungsauftrag an die Auftragsposition übergeben (siehe Abschnitt 7.6.4, »Kundeneinzelfertigung mit/ohne Fertigungsauftrag«).

Der Wert wird in der Belegposition abgespeichert (`vbap/vbrp-wavwr`).

Parameter im Customizing	Technischer Name	Bezeichnung
Konditionsklasse	B	Preis
Rechenregel	C	Mengenabhängig
Konditionstyp	Q	Kalkulation

Tabelle A.10 Customizing für die Konditionsarten EK02 und EK03

Parameter im Customizing	Technischer Name	Bezeichnung
Positionskondition	x	
Kalkulationsschema	RVAA01	Standard
Manuelle Kondition	x	
Zwischensumme	B	Wertübernahme nach WAVWR
Statistische Kondition	x	

Tabelle A.10 Customizing für die Konditionsarten EK02 und EK03 (Forts.)

A.11 GRWR (Grenzübergangswert)

Durch die Konditionssätze dieser statistischen Kondition wird der Grenzübergangswert bei Exportgeschäften bestimmt.

Der Wert wird zur Erstellung der Exportdokumente und der Meldung an die Behörden benötigt und ist in der Belegposition abgespeichert (`vbap/vbrp-gkwrt`).

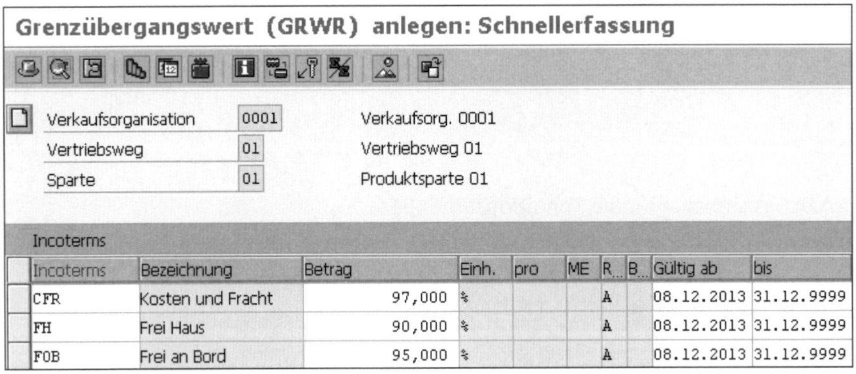

Grenzübergangswert (GRWR) anlegen: Schnellerfassung

Verkaufsorganisation 0001 Verkaufsorg. 0001
Vertriebsweg 01 Vertriebsweg 01
Sparte 01 Produktsparte 01

Incoterms

Incoterms	Bezeichnung	Betrag	Einh.	pro	ME	R..	B..	Gültig ab	bis
CFR	Kosten und Fracht	97,000	%			A		08.12.2013	31.12.9999
FH	Frei Haus	90,000	%			A		08.12.2013	31.12.9999
FOB	Frei an Bord	95,000	%			A		08.12.2013	31.12.9999

Abbildung A.2 Konditionssatz zur Konditionsart GRWR

Parameter im Customizing	Technischer Name	Bezeichnung
Zugriffsfolge	K033	Incoterms 1
Konditionsklasse	B	Preis
Rechenregel	A	Prozentual
Konditionstyp	L	Generell neu
Positionskondition	x	

Tabelle A.11 Customizing für die Konditionsart GRWR

Parameter im Customizing	Technischer Name	Bezeichnung
Kalkulationsschema	RVAA01	Standard
Bedingung	008	Nur bei Exportvorgängen
Zwischensumme	C	Wertübernahme nach GKWRT
Statistische Kondition	x	
Basisformel	002	Nettowert

Tabelle A.11 Customizing für die Konditionsart GRWR (Forts.)

A.12 HA00 (Prozentrabatt)

Über die Konditionsart HA00 kann manuell im Kopfkonditionsbild des Belegs ein Rabattprozentsatz eingetragen werden, der für alle Positionen gilt.

Spätestens beim Verlassen des Kopfkonditionsbildes wird die Kondition in alle Positionen eingepflanzt, sofern eine eventuell zugeordnete Bedingung erfüllt ist. Dabei wird der sogenannte *Rundungsdifferenzenausgleich* durchgeführt (siehe Abschnitt 10.2, »Funktionsbaustein PRICING_COMPLETE«).

Parameter im Customizing	Technischer Name	Bezeichnung
Konditionsklasse	A	Zu-/Abschlag
Rechenregel	A	Prozentual
Gruppenkondition	x	
Kopfkondition	x	
Kalkulationsschema	RVAA01	Standard
Manuelle Kondition	x	
Bedingung	002	Position mit Preisfindung
Kontoschlüssel	ERS	Erlösschmälerung

Tabelle A.12 Customizing für die Konditionsart HA00

A.13 HB00 (Absolutrabatt)

Über die Konditionsart HB00 kann manuell im Kopfkonditionsbild des Belegs ein Rabattbetrag eingetragen werden, der für den gesamten Beleg gilt.

Der eingegebene Betrag wird auf alle Positionen verteilt, die eine eventuell zugeordnete Bedingung erfüllen. Die Verteilung erfolgt gemäß der Konditionsbasis. Diese wiederum kann durch Einsatz einer Basisformel beeinflusst werden. Falls keine Basisformel zugeordnet ist, wird der Wert an dieser Stelle genommen (der auch durch statistische Konditionen gebildet sein kann). Auch hier wird der Rundungsdifferenzenausgleich durchgeführt (siehe Abschnitt 10.2, »Funktionsbaustein PRICING_COMPLETE«, außerdem sei auf Abschnitt 12.9, »Kopierte Konditionen und anschließende Mengenänderung«, hingewiesen.

Parameter im Customizing	Technischer Name	Bezeichnung
Konditionsklasse	A	Zu-/Abschlag
Rechenregel	B	Absolutbetrag
Gruppenkondition	x	
Kopfkondition	x	
Kalkulationsschema	RVAA01	Standard
Manuelle Kondition	x	
Bedingung	002	Position mit Preisfindung
Basisformel	002	Verteilung wertanteilig
Basisformel alternativ	012	Verteilung bruttogewichtsanteilig
Basisformel alternativ	013	Verteilung nettogewichtsanteilig
Basisformel alternativ	001	Verteilung volumenanteilig
Kontoschlüssel	ERS	Erlösschmälerung

Tabelle A.13 Customizing für die Konditionsart HB00

A.14 HD00 (Fracht)

Die Konditionsart HD00 dient dazu, im Kopfkonditionsbild des Belegs einen bruttogewichtsabhängigen Frachtzuschlag in einer beliebigen Gewichtseinheit zu erfassen.

Der eingegebene Betrag wird in alle Positionen eingestellt, die eine eventuell zugeordnete Bedingung erfüllen. Die Berechnung erfolgt grundsätzlich nur auf der Positionsebene, d. h., es wird kein Rundungsdifferenzenausgleich durchgeführt. Über die Auswahl der Bedingung wird gesteuert, in welchen Belegarten die Kondition berücksichtigt werden soll. Die in Listing 12.3 entwickelte Bedingung 957 kann auch hier zum Einsatz kommen.

Parameter im Customizing	Technischer Name	Bezeichnung
Konditionsklasse	A	Zu-/Abschlag
Rechenregel	D	Bruttogewichtsabhängig
Konditionstyp	F	Fracht
Kopfkondition	x	
Kalkulationsschema	RVAA01	Standard
Manuelle Kondition	x	
Bedingung	002	Alle Positionen mit Preisfindung
Bedingung alternativ	057	Nicht bei Naturalrabatt
Bedingung alternativ	957	Nicht bei Naturalrabatt/Retoure
Kontoschlüssel	ERF	Frachterlös

Tabelle A.14 Customizing für die Konditionsart HD00

A.15 HI02 (Kundenhierarchierabatt)

Durch diese Konditionssätze können Materialrabatte auf jedem Knoten der Kundenhierarchie vereinbart werden. Beachtenswert in diesem Zusammenhang sind auch die Überlegungen in Abschnitt 1.8.2, »Zugriffsfolge mit einer einzigen Konditionstabelle (teilqualifizierter Zugriff)«, in dem wir eine alternative Zugriffsfolge Z901 vorgestellt haben, die allgemeiner ist als die hier verwendete Zugriffsfolge HI02.

Parameter im Customizing	Technischer Name	Bezeichnung
Zugriffsfolge	HI02	Kundenhierarchie/Material
Zugriffsfolge alternativ	Z901	Kundenhierarchie allgemein
Konditionsklasse	A	Zu-/Abschlag
Rechenregel	C	Mengenabhängig
Vorzeichen	x	Negativ
Positionskondition	x	
Bezugsgröße (optional)	C	Mengenstaffel
Mengenumrechnung	x	

Tabelle A.15 Customizing für die Konditionsart HI02

Parameter im Customizing	Technischer Name	Bezeichnung
Kalkulationsschema	RVAA01	Standard
Bedingung	002	
Kontoschlüssel	ERS	Erlösschmälerung

Tabelle A.15 Customizing für die Konditionsart HI02 (Forts.)

A.16 HM00 (Auftragswert)

Die Kondition HM00 dient dazu, im Kopfkonditionsbild des Auftrags manuell einen Gesamtauftragswert einzutragen.

Wie bei der Kondition HB00 wird der Betrag auf alle Positionen, die eine eventuell zugeordnete Bedingung erfüllen, verteilt. Es gelten die gleichen Verteilungsmechanismen. Interessant sind die Betrachtungen zu dieser Konditionsart in Abschnitt 8.2.4, »Konditionsart HM00 (Auftragswert)«, und Abschnitt 12.9, »Kopierte Konditionen und anschließende Mengenänderung«.

Parameter im Customizing	Technischer Name	Bezeichnung
Konditionsklasse	B	Preis
Rechenregel	B	Absolutbetrag
Gruppenkondition	x	
Kopfkondition	x	
Kalkulationsschema	RVAA01	Standard
Manuelle Kondition	x	
Bedingung	002	Position mit Preisfindung
Basisformel	002	Verteilung wertanteilig
Basisformel alternativ	012	Verteilung bruttogewichtsanteilig
Basisformel alternativ	013	Verteilung nettogewichtsanteilig
Basisformel alternativ	001	Verteilung volumenanteilig
Kontoschlüssel	ERS	Erlösschmälerung

Tabelle A.16 Customizing für die Konditionsart HM00

A.17 IV01 (Preis interne Verrechnung)

Die Kondition IV01 findet Verwendung beim sogenannten *buchungskreisübergreifenden Verkauf*, und zwar ausschließlich bei der internen Verrechnungsfaktura. Die Kondition ist auf die Konditionsart PI01 referenziert, über deren Konditionssätze der Preis für die interne Verrechnung zwischen der liefernden und der verkaufenden Firma festgelegt wird. Die Ursprungskondition PI01 kann aus Gründen der Wertzuordnungen in CO-PA nicht verwendet werden.

Parameter im Customizing	Technischer Name	Bezeichnung
Zugriffsfolge	PI01	Werk/Material
Konditionsklasse	B	Preis
Rechenregel	C	Mengenabhängig
Positionskondition	x	
Referenzkonditionsart	PI01	
Referenzapplikation	V	
Interne Verrechnung	x	
Mengenumrechnung	x	
Kalkulationsschema	ICAA01	Interne Verrechnung
Bedingung	022	Cross Company
Zwischensumme	9	Wertübernahme nach BRTWR
Kontoschlüssel	ERL	Erlös

Tabelle A.17 Customizing für die Konditionsart IV01

A.18 KP00 (Palettenrabatt)

Durch diese Konditionssätze kann ein Rabatt je ganzer Palette je Position vereinbart werden. Voraussetzung ist, dass die verkauften Produkte in die Mengeneinheit PAL (Palette) umrechenbar sind. Durch die Basisformel 024 wird die ermittelte Palettenmenge einer Auftragsposition ganzzahlig gemacht.

Beachten Sie dazu auch die Überlegungen in Abschnitt 12.9, »Kopierte Konditionen und anschließende Mengenänderung«.

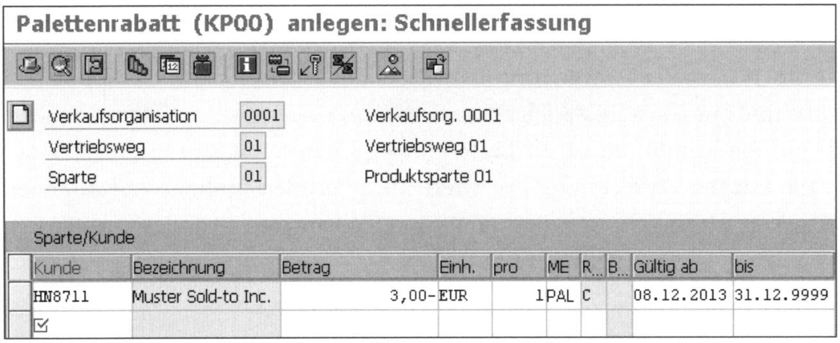

Palettenrabatt (KP00) anlegen: Schnellerfassung

Verkaufsorganisation 0001 Verkaufsorg. 0001
Vertriebsweg 01 Vertriebsweg 01
Sparte 01 Produktsparte 01

Sparte/Kunde

Kunde	Bezeichnung	Betrag	Einh.	pro	ME	R...	B...	Gültig ab	bis
HN8711	Muster Sold-to Inc.	3,00-	EUR	1	PAL	C		08.12.2013	31.12.9999

Abbildung A.3 Konditionssatz zur Konditionsart KP00

Parameter im Customizing	Technischer Name	Bezeichnung
Zugriffsfolge	K307	Kunde
Konditionsklasse	A	Zu-/Abschlag
Rechenregel	C	Mengenabhängig
Vorzeichen	x	Negativ
Positionskondition	x	
Mengenumrechnung	x	
Mengeneinheit	PAL	Palette
Kalkulationsschema	RVAA01	Standard
Bedingung	002	Alle Positionen mit Preisfindung
Bedingung alternativ	057	Nicht bei Naturalrabatt
Basisformel	022	Ganzzahlig
Kontoschlüssel	ERS	Erlösschmälerung

Tabelle A.18 Customizing für die Konditionsart KP00

A.19 KP01 (Palettenanbruchzuschlag)

Durch diese Konditionssätze kann ein Zuschlag festgelegt werden, falls die bestellte Menge zu einem Artikel keine ganze Palettenzahl ergibt. Durch die Basisformel 024 wird die ermittelte Konditionsbasis auf den Faktor 1,000 gesetzt, falls die Palettenmenge nicht ganzzahlig ist. Die in Listing 12.3 entwickelte Bedingung 957 kann auch hier zum Einsatz kommen.

Beachten Sie auch hier die Überlegungen in Abschnitt 12.9, »Kopierte Konditionen und anschließende Mengenänderung«.

Parameter im Customizing	Technischer Name	Bezeichnung
Zugriffsfolge	K307	Kunde
Konditionsklasse	A	Zu-/Abschlag
Rechenregel	C	Mengenabhängig
Positionskondition	x	
Mengenumrechnung	x	
Mengeneinheit	PAL	Palette
Kalkulationsschema	RVAA01	Standard
Bedingung	002	Alle Positionen mit Preisfindung
Bedingung alternativ	057	Nicht bei Naturalrabatt
Bedingung alternativ	957	Nicht Naturalrabatt und Retoure
Basisformel	024	1, falls Anbruch
Kontoschlüssel	ERS	Erlösschmälerung

Tabelle A.19 Customizing für die Konditionsart KP01

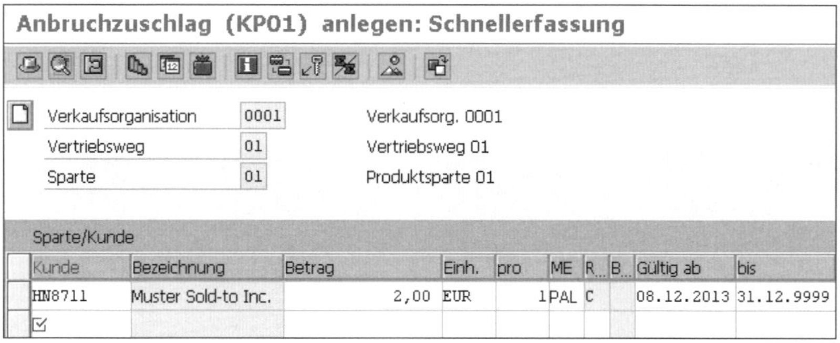

Anbruchzuschlag (KP01) anlegen: Schnellerfassung

Verkaufsorganisation 0001 Verkaufsorg. 0001
Vertriebsweg 01 Vertriebsweg 01
Sparte 01 Produktsparte 01

Sparte/Kunde

Kunde	Bezeichnung	Betrag	Einh.	pro	ME	R..	B..	Gültig ab	bis
HN8711	Muster Sold-to Inc.	2,00	EUR	1	PAL	C		08.12.2013	31.12.9999

Abbildung A.4 Konditionssatz zur Konditionsart KP01

A.20 KP02 (Mixpalettenrabatt)

Durch diese Konditionssätze kann ein Rabatt festgelegt werden, falls der gesamte Auftrag ganze Paletten füllt. Da es sich hier um eine Kondition mit der Rechenregel **Absolutbetrag** handelt, könnten die Betrachtungen in Abschnitt 12.9, »Kopierte Konditionen und anschließende Mengenänderung«, für Sie von Interesse sein.

Parameter im Customizing	Technischer Name	Bezeichnung
Zugriffsfolge	K307	Kunde
Konditionsklasse	A	Zu-/Abschlag
Rechenregel	B	Absolutbetrag
Vorzeichen	x	Negativ
Gruppenkondition	x	
Positionskondition	x	
Bezugsgröße	C	Mengenstaffel
Mengeneinheit	PAL	Palette
Prüfen Staffel	A	Absteigend
Kalkulationsschema	RVAA01	Standard
Bedingung	002	Alle Positionen mit Preisfindung
Bedingung alternativ	057	Nicht bei Naturalrabatt
Kontoschlüssel	ERS	Erlösschmälerung

Tabelle A.20 Customizing für die Konditionsart KP02

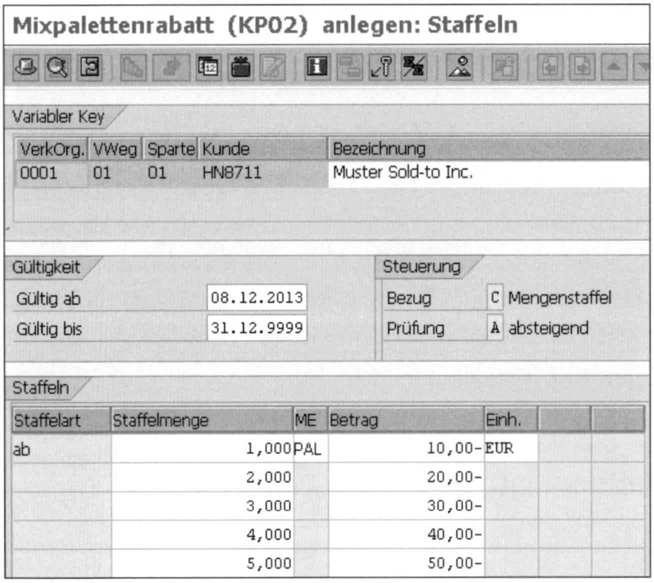

Mixpalettenrabatt (KP02) anlegen: Staffeln

Variabler Key

VerkOrg.	VWeg	Sparte	Kunde	Bezeichnung
0001	01	01	HN8711	Muster Sold-to Inc.

Gültigkeit

Gültig ab 08.12.2013

Gültig bis 31.12.9999

Steuerung

Bezug C Mengenstaffel

Prüfung A absteigend

Staffeln

Staffelart	Staffelmenge	ME	Betrag	Einh.
ab	1,000	PAL	10,00-	EUR
	2,000		20,00-	
	3,000		30,00-	
	4,000		40,00-	
	5,000		50,00-	

Abbildung A.5 Konditionssatz zur Kondition KP02

A.21 KP03 (Mixpalettenanbruchzuschlag)

Durch diese Konditionssätze kann ein Zuschlag festgelegt werden, falls der gesamte Auftrag keine ganzen Paletten füllt. Entscheidend ist hier die Staffelformel 023. Durch sie wird im Zuge der Gruppenverarbeitung (`PRICING_COMPLETE`) die Staffelmenge auf null gesetzt, falls die Gesamtmenge eine ganzzahlige Palettenzahl ergibt. Als Absolutbetragskondition könnte Abschnitt 12.9, »Kopierte Konditionen und anschließende Mengenänderung«, interessant sein; auch die in Listing 12.3 entwickelte Bedingung 957 könnte hier sinnvoll sein.

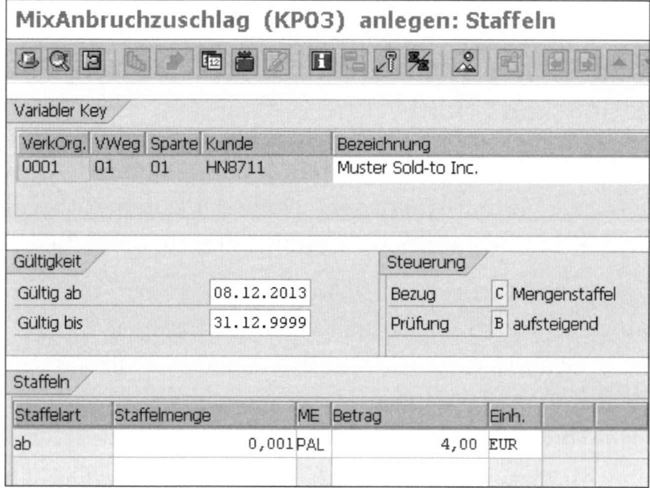

Abbildung A.6 Konditionssatz zur Konditionsart KP03

Parameter im Customizing	Technischer Name	Bezeichnung
Zugriffsfolge	K307	Kunde
Konditionsklasse	A	Zu-/Abschlag
Rechenregel	B	Absolutbetrag
Gruppenkondition	x	
Positionskondition	x	
Bezugsgröße	C	Mengenstaffel
Mengeneinheit	PAL	Palette
Prüfen Staffel	B	Aufsteigend
Staffelformel	023	Anbruchmenge

Tabelle A.21 Customizing für die Konditionsart KP03

Parameter im Customizing	Technischer Name	Bezeichnung
Kalkulationsschema	RVAA01	Standard
Bedingung	002	Alle Positionen mit Preisfindung
Bedingung alternativ	057	Nicht bei Naturalrabatt
Bedingung alternativ	957	Nicht Naturalrabatt und Retoure
Kontoschlüssel	ERS	Erlösschmälerung

Tabelle A.21 Customizing für die Konditionsart KP03 (Forts.)

A.22 KUMU (Kumulationskondition)

Die Kondition KUMU dient dazu, bei strukturierten Aufträgen, also bei solchen mit Haupt- und Unterpositionen (z. B.Verkaufsstücklisten), Werte der Unterpositionen als statistische Information auf der Hauptposition als Summe sichtbar zu machen.

Die Wertermittlung erfolgt mit der Wertformel 036, wobei der Wert der Kondition sich aus dem Nettowert der aktuellen Position zuzüglich dem Nettowert aller Unterpositionen zusammensetzt. Es ist durchaus möglich, einen anderen Wert als den Nettowert zu verwenden, z. B. den Verrechnungswert. Dazu müssen Sie lediglich die Wertformel 036 in eine eigene Formel 936 kopieren und darin `komp-netwr` durch `komp-wavwr` ersetzen. Die Kondition KUMU muss dann selbstverständlich hinter der Kondition VPRS positioniert sein. Damit könnten Sie z. B. die Kosten der Naturalrabatt-Unterpositionen in der Hauptposition sichtbar machen und mit etwas Geschick über eine neue Wertformel einen weiteren Deckungsbeitrag errechnen.

Es ist möglich, mehrere solcher Kumulationskonditionen einzusetzen.

Parameter im Customizing	Technischer Name	Bezeichnung
Konditionsklasse	A	Zu-/Abschläge
Rechenregel	G	Formel
Strukturkondition	B	Kumulationskondition
Gruppenkondition	x	
Manuelle Eingaben	D	Nicht manuell bearbeitbar
Positionskondition	x	
Kalkulationsschema	RVAA01	Standard

Tabelle A.22 Customizing für die Konditionsart KUMU

Parameter im Customizing	Technischer Name	Bezeichnung
Bedingung	002	Position mit Preisfindung
Wertformel	036	Kumulationskondition
Statistische Kondition	x	

Tabelle A.22 Customizing für die Konditionsart KUMU (Forts.)

A.23 KW00 (Konzernbewertung – Transferpreis)

Bei buchungskreisübergreifenden Verkäufen erfolgt eine interne Verrechnung zwischen den Buchungskreisen. Neben den internen Preisen (Konditionsarten PI01, PI02, IV01 und IV02) spielt hier auch noch die Bewertung zu Konzernpreisen eine Rolle, die in die Kondition KW00 eingestellt wird.

Die Wertermittlung erfolgt dabei programmintern über den Funktionsbaustein `TP_MATERIAL_PRICES_GET`.

Parameter im Customizing	Technischer Name	Bezeichnung
Konditionsklasse	B	Preise
Rechenregel	C	Mengenabhängig
Konditionstyp	b	Transferpreis Konzernbewertung
Manuelle Eingaben	D	Nicht manuell bearbeitbar
Positionskondition	x	
Mengenumrechnung	x	
Kalkulationsschema	ICAA01	Interne Verrechnung
Bedingung	022	Cross Company
Statistische Kondition	x	

Tabelle A.23 Customizing für die Konditionsart KW00

A.24 MW01 (Steuerauslöser)

Durch die Konditionssätze wird die Steuerermittlung über das Steuerschema des Rechnungswesens ausgelöst. Die Kondition dient lediglich dazu, datumsabhängig ein Steuerkennzeichen zu finden, mit dem dann die eigentliche Steuerermittlung durchgeführt wird. Die detaillierte Beschreibung finden Sie in Abschnitt 7.4.2, »Steuerermittlung über das Rechnungswesen (Steuerauslöser)«.

Parameter im Customizing	Technischer Name	Bezeichnung
Zugriffsfolge	MWST	Mehrwertsteuer
Konditionsklasse	G	Steuerauslöser
Rechenregel	A	Prozentual
Manuelle Eingaben	D	Nicht manuell bearbeitbar
Positionskondition	x	
Kalkulationsschema	alle	
Bedingung	010	Werk gesetzt
Statistische Kondition	x	

Tabelle A.24 Customizing für die Konditionsart MW01

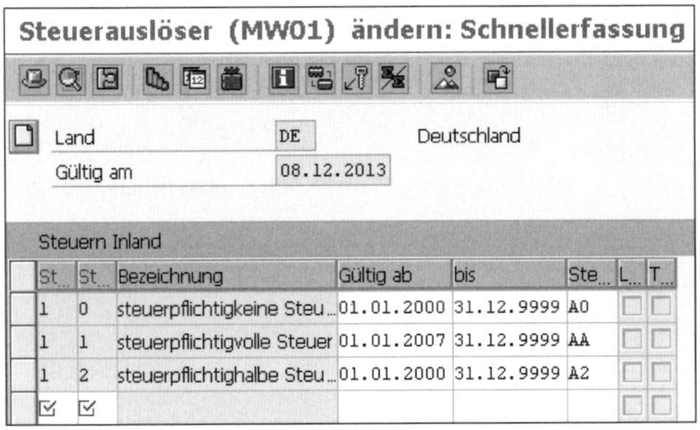

Steuerauslöser (MW01) ändern: Schnellerfassung

Land DE Deutschland
Gültig am 08.12.2013

Steuern Inland

St...	St...	Bezeichnung	Gültig ab	bis	Ste...	L...	T...
1	0	steuerpflichtigkeine Steu...	01.01.2000	31.12.9999	A0		
1	1	steuerpflichtigvolle Steuer	01.01.2007	31.12.9999	AA		
1	2	steuerpflichtighalbe Steu...	01.01.2000	31.12.9999	A2		

Abbildung A.7 Konditionssätze zur Konditionsart MW01

A.25 MW15 (Steuer Delkredere) (voller Satz)

Die Konditionsart MW15 dient dazu, bei rechnungslistenrelevanten Fakturen die Steuer zu den Rechnungslistenkonditionen (z. B.RL00) zu berechnen.

Durch die Verwendung der Zugriffsfolge MWM1 wird erreicht, dass, unabhängig vom Produkt, immer der volle Satz gezogen wird. Dies ist dadurch erforderlich, dass Rechnungslistenkonditionen im Allgemeinen Vergütungen für Dienstleistungen darstellen (z. B. die Zahlungsabwicklung). Rechnungslistenkonditionen sind in der Faktura statistisch und werden erst innerhalb der Rechnungsliste aktiviert. Die Kondition ist auf die Konditionsart MWST referenziert, d. h., es müssen keine eigenen Konditionssätze gepflegt werden.

Parameter im Customizing	Technischer Name	Bezeichnung
Zugriffsfolge	MWM1	Mehrwertsteuer voller Satz
Konditionsklasse	D	Steuern
Rechenregel	A	Prozentual
Gruppenkondition	x	
Manuelle Eingaben	D	Nicht manuell bearbeitbar
Positionskondition	x	
Referenzkonditionsart	MWST	
Referenzapplikation	V	
Rechnungslistenkondition	x	
Kalkulationsschema	RVAA01	Standard
Bezugsstufe – von/bis	nnn	Stufennummern von/bis der Rechnungslistenkonditionen
Bedingung	021	Rechnungslistensteuer
Statistische Kondition	x	
Kontoschlüssel	MWS	Mehrwertsteuer

Tabelle A.25 Customizing für die Konditionsart MW15

A.26 MWSI (Mehrwertsteuer im Hundert)

Die Konditionsart MWSI dient dazu, den Preis bei Kalkulationsschemata herauszurechnen, bei denen der Ausgangspreis die Steuer enthält. Die Kondition ist auf die Konditionsart MWST referenziert.

Parameter im Customizing	Technischer Name	Bezeichnung
Zugriffsfolge	MWST	Mehrwertsteuer
Konditionsklasse	D	Steuern
Rechenregel	H	Prozentual (im Hundert)

Tabelle A.26 Customizing für die Konditionsart MWSI

Parameter im Customizing	Technischer Name	Bezeichnung
Gruppenkondition	x	
Manuelle Eingaben	D	Nicht manuell bearbeitbar
Positionskondition	x	
Referenzkonditionsart	MWST	
Referenzapplikation	V	
Kalkulationsschema	RVAB01	Standard inklusive Steuer
Bezugsstufe – von	nnn	Stufennummern des Endbetrags
Bedingung	010	Werk gesetzt
Kontoschlüssel	MWS	Mehrwertsteuer

Tabelle A.26 Customizing für die Konditionsart MWSI (Forts.)

A.27 NETP (Rundungsdifferenz)

Die Kondition NETP kann eingesetzt werden, um die Rundungslogik des SAP-Standards zu verändern. Die Kondition wird über Formeln bestückt. Weitere Informationen dazu finden Sie in Abschnitt 12.3, »Rundung«.

Parameter im Customizing	Technischer Name	Bezeichnung
Konditionsklasse	A	Zu-/Abschlag
Rechenregel	C	Mengenabhängig
Manuelle Eingaben	D	Nicht manuell bearbeitbar
Positionskondition	x	
Kalkulationsschema	alle	
Bedingung	002	Position mit Preisfindung
Wertformel	006	Ausgangspreis
Basisformel	003	Nettopreis
Basisformel alternativ	017	Nettopreis
Kontoschlüssel	ERS	Erlösschmälerung

Tabelle A.27 Customizing für die Konditionsart NETP

A.28 NETW (Warenwert)

Die Kondition NETW wird bei Preisen inklusive Steuer im Zusammenspiel mit der Kondition MWSI eingesetzt. Sie enthält den Warenwert nach Abzug der Steuer. Die Wertermittlung erfolgt über die Wertformel 025.

Parameter im Customizing	Technischer Name	Bezeichnung
Konditionsklasse	A	Zu-/Abschlag
Rechenregel	G	Formel
Konditionstyp	L	Generell neu beim Kopieren
Manuelle Eingaben	D	Nicht manuell bearbeitbar
Positionskondition	x	
Kalkulationsschema	RVAB01	Standard inklusive Steuer
Bedingung	002	Position mit Preisfindung
Wertformel	025	KZWI1 minus Steuer
Kontoschlüssel	ERL	Erlös

Tabelle A.28 Customizing für die Konditionsart NETW

A.29 NRAB (Naturalrabatt)

Die Kondition NRAB dient dazu, eine Naturalrabattvereinbarung vom Typ **Dreingabe** nur mit Mitteln der Preisfindung, d. h. als wertmäßigen Rabatt, abzuwickeln.

Zur Ermittlung der Werte wird die Basisformel 029 eingesetzt. Weitere Informationen dazu finden Sie in Abschnitt 7.5, »Naturalrabatt im Vertrieb«.

Parameter im Customizing	Technischer Name	Bezeichnung
Konditionsklasse	A	Zu-/Abschlag
Rechenregel	C	Mengenabhängig
Konditionstyp	f	Naturalrabatt Dreingabe
Manuelle Eingaben	D	Nicht manuell bearbeitbar
Positionskondition	x	

Tabelle A.29 Customizing für die Konditionsart NRAB

Parameter im Customizing	Technischer Name	Bezeichnung
Mengenumrechnung	x	
Kalkulationsschema	RVAA01	Standard
Bedingung	059	Naturalrabatt
Basisformel	029	Naturalrabatt Dreingabe
Kontoschlüssel	ERS	Erlösschmälerung

Tabelle A.29 Customizing für die Konditionsart NRAB (Forts.)

A.30 PBBS (Basispreis)

Die Kondition PBBS liefert den Ausgangspreis im Preisbuch. Sie verwendet die Zugriffsfolge PR01, mit der zuerst geprüft wird, ob durch die vorangegangene Kondition PBUD ein abweichender Preislistentyp geliefert wurde.

Außerdem wird durch die Bedingung 202 ein gegebenenfalls durch PBUD geliefertes abweichendes Preisstellungsdatum angewandt (siehe Abschnitt 8.1.2, »Schema RVAA02 (Preisbuch)«).

Parameter im Customizing	Technischer Name	Bezeichnung
Zugriffsfolge	PR01	Preis – Positionspreisliste
Konditionsklasse	B	Preis
Rechenregel	C	Mengenabhängig
Positionskondition	x	
Bezugsgröße	C	Mengenstaffel
Staffelformel	202	Preisbuchstaffel
Mengenumrechnung	x	
Kalkulationsschema	RVAA02	Standard Preisbuch
Bedingung	202	Preisbuchgrundpreis
Kontoschlüssel	ERL	Erlös

Tabelle A.30 Customizing für die Konditionsart PBBS

A.31 PBU (Preisbuchfindung)

Die Konditionsart PBU wird zusammen mit den Konditionsarten PBUD, PBBS und PBUP zur Preisfindung bei Verkaufsaktionen des Typs **Preisbuch** eingesetzt.

Diese Konditionssätze werden dazu verwendet, die für den Kunden gültige Verkaufsaktion (das Preisbuch) zu finden und für die nachfolgende Kondition PBUD im Feld `komp-knuma_ag` bereitzustellen (siehe Abschnitt 8.1.2, »Schema RVAA02 (Preisbuch)«).

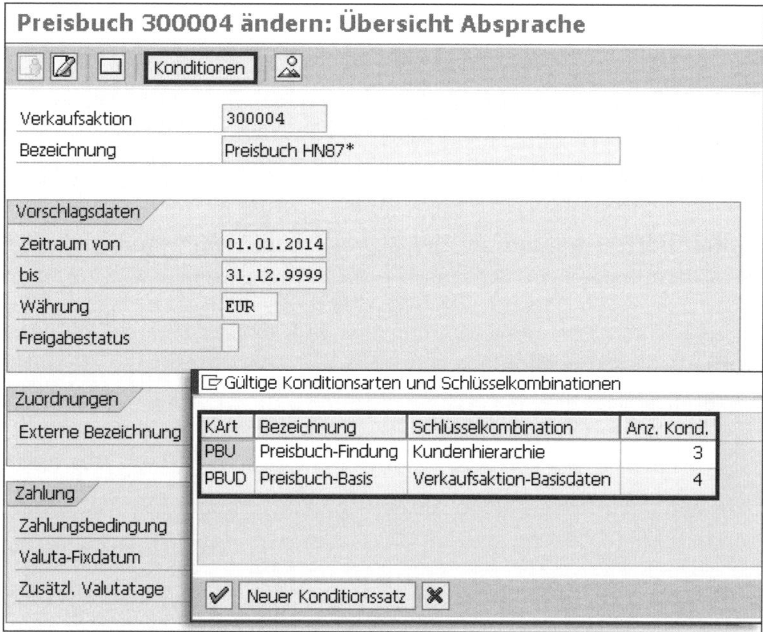

Abbildung A.8 Verkaufsaktion des Typs »Preisbuch« mit Konditionssätzen zu den Konditionsarten PBU und PBUD

Preisbuch 300004 ändern: Übersicht Preisbuch-Findung (PBU)

Verkaufsorganisation	0001	Verkaufsorg. 0001
Vertriebsweg	01	Vertriebsweg 01
Sparte	01	Produktsparte 01

Kundenhierarchie

Ver...	Ve...	K...	Regulierer	Auftr.geb.	Warenempf.	Bezeichnung	R...	B...	Gültig ab	bis
				HN8711			G		01.01.2014	31.12.9999
				HN8712			G		01.01.2014	31.12.9999
			HN8720			Muster-Regulierer	G		01.01.2014	31.12.9999

Abbildung A.9 Konditionssätze zur Konditionsart PBU im Preisbuch

Parameter im Customizing	Technischer Name	Bezeichnung
Zugriffsfolge	PBU	Kundendaten
Konditionsklasse	H	Datenermittlung
Rechenregel	G	Formel
Kalkulationsschema	RVAA02	Standard Preisbuch
Bedingung	002	Position mit Preisfindung

Tabelle A.31 Customizing für die Konditionsart PBU

A.32 PBUD (Preisbuchbasis)

Mit diesen Konditionssätzen werden auf der Ebene **Produkt** oder **Produktgruppe** preisbeeinflussende Parameter für die nachfolgende Ausgangspreiskondition PBBS ermittelt:

- Prozentsatz vom Ausgangspreis PBBS
- anzuwendende Preisliste
- anzuwendende Staffel

Weitere Informationen dazu finden Sie in Abschnitt 8.1.2, »Schema RVAA02 (Preisbuch)«.

Parameter im Customizing	Technischer Name	Bezeichnung
Zugriffsfolge	PBUD	Verkaufsaktion
Konditionsklasse	B	Preis
Rechenregel	A	Prozentual
Positionskondition	x	
Kalkulationsschema	RVAA02	Standard Preisbuch
Bedingung	002	Position mit Preisfindung
Statistische Kondition	x	

Tabelle A.32 Customizing für die Konditionsart PBUD

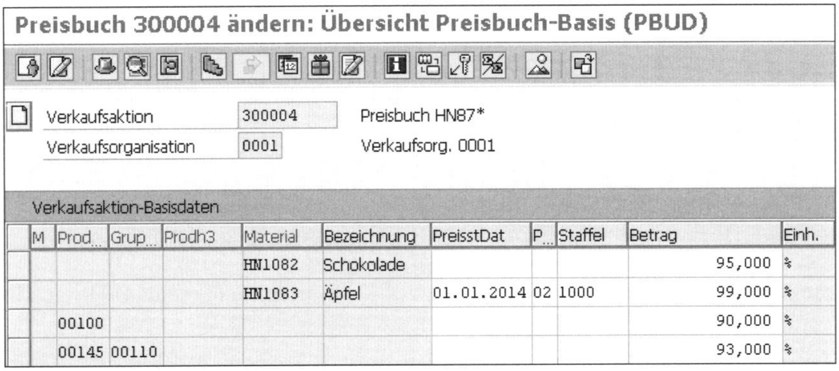

Preisbuch 300004 ändern: Übersicht Preisbuch-Basis (PBUD)

Verkaufsaktion 300004 Preisbuch HN87*
Verkaufsorganisation 0001 Verkaufsorg. 0001

Verkaufsaktion-Basisdaten

M	Prod...	Grup...	Prodh3	Material	Bezeichnung	PreisstDat	P...	Staffel	Betrag	Einh.
				HN1082	Schokolade				95,000	%
				HN1083	Äpfel	01.01.2014	02	1000	99,000	%
	00100								90,000	%
	00145	00110							93,000	%

Abbildung A.10 Konditionssätze zur Konditionsart PBUD im Preisbuch

A.33 PBUP (Preisbuchbrutto)

Die Kondition PBUP ohne Konditionssätze verarbeitet mithilfe der Basisformel 202 die Informationen der Konditionen PBUD (Prozentsatz) und PBBS (Bruttopreis) zum endgültigen Ausgangspreis (siehe Abschnitt 8.1.2, »Schema RVAA02 (Preisbuch)«).

Parameter im Customizing	Technischer Name	Bezeichnung
Konditionsklasse	B	Preis
Rechenregel	C	Mengenabhängig
Manuelle Eingaben	D	Nicht manuell bearbeitbar
Mengenumrechnung	x	
Kalkulationsschema	RVAA02	Standard Preisbuch
Bedingung	002	Position mit Preisfindung
Basisformel	202	Preisbuch – Faktor
Kontoschlüssel	ERL	Erlös

Tabelle A.33 Customizing für die Konditionsart PBUP

A.34 PC00 (Profit-Center-Bewertung – Transferpreis)

Bei buchungskreisübergreifenden Verkäufen erfolgt eine interne Verrechnung zwischen den Buchungskreisen. Neben den internen Preisen (Konditionsarten PI01, PI02, IV01 und IV02) spielt hier auch noch die Bewertung zu Profit-Center-Preisen eine Rolle. Diese werden über Konditionssätze festgelegt.

Parameter im Customizing	Technischer Name	Bezeichnung
Zugriffsfolge	PC00	Profit-Center-Verrechnung
Konditionsklasse	B	Preise
Rechenregel	C	Mengenabhängig
Konditionstyp	c	Transferpreis Profit-Center
Manuelle Eingaben	D	Nicht manuell bearbeitbar
Positionskondition	x	
Mengenumrechnung	x	
Kalkulationsschema	ICAA01	Interne Verrechnung
Bedingung	022	Cross Company
Statistische Kondition	x	

Tabelle A.34 Customizing für die Konditionsart PC00

A.35 PI01 (Preis interne Verrechnung)

Die Kondition PI01 findet Verwendung beim sogenannten *buchungskreisübergreifenden Verkauf*. Mit diesen Konditionssätzen wird der Preis für die interne Verrechnung zwischen der liefernden Firma (definiert durch die Verkaufsorganisation) und der verkaufenden Firma (definiert durch das Werk) festgelegt.

Die Kondition liefert in Kundenauftrag und Faktura die Kosteninformation – anstelle der sonst üblichen Kondition VPRS.

Parameter im Customizing	Technischer Name	Bezeichnung
Zugriffsfolge	PI01	Werk/Material
Konditionsklasse	B	Preis
Rechenregel	C	Mengenabhängig
Positionskondition	x	
Interne Verrechnung	x	
Mengenumrechnung	x	
Kalkulationsschema	RVAA01	Standard

Tabelle A.35 Customizing für die Konditionsart PI01

Parameter im Customizing	Technischer Name	Bezeichnung
Bedingung	022	Cross Company
Zwischensumme	B	Wertübernahme nach WAVWR
Statistische Kondition	x	

Tabelle A.35 Customizing für die Konditionsart PI01 (Forts.)

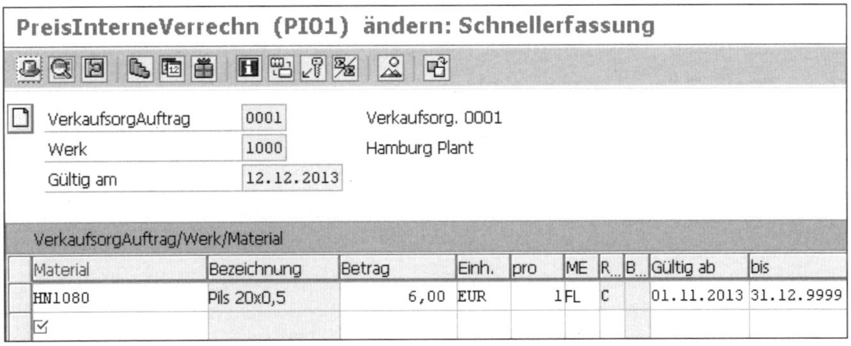

PreisInterneVerrechn (PI01) ändern: Schnellerfassung

VerkaufsorgAuftrag 0001 Verkaufsorg. 0001
Werk 1000 Hamburg Plant
Gültig am 12.12.2013

VerkaufsorgAuftrag/Werk/Material

Material	Bezeichnung	Betrag	Einh.	pro	ME	R...	B...	Gültig ab	bis
HN1080	Pils 20x0,5	6,00	EUR	1	FL	C		01.11.2013	31.12.9999

Abbildung A.11 Konditionssatz zur Konditionsart PI01

A.36 PMIN (Mindestpreis)

Durch diese Konditionssätze kann ein Mindestpreis je Produkt festgelegt werden.

Falls der Nettowert an dieser Stelle den Wert der Kondition PMIN unterschreitet, wird mithilfe der Wertformel 015 das Delta als Zuschlag eingestellt.

Parameter im Customizing	Technischer Name	Bezeichnung
Zugriffsfolge	K304	Material
Konditionsklasse	A	Zu-/Abschlag
Rechenregel	C	Mengenabhängig
Positionskondition	x	
Mengenumrechnung	x	
Kalkulationsschema	RVAA01	Standard
Bedingung	002	Position mit Preisfindung

Tabelle A.36 Customizing für die Konditionsart PMIN

Parameter im Customizing	Technischer Name	Bezeichnung
Wertformel	015	Mindestpreis
Kontoschlüssel	ERS	Erlösschmälerung

Tabelle A.36 Customizing für die Konditionsart PMIN (Forts.)

A.37 PN00 (Nettopreis)

Durch die Kondition PN00 kann in der Auftragsposition ein manueller Nettopreis eingetragen werden.

Sofern die Kondition als Zu-/Abschlag eingestellt ist, wird mithilfe der Wertformel 006 das Delta zum bisherigen Nettowert als Zu- oder Abschlag berechnet.

Parameter im Customizing	Technischer Name	Bezeichnung
Konditionsklasse	A	Zu-/Abschlag
Rechenregel	C	Mengenabhängig
Positionskondition	x	
Mengenumrechnung	x	
Kalkulationsschema	RVAA01	Standard
Manuelle Kondition	x	
Bedingung	002	Position mit Preisfindung
Wertformel	006	Ausgangspreis
Kontoschlüssel	ERS	Erlösschmälerung

Tabelle A.37 Customizing für die Konditionsart PN00

A.38 PR01 (Preis inklusive Steuer)

Durch diese Konditionssätze werden Verkaufspreise an Endkunden im B2C-Szenario festgelegt. In den Preisen ist die Steuer enthalten. Zur Ermittlung des Nettowarenwertes (repräsentiert durch die Konditionsart NETW) muss deshalb die Steuer herausgerechnet werden.

Parameter im Customizing	Technischer Name	Bezeichnung
Zugriffsfolge	PR00	Preis
Konditionsklasse	B	Preis
Rechenregel	C	Mengenabhängig
Positionskondition	x	
Mengenumrechnung	x	
Kalkulationsschema	RVAB01	Standard inklusive Steuer
Bedingung	002	Position mit Preisfindung
Statistische Kondition	x	

Tabelle A.38 Customizing für die Konditionsart PR01

A.39 PR02 (Preis gesteigert)

Durch diese Konditionssätze können Preisintervalle festgelegt werden. Im Beispiel in Abbildung A.12 sollen die ersten 100 Einheiten 12 EUR, die nächsten 100 Einheiten 11,50 EUR und die Einheiten danach nur noch 11 EUR kosten, und zwar je Bestellung.

In dieser Situation erscheint die Kondition gegebenenfalls mehrfach je Auftragsposition. Beachten Sie dazu auch die Überlegungen zum Einsatz der Bedingung 906 in Abschnitt 12.10, »Gesteigerte Preise in Retouren und Gutschriften«.

Parameter im Customizing	Technischer Name	Bezeichnung
Zugriffsfolge	K305	Kunde/Material
Konditionsklasse	B	Preis
Rechenregel	C	Mengenabhängig
Manuelle Eingaben	D	Nicht manuell bearbeitbar
Positionskondition	x	
Bezugsgröße	C	Mengenstaffel
Staffelart	D	Bis-Intervallstaffel
Mengenumrechnung	x	
Kalkulationsschema	RVAA01	Standard

Tabelle A.39 Customizing für die Konditionsart PR02

Parameter im Customizing	Technischer Name	Bezeichnung
Bedingung	002	Position mit Preisfindung
Bedingung alternativ	906	Kopieren in Retouren
Kontoschlüssel	ERL	Erlös

Tabelle A.39 Customizing für die Konditionsart PR02 (Forts.)

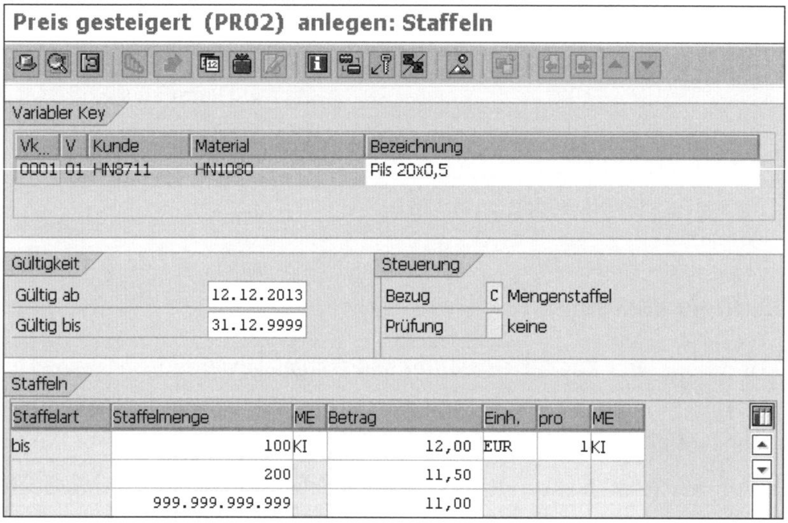

Preis gesteigert (PR02) anlegen: Staffeln

Variabler Key

Vk..	V	Kunde	Material	Bezeichnung
0001	01	HN8711	HN1080	Pils 20x0,5

Gültigkeit

Gültig ab 12.12.2013

Gültig bis 31.12.9999

Steuerung

Bezug C Mengenstaffel

Prüfung keine

Staffeln

Staffelart	Staffelmenge	ME	Betrag	Einh.	pro	ME
bis	100	KI	12,00	EUR	1	KI
	200		11,50			
	999.999.999.999		11,00			

Abbildung A.12 Konditionssatz zur Konditionsart PR02

A.40 PTVO (Gutschein)

Durch die Kondition PTVO kann im Konditionsbild des Auftragskopfes ein manueller Gutscheinbetrag eingetragen werden. Dieser Betrag reduziert den zu zahlenden Endbetrag und wird in der Buchhaltung auf spezielle Konten gebucht.

Parameter im Customizing	Technischer Name	Bezeichnung
Konditionsklasse	A	Zu-/Abschlag
Rechenregel	B	Absolutbetrag
Konditionstyp	g	Zahlung
Vorzeichen	x	Negativ
Gruppenkondition	x	

Tabelle A.40 Customizing für die Konditionsart PTVO

Parameter im Customizing	Technischer Name	Bezeichnung
Kopfkondition	x	
Kalkulationsschema	RVAA01	Standard
Manuelle Kondition	x	
Kontoschlüssel	PPG	

Tabelle A.40 Customizing für die Konditionsart PTVO (Forts.)

A.41 R100 (100% Abschlag)

Durch die automatische Kondition R100 ohne Konditionssätze wird bei kostenlosen Positionen (Naturalrabatt) ein 100%iger Rabatt gewährt. Der Positionstyp dieser Positionen ist mit dem Kennzeichen **Preisfindung** = B (Naturalrabatt) eingestellt, die Steuerung erfolgt über die Bedingung 055 und die Basisformel 028.

Parameter im Customizing	Technischer Name	Bezeichnung
Konditionsklasse	A	Zu-/Abschlag
Rechenregel	A	Prozentual
Vorzeichen	x	Negativ
Manuelle Eingaben	D	Nicht manuell bearbeitbar
Positionskondition	x	
Kalkulationsschema	RVAA01	Standard
Bedingung	055	Preisfindung Naturalrabatt
Basisformel	028	100 %-Abschlag
Kontoschlüssel	ERS	Erlösschmälerung

Tabelle A.41 Customizing für die Konditionsart R100

A.42 RL00 (Delkredere)

Durch diese Konditionssätze können beim Einsatz von Rechnungslisten Rabatte dafür gewährt werden, dass der Zahlungsverkehr über eine zentrale Regulierungsstelle, und damit vereinfacht, abgewickelt wird. Die Konditionen sind in der Faktura statistisch und werden erst mit der Rechnungsliste vergütet. Die Kondition tritt im Allgemeinen zusammen mit der zugehörigen Steuerkonditionsart MW15 auf.

Parameter im Customizing	Technischer Name	Bezeichnung
Zugriffsfolge	RL00	Regulierer
Konditionsklasse	A	Zu-/Abschlag
Rechenregel	A	Prozentual
Vorzeichen	X	Negativ
Manuelle Eingaben	D	Nicht manuell bearbeitbar
Positionskondition	x	
Ausschluss	A	Rechnungsliste
Rechnungslistenkondition	x	
Kalkulationsschema	RVAA01	Standard
Bedingung	023	Nur in Fakturen
Statistische Kondition	x	
Basisformel	002	Nettowert
Kontoschlüssel	ERS	Erlösschmälerung

Tabelle A.42 Customizing für die Konditionsart RL00

A.43 SKTO (Skonto nach Steuer)

Durch die automatische Kondition SKTO ohne Konditionssätze wird der Skontoprozentsatz des ersten Fälligkeitstermins der Zahlungsbedingung (zu finden in Tabelle T052) als statistischer Rabatt eingestellt. Die Kondition muss im Kalkulationsschema hinter der Steuerkondition platziert werden, da sie den Steuerbasisbetrag nicht beeinflussen soll. Welche der Skontokonditionen SKTO oder SKTV aktiv ist, wird über die Bedingungen 009 bzw. 014 gesteuert und hängt von den Buchungskreiseinstellungen ab.

Parameter im Customizing	Technischer Name	Bezeichnung
Konditionsklasse	A	Zu-/Abschlag
Rechenregel	A	Prozentual
Konditionstyp	E	Skonto

Tabelle A.43 Customizing für die Konditionsart SKTO

Parameter im Customizing	Technischer Name	Bezeichnung
Manuelle Eingaben	D	Nicht manuell bearbeitbar
Positionskondition	x	
Kalkulationsschema	RVAA01	Standard
Bedingung	009	Skonto nach Steuer
Statistische Kondition	x	
Basisformel	011	Skontobasis

Tabelle A.43 Customizing für die Konditionsart SKTO (Forts.)

A.44 SKTV (Skonto vor Steuer)

Die Kondition SKTV ist das Pendant zur Kondition SKTO, mit dem Unterschied, dass die Kondition im Kalkulationsschema vor der Steuerkondition platziert werden muss, da sie den Steuerbasisbetrag beeinflussen soll.

Parameter im Customizing	Technischer Name	Bezeichnung
Konditionsklasse	A	Zu-/Abschlag
Rechenregel	A	Prozentual
Konditionstyp	E	Skonto
Manuelle Eingaben	D	Nicht manuell bearbeitbar
Gruppenkondition	x	
Positionskondition	x	
Kalkulationsschema	RVAA01	Standard
Bedingung	014	Skonto vor Steuer
Statistische Kondition	x	
Basisformel	002	Nettowert

Tabelle A.44 Customizing für die Konditionsart SKTV

A.45 VA00 (Variantenpreis)

Durch diese Konditionssätze werden die Preise für die Merkmale bei konfigurierbaren Produkten festgelegt. Die bei der Auftragserfassung ausgewählten Konfigurationsmerkmale werden über die interne Tabelle XVCKEY an die Preisfindung übergeben und dort mit der KOMPLOOP-Technik abgearbeitet. (Näheres dazu finden Sie in Abschnitt 9.3, »Felder mit Mehrfachbelegung«.)

Parameter im Customizing	Technischer Name	Bezeichnung
Zugriffsfolge	VA00	Varianten
Konditionsklasse	A	Zu-/Abschlag
Rechenregel	C	Mengenabhängig
Positionskondition	x	
Variantenkondition	x	
Mengenumrechnung	x	
Kalkulationsschema	RVAA01	Standard
Bedingung	002	Position mit Preisfindung
Kontoschlüssel	ERL	Erlös

Tabelle A.45 Customizing für die Konditionsart VA00

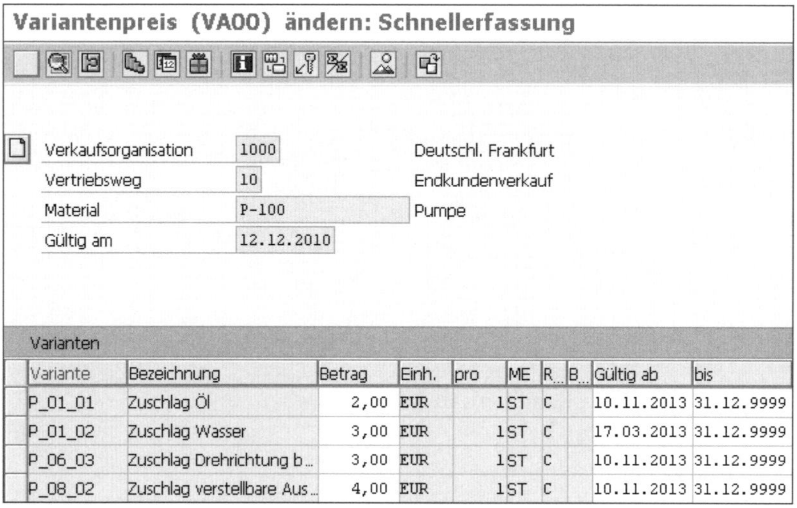

Variantenpreis (VA00) ändern: Schnellerfassung

Verkaufsorganisation 1000 Deutschl. Frankfurt
Vertriebsweg 10 Endkundenverkauf
Material P-100 Pumpe
Gültig am 12.12.2010

Varianten

Variante	Bezeichnung	Betrag	Einh.	pro	ME	R...	B...	Gültig ab	bis
P_01_01	Zuschlag Öl	2,00	EUR	1	ST	C		10.11.2013	31.12.9999
P_01_02	Zuschlag Wasser	3,00	EUR	1	ST	C		17.03.2013	31.12.9999
P_06_03	Zuschlag Drehrichtung b...	3,00	EUR	1	ST	C		10.11.2013	31.12.9999
P_08_02	Zuschlag verstellbare Aus...	4,00	EUR	1	ST	C		10.11.2013	31.12.9999

Abbildung A.13 Konditionssätze zur Konditionsart VA00

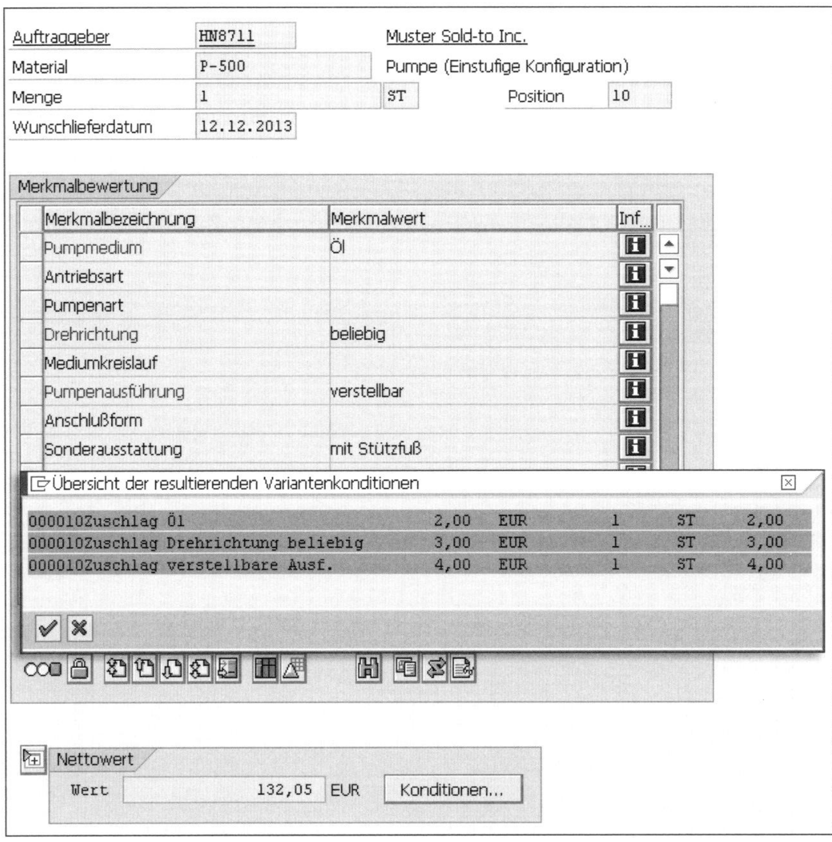

Abbildung A.14 Konfigurationsbild einer Auftragsposition mit Variantenkonfiguration und Variantenkonditionen (Button »Konditionen«)

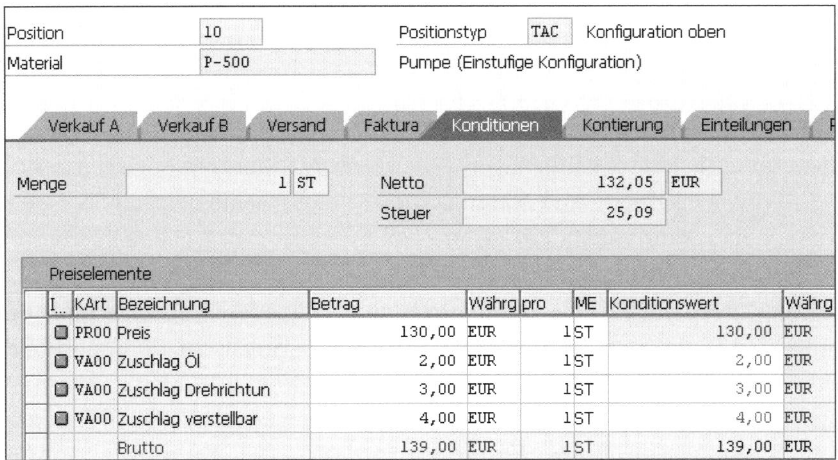

I...	KArt	Bezeichnung	Betrag	Währg	pro	ME	Konditionswert	Währg
	PR00	Preis	130,00	EUR	1	ST	130,00	EUR
	VA00	Zuschlag Öl	2,00	EUR	1	ST	2,00	EUR
	VA00	Zuschlag Drehrichtun	3,00	EUR	1	ST	3,00	EUR
	VA00	Zuschlag verstellbar	4,00	EUR	1	ST	4,00	EUR
		Brutto	139,00	EUR	1	ST	139,00	EUR

Abbildung A.15 Konditionsbild der Position mit Variantenkondition VA00

A.46 VPRS (Verrechnungspreis)

Durch diese automatische Kondition ohne Konditionssätze werden die Kosten des Verkaufsvorgangs ermittelt. Im Kundenauftrag sind dies die geplanten Kosten (ermittelt aus der Materialbewertung), in der Faktura sind dies die Ist-Kosten, ermittelt aus der Warenausgangsbuchung (bei Verkauf ab Lager) oder aus der Lieferantenrechnung (bei Streckenverkauf). Der Wert wird in der Belegposition abgespeichert (`vbap/vbrp-wavwr`).

Parameter im Customizing	Technischer Name	Bezeichnung
Konditionsklasse	A	Zu-/Abschlag
Rechenregel	C	Mengenabhängig
Konditionstyp	G	Verrechnungspreis
Manuelle Eingaben	D	Nicht manuell bearbeitbar
Positionskondition	x	
Währungsumrechnung	x	
Mengenumrechnung	x	
Kalkulationsschema	RVAA01	Standard
Bedingung	004	Verrechnungswert
Zwischensumme	B	Verrechnungswert
Statistische Kondition	x	

Tabelle A.46 Customizing für die Konditionsart VPRS

A.47 Z902 (Datenermittlung Material)

Durch diese Konditionssätze können zum Material die Attribute Materialgruppe, Bonusgruppe, Provisionsgruppe und Materialgruppe 1 datumsabhängig gepflegt werden. Darüber hinaus kann zur Materialgruppe 1 eine übergeordnete Hierarchie, bestehend aus den Knoten Materialgruppe 2 und Materialgruppe 3, gebildet werden. Die Kondition dient ausschließlich der Datenermittlung zur Verwendung in nachfolgenden Konditionen oder zur Übergabe an den Kundenauftrag und ist im Konditionsbild des Belegs nicht sichtbar (Näheres dazu finden Sie in Abschnitt 9.2.2, »Variante 2 – Datenermittlung im Zugriff, Übertragung in die Belegposition über eine Bedingung (Abbildung hierarchischer Strukturen)«.). Der Datentransport in die aufrufende Auftragsposition wird durch die Bedingung 902 der Kondition Z905 durchgeführt.

Parameter im Customizing	Technischer Name	Bezeichnung
Zugriffsfolge	Z902	Datenermittlung Material
Konditionsklasse	H	Datenermittlung
Rechenregel	G	Formel
Kalkulationsschema	ZVAA02	Standard konsolidiert
Bedingung	002	Position mit Preisfindung

Tabelle A.47 Customizing für die Konditionsart Z902

A.48 Z905 (Materialgruppenrabatt)

Durch diese Konditionssätze kann ein Rabatt auf den Knoten der durch die Kondition Z902 zuvor gebildeten Materialgruppenhierarchie festgelegt werden. (Näheres dazu finden Sie in Abschnitt 9.2.2, »Variante 2 – Datenermittlung im Zugriff, Übertragung in die Belegposition über eine Bedingung (Abbildung hierarchischer Strukturen)«.)

Parameter im Customizing	Technischer Name	Bezeichnung
Zugriffsfolge	Z905	Materialgruppen
Konditionsklasse	A	Zu-/Abschlag
Rechenregel	A	Prozentual
Vorzeichen	x	Negativ
Positionskondition	x	
Kalkulationsschema	ZVAA02	Standard konsolidiert
Bedingung	902	Datentransport Z902
Kontoschlüssel	ERS	Erlösschmälerung

Tabelle A.48 Customizing für die Konditionsart Z905

A.49 ZBUP (Preisbuchbrutto)

Die Kondition ZBUP ist eine Kopie der Kondition PBUP, jedoch nicht als Preis, sondern als Zu-/Abschlag eingestellt (siehe Abschnitt 12.11, »Kennzahlen für Reporting und Analyse«).

Parameter im Customizing	Technischer Name	Bezeichnung
Konditionsklasse	A	Zu-/Abschlag
Rechenregel	C	Mengenabhängig
Manuelle Eingaben	D	Nicht manuell bearbeitbar
Mengenumrechnung	x	
Kalkulationsschema	ZVAA02	Standard konsolidiert
Bedingung	002	Position mit Preisfindung
Wertformel	006	Ausgangspreis
Basisformel	202	Preisbuchfaktor
Kontoschlüssel	ERL	Erlös

Tabelle A.49 Customizing für die Konditionsart ZBUP

A.50 ZDB1 (Mindestdeckungsbeitrag)

Mit diesen Konditionssätzen kann ein Mindestdeckungsbeitrag als Prozentsatz eines beliebigen Ausgangswertes festgelegt werden. Die Festlegung erfolgt durch die beispielhafte Verwendung der Zugriffsfolge K028 auf der Materialgruppenebene. Die Prüfung auf Unterschreitung des Mindestdeckungsbeitrags erfolgt mittels der Wertformel 905. Bei Unterschreitung wird die Kundenauftragsposition durch Setzen des Kennzeichens CEPOK (**Erwarteter Preis**) blockiert. Details dazu finden Sie in Abschnitt 12.11.8, »Kennzahl 7 – Verrechnungswert (WAVWR)«.

Parameter im Customizing	Technischer Name	Bezeichnung
Zugriffsfolge	K028	Materialgruppe
Konditionsklasse	A	Zu-/Abschlag
Rechenregel	A	Prozentual
Konditionstyp	J	Erwarteter Preis
Vorzeichen	A	Positiv
Manuelle Eingaben	D	Nicht manuell bearbeitbar
Kalkulationsschema	ZVAA02	Standard konsolidiert

Tabelle A.50 Customizing für die Konditionsart ZDB1

Parameter im Customizing	Technischer Name	Bezeichnung
Bedingung	002	Position mit Preisfindung
Statistische Kondition	X	
Wertformel	905	Deckungsbeitragsprüfung

Tabelle A.50 Customizing für die Konditionsart ZDB1 (Forts.)

A.51 ZM00 (Auftragswertdelta)

Durch die automatische Kondition ZM00 ohne Konditionssätze wird das Delta zur vorangestellten Kondition HM00 gebildet, wenn diese als statistischer Preis eingestellt ist. Zur Ermittlung des Wertes wird die neue Wertformel 913 eingesetzt. (Näheres dazu finden Sie in Abschnitt 8.2.4, »Konditionsart HM00 (Auftragswert)«.)

Parameter im Customizing	Technischer Name	Bezeichnung
Konditionsklasse	A	Zu-/Abschlag
Rechenregel	G	Formel
Kalkulationsschema	ZVAA02	Standard konsolidiert
Bedingung	002	Position mit Preisfindung
Wertformel	913	Auftragswertdelta
Kontoschlüssel	ERS	Erlösschmälerung

Tabelle A.51 Customizing für die Konditionsart ZM00

A.52 ZPBP (Datenermittlung Kunde)

Durch diese Konditionssätze können dem Warenempfänger, Auftraggeber oder Regulierer datumsabhängig abweichende Preislisten zugeordnet werden. Die Kondition dient ausschließlich der Datenermittlung zur Verwendung in nachfolgenden Konditionen (z. B. in den Konditionsarten PBBS und ZPRA) und ist im Konditionsbild des Belegs nicht sichtbar. (Näheres dazu finden Sie in Abschnitt 9.2.1, »Variante 1 – Datenermittlung im Zugriff, Verwendung in späteren Zugriffen«, und Abschnitt 12.11, »Kennzahlen für Reporting und Analyse«.)

Parameter im Customizing	Technischer Name	Bezeichnung
Zugriffsfolge	ZPBP	Datenermittlung Kunde
Konditionsklasse	H	Datenermittlung
Rechenregel	G	Formel
Kalkulationsschema	ZVAA02	Standard konsolidiert
Bedingung	002	Position mit Preisfindung

Tabelle A.52 Customizing für die Konditionsart ZPBP

A.53 ZPRA (Preis allgemein)

Die Kondition ZPRA ist eine Kopie der Konditionsart PR00. Sie ist auf diese referenziert (liest somit die Konditionssätze zu PR00), verwendet jedoch die Zugriffsfolge ZPRA. Mit dieser Zugriffsfolge werden jedoch nur der Preislistenpreis (dieser auch zusätzlich mit einer abweichenden Positionspreisliste) und der Materialpreis gelesen. Die kundenindividuellen Konditionssätze werden hingegen mit der Kondition ZPRB gelesen. (Näheres dazu finden Sie in Abschnitt 12.11, »Kennzahlen für Reporting und Analyse«.) Die Kondition ZPRA ersetzt die Kondition PBBS, die im Preisbuchschema eingesetzt wird.

Parameter im Customizing	Technischer Name	Bezeichnung
Zugriffsfolge	ZPRA	Preis allgemein
Konditionsklasse	B	Preis
Rechenregel	C	Mengenabhängig
Positionskondition	x	
Referenzkonditionsart	PR00	
Referenzapplikation	V	
Staffelformel	202	Preisbuchstaffel
Mengenumrechnung	x	
Kalkulationsschema	ZVAA02	Standard konsolidiert
Bedingung	202	Preisbuchgrundpreis

Tabelle A.53 Customizing für die Konditionsart ZPRA

Parameter im Customizing	Technischer Name	Bezeichnung
Basisformel	921	Änderungsfaktor
Kontoschlüssel	ERL	Erlös

Tabelle A.53 Customizing für die Konditionsart ZPRA (Forts.)

A.54 ZPRB (Preis kundenindividuell)

Die Kondition ZPRB ist eine Kopie der Konditionsart PR00. Sie ist auf diese referenziert (liest somit die Konditionssätze zu PR00), verwendet jedoch die Zugriffsfolge ZPRB und ist als Zu-/Abschlag eingestellt. Mit dieser Zugriffsfolge werden jedoch nur die kundenindividuellen Konditionssätze gelesen. Darüber hinaus können die Preise auch auf den übergeordneten Knoten der Kundenhierarchie abgelegt werden. (Näheres dazu finden Sie in Abschnitt 12.11, »Kennzahlen für Reporting und Analyse«.)

Parameter im Customizing	Technischer Name	Bezeichnung
Zugriffsfolge	ZPRB	Preis kundenindividuell
Konditionsklasse	A	Zu-/Abschlag
Rechenregel	C	Mengenabhängig
Positionskondition	x	
Referenzkonditionsart	PR00	
Referenzapplikation	V	
Mengenumrechnung	x	
Kalkulationsschema	ZVAA02	Standard konsolidiert
Bedingung	002	Position mit Preisfindung
Wertformel	006	Ausgangspreis
Kontoschlüssel	ERL	Erlös

Tabelle A.54 Customizing für die Konditionsart ZPRB

A.55 ZPRC (Preis gesteigert)

Die Konditionsart ZPRC ist eine Kopie der Kondition PR02. Sie referenziert auf diese, ist jedoch nicht als Preis, sondern als Zu-/Abschlag eingestellt (siehe Abschnitt 12.11, »Kennzahlen für Reporting und Analyse«).

Parameter im Customizing	Technischer Name	Bezeichnung
Zugriffsfolge	K305	Kunde/Material
Konditionsklasse	A	Zu-/Abschlag
Rechenregel	C	Mengenabhängig
Manuelle Eingaben	D	Nicht manuell bearbeitbar
Positionskondition	x	
Referenzkonditionsart	PR02	
Referenzapplikation	V	
Bezugsgröße	C	Mengenstaffel
Staffelart	D	Bis-Intervallstaffel
Mengenumrechnung	x	
Kalkulationsschema	ZVAA02	Standard konsolidiert
Bedingung	002	Position mit Preisfindung
Bedingung alternativ	906	Kopieren in Retouren
Wertformel	906	Ausgangspreis PR02
Kontoschlüssel	ERL	Erlös

Tabelle A.55 Customizing für die Konditionsart ZPRC

A.56 ZPRD (Preis Kontrakt)

Die Konditionsart ZPRD fasst durch die neue Zugriffsfolge ZPRD die vertragsabhängigen Konditionszugriffe der Konditionsarten PPAR, PPAG und PKAR zusammen und kann diese somit ablösen (siehe Abschnitt 12.11, »Kennzahlen für Reporting und Analyse«).

Parameter im Customizing	Technischer Name	Bezeichnung
Zugriffsfolge	ZPRD	Kontrakt
Konditionsklasse	A	Zu-/Abschlag
Rechenregel	C	Mengenabhängig

Tabelle A.56 Customizing für die Konditionsart ZPRD

Parameter im Customizing	Technischer Name	Bezeichnung
Positionskondition	x	
Mengenumrechnung	x	
Kalkulationsschema	ZVAA02	Standard konsolidiert
Bedingung	002	Position mit Preisfindung
Wertformel	006	Ausgangspreis
Kontoschlüssel	ERL	Erlös

Tabelle A.56 Customizing für die Konditionsart ZPRD (Forts.)

A.57 ZH01 (Budget genehmigt)

Durch diese Konditionssätze kann ein Gewichts- oder Betragsbudget auf einem Knoten der Kundenhierarchie festgelegt werden. Dazu wird im Konditionssatz der maximale Konditionswert oder die maximale Konditionsbasis eingetragen. Bei Überschreitung des Budgets wird mithilfe der nachfolgenden Kondition ZH02 der Auftrag zur Belieferung gesperrt und muss explizit freigegeben werden. Nähere Informationen dazu finden Sie in Abschnitt 12.1.3, »Budgetierungsanforderungen«.

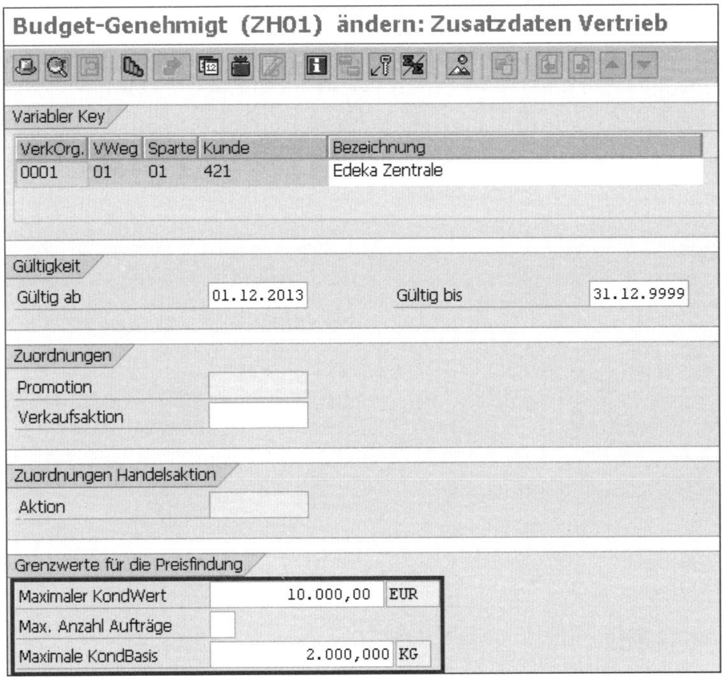

Abbildung A.16 Konditionssatzdetailbild zur Konditionsart ZH01

Parameter im Customizing	Technischer Name	Bezeichnung
Zugriffsfolge	HI01	Kundenhierarchie
Konditionsklasse	A	Zu-/Abschlag
Rechenregel	D	Bruttogewicht
Konditionstyp	J	Erwarteter Kundenpreis
Manuelle Eingaben	D	Nicht manuell bearbeitbar
Positionskondition	x	
Konditionsupdate	x	
Kalkulationsschema	ZVAA02	Standard konsolidiert
Bedingung	002	Position mit Preisfindung
Statistische Kondition	x	
Wertformel	002	Nettowert

Tabelle A.57 Customizing für die Konditionsart ZH01

A.58 ZH02 (Budget angefordert)

Durch die automatische Kondition ZH02 ohne Konditionssätze wird geprüft, ob ein in Kondition ZH01 festgelegtes Budget überschritten ist. In diesem Fall wird mithilfe der Wertformel 900 der Auftrag zur Belieferung gesperrt und muss explizit freigegeben werden. Nähere Informationen dazu finden Sie in Abschnitt 12.1.3, »Budgetierungsanforderungen«.

Parameter im Customizing	Technischer Name	Bezeichnung
Konditionsklasse	A	Zu-/Abschlag
Rechenregel	A	Prozentual
Manuelle Eingaben	D	Nicht manuell bearbeitbar
Positionskondition	x	
Konditionsupdate	x	
Kalkulationsschema	ZVAA02	Standard konsolidiert

Tabelle A.58 Customizing für die Konditionsart ZH02

Parameter im Customizing	Technischer Name	Bezeichnung
Bedingung	002	Position mit Preisfindung
Statistische Kondition	x	
Wertformel	900	Budgetprüfung

Tabelle A.58 Customizing für die Konditionsart ZH02 (Forts.)

Anhang B
SAP-CRM-Anbindung

Beim Einsatz von SAP Customer Relationship Management (SAP CRM) spielt die Preisfindung ebenfalls eine wichtige Rolle. In den meisten Fällen werden dafür das Customizing und die Stammdaten vom SAP-ERP-System übernommen. Dazu erhalten Sie in diesem Anhang einige grundlegende Informationen.

Bereits seit Release SAP CRM 3.0 wird die Preisfindung im SAP-CRM-System mit dem IPC (Internet Pricing and Configurator) durchgeführt. Die drei darin enthaltenen »Engines« – *Configuration Engine, Pricing Engine* und *Tax Engine* – sind seit SAP NetWeaver 7.00 Bestandteil der Plattform und auf jedem Applikationsserver verfügbar. Diese Engines basieren seitdem auf dem SAP Virtual Machine Container (VMC). Da die Preisfindung im SAP-CRM-System, also unter Java abläuft und außerdem das Datenmodell gegenüber SAP ERP geändert wurde, hat das zum einen Konsequenzen für die kundenindividuellen Anpassungen und zum anderen für die Datenübernahme.

B.1 Datenübernahme von SAP ERP nach SAP CRM

Insbesondere für die Abwicklung von SAP-CRM-Vertriebsbelegen, die im SAP-ERP-System fakturiert werden sollen, muss das SAP-ERP-System die »Preisquelle« für das Customizing und die Stammdaten sein. Um diese SAP-ERP-Daten im SAP-CRM-System bereitstellen zu können, stehen ein initialer Datenaustausch und ein Deltadatenaustausch zur Verfügung. Die beiden Austausche sind folgendermaßen gekennzeichnet:

- **Initialer Datenaustausch**
  - Die Initiative geht vom SAP-CRM-System aus.
  - Es wird ein Objekt ausgewählt, für das Daten ausgetauscht werden sollen.
  - Die vollständigen Daten zum ausgewählten Objekt werden übernommen.
  - Der initiale Austausch kann sowohl für die Customizing-Daten als auch für die Konditionsstammdaten genutzt werden.
- **Deltadatenaustausch**
  - Die Initiative geht vom SAP-ERP-System aus.
  - Beim Anlegen oder Ändern von Konditionsstammdaten werden die Änderungen automatisch ins SAP-CRM-System übernommen.

- Es werden nicht die gesamten Objektdaten, sondern nur die geänderten Datensätze übernommen.
- Der Deltadatenaustausch ist gegenwärtig nur für Konditionsstammdaten möglich.

Die sogenannten *Download-Objekte* für den initialen Austausch von Konditionsstammdaten, die auf kundenindividuellen Konditionstabellen basieren, müssen Sie allerdings – wie nachfolgend beschrieben – selbst anlegen.

B.1.1 Übernahme der Customizing-Daten

Die Übernahme der Customizing-Daten wird im SAP-CRM-System durch das Programm `SMOF_DOWNLOAD` über Transaktion R3AS gestartet. Im Standard liegen folgende Objekte für die Datenübernahme vor:

- DNL_CUST_CNDALL
  alle Daten für Konditionstechnik und Preisfindung
- DNL_CUST_CND
  Daten der Konditionstechnik (ohne mandantenübergreifende Daten), z. B. Konditionsarten
- DNL_CUST_PRC
  Daten der Preisfindung, z. B. Kalkulationsschema, Konditionsausschluss

Die mit der Datenübernahme aus dem SAP-ERP-System übernommenen Strukturen können im Customizing des SAP-CRM-Systems nur angezeigt werden. Im SAP-CRM-System können nur Customizing-Daten verändert werden, die auch im SAP-CRM-System angelegt wurden. Dies wird durch das **Quellsystem**-Kennzeichen in den Customizing-Daten gewährleistet. Das ist am Beispiel der Pflegetransaktion für Kalkulationsschemata in Abbildung B.1 dargestellt. Die SAP-CRM-basierten Einträge sind änderbar, die importierten nicht.

Änderungen an Strukturen und Tabellen, die durch ein anderes Konditionsdatenmodell im SAP-CRM-System bedingt sind, werden beim Datenaustausch automatisch berücksichtigt. Im SAP-CRM-System ist z. B. in der Tabelle CND_MAPC_CNV_TAB die Beziehung zwischen SAP-CRM- und SAP-ERP-Tabellen hinterlegt. Die jeweilige SAP-CRM-Customizing-Tabelle befindet sich dabei im Feld `LOCAL_TABLE`, und die ursprüngliche SAP-ERP-Tabelle, durch die die SAP-CRM-Tabelle gefüllt wird, befindet sich im Feld `REMOTE_TABLE`. Ein Ausschnitt aus dieser Mapping-Tabelle ist unter der Verwendung von Transaktion SE16 in Abbildung B.2 dargestellt.

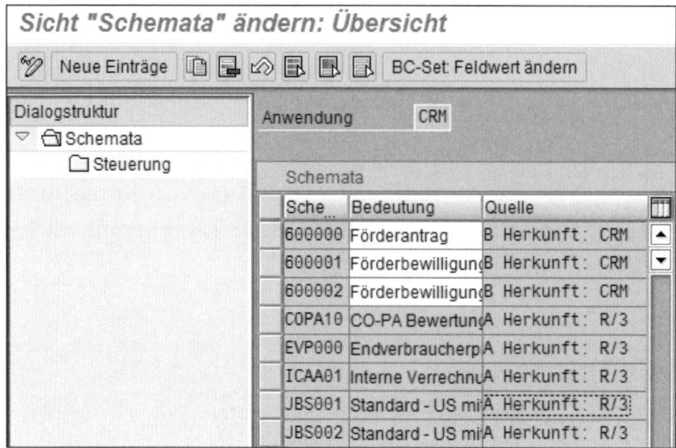

Abbildung B.1 Herkunft der Daten – Beispiel-Kalkulationsschema

Data Browser: Tabelle CND_MAPC_CNV_TAB 39 Treffer

Prüftabelle...

Tabelle: CND_MAPC_CNV_TAB
Angezeigte Felder: 6 von 6 Feststehende Führungsspalten: 3 Listbreite 0250

MAPPING_ASSIGNMT	LOCAL_TABLE	REMOTE_TABLE	MAIN_CONNECTION
A	/BON/C_AG_TYPE	T6B1	X
A	/BON/C_AG_TYPE_T	T6B1T	X
A	/BON/C_COND_CT	T685A	X
A	/SAPCND/CTLIST	T683	X
A	/SAPCND/CTLISTI	T683S	X
A	/SAPCND/CTLISTT	T683U	X
A	/SAPCND/GROUP	T6B2	X
A	/SAPCND/GROUPT	T6B2T	X
A	/SAPCND/GROUP_I	T6B2F	X
A	/SAPCND/T681	T681	X
A	/SAPCND/T681E	TMC1D	X
A	/SAPCND/T681E	TMC1K	X
A	/SAPCND/T681M	MNTCNT	X
A	/SAPCND/T681T	TMC1T	X
A	/SAPCND/T682	T682	X
A	/SAPCND/T682I	T682I	X
A	/SAPCND/T682T	T682T	X
A	/SAPCND/T682V	T682V	X
A	/SAPCND/T682Z	T682Z	X
A	/SAPCND/T685	T685	X
A	/SAPCND/T685T	T685T	X
A	/SAPCND/T686E	T686E	X
A	/SAPCND/T686F	T686F	X

Abbildung B.2 Beziehung zwischen den Customizing-Tabellen in SAP CRM und SAP ERP

B.1.2 Stammdatenübernahme

Die Übernahme der Stammdaten wird im SAP-CRM-System ebenfalls über Transaktion R3AS gestartet. Im Standard liegen Objekte für die Datenübernahme vor, deren

Namen mit DNL_COND beginnen; in der Regel folgt ihnen die Konditionstabelle (z. B. DNL_COND_A004).

Da insbesondere für kundeneigene Konditionstabellen keine Download-Objekte vorhanden sind, können mit Transaktion R3AC5 nach dem Muster der ausgelieferten Objekte weitere Download-Objekte angelegt werden. Der verwendete BDoc-Typ (SAP CRM Middleware) ist `CND_MAST_DEEP_SUP`, und der Mapping-Baustein ist `CND_MAP_MAST_EXCHANGE_MAIN_MBD` (siehe Abbildung B.3).

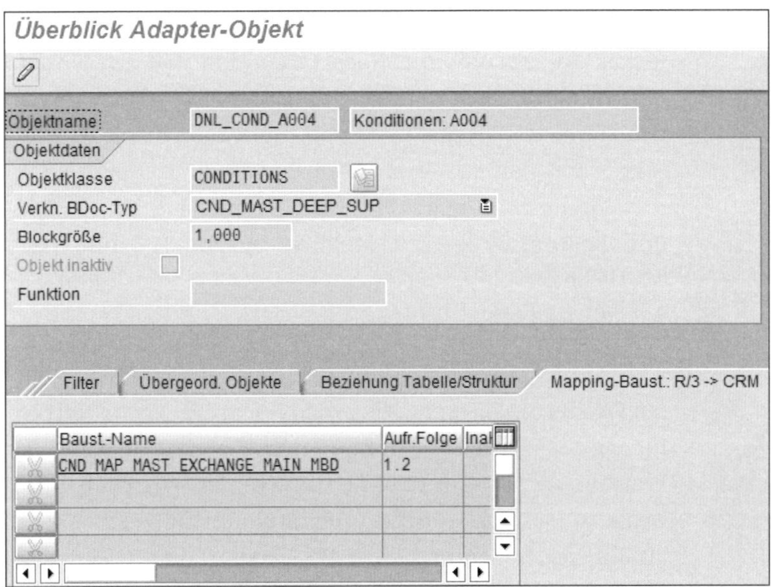

Abbildung B.3 Adapter-Objekt für die Konditionstabelle A004

Tipps zum Anlegen von Download-Objekten finden Sie z. B. in SAP-Hinweis 334219 (Übernahme von Konditionsstammdaten und -Customizing).

B.2 Anpassungskonzept der SAP-CRM-Preisfindung

Da die *Pricing Engine* auf dem Java-Stack der Applikationsplattform läuft, können alle kundenseitigen Anpassungen der SAP-ERP-Preisfindung, falls nötig, im SAP-CRM-System auf der Java-Seite nachgebildet werden (z. B. Bedingungen und Formeln). SAP-Hinweis 809820 (User-Exit-Konzept für die Preisfindung) zu diesem Thema bietet in seinem Anhang ein 59-seitiges PDF-Dokument »AP 7.00 Pricing User Exit Manual«, das sich ausführlich dieser Problematik widmet.

Anhang C
Die Autoren

Dr. Ursula Becker studierte an der Universität Heidelberg Physik und Astronomie. Nach Promotion und zweijähriger Forschungstätigkeit wechselte sie 1998 zu SAP. In den folgenden Jahren war sie erst im Support und dann in der Entwicklung – mit den Schwerpunkten Preisfindung, Fakturierung und Bonusabwicklung – tätig. Nach ihrem Mitwirken im CRM- und Business-ByDesign-Umfeld ist sie seit 2009 die verantwortliche Development-Architektin für die Preisfindung in SAP ERP und seit 2015 für SAP S/4HANA.

Jan Fischer, Area Engineering Lead Pricing, ist verantwortlich für die technische und funktionale Weiterentwicklung der Preisfindung. Er kam 2004 als Student der Wirtschaftsinformatik zu SAP. Nach Abschluss des Studiums 2007 arbeitete er als Entwickler, Scrum Master, Projektleiter und Product Owner in der Preisfindungsentwicklung.

Werner Herhuth hat an der Universität Mannheim Mathematik und Betriebswirtschaftslehre mit Spezialisierung auf Wirtschaftsinformatik studiert. Im Anschluss war er 13 Jahre als Systemanalytiker und Leiter der Anwendungsprogrammierung in der Industrie tätig. 1996 wechselte er zu SAP in den Bereich Education Deutschland. Er ist zertifizierter Berater für die Bereiche Order Fulfillment (SAP ERP), CRM Sales und SAP NetWeaver Exchange Infrastructure & Integration sowie Autor verschiedener SAP-Kurse.

Manfred Hirn studierte Mathematik mit dem Nebenfach BWL an der Universität Würzburg. Bei seiner ersten Tätigkeit bei einer Brauerei war er an der Entwicklung und Einführung eines Auftrags- und Tourenabwicklungssystems beteiligt. 1984 wechselte er zur SAP-Entwicklung und betreute zunächst die SAP-R/2-Fakturierung. Im Anschluss daran war er für die Entwicklung von Fakturierung, Konditionstechnik und Preisfindung im SAP-R/3-System verantwortlich. Preisfindung und Fakturierung hat er dabei selbst programmiert. Später war er als Development Manager für den Bereich Verkauf, Preisfindung und Fakturierung zuständig.

Index

R

S

T

U

V

W

Z